过程安全管理体系审核指南

（第二版）

Guidelines for Auditing Process Safety Management Systems, Second Edition

〔美〕Center for Chemical Process Safety 编著
王廷春 施红勋 于菲菲 高雪琦 等译
牟善军 白永忠 校
孙万付 审

中国石化出版社

内 容 提 要

本书以CCPS《基于风险的过程安全》(RBPS)20个要素为基础，详细介绍了过程安全管理体系审核计划和审核实施方面的基础知识，讨论了审核必备的基本技能、技术和工具，并借助PDCA的管理模式，阐述了如何开展具体的审核工作。此外，本书还系统地对过程安全管理体系20个要素中每一个要素的合规性审核准则(即强制性审核准则)以及相关审核准则(即非强制性审核准则)进行了说明。

本书提供的多种方法用于编制不同的审核计划，可在全球范围内使用，满足小型公司直至国际化公司的需求，能够客观、系统性地指导公司定期开展过程安全管理体系审核工作。

著作权合同登记 图字：01-2016-2236号

Guidelines for Auditing Process Safety Management Systems, Second Edition
By Center for Chemical Process Safety(CCPS), ISBN: 9780470282359

图书在版编目(CIP)数据

过程安全管理体系审核指南:第二版/美国化工过程安全中心编著;王廷春等译.—北京:中国石化出版社，2017.8(2020.6重印)
书名原文: Guidelines for auditing process safety management systems, Second Edition
ISBN 978-7-5114-4578-0

Ⅰ.①过… Ⅱ.①美… ②王… Ⅲ.①化工过程-安全管理-指南 Ⅳ.①TQ02-62

中国版本图书馆CIP数据核字(2017)第176650号

中国石化出版社出版发行
地址:北京市东城区安定门外大街58号
邮编:100011 电话:(010)57512500
发行部电话:(010)57512575
http://www.sinopec-press.com
E-mail:press@sinopec.com
北京柏力行彩印有限公司印刷

*

787×1092毫米 16开本 38印张 908千字
2017年9月第1版 2020年6月第2次印刷
定价:198.00元

翻译人员

王廷春　施红勋　于菲菲　高雪琦

王昭华　吴德松　刘　亭　吴瑞青

贺辉宗　穆　波　孙德青　李千登

杜德川　刘　勃　林　晖　荆玉杰

杨国栋　颜鹏飞　胡鹏飞

译者的话

随着过程安全管理体系在全球的推广和使用，过程安全管理体系审核逐步走进了国内安全领域学者和技术人员的视野。1993 年，美国化学工程师协会化工过程安全中心(CCPS)根据 1989 年版《过程安全技术管理指南》中首次提出的过程安全管理 12 个要素，出版了第一版《过程安全管理体系审核指南》，该书成为过程安全管理体系审核领域具有开创意义的指南性著作。2007 年《基于风险的过程安全》(RBPS)一书的出版，实现了过程安全管理体系架构的全新升级，也成为第二版《过程安全管理体系审核指南》问世的重要契机。

作为 RBPS 四大事故预防原则中“吸取经验教训原则”的重要要素之一，过程安全管理体系审核从管理层面确认企业是否落实了过程安全管理体系各要素的要求及落实的质量情况，也是衡量企业过程安全管理程序策划与实施情况的唯一途径。本书紧紧抓住了 RBPS 这一主流理论，并将其作为全书的主体详细展开，始终不懈将风险高低和资源配置的理念融入对各要素审核准则和审核员指南的讨论中。通过围绕本书的训练，可以帮助国内各企业相关人员准确掌握 RBPS 体系审核的基本技术和工具，使得他们可以通过遵循 PDCA 的管理模式来研读美国过程安全管理领域立法、优秀实践以及过程安全管理程序在不同领域的适用性，客观分析企业当前过程安全管理状态，从而实现利用有限资源提升过程安全管理水平、寻求安全生产与企业效益之间的平衡这一目的。

为将过程安全管理体系审核指南的要求与方法更快介绍给国内各企业从事安全管理及基层工作的人员，中国石化安全工程研究院组织从事安全管理咨询与审核相关专业的技术人员，对本书进行了翻译。

本书中文版的发行，得到了中国石化出版社、CCPS、John Wiley & Sons、化学品安全控制国家重点实验室及行业内许多专家的支持与指导，在此一并表示衷心感谢。

由于学识水平有限，时间仓促，译著中错误与不当之处在所难免，恳请读者批评指正。

我们衷心希望本书中的信息能够进一步刷新整个业界的良好安全纪录。但是，美国化学工程师协会(AIChE)、协会顾问、美国化学工程师协会之化工过程安全中心(CCPS)技术委员会、过程安全管理体系审核分会成员、其雇主、雇员及领导、AcuTech管理咨询公司及其雇员均不以任何明示或暗示的方式对本书内容的准确性或正确性作出保证或声明。在(1)美国化学工程师协会、协会顾问、CCPS技术委员会及分会会员、其雇主、雇员及领导、AcuTech咨询公司及其雇员与(2)本书用户之间，任何因用户对本书的使用或不当使用所导致的任何法律责任均由(2)本书用户自行承担。

目　　录

其他在线资料

为方便用户，还提供了电子版附录 A-G 模板、示例和方案。相关资料内容和格式方面的详细信息，请参见附录。

在线资料访问网址：

www. aiche. org/ccps/publications/auditing. aspx

密码：Auditing2010

缩略语

3133	美国职业安全与健康管理局(OSHA)出版物 3133:《过程安全管理合规性指南》
ACA	表面原因分析
ACC	美国化学理事会
AGA	美国天然气协会
AI	资产完整性
AIChE	美国化学工程师协会
ALARA	最低合理可行
ALARP	最低合理可行
ANSI	美国国家标准学会
API	美国石油学会
APPC	附录 C: OSHA 的过程安全管理标准(过程安全管理合规性指南和建议)(非强制性要求)
ARS	可选择的泄放情景
ASME	美国机械工程师学会
ASNT	美国无损检测学会
BEAC	环境、健康与安全审核认证委员会
B&PV	锅炉和压力容器规范
CAD	计算机辅助设计
CalARP	《加利福尼亚州意外泄漏预防计划》
CalOSHA	加利福尼亚州职业安全与健康管理局
CAPP	《化学品事故预防计划》(内华达州)
CBT	计算机辅助培训
CCC	美国加利福尼亚州康特拉科斯塔县
CCPA	加拿大化学品制造商协会
CCPS	化工过程安全中心

CDC 疾病控制中心

CEI (陶氏)化学品爆炸指数

CEU 欧盟理事会

CIT 违规传票(由监管机构发出)

CML 工况测量位置

CMMS 计算机化维修管理系统

COMAH 重大事故危险控制

CPL 《合规性指令》(OSHA 指令)

CSCC 氯化物应力腐蚀开裂

CSChE 加拿大化学工程师学会

CUI 保温层下腐蚀

CV 履历表

DCS 集散控制系统

DIERS 紧急救援系统设计院

DOI 美国内政部

DOT 美国交通运输部

DIERS 美国化学工程师协会紧急救援系统设计院

EHSRMA 《极度有害物质风险管理法案》(特拉华州)

E&P 勘探和开采

EAP 应急行动方案

EHS 环境、健康与安全

EMS 应急医疗服务/环境管理系统

EOP 应急操作程序

EPA 美国国家环境保护局

ERP 应急响应预案

ERT 应急响应小组

ESD 紧急停车系统

FEI (陶氏)火灾和爆炸危险指数

FFS 合于使用

FM	美国工厂互保研究中心
FMEA	故障模式和影响分析
GDC	一般责任条款
GIP	良好行业做法(过程安全管理)
HAZCOM	《危害告知标准》(美国法规)
HAZOP	危险与可操作性分析
HAZWOPER	《危险废弃物经营和应急响应标准》(美国法规)
HF	氟化氢或氢氟酸
HIRA	危害识别和风险分析
HSE	健康与安全执行局(英国)
HVAC	采暖、通风和空调
HWP	动火作业许可证
ICP	一体化应急预案
IDLH	立即危及生命或健康的浓度
I/E	仪表/电气
IFSTA	国际消防训练协会
ILO	国际劳工组织
IPL	独立保护层
ITPM	检查、测试和预防性维护
ISA	美国仪表、系统及自动化协会(原美国仪表学会)
ISO	国际标准化组织，工业安全条例(CCC)
IST	本质安全技术
LEPC	地方应急预案委员会
LNG	液化天然气
LOPA	保护层分析
LOTO	上锁/挂牌
MI	机械完整性
MIACC	加拿大重大工业事故理事会
MKOPSC	Mary Kay O'Connor 过程安全中心(得克萨斯农工大学)

MMS	美国矿产资源管理局
MOC	变更管理
MOU	谅解备忘录(备忘录或协议)
MSDS	化学品安全技术说明书
N/A	不适用
NB	美国锅炉压力容器检验师协会
NDE	无损探伤
NEP	国家重点计划
NDT	无损检测
NETA	国际电气测试协会
NFPA	美国消防协会
NIMS	国家事件管理系统
NIST	美国国家标准与技术研究所
OCA	场外后果分析
OEM	原始设备制造商
OJT	在岗培训
OMS	油品储运
OSHA	美国职业安全与健康管理局
OSHAS	职业健康安全管理体系
OSHRC	职业安全与健康审查委员会
PA	公用广播系统
PANEL	贝克委员会(Baker)发布的《BP 公司美国炼油厂独立安全审查专门小组调查报告》(简称“贝克委员会报告”), 2007 年 1 月
PDA	个人数字助理
PDCA	策划—实施—检查—改进
PFD	工艺流程图
PHA	过程危害分析
P&ID	管道和仪表流程图
PMI	材料可靠性鉴别

PPE	个体防护装备
PRE	OSHA 过程安全管理标准《高危化学品过程安全管理》前言
PSI	过程安全信息
PSK	过程安全知识
PSM	过程安全管理
PSSR	开车前安全审查
QRA	定量风险分析
RAGAGEP	认可和普遍接受的良好的工程实践
RBI	基于风险的检验
RBPS	基于风险的过程安全
RC	责任关怀®
RCA	根原因分析
RCM	以可靠性为中心的维修
RCMS	《责任关怀管理体系》
RCRA	《资源保护和恢复法案》
RIK	同质同类替换
RMP	风险管理计划
RMPP	《风险管理和预防计划》(加利福尼亚州)
RP	推荐做法
RSPA	研究和特殊项目管理局(美国)
SARA	《超级基金修正和重新授权法》
SCBA	自给式呼吸器
SEMP	安全和环境管理计划
SIF	安全仪表功能
SIL	安全完整性等级
SIS	安全仪表系统
SOCMA	化学品制造商协会及成员
SOP	标准操作程序

SPCC	泄漏预防、对策和控制
SWP	安全操作规程
TCPA	《毒性物品灾难预防法案》(新泽西州)
TEMA	管式换热器制造商协会
TML	定点测厚位置
TSD	处理、存储和处置
TXC	BP 公司 2005 年 5 月得克萨斯州炼油厂异构化装置严重爆炸伤亡事故调查报告
UKHSE	英国健康与安全执行局
UL	美国保险商实验室
UPS	不间断电源
USCG	美国海岸警卫队
VPP	《自愿性保护计划》
VCLAR	OSHA 对过程安全管理标准的口头说明
WCLAR	OSHA 对过程安全管理标准的书面说明
WCS	最严重(泄漏)情形

在第 3-24 章中采用的用于对合规性审核准则和相关审核准则进行定义的其他缩略语,参见“第 3-24 章指南”部分。

术　语

事故：造成重大人员伤亡、重大财产损失和/或严重环境影响的事件。

事故预防原则：一系列互为依据的《基于风险的过程安全》(RBPS)要素。RBPS管理体系包括四大事故预防原则：(1)对过程安全的承诺，(2)理解危害和风险，(3)管理风险，以及(4)吸取经验教训。

责任：对与预期结果、目的和目标有关的人员行为进行指导并为其行为承担责任。在这种情况下，程序最终责任人向承担过程安全管理职责的人员问责。可能有多名人员对某项工作承担职责，但是只有一名人员负有最终责任。相应地，“责任”是有效的过程安全管理体系中的一个重要要素。

管理控制：用于使人员行为和/或设备性能处于规定的限定范围内的程序。

传闻：未经其他确凿证据证实的口头证据。例如，对他人访谈的结果不能作为得出结论的基础。

表面原因分析(ACA)：一种非正式调查方法，注重调查特定事件的直接原因。

最低合理可行(ALARP)：持续投入相关人力物力以降低风险，直至持续加大的投入(费用、时间、精力或其他资源耗费)与所实现的风险降低程度不成比例为止。通常与最低合理可行(ALARA)通用。

资产完整性：涉及有助于保证设备按照技术规范正确设计与安装，且在其生命周期内使用恰当的过程安全管理程序要素之一。同时称之为“资产完整性和可靠性”。

审核：为检验是否符合规定标准要求，运用完善的审查程序进行系统化的独立评审，从而验证合规性并使得审核人员能够得出证据确凿的结论。

特定信息：该术语是指只有符合某一规定的信息才被记录，而不是记录在开展工作时形成的所有信息。例如，对于“危害识别和风险分析(HIRA)”就会出现出现这种情况，只有提出了建议和措施的那些危害情况才被记录，而不记录其他信息。对于“资产完整性”，只记录会导致出现不合格结果的那些检查、测试和预防性维护(IPMT)工作。

灾难性泄放：工艺中有毒、活性或可燃物料非受控的排放，可能会造成现场或场外急性健康影响、重大环境影响(如对公众饮用水供水造成威胁)、重大财产损失。

CCPA：加拿大化学品制造商协会(CCPA)发布的《加拿大重大工业事故理事会(MIACC)自我评估工具》，2001年9月。过程安全管理指南/HISAT修订项目：070820版，由CCPA过程安全管理委员会编写(版权所有：CSChE)。

检查表：列出所有需要验证是否已完成的事项清单。一般来说，采用程序格式，每当一项关键工作完成后则将其划去(或加以明确/确认)。检查表通常附在程序文件之后，程序文件对各项工作步骤有更为详细的描述，包括涉及的危险以及对相应危险进行控制的完整阐述。应结合正式危险评估技巧使用检查表，确保万无一失。

规范：影响某一设施的书面要求和/或适用于某一设施的过程安全要求。规范包含对管理体系策划和实施、工艺设备设计和操作或类似活动方面的要求。规范和标准的区别在于，规范已成为法律或法规的一部分，因此，当某一行政管辖区在其法律或法规中采用了规范要求时，规范中的要求则在该行政辖区成为强制性要求。规范通常为国家级，但也可以是地方或联邦法律或法规。

能力：过程安全管理程序要素，用以保持、提高和拓宽知识面和经验水平的人力与物力。

操作行为：以一种精心的、结构化的方式来执行操作和管理任务，并使其制度化，以追求能够很好地完成每项任务，并使业绩的波动最小化。

确认：是一个专用审核术语，指对某一事物的存在或条件加以证实。通常以书面申请和由独立第三方确认形式来进行确认，但是也可通过口头形式或观察进行确认。

后果：某一事件直接导致的不期望的后果，通常包括火灾、爆炸或有毒物料泄放。可以对事故造成的健康影响、经济损失和环境破坏进行定性或定量评估。

一致性：在某一阶段或从一个阶段到另一个阶段过程中持续保持一致。

持续改进：通过持续的努力，而非因某一个偶然的原因或分步进行的变化，实现绩效或效率两方面的进步与改善。持续改进通常需要对比成绩目标，对活动或管理系统的状态进行正式评估。此类评估和对比工作的频次要远远高于正式审核工作。

承包商管理：用于确保承包服务能够实现下列目标而执行的控制体系：(1)装置安全运行，(2)公司过程安全和个人安全绩效目标。涉及承包商的选用、招投标、雇佣和对承包工作的监控。

控制措施：为预防或减少事故而设立的工程措施和管理方针/程序。

核心价值：已升华为道德使命的价值，针对影响核心价值的违背行为或不理想表现设有一系列严格规定。

退役：将工艺装置所有的物料清空，并将装置完全停用。装置退役通常涉及将装置与其他工艺和公用工程连接彻底断开，随后，一般会拆除工艺管线、设备和支撑结构。

确定：得出结论；基于基本满足符合性、准确性或其他预定标准要求，通过观察限定范围和区域内的抽样数据而形成某种观点；或获得第一手资料。

有效性：含有过程安全管理绩效和过程安全管理效率双重含义，指采用有效的过程安全管理程序消耗最少的资源制造出符合要求、质量达标的作业产品。

效能：见术语“有效性”。

要素：过程安全管理体系中的基本划分单位，与必须实施的作业类型(如变更管理MOC)相互关联。

应急管理：过程安全管理程序要素之一，指涉及应急响应及计划相关的作业任务。

评估：就重要性、价值、效果或有用性得出结论。

异常：与标准存在偏离的情况。

设施：管理系统各项活动得以实施的物理地点。在工艺过程生命周期早期阶段，设施可为公司中心研发实验室或技术供应商的工程处；在过程管理后期阶段，设施通常指典型的化工厂、存储仓库、配发中心或公司办公室。在对风险管理计划(RMP)审核准则进行说明时,“设施”和“现场”具有相同含义。

故障模式和影响分析(FMEA):一种系统的表格式方法,用来评估和记录设备/零部件已知故障类型的原因及其影响。

故障树:指一种能够形象地描述引发某个特定事件(如失效或者事故等)的各种失效原因的逻辑关联模型。

审核发现:在过程安全管理程序设计或实施过程中,为提升过程安全管理水平,审核组根据具体的审核问题,基于收集的数据以及数据分析而得出的结论。审核发现有时还与“异常”有关。严格来讲,尽管审核发现可以是正面结论,也可以是负面结论,但是按照审核习惯和在审核中采用的术语,“审核发现”通常指在审核过程中发现的不足。审核发现包括结论基础(即审核提问或审核准则)以及解释性结论和支持结论的证据。

频次:在单位时间内事件出现的次数或预计会出现的次数。

良好行业做法:指过程安全管理中好的行业做法(如设施或公司发现的、可纳入过程安全管理程序中的有益的优秀或常用做法,或者为解决过程安全管理某些问题而采用的非常有用但非强制性的解决方案)。

危害:可能导致人员伤害、财产损失或环境破坏的化学或物理状态。在过程安全管理相关的指南中,危害是风险的第一个属性:即什么会出错?

危害分析:见术语“危害识别和风险分析”。

危险与可操作性分析(HAZOP):通过一系列“引导词”研究过程偏差,来识别工艺危害和潜在操作问题的一种系统化方法。

危害识别:识别能导致事故从而产生不期望后果的物料、系统、工艺和装置特性。

危害识别和风险分析(HIRA):是一个综合术语,指在设施生命周期全过程中,为确保各项对员工、公众或环境存在威胁的风险均持续控制在企业的风险容忍范围内,而在工厂内进行的所有危害识别及风险分析活动的统称。

危险化学品:指能够在释放时造成过程安全事件的有毒、反应性或易燃物料。同时还称之为“危险物料”。

高危化学品:指能够在释放时造成过程安全事件,且已被纳入OSHA过程安全管理标准《高危化学品过程安全管理》(29 CFR §1910.119)中的有毒、反应性或易燃物料。

人为因素:确保与人员能力、局限性和需求相匹配的设备设计、操作规程和工作环境等相关的因素。对于人为因素专家而言,该通用术语涉及在人-机系统中与人员有关的所有技术工作(如工程设计、程序编写、工人培训、工人选择)。

实施:根据审核发现、事件调查组建议、风险分析小组建议等指定行动计划并予以完成。同时,还指建立或执行过程安全管理程序各要素相关作业活动。

事件:可能会导致不良后果的、计划外发生的事情。

事件调查:确定导致某一事件发生的原因并提议如何针对原因解决问题以防止类似事件再次发生或减少此类事件发生频率的系统化方法。同时请参见术语“根原因分析”和“表面原因分析”。

独立保护层(IPL)：能够防止假设事故后果继续发展至某一确定不良后果的装置、系统或行为。独立保护层与导致事故后果的事件无关，与其他保护层无关。通常在进行保护层分析时确定各独立保护层。

本质更安全：某种条件下，工艺所采用的物料及操作的相关风险得到降低或者消除，且此类降低或者消除是永久性的且与工艺密不可分。在本书中，本质更安全技术(IST)还可以与“本质更安全”一词互换使用。

检查：用于确定正在进行的各项装置操作运行及维护作业是否符合设定标准的一项工作。检查结果通常立即向负责实施工作的人员进行反馈，但一般情况下，不会对确保各项政策与程序得以贯彻实施的管理系统进行检查。

检查、测试和预防性维护(ITPM)：有计划的主动性维护活动，旨在：(1)评估设备当前状况和降级率；(2)检测设备的可操作性/功能性；(3)通过恢复设备状态预防设备失效。

内部控制措施：企业内部建立的各种正式和非正式的工程和管理方法，用于帮助企业指导和规范其运营活动以实现预期成果。另外，也指企业在实施具体的管理过程中所遵循的通用方法。在审核过程中对管理体系进行正式评估的要求，目前不属于合规性要求。采用部分相关审核准则，可完成对企业内部控制措施充分性的评估。

面谈：为了解企业运营情况和绩效情况，对设施人员或其他个体进行的正式或非正式的询问。

检查、测试和预防性维护(ITPM)计划：实施、维护、监控和管理各项检查、测试和预防性维护工作的计划。

知识、技能和能力(KSA)：“知识”与信息有关，通常涉及政策、程序和其他基于规则的事实。“技能”则与在接受部分指导或无指导的情况下实施某一明确限定任务的能力有关。“能力”则关乎在面对未能明确限定的任务时所作出的决策的质量及任务实施的质量(如运用知识进行故障和问题检修)。

滞后指标：以结果为导向的测量指标，测量以往绩效的事故率或其他指标。

保护层分析(LOPA)：评估旨在减少不良事件发生概率的独立保护层的有效性的过程。

领先指标：以过程为导向的测量指标，如过程安全管理体系政策和程序的完成或符合程度，具有预测绩效的能力。

可接受做法的标准：在过程安全管理(PSM)过程中逐步形成的良好的、成功的、常用的或最佳的做法，被普遍采用和成功实施，并由监管机构对其做出了解释和澄清，或者对过程安全风险有显著的、可测量的降低效果，由此逐步演变成非正式的准则，被行业和监管机构采用并定义为过程安全管理(PSM)可接受的做法。

生命周期：物理过程或管理体系从开始到结束的全过程各阶段。这些阶段包括概念、设计、部署、采购、运行、维护、退役和处置。

可能性：某一事件预计发生的频率以及该频率出现的概率。

操作限制条件：有关启动某一工艺或保持正常运行所必须具备的关键资源以及必须投用的关键系统的技术规范，此类关键系统包括消防系统、火炬系统、洗涤系统、应急冷却系统以及热氧化系统，关键资源通常涉及操作人员和其他关键职能人员。

管理评审：过程安全管理要素之一，用于对其他过程安全管理系统/要素进行的例行审查，旨在确定接受审查的要素是否照章执行并产生良好的预期效果。这是管理层应定期、持续不断地开展的“尽职审查”，以弥补日常作业活动和定期正式审核之间的审查空白。

管理体系：为实现特定的结果，在可持续的基础上以一种统一的方式，正式建立的一系列活动。

指标：用以测量过程安全管理效率或绩效的领先和滞后指标。此类指标包括预测性指标（如在报告期内以不当方式断开管道的数量）以及以结果为导向的指标（如在报告期内发生的事件数量）。

国家重点计划(NEP)：指《炼油行业过程安全管理国家重点计划》（OSHA 指令 CPL 03-00-004）以及扩展到《化工行业过程安全管理国家重点计划》（OSHA 指令 09-06（CPL 02））。国家重点计划是由 OSHA 制定的一个强制性执行的检查标准，用于对炼油和化工行业中过程安全管理标准实施情况进行更加完善的检查。

未遂事件：是指当条件不同或允许事件持续发展就有可能引发伤害或损失但实际并未发生的意外事件。

偏差常态化：由于对标准不符合性的容忍度一再放大，从而导致绩效标准的逐步蚕食。

客观性：指没有任何偏见。

观察：留心注意并记录相关信息，用来支持审核发现。另外还称之为“现场观察”。

运行模式：指在设施生命周期内运行和维护时的操作阶段。运行模式包括开车、正常运行、停车、产品转换、设备清理与除垢、维护及类似工作。

操作限值：在正常运行时，工艺参数通常应保持的数值或数值范围。这些数值通常与产品质量保证或工艺高效运行有关，但是，也可以包含工艺安全上限值和下限值，或其他重要的限定值。

开车准备：过程安全管理要素之一，涉及确保工艺准备就绪可供开车/再次开车有关的工作。该要素适用于各种再次开车情形，从短暂停车进行简单维护后的再次开车到工艺停车长达数年后的再次开车。

操作人员：负责监控、控制和执行必要作业以实现系统生产任务的个人。“操作人员”还可以是一个广义术语，涵盖进行各种各样工作的人员（如数据读取、仪表调校、紧急维护、装卸管理和危险物料存储）。

OSHA 过程安全管理标准《高危化学品过程安全管理》(29 CFR §1910.119，OSHA PSM)：美国的一项法规性标准，要求企业采用 14 要素管理体系，预防或消除法规中涵盖的灾难性化学品泄漏或工艺能量泄放事故的影响。

贝克委员会报告：贝克委员会（Baker）发布的《BP 公司美国炼油厂独立安全审查专门小组调查报告》（简称“贝克委员会报告”），2007 年 1 月。

绩效：过程安全管理作业产品和工作活动的质量或效果的度量。

绩效保证：一种正式的管理系统，要求工人证明其理解并掌握了培训内容，并将培训技能应用于实际工作中。绩效保证通常是一个持续过程，从而（1）确保所有工人满足绩效标准要求并在其上岗任职期间内维持熟练的工作技能，以及（2）帮助找出那些需要进一步加以培训的作业任务。

基于绩效的要求：指明确给出必要的结果的要求，而没有定义实现这些结果而采取的具体措施，即“做什么”，而不是“如何去做”。如何能实现所需要结果的方式方法则由工厂根据自身的需求和具体情况以及业内惯例做法确定。例如，在实施变更管理(MOC)程序时，要求将安全及健康相关影响纳入审查/审批程序，并预防变更对人员造成不可接受的风险，这个要求就属于一项基于绩效的要求。实施人员必须制定相关程序对与变更有关的风险进行识别和审查，明确可容忍的风险水平，对风险进行详细评估，以证明变更符合规定的要求(这种情况下，可能是创建一个安全的工作环境)。(同时请参考术语“规范性要求”，“规范性要求”与“基于绩效的要求”不同的地方在于“规范性要求”会阐述说明应如何实施作业。)

绩效指标：参见术语“指标”。

原则：参见术语“事故预防原则”。

规范性要求：明确规定“做什么”以及“如何做”的要求。例如，全身型安全带的技术规范，以及规定当人员在高空作业或距离屋面边缘某一距离作业时必须使用全身型安全带的要求，都属于规范性要求。(同时参考术语“基于绩效的要求”，两者不同点在于，“基于绩效的要求”并没有指明应如何实施作业。)

程序：描述如何安全的开展工作的书面性分步说明和相关信息(警告、备注和警示类信息)。

过程安全：保护人员和财产免受由工艺条件出现意外偏差而导致的偶发性事故和灾难性事故。

过程安全能力：参见术语“能力”。

过程安全文化：集体价值和行为的综合体现，其决定了过程安全的管理方式。良好的过程安全文化指的是有助于实现更为安全的工艺操作的相关态度和行为。

过程安全事件：指具有潜在灾难性的事件，即，事件包含能导致重大健康和环境后果的危险物料排放/泄漏。

过程知识管理：过程安全管理要素之一，包括为其他过程安全管理要素而进行的信息收集、组织、维护与信息提供等作业任务。过程安全知识主要包括书面文件，如危险信息、工艺技术信息以及设备具体信息等。过程安全知识为“过程知识管理”这一要素的成果。

过程安全管理(PSM)：一个用来防止设施相关过程发生能量或化学品泄漏事故、进行相关准备工作、消除相关风险、进行相关响应并对事故现场进行恢复的管理系统。在本书中，过程安全管理并不是仅指依据或遵照 OSHA 过程安全管理标准《高危化学品过程安全管理》(29 CFR §1910. 119)开发的某一具体过程安全管理程序，而是作为一个更加宽泛的术语，用于对按照法律规定编写的或自愿制定的任何过程安全管理程序的格式、内容和实施要求加以规定。

过程安全管理体系：确保偶发性事故防范措施到位、处于运行状态和有效实施的一套综合性策略、程序和做法。

方案：将审核程序组织成一系列通用的审核步骤的文件，并对审核人员应采取的行动进行了说明。

过程安全管理(PSM)审核：确定过程安全管理(PSM)程序的实施状态和质量的活动。该术语并不是指仅按照 OSHA 过程安全管理标准《高危化学品过程安全管理》对过程安全管理进行审核，而是指可以根据任何过程安全管理程序开展审核。

定量风险分析（QRA）：基于工程评估和数学技术，对设施或操作运行有关的潜在事故的预计发生频率和/或后果进行的系统化数值估算。

启动前审查：在工艺单元首次开车或再次开车前进行的一项工作，旨在确认工艺设备和安全系统状态、运行限制条件的状态，在某些情况下，还会确认相关人员的培训与资质是否符合预先要求的条件。另外还称之为"开车准备审查"和"开车前安全审查"。

认可和普遍接受的良好工程实践（RAGAGEP）：与装置设计、建造、操作和维护有关的法规、行业共识或推荐做法。认可和普遍接受的良好工程实践的表现形式有法律或法规，行业规范和标准、推荐做法、由行业和专业机构发布和维护的其他指南，生产商的设计、安装、运行和维护建议，或在某一设施或整个行业内由装置长期运行而形成的做法。在化工/加工行业，绝大多数认可和普遍接受的良好工程实践为共识的行业规范、标准以及推荐做法。这些规范和标准对行业内不同技术和管理问题的可接受做法的标准进行了定义。另外，还定期对认可和普遍接受的良好工程实践进行更新，以反映来自所有利益相关方（设备设计方、制造商和用户）的最新信息。在某些情况下，监管机构还直接采用这些认可和普遍接受的良好工程实践或将其纳入州或市法律中。

相关审核准则：在过程安全管理过程中从良好的、成功的、常用的或最佳的做法中衍生出来的审核准则，这些准则不属于合规性审核准则，但可对过程安全管理程序加以补充和改进，以满足最低合规性要求。可采用相关审核准则对过程安全管理系统以及采用的内部控制措施进行评估。

同质同类替换（RIK）：替换项目（设备、化学品、程序等）满足被替换项目的各项设计要求。可表现为对等置换或按照设计参数要求进行的替换，但替换项目不能对被替换项或关联项目造成负面影响。

代表性单元：指正在被审核的过程安全管理程序所涵盖的某一设施的一部分。当审核范围可能包括众多单元或装置时，审核员有时在重点单元里选择相关记录和文件以及需面谈的人员，如此，这些输入是从少量选定的单元中抽样而得，而这些选定的单元被认为是所有覆盖单元的典型代表。

决议：针对审核发现（和/或相关建议）、事故调查小组建议和风险分析小组建议等，管理层采取何种响应措施的决定。在决议期间，管理层有权采纳、拒绝各项建议或对建议进行修改。如果建议被采纳，则如何实施建议的行动计划通常被视为决议组成部分。（参见术语"实施"。）

职责：指派某个人员最终负责某一程序的发展和/或实施，和他所承担的相应的单独的工作任务，以及完成任务所需要承担的相应责任。只有一名人员对某项工作负有最终职责。尽管在本定义中使用了"责任"一词，但术语"责任"在本书中单独使用。

资源：为开展工作任务和交付作业产品所必须提供的人力、资本、运营成本和其他投入。

审查：对操作、程序、状态、事件或一系列事务处理进行评判性的研究分析。

风险：三个属性组合：什么会出问题？问题的严重程度？问题发生的频率？

风险分析：对一系列作业或潜在事故情形相关的风险进行研究或审查。风险分析通常会考虑风险所具有的三个属性。通过风险分析可以得出定性或定量结果。

基于风险的：该形容词用于描述工艺、活动或设施的一个或多个风险属性。在这种情况下，对风险三类问题其中任何一个进行考量则被视为是一项基于风险的工作任务。例如，考量某项物质或工艺所具备的危险，以确定制定操作程序的严格程度时，尽管“了解危险属性”是进行程序设计时的主要决定因素，但还是会采用的术语是“基于风险的设计”，而不采用术语“基于危险的设计”。因此，简而言之，不采用诸多诸如“基于危险的”，“基于结果的”或“基于频率的”等独立术语，而是采用“基于风险的”这一术语足以涵盖上述任何一个或多个术语的含义。

基于风险的过程安全(RBPS)：CCPS 的过程安全管理体系方法，采用“基于风险的”策略和执行战略，来满足过程安全作业活动、资源和现行过程安全文化对风险控制的需求，以正确设计、纠正和改进过程安全管理。对于基于风险的过程安全(RBPS)，所有危害和风险并不是同等的，因此提倡为重大危害和高风险提供更多的管理和控制资源。该方法基于四大事故预防原则：(1)对过程安全的承诺，(2)理解危害和风险，(3)管理风险，以及(4)吸取经验教训。这四大原则被进一步分为 20 个要素(见术语“要素”)。

风险控制措施：参见术语“控制措施”。

风险管理：将管理策略、程序和做法系统的应用于分析、评估和控制风险的活动中，以保护员工、普通公众、环境和公司资产。

根原因：管理系统出现的问题，如设计存在缺陷或培训不足，可能会导致出现不安全行为或不安全状态，从而造成事故；根本原因。当根原因解决后，就不会再次发生该类事故。

根原因分析(RCA)：一种正式调查方法，旨在找出并解决引发事故的管理系统层面的问题。此类根原因是那些表面看似与事件毫无关联的原因或潜在原因。同时参考“表面原因分析”。

安全上限和下限：指设备设计限定值，并不是指与质量有关的操作限定值，但操作限定值有时也指设计值(如设计压力、设计温度)。

安全操作规程：一整套方针政策、程序、作业许可以及其他体系，以管理非常规作业(如，动火作业、打开工艺容器或管线、进入受限空间)相关的风险。

安保：参见术语“控制措施”。

抽样：从大量数据或信息中选取一部分来确定整个群体的准确性、代表性或特性。

应：在本书中，“应“一词用于指非强制性的行动或要求。该词在合规性审核准则和相关审核准则中有所应用。由于本书中所描述的管理过程安全管理程序(合规性审核准则源于过程安全管理程序)的规定，本质上是基于绩效的要求，所以合规性审核准则采用了“应”(should)一词，而没有采用“必须(shall，must)”或其他强制性用词。因此，可能有多种方法来满足合规性要求，本书的目的并不是有意明确一种首选方法或更优方法来确保满足合规性审核准则要求。

利益相关方：受(或认为受)工厂运行影响的个体/集体，或者协助/监控设施运行的人员/机构。

利益相关方沟通：过程安全管理要素之一，旨在(1)寻求机会与利益相关方就过程安全展开对话，(2)与社团组织、其他公司和专业机构以及当地、国家和联邦政府部门建立联系，(3)向利益相关方提供有关公司/设施运营、产品、计划、危险和风险有关的准确信息。

标准：过程安全管理要素之一，即“标准合规性”，旨在识别、编写、获取、评估、传播和提供对工厂有影响的适用的标准、规范、法规和法律，以及适用于工厂的过程安全要求。通常，标准还指由监管机构、专业机构或行业组织、公司或其他机构发布的适用于管理体系的设计和实施、工艺设备设计和运行或类似活动的相关要求。

分包商：在过程安全管理(PSM)所涵盖的设施中从事与第三方(即总承包商或专业承包商)有关工作的公司或个体，其从事的工作与主体设施并不直接相关。分包商受过程安全管理程序中“承包商管理”要素的制约。

技术主管：经正式任命的，负责收集并维护与工艺有关及与过程安全相关的知识的人员。

测试：验证抽样信息是否有效。测试包括对数据或信息进行追溯(即基于抽样信息的状况对设备或运行等进行实际检查)，对结果进行独立计算，以及采用其他数据或信息源对结果进行确认。

及时性：在本书任何章节中，除非是在特定情况下对该术语进行了不同定义或解释，该术语含义是指：立即决定、执行解决方案或建议、整改项和其他跟踪工作的实施方案。这就意味着基于确定的行动或工作复杂性及其实施难度在合理时段内及时完成上述工作，并根据具体情况来对时间安排进行评估。

合作方：加工、存储、使用、处理或运输公司最终产品的某一化学组分的合作公司。

培训：针对作业、任务要求及方法进行的实践指导。培训可以在课堂或工作场所进行，其目的在于使工人满足最低能力要求，维持其熟练工作能力，或提升其能力以胜任新的职位。

检修：在计划停车期间按照计划进行检查、测试、预防性维护以及故障检修(如变动、更换或维修)。

确认：为增加审核数据的可信度而进行的大量评估和核实工作，包括对法律、法规、策略和程序、标准和管理指示的应用和遵守情况进行评估，对数据和报告的有效性进行验证，对管理系统的有效性进行评估。

验证：通过认真检查对事实、准确性或正确性进行确认，即证实。

自愿性共识过程安全管理标准：指基于共识而形成的过程安全管理标准，对这类标准，法律或法规并不要求强制性实施，但却是行业或专业机构〔如美国化学理事会(ACC)、国际标准化组织(ISO)〕或含有过程安全管理规定的 EHS 共识标准编写机构，会建议其成员单位采用或作为成员资格一项要求来实施的标准。

VPP：《自愿性保护计划》(VPP)附录 B 2008 年度自评估，OSHA《高危化学品过程安全管理》(PSM)标准所涵盖场所均是 VPP 补充应用范围。

假设分析(What-if)：一种危害识别和风险分析(HIRA)方法，熟悉过程危害和风险的专业人员采用头脑风暴的方式来询问或探讨与不期望事件有关的问题。

工人：设施员工和承包商人员的统称。该术语通常(但并非绝对)指操作人员、维护人员，以及其他不担任管理或技术职位的员工或承包商人员。

员工参与：过程安全管理要素之一，由下列一系列工作组成：(1)向所有人员(包括承包商人员)征求意见，(2)在企业各个层面上培养管理人员和工人之间的良好的交流机制，(3)帮助维持浓厚的过程安全文化氛围。

工作文件：编写最终报告使用的现场记录，包括已完成工作、采用的技术以及在进行审核时得出的结论。

书面程序：对管理体系重要方面加以限定的文字阐述，如目的和范围、角色和职责、任务和程序、必要输入信息、预期结果和工作成果(产品)、人员资质和培训、工作动机、进度计划和完成日期、必要资源和工具、持续改进、管理评审和审核。

致　谢

在本书编写过程中，PSM 审核指南第二版分委会全体成员以及 CCPS 成员单位给予了大力帮助和技术支持，美国化学工程师协会（AIChE）和化工过程安全中心（CCPS）向他们表示衷心感谢！同时，化工过程安全中心（CCPS）还对其技术指导委员会成员提出的建议和支持深表感谢！

CCPS 过程安全管理审核分委会

过程安全管理审核分委会主席是 BP 公司的 Lisa Morrison，化工过程安全中心（CCPS）顾问是 Bob Ormsby。分委会还有以下成员：

Steve Arendt　ABS 咨询公司
Larry Bowler　沙伯基础创新塑料公司
Laurie Brown　伊士曼化学公司
David Cummings　杜邦公司
Bill Fink　RRS 工程公司
Warren Greenfield　ISP 公司
Bob Kling　孟山都公司
Tim Murphy　太阳石油公司
Henry Ozog　ioMosaic 公司
Lorn Paxton　空气化工产品公司
Greg Plate　莱昂德尔化学公司
Duane Rehmeyer　Baker 风险公司
Adrian Sepeda　Consultant 咨询公司
John Traynor　赢创德固赛公司
Bill Vogtmann　SIS 技术公司
Ken Woodring　KG Woodring 生产和技术服务有限责任公司

在本书出版过程中，化工过程安全中心（CCPS）对积极参与以及提供重大帮助的分委会成员表示特别感谢，他们是：Lisa Morrison、Larry Bowler、Warren Greenfield、John Traynor、Ken Woodring 和 Laurie Brown。化工过程安全中心还对 AcuTech Group，Inc. 公司的主要作者和其他工作人员以及技术编辑 Cynthia Baskin 表示谢意。

主要作者

- Michael J. Hazzan，P. E.
- Martin R. Ros

- David A. Heller, CSP
- Christie A. Arseneau

CCPS 过程安全管理审核同行审查人员

CCPS 所有书籍在出版前都进行了同行审查，本书也不例外。许多人员对本书提出了有益的建议。

Jeroen Adriaansen	BP 公司
Melissa Bailey	Ogletree, Deakins, Nask, Smoak and Stewart 法律事务所
James Belke	美国国家环境保护局
Timothy Blackford	雪佛龙公司
Lee Braem	赢创德固赛公司
Laurie Brown	伊士曼化学公司
Donald Connolley	BP 公司
Walter Frank	CCPS Emeritus 公司
Frederic Gil	BP 公司
Joseph Ledvina	沙索公司
Daniel Lewis	芬美意公司
Peter Lodal	伊士曼化学公司
Jack McCavit	CCPS Emeritus 公司
Peter Montagna	King 工业公司
Laura Monty	Consultant 咨询公司
Mikelle Moore	巴克曼实验室国际有限公司
Lisa Morrison	BP 公司
Mickey Norsworthy	P-I-I-I 公司
Jeff Philliph	孟山都公司
Cathy Pincus	埃克森美孚公司
Mark Preston	BP 公司
Dennis Rehkop	特索罗石油公司
Daniel Roczniak	ACC 公司
Wayne Stocki	Westlake 公司
Tee Tolbert	伊士曼化学公司
William Vogtmann	SIS 技术公司
James Walund	REC 硅材料公司
Roy Winkler	英力士公司
Gary York	BP 公司

前　　言

在过去的四十多年里，美国化学工程师协会(AIChE)一直密切参与化学行业及关联产业有关的过程安全和损失控制问题。通过与工艺设计人员、施工人员、操作人员、安全生产专业人员和学术界研究人员的密切联系，AIChE 不仅加强了与这些人员的交流，而且推动了该行业高安全标准的持续改进。AIChE 的出版物和专题讨论会已经成为那些期望了解事故原因、制定更有效措施以防止出现事故并减轻事故后果的人员的信息来源。

AIChE 于 1985 年成立了化工过程安全中心(CCPS)，其宗旨是编制和宣传用于预防发生重大化学事故的技术信息。CCPS 由化学过程行业(CPI)和相关行业超过 120 个赞助机构提供支持，这些成员单位为其技术分委会提供必要的资金和专业指导。通过过去几年的发展，CCPS 已经真正成为了一个国际机构，其成员来自世界各地。CCPS 于 1985 年出版了其第一部指南性书籍，此后陆续出版了超过 100 部指南性书籍和概念性书籍，主办了 24 次国际会议，以促进各行各业过程安全专业人员的发展。

作为早期出版物中的一部，《过程安全管理体系审核指南》于 1993 年出版。本书仿效了 CCPS 于 1989 年出版的《过程安全技术管理指南》中首次提出的过程安全管理 12 个要素。1992 年，美国职业安全与健康管理局(OSHA)出版了 OSHA 过程安全管理标准《高危化学品过程安全管理》(29 CFR §1910.119)，该标准中的要素与 CCPS 初次明确的过程安全管理要素基本类似，但并不完全相同。CCPS 于 1989 年出版的《过程安全技术管理指南》以及 OSHA 过程安全管理标准将审核列为过程安全管理要素之一。

2007 年，CCPS 出版了《基于风险的过程安全》一书，提出了过程安全管理体系的全新结构以及基于风险的策略性实施流程。该出版物包括 20 个过程安全管理要素。在《基于风险的过程安全》一书出版后，CCPS 就计划着手根据基于风险的过程安全要素编写《过程安全管理体系审核指南(第二版)》一书。此书编写工作于 2007 年启动，于目前完成。

考虑到本书第一版于1993年出版，在第一版中并没有给出对OSHA PSM实施要求方面的审核指导或指南。尽管本书第二版以基于风险的过程安全20个要素为基础编写，但在相关章节中融合了OSHA PSM要素，并增加了新章节以对审核过程安全管理程序的适用性以及风险管理计划进行了说明。同时，还增加了适用于过程安全管理体系的多个州立法规。另外，还基于众多信息来源，包括对OSHA过程安全管理标准《高危化学品过程安全管理》(29 CFR §1910.119)做出的正式书面说明和口头说明、过程安全管理相关出版物、以往的过程安全管理成功做法和普遍认可的做法以及其他信息源，给出了大量的过程安全管理审核指南。相关指南是对这些标准要求的综合说明，并没有经过监管机构批准，也没有经过化工过程安全中心(CCPS)或其成员单位核准。除此之外，本书还给出了美国化学理事会(ACC)《责任关怀管理体系®》以及美国国家环境保护局(EPA)法规《风险管理计划》(RMP)的审核指南。本书还介绍了在全球开展过程安全管理审核情况，但是没有对美国本土以外国家的过程安全管理法规进行介绍。

业界表示分别需要法规性要求审核方案样本和非法规性审核方案样本，便于各公司根据自身具体情况编写审核方案。为了满足该需求，还随书提供了在线审核方案样本。如何获取本电子版在线资料，请参阅本书第Ⅷ页。衷心希望本书能够为过程安全管理审核提供有用的信息。

本书第二版使用指南

本书章节结构介绍如下，以方便读者使用本书：

过程安全管理程序及过程安全管理体系审核方面的基本知识见第1章和第2章。在过程安全管理体系内容描述中也对诸多基本概念进行了说明，其中许多概念也同样适用于遵循“策划—实施—检查—改进”模式的任何其他管理体系。当某一管理体系属于过程安全管理范畴时，本书还对如何完成“检查”这步工作进行了介绍。第1章对过程安全管理审核计划的制定提供了指南，而第2章对如何开展具体审核工作提供了指南。

有关如何对过程安全管理或风险管理计划每一要素进行审核，见第3-24章中的内容。其中包含化工过程安全中心(CCPS)出版物《基于风险的过程安全》中描述的20个过程安全管理要素章节、过程安全管理适用性和风险管理计划相关章节。在第3-24章中均对合规性审核准则(即强制性审核准则)以及相关审核准则(即非强制性审核准则)进行了说明。

本书还包括多个附录，为某些特殊主题(如全球性过程安全管理审核、并购期间过程安全管理审核)提供了过程安全管理审核指南，并提供了常用的过程安全管理审核工具方面的信息、示例/样本(如审核报告模板)。

过程安全管理审核方案见附录A，此审核方案来源于要素章节中的审核准则。为便于读者使用，本方案采用电子数据表格式在线提供。如何获取本电子版在线资料，见本书第Ⅷ页。

实施综述

本书旨在为过程安全管理体系审核提供指南。本指南基于近15年以来对过程安全管理体系审核所获得的经验，尤其是自1992年5月OSHA过程安全管理标准《高危化学品过程安全管理》发布以来以及自1995年开始对过程安全管理体系进行审核以来获得的经验编写而成。在一系列美国和国际法规性和非法规性过程安全管理标准实施以来，还有其他一些过程安全管理指导性资料可供使用。这些非OSHA过程安全管理经验同样也是编写本书内容的基础。然而，鉴于近几年许多国际过程安全管理规范在许多国家得以采纳和实施，为所有这些法规性标准提供相同水准的指南并不现实。因此，当在美国以外的国家使用本书时，须根据所在国实际情况适当增加或替换法规中规定的过程安全管理具体要求，并考虑由使用公司或设施运营方提出的要求。

成功的过程安全管理审核始于公司高层和现场管理人员高度重视并承诺：定期开展过程安全管理审核工作，为审核分配合适资源并确保对发现的问题以及所提出的建议及时采取措施，同时在审核期间还应确保合理安排现场工作以最大程度地为审核提供支持。高层管理人员对这些工作的开展负有最终责任。另外，管理人员应为审核工作明确基调，强调审核工作的重要性，明确管理层期望通过对存在问题的过程安全管理进行审核以获得何种经验教训，以及在可能情况下对合规性以外的方面也进行审查。审核基调还应包括，确保参与审核工作的所有人员都知道不能因审核结果而指责相关人员，但是责任方应对发现的问题尤其是纠正措施的实施负责。如果时间和日程安排允许，管理层应参加审核情况介绍会、首次审核会和末次审核会，以积极参与到审核工作中。这将有助于审核组和设施人员知晓和了解管理层对审核工作的承诺和重视。

确定过程安全管理程序能否正常运作的唯一方法是定期对其设计和实施情况进行彻底核查。过程安全管理审核是对过程安全管理程序的实施效果进行测量的一种方法，基于预先确定的过程安全管理指标来进行详细比较。如果没有对过程安全管理程序进行认真测评，则无法对其进行控制或改进。至少应对过程安全管理程序是否符合强制性法规和公司标准进行测评和考量。该项工作基于过程风险以及程序中包含的风险规避要素来对过程安全管理程序能否有效控制过程安全进行审查，同时，还应审查过程安全管理程序的策划和实施是否融入了行业内其他常用做法或成功做法，以及过程安全管理程序是否反映了持续改进这一原则。本书中的内容为进行这种全面检查提供了必要的指南。

不能将本指南视为对过程安全管体系进行审核必须采用的认可和普遍接受的良好工程实践(RAGAGEP)。认可和普遍接受的良好工程实践通常用于化工/过程行业或工程领域，本书虽然为审核提供了综合性指南，但并不是一个正式标准。尽管本书的编写和出版采纳了化工过程安全中心(CCPS)其他多部指南性书籍采用的方法，但是并未经过相同的严格技术审查，包括公开文献中的同行审查或相关机构在编写和维护规范和标准时通常采用的投票审查。因此，本书不能像ASME锅炉和压力容器规范或由美国石油学会、美国消防协会、美国国家标准学会出版的标准或其他类似文件那样作为强制性指南来使用。

引　言

由于审核旨在验证过程安全管理体系是否高效运作以及能否对发现的问题采取纠正措施，因此，审核是有效的过程安全管理程序的一个基本组成部分。

本书介绍了强制性和非强制性的过程安全管理程序要素。以化工过程安全中心(CCPS)出版物《基于风险的过程安全》(RBPS)（CCPS，2007c）作为选择过程安全管理程序结构的基础，即确定过程安全管理程序的组成要素。这些要素与美国职业安全与健康管理局(OSHA)过程安全管理标准《高危化学品过程安全管理》(29 CFR §1910.119)以及美国国家环境保护局(EPA)法规《风险管理计划》(RMP)(40 CFR §68)中的要素类似但并不完全相同。除过程安全管理程序技术要素外，本书还介绍了过程安全管理程序内容和指南的其他信息来源，包括：

在化工过程安全中心(CCPS)出版物《基于风险的过程安全》、贝克委员会(Baker)发布的《BP公司美国炼油厂独立安全审查专门小组调查报告》、化工安全委员会(CSB)发布的《BP公司得克萨斯州炼油厂异构化装置严重爆炸伤亡事故调查报告》、美国化学理事会(ACC)出版的《责任关怀管理体系®》(原《过程安全规范》)中介绍的过程安全文化。

《炼油行业过程安全管理国家重点计划》(NEP)中明确的OSHA审核指南。

由美国内政部矿产资源管理局(MMS)为海上石油平台编写并出版的《安全和环境管理计划》(SEMP)。《安全和环境管理计划》是在海上石油勘探开采(E&P)行业和美国内政部矿产资源管理局(MMS)之间形成的一个自愿性共识过程安全管理标准。位于外大陆架(OCS)的石油平台受美国矿产资源管理局而非美国职业安全与健康管理局监管。由API编写和发布的自愿性共识过程安全管理标准API RP-75，允许位于外大陆架的设施实施非强制性的过程安全管理标准，但在外大陆架设施中实施的过程安全管理标准须是被美国矿产资源管理局认可的该行业中的良好行业做法。《安全和环境管理计划》(SEMP)审核准则为API RP-75一部分，可从www.mms.gov/semp获取。

国际过程安全标准，如欧洲Seveso Ⅱ标准、国际劳工组织(ILO)标准C174

以及国际标准化组织(ISO)质量和环境管理体系审核指南(ISO 19011)。

因此，尽管本书包含了OSHA过程安全管理标准，但并不仅仅只为审核OSHA过程安全管理标准提供指南。另外，本书还可在全球范围内使用，并不是仅仅针对美国。当在美国以外的国家使用本书时，须根据所在国实际情况适当增加/替换法规中规定的具体过程安全管理要求以及由使用公司或现场特定的要求。附录H为在其他国家的工厂或拥有海外业务的美国公司提供了审核指南。本书主要供工艺生命周期的运营阶段使用，但是，书中指南也可供工艺生命周期其他阶段参考使用。

尽管本书对众多过程安全管理标准和管理体系进行了说明，但是并没有对以下类型标准审核提供具体的指南：

- 美国化学理事会(ACC)《责任关怀管理体系®》(RCMS®)，除了RCMS®中的过程安全部分。
- 质量管理体系，如ISO 9000。
- 安保管理体系。
- 职业健康与安全标准。
- 环境标准，《风险管理计划》(40 CFR §68)除外(按照40 CFR §68要求，这属于过程安全法规，而不是传统意义上的环境法规)。

尽管本书提供的指南是针对过程安全管理标准，但是第1章和第2章介绍的很多原则适用于任何管理体系的审核，包括上述列出的管理体系。

可采用不同方法对过程安全管理体系进行全面审核。本书提供的不同方法用于编制不同的审核计划，以满足从小型公司到国际化公司的需求。本书还介绍了审核所必须的某些基本技能、技术和工具，以及审核员应在设施过程安全管理程序中发现的优秀的过程安全管理体系所应具备的特性。无论采用何种方法和技术来对过程安全管理体系进行审核，最重要的是能够客观、系统性地定期开展审核工作。

术语

由于术语“过程安全管理”及其缩略语“PSM”通常可以互换使用，为了防止出现混淆，在本书中对其有关的术语进行了定义。这些术语及其含义如下：

- *过程安全管理：*该术语泛指过程安全管理标准或对这类标准进行审核。在本书中，该术语并不是特指OSHA过程安全管理标准《高危化学品过程安全管理》。

- *PSM*：该缩略语 PSM 与术语“过程安全管理”配合使用。因此，在本书采用的术语“PSM 审核”是指对任何过程安全程序进行审核，并不是仅仅按照 OSHA 过程安全管理标准《高危化学品过程安全管理》或 EPA《风险管理计划》事故预防部分来开展审核工作。

OSHA PSM 和EPA RMP：该术语用于指在美国本土按照 OSHA 过程安全管理标准《高危化学品过程安全管理》或 EPA《风险管理计划》法规事故预防部分，编制的某个过程安全管理程序或过程安全管理审核。同时，还使用术语“PSM 标准”和“RMP 规则”，分别指 OSHA 过程安全管理标准《高危化学品过程安全管理》(29 CFR §1910.119)和 EPA《风险管理计划》(40 CFR §68)事故预防部分。

审核发现：本书中术语“审核发现”是指，审核组依据特定的审核标准/审核问询，基于收集到的数据和数据分析而得出的结论，表明在过程安全管理程序设计或实施过程中存在的需要改进提升的问题。严格来讲，尽管审核发现可以是正面结论，也可以是负面结论，但是按照审核习惯和在审核中采用的术语，“审核发现”通常指在审核过程中发现的不足。在本书中，术语“审核发现”涵盖审核准则或审核提问及其回答(如果采用审核提问方式)，以及描述不足的解释性结论。过程安全管理体系的积极方面被称之为“正面结果”。

应：在本书中，“应”一词通常用于指非强制性的行动或指南。该词在合规性审核准则和相关审核准则中有所应用。由于本书中所描述的管理过程安全管理程序的法规(合规性审核准则源于这些法规)，本质上是基于绩效的要求，所以合规性审核准则采用了“应”(should)一词，而没有采用“必须(shall, must)”或其他强制性用词。因此，可能有多种方法来满足合规性要求，本书的目的并不是有意明确一种首选方法或更优方法来确保满足合规性审核准则要求。

相关的：在本书中，“相关的”一词通常是指非强制性或非合规性审核标准/要求。因此，“相关的”一词通常与“标准”一起使用，或在一个句子中用于区分合规性审核准则和非合规性/非强制性审核准则。当“相关的”一词用于表示其他含义时，在其所使用的句子或段落中，措词应清晰明确。

要素名称：在本书第 3-24 章标题中过程安全管理程序各要素名称与化工过程安全中心《基于风险的过程安全》一书中要素名称相同。在本书第 3-24 章相关审核准则部分采用了《基于风险的过程安全》(RBPS)中的要素名称，但是在第 3

-24章合规性审核准则部分，采用了OSHA过程安全管理标准《高危化学品过程安全管理》和EPA《风险管理计划》中的要素名称。在本书部分章节中，如果在上下文语境中采用OSHA过程安全管理标准《高危化学品过程安全管理》和EPA《风险管理计划》中的要素名称清晰明确，且使用《基于风险的过程安全》(RBPS)中的要素名称会产生混淆时，则采用了OSHA过程安全管理标准《高危化学品过程安全管理》和EPA《风险管理计划》中的要素名称。《基于风险的过程安全》(RBPS)中要素与OSHA过程安全管理标准《高危化学品过程安全管理》(PSM)中要素对照见表1。

这些术语和其他术语定义见本书“术语”部分。

表1 《基于风险的过程安全》(RBPS)中要素与OSHA过程安全管理标准《高危化学品过程安全管理》(PSM)中要素对照表

《基于风险的过程安全》(RBPS)要素	OSHA过程安全管理标准《高危化学品过程安全管理》(PSM)要素	含义
过程安全文化	无	过程安全管理实施和运作的理念、行为和习惯，亦会影响过程安全管理实施效果
标准合规性	适用范围(仅适用于明确哪些工艺和设备应纳入OSHA过程安全管理标准中)	一套用于识别、制定、获取、评估、传播和保存与过程安全相关的内部和外部标准、规范、法规和法律的系统，同时还确保遵守这些标准、规范、法规和法律。该要素以某种形式与《基于风险的过程安全》(RBPS)每一要素相互关联
过程安全能力	无	过程安全能力的形成和维持包括三个相互关联的行为：(1)知识和能力的持续提高；(2)确保为信息需求人提供合适的信息；(3)持续应用已获得的知识经验
员工参与	员工参与	确保企业和承包商人员积极参与过程安全管理程序的设计、编制、实施和持续改进，同时还包括对商业秘密(如果有)进行有效管理
利益相关方沟通	无	找出并鼓励受设施影响的个体或组织积极参与过程安全对话；与其他相邻社团组织、其他公司和专业机构以及当地、州和联邦监管机构建立联系；提供企业/装置产品、工艺、计划、危害和风险方面的必要信息

续表

《基于风险的过程安全》(RBPS)要素	OSHA 过程安全管理标准《高危化学品过程安全管理》(PSM)要素	含义
过程知识管理	过程安全信息	介绍设施中物料的危险性以及设施如何设计、建造和运行方面的技术信息，并以书面形式加以记录。该要素还涉及与信息收集、分类和提供有关的工作。但是，知识还指对数据和信息理解吸收，不仅仅是数据和信息的收集。因此，“能力”这一要素对“知识”要素进行了补充
危害识别和风险分析	过程危害分析	指在过程生命周期内对过程危害进行识别并对过程风险进行评估的审查过程，以确保对员工、公众或环境的风险持续控制在组织明确的风险容忍度范围内。基于分析目标、所处生命周期阶段、可用数据/信息和资源，这些分析通常解决三个主要风险问题。这三个主要风险问题是：危害(什么会出现问题)、后果(问题的严重性有多大)以及可能性(问题出现的频率有多高)。这个要素还包括对已识别的风险进行管理和控制方面的要求
操作程序	操作程序/安全操作规程	书面指导，列出了给定工作任务的执行步骤以及实施方法。这些工作任务包括开车、操作和停车(包括紧急停车)，以及在特殊情况下的操作(如临时操作)。优秀的操作程序还对工艺、危害、工具、防护设备和控制措施进行了说明。操作程序还包括相关其他工作任务，如产品切换、工艺设备定期清理、设备维护前准备以及操作人员需进行的其他日常性工作。操作程序还对安全作业和维护程序进行了补充。该要素包括要求采用某些安全操作规程，但并未指明这些安全操作规程的具体内容
安全操作规程	操作程序/动火作业许可	这类工作程序通常要求提供作业许可证，用于管控与非常规作业有关的危害和风险。该要素包含 OSHA 过程安全管理要素“动火作业许可”
资产完整性和可靠性	机械完整性	是指以下任务的系统化实施：包括为确保重要设备在其生命周期内正常运行而进行的必要的检查和测试，设备书面维护程序、设备维护人员培训、设备缺陷管理以及设备质量保证。同时，还确保关键安全系统或公用工程系统可靠运行

续表

《基于风险的过程安全》(RBPS)要素	OSHA过程安全管理标准《高危化学品过程安全管理》(PSM)要素	含义
承包商管理	承包商	用于确保承包商服务能有效支撑设施安全运行以及实现公司过程安全和人员安全绩效目标的控制管理系统，包括承包商服务的选择、获得、使用和监控
培训和绩效保证	培训(仅适用于工艺操作人员)	对工人进行岗位和工作任务要求及其方法的理论培训(课堂培训和计算机辅助培训)和实际培训，以使工人满足最低的初始绩效标准要求，维持其熟练工作能力或使其具备能够胜任要求更高的工作岗位资格。绩效保证确保工人理解了培训内容并在实际工作期间熟练运用技能，这是一个持续过程。虽然对承包商人员和维护人员进行培训并未正式包含在本要素中，但却包含在"承包商管理"以及"资产完整性和可靠性"要素中
变更管理(MOC)	变更管理(MOC)	审查和授权的过程，用以在对设施设计、运行、组织或其他作业进行变更前，对拟采用的变更进行评估，确保不会引入新的未知的危害，同时保证当前危害对员工、公众或环境造成的风险不会无形中增大
开车准备	开车前安全审查	对变更后工艺进行再次开车前以及在新工艺首次试车和开车前，核实并确保工艺处于安全状态的一项工作，涉及各类停车情况下的开车，并考虑工艺停车时间长短。另外，该要素还考虑停车期间工艺实施的各种工作，以为安全开车审查提供指导
操作行为	无	以一种慎重、有条理的方法来执行操作和管理任务。有时还称之为"操作纪律"或"操作的正式性"，并与企业文化密切相关。操作行为还使员工在执行每项任务时都追求卓越绩效成为制度化，并最大限度地防止效果出现波动。期望各层面人员以一种主人翁、责任感意识并利用其丰富知识和良好判断能力来履行其工作职责

续表

《基于风险的过程安全》(RBPS)要素	OSHA 过程安全管理标准《高危化学品过程安全管理》(PSM)要素	含义
应急管理	应急计划和响应	对可能出现的紧急情况制定应急计划；为应急计划的实施提供资源；对应急计划进行持续改进；对员工、承包商、相邻单位和当地监管机构人员进行培训或告知他们如何采取措施、如何向他们发出通知以及如何上报发现的紧急情况；当确实发生事故时如何与利益相关方保持有效的沟通
事件调查	事件调查	对事件和未遂事件进行上报、跟踪和调查，包含事件调查正式程序，包括为过程安全事件调查分配人员、开展调查、记录和跟踪调整，分析事件趋势和事件调查数据，以识别可能再次出现的事件。事件调查还对调查所提出的解决方案和建议进行管理
测量和指标	无	用于对过程安全管理程序、其组成要素和作业活动的近实时有效性进行测量的绩效和效果指标。同时，还强调数据收集频率以及信息处理方面的要求
审核	合规性审核	对管理体系的实施是否符合预期要求进行评估。该要素对其他要素如"管理评审"和"指标"加以补充。该要素为所有过程安全管理要素开展定期评估的进度安排、人员分配、有效实施以及结果的记录提出要求，并对审核所发现问题的解决方案和纠正措施的实施进行管理
管理评审和持续改进	无	对管理体系的实施是否符合预期要求以及是否尽可能达到预期结果进行的常规性评估。这是管理层应定期、持续不断的开展的"尽职审查"，以弥补日常作业活动和定期正式审核之间的审查空白。管理评审具有第一方审核诸多特点

参 考 文 献

Center for Chemical Process Safety, *Guidelines for Risk Based Process Safety*, American Institue of Chemical Engineers, New York, 2007(CCPS, 2007c)

第3-24章指南

第3-24章为过程安全管理标准或风险管理计划具体要素审核提供了详细信息和指南。在这些章节中，采用了以下结构：

每一要素章节的结构基本相同。在每一章审核准则和指南部分，包括两种基本类型的审核准则：合规性审核准则和相关审核准则。合规性审核准则来自于与过程安全管理相关的联邦法规和州立法规，相关审核准则来自对这些法规的说明、过程安全管理行业良好/常用做法、政府和行业其他过程安全管理出版物以及自愿性共识过程安全管理标准，包括：

- OSHA指令CPL 02-02-45《过程安全管理合规性指令》附录B(解释和说明)；
- OSHA指令CPL 03-00-004：《炼油行业过程安全管理国家重点计划》(NEP)；
- 由过程安全管理法规和风险管理法规监管机构分别对过程安全管理法规和风险管理法规做出的正式书面说明和口头说明；
- 针对违反OSHA过程安全管理标准《高危化学品过程安全管理》由OSHA发出的违规传票；
- 与OSHA过程安全管理标准《高危化学品过程安全管理》和EPA《风险管理计划》有关的非强制性出版物：

—美国职业安全与健康管理局(OSHA)出版物3133：《过程安全管理合规性指南》。

—OSHA过程安全管理标准《高危化学品过程安全管理》附录C。

—OSHA过程安全管理标准《高危化学品过程安全管理》前言。

在OSHA过程安全管理标准《高危化学品过程安全管理》和EPA《风险管理计划》中采用的良好的、成功的或常用的行业做法。

化工过程安全中心(CCPS)出版物《基于风险的过程安全》(RBPS)。

海上石油行业《安全和环境管理计划》(SEMP)指南。

美国化学理事会(ACC)《责任关怀管理体系®》。

由原加拿大重大工业事故理事会(MIACC)发布的过程安全管理指南(目前由加拿大化学品制造商协会(CCPA)负责)。

《自愿性保护计划》(VPP)以及OSHA过程安全管理标准《高危化学品过程安全管理》所涵盖的设施的过程安全管理补充指南。

得克萨斯州炼油厂事故Baker小组调查报告。

BP公司得克萨斯州炼油厂异构化装置严重爆炸伤亡事故调查报告。

在"第3章：过程安全管理适用性"中，在必要时还引入职业安全和健康审查委员会(OSHRC)制定的准则作为合规性审核指南使用。职业安全和健康审查委员会(OSHRC)是一个行政法官独立机构，对由OSHA向违反其标准的公司发出的违规传票做出裁决。职业安全和健康审查委员会(OSHRC)制定的准则对OSHA具有约束力，对于监管机构以及这些法规所涵盖的公司/设施给出了合规性要求指导。

每章节标题中采用的过程安全管理要素名称与化工过程安全中心(CCPS)出版物《基于风险的过程安全》(RBPS)(CCPS, 2007c)采用的要素名称相同。在本书第3-24章相关审核准则部分采用了《基于风险的过程安全》(RBPS)中的要素名称，但是在第3-24章合规性审核准则部分，采用了OSHA过程安全管理标准《高危化学品过程安全管理》和EPA《风险管理计划》中的要素名称。

在第3-24章中包含了所有准则，但这并不意味着在进行任何审核时都强制要求采用所有这些准则。在第3-24章中介绍了众多审核准则的目的是，为了在对过程安全管理程序进行审核时允许审核规划人员能够从中选择尽可能多的可用的审核准则。有关在进行具体审核工作时如何选择审核准则，见第2.1.2.2节。

第3-24章中介绍的审核准则和指南并不能全部涵盖过程安全管理程序的范围、设计、实施或解释，而代表的是化工/加工行业过程安全管理审核员的集体经验以及基于经验形成一致性观点。合规性审核准则来自于美国过程安全管理法规，而这些法规全部都是基于绩效的法规。基于绩效的法规以目标为导向，可能会有多种途径来满足法规中规定的要求。因此，对于在本书合规性表中列出的问题，尤其是"审核员指南"栏中列出审查方法，可能还会有其他替代方法和解释。

当过程安全管理审核问题超出联邦、州或当地法规中规定的强制性要求时，还提供了相关审核准则，以为过程安全管理程序审核员提供这方面的指南。相关审核准则在很大程度上来自于行业良好的、成功的或常用的做法，其中部分相关审核准则可能已经达到可接受做法的标准的水平，因此，在进行过程安全管理审核时也应认真考虑。但是，在本书中介绍的相关审核准则并不代表过程安全管理程序的顺利实施必须遵守这些准则，也不代表如果没有遵守这些准则过程安全管理程序的实施就会出现问题。对于某一具体设施或企业，可能还有其他更加合适的方法来对过程安全管理审核表“相关审核准则”栏及其“审核员指南”栏对应的要求或问题进行审核。另外，按照相关审核准则对过程安全管理程序实施情况进行审核完全是自愿性的，并非强制性要求。在采用相关审核准则时应谨慎并认真计划，从而防止在不经意间形成不期望的过程安全管理绩效标准。在采用这些相关审核准则之前，应在工厂与其母公司之间达成一致意见。最后，所提供的相关审核准则和审核员指南并不意味着是对监管机构发出的书面或口头说明、因违反过程安全管理法规而由监管机构发出的违规传票以及由监管机构发布的其他过程安全管理指南的认同，也不是对某一公司在实施过程安全管理程序过程中形成的成功或常用过程安全管理做法的认可。

商业秘密审核准则见“第 7 章：员工参与”部分。

确定的可能参加面谈的人员的职务名称，通常是行业惯用职务名称，根据其所具有的职责而命名，但是这些职务名称都是通用型。人员实际职务名称因公司而有所不同，有时即使是同一公司但在不同设施中人员职务名称也会不同。在对某一设施进行审核时，审核员需明确谁是具体负责人或由谁为审核提供信息输入。

第 24 章专门为事故预防程序之外的 EPA《风险管理计划》提供了审核准则。对于受监管地区而言，对 EPA《风险管理计划》中事故预防程序进行审核并不是一项强制性要求。这类审核由 EPA《风险管理计划》实施机构负责，即 EPA 或从 EPA 获得了《风险管理计划》实施资格的州负责进行，如新泽西州、加利福尼亚州和特拉华州。但是，受监管地区必须每三年对 EPA《风险管理计划》中事故预防部分进行审核(在 OSHA 过程安全管理标准《高危化学品过程安全管理》中也规定了相同的要求)。在第 3-24 章中，均为工厂提供了事故预防审核准则。在第 24 章中，重点对 EPA《风险管理计划》中以下内容进行审核：工厂风险管理计划登记、风险管理计划(RMP)管理体系、向实施机构提供风险管理计划、危害评估以及风险管理计划应急响应要求(OSHA 过程安全管理标准《高危化学品过程安全管理》和 EPA《风险管理计划》事故预防部分所要求的应急响应要求以外的应急响应要求)。

第 3-24 章每一章中，还包含了以下三个州立过程安全管理法规中明确的审核准则：新泽西州、加利福尼亚州和特拉华州。仅介绍了这三个州过程安全管理法规中的不同审核要求，并提供了审核准则。如果州法规中的要求与 OSHA 过程安全管理标准《高危化学品过程安全管理》和 EPA《风险管理计划》中要求相同，将不在各章中重复介绍州法规中这些相同的审核要求。有关三个州过程安全管理法规其他信息和指南，可从以下网址获得：

- 新泽西州：www. state. nj. us/dep/rpp/brp/tcpa/index. htm
- 特 拉 华 州：vww. awm. delaware. gov/EPR/Pages/AccidentalReleasePrevention. aspx
- 加利福尼亚州：

—《加利福尼亚州意外泄漏预防计划》：

“www. oes. ca. gov/Operational/OEShome. nsf/978596171691962788256 b350061870e/452A4B2AF244158788256CFE00778375？OpenDocument”

—加利福尼亚州职业安全与健康管理局：http：//www. dir. ca. gov/title8/5189. html

- 华盛顿州：

http：//search. leg. wa. gov/wslwac/WAC%20296%20%20TITLE/WAC %20296%20-%2067%20%20CHAPTER/WAC%20296%20-%2067%20-001. htm

—路易斯安那州：http：//www. dir. ca. gov/title8/5189. html

—内华达州：ndep. nv. gov/baqp/cap. html

为每一合规性审核准则和相关审核准则分配了一个参考号。参考号采用的格式如下：

XX-Y-ZZ

XX：章号；

Y：“C”代表合规性审核准则，“R”代表相关审核准则；

ZZ：为“合规性审核准则”和“相关审核准则”确定的序号，从 1 开始编号。

在各章每一合规性审核准则和相关审核准则表中，采用以下缩写词来指明准则出处：

3133	美国职业安全与健康管理局(OSHA)出版物3133:《过程安全管理合规性指南》
API 75	美国石油学会推荐做法75:《安全和环境管理计划》
APPC	OSHA过程安全管理标准《高危化学品过程安全管理》附录C：过程安全管理合规性指南和建议(非强制性要求)
CCPA	加拿大化学品制造商协会(CCPA)发布的加拿大重大工业事故理事会(MIACC)自评估工具《过程安全管理指南/HISAT修订项目》(070820)，由CCPA过程安全管理委员会编写(版权所有：CSChE)，2001年9月
CIT	对因违反OSHA过程安全管理标准《高危化学品过程安全管理》而由OSHA发出的违规传票
CPL	OSHA指令CPL 02-02-45:《过程安全管理合规性指令》
GIP	指过程安全管理良好的行业做法(GIP)，即工厂或企业发现的、可增加到过程安全管理程序中的良好的、成功的或常用的做法或者为解决过程安全管理问题而采用的非常有用但非强制性解决方案
NEP	《炼油行业过程安全管理国家重点计划》(OSHA指令CPL 03-00-004)
PANEL	贝克委员会(Baker)发布的《BP公司美国炼油厂独立安全审查专门小组调查报告》(即“贝克委员会报告”)，2007年1月
PRE	OSHA过程安全管理标准《高危化学品过程安全管理》前言
PSM	OSHA过程安全管理标准《高危化学品过程安全管理》(29 CFR §1910.119)
RBPS	CCPS出版物：《基于风险的过程安全》
RMP	EPA《风险管理计划》(40 CFR §68)
TXC	BP公司2005年5月《得克萨斯州炼油厂异构化装置严重爆炸伤亡事故调查报告》
VCLAR	OSHA对过程安全管理标准《高危化学品过程安全管理》(29 CFR §1910.119)做出的口头说明

VPP　　《自愿性保护计划》附录 B 2008 年度自评估,《自愿性保护计划》应用范围补充(过程安全管理标准所覆盖的现场)

WCLAR　　OSHA 对过程安全管理标准《高危化学品过程安全管理》(29 CFR §1910. 119)做出的正式书面说明

1 过程安全管理审核计划

1.1 过程安全管理(PSM)审核和计划

审核是过程安全管理体系中的一个重要要素，为过程安全管理体系提供进行绩效方面的信息，同时还能够对其他过程、系统、设施以及安全与健康计划进行有效的管理和控制。良好的过程安全管理审核程序有助于提高过程安全管理体系的实施效果。

在讨论过程安全管理审核时，某些术语可能会产生混淆。在多数情况下，采用“审核”一词来表示不同类型的审查或评估工作。在本书中，“审核”是指系统化、独立的审查，以核实是否符合所确定的指南或标准。按照规定明确的审核程序来进行审核以确保一致性，使审核员得出可靠的结论。以下相关工作有时也称之为“审核”，包括：

- *检验：*对设施进行物性检查。
- *评价、评估和审查：*属于非正式审查，可能会包括检查和审查两方面的内容，这种审核受审核员的判断力、经验和意图的制约，通常不会为其编制规定明确的审核程序或过程文件。审查涉及的范围通常比检查范围更加宽泛，但是其一致性的要求和严格程度要低于审核。公司或工厂有时会用这三个术语以及其他一些非正式术语来代替“审核”一词，但是其严格程度等同于审核，且采用相同的方案、方法(如面谈、记录审查等)以及相同的报告要求。这些术语可以互换使用的原因有多种多样。某些公司对审核类工作有着非常严格的规定，包含政府法规；而有些公司将“审核”一词仅用于与法规或合规性要求有关的工作。

在美国化学工程师协会化工过程安全中心(CCPS)的早期出版物(CCPS 1989a 和 1989b)中，化工过程安全中心为过程安全管理体系确定了 12 个要素。此后，美国职业安全与健康管理局(OSHA)发布了其 OSHA 过程安全管理标准《高危化学品过程安全管理》(OSHA, 1992)，该标准包含了 14 个要素，并对标准的适用范围进行了说明。2007 年，化工过程安全中心在其出版物《基于风险的过程安全》(RBPS)(CCPS, 2007c)中对过程安全管理体系的定义进行了修改，归纳了 20 个要素。另外，在化工过程安全中心和美国职业安全与健康管理局发布其各自标准之前和之后，多个州还实施了自己的过程安全法规，如新泽西州(NJ, 1987)、加利福尼亚州(CA, 1988)、特拉华州(DE, 1989)、华盛顿州(WA, 1992)、路易斯安那州(LA, 1993)和内华达州(NV, 1994)。一些州的法规直接或完全采用 OSHA 过程安全管理标准《高危化学品过程安全管理》中的规定，而另外一些州则增加了具体要求。多个州对其过程安全管理标准进行了修改，将联邦《风险管理计划》纳入州立过程安全管理法规中，并从美国环保局(EPA)获得了实施资格，以在其管辖区内实施 EPA《风险管理计划》(如特拉华州、佛罗里达州、乔治亚洲、肯塔基州、密西西比州、新泽西州、北卡罗莱纳州、俄亥俄州和南卡罗来纳州)。加利福尼亚州制定了自己的风险管理计划法规(CalARP 法规)，但并不是联邦《风险管理计划》的授权实施机构。同时，自本书第一版出版以来，许多国内和国际政府组织和非政府组织也编写和发布了不少其他过程安全管理标准，其中一些标准已被作为强制性要求纳入各种法规中，而另外一些则属于自愿遵守的过程安全管理标准。表 2.1 列出了部分强制性和自愿性过程安全要求。考虑到各类标准中相对应要素之间的详细要求可能有所不同，因此，将各标准中相对应要素安排在同一列。某些标准中的要素在其他标准中可能没有对应项，这些要素则被安排在表 2.1 的最后部分。

在本书中，采用了化工过程安全中心（CCPS）《基于风险的过程安全》中的要素，用于对过程安全管理体系及其要素加以说明。应建立管理体系，对这 20 个要素加以应用，从而形成一个综合性过程安全管理体系。

在 ISO 14001 标准中，将环境管理体系定义为“整个管理体系的一部分，用于制定、实施、履责、评审和保持环境管理方针，其内容包括组织结构、策划活动、职责、制度、程序、过程及资源”。过程安全管理体系是一系列用于确保偶发性事故和潜在过程安全事故的防范措施有效实施的综合性方针、程序和惯例。对于环境、健康与安全（EHS）管理体系，包括为过程安全管理体系而设计的 EHS 管理体系，通常采纳在许多综合性质量管理体系中采用的“策划—实施—检查—改进”（PDCA）管理模式。考虑到持续改进是一项基本原则，这就要求采用 PDCA 管理系统。在 PDCA 模式管理体系中，“策划”主要是指编写过程安全管理体系运行所需的、形成文件的方针和程序，“实施”是指这些方针和程序的实施（通常是最为困难的步骤），“检查”是指对在“实施”过程中出现的问题进行评估或审核，而“改进”是指吸取经验教训和收集反馈信息，并将其用于在必要时对方针和程序进行修改。PDCA 模式管理体系的核心思想就是根据适当的反馈来对过程进行循环策划，以实现持续改进。PDCA 管理模式见图 1.1。

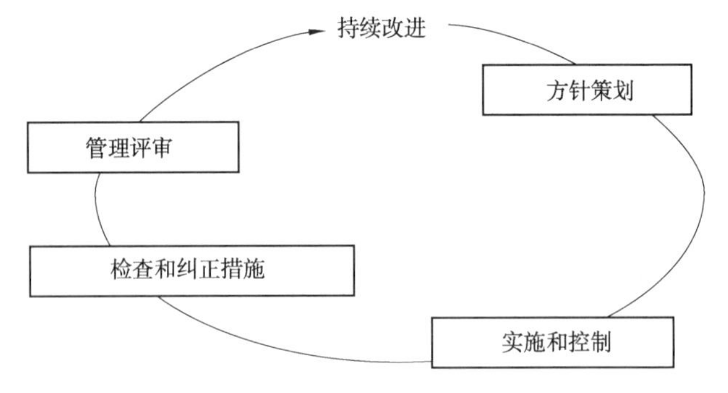

图 1.1　策划—实施—检查—改进管理系统

过程安全管理审核是指对过程安全管理体系进行系统化审查，以验证体系的适宜性和实施的持续有效性。过程安全管理审核用于判定管理体系是否恰当并得到正确的实施，以确保工厂的运行设施和过程单元得以策划、建立、运行和保持。以确保员工、社区人员和顾客的安全和健康（过程安全管理体系还应涵盖工厂区域以外，如应急响应计划）以及有效保护环境。对于过程安全综合管理，审核是一个重要的管控手段。另外，审核还可以带来其他好处，如提高操作技能和增强安全意识。对于典型的过程安全管理审核，有些内容并不包括在其审核目的或审核方法之内。

- 审核侧重于对过程安全管理体系的方案进行审查，而不是识别设备/过程危险。过程危害分析、危险源识别、风险评估以及其他类似工作是为了确定与过程/设备有关的潜在危险和风险，并不属于审核范畴。
- 对与设备和工艺设计有关的工作进行验证或平行测定不属于审核范畴。例如，在过程安全管理审核工作范围或任务中，不应包括对工艺中泄压装置设定值和能力进行校验方面的工作，这类基础工程设计工作通常是通过工程设计审查、设计审批或与变更管理程序有关的技术审查来进行。过程安全管理审核则是对设计计算是否已经完成并在工厂中存档进行检查，泄压装置设计、安装和定期测试是否采用了正确的、被认可和普遍接受的良好工程实践(RAGAGEP)加以核实，工程设计是否按照项目手册/程序进行了审查或项目审批是否形成了记录进行检查。应认真考虑审核和设计之间这种细小但截然不同的差别。审核组即没有时间也没有经验来进行这类设计工作，这不是过程安全管理审核的目的，也不属于过程安全管理审核的范畴。

在过程安全管理审核过程中用以评价过程安全管理体系的准则可限定为具体的法律和法规要求，或对审核准则适当扩充至包含公司的方针、标准或表1.1中介绍的指南。各公司在对其过程安全管理审核程序进行策划时，应明确采用何种合适的审核准则。审核准则是对过程安全管理体系进行比较的依据，以确定过程安全管理体系是否存在不足。

过程安全管理审核包括对管理体系的策划进行检查和对管理体系的实施情况进行评估。审核时，必须首先了解管理体系的策划意图，再对体系进行评估，以确定管理体系的日常运作是否满足相关审核准则要求。纵然过程安全管理体系得到良好的策划，但是其实施的一致性仍可能存在一定的问题，因此，审核员必须对过程安全管理体系实施的有效性和效果进行评估。

本章其余部分对与过程安全管理审核程序策划和实施有关的问题进行了讨论，尤其对审核范围、频次、人员配备、报告、跟踪和质量保证进行了探讨。尽管本章中介绍的概念和指南在总体上适用于实施了过程安全管理体系的所有美国国内工厂和美国本土以外的工厂，但是，美国国内审核员在对拥有国际业务的美国工厂进行过程安全管理审核时还应考虑其某些特殊因素。附录H提供了进行国际化过程安全管理审核的指南。

1.1.1 管理责任和职责

公司级或工厂级的高级管理者负责制定过程安全管理审核计划。即使已经正式分配了责任人来负责过程安全管理体系的策划和实施，但审核通常属于监管性工作，因此，在对过程安全管理进行审核时需依据公司级的方针和程序。如果公司没有建立必要的过程安全管理程序以策划、执行过程安全管理审核并保留文件，现场管理人员则应承担这些职责。管理层对过程安全管理审核的以下方面负责：

- *方针：*管理层应负责制定控制审核的总体方针。可以并且应指派合适的人员来负责过程安全管理审核的计划、实施、文件化、报告以及审核结果追踪工作。高层管理人员除对过程安全管理审核方案负总责外，还应任命一名具有合适背景、经验、兴趣和工作热情的人员负责具体策划和实施该审核方案。
- *承诺：*管理层应为审核方案确定正确的基调。强调审核工作的重要性，明确管理层期望通过对过程安全管理体系的审核发现问题、获得经验教训以及在可能情况下对合规性以外的方面进行审查。可能的情况下，还应确保参与审核工作的人员不能因审核结果对相关责任方人员横加指责，但是责任方应对发现的问题尤其是纠正措施的实施负责(涉及渎职的极端情况除外)。如果时间和日程允许，管理层应参加审核情况介绍会、首次会和末次会，积极参与到审核工作中去。这将有助于审核组和工厂人员注意到并了解管理层对审核工作的要求和意图。过程安全管理审核的目的是为了改进管理体系并降低出现过程安全事故的可能性，只有高层管理人员才有权做出令人信服的承诺。

表 1.1 化工/加工行业过程安全标准中要素对照表

CCPS《基于风险的过程安全》(说明1)	OSHA过程安全管理标准《高危化学品过程安全管理》& EPA《风险管理计划》中事故预防计划3(说明3)	EPA《风险管理计划》中事故预防计划2(说明3)	CCPS《过程安全技术管理》(说明2)	ACC《责任关怀管理体系®》(说明4)	ISO 14001《环境管理体系》& OSHAS 18001(说明5)	化学品制造商协会(SOCMA)《ChemStewartfe®计划》(说明6)	《安全和环境管理计划》(SEMP)(说明7)	欧盟委员会指令96/82/F.C－9 Seveso II(说明8)	国际劳工组织(ILO)公约C174《防止重大工业事故公约》(说明9)
过程安全文化			—责任 —目标和目的	—承诺 —责任	资源、角色、责任(职责)和权限		领导作用和承诺	—安全管理体系(附件III) —组织机构和人员(附件III－3.1)	
标准合规性	过程安全管理适用性		标准、法规和法律		法律和其他要求			过程危害分析(附件III－3.2)	
过程安全能力								培训(附件III－3.1)	
员工参与	员工参与			员工参与				组织机构和人员	第9(f)条：向工人及其代表征询意见
利益相关方沟通				—遵守《社区知情权与应急响应准则》(CAER) —选址				社区意识	
过程知识管理	过程安全资料	安全资料	—过程知识和文件 —过程安全知识提升	—设计文件 —过程危害资料	文件		安全和环境资料	安全报告(附件II第9条)	
危害识别和风险分析	过程危害分析	危害辨识	—过程风险管理 —人为因素	—过程危害分析 —多重保护系统 —选址	—环境因素 —危害识别、风险评估和控制措施的确定		危险分析	重大危险识别和评估(安全报告,附件II第9条) —过程危害分析(附件III－3.2) —工艺操作	第9(a)条：危险识别和分析以及风险评估

续表

CCPS《基于风险的过程安全》（说明1）	OSHA过程安全管理标准《高危化学品过程安全管理》& EPA《风险管理计划》中事故预防计划3（说明3）	EPA《风险管理计划》中事故预防计划2（说明3）	CCPS《过程安全技术管理》（说明2）	ACC《责任关怀管理体系®》（说明4）	ISO 14001《环境管理体系》& OSHAS 18001（说明5）	化学品制造商协会（SOCMA）《ChemStewartfe®计划》（说明6）	《安全和环境管理计划》（SEMP）（说明7）	欧盟委员会指令96/82/F.C－9 Seveso II（说明8）	国际劳工组织（ILO）公约C174《防止重大工业事故公约》（说明9）
操作程序	操作程序	操作程序		安全操作规程	运行控制		操作程序	运行控制	第9（b）条：技术措施
安全操作规程	操作程序						安全操作规程	运行控制（附件III-3.3）	
资产完整性和可靠性	机械完整性	维护	—工艺和设备完整性 —投资项目审查和设计程序	—检查和维护 —规范和标准	—监视和测量 —OSHAS 18001：绩效监视和测量		质量保证和机械完整性	设备完整性（附件III-3.3）	第9（b）条：技术措施
承包商管理	承包商安全			承包商				承包商程序（附件III-3.1）	第9（c）条：组织措施
培训和绩效保证	培训	培训	培训和绩效	—工作技能要求 —培训 —员工技能	培训和意识			—组织机构和人员 —培训（附件III-3.1）	第9（c）条：组织措施
变更管理	变更管理		变更管理	变更管理			变更管理	变更管理（附件III-3.4）	
开车准备	开车前安全审查			安全审查			开车前安全审查	变更管理（附件III-3.4）	
操作行为				满足岗位要求	运行控制				
应急管理	应急计划和响应			应急管理	应急准备和响应		应急响应	应急响应计划（附件III-3.5第7&11条）	第9（d）条：应急响应计划和程序
事件调查	事件调查	事件调查	事件调查	事件调查信息共享	OSHAS 18001：事件调查		事件调查	绩效监视	第9（g）条：系统改进

续表

CCPS《基于风险的过程安全》(说明1)	OSHA过程安全管理标准《高危化学品过程安全管理》& EPA《风险管理计划》中事故预防计划3(说明3)	EPA《风险管理计划》中事故预防计划2(说明3)	CCPS《过程安全技术管理》(说明2)	ACC《责任关怀管理体系®》(说明4)	ISO 14001《环境管理体系》& OSHAS 18001(说明5)	化学品制造商协会(SOCMA)《ChemStewartfe®计划》(说明6)	《安全和环境管理计划》(SEMP)(说明7)	欧盟委员会指令96/82/F. C - 9 Seveso II(说明8)	国际劳工组织(ILO)公约C174《防止重大工业事故公约》(说明9)
测量和指标					监视和测量				
审核	合规性审核	合规性审核	审核和纠正措施	绩效测量	内部审核		安全和环境管理程序要素审核	—审核和评审 —绩效监控(附件III-1-3.6)	
管理评审和持续改进					管理评审				
独特要素									
	商业秘密			商业秘密					
									第9(e)条：重大事故后果控制措施
				选址					

说明1：化工过程安全中心(CCPS)出版物《基于风险的过程安全》，2007。

说明2：CCPS出版物《化工过程安全技术管理指南》，1989。在加拿大重大工业事故理事会(MIACC)解散前，《化工过程安全技术管理指南》由MIACC负责在加拿大实施。MIACC是自愿遵守的过程安全管理法规的发起单位。

过程安全管理委员会是一个由加拿大化学品制造商协会(CCPA)组建的联合委员会，尽管CCPA已经解散，但该委员会仍然存在。该委员会负责开发评估工具，用于帮助公司对其良好安全过程管理做法的实施情况进行评估。

说明3：OSHA过程安全管理标准《高危化学品过程安全管理》(*29 C. F. R.* §1910.119，1992)和EPA《风险管理计划》(40 CFR. §68，1996)中事故预防部分。

说明4：美国化学理事会(ACC)《责任关怀管理体系®技术规范》(RC101.02)，2004年1月。

说明5：环境决策研究国家中心(美国橡树岭国家实验室)技术报告(NCEDR 98-06)以及《ISO 14001指导手册》，1998年3月10日。如果OSHAS 18001要素名称与ISO 14001不同，在括号中注明。OSHAS 18001要素名称为OHSAS 18001：2007《职业健康和安全管理体系 - 要求》中定义的名称。

说明6：有机合成化学品制造商协会(SOCMA)《ChemStewards℠计划》。

说明7：美国内政部矿产资源管理局(MMS)《安全和环境管理计划》(SEMP)，2001，美国石油学会(API)推荐做法75(API RP 75)《为外大陆架运营和工厂编写安全和环境管理计划推荐做法》，1998。

说明8：欧盟委员会指令96/82/F. C-9，1996年12月(Seveso II)，注明了Seveso II引用条款(即附件号)。

说明9：国际劳工组织公约C174《防止重大工业事故公约》，1997年3月1日。

• *程序*：管理层应为过程安全管理审核方案制定合适的管理程序并实施。典型的过程安全管理审核程序应包括以下内容：

—选择需要进行过程安全管理审核的工厂；

—确定过程安全管理审核频次；

—编制审核计划并实施，包括时间安排；

—明确审核员培训和资格要求，包括审核组长；

—选择和确定审核组成员，并任命审核组长；

—编写并保持审核方案；

—选择具有代表性的单元/工艺，并确定抽样要求；

—记录审核结果；

—审核问题跟踪；

—明确审核报告的格式和内容；

—审核报告的发布和存档；

—将审核结果告知员工；

—为员工提供查阅审核结果的适当渠道；

—认证审核(某些过程安全法规要求进行认证)。

过程安全管理审核程序以及涉及过程安全管理其他要素的管理程序应形成文件，经过审批后正式发布，以供审核时使用。

• *资源*：管理层应为审核方案的实施提供必要的资源。应考虑年度或其他确定的周期来安排这些资源。需要的资源包括：

—保持审核方案所需的人员和费用：同其他管理体系一样，应采用“策划—实施—检查—改进”模式来策划审核方案，其中“改进”项是对管理体系进行持续改进。在两次实际审核(按照管理程序的要求)中间，需对新的审核组长和审核组成员进行培训，并更新审核方案。

—在确定的周期内进行审核所需的人员和费用：如果需要第二方或第三方审核员参与，应提前进行必要的安排。在进行过程安全管理审核时，可能需要不同的团队和专业人员参与，应对这些团队的费用预算进行协调。

—审核建议措施追踪所需人员和费用：在审核工作尚未完成前，很难对追踪工作所需资源的准确数量进行预测，因此，在进行策划和编制预算时应适当留出一定余量。追踪工作需要审核组以外的人员花费一定的时间和精力来进行。工程设计、运行、维护以及其他人员和专业人员需及时按照审核策划结果开展相应的工作。如果需要公司内和公司外专家参与，应对其工作进行安排。最后，解决方案可能要求以某种形式对硬件、程序、软件、培训或者过程安全方针、制度或程序其他方面进行修改或变更。这会涉及工程设计、程序修改或其他技术工作，应对这类工作进行合理规划并编制预算。其中一些工作持续时间会比较长，可能跨多个预算周期，而有些工作可能会在相对较短的时间内完成。过程安全管理审核并不是一次性工作，应作为一项连续性任务进行合理策划，并为其编制预算。根据过程安全管理审核结果，尽管某些变更与硬件有关，但是绝大部分审核建议属于程序性建议，与过程安全管理体系方针、程序、培训以及其他管理体系文件和做法有关。

—管理层应负责安排具有相关经验的合适人员来进行过程安全管理审核工作。例如，如果可以，应为每一审核要素配备过程安全专家。

• *持续改进*：对于持续改进，管理层的首要任务是首先为制定过程安全管理审核方案提供一个采用“策划—实施—检查—改进”这一现代管理模式的管理体系，包括上文介绍的方针和程序。管理体系一旦确定，应严格遵照执行。图 1.2 摘自 ISO 19011（ISO，2002），介绍了如何采用“策划—实施—检查—改进”的模式对审核实施进行管理。持续改进步骤属于该模式中“改进”部分。图 1.2 每一方框中的数字对应于 ISO 19011 中相应的章节号，有关每一步骤的详细要求，请参考 ISO 19011 中的相应章节。

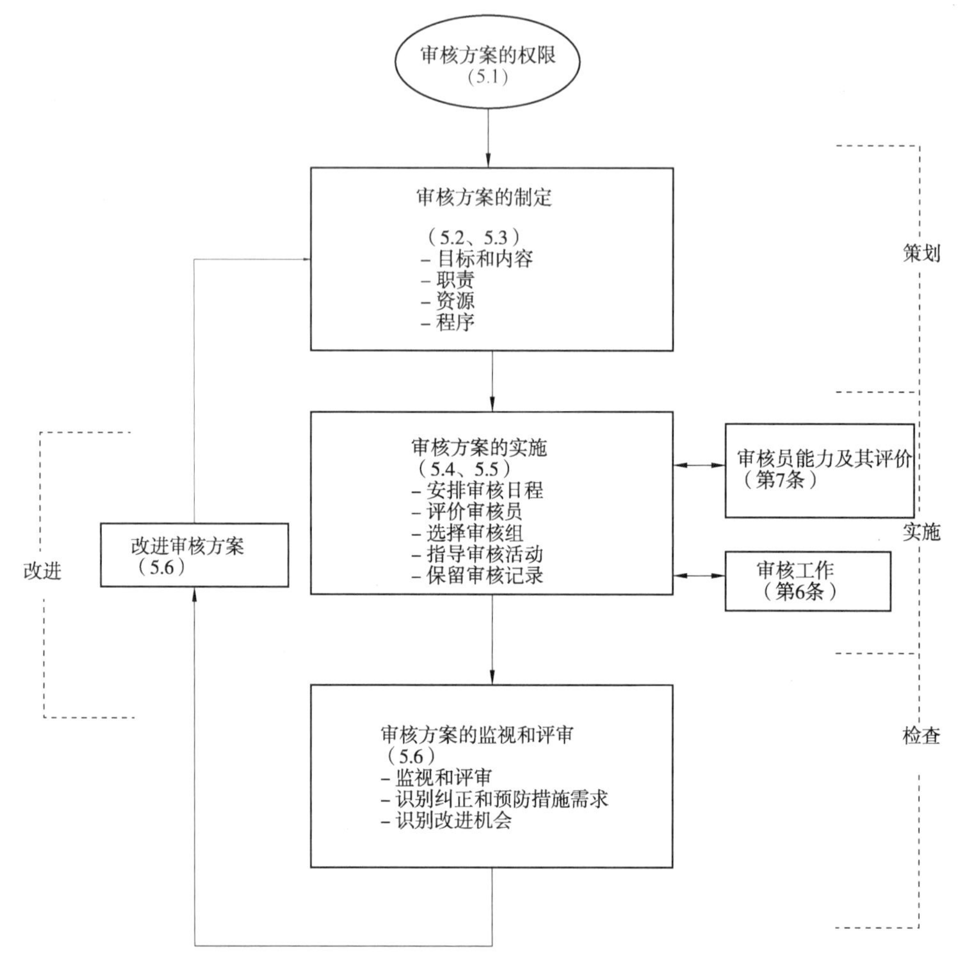

图 1.2　审核方案管理流程示意图

1.1.2　法律问题

有两个法律问题可能会对过程安全管理体系的实施造成影响：法律特权和法律责任。相关法律问题在下文进行简要讨论。涉及这两个法律问题的公司应向法律顾问咨询相关事宜。

1.1.2.1　法律特权

过程安全管理审核结果可能会被政府机构用作行政诉讼证据及民事诉讼甚至是刑事诉讼证据。但是，如果是在法律特权下进行的审核，某些审核结果可能受到保护，而不需要透露给政府或第三方。当公司要求对过程安全管理审核结果进行保密时，公司应就是否能够及如何防止审核结果被披露咨询法律顾问。以下为适用于过程安全管理审核的三种法律特权：

1）美国职业安全与健康管理局（OSHA）已就自愿性内部审核实施了一项政策，该政策指明 OSHA 不会“经常性要求”公司提供自愿性内部审核报告，同时在进行检查时也“不会将这类报告用作风险识别手段”。（65FR46，498，2000 年 7 月 18 日）。该政策只是对此进行了“笼统性”规定，政策还指出，如果监管机构通过自身的判断认为工厂存在危险时，会要求工厂提供审核报告，然后要求提供与该危险有关的自愿性内部审核计划。另外，如果在审核前或在发生任何事故、疾病或伤害前对在自愿性内部审核中识别出的危险进行了纠正，OSHA 不会发出违规传票。同样，“如果雇主能够真诚地对自愿性内部审核中发现的违规问题进行响应并采取了有效措施”，OSHA 也不会对工厂的自愿性内部审核进行检查以核实违规行为是否具有“故意性”。在 OSHA 政策中，过程安全管理审核是“自愿性”的。但是，对 OSHA 过程安全管理标准《高危化学品过程安全管理》第(o)段中规定的要素进行审核则是强制性的，并非自愿性，因此，OSHA 内部审核政策不适用于该种类型的审核。但是，雇主可以对《高危化学品过程安全管理》第(o)段中规定要素以外的其他要素进行审核或对不受 OSHA《高危化学品过程安全管理》控制的其他过程/工厂进行审核，这些审核则属于按照 OSHA 政策进行审核。另外，法律特权仅适用于与 OSHA 有关的强制性问题，而 OSHA 政策与其他政府机构措施与民事/刑事诉讼无关。

除 OSHA 内部审核政策外，有些法院还认可普通法保密特权，但是，绝大多数法院并不认可审核特权，并在诉讼中要求提供审核报告。对于认可普通法保密特权的法院，通常对以下四个方面进行检查来确定普通法保密特权是否适用：

—与问题有关的信息是否是在进行内部审核期间形成的？

—公司是否故意对信息进行隐瞒？

—是否是基于必须要考虑的公众利益而开展该类审核？

—如果不采用该种特权，是否会消弱公司进行此类审核的意愿？

2）过程安全管理审核报告中的部分内容可能受律师-委托人特权的保护，该特权主要是便于律师和委托人之间的坦诚交流和沟通。该特权适用于委托人和律师之间的所有交流，必须对问题形成书面文件，以便于律师向公司提出法律建议。律师必须积极参与在律师-委托人特权下进行的审核工作。如果将相关信息透露给了第三方，该特权将失效。对于过程安全管理审核，由于《高危化学品过程安全管理》第(o)段中规定，公司必须编写过程安全管理审核报告，并且在监管机构进行检查或在执行诉讼时向 OSHA 提供，因此按照该要求编写的审核报告不受律师-委托人特权保护。同时，公司会选择由律师参与部分审核工作，并编写单独的审核报告，该审核报告则受律师-委托人的特权保护。例如，公司会就某一做法是否符合 OSHA《高危化学品过程安全管理》的要求向律师咨询法律意见。由律师提出的法律建议以及在律师和委托人之间的交流通常受律师-委托人特权保护。

3）在某些情况下，遵照律师所提出的建议可以有效防止报告中的相关内容透露给第三方。当要求律师进行相关调查时，就必须按照律师所提出的建议来编制报告，以应对可能出现的法律诉讼，如：因可能会涉及民事诉讼或其他诉讼而在律师的指导下编写事故调查报告。律师所提出的建议只能用于法律分析和结论，并不适用于事实性信息的描述。另外，除与法律有关的信息外，第三方还会要求提供大量其他信息。律师所提出的建议通常并不适用于过程安全管理审核，除非在发生事故后会出现诉讼，以及需要进行法律分析以核实某些情形是否违反相关标准时。

1.1.2.2 法律责任

对于过程安全管理审核，可能涉及以下两种基本法律责任：

- 如果公司或工厂没有进行审核或没有进行彻底的审核，可能会违反 OSHA 过程安全管理标准《高危化学品过程安全管理》或 EPA《风险管理计划》，这类违规行为可能会被用作民事诉讼或刑事诉讼的证据。
- 如果公司或工厂没有对审核结果或整改项进行响应，也会违反 OSHA《高危化学品过程安全管理》或 EPA《风险管理计划》，这类违规行为也可能会被用作民事诉讼或刑事诉讼的证据。对审核目的、范围和指南进行记录并认真准备审核报告可最大限度地规避这些法律责任。

1.1.3 过程安全管理审核的目的和目标

在制定过程安全管理审核方案时，应清楚了解且明确过程安全管理审核的目的和目标。应明确为什么要进行过程安全管理审核以及工厂和/或公司希望从审核中获得什么结果。进行过程安全管理审核可能包括以下一个或多个目的：

- 降低过程安全风险：过程安全管理审核的首要目的是确定和纠正对 PSM 管理的运行绩效造成负面影响的做法。造成负面影响的做法包括会增大化学品/材料大量排放可能性(及严重性)并会造成潜在灾难性事故的做法。因此，降低过程风险是过程安全管理审核的最重要的目的。管理层需对过程安全管理体系的运行绩效进行测量，使风险“最低合理可行”(ALARA)，这是确保过程安全管理体系顺利实施的关键。
- *国内或国际法规要求：*当公司的设施受过程安全法规制约时，通常要求定期进行过程安全管理审核。如表 2.1 所示，几乎所有过程安全法规都包含了这一要求。在美国，这些法规要求最常见的情况是，对于 OSHA 过程安全管理标准《高危化学品过程安全管理》(29 CFR §1910.119)(即 OSHA 过程安全管理审核要求)和/或 EPA《风险管理计划》(40 CFR §68)所涵盖的设施，均要求每三年对其进行一次技术审核。每三年进行一次审核的要求分别摘自 29 CFR §1910.119(o)和 40 CFR §68.79。
- *自愿遵守的要求：*对于自愿遵守过程安全管理法规的公司、其商业/专业机构实施了过程安全或 EHS 管理体系的公司，均要求定期进行过程安全管理审核。这类自愿遵守的过程安全管理要求包括 ISO 14000、ACC《责任关怀管理体系®》(*RCMS®*)和化学品制造商协会(SOCMA)《ChemStewartfe®计划》。这些自愿遵守的过程安全管理法规的审查周期和内容大体上与 OSHA《高危化学品过程安全管理》和 EPA《风险管理计划》中的要求类似。
- *ACC RCMS®体系认证：*ACC 责任关怀认证程序要求由第三方对体系进行认证，这就要求由认证机构对体系进行审核。
- *作为合并或收购工作的一部分进行尽职调查：*当考虑合并或收购其他公司设施或另一公司时，作为尽职调查工作的一部分，有些公司要求进行审核(或非正式评价或评估)。在合并或收购的意向阶段，如果没有对过程安全管理体系的结构和实施情况进行彻底检查，可能会导致公司产生巨额费用，并承担相应的法律责任。附录 J 给出了在工厂合并或收购期间进行过程安全管理审核的指南和要求。
- *差距分析：*在很多时候，过程安全管理审核的第一步工作是明确现有的 EHS 方针、做法和程序与过程安全管理体系预期目标之间的差距。可以用该分析结果作为 PSM 管理体系的起始点，即检查过程安全管理体系的实施是否能够实现预定目标并满足相关的监管要求。

- *保险公司要求：*由于保险公司的职责是保护财产，其目标不同于过程安全管理体系的目标。但是，过程安全管理体系是为了预防重大事故的发生，如火灾和爆炸事故，因此，在过程安全和损失预防之间存在某些重叠。所以，保险公司会关注过程安全管理体系中的某些要素，有时会要求提供过程安全管理审核的结果。
- *事故调查：*如果过程安全事故调查发现了造成过程安全要素出现问题的一个或多个根本原因，公司就会决定开展过程安全管理审核，以确定问题深度或过程安全管理其他要素可能会存在系统性问题。在与政府机构达成的协议中，有时会对事故后过程安全管理审核的要求加以规定。
- *监控过程安全管理体系的持续改进。*在绝大多数情况下，过程安全管理审核是按照法规(甚至是包含过程安全管理要求的自愿性 EHS 标准，如 RC14001®)的要求进行的，审核的次要目的是对过程安全管理体系的成熟度进行检查。在一定时间段(通常为 3~6 年)内使用统一的审核准则以证实过程安全管理体系的策划和实施是否已取得了稳定的进步。过程安全管理审核还为测量体系负责人执行并落实体系要求的知识水平、知识是否充分提供了机会。

过程安全管理审核的主要目标或结果与过程安全管理的审核目的直接相关，包括：

- 降低过程安全风险；
- 满足法规中的审核要求；
- 满足内部审核要求。

但是，进行过程安全管理审核还有一些次要原因。这类次要原因包括：

- *分享成功或最佳实践：*进行过程安全管理审核的另外一个原因是对成功的方针、做法和程序进行分享。成功的方针、做法和程序可以与同一公司的其他工厂共享，甚至可以在行业中共享。例如对过程安全管理体系成熟度进行检查，这虽然不是实施过程安全管理审核的主要原因，但却是一项非常有用的工作，将关注点转移到所确定的正面事务上，而不是仅仅关注需要纠正的问题。审核员应抽出一定的时间将这些过程安全管理的成功实践告知公司/工厂人员。有些公司还会在其审核报告中简要介绍良好的过程安全管理实践。
- *为审核员提供了实操培训机会：*过程安全管理审核可为审核员、过程安全管理人员或参与过程安全管理的人员提供难得的培训机会，使其了解在工厂中如何实施过程安全管理要求，如何对文件/记录进行审核，如何面谈相关人员以及在进行过程安全管理审核时如何进行相关的审核工作。
- *反馈：*过程安全管理审核为过程安全管理体系的运行绩效的反馈提供了机会(有时这是唯一的机会)。
- *绩效测量：*对工厂过程安全管理体系的运行绩效进行检查。应将工厂作为一个整体来对过程安全管理体系的运行绩效进行检查，而不要给人留下仅为工厂中某些设施单元提供“成绩单”的印象。

目的和目标是工厂或公司过程安全管理体系中的基本要求，即使这一目的和目标看起来非常直接和明确，在过程安全管理体系中也应清晰、正式界定，从而强调并确保将审核目的和目标纳入每一次审核策划中(见第 2. 1. 2. 1 节)。

1.2 过程安全管理审核范围

过程安全管理审核范围是指对哪些方面进行审核，即对哪些装置、现场或过程进行审核。必须清晰界定审核范围，如果过程安全管理审核范围界定不清，就可能会使受审核的工厂、审核员、审核报告接收人员产生混乱。同时还会造成审核结果不准确、审核结果不全面、审核报告出现错误结论等情况。

对审核范围进行界定需考虑的因素包括：

- 工厂类型(加工、存储/输送、使用终端等)；
- 所有权(独资、合资和联营等)；
- 工厂地理位置；
- 工厂覆盖范围(所有单元与需进行审核的单元)；
- 程序内容(过程安全管理所有要素与需进行审核的要素)。

过程安全管理审核程序应至少包括公司 OSHA 过程安全管理标准《高危化学品过程安全管理》所涵盖的所有过程、工厂装置或对象，包括诸如以下内容：

- 适用的过程安全管理法规所涵盖的过程和操作；
- 生产、存储、使用、处理或运输处于或高于临界量的危险化学品或物料的公司设施；
- 生产、存储、使用、处理或运输危险化学品或物料的独资工厂；
- 生产、存储、使用、处理或运输危险化学品或物料的合资公司和合作伙伴；
- 生产、存储、使用、处理或运输危险化学品或物料的合约化工产品加工商(通常称为“合同方”)；
- 危险化学品或物料销售单位；
- 危险化学品或物料供应商。

当采用其他管理控制系统(如自我检查或内部报告系统)时，也会影响过程安全管理审核范围的确定。如果在某一工厂中实施了多个过程安全管理内部控制系统，相比较而言，过程安全管理审核范围和频次就变得不那么重要了。但是，如果公司基本没有实施过程安全管理内部控制系统，过程安全管理审核就成为了为公司管理层提供过程安全管理反馈的主要手段，因此，过程安全管理审核范围应更大，审核频次也应更高。在进行判断时，应将真正有效的管理控制系统与那些缺乏实质内容或效果的控制系统区分开来。

若已对过程安全管理体系部分要素的策划和实施情况进行了评估，可采信其结果而对过程安全管理只进行部分审核。在进行这类审核时，应按照本书中规定的要求进行。例如，如果将过程危害分析(PHA)程序质量审核与过程安全管理审核分开进行，但采用了本书第 11 章中的相同方案，则需按照第 11 章中的要求对审核员资格进行检查并确认。另外，也可在下一次进行过程安全管理审核时对过程危害分析程序进行质量审核。当每三年进行一次审核时，某些工厂会选择每年对大约 1/3 的要素进行审核。在确定过程安全管理审核范围时，这也是一种可接受的方法。

过程安全管理运行绩效测量指标还可以为过程安全管理审核范围的确定提供有价值的信息。对过程安全管理体系要素/主题进行审核所发现的不足也可用于确定审核范围。另外，公司/工厂不要陷入这样一个常见“陷阱”，即认为传统的安全统计数据足以能够对过程安全管理体系的实施效果进行测量，实际上安全与健康统计数据(如工伤率、经验修正率和可上报工伤数和疾病统计数据)可以对职业安全体系的实施效果进行评估，但是与过程安全管理体系的实施效果关系不大。当采用传统统计数据对工厂安全与健康体系进行测量时，即使工厂在安全和健康方面表现优异，但是仍有可能出现重大过程安全事故。化工过程安全中心(CCPS)已经确定了一套测量标准（CCPS，2007d)，用于对过程安全管理体系的运行绩效进行测量。CCPS的一个主要目标是确定行业衡量标准，并使其成为化工和石油行业的一个“基准”，从而对过程安全绩效进行测量。化工过程安全中心已经明确了以下几个测量指标：

• *滞后指标*：作为整个行业过程安全指标的一部分，对超过一定严重性的事故进行描述。

• *领先指标*：是指一系列前瞻性过程安全管理指标，用于明确重要工作程序、操作规程或事故保护层的实施效果；

• *未遂事件和其他内部滞后指标*：用于对不太严重的事件或已触发了一个或多个保护层的不安全状况进行说明。尽管这些事件为已发生事件(即“滞后”指标)，但通常被视为会最终导致严重事件的状况。

化工过程安全中心(CCPS)《基于风险的过程安全》为过程安全管理绩效指标审核提供了其他指南。有关如何确定过程安全管理审核范围方面的其他内容，见第2.1.2节。

1.3 过程安全管理审核程序指南

过程安全管理审核程序指南为如何实施审核计划以及如何进行审核提供了“基本准则”。在过程安全管理审核的管理程序中，应明确以下要求，包括：

• 过程安全管理审核范围：需对哪些装置、现场、过程和/或过程安全管理程序进行审核(见第1.3节)；

• 在进行过程安全管理审核时采用哪些审核准则(尽管有大量审核工作需要按照第3-24章中介绍的准则来进行，但是考虑到时间和资源的局限性，在对某一具体安全管理体系的程序进行审核时，可能需要剔除部分审核准则，在进行过程安全管理审核时需合理选择审核准则，见第2.1.2.2节)；

• 过程安全管理审核的频次(见第1.4节)；

• 受审核活动的数量、重要性、复杂性、相似性以及地点；

• 确定过程安全管理的审核方案——审核时所依据的准则包括适用的法律、法规、行业标准以及公司的相关要求；

• 若需要审核员具备相关的资格或注册/认证证书，明确保留相关的文件资料的要求；

• 确定是否需要进行认证审核，并形成文件；

• 在某一特定工厂的过程安全管理审核中，对公司有影响的所涉及的任何与语言、文化和社会有关的敏感问题，应在审核计划中注明；

• 审核组组建以及审核组成员的选派要求；

• 如果需要对过程安全管理审核进行评分，应为每一问题/准则分配分值；另外，如果需要，还应说明如何为过程安全管理体系的每一要素或问题/准则设定权重；

- 过程安全管理审核记录管理指南，包括：

—审核报告的格式、内容以及审核/批准；

—现场记录和其他工作文件的处置；

—如果是在律师-委托人授权下进行的审核，应保留相关的合规证据；

—如何处理按照合规性审核准则以及相关审核准则所发现的问题和审核结果；

- 确定是否需要将审核组的建议纳入审核报告，或是否将根据审核所发现问题而提出建议作为一项独立的工作来开展。作为过程安全管理审核工作的一部分，绝大多数过程安全管理审核组有责任提供初步建议，尽管这不是一项强制性要求。

有关如何确定过程安全管理审核“基本准则”方面的其他内容，见第2.1.2.2节。

本书的内容，是基于将过程安全管理审核作为一项单独工作来策划和实施的，但是，某些组织会选择将过程安全管理审核作为其综合的EHS管理体系或类似的综合性管理体系的一部分来进行审核。只要这些综合性管理体系中过程安全管理部分是按照本书中介绍的指南来审核的，过程安全管理审核就可以作为综合性管理体系的一部分来进行。

1.4　过程安全管理审核频次和审核周期

1.4.1　确定审核周期

过程安全管理审核的频次取决于审核程序的目的及公司的运营性质。因此，作为审核方案策划工作的一部分，应对审核频次(即两次审核之间的最长时间间隔)加以明确。由于下文介绍的因素对不同工厂的影响不一样，因此在公司过程安全管理体系中，可能需要为不同的工厂确定不同的审核频次。在进行过程安全管理审核前，应提前发出通知，不应搞“突然袭击”式审核。过程安全管理审核应提前策划，以便受审核的工厂和审核组有足够的时间进行准备工作。

影响审核频次的因素包括政府法规、自愿遵守的过程安全管理法规要求、公司方针、风险度、过程安全管理体系成熟度、以往审核结果以及事故记录。在确定审核频次时，每一个因素都应考虑。

- *政府法规*：在政府法规中，通常对审核频次做出规定。例如，在OSHA过程安全管理标准《高危化学品过程安全管理》中，规定应至少每三年对工厂进行一次过程安全管理审核。在EPA《风险管理计划》事故预防部分，对于事故预防计划2和计划3所涉及的工厂，同样规定每三年进行一次审核。由于OSHA《高危化学品过程安全管理》和EPA《风险管理计划》中事故预防计划3对所有要素的要求几乎相同，到目前为止，EPA未对其《风险管理计划》事故预防部分中的审核频次要求进行澄清或解释，因此，将OSHA《高危化学品过程安全管理》和EPA《风险管理计划》中规定的审核工作作为一项工作来开展，用于对过程安全管理的运行绩效进行测量。当发生某一事故后，作为与监管机构所达成协议的一部分，有些公司进行过程安全管理审核的频次会更高一些。尽管政府法规对审核频次做出了规定，但是其他一些因素可能要求工厂进行比法规要求更高的过程安全管理审核。

- *自愿遵守的过程安全管理法规*：绝大多数自愿遵守的过程安全管理法规并没有对过程安全管理的审核频次做出规定，而是只要求“定期”或“合适的周期”。表1.2列出了强制性和自愿遵守的过程安全管理法规的要求或建议的审核频次。如表1.2所示，几乎没有对过程安全管理审核频次做出强制性要求的法规。按照《高危化学品过程安全管理》的要求，绝大多数美国公司每三年对其国内工厂进行一次过程安全管理审核。由于缺乏更加明确的要求，同一公司对其不受过程安全管理法规控制的国内工厂以及美国本土以外工厂也采用该审核频次，以便做到统一。

表 1.2 强制性和自愿性过程安全审核频次

CCPS《基于风险的过程安全》	CCPS《过程安全技术管理》	OSHA 过程安全管理标准《高危化学品过程安全管理》和EPA《风险管理计划》	ACC《责任关怀管理体系》(RCMS)	ISO 14000《环境管理体系》	化学品制造商协会(SOCMA)《Chem Stewartfe®计划》	《安全和环境管理计划》(SEMP)	欧盟委员会指令 96/82/F.C－9 Seveso II	国际劳工组织(ILO)公约 C174《防止重大工业事故公约》
无具体或推荐频次	无具体或推荐频次	3年	无具体或推荐频次	合适周期	无具体或推荐频次	定期，但是最长周期为4年，初次审核应在建立程序后2年内进行	定期	无具体或推荐频次

• *公司方针*：公司方针可能对审核频次做出规定，这与相关法规和自愿遵守的过程安全管理法规中规定的审核频次有所不同。在绝大多数情况下，公司程序只是依相关法规或自愿遵守的过程安全管理法规的要求而定。

• *风险度*：如果在管理法规或自愿遵守的过程安全管理法规中没有规定审核频次，则应通过其他因素来确定过程安全管理体系的审核频次。在确定审核频次时，过程安全事故风险度(更严重事故后果、更高事故频率或二者)是一个重要的因素。通常而言，当运行呈现出更高危险等级时，审核频次就应加大。风险等级与材料的特殊危险性、涉及的运行类型(如在高压条件下操作)、是否存在靠近人口密集区等危险源有关。例如，位于人口密集区存储大量液氯的化工/加工工厂所呈现出的风险要比与位于偏远地区仅存储 1t 液氯的水处理装置高得多。

• *过程安全管理体系成熟度*：当运营中的工厂初次实施过程安全管理体系时，其审核频次应比已经较好实施了过程安全管理体系的工厂高。对于前一类工厂，在实施新程序时会出现混乱或错误或者策划不当，由此导致过程安全管理体系出现问题的可能性增大。当某一区域实施的过程安全管理体系趋于成熟时，就会在日常运营过程中使管理体系步入正轨，因而，检查和审核频次就不需要那么高。如果对过程安全管理体系或审核准则进行了修改，应对原先确定的审核频次重新评估。如果引入了新程序或新绩效标准，审核时间应比原定时间提前，当政府监管机构制定了新准则而这些准则属于合规性审核准则时尤应如此。如果人员、管理或业务优先等级发生变化，也会导致过程安全管理体系的实施质量下降。

• *重组*：如果过程安全管理体系或公司进行了重组，可能需要对过程安全管理体系进行审核。重组会导致过程安全管理体系的职责分配出现重大变化，过程安全管理的工作量、模式或工作内容发生重大变化。

• *以往审核结果*：当通过审核发现过程安全管理体系的策划或实施与预定目标存在较

大差距时，就表明下一轮审核需比原计划时间提前。

- *事件记录：*当某一现场曾经频繁发生事件或未遂事件时，则需增大审核频次。除检查管理体系可能存在的缺陷外，更频繁的审核还可增强工厂人员的过程安全意识。
- *其他环境、健康与安全(EHS)审核：*当过程安全管理审核是综合性 EHS 审核工作的一部分时，应按照 EHS 审核方案来确定过程安全管理审核的频次。

综上所述，尽管存在某些变数，但是绝大多数美国本土工厂基本每三年进行一次过程安全管理审核。每三年进行一次审核是基于 OSHA 过程安全管理标准《高危化学品过程安全管理》和 EPA《风险管理计划》确定的频次，该频次能够满足风险控制要求，并提供了足够的时间以对过程安全管理体系的实施效果进行全面审核，但是，如果过程安全管理体系的策划或实施不当，该审核频次就有些偏低。每三年进行一次审核通常也不会对审核记录的保存造成负担。因此，当没有任何其他审核频次要求时，过程安全管理审核应每三年进行一次，除非基于过程安全管理状况和其他审核结果，要求增加审核频次。

1.4.2 审核周期计算

当法规、自愿遵守的过程安全管理法规或公司方针明确了过程安全管理审核频次时，应就如何计算审核周期加以规定。由于过程安全管理审核不是一个瞬时事件，而是一个在一定时间内完成相应检查工作的过程，因此计算审核周期的方法有多种。

- *从上次审核报告日期计算：*由于审核报告有时无法如期发出，而这种延误会因审核情况的不同而不同，考虑到审核报告日期是一个明显的事件记录点，因此某些公司基于审核报告日期来计算审核周期，但在通常情况下不依据审核报告日期计算审核周期。
- *从上次现场审核工作开始日期计算：*由于绝大多数过程安全管理审核工作会在一个工作周或更短的时间内完成，因此，审核周期经常基于上次现场审核开始日期进行计算。该日期在审核报告或其他记录文件中均有注明，因此可以很容易地查找到该日期。
- *从上次审核末次会日期计算：*审核末次会通常标志着现场审核工作的结束，也是现场审核周期的结束。由于在审核末次会上将讨论审核结果、总结经验教训，因此公司将其视为一项培训或过程安全工作，公司通常会对审核末次会进行记录，相关记录包括注明了日期的人员花名册、会议纪要等。因此，有些公司将上次审核末次会日期用作审核频次的计算日期。
- *从上次审核认证决定日期计算：*按照 OSHA 过程安全管理标准《高危化学品过程安全管理》或 EPA《风险管理计划》进行的过程安全管理审核需要进行认证注册(有关审核认证指南见第 1.8.6 节)，对认证决定日期进行记录并将其用作对审核周期进行计算的时间节点。但是，由于通常是在审核报告最终完成后对审核进行认证决定，因此认证决定日期要比审核实际完成日期晚很多。OSHA 已在《过程安全管理合规性指南》(OSHA，1994)中进行了澄清，指出每三年对过程安全管理进行一次审核从上次审核认证决定之日起算起。
- *从上次现场审核工作结束日期计算：*尽管绝大多数审核将审核末次会作为现场审核工作结束的标志，但因现场不可预见事件、必要人员无法到场或其他原因，某些面谈、记录、检查或其他工作可能会在审核末次会以后才能进行。在这种情况下，全部完成现场审核工作可能会持续几个周的时间，而且持续时间通常并不固定。因此，不能依据上次审核现场工作结束日期来对审核周期进行计算。

综上所述，尽管 OSHA 已澄清按照上次过程安全管理审核认证决定日期来计算审核周期，但是，许多公司仍选择将上次现场审核工作开始日期作为审核周期的计算日期。实际上，过程安全管理体系对是否晚几天或几周时间来进行审核并不敏感。因此，可以采用上述介绍的多种计算方法中的一种对过程安全管理体系的实施效果进行审核。但是，当法规规定了审核频次时，即使是晚几天进行审核也会导致违反规定，因此，在这些情况下应认真对待，合理安排审核，以满足法规规定的审核周期要求。另外，如果公司或工厂的所有权发生变化，不应重新设定过程安全管理审核周期，以防止审核周期被延长。审核周期适用于过程安全管理体系及其工作，但并不涉及由哪个实体来实施过程安全管理体系及其相关工作。一旦确定了过程安全管理审核周期计算方法后，除非因不得已的原因需要对审核周期进行调整，否则应连贯执行所确定的审核频次。

1.5 过程安全管理审核员配备

1.5.1 审核组成员

进行综合性过程安全管理审核通常需要团队合作，尽管法规中并没有规定这一要求。通过由多人组成的团队对过程安全管理进行审核，可以提出更多观点或看法以对观察到的问题进行内部讨论，应让具有不同专业、技能和经验的人员参与到审核工作中。如果审核范围不大(如对过程安全管理体系其中的一两个要素进行评估)，可由一人完成，但绝大多数过程安全管理审核是通过团队合作来共同完成的。当无法成立审核组来对过程安全管理体系进行审核时，指派的这名审核员在能力和经验方面应具备相当于审核组长的能力。尽管这种情况有时无法避免，但是只有在过程安全管理体系范围不大、复杂性不高且审核过程不会造成潜在问题时才允许采用。

过程安全管理审核组通常由2~6名成员组成。审核组成员数量并非固定不变，取决于以下因素：

- 受审核工厂的规模；
- 过程安全管理体系的范围和复杂程度；
- 审核范围及其要求，例如

—审核方案中的审核问询/审核准则的数量；

—过程安全管理体系每一要素对应的审核问询/审核准则的数量；

—基于审核范围及其要求，在审核过程中会涉及哪些审核问询/审核准则；

—是否需要对合规性审核准则和相关审核准则进行评估。

这些因素决定了对审核员工作量的预估，将有助于确定需要指派多少审核员。

尽管当前过程安全管理法规没有强调审核组的客观性，但“客观性”却是一个需要考虑的非常重要的因素。在CCPS出版物《基于风险的过程安全》(CCPS，2007c)中，对审核员的客观性进行了如下定义(并对可能会存在某些不利因素进行了说明)。

- *第一方审核员*：来自受审核工厂的审核员。第一方审核员客观性最低(但是对受审核的过程安全管理体系拥有最多的一手资料)。

- *第二方审核员*：来自受审核工厂同级公司但为其他部门的人员，如公司的上级管理部门、安全/过程安全管理部门或公司内其他工厂。与第一方审核员相比，第二方审核员的客观性更高一些，但是仍然会受某些利益或偏见的影响。第二方审核员有时会出现这样一种利益困扰，即今天受审核的人员可能是明天的审核员；同时，还可能会处于另外一种不利状态，即受审核的人员可能就是审核员。

- *第三方审核员*：来自独立机构的人员，如咨询机构。第三方审核员的客观性通常最高(但是，第三方审核员要提出建议，从而增大其工作量)。

在确定审核组成员及其客观性方面，应权衡的重要因素包括。

- *避免出现利益冲突*：为审核组仅配备第一方审核员有其优势和劣势。第一方审核员的优势在于对现场运行和人员都很熟悉，但是，当对过程安全管理方针、制度和程序的策划或实施进行审查和评估时，由于第一方审核员曾经负责或参与了其策划或实施，因此很难避免利益冲突。当一名或多名审核员或审核组长向工厂经理汇报审核工作时，也会出现利益冲突。这些利益冲突会对审核的客观性造成影响，因此，如果可能应尽量避免。

- *避免存在偏见*：如果仅为审核组配备第一方人员，就会使审核存在偏见的可能性增大。作为审核员的自豪感会使审核员忽视受审核方的方针、制度和程序存在的瑕疵，或者极力为存在的缺陷寻找借口。对于由第二方或第三方审核员组成的审核组，也应考虑偏见这一因素，对于由第一方审核员组成的审核组，更应如此。

- *信息交流/过程安全管理经验共享*：仅选用工厂内人员(第一方人员)对过程安全管理进行审核会具有某些优势，但是为避免出现某些问题，还需选用第二方审核员。第二方审核员对受审核的过程也非常熟悉，但是与正在受审核的工厂运行或策划又没有直接的利益关系。采用这种方法还有助于在同一公司不同工厂间的信息交流和经验共享。

- *避免出现满足于现状的情况*：由第一方和第二方审核员组成的审核组存在的一个缺点是往往满足于现状，即可能会默认当前和过去的过程安全管理方针、制度和程序，而不会或几乎不会对其进行改进。“这就是我们的通常做法”这一观念可在一定程度上说明工厂的过程安全管理体系正在得以有效实施，但会隐瞒在实施过程中可能存在问题。最直接的人员(即第一方人员)以及来自公司其他部门的第二方人员往往会出现满足于现状的情况。

- *专职审核员*：通常很难指派工厂人员离开其正常工作岗位专门参与其所在工厂或其他工厂的审核工作，也就是说，工厂人员只能参与不经常开展的过程安全管理审核工作。这就造成这样一种后果：由于在审核组中无工厂人员，审核组可能对工厂的情况缺乏深入了解，无法有效开展审核工作。因此，有些公司专门指派第二方审核员来参与审核工作，通常为公司人员或来自公司受审核工厂以外工厂的人员。有时将这类人员指派为审核组成员，而有时指派为审核组长。当指派为审核组长时，审核组成员为来自受审核工厂以外工厂的人员。由于专职第二方审核员对工厂运行以及过程安全管理体系实施情况非常熟悉，因此，第二方审核员具有很高的审核能力，并会对审核问题点有更深入的理解和体会。需要时，由公司专职审核员对审核进行追踪，可以保证审核工作的连续性，同时还可以避免利益冲突或保证审核工作的公平和公正性。在有些公司，审核组由专职第二方审核员以及临时指派的第一方、第二方或第三方人员组成。如果审核范围、要求和时间允许的话，由多方人员组成的审核组还有助于对过程安全管理审核员进行培训(获得审核经验)，在整个公司中分享最佳做法并加深对知识的理解。当过程安全管理体系采用打分形式进行审核时，在选用专职审核员时应特别注意，确保赋予分值的一致性以便基于最后的得分对不同工厂过程安全管理体系的实施情况进行比较。

- *外部审核员与内部审核员*：在进行过程安全管理内部审核时，有时选用第三方人员。

可以由第三方人员组成独立审核组、由第三方人员担任公司内审组长来开展内部审核工作，或者作为成员加入到内审组并在内审组长的指导下开展审核工作。对于过程安全管理审核，选用第三方审核员具有最高的客观性和公平公正性，同时还可以缓解公司内部紧张的人力资源。但是，审核工作还有一项重要内容是使工厂人员深入了解工厂过程安全管理体系的策划和实施情况，如果仅选用第三方人员进行审核，公司或工厂就失去了其内部人员了解其过程安全管理体系如何策划并实施、获得相关知识的机会，而且失去了进一步提高其内部员工过程安全管理知识和能力的机会。选用第三方审核员进行审核的另一个优势是，第三方人员能够以“全新视角”来审视过程安全管理体系的策划和实施，并避免出现满足于现状的情况。在贝克委员会(Baker)发布的《BP 公司美国炼油厂独立安全审查专门小组调查报告》(简称“贝克委员会报告”)中明确指出：

贝克委员会认为，选派员工对其他工厂进行审核具有一定的优势，例如，在所有工厂中可以积极推动最佳做法的实施并分享经验教训，但是，该种方法也有局限性。由于审核组中工厂员工主要依赖现成的内部观点、方法和视角来进行审核，因此，BP 公司的过程安全审核组通常无法从审核组成员身上获得外部经验或知识。贝克委员会认为，由于员工仅对其公司内部过程安全管理绩效要求有所了解，因此，仅仅依赖于内部人员来进行审核可能会降低审核效果。

- *OSHA 过程安全管理标准《高危化学品过程安全管理》对审核组提出的要求*：在 OSHA 过程安全管理标准《高危化学品过程安全管理》中，对审核组成员组成提出了具体要求。在 OSHA《高危化学品过程安全管理》第（o)(2)段中规定：“合规性审核应至少由一名‘内行’人员来进行”。这就意味着审核组应由“内行”人员组成，但在该标准中并没有对术语“内行”进行定义。有些公司会选派对受审核工厂拥有总体经验的人员，而其他一些公司选派对受审核工厂拥有具体经验的人员。这类审核员通常作为审核组的顾问。作为顾问，“内行”人员发挥着审核组和工厂之间的纽带作用，协助审核组指派合适人员对工厂人员进行面谈、查找相关文件和记录，或作为审核后勤人员提供服务。该顾问可以是管理人员，也可以是非管理人员。如果由“内行”人员负责面谈工厂人员、对记录进行审查、并负责得出审核发现，该名人员无论是管理人员还是非管理人员，都不应曾参与过受审核的过程安全管理体系的策划或实施工作，从而确保审核的公平和公正性。如果该名人员是审核组的正式成员，但仅仅为工艺/设备及其技术和运行提供支持性信息并作为审核组和工厂间的联系人，则可不考虑该名人员是否曾参与过受审核的过程安全管理体系的策划或实施工作。在对过程安全管理审核进行策划时，应考虑该因素，决定“内行”人员是担任审核员角色还是顾问角色，再确定人选。

1.5.2　审核员和审核组长资格通用要求

ISO 19011《质量和环境管理体系审核指南》(ISO, 2002)对审核员的素质、资格和经验进行了规定。有关在本指南中对过程安全管理审核员的要求在下文中进行了简要介绍。其中很多素质和技术能力要求也在 OSHA《过程安全管理合规性指南》(OSHA, 1993)中进行了介绍。

1.5.2.1　审核员

为了使公司/工厂信任过程安全管理的审核结果，并基于审核结果来确认其过程安全管理体系得到了有效实施，或者根据审核结果对过程安全管理体系进行相应的变更和调整，审核员应具备必要的能力来开展审核工作。审核员应具备的个人素质和能力包括：

- 审核员个人素质；
- 通过教育、工作经历、培训和审核经验获得的知识和能力。

个人素质：审核员应具有良好的个人素质，以依据审核准则开展各项审核工作。按照ISO 19011《质量和环境管理体系审核指南》(ISO，2002)的要求，审核员应具有以下良好品行：

- 有道德，即公正、忠诚、诚实和谨慎；
- 思想开明，即愿意考虑不同想法、意见或观点；
- 真诚，即以诚待人；
- 性格稳重，即不能反复无常；
- 善于观察，即主动地认识周围环境和活动；
- 有感知力，即能本能地了解和理解环境；
- 适应能力强，即容易适应不同情况；
- 坚韧不拔，即对实现目标坚持不懈；
- 明断，即根据逻辑推理和分析及时得出审核发现；
- 自立，即在同其他人有效交往中独立工作并发挥作用；
- 求知欲，即渴望获得知识或敢于对问题提出自己的观点和看法；
- 精力充沛，即在进行过程安全管理审核时不易感到疲劳，过程安全管理审核通常持续数日，要有强健的身体；
- “厚脸皮”，即能够面对和接受严峻挑战，保持平静，以专业方法开展工作。

这些素质是性格和个性的体现，但并不是对审核员的技能和经验要求。对于开展不同类型的工作的相关人员应具备的这些素质，对于审核员而言尤为重要。在对过程安全管理进行审核时，通常要求审核员更多地按照一系列基于绩效的要求而少部分按照强制的、具体的或规定性绩效要求来对其“所见所闻”得出正确结论。在进行审核时，通常还要使受审核工厂的人员认可由审核员得出的审核发现。上述介绍的审核员应具备的个人素质是达到该目的所必需的。坚韧但并不排外也是一项审核技能。审核员通常会听到对某一问题的回答，但凭直觉知道该回答并不全面或答非所问，因此，审核员要继续对该问题进行探究，并弄清楚与该问题有关的所有事实，但是有时会使面谈对象感到尴尬。审核员必须掌握好采用其他审核问询继续探究某一问题以及对人员进行“交叉面谈”之间的尺度。

与审核有关的技能和知识：按照ISO 19011《质量和环境管理体系审核指南》(ISO，2002)的要求，审核员除具备良好的个人素质外，还应具备以下技术知识和技能：

- 工作策划和组织能力，确保按照商定的日程表进行审核；
- 优先关注重要问题；
- 通过有效的面谈、倾听、观察和对文件、记录和数据的审核来收集信息；
- 理解审核中运用抽样技术的适宜性和后果；
- 验证所收集信息的准确性；
- 确认审核证据的充分性和适宜性以支持审核发现和结论；
- 评估影响审核发现和结论可靠性的因素；
- 使用工作文件记录审核活动；
- 编制审核报告；

- 维护信息的保密性和安全性；
- 能以口头和书面方式有效沟通(当对美国本土以外工厂进行审核时，还可能要求外语沟通能力或配备翻译)；
- 熟悉并能够正确使用过程安全术语和语言；
- 熟知过程安全管理审核准则及其适用范围；
- 对过程有一定的了解，即对被审核工厂的策划、运行、维护、应急响应和管理有基本的了解。不要求过程安全管理审核员在受审核工厂的这些方面成为专家，但是，审核员应具备足够的知识，才能按照审核准则中的规定对受审核工厂的技术和运行要求做出正确判断；
- 审核员应具备相应的计算机技能。

*相关法律、法规和与过程安全有关的其他要求：*过程安全管理审核员应熟悉相关法律和法规以及受审核组织采用的过程安全管理要求。这包括与过程安全有关的所有地方和国家的法律和法规以及合同和协议、国际公约和条约、公司和工厂拟遵守的其他要求。

*能够正确理解政府要求：*过程安全管理审核员应能够根据组织机构运营情况正确判断法规、自愿遵守的过程安全管理标准、地方、区域和国家规范、合同、协议、国家公约和条约、公司内部方针以及公司和工厂实施的其他相关的过程安全管理要求。过程安全管理审核员应全面深入了解以下内容：

- 不同组织实施的 PSM 管理体系；
- 过程安全管理体系各要素间的相互关系；
- 过程安全管理体系标准、相关程序或用作审核准则的其他管理体系文件；
- 了解不同的过程安全管理体系之间、会对工厂产生影响的参考标准之间的差别，并确定其优先采纳顺序；
- 过程安全管理体系或引用标准在不同审核状况时的应用；
- 与过程安全管理体系及其策划和实施有关的文化和社会习俗，在美国本土工厂和国外工厂之间，甚至在同一母公司中，这些文化和社会习俗可能会有很大不同。

正确理解工厂基于绩效的过程安全要求也是过程安全管理审核员应具备的一项重要技能。审核工作通常需在审核组所有成员的协作下共同完成，审核组长以及公司法律事务人员(如果有的话)在这一方面发挥着重要的管理作用。这就是为什么需要对审核发现和建议(当提出了建议时)进行认真审查的原因(见第 2.3.6 节和第 2.4.2 节)。

1.5.2.2 审核组长

除审核组成员应具备的能力外，过程安全管理审核组长在领导力方面还应具备以下更广博的知识和更高的能力，以顺利、高效地完成审核工作：

- 对审核进行合理策划，并在审核过程中有效地利用资源；
- 主持审核会议(审核首次会、日清会以及审核末次会)；
- 组织和领导审核组成员工作，确保按照审核计划的要求，在确定的审核范围内完成各项审核工作；
- 领导审核组得出审核发现并提出建议(当审核方案要求提出建议时)；
- 预防并解决利益冲突；
- 向公司/工厂高层管理人员和法律事务人员提供审核计划编制、实施以及审核发现和

建议方面的信息;

- 编制并完成审核报告。

为顺利完成过程安全管理审核，审核组成员和审核组长应具备以下学历、工作经验和审核经验，并在必要时接受相应的培训:

—审核组成员和审核组长的教育和学历水平应能够保证足以获得上述技能和知识;

—审核组成员和审核组长应具备与过程安全管理相关的工作经验和上述介绍的知识和能力。这类工作经验包括与受审核工厂和运营有关的技术、管理或专业经验。作为工作经验方面其中一项要求，审核组成员和审核组长还应负责过或参与过与过程安全管理体系有关的工作;

—审核组成员和审核组长应接受过审核方面的培训，以具备上述技能和知识；可以由公司或外部机构对审核员进行培训;

—如果可能，审核组成员和审核组长应具备过程安全审核经验，也就是说，曾在合格审核组长的指导和带领下在具体的审核过程中获得了相应的经验;

—审核组长应曾多次参与过过程安全管理审核工作。

1.5.2.3　获得审核技能

审核组长和审核组成员通常通过以下一种或多种方法来获得必要的审核技能:

- 就过程安全管理程序及其理解接受过正式培训;
- 接受过公司/工厂组织的正式的内部培训或外部培训;
- 担任过过程安全管理经理/协调员;
- 担任过过程安全管理顾问;
- 在过程安全管理审核中，担任过观察员或审核助理;
- 担任过审核组成员(执行审核组长资格标准)。

在公司/工厂过程安全管理审核程序中，应明确审核组长和成员的培训和经验要求、如何获得审核技能，以及在审核组长或成员单独开展审核工作前应具备的在每一项技能方面的要求。

综上所述，过程安全管理审核员应具备必要的审核能力，即熟悉不同类型工厂过程安全管理法规要求，熟悉过程安全管理体系的相关方针、做法和程序的策划或实施，能够熟练开展审核工作，对分配的审核工作做到不偏不倚和客观公正。绝大部分技能是通过经验和培训获得的。在对某一具体工厂进行审核时，审核组有时要求配备相关专业技术人员提供协助，以对过程安全管理体系中的技术问题进行评估。

1.6　审核员资格

过程安全管理审核员无资格认证要求，但是下面一种情况除外。按照美国化学理事会(ACC)标准RC205.04(ACC，2008)的要求，当按照ACC《责任关怀管理体系》(RCMS®)或《环境、健康、安全与安保管理体系》(RC14001®)的要求对过程安全管理进行认证审核时，必须由经过认证的第三方审核员进行，这就要求必须按照环境、健康与安全审核员资格认证委员会(BEAC)(www.beac.org)或RABQSA认证认可委员会(于2005年1月1日由注册认证委员会和澳大利亚国际质量学会合并而成)(www.rabqsa.com)的相关规定对审核员资格进行认证。这两个机构均没有对过程安全审核员资格提出具体的认证要求。环境、健康与安全审核员资格认证委员会(BEAC)虽然要求对健康和安全审核员进行资格认证，但只是在总体上规定了职业安全和健康审核员应具备的知识和技能。这两个机构仅对环境审核员按照RC14001的要求进行资格认证。尽管过程安全/风险管理体系的核心事项已涵盖在《环境、健康、安全与安保管理体系》(RC14001®)中，但美国化学理事会(ACC)《责任关怀管理体系》和《环境、健康、安全与安保管理体系》并不能代替过程安全管理体系。尽管《环境、健康、安全与安保管理体系》(RC14001®)中的一般性审核原则适用于过程安全管理审核，并在本书中引用和使用，但并非专门针对过程安全管理审核。应该注意的是，当由第三方对公司过程安全管理进行认证审核时，则第三方审核员应进行资格认证。但是，作为“策划-实施-检查-改进”管理体系的一部分对公司责任关怀管理体系定期进行内部审核时，不要求对内部审核员进行资格认证。

ISO 17024 (ISO, 2003)是一个全球认可的人员资格认证标准，对审核员和检查员应具备的能力做出了规定。由 RABQSA 认证认可委员会发布的人员资格认证标准与 ISO 17024 一致。

1.7 过程安全管理审核准则和方案

在制定过程安全管理审核程序时，应明确对体系运行绩效进行测量的准则。在过程安全管理的审核管理程序中，应包含这些审核准则，并说明其确定依据和考虑因素。审核准则是用作对过程安全管理体系的策划或实施进行评估的参考点，同时也是每一工厂编制审核方案的基础。

审核方案需形成文件，提供给审核员，用于指导其现场审核工作。“审核方案”还有其他表达方式：审核检查表、审核问卷、审核工作计划和审核指南等。在本书中之所以采用审核“方案”一词是因为该术语最为常用。在审核方案中，包含了审核问询/审核准则，用于收集必要的证据来对过程安全管理体系的当前状况做出令人信服的审核发现。在编制过程安全管理审核方案时，应为过程安全管理体系的每一要素确定一套单独的审核问询/审核准则清单，尽管这种方法并不是一项强制性要求。

尽管有许多现成的过程安全管理审核方案，包括本书中的审核方案，但是使用人员应对这些方案进行认真审查，并根据公司具体情况“量身定制”合适的审核方案。在定制审核方案时，应考虑以下问题：

- 对于每一次审核，需明确将要采用的审核问询/审核准则(见第2.1.2节)。
- 通用的审核方案，必须满足过程安全管理审核程序以及单次审核的审核目的、审核范围和审核规范的要求。
- 必须对通用审核方案进行调整，以包含与公司和工厂过程安全管理审核方针和程序有关的具体要求。
- 如果在通用审核方案中没有涉及当地过程安全管理方面的法规性要求，就必须将这些方面的要求补充到审核方案中。例如，美国部分县市还制定了自己的过程安全管理法规。另外，当供美国本土工厂使用的通用审核方案用于美国本土以外工厂时，就需要对其进行较大的修改。

• 审核问询或审核准则应包括因 OSHA 过程安全管理标准《高危化学品过程安全管理》而向本公司和其他公司发出的违规传票。

• 过程安全管理审核方案应针对需要审查的记录以及需要面谈的人员为审核员提供依据样本进行抽样的工作指南。

• 精心策划的过程安全管理审核方案为审核员提供了必要的指南，对需要审查的记录类型、需面谈的人员以及需进行何种详细的检查进行了规定，这有助于审核员对工厂审核问询/审核准则中的要求更好地理解和判断。过程安全管理审核方案中的指南还应提供足够的信息，以便审核员将其在现场的所见所闻与指南加以比较，从而判断过程安全管理是否存在问题。

• 需注意的是应采用相同的格式来编制审核问询清单，从而确保审核问询的一致性。例如，如果对审核问询的回答为“是”，则意味着该主题满足相同要求，即工厂完全满足该主题对应的要求。对于所有的审核问询，如果其答案皆为“是”，则是指满足过程安全管理体系要求，相反，如果答案为“否”或“部分满足”，则意味着存在问题。尽管这是在绝大多数 EHS 审核方案中采用的约定俗成的方法，但是也可采用其他相应的方法。在过程安全管理审核方案中，必须保证所采用的方法一致。

• 过程安全管理审核方案可采用多种方式编写，但是绝大多数审核方案采用文本格式或数据表格式的电子版文件。

有关在过程安全管理审核方案中如何选择审核准则和审核问询方面更详细的指南，见第 1.7.2 节和第 2.1.3 节，有关审核抽样方面的其他指南，见第 2.3.5 节。

1.7.1 过程安全管理审核准则和审核问询范围

在美国，过程安全管理法规几乎成了 OSHA 过程安全管理标准《高危化学品过程安全管理》的代名词，因此，对过程安全管理体系运行绩效进行测量已经成为一项与标准符合性有关的工作。在化工过程安全中心(CCPS)出版物《基于风险的过程安全》(RBPS)(CCPS, 2007c)中，介绍了过程安全管理体系要求以及部分自愿遵守的过程安全管理法规，其强调的是过程安全管理方法，而不是仅仅列出基于绩效的要求。另外，将这些方法纳入过程安全管理体系对于工厂或公司具有重大意义，可以提高可操作性、可靠性和产品质量等。基于绩效的要求通常不会对隐含性问题、判断性问题、文件记录要求以及其他一些重要问题作出清晰的规定，因此，在确定审核准则时，应对这些问题进行正确分类。在过程安全管理体系中，可能需要检查的内容包括：

• 对相关要求的正确理解；
• 良好做法、成功做法、常用做法和最佳做法；
• 可接受的做法；
• 管理体系和内部控制措施；
• 过程安全文化；
• 记录；
• 合规要求与相关规范中的准则。

由上述内容形成的审核准则/审核问询以及合规性审核准则/审核问询构成了过程安全管理审核程序的整个审核准则/审核问询。合规性审核准则/审核问询的确定相对直接，但是需要彻底理解才能顺利完成审核工作。而对于相关的审核准则而言，如果采用的话可能会形成新的绩效要求，因此，如果在过程安全管理审核中采用相关的审核准则，应认真考虑和策划。对合规性要求的理解也属于同样情况。审核准则/审核问询应来自于已明确的和已认可的策划要求，而不是其他来源。

1.7.1.1 对过程安全管理要求做出的解释和澄清

由于过程安全管理要求在很大程度上是基于绩效的要求，因此，实施了过程安全管理体系的每一公司和工厂需根据其自身经营情况来正确理解过程安全管理要求。即使有过程安全管理法规，仍然有很大空间来明确采用何种手段来满足这些法规中要求。例如，对于资产完整性和可靠性，“应按照认可和普遍接受的良好工程实践来进行检查和测试”这一要求对某个具体工厂而言意味着什么？对于危害识别和风险分析，“工厂地点”对不同现场意味着什么？在美国化学理事会(ACC)《责任关怀管理体系®》(RCMS®)中，“信息共享”意味着什么？只有正确判断(或定义)对工厂的管理要求后，才能确定过程安全管理审核准则，然后根据确定的审核准则对过程安全管理体系的实施情况进行评估。尽管对某一管理要求的理解和解释不会在不同的工厂中出现重大偏差，但对于具体的过程安全管理体系而言，为满足管理要求采用的手段会因不同的公司而异。监管机构和自愿遵守过程安全管理法规的管理机构已针对不同的过程安全管理问题进行了说明和解释。另外，工厂及其母公司(如果有的话)通常会对纳入工厂运营具体的管理要求加以说明。因此，在审核准则中，应包含如何正确理解和解释过程安全管理要求方面的内容。

即使是由政府监管机构对过程安全管理法规做出的澄清和解释已经成为了良好、常用、成功做法，但是这些澄清和解释仍会对合规性要求造成影响。例如，如果工厂或公司已大面积地将由政府监管机构对过程安全管理法规做出的澄清和解释作为标准做法，那么这些澄清和解释属于合规性要求吗？回答该问题涉及到复杂法律问题，尤其是政府监管机构(如OSHA)指明工厂需按照某一绩效标准(如OSHA《高危化学品过程安全管理》)中某一条款来采取某些措施时。该解释所带来的问题包括：OSHA是否正在实施一项新要求或仅仅是对现有要求进行解释或澄清。总体而言，对于由OSHA就某一绩效标准中某一条款所做出的解释或澄清，只要合理，就会成为一项实际的合规性要求。

尽管存在复杂的法律问题，但可以按照基于绩效的标准所做出的解释、自愿遵守的过程安全管理法规以及其他相关的审核准则，对基于绩效的标准中的具体要求进行评估和审核，从而顺利开展过程安全管理审核。另外，在审核报告中，正确区分法规性要求和“良好、常用、成功做法”也很重要。例如，在进行危害识别和风险分析(HIRA)时，采用定性风险评级指标来识别风险就是一种很常用的方法。多年以来，绝大多数危害识别和风险分析参与人员一直采用这种风险评价方法，并确实变成了一种常用做法。在几年前，OSHA就发布过一项书面解释，指明：采用定性风险评级指标可以满足OSHA《高危化学品过程安全管理》中规定的要求(“过程危害分析”要素中规定的要求，即“在进行过程危害分析时，应对因控制措施失效而可能对工作场所人员造成的安全和健康影响进行定性评估，以确保人员安全”)。由OSHA做出的此项解释是否是一项硬性要求？如下文所述，OSHA希望工厂在进行过程风险分析时采用过程危害分析。

在本书中，由于由监管机构做出的解释尚未正式纳入OSHA过程安全管理标准《高危化学品过程安全管理》或者职业安全和健康审查委员会(OSHRC，独立于OSHA的一个管理性法律机构)尚未做出正式实施决定，对法规做出的解释在实施时会面临挑战，同时也可能发现对法规做出的解释不正确，因此，由监管机构做出的解释被视为相关审核准则。有关由监管机构做出的解释如何变成良好、成功或常用做法以及在进行过程安全管理审核时如何对待这些做法，见下文中的讨论。

1.7.1.2　良好、成功、常用和最佳做法

对于某一特定工厂，在确定如何理解过程安全管理要求时，可能会遇到一些重要问题。对于某些工厂和公司而言，以下问题会使其在策划过程安全管理体系时遇到困难：

- 对于过程安全管理，良好做法或常用做法在何时被视为过程安全“要求”？
- 对于过程安全管理，何种做法应被视为“最佳做法”？
- 如何将某一工厂与另外工厂的过程安全管理体系中的内容加以比较？
- 这种比较是否合适？尤其是在确定过程安全管理审核准则时。

这些问题通常都比较难回答。但是，随着时间的推移，对这些问题已形成了一些约定俗成的做法。监管机构通常喜欢采用“人多势众”这一个概念，并希望看到某一工厂采用在其他类似工厂(工厂运行、设备或危害/风险相类似)经过时间检验成功的过程安全做法。监管机构至少希望知道工厂没有采用这类做法的理由，以及工厂采用其他方法是如何控制相同的危害/风险的，监管机构非常注重由行业自发形成的、而非根据监管机构发布的正式标准或指南中对常见过程安全问题(以及其他环境、健康与安全问题)的解决方法，监管机构尤为重视由行业形成的、已被共同认可并形成书面做法的解决方案。当由某一公司或工厂采纳的某个合理做法为更明智或更成功的做法时，有些监管机构希望看到该做法也被其他公司或工厂采纳，而有些监管机构则会等到有足够多的公司或工厂实施并验证该做法后才将其视为良好、成功或常用做法。

这是否就意味着该做法变成了一项法规性要求？当然，在未将某个做法正式纳入相关法规中之前，监管机构不会依此采取任何监管性行动(如发出违规传票、罚款、进行行政处罚)。因为法规中的其他规定不要求公司或工厂以书面形式同意采用这些做法，也不会因违反这些做法对其进行处罚，然而，监管机构通常希望工厂采用这些做法，并希望这些做法得以广泛实施。但是，这并不意味着良好、成功或常用做法就属于强制性或合规性要求。监管机构通常不会要求自愿遵守过程安全管理法规的单位或标准实施方必须采纳这些过程安全做法，也不会试图使一家公司接受另外一家公司采用的过程安全做法。

举例来说，对动设备振动进行监控就是属于这类常用或良好做法。并没有行业认可和普遍接受的良好工程实践(RAGAGEP)要求对振动进行监控，同时，并非在所有原始设备生产商(OEM)的手册中都规定了要对动设备振动进行监控。但是，许多化工/加工工厂通常定期对其动设备振动进行测量。在许多情况下，采用该做法的原因并不是直接与过程安全有关，而是为了确保设备的可靠性，而在另外一些情况下，对动设备振动进行监控有多个原因，包括降低与过程安全有关的风险。当原始设备生产商(OEM)确实建议对其动设备振动情况进行定期监控时，就很容易地将其视为一项 RAGAGEP 要求，但仅仅是对该生产商的设备有这一项要求。这就出现了另外一个问题：如何对待其他生产商的相同或同类型动设备？

“最佳做法”是业界采用的一个非常常用的术语，与“良好/常用/成功做法”具有相同的含义。但是，“最佳做法”还暗指某一具体做法优于其他做法。因此，在将某一做法称之为“最佳做法”时，应特别注意。如果没有足够的证据来证明某一做法确实优于其他解决方案，则不能将其称之为“最佳做法”。

并非所有良好、成功或常用做法都具有相同的重要性和效果。某些做法仅仅有助于在过程安全管理体系中更好地记录过程安全管理中所存在的某些问题，而某些做法对过程安全风险的控制效果会更好一些。某些做法还来自于对法规做出的正式书面澄清，尽管这些做法并不具有强制性，但确实可以反映出监管机构对过程安全管理某些方面的要求。从监管机构对法规做出的正式书面说明和解释而衍生出来的某些做法已经成为行业上过程安全管理的常用做法。因此，某些良好、成功或常用做法已经演变成为被广泛认可和普遍接受的良好工程实践。这些做法在本质上属于非正式可做法，但是，行业人员和政府监管机构通常要求公司或工厂遵守这类做法。尤其是，某些监管机构已将这些做法视为由行业形成的普遍认可和接受的做法或最佳做法。由于这些做法已在多个区域和工厂得以实施，监管机构期望看到这些做法得以广泛采用。当然，对于非正式做法，无论其已经采用了多长时间或无论其效果如何，其作用都不能与由行业机构发布的正式书面认可和普遍接受的良好工程实践相比。但是，某些监管机构、审核员和过程安全管理参与人员倾向于以同样的方式来对待这些非正式认可做法和指南，并将其视为可接受做法。审核员和过程安全管理参与人员不应将非正式接受做法视为强制性要求。在采纳绝大部分非正式认可做法前应认真考虑，同时，工厂还必须根据自身的实际情况来灵活确定在实施过程安全管理体系时要采用哪些可接受做法。举例来说，过程安全管理非正式认可做法包括：

- *在过程安全管理适用性方面：*按照市售化学品浓度来决定是否将某一有毒或反应性化学品纳入过程安全管理体系已经成为了一项可接受做法。OSHA 已经将该做法纳入《过程安全管理合规性指令》中(OSHA 指令 CPL 02-02-45)。尽管尚未对 OSHA 过程安全管理标准《高危化学品过程安全管理》进行修改以纳入该做法，但是已将其视为一项可接受做法并在行业中采纳。

- *在危害识别和风险分析方面：*在进行危害识别和风险分析(HIRA)时，采用定性风险评级指标来确定识别的风险的级别以及建议级别，以降低识别的风险，尽管这不是一种“万能”做法，但却是一种很常用的手段。该常用和成功做法已在业界采用了多年，并能够满足在法规中规定的危害识别和风险分析(HIRA)要求，即在进行危害识别和风险分析时，应对因控制措施失效而可能对工作场所人员造成的安全和健康影响进行定性评估，以确保人员安全。对于实施了过程安全管理体系的许多公司，已经按照其自身需求编制并实施了风险评级计划。在 OSHA 发布《高危化学品过程安全管理》后大约 10 年，OSHA 对危害识别和风险分析这一要素发布了正式书面澄清并指出：公司或工厂应将定性风险评级指标作为一种危害识别和风险分析手段(且是常用手段)，这就通过非正式方式认可了已实施了多年的该行业惯例。因此，在进行危害识别和风险分析时采用风险评级计划已经成为了一项可接受的做法。

任何风险控制措施，包括良好、成功或常用的过程安全管理做法，还应坚持“最低合理可行”(ALARP)原则，确保合理利用资源，并做到使最高风险得到最大关注。另外，应按照相关审核准则对过程安全管理体系以及工厂采用的内部控制措施进行评估，这是因为这类要求并不属于合规性要求。

综上所述，过程安全管理审核准则还应包括相关审核准则，用于检查受审核工厂是否采用了普遍接受的、全面认可的做法。但是，普遍接受的、全面认可的做法属于自愿性做法，而非强制性要求。在本书中，将良好、成功、常用和最佳做法统称为“相关审核准则”。

1.7.1.3 管理程序和内部控制措施

对于绝大多数过程安全管理法规，无论是强制性标准还是自愿遵守的标准，都没有明确规定在过程安全管理程序编写、审批和实施方面的具体要求，只是简单地规定了需要开展的工作。但是，如果没有对管理程序(策划—实施—检查—改进程序)进行认真策划并严格实施，就很难组织、实施和控制绝大多数过程安全工作。另外，良好的过程安全管理体系还对内部控制措施提出了要求，使过程安全管理工作制度化，从而将过程安全管理工作纳入工厂或公司日常的技术工作和运营管理中。当人员职责和岗位发生变化时，过程安全管理工作制度化还有助于确保过程安全管理体系仍能正常发挥作用。在对管理程序进行评估，审核员通常需要对管理程序和内部控制措施进行以下审查：

- 为过程安全管理体系的每一要素编制策略、程序和计划。这些策略、程序和计划应包含足够的控制和管理要求，并使管理惯例制度化，确保以一种有组织、连贯的方法来开展工作。
- 过程安全管理书面的策略、程序、计划要经过审批，并有效落实。
- 在书面策略、程序和计划中明确相关职责和要求。
- 制定审批程序，以基于任务和工作重要程度来合理安排各项任务和工作。
- 组织机构中的人员应具备的能力(如对每一要素中涉及的工作进行培训)。
- 合理划分职责，防止在公司内部出现利益冲突，并根据需要制定必要的检查和平衡程序。
- 工作记录文件应具有可审核性。
- 定期进行内部检查，确保按照管理程序的要求开展了各项工作。
- 进行管理评审，即通过对内部检查结果进行认真审查以便及时调整计划要求(并启动“策划—实施—检查—改进”工作的闭环管理)。

由于目前还没有普遍接受的标准用于明确什么是可接受的内部控制措施，因此，在对上述内容进行评估和检查时，在很大程度上取决于审核员的判断力。许多审核员基于审核准则来判断过程安全管理内部控制措施是否满足要求，因此，在进行审核时应重点检查是否为过程安全管理体系的每一要素制定了管理程序。另外，应在这些程序中为过程安全管理体系每一要素确定合适的内部控制措施。除非在过程安全管理法规中明确规定为过程安全管理要素(如变更管理、员工参与)制定管理程序/计划，否则为每一要素制定管理程序以及内部控制措施来策划和实施过程安全管理的工作就属于相关要求而非合规性要求。

1.7.1.4 过程安全文化

在对过程安全事故进行全面调查时，通常会发现公司的受审核工厂在过程安全文化方面存在着重大问题。环境、健康与安全(EHS)体系的策划、实施和监控等不少方面还与能否在工厂内部形成良好的过程安全文化息息相关。EHS 体系的策划、实施和监控还取决于人力资源、财务情况、管理承诺、领导力以及与公司或工厂运作有关的其他非技术性方针和做法。在化工过程安全中心(CCPS)《基于风险的过程安全》(RBPS)(CCPS，2007c)中，将“过程安全文化”作为过程安全管理体系的一个重要要素进行了详细说明，并就“过程安全文化”这一要素对其他要素产生的影响进行了介绍。因此，在过程安全管理体系相关审核准则中，要求对“过程安全文化”这一要素进行审核。“过程安全文化”是过程安全管理体系的一个重要方面，但不是一项强制性要求。在第 3 章和第 5 章中，就如何对“过程安全文化”进行审核做了详细说明。

1.7.1.5 记录

在 OSHA 过程安全管理标准《高危化学品过程安全管理》中，有多个章节对记录提出了明确要求。例如，在该标准第 (j)(4) 段，要求提供试验和检查记录，并规定了记录需至少包含的内容。但是，在 OSHA 过程安全管理标准和《风险管理计划》绝大多数要素中，仅提及要求进行记录。这与基于绩效的法规要求是一致的。举例来说，OSHA《高危化学品过程安全管理》中的记录要求及其产生的影响包括：

- “变更管理(MOC)”要素仅要求编写并实施 MOC 程序，但是，没有对 MOC 格式或能够证明符合 MOC 程序的记录做出具体规定。如果没有任何记录，如何对 MOC 技术审查和审批等过程内容实施有效管理？如果没有一套正式的文件记录系统来对 MOC 计划的实施进行记录，MOC 计划将不能有效地发挥其作用。
- “开车前安全审查(PSSR)”要素要求在新工艺或变更后工艺在开车前对某些项目进行检查和核实，但是并没有对 PSSR 格式或每次开车前需对哪些项目进行检查做出规定。
- 在“过程危害分析(PHA)”要素第 (e)(3) 段，要求对某些技术问题进行研究，但是，并没有对过程危害分析检查表或技术问题研究报告做出具体规定。即使是中等复杂程度的工艺，在进行过程危害分析(PHA)时，也会形成大量技术信息，要求参与过程危害分析的人员记录所有的条件、后果、安保措施、危险等级和在分析中形成的其他重要信息以及在每一工艺研究中采用的过程危害分析方法并不现实。
- 在“过程危害分析(PHA)”要素第 (e)(7) 段，规定在工艺生命周期内要保存好 PHA 相关文件。如果没有 PHA 报告和/或检查表，用什么存档？只有在每次进行过程危害分析时形成记录文件，工厂才能将 PHA 相关文件存档。因此，按照本项要求，在进行过程危害分析时应形成 PHA 报告或书面记录。
- 按照“过程危害分析(PHA)”要素第 (e)(5) 段中的规定，必须对 PHA 建议的解决方案的采纳和实施情况进行记录。在过程危害分析过程中形成的很多技术信息为建议提供了支持并提出了实施原则，如果没有 PHA 报告和详细的 PHA 检查表，则很难采纳和实施提出的建议。提出 PHA 建议的人员通常并不参与过程危害分析，因此，他们并不知晓该建议会涉及何种危险/风险。

如果缺少上一次 PHA 报告和详细的 PHA 审查表，就不可能按照第 (e)(6)段中的规定每五年对 PHA 进行复核。上一次 PHA 参与人员也不可能记住所有的细节，同时，在五年审核周期内，上一次 PHA 参与人员可能已经从公司离职。

在美国，多个州对与过程安全管理工作有关的信息记录提出了更为详细的要求，这类要求绝大部分属于基于绩效的要求，因此属于非强制性要求。与强制性过程安全管理法规相比，在自愿遵守的过程安全管理法规中提出的强制性要求要相对少一些。

由于需要根据过程安全管理人员提供的信息来对过程安全管理工作进行审查，因此在进行过程安全管理审核时，需对这类人员进行面谈。对人员进行面谈时，要求其回忆在数月前或数年前开展的过程安全管理工作并不现实，同时，当对合规性要求进行评估时，要求面谈对象提供完整、全面信息，面谈对象脑海中不能有“空白”。很显然，基于面谈对象提供的模糊、不完整信息来对过程安全管理体系的实施情况进行审核并不现实。考虑到人类记忆不可靠、人员发生变化、人员流动、人员退休、工作岗位发生变化、人员流失和其他一些人员因素，对于过程安全管理而言，不能仅凭人员的记忆来进行审核。在OSHA过程安全管理标准《高危化学品过程安全管理》“前言”及其非强制性附录C中，通过众多举例明确指出：即使OSHA《高危化学品过程安全管理》没有明确规定记录的要求，也应对过程安全管理工作进行记录。由于在《联邦公报》和《联邦规则汇编》中发布的OSHA《高危化学品过程安全管理》“前言”和附录C本身并不属于过程安全管理法规，因此，不能因工厂违反该“前言”和附录C中的规定而向工厂发出违规传票。该“前言”和附录C属于重要的过程安全管理指导性文件，对OSHA意图和观点进行了说明，同时还对法规最终内容的编写理由进行了说明。

“没有书面记录就等于没做”这句格言反映出了对过程安全管理记录的要求。为使过程安全管理体系顺利实施，我们认为由这句格言反映出的“必须尽可能详细地记录每一项与过程安全管理有关的工作”的涵义在一定程度上具有指导性意义。但是，都既不现实，也没有必要。良好的过程安全管理体系应有选择地明确要素或要素所涉及的工作中哪些信息需要进行记录以及如何进行记录。需要记录的内容应能够确保过程安全管理要素负责人以及相关人员获得足够的信息，以便以一种有效方式继续开展工作，同时为检查人员提供足够的证据以对过程安全管理要素的实施情况定期进行全面和公正的评估。评估工作包括本书中介绍的正式审核以及为检查当前工作是否有序开展而进行的非正式的内部检查。在进行审核时，不要求工厂或公司提供该目的以外的记录或由工厂或公司保存的其他记录，记录起到了证实过程安全管理体系顺利实施的作用。另外，如果没有策划和实施过程安全管理体系记录系统，就会增大过程安全风险——无论是法规中明确的风险还是实际出现的风险。强大的过程安全管理体系记录系统同样还是良好过程安全文化的一个重要组成部分。

在每一工厂/公司中，为了保证过程安全管理体系以一种制度化形式顺利实施，就必须采用预先确定的统一的方法并按照管理法规中要求(有时甚至是管理法规中隐含的以及没有明确要求)对其主要工作进行记录。但是，记录格式、内容、详细程度、风格和方法可根据工厂或公司自身的记录保存要求、能力和资源来选择。换而言之，为了证实过程安全管理体系的顺利实施，应倾向于“没有书面记录就等于没有做”这句格言，但还要考虑公司/工厂具体情况来对过程安全管理工作进行记录。

因此，过程安全管理审核员应对工厂/公司按照审核方案中规定的要求(包括合规性要求)开展的每一项工作记录进行审查。工厂应制定并实施一套记录跟踪程序，用于记录开展了何种工作及何时对某一过程安全管理工作保留了记录。针对过程安全管理体系的记录要求，CCPS已经发布了一个单独的指南(CCPS，1995)，该指南中的规定并不是强制性的合规要求，但可用于培养工厂/公司良好的记录习惯，以对与过程安全管理体系每一要素相关的工作进行记录并保持。CCPS《基于风险的过程安全》(RBPS)（CCPS，2007c）同样提出了对过程安全管理信息的记录要求。

在本书第3-24章中，就如何对过程安全管理信息明示性和隐含性的记录要求进行审查提供了更加详细的指南，并对过程安全管理工作及记录性质进行了说明。如果在过程安全管理法规(如果有的话)中既没有明确规定对相关信息进行记录，也没有规定记录格式或内容，审核员就必须对工厂采用的记录方法及相关记录进行检查，以核实工厂的记录是否满足法规中的隐含性要求，同时检查记录是否提供了足够的信息，以便审核员基于记录的内容、人员面谈结果和现场观察对接受审核的过程安全管理体系的实施情况得出令人信服的审核发现。

1.7.1.6 合规性审核准则与相关审核准则

在编制审核准则时，通常需要考虑两种类型的审核准则：

- 合规性审核准则和审核问询：用于对过程安全管理体系最低要求以及对强制性要求进行检查而采用的审核准则/审核问询。
- 相关审核准则和审核问询：用于检查推断性、解释性、比较性、基准性和文化性问题且通常采用的非强制性审核准则/审核问询。

当有政府过程安全法规时，合规性审核准则和相关审核准则的分类就相对简单，但是，仍有部分重要解释性准则需要明确。

- 如果公司或工厂自愿制定和实施的过程安全管理要求高于相关法规的要求或不同于相关法规的要求，这些要求应被视为合规性审核要求，按照这些要求确定的审核准则/审核问询也应该这样分类。长期以来，许多监管机构已将工厂制定的这类高于相关法规要求的过程安全管理要求视为强制性要求，当工厂违反自己制定的这类管理要求时，也会收到违规传票。这种情况会因不同的监管机构而有所差异，同在其他情况下收到的违规传票一样，这类违规传票可能会在提起上诉时被撤销，或通过与监管机构进行谈判撤销违规传票或对违规传票进行修改。
- 当政府法规或其他标准中包含基于绩效的要求时，审核准则应包含哪些内容？仅仅将这些基于绩效的一般性要求转化为审核问询/审核准则无法保证审核员统一使用这些准则。当单独使用这类审核准则时，就会极易导致出现不同的审核发现和建议。当通过基于绩效的要求来确定审核问询/审核准则时，应为审核员提供进一步的工作指南或确定其他或更为详细的跟踪主题，以确保审核员能够以一种统一的方法来开展审核工作。

如果属于完全自愿遵守过程安全管理法规，在公司或工厂过程安全管理体系中应明确哪些准则是合规性审核准则，哪些是相关审核准则。例如，如果公司工厂位于美国本土，但公司并不是美国化学理事会(ACC)或化学品制造商协会(SOCMA)成员，同时不受《高危化学品过程安全管理》或EPA《风险管理计划》的制约，虽然无任何外部因素要求公司工厂必须实施过程安全管理体系，但是应遵守相关法规中的通用条款(GDC)。在《职业安全和健康法案》(1970)通用条款(GDC)中，授权OSHA对雇主提出明确的要求，即“确保每一员工及其工作场所安全，防止已识别出的危险对或可能对员工造成死亡威胁或严重伤害”。当发现存在潜在的健康和安全问题时，即使没有相关的具体法规，OSHA也会按照通用条款(GDC)的规定向当事公司发出违规传票。如果公司或工厂考虑到因其使用、存储或生产危险品而精心策划并实施了自愿性过程安全管理体系，在其自愿性过程安全管理程序中规定的任何书面要求，将被视为过程安全管理合规性审核准则。对于自愿实施了过程安全管理体系的工厂而言，按照管理法规为其他工厂确定的合规性审核准则在本工厂中可能就变成相关审核准则。过程安全管理体系的内容和要求是划分合规性审核准则和相关审核准则的依据。在本文中，应根据公司自愿规定的或要求公司遵守的过程安全要求确定哪些审核准则属于合规性审核准则，哪些审核准则属于相关审核准则。在上面例子中，当公司基于自身情况自愿制定并实施过程安全管理体系时，过程安全管理体系可被视为非强制性可接受做法。但是，当按照相关方针和程序要求，自愿决定以书面形式编制和实施过程安全管理体系时，按照相关方针和程序所编制的、书面的过程安全管理体系以及策划中的内容和要求通常被视为合规性审核准则。

本节以及以后章节中介绍的准则和指南所表述的并不能完全涵盖过程安全管理程序的覆盖范围、策划、实施或释义等方面，而是化工/加工行业过程安全管理审核员的集体经验以及基于经验形成的一致性观点。合规性审核准则来自于美国过程安全管理法规，但是，这些法规全部都是基于绩效的法规。基于绩效的法规以目标为导向，可能会有多种途径来满足法规中要求。因此，对于在本章检查表中列出的问题，尤其是检查表“审核员指南”栏中列出的审核方法，还可以用其他方法来实现。

本书介绍了这些相关的审核准则，但并不代表过程安全管理体系的顺利实施必须遵守这些准则，也不代表如果没有遵守这些准则过程安全管理体系的实施就会出现问题。同合规性审核准则一样，对于某一工厂或公司而言，可能会有其他更合适的方法。按照相关审核准则对过程安全管理体系的运行绩效进行审核完全是自愿性的，并非强制性要求。在采用相关审核准则时应谨慎并认真策划，从而防止在不经意间形成不期望的过程安全管理绩效标准。在采用这些相关审核准则之前，应在工厂与其母公司之间达成一致意见。最后，所提供的相关审核准则和审核员指南并不意味着这是对监管机构发出的书面或口头说明、因违反过程安全管理法规而由监管机构发出的违规传票以及由监管机构发布的其他过程安全管理指南的认同，也不意味着对某一公司在实施过程安全管理体系过程中形成的成功或常用的过程安全管理做法的认可。

1.7.2 过程安全管理审核准则和审核问询的来源

实施过程安全管理体系的主要驱动因素，无论是外因的法规、自愿遵守的过程安全管理标准还是内部自建的过程安全管理体系，均是确定审核准则/审核问询的主要来源，包括：

- 美国过程安全联邦法规，如美国本土工厂采用的 OSHA 过程安全管理标准《高危化学品过程安全管理》(OSHA，1992)和/或 EPA《风险管理计划》(EPA，1996)；
- 实施了这类法律或法规的州或其他行政区为其所管辖区域内的工厂制定的州立或当地过程安全管理法规，如：

—新泽西州《毒性物品灾难预防法案》(NJ，1986)

—《加利福尼亚州意外泄漏预防计划》(CalARP)(CA，2004)

—加利福尼亚州 OHSA(CalOSHA)《急性危险物料过程安全管理》(CA，1999)

—加利福尼亚州康特拉科斯塔县《工业安全条例》(CCC，2000)

—特拉华州《极度有害物质风险管理法案》(DE，2006)

—内华达州《化工事故预防计划》(NV，2005)

—华盛顿州《高危化学品过程安全管理安全标准》(WA，2001)

- 实施了这类法律或法规的国家为其国内工厂制定或约定的国际过程安全管理法规，如：

—欧盟委员会指南(Seveso II)(CEU，1996)

—国际劳工组织《防止重大工业事故公约》(ILO，1993)

—英国《重大事故危险控制(COMAH)》(UKHSE，2005)(在英国颁布并实施欧盟 Seveso II 指南)

—墨西哥《安全和环境管理一体化体系》(MX，1998)

—加拿大环保局《环境应急响应计划》(CAN，2003)

—澳大利亚《主要危险设施控制国家标准》(AUS，2002)

—韩国 OSHA 过程安全管理法规(KO, 2005)

—马来西亚人力资源部职业安全和健康局(DOSH)法案(MA, 1994)

—中国台湾《劳工检查法》(1994)第 16 条

• 包含过程安全管理规定的自愿性 EHS 体系，如：

—美国化学理事会(ACC)发布的《责任关怀管理体系®》(ACC, 2004)

—美国化学理事会(ACC)发布的 RC 14001 (ACC, 2005)

—国际标准化组织发布的 ISO 14001 (ISO, 1996)

• 化工过程安全中心(CCPS)《基于风险的过程安全》各章节(尽管具体审核要求需要根据具体公司来确定，但是可采用 CCPS《基于风险的过程安全》中规定的方法来对过程安全管理进行审核)；

• 公司和工厂过程全管理体系方针和程序中规定的内容。

在美国，有许多法规性标准。在美国的许多工厂，不仅要求遵守 PSM 标准和 EPA《风险管理计划》，还应作为某一组织的成员单位，遵守所自愿遵守的过程安全管理标准，如美国化学理事会(ACC)《责任关怀管理体系®》或化学品制造商协会(SOCMA)《ChemSteward℠ 计划》。

除遵守基本的法规性标准外，仍建议采纳来自其他标准的相关审核准则，以便对与依据其他非强制性标准的过程安全管理体系的运行绩效进行比较。这样就可以确定受审核的过程安全管理体系运行绩效是否超出最低要求/合规性要求以及超出的幅度有多大。相关审核准则的来源和依据包括：

• *OSHA《过程安全管理合规性指令》(CPL)(OSHA, 1994)*：OSHA《过程安全管理合规性指令》(CPL)对 OSHA 过程安全管理标准《高危化学品过程安全管理》的实施提出了要求。OSHA《过程安全管理合规性指令》(CPL)附录 A 还包含了 OSHA 过程安全管理审核检查表。本检查表对过程安全管理法规进行了简化，将法规要求转化成审核问询(即将文字表述形式从“雇主应…”变成“雇主是否…”)，同时，对于某些审核问询还提供了其他指南并举例加以说明。该检查表通常称为 PQV(程序质量验证)检查表。OSHA《过程安全管理合规性指令》(CPL)附录 B 对 OSHA《高危化学品过程安全管理》进行了解释和澄清。除对附录 B 进行了重新编号外，自 1994 年以来没有对其进行更新，因此，附录 B 中的澄清反映的是 OSHA《高危化学品过程安全管理》早期的实施理念。但是，不少解释和澄清已经成为过程安全管理的常规做法。同任何正式书面澄清一样，这些解释和澄清具有可执行性。OSHA 不会对因违反《过程安全管理合规性指令》的公司发出违规传票，只会对违反美国联邦法规的公司发出违规传票。但是，正如上文所述，对 OSHA 绩效标准(如 OSHA《高危化学品过程安全管理》)中规定的解释可以用作对工厂是否满足标准规定的检查依据。

• *对强制性法规或自愿遵守的过程安全管理标准做出的正式书面澄清*：美国化学理事会(ACC)发布了对《责任关怀管理体系®技术规范》的书面解释(ACC, 2004 和 ACC, 2005)，但是对于绝大多数自愿遵守的过程安全管理标准，并没有像美国化学理事会那样对其做出进一步澄清。就强制性过程安全管理法规而言，OSHA 自 1992 年以来已就其 OSHA 过程安全管理标准《高危化学品过程安全管理》发布了大量的书面解释，例如，就工厂是否受《高危化学品过程安全管理》制约而提出的书面问题发出确认函，在 OHSA 内部发布标准解释备忘录用于明确标准在现场的实施要求，发布与过程安全管理有关的案例(如职业安全和健康审查委员会裁定以及 OSHA 如何对裁定做出响应)。另外，美国国家环境保护局(EPA)还在其网站就 EPA《风险管理计划》的实施发布了一系列常见问题(FAQ)。OSHA《过程安全管理合规性指令》(CPL)中介绍的可执行性也适用于其他书面形式的解释和澄清。如前文所述，对于违反《过程安全管理合规性指令》的雇主，OSHA 和 EPA 不会发出违规传票，但是可以采用《过程安全管理合规性指令》作为依据来检查工厂是否满足标准或法规中规定的绩效标准。另外，州和当地过程安全法规通常会与联邦法规发生重叠，有可能导致不同机构之间出现不同的解释，每一机构都有自己的法规安排优先级。因此，这就是为什么应在过程安全管理审核问询/审核准则中考虑上述内容的原因。尽管按照本项内容来确定审核问询/审核准则并不是一项强制性要求，但是在本节所介绍的内容代表了过程安全管理法规监管机构在法规策划和实施方面的理念和意图，因此，在确定相关审核准则/审核问询时应考虑这些内容。

- *对强制性法规或自愿遵守的过程安全管理标准做出的口头澄清*：法规按照严格的管理程序要求来编写，通常需要就法规提案向公众征询意见和建议(除非法规制定机构已获得授权，不要求向公众征询意见和建议)，因此，监管机构通常不会以口头方式对法规提出新要求。另外，在同一监管机构中，不同人员对同一问题做出的回答可能会截然相反。因此，既不能将口头解释和澄清视为正式指南，也不能将其视为最终或官方要求。但是，在某些情况下，OSHA 和 EPA 会将相关解释和澄清发布到公开论坛，以作为对 OSHA 过程安全管理标准《高危化学品过程安全管理》和 EPA《风险管理计划》相关问题的答复。OSHA 过程安全管理标准《高危化学品过程安全管理》和 EPA《风险管理计划》是基于绩效的法规，可通过采用多种标准途径来实现其中的要求。在上世纪 90 年代的早期和中期，基本上采用公开论坛的形式对过程安全管理法规进行口头澄清，而且那时针对过程安全管理方面的问题做的出口头澄清已经成为了行业普遍采用的过程安全管理惯例。例如，在 OSHA 早期召开的“问题与答复讨论会”上，曾做出过这样的口头澄清：在进行过程危害分析(PHA)时采用定性风险评级指标可满足 OSHA《高危化学品过程安全管理》中要求，即“在进行过程危害分析时，应对因控制措施失效而可能造成的对工作场所人员的安全和健康影响进行定性评估，以确保人员安全”[摘自《高危化学品过程安全管理》第（e)(3)(vii）节]，直至 2005 年，OSHA 才将该问题形成正式书面澄清。法规监管机构始终向工厂人员敞开对话的大门。同正式书面解释和澄清一样，由监管机构做出的口头澄清代表了监管机构对某一特定问题的看法，但是回答某一工厂提出问题的人员可能是监管机构人员，也可能不是。因此，应将口头解释和澄清视为确定相关审核准则的依据。在采纳口头澄清时应特别注意，因为这并不是由监管机构发出的官方澄清，同时，监管机构的内部人员会发生变化，因此有些意见和看法也会发生变化。

- *由监管机构对违反过程安全法规而发出的传票*：尽管因违反 OSHA 过程安全管理标准《高危化学品过程安全管理》和 EPA《风险管理计划》发出的违规传票几乎可以成为合规性审核的准则，但还是应将其视为确定相关审核准则的依据，原因如下：首先，对同一监管机构而言，在某一管辖区域内出现的过程安全违规行为在另外一个管辖区域内可能就不算违规行为。例如，OSHA 和 EPA 有 10 个管辖区，在这 10 个管辖区中并没有按照完全统一的方法来实施 OSHA 过程安全管理标准《高危化学品过程安全管理》。第二，OSHA 已授权 26 个州实施 OSHA 法规(即每一个州都制定了自己的过程安全管理法规)，州监管机构可能对 OSHA 法规有不同的解释，同时州监管机构的过程安全经验和能力也各不相同，这就导致对什么是违规有不同的观点和看法。第三，州和当地过程安全法规与联邦要求通常会存在重叠，这就导致不同监管机构对工厂过程安全管理体系的某一方面是否符合要求存在分歧，工厂过程安全管理体系不可能同时满足多个州的过程安全法规中要求。例如，对于位于新泽西州的工厂，要求其遵守新泽西州环境保护部《毒性物品灾难预防法案》，该法案采纳了EPA《风险管理计划》和OSHA过程安全管理标准《高危化学品过程安全管理》中的规定(新泽西州并没有制定过程安全管理法规)。特拉华州也属于同样情况。在加利福尼亚州康特拉科斯塔县，工厂需要遵守康特拉科斯塔县《工业安全条例》(ISO)、加利福尼亚州《意外泄漏预防计划》(CalARP)和职业安全与健康管理局(CalOSHA)《急性危险物料过程安全管理》标准。第四，随着时间的推移以及政治格局和政府预算的变化，监管机构的优先级通常会发生变化。监管机构优先级会对其所管理的过程安全法规的实施产生重大影响。总而言之，当监管机构发出过程安全违规传票时，肯定说明工厂在实施其过程安全管理体系时存在不足并受到处罚，因此，所有相关人员必须意识到并高度重视存在的问题，防止这类问题重复发生(尤其是在同一管辖区)。但是，仍建议将由监管机构发出的违规传票视为确定相关审核准则的依据。

- *与过程安全相关的事故公开调查报告：*由化工安全委员会(CSB)发布的《BP公司得克萨斯州炼油厂异构化装置重大爆炸伤亡事故调查报告》是一个非常详细的事故调查报告，在报告中介绍了这一过程安全相关事故的根本原因以及CBS事故调查标准。化工安全委员会还重视对程序性和文化性事故根本原因的调查。对于可能会再次发生的事故，成立了单独的调查委员会对事故发生的条件和原因进行调查，例如，在2005年BP公司美国得克萨斯州炼油厂异构化装置重大爆炸伤亡事故后成立了贝克调查委员会(以对BP公司在北美的炼油企业过程安全管理体系进行检查)，在英国北海1988年Piper Alpha平台发生灾难性事故后也成立了事故调查委员会并由英国皇家文书局发布了事故调查报告。所发布的这些公开调查报告可以用作确定过程安全管理审核准则的依据。

- *不涉及化学品或在其他行业发生的但与过程安全管理体系有关的事故公开调查报告：*通常而言，这类事故的根本原因包括管理体系存在严重缺陷和与文化因素密切相关的因素。对于过程安全，管理体系和文化因素同样非常重要。例如，罗杰委员会《总统委员会关于挑战者号航天飞机事故的报告》(Rogers，1986)和美国国家航空航天管理局《哥伦比亚号航天飞机事故调查委员会报告》表明，事故原因涉及管理体系和文化因素，这两个因素同样与化工/加工行业过程安全相关，因此，这两个事故调查报告也可以用作确定过程安全管理审核准则的依据。

- *内部过程安全事故和未遂事件调查报告，包括来自同一公司其他工厂的事故调查报告：*对于过程安全事故，BP公司《美国得克萨斯州炼油厂异构化装置重大爆炸伤亡事故调查报告》(BP，2005)就是一个例子。对于未遂事件而言，由于只是出现了过程安全事故苗头而未造成后果，因此，就可以从未遂事件中汲取宝贵的经验教训。故此，应基于过程安全事故或未遂事件调查报告确定相关审核准则。

- *由政府机构针对某一具体行业、某些具体过程安全问题或某一类具体过程安全危害/风险类型而制定的专项重点计划：*举例来说，这类专项重点计划包括OSHA于2007年6月发布的《炼油行业过程安全管理国家重点计划》(NEP)(OSHA，2007a)、OSHA于2009年7月发布的《化工行业过程安全管理国家重点计划》(OSHA，2009a)以及OSHA于2007年10月发布的《可燃性粉尘过程安全管理国家重点计划》(OSHA，2007b)。在BP公司美国得克萨斯州炼油厂异构化装置于2005年发生重大爆炸伤亡事故后，OSHA已发现并明确了大量问题，并为发现的问题制定了具体的审核准则。在 OSHA 发布的执行指令中，即在《炼油行业过程安全管理国家重点计划》(NEP)(OSHA，2007a)和《化工行业过程安全管理国家重点计划》(OSHA，2009a)中，发布了所发现的问题以及针对这些问题而制定的具体审核准则。这些专项重点计划通常为监管人员就如何针对标准的某一特殊规定进行审查以及何时发出违规传票提供了指南。因此，在确定审核准则时，这些专项重点计划就具有非常高的参考价值。由于这些国家重点计划中的要求尚未经过政府程序或司法程序的验证和确认，因此在本书中，国家重点计划在审核时被视为相关审核准则。当违反专项重点计划中的要求时，尽管 OSHA 不会发出违规传票，但这些指南通常用于对法规要求进行检查，因而，当认为有必要时，OSHA 也可能对违反专项重点计划的情况发出违规传票。因此，如果将这些专项重点计划中的要求视为非强制性的合规要求，要特别谨慎，除非确实证实已将其划分为非强制性要求。

• *安全状态分析报告：*在欧盟，已逐步形成另外一种不同的方法，即采用“安全状态分析报告”的方式。也就是说，每一工厂应按照欧盟 Seveso II 指南在安全状态分析报告中明确其安全水平并基于识别出的风险来实施重大事故预防方针(MAPP)，而不是仅实施由监管机构确定的规定性要求。对于采用重大事故预防方针(MAPP)来制定过程安全管理程序的公司/工厂，应将重大事故预防方针作为确定过程安全管理审核问询/审核准则的依据。同样，也可基于安全状态分析报告来确定过程安全管理审核问询/审核准则。

• *过程安全管理良好、成功和常用的行业做法：*如第 1.7.1 节所述，由于监管机构可能将良好、成功和常用的行业做法视为行业标准做法，因此，在确定审核准则/审核问询时还要考虑过程安全管理良好、成功和常用的行业做法。公司或工厂还可能会发现某些好的做法来解决过程安全问题或改进过程安全管理体系的策划和实施。通过公开文献、在相关会议上与来自其他公司的同行进行有目的的交谈、向具有丰富行业经验和过程安全管理体系持续改进经验的人员咨询或通过其他手段，良好、成功和常用的行业做法就会引起公司的关注。但是，应对这些做法进行认真审查，只有适用于公司和工厂现状时，才能将其视为确定相关审核准则的依据。通过采用相关审核准则就可以按照经过验证的良好和/或常用做法对过程安全管理体系的实施情况进行审核。有些良好/常用做法已经达到行业可接受做法的水准，有关介绍见第 1.7.1 节。

当基于其他来源，尤其是政府发布的相关要求[如标准正式书面澄清以及 OSHA《过程安全管理合规性指令》(CPL)和国家重点计划等]，来确定审核准则和审核问询时，需特别谨慎。这些审核准则和审核问询通常只具有一般性。另外，很多审核准则和审核问询是基于某一具体情况或某一公司/工厂具体的过程安全管理程序而确定的，并不具备通用性。

1.7.3 审核准则变更

过程安全管理审核准则并非一成不变，应及时更新，以吸纳过程安全管理新理念。例如，当发布新的或修订的过程安全管理法规，会增加新的审核准则；当发布新的或修订的自愿遵守的过程安全管理程序后，会形成新的审核要求。监管机构或自愿遵守的过程安全管理标准制定方会做出说明，可能需要根据重大事故调查结果来修正和调整过程安全管理理念和做法，有时甚至会对过程安全管理理念和做法进行重大修正。认可和普遍接受的良好工程实践(RAGAGEP)也会不断发布，以对过程安全技术加以改进(例如与新建工厂选址有关的指南，如 API RP 75、API RP 752 和 API RP753)。当公司或工厂违反相关国家法规时，可能会收到违规传票，这就需要引起整个公司的足够重视，防止再次出现类似情况。公司或工厂的过程安全管理审核准则应对新理念/新方法或改进后的理念/方法做出响应。工厂或公司应指派相关人员来负责审核方案的更新，以不断完善审核方案。应编写文件化的程序以对审核准则的变更进行管理，在审核方案批准前，由相关人员对审核方案的变更进行审查，如过程安全管理协调员、过程安全管理委员会/工作组、公司或工厂顾问或者其他合适的人员。

由于过程安全管理体系或包含审核准则的审核程序是动态的，因此，当需要对审核准则进行变更时应认真考虑变更时间。例如，当要求对工厂过程安全管理进行定期审核且必须对多个工厂进行审核时，不建议在规定的审核周期内对审核问询/审核准则进行变更。也就是说，在规定的审核周期内要按照相同的审核问询/审核准则对每一工厂进行审核。当需要对审核进行打分或基于审核结果编写整个公司过程安全管理方针或程序时，在审核周期内保证审核问询/审核准则的一致性就变得尤为重要。对于某些公司，在审核周期内保证审核方案的一致性则不是一个需要考虑的重要问题。

1.8 审核报告

在过程安全管理体系审核管理程序中，应明确审核报告的要求。在设计和编制审核报告时，有大量需要考虑的问题，介绍如下：

1.8.1 审核报告内容

公司应明确过程安全管理体系审核报告每一章节的格式、内容和详略程度，并将这些要求纳入审核管理程序中。报告的格式和内容应与审核策划的目标保持一致，但并非一成不变。必须注意的是，一旦确定了审核报告的要求，在审核工作完成后所编制的审核报告就要按要求执行。在同一公司内，如果不同审核组的审核报告采用了不同类型的信息格式，就会造成工厂管理人员和高层管理人员的混乱。

按照OSHA过程安全管理标准《高危化学品过程安全管理》(29 CFR §1910.119)或EPA《风险管理计划》对工厂进行的过程安全管理审核应编制审核报告，因为这两个法规均明确要求为审核工作编写书面审核报告。在29 CFR §1910.119(o)(3)中明确指出："应将审核发现编制成报告"。但是，法规并没有进一步详细规定审核报告的格式和内容要求。

根据审核目的，通常需要向以下人员或部门提供安全过程管理体系审核报告：

- 当地政府主管部门和公司的管理人员；
- 当地政府主管部门和公司的技术审查人员；
- 监管机构；
- 保险公司；
- ISO注册人员；
- 法律事务部门；
- 工厂员工(通常不要求提供整个报告，但是需将报告总体结论告知员工，在"员工参与"要素中也规定了需向员工提供所有必要的信息)。

由于审核报告面对不同的对象，因此，报告的结构应满足不同对象的需求。审核报告格式应保持一致，以便不同人员审查和使用。

下面介绍建议采用的过程安全管理审核报告的框架。虽然并不强制要求公司或工厂采用本节中介绍的报告框架，但该框架包含了为什么、何时、由谁以及如何进行审核等方面的完整内容，同时还包括了审核发现(和建议，当要求审核组提供建议时)，审核报告必须满足政府相关法规以及内部审核程序中要求。对于按照OSHA过程安全管理标准《高危化学品过程安全管理》进行的审核，审核报告需至少包含审核发现和审核日期。但是，为了更加清晰地对审核发现的问题和审核结果加以说明并确保报告的完整性，工厂或公司应考虑将以下的部分或全部内容纳入过程安全管理体系审核报告中：

审核综述

术语表

1. 简介
2. 审核目的、范围和依据
3. 审核方法
4. 审核发现
5. 附录
   A. 审核方法说明
   B. 需改进的方面
   C. 审核检查表
   D. 改进计划
   E. 审核方案(除非审核方案已包含在检查表中)
   F. 审核抽样和检查方案

介绍所建议的审核报告框架的每一部分内容。

• *审核综述*。审核报告的“审核综述”部分主要给没有时间对整个审核报告进行审查的管理人员阅读，对在何时、何处、为什么、由谁和如何开展审核进行简要说明，并对审核的主要发现进行总结。“审核综述”部分通常为1~3页内容。最好在审核报告其余内容完成后再编写“审核综述”部分。

• *术语表*。审核报告的“术语表”部分对报告中采用的缩略语进行定义。

• *简介*。审核报告“简介”部分首先对受审核的工厂和过程安全管理体系进行简要说明，然后按照章节对报告内容进行阐述。如果有必要，有时还将“免责声明”编入本部分。审查日期通常也在本部分注明。

• *审核目的、范围和依据*。在审核报告的“审核目的、范围和依据”中，应明确以下两方面的内容。

—进行审核的原因(如OSHA或EPA合规性审核、过程安全管理例行审核、公司要求的审核、RC 14001®认证、RCMS®认证)。

—覆盖范围。包括以下两方面的内容。

① 被审查的单元和过程。如果工厂太大，无法对过程安全管理体系审核范围中的所有单元和过程进行审核，应说明所选择的有代表性的单元和过程，并注明选择依据。如果没有选择有代表性的单元，而最简单的抽样方案就是对整个大型工厂进行全面审核。

② 另外，还需指明哪些过程安全管理体系要素包含在了审核范围中。

• *审核方法*。审核报告“审核方法”包括：

—明确在审核中需开展的工作，如编制审核计划、召开审核首次会、每日沟通会和审核末次会等。

—采用的审核准则清单，例如，如果按照 OSHA 过程安全管理标准《高危化学品过程安全管理》中的规定每三年进行一次审核，审核前是否需要对相关审核准则进行评估?

—明确采用的审核方案，包括审核问询/审核准则的出处及其对应的检查标准。

—简要介绍如何开展审核工作(有时采用附录的形式对审核工作的开展进行详细说明)。

—指派审核组成员，包括姓名、岗位、所属单位、专长以及由其负责审核的过程安全管理体系要素。

—对工厂的面谈对象加以说明，包括需要接受面谈的管理人员和非管理人员的数量，或者对其职务加以说明。由于面谈对象，尤其是非管理人员，不希望在审核报告中出现其姓名或职务，因此，需特别注意不要在审核报告中透露面谈对象的具体细节。

—作为审核工作的一部分，对在工厂审核过程中观察到的事件或活动加以说明。

• *审核发现*。在审核报告的“审核发现”部分，主要是对审核发现进行讨论和总结。通常侧重于审核发现的问题而非正面结果，尽管有不少报告会对过程安全管理体系的正面实施效果加以重点说明。报告还可以对提出的问题的总数量、发现的缺陷数量以及提出的建议数量加以说明。可采用表格的形式，列出过程安全管理体系每一要素所对应的审核问询及其检查标准或缺陷数量，这便于对审核证据进行汇总，并有助于审查人员从总体上了解审核结果及审核所发现的问题。当审核采用定量评估和定性评估方法时，有关详细的评估要求见第1.8.5节。也可以对结果趋势或状态加以说明或展示，这通常会提供有用的参考信息。如果审核范围的复杂性不大或者发现的不足并不多，在审核报告中本部分也可列出发现的所有问题。没有必要在附录中附上全部检查表以对报告正文中的所有问题和提出的建议加以说明。如果在审核过程中发现需要对某些问题立即进行整改，在审核报告本部分中还应对这类问题加以说明。

• *附录*。审核报告附录通常用于提供补充性信息，但不涉及与审核结论有关的内容。当将某些详细内容纳入报告正文会使报告成为“长篇大论”时，也可以将这类详细信息纳入附录中。审核报告附录通常包括以下内容：

—对采用的审核方法和审核方案加以说明(通常采用模板)；

—列出在审核过程中经过审查的文件和记录(通常按照过程安全管理体系的要素分别列出)；

—带有审核结果的详细检查表；

—如果要求审核组提供建议，应基于发现的问题提出的建议；

—除非审核方案已包含在了检查表中，否则应在附录中提供实际采用的审核方案；

—审核抽样和抽样方案，为确保统计有效性以及结果符合常理，需对审核抽样方案加以说明。

审核报告格式示例见附录 B。

在编写过程安全管理体系审核报告时，需考虑的其他问题包括：

• 有些公司倾向于记录审核的特定信息，即审核报告仅记录与审核发现问题相对应的审核准则/审核问询，而符合要求的审核准则/审核问询将不会出现在审核报告中。

• 如果不将过程安全管理的审核特定信息纳入审核报告，公司应明确在审核报告中如何对符合要求的审核准则/审核问询加以说明。也就是说，如果某一审核问询的审核结果为

“满足要求”，是否需要对其进行说明？通常，在审核报告中仅列出审核准则/审核问询及其肯定回答或意见就足够了，但是，有时还需要或希望对肯定回答或意见进行说明和解释。在过程安全管理体系审核管理程序中，应明确这方面的要求，以做到执行一致。

• 公司应明确相关管理原则，以对过程安全管理体系审核报告中再次出现的问题进行处理。再次出现的问题是指在后续审核过程中再次发现的问题(例如，在2006年进行审核时对2004年过程危害分析所提出的建议在2009年进行审核时仍没有解决)以及上次对管理体系审核所发现的问题仍然继续存在(在2004年过程危害分析中提出的建议在2009年进行审核前已经关闭，但是对2007年过程危害分析提出的部分建议仍没有关闭)。如果在后续审核时发现相同的问题，则表明过程安全管理体系某些方面存在缺陷且该缺陷长期存在。如果政府监管机构发现过程安全管理体系仍出现相同的问题，就可能发出违规传票，同时，重复出现的问题还会对民事诉讼产生负面影响。应基于工厂管理层对所发现问题重要性的认识来确定是否需要将再次出现的问题写入审核报告。对报告中反复出现的问题所采用的另外一种方法是，不仅仅将其写入审核报告，还要将针对这些问题而提出的建议分配为更高的优先级。如果审核发现了相同的问题，必须将问题写入审核报告中，以便采取合适的措施以防止再次出现。

• 过程安全管理体系审核报告应注明日期。审核周期可以采用不同的方法来进行计算，相关内容见第1.4.2节。但是，为了便于查找审核时间，在审核报告中应注明与审核相关的日期以及日期所对应的节点事件。

• 有些过程安全管理审核按照政府法规的要求来实施，例如，按照OSHA《高危化学品过程安全管理》第(o)段中的要求进行审核。当发现不能满足合规性要求时，就必须进行整改。同时，由于是按照法规要求进行审核，因此，审核发现的问题及其整改均具有合规性性质。在审核过程中，OSHA可能按照法规规定，要求提供审核报告。但是，在审核过程中可能会发现一些非合规性的过程安全管理问题，因为法规并没有要求按照相关审核准则来对过程安全管理体系进行审核，所以，不要求将按照相关审核准则进行审核所发现的问题形成文件并提交给监管机构审查。因此，按照相关审核准则进行审核时所发现的问题可以编制成一份单独的审核报告，且该审核报告不需提供给监管机构。

• 在审核管理程序中，应明确过程安全管理体系审核报告的审查要求。应为初版审核报告的审查以及审查意见的反馈明确合理的时间节点，以便工厂对现场审核发现的问题及时采取纠正措施，而又不会耽误最终版审核报告的发布。在过程安全管理审核报告中涉及的绝大多数问题与直接事实性问题无关，而是与基于绩效的管理要求有关。应制定一套控制程序，以对基于绩效的管理要求、审核发现的问题及其建议进行管理，并确保该控制程序与公司的过程安全方针、管理程序要求保持一致，并做到在公司内部的执行一致。负责解释管理法规的人员应包括公司和工厂的过程安全管理人员、EHS管理人员、法律法规事务人员，并将其对法规的解释分发给负责公司过程安全管理体系的人员以及对过程安全管理体系进行审查的人员。

• 对于按照过程安全管理法规进行的审核，在审核报告中必须包含法规要求的内容。例如，在《高危化学品过程安全管理》第(o)段中要求“合规性评价应至少由一名‘内行’人员进行，这就为审核报告提出了隐含要求：审核报告是唯一一个提供给监管机构和以后的审核员进行审查的文件，同时规定了由谁来进行审查。在《高危化学品过程安全管理》中，还规定“应至少每三年”进行一次审核。如前文所述，只要在审核报告中注明日期，监管机构或以后的审核员才能依此确定审查周期是否满足这一要求。在《高危化学品过程安全管理》中，还要求“雇主应确保按照本章节中的规定对合规性进行了评价，从而确保按照本标准编制的过程安全管理审核程序的要求得到了严格的实施”，这就是说，过程安全管理审核必须对《高危化学品过程安全管理》中的每一要素进行检查。同样，确保满足该项要求的唯一方法是将过程安全管理体系的每一要素纳入审核报告，并就如何对每一要素进行审查加以说明。这也同样适用于对公司或某一现场具体过程的安全管理程序的审核。如果公司或现场制定了自己的管理程序来对过程安全管理审核进行控制，在审核报告中也应说明如何满足这些要求。

- 对于在律师-委托人特权下进行的审核，应按照律师要求对审核报告进行标记或标注以加以区别。否则，需将绝大多数过程安全管理审核报告标记为“保密”资料，以提醒报告接收人员不应大范围共享报告内容，尤其是不要将报告内容透露给公司外部人员或机构。

1.8.2 报告分发

当过程安全管理体系审核报告完成后，应立即分发给相关方。有些相关方只是对审核报告进行审查并可能提出意见，而另外一些相关方则需要对审核报告进行更加认真地研究，以着手开展跟踪活动。可按照公司要求来分发审核报告。审核报告接收人通常包括受审核工厂的经理以及至少经理级以上的管理层。在某些公司中，审核报告的分发对象可能更多。在许多公司中，还需将初版审核报告分发给公司的过程安全经理(如果有的话)。在 PSM 审核管理程序中，应明确如何分发审核报告。

考虑到审核报告的敏感性或保密性，审核报告不应分发给公司以外的其他人员和机构，除非有正当理由并特意决定这样做。应合理控制审核报告的内部分发范围，但是，还应考虑过程安全管理体系“员工参与”和“商业秘密”这两个要素的要求(见第 8 章)。对于按照法律特权进行的审核，必须严格根据法律顾问提出的要求控制审核报告的分发范围。如果不存在法律特权保护问题，某些公司首选由其法律事务人员来管理审核报告的分发。有些公司还对审核报告的分发进行编号，以便在必要时收回审核报告。在最近几年，由于使用电子手段来编写和分发文件使得审核报告的分发变得更复杂。现在，采用文字处理软件和 E-mail 来完成这些工作几乎成为一种普遍做法，这大大提高了文件管理的效率和速度。但是，文件会保存在报告编写和分发用的每一台计算机或服务器中，当文件一旦发出后，文件发送者就会失去对文件的控制。对于控制级别更高的文件，可以采用密码加以保护。

考虑到审核报告的敏感性，有时建议仅采用口头而非书面方式来汇报审核发现。但是，不建议将口头汇报用作传达审核发现的主要手段。为有效整改审核发现的问题，并对审核建议的实施情况进行跟踪，需要提供书面审核报告。但是，在审核组离开现场前，还通常会以口头方式将审核发现传达给工厂管理人员。

1.8.3 审核报告采用的语言

在编写过程全管理审核报告时，必须特别注意采用合适的措辞。审核报告应能够清晰传递审核组的讨论结果及所发现的问题。审核报告措辞不要歪曲审核结果或所发现的问题，并且应由收集到的证据加以支持，同时，审核报告措辞不能产生不必要的法律/法规责任。在编写审核报告时，应使用表达相同技术含义但又不会产生法律责任的措辞。另外，作为审核程序内容的一部分，公司通常会对优先采用以及避免采用的措辞进行规定。如果公司有这类规定，在编写审核报告时应遵守这些要求。审核报告及检查表措辞的一般要求介绍如下：

- 事实描述应清晰、准确。每一审核发现或陈述应有证据加以支持。
- 审核发现应具有以下特点。

—审核发现应通过对事实进行陈述来加以说明，而不应采用建议的形式来描述(如在审核发现中不应采用“应”之类的用词，也不应采用与行动有关的动词)。如果在审核发现中涉及“建议”类内容，在审核报告中应单独说明。

—审核发现应基于事实证据，不应根据推测或臆测而形成。

—审核发现不应将传闻作为证据，如某个人对某件事情的陈述。但是，可以将对工厂人员进行面谈所获得结果纳入审核发现中。

—审核发现应具有可执行性，即能够对审核发现所对应的整改措施的实施情况进行监督，并在规定时间内完成整改措施。

—审核发现应重点放在系统性事项上(而不是仅仅关注表象)。

—审核发现采用的文字和语言应便于现场人员和高层管理人员理解，不应采用工厂或公司不常用的术语或词语来表达。对于某一具体的审核报告，审核发现应采用统一的时态(如过去时或现在时)和人称(如第一人称或第三人称)来编写。

—应为审核发现提供足够的证据和细节，以证明为什么不满足相关要求。

—审核发现不应采用非常绝对的表达方法(如“绝不”、“从未”、“所有”等用词)，除非有足够的证据加以支撑。

—由于加强语气用词(如“非常”“几乎”“尤其是”“几乎不”“几乎没有”等)并不具有客观性，因此，审核发现不应采用加强语气来表述。

—在审核发现中，不应对人员及其失误提出批评，不应出现人员姓名或职务。

—当审核采用了抽样时，如果可能，在审核发现中应对抽样情况进行详细说明(如“在被审查的25个文件中，有5个文件表明…”或“对每10个文件中的1个文件进行了审查…”)。

—审核发现不应涉及人员水平和收入方面的内容。审核报告应包含由审核员发现并由事实支撑的审核发现，并仅针对审核准则或审核问询中的要求。作为审核发现和建议后续跟踪工作的一部分，应对审核所发现问题的潜在原因和次要原因进行调查。

- 检查表中的条目应准确、完整，并尽量简练。应认真考虑“简练”和“完整”之间的度。审核报告应足够完整，以清晰地描述所发现的问题及审核发现，但是不应提供与审核问询关系不大的过多信息。为在审核报告中清晰地描述审核发现而不会出现任何混淆，可能有必要在一定程度上牺牲报告的完整性。
- 不要使电子版检查表成为一种“电子摆设”。如果在检查表中提供了“备注”或“意见”栏或可以在检查表中插入“备注”或“意见”栏，就要将其利用好。“备注”或“意见”栏不能用于提供与其他审核发现、审核所发现问题有关的信息，也不能对其进行详述或澄清，而仅用于提供与审核问询、审核发现或建议有关的信息，如参考文件、文件号、已面谈的工厂人员、检查日期等。
- 在审核报告和检查表中，仅记录由审核组形成的一致性看法和审核发现。危害识别和风险分析(HIRA)以及其他危害分析是由一个团队协同完成的工作，而对于过程安全管理审核而言，通常由审核组成员独立完成其负责的审核要素，然后将其发现的问题、审核发现和建议(当审核组要求时)提供给审核组，最后提供给被审核的工厂。因此，过程安全管理审核一致性虽然与危害识别和风险分析(HIRA)不一样，但一致性是过程安全管理审核的一项要求。在审核报告或检查表中，不允许出现相左的观点。对于过程安全管理审核的其他方面，一致性是指参与审核的人员基本认可审核发现的问题、审核发现或建议(尽管并非得到全部审核员认可)。

表1.3列出在编制审核报告时不应采用的表达方式，并举例说明应采用何种措辞。

表1.3 审查报告/检查表措辞示例

避免采用的表达方法	*可采用的表达方法*
“装置无…”	“我们不能确认…” “我们不能确定…” “审核组无法核实…” “装置人员无法找到…文件” “装置没有提供…”
“…违背法律”	“在…程序中没有纳入…中规定的要求”
“发现…做法存在过失”	“记录没有纳入…要求的信息”
“…是一种草率的操作做法”	“操作做法不符合已批准的…程序中的要求”
“看起来像…” “我们认为…” “似乎是…” “我们感觉…” “我们相信…”	“…没有…”
“…记录非常缺乏” “…完全不符合…” “…计划是发现的最糟糕计划” “文件水平实在太差”	“…记录没有包含…中规定的信息” “…计划没有包含…中规定的信息” “…文件没有包含…”
“…必须…” “…应…”	“…宜…”

以下对敏感性用词以及表1.3中的示例进行了进一步说明：

• 在法律中，有些词具有特殊含义，例如“过失”一词是一个与责任有关的法律概念，应避免使用。

• 不要使用与非法或法律结论直接相关的措施，如“违法的”“触犯法律”“负有法律义务”“伪证”或“欺诈”等。

• 在对因失误而造成的问题进行描述时，不能采用诸如“故意的”、“有意的”或“蓄意的”等词，在公司中，故意行为会受到惩罚，同时还会涉及法律处罚。对故意行为进行调查不应成为过程安全管理审核内容。

• 在对存在的不足进行说明时，不应使用带感情色彩的用词，如“愚蠢”或“愚钝”等。采用带感情色彩的用词除表现得不专业外，还会导致更多关注了其他问题而忽略了对缺陷的关注。

对于在编写过程安全管理审核报告时常犯的错误，在下文以示例的形式加以说明。这些常见错误摘自于《环境、健康与安全审核》(第8版)(Cahill，2001)。

- “资产完整性管理计划存在缺陷，需对计划加以改进。这是一个严重问题。”(叙述中并没有对资产完整性管理计划存在的缺陷加以说明，另外，“这是一个严重问题”并不属实。在审核讨论结果中不应该得出这样的结论。)
- “没有提供5个泄压阀的能力计算书。”(哪5个泄压阀?)
- “没有提供化学品罐区的电气危险划分图，在该区域存在可燃物质泄漏和蒸气云爆炸危险。”(第二个句子描述的情况并不属实，是一种推测。应在审核末次会上或通过专题讨论的形式对所发现问题可能产生的后果进行讨论和研究。)
- “并非所有维护人员都接受了工艺及其危害方面的培训。”(“并非所有”一词界限并不明确，哪些人员还没有接受培训?)
- “一名操作人员说，内操在值班时经常离开控制室参加培训会，这触犯了工厂制度。”(这是一种道听途说证据，不应在审核发现中出现。另外，“触犯”一词是一个法律用词，应避免使用。)
- “应急响应计划应加以改进，以反映当前最新情况。”(这是一个建议，并不是审核发现。应急响应计划存在何种不足?“应加以改进”是一个笼统用语，并没有具体含义。)
- “好像没有对操作程序进行年度复核。”(应直接陈述事实，用“好像”一词并不妥当。)
- “在2007年烷基化装置过程危害分析(PHA)中发现防护措施不足。”(“不足”一词没有任何具体含义，该用词并不合适。)
- “在对培训记录进行审查时发现，好像Robert Jones、Dana Standish和Jennifer Perry并没有接受OSHA《危险废弃物经营和应急响应标准》(HAZWOPER)中规定的24h年度进修培训。”(“好像”用词不当，另外，按照审核做法，在书面审核发现不应出现人员姓名。)
- “几乎所有目前在现场工作的承包商都没有将其资格预审表存档。”(“几乎所有”用词不当。)

审核报告和检查表应在公司内部进行法律审查，确保审核报告和检查表不会出现上述问题。

1.8.4 审核文件存档

在过程安全管理审核管理程序中，应明确初版审核报告、最终版审核报告以及支持记录(包括工作文件和往来函件)的存档要求。在业界，基本上没有对过程安全管理审核文件的存档要求的正式规定，只是在OSHA过程安全管理标准《高危化学品过程安全管理》第§1910.119(o)(5)节中进行了规定，即“雇主应保留最后两次的合规性审核报告”。在海上平台《安全和环境管理计划》中，要求审核报告必须保存到下一轮审核结束为止。

对于现场记录、工作文件、面谈记录、审核发现支持记录和程序以及其他“临时性”文件，应保留至最终版审核报告发布为止，除非根据具体情况要求保留更长时间。在此之后，应正确处置这些文件，如用碎纸机进行处理或烧毁文件。另外，在最终版审核报告发布后，审核报告的草稿和修改版也应正确处置，包括删除保存在计算机和其他电子媒介(闪存、CD、备份服务器)上的电子版文件和E-mail。除非工厂或公司收到违规传票，否则，没有保存与过程安全管理审核有关的临时文件的、任何法律、法规或技术性合理理由。事实上，这类临时文件还可能引发潜在法律问题。现场记录、审核报告修改版或其他类似文件所包含的信息可能会与最终版审核报告不一致。这并不奇怪，因为审核组和受审核工厂有各自不同的观点。对于法院裁决，很难解释清楚这些不同观点。在审核员记录中，即使仅仅一个表述也可能会使法院裁决出现重大变化，而事实上该表述对最终审核发现或建议并不是那么重要。

1.8.5 审核评级

某些公司的过程安全管理审核使用正式的评估或评分系统。当某一公司在其多个工厂中采用了同一过程安全管理体系时通常采用评估或评分系统。评分系统可采用定量或定性的方式进行打分、评级。

1.8.5.1 定量打分

过程安全管理审核定量评估或打分系统通常是为每一个审核问询/审核准则分配一个分值或分数。这些分值并不相同，以表明其重要性不同；同时，还可以为每一审核问询/审核准则、要素或二者确定不同的权重系数。例如，为“变更管理”(MOC)要素审核问询/审核准则分配的权重系数比“员工参与”要素的高，即使对于“变更管理”(MOC)同一要素，可以为该要素中不同的审核问询/审核准则分配不同的权重系数。还需为每一审核问询确定得分规则和假设条件，从而确保审核组所有成员采用统一的标准进行打分。例如，如果某一审核问询的总分值为5分，如果工厂在该方面没有取得任何成果，则其得分为0分。如果工厂完全执行了该审核准则对应的工作且通过进行面谈、记录审查和/或观察确认现场工作满足要求，则其得分为5分。如果工厂在该方面取得部分成果，基于预先确定的得分规则，其得分为2分、3分或4分，如当完成25%时，其得分为2分，当完成50%时，其得分为3分，当完成75%时，其得分为4分。

可以基于过程安全管理体系要素来分配分值。审核最终得分可计算为总得分和每个要素与全部要素分值总和的比率。

当不同工厂采用相同的过程安全管理体系时，审核采用定量打分的方式便于在不同工厂之间进行比较，这为衡量过程安全管理体系自上一次审核以来的改进或退步提供了一种客观的测量手段。采用定量打分的一个主要劣势在于会加剧不同工厂之间的分数竞争，使得公司和工厂更加关注得分，而忽视了对审核发现的研究。在对过程安全管理审核进行定量评估时，这种情况实属自然，且无法避免。

另外，为了确定审核问询/审核准则分值，所有审核问询/审核准则必须与合规性审核准则或相关审核准则相对应，但不能交错对应。在同一分值中，如果同时涉及合规性审核准则和相关审核准则，则无法做到准确区分。当采用定量评估时，如果希望对相关审核准则和合规性审核准则都进行打分，则需要单独打分并单独记录。另外，当过程安全管理审核采用定量评估时，如果可能应成立专门的审核组，以确保在规定的审核周期内为所有工厂确定的分值保持一致。如果可能，上次的审核员还应参与下一轮的审核工作，以保证两次审核之间定量评估的一致性。这将有助于对过程安全管理体系的改进或退步进行更加客观的比较。

1.8.5.2 定性评级

通常通过确定一套定性的等级然后将每一审核发现及其建议(当审核组要求时)确定到某一等级的方式来对过程安全管理审核进行定性评估。这就为衡量审核发现及其建议的重要性提供了一种定性手段，即采用一种非定量评估方法，按照审核发现及其建议在过程安全管理体系中的相对重要性来对审核发现及其建议进行排序，并将其涉及的过程安全风险与其他审核发现/建议加以比较。最简单的评级体系是采用“高—中—低”的定性评级系统。同在进行危害识别和风险分析(HIRA)中采用的对严重性、可能性和风险度进行定性排序类似，对“高—中—低”每一等级进行定性定义，然后为每一审核发现和建议确定一个等级。有时仅对过程安全管理审核发现进行评估，但有时还为审核结果确定一个等级。这是定量评估和定性评估的一个不同之处，在定量评估中，通过合计各分值来计算总分值。

当采用定性评估时，尽管不涉及任何分值，且通常可以避免不同工厂之间的分值竞争以及仅仅看重分值，但是定量评估的注意事项也同样适用于定性评估。然而，由于定性等级划分非常严格，因此审核员可能出于某些压力而不能对某些定性等级进行划分，有时，工厂/公司还要求在限定时间内对在进行定性评估时发现的难以解决的问题加以纠正。

1.8.6 审核认证

在 OSHA 过程安全管理标准《高危化学品过程安全管理》(29 CFR §1910.119)第(o)(1)节中，要求“雇主应证明其已按照本节中的规定完成了合规性评估”。在 EPA《风险管理计划》(40 CFR §68)中“合规性评价”(68.79)部分，同样规定了该项要求。但是，在这些标准中并没有对“认证”的具体要求、如何进行认证及记录、可接受的认证语言以及由谁进行认证等细节作进一步说明。但是，常用做法是：当需要按照《高危化学品过程安全管理》对过程安全管理体系进行认证时，需要在审核报告中附上一个认证页，签字并注明日期，以证明已对过程安全管理体系进行了认证。对于按照《高危化学品过程安全管理》或 EPA《风险管理计划》进行的过程安全管理审核，即使经过审核没有发现问题，也仍然需要进行认证。有关认证部分的示例，见附录 C。对于按照相关审核准则进行的审核，由于审核报告通常不提供给监管机构进行审查，因此，这类审核报告无需进行认证。由谁进行认证并签字确认并没有明确规定，在 OSHA 过程安全管理标准《高危化学品过程安全管理》中只是提及“雇主应对…进行认证”。因此，每一公司或工厂应在其过程安全管理程序中指派合适的人员负责认证工作，通常为装置或设施经理、EHS 经理、过程安全管理经理/协调员或审核组长。但这并不是强制性规定，也可以指派其他人员。

在这里，一个很重要的概念是，不是对过程安全管理合规性审核报告进行认证，而是对过程安全管理审核进行认证。尽管绝大多是工厂为了方便起见对审核认证资料和审核报告一起存档，但审核报告中无需包含认证资料。

对于公司按照其他自愿遵守的过程安全管理标准建立的过程安全管理体系，不要求对过程安全管理审核进行认证。但是，在美国化学理事会(ACC)《责任关怀管理体系®》(RCMS®)中却有类似但并不完全相同的要求，即当由第三方审核员对过程安全管理审核进行认证时，应首先对第三方审核员的资格进行认证(见第 1.6 节)。这不同于 OSHA 过程安全管理标准《高危化学品过程安全管理》/EPA《风险管理计划》中规定的要求。另外，美国化学理事会要求其每一成员单位按照《责任关怀管理体系®》对过程安全管理审核认证文件进行存档。

1.9 审核后续活动

1.9.1 整改计划

应认真、及时地落实在过程安全管理审核过程中提出的建议，并记录审核建议的实施情况。在本文中，“及时性”一词的定义见术语表，并不是仅仅限于某一具体时间段。应根据每一建议的具体性质并根据不同情况来考虑审核建议的实施难度和复杂程度。过程安全管理审核员应审查工厂如何对“及时性”一词进行定义，如何使用这一定义，以确保该定义合理可行，以落实在过程安全管理审核过程中所提出的建议。对有效的过程安全管理体系而言，及时落实审核建议是一项重要要求。除审核建议外，还包括与过程安全管理相关的建议或整改项，如在过程危害分析(PHA)、事故调查或应急演练自查自纠方面提出的建议。当法规要求进行过程安全管理审核时，就必须对审核整改项进行跟踪。例如，在《高危化学品过程安全管理》(29 CFR §1910.119)第(o)(4)节中规定："雇主应立即为每一次审核所发现的问题制定书面应对措施，并以记录的形式证明所发现的缺陷已经得到纠正"。如果不及时落实审核建议，则有可能导致法律问题。但是，在绝大多数情况下，及时落实基于审核发现提出的建议解决方案并不是审核工作自身的一部分，而是过程安全管理审核方案的一个重要组成部分。

在发出最终版审核报告之后，应编写整改计划。整改计划应包括审核建议实施时间表以及每一项整改的负责人。相应地，整改计划还需包括跟踪工作的时间表，如果需要，还需包括对纠正行为状态进行监控的内部控制程序。如果审核所发现的问题需要立即解决，在发出最终版审核报告以及在编制整改计划前应立即实施针对所发现问题而提出的建议。

整改计划应由受审核工厂经理或运行经理编写。工厂经理或运行经理对工厂过程安全管理体系的实施负有最终责任，还应负责根据审核结果对过程安全管理体系进行改进。在过程安全管理体系审核管理程序中，应规定由合适的管理者来负责整改计划的审查和批准。

1.9.2 审核整改项的实施和跟踪管理系统

在绝大多数情况下，审核建议的落实通过跟踪系统、数据库进行管理，另外，用于对其他过程安全工作(如危害识别和风险分析(HIRA)、事件调查、应急响应演练自查自纠等)相关建议和整改项进行控制的其他管理系统也可用于该目的。在某些公司中，过程安全管理审核建议通过一套综合性的EHS建议和整改项管理系统进行控制。如果过程安全管理审核作为整个EHS运行管理程序审核工作的一部分来进行，EHS审核发现可通过一套单独的系统进行管理。如果属于这种情况，过程安全管理审核建议可纳入环境、健康和职业安全以及其他过程安全管理建议和整改项中。这类系统通常采用计算机化的记录和管理系统，但这并不是一项强制性要求。

用于对过程安全或EHS建议进行跟踪和管理的系统主要包括以下内容：

• *时间表*：在审核建议的管理系统中，应明确实施建议以及最终完成整改的时间节点。审核建议实施日期应做到"及时"且"合理"。就过程安全而言，"及时"且"合理"是指审核建议的落实和实施日期应与审核所发现问题的范围、复杂性和风险度保持一致。例如，对于建议对工厂泄压装置设计基础进行确认与建议对事件调查程序进行修改这两件事，"及时"一词的含义是不一样的。在某些情况下，建议的解决方案及其实施可能会持续数月甚至是数年，尤其是当需要对过程安全基本要素进行重大变更时，如当发现整个操作程序都存在问题时。尽管综合性审核工作如过程安全管理审核通常不会形成与整个大型工程项目有关的建议，但是，这类建议会持续很长时间才能得以落实和实施。其中部分建议可能涉及大量的技术工作，如建议对工厂泄压装置设计基础进行确认或建议执行安全仪表系统(SIS)标准。相反地，某些过程安全管理审核建议可在较短时间内得以落实和实施，例如，在审核过程中是否有必要建议对事件调查程序进行修改，取决于工厂或公司实施的文件控制管理程序，这类建议会在较短时间内落实，可能在数月内就能完成。如果工厂规模很大，需众多人员对程序修改进行审查(或需要修改的文件属于公司级或部门级程序文件)，就需要花费一定的时间来对程序修改进行审查。审查和实施所需的时间(包括对大量人员进行培训)就会使相对简单的程序修改工作需要数月时间才能得以批准和实施。

- *责任:* 在审核建议管理系统中，应明确审核建议落实和实施过程中每一步工作的负责人。在确定负责人时，建议采用其真实姓名或职务名称，不要采用部门/科室/专业名称。例如，如果仅明确将某一建议指派给“运行部门”负责，则该指派范围太大，就无法具体跟踪建议的实施情况。
- *状态标识:* 应清晰地标出管理系统中核建议的当前状态，如“已完成”“待技术审查”“待最终处理”“逾期未完成”“拒绝”等。另外，管理体系审核建议还应能够允许添加、附上参考的其他信息，以对决策依据提供说明。决策依据包括技术、管理、法规、方针或经济分析，用于对与建议有关的决策提供支持。这包括大量不同类型的文件，如图纸、计算书、报告、危害识别和风险分析(HIRA)检查表/报告、电子数据表或文本文件。
- *筛选和过滤:* 审核建议管理系统应能够按照时间表、职责和状态数据对审核建议进行筛选和过滤，以便定期形成测量指标并对测量指标进行审查。尤其重要的是，审核建议应能够方便地形成建议清单，以便于查找逾期未解决的建议和整改项。
- *软件化管理系统:* 尽管这不是一项强制性要求，但是仍建议采用计算机系统来对审核建议进行管理。采用基于软件的管理系统具有许多优势，包括便于数据的输入和修改，便于需要查看和使用相关信息的人员远程访问，便于数据筛选、过滤和上报，便于信息和数据存储以及便于在更大范围内实现信息的快速检索和传递。但是，如果单个工厂在给定的时间内所涉及的审核建议数量并不是很多，也可以采用人工纸质系统对其进行管理。更加复杂的软件化管理系统会将变更实施人、进行了何种变更以及何时进行了变更等相关信息记录到数据库中，通过电子邮件的提醒功能将这些信息自动发送给跟踪节点的责任人，并形成总结报告，以供定期进行管理评审。
- *信息安全:* 审核建议管理系统应能够对访问权限和编辑权限进行有效控制。虽然过程安全管理体系的实施需要全员参与，但是对于审核建议，管理系统的访问应仅限于其工作需要使用系统中相关信息的员工和承包商人员。另外，对系统中某些内容进行编辑的权限应限于那些需要输入或调整信息的人员。例如，审核建议的删除或拒绝权限或日期修改权限应仅限于少数几个人。采用基于计算机的管理系统便于对信息获取和信息编辑进行控制。
- *信息交流:* 审核建议管理系统应便于审核结果的交流。这包括作为全员参与目标的一部分，将基本的审核结果提供给员工和某些承包商，以及将审核结果用于过程安全培训和其他类似工作。

应定期对跟踪系统进行更新，以注明哪些整改项已经完成以及其他整改项的状态。当整改项完成后，应记录采取的最终整改措施及整改项关闭日期，并存档。通常需要定期对监督系统进行更新(通常每季度或每月进行一次更新)，但更新频率可自主确定。通过对整改项进行跟踪，公司就可以对建议的落实情况和整改项的完成情况进行记录，同时对建议在落实过程中采取的步骤以及建议落实的时间安排进行有效的管理。

在过程安全管理审核管理程序中，应建立审核建议拒绝程序，并制定以下规定:

- 拒绝审核建议所依据的标准;
- 如果审核建议在预先确定的风险或费用范围之外，或者审查人员不能对建议达成一致意见，应明确逐级上报程序;
- 如何对拒绝的审核建议进行记录。

在工厂或公司程序中，也可能包含了过程安全管理或环境、健康和安全(EHS)相关建议的拒绝标准及其规定，过程安全管理审核建议的拒绝程序应与这些规定保持一致。

过程安全管理审核建议的拒绝标准应合理、正当，不能完全基于费用考虑。需考虑可能发生的费用，但是必须根据相关因素来衡量，如需要消除的风险、建议的可行性、建议所依据的信息的准确性和完整性。有关对危害识别和风险分析（HIRA）以及事故调查所提出的建议的拒绝标准方面的讨论，尤其是按照OSHA《过程安全管理合规性指南》（OSHA，1994）的说明而形成的审核准则10-R-29和20-R-7，见第10章和第12章。

1.9.3 整改项验证

某些公司和工厂（通常为大型公司和工厂）会将整改项的验证或跟踪纳入过程安全管理审核范畴中。当整改计划中的整改项完成后，要按照整改计划中规定的方法或采用等同方法来确认整改项是否已经实际完成。该类验证可以由第二方或第三方进行并对验证结果进行记录，在大多数情况下是由工厂人员来完成。在某些公司中，由独立的部门来对整改项进行核查，以确保验证的公正性，并防止出现利益冲突。整改项验证范围通常仅限于对最终行动计划中明确的验证项进行核查。整改项验证通常不能视为对过程安全管理体系进行的额外审核。整改项验证的目的，通常仅限于对与过程安全管理相关的方针、程序及某些记录和现场进行检查，以确保由审核确定的整改项已实际完成并关闭。工厂和外部核查方可能会对某一整改项是否已完成并正确关闭存在不同意见，这并不奇怪。另外，工厂还可能会有意和错误地拒绝审核建议或整改项。整改项验证并不是一项强制性要求，需要提供其他资源才能完成核查工作，但却是一种有效的管理手段，以确保有效跟踪和正确关闭过程安全管理审核整改项。

1.10 质量保证

审核质量保证是过程安全管理审核方案的一项重要内容。受审核工厂以及工厂人员应确保过程安全管理审核程序以一种一致的方式得到有效实施。

为过程安全管理审核程序确定绩效标准是确保审核质量的一种方法。在编写审核程序时，通常需要明确审核绩效标准。在过程安全管理审核程序、审核绩效标准中需要考虑的因素包括：

- 过程安全管理体系或PSM审核管理程序中的内容；
- 审核组成员；
- 审核员资格；
- 开展过程安全管理审核，包括面谈、记录和文件审查、抽样、观察及将审核结果告知被审查的工厂；
- 编写审核报告；
- 发布审核报告；
- 审核后续活动。

在对过程安全管理体系进行审核时，有时对审核过程进行独立审查，这是另外一种确保审核质量而采用的一种方法。独立审查可以在过程安全管理审核过程中或在完成审核后进行，通常采用以下方式进行：将上次审核报告、整改项跟踪或其他方面作为过程安全管理体系的另外一项独立工作来进行审查。需为审查问题确定一系列审查准则。在某些情况下，可为审核组配备单独的质量保证人员参与过程安全管理体系审核，以监督审核过程，但这种做法并不多见。而在其他情况下，由并不参与审核的人员来对审核报告和检查表进行再次审查，以检查审核报告和检查表的准确性和完整性。无需公司外人员单独检查，可以仅由参与审核的人员进行检查。

对过程安全管理审核开展定期自查自纠和评估有助于发现程序中存在的不足。可以由与审核方案无关的员工组成的审查组、由公司内部审核部门、由外部同级审核员(如来自其他公司的审核员)或由外部咨询人员来进行这类审核。对过程安全管理审核程序定期进行总体审查是一个良好做法，可以避免审核工作变成一种"打勾"式检查。

有很多因素会导致审核质量不高，这些因素包括：

- *没有制定审核管理程序或审核管理程序质量不高*。如果缺少这类管理程序，审核计划将会迷失方向，且无法保证审核的一致性。审核只是按照审核组长和/或受审核工厂管理人员的决定进行。审核工作有可能无法做到准确记录，可能无法及时跟踪审核整改项(如果需要的话)。
- *计划不充分*。在对过程安全管理审核进行合理策划时，应考虑并解决一系列问题(见第2.1.1节)。尤为重要的是，应对审核目的及其要求(即"基本准则"和假设条件)进行认真考虑、讨论并形成书面文件。如果这些细节性工作做得不好，就很难顺利开展审核工作，审核结果就会存在问题，无法实现预定目标或者无法按照规定的要求来完成审核工作。为了防止出现这些问题，一定要确保在审核管理程序中明确审核策划要求，为程序要求的所有审核内容形成书面审核计划，并在进行审核时下发给审核员。
- *审核组成员选择不当*。如果对审核员培训不到位、审核员在过程安全方面或经验少或几乎没有经验，将无法做好审核工作。尤其重要的是，审核员应能够正确理解和解释工厂过程安全管理程序中要求。另外，如果审核员存在利益冲突或偏见，也无法做到公平、准确和全面评估。为了防止出现这些问题，在审核管理程序中及在审核员参与审核工作前对其进行培训时，应明确审核员最低的技能/经验要求及避免潜在利益冲突方面的要求。
- *时间不足*。为降低审核成本以及压缩工厂人员为审核提供支持所花费的时间，公司或工厂总是要求尽快完成审核工作。但是，必须根据过程安全管理体系的范围以及计划审核的工艺和单元数量为审核分配足够的时间。应按照审核范围和要求来为审核分配时间并确定审核员数量，尤为重要的是，应提前确定审核问询/审核准则，确保所分配的时间和资源能够满足审核目的。
- *没有提供关键资料*。如果没有提供开展审核所需的资料以及与审核问询有关的资料，就会使审核工作受阻。如果出现这种情况，则表明过程安全管理体系本身存在问题。如果没有提供审核所需的资料，就会导致审核发现出现偏差。对审核进行合理策划、提前提供审核所需资料，可避免出现该问题。
- *无法对工厂人员进行面谈*。同没有提供关键资料一样，如果工厂没有指派需要接受面谈的主要管理人员或非管理人员，也会导致无法做到彻底的审核。如果无法确定面谈对象，可能无法开展某些审核工作。即使对审核进行了合理的策划，也可能因不可预见的事件而出现这种情况；另外，审核策划得不好，也会出现这种情况。应明确需要接受面谈的工厂人员和公司其他人员，并提前通知他们。
- *证据收集不足*。对于审核方案中列出的审核问询，如果部分审核员技能不高，无论是面谈技巧或抽样技能不高，还是对收集的信息判断不当，都会导致审核出现问题。要求审核员具有相应的审核经验以及对审核员进行培训可有效避免出现该问题。

- *审核记录不全面*。如果审核报告和检查表不能对审核发现的问题进行充分说明、以一种错误方法或以一种只有审核员才能理解而其他人员无法理解的方式来对审核发现和/或建议进行说明，那么在完成审核后，审核报告和检查表就几乎没有任何意义。对最终的审核结果进行质量审核可有效避免该问题。通常由审核组长对审核质量负责，但是当审核规模很大或持续时间很长时，审核组长也可指派审核组其他成员或外部人员(如法律事务人员)来协助，以确保审核质量。
- *缺少监督检查*。如果审核建议没有得到有效实施，就会浪费审核时间和资源。在过程安全管理审核程序中合理策划跟踪系统(见第 1.9.2 节中的介绍)，并由管理层对建议实施状态进行定期、认真的审查就会避免出现这一问题。

第 2 章就如何正确进行过程安全管理审核进行了详细说明。在第 2 章中介绍的许多指南可以有效地避免过程安全管理审核质量出现问题。

1.11 总结

过程安全管理审核程序的策划要考虑众多因素，如审核范围、频次、人员配备、报告、后续活动和质量保证。对所有公司或工厂而言，对过程安全管理体系进行审核并非只有一种最佳方法，因此，在对过程安全管理体系进行审核前，就必须明确审核目的以及统一的审核方法。最后需要指出的是，审核并不能保证过程安全管理体系的策划和实施满足预期要求，而需要进行更多的检查才能确保过程安全管理体系的质量。必须对过程安全管理体系进行有效的管理和控制，确保其有效运行。

参 考 文 献

American Chemistry Council, *RCMS® Technical Specification*, RC101. 02, March 9, 2005.

American Chemistry Council, *RCMS® Technical Specification Implementation Guidance and Interpretations*, RC 101. 02, January 25, 2004.

American Chemistry Council, *RCMS® Technical Specification Implementation Guidance and Interpretations Appendices*, RC 101. 02, January 25, 2004.

American Chemistry Council (ACC), Procedure RC 203. 04, *RCC Auditor Qualifications and Training*, Revision 4, March 2008.

Australian National Standard for the Control of Major Hazard Facilities, NOSHC: 1014 (2002).

Baker, J. A. et al., *The Report of BP U. S. Refineries Independent Safety Review Panel*, January 2007 (Baker Commission Report).

BP, *Fatal Accident Investigation Report*, *Isomerization Unit Explosion Interim Report*, Texas City, Texas, USA, John Mogford, 2005.

Cahill, L. B. et al., *Environmental Health and Safety Audits*, 8th ed., Government Institute, 2001.

California, California Code of Regulations, Title 8, Section 5189, CalOSHA, November, 1985.

California, *State of California Guidance for the Preparation of Risk Management and Prevention Program*, *California Office of Energy Services*, November 1989.

Center for Chemical Process Safety (CCPS), *Plant Guidelines for Technical Management of Chemical Process Safety*,

American Institute of Chemical Engineers, New York, 1992.

Center for Chemical Process Safety (CCPS), *Guidelines for Risk Based Process Safety*, *American Institute of Chemical Engineers*, New York, 2007 (CCPS 2007c).

Center for Chemical Process Safety (CCPS), *Process Safety Leading and Lagging Metrics*, *American Institute of Chemical Engineers*, New York, 2007 (CCPS, 2007g).

Chemical Safety and Hazard Investigation Board, *Investigation Report—Refinery Explosion and Fire*, *BP Texas City*, *Texas*, *March 23*, *2005*, March 20, 2007.

Council of the European Union, Council Directive 96/82/EC on the Control of Major-Accident Hazards Involving Dangerous Substances (Seveso II), December 9, 1996.

Contra Costa County (California), Ordinance 98-48 and Amendments from 2000-20, Industrial Safety Ordinance, 2000.

Delaware, Accidental Release Prevention Regulation, Delaware Department of Natural Resources and Environmental Control/Division of Air and Waste Management, September 1989, revised January 1999.

Department of Interior, Minerals Management Service, Safety and Environmental Management Program (SEMP), 1990.

Environment Canada, Environmental Emergency Regulations (SOR/2003-307), 2003.

Environmental Protection Agency (USEPA), 40 CFR §68, Accidental Release Prevention Requirements: Risk Management Programs Under Clean Air Act Section 112(r)(7); Final Rule, June 21, 1996.

HM Stationery Office, *The Public Inquiry into the Piper Alpha Disaster*, Cullen, The Honourable Lord, 1990.

International Labor Organization, Prevention of Major Industrial Accidents Convention, C-174, 1993.

The International Society for Measurement and Control, Functional Safety: Safety.

Instrumented Systems for the Process Industry Sector—Part 1: Framework, Definitions, System, Hardware and Software Requirements, ANSI/ISA-84. 00. 01-2004 Part 1 (IEC 61511-1 Mod), Research Triangle Park, NC, 2004.

International Standards Organization (ISO), ISO-14001, Environmental Management Systems—Specification and Use, September 1, 1996.

International Standards Organization (ISO), ISO-19011, Guidelines for Quality and/or Environmental Management Systems Auditing, October 1, 2001.

International Standards Organization (ISO), ISO 17024, Conformity Assessment—General Requirements for Bodies Operating Certification of Persons, March 28, 2003.

Korean Ministry of Environment, Korean OSHA PSM Standard, Industrial Safety and Health Act—Article 20, Preparation of Safety and Health Management Regulations, KMOE—Framework Plan on Hazardous Chemicals Management, 2001-2005.

Louisiana, Prevention of Accidental Releases (LAC 33: 11, Chapters 2 and 59), Department of Environmental Quality, February 1993.

Malaysia, Department of Occupational Safety and Health (DOSH), Ministry of Human Resources Malaysia, Section 16 of Act 514.

Mexican Integral Security and Environmental Management System (SIASPA), 1998

National Aeronautics and Space Administration, *Columbia Accident Investigation Board Report*, Washington, DC, August 2003.

Nevada, Chemical Accident Prevention Program (NAC 459. 952), Nevada Department of Environmental Protection, October 1994, revised February 15, 2005.

New Jersey, Toxic Catastrophe Prevention Act (N. J. A. C. 7: 31), New Jersey Department of Environmental Protection, June 1987, revised April 16, 2007.

Occupational Safety and Health Administration (OSHA) 29 CFR §1910. 119, Process Safety Management of Highly

Hazardous Chemicals, Explosives and Blasting Agents; Final Rule, Washington, DC, February 24, 1992.
Occupational Safety and Health Administration (OSHA) Publication 3133, Process Safety Management Guidelines for Compliance, Washington, DC, 1993.
Occupational Safety and Health Administration (OSHA) Instruction CPL 02-02-045 CH-1, PSM Compliance Directive, Washington, DC, September 13, 1994.
Occupational Safety and Health Administration (OSHA) Instruction CPL 03-00-004, Petroleum Refinery Process Safety Management National Emphasis Program, June 7, 2007 (OSHA, 2007a).
Occupational Safety and Health Administration (OSHA) Instruction CPL 03-00-006, Combustible Dust National Emphasis Program, Washington, DC, October 18, 2007 (OSHA, 2007b).
Occupational Safety and Health Administration (OSHA) Directive 09-06 (CPL 02), PSM Chemical Covered Facilities National Emphasis Program, July 27, 2009, OSHA 2009 (OSHA, 2009a).
Occupational Safety and Health Administration (OSHA) Instruction CPL 02-00-148, Field Operations Manual, Washington, DC, March 26, 2009 (OSHA, 2009b).
Rogers, W. P. et al., *Report of the Presidential Commission on the Space Shuttle Challenger Accident*, *Washington, DC*, June 6, 1986.
United Kingdom Health and Safety Executive (HSE), Control of Major Accident Hazards (COMAH) Regulations, 2005.
Washington Administrative Code, Chapter 296-67, Safety Standards For Process Safety Management Of Highly Hazardous Chemicals, May 9, 2001.

2 过程安全管理体系审核实施

过程安全管理审核包括大量不同的工作，不仅仅是现场审核。可将整个审核过程划分为以下四个基本阶段：

- 编制审核计划；
- 收集证据，由现场审核员依据审核准则对证据进行初步评估，发布初版审核报告，形成审核发现/提出建议，确定整改项及其完成日期；
- 完成证据评估，修改初步审核报告，提出建议，解决问题，并发布最终版审核报告；
- 审核后续活动，包括问题解决以及最终建议的落实和实施。

2.1 审核策划

同许多过程安全工作一样，对审核进行认真策划是确保过程安全管理审核顺利完成的重要一环，尤其是当多方和多个机构同时参与审核时。在进行过程安全管理审核策划时，如果没有按照要求认真考虑审核的所有步骤，就会导致审核质量不高，并浪费时间和精力。

- 收集与工厂及其过程安全管理体系有关的初步信息；
- 明确审核目的、范围和审核准则(见第2.1.2节)；
- 编写审核方案(见第2.1.3节)；
- 选择审核组成员(见第2.1.4节)；
- 确定审核日程(见第2.1.5节)；
- 若需要，提前对受审核工厂进行访问；
- 为审核安排后勤服务；
- 分配资源。

上述介绍的各部分为过程安全管理审核计划的编制提供输入，应包含到过程安全管理体系审核管理程序中，并应用于对过程安全管理审核进行策划。本章主要讨论如何对在美国本土工厂实施的过程安全管理审核进行策划。在对美国本土以外的工厂实施过程安全管理审核策划时，要求考虑其他一些因素。附录H为其他国家的工厂或拥有海外业务的美国公司提供了审核指南。

2.1.1 收集初步信息

审核组成员需获得大量信息以使自己了解受审核工厂及其过程安全管理体系，从而为审核工作提供直接支持。绝大多数信息为过程安全管理体系自身所涉及的过程安全信息(PSI)，但是，还需要提供其他一些文件和记录。作为审核策划的一部分(见第2.1节)或作为一项单独工作，通常要求受审核工厂完成调查问卷，以从中获得必要的信息。过程安全管理审核策划问卷示例见附录F。

2.1.1.1 过程信息

审核组应获取有关工厂及其运行以及现场使用的化学品方面的信息。这是非常有用的基本信息，可以使审核员在现场外了解过程安全风险，并为审核策划的决策提供支持，例如需要时选择具有代表性的单元。应从代表性单元中抽取部分记录/文件和人员，作为可以覆盖所有受审核单元的审查对象（有关代表性单元的更详细讨论，见第2.3.3节）。过程信息包括工厂运行、工艺流程、化学品和控制系统的简要介绍。另外，工厂平面布置图也非常有用，它标出了不同单元以及过程安全控制系统的位置。

2.1.1.2 过程安全管理体系信息

应获取工厂过程安全管理体系方面的信息，这可以帮助审核组了解过程安全管理体系的策划及其实施情况，更重要的是，可以了解在策划过程安全管理体系时采用了哪些准则。如果能够在审核组到达现场前获取这类信息，就可以基于确定的审核准则提前开始部分审核工作。例如，如果在审核方案中包含了可用于针对过程安全管理体系要素管理程序和运行要求方面的审核问询/审核准则（在审核问询/审核准则中，通常包含运行要求方面的审核内容），仅仅通过对管理程序进行审核并与审核方案中的审核问询/审核准则加以比较，就可以开展审核工作，而无需对工厂人员进行面谈。对在审核方案中与过程安全管理体系策划有关的问题，也可采用同样的方法进行审核，但是，这种方法并不完全适用于与过程安全管理体系实施有关的审核问询/审核准则。审核组应要求受审核工厂提供过程安全所有的制度文件，同时提供过程安全管理体系每一要素的第一级管理程序（如果制定了的话）。例如，如果工厂制定了危害识别和风险分析/过程危害分析（HIRA/PHA）计划、组织、实施、记录和检查管理程序，应提供这类程序文件。有时，公司或工厂会将这些程序文件综合成单个文件或过程安全手册。考虑到便于查找相关信息，应要求提供电子版文件。但并不是要求提供与过程安全管理体系有关的或在过程安全管理体系中参考或使用的每一个程序文件。例如，不需要提供详细的维护程序或每一个操作程序，而通常是对这些程序文件中的有代表性的文件进行审核。

以下列出了审核组长在审核工作开始之前可能需要获得的信息和资料，以将这些资料发给审核组成员，使其了解和熟悉工厂情况、涉及的物料/化学品以及工厂的运行：

- *上一次过程安全管理体系审核报告*——提供上次审核的完整报告；
- *审核整改体系*——上次审核建议的实施情况报告；
- *过程安全标准要求*——相关联邦、州、当地或国际法规或者自愿遵守的过程安全管理法规（即过程安全管理体系的主要建立依据）；
- *公司方针*——公司对过程安全管理体系的基本要求加以规定或补充而采用和实施的过程安全管理方针、标准和指南；
- *工厂制度手册和程序*——过程安全管理体系每一个要素第一级制度或程序文件、工厂安全手册中的相关内容、应急响应计划以及涉及过程安全制度、程序和报告要求的其他文件；
- *工厂组织机构图*——提供当前工厂组织机构图，以便明确过程安全管理所有主管领导和责任人以及现场主要联系人；
- *事故清单*——提供一份过去三年内发生的过程安全事故清单；
- *事故调查报告*——提供最近发生的与过程安全管理有关的化学品、工艺或设备事故

及未遂事件的调查报告;

- *过程危害分析(PHA)报告及其建议落实情况报告*——提供最近完成的过程危害分析(PHA)报告及其建议的落实情况报告(最好是审核员可以使用的电子版报告);
- *资产完整性和可靠性手册/程序*——工厂资产完整性第一级管理程序以及对程序详细内容进行了规定的下一级管理程序,如检查、测试和预防性维护程序;
- *风险管理计划*——如果风险管理计划属于审核范围的一部分,应提供最新版的风险管理计划。

通过公司内网门户网站或工厂提供的电子链接,可以提前向审核组提供与工厂过程安全管理体系有关的许多信息。

2.1.2 审核目的、范围和指南

应明确过程安全管理审核的目的、范围和指南,相关要求分别见第1.1.3节、第1.2节和第1.3节。对于过程安全管理审核,这是一项非常重要的工作。在审核策划阶段确定审核目的、范围和指南还有助于做出其他决策以及现场审核工作的开展。只有明确了审核目的、范围和指南后,才能确定采用何种审核方案,采用何种类型的审核技术以及如何选择代表性单元(需要时)。有关确定过程安全管理审核范围和要求方面的其他指南,在本节中进行了详细介绍。

2.1.2.1 过程安全管理审核目的和目标

在第1.3节中,介绍了过程安全管理审核的目的和目标。进行审核的目的通常或几乎都比较明显。无论怎样,都必须为审核确定清晰的目的和目标,并形成书面文字。只有通过这种方式才能满足所有的预期要求。确定清晰的审核目的和目标还会对审核范围和审核要求产生重大影响。

2.1.2.2 过程安全管理审核范围

在确定过程安全管理审核范围时,应考虑多个因素,包括:

- *公司方针*。在公司方针或程序中,可能会规定对哪些现场、装置、工艺或单元以及哪些过程安全管理要素进行审核。有关这些问题的详细说明,见下面章节中的内容。
- 法规要求。在工厂采用的过程安全管理法规中,规定了必须对哪些方面进行审核。通常,必须对过程安全法规中涵盖的工艺和操作进行审核。但是,并非全部的过程和操作工艺都要按照相同的详略程度进行审核。另外,如果过程安全法规仅涵盖工厂的部分工艺,审核范围可能会(但有时并不一定)仅限于这些工艺。
- *资源局限性*。在确定过程安全管理审核范围以及审核区域时,应考虑可获得的资源。应根据可用资源来调整审核范围,以编写切实可行的审核方案,用于对工厂运行和风险控制进行评估。但是,不能因资源有限就牺牲法规要求。必须对资源进行必要的调整,以按照法律或法规的要求来开展相应的审核工作。
- *可用时间*。在确定审核范围时,还应考虑审核的可用时间。最好在较小范围内进行彻底的审核,而不是在大范围内匆忙进行不彻底的审核。除非是对规模非常大的工厂进行审核或者当过程安全管理作为综合性EHS管理体系的一部分进行审核,绝大部分过程安全管理现场审核工作一般控制在一个工作周或更短时间内完成。除现场审核外,对审核进行合理策划以及编写审核报告也会占用一定的时间。审核组长还可要求为审核管理工作、相关会议以及向管理层或其他人员陈述审核结果增加时间。

- *运行特点和风险*。对于实施了自愿性或强制性过程安全管理体系的工厂，应对其进行过程安全管理审核。但是，审核范围会有所不同。在明确要将哪些过程/单元纳入审核范围时，必须考虑工厂的运营及其相关的风险的性质。很显然，对于使用剧毒、可燃或反应性物料的单元以及曾出现过工艺紊乱、未遂事件或事故的单元或系统，通常将其视为重点审核对象。但是，在选择审核对象时，工厂运行特点也是需要考虑的一个重要因素。例如，对于大型、复杂的化工加工装置，通常被视为重点审核对象，而对污水处理装置而言，虽然采用了少量液氯或过氧化氢作为处理药剂，考虑到其存储量并不多及其装置运行条件，可能不会将污水处理装置作为重点审核对象。相反，对于存储大量有毒或可燃物料的大型仓库，由于仓库的防护措施会比较少，物料发生泄漏的可能性会比较大，严重程度会更高，因此，与仓库附近的小型掺混和包装工厂相比，仓库应被视为重点审核对象。

下文对如何选择有代表性的单元进行了讨论，进一步明确了在为过程安全管理审核选择过程和单元时需考虑的因素。对于中型、大型工厂，通常会有多个工艺过程或装置。如果在过程安全管理审核范围中包含20~25个复杂装置(如对于炼油厂)，过程安全管理体系涉及的需要审核的要素数量会在15~25个之间，如此多的审核要素往往会超出审核时间和审核资源的承受能力。因此，为将审核控制在一个可控范围内，就需要做出以下选择：

- 对所有工艺和单元涉及的过程安全管理的要素进行审核；还是
- 对部分工艺和单元所涉及的过程安全管理所有要素进行审核。

在很多情况下，通常选择后一种审核方法(有关对所有要素和部分要素进行审核方面的讨论，见下文)。因此，审核组长和审核协调员应决定选择哪些单元来作为代表性单元。代表性单元为过程安全管理体系涵盖的所有单元中的一个单元或某一单元的一部分，在进行审核时并不是对所有覆盖的单元都进行审查，而是将其视为一个“代表”来进行审核。在选择代表性单元时，并没有严格界限。选择代表性单元用于进行以下工作：

- 对过程安全管理体系的每一要素的管理程序进行抽样审核并记录。例如，在对“危害识别和风险分析”(HIRA)要素进行审核时，应抽取代表性单元的HIRA记录、风险/危害评估记录或等同工作记录，以按照该要素对应的审核准则对这些记录进行审查。在对“资产完整性”要素进行审核时，应抽取代表性单元的检查、测试和预防性维护记录，并对其进行审核。
- 抽取装置人员、尤其是操作人员和维修人员进行面谈，通常需抽取来自代表性单元的人员进行面谈。

过程安全管理体系部分要素属于全厂性管理要素，如“应急管理”、“员工参与”和“事件调查”。对于全厂性管理要素，在选择的代表性单元中对这些要素进行审核通常没有很大的实际意义，除非是对代表性单元的操作人员和维修人员进行面谈。举例来说，即使现场某些工艺和单元并没有包含在过程安全管理体系中，且其发生重大过程安全事故的风险程度可以忽略不计，变更管理(MOC)程序仍然会在整个体系中实施。但是，在某一给定条件下来确定是否需要实施变更管理(MOC)程序有时会比较困难，为了在整个工厂中明确变更管理原则并高度重视变更管理的重要性，因此，将变更管理程序视为一个全厂性程序。有时，过程安全管理某些要素如“应急管理”在全厂范围内(不仅仅是对受审核的代表性单元)皆具有其作用，因此，为了简便起见，也将这些要素视为全厂性管理要素。

在选择代表性单元时，需考虑以下因素：

• *风险等级*。当危害识别和风险分析(HIRA)、风险/危害评估或同等分析认为工艺和单元具有最高风险时，应将这类工艺单元选择为代表性单元。如在对炼油厂进行审核时，如果该炼油厂建有氢氟酸(HF)烷基化装置，则该装置就是炼油厂中风险最高的装置。对于氢氟酸烷基化装置，通常会发生氢氟酸泄漏风险。对于氯碱生产装置，罐区、液氯存储区或停放装满液氯的铁路槽车装卸区属于最高风险设施。对于氯碱装卸操作，风险程度与泄漏造成的后果以及泄漏可能性(操作行为)有关。应基于风险的后果和可能性来选择代表性单元。在判断泄漏可能性时还需要考虑工厂曾发生过的事故(见下文介绍)。在选择代表性单元时需要考虑的其他因素包括反应性危险以及风险管理计划中的最严重/其他泄漏情形带来的后果。需要特别注意的是：不要总是选择具有较高潜在后果的单元作为代表性单元而忽视了具有较低泄漏风险的单元，这就会导致在很长时间内具有较低泄漏风险的单元得不到审核。

• *装置服役时间*。应选择服役时间最长的工艺和单元来进行审核。通常，工艺设备和单元的服役时间越长，风险程度就越高。但是，对某些过程安全管理要素而言，可能需要选择新建的单元来进行审核。例如，可能需要对新建单元的变更管理(MOC)记录进行审查，以核实其变更管理程序和实施情况。

• *事件记录*。应考虑选择那些曾发生过安全相关事故的工艺或单元，尤其是那些曾出现过大量未遂事件的工艺或单元作为代表性单元。

• *以往审核*。在大型工厂中，某些工艺或单元可能从未进行过审核或未进行过全面审核。应将这类单元选择为代表性单元，确保对其进行全面审核。另外，如果在审核时发现某些单元曾出现过许多问题或者在进行其他过程安全管理工作时经常发现问题，应将这类单元选为代表性单元。例如，炼油厂油品储运(OMS)单元经常存在大量的检查、测试和预防性维护(ITPM)工作没有按时完成、P&ID 图不准确且没有及时更新以及操作程序没有及时更新等情况。因此，在对炼油厂过程安全管理体系进行审核时，通常会将油品储运系统/单元选为代表性单元。

• *可行性*。有时，过程安全管理审核可能无法避免地安排在一个或多个装置正在进行大检修或维护时进行。在装置大检修或维护期间，由于检修或维护工作量很大，时间又很紧，装置人员几乎没有时间参与审核工作，同时可能无法获得很多的记录来开展审核工作。如果审核必须在大检修或维护期间进行，即使正在进行检修或维护的单元完全满足代表性单元的选择标准，但仍建议不要将正在进行检修或维护的工厂选为代表性单元。

另外一个需要关注的问题是需要选择多少个代表性单元。经验表明，通常选择 2~4 个单元就足以满足过程安全管理的审核需求。当然，这取决于工厂的规模以及在工厂中有多少个单元。对拥有大约 80 个单元的大型炼油厂而言，从中选择 2~4 个单元则不够，可能需要选择更多单元才可以对炼油厂的过程安全管理体系进行评估。对于该类大型炼油厂，可采用的另外一种方法是将审核频次提高至每年一次，并确保每次对 2~4 个不同的单元进行审核。

另外，还可以对工厂的组织结构进行考察来确定工厂有多少个“生产区”。“生产区”是指在技术上相互关联且采用相同管理程序的一组加工装置(即这些装置的运行基本类似，如炼油厂原油初加工装置)。通常，在生产区中的所有装置均采用相同的管理程序(尽管每一装置还有自己的标准操作程序(SOP))，并由同一控制室对装置运行进行控制。如果有 4 个生产或业务区域，则应对每个生产区中的一个单元进行审核，如果有10个生产区，就应对10个单元进行审核。这将有助于审核员发现不同生产区存在的管理和监管问题。代表性单元范围并不一定是装置图纸中标出的装置界区。审核策划人员应按照审核目的、范围和依据，灵活调整代表性单元的范围，以最佳方式选择相关记录和面谈对象，以开展审核工作。另外，还必须注意的是，审核员不能完全局限于从代表性单元来选择记录和面谈对象，当他们认为有必要从代表性单元以外的设施来收集和评估相关信息时，也可以从其他工艺、单元或运行工厂选择相关记录和程序来进行审查。在对过程安全管理进行审核时，绝对不要将代表性单元视为为审核员划定的“硬性”审核界限。

对于拥有多个单元的大型工厂，在选择代表性单元时可采用的另外一种策略是对工厂中的每一个单元进行审核，但仅对部分过程安全管理要素进行审核。这样可以确保在过程安全管理的每个审核周期中，对工厂每一单元或过程涉及的部分要素进行了审核。在表2.1中，介绍了如何采用该方针并按照《高危化学品过程安全管理》对拥有3个不同生产区共计17个工艺装置的某一美国本土大型炼油厂进行审核。应该注意的是，某些过程安全管理要素属于全厂性过程安全管理要素，而有些要素仅针对某些具体装置。全厂性过程安全管理要素是指从应用角度看关联性相对不大，但却涉及多个单元的要素。例如，尽管每个具体单元都有自己的专用应急响应程序，但是全厂性应急响应预案通常并不是针对某一具体单元。通常，没有必要也不希望在所有单元中对这类全厂性过程安全管理要素进行抽查。另外，在单元具体过程安全管理要素中，通常还有一些策略和程序适用于整个工厂，如检查、测试和预防性维护(ITPM)涉及的机械完整性管理程序。在对具体单元记录和人员进行抽样前，审核员需要熟悉并了解这类要素涉及的相关程序。

有关代表性单元的选择以及从代表性单元中抽取记录方面的要求，见第2.1.2.3节和第2.3.5节。第4-25章还就对这些要素进行审核有关的具体问题进行了讨论。因为这些问题会影响代表性单元的选择或定义，因此在审核时应认真考虑这些问题。

无论过程安全管理体系包含多少工艺、单元或设备，必须对过程安全管理体系的每一要素进行审核。因此，无论工厂过程安全管理体系是包含50个大型复杂单元还是仅包含一个简单的掺混单元，都应对工厂过程安全管理所有要素(通常为15~25个要素)进行审查。对于绝大多数过程安全管理审核，将在一个连续时间段内对所有要素进行审查。但是，有些工厂选择在更长时间内全面铺开审核工作，确保在规定的审核周期内至少对每一要素进行审查(有关审核频次，见第1.4节)。然而，由于时间和资源被分散，可能无法在短时间内将其集中起来。有些公司和工厂发现采用这种审核安排比较容易管理。

综上所述，可采用多种方法对审核范围进行界定。作为代表性单元的替代方法，工厂会仅在一个单元中对过程安全管理的所有要素进行审核，包括全厂性过程安全管理要素。在确定审核范围时，尽管这不是一种最佳方法，但因时间、资源有限或其他限制因素有时可能会无法避免。对于这种情况，即使时间或资源不允许对其他单元进行抽样，也强烈建议审核组对管理体系在其他单元的实施情况进行抽查。

无论采用何种方法来确定审核范围，需要考虑的一个最重要的因素是尽可能确保选择过程安全管理程序和做法具有代表性的设施，如果无法对过程安全管理体系进行统计学上的抽样，则要将审核的重点放在工厂中风险程度最高的工艺和操作单元。

表 2.1　过程安全管理要素与单元审核

过程安全管理要素/单元	全厂	东厂										西厂				南厂		
		单元1#	单元2#	单元3#	单元4#	单元5#	单元6#	单元7#	单元8#	单元9#	单元10#	单元1#	单元2#	单元3#	单元4#	单元1#	单元2#	单元3#
过程知识管理		×		×		×		×		×		×		×		×		×
危害识别和风险分析		×		×		×		×		×		×		×		×		×
开车准备			×		×		×		×		×		×		×		×	
变更管理			×		×		×		×		×		×		×		×	
操作程序		×		×		×		×		×		×		×		×		×
培训和绩效保证		×		×		×		×		×		×		×		×		×
承包商管理			×		×		×		×		×		×		×		×	
资产完整性和可靠性			×		×		×		×		×		×		×		×	
安全操作规程		×		×		×		×		×		×		×		×		×
事件调查	×																	
应急管理	×																	
审核	×																	
员工参与				×			×			×		×	×				×	
适用范围	×																	
商业秘密	×																	

2.1.2.3 过程安全管理审核指南

应为过程安全管理审核确定以下指南(或基本原则):

- 现场审核持续的时间——被审核的装置人员必须知道，为顺利完成审核工作由其提供协助所需的时间。
- 考虑哪些相关方参与审核。工会是否作为工厂非管理人员参与审核以及会对员工面谈造成何种影响。
- 将自上一次过程安全管理审核以来对工厂/其母公司或其运行进行的重大变更告知审核组，并说明这些变更可能会对审核造成何种影响。
- 采用何种审查和核查程序来形成审核发现并提出建议(当审核组要求时)。
- 对审核组在现场的审核工作范围和要求进行确认，例如，针对所发现的问题提出建议是现场工作的一部分还是作为一项单独工作来进行，是否需要为各项审核工作明确完成日期，编写初版审核报告和/或最终版审核报告是现场工作的一部分还是作为一项单独的工作来进行。
- 对过程安全管理审核问询/审核准则进行确认。有关审核问询/审核准则的选择指南以及需要考虑的问题，见第2.1.3节。
- 对在审核时采用的文件和记录的抽样和检查方法进行说明，有关抽样和检查策略的更详细内容，见第2.3.3节。

2.1.3 审核方案

应为将要开展的审核工作编制审核方案。按照第1.7节中的规定最终确定采用的审核准则。可采用以下两种方法来编制审核方案:

- 可将审核准则转化成审核问询:审核方案应包括审核问询的提问及其回答以及审核所发现的问题(如果有)，最好还要包括问题的整改建议;
- 对于可以直接采用的审核准则，审核方案应包括审核的准则要求以及审核所发现的问题(如果有)，最好还要包括问题的整改建议;

由于合规性的审核准则或审核问询代表了审核的最低要求，因此，应最大可能地采用所有的合规性审核准则或审核问询来开展审核工作。为按照所有合规性审核准则对过程安全管理体系进行审核，需要配备富有经验的审核员并为审核提供足够的时间。如果无法按照所有的合规性审核准则进行审核，在审核报告及其认证文件中应指明对审核方案中的哪些合规性审核准则进行审核。通过记录已对哪些内容进行了审核以及尚未对哪些内容进行审核，就可以在下一轮审核过程中对上次未审核的内容进行重点审核。

审核目的、范围和指南将决定采用哪些相关的审核准则/审核问询。如果按照第4-25章所介绍的所有审核准则来进行审核，工作量会非常大，因此，需基于为审核分配的时间和资源来选择采用哪些审核准则/审核问询。即使是中等规模的工厂，要想按照所有相关审核准则/审核问询对工厂进行审核，也需要增加审核员数量或延长审核时间(见第2.1.4节)。工厂或公司通常仅选择与过程安全管理要素有关的或审核员认为比较重要的相关审核准则/审核问询来对工厂进行审核。在确定相关审核准则/审核问询范围时，要考虑以下因素:

- 是否有必要采用所有相关的审核准则/审核问询?
- 是否仅针对某些过程安全管理要素采用相关的审核准则/审核问询对其进行审核?
- 是否仅采用某类相关的审核准则/审核问询来进行审核?例如，仅与每一要素的文件和记录要求有关的、仅与过程安全管理要素管理程序有关的、仅与公司或工厂级可接受做法有关的审核准则/审核问询。

- 在审核范围和指南中，是否要求对过程安全文化进行审核？如果要求进行审核，则应明确与过程安全文化有关的审核准则/审核问询，同时还应明确由哪些高层管理人员和其他人员代表参加面谈。面谈对象应至少包括工厂经理及其上级领导，应对公司或工厂过程安全管理体系中“过程安全文化”这一要素进行全面检查。虽然在审核方案中包含了与过程安全文化有关的审核准则/审核问询并要求对过程安全管理体系中过程安全文化这一要素进行审核，但这并不能说明公司在策划和实施其过程安全管理体系时正式采用了这些审核准则/审核问询。

除确定审核准则/审核问询外，如何利用审核准则/审核问询来有效开展审核工作也是审核方案的一个重要组成部分。例如，在将审核准则转化成审核问询时，应考虑以下内容：

- 如何回答审核问询？
- 审核问询回答的规则和前提条件是什么？

以下介绍了如何对过程安全管理审核问询进行回答以及这些回答的规则和前提条件：

“是”或“完全满足”	只有当工厂过程安全管理的策划和实施完全满足审核问询中的要求时，才能采用该回答
“否”或“不满足”	当不满足审核问询中的要求时，如没有开展任何工作，采用该种回答
“部分满足”或“不完全满足”	只有当审核问询中的要求部分满足时，才能采用该回答。例如，当某一现场已经编制了过程危害分析书面程序，但尚未实施，则可以用“部分满足”来回答该问题。如果审核问询为是否对某一类型的设备制定了检查、测试和预防性维护(ITPM)计划，工厂虽然没有制定类似计划，但定期对该类设备开展ITPM工作并对工作进行了记录，则对该审核问询的回答也可以是“部分满足”。这是因为在开展ITPM工作时，实际上已经形成了某些计划，只不过是没有制度化，属于非正式计划
“不适用”	只有当审核问询不适用于受审核工厂或当审核目的、范围和指南不要求采用该审核问询时，才能采用该回答形式
“未采用”	由于时间或资源有限，在审核过程中只有当某一审核问询未被采用时，才能使用该回答

- 如果需要对审核进行评级/打分，应在审核方案中为每一审核准则/审核问询的评级/打分确定基本原则，并为每一审核准则/审核问询和/或每一要素分配权重。有关过程安全管理审核评级/打分方面的讨论，见第1.8.5节。
- 可对审核方案中的审核准则/审核问询进行分类，以便于对审核问询及其审核发现进行筛选和过滤。可基于以下内容进行分类：

—基于过程安全管理体系的要素进行分类；

—基于审核准则/审核问询的类型进行分类，如合规性的和相关的审核准则/审核问询；

—基于审核准则/审核问询的来源进行分类，如正式书面澄清、违规传票、良好/常用行业做法。

- 在审核方案中应明确审核采用的抽样和检查方法。有关审核抽样和检查方法更详细的介绍，见第2.3.3节。

• 在审核方案中（通常在抽样和检查方案中），应明确审核组希望对哪些与过程安全管理体系有关的工作进行观察，以便工厂做到心中有数。可以将审核组希望进行审核的工作与在现场审核期间将会开展的工作结合进行。通常不要求工厂专门为审核观察来安排或重新安排其他工作，而是审核组在工厂正常操作和运行期间来观察相关工作的开展情况。举例来说，与过程安全管理体系有关的工作包括：

—间歇操作或临时作业；

—危害识别和风险分析（HIRA）/过程危害分析（PHA）专题会；

—应急响应演练或训练；

—对人员报警系统进行测试，通常为每周进行一次测试，通过将审核组成员分布到现场，尤其是室内和在正常运行期间噪声非常大区域，就可以很容易地对系统测试情况进行观察；

—动火作业；

—其他常规安全工作的实施情况，如断开管道/设备、进入受限空间作业等；

—开车前安全审查会；

—变更管理（MOC）审查会；

—控制室和现场操作工（有时分别称为“内操”和“外操”）倒班；

—安全会议或与过程安全管理问题有关的类似会议；

—承包商安全培训（在开始审核前，审核员自身也可能需要进行安全培训）；

—在工作之余对工厂进行检查（重点观察工厂应急响应能力），在天黑后，绝大多数工厂与白天相比会有很大不同，可对撤离/逃生路线的照明以及能否看到风向标进行观察。

2.1.4 选择审核组成员

按照第1.5.2节中的规定以及审核目的、范围和指南来选择审核组长和审核组其他成员。在选择审核组成员时，应考虑以下因素：

• 按照审核目的、范围和指南尤其是审核方案来选择审核组成员（见第2.1.3节），并基于分配的审核时间来确定审核员数量。对于小型和中型工厂，当仅需要按照合规性审核准则/审核问询进行审核时，则需配备2~3名审核员。当要求按照大量相关审核准则对工厂进行审核时，则应再增加1~2名审核员。对于拥有众多单元的大型工厂，审核组应由4~5名审核员组成，当要求按照大量相关审核准则进行审核时，则需要再增加2~3名审核员。否则，就需要增加审核时间。上述提及的人员数量仅仅是估计数量，审核员的经验以及审核方案的性质将决定审核组成员的数量。

• 按照第1.6节中的规定来选择审核组成员，尽量避免审核组成员与被审核的工厂存在实际的或潜在的利益冲突或偏见。

• 当对多个工厂进行审核时，应由同一审核组或部分同组人员（尤其是审核组长）来开展所有的审核工作，这有助于确保在所有的工厂中采用相同的审核方案，并按照相同的标准对审核结果进行比较。如果由同一审核组或部分同组人员对各工厂进行审核，并且要求对工厂的审核结果进行评级或比较，则应由同一名审核员对不同工厂过程安全管理体系的同一要素进行审查，以确保审核结果的一致性。由于监管法规属于基本的绩效法规，审核员对其管理要求会有不同的判断和理解，因此，即使采用相同的过程安全管理审核方案也不能保证审核完全按照相同的方式开展。

• 如果要求对过程安全管理的某一要素进行重点审核，例如对“资产完整性”或“应急管理”进行重点审核，则需要增加审核员数量。

• 在整个审核过程中，除紧急情况外，审核员应专注于其负责的审核工作，不应再为其分配其他工作和任务。

• 可将审核组成员的组成要求以及公司/现场员工的参与计划纳入公司/现场 PSM 审核管理程序中。

除审核员数量方面的要求外，审核组成员的选择还应考虑以下因素：

• 如果可能，审核组长可考虑为审核组配备后备人员，以应对可能出现的时间冲突或不可预见问题。在审核工作即将开始前，有时会遇到这类问题，因此，对工作分配进行合理策划和/或配备后备审核员就可以尽量避免这类问题对审核造成干扰。当审核组成员正式确定且审核工作开始后，后备审核员通常就被解散。如果不能提前为整个审核组最终确定后备审核员，审核组长应至少考虑为审核安排具有专业技能的后备人选。

• 如果可能，应对审核组中其中一名审核员进行培训使其具备审核组长的能力，以便在审核组长不能担任组长时由其承担组长职责。

尽管要求按照公平、公正原则并基于人员的能力和经验来选择过程安全管理审核组成员，但还应允许工厂内部人员进入审核组，他们在审核过程中通常会发挥重要作用。这在一定程度上可能会对审核的公平和公正性或对审核组的总体审核能力造成一定的影响。但是对小公司而言，由于公司人员数量不多，人员选择范围不大，选择公司内部人员作为审核组成员就变得尤为重要。通过选择经过培训的、有经验的审核员并提前对审核进行精心策划，就可以最大程度地避免因选择内部人员而对审核带来的负面影响。

2.1.5 审核日程

应合理安排审核工作，以满足审核目的、范围和指南中的要求。在编制过程安全管理审核计划时，需完成以下两项工作。

(1) 按照方针或法规以及工厂的运行情况确定审核总体日期。这通常要求遵守管理法规或自愿遵守的过程安全管理标准中规定的审核日期要求。另外，应在工厂正常运行期间进行审核，也就是说，审核不应在工厂大检修或维修期间进行。在工厂检修或维修期间，将无法保证有足够的工厂人员参与审核工作。通过提前进行审核策划，通常可以保证在管理法规或自愿遵守的过程安全管理标准中要求的日期前完成审核工作，并对其他计划内的工作进行有效管理(如审核员和工厂人员的配备)。

(2) 在分配的总审核时间内对现场各项审核工作进行合理安排，包括：

—明确工厂主要联系人(如过程安全管理要素负责人)，并在审核前尽早与负责该要素的审核员取得联系；

—编制审核计划，可采用的方法包括：

• 在编制审核计划时，有些公司会为每项审核工作编制非常详细的日程，如为面谈、记录/文件审查和现场检查分配具体时间，并为每一项审核工作分配执行人。

• 有些公司和工厂会首先对前 1 ~2 天的审核工作进行安排，然后再对其余的审核日程作出安排，并最终确定由哪些工厂人员为审核提供支持。

• 有些公司和工厂仅对每项工作所需的时间作出计划，当审核组到达现场后才为每项工作确定具体的开始日期和所需的时间。

每一种方法各有利弊。当审核目的、范围和指南中规定的审核工作量很大，无法等到审核组到达现场后才能确定时，就需要提前进行详细计划。如果在对过程安全管理体系进行审核的同时还需要开展其他环境、健康与安全(EHS)工作或者当审核组成员数量众多时，尤其要对过程安全管理审核工作提前进行详细计划。但需要注意的是，相关人员的变动或与审核无关的事件也会导致对具体的进度计划进行大量的修改。依据审核目的、范围和依据以及工厂规模仅需要少量人员参加面谈时，可仅为每一次面谈确定所需的大致的时间，在审核组到达现场后再确定具体的面谈时间。

—审核第一天任务涉及部分管理性工作，如向审核组成员发放胸牌，对审核组成员进行安全教育/培训，对工厂进行巡视以及召开审核首次会等。有关审核首次会方面的介绍，见第 2. 2. 1 节。

—应对审核组的内部会议进行合理安排，审核组内部会议应在审核组和工厂人员的每日沟通会前进行。召开审核组内部会议的目的是提前对可能发现的问题进行讨论，让其他审核员做到心中有数，从而尽量缩短在审核组和工厂人员在每日沟通会上对问题的讨论时间。当审核组成员数量众多时，审核组内部会议尤为重要。

—应合理安排审核组和工厂人员每日的沟通会，这是一项非常重要的现场审核工作。尽管每日沟通会通常在下午晚些时候召开，但也可在一天当中任何合适的时间召开。每日沟通会是在上午还是在下午召开主要取决于工厂的每日生产计划以及工厂运行、维护和管理例会的时间安排。这是因为每日沟通会和工厂运行、维护和管理例会通常会涉及许多相同的人员，因此，应尽量避免出现冲突，确保相关人员尽量参加每日沟通会。工厂绝大部分会议通常是在早上召开，但有些会议会在下午召开。在下午召开每日沟通会可以对审核员在当天发现的主要问题进行讨论，并对审核工作日程进行调整，此时仍有一定的时间通知第二天与变更有关的所有相关人员。在午餐时间和其他非正式场合也可以与工厂人员探讨相关的检查和发现的问题。有关审核组和工厂人员每日沟通会介绍，见第 2. 2. 2 节。

—应尽快召开审核末次会，并以确保需要听取审核结果的所有人员参加会议。审核末次会最好在现场审核工作接近尾声时召开，以便让审核组有更多的时间来对相关人员进行进一步的面谈，并对相关记录进行进一步的审查。审核末次会通常有工厂高层管理人员参加，如果在审核末次会后继续开展审核工作且会使在审核末次会讨论的某些问题发生变化，就会导致工厂高层管理人员无从知晓发生的变化。因此，如果可能，应尽量避免。当审核组仍在现场时，如果审核末次会不是一项最终工作，那么审核应视末次会为一项阶段性工作，如果可能，还应召开另外一个简要介绍会来对最终的问题和建议(如果审核组要求形成建议的话)进行说明。有关审核末次会方面的要求，见第 2. 2. 3 节。

—如果审核范围和指南或公司的过程安全管理体系审核制度要求审核组在离开前将初版审核报告或最终版审核报告提交给工厂，则在总体审核计划中就必须为审核组留出一定的时间来完成这些工作。在编写初版审核报告时，需要为审核员提供足够的时间，以便审核员对报告材料进行审查和细化，包括进行反复斟酌以形成严谨的审核发现和建议。在编写最终版审核报告时，同样需要为审核组提供足够的时间，以便审核组与工厂人员一起对每一项问题及其改进建议(如果审核组负责提出建议的话)进行探讨和研究。

有关审核首次会、每日沟通会以及审核末次会方面的其他要求，见第 2. 2. 1 节、第 2. 2. 2 节和第 2. 2. 3 节。

2.1.6 提前访问工厂

通常不要求提前访问受审核的工厂。但是，如果工厂规模很大和/或审核范围和指南要求很广且很复杂，则需要对工厂进行提前访问。当对合并和收购的工厂进行过程安全管理审核时，也可能进行提前访问。当认为有必要进行提前访问时，在访问期间应解决以下问题：

• 向现场人员尤其是工厂经理、过程安全管理体系协调员/经理以及其他相关人员简要介绍审核目的、方法、程序以及如何开展审核工作；

• 确保工厂知道哪些人员将参加面谈，以便工厂及时做出安排；

• 收集相关文件并提前发给审核组，以便于审核组熟悉将被审查的过程安全管理要素；有关需要收集的信息类型，见第2.3.1节；

• 收集抽样总体数据，以编制抽样和检查方案；

• 核实后勤工作是否已经安排妥当。

2.1.7 审核后勤服务

通常需要为审核组提供以下后勤服务：

• 应为审核组提供一个专用的审核办公室，可以是会议室、培训室或空办公室。审核办公室要足够大，以容纳下审核组成员和工厂人员，以便进行每日沟通。另外，也可以提供单独的审核办公室、会议室和/或面谈室。

• 如果工厂通过公司内部网站或其他电子数据管理系统为审核组提供文件和记录，审核组应能够临时访问互联网和内部网站或访问工厂员工的计算机。但是，如果当审核员需要访问网络或计算机时都要工厂人员才能登录系统，这就会降低审核速度。考虑目前很多公司对其网路都采取了安全措施，需提前解决好这些问题。

• 应提前告知审核组如何复印文件和记录。

• 当需要增加面谈对象或加大现场观察力度时，应明确这方面的要求。

• 工厂应安排为审核组提供后勤服务的人员，尤其是审核组成员数量众多和/或审核持续时间很长时。

• 应为审核组提供一份工厂联系人名单，并注明联系人电话。

• 将进入现场以及现场安全方面的要求告知审核组成员(应为所有审核员提供带照片的ID卡)。如果不允许审核组成员单独进入现场，则需要指派工厂陪同人员。如果工厂受美国国土安全部或海岸警卫队安全法规监管，当需要审核组成员单独进入现场时，应提前按照这些法规的要求进行授权。

• 告知审核组工厂的工作时间和换班时间。

• 告知审核组工厂的日常工作(如每日生产会)。

• 应明确进出工厂的交通路线以及工厂内部交通路线，当工厂规模很大时，还要求提供交通车辆和驾驶员。

• 应为现场审核员提供个体防护装备(PPE)。审核组长应向审核组明确安全要求，如安全设备、安全靴和防火服(如果需要的话)方面的要求，并将这些要求告知审核组成员。如果某些工厂要求在进入某些单元或区域(如炼油厂氢氟酸烷基化装置)前需接受专门的培训或要求使用专用的个体防护装备(如氢氟酸监控器或逃生用呼吸器)，就必须提前提供这类个体防护装备并进行专门培训。

• 来自受审核公司/工厂的审核员可能要求为其手提电脑提供网络连接，因此，在审核的办公室内应提供计算机联网服务。

- 受审核工厂可自主决定是否提供用餐和饮料，但是，建议在审核工厂内提供午餐，而不是出去用餐，这样可以节省大量时间。

2.1.8 审核任务分配

第2.1.4节对如何选择审核组成员进行了说明。当审核组成员确定后，应提前将需要审核的过程安全管理要素分配至审核员。要根据为审核分配的时间、审核员数量及其经验以及审核范围和指南来为审核员分配任务，应基于审核员的过程安全管理经验及其审核经验为其分配合适的任务。如果某一审核员在“资产完整性和可靠性”方面并没有审核经验，但却要求其负责这方面审核工作，就会使审核结果出现问题。人员分配有多种方法，表2.2和表2.3介绍了其中的两种方法。

表2.2 为审核员分配过程安全管理体系要素——基于过程安全管理体系、要素分组

分组	为审核员分配的过程安全管理体系要素
过程安全管理体系要素审核组	如果可能，应将密切关联的要素分配给同一名审核员。例如，“资产完整性和可靠性”、“标准合规性”和“过程知识管理”就属于密切相关的要素。但是，“资产完整性和可靠性”这一要素包含的范围很广，涉及到很多工作，因此，建议将该要素单独分配给一名审核员，并尽量不要再由其承担其他工作。当需要对该要素进行重点审查时，这一要求尤为重要
安全与健康体系审核组	在过程安全管理体系中，有多个要素与其他安全与健康体系和程序密切相关，如“应急管理”和“安全操作规程”，因此可将这些相关要素划分成一组
生产操作审核组	“操作程序”和“培训和绩效保证”要素密切相关，可划分成一组
变更管理(MOC)审核组	由于变更管理(MOC)程序通常包含变更完成后的运行方面的要求，通常将“变更管理(MOC)”和“开车准备”纳入一个管理程序中，因此，应将其划分成一组

表2.3 为审核员分配过程安全管理要素——《基于风险的过程安全》(RBPS)要素分组

《基于风险的过程安全》(RBPS)四大原则	为审核员分配的过程安全管理(PSM)要素/基于风险的过程安全(PBPS)要素
对过程安全的承诺	将“过程安全文化”“标准合规性”“过程安全能力”“员工参与”和“利益相关方沟通”划分成一组
理解危害和风险	将“过程知识管理”和“危害识别和风险分析”划分成一组
管理风险	将“操作程序”“安全操作规程”“资产完整性和可靠性”“承包商管理”“培训和绩效保证”“变更管理(MOC)”“开车准备”“操作行为”和“应急管理”划分成一组
吸取经验和教训	将“事件调查”“测量和指标”“审核”“管理评审”和“持续改进”划分成一组

当按照《基于风险的过程安全》(RBPS)四大原则进行分组时，由于在“管理风险”原则中包含很多要素，需将这些要素分配给不止一名审核员，如“资产完整性和可靠性”可单独由一名审核员负责。

2.1.9 审核计划

当认真考虑第2.1.2-2.1.8节中介绍的内容并作出相关决定后，应着手编制审核计划。另外，在审核计划中还应为过程安全管理体系的每一个要素明确以下内容：

- 将要被审查的文件和记录；
- 抽样和检查方案；
- 哪些人员将参加面谈以及面谈大约占用多长时间(按照职务/职位列出面谈对象)。

在编制审核计划时，可采用附录 D 中的模板。

当审核计划完成后，应提交给工厂，以便工厂对审核工作进行安排。工厂需要安排的工作包括：

- 如果工厂负责安排现场审核部分，工厂可着手为现场审核部分编制初步计划。当工厂人员被安排参加面谈时，如果可能，应对其工作进行合理安排，以便抽出专门的时间参加面谈。
- 审核首次会和末次会日期和时间可暂定。由于希望工厂管理人员参加，但有时他们的时间不确定，因此，建议提前安排这两次会议。还可以对每日沟通会的开始和结束时间作出安排。
- 在进行现场审核工作期间，过程安全经理/协调员基本上需全程参与。
- 应提供审核计划中所列的资料，以供审核组审查，包括文件(程序、方针和计划)和记录(用于证明方针和程序得到有效实施的证据)。有关审核计划要求提供的资料，见第 2.1.1 节。除要求提前提供给审核组长的文件，没有必要复印所有这类资料。为了对审核进行策划，应指明从何处和/或由谁提供这些资料。当审核员需要对某些文件和记录进行审查并对工厂人员进行面谈时，则会要求提供这类支持性文件和记录的复印件。
- 工厂应指派一名联系人负责协调资料的收集和工厂人员的面谈工作。如果是按照 OSHA过程安全管理标准《高危化学品过程安全管理》进行审核，协调员可作为“内行”人员提前指派。

2.2 现场审核工作

过程安全管理体系现场审核工作包括在现场人员的参与和支持下由审核组收集、记录和评估相关的证据和资料。在绝大多数情况下，审核证据和资料的收集、记录和评估从审核组进驻现场的第一天即开始。当需要部分审核员提前对现场进行考察时，这项工作则在此时启动。通常，需要将与过程安全管理有关的制度和程序提前提供给审核组。这样做是为了使审核组提前了解工厂的现场情况，并节约现场审核的时间。但是，如同第 2.1.1 节中介绍的那样，可以在现场审核准备期间进行某些审核工作。当由于某些原因必须对审核组现场审核时间加以控制，或者审核范围很广或审核目标很多无法提供更多时间来回答所有的审核问询时，提前进行某些审核工作尤为适用。另外，对美国本土以外工厂进行审核要比对美国本土工厂进行审核所需的时间多。对美国本土以外工厂进行过程安全管理体系审核，尤其是对相关人员进行面谈方面的详细指南，见附录 H。

2.2.1 第一天

审核的第一天，有大量的管理和安全教育工作要做。取决于受审核工厂的规模，这些工作可能需要占用半天或更多时间。在第一天，审核员可能无法直接开展很多的审核工作。开展管理性和安全教育工作的最佳顺序将在下文加以说明，但现场交通工具的提供、现场陪同人员的安排以及现场生产、维护或管理早会(如果有的话)的时间安排都会对管理性和安全教育工作造成影响。

当审核组到达现场后，第一项工作是进行安全教育。这在很大程度上取决于工厂或其母公司如何选择审核组成员(如审核员全部来自公司内部、由内部和外部人员组成或全部为外部审核员)。将胸牌发给审核员，并将工厂安保程序中的陪同要求向审核组成员加以介绍。有些工厂要求审核组对承包商是否经过全面培训进行检查，而有些工厂则仅要求审核组对承包商是否接受了安全教育进行检查。由于在“承包商管理”要素中包含了在承包商开展工作前是否对其进行了培训和安全教育方面的审核问询/审核准则，负责该要素的审核员应尤其要注意对“承包商培训”这一要素进行检查，该项工作从第一天就应开始收集相关审核信息。

*审核首次会：*在进行审核时，第一项工作通常是召开审核首次会。审核首次会的主要目的是向工厂人员介绍审核目的、范围和主要的基本原则。另外一个主要目的是向审核组成员介绍参与审核的其他人员。

审核首次会应邀请以下人员参加：

- 审核组所有成员；
- 工厂管理人员，包括装置/现场经理(即负责受审核工厂的公司高层管理人员)；
- 直接向工厂经理汇报工作的管理人员，这通常仅限于与审核工作直接相关的部门经理，例如，财务经理和商务/市场营销经理通常不参加审核首次会；
- 环境、健康和安全(EHS)管理人员，尤其是过程安全经理/协调员；
- 对于按照《高危化学品过程安全管理》进行的审核，除非“内行”人员属于审核组成员，否则“内行”人员要参加审核首次会；
- 负责工厂人员面谈、文件和记录等工作的联系人(当单独指派联系人时)；
- 当公司/工厂要求当地工会参加审核首次会时，还包括工会代表(当地工会行政管理人员、工会主席)；
- 尽管审核首次会为信息沟通提供了机会，但是审核组应对首次会进程进行控制，尤其是审核组长应在会议中发挥领导角色。在审核首次会上，工厂管理人员可以致欢迎词、介绍相关情况并对受审核现场进行简要总体说明，但审核组工作日程应是审核首次会的重点内容。在审核首次会上，应主要对审核目的、范围、指南、方法和总体审核日程加以介绍和说明；
- 对审核方法加以说明(如采用的记录/文件审查、面谈和现场观察等方法)；
- 应说明合规性审核问询/审核准则的不同之处以及在审核过程中如何使用每一项审核问询/审核准则；
- 对面谈时间安排以及如何对非管理人员进行面谈进行讨论；
- 对每日沟通会和审核末次会进行安排；
- 除非后勤服务(包括计算机系统的使用)问题已经解决，否则，应对后勤服务进行讨论；
- 对在审核期间的现场工作、运行和其他工作进行讨论，如维修和施工、动火作业(如果有)、现场工作时间安排、换班、过程安全管理工作(如过程危害分析和应急演练等)；
- 形成初步审核发现并提出建议(当审核组要求时)，并对其进行审查；
- 对安保和陪同要求加以说明；
- 对工厂向审核组提出的期望和要求进行讨论；

- 就如何将审核范围以外的工作或任务向工厂沟通，见第2.4节；
- 对工厂认为审核组有必要知晓的任何特殊敏感性问题加以说明。

尽管审核首次会涉及很多问题，但是，首次会议应简短，最好控制在30~45min。对于需要进行进一步讨论的问题，如果可能，应在会议后由相关方进行讨论并解决。在审核首次会上，如果对相关问题的讨论占用很多时间，就会使审核无法按照计划进行，并给工厂留下审核组织不利的印象。

*工厂总体介绍：*工厂人员应就工厂运行以及过程安全管理体系的实施情况做一个总体介绍，最好在工厂巡视前进行。通过提前提供给审核组的管理程序以及对工厂的总体介绍，可以使审核组对工厂的过程安全管理体系以及制度的控制程序和体系有更加深入的了解。只有对这些管理程序深入了解后，审核员方可对工厂人员进行面谈并对记录进行审查。工厂还应向审核组介绍自上次审核以来过程安全管理存在的问题，使审核组了解上次审核所提出建议的落实情况。可以在审核首次会之前、期间或之后向审核组介绍工厂总体情况。

*工厂巡视：*在审核首次会之后，审核组通常需对工厂进行巡视。进行巡视的目的是使审核组了解工厂总体规模和布局，了解工厂中设备的总体情况以及正在进行的项目施工和重大维修作业(如果有)。有时可以乘坐交通工具对工厂进行巡视，尤其是当工厂规模很大时，以便快速完成现场巡视，并能够简化个体防护装备(PPE)的要求(如果审核组成员呆在车内，通常不要求佩戴个体防护装备)以及安全培训要求，例如，对于炼油厂中氢氟酸烷基化装置(可能被选为代表性装置进行审核)，当进入装置界区时，通常需要对审核员进行专门培训。现场巡视应包括以下工作：

- 如果选定了代表性单元，应对代表性单元进行巡视；
- 如果工厂不只有一个控制室，应对其中一个控制室或标准控制室进行巡视；
- 除非审核组成员作为访客身份接受了入场安全培训，否则，负责“承包商管理”要素的审核员应深入现场进行观察，就工厂是否对承包商进行了培训和安全教育进行检查。

尽管审核组在对工厂进行巡视时就可以开始收集审核信息，但是在此期间通常不能对工厂人员进行详细面谈。

2.2.2 每日沟通会

在按照第2.2节的规定对现场进行审核期间，强烈建议所有审核组成员与工厂代表每天开一次沟通会。会议参加人员包括过程安全经理/协调员，以及当天审核涉及的过程安全管理要素负责人和当天面谈的人员。每日沟通会有多个目的，包括：

- *对发现的主要问题进行讨论：*对当天发现的主要问题进行讨论，要求审核组对其他相关人员进行面谈或对相关记录进行进一步审查，这是对所发现问题进行核查工作的一部分(见第2.3.5.4节)。对发现的所有潜在问题以及支持性证据进行详细审查。审核员应对其认为的问题原因(以及为什么建议在每日沟通会前先由审核组成员碰头)加以说明。每日沟通会主要是对所发现的问题进行沟通。如果问题讨论会占用很长时间，应在每日沟通会后由发现问题的审核员和工厂相关人员再继续讨论。在每日沟通会上讨论的任何过程安全管理体系问题不应视为该问题已关闭或最终得以解决。
- *对第二天的工作日程进行确认：*确认第二天的审核工作(需审查的记录、需面谈的人员等)。
- *确保无任何意外问题：*每日沟通会可以对发现的问题进行讨论和研究，确保在审核末次会上不会出现任何未经讨论的意外问题。

不一定要求很多人员参加每日沟通会，但是当天的审核涉及的过程安全管理体系要素负责人以及过程安全协调员/经理应参加沟通会。工厂高层管理人员通常只参加一次或多次每日沟通会，以了解审核组的审核工作。

2.2.3 审核末次会

在现场审核工作完成后，应召开由工厂人员参加的审核末次会，由审核组向工厂人员介绍发现的主要问题。同审核首次会议一样，审核末次会应由审核组控制，并包括以下内容：

- 简要重申审核目的、范围和目标；
- 对审核工作进行总结，重点对其中一至两个最重要的审核发现进行说明；
- 对过程安全管理体系每一要素发现的重大问题进行详细说明，但是，由于时间所限，不可能对所有发现的问题都进行详细说明；因此，建议只对重要的问题进行详细说明，而对其余问题进行总结。如果工厂/公司要求在审核末次会上对发现的每一项问题进行详细说明，或者工厂/公司审核管理程序、惯例和企业文化要求对每一项问题加以详细说明，也可以这样做，但审核末次会会持续较长的时间。如果需要对审核进行评级，应对审核要素总体得分情况加以介绍；
- 将基于合规性审核准则进行审查与基于相关审核准则进行审查所发现的问题区分开来；
- 如果时间允许，尽可能对过程安全管理体系的正面实施效果加以说明；
- 对审核报告的编写、审查和发布程序进行讨论；
- 对审核建议的跟踪和关闭要求加以说明。

审核组应留出一定的时间对审核发现的问题进行核实，并决定在审核末次会上讨论哪些问题。当由于时间紧张不允许召开审核组会议来对审核末次会的安排进行讨论时，审核组长应单独与每一位审核员沟通，来确定需在审核末次会上讨论哪些问题。如果能够按照计划召开每日沟通会且对所有发现的问题进行了彻底的核实，这项工作并不难做。无论在何种情况下，审核组和工厂都不要对在审核末次会上陈述的审核发现感到吃惊和意外。参加审核末次会的工厂人员应包括参加了审核首次会的人员以及工厂认为有必要知道审核结果的其他人员。工厂/装置经理应尽可能参加审核末次会，如果不能参加，审核组长应通过其他途径乃至是电话形式在其他时间或地点向工厂/装置经理简要汇报审核结果。即使是出于好意，工厂过程安全管理人员可能会按照自己的理解来传达审核结果，但是工厂管理人员应直接听取来自审核组的审核结果汇报。如果由审核组成员汇报审核结果，审核组成员应对其所见所闻以及通过审核所发现的问题进行说明，而不能代替审核组长全面汇报所有审核结果。但是，如果要求的话，审核末次会不仅仅是对总体审核结果加以说明，还需对审核评级以及与其他审核进行比较加以说明，这就需要由审核组长来简要汇报整个审核情况。这适用于审核组成员数量众多或审核范围很大时。

审核组应对现场的配合和提供的支持(如果工厂确实提供了的话)表示感谢，但这不应是重点，否则就会淡化审核所发现的问题以及问题的重要性。另外，在审核末次会上对过程安全管理体系实施效果加以说明时，必须侧重于审核发现的问题，并确保现场了解了存在的问题及其根源。可能需要拿出一定的时间来对选定的需进行讨论的问题加以说明，而且还应该提供该问题的基本信息。

在审核末次会上，可能需要应对由工厂人员提出的异议。在每日沟通会、其他单独会议以及审核组面谈工厂人员期间，通常会对工厂人员提出的异议达成一致意见。即使对审核发现的问题在理念上达成了一致意见，但在审核末次会上，工厂仍可能会向审核组提出反对意见。有关如何对异议进行处理方面的更详细内容，见第 2.3.5.7 节。

在审核末次会上，审核组可能必须认真考虑再次出现的问题。当审核所发现问题再次出现时，则说明过程安全管理体系某些方面存在不足并有可能违反了相关法规要求，因此，工厂需要知道再次出现了哪些问题以及这些问题的严重性。审核组长应向工厂管理人员认真讲明再次发现的问题。

几乎所有工厂/装置经理都希望知道工厂审核结果在公司内部和在业界处于何种水平。如果已经对审核进行了评级，可采用具体级别来部分反映审核结果。审核组长应对审核评级尤其是定量打分有关的注意事项加以说明，相关内容见第 1.8.5 节。审核组长应对定量比较加以说明，并清晰地指出在进行定量比较时需特别注意的事项。如果审核组长拥有足够的过程安全管理审核经验，通常就可以对过程安全管理建议的实施状态、检查、测试和预防性维护(IPMT)任务完成情况、过程安全管理要素进行评级：即高于平均水平、处于平均水平还是低于平均水平。但是，应避免过度详细比较。

审核末次会通常采用口头陈述方法，有时辅以幻灯片进行说明。当制作幻灯片并不费时且不会占用太多审核时间时，在审核末次会上可以采用幻灯片形式。

有些公司会要求在审核末次会上或在审核末次会前向工厂提供初版审核报告，而有些公司不允许工厂保留任何审核文件。这两种做法各有利弊。如果在审核组离开现场前将初版或最终版审核报告提供给工厂，就需要为现场审核增加一定的时间。如果要求以最终版形式提供审核报告，审核组建议为审核增加一定的时间，以与工厂一起对发现的问题及其建议进行讨论，并达成一致意见。如果这项工作属于审核范围的一部分，在对审核进行策划时，就应额外为完成该项工作留出所需的时间。如果将文件留给工厂，所有各方都应知道如何按照基本原则对文件进行处理：当需要进行变更时如何进行变更，如何对文件进行审批，如何确定完成这些工作所需的时间。

如果需要在现场审核工作结束后一段时间再召开审核末次会，这也是允许的。但由于所有资料、基本信息和支持性文件都在审核组手中，审核末次会延期召开时间不能太长。另外，可能很难继续为审核组提供后勤服务或后勤服务成本会很高，且工厂参与人员协调也会比较难。考虑到上述问题，应尽量避免审核末次会出现延误。在对审核进行策划时，应提供足够的时间，以便审核员完成其所有的检查工作，包括对审核发现的问题进行审查和核查，编写审核总结材料和/或审核报告。

当审核末次会邀请的工厂参与人员是每日沟通会的参加人员时，包括工厂/装置经理及其所领导的团队，在最后一次每日沟通会结束前，如果审核组所有的抽样和检查工作已全部完成，且工厂人员听取了所有主要问题的汇报，则可能无需召开正式的审核末次会。尽管这种情况并不常见，但只要工厂高层管理人员都参加了每日的沟通会，就没有必要召开正式的审核末次会。另外，如果要求在审核末次会上向工厂提交审核报告、对审核结果进行比较和分析、工厂或公司希望对其他一些内容进行讨论，则需召开审核末次会。但是，在每日沟通会上对所发现的问题讨论得越彻底、参加人员越全面，审核末次会就会越简短且所形成的审核发现就会越准确。

在现场实地开展的工作包括收集相关信息并进行审核，即在第2.3节中介绍的对工厂人员进行面谈、对文件和记录进行审查以及对事件和状况进行检查。

2.2.4 审核工作评估

另外一项重要工作是对审核工作进行评估，这对于审核计划的改进、培训、审核员的选择以及其他相关审核准则的确定非常有用。如果时间允许，可在现场审核工作即将结束时在审核组内部对以下问题进行集体讨论：审核计划和工作安排是否恰当和合理、是否在审核前提供了相关资料(当提供了时节省了多少审核时间，当没有提供时浪费了多少时间)、审核组成员是否具备足够的审核经验、哪些后勤工作对审核工作造成了影响、审核组内部以及审核组与工厂之间的沟通是否顺畅、在形成审核发现或建议时是否存在难度(如果有的话)、是否存在来自工厂的阻力及基于审核结果需要开展哪些培训工作。在审核组尚未解散前，如果不能对这些问题或其他相关问题在现场进行讨论，则在审核完成后应尽快通过电话会议或其他方式来讨论这些问题。

2.3 审核证据和信息的收集、记录和评估

在进行现场审核期间，审核组成员收集由其负责的过程安全管理体系要素方面的证据，以对工厂的过程安全管理体系进行评估。如果审核范围很广或抽样和检查方案要求收集大量信息，可为同一主题或要素配备多名审核员。对于这种情况，在编制审核计划时，应确保记录审查或对工厂人员进行面谈不要同时进行，并确保满足抽样和检查方案中规定的要求。本节将对收集审核证据采用的方法加以详细介绍。

2.3.1 证据收集方法和证据来源

过程安全管理审核证据收集有三种主要方法，包括：

- 对工厂人员进行面谈(包括现场管理人员和非管理人员)；
- 对文件和记录进行审查；
- 现场观察；

科学的证据收集方法有很多，但在进行与环境、健康与安全(EHS)有关的审核工作时，通常采用这三种方法，这是因为需要收集的绝大部分证据属于描述性证据，而不是统计数据或物理数据。

2.3.1.1 面谈

面谈是收集审核证据最常用的手段，通过对工厂人员进行面谈而获得信息，通常通过审查记录和文件以及现场观察来核实和验证。审核员通过正式方式(如按照审核方案确定的审核准则)和非正式方式(如通过讨论)向工厂人员询问相关问题。面谈和讨论通常是审核员对过程安全管理体系某一要素或子要素进行评估工作的开始。面谈通常首先从负责过程安全管理体系要素的工厂人员(通常为管理人员)开始，然后再对其他人员进行面谈或对记录进行审查和现场观察，以核实确认从初步面谈中获得的信息。这是审核的最理想顺序，但有时面谈对象可能不到位，或因其他原因，在对人员进行面谈前可能需要首先审查相关记录并进行现场观察。

对过程安全管理体系某一要素的相关人员进行面谈前，审核员应认真阅读并知晓(尽可能多地从提供的文件中了解)受审核工厂PSM要素管理程序的实施情况。如果在审核计划中

留出了对工厂过程安全管理制度和程序进行先期审查的时间，则应利用此时间对管理制度和程序进行审查。如果在审核计划中没有留出时间或时间有限，审核员应在对相关人员进行面谈前，利用其他时间认真阅读工厂 PSM 要素管理制度和程序，以确定面谈应侧重的问题。在对过程安全管理要素负责人员进行面谈期间，首先要对过程安全管理体系的总体实施情况进行讨论。

取决于工厂规模及过程安全管理职责的分配，对绝大多数过程安全管理体系要素而言，在完成初步面谈后还需要进行一系列的后续面谈。对于某些过程安全管理体系要素，如“资产完整性和可靠性”，可能总共需要对 20~30 名人员进行面谈，以获得审核所需的信息。对于某些要素，再如“资产完整性和可靠性”，初步面谈的持续时间可能会比较长。通过面谈对象对审核员所提出问题的回答，以及对面谈对象所提供的文件或记录进行审查，通常可以获得足够的信息或发现存在的问题。也就是说，通过面谈、记录审查和/或现场观察，就可以为审核员提供足够的信息来得出结论，从而确定工厂过程安全管理体系要素的实施情况。对于审核方案中规定的某些审核项，可能要求对初次面谈对象的下属人员或来自其他部门的专业的人员进行进一步的面谈，包括对非管理人员进行面谈，以获得完整的审核信息链。以尽可能深入地了解工厂如何对某一过程的安全问题进行管理。过程安全管理体系要素责任划分还会影响审核对象的数量，例如，过程安全管理体系要素负责人可能仅持有某一个问题的处理报告，当审核员对其进行面谈时，还需要对问题记录的实际持有人进行面谈。随着审核工作的不断深入及参与人员的不断增加，在这种人员“金字塔”中，需要进行面谈的“底部”人员数量会非常大。

在对通过面谈和讨论获得的信息进行评估时，审核员应考虑以下因素：

- 面谈对象的知识水平或技能；
- 面谈对象自身的客观性；
- 面谈对象提供的信息与从其他面谈对象获得的信息以及其他审核证据的一致性；
- 面谈对象提供的信息的逻辑性和合理性。

随着审核员对工厂运行和组织机构的深入了解，审核员就能选择更加合适的对象进行面谈，并对面谈结果进行评估。但实际上，通过面谈获得信息可能不像通过其他途径获得的信息那样可靠。尽管面谈对象可能并不是有意欺骗审核员，但是人的本性决定了工厂经理和工厂人员总是希望尽可能好地来介绍其过程安全管理体系在工厂中的实施情况。另外，工厂人员自己可能觉察不到，但是会存在盲区或偏见。考虑到上述因素，不能仅仅依靠面谈来获得信息，通常更侧重通过其他途径来收集信息。这就需要必须对信息的获得途径进行平衡。过程安全管理体系从理论上讲看似完美无缺，但尚未真正经过实践验证或未经工厂所有人员践行，因此，通过对工厂人员进行面谈来检查其实施情况就变得非常重要。当审核员认为从面谈对象获得的信息存在不一致、偏见或不可靠时，应寻求从其他渠道继续获得信息。在任何情况下，审核员不应仅仅依靠单个信息源，而应通过其他信息源来获得更多的信息。在编写审核方案时，应确保从多方面获取并求证信息。有关人员面谈更详细的介绍，见第 2.3.1.1 节。

最后，在审核期间通过与不同人员随意交谈也会获得很多有用的信息，如在现场、咖啡厅和餐厅与不同人员交谈。这类信息可为通过面谈、记录审查和实际检查获得的信息提供佐证，同时，还会引导审核员采用不同的方式、有时是更加有效的方式来对工厂人员进行面谈，或帮助审核员更加有的放矢地向其他面谈对象提出问题。在审核期间，不要小看这些从非正式场合获得的信息，在非正式场合的交谈并不是拐弯抹角地收集信息。当政府监管机构代表在进行审核时，也经常会利用这种非正式场合与工厂人员进行交谈(尽管工厂会尽力限制其人员不要与其私下交谈)。

2.3.1.2 文件和记录审查

除对工厂人员进行面谈外，收集审核信息和证据采用的另外一种主要方法是对记录和文件进行审查。尽管“记录”和“文件”都是指书面材料，但在本书中二者有不同的含义：

- “文件”是指为过程安全工作的组织、实施、记录和管理而制定的制度、程序和其他的书面指导书，如变更管理(MOC)程序、事故调查程序。
- “记录”是指“文件”中明确的措施和要求得以实施后形成的书面结果，包括过程安全管理体系实施和管理的书面证据，如检查、测试和预防性维护(IPMT)记录、标准操作程序的年度复核记录等。

在过程安全管理体系所有要素中，并非都对文件和记录的要求做出了明确的规定，许多属于隐含性要求。但是，如果过程安全管理体系缺乏必要的文件和记录，就几乎不可能对过程安全管理体系进行彻底的审核。有关对文件和记录明示性要求或隐含性要求方面的进一步讨论，见第1.7.1节。

在审核员到达现场前及在现场期间，将会花费大量的时间来对文件和记录进行审查。在审核方案中，将包括与过程安全管理程序(即文件)内容有关的大量问题，以核实这些程序和制度中是否包含了相关规定以对某些问题进行控制和管理、顺利完成某些工作以及以某种方式开展的工作情况进行记录。这些文件和记录通常采用纸质版和电子版本。有些审核员喜欢使用纸质版本进行审核，这就需要提供纸质版复印件，而有些人员喜欢使用电子版进行审核。有时采用电子版对文件进行审查比较方便，审核员可以使用软件的“搜索/查找”功能快速查找重点内容。当文件内容很多时，这项功能尤为适用。

审核员要确保所审查的每一份记录或文件的版本和/或发出日期准确无误，从而防止因文件/记录版本错误造成审核结果不符合实际情况。只要能够提供文件/记录的编号并在需要时能够及时获取文件，审核员就无需保留文件/记录。

审核员不要被记录审查搞得精疲力竭，需要审查的文件可能成千上万。在第2.3.3节中介绍的抽样方案中对记录的选择方法进行了说明。抽样方案可基于代表性单元以及记录的时间顺序来确定。另外，如果工厂或公司制定并实施了过程安全管理运行绩效指标测量程序，这也可以将其视为一个记录来源，即对测量指标本身以及由其形成的文件和记录进行审查。

如果过程安全管理程序文件刚刚编制完成或最近对其进行了修改还没有形成大量的记录，审核员只能对现有记录进行审查并对所获得结果进行评估，由此形成初步评估结论。例如，如果一个程序才实施了6个月，期间不可能涉及很多工作并形成很多记录，因此，无法对程序的实施效果进行全面评估。这也是为什么需要对每一被审查文件的修订版本和日期进行准确记录的原因，以便了解审核发现是在何种情形下得出的。

在开始现场审核工作前，审核员应为过程安全管理体系的每一个要素编制需要审查的记录清单或记录类型，并将记录清单纳入审核计划。但是，不应将需要审查的具体记录通知工厂。例如，在审核计划中要求对压力容器的壁厚测量记录进行检查，但并没有规定对哪些压力容器壁厚测量记录进行检查。工厂无需为审核组专门提供相关文件和记录复印件，审核员应对原始文件或原件进行审查。可在现场对记录进行审查，也可将记录提供给审核员以便其在办公室对记录进行审查。如果将记录带到审核员办公室，应注意在抽取记录时不得存有偏见。

2.3.1.3 观察

观察包括对事件或条件进行实地查看，是收集审核信息和证据一个可靠来源。在审核过程中，由于需要知道某一具体操作如何进行或需要了解设备状态，因此要求审核员对其进行观察。观察还包括第2.1.3节中介绍的许多过程安全相关工作。审核员通常不要求对这类工作进行专门安排，而是随时观察。审核员应根据抽样方案自行判断对运行、设备和作业进行何种程度的观察以及需要观察多长时间。例如，对工厂危害识别和风险分析(HIRA)的做法进行观察时，没有必要对长达6h的整个讨论会议进行观察，尤其是当审核员对HIRA有丰富经验时。而对于有些活动，如换班，由于其时间很短，可以对整个过程进行观察。审核员应根据自己的判断来决定是否已从观察中获得了足够的信息。在对“资产完整性”这一要素进行观察时，设备抽样要求应遵守第2.3.3节中的抽样指南。审核员在对代表性单元相关工作或操作进行观察时还应特别注意，因为当有些人员意识到自己被别人观察时，可能就会以不同的方式开展工作。

在进行过程安全管理审核时，不建议采用拍照或录像形式对现场操作和作业进行观察。如同在面谈时进行录音并不是一个好做法一样(见第2.3.2.1节)，采用录像对人员作业进行观察也不是一个好主意。采用拍照或录像手段可能有自己的优势，尤其是当需要对大量设备状态进行观察时。但是，审核员应知道化工/加工工厂影像属于敏感性资料，公司或工厂保密原则可能禁止对工厂进行拍照或录像，同时政府保密法规也会有这方面的要求。如果审核组希望对工厂或工厂人员在操作或从事过程安全管理工作时进行拍照或录像，在对审核进行策划时应提前与工厂达成一致意见。

2.3.2 审核面谈

术语“面谈”是指在审核过程中与工厂人员进行广泛的口头交流。而事实上，通过与工厂不同人员进行面谈可以获得大量信息。无论面谈环境、持续时间、正式程度如何或面谈对象在组织结构中是何种职务，面谈通常采用的步骤包括：

- 合理策划面谈；
- 面谈开场；
- 进行面谈；
- 面谈结束；
- 记录面谈结果。

在餐厅与工厂人员进行的非正式交谈也可能包含上述某些步骤，这类交谈是非计划性的，属于临时收集信息而不是通过计划性安排来收集信息。面谈方式并非一成不变，并不一定非要与指定的面谈对象才能面谈。

当工厂非管理人员参加了工会组织时，就需按照预定程序对非管理人员进行面谈。与监管机构对工会会员进行面谈采用的方法类似，在审核员进行面谈时，非管理人员或其代表有时会要求工会代表或另外一名工会会员在场。

以下提供的基本指南有助于为总体面谈程序确定一个框架，同时还可以提高审核员的现场工作效率。要将重点放在审核员和面谈对象之间的相互沟通和交流上，而不是按部就班地按照面谈程序来进行。

2.3.2.1 对面谈进行策划

审核员需对过程安全管理体系负责人及策划的实施负责人进行面谈，然后与可以对策划的实施情况发表自己看法和意见的人员进行面谈。面谈对象包括：工厂管理人员和非管理人员以及承包商人员(如果有的话)。在进行面谈前，审核员应明确哪些人员参加面谈，确定需要询问的问题，明确面谈的目的以及如何最大程度地提高面谈效果。

明确面谈对象。在过程安全管理审核过程中，需要对与过程安全管理体系实施有关的人员进行面谈，面谈对象包括：

- 应与过程安全管理体系要素负责人(如管理人员)进行面谈。这是审核员对工厂过程安全管理体系的实施情况和管理情况进行了解的一个主要手段。在审核员到达现场前，可以通过对相关文件进行彻底审查来获得相关审核信息，但是，对过程安全管理体系实施情况进行全面了解而采用的唯一方法是与策划的实施负责人进行面对面交谈，向他们询问问题并详细交流策划的实施情况。

- 除与初步面谈名单中的人员进行面谈外，还需要对过程安全管理体系每一个要素所涉及的其他人员进行面谈。这些面谈对象主要还是管理人员，但是也可能包括部分非管理人员。

- 与非管理人员进行面谈，以核实通过其他面谈以及对记录进行审查所收集的信息。对非管理人员进行面谈的主要目的是核实与过程安全管理有关的主要制度和程序(尤其是在整个现场实施的制度、管理程序和操作程序)是否得到有效实施，并确保不同部门、班组和专业采用统一的标准来实施这些过程安全管理制度和程序，应确定需进行多少次核实性面谈以及由哪些人员参加，这取决于过程安全管理体系的范围和复杂程度、为审核分配的时间以及审核员的数量，应适当选择部分非管理人员作为代表来开展面谈工作。当审核采用了代表性单元时，需要接受面谈的非管理人员通常从代表性单元中选择和抽调。面谈需要考虑的非管理人员种类包括：

  —非管理人员，包括工艺操作人员、维修人员和其他相关人员；

  —如果工厂成立了应急响应组的话，还应包括该组成员；

  —如果了解到过程危害分析(PHA)方面存在问题，审核组应与过程危害分析(PHA)组成员进行面谈，以检查其能否正确识别工艺危险；

  —就承包商安全而言，由于工厂保安人员或控制进出工厂的人员可能是工厂的第一联系人，并可能负责对承包商进行安全培训，因此，应与这些人员进行面谈；

  —取决于过程安全管理体系以及工厂的范围和复杂程度、为审核分配的时间以及审核员数量，对非管理人员进行面谈的次数也会有所不同，从几次到数十次不等。

- 应尽量对来自不同班组的工厂人员进行面谈。考虑到很多工厂都采用了倒班制，这不难做到。

确定审核问询：对于管理人员，面谈问题通常直接来自于审核方案中与其负责要素有关的审核问询。对于非管理人员，面谈的目的是对收集到的信息进行核实。因此，审核员应为过程安全管理体系所有要素编制一份审核问询清单，旨在核实过程安全管理体系是否得到了有效的实施。另外，由于对非管理人员进行面谈的时间有限，有时需要认真选择面谈问题，以在较短的时间内获得期望获得的信息。在附录E中，提供了一份面谈问题清单，可

用于对非管理人员进行面谈。由于从面谈中收集信息是为了对其他信息进行核实和确认，而不只是面谈对象对某一问题的陈述，因此，审核员应采用大体相同的问题清单来对非管理人员进行面谈，以确保信息的一致性。但这并不意味着所有面谈都应程式化。审核员可以询问他认为需要询问的任何问题，以核查过程安全管理体系的实施情况。

按照以下指南对面谈的总体过程进行合理计划：

- 对于管理人员，审核员应大体了解其当前职务、职责以及上下级关系。审核员通过工厂组织机构图或其他组织机构说明文件可提前了解这方面的信息，但可能无法全面了解面谈对象的工作职责。
- 如果可能，要考虑面谈对象的正常工作任务和工作安排来确定面谈的具体开展日期和所需的时间。考虑到非管理人员通常为操作人员，如果可能，应对非管理人员的面谈持续时间适当加以控制，大体在30~45min为宜。
- 决定在何处进行面谈：对于面谈对象，尤其是非管理人员，如果在其工作环境进行面谈，他们通常会觉得比较舒服和自然。在如同董事会会议室那样豪华的地点进行面谈可能会使其产生一种胁迫感。需要为面谈创造一种保密的氛围，面谈应在封闭环境中进行，不要在有其他人员工作或在场的公开、公共场所进行，如餐厅或车间。另外，在对管理人员进行面谈时，应在面谈地点而非其他地方提供相关支持性资料，以便基于所提供的支持性资料快速地对面谈对象所提供的信息加以核实。在进行面谈时，审核员应确保面谈环境能使每个人都感到舒适。
- 面谈应采用一对一的方式进行，不要使人感觉是整个审核组联合起来对某一名工厂人员进行面谈。但在对管理人员进行面谈时，通常允许由多名审核员共同参加。在对非管理人员进行面谈时，通常不建议面谈对象的主管和/或经理在场，否则非管理人员就会放不开或感觉自己必须提供“正确”回答才行。另外，在进行面谈时，也不建议公司高层领导在场，即使公司高层并不是面谈对象的主管领导。
- 在对加入了工会组织的非管理人员进行面谈时，需明确工会代表是否需要参加面谈以及由谁参加面谈。

*选择合适的审核员开展面谈工作：*就面谈能力而言，尽管某些审核员的能力会比其他审核员能力高，但在审核过程中，审核组所有成员都必须全部参与面谈工作，尤其是对管理人员进行面谈。如果可能，新任审核员应旁听经验丰富的审核员进行的面谈，以从中学习面谈技巧和方法。

*确定在面谈过程中采用何种方法和手段来记录信息：*应将在面谈过程中获得的信息记录下来。在面谈过程中，手写记录面谈信息时不能产生胁迫氛围。如果审核员进行大量记录，就会使面谈对象感到其回答和陈述被逐字记录下来，从而会对面谈对象造成一种胁迫感。如果面谈对象不断扫视记录或设法知道记录了什么内容，表现出对记录感兴趣，审核员就应该知道这种迹象说明面谈对象对这种记录方法感到不舒服。除非面谈对象正口头提供大量详细证据，如试验数据，否则，审核员无需逐字进行记录或大面积进行记录。在绝大多数情况下，审核员只需记录面谈对象提供的问询内容即可。当采用笔记本电脑来记录面谈信息时，也会使部分面谈对象感到不自在，非管理人员可能会更甚一些。应避免像法院进行笔录那样来记录面谈信息，在面谈过程中使用电脑进行记录会使面谈对象产生这种印象。另外，严禁使用录音机或录像机作为信息记录手段。

2.3.2.2 面谈开场

对面谈而言，面谈开场可能是最重要的一环，可采用口头方式和非口头方式进行。尽管面谈开场占用的时间并不长，但应该注意的是，通过面谈收集的信息的质量与面谈对象的舒服感密切相关。为了形成融洽的面谈氛围并使面谈对象有自信心，审核员应注意以下几点：

- *自我介绍*。审核员应首先进行自我介绍(包括介绍某些基本信息)，并说明审核组对工厂进行审核的原因，简要介绍审核目的和范围。同时，还应对面谈目的加以说明。对于工厂管理人员，主要通过对其负责或参与的过程安全管理体系要素进行交谈来了解过程安全管理体系的实施情况，而对工厂非管理人员进行面谈主要是对通过其他途径收集的信息进行核实，并不是为了对其他面谈对象所提供信息的真伪进行印证，如果被认为面谈是为了该目的，即使没有明示，也不会使面谈氛围变得融洽，同时还会使面谈对象丧失自信心。

- *确定合适的面谈时间*。为了使审核员和面谈对象之间的关系更加融洽，审核员需要与面谈对象共同确定合适的面谈时间(如询问"这个时间进行面谈对你合适吗?")，也从而尽量避免面谈时间被压缩或中断。另外，还需要将面谈所占用的大体时间告知面谈对象。

- *向面谈对象说明如何使用获得的信息*。向面谈对象说明进行讨论的主要目的是帮助审核员了解工厂如何对过程安全工作实施管理，而不是对面谈对象的知识和能力进行"测试"(即并不是对面谈对象进行口头测试)，也不是对面谈对象的工作绩效进行评估(即并不是检查面谈对象在操作方面是否存在问题)。审核员要向面谈对象讲明，在提交审核报告时会对面谈对象提出的意见保密。同时，审核员还应保证面谈对象的姓名不会出现在审核报告中，也不会将收集到的信息透露给其他面谈对象。尽管工厂通常会知道哪些人员参加了面谈，对管理人员而言，工厂通过审核检查表也可以很容易地判断出哪些管理人员参加了面谈，但是，审核员不应透露与非管理人员进行面谈的内容，也不应将任何面谈结果或收集到的任何信息透露给其他面谈对象。另外，审核员还要告知面谈对象，如果不知道问题答案也是允许的，面谈对象可以回答不知道或建议审核员询问其他人员。

- *要求面谈对象对其岗位工作进行简要介绍*。经验表明，在审核员询问具体问题时，总是希望花几分钟时间让面谈对象介绍一下其在受审核工厂中的工作岗位和主要职责。在开始询问具体问题前，最好要求面谈对象介绍过程安全管理体系某一要素的实施情况、由谁执行什么工作以及如何对过程安全管理体系要素管理工作进行记录。这样可以帮助审核员更加全面地了解过程安全管理要素的实施和管理情况，并将面谈对象的口头陈述与文件记录加以比较。同时，这还有助于进一步确定其他审核问询，以核查面谈对象的口头陈述与程序要求之间是否存在一定的出入。当面谈对象有戒备心理或猜疑心理时，通过讨论其熟悉的问题就可以打消面谈对象的顾虑，以便无拘无束地顺利开展面谈。

2.3.2.3 进行面谈

当与面谈对象形成融洽的面谈氛围后，审核员应将重点转移至询问具体问题，涉及诸如以下内容：

(1) *收集详细信息*。采用"一环扣一环"式的审核问询方式有助于对具体问题进行深入探究。为了保证获得有用信息，要注意信息的具体性、尊重面谈对象以及进行建设性调查。审核员问询包括三种方式：开放式提问、封闭式提问和引导式提问。

- 开放式提问对审核问询的回答没有任何限制。开放式问询的答案通常是"陈述某一事实"，如"该程序如何运作"？通常可以从开放式提问的答案中获得可靠信息，但却很难判断信息的可靠性，有时需要倾听者从大量信息中正确分辨哪些信息是可靠信息。

- 封闭式提问是指问题本身非常明确且答案非常简洁。对于这类问题，其答案基本上全部都是“是/否”。例如，“是否对烷基化装置过程危害分析(PHA)进行了确认”？与开放式提问相比，尽管封闭式提问答案更加容易判断，但封闭式提问仅能提供少量信息，并不能提供任何基本信息。不过，由封闭式提问获得的信息有时正是审核员所希望获得的信息。
- 引导式提问是指按照预先确定的思路来引导面谈对象对问题做出回答。考虑到引导式提问会对面谈对象产生干扰或会得出审核员不期望的答案，因此，应尽量避免采用这是提问方式。但是，如果提问方式和提问时机恰当，引导式提问同样可以使讨论回到正轨。

(2) *信息具体性*。获得具体信息最有效的方法是由审核员询问具体问题，如采用封闭式提问。如果问题模糊，通常不会获得有用的具体信息。但是，面谈不应变成答案为“是/否”式的提问，否则面谈对象就无法阐述自己对问题的看法，或无法提供审核员认为有必要的基本信息。审核员必须有效控制面谈过程，既要获得具体信息，又要防止涉及其他无关问题。

(3) *尊重*。只要审核员认真倾听面谈对象对问题的回答就是对面谈对象最好的尊重。也就是说，在面谈过程中审核员应侧重于信息收集而不是对面谈对象的回答立即做出评判。对审核提问的回答不完整或不全面通常并不代表面谈对象缺乏能力或是故意闪烁其词，而可能是在面谈时紧张或问题不仅有一个答案。引导面谈对象对其回答进行澄清和/或深化也是对面谈对象的一种尊重，同时还是获得具体审核信息的一种手段。

(4) *建设性调查*。审核通常需要进行建设性调查，尤其是当面谈对象提供的信息出现不一致、矛盾或怀疑信息不完整时。当对信息不一致存在疑问时，面谈对象通常都能够做出满意的解释。必须注意的是，审核员应重点对证据进行核实，而不是使面谈对象感到难堪或对其进行批评，也就是说，不应因证据出现不一致而对面谈对象横加批评，而应寻求其帮助以对信息加以澄清。另外，应避免采用责问式提问的方式。如对于“变更管理”(MOC)要素，如果审核员希望对是否存在任何未经授权的变更进行调查，在向面谈对象尤其是非管理人员提问时，如果采用“装置是否未按照变更管理程序的要求进行了变更?”这种提问方式，则是一种不正确的责问式提问。更好的提问方式是对问题情形加以说明来检查面谈对象能否做出正确(和希望的)回答。又如对于“变更管理”(MOC)要素，可以采用“现在是周六凌晨2:00，需要对某一部件进行更换，但目前没有同质同类部件，对于这种情况你将怎么做?”这种提问方式，这是一种开放式提问，并没有任何责问性色彩。如果审核员不能确认受审核工厂是否正确实施了变更管理(MOC)程序，可采用这类方法进行核实。

(5) *主动倾听*。审核员应对从工厂人员面谈中所获得的信息进行总结、解释或说明。所谓主动倾听，是指对面谈对象的回答和陈述进行解释，确保能够被正确理解。在进行总结时，审核员要特别注意面谈对象对总结提出的异议或具体的建议。主动倾听所关心的正是在收集信息，同时还要对面谈对象的回答和陈述进行解释并保证其能够被正确理解。

(6) *在必要时提供反馈*。在审核不同阶段，可能要求向面谈对象提供反馈信息。对于直接向工厂人员提出意见和建议，不同公司有不同的做法，在向工厂人员提供反馈信息前，审核员应了解这些做法。应避免进行批判性反馈。

(7) *不要随意超出事先确定的面谈时间*。当面谈时间稍微延长时，可以向面谈对象这样说明：“可能比我告诉你的时间会稍微长一点”或者“能否再占用你10分钟时间?”。在必要时，需要另定时间来进行面谈。

(8) *注意事项*。作为一名审核员，要采用口头和非口头方式与面谈对象进行交流。在面谈期间收集信息的质量与面谈氛围密切相关。需要注意的问题包括以下内容：

- *保持眼神交流*。这可以使审核员认真倾听面谈对象对问题的回答，并更加容易地读懂面谈对象的肢体语言。
- *保持合适的距离*。坐立或站立的位置不能太近也不能太远，如果太近会使面谈对象感到不舒服，如果太远会影响交流而且还可能给人一种法庭审判的感觉，因此，应保持合适的距离。
- *适当效仿审核对象*。可以适当效仿面谈对象的语调、说话节奏和身体姿态，以在审核员和面谈对象之间形成一种融洽氛围，但是要采用一种自然方式，不要看起来很做作。如果采用的方式不正确，就会使面谈对象感到被嘲弄，因此，审核员在使用该面谈技巧时需特别注意。
- *名片*。允许审核员将自己的名片给绝大多数工厂面谈对象，尤其是工厂管理人员也希望交换名片时。但是，不应以郑重其事的方式交换名片，否则就会给人留下一种官僚作风的印象。另外，工厂非管理人员通常没有名片，如果审核员将自己的名片给非管理人员，就有可能使面谈对象望而生畏或使其感到审核员在过分强调自己的身份。在面谈结束以后，如果工厂非管理人员索要审核员名片以便在需要或必要时与审核员联系，才可以将名片给非管理人员。
- *审核员反应*。不要对面谈对象的陈述做出任何肯定或否定反应，尤其是对非管理人员。尽管肯定反应会使面谈更加融洽，但只有审核员确实认为面谈对象对问题的回答值得肯定时才能表现出肯定反应。如果审核员随便对某一过程安全管理做法表现出赞许，就有可能造成误导。在审核面谈/证据收集阶段，审核员不应表现出任何否定反应。但在某些情况下，如对过程安全管理体系某一要素管理人员进行面谈时，如果审核员对初步审核发现有十足的把握，也可以将发现的问题透露给面谈对象。这样可以避免当审核员在每日沟通会上对发现的问题进行说明时，面谈对象在其同事或主管面前感到尴尬。在面谈对象自己办公室这样一种保密环境中将发现的问题告知面谈对象可有助于防止出现这种情况。审核员可以通过诧异或怀疑口吻来传递其否定反应，也可以通过面部表情等非口头方式来传递否定反应，如皱眉头、睁大眼睛或突然变换身体姿势。要求审核员不要随意表现出任何肯定或否定反应并不是说审核员必须保持面无表情，像雕塑一般。在面谈过程中，除非审核员对面谈对象的回答有十足把握，否则审核员不应对回答表现出任何肯定或否定反应。
- *保持沉默*。在美国文化中，人们通常不会有容忍沉默不语的耐心。但在进行面谈时，审核员不应通过对审核问询进行澄清、改述审核问询或询问新问题来试图打破沉默。保持沉默可以使面谈对象有时间思考问题，而不是在审核员的引导下来回答问题。当面谈对象保持沉默时，如果审核员插话还会打断面谈对象的思绪。在面谈过程中，审核员应对沉默有极高的耐心。可以向面谈对象询问是否清楚审核问询以及是否理解了所提问的内容，但不要使面谈对象感到好像是在被质询。
- *争论*。不要与面谈对象争论，一定要保持专业态度并做到彬彬有礼。在审核期间，如果对管理人员进行面谈得出的审核发现立即遭到面谈对象的反对，审核员应礼貌地搁置出现的异议，然后继续进行下一个审核问询。在这种情况下，无论审核员觉得其审核发现是多么地正确，审核员还是需要向面谈对象讲明这只是一个初步结论，从而使面谈对象感觉到“求同存异”且审核员已经认真听取了其意见。

上述介绍的指南通常适用于美国本土工厂。但是，当对美国本土以外工厂中的人员进行面谈时，应尊重工厂所在国的习惯和习俗，不要冒犯。有关对美国本土以外工厂进行审核方面的指南，见附录 H。

2.3.2.4 结束面谈

需要特别注意的是，要采用一种简洁、及时和正面方式来结束面谈。为了保证面谈富有成果，要圆满结束面谈工作。要对面谈对象付出的时间(合作、真诚或见解等)表示感谢。通过这种方法，审核员不仅为后续面谈(如果需要的话)确定了一个积极的基调，还会为整个审核组留下良好形象。在结束面谈或讨论时，审核员通常还需要向面谈对象询问是否还有其他问题。在面谈结束时，还可以相互交换名片或将名片给面谈对象，以便工厂人员在需要时能够与审核员及时取得联系，如果需要进行后续面谈，虽然此时可能无法确定后续面谈的具体时间和地点，但在审核员和面谈对象之间已经建立了联系。

2.3.2.5 记录面谈结果

在进行面谈时，审核员可能会向面谈对象讲明，审核员会记录部分交谈内容以便审核员记住由面谈对象提供的信息。因此，对面谈结果进行记录在面谈期间就已经开始了。在完成面谈后，需立即对审核工作文件进行审查，确保审核工作文件能够准确和完全地反应从面谈获得的信息。

有关第 2.3.4 节中介绍的许多面谈理念和指南，可参考由 Greeno 等编写的《环境、健康与安全审核员手册》(1987 年)。

2.3.3 抽样和检查的策略和方法

审核主要是对某一具体工厂过程安全管理体系的实施情况进行检查或验证，审核员通常采用抽样的方法对大量记录进行检查或与工厂不同人员进行面谈，以检查过程安全管理体系的实施是否满足要求。在这里，“检查”是指对抽取信息的正确性和有效性进行验证。包括对证据或信息进行追溯(即基于所抽取的设备或运行等的信息进行实地检查)、对结果进行独立计算以及通过其他证据或信息源进行确认。例如，在对“过程知识管理”要素进行审核时，就需要对 P&ID 图进行检查。审核员将随机抽取部分 P&ID 图，并将其与设备竣工状态进行对比，来对 P&ID 图进行核查。同抽样一样，应对“检查”提前计划(见第 2.1 节)。但是，在现场巡视和现场观察期间，当审核员发现某些问题时，有时会临时决定对其进行检查，这类临时性核查和抽样工作也属于审核员的工作范围。

审核抽样固然重要，但选择合适的抽样方法和样本量可能会比较困难。因此，审核员在选择抽样的方法来收集信息时必须特别注意。例如，如果抽样方法不能完全代表抽样总体，收集到的信息就会产生误导，并会使审核员得出带有偏见、不准确或未经证实的审核发现。为保证每一抽样合适并合理，审核员通常需要进行以下六项基本工作：

(1) *明确审核目标*。需对法规要求或内部制度的哪些方面进行审查？尽管该问题答案有时会非常明显，但仍可以帮助审核员清晰地确定抽样总体的范围。

(2) *明确抽样总体*。需要抽样的记录和员工有多少？哪些与审核有关？例如，当需要对预防性维护计划的实施情况进行检查时，第一步工作是需要确定预防性维护计划中涉及的所有设备的类型。

在抽样时，审核员不应带有任何偏见。在抽样时应尽量独立抽样。例如，在对培训记录进行审查时，从工厂培训协调员提供的一堆培训记录中抽样并不是一种明智的做法。工厂协调员提供的培训记录可能仅仅反映出已对哪些人员进行了培训(或更为准则地说，仅对完成培训的人员进行了记录)，而无法反映出总体培训情况。为了收集培训范围和培训记录方面的信息，可能更希望从班组/部门的人员花名册开始，从中抽样。然后，对培训记录进行审查，以确认样本中的每个人是否经过了培训。

最后一项工作是确定抽样范围，并消除抽样范围可能存在任何偏差。抽样范围代表记录的选择范围，可以按照日期(如最近三年)或记录类型(所有的危害识别和风险分析(HIRA)/过程危害分析(PHA)建议的状态)来确定。在确定抽样范围时，要考虑以下问题：

—在选择抽样范围时审核员是否对其进行了有效控制？审核员应特别注意如何正确选择相关记录。

—按照何种记录来确定抽样总体？

—当缺乏相关证据时是否会对抽样范围的选择造成影响？

如果在审核时采用代表性单元的话，记录通常从代表性单元中选择。如对于“资产完整性和可靠性”要素，将从代表性单元中选择检查、测试和预防性维护(ITPM)记录来对该要素进行检查。但是，ITPM 记录量非常大，无法全部对其进行审查。因此，应从记录整个集合(即抽样总体)中抽取部分样本进行审查以获取信息。审核员采用的抽样方法会影响样本以及所形成审核发现的准确性。必须最大程度地减少抽样偏差，以尽可能使样本具有代表性。审核员必须对样本选择进行有效控制。有关抽样原则和方法方面更详细的说明，见第 2.2.5 节。有些记录无需抽样，例如，工艺危害分析记录会非常少，尤其是当工厂的工艺单元数量不多时。对于某些工厂，可能就没有工艺安全事故调查报告(尽管这也反映出工厂在未遂事件上报和调查方面可能存在问题)。

当记录时间跨度很长时，审核员在选择记录时应重点放在最近的记录上。通常选择自上次审核以来 3 年内的记录。例如，不能将 15 年以前的管线 ITPM 记录视为管线检查的最新记录。不应选择工艺安全存档资料来进行审查，如以前的 P&ID 图、已作废的 P&ID 图或以前的泄压装置设计基础计算书。应对最新版和有效版记录进行审查。另外，在 15~20 年前进行的过程危害分析可能并不代表公司/工厂在过程危害分析方面的最新做法，因此，应对最新的工作进行审查，而不是对 15~20 年前进行的过程危害分析进行检查。但是，如果对原过程危害分析进行过复核(并不是重新进行过程危害分析)，可以将这类过程危害分析记录视为当前过程危害分析的一部分。在过程危害分析中提出的所有的建议的实施状态是重点内容，应对其进行审查。第 3-24 章就过程安全管理体系每一要素需审查的文件和记录进行了说明。

如果过程安全管理程序文件刚刚编制完成或最近对其进行了修改，还没有形成大量的记录，审核员只能评估对现有记录进行审查所获得的结果，据此形成初步评估结论。这也是为什么需要对每一被审查文件的修订版本和日期进行准确记录的原因，以便了解审核发现是在何种情形下得出的。

(3) *确定抽样方法*。审核员通常根据自己的判断来抽样，即不采用统计抽样，但可以辅以系统抽样(见图 2.1)。判断抽样是指审核员根据自己的“主观判断”来抽取记录，通过对足够多的记录进行审查而得出正确的审核发现。通过审核经验的不断积累，高级审核员的抽样判断能力会逐步提高。当因抽样总量或性质无法采用系统抽样时，审核员可根据自己的判断来进行抽样。系统抽样是指按已经规定好的规则抽取样本来代表被审查的样本总体。如图 2.1 中的介绍，抽样方法有很多，但对于某一种情形，抽样方法不只一种。在图 2.1 中介绍的系统抽样方法包括：

—随机抽样；

—间隔抽样；

—分块抽样；

—分层抽样。

随机抽样：指纯随机的抽样。

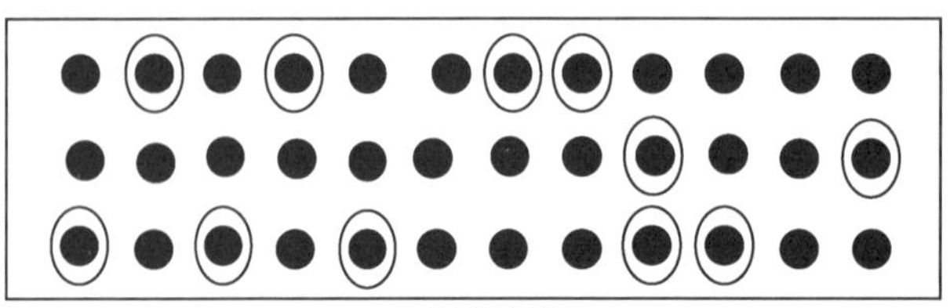

(a) 随机抽样

间隔抽样：按照一定的间隔随机抽样。采用该种抽样方法可以获得足够的数据来得出审核发现，同时还可确保不同人员能够得出相同的审核发现。

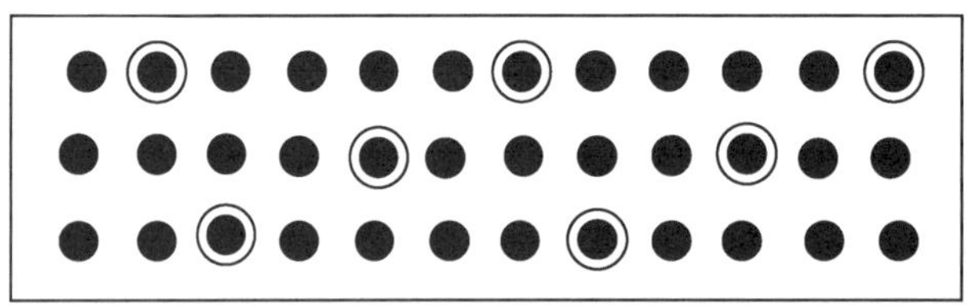

(b) 间隔抽样

分块抽样：是指从工厂或人员总体中抽取某些部分来作为样本(如抽取 1 月份、6 月份和 7 月份记录或编号在 23~37 之间的记录)。

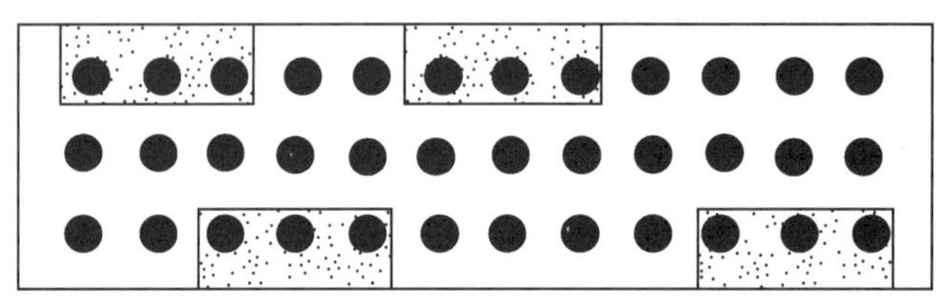

(c) 分块抽样

分层抽样：是指基于审核员对风险的判断对调查对象进行分类，然后从每一分类中抽取一定数量的样本(如从新入职人员和有经验人员中抽取样本、从第一倒班班组和第三倒班班组抽取样本等)。

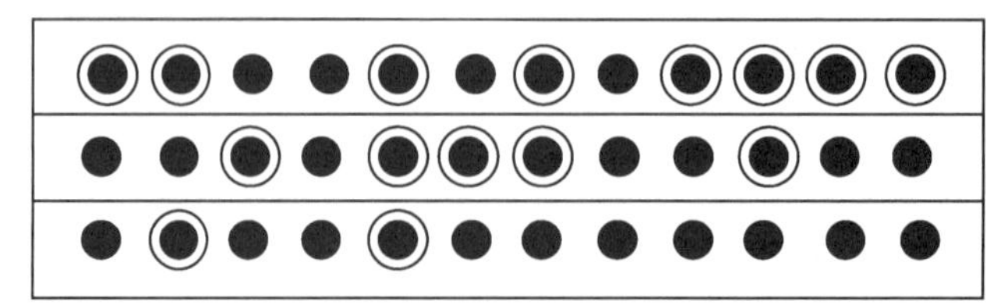

(d) 分层抽样

图 2.1　系统抽样方法示例

(4) *确定抽样量*。取决于审核方案的目的和采用的方法，可基于审核员的判断或统计来确定合适的抽样量。对于绝大多数审核，对审核总体的10%~20%进行审查就足够了。但是当审核总体很大时，对抽样总体的10%进行审查也可能会使审查工作变得非常繁重或过于耗时。在这种情况下，审核员可能希望缩减抽样量，但应确保有足够的抽样量以得出合理的审核发现，或认真考虑所选择的样本本身对得出审核发现所存在的局限性。第2.1.2.2节中表2.1列出多工艺区、多单元大型工厂的抽样方案，以确保至少在每一工艺区对过程安全管理体系的至少一个要素进行了抽样和检查。

(5) *对采用的抽样策略和方法进行记录*。为了保证对审核进行有效管理以及对抽样质量进行有效控制，审核员应对如何选择样本加以说明。

尽管判断抽样通常可以满足绝大部分过程安全管理审核需求，但是还可以采用更加正式的方法，即统计抽样。近几年，业界在抽样方案研究方面开展了大量工作，抽样质量大大提高，得出的最终结果或中间结果准确性得以提高，从而更加精确地检查所存在的问题。另外，还可以采用由Arthur D. Little确定的另外一种抽样量确定方法，该方法已在《环境、健康与安全审核员手册》(Greeno et al., 1987)中发布，见表2.4。该表摘自认可的质量抽检标准。在表2.5中，提供了多单元工厂抽样方案示例。

表2.4 推荐抽样容量

样本总量	推荐的最小抽样量		
	A[1]	*B*[2]	*C*[3]
2~10	100%	100%	30%
11~25	100%	39%	17%
25~50	53%	21%	16%
51~100	26%	13%	9%
101~250	17%	12%	6%
251~500	13%	5%	3%
501~1000	6%	3%	2%
>1000	2~3%	2%	1%~2%

说明：

1. 建议设定最小抽样量，这对于核实过程安全管理体系是否满足相关要求和/或明确不符合项对公司造成何种潜在的或实际的影响至关重要；

2. 建议设定最小抽样量，这对核实过程安全管理体系是否满足相关要求提供相关信息和/或明确不符合项对公司造成何种潜在的或实际的影响至关重要；

3. 建议设定最小抽样量，这可以为核实过程安全管理体系是否总体满足要求提供辅助性判断信息。

(6) 调整抽样量：随着审核工作的不断开展以及审核结果的不断累积，在必要时，需对抽样量进行适当的调整。对初步审核结果进行分析，以适当调整抽样方式和抽样量，并根据需要增大或减小抽样数量。在审核过程中，对抽样量进行调整而采用的一种变通方法是：如果审核组对抽取的样本进行检查时发现了问题，就会要求工厂而非审核组对该类工作的全部记录进行检查，以明确在未被抽样的工厂中是否存在相同的缺陷。当工厂规模很大和/或由于资源有限致使审核组成员数量不多或为审核所分配的时间有限时，这种方法尤为适用。

表 2.5 多单元大型工厂抽样方案示例

说　　明	全厂	东厂										西厂				南厂		
		单元1#	单元2#	单元3#	单元4#	单元5#	单元6#	单元7#	单元8#	单元9#	单元10#	单元1#	单元2#	单元3#	单元4#	单元1#	单元2#	单元3#
过程知识管理		×		×		×		×		×		×		×		×		×
危害识别和风险分析		×		×		×		×		×		×		×		×		×
开车准备			×		×		×		×		×		×		×		×	
变更管理			×		×		×		×		×		×		×		×	
操作程序		×		×		×		×		×		×		×		×		×
培训和绩效保证		×		×		×		×		×		×		×		×		×
承包商管理	×		×		×		×		×		×		×		×		×	
资产完整性和可靠性	×		×		×		×		×		×		×		×		×	
安全作业许可证	×																	
安全作业许可证工作		×		×		×		×		×		×		×		×		×
事件调查	×																	
应急管理	×																	
合规性审核	×																	
员工参与	×																	
适用范围	×																	
商业秘密	×																	

例如，当工厂规模很大并拥有多个运行区和单元时，如果无法在分配的审核时间内进行大面积抽样，可以按照以下方法开展审核工作：

- 如果仅在某一运行区的一个单元中发现了问题，在审核发现中记录的问题将仅针对发现问题的单元，该单元需对存在的问题进行整改；
- 如果在某一运行区的多个单元中发现了问题（如在东厂单元2#和单元5#），这些单元就需对所发现的问题进行整改，同时，还应要求工厂在整个运行区（如在整个东厂）涉及的范围内进行调查以确定是否存在类似问题，然后制定书面计划来解决整个东厂存在的问题。
- 如果在所有运行区的至少一个单元（如在东厂单元2#和单元5#、西厂单元1#和单元4#以及南厂2#单元）中发现了问题，在这些单元中需就发现的问题进行整改，同时，还应要求在整个工厂范围内进行调查以确定问题，然后制定书面计划以解决整个工厂存在的问题。例如，如果某一区域的过程危害分析（PHA）复核已超期或在规定的日期后才进行，工厂就应该对所有过程危害分析（PHA）日期进行检查，以核实该区域出现的过程危害分析超期是属于个例还是在整个工厂中普遍存在。

综上所述，在对过程安全管理体系进行审核时，通常由审核员基于其审核经验和“合理”判断来确定抽样。也就是说，审核员将基于其审核经验来决定抽取多少文件和记录，并且确定通过对抽样进行审查得出的审核发现，似乎不会随着对更多记录进行审查或对更多人员进行面谈而发生改变。例如，当审核员在对管线检查记录进行审查时，当审查完750个记录中的50个后，发现某一问题以相同的比例出现，审核员在此前对管线的检查记录进行审查时也发现相同的问题，此时，通常需要停止抽样，并可以确定得出的审核发现以及通过审核所发现的问题是准确的。但是，某些公司和工厂会选择统计抽样的方法来作为抽样手段，并依此来确定抽样量。有关对所收集的证据和信息的充分性和准确性方面的讨论，见第2.3.5节。

2.3.4 对审核证据和信息进行记录

取决于审核员的习惯，可采用不同的手段和方式来记录在审核过程中收集的证据和信息。收集的信息通常称之为“现场记录”或“工作文件”。现场记录包括：

- 带有手写注释的审核方案纸质文件；
- 带有审核员初步注释、审核发现和观察结果的审核方案电子版文件，当进行面谈、现场观察以及记录审查时，有些审核员会采用电子版审核方案，这类早期电子版记录并不是最终结果，属于现场记录或工作文件；
- 工厂电子版或纸质版过程安全管理制度程序（无论有无注释）；
- 工厂电子版或纸质版过程安全管理记录（无论有无注释）；
- 审核员在进行面谈、现场观察以及记录审查过程中形成的电子版或手写记录。

对于绝大多数过程安全管理审核员，其现场记录或工作文件基本上就是上述介绍的记录/文件类型。

审核员一般都会保存现场记录，因此，需特别注意的是在现场记录中应包含以下内容：

- 每一被审查文件的标题、版次和发布日期。如果被审查文件为电子版本，还要注明其保存位置（如计算机/网路驱动器和文件夹名称或者URL地址）。
- 审核记录的标题和日期。还可能需要注明记录的保存位置，以方便日后查找。如果被审查记录为电子版本，还要注明其保存位置（如计算机/网路驱动器和文件夹名称或者

URL地址)。

- 每类记录的抽样数量;
- 审核员的姓名、职务以及审查日期/时间;
- 审核发现的日期、时间以及审核发现记录的存放位置。

审核员应基于面谈对象所提供的口头信息、对文件和记录进行审查所形成的书面信息以及现场观察来得出审核发现。审核员应能够通过现场记录实现对初版审核报告中的每一项审核发现的追溯。

常言道,“好脑瓜比不上烂笔头”,要对收集的证据和信息进行记录。另外,还要对审核整改项进行记录。审核员应保留并更新审核整改项清单,确保在审核员最后一天离开现场前,每一整改项都得到落实。在现场审核工作结束后收集审核证据和信息将会非常困难,同时,不要指望在日后能够记住所有的审核证据和信息,因此,审核员要保存好纸质记录或电子版记录。随着记录保存和文件管理电子信息化系统的广泛应用,部分审核员会认为,当他们要求时工厂会将其全部现场记录输入电子信息化系统中,并能够从工厂信息化系统中接收电子版程序和记录,但实际情况并非如此。由审核员收集的大量信息还必须采用人工记录并保存的方式。

2.3.5 对审核证据和信息进行评估

当现场审核工作完成后,必须检查在进行现场审核时由审核员收集的信息是否足以满足审核目的的要求并由此得出审核结论。对在现场收集的证据和信息进行评估的目的在于:

- 确定依据何种证据和信息来得出审核结果,并形成初步审核发现;
- 确定收集的证据和信息是否足以得出初步审核发现;
- 确定收集的证据和信息是否充分;
- 确定由其他审核员收集的证据和信息是否一致并且能够为审核发现提供支持,或在必要时,是否需要对审核发现进行适当的修改(即利用由其他审核员收集的证据和信息对审核发现进行核查);
- 对内部控制措施进行评估。

在对收集的证据和信息进行评估时,审核组必须正确处理工厂对初步审核发现的反馈,包括如何解决审核发现的问题,以及如何处置工厂对审核发现所提出的异议。

2.3.5.1 形成并编写审核发现

证据收集完成后,就需要对证据进行评估,以形成审核发现。在本书中,审核发现是指审核组基于收集到的证据并对其进行分析所得出的结果,通常是指过程安全管理体系存在的问题。完整的审核发现应对审核准则/审核问询中所确定的要求(审核员基于事实得出的审核发现)与基于收集的证据和信息所得出的审核结果之间的差距进行说明。如果审核方案采用了审核问询的形式,还要包括对审核问询的回答,如“是”“否”“部分满足”“不适用”“未采用”。在审核发现中,不包括对所发现问题提出的整改建议。

在每天审核工作结束前,审核组通常需要对所收集的证据进行初步评估,并与现场记录进行比较。绝大多数审核组在审核即将结束时通常会拿出一定的时间(有时甚至是大量时间)来对初步审核发现进行讨论、评估和分析。审核组会对收集的证据和信息能否足以得出审核发现进行检查和确认,明确比单个问题更为重要的普通存在的问题趋势,并采用一种合适的方法对每一项问题进行重点说明。审核员对基于单个证据源(包括面谈)所形成的审核发现应特别谨慎，应设法利用其他证据对其初步审核发现进行验证和确认。在审核组内部，应就审核发现达成一致意见。

在过程安全管理审核过程中，审核员将会面临许多问题。例如，审核员必须明确收集的证据和信息是否能够足以支持审核发现，基于收集的信息和证据得出的审核发现是属于按照合规性审核准则得出的判断、还是按照相关审核准则得出的判断。例如，如果工厂仅为其一般工艺单元编写了标准操作程序（SOP）或 SOP 程序中缺少安全和健康方面的内容，很显然，这就说明“标准操作程序”这一要素存在问题。但是，当发现标准操作程序详细程度不够时，则要求审核员进行更多的审核，包括可能需要征询操作人员对标准操作程序使用方面的看法。在审核结束前，如果审核员仍没有收集到足够的信息，审核员就不得不面对可能无法得出审核发现的困境。在这类情况下，应寻求审核组其他成员的协助。另外一种可能普遍存在情况是：在回答审核员问询时，多名面谈对象称工厂已经完成了审核准则中涉及的过程安全管理工作，但只是还没有形成记录而已。在现场审核结束前，如果工厂仍没有提供记录以供审查，应将该种情况作为一个问题记录下来。在书面建议中，应指明因没有获得相关记录以供审查因而无法提出建议，或者无法判断该项工作再次发生时是否能得到正确地执行并记录。附录 I 对过程安全管理审核员可能会遇到的大量困境及其处理方法进行了说明。

在审核过程中，如果采用了审核问询的方式，当对审核问询的回答是“不满足”或“部分满足”时，就表明发现了问题，应对发现的问题进行解释和说明。对于审核方案中的同一问询，可能会形成多个审核发现，这也是允许的。其主要原因包括：

- 将在同一审核问询下发现的相同问题划分到一个组中。例如，在对“资产完整性和可靠性”要素进行审核时，如果发现有 50 台设备没有按期开展检查、测试或预防性维护（ITPM）工作，ITPM 审核可能会发现 50 个不同问题。但在类似这种情况下，更为普遍的做法是将 ITPM 工作划分为三组（即静设备维护组、动设备维护组和电气/仪表维护组）或按照设备类型对 ITPM 工作进行分组。然后，将 50 个 ITPM 超期问题分配到相应的组中。
- 当主问询下面还有多个子问询时，通常需要将子问询所发现的问题划分成一组。例如，在对过程安全管理“培训和绩效保证”这一要素进行审查时，如果主问询为“是否编写了书面管理程序来对工艺操作人员的培训和资格考核进行有效管理”，而在该主问询下还有 13 个子问询，用于询问与程序内容和/或与其实施有关的详细问题。如果对主问询的回答是“已编制和实施了管理程序”，而 13 个子问询中有 7 个发现了问题，就应该将这 7 个子问询发现的问题全部归到主问询下面。

当对审核问询的回答为“是”时，即表明完全满足问询中的要求，由于问询本身以及答案“是”已经提供了足够的信息，因此，无需再附加任何正面审核发现。当审核方案中的每一个问询足以详细到可以涵盖到每一个小问询时，应采用该种审核问询形式。当审核方案中问询的答案为“N/A”（不适用）时，除非不适用原因非常明确，否则应在审核检查表中对不适用的原因加以说明。例如，对于“标准合规性”要素，如果审核问询询问的是过程安全管理体系是否涵盖码头和海上装载系统，而正在受审核的工厂并不位于通航水域，该问询则不适用，也无需对原因作出进一步解释。

审核员应采用合适的措辞来陈述和编写审核发现。本节提供了以下指南，可帮助审核员采用合适的措辞来编写审核发现：

- 审核发现是对事实以及由此对过程安全管理体系某些要素的状况或状态得出的结果

的陈述。审核发现应为客观性陈述，用于对事实和结果进行说明，以便审核报告使用人通过审核所发现的问题以及出现问题的原因，了解工厂过程安全管理要素的实施情况。

- 在审核发现中，应对审核员所得出的审核结果的支持性证据进行清晰地说明。由于有时需要对大量的证据进行审查，审核员就不得不采用更加便于理解的方式来对证据性事实进行总结。由于某些公司要求其法律事务人员将每一份详细证据视为合规性证据，并要求对其进行记录，因此这些公司会要求将审核员看到、听到或审查过的每一份证据都全部写入到审核发现中。而有些公司仅要求在审核发现中对证据进行汇总(当证据非常多时)，以便工厂对发现的每一项问题采取纠正措施并确保每一项纠正措施能得到正确实施并关闭。在对事实性证据进行汇总时，提供必要的基本信息也非常重要。例如，对于所提供的350个管线检查记录，如果对其中50个记录进行了审查，就应该在审核发现中注明已检查记录的数量。但是，除非绝对有必要列出按照管线号进行了检查的记录并将其写入审核发现中，否则，不应将这类记录写入审核发现，因为这会使审核发现过于冗长。可以将50个经过检查的管线详细记录单提供给工厂。但是，如果审核发现的问题仅针对某一具体设备或某一具体程序，则应注明设备号或程序编号，以便工厂知晓问题细节，从而采取整改措施并正确关闭所发现的问题。

- 不要将按照合规性审核准则和相关审核准则所发现的问题或证据放在同一审核发现条目下。

- 一条审核发现可用多个语句来进行说明。审核员经常会在一个语句中陈述多个复杂的审核问询，这通常会使审核发现难以阅读和理解。

- 不要根据审核方案中留出的审核发现空白区域大小来确定“填写”多少审核发现。由于绝大多数审核方案最终是以电子版形式提供，因此，没有必要非得按照留出的空白区域来“压缩”审核发现，对于复杂、较长审核发现要按照其实际情况来填写，要保证审核发现的完整性。

- 审核方案通常还会注明审核问询所依据的参考文件或出处，如OSHA过程安全管理标准《高危化学品过程安全管理》。这为阅读人员提供了必要信息，以使其了解得出审核发现所依据的管理法规。但是，当审核方案没有提供该类信息、为使审核发现能被完全理解，则需注明审核发现所依据的管理法规，或者需要将审核发现从审核方案中单独摘录出来。在向其他人员/部门汇报时，就需要在审核发现中注明得出审核发现的依据。

- 除非审核员确信公司或工厂人员知晓缩略词的含义且不会造成任何混淆，否则，应在审核发现中第一次使用缩写词时采用全称。如果需要将审核发现从审核方案中单独摘录出来且在审核问询中首次使用了缩略词，在审核发现中也应采用全称。

- 当公司拥有多个设施时，由于通常需要将审核发现从其原始报告中摘录出来，并与来自其他设施的审核发现一起汇总，除非在汇总记录中能够通过其他手段来识别设施，否则，建议在审核发现中注明设施和设备的名称或位号。

最后，审核员不应因对问题的最终处理情况产生怀疑而修改或删除审核发现。问题的严重性及其类别(当需要进行分类或确定严重等级时)、问题整改建议的性质，包括可能发生的费用，不应左右基于在审核过程中收集的事实和信息来对工厂/公司的过程安全管理是否存在问题的判断。有时，通过审核所发现的问题(及其整改措施)不属于公司主流过程安全文化问题，属于在受审核工厂、其他工厂或相关工厂中重复出现的问题，或者工厂母公司已决定不对其进行处理的问题，在这种情况下就很难将审核发现写入审核报告中。审核组成员，尤其是第一方和第二方审核员，有时很难摆脱这些影响，但仍需要对受审核工厂过程安全管理体系的策划和实施情况进行真实和客观评价。如果通过事实可以得出审核发现，且从充分性和准确性角度而言这些事实是完整的和全面的，审核所发现的问题通常就站得住脚。

有关审核发现的措辞要求，见第 1.8.3 节。

2.3.5.2 所收集证据和信息的充分性

当审核员尤其是缺乏丰富经验的审核员在对工厂过程安全管理程序和管理体系进行审核时，他们经常考虑的一个问题是：是否收集了足够的信息以及所收集的信息类型是否正确。在编制审核计划时，要编写抽样和检查方案，为审核员提供必要的指南，确保收集到充分的信息。在每次使用抽样和检查方案时，应对其进行必要的修改和细化，确保将每次审核所获得的经验整合到方案中，同时确保获得的经验能发挥其应有的作用。但是，即使按照抽样和检查方案的规定来收集信息，审核员也应对所收集的信息进行评估，以核实是否收集了足够的证据和信息以支持审核发现。在判断审核证据是否充分时，提出以下几点建议。如果满足以下条件，则说明审核员可能已收集到了足够的信息。

- 审核员需要特别注意的是，如果没有对受审核工厂任一运行区域抽取记录并进行审查，就不能凭空得出审核发现。某些记录可能由与某一区域无直接关系的部门创建和管理，如由负责对压力容器、储罐和管道进行 ITPM 工作的维护组来管理。另外还要注意的是，对于某些记录，尤其是由运行部门形成和管理的记录，在不同运行区域之间甚至在不同单元之间会有不同的要求。
- 当采用判断抽样(抽样采用的一种典型方法)时，审核员确信对记录进行审查和对人员进行面谈所采用的方式能够得出正确的审核发现。
- 审核员进行了观察，为评估过程安全管理体系的实施情况收集了更多的信息。
- 审核员基于收集的证据完全了解 PSM 管理体系的策划和实施情况，同时，还完全了解 PSM 管理体系内部控制措施的实施情况。
- 审核员能够深入到过程安全“人员金字塔”底层的人员并对其进行面谈，了解了与这些人员进行面谈时由其提出的不同意见，同时能够正确处理这类不同意见。

2.3.5.3 所收集证据和信息的适宜性

采用以下 4 个特性来对信息的适宜性进行定义。最后一项要求，即“说服力”，也涉及证据和信息的充分性。如果不能满足这 4 项要求，有可能需要收集其他信息。

- *关联性*。在过程安全管理审核过程中收集的信息应能够在审核所发现的相关证据与所得出的审核发现之间形成逻辑关系。例如，在对变更管理(MOC)文件/记录进行抽样检查时，就能够判断是否按照 MOC 程序进行了变更。但是，这并不能证实是否对在工厂内进行的所有变更进行了审查和记录。
- *无偏见*。审查所采用的信息必须不能受个人喜好所左右，同时，也不能将支持其他决定的信息排除在外。审核员在选择信息源或审核内容时，可能会存在一定的偏颇。对管理人员就其能否认真执行某一具体程序进行面谈时，由于管理人员最希望向审核员展示其工作能力，因此在对审核问询进行回答时也会存有偏颇。当审核员决定对安全记录随机进行抽样检查时，如果不能事先确定所查阅的记录能否代表所有的安全工作，则抽样也可能会存在偏颇。另外，在简短的现场巡视中进行观察可能疏忽了有价值的证据的收集，因此，通过观察收集到的信息并不具有代表性。

• *客观性*。如果两名审核员对所收集的同一信息进行核查时得出了相同的审核发现，这就说明所收集的证据和信息具有客观性。如果两名审核员基于所获得信息对工厂是否满足某一具体要求进行核查时得出不同的审核发现，这就说明信息缺乏客观性、信息不可靠或信息量不足、或者审核员被偏见所左右，此时就需要寻求其他解决方案以得出准确的审核发现。

• *说服力*。如果通过收集的信息能够得出某一审核发现以及不同人员利用收集的信息会得出相同的审核发现，则说明信息具有说服力。信息说服力与信息量、信息类型和信息来源有关。所收集的信息应对审核组长、审核组其余人员以及工厂人员(有时还包括外部人员，如法律代表)具有说服力。有关该主题的其他指南，见第2.3.5.4节。

2.3.5.4 对审核发现进行核查

审核员需为其负责的过程安全管理体系要素编写审核发现。但是，每一项审核发现应经过审核组审查，确保审核发现准确且措辞得当，能够清晰地说明发现的问题，并符合公司或工厂有关这类书面资料措辞方面的要求(如果有的话)。对审核发现进行核查包括以下步骤、涉及以下人员：

• 对要素进行审查的审核员所形成的审核发现，应由负责对相关要素进行评估的其他审核员进行核查。例如，负责对“资产完整性和可靠性”以及“过程知识管理”要素审查的审核员将对工程设计记录和其他过程安全信息进行审查，并应对与这两个要素有关的由其他审核员形成的审核发现进行核查。

• 应将每一项审核发现提交给审核组其他成员，以便利用审核组集体智慧和经验对审核发现进行审查，通常在审核组内部的每日沟通会上进行集体审查。

• 审核组长应对每一审核发现进行彻底的审查，确保其措辞恰当，并与由其他审核员所形成的审核发现保持一致。

• 如果公司相关管理程序中有规定的话，法律事务人员应对每一项审核发现进行审查，确保审核发现的措辞不会引发任何法律问题。如果要求审核组以外的部门或人员对审核发现进行审查，要为该项工作留出适当的时间。

可以将上述多个步骤合并，尤其是当审核组人员数量不多及不要求进行法律审查时。

2.3.5.5 对内部控制措施进行评估

应对管理体系内部控制措施进行评估以明确管理体系是否已经制度化并得到有效的实施。需要评估的内容如下：

• 为过程安全管理体系每一要素确定的书面制度、程序和计划是否能够以一种统一的方法对过程安全管理工作进行控制？在这些制度、程序和计划中，是否规定了足够的控制和管理要求？

• 是否对过程安全管理体系要素所涉及的职责进行了清晰的界定？

• 是否为过程安全管理工作制定了合理的审批系统，以按照工作的重要性来有序开展各项管理工作？

• 是否对公司人员进行了培训，以顺利开展与过程安全管理体系每一要素相关的工作？

• 是否对人员职责进行了合理划分，以防止在公司内部出现利益冲突，以及是否根据工作的重要性来明确和权衡各项必要的检查？

• 是否对过程安全管理体系各要素所涉及的工作进行清晰的定义并形成书面文件？

• 是否制定了内部检查程序，以确保按照管理程序的要求来进行与过程安全管理体系各要素有关的工作？

• 是否按照确定的测量指标定期对主要的过程安全管理工作进行检查，以确保过程安全管理体系的有效实施？

• 管理层是否能够对与过程安全管理体系各要素有关的工作进行管理评审，并通过对策划要求进行合理的调整以形成一个有效的“闭环”？

应对管理体系内部控制措施涉及的上述问题进行单独的评估，但也可进行综合性评估。也就是说，应对上述问题进行评估以检查过程安全管理体系的总体实施情况并确保策划以一种统一的方式得到有效的实施。管理体系控制措施能否确保过程安全管理体系每一要素的有效实施？每一要素目标能否得以实现？例如，通过实施变更管理(MOC)程序是否能够对变更进行有效的控制？对于按照相关审核准则对管理体系和内部控制措施进行评估的其他指南，见第2-24章中的相关审核准则。

2.3.5.6 *在现场审核过程中关闭审核发现的问题*

在现场审核工作结束前，工厂通常会设法对所发现的问题进行整改来关闭问题。在这种情况下，由于对过程安全管理进行检查并发现其存在的问题是审核组工作范围的一部分，同时所发现的过程安全管理体系所存在的不足也是真实存在的事实并要求采取整改措施，因此，应对审核所发现的问题进行记录并保存。另外，在看似简单的过程安全管理问题背后，可能存在重大的系统性问题，这可能需要对其整改措施进行深入的研究和策划。如果立即关闭所发现的问题，就有可能丧失发现系统性问题并进行整改的机会。如果按上述方式立即纠正所发现的问题，那么，审核所发现的问题就成为了一个“孤立”事件而无任何建议，或者所提出的建议在现场审核期间就被关闭，从而无法对建议进行深入探究。在对审核发现的问题进行整改时，尽管建议及时关闭审核所发现的问题，但是每一公司应就如何对问题进行整改制定自己的处理程序，并在整个公司中统一实施。

2.3.5.7 *来自受审核工厂的阻力*

几乎在所有的过程安全管理审核中，审核员和审核组都可能遇到工厂对某些审核发现和建议提出异议的情况。此时，审核组和工厂需就审核方案中审核准则/审核问询的正确理解以及如何应用于工厂的具体情况达成一致意见。但有时存在的异议会比较尖锐，要达成某种程度的一致意见可能会比较困难。当出现这种情况时，审核组和工厂必须做到“求同存异”，通常是将经过双方认可的审核发现纳入审核报告，而将无法达成一致意见的问题提交给公司更高管理层去解决。但愿这种情况不会经常出现。当确实出现这种情况时，不仅需对公司的过程安全管理体系在制度和文化方面存在的问题进行认真检查，而且还需对审核员和审核组长的培训、资格和任命进行认真检查。另外，还应对采用的过程安全管理审核方案进行审查，以确定审核是否存在系统性问题。

过程安全管理审核员可能遇到的工厂阻力及其可能的解决方法简要介绍如下：

• 工厂可能会强烈要求审核员为存在异议的某一具体审核发现提供其所依据的管理法规，如工厂人员会提出这样的问题：“管理法规对该内容有何要求？”。由于过程安全管理法规在很大程度上属于基于绩效的管理法规，因此，有时很难找到问题所依据的具体段落和内容。例如，对于“过程知识管理”要素和“资产完整性”要素，在过程安全管理法规中的相关要求如下：

—“雇主应证明设备符合认可和普遍接受的良好工程实践(RAGAGEP)。”

—“检查和测试程序应满足认可和普遍接受的良好工程实践(RAGAGEP)。”

这类要求非常宽泛和笼统，对设备设计/制造及检查、测试和预防性维护(ITPM)而言，可依此得出许多不同类型的审核发现。因此，审核员应提供按照相关认可和普遍接受的良好工程实践(RAGAGEP)得出审核发现的相互内在关系。当基于过程安全管理普遍采用的做法或一般行业做法(如可接受惯例)得出审核发现时，审核员必须对工厂做法为什么不符合可接受做法进行说明。如果在认可和普遍接受的良好工程实践(RAGAGEP)与审核发现之间不能形成直接对应关系，或者在二者之间不能形成相互支持关系，就会使审核所发现问题的性质发生变化，即由“合规性问题”变成了“相关问题”。

• 工厂会提出“这在3年前根本不是问题，而现在为什么成了问题?”这类的异议：工厂对这种情况会感到很疑惑，可能由众多原因造成的，例如，审核员不同，其专业技能也有所不同，在上次审核期间没有足够的时间来对该问题进行审核，两次审核采用的审核方案不同，在上次进行审核时实际审核范围与计划审核范围不符，工厂运行条件发生变化等。当由第三方人员按照其新思路和新观点进行审核时，在某种程度上会更容易出现这种情况。当工厂过程安全管理做法已经实施了很长时间，且工厂每一人员都认为这些做法都正确时，工厂尤其会对某些审核发现提出异议。如果审核员知道其中的原因，就必须向工厂讲明审核发现存在差异的原因。但是，由于当前审核组通常并不了解上一审核组如何开展审核工作，因此，可能无法推断为什么某些问题在上次审核时并没有被发现。

• 工厂还会提出“为什么政府监管人员在最近的审查中没有发现相同的问题?”这类的异议：对于这类情况，工厂总是会认为，如果政府监管人员在进行审查时没有发现过程安全管理体系存在问题，则说明过程安全管理体系运作良好，完全满足政府法规的要求。但事实情况却是政府检查人员没有发现问题并不代表过程安全管理体系所有方面都不存在问题。政府监管人员可能来自联邦政府或州政府，如果是州政府，监管人员可能来自劳工、健康或其他部门，监管人员的思路和角度、过程安全管理技能和经验、关注点及对法规要求的判读可能会因人而异。在过程安全管理审核过程中，绝大多数监管人员采用的审核方案非常笼统，通常仅按照基于绩效的要求来对工厂进行审查。

• 工厂会认为审核发现的某些问题仅仅是细小或微不足道的问题，并不会对过程安全管理体系的实施造成重大影响。工厂可能认为审核组过于吹毛求疵，审核组将重点放在了相对次要的问题上，而细小问题并不代表过程安全管理体系的实施效果不好。例如，在进行审核时发现仅有少量培训记录缺失，而培训计划不存在任何明显系统性问题，工厂就会认为这不是什么问题。对于这种情况，即使工厂了解问题的来龙去脉，有时也不愿意接受审核组发现的细小问题，从而不会对这些问题引起足够的重视。审核组应坚持自己的观点：即使是细小问题也是问题，应对其进行整改，如果工厂不愿意接受，这就说明工厂过程安全文化存在一定的问题，也预示着”偏差的常态化”的开始。有关对过程安全文化进行评估方面的讨论，见本章和第4章中的相关内容。

• 工厂或公司对审核组形成的审核发现事先可能并不知晓，在审核报告中提出某一审核发现会使工厂或公司感到惊讶和失落。在过程安全管理法规中，通常不会对技术审核要求做到面面俱到，因此就可能出现这种情况，如危害识别和风险分析(HIRA)中的工厂选址和人员因素。对于认可和普遍接受的良好工程实践(RAGAGEP)中“资产完整性”和“过程知识管理”要素，由于对其要求属于基于绩效的要求且相关要求非常笼统，因此也会出现这种情况。例如，当工厂中设备采用了合金材料时，审核员应向工厂解释“材料可靠性鉴别(PMI)”如何成为一项合规性要求。如同前文介绍的合规性要求举例一样，审核员应通过对法规进行解释来向工厂人员说明某一技术要求是如何成为对工厂的一项合规性要求的。如果审核员无法做出全面的、令人信服的说明和解释，按照合规性要求进行审核所发现的问题性质就会发生变化，就变成了按照相关审核准则进行审核所发现的“相关问题”，而非“合规性问题”。

- 工厂会提出其已经按照过程安全管理运行绩效测量指标或过程安全管理评估计划对某项工作定期进行了检查和上报，不应将与该项工作有关的问题写入审核报告中。举例来说，当审核发现资产完整性管理计划中的检查、测试和预防性维护(ITPM)工作没有如期进行时，审核组会将其视为问题，但工厂却不这样认为。工厂可能觉得已对未如期完成的检查、测试和预防性维护工作的数量或百分比定期进行了上报，因此，不应将审核发现的这类问题写入过程安全管理体系审核报告中。尽管经过精心策划的过程安全管理运行绩效测量指标计划是一个有效的过程安全文化管理计划，但是定期上报过程安全管理运行绩效测量结果并不能说明：工厂按照强制性过程安全管理法规以及自愿遵守的过程安全管理标准的要求，定期对工厂的过程安全管理体系进行了审核。审核是按照预先批准的审核方案对过程安全管理体系的策划和实施质量进行正式的评估，而过程安全管理实施效果测量指标计划用于对当前主要绩效指标进行检查和测量，这两个不同测量系统的纠正措施和跟踪程序也不同：优先程度不同，责任分配不同，时间安排也不同。

- 工厂会认为，由于其现场是一个“自愿性保护计划(VPP)明星现场”，其过程安全管理体系就应该是一个榜样。作为一个“VPP 明星现场”，这代表了工厂及其母公司在安全和健康方面取得了巨大的成就，同时也说明工厂及其母公司在相当长的时间内为改进安全与健康事宜做了大量的工作。取得的成就还在某种程度上取决于工人和工会组织(如果有的话)之间的密切合作，虽然有时很难，但是通过不懈努力还是实现了密切合作。获得“VPP 明星现场”这样的称号是整个工厂的荣誉和骄傲，值得好好珍惜。另外，也为现场和公司的安全和健康管理人员赢得了声誉。但是，如同附录 I 中“困境 3#”介绍的那样，自愿性防护计划的状态并不总是代表 VPP 计划的实施质量，这取决于 VPP 检查组如何对过程安全管理体系进行全面的审查。在进行 VPP 检查时，由于涉及大量的安全与健康计划要素，因此，通常不会进行全面的检查。绝大多数 VPP 检查组基本上是倾向于对职业安全和健康方面进行检查。如果工厂仍然坚持“VPP 明星现场”观点，审核员应要求对第一次和后来进行的 VPP 检查记录进行审查，以核实 VPP 检查组的检查过程中是否对存在的某些问题进行了认真的审查。

- 当通过对前几次过程安全管理审核或过程安全管理工作、问题纠正措施性质或曾发现过问题的主流安全文化进行审查而收集的事实证据认为过程安全管理存在问题时，虽然工厂或其母公司知道确实存在问题，但审核员和审核组长仍会遇到来自工厂或其母公司的阻力。换而言之，工厂或其母公司不会接受所发现的问题，工厂或母公司会以“我们早已决定这样做，为什么还提出该问题”或“我们没有精力这样做”来应付。工厂或其母公司的这类应付可能会很强硬，会对审核组的决策造成影响，尤其是对于第一方和第二方审核组，因为第一方和第二方审核员与工厂管理层存在某些组织关系或利益关系。另外，由于工厂/公司可能并不知晓最近对过程安全管理法规做出的解释和澄清、由监管机构发出的违规传票或与推翻原审核发现有关的其他因素，也可能会出现该种情况。应将通过审核发现的问题及其支持性证据纳入审核报告，由受审核工厂决定如何对这些审核问题做出响应。

- 另外一种形式的阻力是：面谈对象部分否认了在面谈过程中由其提供的信息。在一对一面谈过程中，审核员会根据面谈对象提供的口头信息判断出过程安全管理体系的某一要素可能存在问题，但在每日沟通会上，当审核员汇报可能存在的问题时，面谈对象却提出了与其原口头信息相左的陈述。对于绝大多数面谈对象而言，在其同事和过程安全管理体系汇报对象在场的公开情况下，讨论由其提供的信息会使其感到不安。当工厂经理首次参加审核末次会时，就会出现这种情况。审核员就必须认真应对两种不同的信息陈述。审核员可通过从其他面谈对象处获得的结果或通过从第一次面谈获得的书面证据来获得进一步的信息，来证实确实发现了问题，以防止出现不一致的陈述。不应基于从单个面谈对象的第一次面谈中获得的信息来得出审核发现。召开每日沟通会的其中一个目的就是将与所发现问题有关的信息尽快告知工厂，以引起工厂的重视，但是，在每日沟通会上汇报初步信息时不应使面谈对象在工厂人员面前感到尴尬。如果审核员认为在面谈过程中发现的问题非常重要且需要在每日沟通会上讨论时，审核员应向面谈对象讲明发现的问题将在下一次沟通会上进行讨论，以及审核员为什么认为该问题非常重要。这样，在公开场合讨论该问题时至少不会使面谈对象感到惊讶。
- 工厂有时会转移审核员对某些领域、记录或人员的注意力，或使审核员把时间浪费在无关紧要的工作上。如果审核组意识到可能出现了这种情况，就必须对审核工作的日程和工作安排进行强有力的控制。当出现这种情况时，审核组长应对其进行干预。当现场审核工作结束时，如果审核组还无法得出审核发现，在审核报告中应指明某些资料未能提供，无法对其进行审查。更为重要的是，如果出现该种情况，审核组需采用一种平和、专业的方式要求现场提供审核所需的资料。

如果某一工厂或其母公司的过程安全文化表现欠佳，在对过程安全管理体系进行审核时会使审核员面临一定的困难和挑战。工厂或其母公司有时会反复称(有时还会很情绪化)“这样做会使我们的企业倒闭……”。有关过程安全文化欠佳的表现以及如何对过程安全文化进行评估，见本章后面的介绍以及第4章中的介绍。当过程安全文化在多个方面表现欠佳时，审核组就会更加频繁地遇到来自工厂的阻力，且通常是更大的阻力。在这些情况下，审核组长会发现其自身通常扮演着“调停人”的角色，同时，有些问题可能在工厂层面无法最终解决。

在进行面谈时、在审核每日沟通会和审核末次会上、在审核报告中或在审核发现通告会议上，即使会遇到来自工厂的阻力，审核组也必须通过支持性事实并采用专业方法对发现的问题进行全面说明。审核员必须确保正确理解工厂所提出的异议。如前文所述，得出审核发现所依据的证据必须充分。如果审核组能够按照公平、公正的原则收集了必要的事实和证据，并按管理法规的要求对如何基于收集的事实得到审核发现进行说明，当工厂对审核发现提出异议时，也能冷静和理性对待。

2.3.5.8 评估过程安全文化

过程安全文化是过程安全管理体系的一个重要组成部分。与过程安全有关的人员的态度、工作习惯和风格为过程安全管理体系创造了一个运行环境，这在很大程度上决定了过程安全管理体系能否顺利实施。即使对过程安全文化进行检查并不属于审核范围的一个正式组成部分，但审核员需了解工厂过程安全管理体系的运行环境及其效果。过程安全文化会对工厂管理体系及其内部控制措施的正确实施产生重大影响。欠缺过程安全文化的主要表现为：工厂中所有人员会认为工厂不会发生灾难性化学品泄漏，默许“偏差的常态化”，现场高层管理人员没有把过程安全管理放在重要位置，没有制定足够的过程安全管理方针、做法和程序。这突出表现在工厂对过程安全管理审核发现会形成对抗心里。

在对过程安全文化进行审核时，需要对组织的价值观进行检查。在对价值观进行检查时，由于需要收集大量的观点和看法，而不仅仅是客观事实，因此，对价值观进行检查要比对过程安全管理体系其他要素进行评估难得多。对实际行为进行检查主要是对由实际行为产生的实际结果检查和评估，因此，对实际行为进行检查更加直接，并可采用传统的审核方法进行。

为了对过程安全文化进行评估，审核员将主要从面谈对象处收集相关信息，并从记录审查中收集部分信息。第4章就如何对过程安全文化进行审核提供了详细指南，同时还提供了部分对过程安全文化进行评估的客观方法。

2.3.6　形成建议

如果要求审核组针对所发现的问题提出建议，该项工作通常与现场审核同步开展。初步建议有时在现场提出，并由审核组与工厂就提出的初步建议达成一致意见，然后形成最终建议。尽管部分过程安全管理审核建议涉及对设备设计进行评估或确保设备满足认可和普遍接受的良好工程实践(RAGAGEP)，但是过程安全管理审核建议在本质上属于策划性建议，而不是对设备设计进行变更。另外，还会有大量与设备检查、测试和预防性维护有关的审核建议。因此，这类审核建议可能需要进行大量工程设计或技术工作才能得以落实。另外，由于许多审核建议侧重于纠正过程安全管理方针、制度、程序或过程安全工作记录方面存在的不足，因此，应“及时”落实这类审核建议。有关如何提出建议方面的指南介绍如下：

- 过程安全管理审核建议应符合“最大合理可行”(ALARP)原则，以合理利用资源，并确保最高风险得到最高重视。

- 对建议进行描述和说明时应做到完整且简练，以确保将审核建议从审核检查表中单独摘录出来后仍可以得到正确理解。要将建议形成整改项，以便由其他人员落实。审核建议应能够表述其完整含义，举例来说

—不完整表述：“考虑变更操作程序”。

—完整表述：“考虑变更操作程序，需增加一条操作要求：在打开烯烃进料阀前应对V-21液位进行检查”。

- 如果针对某一问题又提出了另外一条整改建议，要对原建议加以说明；如果无建议，应指明“无进一步建议”或采用类似表述加以说明。审核检查表或审核发现表中的“建议”栏不应留空白。

- 对于某些审核发现的问题，可能无需采取纠正措施，就对于审核发现的响应而言，这也是允许的。例如，如果没有按照法规要求对上次审核进行认证，而在过程安全管理审核程序中又要求对审核进行认证，在此种情况下，如果提出的建议是要求每三年对审核进行认证则没有任何实际意义。但是，如果在过程安全管理审核程序中既没有指明需对审核进行认

证，也没有明确审核认证的方法和形式，则建议在过程安全管理审核程序中明确认证要求才变得有实际意义。这有助于解决所发现的系统性问题。如果确定没有必要对审核发现的问题采取措施，就应清楚地注明，以防审查人员认为没有对审核发现的问题采取相应的纠正措施。对于该类问题，“建议”栏最好留空白。

- 不应采用提问形式来陈述建议。在提出最终纠正措施前，如果必须进行详细研究来开展类似工作，在审核建议中可要求对某些技术内容进行“调查”或“评估”。例如，当怀疑泄压系统没有按照认可和普遍接受的良好工程实践(RAGAGEP)(如 API RP 520)进行设计时，应按照认可和普遍接受的良好工程实践中的要求来提出建议，并纠正发现的任何不足。建议不能仅仅是提出问题，还要明确措施，否则就会使泄压系统存在的设计问题的解决成为“空谈”。

- 审核组应向工厂提出建议，要求工厂对一组记录进行全面检查，以核实除审核组对该组记录进行抽样审查所发现的问题外，是否还存在其他的问题。例如，如果审核组对抽取的 12 份 P&ID 图进行审查时发现所有 12 份 P&ID 图都存在问题，就要向工厂提出建议，要求工厂对其余 P&ID 图进行检查，并纠正发现的问题。

- 所提出的建议不能复述专门为当前工作制定的其他过程安全做法、方针或程序中的要求，同时也不能复述早已制定的程序或方针中的要求。例如，在对“资产完整性和可靠性”要素进行审查所发现的问题属于没有按期进行检查、测试和预防性维护(IPMT)工作，如果仅仅建议“按期开展 ITPM 工作”，这并没有对工厂如何纠正问题的根本原因提出任何指南，仅仅是重复工厂早已制定的书面要求，即 ITPM 计划中的要求。应提出如何纠正问题的根本原因方面的建议，例如，如果某些 ITPM 工作没有如期进行、所发现的问题比较严重或者 ITPM 工作未如期进行被视为资产完整性计划缺陷，需要执行正式程序对计划进行整改，并对整改情况进行记录时，就对 ITPM 计划进行必要的修改，以加大高层管理对 ITPM 工作的管理评审力度。

- 对于为纠正所发现的问题而采取的措施，在审核建议中可以采用命令式语言，但不能使工厂或公司仅限于采用某种具体解决方案。然而，对“如何”采用命令式语言建议时，其措辞应需特别谨慎。许多过程安全管理审核员更喜欢采用推断性术语(如采用“认为“一词)来对问题整改措施进行详细说明。这就为公司/工厂对初步建议进行修改提供了一定的灵活性。但是，必须注意的是，采用“认为”一词对审核建议进行说明既不意味着该建议可有可无、无需对所提出的建议采取措施，也不意味着仅仅是考虑如何对问题进行纠正而不采取纠正措施，而是意味着如果在日后有更好的方法和措施时，可对报告中提出的建议进行修改，当然，仍需要对发现的问题进行纠正。基于这种原因，对于仅按照相关审核准则/审核问询进行审查所发现的问题，有些审核员更喜欢用诸如“考虑”等这类用词，对于按照合规性审核准则进行审核而提出的建议，则采用强制性用词。对于审核建议的措辞，在建议陈述语句开头采用或不采用“考虑”一词都是允许的。不管采用何种表述方式，都应做到统一，同时，在过程安全管理审核管理程序中，应对措词的含义和使用进行规定。有关审核建议措辞的使用，举例说明如下：

—*审核发现*。烯烃装置危害识别和风险分析(HIRA)没有对安全和健康影响的范围进行定性评估。

—*建议*。在对烯烃装置进行下一次危害识别和风险分析时，对在研发时所发现的危险工况可能对安全和健康带来的影响范围进行定性评估。考虑采用化工过程安全中心(CCPS)出版物《危险评估程序指南》(第3版)(CCPS，2007b)中介绍的5×5矩阵对严重性、可能性和风险排序方法对其进行定性评估。

对于过程安全管理审核建议的审查，应采用与审核发现进行审查同样的程序(见第2.3.5节)。对于绝大多数审核组而言，作为其工作范围的一部分，审核组应针对所发现的问题提出建议，因此，同审核发现一样，可以采用同样的方法并在同一时间内对审核建议进行审查。如果是在审核组离开现场后才提出建议，尽管审核组其他成员在必要时可以通过E-mail或电话会议的形式对建议进行审查，但由于审核组成员不能再次组织在一起，因此，就必须对审核发现的审查程序进行必要的修改，以适应这种情况。

2.4 审核后续活动

审核后续活动包括：

- 审核报告的编制和发布；
- 制定整改计划；
- 正确处置在审核过程中形成或收集的书面信息。

2.4.1 编制审核报告

在现场审核工作完成后，审核组必须完成审核报告，有时还需要对现场审核发现的整改计划的完成情况进行核查。审核组通常首先编写初版审核报告，通过对初版审核报告进行审查，认真考虑对报告提出的意见，然后发布最终版审核报告。有些公司要求审核组在现场编制初版审核报告，这需要为审核组提供准备的额外时间，以便审核组在对审核发现及其建议进行彻底核查后才能编写报告。初版审核报告包括详细审核发现并对整个审核工作进行总结，通常由审核组组长负责编写或管理。详细审核结果包括审核发现的问题及其建议(当审核要求提出建议时)，通常需要附上已完成检查表、详细审核发现清单或类似形式的记录来加以说明。每名审核员通常只负责完成其职责范围内的过程安全管理体系要素审核工作，然后将审核结果提交给审核组组长。在发布最终版审核报告前，需对初版审核报告进行审查并提出意见。每个公司对审核报告都有自己的审查要求。在大多数情况下，审核组和受审核的公司/工厂均有机会对初版审核报告进行审查。许多公司都对审查人员的组成进行了规定，可包括其他有经验的审核员(同级别的审核员)、技术和管理专家，有时还包括公司法律事务人员。进行审查的目的是为了确保报告清晰、准确并符合事实。有关审核报告内容和用词方面的详细指南，见第1.8.3节。

如果将审核检查表纳入审核报告，为使审核报告更加合理和完善，应遵守以下要求：

• 审核检查表中各项内容必须全部完成，在陈述中不能使用术语表中未出现的术语。最终检查表不应以现场速记记录形式提供。

• 在审核检查表中，应避免大量使用引用性陈述，如“同问题B.3.1”。如果大量使用引用性陈述，就会造成审核检查表难以理解。每个审核问题/审核准则及其回答(如果采用问答式)、解释和建议应尽可能包含在一个信息主题(如审核发现的某一问题)中。唯一例外情况是，如果某一建议可适用于在审核中发现的多个问题，在检查表“建议”一栏中可采用引用性陈述。在审核报告/检查表中，当提出的建议适用于所有情况时，有时需要首先注明引用性陈述，这是因为审核建议通常摘自审核报告或检查表，并在单独跟踪系统或数据库中进行处理，而在这个单独系统中不需要重复性建议。

- 在检查表中，一般不应留空白项，除非空白项原因非常明显。例如，检查表“回答”栏(如果审核采用问答式)不应留空白。如果审核问询不适用或因为某些原因没有采用，应至少在检查表“回答”栏中注明“不适用”或“未被采用”。另外，还应注明审核提问“不适用”或“未被采用”的原因或依据，除非该原因或依据非常明显。例如，如果审核提问仅适用于石油天然气开采，而受审核的设施是专门生产化学品的生产装置，此时就无需对“不适用”原因加以说明。

2.4.2 制定整改计划

与其他过程安全活动一样，过程安全管理审核也将形成建议，然后将建议变成整改项。就过程安全管理审核而言，有时整改项也称为“纠正措施”。整改项/纠正措施是指公司和工厂为纠正审核发现的问题而采取的具体行动。

在审核报告发布以后，受审核工厂或单元应按照第1.9.1节中的规定为审核建议制定一份整改计划。如果要求对审核发现的问题立即采取措施，应在最终版审核报告发布前以及整改计划制定前对审核组提出的建议立即采取行动。在整改计划中，应明确需要做什么、由谁完成以及何时完成。整改计划是确保和证明审核发现的问题正在得到解决的一个重要步骤。在第1.9.2节中，对过程安全管理审核跟踪以及整改项管理进行了更进一步说明。对于绝大多数过程安全管理审核，在现场审核工作完成后制定整改计划。但在某些情况下，当审核组仍在现场时，该步审核工作就已经完成。在这种情况下，必须为审核提供足够的时间，以便对审核组提出的建议进行核查和讨论，然后制定最终纠正措施并确定其完成时间。

在不同公司中，审核员在整改计划中的作用并不一样。在某些公司中，审核员接收整改计划并定期对其进度进行更新(如每月或每季度)，同时还负责整改项的跟踪。而在其他一些公司中，审核员接收整改计划仅仅是为了存档，并无其他进一步职责(直到下一次审核)。有时要求审核员对整改计划进行审查，确保整改计划包含了审核发现的所有问题。无论哪种方法都在精心误计的程序范围内是有效的，但制定和执行整改计划始终是工厂管理的责任，而不是审核员的责任。有些公司为审核组配备了核查人员，以按照整改计划对整改项的实施进行核查和确认(见第1.9.3节)，其他一些公司则要求定期上报整改项实施进度，而无需外部人员进行核查。如果由第三方审核员对过程安全管理进行审核，当审核组提供了审核报告后，就通常意味着审核工作的结束。

2.4.3 现场记录/工作文件的处置

审核员工作文件、现场记录和其他支持文件通常不能成为永久性审核报告或记录的一部分。这些文件和记录仅供编写最终版审核报告时使用。在最终版审核报告发布后，应正确处置这些文件和记录，包括从审核员计算机中删除电子版文件。如果受审核公司或工厂对记录保存制定了相关规定，审核员应按照这些规定来处置其记录。如果公司或工厂没有对现场记录和工作文件的处置提出具体要求，审核员应遵守本节中规定的要求(见第1.8.4节)。

2.5 总结

使用有效的审核方法对进行高效的审核至关重要。应对审核方法和审核实施程序进行认真策划，以确保在审核过程中不同审核员以及在不同过程安全管理审核中采用统一的方法和程序。另外，审核员必须完全理解审核的目的、范围和指南以及全面实现审核目标而采用的审核方法。通过对审核员进行培训，但最为重要的是通过审核经验才能确保审核员对审核方法和审核程序做到“胸有成竹”。

参考文献

American Petroleum Institute (API), *Material Verification Program for New and Existing Alloy Piping Systems*, API RP-578, 1999.

Center for Chemical Process Safety (CCPS), *Guidelines for Risk Based Process Safety*, American Institute of Chemical Engineers, New York, 2007 (CCPS, 2007c).

Center for Chemical Process Safety (CCPS), *Process Safety Leading and Lagging Metrics*, American Institute of Chemical Engineers, New York, 2007 (CCPS, 2007Í).

Delaware, *Accidental Release Prevention Regulation*, Delaware Department of Natural Resources and Environmental Control/Division of Air and Waste Management, September 1989 (rev. January 1999).

Department of the Interior, Minerals Management Service, *Safety and Environmental Management Program (SEMP)*, 1990.

Environmental Protection Agency (USEPA), 40 CFR §68, *Accidental Release Prevention Requirements: Risk Management Programs Under Clean Air Act Section 112(r)(7)*; Final Rule, June 21, 1996.

Greeno, J. L. et al., *Environmental Auditing—Fundamentals and Techniques*, 2nd ed. (Arthur D. Little, Inc., Cambridge, MA, 1987).

New Jersey, *Toxic Catastrophe Prevention Act* (NJ. A. C. 7: 31), New Jersey Department of Environmental Protection, June 1987 (rev. April 16, 2007).

Occupational Safety and Health Administration (OSHA) 29 CFR §1910. 119, *Process Safety Management of Highly Hazardous Chemicals, Explosives and Blasting Agents*; *Final Rule*, Washington, DC, February 24, 1992.

Occupational Safety and Health Administration (OSHA) Publication 3133, *Process Safety Management Guidelines for Compliance*, Washington, DC, 1993.

Occupational Safety and Health Administration (OSHA) Instruction CPL 02-02-045 CH-1, *PSM Compliance Directive*, Washington, DC, September 13, 1994.

Occupational Safety and Health Administration (OSHA) Instruction CPL 03-00-004, *Petroleum Refinery Process Safety Management National Emphasis Program*, June 7, 2007 (OSHA, 2007b).

Occupational Safety and Health Administration (OSHA) Directive 09-06 (CPL02), *PSM Chemical Covered Facilities National Emphasis Program*, July 27, 2009 (OSHA, 2009a).

Occupational Safety and Health Administration (OSHA) Instruction CPL 02-00-148, *Field Operations Manual*, Washington, DC, March 26, 2009 (OSHA, 2009b).

3 过程安全管理适用性

本要素在 OSHA 过程安全管理标准《高危化学品过程安全管理》中被称为“应用范围”。在许多州立过程安全管理标准中，本要素也被称为“适用性”。按照使用习惯，在本书中采用“适用性”一词。在自愿性共识过程安全管理标准中，并没有将“过程安全管理适用性”列为其中一个独立要素。“过程安全管理适用性”是化工过程安全中心(CCPS)《基于风险的过程安全》(RBPS)事故预防原则之一“对过程安全的承诺”中的一个要素。风险管理计划(RMP)的适用性见第 24 章。

3.1 概述

为制定一个有效的过程安全管理体系，首先必须确定将哪些设施、单元、工艺或活动纳入体系中。可按照联邦、州或地方法规、公司方针或者自愿性共识过程安全管理标准来确定过程安全管理体系的适用性。有效的审核工作包括对某一工厂的过程安全管理体系范围进行检查，确保正确确定过程安全管理体系的范围。在本章中提供用于对过程安全管理体系的适用性进行评估的指南。

在第 3.2 节中，对合规性要求和相关审核准则以及审核员在使用这些准则方面的要求进行了介绍。有关对合规性要求和相关审核准则的详细介绍，见第 1 章(第 1.7 节)。并不代表实施过程安全管理体系必须遵守本书中介绍的相关审核准则，也不代表如果不遵守这些准则过程安全管理体系就会有缺陷。

3.2 审核准则和审核员指南

本节对 OSHA 过程安全管理标准《高危化学品过程安全管理》、EPA《风险管理计划》和多个州立过程安全管理标准以及其他常用自愿性共识过程安全管理标准适用性进行了详细介绍。审核员根据本章所提供的指南并通过审核对下文介绍的审核准则进行审查：

- 对在工厂中负责确定过程安全管理适用性的人员(通常为过程安全管理经理/协调员)以及对过程安全管理体系适用性起最终决定的人员进行面谈。

- 审查将那些单元、工艺或设备纳入或排除在过程安全管理体系的相关决定记录和决定依据。如果对这类信息进行了正式记录，通常包含在工厂过程安全管理适用程序、过程安全管理一般程序或过程安全管理手册介绍部分/最前面章节中。可采用以下记录和文件对 OHSA 过程安全管理标准《高危化学品过程安全管理》、EPA《风险管理计划》或自愿性共识过程安全管理标准的适用范围进行检查：

—工厂中所有化学品清单(可能需要根据现场化学品量来确定化学品清单)；

—OSHA 过程管理标准《高危化学品过程安全管理》所涵盖的化学品清单；

—工厂中所有工艺过程清单或简要说明；

—OSHA《高危化学品过程安全管理》所涵盖的工艺过程和设备清单或说明；

—覆盖或未覆盖过程安全管理体系的依据；

—任何声称的监管豁免的理由；

—过程安全管理体系描述。

- 对设施进行全面巡视，观察毒性和反应性的化学物质的使用和储存方式。

另外，审核员还应对受审核公司/工厂所制定程序中过程安全管理适用性要求进行认真审查。如第 1.7.1 节所述，监管机构可能会将过程安全管理适用性要求认定为合规性要求，如果不遵守这些合规性要求，公司或工厂就会因违反法规中的规定而收到由 OSHA 发出的违规传票。审核员应通过对相关人员进行面谈、对有关记录和文件进行审查以及实地检查等方式来核实工厂或公司过程安全管理适用性要求是否按照规定得以有效实施。如果在审核时发现没有遵守公司/工厂制定的具体规定，则应将发现的问题写入审核报告。

有关在本章中用于指明审核准则出处的缩写词定义，见“第 3-24 章指南”部分。

3.2.1 合规性要求

3.2.1.1 美国 OSHA 过程安全管理标准《高危化学品过程安全管理》

如表 3.1 所下的审核准则，应用于下列事项：

- OSHA 过程安全管理标准《高危化学品过程安全管理》或 EPA《风险管理计划》所涵盖的美国本土公司/工厂；
- 自愿采用 OSHA 过程安全管理标准《高危化学品过程安全管理》的公司/工厂；
- 在美国本土以外采用了 OSHA 过程安全管理标准《高危化学品过程安全管理》中规定的要求的公司/工厂。

表 3.1 列出在 OSHA 过程安全管理标准《高危化学品过程安全管理》中与“过程安全管理适用性”有关的审核准则和审核员指南。

表 3.1 在 OSHA 过程安全管理标准《高危化学品过程安全管理》中与“过程安全管理适用性”有关的审核准则和审核员指南

审核准则	审核准则出处	审核员指南
审核准则 3-C-1：如果过程涉及过程安全管理标准《高危化学品过程安全管理》(29 CFR §1910.119)附录 A 列出的化学品且化学品质量大于或等于标准中规定的临界量，应将这类过程纳入过程安全管理体系	OSHA 过程安全管理标准《高危化学品过程安全管理》(PSM)[(a)(1)(ii)]	为审核员提供的基本信息： • 在 OSHA 过程安全管理标准《高危化学品过程安全管理》中，将“过程”定义为涉及高度危险化学品的任何活动，包括以下任何一项或多项活动：使用、存储、制造、处理或现场搬运。按照定义，任何一组相互连通的容器和可能与一个高度危险化学品潜在释放相关的一组不相互连通的容器，应将其视为一个单独的过程。 •“相互连接”是指通过刚性管道或柔性软管进行连接。阀门不属于隔离装置，而盲板或带法兰的短管确实能够隔离容器中的高度危险化学品，则应视为隔离装置。另外，过程或设备相互连接无任何最少时间要求。例如，在每年几周时间内为仅生产某种产品而设置的临时连接也要视为“相互连接”。

续表

审核准则	审核准则出处	审核员指南
		•"布置"是指含有高度危险化学品的某一过程或设备位于含有同一高度危险化学品的其他过程或设备附近，当其中一个过程或设备出现问题会导致其他过程或设备出现高度危险化学品泄漏。还经常采用"相邻布置"这一术语来说明该类布置。例如，当附近发生单一火灾或爆炸时，会对相邻过程或设备均造成危险。通常而言，如果储罐或容器采用同一二次围堵措施，则应将其视为"相邻布置"。 •OSHA 过程安全管理标准《高危化学品过程安全管理》(29 CFR §1910.119)附录 A 列出的多种化学品通常是以与水形成的混合物形式使用，但附录 A 规定，在确定过程安全管理适用性时，仅考虑化学品 HCl 和 HF(即氯化氢和氢氟酸)的无水形态。 由审核员开展的工作： •审核员应对过程安全管理程序、策略和做法进行审查，以确定是否已对过程安全管理体系范围做出明确定义，从而将 OSHA 过程安全管理标准《高危化学品过程安全管理》(29 CFR §1910.119)附录 A 中列出的达到或超过临界量(TQ)的所有有毒或反应性材料纳入过程安全管理体系。 •审核员应对设施化学品清单进行审查，以核实是否将涉及附录 A 中化学品的过程纳入过程安全管理体系。如果没有纳入过程安全管理体系，应对没有纳入理由进行审查。 •当过程和设备涉及附录 A 中化学品且化学品量大于或等于临界量时，审核员应进行实地检查，以确保已将这类过程和设备纳入过程安全管理体系。 •审核员应对现场进行全面巡视，对涉及 OSHA《高危化学品过程安全管理》附录 A 中有毒/反应性材料的容器进行记录和检查，以核实是否按照过程安全管理体系中各要素对这些过程进行有效控制和管理
审核准则 3-C-2：在设施中，如果过程在现场涉及的易燃液体或气体量超过 10000 磅时，则将这类过程纳入过程安全管理体系	OSHA 过程安全管理标准《高危化学品过程安全管理》(PSM)[(a)(1)(ii)]	为审核员提供的基本信息： •有关"过程"以及其他重要术语的定义，见审核准则 3-C-1。高度危险化学品包括易燃材料。 •对于 OSHA 过程安全管理标准《高危化学品过程安全管理》中的易燃材料，在《危害告知标准》(HAZCOM)(1910，1200)中对"易燃材料"进行了如下规定：闪点低于 100°F 的液体以及燃烧下限(LFL)小于或等于 13%(体积)或不考虑燃烧下限时燃烧下限和燃烧上限(UFL)之差等于或高于 12%(体积)的气体。 •对于液体材料混合物，除非其中某些成分的闪点等于或高于 100°F 且其含量占混合物总体积的 99%以上，否则，如果液体材料混合物的闪点低于 100°F，该类液体混合物应被视为易燃物质，应将其纳入过程安全管理体系。这类混合物包括烃与水的混合物。应通过试验和/或工程计算来确定某一混合物的易燃性。另外，当工艺条件发生变化、不正常或出现工艺紊乱时，上述混合物不能成为易燃材料。 •职业安全与卫生审查委员会(OSHRC)准则(在 Meer 公司案件 OSHRC 做法)：对于用于存储易燃液体且无有效冷却措施的常压储罐，当其连接至 OSHA 过程安全管理标准《高度危险化学品过程安全管理》所涵盖某一过程时，尽管在 OSHA 早期

续表

审核准则	审核准则出处	审核员指南
		口头和正式书面说明中要求将其纳入所连接过程，但并非必须将其作为该过程的一部分。 • 职业安全与卫生审查委员会(OSHRC)准则(在 Motiva 公司案件中 OSHRC 做法)：当易燃材料量大于 10000lb 的某一设施与易燃材料量小于 10000lb 的某一设施相互连接时，除非在一个设施中发生事故会对另一设施造成影响，否则，不将易燃材料量小于 10000lb 的设施纳入过程安全管理计划。例如，对于位于某一炼油厂一定距离处的公路装卸设施，如果公路装卸设施易燃材料量不大于 10000lb，就无需将其纳入过程安全管理体系。在此种情况下，应考虑位于边界设施中过程/设备的相互连接和临近性，以考虑是否将边界设施中的过程/设备纳入过程安全管理体系 由审核员开展的工作： • 审核员应对过程安全管理书面程序、策略和做法进行审查，以确定是否对过程安全管理体系范围进行了清晰定义，从而将 OSHA 过程安全管理标准《高危化学品过程安全管理》(29 CFR §1910.119)附录 A 中超过临界量(TQ)的所有有毒或反应性材料纳入过程安全管理体系。 • 审核员应对设施化学品清单进行审查，以核实是否将使用易燃化学品的过程纳入过程安全管理体系。如果没有纳入过程安全管理体系，应对相关理由进行审查。 • 当过程和设备 OSHA 过程安全管理标准《高危化学品过程安全管理》所涉及涵盖的易燃材料且易燃材料量等于或高于临界量时，审核员应进行实地检查，以确保已将这类过程和设备纳入过程安全管理体系。 • 审核员应对现场进行全面巡视，对 OSHA 过程安全管理标准《高危化学品过程安全管理》所涵盖有毒/反应性材料的容器进行记录和检查，以确定是否按照过程安全管理体系中各要素对这些过程进行有效控制和管理
审核准则 3-C-3：将生产爆炸品和烟火的设施纳入过程安全管理体系	OSHA 标准 29 CFR §1910.109《爆炸品和爆炸剂生产》(k)(2),(3)	为审核员提供的基本信息： • 过程安全管理不包含爆炸品的使用或存储，仅涉及爆炸品生产。除非审核员是对爆炸品生产工厂进行过程安全管理审核，否则，审核员在对其他化工/加工工厂中进行审核时通常不会涉及到爆炸品生产设施。 • 在美国，爆炸品定义见 29 CFR §1910.109（OSHA）、49 CFR 第 1 章和 49 CFR §172.101（DOT）。 由审核员开展的工作： • 如果设施生产爆炸品，审核员应对现场进行全面巡视，对爆炸品容器进行记录和检查，以确定是否按照过程安全管理体系中各要素对这些过程进行有效控制和管理。这包括爆炸品生产和存储两方面检查内容

有关对风险管理计划准则适用性进行审查采用的审核准则，见第24章。

3.2.1.2 美国州立美国国家过程安全管理标准

当公司/工厂按照州立过程安全管理标准制定其过程安全管理体系时，应遵守州立过程安全管理标准中规定的具体适用性要求。州立过程安全管理标准中规定的要求通常会与联邦OSHA过程安全管理标准《高危化学品过程安全管理》和EPA《风险管理计划》中规定的要求存在一定程度的重叠，即使某一州已获得了联邦法规实施授权(即该州从OSHA获得了《高危化学品过程安全管理》实施资格或从EPA获得了《风险管理计划》实施资格)，州立过程安全管理标准会有自己的具体要求。在表3.2中，对以下三个州的过程安全管理法规适用性要求进行了说明：

- 新泽西州；
- 加利福尼亚州；
- 特拉华州。

表3.2列出了在美国州立过程安全管理标准中与“过程安全管理适用性”有关的审核准则和审核员指南。

表3.2 在美国州立过程安全管理标准中与“过程安全管理适用性”有关的审核准则和审核员指南

审核准则	审核准则出处	审核员指南
新泽西州立法规《毒性物品灾难预防法案》(TCPA) 审核准则3-C-4：对于某一设施，当按照新泽西州《毒性物品灾难预防法案》7：31-1.1第68篇第115部分确定的受控化学品量等于或高于临界值时，该设施所有者或运营方应遵守本部分中的规定。新泽西州已经从美国国家环境保护局(EPA)获得了风险管理计划准则实施资格，因此，在新泽西州《毒性物品灾难预防法案》(TCPA)中融合了EPA《风险管理计划》中的要求。由于《毒性物品灾难预防法案》立法需要依据原《毒性物品灾难预防法案》中的某些条款，因此这些条款在新《毒性物品灾难预防法案》中仍得以保留并仍然有效，这包括风险管理计划准则和《毒性物品灾难预防法案》的适用性以及其中的化学品清单	新泽西州《毒性物品灾难预防法案》N.J.A.C.7：31第1.1节	为审核员提供的基本信息： • 由于立法所需，新泽西州《毒性物品灾难预防法案》(TCPA)包括原《毒性物品灾难预防法案》中的部分化学品并没有包含在联邦《风险管理计划》中，其临界量(TQ)也有所不同。见新泽西州《毒性物品灾难预防法案》7：31-6.3表1中A部分。 • 新泽西州《毒性物品灾难预防法案》包括反应性材料，单一反应性材料和混合反应性材料，见新泽西州《毒性物品灾难预防法案》7：31-6.3表1中D部分。按照反应放热来确定单一反应性材料和混合反应性材料的临界量。 • 按照新泽西州《毒性物品灾难预防法案》编制的书面毒性物品灾难预防计划、策略和做法对公司/工厂进行审查，以检查是否已对毒性物品灾难预防计划/风险管理计划(RMP)范围做出明确规定，从而确保将新泽西州《毒性物品灾难预防法案》7：31-16.3中列出的等于或超过临界量的所有化学品纳入毒性物品灾难预防计划 由审核员开展的工作： • 当过程和设备涉及在《毒性物品灾难预防法案》中列出的易燃材料且易燃材料量等于或高于临界量时，审核员应进行实地检查，以确保已将这类过程和设备纳入毒性物品灾难预防计划。 • 审核员应对现场进行全面巡视，对涉及《毒性物品灾难预防法案》中有毒/反应性材料的容器进行记录和检查，以核实是否已按照《毒性物品灾难预防法案》中其他要素对这类过程进行了有效控制和管理

续表

审核准则	审核准则出处	审核员指南
特拉华州立法规《意外泄漏预防计划》 审核准则 3-C-5：对于某一工厂，当按照《特拉华州立法规汇编》第 5.115 部分确定的受控化学品量高于临界量时，工厂所有者或运营方应遵守本法规中的规定。特拉华州已经从美国国家环境保护局（EPA）获得了风险管理计划准则实施资格，因此，在特拉华州环境、健康与安全（EHS）管理法规中融合了 EPA《风险管理计划》中的要求。由于环境、健康与安全（EHS）管理法规立法需要依据原 EHS 法规中的某些条款，因此这些条款在新 EHS 法规中仍得以保留并仍然有效	《特拉华州立法规汇编》第 77 篇第 5.10 部分	为审核员提供的基本信息： • 特拉华州环境、健康与安全（EHS）管理法规的适用性、化学品临界量确定要求以及联邦《风险管理计划》中规定的要求。 由审核员开展的工作： • 审核员应按照特拉华州环境、健康与安全（EHS）管理法规编制的书面 EHS 计划、策略和做法对公司/工厂进行审查，以检查是否已对 EHS 计划/风险管理计划（RMP）范围做出明确规定，从而确保将《特拉华州立法规汇编》第 77 篇第 5.10 部分列出的等于或超过临界量的所有化学品纳入环境、健康与安全（EHS）管理体系。 • 当过程和设备涉及在环境、健康与安全（EHS）管理法规中列出的易燃材料且易燃材料量等于或高于临界量时，审核员应进行实地检查，以确保已将这类过程和设备纳入 EHS 体系。 • 审核员应对现场进行全面巡视，对涉及环境、健康与安全（EHS）管理法规中有毒/反应性材料的容器进行记录和检查，以核实是否已按照环境、健康与安全（EHS）管理法规中其他要素对这类过程进行了有效控制和管理
加利福尼亚州职业安全与健康管理局（CalOSHA）《急性危险物料过程安全管理》 审核准则 3-C-6：指南部分 • 当某一过程涉及的化学品量等于或高于附录 A 中规定的临界质量或当某一过程涉及易燃液体或气体时，应遵守这些法规中规定的要求。加利福尼亚州职业安全与健康管理局（CalOSHA）采用的“易燃性”定义与美国职业健康与安全管理局（OSHA）相同 • 对于存储在常压储罐中或采用常压储罐转储的易燃液体，当不采取冷却措施就能使其保持在正常沸点以下时，则不将这类易燃液体纳入急性危险物料过程安全管理体系 • 对于主要供工作场所使用的烃燃料（如采暖用丙烷燃料和车用汽油），如果这类燃料不涉及《加利福尼亚州立法规汇编》第 8 篇第 5189 部分规定的急性危险化学品过程，则不将这类烃燃料纳入急性危险物料过程安全管理体系 • 这些法规不适用于零售设施 • 这些法规不适用于石油或天然气井勘探或开采。	《加利福尼亚州立法规汇编》第 8 篇第 5189 部分	为审核员提供的基本信息： • 加利福尼亚州职业安全与健康管理局（CalOSHA）过程安全管理法规的适用性、化学品临界量确定要求以及 OSHA 过程安全管理标准《高危化学品过程安全管理》中规定的要求。

续表

审核准则	审核准则出处	审核员指南
• 这这些法规不适用于正常无人值守偏远设施。 • 爆炸品生产应满足第119节以及这些法令中的规定。 • 将引爆装置(如爆炸螺栓、引爆线、引爆器、雷管、加热芯块和类似小型爆炸装置)安装到成品或不会发生爆炸的装置以及爆炸品重新包装不属于爆炸品生产作业,不受《加利福尼亚州立法规汇编》第8篇第5189部分的控制。 • 对于下面列出的爆炸品生产前和生产后研究和试验工作,只要是在单独的非生产区域或设施中进行且不会导致爆炸品泄漏或不会对爆炸品生产过程灾难性泄漏应急响应工作造成任何影响,就不属于《加利福尼亚州立法规汇编》第8篇第5189部分的控制范围: —爆炸品生产抽样和测试以外的产品试验和分析; —对爆炸品、推进剂和烟火配方进行的化学和物理特性分析; —为形成批量生产配方而进行的化学品配方放大研究; —最终产品老化试验分析; —对预生产产品或最终产品进行的产品缺陷分析和试验; —X射线检查; —质量保证试验(不包括从正在进行的爆炸品生产过程取样); —对环境影响进行评估,如冷、热、震击、冲击、振动、高程、盐和雾等; —工程研发模型的装配		
《加利福尼亚州意外泄漏预防计划》(CalARP) 审核准则3-C-7:CalARP要求 • 本章中的要求适用于某一过程受控化学品质量超过临界量的工厂所有者或运营方。受控化学品见《加利福尼亚州立法规汇编》第19篇第2770.5部分3份单独化学品清单	《加利福尼亚州立法规汇编》第19篇第2735.4部分	<u>为审核员提供的基本信息:</u> •《加利福尼亚州意外泄漏预防计划》(CalARP)的适用性、受控化学品临界量确定要求以及联邦《风险管理计划》中规定的要求,不同之处在于《加利福尼亚州意外泄漏预防计划》还包括了必须纳入加利福尼亚州风险管理计划中的固体化学品和其他危险材料。这些化学品见《加利福尼亚州立法规汇编》第19篇第2770.5部分表3

续表

审核准则	审核准则出处	审核员指南
• 如果工厂中某一过程受控化学品质量超过了《加利福尼亚州立法规汇编》第2770.5部分表1或表2中规定的临界量，则该工厂所有者或运营方应遵守《加利福尼亚州立法规汇编》第19篇中的相关规定。 • 如果工厂中某一过程受控化学品质量超过了《加利福尼亚州立法规汇编》第19篇第2770.5部分表3中规定的临界量，且按照HSC第25534部分中的规定认为需要制定和实施风险管理计划时，则工厂所有者或运营方应遵守《加利福尼亚州立法规汇编》第19篇中的相关规定。 • 如果工厂中某一过程受控化学品质量超过了《加利福尼亚州立法规汇编》第19篇第2770.5部分表1或表2以及表3中规定的临界量，则工厂所有者或运营方应遵守《加利福尼亚州立法规汇编》第19篇中的相关规定		

3.2.2 相关审核准则

本节中介绍的相关审核准则为审核员在对过程安全管理体系强制性要求以外的问题进行审查时提供了指南，这些相关审核准则在很大程度上代表了在行业采用的过程安全管理良好做法，在某些情况下还代表了过程安全管理普遍做法。由于部分相关审核准则已在相当长时间内被广泛认可并成功实施，因此，这类审核准则实际上已经达到可接受做法的水准。审核员和过程安全管理专业人员应认真考虑如何采用和实施这些审核准则，或者至少采用一种在性质上基本类似的审核方法来对过程安全管理体系进行审核。有关可接受做法的定义及其实施，见术语表和第1.7.1节。表3.3列出了行业过程安全管理良好做法中与“过程安全管理适用性”有关的审核准则和审核员指南。

表3.3 行业过程安全管理良好做法中与“过程安全管理适用性”有关的审核准则和审核员指南

审核准则	审核准则出处	审核员指南
审核准则3-R-1：过程安全管理体系适用于当设施化学品发生泄漏时会导致过程安全事故的设备、过程、系统和操作	美国职业安全与健康管理局(OSHA)对其过程安全管理标准《高危化学品过程安全管理》(29 CFR §1910.119)做出的正式书面说明(WCLAR)(2/28/97)RBPS	为审核员提供的基本信息： • 基于在进行危害识别和风险分析(HIRA)、风险评估、保护层分析(LOPA)/安全完整性等级(SIL)分析或其他分析和研究工作(用于明确与过程安全有关的危险/与设备及其运行有关的风险并进行优先排序)时识别出的风险，将设备、过程、系统和操作纳入过程安全管理体系。

续表

审核准则	审核准则出处	审核员指南
	化工过程安全中心(CCPS)出版物《基于风险的过程安全》(RBPS)良好行业做法(GIP)	由审核员开展的工作: • 审核员应对危害识别和风险分析(HIRA)、风险评估、保护层分析(LOPA)/安全完整性等级(SIL)分析或其他分析和研究进行审查,并将这些研究结果与过程安全管理体系范围加以比较,以确定过程安全管理体系是否能对过程安全风险进行有效控制。对于在OSHA过程安全管理标准《高危化学品过程安全管理》中未列出的材料,如果认为这类材料泄漏会造成风险,可将过程安全管理体系延伸至涉及这类材料的过程或设备
审核准则3-R-2:对于高度危险化学品,根据其工业级溶液浓度来确定是否将其纳入过程安全管理体系	美国职业安全与健康管理局(OSHA)《过程安全合规性指令》(CPL)	为审核员提供的基本信息: • 对于许多化学品而言,工业级化学品是指纯净级或接近纯净级化学品。但是,OSHA过程安全管理标准《高危化学品过程安全管理》(29 CFR §1910.119)附录A中的某些常用化学品(如硝酸和过氧化氢)通常以不同浓度溶液形式供货。OSHA在其OSHA过程安全管理标准《高危化学品过程安全管理》(29 CFR §1910.119)附录A中列出的化学品为纯净级化学品或工业级化学品。对于附录A中列出的化学品,工业级化学品是指可以从市面上采购到的浓度最大的化学品。在确定化学品工业级浓度时,应查阅由化学品生产商和销售商提供的资料。 由审核员开展的工作: 如果设施未将某一高度危险化学品纳入其过程安全管理体系中,审核员应对现场化学品的溶液浓度进行检查,并与由生产商或销售商提供的相关资料进行比较,以确定现场该种化学品浓度是否等于或超过附录A中列出的化学品工业级浓度
审核准则3-R-3:术语"工业级"化学品还包括"试剂级"化学品	美国职业安全与健康管理局(OSHA)对其过程安全管理标准《高危化学品过程安全管理》(29 CFR §1910.119)做出的正式书面说明(WCLAR)(3/21/94)	为审核员提供的基本信息: • 当工业级化学品和试剂级化学品的最大浓度不一样时,应将浓度较低的化学品(和超过规定浓度的化学品)纳入过程安全管理体系
审核准则3-R-4:对于相互隔离的高度危险化学品存储区,只有当某一存储区化学品存储量不超过规定的临界量且当出现问题时不会对另外一个存储区造成影响时,在过程安全管理体系中则不考虑这类高度危险化学品存储区	美国职业安全与健康管理局(OSHA)《过程安全合规性指令》(CPL)	为审核员提供的基本信息: • 如果某一有毒、反应性或易燃材料存储区已与附录A中其他化学品或易燃材料进行了隔离(如通过管理程序),二者之间的距离不应靠得太近,从而确保当有毒、反应性或易燃材料存储区出现问题时不致于影响其他受控材料存储区。 由审核员开展的工作: • 审核员应进行实地检查,以核实设施制定的管理控制措施是否能够将过程、设备或存储区中高度危险化学品存储量控制在临界量以下。 • 审核员应对现场进行全面巡视,对涉及附录A中化学品或易燃材料的容器进行记录并检查,以核实管理控制措施是否按照规定切实付诸实施,并确保在任何存储区中高度危险化学品存储量不超过规定的临界量

续表

审核准则	审核准则出处	审核员指南
审核准则3-R-5：对于含有有毒/反应性高度危险化学品的容器组，虽然容器彼此独立但却相互连接，其布置方式可能会导致高度危险化学品发生泄漏，应将这类容器组视为一个“过程”	美国职业安全与健康管理局（OSHA）《过程安全管理合规性指令》（CPL）	为审核员提供的基本信息： ● 在确定附录A中化学品或易燃材料是否超过了规定临界量时，应将相互连接容器中这类化学品或易燃材料的存储量进行累加，然后与临界量进行比较。 ● 在确定易燃材料量是否超过10000磅临界量时，对相互连接容器中易燃材料进行评估采用的方法不同于用于存储易燃液体且无有效冷却措施的常压储罐，通常不将这类常压储罐纳入过程安全管理体系。这是职业安全与卫生审查委员会（OSHRC）在Meer公司案件中采用的做法。 由审核员开展的工作： ● 对于相互连接的单独设备，如果涉及附录A中化学品或易燃材料且其存储量等于或高于10000磅临界量，审核员应进行实地检查，以确保已将这类设备纳入过程安全管理体系。 ● 审核员应对现场进行全面巡视，对涉及附录A中化学品或易燃材料的容器进行记录和检查，以核实是否已按照过程安全管理计划其他要素对这类设备进行有效控制和管理
审核准则3-R-6：对于按照《资源保护和恢复法案》（RCRA）建设的危险废弃物处理、存储和处置（TSD）设施，当废弃物量超过过程安全管理标准中规定的临界量时，应将其纳入过程安全管理体系	美国职业安全与健康管理局（OSHA）《过程安全管理合规性指令》（CPL）	为审核员提供的基本信息： ● 将《资源保护和恢复法案》（RCRA）（或任何其他EHS法规）中规定的过程、设备或材料纳入过程安全管理体系并不影响过程安全管理体系的适用性。当设施中化学品既属于《资源保护和恢复法案》中规定的材料又是附录A中化学品或易燃材料（有毒、反应性或易燃）且其现场存储量超过过程安全管理标准中规定的临界量时，应将这类化学品纳入过程安全管理体系。 由审核员开展的工作： ● 按照《资源保护和恢复法案》（RCRA）建设的危险废弃物处理、存储和处置（TSD）设施涉及高度危险化学品或易燃材料且其存储量等于或高于10000磅临界量，则审核员应进行实地检查，以核实这些TSD设施是否已纳入过程安全管理体系。 ● 审核员应对现场进行全面巡视，对涉及《资源保护和恢复法案》（RCRA）中易燃材料的容器进行记录和检查，以核实是否已按照过程安全管理体系中各要素对这些容器或设备进行了有效控制和管理
审核准则3-R-7：对于涉及高度危险化学品的正常无人值守偏远设施，如果在出现问题时不会对其他设施或人员造成影响，则不将其纳入过程安全管理体系	美国职业安全与健康管理局（OSHA）《过程安全管理合规性指令》（CPL） 美国职业安全与健康管理局（OSHA）对其过程安全管理标准《高危化学品过程安全管理》（29 CFR §1910.119）做出的正式书面说明（WCLAR） （12/10/93） （5/29/98） （2/16/05）	为审核员提供的基本信息： ● 只有在无人值守偏远设施出现问题情况下不会对临界设施及其人员造成影响时，方可将该无人值守偏远设施排除在过程管理体系以外。 ● 当将无人值守偏远设施排除在过程安全管理体系之外时，其值守时间应低于1.5h/工作日和14.5h/工作周，且不能为设施设置永久性工作岗位。 由审核员开展的工作： ● 如果任何设施被确定为无人值守偏远设施，则审核员应对整个设施或设施其中一部分进行巡视，以明确设施的值守时间、工作岗位状态以及当设施出现问题时是否会对OSHA过程管理标准《高危化学品过程安全管理》所涵盖的其他过程或设备造成影响

续表

审核准则	审核准则出处	审核员指南
审核准则 3-R-8：当实验室/研发机构采用的一种或多种有毒/反应性高度危险化学品达到规定的临界量时，应将实验室/研发机构纳入过程安全管理体系	美国职业安全与健康管理局(OSHA)《过程安全管理合规性指令》(CPL)	为审核员提供的基本信息： • 由于实验室工作通常涉及少量有毒、反应性或易燃材料的使用，即使它们不属于生产类设施，也不能将其排除在过程安全管理体系之外。 • 中试装置规模通常比实验室大但比生产装置小，由于其属于研发类设施，因此，也不能将其排除在过程安全管理体系之外。 由审核员开展的工作： • 审核员应对所有实验室和中试装置进行巡视，以核实这些设施中任何涉及附录 A 中化学品或易燃材料的容器是否超过了规定的临界量(在进行检查时，要牢记“过程”定义)。如果超过了临界量，审核员应进行进一步检查，以核实是否已按照过程安全管理体系其他要素对实验室或中试装置过程安全风险进行有效控制和管理
审核准则 3-R-9：对于 OSHA 过程安全管理标准《高危化学品过程安全管理》(29 CFR §1910.119)附录 A 中的有毒/反应性高度危险化学品，在确定是否达到或超过规定临界量时，要对每一化学品进行独立检查	美国职业安全与健康管理局(OSHA)对其过程安全管理标准《高危化学品过程安全管理》(29 CFR §1910.119)做出的正式书面说明(WCLAR)(7/18/94)	为审核员提供的基本信息： • 除非在 OSHA 过程安全管理标准《高危化学品过程安全管理》(29 CFR §1910.119)附录 A 中对某种化学品混合物或其浓度做出了规定，否则，不得按照有毒/反应性高度危险化学品混合物存储量来判断是否超过规定临界量。应对附录 A 中的化学品进行独立检查，并根据工业级溶液浓度来核实是否需将其纳入过程安全管理体系
审核准则 3-R-10：对于油漆桶、气溶胶以及油漆调和材料，如果易燃材料量超过了规定临界量，应将其纳入过程安全管理体系	美国职业安全与健康管理局(OSHA)《过程安全管理合规性指令》(CPL)	为审核员提供的基本信息： • 如果油漆最终产品的闪点低于 100℉且在某一存储地点其存储量超过 10000 磅临界量，应将存储油漆调和材料(如溶剂)的仓库纳入过程安全管理体系。但是，在常压条件下存储的油漆可不纳入过程安全管理体系。 • 当气溶胶压力桶中的推进剂属于美国《危害告知标准》(HAZCOM)中规定的易燃气体且在某一存储地点的存储量超过了 10000 磅临界量时，就要将这类油漆仓库纳入过程安全管理计划。 由审核员开展的工作： • 审核员应对油漆生产或存储设施进行巡视，以核实是否超过易燃材料规定临界量。如果超过了规定临界量，审核员应进行进一步检查，以核实是否已按照过程安全管理体系其他要素对油漆生产或存储设施进行有效控制和管理
审核准则 3-R-11：对于涉及高度危险化学品或易燃产品的零售设施，如果其销售收入至少占 51%，则不将这类零售设施纳入过程安全管理体系	美国职业安全与健康管理局(OSHA)《过程安全管理合规性指令》(CPL)	为审核员提供的基本信息： • 最终用户包括商业用户和民用用户。 由审核员开展的工作： • 在确定设施是否属于零售设施时，审核员应对这类设施进行现场巡视，并对相关记录进行检查，以确定其销售收入是否超过 51%。如果不超过 51%，则确保涉及附录 A 中化学品或易燃产品的零售设施已涵盖在过程安全管理体系中

续表

审核准则	审核准则出处	审核员指南
审核准则 3-R-12：当采用55加仑桶和包装袋来盛装易燃材料时，不将其纳入过程安全管理体系	美国职业安全与健康管理局(OSHA)《过程安全管理合规性指令》(CPL) 美国职业安全与健康管理局(OSHA)对其过程安全管理标准《高危化学品过程安全管理》(29 CFR §1910.119)做出的正式书面说明(WCLAR)(9/27/94)	为审核员提供的基本信息： ●当采用桶和包装袋来盛装易燃材料时，应将其视为常压存储，因此，无需将其纳入过程安全管理体系。 ●如果易燃材料桶和包装袋存储区靠近OSHA过程管理标准《高危化学品过程安全管理》所涵盖的其他过程且当存储区发生火灾或爆炸会影响过程安全管理计划涵盖的其他过程时，这类储存区应受OSHA过程安全管理标准《高危化学品过程安全管理》控制。 由审核员开展的工作： ●审核员应对55加仑桶和包装袋存储区进行巡视，以确定易燃材料存储量是否超过了规定临界量，并对因这类存储区靠近OSHA过程管理标准《高危化学品过程安全管理》所涵盖的其他过程或设备是否会对其造成影响进行评估。如果会造成影响，审核员应对易燃化学品存储区进行检查，以核实这类存储区是否已纳入过程安全管理体系
审核准则 3-R-13：如果易燃液体存储区很靠近某一过程，当发生爆炸、火灾或泄漏时会使存储区以及过程泄漏出的易燃液体量超过10000磅临界量，则存储区涉及的易燃液体量就应被视为过程的一部分	美国职业安全与健康管理局(OSHA)对其过程安全管理标准《高危化学品过程安全管理》(29 CFR §1910.119)做出的正式书面说明(WCLAR)(2/25/95)(2/15/94)	为审核员提供的基本信息： ●在确定过程安全管理适用性时，临近性是需要考虑的一个重要因素。当易燃材料量低于10000磅临界量的某一过程靠近易燃材料量低于或高于10000磅临界量的另外一个过程时，如果易燃材料量低于10000磅临界量的某一过程发生火灾或爆炸会影响另外一个相邻过程，应对这两个过程实施隔离措施，并应将这两个过程均纳入过程安全管理体系。 由审核员开展的工作： ●审核员应对易燃材料存储区进行巡视，以核实存储区是否因靠近OSHA过程管理标准《高危化学品过程安全管理》所涵盖的其他过程或设备而对其造成影响。如果会造成影响，应将存储区纳入过程安全管理体系
审核准则 3-R-14：对于采用易燃液体或气体作为燃料向过程提供热量的工业炉、锅炉和加热炉等，无论燃料量有多大以及是否还用于OSHA过程管理标准《高危化学品过程安全管理》所涵盖的其他过程，应将其纳入过程安全管理体系。这一要求不适用于明火蒸汽锅炉	美国职业安全与健康管理局(OSHA)对其过程安全管理标准《高危化学品过程安全管理》(29 CFR §1910.119)做出的正式书面说明(WCLAR)(1/8/93)	为审核员提供的基本信息： ●当加热炉用于处理OSHA过程安全管理标准《高危化学品过程安全管理》中规定的有毒、反应性或易燃工艺流体时，即使燃料量或工艺流体量都不超过规定临界量，也要将这类受火加热炉纳入过程安全管理体系。 由审核员开展的工作： ●审核员应对工艺区域(包括与OSHA《高危化学品过程安全管理》所涵盖其他过程的连接)进行巡视，以确定加热炉/工业炉是否采用了OSHA过程安全管理标准《高危化学品过程安全管理》中列出的燃料以及这些燃料是否超过规定临界量。如果超过临界量，审核员应进行进一步检查，以核实是否已采用过程安全管理体系其他要素对这类加热炉/工业炉过程安全风险进行有效管理和控制
审核准则 3-R-15：按照美国交通运输部(DOT)标准(或DOT爆炸品划分编号系统)，将导弹和火箭推进剂划分为A级、B级或C级爆炸品，并已将其纳入过程安全管理体系	美国职业安全与健康管理局(OSHA)对其过程安全管理标准《高危化学品过程安全管理》(29 CFR §1910.119)做出的正式书面说明(WCLAR)(1/31/94)	为审核员提供的基本信息： ●应将导弹和火箭推进剂生产纳入过程安全管理体系，但不包括推进剂的使用或存储

续表

审核准则	审核准则出处	审核员指南
审核准则 3-R-16：应创建一套管理系统/程序，用于对新过程和新化学品进行筛选，以将其纳入过程安全管理体系	良好行业做法(GIP)	为审核员提供的基本信息： • 应为审核员提供现场新引入化学品筛选管理程序或其他文件/记录，以便审核员对其进行审查，以核实是否可以将相关化学品纳入过程安全管理体系。 • 对于多目的间歇式生产设施和中试装置，由于其过程和化学品更加倾向于发生变化，这项要求尤为重要。 由审核员开展的工作： • 审核员应对设施或公司新化学品引入程序进行审查，以核实是否已将相关化学品纳入过程安全管理体系
审核准则 3-R-17：应对将过程和系统纳入过程安全管理计划和/或排除在过程安全管理体系之外的理由和原因进行记录	良好行业做法(GIP)	为审核员提供的基本信息： • 应将设施过程安全管理适用性程序或如何确定过程安全管理适用性的其他文件/记录提供给审核员，以便对其进行审查 由审核员开展的工作： • 审核员应将过程安全管理适用性程序中的内容与过程安全管理计划其余要素加以比较。例如，在过程安全管理适用性程序确定的过程安全管理范围内，是否对所有过程进行危险识别和风险分析(HIRAs)
审核准则 3-R-18：如果某种材料既属于 OSHA《高危化学品过程安全管理》附录 A 中列出的化学品又属于易燃材料，则采用附录 A 中规定的临界量或 10000 磅中较小值对其进行控制	美国职业安全与健康管理局(OSHA)对其过程安全管理标准《高危化学品过程安全管理》(29 CFR §1910.119)做出的正式书面说明(WCLAR)(3/21/94)	由审核员开展的工作： • 审核员应对过程安全管理体系中的化学品清单进行审查，以核实是否有些材料既属于 OSHA《高危化学品过程安全管理》附录 A 中列出的化学品又属于易燃材料。如果有的话，应采用附录 A 中规定的临界量或 10000 磅中较小值对其进行控制
审核准则 3-R-19：在过程安全管理体系中，可采用管理手段来对设施中化学品存储量进行控制	美国职业安全与健康管理局(OSHA)对其过程安全管理标准《高危化学品过程安全管理》(29 CFR §1910.119)做出的正式书面说明(WCLAR)(6/1/94)	为审核员提供的基本信息： • 为审核员提供采用管理手段来对设施中化学品量进行控制的相关文件。不要求为管理手段提供实际的控制设备来做后备措施。 由审核员开展的工作： • 审核员应进行实地检查，以核实采用的管理控制措施是否能够将 OSHA《高危化学品过程安全管理》所涵盖化学品的存储量切实控制在规定临界量以下。 • 由于采用管理手段来对化学品存储量进行控制，因此，审核员应对附录 A 中的化学品或易燃材料存储量进行检查，以核实是否还有化学品或易燃材料没有纳入过程安全管理体系
审核准则 3-R-20：当将高度危险化学品运输容器连接到某一过程且运输容器用作存储容器时，则将这类容器视为过程的一部分	美国职业安全与健康管理局(OSHA)对其过程安全管理标准《高危化学品过程安全管理》(29 CFR §1910.119)做出的正式书面说明(WCLAR)(7/11/94)	为审核员提供的基本信息： • 当采用容器(如铁路槽车、公路槽车、长管拖车)运输附录 A 中某一化学品或易燃材料且化学品或易燃材料存储量大于临界量时，如果运输容器是连接至某一过程，并不卸料，而是作为存储容器使用，即使运输容器不属于公司/工厂所有，也应将这类运输容器纳入过程安全管理体系。最常见的例子是，液氯铁路槽车在铁路支线直接连接至某一过程，直至槽车中液氯被排空为止。附录 A 中的其他化学品或易燃材料有时也采用这种方法来运输，如三氟化硼和乙烯采用长管拖车运输。

续表

审核准则	审核准则出处	审核员指南
		由审核员开展的工作： ● 当采用运输容器来运输附录 A 中化学品或易燃材料且运输容器直接连接至某一过程时，审核员应进行实地检查，以核实是否将这类运输容器纳入过程安全管理体系 ● 当采用运输容器来运输 OSHA《高危化学品过程安全管理》所涵盖的材料、材料量等于或高于规定的临界量且运输容器直接连接至某一过程时，审核员应对现场进行全面巡视，并记录下这类运输容器，然后将现场记录与过程安全管理体系中的设备清单进行比较
审核准则 3-R-21：如果管道输送系统中高度危险化学品或易燃材料量超过规定临界量，应将这类管道系统纳入安全过程管理体系范围，受控管道输送系统终点应位于由美国交通运输部(DOT)管理法规开始控制的位置	美国职业安全与健康管理局(OSHA)对其过程安全管理标准《高危化学品过程安全管理》(29 CFR §1910.119)做出的正式书面说明(WCLAR)(10/30/92)	为审核员提供的基本信息： ● 当 OSHA 过程管理标准《高危化学品过程安全管理》所涵盖的材料通过管道系统输送至某一设施或从某一设施运出时，应将 OSHA 过程安全管理标准《高危化学品过程安全管理》所涵盖材料的管道输送系统及其存储量纳入过程安全管理体系，受控管道输送系统终点应位于由美国交通运输部(DOT)管理法规开始控制的位置。该位置通常是隔离阀或计量站，但可能还有另外分隔点。该分隔点可以位于设施地界线以内或以外。可能需要提供注明管线分隔点的图纸或文件以供审核员进行审查。 由审核员开展的工作： ● 审核员应对危害识别和风险分析(HIRA)结果进行检查，以核实 HIRA 结果是否与管线边界保持一致。 ● 当现场管道系统用于输送 OSHA《高危化学品过程安全管理》所涵盖的材料并连接至某一过程时，审核员应在现场对其进行检查，以核实是否将其纳入过程安全管理体系。同时，审核员还应对现场进行全面巡视，并记录下这类管道系统，然后将现场记录与 OSHA《高危化学品过程安全管理》所涵盖设备清单进行比较
审核准则 3-R-22：无论采取了何种主动安全防护措施，当过程有可能出现灾难性化学品泄漏时，应尽可能将会出现问题的过程纳入过程安全管理体系	美国职业安全与健康管理局(OSHA)对其过程安全管理标准《高危化学品过程安全管理》(29 CFR §1910.119)做出的正式书面说明(WCLAR)(2/28/97)	为审核员提供的基本信息： ● 例如，当反应正常完成后，如果反应器能够消耗掉所有危险化学品，反应器下游设备可不包含在 OSHA《高危化学品过程安全管理》中。但是，当主动安全防护措施出现故障会导致 OSHA《高危化学品过程安全管理》所涵盖化学品超过临界量且进入下游设备时，就应将下游设备纳入过程安全管理体系。 由审核员开展的工作： ● 审核员应对危害识别和风险分析(HIRA)结果进行检查，以核实 HIRA 结果是否明确与这些边界保持一致。 ● 无论是否采取了主动安全防护措施，只要反应器(反应器中的受控物料被消耗掉，痕量除外)下游过程或存储设备可能会出现灾难性化学品泄漏，审核员应按照 OSHA《高危化学品过程安全管理》所涵盖的设备清单对涉及的过程 P&ID 图进行审查，以确定是否将这些过程或存储设施纳入过程安全管理体系

续表

审核准则	审核准则出处	审核员指南
审核准则3-R-23：当公用工程系统出现问题可能会造成灾难性化学品泄漏时，则尽可能将会出现问题的公用工程系统纳入过程安全管理体系	美国职业安全与健康管理局(OSHA)对其过程安全管理标准《高危化学品过程安全管理》(29 CFR §1910.119)做出的正式书面说明(WCLAR)(3/10/94)(9/14/95)(1/31/08)	为审核员提供的基本信息： • 当公用工程系统出现问题会造成附录A中化学品或易燃材料出现灾难性化学品泄漏时，应对潜在泄漏进行危害识别和风险分析(HIRA)。 由审核员开展的工作： • 当公用工程系统出现问题可能会造成灾难性化学品泄漏时，审核员应按照OSHA《高危化学品过程安全管理》所涵盖的设备清单对涉及的公用工程系统P&ID图进行审查，以核实是否尽可能将这些公用工程系统纳入过程安全管理体系。 • 审核员应将危害识别和风险分析(HIRA)结果和P&ID图审查结果与过程安全管理计划中的过程/系统清单进行比较，以确定公用工程系统出现何种问题会造成或诱发高度危险化学品或易燃材料出现泄漏以及是否将这类公用工程系统纳入过程安全管理体系
审核准则3-R-24：当码头管线和系统涉及附录A中化学品或易燃材料且连接至OSHA过程安全管理标准《高危化学品过程安全管理》所涵盖过程时，也应将其纳入过程安全管理体系。码头、码头设备和码头人员也应纳入过程安全管理体系。美国海岸警卫队(USCG)法规涵盖了船舶/驳船、海上设备和海上人员	美国职业安全与健康管理局(OSHA)对其过程安全管理标准《高危化学品过程安全管理》(29 CFR §1910.119)做出的正式书面说明(WCLAR)(10/31/96) 美国职业安全与健康管理局(OSHA)对其过程安全管理标准《高危化学品过程安全管理》(29 CFR §1910.119)做出的口头说明(VCLAR)	为审核员提供的基本信息： • 对于安装在陆地上的设备，当涉及附录A中化学品或易燃材料时，应将其纳入过程安全管理计划；对于安装在海上装备(如船舶或驳船)上的设备，应将其纳入由美国海岸警卫队(USCG)制定的管理计划中，而不是纳入过程安全管理计划中。同用于支撑工艺设备的结构件(如管架或容器裙座)一样，也应将码头结构纳入过程安全管理体系。 • 对于连接至常压原油油库的码头，除非还涉及OSHA过程管理标准《高危化学品过程安全管理》所涵盖的其他作业，如石油产品的掺混或调和，否则，不将这类码头纳入过程安全管理体系。 由审核员开展的工作： • 审核员应对危害识别和风险分析(HIRA)结果进行审查，以核实HIRA结果是否与过程安全管理边界一致，该边界通常位于船舶挠性装载臂连接管件处。 • 审核员应进行实地检查，以核实是否将OSHA过程安全管理标准《高危化学品过程安全管理》所涵盖材料的码头、码头设备和码头人员纳入过程安全管理体系。 • 当码头设备和作业涉及OSHA过程安全管理标准《高危化学品过程安全管理》所涵盖材料且材料量等于或高于规定临界量时，审核员应对现场进行全面巡视，并记录下这类码头设备和作业，然后将现场记录与过程安全管理体系中的设备清单进行比较
审核准则3-R-25：对于由另外一家公司拥有的现场设备，如果设备发生故障会导致附录A中的化学品或易燃材料出现灾难性化学品泄漏，受影响公司/工厂应将这类设备纳入其过程安全管理体系	美国职业安全与健康管理局(OSHA)对其过程安全管理标准《高危化学品过程安全管理》(29 CFR §1910.119)做出的口头说明(VCLAR)	为审核员提供的基本信息： • 如果涉及附录A中化学品或易燃材料的过程/设备由另外一家公司所有，但却布置在设施现场，也应将这类过程/设备纳入过程安全管理体系。 由审核员开展的工作： • 当涉及附录A中化学品或易燃材料的过程/设备由另外一家公司拥有但却布置在现场时，审核员应进行实地检查，以核实是否将这类过程/设备纳入过程安全管理体系。 • 当涉及附录A中化学品或易燃材料的过程/设备由另外一家公司公司拥有但却布置在现场时，审核员应对现场进行全面巡视，记录下这类过程/设备，并将记录与过程安全管理体系中的设备清单进行比较

续表

审核准则	审核准则出处	审核员指南
审核准则3-R-26：如果设备停用或退役后仍会诱发灾难性泄漏，也要将这类设备纳入过程安全管理体系	美国职业安全与健康管理局（OSHA）对其过程安全管理标准《高危化学品过程安全管理》（29 CFR §1910.119）做出的口头说明（VCLAR）	为审核员提供的基本信息： • 当停用OSHA过程管理标准《高危化学品过程安全管理》所涵盖的设备时，应对退役设备进行机械隔离（并不是关闭阀门，而是采用盲板进行隔离）、电气隔离，并将设备中所含的附录A中化学品或易燃材料（包括残液）全部排出。 由审核员开展的工作： • 审核员应进行实地检查，以核实是否将在停用或退役后仍会造成灾难性化学品泄漏的设备纳入过程安全管理体系。 • 审核员还应对现场进行全面巡视，对在停用或退役后仍会造成灾难性化学品泄漏的设备进行记录，然后将现场记录与过程安全管理体系中的设备清单进行比较
审核准则3-R-27：当危险废弃物焚烧炉和黑液回收锅炉用于焚烧附录A中的化学品或易燃材料且化学品或易燃材料量等于或高于规定临界量时，则将这类危险废弃物焚烧炉和黑液回收锅炉纳入过程安全管理体系	美国职业安全与健康管理局（OSHA）对其过程安全管理标准《高危化学品过程安全管理》（29 CFR §1910.119）做出的正式书面说明（WCLAR）（12/21/92）（6/9/93）	为审核员提供的基本信息： • 对于受环保法规控制的危险废弃物焚烧炉（或热氧化炉）和黑液回收锅炉（通常在纸浆/造纸行业中使用），如果设备中所含的附录A中化学品或易燃材料量等于或高于规定的临界量或者设备连接至另一受控过程（职业安全与卫生审查委员会（OSHRC）在Meer公司案件中采用的做法除外），应将这类设备纳入过程安全管理体系。 由审核员开展的工作： • 当危险废弃物焚烧炉和黑液回收锅炉用于焚烧附录A中的化学品或易燃材料时，审核员应进行实地检查，以核实是否将这类设备纳入过程安全管理体系。同时，审核员还应对现场进行全面巡视，并记录下用于焚烧附录A中的化学品或易燃材料的危险废弃物焚烧炉和黑液回收锅炉，然后将现场记录与过程安全管理体系中的设备清单进行比较
审核准则3-R-28：对于涉及附录A中化学品或易燃材料的卸料操作和设备，如果未使用美国交通运输部（DOT）法规批准的货物运输机动车辆（CTMV）来运输，不在常压条件下卸料且不仅仅涉及材料运输（即使运输材料与存储材料混合，如丙烷与汽油混合，也不将材料运输纳入过程安全管理计划）而且还涉及其他操作，则将这类卸料操作和设备纳入过程安全管理体系	美国职业安全与健康管理局（OSHA）对其过程安全管理标准《高危化学品过程安全管理》（29 CFR §1910.119）做出的正式书面说明（WCLAR）（9/8/93）（5/17/95）	为审核员提供的基本信息： • 附录A中化学品或易燃材料运输用车辆应使用由美国交通运输部（DOT）法规批准的货物运输机动车辆（CTMV）。审核员应对卸料作业进行检查，确保所使用车辆为由美国交通运输部（DOT）法规批准的货物运输机动车辆，而不能是仅允许在设施内部使用的其他车辆（这类车辆不能在公共道路上行驶） • 当对附录A中化学品或易燃材料进行卸料时，美国交通运输部管理法规和OSHA管理法规控制分隔点为货物运输机动车辆和过程之间的连接软管。 由审核员开展的工作： • 如果设施中管线的起点和终点都不在现场，审核员应对设施文件进行审查，以确定美国交通运输部管理法规和OSHA管理法规的控制分隔点
审核准则3-R-29：将天然气处理设施纳入过程安全管理体系	美国职业安全与健康管理局（OSHA）对其过程安全管理标准《高危化学品过程安全管理》（29 CFR §1910.119）做出的正式书面说明（WCLAR）（10/30/92）	为审核员提供的基本信息： • OSHA已经明确，过程安全管理体系不包括美国交通运输部（DOT）/OPS管理法规涵盖的天然气“输送和配送”过程。按照美国煤气协会（AGA）的定义，“输送和配送”过程包括天然气管线、天然气存储、压缩、丙烷-空气混气设施和LNG。OSHA还明确指出，应将“天然气加工设施”（如压缩站）纳入过程安全管理体系。而天然气并不同于天然气加工设施，因此，不将其纳入OSHA过程安全管理标准《高危化学品过程安全管理》。

续表

审核准则	审核准则出处	审核员指南
		由审核员开展的工作: • 对于美国交通运输部(DOT)/OPS 管理法规涵盖的天然气输送和配送设施,不将其纳入 OSHA 过程安全管理标准《高危化学品过程安全管理》。审核员应通过检查来确定在审核范围内天然气加工设施是否受美国交通运输部(DOT)/OPS 管理法规控制
审核准则 3-R-30:当从填埋场回收的天然气(超过 10000 磅临界量)在某一过程中使用或存储时,则将其纳入过程安全管理体系	美国职业安全与健康管理局(OSHA)对其过程安全管理标准《高危化学品过程安全管理》(29 CFR §1910.119)做出的正式书面说明(WCLAR)(6/16/94)	为审核员提供的基本信息: • 从填埋物质中回收天然气不受 OSHA 过程安全管理标准《高危化学品过程安全管理》控制,但是,如果天然气量达到或超过规定的易燃材料临界量且进行处理(如经压缩后进入管道系统),则应将其纳入过程安全管理体系。 • 如果天然气回收后不存储而是在现场燃烧(如用于发电),则不将其纳入过程安全管理体系。 由审核员开展的工作: • 如果从填埋场回收的天然气量达到或超过 10000 磅临界量且在某一过程中使用或存储,则审核员应进行实地检查,以确保已将其纳入过程安全管理体系。 • 审核员应对现场进行全面巡视,并记录下回收量超过 10000 磅临界量的天然气,然后将现场记录与过程安全管理体系中的设备清单进行比较
审核准则 3-R-31:在确定过程安全管理体系涵盖范围时,已对现场其他反应性材料进行评估	良好行业做法(GIP)	为审核员提供的基本信息: • 反应性材料是指美国化学工程师协会化工过程安全中心(CCPS)出版物《化学品反应性危险管理基本做法》或同等规范/程序中规定的材料,应将其纳入过程安全管理体系。 由审核员开展的工作: • 审核员应进行实地检查,以核实是否有任何过程涉及按照美国化学工程师协会化工过程安全中心(CCPS)出版物《化学品反应性危险管理基本做法》确定的反应性材料以及是否将这类材料纳入过程安全管理体系。同时,审核员还应对现场进行全面巡视,并记录下在现场的反应性材料,然后将现场记录与过程安全管理体系中的设备清单进行比较。 • 审核员应对危害识别和风险分析(HIRA)、风险评估、保护层分析(LOPA)/安全完整性等级(SIL)分析或涉及反应性材料的其他研究进行审查,并将这些研究结果与过程安全管理体系范围加以比较,以确定是否将其他反应性材料纳入过程安全管理体系
审核准则 3-R-32:对于会形成未氧化漂浮粉尘且粉尘会发生爆炸的室内过程和设备,应将其纳入过程安全管理体系	良好行业做法(GIP)	为审核员提供的基本信息: • 未氧化有机粉尘和金属粉尘具有相当大爆炸危险性,应将含有或形成这类粉尘的室内过程纳入过程安全管理体系。 由审核员开展的工作: • 审核员应进行实地检查,以核实是否将含有爆炸性粉尘(未氧化有机粉尘或金属粉尘)的过程纳入过程安全管理体系。同时,审核员还应对现场进行全面巡视,并记录下含有爆炸性粉尘的过程,然后将现场记录与过程安全管理计划中的设备清单进行比较。

续表

审核准则	审核准则出处	审核员指南
		• 审核员应对危害识别和风险分析(HIRA)、风险评估、保护层分析(LOPA)/安全完整性等级(SIL)分析或涉及室内未氧化粉尘泄漏和爆炸的其他研究进行审查，并将这些研究结果与过程安全管理体系范围加以比较，以确定是否将粉尘爆炸危险纳入过程安全管理体系

3.2.3 自愿性共识过程安全管理标准

下文中对自愿性共识过程安全管理标准的“过程安全管理适用性”要求进行了说明如下：

- 由API编写并由美国内政部矿产资源管理局(MMS)批准的《安全和环境管理计划》(SEMP)中有关海上石油平台“过程安全管理适用性”要求；
- 由美国化学理事会(ACC)发布的《责任关怀管理体系®》(RCMS)中“过程安全管理适用性”要求；
- 由美国化学理事会(ACC)发布的RC14001《环境、健康、安全与安保管理体系》中“过程安全管理适用性”要求。

表3.4列出自愿性共识过程安全管理标准中与“过程安全管理适用性”有关的审核准则和审核员指南。

表3.4 自愿性共识过程安全管理标准中与“过程安全管理适用性”有关的审核准则和审核员指南

审核准则	审核准则出处	审核员指南
美国内政部矿产资源管理局《安全和环境管理计划》(SEMP) 审核准则3-R-33：《安全和环境管理计划》(SEMP)是在外大陆架(OCS)设施运营方和美国矿产资源管理局(MMS)之间形成的一个自愿性共识过程安全管理标准。美国石油学会(API)已经发布了一个自愿性共识过程安全管理标准API RP 75，为外大陆架设施运营方实施《安全和环境管理计划》提供了指南	美国石油学会(API)推荐做法75：《安全和环境管理计划》(API RP 75)	为审核员提供的基本信息： • API RP 75并没有明确将哪些化学品纳入管理计划中或提出类似适用性要求。《安全和环境管理计划》(SEMP)的适用性取决于设施类型，如海上石油平台
美国化学理事会(ACC)《责任关怀管理体系®》(RCMS) 审核准则3-R-34：美国化学理事会(ACC)要求其成员单位和伙伴公司实施《责任关怀管理体系®》。但仅要求美国化学理事会(ACC)成员单位和伙伴公司在其美国本土设施中实施《责任关怀管理体系®》	*美国化学理事会(ACC)《责任关怀管理体系®技术规范》*	为审核员提供的基本信息： • 是否实施美国化学理事会(ACC)《责任关怀管理体系®》并不是基于设施涉及的化学品类型或运营类型，而是基于公司是否是美国化学理事会(ACC)成员单位和伙伴公司

续表

审核准则	审核准则出处	审核员指南
RC14001《环境、健康、安全与安保管理体系》 审核准则 3-R-35：指南部分 组织应按照本国际标准中规定的要求制定、实施、维护持续改进其环境管理体系，并明确如何实施这些要求 RC14001 技术规范融合了美国化学理事会(ACC)《责任关怀管理体系®》以及国际标准化组织(ISO)于 1996 年发布并于 2004 年修订的《环境管理体系-规范与使用指南》(ISO 14001)中的内容。公司通过实施 RC14001《环境、健康、安全与安保管理体系》并对其进行审核就可以确保其管理体系均满足 ISO 14001 以及《责任关怀管理体系®》中的要求	美国化学理事会(ACC)《环境、健康、安全与安保管理体系技术规范》	为审核员提供的基本信息： • 是否实施 RC14001《环境、健康、安全与安保管理体系》并不是基于设施涉及的化学品类型或运营类型，而是当设施希望按照 ISO 14001 实施环境管理计划时而采用的一个自愿性共识过程安全管理标准

3.3 审核方案

附录 A 过程安全管理审核方案，就如何按照审核准则对第 3.2 节中的内容进行审查提供了详细指南(有关如何在线获取附录 A 中资料，见第Ⅷ页)。

参 考 文 献

American Chemistry Council, *RCMS® Technical Specification*, RC 101. 02, March 9, 2005.

American Chemistry Council, *RCMS® Technical Specification Implementation Guidance and Interpretations*, RC 101. 02, January 25, 2004.

American Chemistry Council, *RCMS® Technical Specification Implementation Guidance and Interpretations Appendices*, RC 101. 02, January 25, 2004.

California, California Code of Regulations, Title 8, Section 5189, CalOSHA, November 1985.

Center for Chemical Process Safety (CCPS), *Guidelines for Risk Based Process Safety*, AmericanInstitute of Chemical Engineers, New York, 2007 (CCPS, 2007c).

Delaware, *Accidental Release Prevention Regulation*, Delaware Department of Natural Resources and Environmental Control/Division of Air and Waste Management, September 1989 (rev. January 1999).

Department of Interior, Minerals Management Service, Safety and Environmental Management Program (*SEMP*), 1990.

Environmental Protection Agency (USEPA), 40 CFR §68, *Accidental Release Prevention Requirements: Risk Management Programs Under Clean Air Act Section* 112(*r*)(7); Final Rule, June 21, 1996.

New Jersey, *Toxic Catastrophe Prevention Act* (N. J. A. C. 7: 31), New Jersey Department of Environmental Protection, June 1987 (rev. April 16, 2007).

Occupational Safety and Health Administration (OSHA) 29 CFR § 1910. 119, *Process Safety Management of Highly Hazardous Chemicals*, *Explosives and Blasting Agents*; *Final Rule*, Washington, DC, February 24, 1992.

Occupational Safety and Health Administration (OSHA) Publication 3133, *Process Safety Management Guidelines for Compliance*, Washington, DC, 1993.

Occupational Safety and Health Administration (OSHA) Instruction CPL 02-02-045 CH-1, *PSM Compliance Directive*, Washington, DC, September 13, 1994.

Occupational Safety and Health Administration (OSHA) Instruction CPL 03-00-004, *Petroleum Refinery Process Safety Management National Emphasis Program*, June 7, 2007 (OSHA, 2007b).

Occupational Safety and Health Administration (OSHA) Directive 09-06 (CPL 02), *PSM Chemical Covered Facilities National Emphasis Program*, July 27, 2009 (OSHA, 2009a).

4 过程安全文化

"过程安全文化"这一要素在OSHA过程安全管理标准《高危化学品过程安全管理》和EPA《风险管理计划》或州立过程安全管理标准中没有直接对应的要素，但是，本要素却是过程安全管理体系顺利实施的一个重要因素。"过程安全文化"是化工过程安全中心(CCPS)《基于风险的过程安全》(RBPS)事故预防原则之一"对过程安全的承诺"中的一个要素。

4.1 概述

"过程安全文化"是个体、群体价值和行为的总称，它决定着以何种方式来实施过程安全管理。它是过程安全管理计划顺利实施的基石和支撑。由于组织的过程安全文化会对与其有关的每一决策和行动产生重大影响，因此，过程安全文化的优劣决定了过程安全管理计划能否顺利实施。也就是说，过程安全文化要扎根于人们的心中。

过程安全文化的形成与群体中个体的期望值以及个体的良好态度和行为密切相关(良好过程安全文化的情况下，个体的态度和行为对过程风险管理目标的实现提供支持)。在这种情况下，由公司或工厂或者二者人员组成的群体，他们具有或希望他们具有相同的信念、态度和行为。在群体中，包括高层管理人员、中层管理人员、监督人员和非管理人员。当承包商受过程安全管理程序制约并负责履行程序中规定的某些职责时，也要将承包商视为群体的一部分，尤其是驻场承包商。随着群体对所期望态度和行为的强化并从中受益，这些态度和行为就融入到群体价值体系中。毫无疑问，组织的过程安全文化是对过程风险进行有效控制最重要的一环，过程安全管理体系出现问题往往与没有形成良好过程安全文化有关。因此，明智的组织会不断加强过程安全文化建设，强调没有形成良好的过程安全文化是导致过程安全管理绩效未达到预期目标的根本原因并采取相应解决措施。

通过对灾难性化学品泄漏事故进行调查通常可以发现过程安全文化是存在的常见薄弱环节，而过程安全文化常见问题也经常存在于其他一些严重事故中。例如，通过对事故进行调查，通常可以发现过程安全管理文化存在的以下问题：

- 没有为过程安全绩效管理标准明确期望值，过程安全绩效管理标准没有得以有效实施，既没有对过程安全管理绩效未达到预期目标引起足够重视，也没有采取相应的纠正措施(可能涉及与运营和/或管理有关的绩效)；
- 过程安全管理工作变成"打勾式检查"，即仅为完成任务而完成任务，而不是从过程安全管理计划实施中获得相关有用信息或汲取经验教训；
- 公司/工厂人员在其工作中没有时刻保持"脆弱感"，即没有对危险材料的使用进行严格控制并发展成一种习惯性行为，习以为常导致(假的)安全感；

- 在组织上下没有做到开放式高效沟通；
- 没有及时对过程安全管理存在的问题作出积极响应，如过程安全管理建议和整改项没有及时实施，与过程安全管理有关的工作被长期延误；
- 允许“偏差常态化”现象存在，当出现偏离或异常/不符合要求条件(过程/设备或程序性异常)时，放任“异常正常化”现象存在，并逐渐将“异常现象”当成“正常现象”；

在过程安全管理体系及其相关策略和程序中要明确详细要求，以反映出组织的意图。但是，管理程序的顺利实施还要求对人员进行培训，使其了解组织所确定绩效目标的重要性，履行管理程序中规定的责任，并认识到进行过程安全管理没有任何捷径可走，否则就会与组织的价值观背道而驰。因此，健全的过程安全文化是管理制度的基础，如果管理程序能够得以顺利实施，就会形成积极向上的过程安全文化。

群体(如公司、装置和班组)价值观有助于规范个体态度，从而规范个体行为。良好的过程安全文化为组织成员提供了必要的价值观，使其了解为什么需要严格遵守管理程序。尽管过程安全管理体系在很大程度上依赖于管理程序，但是在实际应用中管理程序并不能做到面面俱到。因此，当出现在书面策略和程序中未明确规定的情况时，良好的过程安全文化还能够使组织成员按照群体价值观对出现的“意外”情况做出正确响应。

综上所述，良好的过程安全文化可以最大程度地保证从实施过程安全管理计划中受益。在美国化学工程师协会化工过程安全中心(CCPS)出版物《基于风险的过程安全》(RBPS)中，就如何形成良好的过程安全文化提供了更加详细的说明。

“过程安全文化”非强制性审核准则见本章第4.2节。有关对合规性审核准则和相关审核准则的详细介绍，见第1.7节。

4.2 审核准则和审核员指南

在OSHA过程安全管理标准《高危化学品过程安全管理》“员工参与”这一要素中，尽管要求在策划和实施过程安全管理计划时必须征求公司/工厂员工的意见，但是，在所有强制性过程安全管理标准中均没有对“过程安全文化”提出具体要求。因此，本章中其余部分介绍的指南均被视为相关审核准则。同时，除美国化学工程师协会化工过程安全中心(CCPS)出版物《基于风险的过程安全》(RBPS)外，绝大多数自愿性共识过程安全管理标准也未对“过程安全文化”提出明确要求。有关如何对“员工参与”这一要素进行审查，见“第7章：员工参与”。

在本节中介绍的相关审核准则为审核员在对过程安全管理体系强制性要求以外的问题进行审查时提供了指南，这些相关审核准则在很大程度上代表了在行业采用的过程安全管理良好做法，在某些情况下还代表了过程安全管理普遍做法。由于部分相关审核准则已在相当长时间内被广泛认可并成功实施，因此，这类相关审核准则实际上已经达到可接受做法水准。审核员和过程安全管理专业人员应认真考虑如何采用和实施这些相关审核准则，或者至少采用一种在性质上基本类似的审核方法来对过程安全管理体系进行审核。有关可接受做法的定义及其实施，见术语表和第1.7.1节。

有关在本章表中用于指明审核准则出处的缩写词定义，见“第3-24章指南”部分。

过程安全文化审核准则介绍如下。这些审核准则来自于：

- OSHA 过程安全管理标准《高危化学品过程安全管理》和 EPA《风险管理计划》中良好行业做法；
- 《安全和环境管理计划》(SEMP)；
- 美国化学理事会(ACC)发布的《责任关怀管理体系®》；
- 《责任关怀®过程安全法规》；
- 美国化学工程师协会化工过程安全中心(CCPS)出版物《基于风险的过程安全》(RBPS)。

本书中介绍的相关审核准则并不代表过程安全管理计划的顺利实施必须遵守这些准则，也不代表如果不遵守这些准则过程安全管理计划就会有缺陷。对于某一具体工厂或公司，可能还有其他更加合适的方法来对过程安全管理审核表“相关审核准则”栏及其“审核员指南”栏对应的要求或问题进行审查。另外，按照相关审核准则对过程安全管理计划实施情况进行审核完全是自愿性的，并非强制性要求。

另外，审核员还应对受审核公司/工厂所制定程序中过程安全文化要求进行认真审查。如第1.7.1节所述，监管机构会将这些过程安全文化要求视为合规性要求，如果不遵守这些合规性要求，公司或工厂就会因违反法规中的规定而收到由 OSHA 发出的违规传票。审核员应通过对相关人员进行面谈、对有关记录和文件进行审查以及实地检查等方式来核实工厂或公司过程安全文化要求是否按照规定得以有效实施。如果在审核时发现没有遵守公司/工厂制定的具体规定，则应将发现的问题写入审核报告。

表4.1列出了与“一般性过程安全文化问题”有关的审核准则和审核员指南。

表4.1　与“一般性过程安全文化问题”有关的审核准则和审核员指南

审核准则	审核准则出处	审核员指南
与利益相关方沟通工厂过程安全文化的建设，形成积极向上、值得信赖和开放式过程安全文化		
审核准则4-R-1：在管理人员和所有利益相关方之间形成有效的双向沟通机制	加拿大化学品制造商协会(CCPA)发布的加拿大重大工业事故理事会(MIACC)自评估工具《过程安全管理指南/HISAT修订项目》(070820) 贝克委员会(Baker)发布的《BP公司美国炼油厂独立安全审查专门小组调查报告》(即“贝克委员会报告”)	为审核员提供的基本信息： • 利益相关方人员包括工厂管理人员、非管理人员、合同工、员工代表、承包商人员以及与公司/工厂邻近的社区人员(如果有的话)。 由审核员开展的工作： • 审核员应检查是否提供了合适的方法以便员工以保密方式来反馈与过程安全管理有关的问题，采用的反馈方法不应仅仅局限于采用本地手段，如采用意见箱方式。 • 审核员应对组织中各级人员(从高层管理人员一直到非管理人员)进行面谈，以核实是否提供了有效的双向沟通通道

续表

审核准则	审核准则出处	审核员指南
审核准则 4-R-2：制定一套程序，用于对利益相关方造成重大潜在影响的全厂性现有过程安全方针、做法和程序实施效果进行审查	加拿大化学品制造商协会（CCPA）发布的加拿大重大工业事故理事会（MIACC）自评估工具《过程安全管理指南/HISAT 修订项目》（070820） 贝克委员会（Baker）发布的《BP 公司美国炼油厂独立安全审查专门小组调查报告》（即“贝克委员会报告”）	由审核员开展的工作： • 审核员应对过程安全管理审核报告进行审查，以核实在进行审核时是否对过程安全管理策略和程序的实施效果进行了评估，是否对过程安全管理体系实施效果做出了结论以及是否就提高过程安全管理计划实施效果提出了建议。过程安全管理效果取决于过程安全管理策略、做法和程序具体实施情况
审核准则 4-R-3：明确相关措施，在制定和实施全厂性新的过程安全目标、方针、做法和程序时，要考虑相关方的意见和建议	加拿大化学品制造商协会（CCPA）发布的加拿大重大工业事故理事会（MIACC）自评估工具《过程安全管理指南/HISAT 修订项目》（070820） 贝克委员会（Baker）发布的《BP 公司美国炼油厂独立安全审查专门小组调查报告》（即“贝克委员会报告”）	由审核员开展的工作： • 审核员应对过程安全管理策略和程序进行审查，以核实在过程安全管理策略和程序中是否就如何从利益相关方收集意见和建议做出了规定（“员工参与”这一要素将对此做出更加详细的规定）
审查准则 4-R-4：制定一套程序，用于对安全委员会在提升过程安全绩效方面的措施及其实施效果进行审查，并依此制定和实施相关管理计划以提高过程安全绩效	加拿大化学品制造商协会（CCPA）发布的加拿大重大工业事故理事会（MIACC）自评估工具《过程安全管理指南/HISAT 修订项目》（070820） 贝克委员会（Baker）发布的《BP 公司美国炼油厂独立安全审查专门小组调查报告》（即“贝克委员会报告”）	由审核员开展的工作： • 审核员应对中层管理人员、其他管理人员以及非管理人员进行面谈，以核实安全委员会是否对过程安全管理计划存在的问题进行了讨论，并对过程安全管理计划进行了改进。 • 审核员应检查是否定期对安全委员会会议纪要进行了审查，以核实是否根据相关建议、整改项和其他结论来改进安全计划和过程安全计划。 • 审核员应检查是否定期对安全委员会会议纪要进行了审查，以核实是否对过程安全相关问题进行了审查和讨论（如果有的话）
审核准则 4-R-5：工厂应对可接受员工行为和不可接受员工行为加以区分，以便工厂人员敢于及时汇报可能存在的众多不安全行为或条件，而不必担心会因此受到惩罚	贝克委员会（Baker）发布的《BP 公司美国炼油厂独立安全审查专门小组调查报告》（即“贝克委员会报告”）	由审核员开展的工作： • 审核员应对工厂人员进行面谈并对有关策略和程序进行审查，以核实工厂管理层是否对不可接受行为进行了定义且工人是否知晓哪些是可接受行为，哪些是不可接受行为。 • 审核员应对工厂管理人员和非管理人员进行面谈并对相关会议纪要进行审查，以核实管理层是否强调了不能容忍任何不安全行为和条件，是否明确指出不会因汇报不可接受行为而受到惩罚或遭遇不公正对待

续表

审核准则	审核准则出处	审核员指南
审核准则 4-R-6：分享和交流在减少安全风险方面的做法，而不必担心会因此受到惩罚或遭遇不公正对待	贝克委员会(Baker)发布的《BP 公司美国炼油厂独立安全审查专门小组调查报告》(即"贝克委员会报告")	由审核员开展的工作： • 审核员应对工厂管理人员和非管理人员进行面谈并对相关会议纪要进行审查，以核实管理层是否注重安全风险控制措施的分享和交流，是否明确指出不会因此而会受到惩罚或遭遇不公正对待。 • 审核员应对工厂管理人员和非管理人员进行面谈，以核实工厂人员是否存在不敢汇报不安全行为或条件这种现象或工厂人员是否知晓不会因汇报不可接受行为或条件而受到打击和报复
审核准则 4-R-7：营造一种积极向上的氛围，鼓励公司/工厂人员提出挑战性问题而不惧怕打击和报复，对公司/工厂人员进行培训，鼓励公司/工厂人员在开展作业前对与之有关的所有过程安全工作和方法进行认真检查	贝克委员会(Baker)发布的《BP 公司美国炼油厂独立安全审查专门小组调查报告》(即"贝克委员会报告")	由审核员开展的工作： • 对于参与危害识别和风险分析(HIRA)、事故调查、审核以及其他过程安全管理工作(如用于明确 OSHA 过程安全管理标准《高危化学品过程安全管理》所涵盖过程是否存在问题以及过程安全管理计划本身是否存在问题)的管理人员和非管理人员，审核员应对其进行面谈，以核实是否应形成了一种积极向上的文化氛围，从而能够对主要(建设性)建议、结果和问题进行评估。参与这些工作的所有人员不要感觉发现的某些问题或结果会不受欢迎或会被故意压制
审核准则 4-R-8：以匿名方式定期对过程安全文化进行调查，以对过程安全文化提升效果进行测评	贝克委员会(Baker)发布的《BP 公司美国炼油厂独立安全审查专门小组调查报告》(即"贝克委员会报告")	由审核员开展的工作： • 审核员应对以口头或书面方式进行的过程安全文化调查进行检查，以核实调查结果是否与对工厂人员进行面谈获得的结果一致
审核准则 4-R-9：通过在行业过程安全机构和工作中发挥主导作用并分享行业经验教训，公司就会成为行业过程安全的佼佼者	加拿大化学品制造商协会(CCPA)发布的加拿大重大工业事故理事会(MIACC)自评估工具《过程安全管理指南/HISAT 修订项目》(070820) 贝克委员会(Baker)发布的《BP 公司美国炼油厂独立安全审查专门小组调查报告》(即"贝克委员会报告")	由审核员开展的工作： • 审核员应与过程安全管理经理/协调员一起检查工厂母公司是否是某一相关行业机构的成员单位以及是否积极参与行业机构相关工作。这类行业机构包括诸如美国化学工程师协会化工过程安全中心(CCPS)、Mary Kay O'connor 过程安全中心(得克萨斯农工大学)、紧急救援系统设计院(DIERS)、美国石油学会(API)和美国国家消防协会(NFPA)等
审核准则 4-R-10：保持管理人员和非管理人员队伍稳定	良好行业做法(GIP)	为审核员提供的基本信息： • 如果在短时间内人员流动很大，则表明可能因员工意见或建议没有受到应有的重视、过程安全文化存在问题或其他类似问题而导致员工对其工作岗位感到不满意和不称心，从而导致人员流动很大。 由审核员开展的工作： • 审核员应对(自上次审核以来)已辞职员工的同事进行面谈，以核实是否是因为员工意见或建议尤其是对安全或过程安全问题而提出的意见或建议得不到尊重而辞职

续表

审核准则	审核准则出处	审核员指南
审核准则 4-R-11：利益相关方参与工厂过程安全文化建设，形成积极向上、值得信赖和开放式过程安全文化	贝克委员会(Baker)发布的《BP 公司美国炼油厂独立安全审查专门小组调查报告》(即"贝克委员会报告")	为审核员提供的基本信息： • 利益相关方人员包括工厂管理人员、非管理人员、合同工、员工代表、承包商人员以及与公司/工厂邻近的社区人员(如果有的话)。 由审核员开展的工作： • 审核员应对组织中不同层次人员(从高层管理人员一直到非管理人员)进行面谈，以核实工厂是否形成了积极向上、值得信赖和开放式过程安全文化。在对工厂过程安全文化进行审查时，要求审核员和面谈对象之间要做到相互信赖，同时面谈对象要大胆、开放并诚实
审核准则 4-R-12：对于仍存在过程安全风险的退役设备，在不复役或不拆除情况下不允许长时间保留在现场	加拿大化学品制造商协会(CCPA)发布的加拿大重大工业事故理事会(MIACC)自评估工具《过程安全管理指南/HISAT 修订项目》(070820) 良好行业做法(GIP)	由审核员开展的工作： • 审核员应检查 OSHA 过程管理标准《高危化学品过程安全管理》所涵盖的设备已退役多长时间，并核实其是否仍保留在现场

表 4.2 列出与"基于风险的过程安全(RBPS)文化"有关的审核准则和审核员指南。

表 4.2 与"基于风险的过程安全(RBPS)文化"有关的审核准则和审核员指南

审核准则	审核准则出处	审核员指南
将过程安全管理视为企业的一种核心价值，而不是将其视为一种辅助手段，当企业经营放缓时而将其搁置或放弃		
审核准则 4-R-13：要将过程安全管理视为公司或工厂的核心价值并形成书面指导文件，并在培训以及其他会议上强调其重要性	加拿大化学品制造商协会(CCPA)发布的加拿大重大工业事故理事会(MIACC)自评估工具《过程安全管理指南/HISAT 修订项目》(070820) 化工过程安全中心(CCPS)出版物《基于风险的过程安全》(RBPS)	由审核员开展的工作： 审核员应检查公司或工厂是否编写了有关文件，并强调将过程安全管理视为公司或工厂的核心价值。 审核员应对安全会议或其他培训或经验教训总结会议的会议纪要和议程进行检查，以核实是否已向员工强调将过程安全管理视为公司或工厂的核心价值。 审核员应与员工进行面谈，以核实工厂是否已在安全会议或其他培训和经验教训总结会议上强调将过程安全管理视为公司或工厂的核心价值。 审核员应进行相关检查，以核实公司/工厂是否将安全和过程安全管理视为其核心价值。例如，如果审核员能够参加安全会议，审核员就可以了解会议讨论的基调、中层管理人员和非管理人员之间的默契程度以及是否对过程安全管理问题进行了讨论，同时，审核员还可以观察参加会议的人员的态度，如是否认为必须参加安全会议只是"应付公事"。另外，审核员通过检查还可以发现一些更常见的问题，如安全看板内容是否精心设计、设施中的标志和标签是否被污损。应将这些类型的检查与人员面谈和记录审查配合起来，然后才能得出正确结论

续表

审核准则	审核准则出处	审核员指南
审核准则4-R-14：过程安全管理领导力应成为过程安全管理体系顺利实施的基石。这一原则应向下延伸至组织中的中层管理人员	加拿大化学品制造商协会(CCPA)发布的加拿大重大工业事故理事会(MIACC)自评估工具《过程安全管理指南/HISAT修订项目》(070820) 化工过程安全中心(CCPS)出版物《基于风险的过程安全》(RBPS)	由审核员开展的工作： 审核员应对中层管理人员和监督人员进行面谈，以核实将过程安全管理视为一种核心价值是否不存在任何不同意见或见解。例如，在公司文件中已将过程安全管理视为一种核心价值，但是有些工厂管理人员却不这样认为，这就表明存在重大分歧
审核准则4-R-15：不要使“偏差常态化”成为一种普遍态度或习惯性行为	加拿大化学品制造商协会(CCPA)发布的加拿大重大工业事故理事会(MIACC)自评估工具《过程安全管理指南/HISAT修订项目》(070820) 化工过程安全中心(CCPS)出版物《基于风险的过程安全》(RBPS)	为审核员提供的基本信息： • “偏差常态化”是指允许不符合要求的设备或运行条件继续存在而没有立即采取纠正措施。因没有出现任何负面影响而逐渐容忍不可接受条件的存在，因没有出现重大问题而未对未遂事故进行及时处理而是将其视为正常。因此，随着时间的推移，这些“异常”条件就变成了“正常”条件，由异常条件可能引发的更大危险也就被“正常化”并逐步接受。 • 在过程安全文化中，“偏差常态化”是一个需要正视的重要因素 由审核员开展的工作： • 审核员应对“资产完整性”记录、工单和其他证据性文件进行审查，以核实是否允许任何过程和设备不安全条件长期存在，既没有对其存在理由或原因进行说明，也没有采取任何临时安全措施。 • 如果类似事故再次出现，审核员应对事故调查报告中的根本原因进行检查，以核实是否查明了事故的真正根本原因或是否针对这些根本原因采取了措施，否则，就表明已经出现了“偏差常态化”现象。 • 审核员应对工厂中层管理人员和非管理人员进行面谈，以核实是否普遍存在“偏差常态化”现象，而没有将其视为代表一种更大风险。例如，是否存在以下态度：无需尽最大努力来降低风险，在装置中发生火灾是常事，无法避免，因此可以容忍
审核准则4-R-16：组织对化学品/材料运营涉及的危险和风险时刻保持“脆弱感”	化工过程安全中心(CCPS)出版物《基于风险的过程安全》(RBPS)	为审核员提供的基本信息： • “脆弱感”丧失是指由于人们对运营及其涉及的风险变得习以为常，风险警觉性被弱化致使在某些条件下与使用某些化学品有关的固有高风险被遗忘。对于复杂设施和系统，如果灾难性化学品泄漏出现的频次相对较低，“脆弱感”弱化会更加严重。 • 对危险和风险保持高度警惕是在过程安全文化中需要正视的一个重要因素。 由审核员开展的工作： • 审核员应对工厂中层管理人员和非管理人员进行面谈，以核实工厂是否对过程危险及其潜在后果以及人员健康保持高度意识。缺乏这种意识的一种表现是，工厂人员认为在工厂中从未发生过重大过程安全事故，因此，过程安全管理不是一项重要的日常工作

续表

审核准则	审核准则出处	审核员指南
审核准则 4-R-17：对过程安全管理工作高度重视，并通过对过程安全进行有效管理来降低风险	化工过程安全中心(CCPS)出版物《基于风险的过程安全》(RBPS)	由审核员开展的工作： 审核员应对工厂中层管理人员和非管理人员进行面谈，以核实这些人员对危害识别和风险分析(HIRA)、事故调查和审核工作的看法 -是非常有用的工作还是不得不定期进行应付的工作
审核准则 4-R-18：必须定期开展的过程安全管理工作不能采用“打勾式检查”方式来进行	化工过程安全中心(CCPS)出版物《基于风险的过程安全》(RBPS)	为审核员提供的基本信息： ● “打勾式检查”表现为“应付公事”、为完成任务而完成任务，而不是从全面检查中汲取经验教训。例如，能够按时进行过程安全管理审核，但很少注意审核质量、没有对发现的问题进行深入探究或者没有高度重视后续跟踪工作。 由审核员开展的工作： ● 审核员应对负责定期进行过程安全管理工作(如危害识别和风险分析(HIRA)、审核、操作人员进修培训)的中层人员进行面谈，无论是否按时开展了过程安全管理工作并做好记录且从中获得一定的经验教训(如仅凭对检查表进行打勾中获得相关相关信息)，但还要核实是否存在“应付公事”现象。 ● 审核员应对负责执行过程安全管理工作的人员(审核组和危害识别和风险分析组组长/成员等)进行面谈，以核实他们是否为这些过程安全管理工作提供了强有力的管理支持以及能否积极参与这些工作。 ● 审核员应对有关记录进行审查，以核实通常需要在较长时间内完成的过程安全管理工作是否在很短时间内就完成，如果属于这种情况，则表明过程安全管理工作变成“打勾式检查”。例如，当审核组人员数量不多时，仅用了1~2天时间就完成对大型工厂(如炼油厂)的过程安全管理审核，在对某一重大项目(如某一主要工艺装置)进行危害识别和风险分析(HIRA)时，仅通过一次审查会就完成HIRA分析。审核员必须完全了解这类工作的范围，然后才能判定是否存在“应付公事”现象 ● 审核员应对事故调查报告以及危害识别和风险分析(HIRA)的深度进行评估。肤浅分析可能表明存在“打勾式检查”现象。
审核准则 4-R-19：在公司/工厂中要形成勤学好问的文化氛围	化工过程安全中心(CCPS)出版物《基于风险的过程安全》(RBPS)	由审核员开展的工作： ● 审核员应对工厂中层管理人员和非管理人员进行面谈，以核实在工厂中是否普遍存在这样一种态度，即“我们原来就是一直这样做”，并核实工厂人员是否敢于对风险和危险提出问题以及工厂方针、做法和程序是否能够对潜在风险和危险进行有效控制。 ● 在对部分人员进行面谈时，需要引起审核员注意的是，面谈对象确实已向管理层提出了其识别出的风险或危险，但却没有引起足够的重视或没有采取行动(工厂人员会告诉审核员“我原来早就提出过该问题”。)这可能表明忽视了面谈对象提出的问题，没有对所提出问题进行评估，这说明过程安全管理文化存在一定的问题。但是，还有可能表明面谈对象不认同评估结果，此时，无法说明过程安全管理文化是否存在问题

续表

审核准则	审核准则出处	审核员指南
审核准则 4-R-20：强调及时发现和上报异常条件，以便及时检查在安全方面存在的薄弱环节	加拿大化学品制造商协会(CCPA)发布的加拿大重大工业事故理事会(MIACC)自评估工具《过程安全管理指南/HISAT修订项目》(070820) 化工过程安全中心(CCPS)出版物《基于风险的过程安全》(RBPS)	由审核员开展的工作： • 审核员应对工厂中层管理人员和非管理人员进行面谈，以核实程序性问题是导致过程安全管理计划出现问题的间接原因还是引发未遂事件的主要原因，是否对程序性问题进行调查/评估，是否及时对其进行处理，而不是置之不理。该问题与“偏差常态化”现象密切相关
审核准则 4-R-21：要做到相互信任	化工过程安全中心(CCPS)出版物《基于风险的过程安全》(RBPS)	由审核员开展的工作： • 审核员应对工厂中层管理人员和非管理人员进行面谈，以明确以下问题： 员工相信过程安全管理人员行为； • 管理人员相信员工能够共同承担过程安全管理责任，并能够向管理人员汇报发现的问题； • 同级人员要做到相互信赖； • 员工相信已经形成一种诚信氛围，当发现存在任何诚信问题时，可汇报给管理人员，而不惧怕打击报复
审核准则 4-R-22：及时解决过程安全管理存在的问题并采取纠正措施	化工过程安全中心(CCPS)出版物《基于风险的过程安全》(RBPS)	由审核员开展的工作： • 审核员应对建议/整改项跟踪记录进行审查，以核实是否及时开展了以下工作： —对通过危害识别和风险分析(HIRA)提出的建议进行跟踪； —对已发生事故和未遂事件根本原因调查报告中提出的建议进行跟踪； —对过程安全管理审核时提出的建议进行跟踪； —对“资产完整性”这一要素中设备和计划缺陷进行跟踪，并对发现的问题采取有效的纠正措施； • 对在应急演练和应急响应计划实施自查自纠中提出的建议进行跟踪，并对发现的问题采取有效的纠正措施； • 审核准则中，“及时性”一词是指立即明确解决方案或立即制定纠正行动计划，快速落实所提出建议，并根据整改的复杂性和实施难度在合理时间内完成最终行动计划的实施。应根据具体情况对整改计划的制定以及每一建议的完成时间进行评估。 • 在对过程安全管理计划中各要素进行审核期间，还要对过程安全管理计划的管理情况进行检查，如果发现建议跟踪和落实情况存在问题，这还表明过程安全文化存在不足
审核准则 4-R-23：重视从事故调查、审核以及危害识别和风险分析(HIRA)中获得经验教训并做到及时沟通和积极响应	加拿大化学品制造商协会(CCPA)发布的加拿大重大工业事故理事会(MIACC)自评估工具《过程安全管理指南/HISAT 修订项目》(070820) 化工过程安全中心(CCPS)出版物《基于风险的过程安全》(RBPS)	由审核员开展的工作： • 审核员应对安全会议以及其他培训或经验教训总结会记录进行审查，以核实是否将与过程安全管理有关的建议和整改项的解决方案通知相关人员，包括驻场承包商人员(如果适用的话)。 • 审核员应对工厂中层管理人员和非管理人员进行面谈，以核实是否将与过程安全管理有关的建议和整改项的解决方案通知与之相关的人员

续表

审核准则	审核准则出处	审核员指南
审核准则 4-R-24：当实际做法偏离管理程序（或标准）时，应及时解决出现的问题，避免出现“偏差常态化”现象	化工过程安全中心（CCPS）出版物《基于风险的过程安全》（RBPS）	由审核员开展的工作： • 审核员应将审核记录、对承包商或工厂绩效进行的实地检查以及其他绩效评估与管理程序加以比较，以核实当实际做法偏离管理程序时能否及时解决出现的问题，不允许对其置之不理

表 4.3 列出与“过程安全管理领导力”有关的审核准则和审核员指南。

表 4.3 与“过程安全管理领导力”有关的审核准则和审核员指南

审核准则	审核准则出处	审核员指南
公司管理层将过程安全管理放在首要位置，并为过程安全管理绩效确定了合适的期望值。		
审核准则 4-R-25：将期望转化为可衡量目标，推动公司取得优异的过程安全管理绩效	加拿大化学品制造商协会（CCPA）发布的加拿大重大工业事故理事会（MIACC）自评估工具《过程安全管理指南/HISAT 修订计划：方案》（070820） 贝克委员会（Baker）发布的《BP 公司美国炼油厂独立安全审查专门小组调查报告》（即“贝克委员会报告”）	由审核员开展的工作： • 审核员应对公司或工厂的书面使命/愿景、总体目标和目的或类似文件进行审查，以核实工厂是否已将对高层管理人员在安全过程管理方面的期望转化成具体目标。 分别对绩效目标和目的进行评估
审核准则 4-R-26：公司在目标、运营、财务业绩、资源分配、投资项目、人事变动、薪酬管理以及运营方面的其他决策应能够有助于提高过程安全管理水平	加拿大化学品制造商协会（CCPA）发布的加拿大重大工业事故理事会（MIACC）自评估工具《过程安全管理指南/HISAT 修订项目》（070820） 贝克委员会（Baker）发布的《BP 公司美国炼油厂独立安全审查专门小组调查报告》（即“贝克委员会报告”）	由审核员开展的工作： • 审核员应对公司运营、财务业绩、资源分配、投资项目、人事变动、薪酬管理程序以及公司运营方面的其他管理程序进行审查，以核实过程安全管理是否会对相关工作造成影响（如果有的话）以及如何对产生的影响进行有效管理。审核员尤其应对与人员安排、薪酬管理程序、概预算审批程序和项目审批程序有关的人力资源策略进行审查
审核准则 4-R-27：已经采取了相关措施，确保在工厂中对过程安全管理负有重大领导责任的现场经理和其他现场领导任职的连续性	加拿大化学品制造商协会（CCPA）发布的加拿大重大工业事故理事会（MIACC）自评估工具《过程安全管理指南/HISAT 修订项目》（070820）PANEL 贝克委员会（Baker）发布的《BP 公司美国炼油厂独立安全审查专门小组调查报告》（即“贝克委员会报告”）	由审核员开展的工作： • 审核员应对工厂经理、环境、健康与安全（EHS）经理和过程安全管理协调员/经理的任职情况进行检查，以核实这些人员调换是否过于频繁，以致于没有足够时间来熟悉并履行其岗位管理职责。尤其需要注意的是，当装置/设施经理任期时间相对较短，在其职业生涯中这仅仅是一个过渡阶段时，他们可能既没有时间也不愿意拓展在基于绩效的管理计划（如过程安全管理计划）方面的知识，因此，不会将过程安全管理计划放在重要位置。如果他们的任期时间不长，就很可能无法知晓其决策所产生的后果以及会对过程安全造成何种影响

表4.4列出与“过程安全管理计划领导层监督”有关的审核准则和审核员指南。

表4.4 与“过程安全管理计划领导层监督”有关的审核准则和审核员指南

审核准则	审核准则出处	审核员指南
工厂或公司领导层应对过程安全管理计划顺利实施主要指标进行监控。		
审核准则4-R-28：为过程安全管理计划明确主要绩效指标，并定期向工厂或公司领导层汇报	加拿大化学品制造商协会(CCPA)发布的加拿大重大工业事故理事会(MIACC)自评估工具《过程安全管理指南/HISAT修订项目》(070820) 贝克委员会(Baker)发布的《BP公司美国炼油厂独立安全审查专门小组调查报告》(即“贝克委员会报告”)	为审核员提供的基本信息： • 过程安全管理绩效指标包括与领先指标(用于对即将发生的过程安全管理事件、故障或问题进行预测的数据或信息)或滞后指标(用于对已发生的过程安全管理事件、故障或问题进行说明的数据或信息)有关的数据和信息。应按照预先确定的规则和假设条件定期对过程安全管理绩效进行测量，并向相关管理人员提交报告，以便对报告中内容进行分析、讨论并采取相应措施。过程安全管理绩效测量周期应做到及时发现过程安全管理计划存在的潜在问题防止其发展成为重大问题，同时对过程安全管理绩效进行分析和讨论，确保满足绩效指标要求。 由审核员开展的工作： • 审核员应对工厂或公司程序和策略进行审查，以核实工厂或公司是否已为过程安全管理计划明确了绩效指标。 • 审核员应对工厂或公司程序和策略进行审查，以确保这些绩效指标是否具体针对过程安全管理工作，而不是针对职业安全计划(如应急救援(EMR)和人员伤害率等)进行检查而采用的传统测量指标。滞后绩效指标涉及以下事件类型：与过程安全管理有关的所有火灾事故(不包括在行政管理区域发生的初期火灾)、所有爆炸事故和所有伤亡事故。 • 审核员应对工厂中层管理人员进行面谈，以核实过程安全管理绩效汇报人员是否了解过程安全管理绩效的测量标准和检查方法。 • 审核员应对定期收集的过程安全管理指标数据进行审查，以确保数据收集、最终绩效指标的确定以及绩效上报不要变成一种人为“游戏”，使其无法反映出过程安全管理计划的真实状态，还要确保对绩效指标进行更新，以真实反映过程安全管理计划的状态。 • 审核员应对定期收集的过程安全管理绩效指标数据进行审查，以核实选择的绩效指标和采用的测评方法能否快速、准确地反映出过程安全管理计划的变化，以便管理层能够对过程安全管理计划绩效进行评估，并在必要时采取相应的纠正措施。 • 有关过程安全管理绩效指标更详细内容，见第21章
审核准则4-R-29：定期向主管领导提供未完成过程安全管理整改项报告	贝克委员会(Baker)发布的《BP公司美国炼油厂独立安全审查专门小组调查报告》(即“贝克委员会报告”)	由审核员开展的工作： • 审核员应对定期进行的过程安全管理测评记录进行审查，以核实在记录中是否对过程安全管理整改项及其状态进行了说明

续表

审核准则	审核准则出处	审核员指南
审核准则 4-R-30：制定定期管理评审制度，按照预先确定的频率对过程安全管理绩效以及管理体系重要方面进行定期审查和监控	贝克委员会(Baker)发布的《BP 公司美国炼油厂独立安全审查专门小组调查报告》(即“贝克委员会报告”)	由审核员开展的工作： • 审核员应对相关记录进行审查，以核实是否对过程安全管理绩效指标定期进行了检查并提交了报告，同时核实检查频率是否合理。定期检查频率要合理，以便及时发现存在的问题，但是频率不能过高，否则绩效数据的收集和上报就会成为一项主要工作负担，从而极大影响过程安全管理工作的正常开展。过程安全管理绩效数据的收集和上报周期还应与某些过程安全管理工作的检查周期保持一致，以便获得相关数据，同时保证有足够的时间来体现绩效发生的重大变化。 • 审核员应对过程安全管理绩效报告以及工厂管理会议纪要进行审查，以核实是否定期对过程安全管理绩效指标进行了讨论，并基于报告结果采取了相应的整改/纠正措施。 • 有关过程安全管理绩效指标更详细内容，见第 21 章
审核准则 4-R-31：公司董事会对公司过程安全管理计划状态和进展情况进行监控。如果公司不是上市公司且没有董事会，应由公司所有者或由公司所有者指定的人员来对公司过程安全管理计划状态和进展情况进行监控	贝克委员会(Baker)发布的《BP 公司美国炼油厂独立安全审查专门小组调查报告》(即“贝克委员会报告”)	由审核员开展的工作： • 审核员应对董事会或其委员会去敏感信息后的会议纪要进行审查，以核实是否将公司级过程安全管理绩效指标上报给了董事会，并对其进行了评估和讨论，同时，按照报告结果明确了合适的整改项

表 4.5 列出与“过程安全管理知识和技能”有关的审核准则和审核员指南。

表 4.5 与“过程安全管理知识和技能”有关的审核准则和审核员指南

审核准则	审核准则出处	审核员指南
已经制定并实施了一个系统，以确保行政管理、现场管理以及所有现场人员，包括经理、主管、工人和承包商，具备相应的过程安全管理知识和技能		
审核准则 4-R-32：现场高层管理人员了解过程安全管理技术方面的要求，并知晓如何在现场/公司实施 OSHA 过程安全管理标准《高危化学品过程安全管理》	贝克委员会(Baker)发布的《BP 公司美国炼油厂独立安全审查专门小组调查报告》(即“贝克委员会报告”)	由审核员开展的工作： • 审核员应对公司/工厂高层管理人员[环境、健康与安全(EHS)经理及以上管理人员]进行面谈，以核实高层管理人员是否了解过程安全管理常用术语以及内容。 • 审核员应对公司/工厂高层管理人员[环境、健康与安全(EHS)经理及以上管理人员]进行面谈，以核实这些高层管理人员是否了解过程安全管理要求，如何在公司、工厂及其运营过程中执行这些管理要求，哪些活动需要满足这些要求以及过程安全管理计划的当前状态。 • 不要求高层管理人员的知识水平与直接负责过程安全管理计划策划和实施人员的知识水平相同。 • 审核员应核实工厂或公司是否为其高层管理人员编写并实施了过程安全管理培训计划(或进行了外部培训)，以确保其达到相应的过程安全管理知识水平

续表

审核准则	审核准则出处	审核员指南
审核准则 4-R-33：中层管理人员（包括环境、健康与安全(EHS)经理和过程安全管理经理/协调员）了解过程安全管理技术方面的要求，并知晓如何在现场/公司实施 OSHA 过程安全管理标准《高危化学品过程安全管理》	贝克委员会(Baker)发布的《BP 公司美国炼油厂独立安全审查专门小组调查报告》(即“贝克委员会报告”)	由审核员开展的工作： • 审核员应对公司/工厂环境、健康与安全(EHS)经理和过程安全管理经理/协调员进行面谈，以核实这些管理人员是否了解过程安全管理具体要求，如何在公司、工厂及其运营过程中执行这些具体管理要求，哪些活动需要满足这些具体要求及过程安全管理计划的当前状态。 • 审核员应核实工厂或公司是否为其中层管理人员编写并实施了过程安全管理培训计划(或进行了外部培训)，以确保其达到相应的过程安全管理知识水平。过程安全管理协调员应已经接受过过程安全管理及与设施有关的过程安全管理法规(如果有)方面的正式培训，同时还接受了与其工作有关的过程安全管理专业培训(如危害识别和风险分析(HIRA)、审核等)
审核准则 4-R-34：过程安全管理体系支持性或辅助性人员了解与其工作有关的过程安全管理体系技术方面的要求	良好行业做法(GIP)	由审核员开展的工作： • 审核员应对公司/工厂过程安全管理体系支持性或辅助性人员(如采购、人力资源和工程设计等人员)进行面谈，以核实他们是否了解过程安全管理常用术语及其含义。 • 审核员应对过程安全管理体系支持性或辅助性人员进行面谈，以核实他们是否了解与其工作有关的过程安全管理要求以及其工作会对过程安全管理体系的实施造成何种影响。 • 不要求支持性人员的知识水平与直接负责过程安全管理体系策划和实施人员的知识水平相同。 • 审核员应核实工厂或公司是否已按照支持性或辅助性人员在过程安全管理体系中的职责编制并实施了培训计划(或采用外部培训方式)，确保其达到相应的过程安全管理知识水平
审核准则 4-R-35：非管理人员了解与其工作有关的过程安全管理体系技术方面的要求	贝克委员会(Baker)发布的《BP 公司美国炼油厂独立安全审查专门小组调查报告》(即“贝克委员会报告”)	由审核员开展的工作： • 审核员应对非管理人员进行面谈，以核实他们是否知晓过程安全管理常用术语及其含义。 • 审核员应对过程安全管理体系支持性或辅助性非管理人员进行面谈，以核实他们是否了解与其工作有关的过程安全管理要求以及其工作会对过程安全管理体系的实施造成何种影响。 • 不要求非管理人员的过程安全知识水平与直接负责过程安全管理体系策划和实施人员的知识水平相同。 • 审核员应核实工厂或公司是否为其非管理人员编写并实施了过程安全管理培训计划(或进行了外部培训)
审核准则 4-R-36：按照人员在过程安全管理体系中的职责和角色，对所有相关人员定期进行过程安全管理培训	贝克委员会(Baker)发布的《BP 公司美国炼油厂独立安全审查专门小组调查报告》(即“贝克委员会报告”)	由审核员开展的工作： • 审核员应对安全会议、其他培训和经验教训总结会记录进行审查，以核实公司或工厂是否定期开展了过程安全管理培训工作

表 4.6 列出与“过程安全管理职责和期望值”有关的审核准则和审核员指南。

表 4.6 与“过程安全管理职责和期望值”有关的审核准则和审核员指南

审核准则	审核准则出处	审核员指南
加强执行管理层以及高层管理人员和监督人员在过程安全管理绩效方面的职责和责任。为实现过程安全管理期望值并达到绩效标准，要根据实际情况做到授权清晰，责任明确		

续表

审核准则	审核准则出处	审核员指南
审核准则4-R-37：在主管领导、监督人员和工人绩效合同、目标和目的承诺书以及可操控性薪酬协议中明确了过程安全管理绩效目标、目的和期望值	加拿大化学品制造商协会(CCPA)发布的加拿大重大工业事故理事会(MIACC)自评估工具《过程安全管理指南/HISAT修订项目》(070820) PANEL 贝克委员会(Baker)发布的《BP公司美国炼油厂独立安全审查专门小组调查报告》(即“贝克委员会报告”)	由审核员开展的工作： • 审核员应对人员绩效目标承诺书、劳动合同或员工/承包商人员其他绩效目标文件(空白表或去敏感信息后的文件)的复印件进行审查，以核实是否将过程安全管理目标落实到与过程安全管理体系要素或部分要素有关的员工或承包商人员。(高层管理人员和中层管理人员应对过程安全管理体系中各要素负主要责任。) • 审核员应核实能否对确定的过程安全管理目标进行衡量和验证，同时，公司或工厂是否为这些目标的实现明确了手段和方法。 • 在绩效考核表或其他绩效管理程序中明确了绩效指标或采用何种方法来对绩效进行检查。
审核准则4-R-38：明确员工在过程安全管理体系中的责任，不能混淆	加拿大化学品制造商协会(CCPA)发布的加拿大重大工业事故理事会(MIACC)自我评估工具《过程安全管理指南/HISAT修订项目》(070820) 贝克委员会(Baker)发布的《BP公司美国炼油厂独立安全审查专门小组调查报告》(即“贝克委员会报告”)	由审核员开展的工作： • 审核员应对岗位职责、绩效目标承诺书(空白表或去敏感信息后的文件)、过程安全管理体系的适用性或高层策略/程序进行审查，以核实是否为过程安全管理体系每一要素及其子要素明确了责任人。 • 审核员应对中层管理人员进行面谈，以核实是否为过程安全管理体系每一要素明确了责任人，同时，责任人是否了解其职责范围。例如，当由一名员工负责危害识别和风险分析(HIRA)而由另外一名员工负责汇报分析结果时，这就需要对这两名人员的责任范围进行清晰划分
审核准则4-R-39：主管领导和监督人员酬薪总额中的很大一部分要与过程安全管理绩效指标和目标挂钩	贝克委员会(Baker)发布的《BP公司美国炼油厂独立安全审查专门小组调查报告》(即“贝克委员会报告”)	由审核员开展的工作： 审核员应对绩效记录(如果有必要，需对记录进行去敏感信息处理)进行审查，以核实是否按照评估程序定期对过程安全管理目标的实现进行了评估。 审核员应对人力资源管理程序进行审查并对高层管理人员或人力资源管理人员进行面谈，以核实过程安全管理绩效是否与人员工资挂钩
审核准则4-R-40：非管理人员可变酬薪计划的一个重要部分要与过程安全管理绩效目标挂钩	贝克委员会(Baker)发布的《BP公司美国炼油厂独立安全审查专门小组调查报告》(即“贝克委员会报告”)	由审核员开展的工作： 审核员应对人力资源策略以及奖金和其他可变工资/奖励性薪酬管理程序进行审查，以核实是否与过程安全管理绩效目标挂钩
审核准则4-R-41：在制定职业发展和继任计划时，过程安全管理绩效以及过程安全管理领导配备是需要认真考虑的问题	贝克委员会(Baker)发布的《BP公司美国炼油厂独立安全审查专门小组调查报告》(即“贝克委员会报告”)	由审核员开展的工作： • 审核员应对人力资源策略以及职业发展和继任决策程序进行审查，以核实在决策程序中是否考虑了过程安全管理绩效和人员经验要求

续表

审核准则	审核准则出处	审核员指南
审核准则 4-R-42：为各级管理人员和监督人员明确过程安全管理职责，并确保其理解并履行这些职责	加拿大化学品制造商协会(CCPA)发布的加拿大重大工业事故理事会(MIACC)自我评估工具《过程安全管理指南/HI-SAT 修订项目》(070820) 贝克委员会(Baker)发布的《BP 公司美国炼油厂独立安全审查专门小组调查报告》(即“贝克委员会报告”)	由审核员开展的工作： 审核员应对高层管理人员和中层管理人员进行面谈，以核实过程安全管理绩效标准和人员职责是否得以有效贯彻执行

表 4.7 列出了与“过程安全管理主管领导”有关的审核准则和审核员指南。

表 4.7　与“过程安全管理主管领导”有关的审核准则和审核员指南

审核准则	审核准则出处	审核员指南
已为过程安全管理计划正式任命主管领导		
审核准则 4-R-43：已为公司过程安全管理计划指派主管领导	贝克委员会(Baker)发布的《BP 公司美国炼油厂独立安全审查专门小组调查报告》(即“贝克委员会报告”)	由审核员开展的工作： • 审核员应对公司组织文件(组织机构图和/或策略)进行审查，以核实是否已为公司过程安全管理体系正式指派主管领导。 • 审核员应对公司组织机构文件(组织机构图和/或策略)进行审查，以核实公司主管领导能否为过程安全管理计划在所有设施中的实施提供指导，并确保过程安全管理计划在所有设施中的统一实施。 • 审核员应对公司组织机构文件(组织机构图和/或策略)进行审查，以核实过程安全管理主管领导在过程安全管理方面是否具有丰富的知识和经验并获得充分授权，能够对会对设施过程安全管理绩效造成影响的设施级以上所有财务或其他问题进行决策。基于公司规模、OSHA 过程管理标准《高危化学品过程安全管理》所涵盖的设施数量以及公司过程安全管理计划的适用性和复杂程度，该职位可以是全职，也可以是兼职
审核准则 4-R-44：已为设施过程安全管理计划指派了主管领导	贝克委员会(Baker)发布的《BP 公司美国炼油厂独立安全审查专门小组调查报告》(即“贝克委员会报告”)	由审核员开展的工作： • 审核员应对设施组织文件(组织机构图和/或策略)进行审查，以核实是否已为设施过程安全管理体系正式指派主管领导。 • 审核员应对公司组织机构文件(组织机构图和/或策略)进行审查，以核实每一现场过程安全管理主管是否与设施经理和公司过程安全管理主管理顺了工作关系。(设施过程安全管理主管应为设施主管部门中的成员，并向公司过程安全管理主管和设施经理汇报工作。)基于设施规模和复杂程度及过程安全管理计划的适用性和复杂程度，该职位可以是全职，也可以是兼职

表 4.8 列出了根据 BP 公司得克萨斯州炼油厂异构化装置严重爆炸伤亡事故调查报告结

果制定的审核准则和审核员指南。

表 4.8 根据 BP 公司得克萨斯州炼油厂异构化装置严重爆炸伤亡事故调查报告结果制定的审核准则和审核员指南

审核准则	审核准则出处	审核员指南
审核准则 4-R-45：形成愿意接受变革的良好工作氛围	《BP 公司得克萨斯州炼油厂异构化装置严重爆炸伤亡事故调查报告》	为审核员提供的基本信息： • 抵制变革的表现包括： —“排外综合征”，认为某些程序和策略并不是针对自己公司或设施或由其他公司人员制定的，与自己的公司无关，从而不愿意按照良好的外部策略/程序对自己公司的程序/策略进行变革； —官僚惰性致使很多人员不愿意实施程序性变革； —培训不足，对变革解释不够(尤其是为什么需要进行变革)； 由审核员开展的工作： • 审核员应对高层管理人员、中层管理人员以及非管理人员进行面谈，以核实是否因人们对变革存有抵触心理而很难对过程实施变革以及很难进行程序性变革(即对方针、做法和程序实施变革)
审核准则 4-R-46：始终如一地执行装置过程安全管理策略、做法和程序	《BP 公司得克萨斯州炼油厂异构化装置严重爆炸伤亡事故调查报告》	由审核员开展的工作： • 审核员应对过程安全管理记录进行审查，并对管理人员和非管理人员进行面谈，以核实设施人员能否认真执行已批准的策略和程序，而不是按照其习以为常、觉得舒服和方便的方法来开展工作
审核准则 4-R-47：鼓励员工提出改进建议或意见	《BP 公司得克萨斯州炼油厂异构化装置严重爆炸伤亡事故调查报告》	由审核员开展的工作： • 审核员应对变更管理(MOC)记录以及事故调查报告/记录进行审查，以核实各级人员能否积极提出改进建议。 • 审核员应对中层管理人员和非管理人员进行面谈，以核实由各级人员提出的建议是否得到充分重视，并采取了相关行动
审核准则 4-R-48：职场文化外向开放，能够汲取从内到外各种经验教训	•《BP 公司得克萨斯州炼油厂异构化装置严重爆炸伤亡事故调查报告》	由审核员开展的工作： 审核员应核实公司或设施能否积极参加过程安全管理相关行业会议(如 CCPS 会议)，是否对从这类会议中所获得理念的适用性以及在公司或设施中实施进行了评估。 设施或公司文化出现“内向性”的表现是上文提及的“排外综合征”
审核准则 4-R-49：主管领导全面并深入了解风险和过程安全管理要求，接受已识别出的风险等级	《BP 公司得克萨斯州炼油厂异构化装置严重爆炸伤亡事故调查报告》	由审核员开展的工作： 审核员应对中层管理人员和非管理人员进行面谈，以确保主管领导没有因对风险了解不全面、不深入或其他原因而人为降低已识别出的风险等级

《安全和环境管理计划》是在海上石油勘探开采(E&P)行业和美国内政部矿产资源管理局(MMS)之间形成的一个自愿性共识过程安全管理标准。位于外大陆架(OCS)的石油平台受美国矿产资源管理局监管，而不是由美国职业安全与健康管理局(OSHA)监管。由 API 编写和发布的自愿性共识过程安全管理标准 API RP-75 允许位于外大陆架的设施实施过程安

全管理计划。在外大陆架设施中实施过程安全管理计划并非美国内政部矿产资源管理局强制性要求，但却是被矿产资源管理局认可的该行业良好行业做法。下表中与《安全和环境管理计划》(SEMP)“领导力和承诺”有关的审核准则为 API RP-75 一部分，可从 www.mms.gov/semp 获取。由于这是一个自愿性共识过程安全管理标准，因此，表 4.9 中的审核准则属于相关审核准则。表 4.9 列出了在《安全和环境管理计划》中与“过程安全管理文化”有关的审核准则和审核员指南。

表 4.9　在《安全和环境管理计划》(SEMP)中与“过程安全管理文化”有关的审核准则和审核员指南

审核准则	审核准则出处	审核员指南
《安全和环境管理计划》(SEMP) 审核准则 4-R-50：管理层已在整个组织机构中对管理计划进行了授权，并明确了人员职责和责任	美国石油学会(API)推荐做法 75：《安全和环境管理计划》(API RP 75)，1.2.2.a	由审核员开展的工作： • 审核员应对人力资源策略、绩效评估表或类似文件进行审查，以核实是否已对管理计划中的人员职责和责任进行了划分和评估
审核准则 4-R-51：为管理人员、监督人员和其他人员制定的绩效标准中明确了如何对管理计划实施效果进行测量和衡量	美国石油学会(API)推荐做法 75：《安全和环境管理计划》(API RP 75)，1.2.2 c	由审核员开展的工作： • 审核员应对人力资源策略、绩效评估表或类似文件进行审查，以核实是否为组织明确目标和目的，包括具体安全和环境管理绩效指标。 • 审核员应对人力资源记录进行审查，以核实是否制定了相关绩效标准并明确了绩效测评方法。 • 审核员应对员工进行面谈，以核实员工是否了解其在绩效管理标准中的责任
审核准则 4-R-52：管理层已采取了有效措施，以为组织管理计划提供有利支持	美国石油学会(API)推荐做法 75：《安全和环境管理计划》(API RP 75)，1.2.2.h	由审核员开展的工作： • 审核员应对员工进行面谈，以核实是否及时向员工提供《安全和环境管理计划》(SEMP)承诺书。 • 审核员应对员工进行面谈，以核实是否对管理计划目标和绩效测评给予高度重视。 • 审核员应对员工进行面谈，以核实员工是否完全了解为使管理计划持续顺利实施而需要对职能部门和资源进行有效管理
审核准则 4-R-53：组织在编写管理计划时，征求并考虑了各级人员的意见和建议	美国石油学会(API)推荐做法 75：《安全和环境管理计划》(API RP 75)，1.1	由审核员开展的工作： • 审核员应对管理人员、监督人员和非管理人员进行面谈，以核实在编制安全和环境管理计划时是否征询组织中各级人员的意见，并获得其支持和配合

4.3　确定过程安全文化审核提问

在对过程安全文化进行审核时，需要对组织价值观进行检查。此时，由于需要收集大量对过程安全管理相关问题的观点和看法，而不仅仅是客观事实，因此，对价值观进行检查要比对过程安全管理计划其他要素进行评估难得多。为了对“过程安全文化”这一重要主题进行评估，审核员将主要从面谈对象收集相关信息，并通过对有关记录进行审查来收集部分信息。但是，为了完全回答部分主要审核问询并从中得出正确审核结论，就必须从组织不同层次选择不同人员进行面谈。仅凭对某一过程安全文化问题的单个看法抑或多个看法无法得出可靠结论，同时，可能没有足够直接记录以供审查。在这里，通过第一个举例来加以说明，在询问"设施是否对过程安全管理危险保持高度警惕?"这一重要过程安全文化问题时，审核员必须对现场所有层次人员进行面谈，包括高层管理人员、中层管理人员和非管理人员。对于该具体问题，通常没有任何记录可供对由面谈对象所提出意见或观点的准确性进行核实。

在对设施人员就过程安全管理文化问题进行面谈时，审核员应具有一定的针对性来间接询问相关问题。例如，在对与"脆弱感"有关的问题进行审核时，可询问以下问题：

- 你是否认为装置会出现灾难性化学品泄漏?
- 你是否认为灾难性化学品泄漏事故发生的概率像流星撞击地球或飞机失事那样小?
- 如果设施现场涉及高度危险化学品，你是否认为装置会发生事故并会对场外造成重大影响?

如果设施存在很大的风险，当询问这些问题和类似问题时发现现场人员对这些风险表现出漠不关心，审核员就可以得出这样一个结论：设施人员已经完全丧失或部分丧失了"脆弱感"。由于管理人员可能会误认为已成功消除了存在的风险，而直接参与和从事相关工作的监督人员和非管理人员基于其认知和/或经验会有不同的观点或看法，因此，需对设施中所有层次人员进行面谈。

第二个例子是在询问"在设施中是否出现了偏差常态化现象?"这一问题时，同第一个举例一样，审核员除对现场所有层次人员进行面谈外，还需要对事故记录和设备维护记录进行审查，以对面谈结果进行确认。审核员可对记录进行仔细检查，以核实是否存在事故调查不当或在对事故进行调查时没有针对发现的根本原因提出合理建议。应对各种维护记录(作业许可证优先级记录、设备缺陷日志和记录、安全装置走旁路/拆除记录以及检查、测试和预防性维护记录)进行检查，以核实设备缺陷、安全装置走旁路/停用是否长时间存在，设备缺陷整改和/或安全装置复位是否存在不符合优先级情况。

第三个例子是在询问"管理人员是否定期提供了过程安全管理绩效指标报告并对其进行了审查?"这一问题时，审核员需首先对相关记录(如管理人员/员工会议议程)进行检查，以核实会议议程是否包含了过程安全管理绩效指标方面的要求，然后对会议纪要进行检查，以核实是否制定了整改计划。在对高层管理人员和中层管理人员进行面谈时，要设法明确以下两点：

- 高层管理人员是否高度重视对过程安全管理绩效指标的讨论并将其放在了合适的优先位置?
- 中层管理人员能否确保以一种积极的态度来对过程安全管理绩效进行测量并上报测量结果或者确保过程安全管理不会出现重大问题?

第四个例子是在询问"是否将过程安全管理目标和目的纳入员工个人绩效指标(KPI)或其他正式绩效目标文件中?"时，审核员应首先对过程安全管理人员绩效评估策略和程序进行检查，然后对多名中层管理人员的书面目标承诺书进行抽查。由于公司/工厂要求对敏感人力资源信息进行保密，完成这项工作可能有一定的难度。在这种情况下，应要求公司/工厂提供去敏感信息后的记录。应对高层管理人员和中层管理人员进行面谈，以核实是否确定了绩效目标，然后按照确定的绩效目标以书面方式或口头方式对绩效进行评估。

4.4 审核方案

附录A过程安全管理审核方案，如何按照审核准则对第4.2节中的内容进行审查提供了详细指南(有关如何在线获取附录A中资料，见第Ⅷ页)。

参 考 文 献

American Chemistry Council, *RCMS® Technical Specification Implementation Guidance and Interpretations*, RC 101.02, January 25, 2004.

American Chemistry Council, *RCMS® Technical Specification Implementation Guidance and Interpretations Appendices*, RC 101.02, January 25, 2004.

American Chemistry Council (ACC), Procedure RC 203.04, *RCC Auditor Qualifications And Training*, Revision 4, March 2008.

Baker, J. A. et al., *The Report of BP U. S. Refineries Independent Safety Review Panel*, January 2007 (Baker Commission Report).

BP, *Fatal Accident Investigation Report*, *Isomerization Unit Explosion Interim Report*, Texas City, Texas, USA, John Mogford, 2005.

California, California Code of Regulations, Title 8, Section 5189, CalOSHA, November 1985.

Center for Chemical Process Safety (CCPS), *Guidelines for Risk Based Process Safety*, American Institute of Chemical Engineers, New York, 2007 (CCPS, 2007c).

Chemical Safety and Hazard Investigation Board, *Investigation Report—Refinery Explosion and Fire*, *BPTexas City*, Texas March 23, 2005, March 20, 2007.

Department of the Interior, Minerals Management Service, *Safety and Environmental Management Program* (SEMP), 1990.

National Aeronautics and Space Administration, *Columbia Accident Investigation Board Report*, Washington, DC, August 2003.

Rogers, W. P. et al., *Report of the Presidential Commission on the Space Shuttle Challenger Accident*, Washington, D. C, June 6, 1986.

5 标准合规性

"标准合规性"这一要素在 OSHA 过程安全管理标准《高危化学品过程安全管理》和 EPA《风险管理计划》或其他州立过程安全管理标准中没有直接对应的要素，但是，在 OSHA 过程安全管理标准《高危化学品过程安全管理》/EPA《风险管理计划》多个要素中，如"过程安全信息"和"机械完整性"，均提及本要素要符合认可和普遍接受的良好工程实践(RAGAGEP)。"标准合规性"是化工过程安全中心(CCPS)《基于风险的过程安全》(RBPS)事故预防原则之一"对过程安全的承诺"中的一个要素，还要符合过程安全管理适用性规定。有关过程安全管理适用性详细介绍，见本书第 3 章。

5.1 概述

对于"标准合规性"这一要素，要建立一套相关标准、规范、法规和法律(统称为标准)管理系统，用于识别、制定、获取、评估、发布和保持会对过程安全造成影响的相关标准、规范、法规和法律并做好存档工作。该标准管理系统涉及内部和外部标准、国家和国际规范和标准以及地方、州和联邦法规和法律。通过该系统可以方便、快捷地将标准提供给用户。过程安全管理计划中"标准合规性"这一要素以某种形式与基于风险的过程安全(RBPS)管理系统中其他要素相互关联。在对过程安全管理计划进行审核时，主要依据就是这些标准；同时，对过程安全管理计划每一要素的要求也来自于这些标准。

"标准合规性"这一要素与过程安全管理计划中其他要素密切相关。主要相关要素包括：

• "过程知识管理"要素(见第 9 章)——证明 OSHA 过程管理标准《高危化学品过程安全管理》所涵盖的过程和设备符合有关认可和普遍接受的良好工程实践(RAGAGEP)。

• "安全操作规程"要素(见第 12 章)——符合与其有关的其他法规(如 OSHA《上锁/挂牌标准》以及在 29 CFR §1910.252(a)中规定的消防要求)。

• "资产完整性和可靠性"要素(见第 13 章)——对于检查、测试和预防性维护(ITPM)计划，在确定检查、测试和预防性维护工作及其频率时应遵守有关认可和普遍接受的良好工程实践(RAGAGEP)。

• "培训和绩效保证"要素(见第 15 章)——应按照有关法律和法规对操作人员、维护人员和其他受影响人员进行培训(如按照《危险废弃物经营和应急响应法规》(HAZWOPER)进行应急响应培训)。

• "应急管理"要素(见第 19 章)——应急响应计划应符合与其有关的其他法规(如 OSHA《危险废弃物经营和应急响应法规》(HAZWOPER)以及在 29 CFR §1910.38(a)中规定的应急行动计划要求)。

在第5.2节中，对相关审核准则以及审核员在使用这些准则方面的要求进行了介绍。有关对合规性审核准则和相关审核准则的详细介绍，见第1章(第1.7节)。这些章节中介绍的准则和指南并不能全部涵盖过程安全管理程序的范围、设计、实施或解释，而代表的是化工/加工行业过程安全管理审核员的集体经验以及基于经验形成的一致性观点。

在本书中介绍的相关审核准则并不代表过程安全管理程序的顺利实施必须遵守这些准则，也不代表如果没有遵守这些准则过程安全管理计划就会有缺陷。对于某一具体设施或公司，可能还有其他更加合适的方法来对过程安全管理审核表“相关审核准则”栏及其“审核员指南”栏对应的要求或问题进行审查。另外，按照相关审核准则对过程安全管理计划实施情况进行审核完全是自愿性的，并非强制性要求。在采用相关审核准则时应谨慎并认真计划，从而防止在不经意间形成不期望的过程安全管理绩效标准。在采用这些相关审核准则之前，应在设施与其母公司之间达成一致意见。最后，所提供的相关审核准则和审核员指南并不意味着是对监管机构发出的书面或口头说明、因违反过程安全管理法规而由监管机构发出的违规传票以及由监管机构发布的其他过程安全管理指南的认同，也不是对某一公司在实施过程安全管理计划过程中形成的成功或常用过程安全管理做法的认可。

5.2 审核准则和审核员指南

有关OSHA过程安全管理标准《高危化学品过程安全管理》和EPA《风险管理计划》以及州立过程安全管理标准适用性方面的详细要求，见第3章。另外，还在相关章节中对具体法律、法规、规范、标准以及认可和普遍接受的良好工程实践(RAGAGEP)进行了说明。此外，还对在标准管理和维护方面的一般要求进行了陈述。

在本节中介绍的相关审核准则为审核员在对过程安全管理体系强制性要求以外的问题进行审查时提供了指南，这些相关审核准则在很大程度上代表了在行业采用的过程安全管理良好做法，在某些情况下还代表了过程安全管理普遍做法。由于部分相关审核准则已在相当长时间内被广泛认可并成功实施，因此，这类相关审核准则实际上已经达到可接受做法水准。审核员和过程安全管理专业人员应认真考虑如何采用和实施这些相关审核准则，或者至少采用一种在性质上基本类似的审核方法来对过程安全管理进行审核。有关可接受做法的定义及其实施，见术语表和第1.7.1节。

审核员根据本章中所提供指南并通过开展以下审核工作对下文介绍的审核准则进行审查：

- 对于与设施设计、项目管理和运行有关的内部和外部规范和标准，要对其维护人员进行面谈。这些人员通常为设施中过程工程师/项目工程师、工程设计经理或技术经理。
- 对用于对规范和标准进行维护的文件控制系统及部分文件进行审查。

另外，审核员还应对受审核公司/工厂所制定程序中“标准合规性”要求进行认真审查。如第1.7.1节所述，监管机构会将这些“标准合规性”要求认定为合规性要求，如果不遵守这些合规性要求，公司或设施就会因违反法规中的规定而收到由OSHA发出的违规传票。审核员应通过对有关人员进行面谈、对有关记录和文件进行审查以及实地检查等方式来核实设施或公司程序中有关要求是否已按照规定付诸实施。如果在审核时发现没有遵守公司/工厂制定的具体规定，则应将发现的问题写入审核报告。

对于在下文表中用于指明审核准则出处的缩写词定义，见“第3-24章指南”部分。表5.1列出了“标准合规性”相关审核标准和审核员指南。

表5.1 “标准合规性”相关审核标准和审核员指南

审核准则	审核准则出处	审核员指南
审核准则5-R-1.建立一套管理系统，用于明确、实施并维护好有关内部和外部规范和标准以及与过程和设备设计、操作和维护有关的管理性和指导性文件	加拿大化学品制造商协会(CCPA)发布的加拿大重大工业事故理事会(MIACC)自评估工具《过程安全管理指南/HISAT修订项目》(070820) 化工过程安全中心(CCPS)出版物《基于风险的过程安全》(RBPS)	由审核员开展的工作： • 审核员应对有关人员进行面谈并对有关记录进行审查来核实已为设施明确了以下内部和外部规范和标准并做好记录(对于该主题，面谈对象通常为工程设计经理、项目经理、技术经理或类似职位人员)： —过程安全管理适应性规范和标准(见第3章)； —设备设计、施工和运行规范和标准(与“过程安全知识”和“资产完整性”这两个要素有关的规范和标准，见第9章和第13章)； —培训规范和标准(与操作人员培训和应急响应培训有关的规范和标准，见第15章和第19章)； —设施特殊危险识别规范和标准，例如，如果设施生产、存储或使用氯气，则可以遵守美国氯气研究所制定的标准。如果设施中存在可燃粉尘，则应遵守美国国家消防协会(NFPA)制定的在控制可燃粉尘方面的标准。 • 审核员应对有关人员进行面谈并对有关记录进行审查来核实已按照要求为设施、设施内化学品/材料和设施运行明确了需要执行的内部和外部规范和标准，并且对这些规范和标准做好记录。对于该主题，面谈对象通常为工程设计经理、项目经理、技术经理或类似职位人员。 • 审核员应核实已建立文件控制系统，确保有关规范和标准始终为最新版。 • 应对外部规范和标准变更情况进行监控，确保设施采用的规范和标准始终为最新版。 • 可采用现有文件控制系统对文件进行管理，在这种情况下，有关规范和标准应为在设施中正式发布和批准的文件。 • 审核员应对有关人员进行面谈并对有关记录进行审查来核实设施人员已就有关规范和标准中规定的要求接受了培训且有能力实施这些要求。 • 审核员应对有关人员进行面谈并对有关记录进行审查来核实已为设施或公司内部每一内部和外部规范和标准指定了一个“管理者”。例如，对于设施过程安全管理适用性规范和标准，可以将过程安全管理经理/协调员指定为“管理者”。对于与设备设计和测试/检查有关的认可和普遍接受的良好工程实践(RAGAGEP)(如ASME锅炉和压力容器规范、API-510)，可以将维护经理、资产完整性经理或工程设计经理指定为“管理者”。 • 审核员对有关人员进行面谈并对有关记录进行审查来核实已制定了一套程序用于检查是否遵守相关标准。如果过程安全管理审核范围和审核方法全面涵盖了相关标准，上述工作可以为过程安全管理审核工作的一部分。对于过程安全管理审核，“过程安全知识(PSK)”和“资产完整性(AI)”这两个要素涵盖了与设备有关的标准[即认可和普遍接受的良好工程实践，(RAGAGEPs)]

续表

审核准则	审核准则出处	审核员指南
审核准则 5-R-2. 承包商应熟悉与其工作有关的管理规范和标准	化工过程安全中心(CCPS)出版物《基于风险的过程安全》(RBPS)	为审核员提供的基本信息: • 应根据承包商雇用和审查程序来确定受雇于运行、维护、项目管理或培训工作的承包商人员是否了解与其工作有关的规范和标准(为"资产完整性(AI)"要素和/或"承包商管理"要素的一部分，见第 13 章和第 14 章)。 由审核员开展的工作: • 审核员应对在资格预审期间由承包商提交的文件进行审查，以核实承包商人员是否了解与其工作有关的规范和标准。 • 审核员应对在设施中工作的承包商人员，尤其是承包商监管人员和工程师，进行面谈，以核实他们是否了解与其工作有关的规范和标准

5.3 审核方案

附录 A 过程安全管理审核方案，就如何按照审核准则对第 5.2 节中的内容进行审查提供了详细指南(有关如何在线获取附录 A 中资料，见第Ⅷ页)。

参 考 文 献

American Chemistry Council, *RCMS® Technical Specification*, RC101.02, March 9, 2005.

American Chemistry Council, *RCMS® Technical Specification Implementation Guidance and Interpretations*, RC 101.02, January 25, 2004.

American Chemistry Council, *RCMS® Technical Specification Implementation Guidance and Interpretations Appendices*, RC101.02, January 25, 2004.

California, California Code of Regulations, Title 8, Section 5189, CalOSHA, November 1985.

Center for Chemical Process Safety (CCPS), *Guidelines for Risk Based Process Safety*, American Institute of Chemical Engineers, New York, 2007 (CCPS, 2007c).

Department of the Interior, Minerals Management Service, Safety and Environmental Management Program (SEMP), 1990.

Occupational Safety and Health Administration (OSHA) Instruction CPL 03-00-006, *Combustible Dust National Emphasis Program*, Washington, DC, October 18, 2007 (OSHA, 2007b).

6 过程安全能力

> “过程安全能力“这一要素在 OSHA 过程安全管理标准《高危化学品过程安全管理》和 EPA《风险管理计划》或美国州立过程安全管理标准中没有直接对应的要素，但是，了解相关技术知识并根据这些技术知识就风险管理做出正确决策这一理念是多个自愿性共识过程安全管理标准的一个组成部分。

6.1 概述

“过程安全能力(PSC)”通过开展以下三项相互关联工作来培养和提高：(1)不断提高知识和能力；(2)确保为所需人员提供合适的过程安全信息；(3)始终采纳已获得的经验和教训。

“过程安全能力”这一要素与“过程安全知识”和“培训”这两个要素密切相关。“过程安全知识”这一要素为过程安全信息的分类、保存和检索提供了手段并确保在需要时可以及时提供这类信息，“培训”这一要素有助于加强员工对程序和培训材料中过程安全信息的理解，而“过程安全能力(PSC)”这一要素的作用是在必要时增加过程安全知识量并尽快将新获得的过程安全知识提供给组织有关部门，而并非仅在需要时才提供。

因为“过程安全知识”这一要素是一个数据和信息收集过程，因此，“过程安全能力(PSC)”这一要素不同于“过程安全知识”(见第 9 章)。“过程安全能力(PSC)”这一要素的主要作用是确保员工理解并正确使用过程安全知识，确保组织能够基于过程安全知识做出更好决策，并确保当员工面临异常情况时能够采取正确行动。通过“过程安全知识”这一要素来收集过程安全信息并通过“过程安全能力(PSC)”这一要素来提高过程安全能力，这二者为整个过程安全管理计划得以顺利实施提供了坚实的基础。在美国化学工程师协会化工过程安全中心(CCPS)出版物《基于风险的过程安全》(RBPS)中，提供了与“过程安全能力(PSC)”有关的详细指南。

在第 6.2 节中，对相关审核准则以及审核员在应用准则方面的要求进行了介绍。有关对合规性审核准则和相关审核准则的详细介绍，见第 1 章(第 1.7 节)。这些章节中介绍的准则和指南并不能全部涵盖过程安全管理体系的范围、设计、实施或解释，而代表的是化工/加工行业过程安全管理审核员的集体经验以及基于经验形成一致性观点。

在本书中介绍的相关审核准则并不代表过程安全管理体系的顺利实施必须遵守这些准则，也不代表如果没有遵守这些准则过程安全管理体系就会有缺陷。对于某一工厂或公司，可能还有其他更加合适的方法来对过程安全管理审核表“相关审核准则”栏及其“审核员指南”栏对应的要求或问题进行审查。另外，按照相关审核准则对过程安全管理体系实施情况进行审核完全是自愿性的，并非强制性要求。在采用相关审核准则时应谨慎并认真计划，从而防止在不经意间形成不期望的过程安全管理绩效标准。在采用这些相关审核准则之前，应在工厂与其母公司之间达成一致意见。最后，所提供的相关审核准则和审核员指南并不意味着是对监管机构发出的书面或口头说明、因违反过程安全管理法规而由监管机构发出的违规传票以及由监管机构发布的其他过程安全管理指南的认同，也不是对某一公司在实施过程安全管理体系过程中形成的成功或常用过程安全管理做法的认可。

6.2 审核准则和审核员指南

在所有强制性过程安全管理体系中均没有对“过程安全能力”这一要素提出具体要求。因此，本章中其余部分介绍的所有指南均被视为相关审核准则。但是，在本章中明确的许多工作还属于“过程安全知识”这一要素的一部分，而“过程安全知识”这一要素包括许多合规性要求(见第9章)。除美国化学工程师协会化工过程安全中心(CCPS)出版物《基于风险的过程安全》(RBPS)外，绝大多数自愿性共识过程安全管理标准也未对“过程安全能力”提出明确要求。

审核员根据本章所提供的指南并通过开展以下审核工作对下文介绍的审核准则进行审查：

• 对在工厂中全面负责过程安全能力(PSC)计划各方面工作的人员进行面谈，这些人员包括操作人员、维护人员、安全人员、工程设计人员、人力资源人员和管理人员。

• 对一线人员(包括操作人员和维护人员)进行面谈，以对这些要素的实施情况进行检查。由于许多过程安全能力(PSC)方面的问题在本质上主要与过程安全文化/行为有关，即与装置人员所具备的知识以及对知识的理解能力密切相关，因此，只能采用保密方式对设施人员进行面谈来对这些问题加以检查和核实。

• 对与过程安全能力(PSC)有关的任何书面策略或程序进行审查。有时，过程安全能力(PSC)方面的要求可能包含在OSHA过程安全管理标准《高危化学品过程安全管理》其他要素中，如“过程安全知识”和“培训”。

• 对与过程安全能力(PSC)有关的任何记录进行审查。由于不要求对所有过程安全能力(PSC)方面问题进行记录，因此，能够提供何种记录应视具体情况而定。在对“过程安全能力”方面的问题进行记录时，可采用陈述性文字或过程安全能力(PSC)责任图形式。

在本节中介绍的相关审核准则为审核员在对过程安全管理体系进行审查时提供了指南，这些相关审核准则在很大程度上代表了在行业采用的过程安全管理良好做法，在某些情况下还代表了过程安全管理普遍做法。由于部分相关审核准则已在相当长时间内被广泛认可并成功实施，因此，这类相关审核准则实际上已经达到可接受做法水准。审核员和过程安全管理专业人员应认真考虑如何采用和实施这些相关审核准则，或者至少采用一种在性质上基本类似的审核方法来对过程安全管理进行审核。有关可接受做法的定义及其实施，见术语表和第1.7.1节。

另外，审核员还应对受审核公司/工厂所制定程序中过程安全管理能力要求进行认真审查。如第1.7.1节所述，监管机构会将这些过程安全管理能力要求认定为合规性要求，如果不遵守这些合规性要求，公司或设施就会因违反法规中的规定而收到由OSHA发出的违规传票。审核员应通过对有关人员进行面谈、对有关记录和文件进行审查以及实地检查等方式来核实设施或公司过程安全管理适用性程序中规定的要求是否已按照规定付诸实施。如果在审核时发现没有遵守公司/工厂制定的具体规定，则应将发现的问题写入审核报告。

对于在下文表中用于指明审核准则出处的缩写词定义，见"第3-24章指南"部分。表6.1列出了在行业过程安全管理良好做法中与"过程安全能力(PSC)"有关的建议采用的审核准则和审核员指南。

表6.1 在行业过程安全管理良好做法中与"过程安全能力(PSC)"有关的建议采用的审核准则和审核员指南

审核准则	审核准则出处	审核员指南
审核准则6-R-1：部门制定了过程安全能力提高目标，并对目标进展情况进行定期更新，同时将预定目标及其进展情况通报相关人员	化工过程安全中心(CCPS)出版物《基于风险的过程安全》(RBPS)	由审核员开展的工作： • 审核员应核实制定的培训计划具有以下特点： 已制定书面目标：包括全厂性策略以及各部门具体目标。 所制定目标切实可行并纳入关键人员年度绩效计划。 所制定目标要与整个业务绩效捆绑在一起
审核准则6-R-2：为过程安全能力(PSC)管理工作指派内部负责人/支持人员	化工过程安全中心(CCPS)出版物《基于风险的过程安全》(RBPS)	由审核员开展的工作： • 审核员应对与培训或过程安全管理有关的策略/程序或岗位职责进行审查，以确认已为过程安全能力(PSC)管理工作指派了内部负责人/支持人员
审核准则6-R-3：在公司内部指定一个科室、部门或专业，主要负责巩固并提升过程安全能力(PSC)	化工过程安全中心(CCPS)出版物《基于风险的过程安全》(RBPS)	为审核员提供的基本信息： • "过程安全能力(PSC)"这一要素通常仅局限于确保其符合有关法规和行业标准。 由审核员开展的工作： • 审核员应核实是否为过程安全能力(PSC)计划确立了管理系统
审核准则6-R-4：在过程安全管理经理或过程安全管理协调员岗位职责中，专门明确了其在过程安全能力(PSC)方面的职责(非管理层主要职责)	化工过程安全中心(CCPS)出版物《基于风险的过程安全》(RBPS)	由审核员开展的工作： • 审核员应核实在管理体系文件中为相关人员明确了主要职责。 • 审核员应对过程安全管理经理/协调员进行面谈，并对其岗位职责/要求进行审查，以证实已将"过程安全能力"这一要素纳入其工作职责中
审核准则6-R-5：在公司内部有关人员岗位职责中，明确了其在过程安全能力(PSC)方面的职责	化工过程安全中心(CCPS)出版物《基于风险的过程安全》(RBPS)	由审核员开展的工作： • 审核员应核实在管理体系文件中为相关人员明确了主要职责。 • 审核员应对过程安全管理体系中每一要素负责人员进行面谈，并对其岗位职责/要求进行审查，以证实已将过程安全能力这一要素纳入其工作职责中
审核准则6-R-6：为公司各级职能部门明确了过程安全能力(PSC)职责	化工过程安全中心(CCPS)出版物《基于风险的过程安全》(RBPS)	由审核员开展的工作： • 审核员应核实在管理体系文件中为各职能部门明确了过程安全能力(PSC)主要职责。 • 审核员应对公司过程安全能力(PSC)工作文件进行审查，如公司过程安全能力委员会文件、过程安全能力会议纪要以及公司和工厂过程安全管理会议纪要(当在过程安全管理会议上讨论与过程安全能力有关的问题时)

续表

审核准则	审核准则出处	审核员指南
审核准则 6-R-7：已为实现过程安全能力(PSC)学习目标明确了支持性工作并为其提供了资金支持	加拿大化学品制造商协会(CCPA)发布的加拿大重大工业事故理事会(MIACC)自评估工具《过程安全管理指南/HISAT修订项目》(070820) 化工过程安全中心(CCPS)出版物《基于风险的过程安全》(RBPS)	为审核员提供的基本信息： • 学习计划涉及以下方面： —认真考略不确定因素分类，即还需了解哪些信息以及了解这些信息能带来何种益处？ —对采用的假设条件测试手段以及通过试验和学习来解决不确定因素的方法进行说明； —为假设条件测试工作确定优先顺序，并为其确定进程； —提供一种方法，对提高过程安全能力(PSC)所做的工作进行记录。 由审核员开展的工作： —审核员应进行检查以确保工厂或公司编制了学习/培训计划或制定了类似规划。 —审核员应对过程安全管理经理/协调员和培训经理/协调员进行面谈，以证实与提升过程安全能力有关的学习活动已获得批准
审核准则 6-R-8：已为过程安全能力(PSC)工作制定了长期(3~5年)学习计划	加拿大化学品制造商协会(CCPA)发布的加拿大重大工业事故理事会(MIACC)自评估工具《过程安全管理指南/HISAT修订项目》(070820) 化工过程安全中心(CCPS)出版物《基于风险的过程安全》(RBPS)	由审核员开展的工作： —审核员应进行检查以确保在设施/业务部门战略计划中包含了提升过程安全能力(PSC)方面的书面计划。 • 审核员应进行检查以确保已确定预算方案，以为学习计划新激励机制的设立和实施提供资金支持。 • 审核员应进行检查以确保已指派关键人员为长期计划提供支持
审核准则 6-R-9：工厂要注重与过程安全管理知识形成、获取、利用、传递和维护有关的工作	加拿大化学品制造商协会(CCPA)发布的加拿大重大工业事故理事会(MIACC)自评估工具《过程安全管理指南/HISAT修订项目》(070820) 化工过程安全中心(CCPS)出版物《基于风险的过程安全》(RBPS)	由审核员开展的工作： • 审核员应通过对操作人员、维护人员和其他人员进行面谈来核实组织能够发现机会并通过学习来提高过程安全能力。 • 审核员应通过对负责培训的人员进行面谈来核实组织对可能实现的潜在效益进行了评估，并根据评估结果制定了一套计划，以按照预定目标来获取过程安全管理知识
审核准则 6-R-10：为组织所涉及的每一类型过程指派一名技术主管	化工过程安全中心(CCPS)出版物《基于风险的过程安全》(RBPS)	为审核员提供的基本信息： • 该技术管理人通常负责对由他人开展的工作进行协调。要求同一名人员同时具有不同类型知识和经验并不现实。而且，技术管理人通常为兼职，由在过程以及过程技术领域工作多年的高级工程师或技术专家兼任。 由审核员开展的工作： —审核员应对与培训或过程安全管理有关的策略/程序或岗位职责进行审查，以核实已为“过程安全能力”(PSC)要素指派一名技术主管

续表

审核准则	审核准则出处	审核员指南
审核准则6-R-11：指派技术主管，对与过程安全和过程直接相关的研究以及可能会对规范进行的修改进行密切监控和管理	化工过程安全中心(CCPS)出版物《基于风险的过程安全》(RBPS)	由审核员开展的工作： —审核员应对技术主管进行面谈，以核实技术管理人是否了解其管理范围内行业技术发展最新情况。例如，在化学品相互作用和腐蚀问题方面的研究、美国机械工程师协会(ASME)对标准进行的修改、美国国家消防协会(NFPA)颁布的最新消防标准等。对于ISO 14001/RC 14001和OSHAS 18001等自愿性执行标准，如果工厂采用的话，则要求工厂核实对这些标准进行的修改是否适用于公司/工厂。由国家管理机构[美国职业安全与健康管理局(OSHA)、美国国家环境保护局(EPA)]、行业协会[美国机械工程师协会(ASME)，美国石油学会(API)、美国无损检测学会(ASNT)、美国国家标准技术研究所(NIST)]或地方管理部门(消防局、建筑业检查部门)负责对这类标准进行修改。 • 可在公司层面开展这项工作，审核员应检查公司与各设施的沟通是否顺畅。 • 该项工作可能与在“标准合规性”这一要素中所开展的工作存在重叠(见第5章)
审核准则6-R-12：工厂已编写了技术信息手册，用于对过程以及加强过程安全能力(PSC)所需的重要过程安全知识进行记录	加拿大化学品制造商协会(CCPA)发布的加拿大重大工业事故理事会(MIACC)自评估工具《过程安全管理指南/HISAT修订项目》(070820) 化工过程安全中心(CCPS)出版物《基于风险的过程安全》(RBPS)	为审核员提供的基本信息： • 技术信息手册或信息收集可能与按照“过程安全知识”“资产完整性”和“变更管理(MOC)”这三个要素收集的信息存在重叠。 • 技术信息手册可能收集了历史技术数据和信息，包括由原工程设计或施工单位下发给工厂的原始工程设计/项目“手册”以及自对过程/设备进行变更以来所形成的项目数据和信息。 由审核员开展的工作： • 审核员应进行检查以确保工厂编写了技术信息手册
审核准则6-R-13：技术主管负责将与过程有关的所有重要报告和工程设计文件保存在文件管理系统中	加拿大化学品制造商协会(CCPA)发布的加拿大重大工业事故理事会(MIACC)自评估工具《过程安全管理指南/HISAT修订项目》(070820) 化工过程安全中心(CCPS)出版物《基于风险的过程安全》(RBPS)	为审核员提供的基本信息： • 过程安全知识保存在资料库或文件管理系统中。该“文件管理系统”可以为纸质文件管理系统、电子版文件管理系统或二者混合式文件管理系统。 由审核员开展的工作： • 审核员应对过程安全知识(PSK)库或信息库进行检查
审核准则6-R-14：建立一套正式系统，用于收集相关文件并采用可检索方式为文件编写索引或对文件进行存档	化工过程安全中心(CCPS)出版物《基于风险的过程安全》(RBPS)	为审核员提供的基本信息： • 将过程安全信息保存在登记系统或存档系统中，以供所有相关人员使用。 由审核员开展的工作： • 审核员应进行检查以确保建立了一套正式系统，用于收集相关过程安全管理(PSM)文件

续表

审核准则	审核准则出处	审核员指南
审核准则 6-R-15：采用可检索方式对以往设计、运行和维护决策依据做好记录	加拿大化学品制造商协会(CCPA)发布的加拿大重大工业事故理事会(MIACC)自评估工具《过程安全管理指南/HISAT 修订项目》(070820) 化工过程安全中心(CCPS)出版物《基于风险的过程安全》(RBPS)	为审核员提供的基本信息： 收集和保存的这些历史信息可能与在"过程安全知识""资产完整性"和"变更管理(MOC)"这三个要素中收集的信息存在重叠。 • 由于在过程安全管理体系中许多决策是根据设施运行和维护记录而做出，因此必须保存好设施运行和维护记录。当时间跨度很大且由不同人员进行决策时，保存好设施运行和维护记录就变得尤其重要。例如： "由于我们收到了阀门生产商在……方面的建议，因此在程序中插入了第 4.3 步操作步骤"； "由于原来采用的是电动执行机构以及……，因此，在本应用中，我们专门采用 1 台带气动执行机构的 NAMCO 阀门"； "对反应器压力控制设备进行测试的依据是……"。 由审核员开展的工作： • 审核员应进行检查以确保采用可检索方式对以往设计、运行和维护决策依据做好记录
审核准则 6-R-16：将技术文件纳入工厂正式文件控制系统中，并且制定了一套文件变更审查和批准程序，包括由相关技术主管对变更进行审查/批准	加拿大化学品制造商协会(CCPA)发布的加拿大重大工业事故理事会(MIACC)自评估工具《过程安全管理指南/HISAT 修订项目》(070820) 化工过程安全中心(CCPS)出版物《基于风险的过程安全》(RBPS)	由审核员开展的工作： • 审核员应核实技术文件为工厂正式发布和批准文件。 • 另外，可采用变更管理(MOC)程序对技术文件的修改进行控制
审核准则 6-R-17：在保存信息时要保证在公司内任何地点都能访问和使用信息	加拿大化学品制造商协会(CCPA)发布的加拿大重大工业事故理事会(MIACC)自评估工具《过程安全管理指南/HISAT 修订项目》(070820) 化工过程安全中心(CCPS)出版物《基于风险的过程安全》(RBPS)	由审核员开展的工作： • 审核员应核实以下内容： —绝大部分信息保存在计算机网络中，可以在公司内任何地点进行访问并使用。 —编写了文件索引/登记表。 —可通过关键词或短语来检索信息。 —信息保存要保证在公司内任何地点都能够访问并使用，并且为所需人员设定访问权限
审核准则 6-R-18：提供了一种方法，用于快速检索技术信息、维护现有信息并采用有序方式对新信息进行存档	加拿大化学品制造商协会(CCPA)发布的加拿大重大工业事故理事会(MIACC)自评估工具《过程安全管理指南/HISAT 修订项目》(070820) 化工过程安全中心(CCPS)出版物《基于风险的过程安全》(RBPS)	由审核员开展的工作： • 审核员应核实以下内容： —提供了一套用于对与技术和过程安全有关的信息进行维护的标准结构。 —由负责按照日常工作要求增加文件内容或对文件进行修改的技术人员来协助该标准结构维护工作。 —相关文件要包含链接或交互参考文件，按照日常工作要求对其进行维护并更新。 —指派人员负责管理与技术和过程安全有关的信息/数据。 —审核员应进行检查以确保可以快速检索技术信息

续表

审核准则	审核准则出处	审核员指南
审核准则 6-R-19：为技术支持人员提供入职培训和进修培训，确保技术支持人员知晓技术信息或文件系统包含哪些技术资料以及如何对这些技术资料进行组织管理	加拿大化学品制造商协会(CCPA)发布的加拿大重大工业事故理事会(MIACC)自评估工具《过程安全管理指南/HISAT修订项目》(070820) 化工过程安全中心(CCPS)出版物《基于风险的过程安全》(RBPS)	由审核员开展的工作： • 审核员应对培训记录和采用的其他沟通手段进行审查，以核实就技术信息管理对技术支持人员进行了培训。 • 审核员应对有关人员进行面谈，以考核其对技术信息手册和信息传递系统的了解情况
审核准则 6-R-20：及时将最新信息传递给所有受影响人员	化工过程安全中心(CCPS)出版物《基于风险的过程安全》(RBPS)	由审核员开展的工作： • 审核员应对沟通手段进行审查，以核实并确保及时将技术信息快速、完整地传递给所有受影响人员。审核员应对有关人员进行面谈，以核实并确保及时将最新信息传递给所有受影响人员
审核准则 6-R-21：技术主管每年对变更日志进行审查，确保已将变更纳入相关技术文件和资料中	化工过程安全中心(CCPS)出版物《基于风险的过程安全》(RBPS)	由审核员开展的工作： • 审核员应核实以下内容： —技术文件为工厂正式发布和批准文件。 —另外，可采用变更管理(MOC)程序对技术文件的修改进行控制。 —审核员应对变更日志进行审查，以核实每隔多长时间将变更纳入相关技术文件和资料中
审核准则 6-R-22：将所有变更告知技术主管，由其决定是否需对技术文件和资料进行更新，并负责修改由他人所做的变更或批准由他人进行的变更	化工过程安全中心(CCPS)出版物《基于风险的过程安全》(RBPS)	由审核员开展的工作： • 审核员应核实以下内容： —技术文件为工厂正式发布和批准文件。 —另外，可采用变更管理(MOC)程序对技术文件的修改进行控制
审核准则 6-R-23：要求技术主管在运行单元花费一定时间来获得每个单元运行方面的第一手过程安全资料并发现对每个单元进行改进的机会	化工过程安全中心(CCPS)出版物《基于风险的过程安全》(RBPS)	由审核员开展的工作： • 审核员应对技术主管和操作人员进行面谈，以证实技术管理人已经获得运行单元第一手过程安全资料
审核准则 6-R-24：制定继任计划，并在整个组织实施。继任计划的目标包括：在人员交接时要维持组织的过程安全能力(PSC)和关键过程安全知识，同时，还要始终如一地加强和提高过程安全能力	加拿大化学品制造商协会(CCPA)发布的加拿大重大工业事故理事会(MIACC)自评估工具《过程安全管理指南/HISAT修订项目》(070820) 化工过程安全中心(CCPS)出版物《基于风险的过程安全》(RBPS)	由审核员开展的工作： • 审核员应核实以下内容： —在工厂或公司制定了继任计划，包括技术主管这一职位。 —继任计划中所涵盖工作可能与正式过程安全文化计划中部分工作存在重叠

续表

审核准则	审核准则出处	审核员指南
审核准则6-R-25：继任计划应涵盖技术人员和其他岗位人员，包括过程安全专家	加拿大化学品制造商协会(CCPA)布的加拿大重大工业事故理事会(MIACC)自评估工具《过程安全管理指南/HISAT修订项目》(070820) 化工过程安全中心(CCPS)出版物《基于风险的过程安全》(RBPS)	由审核员开展的工作： • 审核员应核实以下内容： —制定了继任计划，鼓励人员遵守过程安全原则，以为技术部门确定过程安全能力基线并培养大量合格候选人以填补过程安全管理空缺职位。 —继任计划中所涵盖工作可能与正式过程安全文化计划中部分工作存在重叠。 —继任计划应涵盖技术人员和其他岗位人员，包括过程安全专家
审核准则6-R-26：工厂员工积极参加行业协会和其他组织召开的会议，以了解其他公司在过程安全管理方面的做法和经验	加拿大化学品制造商协会(CCPA)发布的加拿大重大工业事故理事会(MIACC)自评估工具《过程安全管理指南/HISAT修订项目》(070820) 化工过程安全中心(CCPS)出版物《基于风险的过程安全》(RBPS)	由审核员开展的工作： • 审核员应核实以下内容： —工厂员工参加行业技术会议和行业技术交流的证据。 —工厂人员在技术协会或行业协会中起主导作用，公司能够对行业做法产生影响，并与对行业做法进行的变更和改进保持同步。 —过程安全管理经理/协调员已接受了有关培训且能够继续为其提供进修培训。 —这些工作可能与正式过程安全文化计划中部分工作存在重叠。 —工厂员工，尤其是过程安全管理经理/协调员，积极参加行业协会和其他组织召开的会议
审核准则6-R-27：定期将过程安全能力计划预定目标与其所实现的效益进行比较	化工过程安全中心(CCPS)出版物《基于风险的过程安全》(RBPS)	由审核员开展的工作： • 审核员应核实以下内容： —将目标纳入关键人员年度绩效计划中。 —不断巩固并加强过程安全能力(PSC)是定期管理会议上一项恒久不变的主题。 —是否制定了正式管理评审程序，用于检查已实现了哪些效益，并将这些效益与预定目标进行比较。 —这些工作可能与正式过程安全文化计划中部分工作存在重叠。 —定期将过程安全能力计划预定目标与其所实现的效益进行比较
审核准则6-R-28：与运行单元过程安全和技术人员进行谈话，以核实从其角度来看哪些需求尚未得到满足	化工过程安全中心(CCPS)出版物《基于风险的过程安全》(RBPS)	由审核员开展的工作： • 审核员应通过检查来证实过程安全专家和其他技术人员与运行单元一起明确了相关需求并了解在满足这些需求情况下所能实现的潜在效益，同时基于对风险的理解以及如何计划会影响风险而设立一套新激励机制(或继续采用现有激励机制)。 • 这些工作可能与正式过程安全文化计划中部分工作存在重叠
审核准则6-R-29：与来自运行单元的高层管理人员和关键人员一起进行定期审查，以对计划或为完成各项计划/工作所需资源进行适当调整	化工过程安全中心(CCPS)出版物《基于风险的过程安全》(RBPS)	由审核员开展的工作： —审核员应通过检查来证实是否建立了一套正式程序，用于定期对工作优先级和资源进行评估和调整，从而以一种有序和透明方式对为过程安全能力(PSC)提供支持的工作进行调整。 —这些工作可能与正式过程安全文化计划中部分工作存在重叠

6.2.1 自愿性共识过程安全管理标准

下文对自愿性共识过程安全管理标准中“操作行为”要求进行了说明：

- 由 API 编写且由美国内政部矿产资源管理局(MMS)批准的《安全和环境管理计划》(SEMP)中关于海上石油平台领域“操作行为”要求；
- 由美国化学理事会(ACC)发布的《责任关怀管理体系®》(RCMS)中“操作行为”要求；
- 由美国化学理事会(ACC)发布的 RC14001《环境、健康、安全与安保管理体系》中“操作行为”要求。

表 6.2 列出了在美国内政部矿产资源管理局《安全和环境管理计划》(SEMP)中与“过程安全能力”(PSC)有关的的审核准则和审核员指南。

表 6.2 在美国内政部矿产资源管理局《安全和环境管理计划》(SEMP)中与“过程安全能力”(PSC)有关的的审核准则和审核员指南

审核准则	审核准则出处	审核员指南
美国内政部矿产资源管理局《安全和环境管理计划》(SEMP) 审核准则 6-R-30：建立一套系统，用于将事故调查结果分发给类似设施和/或组织机构中的有关人员	美国石油学会(API)推荐做法 75：《安全和环境管理计划》(API RP 75)，11.3.1	为审核员提供的基本信息： • 预期目标举例如下，制定书面计划，采用系统化管理方法来发布事故调查结果。 • 对事故根本原因调查结果进行审查，以核实事故是否具有共性(包括事故原因或趋势)，并在设施人员中共享调查结果
审核准则 6-R-31：应根据组织机构在运营、产品和过程方面的性质、规模和影响来制定策略	《责任关怀管理体系®》要素 1.2	为审核员提供的基本信息： • 良好的管理体系具有以下特点： —能够根据环境以及内部和外部要求不断变化定期对公司策略合适性进行评估； —能够基于公司在运营、产品和过程方面发生的变化及时对公司策略进行审查

6.3 审核方案

附录 A 过程安全管理审核方案，就如何按照审核准则对第 6.2 节中的内容进行审查提供了详细指南(有关如何在线获取附录 A 中资料，见第Ⅷ页)。

参 考 文 献

American Chemistry Council, *RCMS® Technical Specification*, RC101.02, March 9, 2005.

American Chemistry Council, *RCMS® Technical Specification Implementation Guidance and Interpretations*, RC 101.02, January 25, 2004.

American Chemistry Council, *RCMS® Technical Specification Implementation Guidance and Interpretations Appendices*, RC 101.02, January 25, 2004.

California, California Code of Regulations, Title 8, Section 5189, CalOSHA, November 1985.

Center for Chemical Process Safety (CCPS), *Guidelines for Risk Based Process Safety*, American Institute of Chemical Engineers, New York, 2007(CCPS, 2007c).

Department of the Interior, Minerals Management Service, *Safety and Environmental Management Program (SEMP)*, 1990.

7 员工参与

"员工参与"这一要素在OSHA过程安全管理标准《高危化学品过程安全管理》和EPA《风险管理计划》中被称之为"员工参与"。在许多州立过程安全管理标准中，本要素也被称之为"员工参与"。在自愿性共识过程安全管理标准中，本要素通常被称之为"员工参与"。"员工参与"是化工过程安全中心(CCPS)《基于风险的过程安全》(RBPS)事故预防原则之一"对过程安全的承诺"中的一个要素。本章还对与"商业秘密"有关的方面进行了说明。

7.1 概述

组织中所有层次和所有岗位员工均有责任和义务来确保并加强组织运营安全。但是，有些员工可能并没有意识到确保组织运营安全的重要性。有些组织可能不能有效利用其员工的所有技能，更为糟糕的是，甚至还会挫伤其员工的锐意进取心，将员工的锐意进取视为一种"不合常理的做法"。"员工参与"这一要素要求形成一套系统，以激励公司员工和承包商员工积极参与过程安全管理体系的设计、编制、实施和持续改进工作。

"员工参与"这一要素要求编制一套全员参与书面行动计划，就过程安全管理计划每一要素要求向相关人员征询意见和建议，允许相关人员(如果加入了工会组织的话，还包括其代表)查阅与过程安全管理计划有关的所有信息和资料。在本章中，"员工"一词范围很广，是指过程安全管理计划涉及的所有人员或能够/希望为过程安全管理计划的设计或实施提供支持的人员。除负责对OSHA过程安全管理标准《高危化学品过程安全管理》所涵盖过程进行操作和维护的人员外，本文中所指的"员工"还包括负责工艺设备设计和安装或为工艺设备明确运行条件的工程设计人员或其他技术人员、为过程安全管理计划所采用程序的实施提供支持的行政管理人员或在过程安全管理计划中与全职员工承担相同或类似职责的驻场承包商人员。"员工"包括非管理人员和管理人员。如果公司/工厂以外人员参与与过程安全管理计划有关的工作，则应按照人力资源程序和指南对其进行管理。

"员工参与"这一要素明确了组织各级管理人员和其他人员之间的协作关系，从而更好地为过程安全管理计划提出建议。本要素并不是为了创建一套系统以使某些个体或部门来主观地决定过程安全管理计划中的内容，相反，为使"员工参与"这一要素得以顺利实施，管理层应合理、公正地考虑所有人员提出的建议。

在"员工参与"计划中经常出现"征询意见和建议"这一理念。"征询意见和建议"是指通过双向沟通方式积极探究在过程安全管理计划策划和实施方面的观点和事实。双向沟通可以采用口头、书面或采用两者组合方式进行。员工可以在召开会议或开展讨论期间进行面对面双向沟通，也可以采用书面方式(包括电子邮件)进行双向沟通。在初次制定和实施过程安全管理计划策略和程序时，要就过程安全管理计划的策划和实施向相关人员征询意见和建议，而在过程安全管理计划整个生命周期内这项工作还要持续下去。

尽管来自设施绝大多数部门和专业的人员在过程安全管理计划编写和实施方面发挥重要作用，但是“员工参与”这一要素还与过程安全管理计划其他要素密切相关。主要相关要素包括：

- “过程知识管理”要素(见第9章)——要求操作人员、维护人员和其他人员对“过程安全知识”这一要素中所涵盖的内容进行实地检查，如查配管和仪表流程图(P&ID)、对泄压设备隔离阀上铅封进行确认。
- “危害识别和风险分析(HIRA)”要素(见第10章)——在进行危害识别和风险分析时要求全员参与，包括非管理人员，同时还要求将在进行危害识别和风险分析时确定的行动措施通知相关人员。
- “操作程序”要素(见第11章)——通常，操作人员至少作为审查人员参与标准操作程序(SOP)编写工作。
- “安全操作规程(SWP)”要素(见第12章)——安全工作惯例会对几乎所有人员的日常工作产生影响。操作人员和维护人员通常需要遵守安全作业许可证(SWP)制度。
- “培训和绩效保证”要素(见第15章)——操作人员、维护人员和其他人员通常能够为培训材料的编写以及培训工作的开展提供支持。
- “变更管理(MOC)”要素(见第16章)——操作人员、维护人员和其他人员有时会提出变更申请，在完成变更后通常由其对变更进行审查。
- “开车准备”要素(见第17章)——操作人员、维护人员和其他人员参与开车前安全审查。
- “应急管理”要素(见第19章)——应急响应要求全员参与，包括非管理人员。
- “事件调查”要素(见第20章)——事件调查要求全员参与，包括非管理人员，同时还要求将事件调查结果告知相关人员。

在第7.2节和第7.3节中，对合规性审核准则和相关审核准则以及审核员在使用这些准则方面的要求进行了介绍。有关对合规性审核准则和相关审核准则的详细介绍，见第1章(第1.7节)。这些章节中介绍的准则和指南并不能全部涵盖过程安全管理程序的范围、设计、实施或解释，而代表的是化工/加工行业过程安全管理审核员的集体经验以及基于经验形成的一致性观点。合规性审核准则来自于美国过程安全管理标准，而这些法规全部都是基于绩效的法规。基于绩效的法规以目标为导向，可能会有多种途径来满足法规中规定的要求。因此，对于在本章审查表中列出的问题，尤其是审查表“审核员指南”栏中列出审查方法，可能还有其他方法来进行审查。

在本书中介绍的相关审核准则并不代表过程安全管理体系的顺利实施必须遵守这些准则，也不代表如果没有遵守这些准则过程安全管理体系就会有缺陷。同合规性审核准则一样，对于某一工厂或公司而言，可能会有其他更合适的审核方法。另外，按照相关审核准则对过程安全管理体系实施情况进行审核完全是自愿性的，并非强制性要求。在采用相关审核准则时应谨慎并认真计划，从而防止在不经意间形成不期望的过程安全管理绩效标准。在采用这些相关审核准则之前，应在工厂与其母公司之间达成一致意见。最后，所提供的相关审核准则和审核员指南并不意味着是对监管机构发出的书面或口头说明、因违反过程安全管理法规而由监管机构发出的违规传票以及由监管机构发布的其他过程安全管理指南的认同，也不是对某一公司在实施过程安全管理体系过程中形成的成功或常用过程安全管理做法的认可。

7.2 审核准则和审核员指南

本节对 OSHA 过程安全管理标准《高危化学品过程安全管理》和 EPA《风险管理计划》中“员工参与”(在这些法规中被称之为“员工参与”)以及多个州立过程安全管理标准和其他常用自愿性共识过程安全管理标准中“员工参与"这一要素的详细要求进行了介绍。另外，本章还对 OSHA《高危化学品过程安全管理》(29 CFR §1910.119)第(p)节“商业秘密”中涉及的有关要求进行了说明。

审核员根据本章所提供的指南并通过开展以下审核工作对下文介绍的审核准则进行审查：

- 对在工厂中负责编写并管理“员工参与”计划的人员进行面谈。这类人员通常为过程安全管理协调员/经理。
- 对设施各层次人员和驻场承包商人员进行面谈。
- 对“员工参与”书面计划及其实施记录进行审查。

另外，审核员还应对受审核公司/工厂所制定程序中“员工参与”(和“商业秘密”)要求进行认真审查。如第 1.7.1 节所述，监管机构会将这些“员工参与”(和“商业秘密”)要求认定为合规性要求，如果不遵守这些合规性要求，公司或设施就会因违反法规中的规定而收到由 OSHA 发出的违规传票。审核员应通过对有关人员进行面谈、对有关记录和文件进行审查以及实地检查等方式来核实设施或公司员工参与(和商业秘密)程序中规定的要求是否已按照规定付诸实施。如果在审核时发现没有遵守公司/工厂制定的具体规定，则应将发现的问题写入审核报告。

对于在下文表中用于指明审核准则出处的缩写词定义，见“第 3-24 章指南”部分。

7.2.1 合规性要求

审核准则应供以下公司/工厂使用：

- OSHA 过程安全管理标准《高危化学品过程安全管理》或 EPA《风险管理计划》所涵盖的美国本土公司/工厂；
- 自愿采用 OSHA 过程安全管理标准《高危化学品过程安全管理》的公司/工厂；
- 在美国本土以外采用了 OSHA 过程安全管理标准《高危化学品过程安全管理》中规定的要求的公司/工厂。

表 7.1 列出了在 OSHA 过程安全管理标准《高危化学品过程安全管理》和 EPA《风险管理计划》中与“员工参与”有关的审核准则和审核员指南。

表 7.1 在 OSHA 过程安全管理标准《高危化学品过程安全管理》和 EPA《风险管理计划》中与“员工参与”有关的审核准则和审核员指南

审核准则	审核准则出处	审核员指南
审核准则 7-C-1：就员工参与过程安全管理制定了书面行动计划	美国职业安全与健康管理局(OSHA)《高危化学品过程安全管理》(29 CFR §1910.119)(c)(1) 美国国家环境保护局(EPA)《风险管理计划》(40 CFR §68)中“员工参与”部分(68.83)	为审核员提供的基本信息： • 员工参与计划可以是过程安全管理手册或总体过程安全管理程序的一部分，也可以是一套单独程序。 由审核员开展的工作： • 审核员应对员工进行面谈，以核实员工参与计划中的规定是否付诸实施
审核准则 7-C-2：已就过程危害分析的开展和实施向员工及其代表征询了意见和建议	美国职业安全与健康管理局(OSHA)《高危化学品过程安全管理》(29 CFR §1910.119)(c)(2) 美国国家环境保护局(EPA)《风险管理计划》(40 CFR §68)中“员工参与”部分(68.83)	为审核员提供的基本信息： • 在**过程危害分析**(PHA)报告中，应列出参加每次过程危害分析的人员。 • 在**过程危害分析**(PHA)报告中，应指出由非管理人员和管理人员组成的分析和研究团队参加了每次过程危害分析。 由审核员开展的工作： • 审核员应对设施人员进行面谈，以核实他们是否参与了**过程危害分析**
审核准则 7-C-3：已就OSHA过程安全管理标准《高危化学品过程安全管理》中其他要素管理要求的编写和实施要求向员工及其代表征询了意见和建议	美国职业安全与健康管理局(OSHA)《高危化学品过程安全管理》(29 CFR §1910.119)(c)(2) 美国国家环境保护局(EPA)《风险管理计划》(40 CFR §68)中“员工参与”部分(68.83)	为审核员提供的基本信息： • 举例来说，能够证明已向相关人员征询了意见和建议的记录包括： —程序修订栏或其他实施记录：证明非管理人员参与了过程安全管理体系其他要素编写工作； —培训记录：证明非管理人员和管理人员参与了过程安全管理体系方针和程序实施工作； —审核报告：证明非管理人员和管理人员参与了审核工作； —事故调查报告：证明非管理人员和管理人员参与了事故调查。 —能够证明已向相关人员征询了意见和建议的记录可能包括： —程序修订栏或其他实施记录：证明非管理人员参与了过程安全管理计划其他要素编写工作； —培训记录：证明非管理人员和管理人员参与了过程安全管理计划策略和程序实施工作； —审核报告：证明非管理人员和管理人员参与了审核工作； —事故调查报告：证明非管理人员和管理人员参与了事故调查。 由审核员开展的工作： • 审核员应对相关人员进行面谈，以核实员工参与计划中的规定是否付诸实施。 • 审核员应对会议纪要或其他文件进行审查，以核实是否已就过程安全管理体系的编写和实施向员工征询了意见和建议。 • 审核员应对应急响应组花名册进行检查，以核实非管理人员和管理人员已指派到应急响应组或自愿加入应急响应组。 • 审核员应对应急响应组花名册进行检查，以核实非管理人员和管理人员已指派到应急响应组或自愿加入应急响应组

续表

审核准则	审核准则出处	审核员指南
审核准则7-C-4：员工及其代表有权查阅**过程危害分析**(PHA)结果以及按照OSHA过程安全管理标准《高危化学品过程安全管理》形成的所有其他信息	美国职业安全与健康管理局(OSHA)《高危化学品过程安全管理》(29 CFR §1910.119)(c)(3) 美国国家环境保护局(EPA)《风险管理计划》(40 CFR §68)中“员工参与”部分(68.83)	为审核员提供的基本信息： • 在员工参与计划或过程安全管理体系其他管理程序中，应明确员工如何查阅和使用过程安全管理体系文件和信息。 • 提供相关信息并不意味着可以每天24小时、每周7天任意查阅相关文件和资料。通常对与过程安全管理体系相关的信息采取实际保护措施。但是，还要求向员工提供在开展工作时所需的信息或员工要求提供的信息，包括在非工作时间所需信息。例如，如果某些工程图纸和计算书通常保存在上锁的办公室或文件柜中，但在非工作时间又需要使用这些资料，因此，应采用某种合理方式向员工提供这类资料。 由审核员开展的工作： • 审核员应对非管理人员进行面谈，以核实员工参与计划中的规定是否付诸实施

表7.2列出了在OSHA过程安全管理标准《高危化学品过程安全管理》和EPA《风险管理计划》中与“商业秘密”有关的审核准则和审核员指南。

表7.2　在OSHA过程安全管理标准《高危化学品过程安全管理》和EPA《风险管理计划》中与“商业秘密”有关的审核准则和审核员指南

审核准则	审核准则出处	审核员指南
审核准则7-C-5：雇主应按照在本节中规定的要求将所有必要信息提供给以下人员： • 负责对过程安全信息进行汇编的人员[按照OSHA过程安全管理标准《高危化学品过程安全管理》第(d)段中规定的要求]； • 为过程危害分析报告编写提供协助的人员(按照OSHA过程安全管理标准《高危化学品过程安全管理》第(e)段中规定的要求)； • 负责编写操作程序的人员[按照本节第(f)段中规定的要求]； • 参与事故调查的人员(按照本节第(m)段中规定的要求)； • 参与应急响应计划编写和应急响应工作的人员(按照本节第(n)段中规定的要求)； • 参与合规性审查的人员[按照本节第(o)段中规定的要求]	美国职业安全与健康管理局(OSHA)《高危化学品过程安全管理》(29 CFR §1910.119)(p)(1)	为审核员提供的基本信息： • 无论这类信息是否属于“商业秘密”，雇主应按照在本节中规定的要求将所有必要信息提供给所需人员。 • 雇主可要求获得商业秘密信息的人员按照29 CFR §1910.1200中的规定签署保密协议，以保证不会向外界透露商业秘密信息。 由审核员开展的工作： • 考虑到商业秘密信息的保密性，审核员应对员工进行面谈(尤其是非管理人员)，以核实工厂没有向他们透露或提供与过程安全有关的信息或运营信息

续表

审核准则	审核准则出处	审核员指南
审核准则7-C-6：员工及其指定代表有权查阅**过程危害分析**（PHA）报告中以及按照OSHA过程安全管理标准《高危化学品过程安全管理》编写的其他文件中所涉及的商业秘密信息	美国职业安全与健康管理局（OSHA）《高危化学品过程安全管理》（29 CFR §1910.119）（p）（3）	为审核员提供的基本信息： • 员工应按照29 CFR §1910.1200（i）（1）-（12）中的有关规定和程序查阅被工厂或公司视为“商业秘密”的信息。 由审核员开展的工作： • 如果工厂或公司已声明某些信息属于“商业秘密”，当员工要求查阅这类信息时，工厂或公司应首先保证满足《危害告知标准》（HAZCOM）中的相关要求。为此，审核员应对相关记录进行审查，确保满足《危害告知标准》中规定的要求

7.2.1.1　美国州立过程安全管理标准

当公司/工厂按照州立过程安全管理标准制定其过程安全管理体系时，则应遵守州立过程安全管理标准中规定的具体过程安全知识要求。州立过程安全管理标准中规定的要求通常会与联邦OSHA过程安全管理标准《高危化学品过程安全管理》和EPA《风险管理计划》中规定的要求存在一定程度的重叠，即使某一州已获得了联邦法规实施授权（即该州从OSHA获得了《高危化学品过程安全管理》实施资格或从EPA获得了《风险管理计划》实施资格），州立过程安全管理标准还有自己的具体要求。在表7.3中，对以下三个州的具体过程安全管理法规适用性要求进行了说明：

- 新泽西州；
- 加利福尼亚州；
- 特拉华州。

表7.3列出了在**美国州立过程安全管理标准**中与“员工参与”有关的的审核准则和审核员指南。

表7.3　在美国州立过程安全管理标准中与“员工参与”有关的的审核准则和审核员指南

审核准则	审核准则出处	审核员指南
新泽西州立法规《毒性物品灾难预防法案》（TCPA） 审核准则7-C-7：除在OSHA过程安全管理标准《高危化学品过程安全管理》和EPA《风险管理计划》中规定的“员工参与”要求外，在新泽西州立法规《毒性物品灾难预防法案》（TCPA）中未新增任何与之有关的其他要求	新泽西州《毒性物品灾难预防法案》7：31-4（68.83）	无其他要求
特拉华州立法规《意外泄漏预防计划》 审核准则7-C-8：除在OSHA过程安全管理标准《高危化学品过程安全管理》和EPA《风险管理计划》中规定的“员工参与”要求外，在特拉华州环境、健康与安全法规中未新增任何与之有关的其他要求	《特拉华州立法规汇编》第77章第5.83节	无其他要求

续表

审核准则	审核准则出处	审核员指南
加利福尼亚州职业安全与健康管理局(CalOSHA)法规《急性危险物料过程安全管理》 审核准则7-C-9：在加利福尼亚州职业安全与健康管理局(CalOSHA)过程安全管理法规中，包含了在过程安全管理计划其他要素中明确的以下“员工参与”要求： • 应为在工艺区域或附近开展作业的所有员工均提供过程安全信息。 • 当工人或其工会代表要求时，雇主应向其提供雇主风险管理和预防计划(RMPP)。 • 应将过程危害分析最终报告提供给在相应工艺区域工作的人员，以便由该区域人员对其进行审查。 • 雇主应就在《加利福尼亚州立法规汇编》第8篇第5189部分实施日期后开展的危险评估工作向受影响员工及其认可代表(如果有的话)征询意见和建议。应允许受影响员工及其代表(如果有的话)查阅本标准中规定的记录。 • 应随时为在工艺区域或其附近开展工作的员工或其他任何人员提供操作程序。 • 雇主应制定并实施书面程序，确保工艺设备及其附件的机械完整性。在这些书面程序中应明确一套方法： —允许员工及时发现并上报潜在故障或不安全设备；以及 —将员工所发现问题和有关建议做好书面记录。 • 雇主应及时就报告中员工所关心的问题做出响应。 • 雇主应向员工及其代表提供第(j)(1)节中规定的信息(即与“机械完整性”管理程序相关的信息)。 • 雇主应编写报告，并将报告提供给所有员工以及在设施内开展工作的其他人员或将该报告内容传达到所有员工以及在设施内开展工作的其他人员	《加利福尼亚州立法规汇编》第8篇第5189部分	为审核员提供的基本信息： • 审核员应对相关人员进行面谈，以核实其是否可以查阅**过程安全信息**(PSI)。 • 在本审核准则中，“及时”一词是指立即对员工所关心问题做出响应，立即明确解决方案或立即制定纠正行动计划，快速落实所提出建议，并根据行动的复杂性和实施难度在合理时间内完成最终行动计划的实施。应根据具体情况对行动计划的制定以及每一建议的完成时间进行评估。 由审核员开展的工作： • 对相关人员进行面谈，以核实是否根据要求编制了风险管理和预防计划(RMPP)。 • 对相关人员进行面谈，以核实是否已就危险评估工作的开展和实施向其征询了意见和建议，并核实是否允许其查阅危险评估报告。 • 对操作人员进行面谈，以核实是否允许其查阅并使用标准操作程序(SOP)。 • 对维护人员和其他人员进行面谈，以核实是否要求其及时发现并上报潜在故障或不安全设备、是否对员工所发现问题和有关建议做好了书面记录以及员工所关心的问题是否及时得到响应。 • 对相关人员进行面谈，以核实是否允许其查阅和使用与机械完整性管理程序有关的信息。 • 对相关人员进行面谈，以核实是否为其提供了事故调查报告或是否已将事故调查结果告知了他们。 • 核实每个设施如何对“及时”这一术语进行定义，并核实该术语的定义及其使用是否合理

续表

审核准则	审核准则出处	审核员指南
《加利福尼亚州意外泄漏预防计划》(CalARP) 审核准则 7-C-10：除在OSHA过程安全管理标准《高危化学品过程安全管理》和EPA《风险管理计划》中规定的“员工参与”要求外，在《加利福尼亚州意外泄漏预防计划》(CalARP)中未新增任何与之有关的其他要求	《加利福尼亚州立法规汇编》第19篇第2760.10部分	无其他要求

7.2.2 相关审核准则

在本节中介绍的相关审核准则为审核员在对过程安全管理体系强制性要求以外的问题进行审查时提供了指南，这些相关审核准则在很大程度上代表了在行业采用的过程安全管理良好做法，在某些情况下还代表了过程安全管理普遍做法。由于部分相关审核准则已在相当长时间内被广泛认可并成功实施，因此，这类相关审核准则实际上已经达到可接受做法水准。审核员和过程安全管理专业人员应认真考虑如何采用和实施这些相关审核准则，或者至少采用一种在性质上基本类似的审核方法来对过程安全管理进行审核。有关可接受做法的定义及其实施，见术语表和第1.7.1节。

表7.4列出了在行业过程安全管理良好做法中与“员工参与”有关的审核准则和审核员指南。

表7.4 在行业过程安全管理良好做法中与“员工参与”有关的审核准则和审核员指南

审核准则	审核准则出处	审核员指南
审核准则7-R-1：如果承包商负责以下其中一项工作，雇主要像向其员工征询意见那样向承包商征询相关建议和意见 • 工艺操作； • 日常维护工作； • 变更管理(MOC)程序日常协调工作； • 与机械完整性管理计划有关的工作； • 拥有专门过程安全知识对过程运行、维护或安全绩效提出指导性建议； • 与设施安全工作相关联的日常工作	美国职业安全与健康管理局(OSHA)《过程安全管理合规性指令》(CPL)	为审核员提供的基本信息： • 在向驻场承包商人员征询意见和建议时，仅限于开展或从事OSHA《过程安全管理标准执行指令》(CPL)附录B中所规定工作的承包商人员，即在工厂中每天从事的工作与全职员工相同或类似但却属于另外一家公司的人员。 • 当承包商员工负责以下其中一项工作时，在员工参与计划中应指明将哪些驻场承包商员工纳入计划以及如何向驻场承包商员工征询相关建议和意见：工艺操作、定期开展日常预防性维护工作、与变更管理(MOC)有关的工作、动火作业许可证(HWP)审批、拥有专门过程安全知识对过程运行、维护或安全绩效提出指导性建议或与工厂安全工作相关联的日常工作。 • 由于承包商与雇主存在雇佣关系，因此，与承包商员工的直接工作关系可能仅限于就过程安全管理体系向承包商员工征询意见和建议。 由审核员开展的工作： • 当驻场承包商员工承担与过程安全管理体系有关的主要工作时，审核员应对设施非管理人员和承包商员工进行面谈，以核实设施是否采用相同或同等方式像向其全职员工征询意见那样向驻场承包商员工征询了相关建议和意见

续表

审核准则	审核准则出处	审核员指南
审核准则 7-R-2：当承包商员工负责的工作与雇主全职员工负责的工作类似时，在向承包商员工提供**过程危害分析**(PHA)结果以及按照本标准编写的所有其他资料时，要像全职员工一样对待	美国职业安全与健康管理局(OSHA)《过程安全管理合规性指令》(CPL)	为审核员提供的基本信息： • 在本标准中，资料“查阅权限”是指通过合理方式将信息提供给员工及其代表，包括提供复印件或文件出借。可向申请人员提供纸质文件或电子版文件。 如果采用电子版文件，则应为员工提供用户 ID、密码并采取其他网络安全措施，以允许员工访问和使用电子版文件。纸质文件可置于公共区域或其他有人工作地点，以供员工查阅。按照标准规定，雇主在提供商业秘密信息前要求使用人员签署保密协议。提供相关资料并不意味着可以每天 24h、每周 7 天任意查阅相关资料，但运行限定值和标准操作程序(SOP)等部分重要信息除外。如果需要连续查阅某些专门信息，则需在相关章节中说明。 由审核员开展的工作： • 对驻场承包商员工进行面谈，以核实是否允许其查阅危害识别和风险分析(HIRA)报告以及与过程安全管理有关的其他信息
审核准则 7-R-3：在非工作时间允许查阅员工参与计划	OSHA 对过程安全管理标准《高危化学品过程安全管理》(29 CFR §1910.119)做出的口头说明(VCLAR)	为审核员提供的基本信息： • 在员工参与计划或过程安全管理计划其他管理文件中，应对在非工作时间如何查阅与过程安全管理有关的文件和信息进行说明。 • 与过程安全管理有关的文件和信息可能不能公开查阅，如果在非工作时间将这些文件和信息保存在某一安全地点，当在非工作时间开展工作时，应允许其监督人员或或其他人员查阅这类文件和资料。 由审核员开展的工作： • 对非管理人员和承包商员工进行面谈，以核实能否按照员工参与计划中有关规定允许他们在非工作时间查阅与过程安全管理有关的信息
审核准则 7-R-4：就员工参与书面计划的编写向员工咨询意见和建议	美国职业安全与健康管理局(OSHA)对其过程安全管理标准《高危化学品过程安全管理》(29 §1910.119)做出的口头说明(VCLAR)	为审核员提供的基本信息： • 在员工参与计划或其他过程安全管理计划文件中，应对如何编写员工参与计划以及在计划编写过程中如何向设施员工咨询意见和建议加以说明。另外，在员工参与计划中，还应就过程安全管理体系内容以及过程安全管理体系的连续实施说明如何向设施员工征询意见和建议。 由审核员开展的工作： • 对设施非管理人员和承包商员工进行面谈，以核实设施非管理人员是否参与了员工参与计划的编写
审核准则 7-R-5：已将**过程危害分析**(PHA)报告和其他过程安全管理信息的查阅和使用权限告知了员工(包括承包商员工)	良好行业做法(GIP)	为审核员提供的基本信息： • 在员工参与计划或其他过程安全管理体系文件中，应对工厂员工(和承包商员工)查阅和使用过程安全管理信息的权限加以说明。 由审核员开展的工作： • 对工厂非管理人员和承包商员工进行面谈，以核实是否已将**过程危害分析**(PHA)报告和其他过程安全管理信息的查阅和使用权限告知了他们

续表

审核准则	审核准则出处	审核员指南
审核准则7-R-6：员工已接受了在过程安全管理方面的培训和教育	良好行业做法(GIP)	由审核员开展的工作： • 对培训记录进行审查，以核实是否已对大部分工人进行了全面的过程安全管理培训。 • 对工厂员工进行面谈，以核实他们是否熟悉过程安全管理理念和做法
审核准则7-R-7：对“员工参与”活动进行记录	美国职业安全与健康管理局(OSHA)对其过程安全管理标准《高危化学品过程安全管理》(29 CFR §1910.119)做出的口头说明(VCLAR)	为审核员提供的基本信息： • 可以采用多种方法对“员工参与”活动进行记录，包括会议纪要(过程安全管理计划相关问题研讨会或培训会)、培训会签到表或类似记录、过程安全管理工作报告(如危害识别和风险分析(HIRA)报告或事故调查报告)以及通过意见箱获得的书面建议等。 由审核员开展的工作： • 对“员工参与”记录进行审查
审核准则7-R-8：公司/工厂已建立了一套系统并制定了有关方案，用于对员工提出的建议以及员工关心的问题做出响应	化工过程安全中心(CCPS)出版物《基于风险的过程安全》(RBPS)	为审核员提供的基本信息： • 应为工厂员工和承包商员工提供一种方法，用于以保密方式来提交其在过程安全管理方面所关心问题以及建议。可以采用意见箱(用于提供过程安全和一般安全方面的建议或其他所关心问题)、电子邮件或其他通信方法。所采用方法不应仅仅局限于采用意见箱这种方式。 • 制定的有关方案要明确由谁负责接收设施员工提出的建议和设施员工关心的问题并做出响应，另外，还应对响应时间进行详细说明。 由审核员开展的工作： • 对工厂非管理人员和承包商员工进行面谈，以核实管理层能否及时对设施非管理人员和承包商员工在过程安全管理方面关心的问题或提出的建议做出响应
审核准则7-R-9：如果通过安全委员会来加强“员工参与”管理，安全委员会成员要包括管理人员和非管理人员	美国职业安全与健康管理局(OSHA)出版物3133：《过程安全管理合规性指南》	由审核员开展的工作： • 对安全会议纪要、出席记录或类似记录进行审查，以核实工厂非管理人员和管理人员是否均参加了安全会议
审核准则7-R-10：在员工参与书面计划中，应明确如何就确定进修培训频率向员工征询意见和建议	美国职业安全与健康管理局(OSHA)《炼油行业过程安全管理国家重点计划》(NEP)(OSHA指令CPL 03-00-004)	由审核员开展的工作： • 检查并确认已按照过程安全管理计划中的规定定期对大部分员工进行了进修培训

表7.5列出了在行业过程安全管理良好做法中与“商业秘密”有关的审核准则和审核员指南。

表 7.5 在行业过程安全管理良好做法中与“商业秘密”有关的审核准则和审核员指南

审核准则	审核准则出处	审核员指南
审核准则 7-R-11：制定书面策略，用于对过程安全管理计划中“商业秘密”信息的使用进行控制	良好行业做法(GIP)	由审核员开展的工作： • 对公司或工厂“商业秘密”保密策略书面文件进行审查。如果无“商业秘密”信息，也应在相关文件中注明
审核准则 7-R-12：制定书面程序，用于对“商业秘密”信息的提供进行控制	良好行业做法(GIP)	由审核员开展的工作： • 对“商业秘密”保密策略进行审查，以核实如何实施保密策略。“商业秘密”保密程序可包括保密协议，并要求相关人员签署保密协议
审核准则 7-R-13：对商业秘密索赔条款进行细化	良好行业做法(GIP)	由审核员开展的工作： • 对商业秘密索赔条款进行审查，以核实是否已按照 29 CFR §1910.1200(i)中规定的要求对商业秘密索赔条款进行了细化

7.2.3 自愿性共识过程安全管理标准

以下对自愿性共识过程安全管理标准中“资产完整性”要求进行了说明：

- 由 API 编写且由美国内政部矿产资源管理局(MMS)批准的《安全和环境管理计划》(SEMP)中关于海上石油平台领域“资产完整性”要求；
- 由美国化学理事会(ACC)发布的《责任关怀管理体系®》(RCMS)中“资产完整性”要求；
- 由美国化学理事会(ACC)发布的 RC14001《环境、健康、安全与安保管理体系》中“资产完整性”要求。

表 7.6 为在自愿性共识过程安全管理标准中与“员工参与”有关的审核准则和审核员指南。

表 7.6 在自愿性共识过程安全管理标准中与“员工参与”有关的审核准则和审核员指南

审核准则	审核准则出处	审核员指南
美国内政部矿产资源管理局《安全和环境管理计划》(SEMP) 审核准则 7-R-14：《安全和环境管理计划》(SEMP)未明确规定任何员工参与要求		无其他要求
美国化学理事会(ACC)《责任关怀管理体系®》(RCMS) 审核准则 7-R-15：按照《责任关怀®指导原则》，组织应制定并维护好相关程序，以向员工提供与健康、安全、安保和环境风险有关的的信息，并为员工、公众和其他主要利益相关方提供防护措施	*美国化学理事会(ACC)*《责任关怀管理体系®技术规范》要素 3.2 和 3.6	由审核员开展的工作： • 对责任关怀管理体系®文件进行审查，以核实在这些文件中是否制定了相关策略或程序，以将健康、安全、安保和环境风险以及保护措施方面的信息告知设施员工及公众和其他主要利益相关方

续表

审核准则	审核准则出处	审核员指南
审核准则 7-R-16：组织应确保其员工参与责任关怀管理体系®的制定、传达和实施工作	美国化学理事会(ACC)《责任关怀管理体系®技术规范》要素 3.2 和 3.6	为审核员提供的基本信息： • 该审核准则明确了工厂员工在系统实施、运作和职责方面的要求，是美国化学理事会(ACC)《责任关怀管理体系®技术规范》中的一项重要内容，它强调了工厂员工需参与责任关怀管理体系®所有方面的工作，包括编写、传达和实施。 • 一套良好的管理系统具有以下特点： 确保工厂员工参与组织责任关怀管理体系®所有方面的工作，包括来自设施非管理人员和一线人员的代表。 确保工厂员工参与责任关怀®计划的编写以及责任关怀®目标和目的确定工作

审核准则	审核准则出处	审核员指南
RC14001《环境、健康、安全与安保管理体系》 审核准则 7-R-17：确保员工参与责任关怀®计划的制定、传达和实施工作	美国化学理事会(ACC)《环境、健康、安全与安保管理体系技术规范》RC151.03 4.4.3	由审核员开展的工作： • 对有关人员进行面谈，以核实公司/工厂是否要求他们参与责任关怀®计划的策划和实施工作。 • 对会议纪要或其他文件进行审查，以核实公司/工厂是否就责任关怀®计划的制定和实施向设施员工征询了意见和建议

7.3 审核方案

附录 A 过程安全管理审核方案，就如何按照审核准则对第 7.2 节中的内容进行审查提供了详细指南(有关如何在线获取附录 A 中资料，见第Ⅷ页)。

参 考 文 献

American Chemistry Council, *RCMS® Technical Specification*, RC 101.02, March 9, 2005.

American Chemistry Council, *RCMS® Technical Specification Implementation Guidance and Interpretations*, RC 101.02, January 25, 2004.

American Chemistry Council, *RCMS® Technical Specification Implementation Guidance and Interpretations Appendices*, RC 101.02, January 25, 2004.

California, California Code of Regulations, Title 8, Section 5189, CalOSHA, November 1985.

Center for Chemical Process Safety (CCPS), *Guidelines for Risk Based Process Safety*, American Institute of Chemical Engineers, New York, 2007(CCPS, 2007c).

Delaware, *Accidental Release Prevention Regulation*, Delaware Department of Natural Resources and Environmental Control/Division of Air and Waste Management, September 1989(rev. January 1999).

Department of the Interior, Minerals Management Service, Safety and Environmental Management Program (SEMP), 1990.

Environmental Protection Agency(USEPA), 40 CFR §68, *Accidental Release Prevention Requirements: Risk Management Programs Under Clean Air Act Section* 112(*r*)(7); Final Rule, June 21, 1996.

New Jersey, *Toxic Catastrophe Prevention Act*(*N. J. A. C.* 7: 31), New Jersey Department of Environmental Protection, June 1987(rev. April 16, 2007).

Occupational Safety and Health Administration(OSHA) 29 CFR §1910.119, *Process Safety Management of Highly Hazardous Chemicals, Explosives and Blasting Agents; Final Rule*, Washington, DC, February 24, 1992.

Occupational Safety and Health Administration(OSHA) Publication 3133, *Process Safety Management Guidelines for Compliance*, Washington, DC, 1993.

Occupational Safety and Health Administration (OSHA) Instruction CPL02 - 02 - 045 *CHA*, *PSM Compliance Directive*, Washington, DC, September 13, 1994.

Occupational Safety and Health Administration(OSHA) Instruction CPL 03-00-004, *Petroleum Refinery Process Safety Management National Emphasis Program*, June 7, 2007(OSHA, 2007a).

Occupational Safety and Health Administration (OSHA) Directive 09 - 06 (CPL 02), *PSM Chemical Covered Facilities National Emphasis Program*, July 27, 2009(OSHA, 2009a).

8 利益相关方沟通

“利益相关方沟通”这一要素在OSHA过程安全管理标准《高危化学品过程安全管理》和EPA《风险管理计划》或州立过程安全管理标准中没有直接对应的要素，但是，在许多自愿性共识过程安全管理标准中却包含本要素或采用其他类似说法，以强调利益相关方所关心问题和意见。本要素主要代表了美国化学理事会(ACC)《责任关怀管理体系®》中介绍的良好行业做法。“利益相关方沟通”是化工过程安全中心(CCPS)《基于风险的过程安全》(RBPS)事故预防原则之一“对过程安全的承诺”中的一个要素。

8.1 概述

“利益相关方沟通”这一要素要求制定一套程序，用于明确与过程安全管理体系顺利实施有关的外部机构或组织，并建立和维持好与它们的良好关系。为了达到上述目的，就需制定并实施有关策略、计划和程序以将与工厂过程安全管理体系和应急响应预案(以及与工厂运营有关的其他方面，如环境计划)有关的信息提供给已明确的利益相关方，同时征求反馈意见以核实通过利益相关方沟通是否能够有效提高其对于工厂存在的风险、过程安全管理体系和应急响应预案及绩效的认知能力和信任感。“利益相关方沟通”这一要素可包括众多工作，但是，对某一设施而言，该要素的具体实施取决于设施存在的风险、以往情况(如是否发生过事故以及与附近社区之间的关系)、可用资源和组织文化。“利益相关方沟通”这一要素不仅要求组织致力于确保安全运营，而且还要求组织与主要利益相关方进行沟通以获得主要利益相关方对于工厂过程安全、应急响应准备工作和其他相关方面的意见。通过做到公开、透明以及主动响应，建立起与利益相关方之间的相互信任感并严格履行设施做出的承诺，确保工厂在正常运行期间以及在发生事故时能够为工厂“合法运营”提供支持(CCPS，2007c)。

“利益相关方沟通”这一要素的主要目的是与受工厂运营影响的主要利益相关方建立对话关系，尤其是在发生事故期间。主要利益相关方包括社区、经营单位(包括其他行业)、应急响应机构、政府部门和非政府机构(如环境或社区服务机构)。该要素涉及以下内容(CCPS，2007c)：

- 明确沟通和参与需求；
- 开展沟通/参与工作；
- 做出承诺并采取行动。

“利益相关方沟通”这一要素与过程安全管理计划中其他要素密切相关。主要相关要素包括：

- “危害识别和风险分析”要素(见第10章)——通过进行危害识别和风险分析(HIRA)来明确应就哪些危险和风险与利益相关方进行讨论。
- “应急管理”(见第19章)——应急响应预案应与场外应急响应机构和组织实现有机协调和配合。

在第8.3节中，对相关审核准则及审核员在使用这些准则方面的要求进行了介绍。有关对合规性审核准则和相关审核准则的详细介绍，见第1章(第1.7节)。这些章节中介绍的准则和指南并不能全部涵盖过程安全管理程序的范围、设计、实施或解释，而代表的是化工/加工行业过程安全管理审核员的集体经验及基于经验形成的一致性观点。

在本书中介绍的相关审核准则并不代表过程安全管理体系的顺利实施必须遵守这些准则，也不代表如果没有遵守这些准则过程安全管理体系就会有缺陷。对于某一具体工厂或公司，可能还有其他更加合适的方法来对过程安全管理审核表“相关审核准则”栏及其“审核员指南”栏对应的要求或问题进行审查。另外，按照相关审核准则对过程安全管理计划实施情况进行审核完全是自愿性的，并非强制性要求。在采用相关审核准则时应谨慎并认真计划，从而防止在不经意间形成不期望的过程安全管理绩效标准。在采用这些相关审核准则之前，应在工厂与其母公司之间达成一致意见。最后，所提供的相关审核准则和审核员指南并不意味着是对监管机构发出的书面或口头说明、因违反过程安全管理法规而由监管机构发出的违规传票以及由监管机构发布的其他过程安全管理指南的认同，也不是对某一公司在实施过程安全管理计划过程中形成的成功或常用过程安全管理做法的认可。

8.2 审核准则和审核员指南

在OSHA过程安全管理标准《高危化学品过程安全管理》、EPA《风险管理计划》或州立过程安全管理标准中，未明确与“利益相关方沟通”这一要素有关的详细要求，而仅规定需将风险管理计划中的信息提供给公众(首先将风险管理计划提供给政府机构，继而由政府机构向公众提供相关信息)。在EPA《风险管理计划》中，要求召开公众会议以将风险管理计划中的相关信息(包括场外后果分析)提供给公众。要求在首次提交了风险管理计划后第一年内必须将风险管理计划相关信息提供给公众，但是，在此后是否继续向公众提供过程安全管理信息则属于自愿性。但是，自2001年9月11日发生了一系列事故以后，政府和行业则改变了这种观点，认为应继续向公众披露风险管理计划中与化工/加工设施安全有关方面的信息，尤其是场外后果分析。然而，自2001年9月11日以来并没有按照这种观点来向公众提供与风险管理计划有关的信息。

审核员根据本章所提供的指南并通过开展以下审核工作对下文介绍的审核准则进行审查：

- 对工厂责任关怀®及环境、健康与安全(EHS)策略或同等策略进行审查，以核实已制定这类策略且包含与“利益相关方沟通”有关的规定。
- 对在工厂中全面负责利益相关方沟通计划的公共事务人员或其他管理人员进行面谈，以确定利益相关方沟通计划范围、采用的沟通机制以及需开展的主要工作。
- 核实是否就“利益相关方沟通”制定了书面程序或方案。
- 对负责“社区参与”工作的管理人员[包括环境、健康与安全(EHS)经理和运行经理]

进行面谈。另外，还应对从事“社区参与”工作的员工(尤其是当员工还是社区成员时)进行面谈，以对“社区参与”工作范围进行确认。

- 对与“利益相关方沟通”工作有关的任何记录进行审查。这些记录可以是会议纪要、简讯等。另外，应对调查记录/社区反馈记录以及社区就设施运行所关心的问题/提出的建议以及如何开展“社区参与”方面的记录和文件进行审查。作为一项最低要求，应对是否已将风险管理计划(以及计划更新)提交给相关政府机构进行核实。

- 对于美国化学理事会(ACC)《责任关怀管理体系®》或RC14001《环境、健康、安全与安保管理体系》中涵盖的设施，可能需由第三方机构进行确认审查。由于上述管理体系明确要求制定利益相关方沟通计划，因此在进行审核时应核实是否制定了这类计划。另外，在这些计划中还要求定期开展管理评审，包括对“利益相关方沟通”要素进行评估，并明确后续改进的机会。

另外，审核员还应对受审核公司/工厂所制定程序中“利益相关方沟通”要求进行认真审查。如第1.7.1节所述，监管机构会将这些“利益相关方沟通”要求认定为合规性要求，如果不遵守这些合规性要求，公司或设施就会因违反法规中的规定而收到由OSHA发出的违规传票。审核员应通过对相关人员进行面谈、对有关记录和文件进行审查以及实地检查等方式来核实设施或公司利益相关方沟通程序中有关要求是否已按照规定付诸实施。如果在审核时发现没有遵守公司/工厂制定的具体规定，则应将发现的问题写入审核报告。

对于在下文表中用于指明审核准则出处的缩写词定义，见“第3-24章指南”部分。

8.2.1 合规性要求

表8.1列出了在EPA《风险管理计划》中与“利益相关方沟通”有关的审核准则和审核员指南。

表8.1 在EPA《风险管理计划》中与“利益相关方沟通”有关的审核准则和审核员指南

审核准则	审核准则出处	审核员指南
审核准则8-C-1：将风险管理计划提供给公众	美国国家环境保护局(EPA)《风险管理计划》中“向公众提供信息”(68.210)	为审核员提供的基本信息： • 风险管理计划首先提交给美国国家环境保护局(EPA)，继而由美国国家环境保护局通过公共阅览室提供给公众。 由审核员开展的工作： • 有关对风险管理计划进行审核方面的详细指南，见第24章

8.2.1.1 美国州立过程安全管理标准

当公司/工厂按照州立过程安全管理标准制定其过程安全管理体系时，则应遵守州立过程安全管理标准中规定的具体利益相关方沟通要求。在表8.2中，对以下三个州的过程安全管理法规适用性要求进行了说明：

- 新泽西州；
- 加利福尼亚州；
- 特拉华州。

表8.2列出了在美国州立过程安全管理标准中与“利益相关方沟通”有关的审核准则和审核员指南。

表 8.2 在美国州立过程安全管理标准中与“利益相关方沟通”有关的审核准则和审核员指南

审核准则	审核准则出处	审核员指南
新泽西州立法规《毒性物品灾难预防法案》(TCPA) 审核准则 8-C-2：除在 EPA《风险管理计划》中规定的“利益相关方沟通”要求外，在新泽西州立法规《毒性物品灾难预防法案》(TCPA)中未新增任何与之有关的其他要求	新泽西州《毒性物品灾难预防法案》7：31 第 1.1 节	为审核员提供的基本信息： • 除提交给美国国家环境保护局(EPA)外，风险管理计划还必须提交给新泽西州环境保护部。但是，新泽西州没有就是否将风险管理计划提供给公众做出规定。 由审核员开展的工作： • 有关向公众披露风险管理计划中有关信息方面的规定，见第 24 章
特拉华州立法规《意外泄漏预防计划》 审核准则 8-C-3：除在 EPA《风险管理计划》中规定的“利益相关方沟通”要求外，在特拉华州环境、健康与安全(EHS)管理法规中未新增任何与之有关的其他要求	《特拉华州立法规汇编》第 77 章	为审核员提供的基本信息： • 除提交给美国国家环境保护局(EPA)外，风险管理计划还必须提交给特拉华州国家研究院委员会。但是，特拉华州没有就是否将风险管理计划提供给公众做出规定。 由审核员开展的工作： • 有关向公众披露风险管理计划中有关信息方面的规定，见第 24 章
加利福尼亚州职业安全与健康管理局(CalOSHA)法规《急性危险物料过程安全管理》 审核准则 8-C-4：除在 EPA《风险管理计划》中规定的“利益相关方沟通”要求外，在加利福尼亚州职业安全与健康管理局(CalOSHA)过程安全管理法规中未新增任何与之有关的其他要求	《加利福尼亚州立法规汇编》第 8 篇第 5189 部分	• 无其他要求
《加利福尼亚州意外泄漏预防计划》(CalARP) 审核准则 8-C-5：除在 EPA《风险管理计划》中规定的“利益相关方沟通”要求外，在《加利福尼亚州意外泄漏预防计划》(CalARP)中未新增任何与之相关的其他要求	《加利福尼亚州立法规汇编》第 19 篇第 4.5 章第 2775.5 节	为审核员提供的基本信息： • 除提交给美国国家环境保护局(EPA)外，风险管理计划还必须提交给“管理机构”(负责实施 CalARP 法规的地方机构)，继而由该管理机构将风险管理计划提供给公众以征求公众意见，并且在必要时就风险管理计划召开公众听证会。 由审核员开展的工作： • 有关向公众披露风险管理计划中有关信息方面的规定，见第 24 章

8.2.2 相关审核准则

在本节中介绍的相关审核准则为审核员在对过程安全管理体系强制性要求以外的问题进行审查时提供了指南，这些相关审核准则在很大程度上代表了在行业采用的过程安全管理良好做法，在某些情况下还代表了过程安全管理普遍做法。由于部分相关审核准则已在相当长时间内被广泛认可并成功实施，因此，这类相关审核准则实际上已经达到了可接受做法水准。审核员和过程安全管理专业人员应认真考虑如何采用和实施这些相关审核准则，或者至少采用一种在性质上基本类似的审核方法来对过程安全管理进行审核。有关可接受做法的定义及其实施，见术语表和第 1.7.1 节。

表 8.3 列出了在行业过程安全管理良好做法中与“利益相关方沟通”有关的审核准则和审核员指南。

表 8.3 与“利益相关方沟通”有关的审核准则和审核员指南

审核准则	审核准则出处	审核员指南
审核准则 8-R-1：已明确了沟通和参与需求。 • 已明确了利益相关方。 • 已明确了沟通和参与范围	加拿大化学品制造商协会(CCPA)发布的加拿大重大工业事故理事会(MIACC)自评估工具《过程安全管理指南/HISAT 修订项目》(070820) 化工过程安全中心(CCPS)出版物《基于风险的过程安全》(RBPS) 良好行业做法(GIP)	为审核员提供的基本信息： • 根据工厂情况，已明确利益相关方以及沟通和参与范围。利益相关方包括公共事务人员、社区成员、经营单位、非盈利服务机构以及其他附近居民和社会团体。对于某一高风险工厂(取决于可能对场外造成的影响、与附近居民的接近距离、安全与环境事故记录、长久以来与社区之间的关系等)，通常需要更加注重与“利益相关方沟通”有关的工作。 • 作为一项最低要求，利益相关方应参与与过程安全和应急响应事应有关的工作，以确保设施能够开展必要工作来保护社区人员的健康和安全。另外，沟通和参与范围还应包括社区所关注的其他问题(如与环境有关的问题)。 由审核员开展的工作： • 审核员应对过程安全或风险管理经理/协调员进行面谈，以核实是否已明确与过程安全管理体系/风险管理计划有关的利益相关方。同时，审核员应核实已采用某种方式对上述工作进行记录
审核准则 8-R-2：已开展了有关沟通/参与工作。 • 已明确了合适的沟通途径。 • 已确定了合适的沟通方法。 • 已共享了有关信息。 • 已建立并维持好外部关系	加拿大化学品制造商协会(CCPA)发布的加拿大重大工业事故理事会(MIACC)自评估工具《过程安全管理指南/HISAT 修订项目》(070820) 化工过程安全中心(CCPS)出版物《基于风险的过程安全》(RBPS) 良好行业做法(GIP)	为审核员提供的基本信息： • 有很多利益相关方沟通和交流机制，可采用其中任何一种，包括社区咨询委员会(CAP)或由社区代表组成的类似组织。另外，还应考虑借助媒体进行沟通，包括为利益相关方提供联系人信息，以供其提供反馈意见或获取其他信息。当在设施中发生事故时，采用上述沟通方法尤为重要。 • 可通过会议、简讯、网站、团队工作介绍或其他手段进行沟通。 • 应通过已建立的沟通机制来共享有关信息，并且证实与主要利益相关方建立起持续良好关系-无论是采用正式方式还是非正式方式。另外，上述关系的性质和程度还取决于设施中风险水平以及长久以来与社区之间的关系(例如，对于某一高风险设施，应与社区咨询委员会(CAP)或其他主要利益相关方组织定期召开正式会议或开展其他活动)。 • 应鼓励公司非管理人员积极参加与“利益相关方沟通”有关的工作。 由审核员开展的工作： • 审核员应对过程安全或风险管理经理/协调员进行面谈，以核实是否已就设施存在的风险与场外利益相关方进行了沟通。同时，审核员应核实已采用某种方式对上述工作进行了记录。 • 审核员应核实已与工厂所在地区的地方应急预案委员会(LEPC)进行了沟通。可采用会议纪要或其他文件形式进行沟通
审核准则 8-R-3：做出承诺并采取行动。 • 向利益相关方做出的承诺已兑现并收到反馈意见。 • 已将利益相关方所关心的问题告知管理人员。 • 已将与“利益相关方沟通”相关的问题做好记录	化工过程安全中心(CCPS)出版物《基于风险的过程安全》(RBPS) 良好行业做法(GIP)	为审核员提供的基本信息： • 利益相关方应通过已建立的沟通机制以直接或间接方式将对设施运行、安全或其他方面所关心的问题告知了管理人员。可通过热线电话、电子邮件、互联网主页、面对面座谈会或其他手段来进行沟通。 • 应对对利益相关方沟通工作做好记录(如会议纪要)，并且建立一种机制，以确保对下一步工作进行跟踪。 由审核员开展的工作： • 审核员应对客观证据进行审查，以核实并确保利益相关方对设施提出的要求或其他请求已付诸实施。可通过会议纪要或对设施和利益相关方代表进行面谈来进行核实

8.2.3 自愿性共识过程安全管理标准

下文对自愿性共识过程安全管理标准中“利益相关方沟通”要求进行了说明如下：

- 由API编写且由美国内政部矿产资源管理局(MMS)批准的《安全和环境管理计划》(SEMP)中关于海上石油平台领域“利益相关方沟通”要求；
- 由美国化学理事会(ACC)发布的《责任关怀管理体系®》(RCMS)中“利益相关方沟通”要求；
- 由美国化学理事会(ACC)发布的RC14001《环境、健康、安全与安保管理体系》中“利益相关方沟通”要求。

表8.4列出了在自愿性共识过程安全管理标准中与“利益相关方沟通”有关的审核准则和审核员指南。

表8.4 在自愿性共识过程安全管理标准中与“利益相关方沟通”有关的审核准则和审核员指南

审核准则	审核准则出处	审核员指南
美国化学理事会(ACC)《责任关怀管理体系®》(RCMS) 审核准则8-R-4：高层管理人员已为组织制定了责任关怀管理体系®策略并付诸实施，并将该责任关怀管理体系®策略告知员工和利益相关方，包括广大公众。 责任关怀管理体系®策略提倡与利益相关方保持公开坦诚的态度	美国化学理事会(ACC)《责任关怀管理体系®技术规范》 第1节：策略和领导	<u>为审核员提供的基本信息：</u> • 除设施周边社区成员外，责任关怀管理体系®还涵盖以下利益相关方： —商业合作伙伴； —监管机构； —非政府机构(NGO)； —员工。 • 有关员工参与，见“第7章：员工参与”。 • 应对责任关怀管理体系®策略进行审查，以核实在责任关怀管理体系®策略中承诺与利益相关方保持公开坦诚的态度。 <u>由审核员开展的工作：</u> • 审核员应核实已制定了一套书面策略，涵盖环境、健康与安全(EHS)管理工作且承诺履行责任关怀管理体系®或责任关怀管理体系®指导原则，并且已将该策略告知有关人员。 • 审核员应对责任关怀管理体系®策略进行审查，以核实在责任关怀管理体系®策略中承诺与利益相关方保持公开坦诚的态度
审核准则8-R-5：工厂制定了一套程序，用于对利益相关方观点和看法进行评估。 工厂基于明确的优先级风险、利益相关方意见以及由其认同的任务完成时限和职责方面的法规要求、法律要求和与责任关怀管理体系®有关的其他要求确定了责任关怀®目标和目的。应为每一相关职能部门确定这些目标和目的，并且这些目标应反映组织在不断改进工作绩效方面的承诺	第2节：计划	<u>为审核员提供的基本信息：</u> • 作为一项最低要求，应建立一套机制，用于定期从主要利益相关方处获取其对工厂环境、健康与安全(EHS)体系以及环境、健康与安全管理绩效方面的意见。可通过正式调查(通常由独立第三方机构进行)或利益相关方不断参与(如通过社区咨询委员会(CAP)或类似组织)来开展上述工作。 • 审核员应核实已对通过上述机制获取的利益相关方意见进行评估且视具体情况采取行动，包括根据反馈意见为不断改进环境、健康与安全(EHS)管理绩效和责任关怀管理体系®运作水平确定目标和目的。 <u>由审核员开展的工作：</u> • 审核员应对有关文件进行审查并对相关人员进行面谈，以核实已对通过上述机制获取的利益相关方意见进行评估且视具体情况采取行动，包括根据反馈意见为不断改进环境、健康与安全(EHS)管理绩效和责任关怀管理体系®运作水平确定目标和目的

续表

审核准则	审核准则出处	审核员指南
审核准则8-R-6：工厂已制定并维护好各种程序，用于 • 就产品和运行，考虑和采纳公众意见； • 提供与健康、安全、安保和环境风险有关的信息，并为员工、公众和其他主要利益相关方提供保护措施； • 工厂应就以下问题与员工和其他利益相关方建立并维持良好的对话关系； • 有关风险以及工厂对人们健康、安全、安保和环境造成的影响； • 责任关怀管理体系®； • 工厂绩效改进计划	第3节：实施、运行和职责	为审核员提供的基本信息： • 有很多利益相关方沟通和沟通机制，可采用其中任何一种，包括社区咨询委员会（CAP）或由社区代表组成的类似组织。 • 应通过已建立的沟通机制来共享有关信息，并且证实与主要利益相关方建立起持续良好关系–无论是采用正式方式还是非正式方式。另外，上述关系的性质和程度还取决于工厂中风险水平以及长久以来与社区之间的关系（例如，对于某一高风险工厂，应与社区咨询委员会（CAP）或其他主要利益相关方组织定期召开正式会议或开展其他活动）。 • 可基于定期管理评审、事故调查、审核工作和采用其他手段来制定工厂绩效改进计划。 由审核员开展的工作： • 审核员应核实已基于工厂存在的风险实施了利益相关方沟通计划。制定该计划的主要目的是提供一套双向沟通程序，以做到与所明确的主要利益相关方共享在工厂运行、产品、环境、健康与安全（EHS）（和安保）相关风险和责任关怀管理体系®方面的信息，并通过该计划对从主要利益相关方处获取的反馈意见进行评估并采取行动（视具体情况）以提高利益相关方对工厂所存在风险的感知能力和信任度
审核准则8-R-7：工厂已定期对其与利益相关方之间的沟通计划实施效果进行了评估。 工厂及时发现了事故苗头并对已发生的事故进行调查，减轻了事故所造成的任何不利影响，明确了导致事故的根本原因，采取了纠正和预防措施，并将所发现的主要问题告知了利益相关方	第4节：测量、预防和纠正措施	为审核员提供的基本信息： • 用于检查工厂沟通计划（针对利益相关方）实施效果采用的方法包括正式调查、“挨家挨户”走访、在当地社区进行大体调查、成立专门小组、召开社区咨询委员会（CAP）会议和其他方法。应根据上述正式调查结果来修改和改进工厂沟通计划。 • 应对所有事故进行调查（见第20章），并且应将在进行事故调查时所发现的主要问题告知利益相关方，以作为“利益相关方沟通”工作的一部分。可通过对会议纪要、发布的信息和简讯进行审查或对社区和工厂代表进行面谈来核实上述工作的开展情况。 由审核员开展的工作： • 审核员应对会议纪要、发布的信息和简讯进行审查或对社区和工厂代表进行面谈，以核实已将事故调查结果以及在事故调查中所发现的问题告知利益相关方
审核准则8-R-8：已定期将《责任关怀管理体系®》（RCMS）实施效果向利益相关方进行了汇报	第5节：管理评审和汇报	为审核员提供的基本信息： 应对责任关怀管理体系®的实施绩效和效果进行定期管理评审，并将审查结果汇报给已明确的利益相关方，包括在持续改进方面的建议。上述定期管理评审应包括对责任关怀管理体系®策略、目标和目的以及其他要素进行检查。 • 可根据会议纪要、责任关怀®策略和目标最新文件或向高层管理人员提交的责任关怀管理体系®当前实施情况简报来进行管理评审。 由审核员开展的工作： • 审核员应核实已将责任关怀管理体系®定期评审结果通告给利益相关方。应就该问题对过程安全管理/风险管理经理或协调员进行面谈

续表

审核准则	审核准则出处	审核员指南
RC14001《环境、健康、安全与安保管理体系》 审核准则 8-R-9：环境管理策略已制定并提供给公众。 通过与利益相关方保持公开坦诚的态度来为实施环境管理策略提供支持，并将公众和员工意见纳入考虑范围	美国化学理事会(ACC)《环境、健康、安全与安保管理体系技术规范》RC151.03 4.2：环境管理策略	为审核员提供的基本信息： • 核实已制定了一套书面策略，涵盖环境、健康与安全(EHS)管理工作且承诺履行责任关怀管理体系®或责任关怀®指导原则。 • 除工厂周边社区成员外，责任关怀管理体系®还包括以下利益相关方： —商业合作伙伴； —监管机构； —非政府机构(NGO)； —员工。 • 有关员工参与，见“第7章：员工参与”。 • 对环境管理策略进行审查，以核实在环境管理策略中承诺与利益相关方保持公开坦诚的态度。 由审核员开展的工作： • 审核员应对书面文件进行审查并对相关人员进行面谈，以核实已制定了一套书面策略，涵盖环境、健康与安全(EHS)管理工作且承诺履行责任关怀管理体系®策略或责任关怀®指导原则，并且已将该策略告知了有关人员。 • 审核员应对环境管理策略进行审查，以核实在环境管理策略中承诺与利益相关方保持公开坦诚的态度
审核准则 8-R-10：工厂已建立并维护好有关系统，用于对利益相关方所关心的问题进行评估。 工厂已建立了一套程序，用于就有关风险、组织机构对人员健康和环境造成的影响以及环境、健康、安全和安保工作绩效和未来工作计划与利益相关方进行沟通、探讨和对话。 工厂已对其与利益相关方之间的沟通计划的实施效果进行评估	美国化学理事会(ACC)《环境、健康、安全与安保管理体系技术规范》RC151.03 4.4.3：沟通	为审核员提供的基本信息： • 有很多利益相关方沟通和沟通机制，可采用其中任何一种，包括社区咨询委员会(CAP)或由社区代表组成的类似组织。 • 应通过已建立的沟通机制来共享有关信息，并且证实与主要利益相关方建立起持续良好关系——无论是采用正式方式还是非正式方式。另外，上述关系的性质和程度还取决于工厂中风险水平以及长久以来与社区之间的关系(例如，对于某一高风险工厂，应与社区咨询委员会(CAP)或其他主要利益相关方组织定期召开正式会议或开展其他活动)。 • 制定该计划的主要目的是提供一套双向沟通程序，以做到与所明确的主要利益相关方共享在工厂运行、产品、环境、健康与安全(EHS)(和安保)相关风险和责任关怀管理体系®方面的信息，并通过该计划对从主要利益相关方处获取的反馈意见进行评估并采取行动(视具体情况)以提高利益相关方对工厂所存在风险的感知能力和信任度。 • 用于检查工厂沟通计划(针对利益相关方)实施效果采用的方法包括正式调查、“挨家挨户”走访、在当地社区进行大体调查、成立专门小组、召开社区咨询委员会(CAP)会议和其他方法。应根据上述正式调查结果来修改和改进设施沟通计划。 由审核员开展的工作： • 审核员应对有关文件进行审查并对相关人员进行面谈，以核实已基于工厂存在的风险实施了利益相关方沟通计划

8.3 审核方案

附录A过程安全管理审核方案，就如何按照审核准则对第8.2节中的内容进行审查提供了详细指南(有关如何在线获取附录A中资料，见第Ⅷ页)。

参 考 文 献

American Chemistry Council, *RCMS® Technical Specification*, RC101.02, March 9, 2005.

American Chemistry Council, *RCMS® Technical Specification Implementation Guidance and Interpretations*, RC 101.02, January 25, 2004.

American Chemistry Council, *RCMS® Technical Specification Implementation Guidance and Interpretations Appendices*, RC 101.02, January 25, 2004.

California, California Code of Regulations, Title 8, Section 5189, CalOSHA, November 1985.

Center for Chemical Process Safety (CCPS), *Guidelines for Risk Based Process Safety*, American Institute of Chemical Engineers, New York, 2007(CCPS, 2007c).

Department of the Interior, Minerals Management Service, *Safety and Environmental Management Program (SEMP)*, 1990.

9 过程知识管理

本要素在 OSHA 过程安全管理标准《高危化学品过程安全管理》和 EPA《风险管理计划》中被称之为“过程安全信息(PSI)”。另外，在许多州立过程安全管理标准中，本要素也被称之为“过程安全信息”。而在自愿性共识过程安全管理标准中，本要素通常被称之为“安全信息”或“工艺信息”。在本章中，过程安全信息本身被称之为“过程安全知识”(合规性审核准则部分除外)，而通过程序来收集和维护过程安全知识则被称之为“过程知识管理”。在本书其他部分，当涉及与在本要素有关的过程安全信息时，将采用术语“过程安全知识”。“过程知识管理”是化工过程安全中心(CCPS)《基于风险的过程安全》(RBPS)事故预防原则之一“理解危害和风险”中的一个要素。

9.1 概述

“过程知识管理”这一要素主要针对在书面文件中记录的与过程化学品、技术和设备有关的信息，如下：

- 书面的技术文件和规范；
- 工程设计图纸和工程计算；
- 工艺设备设计、制造和安装说明；以及
- 化学品安全技术说明书(MSDS)等其他书面文件。

“过程知识管理”这一要素涉及收集整理、分类过程相关信息并提供有用的必要的数据等工作。这些数据和信息可采用纸质版、电子版或二者组合形式进行保存和维护。但是，“过程安全知识”是指理解数据和信息，而不仅仅对数据和信息进行收集和整理。

“过程知识管理”这一要素的主要目的是对过程安全信息进行维护，以确保过程安全信息正确、完整、可理解且在需要时可随时查阅和使用，同时确保过程安全信息始终为最新、正确信息，过程安全信息采用的保存方式要便于检索，且当与工艺安全相关的人员需要使用过程安全信息时应可及时获取相关信息。

“过程知识管理”这一要素与过程安全管理程序中其他要素密切相关。由于“过程知识管理”这一要素为过程安全管理程序中其他要素的设计提供了书面技术信息，因此，在过程安全管理程序中“过程知识管理”是一个基本要素，可通过本要素来了解装置存在的危害和风险。主要相关要素包括：

- “危害识别和风险分析(HIRA)”要素(见第 10 章)-要求提供最新的过程安全知识，以确保在开展危害识别和风险分析时采用的过程安全信息正确无误。否则，会导致危害识别和风险分析小组在对设计和其他系统进行风险分析时采用了不正确的信息，得出错误的结论。

• “操作程序”要素(见第 11 章)-在操作程序中包含了很多过程安全知识和技术信息，特别是设备安全运行上限值和下限值、安全系统设定值和其他运行参数。

• “资产完整性和可靠性”要素(见第 13 章)-在制定检查、测试和预防性维护(ITPM)计划时很大程度上依赖于过程安全知识，以便对纠正性维护工作和预防性/可预见性维护工作进行合理计划。

• “培训和绩效保证”要素(见第 15 章)-根据过程安全知识(如运行限定值和参数)为操作人员和其他人员编写培训计划。

• “变更管理(MOC)”要素(见第 16 章)-因为在进行变更时必须考虑变更的技术合理性并对变更可能造成的安全与健康影响进行评估，因此，要求提供最新的过程安全知识为变更管理(MOC)提供支持。另外，必须根据变更情况对过程安全知识进行更新。

在第 9.2 节和第 9.3 节，对合规性审核准则和相关审核准则以及审核员在使用这些准则方面的要求进行了介绍。对合规性审核准则和相关审核准则的详细介绍，见第 1 章(第 1.7 节)。这些章节中介绍的准则和指南并不能完全涵盖过程安全管理程序的范围、设计、实施或解释，而代表的是从事化工/加工行业过程安全管理审核员的集体经验以及基于经验形成的一致性观点。合规性审核准则来自于美国过程安全管理法规，而这些法规全部都是基于绩效的法规。基于绩效的法规以目标为导向，可能会有多种途径来满足法规中规定的要求。因此，对于在本章合规性表中列出的问题，尤其是“审核员指南”栏中列出的审核方法，可能还会有其他方法能够解决这些问题。

在本书中介绍的相关审核准则并不代表过程安全管理程序的顺利实施必须遵守这些准则，也不代表如果没有遵守这些准则过程安全管理程序的实施就会出现问题。同合规性审核准则一样，对于某一工厂或公司而言，可能会有其他更合适的解决方法。另外，按照相关审核准则对过程安全管理程序实施情况进行审核完全是自愿性的，并非强制性要求。在采用相关审核准则时应谨慎并认真策划，从而防止在不经意间形成不期望的过程安全管理绩效标准。在采用这些相关审核准则之前，应在工厂与其母公司之间达成一致意见。最后，所提供的相关审核准则和审核员指南并不意味着是对监管机构发出的书面或口头说明、因违反过程安全管理法规而由监管机构发出的违规传票以及由监管机构发布的其他过程安全管理指南的认同，也不是对某一公司在实施过程安全管理程序的过程中形成的成功或常用过程安全管理做法的认可。

9.2 审核准则和审核员指南

本节对 OSHA 过程安全管理标准《高危化学品过程安全管理》和 EPA《风险管理计划》(在这些法规中，过程知识管理还被称之为“过程安全信息(PSI)”)以及多个州立过程安全管理标准中“过程知识管理”的详细要求进行了介绍。

下文中介绍的审核准则，是审核员根据本章所提供的指南开展以下审核工作时采用的准则：

• 对在工厂中负责收集和管理过程安全知识的人员进行面谈。这些人员通常为工程部门或技术部门人员，包括工程师和计算机辅助制图(CAD)人员。项目工程师通常负责收集、整理和维护与工程项目有关的过程安全知识，直至将项目资料移交给工程部门或维护部门为止。与安全或消防问题有关的过程安全知识通常由安全经理负责维护。

- 对在工程项目设计和施工期间形成的大量工程设计记录和文件进行审查。
- 将工程设计文件与现场设备竣工、运行条件进行比较。

另外，审核员还应对被审核公司/工厂所制定程序中的“过程安全知识”要求进行认真审查。如第1.7.1节所述，监管机构会将这些“过程安全知识”要求认定为合规性要求，如果不遵守这些合规性要求，公司或工厂就会因违反法规中的规定而收到由OSHA发出的违规传票。审核员应通过对相关人员进行面谈、对有关记录和文件进行审查以及实地检查等方式来核实工厂或公司过程安全知识程序中有关要求是否已按照规定付诸实施。如果在审核时发现没有遵守公司/工厂制定的具体规定，则应将发现的问题写入审核报告。

对于在本章表中用于指明审核准则出处的缩写词定义，见“第3-24章指南”部分。

9.2.1 合规性要求

审核准则供以下公司/工厂使用：

- OSHA过程安全管理标准《高危化学品过程安全管理》或EPA《风险管理计划》所涵盖的美国本土公司/工厂；
- 自愿采用OSHA过程安全管理标准《高危化学品过程安全管理》的公司/工厂；
- 在美国本土以外采用了OSHA过程安全管理标准《高危化学品过程安全管理》中规定的要求的公司/工厂。

表9.1列出了在OSHA过程安全管理标准《高危化学品过程安全管理》和EPA《风险管理计划》中与“过程知识管理”有关的审核准则和审核员指南。

表9.1 在OSHA过程安全管理标准《高危化学品过程安全管理》和EPA《风险管理计划》中与“过程知识管理”有关的审核准则和审核员指南

审核准则	审核准则出处	审核员指南
审核准则9-C-1：雇主在按照OSHA过程安全管理标准《高危化学品过程安全管理》中有关要求开展任何过程危害分析前应首先收集和整理过程安全信息并形成书面资料。书面的过程安全信息能够帮助雇主及参与工艺操作的员工识别并知晓涉及高危化学品的工艺所存在的危害	美国职业安全与健康管理局(OSHA)《高危化学品过程安全管理》(29 CFR §1910.119)[d] 美国国家环境保护局(EPA)《风险管理计划》中“过程安全信息”部分(68.65)	为审核员提供的基本信息： • 过程安全信息(PSI)为书面信息，即编写成了书面文件。这并不意味着必须将过程安全信息编写成单个文件，也不意味着过程安全信息必须为纸质文件。可以采用电子文件形式来保存过程安全信息。但是，运行限定值和控制系统中其他数据(如设定值、显示值等)不属于书面过程安全信息。 • 过程安全信息(PSI)包括信息和数据。过程安全信息实际上不是某种类型文件，除非监管法规要求为过程安全信息指定某类文件。例如，“管道和仪表流程图(P&ID)”属于一种特定类型的文件，但“通风系统设计”和“工艺化学原理”则不是，而是必须将其作为过程安全信息进行维护的一类信息。当法规没有规定采用某一具体类型文件来记录过程安全信息时，设施和工厂可指定采用某种类型文件或不同类型文件来记录过程安全信息。一旦为过程安全信息的记录指定或创建了文件类型，这类文件就成为工厂过程安全信息的一部分。 由审核员开展的工作： • 审核员应对过程危害分析(PHA)以及在进行过程危害分析时所参考的书面过程安全信息(PSI)编制日期进行审查，以核实是否采用最新过程安全信息来进行过程危害分析。 • 审核员应对过程危害分析(PHA)小组成员进行面谈，以核实是否提供了完整的过程安全信息(PSI)以供在进行过程危害分析时使用

续表

审核准则	审核准则出处	审核员指南
与工艺中高危化学品危害有关的信息应至少包括以下内容：		
审核准则 9-C-2： • 毒性信息； • 允许接触限值； • 物理数据； • 反应性数据； • 腐蚀性数据； • 热稳定性和化学稳定性数据； • 因将不同物料意外混合而会造成的可预见危险	美国职业安全与健康管理局（OSHA）《高危化学品过程安全管理》（29 CFR §1910.119）[（d）（1）（i）-（vii）] 美国国家环境保护局（EPA）《风险管理计划》中“过程安全信息”部分（68.65）	为审核员提供的基本信息： • 该类信息通常包含在化学品安全技术说明书（MSDS）中，但是，当工厂要求时，可以保存在其他文件中。由于 OSHA 法规《危害告知标准》（HAZCOM）要求提供 MSDS 且 MSDS 由生产（有时是销售）化学品的公司编写，因此 MSDS 内容和质量并不统一。物料危害信息可包含在内部或外部实验室报告、供货商产品和搬运指南或含有材料特性的标准技术参考资料（如《佩里化学工程师手册》、Sax 指南、Patty 指南、CRC 手册）中。 • 有时，采用表格或矩阵形式来说明将不同物料意外混合后可能造成的危险，并指明在工厂中将哪些物料混合会导致形成危险混合物。在部分化学品安全技术说明书（MSDS）中也包括上述信息。可以采用这类方法或其他方法对因将不同物料意外混合而造成的危险进行记录。无需对自然界中可能出现危险的所有化学品混合和在现场可能出现危险的所有化学品混合一一加以说明。可能会被意外混合的化学品包括存储在永久性或临时性互连连接容器内的化学品和因存储距离较近而会导致出现混合的化学品 -即使存储很短时间。在对物料混合“可预见性”进行定义时，应将物料等级、物料相态、潜在外部事件（如运输）以及潜在人为失误（如在容器上设置了容易混淆的相似标签或颜色标志）纳入考虑范畴。 由审核员开展的工作： • 审核员应对工厂中高危化学品的化学品安全技术说明书（MSDS）进行抽查。如果 MSDS 没有包含与化学品/物料危害有关的所有必要过程安全信息（PSI），则审核员应要求工厂编写过程安全信息文件以作为化学品安全技术说明书的补充资料
与过程技术有关的信息应至少包括以下内容：		
审核准则 9-C-3：方块流程图或工艺流程简图	美国职业安全与健康管理局（OSHA）《高危化学品过程安全管理》（29 CFR §1910.119）[（d）（2）（i）（A）] 美国国家环境保护局（EPA）《风险管理计划》中“过程安全信息”部分（68.65）	为审核员提供的基本信息： • 方块流程图（BFD）标出主要工艺设备和互连管线，并且为了清晰起见可能需要标出流量、物流组成、温度和压力数据。方块流程图属于简图。目前，还没有任何行业标准对方块流程图内容做出具体规定。 • 工艺流程图（PFD）比较复杂，通常标出所有主要工艺流程（包括主要控制阀）以帮助人员对工艺加以了解，同时，还标出所有主要容器进料管线和产品管线、换热器进口和出口管线的压力和温度以及压力和温度控制点。目前，还没有任何行业标准对工艺流程图内容做出具体规定。 • 尽管在不同装置中绝大部分工艺流程图（PFD）采用了通用符号，但仍有许多公司为其工艺设备设计了特殊符号。美国国家标准协会（ANSI）发布了 ANSI/ASME Y14 系列标准、国际标准化组织（ISO）发布了 ISO 10628-1997 标准、美国仪表、系统及自动化协会（ISA）发布了 S5.3-1983 标准，旨在统一工程设计图纸中符号的使用以及图纸格式、内容和版次。但是，对于过程安全管理标准中所涉及的工艺流程图，这些标准并非强制性标准。

续表

审核准则	审核准则出处	审核员指南
		由审核员开展的工作： • 审核员应进行检查以确保为OSHA过程安全管理标准《高危化学品过程安全管理》所涵盖的工艺提供了最新工艺流程图(PFD)或方块流程图(BFD)。通常由工程部门绘制工艺流程图或方块流程图，这些图纸可以为纸质图纸或CAD图纸。 • 审核员应进行检查以确保工艺流程图(PFD)中标出的工艺物流与管道和仪表流程图(P&ID)中标出的工艺物流或现场实际系统中工艺物流保持一致
审核准则9-C-4：工艺化学原理	美国职业安全与健康管理局(OSHA)《高危化学品过程安全管理》(29 CFR §1910.119)[(d)(2)(i)(B)] 美国国家环境保护局(EPA)《风险管理计划》中"过程安全信息"部分(68.65)	为审核员提供的基本信息： • 可采用原始研究文件来对化学反应原理进行详细说明，也可采用更为简单的文件，以装置人员更易理解的方式来介绍工艺化学原理，如在操作人员培训手册或工艺化学原理培训材料中对与工艺化学原理有关的内容加以说明。 由审核员开展的工作： • 审核员应核实过程安全信息(PSI)包含OSHA过程安全管理标准《高危化学品过程安全管理》所涵盖的工艺的工艺化学原理介绍
审核准则9-C-5：最大设计存储量	美国职业安全与健康管理局(OSHA)《高危化学品过程安全管理》(29 CFR §1910.119)[(d)(2)(i)(C)] 美国国家环境保护局(EPA)《风险管理计划》中"过程安全信息"部分(68.65)	为审核员提供的基本信息： • 可在装置容器和储罐的工程设计文件以及工艺流程图(PFD)中注明最大设计存储量，也可在操作文件(如日志或通过试验确定的存储量记录)或提交给州监管机构的上报化学品存储量的环境保护文件(如《超级基金修正和重新授权法》(SARA)第III篇第II级报告)中列出最大设计存储量。 由审核员开展的工作： • 审核员应核实并确保将OSHA过程安全管理标准《高危化学品过程安全管理》所涵盖的工艺的存储量数据纳入过程安全信息(PSI)中，该数据代表最大设计存储量。 • 审核员应核实并确保将最大设计存储量数据纳入过程安全信息(PSI)中，且最大存储量应与对化学品泄漏进行过程危害分析(PHA)时所采用的存储量数据一致。 • 审核员应将过程安全信息(PSI)中最大存储量数据与过程危害分析(PHA)时采用的数据进行比较，以核实二者是否保持一致
审核准则9-C-6：温度、压力、流量或组成等的安全上限值和下限值	美国职业安全与健康管理局(OSHA)《高危化学品过程安全管理》(29 CFR §1910.119)[(d)(2)(i)(D)] 美国国家环境保护局(EPA)《风险管理计划》中"过程安全信息"部分(68.65)	为审核员提供的基本信息： • 安全上限值和下限值是指工艺/设备设计限定值，而并非与质量有关的运行限定值。有时，这些值被称之为设计限定值(如设计压力、设计温度)，但是，这些值还包括失控反应温度、最大存储温度、冷却剂最小流量等。 • 安全上限值和下限值记录在标准操作程序(SOP)、管道和仪表流程图(P&ID)以及其他工程设计或项目文件中。并非必须将安全上限值和下限值都编写到一个文件中。但是，只要在文件中包含安全上限值和下限值，就应将这些文件视为过程安全信息。有些装置采用单独文件(如运行限定值表、偏差后果(CoD)表)来记录安全上限值和下限值，或将多种类型过程安全信息(PSI)纳入同一个文件中。

续表

审核准则	审核准则出处	审核员指南
		由审核员开展的工作： ● 审核员应对包含安全上限值和下限值的文件进行审查，以核实并确保这些值是工艺/设备设计限定值，而非与质量有关的运行限定值，为正常运行、开车和停车等所有运行模式均提供了必要的过程安全信息(如果在这些运行模式中安全上限值和下限值不同的话)，并核实将这些信息作为过程安全信息(PSI)来保存和维护。 ● 审核员应将集散控制系统(DCS)中的限定值与安全上限值和下限值进行比较，确保不超过设备限定值。 ● 审核员应对操作程序中的限定值以及安全运行限定值进行审查，确保不超过设备限定值
审核准则 9-C-7：对偏差后果进行评估，包括偏差会对员工安全与健康造成的影响	美国职业安全与健康管理局(OSHA)《高危化学品过程安全管理》(29 CFR §1910.119)[(d)(2)(i)(E)] 美国国家环境保护局(EPA)《风险管理计划》中"过程安全信息"部分(68.65)	为审核员提供的基本信息： ● 通常，在过程危害分析(PHA)中对偏离安全上限值和下限值所造成的后果进行评估，并且将相关信息纳入操作程序和/或培训资料中。这就使过程危害分析报告也成为工厂过程安全信息的一部分。有些工厂采用单独的文件(如运行限定值表、偏差后果(CoD)表)专门用于记录偏差后果，或将几种类型过程安全信息(PSI)整合记录在同一个文件中，并在该文件中同时记录偏差后果。 由审核员开展的工作： ● 审核员应对偏差后果记录文件进行审查，以核实在文件中提供的信息是否完整。 ● 对于偏差后果记录文件以及其他过程安全相关后果文件(如过程危害分析(PHA)报告)，审核员应对其内容进行抽查(过程危害分析报告为指定文件的情况除外)
与工艺设备有关的信息应包括：		
审核准则 9-C-8：结构材质	美国职业安全与健康管理局(OSHA)《高危化学品过程安全管理》(29 CFR §1910.119)[(d)(3)(i)(A)] 美国国家环境保护局(EPA)《风险管理计划》中"过程安全信息"部分(68.65)	为审核员提供的基本信息： ● 通常在管道和仪表流程图(P&ID)、设备制造图、设备规格书和数据表、设备设计计算书或管线规格书中指明结构材质。 由审核员开展的工作： ● 审核员应对与结构材质有关的文件进行审查
审核准则 9-C-9：管道和仪表流程图(P&ID)	美国职业安全与健康管理局(OSHA)《高危化学品过程安全管理》(29 CFR §1910.119)[(d)(3)(i)(B)] 美国国家环境保护局(EPA)《风险管理计划》中"过程安全信息"部分(68.65)	为审核员提供的基本信息： ● 管道和仪表流程图(P&ID)有时被称之为流程图、机械流程图、系统示意图，或其他名称。 ● 管道和仪表流程图(P&ID)为非比例的工艺/系统单线图，标出以下内容： —所有机械设备； —与其他工艺/系统的接口； —机械设备与仪表/控制设备之间的接口； —所有泄压阀和泄压设备，包括设定值和能力； —管线说明，包括管线尺寸、流向、ID 号和管线规格； —通常标出调节阀故障保护位置；

续表

审核准则	审核准则出处	审核员指南
		—通常标出设备设计额定值，包括设计压力、设计温度、结构材质、动设备额定功率和其他类似信息。 • 尽管在不同工厂中绝大部分工艺流程图(PFD)采用了通用符号，但仍有许多公司为其工艺设备设计了特殊符号。美国国家标准协会(ANSI)发布了 ANSI/ASME Y14 系列标准、国际标准化组织(ISO)发布了 ISO 10628-1997 标准、美国仪表、系统及自动化协会(ISA) 发布了 S5.3-1983 标准，旨在统一工程设计图纸中符号的使用以及图纸格式、内容和版次。但是，对于过程安全管理标准中所涉及的工艺流程图，这些标准并非强制性标准。 • 管道和仪表流程图(P&ID)可以为最终版 CAD 图纸或已批准图纸，也可以是在形成最终版 CAD 图前带标记(即带“红线”标记)的图纸。管道和仪表流程图必须准确和清晰。使用 CAD 系统对管道和仪表流程图(或任何其他工程设计图纸或文件)进行维护并不是一项强制要求。可以采用人工管理系统对图纸进行管理。 由审核员开展的工作： • 审核员应进行检查以确保为 OSHA 过程安全管理标准《高危化学品过程安全管理》所涵盖的工艺提供了最新管道和仪表流程图(P&ID)。通常由工程部门绘制管道和仪表流程图，这些图纸可以是纸质图纸或 CAD 图纸。审核员应采用两级检查来对管道和仪表流程图进行审查：1)检查并确保管道和仪表流程图包含所有必要信息(基于公司或行业标准)且内容完整(这是对图纸本身进行的更高一级审查)；2)审核员按照审核范围从中选择一份或多份管道和仪表流程图进行实地检查，以核实管道和仪表流程图是否与装置实际竣工状况一致
审核准则 9-C-10：电气分类	美国职业安全与健康管理局(OSHA)《高危化学品过程安全管理》(29 CFR §1910.119)[(d)(3)(i)(C)] 美国国家环境保护局(EPA)《风险管理计划》中“过程安全信息”部分(68.65)	为审核员提供的基本信息： • 电气分类(在美国以外其他国家，通常称之为“电气分区”或“电气危险区域分类”)是指对在易燃或可燃物料存储或处理区域中的电气设备和其他设备进行合理设计以防止形成火源，从而避免引发火灾和爆炸。在美国和采用美国国家消防协会(NFPA)标准的其他国家，由 NFPA 提供这些设计规范。通常，在工厂平面图中标出易燃或可燃物料存储或处理区域，但这不是强制性要求。另外，还可以采用文本文件对易燃或可燃物料存储或处理区域进行说明。这些记录通常包含在工程设计文件中，但有时由安全经理或消防主管负责保存并维护这些文件。 由审核员开展的工作： • 审核员应对电气分类图纸或文件进行审查，确保其内容正确。另外，审核员还应对工厂中一个或多个区域进行实地检查，确保设备和机动车辆设计符合电气分类要求
审核准则 9-C-11：泄压系统设计及设计基础	美国职业安全与健康管理局(OSHA)《高危化学品过程安全管理》(29 CFR §1910.119)[(d)(3)(i)(D)] 美国国家环境保护局(EPA)《风险管理计划》中“过程安全信息”部分(68.65)	为审核员提供的基本信息： • 泄压系统是指用于控制或释放多余压力的任何单台设备、多台设备和/或系统，包括各种操作类型的泄压阀(如弹簧加载式、先导式)、防爆膜、呼吸阀/通气口、针式安全阀、真空破坏器、液封、排放丝堵、泄压设备排气/排液系统、火炬以及管线、阀门、容器和其他设备(如与泄压系统中泄压设备连接的分液罐或收集罐)。 • 泄压系统设计基础是指会对泄压系统或设备设计造成影响的情况或事件，如外部火灾(常见影响事件)、放热反应或断

续表

审核准则	审核准则出处	审核员指南
		电。泄压系统设计基础通常包含在泄压系统/设备设计文件中，包括用于确定泄压系统或设备操作能力和设定值的计算书、计算书一览表或泄压系统/设备数据表(在数据表中列出了相关数据，用于采购泄压系统/设备)。 • 泄压系统/设备根据相关的认可和普遍接受的良好工程实践(RAGAGEP)进行设计，对于绝大多数化工/加工设施，该认可和普遍接受的良好工程实践通常为API RP520/521或公司同等规范。对于易燃液体存储系统，还可以采用NFPA-30进行设计。另外，对于某些泄压设备(如两相流泄压设备)，考虑到其潜在运行条件，可能要求进行特殊设计。有关两相流泄压设备在设计时需遵守的认可和普遍接受的良好工程实践，参见由美国化学工程师协会(AIChE)紧急救援系统设计院(DIERS)发布的程序和方法。有些公司和工程设计承包商还自己编制了两相流泄压设备设计程序和设计方法。 由审核员开展的工作： • 审核员应对工程设计或项目文件进行审查，以核实泄压系统(包括排放系统)最初设计基础是否发生了变化，如果发生了变化，是否对泄压系统设计进行了重新评估。举例来说，自泄压系统完成最初设计和安装以来可能已发生的变化包括：开发出新产品或对现有产品进行了改进，对排污量减少的单元增加其生产负荷，其他泄压物流被引入排放系统，最初仅用于处理比空气轻的气体的泄压系统现在还用于处理液体或比空气重的气体，在排气筒(管)或火炬附近增设了设备、新单元或有人占用构筑物但其设置方式并未在最初设计或设计基础中加以说明。 • 审核员应通过检查来核实与泄压设备/系统有关的过程安全信息(PSI)是否列出潜在超压工况以及这些超压工况的确定依据。对于每一确信的超压工况，应进行有关计算以确定泄压系统设计条件。导致出现超压工况的条件可能很简单，如某一压力调节器出现故障，也可能非常复杂，如放热反应失控或在反应时生成了气体。在进行计算时应指明以下内容： —计算依据； —被评估的排放类型(气体、液体、两相流)； —在进行计算时采用的方法(通常为在API RP 520/521、NFPA-30或公司同等程序中规定的方法)； —应指明在进行计算时采用的任何软件 -无论是商业软件还是内部软件； —在进行计算时采用的所有物理特性以及所有主要假定条件；对于复杂工况，当很难从相关参考文献中查到相关物理特性值时，确定物理特性将会是一项艰巨的挑战，应对在进行物理特性评估时采用的方法进行详细说明。 • 审核员应检查与泄压系统设计和设计基础有关的过程安全信息(PSI)，其中还应包括相关入口和出口管道系统设计或评估以及任何下游处理设备设计，如排放总管、分液罐、收集容器、急冷罐和火炬等。 • 审核员应进行检查以确保所有设计信息涵盖在工程设计或项目文件中，或可以采用其他方式提供给设施/工厂。设计信息不应仅由工程设计公司或负责工程设计的承包商负责保管。

续表

审核准则	审核准则出处	审核员指南
		• 审核员应根据现场泄压设备铭牌对文件中设定值、操作能力和其他设计信息进行检查，确保二者保持一致。 • 审核员应在现场对泄压设备入口和出口阀门进行检查，确保在使用过程中泄压设备入口和出口阀门未被关闭。 • 审核员应进行检查以确保为泄压设备设置了铅封和类似部件，用于在使用过程中对泄压设备入口和出口阀门位置进行控制。 • 如果装置中安装的任何排放系统未引向密闭排放系统或火炬系统，则审核员应进行检查以确保工程设计或项目文件中包括每一排放系统的最初设计和设计基础
审核准则 9-C-12：通风系统设计	美国职业安全与健康管理局(OSHA)《高危化学品过程安全管理》(29 CFR §1910.119)[(d)(3)(i)(E)] 美国国家环境保护局(EPA)《风险管理计划》中“过程安全信息”部分(68.65)	为审核员提供的基本信息： • 通风设计是指对与过程安全有关的采暖、通风和空调(HVAC)系统进行设计，而不是针对为创造舒适工作条件而采用的采暖、通风和空调系统。举例来说，与过程安全有关的通风系统包括： • 当发出撤离或避险指令后为人员疏散提供避险的建筑物中采暖、通风和空调(HVAC)设备，这类 HVAC 设备的作用是将室内外空气隔离，包括隔离风门、进口风扇、循环系统、增压系统、固定式/便携式应急空气呼吸系统以及这类设备的监测、启用及维持用控制系统； • 如果高温或高湿度会对设备性能造成影响，还包括温度或湿度控制系统或电气设备空间温湿度控制器装置； • 用于对封闭构筑物或设备内易燃环境进行控制的空气或惰性气体吹扫系统； • 热敏化学品存储空间温度控制设备； • 有毒化学品生产、存储或使用区域通风系统，如制氯电解槽通风系统。 由审核员开展的工作： • 审核员应进行检查以确保在采暖、通风和空调(HVAC)系统工程设计规范、现场工程文件或采暖、通风和空调承包商安装记录中包含这类采暖、通风和空调设备。尽管采暖、通风和空调系统的隔离功能和创造舒适工作环境功能可以同时考虑，但是，在本审核准则中，不考虑与创造舒适工作环境有关的采暖、通风和空调系统。通常，很难找到与创造舒适工作环境有关的 HVAC 文件。 • 审核员应进行检查以确保通风系统原设计规范或最新设计规范仍然有效，例如，某一固定式应急空气呼吸系统在设计上能够支持的人员数量以及基于给定人员数量确定的系统运行时间。 • 审核员应在现场进行检查，确保控制室或其他构筑物内增压系统正常运行。 • 如果应急空气呼吸系统采用人工合成空气，则审核员应通过检查来核实是否定期对该空气合成系统进行取样以确保呼吸用空气满足要求

续表

审核准则	审核准则出处	审核员指南
审核准则 9-C-13：采用的设计规范和标准	美国职业安全与健康管理局(OSHA)《高危化学品过程安全管理》(29 CFR §1910.119)[(d)(3)(i)(F)] 美国国家环境保护局(EPA)《风险管理计划》中"过程安全信息"部分(68.65)	为审核员提供的基本信息： • 通常，在管道和仪表流程图(P&ID)、设备制造图、设备规格书和数据表或设备设计计算书中注明在对设施工艺/设备进行设计时采用的规范和标准。尽管公司或工厂采用的工程设计和施工标准清单或索引中会列出上述规范和标准，但并未将相关规范和标准与具体工艺/设备对应起来(除非在索引中注明了标准所对应的工艺/设备)。 • 设计规范和标准包含在设施设计和施工所采用的认可和普遍接受的良好工程实践(RAGAGEP)中。 由审核员开展的工作： • 审核员应对设施采用的设计和施工规范和标准相关文件进行检查，以核实在设施设计和施工规范和标准清单中列出的相关规范和标准是否完整和恰当
审核准则 9-C-14：对于在1992年5月26日之后建成的工厂，应提供工艺的物料和能量平衡数据	美国职业安全与健康管理局(OSHA)《高危化学品过程安全管理》(29 CFR §1910.119)[(d)(3)(i)(G)] 美国国家环境保护局(EPA)《风险管理计划》中"过程安全信息"部分(68.65)	为审核员提供的基本信息： • 物料平衡数据是指连续或间歇工艺的所有进出物料数据，在初步或概念性的工艺设计期间生成，此后随着项目进展而对其不断进行更新。在项目/工艺工程记录中应包括这类信息。 • 能量平衡数据是指连续或间歇工艺的所有热量和/或动力输入和输出数据。部分能量平衡数据是在工艺设计期间生成，但是大部分能量平衡数据与公用工程系统(如供电系统、蒸汽系统和冷却水系统)的设计和规格有关。 • 物料和能量平衡为装置初步设计工作的一部分，除非对装置进行了整体改造(如大规模去瓶颈改造)，否则在完成初步设计后一般不会更改物料和能量平衡数据。有时，与物料和能量平衡有关的文件很难查找。这类数据可能记录在纸质文件中，也可能嵌套在工艺设计软件或工艺模拟软件中。除非工艺是在1992年5月26日之后建成，否则不要求提供物料和能量平衡数据。此处，"建成"一词意味着投入运行。 由审核员开展的工作： • 审核员应通过检查来核实为在1992年5月26日之后建成的工艺提供了物料和能量平衡数据。此处，"建成"一词意味着投入运行
审核准则 9-C-15：安全系统(如联锁系统、检测或抑制系统)	美国职业安全与健康管理局(OSHA)《高危化学品过程安全管理》(29 CFR §1910.119)[(d)(3)(i)(H)] 美国国家环境保护局(EPA)《风险管理计划》中"过程安全信息"部分(68.65)	为审核员提供的基本信息： • 安全系统是指防止因工艺超出或即将超出其安全上限值或下限值而对人员造成伤害的系统和设备。举例来说，安全系统和设备包括： —控制系统和安全仪表系统和其他控制、指示、报警、跳车和联锁设备，以及其他控制或保护工艺的安全设备； —几乎所有控制设备均由电子或电气控制系统组成，但是，还可能包括机械控制系统和设备。在许多不同类型文件中均注明了控制设备，包括回路图、控制逻辑图、联锁表、管道和仪表流程图(P&ID)以及控制系统和设备说明文件。 —用于检测或抑制反应或化学品泄漏的设备或系统，如急冷系统、快速中和系统、反应抑制剂注入系统和蒸气云冲散系统； —用于检测或减缓气体泄漏的设备或系统，如爆炸下限(LEL)检测器、氨气检测器、大流量喷淋系统；

续表

审核准则	审核准则出处	审核员指南
		—二次防泄漏系统； —氮封系统； —消防设备(如喷淋灭火系统、消防水供给设备)； —防爆板或爆炸抑制系统； —不间断供电系统； —在进行过程危害分析(PHA)时确定的任何其他安全防护设施； —应在管道和仪表流程图(P&ID)或描述系统工作方式、设定值和控制设备等的文件中标注或指明安全系统。 由审核员开展的工作： • 审核员应首先明确设施和工艺的安全系统包括哪些控制系统和设备。这些控制系统和设备涵盖在过程危害分析(PHA)报告、标准操作程序(SOP)或安全系统表或清单中。另外，工艺/项目说明或手册(即项目“手册”)有时也包括上述全部或部分控制系统和设备的信息。然后，审核员应检查是否已将在上述文件中介绍的安全系统纳入过程安全信息(PSI)中
审核准则 9-C-16：雇主应证明设备符合认可和普遍接受的良好工程实践(RAGAGEP)	美国职业安全与健康管理局(OSHA)《高危化学品过程安全管理》(29 CFR §1910.119)[(d)(3)(ii)] 美国国家环境保护局(EPA)《风险管理计划》中“过程安全信息”部分(68.65)	为审核员提供的基本信息： • 认可和普遍接受的良好工程实践(RAGAGEP)由统一的行业规范、标准以及推荐做法组成，用来管控 OSHA 过程安全管理标准《高危化学品过程安全管理》所涵盖设备的设计和施工。在州法律或法规中，通常为不同设备明确了需遵守的认可和普遍接受的良好工程实践。 • 公司自身的工程和施工标准通常不属于认可和普遍接受的良好工程实践(RAGAGEP)，因为这类标准仅适用于某一公司或工厂，而不属于统一的行业标准。但是，绝大部分公司的工程和施工标准都参考了认可和普遍接受的良好工程实践，等同于某一认可和普遍接受的良好工程实践，因此应遵照执行。 • 按照 OSHA 过程安全管理标准《高危化学品过程安全管理》第(d)(3)(i)(F)节确定的设计规范和标准为部分认可和普遍接受的良好工程实践(RAGAGEP)，用于对 OSHA 过程安全管理标准《高危化学品过程安全管理》所涵盖的设施工艺进行设计、施工和操作。 • 应对 OSHA 过程安全管理标准《高危化学品过程安全管理》所涵盖的工艺、设备、设施进行合理设计和正确安装，确保在过程安全信息(PSI)中规定的上限值和下限值范围内安全运行。许多工厂或公司都根据相关认可和普遍接受的良好工程实践(RAGAGEP)编写了工程设计和安装规范。这类工程设计和安装规范可以是工厂级文件、公司级文件、公司基于行业设计/项目流程而改编的文件、继承性程序和规范(即由原所有者移交的、仍然适用的程序和规范)、工程设计和安装承包商规范或类似文件的组合。有时，可直接采用认可和普遍接受的良好工程实践来开展设计和安装工作。 • 当采用旧设备/翻新设备时，应基于当前运行条件确保这类设备满足原始设备制造商(OEM)的原设计性能要求。 • 例如，如果二手阀门/翻新阀门是从某一维修厂或类似来源获得，在维修或翻新后阀门承压能力或其他特性不应低于原始设备制造商(OEM)原设计要求。 • 可能需对旧设备的合于使用性进行正式评估，以核实并确保旧设备的设计基础满足新的使用条件要求。

续表

审核准则	审核准则出处	审核员指南
		• 有关工程设计与制造/安装之间的界限以及机械完整性与过程安全信息(PSI)之间的审核界限，见第13章中机械完整性中的质量保证(QA)部分。 由审核员开展的工作： • 审核员应对工程设计和项目文件进行审查，以核实OSHA过程安全管理标准《高危化学品过程安全管理》所涵盖设备的设计已完全满足当前使用条件要求。这类文件包括原始工程设计/项目文件，或在项目完成原始设计和安装后对工艺或设备进行的设计变更技术文件。这类文件可以是针对单一设备或系统的单独文件(即设备文件)，也可以是包括多台设备设计文件的项目文件或项目手册。作为常用做法，第三方工程设计公司通常编写多卷项目手册，并在大型项目完工后将纸质项目文件移交给客户。这些项目手册通常保存在工程设计部门文档管理系统或资料库中，但有时还会被移交给维修部门。在某些工厂或公司中，由单独技术人员负责维护这些文件。审核员应知道这些文件在格式、详细程度和完整性方面存在很大差异，如果涉及第三方工程设计公司，则应按照公司与第三方工程设计公司之间签署的合同，对在项目完工后移交的文件进行管理。如果由公司技术人员负责进行工程设计，就会出现设计文件可能并不正规、内容可能不太完整，且有可能未在装置或项目文档中存档，却仍然保留在设计工程师个人手中。这种情况在小型项目中尤其如此。以下类型工程设计记录可能指出采用了哪些认可和普遍接受的良好工程实践(RAGAGEP)： —项目设备采购订单； —工程设计工单； —制造规范和质量保证(QA)记录(如制造图纸、液压/气动试验报告、工厂试验报告、焊接设备检查报告、停工待检点和质量见证点试验和检查记录、焊缝射线检查报告、无损探伤(NDT)报告和应力释放报告)； —压力容器U-1A表； —泄压设备和泄压系统计算书或数据表； —项目工程设计文件，包括计算书、设计报告、设计图纸和/或项目其他设备数据表； —各种类型设备工程/设计标准。 • 审核员应对项目记录进行审查，以核实工程项目何时采用了旧设备(如果适用的话)。另外，审核员应核实相关的工程和/或测试已完成且得到批准(在某些州，部分设备可能要求由监管机构进行审批)，且做好记录以证明旧设备满足新的使用条件要求。 • 审核员应知道最近进行的工程设计工作可能使用了各种软件产品，包括商业软件和公司内部专有软件。另外，与工程或设计软件使用有关的记录也应由公司/工厂负责保管，可采用纸质、电子文件或二者兼有的形式来保存好软件使用记录。 • 当不希望对实际工程设计成果任何部分进行重新设计、采用逆向方式对实际工程设计成果任何部分进行设计或复制实际工程设计成果任何部分时，审核员需核实是否采用了相关的认可和普遍接受的良好工程实践(RAGAGEP)对工艺和设备进行设计和施工(还可以参考第1.1节)。如果对该信息的技术正确性存在任何疑问，则应就所发现问题提出建议，以供工厂或公司根据实际情况进行重新设计，确保设计的正确性

续表

审核准则	审核准则出处	审核员指南
审核准则9-C-17：当现有设备设计和制造采用的规范、标准或做法不再继续使用时，雇主应确保并文件证明设备以安全方式设计、维护、检查、试验和运行。	美国职业安全与健康管理局(OSHA)《高危化学品过程安全管理》(29 CFR §1910.119)[(d)(3)(iii)] 美国国家环境保护局(EPA)《风险管理计划》中"过程安全信息"部分(68.65)	为审核员提供的基本信息： • 不再使用的设计规范和标准是指已进行了修订或不再出版的认可和普遍接受的良好工程实践(RAGAGEP)。由RAGAGEP编写和维护机构发布对RAGAGEP进行的修订，以确保：1)对其中的做法进行更新；2)纠正以前存在的错误。当收到修订后的RAGAGEP时，工厂或公司应制定相应的方法，用于对修订内容进行审查以确定其对OSHA过程安全管理标准《高危化学品过程安全管理》所涵盖设备造成的影响。应由学科专家或其他合格人员(在必要时还包括承包商)对修订后的RAGAGEP进行审查，并将有关影响以及建议采取的行动措施告知工厂或公司中所有受影响方。 由审核员开展的工作： • 审核员应检查相关证据以核实公司或工厂是否已对RAGAGEP中修订内容进行了审查，并且将审查结果以及建议采取的行动措施告知了工厂或公司中所有受影响方。可采用以下形式来进行上述工作： —对公司/工厂同等技术标准进行了相应的修改； —在工程设计图纸修订栏中注明已按照RAGAGEP中修订的要求对工程图纸进行了相应的修改； —通过变更管理(MOC)程序进行修改； —由工程设计部门编写报告； —由工程设计部门通过文件传递单形式发出并修改； —采用备忘录记录修改； —采用电子邮件将相关修改通知相关方； —结合采用上述方法。 • 审核员应对工程设计经理、技术经理、项目经理或负责工程项目实施的其他人员进行面谈，以了解上述工作的开展情况。另外，还有必要与工程设计承包商进行面谈，尤其是当工厂或公司完全依赖于工程设计承包商的设计和安装程序和规范时(通常针对小型公司而言)。进行上述面谈的目的是为了了解工厂或公司对上述工作的开展情况。有必要对相关面谈记录进行审查，以核实在进行面谈期间掌握了哪些信息

9.2.1.1 美国州立过程安全管理标准

当公司/工厂按照州立过程安全管理标准评估其过程安全管理程序时，应遵守州立过程安全管理标准中规定的具体的过程安全知识要求。州立过程安全管理标准中规定的要求通常会与联邦OSHA过程安全管理标准《高危化学品过程安全管理》和EPA《风险管理计划》中规定的要求存在一定程度的重叠，即使某一州已获得了联邦法规实施授权(即该州从OSHA获得了《高危化学品过程安全管理》实施资格或从EPA获得了《风险管理计划》实施资格)，州立过程安全管理标准还有自己的具体要求。在表9.2中，对以下三个州的过程安全管理法规适用性要求进行了说明：

- 新泽西州；
- 加利福尼亚州；
- 特拉华州。

表9.2列出了在美国州立过程安全管理标准中与"过程知识管理"有关的审核准则和审

核员指南。

表 9.2　美国州立过程安全管理标准中与“过程安全信息”有关的审核准则和审核员指南

审核准则	审核准则出处	审核员指南
新泽西州《毒性物品灾难预防法案》(TCPA) 审核准则 9-C-18：与极度有害物质(EHS)使用、处理、存储或生产有关的反应性数据包括： 闪点(<200℉)(和采用的闪点检测方法)、爆炸极限(爆炸下限和爆炸上限)、灭火介质、特殊消防程序以及异常火灾和爆炸危害。 热动力和反应动力数据包括：反应热、出现不稳定性(非受控反应、分解反应和/或聚合反应)时的温度以及在该温度下能量释放速度数据。 与意外形成反应性和不稳定性的副产品有关的数据。	新泽西州《毒性物品灾难预防法案》7：31-4.1	为审核员提供的基本信息： • 化学品特性记录应包含新泽西州《毒性物品灾难预防法案》(TCPA)中规定的反应性数据。这些反应性数据可能包含在化学品安全技术说明书(MSDS)中，但绝大部分化学品安全技术说明书并不包含反应性数据。 • 在工艺化学原理说明文件或其他研究文件中也可能包含反应性数据。 • 可能须从原料生产商处或通过试验来获取反应性数据。 由审核员开展的工作： • 如果工厂涉及新泽西州《毒性物品灾难预防法案》(TCPA)中列出的反应性物料，审核员应通过检查来核实在工程设计或项目文件、化学品安全技术说明书(MSDS)、现场其他化学品特性记录或基本化学原理资料中包括了这些物料的反应性数据
新泽西州《毒性物品灾难预防法案》(TCPA) 审核准则 9-C-19：与所涵盖工艺和潜在释放有关的电气单线图	新泽西州《毒性物品灾难预防法案》7：31-4.1	为审核员提供的基本信息： 电气单线图是描述设施中从电源到用电负荷(包括变压器、开关柜和其他主要电气设备)的供电系统示意图。 由审核员开展的工作： • 审核员应进行检查以确保工厂能够及时对电气单线图进行更新
新泽西州《毒性物品灾难预防法案》(TCPA) 审核准则 9-C-20：现场平面图	新泽西州《毒性物品灾难预防法案》7：31-4.1	由审核员开展的工作： • 审核员应进行检查以确保工厂能够及时对工厂平面图或现场平面图进行更新
新泽西州《毒性物品灾难预防法案》(TCPA) 审核准则 9-C-21：与所涵盖工艺和潜在释放有关的消防水系统管线布置图	新泽西州《毒性物品灾难预防法案》7：31-4.1	由审核员开展的工作： • 审核员应进行检查以确保工厂能够及时对消防水系统管线布置图进行更新
新泽西州《毒性物品灾难预防法案》(TCPA) 审核准则 9-C-22：与所涵盖工艺和潜在释放有关的污水系统管线布置图	新泽西州《毒性物品灾难预防法案》7：31-4.1	由审核员开展的工作： • 审核员应进行检查以确保工厂能够及时对污水系统管线布置图进行更新
新泽西州《毒性物品灾难预防法案》(TCPA) 审核准则 9-C-23：与外部因素和外部事件有关的数据	新泽西州《毒性物品灾难预防法案》7：31-4.1	为审核员提供的基本信息： • 外部因素和外部事件数据是指发生在新泽西州《毒性物品灾难预防法案》(TCPA)所涵盖的工艺以外的，但工厂可能会受到影响的因素或可能会遭遇到的事件的相关信息，如与天气或运输有关的事件。 由审核员开展的工作： • 审核员应进行检查以确保工厂能够及时对与外部因素和外部事件相关的数据进行更新

续表

审核准则	审核准则出处	审核员指南
特拉华州《意外泄漏预防法规》 审核准则 9-C-24：除在 OSHA 过程安全管理标准《高危化学品过程安全管理》和 EPA《风险管理计划》中规定的"过程安全信息"要求外，在特拉华州环境、健康与安全(EHS)管理法规中未新增任何与之有关的其他要求	《特拉华州法规汇编》第 77 章第 5.65 节	无其他要求
加利福尼亚州职业安全与健康管理局(CalOSHA)《急性危险物料过程安全管理》 审核准则 9-C-25：除在 OSHA 过程安全管理标准《高危化学品过程安全管理》和 EPA《风险管理计划》中规定的设备的"过程安全信息"要求外，还应为供配电系统提供过程安全信息	《加利福尼亚州法规汇编》第 8 篇第 5189 部分	<u>由审核员开展的工作：</u> • 审核员应对工程设计或项目文件中的供配电系统进行检查。通常在电气单线图中标出供配电系统
《加利福尼亚州意外泄漏预防计划》(CalARP) 审核准则 9-C-26：除在 OSHA 过程安全管理标准《高危化学品过程安全管理》和 EPA《风险管理计划》中规定的"过程安全信息"要求外，在《加利福尼亚州意外泄漏预防计划》(CalARP)中未新增任何与之有关的其他信息	《加利福尼亚州法规汇编》第 19 篇第 2760.1 部分	无其他要求

9.2.2 相关审核准则

在本节中介绍的相关审核准则为审核员在对过程安全管理标准强制性要求以外的问题进行审查时提供了指南，这些相关审核准则在很大程度上代表了在行业采用的过程安全管理良好做法，在某些情况下还代表了过程安全管理普遍做法。由于部分相关审核准则已在相当长时间内被广泛认可并成功实施，因此，这类相关审核准则实际上已经达到了可接受做法水准。审核员和过程安全管理专业人员应认真考虑如何采用和实施这些相关审核准则，或者至少采用一种在性质上基本类似的审核方法来对过程安全管理进行审核。有关可接受做法的定义及其实施，见术语表和第 1.7.1 节。

表 9.3 列出了在行业过程安全管理良好做法中与"过程知识管理"有关的审核准则和审核员指南。

表 9.3 在行业过程安全管理良好做法中与“过程知识管理”有关的审核准则和审核员指南

审核准则	审核准则出处	审核员指南
审核准则 9-R-1：在过程生命周期内应保存和维护好最新的过程安全知识	加拿大化学品制造商协会(CCPA)发布的加拿大重大工业事故理事会(MIACC)自评估工具《过程安全管理指南/HISAT 修订项目》(070820) 美国职业安全与健康管理局(OSHA)《过程安全管理合规性指令》(CPL)	由审核员开展的工作： • 审核员应进行检查，以确保过程安全管理程序中包含对过程安全知识的要求，并应在过程生命周期内保存和维护好最新的过程安全知识。但是，这并不意味着必须保存好为工艺过程形成的所有过程安全知识-对于已作废的过程安全知识，可将其存档或销毁
审核准则 9-R-2：如果退役设备仍保留在现场，则应保存好该退役设备的过程安全知识	良好行业做法(GIP)	由审核员开展的工作： • 虽然在设备配置仍保持不变情况下无需对设备过程安全知识的正确性和更新情况进行审查，但是除非退役设备已被拆除，那么审核员还是应该进行检查以核实是否为退役设备保存好过程安全知识。退役设备过程安全知识应包含为使设备退役而对工艺过程进行的任何变更
审核准则 9-R-3：如果在工艺过程中采用了旧设备，应根据旧设备原使用者提供的工程设计文件，由公司或工厂对旧设备进行设计分析和/或试验，以对该旧设备是否适合新使用条件进行确认	美国职业安全与健康管理局(OSHA)《过程安全管理合规性指令》(CPL)	为审核员提供的基本信息： • 应在项目或工程设计程序中指明需要对旧设备是否适合新使用条件进行确认。 由审核员开展的工作： • 审核员应进行检查以确保在相关项目文件中包括为核实旧设备是否适合新使用条件而进行的设计分析和/或试验
审核准则 9-R-4：过程安全信息(PSI)包括 OSHA 过程安全管理标准《高危化学品过程安全管理》所涵盖的每一个工艺过程的物料和能量平衡数据	良好行业做法(GIP)	由审核员开展的工作： • 审核员应对工程设计和项目文件进行审查，以核实是否为 OSHA 过程安全管理标准《高危化学品过程安全管理》所涵盖的每一个工艺过程提供了物料和能量平衡数据，而不仅仅为在 1992 年 5 月 26 日之后建成的工艺提供了物料和能量平衡数据(对于在 1992 年 5 月 26 日之后建成的工艺，提供 PSI 被视为一项合规性要求)
审核准则 9-R-5：为过程安全知识制定了管理程序	加拿大化学品制造商协会(CCPA)发布的加拿大重大工业事故理事会(MIACC)自评估工具《过程安全管理指南/HISAT 修订项目》(070820) 化工过程安全中心(CCPS)出版物《基于风险的过程安全》(RBPS) 良好行业做法(GIP)	由审核员开展的工作： • 审核员应通过检查来核实是否制定了过程知识管理程序，且该管理程序是否包括以下过程安全信息： —应收集哪些过程安全信息及其详细程度； —提供描述过程安全知识的清单或路径图，指明过程安全信息的基本信息、保存媒介以及保存地点等； —如何收集过程安全信息； —由谁负责收集不同类型的过程安全信息； —如何对过程安全信息进行更新； —由谁负责维护过程安全信息； —如何将过程安全管理程序中其他要素涉及的最新信息提供给所需人员； —如何将过程安全信息提供给所需人员

续表

审核准则	审核准则出处	审核员指南
审核准则 9-R-6：如果采用电子资料管理系统来保存、维护和使用过程安全知识，应对员工进行计算机使用和数据访问方面的必要培训	加拿大化学品制造商协会(CCPA)发布的加拿大重大工业事故理事会(MIACC)自评估工具《过程安全管理指南/HISAT 修订项目》(070820) GIP 良好行业做法(GIP)	由审核员开展的工作： • 审核员应通过检查来核实是否已为每一用户分配了用户 ID 和密码，以允许用户访问保存在电子资料管理系统中的过程安全知识。可采用用户组 ID 和/或密码形式。 • 审核员应与非管理人员和承包商人员进行面谈，以核实这些人员是否就如何访问和使用保存在电子资料管理系统中的过程安全知识接受了培训。 • 审核员应进行检查以确保已对保存在电子资料管理系统中的过程安全知识进行了备份，并且当电子资料管理系统出现故障时能够提供硬拷贝资料
审核准则 9-R-7：对于间歇操作模式，为每一生产批次提供工艺流程图(PFD)(即为每一批次提供单独的工艺流程图，或提供一份总体工艺流程图，但要附上单独文件，如每一批次的批量清单或运行条件记录)	美国职业安全与健康管理局(OSHA)对其过程安全管理标准《高危化学品过程安全管理》(29 CFR §1910.119)做出的口头说明(VCLAR)	由审核员开展的工作： • 如果被审核工厂采用间歇操作模式，审核员应对每一批次的工艺流程图(PFD)进行检查。无需为每一批次中不同工艺配方提供单独的工艺流程图，可为每一批次提供并保存好一份总体工艺流程图，并附上每一工艺配方的运行条件
审核准则 9-R-8：要为过程安全知识注明审批日期	良好行业做法(GIP)	由审核员开展的工作： • 审核员应对过程安全知识进行审查，确定过程安全知识文件上标注了其审批日期
审核准则 9-R-9：除不同法规中规定的过程安全知识外，还应根据与过程安全有关的风险，在必要时收集和维护好其他过程安全知识	加拿大化学品制造商协会(CCPA)发布的加拿大重大工业事故理事会(MIACC)自评估工具《过程安全管理指南/HISAT 修订项目》(070820) 美国职业安全与健康管理局(OSHA)对其过程安全管理标准《高危化学品过程安全管理》(29 CFR §1910.119)做出的口头说明(VCLAR) 良好行业做法(GIP) 化工过程安全中心(CCPS)出版物《基于风险的过程安全》(RBPS)	为审核员提供的基本信息： • 公司/工厂项目程序通常包含在工程设计程序/手册和/或投资项目手册中。有时，投资项目手册中仅包含与项目立项和审批有关的阶段性程序。项目实施仅是整个项目其中一个阶段，其详细工程设计包含在其他程序或说明书中。 由审核员开展的工作： • 过程安全知识对于理解、预防、监控或减缓过程安全风险至关重要，审核员应通过检查来核实是否收集和维护好过程安全知识。审核员应首先对工艺过程的危害识别和风险分析(HIRA)报告进行审查，以确定哪些设备对于过程安全而言至关重要。在危害识别和风险分析报告“原因”栏和“安全防护措施”栏，应包含这类信息。可能需要收集的过程安全知识包括： —用于编写设计/规范数据表以为采购工作提供支持的工程设计资料(如计算书、研究结果和设计报告)； —平面图； —消防系统管道和仪表流程图(P&ID)和/或其他设计文件； —二次容器(防泄漏容器)容量计算书； —电气单线图或设备供电系统资料； —电气接地和等电位连接图； —装置、建筑物和区域排水系统图纸或其他文件； —与特殊危害有关的说明或特殊危害的特性，如自燃性、冲击敏感性、化学稳定物料的特性(包括稳定剂清除)； —热动力数据和热量数据； —爆燃、爆炸火焰传播速度和超压数据； —与物料有关的工业卫生数据； —分解温度；

续表

审核准则	审核准则出处	审核员指南
		—绝热反应温度及相应压力； —分离设备设计及设计基础（如设备安全运行所需的回流比）； —指明从爆炸和火灾地点到超压和辐射热区的最大距离的图纸/平面图或数据表； —工艺设备机械数据/设计基础； —工艺设备的加工图； —管线轴测图； —仪表数据表或等效记录； —换热器数据表； —泵、电机和其他动设备的数据表或等效记录； —动设备性能曲线/数据； —当起重设备出现故障会引发过程安全事故时，要提供起重设备设计数据和操作能力数据。 • 审核员应抽查一份或多份项目文件，以核实采用的工程设计数据和假定条件是否合适，是否按照相关标准以及标准中规定的设计方法来开展工程设计工作。 • 审核员应对工程设计和项目文件进行检查，以核实是否收集和维护好有关过程安全知识。这些工程设计和项目文件由工程设计部门、维修部门、文件管理部门负责维护或者由这些部门共同维护
审核准则 9-R-10：向操作人员和其他人员指明哪些设备属于过程安全关键设备，并要求严格管理这些设备	加拿大化学品制造商协会（CCPA）发布的加拿大重大工业事故理事会（MIACC）自评估工具《过程安全管理指南/HISAT 修订项目》（070820）	为审核员提供的基本信息： • 在过程安全知识管理系统中，应向设施工作人员指明哪些设备属于过程安全关键设备，同时指明与这类设备有关的资料。 由审核员开展的工作： • 审核员应抽查部分工程设计文件或其他文件，以核实在这些文件中是否指明了工厂中的哪些设备属于过程安全关键设备
审核准则 9-R-11：如果对工艺进行的变更涉及引入新工艺或特殊危害，则应编写新的物料和能量平衡表	美国职业安全与健康管理局（OSHA）对过程安全管理标准《高危化学品过程安全管理》（29 CFR §1910.119）做出的正式书面说明（WCLAR）（9/25/95）	由审核员开展的工作： • 当引入新工艺、因引入新工艺而导致出现新的危害或特殊危害时，审核员应对变更管理（MOC）过程以及因变更而受到影响的过程安全知识进行审查，以核实是否及时对过程安全知识相关文件进行了修改
审核准则 9-R-12：压力容器设计历史文件应至少包括以下过程安全信息（PSI）： 设计文件，包括但并不限于： 压力容器 ID 号和说明； 物料及其密度； 设计操作温度和压力； 总体尺寸； 管口一览表； 腐蚀裕度；	美国职业安全与健康管理局（OSHA）《炼油行业过程安全管理国家重点计划》（NEP）（OSHA 指令 CPL 03-00-004）	为审核员提供的基本信息： • 在工程设计、维护或项目文件中的压力容器资料通常包括，本审核准则中列出的过程安全信息以及其他有关信息，如维修表和维修记录、在进行维修时采用的焊接工艺规程、容器及其维修部件采购订单、维修工厂及其人员资质记录以及材料可靠性鉴别（PMI）记录。 • 当压力容器原始信息丢失时，如压力容器 U-1A 表丢失、现场压力容器铭牌内容不清晰，建议进行合于使用评估。在这些情况下，应按照 API RP-579 中规定的程序来还原压力容器设计基础。在美国部分州，对于非受火压力容器，这是一项强制性要求。

续表

审核准则	审核准则出处	审核员指南
焊后热处理； 支架类型； 采用的测试程序； 刷漆和保温要求； 制造文件，如焊接工艺规程、焊工资格证书、规范要求的计算书、生产商数据报告和热处理报告； • 安装文件，如压力测试记录； • 合于使用评估文件(如果已进行了这类评估)		由审核员开展的工作： • 审核员应进行检查以确保工程设计文件、项目文件或维护记录包括有关设计和安装记录，尤其是 U-1A 表。这些文件或记录应包括以下内容： —压力容器 ID 号和说明； —物料及其比重； —设计操作温度和压力； —总体尺寸； —管口一览表； —腐蚀余量； —焊后热处理； —支架类型； —采用的测试程序； —刷漆和保温要求； —制造文件，如焊接工艺规程、焊工资格证书、规范要求的计算书、生产商数据报告和热处理报告； —安装文件，如压力测试记录； —合于使用评估文件(如果要求)
审核准则 9-R-13：对于管线回路，在机械完整性(MI)管线检查程序或其他过程安全信息(PSI)中应包括以下信息： —最初安装日期； —说明，包括结构材质和强度等级； —原始厚度测量值； —此后进行的厚度测量位置、日期和结果； —管线回路报废厚度； —按照 API 570 第 6.2 节中有关要求确定的管线使用等级； —已进行的维修和更换； —与运行条件发生变化有关的信息(如使用条件发生变化、运行条件超出正常限定值)	美国职业安全与健康管理局(OSHA)《炼油行业过程安全管理国家重点计划》(NEP)(OSHA 指令 CPL 03-00-004)	为审核员提供的基本信息： • 在工程设计、维护或项目文件中的压力容器资料通常包括本审核准则中列出的过程安全信息以及其他有关信息，如维修表和维修记录、在进行维修时采用的焊接工艺规程、容器及其维修部件采购订单、维修工厂及其人员资质记录以及材料可靠性鉴别(PMI)记录。 由审核员开展的工作： • 审核员应进行检查以确保工程设计文件、项目文件或维护记录包括有关管线设计和安装记录。这些文件或记录应包括以下内容： —最初安装日期； —说明，包括结构材质和强度等级； —原始厚度测量值； —此后进行的厚度测量位置、日期和结果； —管线回路报废厚度； —按照 API 570 第 6.2 节中有关要求确定的管线使用等级； —已进行的维修和更换； —与运行条件发生变化有关的信息(如使用条件发生变化、运行条件超出正常限定值)
审核准则 9-R-14：替代管线要适合工艺应用条件	美国职业安全与健康管理局(OSHA)《炼油行业过程安全管理国家重点计划》(NEP)(OSHA 指令 CPL 03-00-004)	为审核员提供的基本信息： • 在工程设计或项目文件中，要指明对替代管线进行设计时采用了认可和普遍接受的良好工程实践(RAGAGEP)，包括 ANSI/ASME B31.1(动力管线规范-蒸汽应用)、ANSI/ASME B31.3(工艺管线规范-绝大部分化工/加工行业应用)、ANSI/ASME B31.5(制冷管线规范)和公司或工厂等效管线设计标准。 由审核员开展的工作： • 审核员应对工程设计或项目文件进行审查，以核实是否对替代管线进行了材料可靠性鉴别(PMI)试验，以确保管线结构材质满足应用要求

由于“过程安全知识”相关审核准则会对与过程安全有关的关键设备、策略、做法、程序以及工厂运营其他方面造成影响，还应考虑将其纳入由各州或其他监管机构负责管理的过程安全管理标准中。

9.2.3 自愿性共识过程安全管理标准

在下文对以下自愿性共识过程安全管理标准中“过程知识管理”要求进行了说明：

- 由API编写且由美国内政部矿产资源管理局(MMS)批准的《安全和环境管理计划》(SEMP)中关于海上石油平台领域“过程知识管理”要求；
- 由美国化学理事会(ACC)发布的《责任关怀管理体系®》(RCMS)中“过程知识管理”要求；
- 由美国化学理事会(ACC)发布的RC1 4001《环境、健康、安全与安保管理体系》中“过程知识管理”要求。

表9.4列出了在自愿性共识过程安全管理标准中与“过程知识管理”有关的审核准则和审核员指南。

表9.4 在自愿性共识过程安全管理标准中与“过程知识管理”有关的审核准则和审核员指南

审核准则	审核准则出处	审核员指南
美国内政部矿产资源管理局《安全和环境管理计划》(SEMP) 审核准则9-R-15：按照《安全和环境管理计划》(SEMP)中的规定，要求为SEMP所涵盖的工厂收集、整理并汇总安全与环境信息资料	美国石油学会(API)推荐做法75：《安全和环境管理计划》(API RP 75)，2.1	由审核员开展的工作： • 审核员应检查公司是否制定了书面计划，要求为每一海上设施收集并整理安全与环境信息资料，并详细指明需收集和维护好哪些安全与环境信息资料
审核准则9-R-16：按照《安全和环境管理计划》(SEMP)中的规定，要求保存好工艺设计和机械设计文件	美国石油学会(API)推荐做法75：《安全和环境管理计划》(API RP 75)，2.1	由审核员开展的工作： • 审核员应检查公司是否制定了书面计划，要求收集和整理工艺设计和机械设计信息资料，并详细指明需收集和保存好哪些工艺设计和机械设计信息资料
审核准则9-R-17：按照《安全和环境管理计划》(SEMP)中的规定，要求在装置生命周期内保存好工艺、机械和装置设计资料	美国石油学会(API)推荐做法75：《安全和环境管理计划》(API RP 75)，2.1	由审核员开展的工作： • 审核员应检查公司是否制定了书面计划，要求在装置生命周期内保存好工艺、机械和装置设计资料
审核准则9-R-18：如果《安全和环境管理计划》(SEMP)允许在同一现场内的简单装置或几乎相同的装置采用通用资料，则需要说明现场不同装置的具体差异	美国石油学会(API)推荐做法75：《安全和环境管理计划》(API RP 75)，2.1	由审核员开展的工作： • 审核员应检查装置是否制定了书面计划，以说明现场采用通用资料的装置之间的具体差异

续表

审核准则	审核准则出处	审核员指南
审核准则9-R-19：过程安全管理程序中应包含工艺设计信息，具体包括： • 工艺流程简图(安全流程图或管道和仪表流程简图(P&ID)或等效图纸)； • 温度、压力、流量和组分等参数的可接受上限值和下限值(视具体情况)； • 工艺设计物料和能量平衡(如果有的话)	美国石油学会(API)推荐做法75：《安全和环境管理计划》(API RP 75)，2.2 美国石油学会(API)推荐做法14J《海洋石油生产装置设计和安全分析的推荐做法》(API RP 14J)，6.2.1 《外大陆架石油、天然气和硫黄作业》(30 CFR § 250) 美国石油学会(API)推荐做法75：《安全和环境管理计划》(API RP 75)，6.2.2.1 《外大陆架石油、天然气和硫黄作业》(30 CFR § 250) 美国石油学会(API)推荐做法75：《安全和环境管理计划》(API RP 75)，2.2.2 美国石油学会(API)推荐做法14J《海洋石油生产装置设计和安全分析的推荐做法》(API RP 14J)，6.2.2	由审核员开展的工作： • 审核员应通过实地检查的方式，来确认是否已提供了书面计划要求的资料。 • 如果未提供工艺设计物料和能量平衡数据，则审核员应进行检查，以确认是否编写了与此有关的详细资料，可为危害分析提供支持。通常，要求为比一般油气生产平台更为复杂的装置提供物料和能量平衡数据，如低温处理装置和LNG装置。对于一般生产装置而言，通常不要求提供物料和能量平衡数据
审核准则9-R-20：按照《安全和环境管理计划》(SEMP)中的规定，要求记录并保存好机械和设备设计资料，包括： • 管道和仪表流程图(P&ID)或等效图纸； • 电气危险区划分图纸； • 设备布置图； • 安全阀选型的基本原理； • 报警、停车和联锁系统说明(API RP 14C安全图)； • 井控系统说明； • 消防和安全设备资料； • 应急撤离程序； • 物料安全数据	美国石油学会(API)推荐做法75：《安全和环境管理计划》(API RP 75)，2.1 美国石油学会(API)推荐做法75：《安全和环境管理计划》(API RP 75)，2.3.1	由审核员开展的工作： • 审核员应通过实地检查的方式，来确认是否已提供了书面计划要求的资料。 • 审核员应通过检查来核实是否需要在API RP 14C安全图中对井控系统进行说明。 • 审核员应通过检查来核实是否需要在应急岗位表或安全设备布置图中注明消防和安全设备信息。 • 审核员应通过检查来核实在应急岗位表或获得美国海岸警卫队(USCG)批准的应急撤离方案中是否包含了应急撤离程序。 • 审核员应通过检查以确保在化学品安全技术说明书(MSDS)中列出了所有化学品和工艺流体的物料安全数据

续表

审核准则	审核准则出处	审核员指南
审核准则 9-R-21：如果运营方采用了协议备忘录或谅解备忘录(MOU)，那么按照《安全和环境管理计划》(SEMP)中的规定，协议备忘录或谅解备忘录(MOU)应符合船籍国和船级社规定的有关要求	美国石油学会(API)推荐做法 75：《安全和环境管理计划》(API RP 75)，2.3.2	由审核员开展的工作： • 审核员应核实运营方是否具有国际船舶载重线证书、美国海岸警卫队(USCG)检验证书、国际海事组织(IMO)海上移动式钻井平台(MODU)构造和设备规则证书或国际防止油污证书
审核准则 9-R-22：装置按照在其建造时相关有效规范和标准进行了设计	美国石油学会(API)推荐做法 75：《安全和环境管理计划》(API RP 75)，2.3.3	由审核员开展的工作： • 审核员应进行检查以确保装置是否进行了相关审查和分析，如按照 API RP 14C 要求进行审查、地形分析和危害分析
审核准则 9-R-23：如果无法对是否符合规范或标准要求进行验证或无任何这方面的资料，则应对设计是否适合拟定用途加以说明	美国石油学会(API)推荐做法 75：《安全和环境管理计划》(API RP 75)，2.3.4	由审核员开展的工作： • 审核员应进行检查以确保装置已进行了相关工程设计分析或提供了相关文件以证明装置在该方面拥有成功运行经验
审核准则 9-R-24：在对新建装置或重大改造项目进行设计时考虑了人为因素	美国石油学会(API)推荐做法 75：《安全和环境管理计划》(API RP 75)，2.3.5	由审核员开展的工作： • 审核员应通过检查来核实在对装置进行设计审查或危害分析时是否对人为因素进行了研究或评估

审核准则	审核准则出处	审核员指南
美国化学理事会(ACC)《责任关怀管理体系®》(RCMS) 审核准则 9-R-25：组织机构应维护好与潜在危害及其相关风险有关的产品和工艺的最新信息	美国化学理事会(ACC)《责任关怀管理体系® 技术规范》要素 2.2	为审核员提供的基本信息： • 该审核准则要求建立一套程序，用于确保与产品和生产工艺有关的风险信息始终为最新信息，从而为进行风险评估提供可靠依据。例如，要求建立一套程序，以确保及时更新管道和仪表流程图(P&ID)，从而在进行危害识别和风险分析(HIRA)时能够获得正确结果。 由审核员开展的工作： • 审核员应核实产品信息是否包括在进行危害识别时使用的物理特性/化学特性、毒性和环境数据审查结果、化学品安全技术说明书(MSDS)、产品手册、技术要点、存储和使用指南、培训信息以及其他有关信息。 • 审核员应核实过程安全信息是否包括危害识别和风险分析(HIRA)结果、管道和仪表流程图(P&ID)、安全操作规程、变更管理(MOC)程序和其他相关信息

审核准则	审核准则出处	审核员指南
RC14001《环境、健康、安全与安保管理体系》 审核准则 9-R-26：建立、实施并维持好产品和工艺过程的信息管理程序	美国化学理事会(ACC)《环境、健康、安全与安保管理体系技术规范》RC151.03 4.3.1	• 无其他要求

9.3 审核方案

附录 A 过程安全管理审核方案，就如何按照审核准则对第 9.2 节中的内容进行审查提供了详细指南(有关如何在线获取附录 A 中资料，见第Ⅷ页)。

参 考 文 献

American Chemistry Council, *RCMS® Technical Specification*, RC 101.02, March 9, 2005.

American Chemistry Council, *RCMS® Technical Specification Implementation Guidance and Interpretations*, RC 101.02, January 25, 2004.

American Chemistry Council, *RCMS® Technical Specification Implementation Guidance and Interpretations Appendices*, RC 101.02, January 25, 2004.

American Petroleum Institute, *Fitness For Service*, API RP-579. American Petroleum Institute, Washington, DC, 2000 (API, 2000a).

American Petroleum Institute (API), *Material Verification Program for New and Existing Alloy Piping Systems*, Recommended Practice 578, 1999.

American Petroleum Institute, *Piping Inspection Code: Inspection, Repair, Alteration, and Rerating of Inservice Piping Systems*, API 570, 2nd ed., Washington, DC, October 1998.

American Society of Mechanical Engineers (ASME), *Rules for Construction of Pressure Vessels*, Section VIII, Divisions 1 and 2, Boiler and Pressure Vessel Code.

American Society of Mechanical Engineers (ASME/ANSI), *Chemical Plant and Petroleum Refinery Piping*, ANSII-ASME B31.3.

California, California Code of Regulations, Title 8, Section 5189, CalOSHA, November 1985.

Center for Chemical Process Safety (CCPS), *Guidelines for Risk Based Process Safety*, American Institute of Chemical Engineers, New York, 2007 (CCPS, 2007c).

Delaware, *Accidental Release Prevention Regulation*, Delaware Department of Natural Resources and Environmental Control/Division of Air and Waste Management, September 1989 (rev. January 1999).

Department of the Interior, Minerals Management Service, Safety and Environmental Management Program (SEMP), 1990.

Environmental Protection Agency (USEPA), 40 CFR §68, *Accidental Release Prevention Requirements: Risk Management Programs Under Clean Air Act Section* 112(*r*)(7); Final Rule, June 21, 1996.

New Jersey, *Toxic Catastrophe Prevention Act* (*N. J. A. C.* 7: 31), New Jersey Department of Environmental Protection, June 1987 (rev. April 16, 2007).

Occupational Safety and Health Administration (OSHA) 29 CFR §1910.119, *Process Safety Management of Highly Hazardous Chemicals, Explosives and Blasting Agents; Final Rule*, Washington, DC, February 24, 1992.

Occupational Safety and Health Administration (OSHA) Publication 3133, *Process Safety Management Guidelines for Compliance*, Washington, DC, 1993.

Occupational Safety and Health Administration (OSHA) Instruction CPL 02-02-045 CH-1, *PSM Compliance Directive*, Washington, DC, September 13, 1994.

Occupational Safety and Health Administration (OSHA) Instruction CPL 03-00-004, *Petroleum Refinery Process Safety Management National Emphasis Program*, June 7, 2007 (OSHA, 2007a).

Occupational Safety and Health Administration (OSHA) Directive 09-06 (CPL 02), *PSM Chemical Covered Facilities National Emphasis Program*, July 27, 2009 (OSHA, 2009a).

10 危害识别和风险分析

“危害识别和风险分析”这一要素在 OSHA 过程安全管理标准《高危化学品过程安全管理》和 EPA《风险管理计划》中被称之为“过程危害分析”。另外，在许多州立过程安全管理标准中，本要素也被称之为“过程危害分析”。在自愿性共识过程安全管理标准中，本要素通常被称之为“危害或风险评估”。“危害识别和风险分析”是化工过程安全中心(CCPS)《基于风险的过程安全》(RBPS)事故预防原则“理解危害和风险”中的一个要素。

10.1 概述

“危害识别和风险分析(HIRA)”这一要素强调在全生命周期内对过程危害进行识别并对过程风险进行评估，确保对员工、公众或环境造成的风险始终控制在组织机构确定的风险容忍度范围内。

可采用一系列方法对危险进行识别和评估，包括：

- 简单危害识别；
- 定性分析，例如，

—危险和可操作性分析(HAZOP)；

—假设分析/检查表分析；

—故障模式和影响分析(FMEA)以及故障模式、影响和关键性分析(FMECA)。

- 定量分析，例如，

—保护层分析(LOPA)；

—故障树分析；

—事件树分析；

—扩散和后果分析。

“危害识别和风险分析(HIRA)”这一要素涉及从定性分析到定量分析的全部分析方法。过程危害分析(PHA)是指为满足美国具体法规要求而进行的危害识别和风险分析。“危害识别和风险分析”这一要素包括开展分析、落实分析建议及将分析结果告知设施人员等有关工作。另外，“危害识别和风险分析”这一要素还与“过程知识管理”这一要素密切相关，因此，应对“过程知识管理”进行更新，确保开展的危害识别和风险分析具有实际意义。可以将危害识别和风险分析结果用于其他过程安全要素，例如，用于制定操作程序偏差后果表、用于确定泄压设备尺寸设计方案。

要求认真落实通过危害识别和风险分析(HIRA)提出的建议，这些建议可能需要对工艺/设备进行变更以及对与过程安全有关的策略、做法和程序进行修改。另外，危害识别和风险分析结果还对指明某些设备和过程安全做法会造成危险或采取何种防护措施避免出现危险提供了有价值信息。因此，危害识别和风险分析要求应与过程安全管理标准中其他相关要素的范围和适用性保持一致，确保这些要素涵盖与风险密切相关的关键设备和做法。

“危害识别和风险分析(HIRA)”这一要素与过程安全管理标准中其他要素密切相关。由于”危害识别和风险分析”这一要素是过程安全管理标准的一个基本要素，用于识别过程潜在危害和风险，因此，危害识别和风险分析为过程安全管理标准其他要素提供了重要和必要输入。主要相关要素包括：

- “员工参与”要素(见第7章)——“危害识别和风险分析(HIRA)”这一要素是培养和提高员工参与过程安全管理意识的主要手段之一。
- “过程知识管理”要素(见第9章)——在进行危害识别和风险分析(HIRA)前，应对过程安全知识/过程安全信息进行审查以确保其正确性，并在必要时对其进行更新。危害识别和风险分析组基于这些信息来了解和评估过程危险及其控制措施。
- “操作程序”要素(见第11章)——在操作程序中通常采用“警告”“小心”等文字或安全运行限定值等方式来指明通过危害识别和风险分析(HIRA)识别出的关键危险。在进行危害识别和风险分析时，通常基于操作程序来了解被评估操作的运行情况。
- “培训和绩效保证”要素(见第15章)——在操作人员和其他人员培训计划中，应包括危害识别和风险分析(HIRA)时所明确的相关危险信息。
- “资产完整性和可靠性”要素(见第13章)——纳入资产完整性(AI)管理计划的设备应包括危害识别和风险分析(HIRA)识别出的在其出现故障时会导致或诱发过程安全事故的设备。
- “变更管理(MOC)”要素(见第16章)——尽管对变更管理进行危害识别和风险分析(HIRA)并不是一项强制性要求，但有时需要根据HIRA结果来评估某一变更对过程安全造成的影响。当落实通过危害识别和风险分析提出的建议时，可能需要通过变更管理程序对采取的措施进行管理。在对危害识别和风险分析进行复核时，通常需要对变更管理清单进行审查。
- “开车准备”要素(见第17章)——该要素要求对新建设施进行危害识别和风险分析(HIRA)。
- “应急管理”要素(见第19章)——应将危害识别和风险分析(HIRA)明确的危险情形纳入应急响应预案。
- “事件调查”要素(见第20章)——危害识别和风险分析(HIRA)有时作为过程安全事件调查工作的一部分或在发生过程安全事件后必须对过程进行危害识别和风险分析。在对危害识别和风险分析进行复核时，应对事件调查结果进行审查。

第10.2节和第10.3节中，对合规性审核准则和相关审核准则及审核员在使用这些准则方面的要求进行了介绍。有关对合规性审核准则和相关审核准则的详细介绍，见第1章(第1.7节)。

这些章节中介绍的准则和指南并不能完全涵盖过程安全管理标准的范围、设计、实施或解释，而代表的是化工/加工行业过程安全管理审核员的集体经验及基于经验形成的一致性观点。合规性审核准则源于美国过程安全管理法规，而这些法规全部都是基于绩效的法规。基于绩效的法规以目标为导向，会有多种途径来满足法规中规定的要求。因此，除了本章审查表中列出的问题，尤其是审查表“审核员指南”栏中列出审查问题之外，可能还有其他方法来进行审查。

在本书中介绍的相关审核准则并不代表过程安全管理标准的实施成功必须遵守这些准则，也不代表如果没有遵守这些准则过程安全管理标准的实施就会出现问题。同合规性审核准则一样，对于某一设施或公司而言，可能会有其他更合适的审核方法。另外，按照相关审核准则对过程安全管理标准实施情况进行审核完全是自愿性的，并非强制性要求。在采用相关审核准则时应谨慎并认真计划，防止在不经意间形成不期望的过程安全管理绩效标准。在采用这些相关审核准则之前，应在设施与其母公司之间达成一致意见。最后，所提供的相关审核准则和审核员指南并不意味着是对监管机构发出的书面或口头说明、由监管机构对违反过程安全管理法规而发出的违规传票以及由监管机构发布的其他过程安全管理指南的认同，也不是对某一公司在实施过程安全管理标准过程中形成的成功或常用过程安全管理做法的认可。

10.2 审核准则和审核指南

下文对 OSHA 过程安全管理标准《高危化学品过程安全管理》、EPA《风险管理计划》、多个州立过程安全管理标准及其他常用自愿性共识过程安全管理标准中“过程危害分析”这一要素的详细要求进行了介绍。

审核员根据本章所提供的指南并通过开展以下审核工作对下文介绍的审核准则进行审查：

• 对过程危害分析(PHA)中负责管理、协助和跟踪的公司人员进行面谈。

—过程危害分析(PHA)管理人员通常为公司环境、健康与安全(EHS)部门、工程设计部门或技术部门人员，且通常为过程安全管理经理/协调员。

—过程危害分析(PHA)协助人员可以是装置人员，也可以是承包商人员。过程危害分析内部协助人员通常为工程设计人员，但有时也对操作人员或其他人员进行培训并达到一定能力后使其充当内部协助人员角色。过程危害分析协助人员通常还负责编写过程危害分析报告。

—参与过程危害分析(PHA)的人员包括工程师、运行主管、操作人员、维护人员、安全人员及为了充分识别并评估风险而配备的其他人员。这些人员应对如何全面开展过程危害分析有深入了解。

—建议落实跟踪人员通常应至少包括运行人员和工程设计人员。运行人员负责落实组织或程序方面的 PHA 建议，而工程设计人员要参与到需要由项目或需要支出一定费用才能落实的 PHA 建议中。另外，取决于建议的性质，公司和设施其他人员也将参与 PHA 建议跟踪工作。通常由过程安全管理经理/协调员或其他管理人员负责对 PHA 建议跟踪系统/数据库进行维护/管理。

• 对公司或设施过程危害分析(PHA)程序(如果已制定的话)进行审查，以核实为开展过程危害分析而制定的要求和指南。

• 对过程危害分析(PHA)报告的内容和全面性进行审查。

• 对过程危害分析(PHA)日程安排进行审查，以核实(或复核)是否遗漏或未能按时开展过程危害分析。

• 对 PHA 建议落实情况进行审查，包括 PHA 建议实际落实日期及在完成过程危害分析后何时落实PHA建议。

- 现场核实是否按照PHA整改项跟踪系统[和变更管理(MOC)记录]完成并关闭了整改项。
- 如果可能,对正在进行的过程危害分析(PHA)进行检查。

另外,审核员还应对被审核公司/工厂所制定程序中过程危害分析(PHA)要求进行认真审查。如第1.7.1节所述,监管机构会将这些“过程危害分析”要求认定为合规性要求,如果不遵守这些合规性要求,公司或设施就会因违反法规中的规定而收到由OSHA发出的违规传票。审核员应通过与相关人员进行面谈、对有关记录和文件进行审查以及实地检查等方式来核实设施或公司过程危害分析程序中有关要求是否已按照规定付诸实施。如果在审核时发现没有遵守公司/工厂制定的具体规定,则应将发现的问题写入审核报告。

对于下文表中用于指明审核准则出处的缩写词定义,见引言中“第3-24章”指南部分。

10.2.1 合规性要求

审核准则应供以下公司/工厂使用:

- 过程安全管理标准《高危化学品过程安全管理》或EPA《风险管理计划》所涵盖的美国本土公司/工厂;
- 自愿采用OSHA过程安全管理标准《高危化学品过程安全管理》的公司/工厂;
- 在美国本土以外采用了OSHA过程安全管理标准《高危化学品过程安全管理》中规定要求的公司/工厂。

表10.1列出了OSHA过程安全管理标准《高危化学品过程安全管理》和EPA《风险管理计划》中与“过程危害分析”有关的审核准则和审核员指南。

表10.1 OSHA过程安全管理标准《高危化学品过程安全管理》和EPA《风险管理计划》中与“过程危害分析”有关的审核准则和审核员指南

审核准则	审核准则出处	审核员指南
审核准则10-C-1:应对OSHA过程安全管理标准《高危化学品过程安全管理》所涵盖过程进行初次过程危害分析(PHA)。过程危害分析应按照过程复杂程度来进行,同时应明确存在的危险,对这些危险进行评估并采取有效控制措施	美国职业安全与健康管理局(OSHA)《高危化学品过程安全管理》(29 CFR §1910.119)[(e)(1)] 美国国家环境保护局(EPA)《风险管理计划》中“工艺危险分析”部分(68.67)	由审核员开展的工作: • 另外,审核员还应通过检查来核实是否明确了需对哪些过程进行危险分析,避免出现遗漏,从而确保对OSHA过程安全管理标准《高危化学品过程安全管理》所涵盖的所有设备进行过程危害分析。 • 审核员应检查并确保为每一过程危害分析(PHA)选择的方法与过程复杂程度相吻合,并且足以识别出潜在危险。例如,当对炼油厂氟化氢(HF)烷基化装置进行过程危害分析时,采用简单的检查表进行分析可能并不是一种合适的方法。 • 审核员应对以下内容进行检查: —提出的建议与识别出的危害/风险、现有防护措施的状态及ALARP原则保持一致。 —并非必须为识别出的每一危险提出建议。 —如果在相关的认可和普遍接受的良好工程实践(RAGAGEP)中特别规定采用硬件/设备来降低风险,并且目前尚未采用这些硬件/设备,建议安装这类硬件/设备。 —当危害/风险程度较高时,不能仅仅依靠由操作人员进行操作/采取管理性安全防护措施来抑制或控制危害/风险

续表

审核准则	审核准则出处	审核员指南
审核准则 10-C-2：在对OSHA过程安全管理标准《高危化学品过程安全管理》所涵盖过程进行过程危害分析(PHA)时，要确定其优先顺序并做好记录。过程危害分析优先顺序的确定要做到合理，并考虑以下因素： • 过程危险范围； • 潜在受影响员工数量； • 过程生命周期； • 以往运行情况	美国职业安全与健康管理局(OSHA)《高危化学品过程安全管理》(29 CFR §1910.119)[(e)(1)] 美国国家环境保护局(EPA)《风险管理计划》中"工艺危险分析"部分(68.67)	为审核员提供的基本信息： • 在OSHA首次发布过程安全管理标准《高危化学品过程安全管理》后，公司/工厂应在1992~1997年进行了初次过程危害分析(PHA)。由于要求在过程生命周期内保存好过程危害分析报告，因此审核员能够根据过程危害分析报告时间表来追溯对工艺单元进行的初次过程危害分析。 • 对于1992~1997年进行的初次过程危害分析(PHA)，其优先顺序意义不大。但是，进行初次过程危害分析时所遵循的优先顺序可用于确定在何时按照计划来开展过程危害分析复核工作。按照审核工作目的、范围和目标，如果发现尚未确定初次过程危害分析优先顺序，则应为其确定优先顺序以确保过程危害分析工作的完整性，但不应为如何确定初次过程危害分析优先顺序提供建议。 由审核员开展的工作： • 审核员应核实公司/工厂是否进行了初次过程危害分析(PHA)。在OSHA过程安全管理标准《高危化学品过程安全管理》作为法规实施后，确定PHA优先顺序就成了一项合规性要求，审核员应对此进行审查
审核准则 10-C-3：所有初次过程危害分析(PHA)已经完成	美国职业安全与健康管理局(OSHA)《高危化学品过程安全管理》(29 CFR §1910.119)[(e)(1)(iv)] 美国国家环境保护局(EPA)《风险管理计划》中"工艺危险分析"部分(68.67)	• 无其他要求
审核准则 10-C-4：对于在1987年5月26日之后但在1992年5月26之前开展的过程危害分析(PHA)，当作为初次过程危害分析时，应满足OSHA过程安全管理标准《高危化学品过程安全管理》第(e)节中规定的要求	美国职业安全与健康管理局(OSHA)《高危化学品过程安全管理》(29 CFR §1910.119)[(e)(1)(v)] 美国国家环境保护局(EPA)《风险管理计划》中"工艺危险分析"部分(68.67)	为审核员提供的基本信息： • 如果将OSHA过程安全管理标准《高危化学品过程安全管理》实施之前开展的过程危害分析(PHA)作为初次过程危害分析，应自初次过程危害分析完成日期后5年对初次过程危害分析进行复核，以取代初次过程危害分析。尽管需要保存好初次过程危害分析报告，但无需对其内容进行更新。 • 如果将在OSHA过程安全管理标准《高危化学品过程安全管理》实施之前开展的过程危害分析(PHA)作为初次过程危害分析，同时发现这些过程危害分析存在遗漏和缺陷，则应通过复核对其进行纠正。 由审核员开展的工作： • 如果未按照OSHA过程安全管理标准《高危化学品过程安全管理》中有关规定开展初次过程危害分析(PHA)，此时形成的研究结论将不具有实际意义，所以应避免采用这些研究结论
审核准则 10-C-5：应采用以下一种或多种方法来确定被分析过程所存在的危险，并对这些危险进行评估：危险和可操作性研究(HAZOP)、假设分析、假设分析/检查表、检查表、故障模式和影响分析(FMEA)、故障树分析(FTA)或其他同等分析方法	美国职业安全与健康管理局(OSHA)《高危化学品过程安全管理》(29 CFR §1910.119)[(e)(2)] 美国国家环境保护局(EPA)《风险管理计划》中"工艺危险分析"部分(68.67)	为审核员提供的基本信息： • 可采用相关法规中规定的过程危害分析方法以外的其他同等方法来开展过程危害分析(PHA)。但是，如果公司或设施采用了其自行设计的过程危害分析方法，该分析方法应至少涵盖在审核准则10-C-6至10-C-12中涉及的问题。如果采用了同等过程危害分析方法，则应对采用原因及其理由进行说明。 由审核员开展的工作： • 审核员应对过程危害分析(PHA)报告进行检查，以确保采用了过程安全管理法规中规定的方法来开展过程危害分析

续表

审核准则	审核准则出处	审核员指南
审核准则10-C-6：在进行过程危害分析(PHA)时，应考虑过程中存在的所有危险	美国职业安全与健康管理局(OSHA)《高危化学品过程安全管理》(29 CFR §1910.119)[(e)(3)(i)] 美国国家环境保护局(EPA)《风险管理计划》中“工艺危险分析”部分(68.67)	为审核员提供的基本信息： • 本审核准则主要为过程危害分析(PHA)规定了全面检查要求。审核员应根据过程危害分析(PHA)时使用的仪表流程图(P&ID)附件对过程危害分析报告进行审查，确保过程危害分析涵盖了所有相关设备。 • 应根据提供的其他信息源来核实过程危害分析(PHA)是否涵盖了过程中存在的所有危险。例如，当工艺说明指出使用了高压氢气时，审核员应对过程危害分析报告进行审查，以核实在进行过程危害分析时是否对与高压氢气有关的危险进行了分析。又如，对于事故调查报告(包括未遂事件调查报告)，审核员应将事故调查报告与过程危害分析工作表进行比较，以核实是否根据事故记录明确了潜在危险(同时见审核准则10-C-7)。 由审核员开展的工作： • 审核员应根据设施化学品/物料储存量数据，尤其是在”过程安全信息(PSI)”这一要素中规定的最大设计存储量，对过程危害分析(PHA)报告进行审查，确保过程危害分析涵盖了所有化学品/物料。 • 审核员应对过程危害分析(PHA)报告进行审查，以核实是否为每一危险情形确定了根本/突出危险。例如，如果在节点/子系统中不相容材料会出现混合，则应就这些不相容材料的反应性及其潜在影响进行讨论。如果某一节点/子系统包括明火设备，则应在过程危害分析工作表中列出有关机械问题，如耐火层是否会出现问题。在“原因”栏(对于HAZOP研究)或“假设问题”栏(对于假设研究)，应注明识别出的根本/突出问题，而在“后果”栏应对所造成的影响加以说明
审核准则10-C-7：在进行过程危害分析(PHA)时，应考虑可能会对工作场所造成灾难性后果的事故	美国职业安全与健康管理局(OSHA)《高危化学品过程安全管理》(29 CFR §1910.119)[(e)(3)(ii)] 美国国家环境保护局(EPA)《风险管理计划》中“工艺危险分析”部分(68.67)	由审核员开展的工作： • 审核员应对过程危害分析(PHA)报告进行审查，以核实并确保已对造成OSHA过程安全管理标准《高危化学品过程安全管理》所涵盖的化学品/材料发生泄漏、造成灾难性后果的事故或未遂事件进行了分析。 • 审核员应对单元事故调查报告进行检查，确保对事故和未遂事件进行了危险分析
审核准则10-C-8：在进行过程危害分析(PHA)时，应对根据具体危险及其相互关系而采用的工程控制措施和管理控制措施进行审查，如采用合适检测方法以做到及早对材料泄漏发出报警(可接受检测方法包括采用带报警功能的过程监控和控制仪表以及烃检测器等检测硬件设备)	美国职业安全与健康管理局(OSHA)《高危化学品过程安全管理》(29 CFR §1910.119)[(e)(3)(iii)] 美国国家环境保护局(EPA)《风险管理计划》中“工艺危险分析”部分(68.67)	为审核员提供的基本信息： • 可靠安全防护装置是指能够正常运行、用于检测、预防或减缓危险的安全防护装置，并且这些安全防护装置与已明确的危险无关。 • 工程安全防护装置是指基于硬件运行的安全防护装置，如联锁设备、停车设备、报警设备、爆炸下限(LEL)或有毒气体检测器、备用或冗余设备(如备用泵)、消防设备和其他安全系统。对于基于硬件运行的安全防护装置，如果长时间不定期进行检查、测试和预防性维护(ITPM)，就无法保证能够可靠运行。 • 管理控制措施是指基于操作程序或依靠人员操作来发挥作用的控制措施，如及时开展检查、测试和预防性维护(ITPM)工作。另外，应急响应预案、操作程序中规定的化学品存储量限定值等也被视为管理控制措施。 由审核员开展的工作： • 审核员应对过程危害分析(PHA)报告进行审查，以核实在进行过程危害分析时是否为已识别出的危险明确了可靠的工程控制措施和管理控制措施(通常称为安全防护措施)

续表

审核准则	审核准则出处	审核员指南
审核准则 10-C-9：在进行过程危害分析(PHA)时，要考虑因工程控制措施和管理控制措施出现问题而造成的后果	美国职业安全与健康管理局(OSHA)《高危化学品过程安全管理》(29 CFR §1910.119)[(e)(3)(iv)] 美国国家环境保护局(EPA)《风险管理计划》中“工艺危险分析”部分(68.67)	由审核员开展的工作： • 审核员应检查并确保过程危害分析(PHA)确定的后果为最严重情况下所造成的后果，即假定所有安全防护装置失效后所造成的后果。例如，如果在受限空间内出现易燃气体泄漏这一最严重情况，通常会导致蒸气云爆炸
审核准则 10-C-10：在进行过程危害分析(PHA)时，应考虑设施选址因素	美国职业安全与健康管理局(OSHA)《高危化学品过程安全管理》(29 CFR §1910.119)[(e)(3)(v)] 美国国家环境保护局(EPA)《风险管理计划》中“工艺危险分析”部分(68.67)	为审核员提供的基本信息： • 美国职业安全与健康管理局(OSHA)将设施选址定义为潜在危险地点与现场工作人员所处地点(即人员工作场所)之间的空间关系。 • 目前，越来越多的公司在进行过程危害分析(PHA)时对上述空间关系进行研究。可采用多种方法对与设施选址有关的危险进行分析： • 有些公司/工厂会对设施选址进行详细定量分析，以确定爆炸、火灾和/或有毒气体影响区域。在绝大部分情况下，项目选址定量分析与过程危害分析(PHA)分开进行。如果仅对项目选址进行定量分析或如果指明已将项目选址定量分析正式纳入过程危害分析，则应每隔 5 年对项目选址定量分析结果进行复核，审核员应对此进行检查并确认(项目选址定量分析通常属于一次性工作，一般不对其进行复核或更新)。如果进行了相关变更或情况发生变化，则需要对设施选址定量分析进行复核，这类变更/变化通常包括：现有建筑物人员占用情况发生了变化、在现场新建有人占用建筑物(如新建控制室、新建更衣室/交接班室)、有人占用建筑物或构筑物被拆除或其位置发生变化以及易燃或有毒材料储存量或位置发生变化。设施选址定量分析不是一项强制性要求，但开展该项工作将有助于加强工艺和设施安全。 • 通过对有人占用建筑物/构筑物编写选址检查表，就可以对设施选址进行定性分析。在设施选址检查表中提出的问题，要考虑众多因素，包括工艺、空间、爆炸超压和结构完整性等。设施选址检查表应包含在过程危害分析(PHA)文件中，同时，采用设施选址检查表进行检查时所提出的任何建议也应列入 PHA 建议清单中。过程危害分析仅指出可能会对控制室或其他构筑物内人员造成健康影响的部分危险情形，并没有明确需采用何种安全防护措施、也没有采用定性分析来确定风险等级并提出建议(如果需要的话)，因此，过程危害分析不能作为完整的设施选址分析。 • 在过程危害分析(PHA)每一节点，可专门对设施选址进行研究。如果采用该方法，则审核员应对过程危害分析工作表进行检查，以核实是否对设施选址进行了深入分析。换而言之，如果过程危害分析采用了 HAZOP 或假设分析方法，在对设施选址进行分析时会发现问题及其潜在后果，然后确定需采取的安全防范措施。 由审核员开展的工作： • 审核员应对过程危害分析(PHA)报告进行审查，以核实

续表

审核准则	审核准则出处	审核员指南
		是否采用了某种方法对OSHA过程安全管理标准《高危化学品过程安全管理》所涵盖每一设施选址进行了分析。 • 审核员应检查并核实在设施中是否存在有人占用的临时构筑物或临时板房，这类临时构筑物或板房不应布置在受到超压或严重热辐射影响的位置或有毒气体进入的位置。为此，除非在现场已就设施选址进行了全面定量分析且已为这类临时构筑物确定了安全区域，否则，应对每一临时构筑物进行火灾/爆炸和/或有毒气体扩散定量分析。审核员应在现场核实这类构筑物是否位于安全区域
审核准则10-C-11：在进行过程危害分析(PHA)时，应考虑人为因素	美国职业安全与健康管理局(OSHA)《高危化学品过程安全管理》(29 CFR §1910.119)[(e)(3)(vi)] 美国国家环境保护局(EPA)《风险管理计划》中"工艺危险分析"部分(68.67)	为审核员提供的基本信息： • 美国职业安全与健康管理局(OSHA)将人为因素定义为：人为失误；影响人员绩效的人为因素工程问题。 • 通过编制OSHA过程安全管理标准《高危化学品过程安全管理》所涵盖过程的人为因素检查表，就可以对人为因素进行检查。人为因素检查表应包含在过程危害分析(PHA)报告中，同时，采用人为因素检查表进行检查时所提出的建议也应列入PHA建议清单中。 • 在过程危害分析(PHA)每一节点，可专门对人为因素进行研究。如果采用该方法，则审核员应对过程危害分析工作表进行检查，以核实是否对人为因素进行了深入分析。换而言之，如果过程危害分析采用了HAZOP或假设分析方法，在对人为因素进行分析时会发现问题及其潜在后果，然后确定需采取的安全防范措施。 由审核员开展的工作： • 审核员应对过程危害分析(PHA)报告进行审查，以核实对OSHA过程安全管理标准《高危化学品过程安全管理》所涵盖每一过程进行分析时包括了人为因素的内容
审核准则10-C-12：在进行过程危害分析(PHA)时，应对工作场所因控制系统出现故障而可能对员工造成的各种安全与健康影响进行定性评估	美国职业安全与健康管理局(OSHA)《高危化学品过程安全管理》(29 CFR §1910.119)[(e)(3)(vii)] 美国国家环境保护局(EPA)《风险管理计划》中"工艺危险分析"部分(68.67)	为审核员提供的基本信息： • 尽管定性评估最常用的行业方法是采用序数模型对风险等级进行定性分析，但这并不是一项强制性要求。如果某一设施能够证明采用另外一种方法可以对潜在危险进行区分，并且可以采用该方法做出决策，并对通过过程危害分析(PHA)识别出的危险进行等级划分，则可以采用该方法。例如，可使用高/中/低三个衡量尺度对潜在安全和健康影响进行等级划分。 由审核员开展的工作： • 审核员应对过程危害分析(PHA)报告进行审查，以核实是否采用某种方法来对过程危害分析结果进行定性评估，并对所识别出的风险进行等级划分
审核准则10-C-13：应由具有工程设计和工艺运行经验的团队来进行过程危害分析(PHA)	美国职业安全与健康管理局(OSHA)《高危化学品过程安全管理》(29 CFR §1910.119)[(e)(4)] 美国国家环境保护局(EPA)《风险管理计划》中"工艺危险分析"部分(68.67)	为审核员提供的基本信息： • 职务并不一定总是反映人员的专业技能，因此，在过程危害分析(PHA)文件中，应明确过程危害分析组成员应具备的能力。 由审核员开展的工作： • 审核员应对过程危害分析(PHA)报告进行审查，以核实过程危害分析组是否至少包括一名工程设计代表和一名工艺运行代表(也可以是一名同时具有工程设计和工艺运行经验的人员)。 • 审核员应对过程潜在危险类型和性质进行分析，并对过程危害分析(PHA)报告进行审查，以核实过程危害分析组成员是否拥有必要专门技术和能力来全面开展过程危害分析

续表

审核准则	审核准则出处	审核员指南
审核准则 10-C-14：在过程危害分析(PHA)组中，应至少有一名成员对评估工艺有深入了解并具有丰富经验	美国职业安全与健康管理局(OSHA)《高危化学品过程安全管理》(29 CFR §1910.119)[(e)(4)] 美国国家环境保护局(EPA)《风险管理计划》中“工艺危险分析”部分(68.67)	为审核员提供的基本信息： • 这并不意味着该过程危害分析(PHA)组成员必须为如操作人员的非管理人员。指派运行主管参与过程危害分析就足以满足该项要求。 由审核员开展的工作： • 审核员应对过程危害分析(PHA)报告进行审查，以核实过程危害分析组是否至少包括一名来自被评估工艺的人员
审核准则 10-C-15：在过程危害分析(PHA)组中，应至少有一名成员熟悉过程危害分析所采用的方法	美国职业安全与健康管理局(OSHA)《高危化学品过程安全管理》(29 CFR §1910.119)[(e)(4)] 美国国家环境保护局(EPA)《风险管理计划》中“工艺危险分析”部分(68.67)	为审核员提供的基本信息： • 尽管通常需要对过程危害分析(PHA)组领导进行培训，但这并不是一项强制性要求。 • 根据公司/工厂规定的要求确认应满足的具体要求。 由审核员开展的工作： • 审核员应对过程危害分析(PHA)报告进行审查，以核实过程危害分析组领导在带领其成员开展过程危害分析前是否接受了正式培训和/或拥有丰富经验，确保其能够胜任过程危害分析组领导工作。应根据每一审核具体情况对过程危害分析组领导的资格进行审查
审核准则 10-C-16：应建立一套管理体系来及时落实由过程危害分析(PHA)组发现的问题以及提出的建议	美国职业安全与健康管理局(OSHA)《高危化学品过程安全管理》(29 CFR §1910.119)[(e)(5)] 美国国家环境保护局(EPA)《风险管理计划》中“工艺危险分析”部分(68.67)	为审核员提供的基本信息： • “落实”一词是指对所提出建议的状态、解决方案和实施情况及根据解决方案所采取的整改项进行跟踪。尽管通常采用电子数据表、数据库或其他电子方式对 PHA 建议进行管理，但采用计算机化管理系统对 PHA 建议进行管理并不是一项强制性要求。 • 尽管未对“立即”一词做出明确定义，但应在合理时间内落实所提出的建议，即在最终过程危害分析(PHA)报告获得批准后尽快落实 PHA 建议。在决定是否及时落实 PHA 建议时，审核员应考虑每一建议的具体情况。对于针对高危险-风险情况所提出的建议，在过程危害分析工作结束并对过程危害分析结果完整性进行审查后，甚至是在此之前(如果潜在风险程度很高要求必须尽快落实这些建议)，就应该及早落实所提出的建议。 由审核员开展的工作： • 审核员应检查并确保公司/工厂建立了一套管理系统来落实 PHA 建议。可采用人工方式或电子方式来对 PHA 建议进行管理
审核准则 10-C-17：应及时落实 PHA 建议	美国职业安全与健康管理局(OSHA)《高危化学品过程安全管理》(29 CFR §1910.119)[(e)(5)] 美国国家环境保护局(EPA)《风险管理计划》中“工艺危险分析”部分(68.67)	为审核员提供的基本信息： • 由于落实 PHA 建议需要一个分析和计划过程，因此，应在最终过程危害分析(PHA)报告获得批准后尽快着手落实 PHA 建议。例如，当落实 PHA 建议需投入大量资金、将工艺单元停车或在工艺单元进行大检修期间才能进行时，这可能需花费数年时间才能关闭 PHA 建议。但是，对于这些情况，应明确是否需要采取临时措施。如果需要采取临时措施，审核员应检查并核实这些临时措施是否得以实施并能够发挥预期作用。如果 PHA 建议属于管理性质且不涉及硬件改造，则应尽快落实并关闭 PHA 建议。

续表

审核准则	审核准则出处	审核员指南
		• 在决定是否及时落实PHA建议时，审核员应考虑每一建议的具体情况。另外，在对为落实所提出建议而采取的整改项完成时间进行评估时，应根据具体情况考虑整改项复杂程度及其实施难度。 由审核员开展的工作： • 审核员应对PHA建议管理系统进行审查，以核实是否根据整改项复杂程度及其实施难度在合理时间内落实了PHA建议。 • 审核员应进行实地检查，以核实是否及时落实了PHA建议管理系统中的PHA建议。 • 审核员应核实每一设施如何对“及时”一词进行定义，如何使用这一定义及该定义及其使用是否合理可行
审核准则10-C-18：对PHA建议落实情况做好记录，同时，还应对采取的行动做好记录，并且尽快完成整改项	美国职业安全与健康管理局(OSHA)《高危化学品过程安全管理》(29 CFR §1910.119)[(e)(5)] 美国国家环境保护局(EPA)《风险管理计划》中“工艺危险分析”部分(68.67)	为审核员提供的基本信息： • 只有当PHA建议管理系统中记录的建议实际完成后，PHA建议才被视为“已关闭”。例如，为完成某一整改项而下发工单并不意味着该整改项已实际完成。只有当工单关闭后，才意味着整改项关闭。还可以通过其他手段来判别整改项是否已经关闭，如变更管理(MOC)项已关闭，在工程设计图纸修订栏、开车前安全审查(PSSR)记录或其他工程项目记录中注明已完成了相关变更。 由审核员开展的工作： • 审核员应对PHA建议管理系统进行审查，以核实在系统中是否提供了足够信息以允许审核员对每一建议的当前状态进行检查，包括PHA建议被拒绝或对PHA建议进行了修改。 • 审核员应核实PHA建议管理系统是否对最终建议确定了整改项并对这些整改项进行了记录。 • 只有当PHA建议管理系统中记录的建议实际完成后，PHA建议才被视为“已关闭”。例如，为完成某一整改项而下发工单并不意味着该整改项已实际完成
审核准则10-C-19：应编写书面进度计划，为整改项确定完成时间	美国职业安全与健康管理局(OSHA)《高危化学品过程安全管理》(29 CFR §1910.119)[(e)(5)] 美国国家环境保护局(EPA)《风险管理计划》中“工艺危险分析”部分(68.67)	由审核员开展的工作： • 审核员应对PHA建议是否明确完成日期和/或关闭日期进行检查
审核准则10-C-20：应将整改项传达给参与落实PHA建议的员工及因相关PHA建议或整改项而受到影响的员工	美国职业安全与健康管理局(OSHA)《高危化学品过程安全管理》(29 CFR §1910.119)[(e)(5)] 美国国家环境保护局(EPA)《风险管理计划》中“工艺危险分析”部分(68.67)	为审核员提供的基本信息： • 整改项传达可采用多种方法，包括：面对面通报会、通过电子邮件或内部网络向员工发送信息、张贴纸质资料、分发印刷材料或在召开安全会议期间进行说明。如果采用面对面通报会形式(单独会议或安全会议)，则应做好全面记录，以证明已将整改项传达给相关人员。如果通过电子邮件或内部网络向员工发送信息、张贴纸质资料或分发印刷材料等形式向有关人员传达整改项，则审核员应对员工进行面谈，以核实公司/工厂是否向员工传达了相关信息。 由审核员开展的工作： • 审核员应对员工进行面谈，以核实是否将PHA整改项传达给了相关人员

续表

审核准则	审核准则出处	审核员指南
审核准则 10-C-21：在完成初次过程危害分析（PHA）后，应至少每隔 5 年对过程危害分析进行更新和复核，确保过程危害分析与当前工艺状况相符。应基于过程危害分析完成日期对过程危害分析进行更新和复核	美国职业安全与健康管理局（OSHA）《高危化学品过程安全管理》（29 CFR §1910.119）[（e）（6），（e）（1）（v）] 美国国家环境保护局（EPA）《风险管理计划》中"工艺危险分析"部分（68.67）	为审核员提供的基本信息： • 过程危害分析（PHA）复核周期应基于上一次过程危害分析完成日期来计算。但是，可采用多种方法来确定过程危害分析完成日期。过程危害分析（PHA）复核周期确定方法介绍如下： —上一次过程危害分析（PHA）结束日期：采用该方法最便于确定过程危害分析（PHA）复核周期，因此，应作为最常用方法。 —上一次过程危害分析（PHA）报告完成日期：由于过程危害分析报告可能需要较长时间才得到审批并发布，因此，在上一次过程危害分析结束日期和最终报告发布日期之间会存在时间差。故此，该方法并不常用，也不建议采用。 —上一次 PHA 建议落实日期：同过程危害分析报告一样，由于 PHA 建议可能需要较长时间才能落实，因此，在上一次过程危害分析结束日期和整改项批准日期之间会存在时间差。故此，上一次 PHA 建议批准日期：由于某些建议可能需花费数年时间才能得以落实。故此，该方法并不常用，也不建议采用。 • 尽管在有关法规中规定采用上一次过程危害分析（PHA）完成日期来确定过程危害分析复核周期，但是由于过程危害分析开始日期与完成日期之间会相隔较长时间，如果采用该种方法，就无法满足另外一项 PHA 要求，即过程危害分析复核应能够反映工艺当前设计和运行情况。例如，如果初次过程危害分析用了 12 周时间才完成，当采用其完成日期来确定过程危害分析复核周期时，则在这 12 周时间内可能对过程进行了变更或发生了一些事故，因此，在对过程危害分析进行复核时就无法对这些变更或事故进行检查。 由审核员开展的工作： • 审核员应对过程危害分析（PHA）报告进行审查，以核实是否为 OSHA 过程安全管理标准《高危化学品过程安全管理》所涵盖每一过程提供了过程危害分析复核报告。过程危害分析复核周期不得超过 5 年。 • 审核员应对 OSHA 过程安全管理标准《高危化学品过程安全管理》所涵盖工艺的 PHA 复核周期进行检查，以核实过程危害分析复核周期是否在 5 年内。尽管在有关法规中规定采用过程危害分析完成日期来确定过程危害分析复核周期，但当采用了其他日期（如过程危害分析开始日期）并每隔 5 年按照该日期定期进行了过程危害分析复核时，就必须特别注意过程危害分析复核周期的确定是否正确（即要求按照规定的周期对过程危害分析进行复核）。对于这种情况，审核员应提出相关建议，以在下一次对过程危害分析进行复核时将 PHA 复核周期计算日期调整为 PHA 结束日期。 • 审核员应对过程危害分析（PHA）报告进行审查，以核实是否基于最新的仪表流程图（P&ID）、操作程序、过程变更管理（MOC）记录、过程事故调查报告以及任何其他最新文件或记录来开展过程危害分析。 • 审核员应将过程危害分析（PHA）开展日期与在进行过程危害分析时使用的仪表流程图（P&ID）和其他支持资料日期进行比较，以核实并确保采用了最新文件和资料来进行过程危害分析

续表

审核准则	审核准则出处	审核员指南
审核准则 10-C-22：过程危害分析复核组成员资格要求应与初次过程危害分析组成员资格要求相同	美国职业安全与健康管理局(OSHA)《高危化学品过程安全管理》(29 CFR §1910.119)[(e)(6)] 美国国家环境保护局(EPA)《风险管理计划》中“工艺危险分析”部分(68.67)	为审核员提供的基本信息： • 职务并不一定总是反映人员的专业技能，因此，在过程危害分析(PHA)文件中，应明确过程危害分析复核组成员应具备的能力。 由审核员开展的工作： • 审查人员应对过程危害分析(PHA)报告进行审查，以核实过程危害分析复核组成员资格要求是否与初次过程危害分析组成员资格要求相同
审核准则 10-C-23：在过程生命周期内，应保存好所有初次过程危害分析(PHA)报告、过程危害分析更新或复核报告以及 PHA 建议落实情况记录	美国职业安全与健康管理局(OSHA)《高危化学品过程安全管理》(29 CFR §1910.119)[(e)(7)] 美国国家环境保护局(EPA)《风险管理计划》中“工艺危险分析”部分(68.67)	为审核员提供的基本信息： • 应保存好初次过程危害分析(PHA)报告和过程危害分析复核报告或同等文件，以供审查。 • 从进行初次过程危害分析(PHA)到以后每隔 5 年对过程危害分析进行复核，审核员应能够对过程危害分析报告或同等文件进行跟踪。 由审核员开展的工作： • 审核员应对 PHA 建议管理系统进行审查，以核实是否已保存好所有 PHA 建议落实和关闭记录

10.2.1.1 美国州立过程安全管理标准

公司/工厂按照州立过程安全管理标准制定其过程安全管理标准时，应遵守州立过程安全管理标准中规定的具体过程安全知识要求。尽管州立过程安全管理标准中规定的要求与联邦 OSHA 过程安全管理标准《高危化学品过程安全管理》和 EPA《风险管理计划》存在一定程度的重叠，并已获得了联邦法规的实施授权(即从 OSHA 获得了《高危化学品过程安全管理》实施资格或从 EPA 获得了《风险管理计划》实施资格)，但仍需满足州立过程安全管理标准的具体要求。在表 10.2 中，对以下三个州的过程安全管理法规适用性进行了说明：

- 新泽西州；
- 加利福尼亚州；
- 特拉华州。

由于新泽西州以及加利福尼亚州地方监管机构将“本质安全技术(IST)”审查作为一项强制性要求，因此，本节对“本质安全技术”审查要求进行了说明。本节中涵盖的审核准则摘自新泽西州《毒性物品灾难预防法案》(TCPA)，可用于本质安全技术审查，应注意的是，在本书中本质安全技术审查并不是一项强制性要求，而是完全自愿性的。最近，新泽西州已将本质安全技术审查从“危害识别和风险分析”这一要素中分离出来，并在《毒性物品灾难预防法案》(TCPA)中通过专门章节来介绍与本质安全技术审查有关的要求。在本书中，由于未采用单独章节来详细介绍本质安全技术，因此在本章中对新泽西州制定的本质安全技术审查准则进行了介绍。

表 10.2 列出了美国州立过程安全管理标准中与“过程危害分析”有关的审核准则和审核员指南。

表 10.2 美国州立过程安全管理标准中与“过程危害分析”有关的审核准则和审核员指南

审核准则	审核准则出处	审核员指南
新泽西州立法规《毒性物品灾难预防法案》(TCPA) 审核准则 10-C-24：明确与极度有害物质(EHS)有关的设备、极度有害物质潜在泄漏点、极度有害物质瞬时泄漏量、极度有害物质稳态或非稳态连续泄漏速度和泄漏持续时间以及导致极度有害物质泄漏的原因。应根据实际泄漏情形来对极度危险物质泄漏量或泄漏速度和泄漏持续时间进行估算，并根据这些估算值来为新建设施、改造设施或现有设施编写操作程序，制定安全防护措施，设置控制设备及编写控制程序	新泽西州《毒性物品灾难预防法案》第 7：31-4.2 部分	为审核员提供的基本信息： • 除采用传统过程危害分析(PHA)外，新泽西州《毒性物品灾难预防法案》(TCPA)要求在进行过程危害分析时还应进行定量危险评估，对极度有害物质(EHS)泄漏速度进行计算，同时对极度有害物质扩散进行分析以预测在不同距离处所造成的后果；另外，如果极度有害物质泄漏速度估算值达到一定临界值，还要制定降低风险措施。 由审核员开展的工作： • 审核员应对根据新泽西州《毒性物品灾难预防法案》(TCPA)编写的危害识别和风险分析(HIRA)报告进行审查，以核实是否进行了定量危险评估
审核准则 10-C-25：对于新泽西州《毒性物品灾难预防法案》第 7：31-6.3(a)部分表 1 中 A 和/或 B 部分列出的极度有害物质(有毒物质)、C 部分列出的极度有害物质(易燃物质)和/或 D 部分列出的极度有害物质(反应性有害物质(RHS)或反应性有害物质混合物)，要考虑其毒性、易燃性和反应性。对于反应性有害物质(RHS)或反应性有害物质混合物及与其有关的工艺，设施所有者或运营方应考虑其爆炸/易燃危险以及是否会生成有毒的极度有害物质(EHS)	新泽西州《毒性物品灾难预防法案》第 7：31-4.2 部分	为审核员提供的基本信息： • 新泽西州《毒性物品灾难预防法案》(TCPA)要求在进行过程危害分析和风险评估时应考虑反应性化学品及反应性材料的类型。 由审核员开展的工作： • 审核员应对根据新泽西州《毒性物品灾难预防法案》(TCPA)编写的危害识别和风险分析(HIRA)报告进行审查，以核实是否已对反应性有害物质(RHS)进行了全面分析，同时，如果反应性有害物质在发生反应时会生成有毒和/或易燃物质，还应核实是否对这些有毒和/或易燃物质进行了危害识别和风险分析以及危险评估
审核准则 10-C-26：采用后果分析法(包括扩散分析法、热量分析法或超压分析法)并按照规定的终点标准来确定可能会对场外造成影响的所有有毒、易燃和反应性物质泄漏情形。后果分析应采用以下参数： • 风速：1.5m/s；大气稳定性等级：F 级； • 在 40 CFR §68.22(c)至(g)中为危险情形确定的所有参数； • 基于不同泄漏情形，场外终点位于新泽西州《毒性物品灾难预防法案》7：31-2.1(c)2 中规定的毒性终点 10 倍距离处、热剂量为 1750 单位(相当于在	新泽西州《毒性物品灾难预防法案》第 7：31-4.2 部分	由审核员开展的工作： • 审核员应对根据新泽西州《毒性物品灾难预防法案》(TCPA)编写的危害识别和风险分析(HIRA)报告以及最终 HIRA 和风险评估报告支持性补充文件进行审查，以核实在风险评估报告中是否指出通过定性危害识别和风险分析正确确定了泄漏情形，同时，这些泄漏情形还应具有一定的代表性，即能够代表其他类似泄漏情形。 • 审核员应对根据新泽西州《毒性物品灾难预防法案》(TCPA)编写的危害识别和风险分析(HIRA)报告以及最终 HIRA 和风险评估报告支持性补充文件进行审查，以核实在这些报告中是否指出采用了规定的后果分析参数和场外终点标准来进行危险评估

续表

审核准则	审核准则出处	审核员指南
40s 内热辐射量为 17kW/m^2)、超压值为 5psi 或燃烧下限值所在地点；对于有毒物质泄漏情形，除采用上述 10 倍距离来确定外，场外终点位于新泽西州《毒性物品灾难预防法案》7：31-2.1(c)2 中规定的 5 倍急性毒性浓度(ATC)处； • 基于不同泄漏情形，场外终点位于新泽西州《毒性物品灾难预防法案》7：31-2.1(c)2 中规定的毒性终点 5 倍距离处，热辐射量为 1200 单位(相当于在 40s 内热辐射量为 15kW/m^2)或超压值为 2.3psi 所在地点；对于有毒物质泄漏情形，除采用上述 5 倍距离来确定外，还可以根据急性毒性浓度(ATC)来确定场外终点位置		
审核准则 10-C-27：设施所有者或运营方应明确能够对场外造成影响的所有泄漏情形。对于能够对场外造成影响的每一泄漏情形，设施所有者或运营方应对当前泄漏情形进行评估，包括采用有效的方法、程序或设备来降低极度有害物质(EHS)泄漏可能性或后果。 对于能够对场外造成影响的每一泄漏情形，设施所有者或运营方应开展以下工作： • 对当前泄漏情形进行评估，包括采用有效的方法、程序或设备来降低极度有害物质(EHS)泄漏可能性； • 确定泄漏可能性。如果年泄漏概率大于或等于 10^{-4}，则设施所有者或运营方应对当前泄漏情形进行评估，包括采用有效的方法、程序或设备来降低极度有害物质(EHS)泄漏可能性。如果年泄漏概率小于或等于 10^{-4}，则不要求对当前泄漏情形进行进一步评估	新泽西州《毒性物品灾难预防法案》第 7：31-4.2 部分	由审核员开展的工作： • 审核员应对根据新泽西州《毒性物品灾难预防法案》(TCPA)编写的危害识别和风险分析(HIRA)报告以及最终 HIRA 和风险评估报告支持性补充文件进行审查，以核实是否针对对场外(即终点位置在设施边界以外)造成影响的每一泄漏情形开展了以下其中一项工作： —对当前泄漏情形进行评估；或 —确定泄漏频率。 —如果年泄漏概率大于或等于 10^{-4}，则设施所有者或运营方应对当前泄漏情形进行评估，如果年泄漏概率小于或等于 10^{-4}，则不要求对当前泄漏情形进行进一步评估。 —审核员应对根据新泽西州《毒性物品灾难预防法案》(TCPA)编写的危害识别和风险分析(HIRA)报告以及最终 HIRA 和风险评估报告支持性补充文件进行审查，以核实是否采用了新泽西州环境保护部(NJDEP)规定的故障率数据来确定泄漏频率，如果采用了其他数据，则应确保采用合适的设备故障数据来对泄漏情形进行分析和评估
审核准则 10-C-28：设施所有者或运营方应编写风险降低计划，以对当前泄漏情形进行评估	新泽西州《毒性物品灾难预防法案》第 7：31-4.2 部分	由审核员开展的工作： • 审核员应对根据新泽西州《毒性物品灾难预防法案》(TCPA)编写的危害识别和风险分析(HIRA)报告进行审查，以核实是否编写了风险降低计划并将其纳入了危害识别和风险分析报告，以便在需要时对当前泄漏情形进行评估

续表

审核准则	审核准则出处	审核员指南
审核准则 10-C-29：应保存好危害识别和风险分析(HIRA)及风险评估时形成的文件，包括： • 过程危害分析结果汇总表：包括由潜在(初始)事件和后续事件引发的泄漏情形和泄漏点、预计泄漏量或泄漏速度和泄漏持续时间以及基于 40 CFR §68.67(8)中有关规定建议采取的措施； • 场外潜在泄漏情形汇总表，包括 —泄漏情形 ID 号和简要说明； —潜在泄漏速度和持续时间或泄漏量； —与按照上文(b)3iii 和(b)3iv 确定的场外终点之间的距离以及与最近设施边界之间的距离； —按照上文(c)2ii 确定的泄漏频率(如果适用的话)。 • 与扩散建模有关的信息，包括： —采用的扩散模型名称； —如果采用扩散模型，而没有采用 EPA 最新版《RMP 场外后果分析指南》中的查找表，应打印扩散模型输入和输出数据； —如果在(c)和(d)1 中明确的风险抑制措施未列入风险降低计划，应对此进行说明。 • 指明已实施风险降低计划中规定的每一风险抑制措施或对风险降低计划中每一风险抑制措施变更情况进行说明。 设施所有者或运营方应编写过程危害分析和风险评估报告。该报告应包括以下内容： —需进行危害分析和风险评估的过程名称、过程危害分析和风险评估人员姓名、职位和隶属机构、过程危害分析和风险评估完成日期以及所采用的方法； —对识别出的每一危险情形进行说明； —编写的风险降低计划	新泽西州《毒性物品灾难预防法案》第 7：31-4.2 部分	为审核员提供的基本信息： • 新泽西州《毒性物品灾难预防法案》(TCPA)要求在危害识别和风险分析(HIRA)及风险评估报告中包含在本审核准则中规定的信息。 由审核员开展的工作： • 审核员应对根据新泽西州《毒性物品灾难预防法案》(TCPA)编写的最终危害识别和风险分析(HIRA)及风险评估报告进行审查，以核实在这些报告中是否包括了所要求的数据和信息

续表

审核准则	审核准则出处	审核员指南
新泽西州立法规《毒性物品灾难预防法案》(TCPA)7：31-3.6：本质安全技术(IST)审查 审核准则10-C-30：在2008年9月2日前，设施所有者或运营方应对设施中每一工艺实施并完成初次本质安全技术审查，同时编写本质安全技术(IST)审查报告并提交给新泽西州环境保护部。对于在新泽西州《毒性物品灾难预防法案》生效日期前已按照新泽西州政府于2005年11月21日发布的《TCPA/DPCC化工领域设施最佳做法标准》(http://www.nj.gov/dep/rpp/brp/)提交了本质安全技术审查报告的公司，可以不再进行本质安全技术审查	新泽西州《毒性物品灾难预防法案》第7：31-3.6部分	为审核员提供的基本信息： • 新泽西州《毒性物品灾难预防法案》(TCPA)中涵盖的所有设施必须于2008年9月2日前完成初次本质安全技术(IST)审查，除非这些设施已根据新泽西州检察长于2005年11月21日发布的《TCPA/DPCC化工领域设施最佳做法标准》完成了本质安全技术审查。新泽西州化工行业部分设施为了降低可能面临的安全风险，已按照《TCPA/DPCC化工领域设施最佳做法标准》对其工艺进行了本质安全技术审查。有关本质安全技术审查方面的要求，还可以参考美国化学工程师协会化工过程安全中心(CCPS)发布的最新版《本质安全化工过程：生命周期法》(CCPS，2007f)。 由审核员开展的工作： • 审核员应对公司提交的本质安全技术(IST)审查报告进行检查，以核实公司是否已按照新泽西州《毒性物品灾难预防法案》要求于2008年9月2日前完成了初次本质安全技术审查，除非已根据新泽西州检察长于2005年11月21日发布的《TCPA/DPCC化工领域设施最佳做法标准》完成了本质安全技术审查
新泽西州立法规《毒性物品灾难预防法案》(TCPA)7：31-3.6：本质安全技术(IST)审查 审核准则10-C-31：按照新泽西州《毒性物品灾难预防法案》第7：31-3.1(a)条中的规定，设施所有者或运营方应按照40 CFR §68.50(d)中规定的周期对设施中每一工艺的本质安全技术审查进行更新，包括自上一次本质安全技术审查以来投入运行的新工艺。设施所有者或运营方应高度重视对自上一次本质安全技术审查以来新开发的本质安全技术进行审查。按照新泽西州《毒性物品灾难预防法案》第7：31-3.1(a)条中的规定，只有当进行了重大变更后，才需要按照40 CFR §68.50(d)中有关规定及时对本质安全技术审查进行复核，否则，仅要求在完成初次本质安全技术审查两年后才对本质安全技术审查进行复核和更新	新泽西州《毒性物品灾难预防法案》第7：31-3.6部分	由审核员开展的工作： • 审核员应对根据新泽西州《毒性物品灾难预防法案》(TCPA)编写的本质安全技术(IST)审查报告进行检查，以核实是否至少每隔两年对本质安全技术审查报告进行了更新
新泽西州立法规《毒性物品灾难预防法案》(TCPA)7：31-3.6：本质安全技术(IST)审查 审核准则10-C-32：应由设施	新泽西州《毒性物品灾难预防法案》第7：31-3.6部分	由审核员开展的工作： • 审核员应对根据新泽西州《毒性物品灾难预防法案》(TCPA)编写的本质安全技术(IST)审查报告进行检查，以核实是否由合格专家组来开展本质安全技术审查。

续表

审核准则	审核准则出处	审核员指南
所有者或运营方组织相关专家来组建本质安全技术审查组，对每一本质安全技术进行审查，专家组成员应具有在环境、健康与安全、工艺、工程设计、过程控制系统和仪表、维护、生产和运行及化工过程安全方面专业技术和技能		• 审核员应对根据新泽西州《毒性物品灾难预防法案》(TCPA)编写的本质安全技术(IST)审查报告进行检查，以核实并确保本质安全技术审查组成员具有在环境、健康与安全、工艺、工程设计、过程控制系统和仪表、维护、生产和运行及化工过程安全方面专业技术和技能
新泽西州立法规《毒性物品灾难预防法案》(TCPA)7：31-3.6：本质安全技术(IST)审查 审核准则10-C-33：在对每一本质安全技术进行审查时，应核实可采用哪些本质安全技术或技术组合来避免或最大程度地减少极度有害物质(EHS)泄漏。无论使用何种分析方法来对本质安全技术进行审查，本质安全技术审查应至少对以下原则和方法进行分析： • 降低潜在极度有害物质(EHS)泄漏量； • 替换为危险程度更低的材料； • 在最安全条件下或以最安全方式使用极度有害物质(EHS)； • 在对设备和工艺进行设计时确保最大限度地减少潜在设备故障和人为失误	新泽西州《毒性物品灾难预防法案》第7：31-3.6部分	由审核员开展的工作： • 审核员应对根据新泽西州《毒性物品灾难预防法案》(TCPA)编写的本质安全技术(IST)审查报告和工作表(或其他本质安全技术审查详细记录)进行审查，以核实在进行本质安全技术审查时是否对四大IST策略(即“最小化策略”“替代策略”“缓和策略”和“简化策略”)进行了审查
新泽西州立法规《毒性物品灾难预防法案》(TCPA)7：31-3.6：本质安全技术(IST)审查 审核准则10-C-34：在对每一本质安全技术进行审查时，应首先核实该本质安全技术是否可行。本质安全技术的“可行性”是指该技术能够顺利实现预定目标，同时还兼顾了环境、公众健康与安全、法律、技术和经济因素	新泽西州《毒性物品灾难预防法案》第7：31-3.6部分	由审核员开展的工作： • 审核员应对根据新泽西州《毒性物品灾难预防法案》(TCPA)编写的本质安全技术(IST)审查报告进行检查，以核实是否对本质安全技术的可行性进行了评估
新泽西州立法规《毒性物品灾难预防法案》(TCPA)7：31-3.6：本质安全技术(IST)审查 审核准则10-C-35：设施所有者或运营方应编写并提交在新泽西州《毒性物品灾难预防法案》第7：31-3.6部分中规定	新泽西州《毒性物品灾难预防法案》第7：31-3.6部分	由审核员开展的工作： • 审核员应对根据新泽西州《毒性物品灾难预防法案》(TCPA)编写的本质安全技术(IST)审查报告进行检查，以核实这些报告是否包含了所要求的信息并已提交给新泽西州环境保护部

续表

审核准则	审核准则出处	审核员指南
的本质安全技术审查报告。该报告应包括以下内容: • 需进行本质安全技术(IST)审查的过程名称、审查组成员名单(包括每名成员姓名、职位、隶属机构、职责、资格和经验)、报告完成日期、在进行审查时所采用的IST分析方法; • 与本质安全技术(IST)原则和方法有关的审核提问; • OSHA过程安全管理标准《高危化学品过程安全管理》所涵盖过程所采用的本质安全技术清单; • 已选定的其他本质安全技术清单; • 拟实施的其他本质安全技术清单及其实施计划; • 认为可行的本质安全技术清单; • 当认为某一本质安全技术不可行时,应对不可行理由做出书面解释。设施所有者或运营方应采用定性和定量方法对环境、公众健康与安全、法律、技术和经济因素进行评估,来对某一本质安全技术不可行原因进行详细说明		
特拉华州立法规《意外泄漏预防计划》 审核准则10-C-36:除在OSHA过程安全管理标准《高危化学品过程安全管理》和EPA《风险管理计划》中规定的"危害识别和风险分析(HIRA)"要求外,在特拉华州环境、健康与安全(EHS)管理法规中未新增任何与之相关的其他要求	《特拉华州立法规汇编》第77章第5.67节	• 无其他要求
加利福尼亚州职业安全与健康管理局(CalOSHA)《急性危险物料过程安全管理》 审核准则10-C-37:雇主可采用设计单位或政府机构认可的其他危险分析方法。如果没有提供常用方法,雇主可采用由注册专业工程师开发并经过相关机构认证的分析方法,以供过程危害分析(PHA)组使用	《加利福尼亚州立法规汇编》第8篇第5189部分	由审核员开展的工作: • 如果不采用危险和可操作性分析(HAZOP)、假设分析、检查表、故障模式和影响分析(FMEA)或故障树分析(FTA)等方法,则审核员应对危害识别和风险分析(HIRA)报告进行审查,以核实: 是否采用了由设计单位或政府机构认可的危害识别和风险分析(HIRA)方法或采用了由注册专业工程师开发并经过相关机构认证的分析方法

续表

审核准则	审核准则出处	审核员指南
加利福尼亚州职业安全与健康管理局（CalOSHA）法规《急性危险物料过程安全管理》 审核准则 10-C-38：对于在《加利福尼亚州立法规汇编》第8篇第5189部分实施后开展的危险评估工作，雇主应向受影响员工及其认可代表（如果有的话）征询意见和建议。应允许受影响员工及其代表（如果有的话）查阅按照《加利福尼亚州立法规汇编》第8篇第5189部分形成的记录	《加利福尼亚州立法规汇编》第8篇第5189部分	见“第7章：员工参与”
加利福尼亚州职业安全与健康管理局（CalOSHA）法规《急性危险物料过程安全管理》 审核准则 10-C-39：设施应确保及时对所提出的建议进行评估或基于泄漏造成的危险程度采取控制措施	《加利福尼亚州立法规汇编》第8篇第5189部分	为审核员提供的基本信息： • 只要能够达到相同风险控制效果，也可以采用其他可行控制措施。 由审核员开展的工作： • 审核员应对危害识别和风险分析（HIRA）报告以及HIRA建议管理系统进行审查，以核实HIRA建议是否已在合理时间内落实并关闭（有关对“合理”一词的定义，见上文“合规性审核准则和指南”部分）
《加利福尼亚州意外泄漏预防计划》（CalARP） 审核准则 10-C-40：除在OSHA过程安全管理标准《高危化学品过程安全管理》和EPA《风险管理计划》中规定的“危害识别和风险分析（HIRA）”要求外，在《加利福尼亚州意外泄漏防计划》（CalARP）中未新增任何与之有关的其他要求	《加利福尼亚州立法规汇编》第19篇第2760.2部分	• 无其他要求

10.2.2 相关审核准则

本节介绍的相关审核准则为审核员审查过程安全管理标准强制性要求以外的问题提供了指南，这些相关审核准则很大程度上代表了行业过程安全管理良好做法，在某些情况下成为过程安全管理普遍做法。由于部分相关审核准则已在相当长时间内被广泛认可并成功实施，因此，这类相关审核准则实际上已成为可接受做法。审核员和过程安全管理专业人员应认真考虑如何采用和实施这些相关审核准则，或者至少采用一种在性质上基本类似的审核方法来对过程安全管理进行审核。有关可接受做法的定义及其实施，见术语表和第1.7.1节。

表10.3列出了与“危害识别和风险分析”有关的审核准则和审核员指南。

表 10.3 与“危害识别和风险分析”有关的审核准则和审核员指南

审核准则	审核准则出处	审核员指南
审核准则 10-R-1：在制定危害识别和风险分析(HIRA)复核计划时应考虑以下问题： • 自上一次危害识别和风险分析(HIRA)以来对过程进行的变更； • 自上一次危害识别和风险分析(HIRA)以来发生的事故和未遂事件； • 自上一次危害识别和风险分析(HIRA)以来提出的新要求； • 上一次危害识别和风险分析(HIRA)存在的遗漏和不足	良好行业做法(GIP) 对因违反 OSHA 过程安全管理标准《高危化学品过程安全管理》而由 OSHA 发出的违规传票(CIT)	由审核员开展的工作： • 审核员应对危害识别和风险分析(HIRA)程序和具体危害识别和风险分析计划文件进行审查，以核实在确定危害识别和风险分析(HIRA)复核范围时是否考虑了以下内容： 自上一次危害识别和风险分析(HIRA)复核以来对过程进行的变更； 对仪表流程图(P&ID)进行的轻微变更，而又需要对这些变更涉及的危险进行研究和分析； 不需要按照设施变更管理(MOC)程序来对公用工程或其他连接系统进行的变更； 维护工单和其他作业工单； 投资项目和非投资项目记录； 根据事故调查、危害识别和风险分析以及审核结果所采取的行动； 就其他可能变更对设施人员进行面谈。 • 审核员应对危害识别和风险分析(HIRA)程序和具体危害识别和风险分析计划文件进行审查，以核实在确定 HIRA 复核范围时是否考虑了与事故有关的以下内容： 自上一次危害识别和风险分析(HIRA)复核以来已发生事件的书面调查报告； 自上一次危害识别和风险分析(HIRA)复核以来未遂事件书面调查报告； 自上一次危害识别和风险分析(HIRA)复核以来就工艺未遂事件对设施人员和非管理人员进行面谈； 应急响应演练/训练自评记录； 安全防护装置意外启动(在检查或测试期间以外时间启动)，这说明出现了未遂事件。 • 审核员应对危害识别和风险分析(HIRA)程序和具体危害识别和风险分析计划文件进行审查，以核实在确定 HIRA 复核范围时是否考虑了以下新要求： —自上一次危害识别和风险分析(HIRA)复核以来发布的与过程安全管理有关的新法规； —自上一次危害识别和风险分析(HIRA)复核以来发布的与过程安全管理有关的法规的新修改单； —自上一次危害识别和风险分析(HIRA)复核以来由监管机构发出的与危害识别和风险分析有关的违规传票。 —自上一次危害识别和风险分析(HIRA)复核以来由公司或设施发布的与过程安全管理有关的最新要求； —自上一次危害识别和风险分析(HIRA)复核以来发布的与危害识别和风险分析标准有关的最新行业指南； —自上一次危害识别和风险分析(HIRA)复核以来发布的最新认可和普遍接受的良好工程实践(RAGAGEP)。 • 审核员应对危害识别和风险分析(HIRA)程序和具体危害识别和风险分析计划文件进行审查，以核实在确定 HIRA 复核范围时是否考虑了上一次危害识别和风险分析存在的遗漏和不足。通常在对过程安全管理进行审核期间会发现这类 HIRA 问题，但是，在对 HIRA 质量进行审查或进行事故调查时也会发现 HIRA 存在的遗漏和不足。 • 有关过程危害分析复核详细指南，可参考美国化学工程师协会化工过程安全中心(CCPS)出版物《过程危害分析复核》(CCPS，2000h)

续表

审核准则	审核准则出处	审核员指南
审核准则 10-R-2：应制定危害识别和风险分析（HIRA）管理程序，以明确如何计划、组织、开展和跟踪危害识别和风险分析工作并做好记录	加拿大化学品制造商协会（CCPA）发布的加拿大重大工业事故理事会（MIACC）自评估工具《过程安全管理指南/HISAT 修订项目》（070820）（GIP） 良好行业做法（GIP）	由审核员开展的工作： • 审核员应通过检查来核实危害识别和风险分析（HIRA）程序是否为批准使用的正式受控文件。 • 审核员应对危害识别和风险分析（HIRA）管理程序进行审查，以核实在该程序中是否考虑了以下方面： —何时进行危害识别和风险分析（HIRA），例如，对 OSHA 过程安全管理标准《高危化学品过程安全管理》所涵盖过程定期进行危害识别和风险分析、对项目进行危害识别和风险分析（见第 13 章）、对变更进行危害识别和风险分析（见第 16 章）及对特殊情形（如当 OSHA 过程安全管理标准《高危化学品过程安全管理》所涵盖设备退役时）进行危害识别和风险分析等； —在设施中采用哪些危害识别和风险分析方法； —对危害识别和风险分析（HIRAs）进行复核； —明确危害识别和风险分析（HIRAs）时间表； —明确危害识别和风险分析（HIRA）计划负责人； —对危害识别和风险分析组领导进行培训和资格考核； —选择危害识别和风险分析组成员； —在设施中进行危害识别和风险分析（HIRAs）时如何对风险进行评级； —采用的危害识别和风险分析（HIRA）记录方法； —危害识别和风险分析（HIRA）报告格式、内容、编写、审查和批准方面的要求； —对 HIRA 建议进行跟踪所采用的程序和管理系统； —拒绝 HIRA 建议所采用的程序； —危害识别和风险分析（HIRA）文件保存要求
审核准则 10-R-3：应根据潜在危险和风险性质以及危害识别和风险分析（HIRA）意图来选择合适的危害识别和风险分析方法，并对采用的 HIRA 分析方法做好记录	加拿大化学品制造商协会（CCPA）发布的加拿大重大工业事故理事会（MIACC）自评估工具《过程安全管理指南/HISAT 修订项目》（070820） 良好行业做法（GIP）	为审核员提供的基本信息： • 对于强制性过程安全管理标准未涵盖的工艺，如果采用了危险和可操作性分析（HAZOP）、假设分析、检查表、假设/检查表、故障模式和影响分析（FMEA）、故障树分析（FTA）及蝴蝶结分析、保护层分析（LOPA）、安全完整性等级（SIL）、陶氏火灾和爆炸危险指数（FEI）分析或化学品接触指数（CEI）分析等方法对工艺进行了危害识别和风险分析（HIRA），审核员应对公司/工厂如何选择危害识别和风险分析方法进行检查，并核实所选择的危害识别和风险分析方法是否合适。可采用多种危害识别和风险分析方法。例如，在选择安全仪表系统（SIS）并确保实现目标安全完整性等级或为工艺确定独立保护层（IPL）数量时，危害识别和风险分析通常采用危险和可操作性分析（HAZOP）、保护层分析（LOPA）和安全完整性等级（SIL）分析方法。通常采用 HAZOP 分析方法来选择安全仪表系统（SIS）/安全仪表设备（SIF），采用 LOPA 和 SIL 分析方法来对安全仪表系统/安全仪表设备完整性等级进行分析。SIL 分析属于基于逻辑的分析，用于对安全仪表系统/安全仪表设备的可靠性（用“要求时的故障概率”来表示）进行计算。可采用多种不同方法对安全仪表系统/安全仪表设备的可靠性进行计算，包括故障树分析（FTA）、Markov 方程式和其他分析方法。尽管列出的上述方法为最常用方法，但还可以采用能够满足设施要求的其他危害识别和风险分析方法。

续表

审核准则	审核准则出处	审核员指南
		• 在欧洲，通常是对安全事故进行调查并形成安全事故调查报告，其作用等同于危害识别和风险分析(HIRA)，在对事故进行调查时，通常对有关危险进行定量分析。 由审核员开展的工作： • 审核员应对危害识别和风险分析(HIRA)程序和/或报告进行审查，以核实是否对危害识别和风险分析方法选择原因进行了记录或是否按照规定程序来选择合适的危害识别和风险分析方法
审核准则 10-R-4：在进行危害识别和风险分析(HIRAs)时，应考虑被研究工艺存在的各类危险或危险情形	良好行业做法(GIP) 对因违反 OSHA 过程安全管理标准《高危化学品过程安全管理》而由 OSHA 发出的违规传票(CIT) 美国职业安全与健康管理局(OSHA)对其过程安全管理标准《高危化学品过程安全管理》(29 CFR §1910.119)做出的口头说明(VCLAR)	由审核员开展的工作： • 审核员应对危害识别和风险分析(HIRA)报告进行审查，以核实在进行危害识别和风险分析时是否根据具体情况考虑了与工艺设计和运行有关的以下类型危险或危险情形： —即使为控制危险和风险采取了多种安全防护措施，也要考虑因设备故障、人为失误和外部事件而造成的危险； —其他各类危险：可采用以下方法来对各种危险进行说明：1)在"原因/假设条件(WI)"栏中对各种故障进行说明；或 2)在"原因/假设条件(WI)"栏中对危险引发因素进行说明，在"后果"栏中对在最严重情况下因未采取保护措施而会导致的后果进行说明，并在"安全防护措施"栏中列出所有防护设备和人为/程序性安全防护措施； —应至少包括可能出现的火灾事故、爆炸事故和有毒物质泄漏事故； —可能出现的一般性故障； —可能造成的多米诺效应； —与 OSHA 过程安全管理标准《高危化学品过程安全管理》所涵盖过程有关的公用工程系统故障(包括与整个过程有关的全厂性公用工程系统和与单独设备有关的具体公用工程系统)； —会导致危险的其他一般性事件，如与运输有关的事件、因天气原因所致事件和其他外部事件等； —在完成大检修后单元开车； —当需要进行紧急停车时与紧急停车有关的危险； —与应急处置有关的危险； —与正常停车有关的危险； —安全防护装置出现故障是否被认为是导致出现危险情形的原因？例如，泄压阀被卡在打开状态也是导致出现低流量的原因。 • 在确定导致危险的原因是否可信时，应采用一致方法对危险进行识别和检查。可通过对危害识别和风险分析(HIRA)工作表/文件进行审查并对危害识别和风险分析组成员进行面谈来检查在进行危害识别时采用的方法是否一致
审核准则 10-R-5：在进行危害识别和风险分析(HIRAs)时，应考虑其他已知危险，如材料不相容性和反应性、排放罐中烃液高液位等	良好行业做法(GIP) 美国职业安全与健康管理局(OSHA)《炼油行业过程安全管理国家重点计划》(NEP)(OSHA 指令 CPL 03-00-004)	由审核员开展的工作： • 审核员应对危害识别和风险分析(HIRA)报告进行审查，以核实在进行危害识别和风险分析时是否考虑了有关(和潜在)材料不相容性。 • 审核员应对危害识别和风险分析(HIRA)报告进行审查，以核实在进行危害识别和风险分析时是否考虑了排放罐中烃液高液位这一危险情形(如果适用的话)

续表

审核准则	审核准则出处	审核员指南
审核准则 10-R-6：如果自上一次危害识别和风险分析以来增大了单元生产能力，无论是否通过变更管理(MOC)程序对单元能力变更进行了管理，在进行危害识别和风险分析(HIRAs)时应考虑现有泄压系统设计能否满足单元生产能力变化需求	美国职业安全与健康管理局(OSHA)《炼油行业过程安全管理国家重点计划》(NEP)(OSHA 指令 CPL 03-00-004)	由审核员开展的工作： • 审核员应对危害识别和风险分析(HIRA)报告进行审查，以核实在进行危害识别和风险分析时是否对现有泄压系统设计进行了审查，以确保其完全满足单元生产能力变化需求(如果适用的话)
审核准则 10-R-7：在进行危害识别和风险分析(HIRAs)时，应考虑位于泄压设备上游或下游阀门被意外关闭或出现故障会导致泄压设备不能正常运行这一危险情形(如果适用的话)	美国职业安全与健康管理局(OSHA)《炼油行业过程安全管理国家重点计划》(NEP)(OSHA 指令 CPL 03-00-004)	由审核员开展的工作： • 审核员应对危害识别和风险分析(HIRA)报告进行审查，以核实在进行危害识别和风险分析时是否考虑了位于泄压设备上游或下游阀门被意外关闭或出现故障会导致泄压设备不能正常运行这一危险情形(如果适用的话)
审核准则 10-R-8：在进行危害识别和风险分析(HIRAs)时，应考虑泄压设备(包括排放罐)排气口是否安装在安全地点排入大气环境(如果适用的话)	美国职业安全与健康管理局(OSHA)《炼油行业过程安全管理国家重点计划》(NEP)(OSHA 指令 CPL 03-00-004)	由审核员开展的工作： • 审核员应对危害识别和风险分析(HIRA)报告进行审查，以核实在进行危害识别和风险分析时是否考虑了泄压设备(包括排放罐)在安全地点排入大气环境(如果适用的话)
审核准则 10-R-9：在进行危害识别和风险分析(HIRAs)时，对于直接排入大气环境但可能含有高浓度易燃组分、比空气重的热组分或液态烃的易燃物料的泄压/排放设备(包括长距离排放管线、排气筒、排放罐等)，应考虑对其采取控制措施(如果适用的话)	美国职业安全与健康管理局(OSHA)《炼油行业过程安全管理国家重点计划》(NEP)(OSHA 指令 CPL 03-00-004)	由审核员开展的工作： • 审核员应对危害识别和风险分析(HIRA)报告进行审查，以核实在进行危害识别和风险分析时是否考虑了对直接向大气环境排放易燃物料的泄压/排放设备采取控制措施
审核准则 10-R-10：在进行危害识别和风险分析(HIRAs)时，应考虑压力容器运行条件可能出现的偏差，如压力容器入口流量过大	美国职业安全与健康管理局(OSHA)《炼油行业过程安全管理国家重点计划》(NEP)(OSHA 指令 CPL 03-00-004)	由审核员开展的工作： • 审核员应对危害识别和风险分析(HIRA)报告进行审查，以核实在进行危害识别和风险分析时是否考虑了压力容器运行条件可能出现的偏差(如果适用的话)，如压力容器入口流量过大，包括为防止设备运行出现偏差而需安装的安全防护装置以及这些安全防护装置的设计、运行、检查和维护要求
审核准则 10-R-11：在进行危害识别和风险分析(HIRAs)时，应对事故应急工单(如果有的话)进行审查	对因违反 OSHA 过程安全管理标准《高危化学品过程安全管理》而由 OSHA 发出的违规传票(CIT)	由审核员开展的工作： • 审核员应对危害识别和风险分析(HIRA)报告进行审查，以核实在进行危害识别和风险分析时是否对事故应急工单(如果有的话)进行了审查
审核准则 10-R-12：在对设施选址进行危害识别和风险分析(HIRA)时，应考虑有人占用构筑物的特性是否会增大内部人员潜在伤害程度	美国职业安全与健康管理局(OSHA)《过程安全管理合规性指令》(CPL) 良好行业做法(GIP)	由审核员开展的工作： • 审核员应对危害识别和风险分析(HIRA)报告和/或设施选址检查表进行审查，以核实在对设施选址进行危害识别和风险分析时是否根据具体情况考虑了以下与有人占用构筑物相关的问题： —火源相对于有人占用构筑物的位置；

续表

审核准则	审核准则出处	审核员指南
		—潜在多米诺效应； —有人占用构筑物结构类型； —为有人占用构筑物提供消防设施； —有人占用构筑物的防爆能力； —有人占用构筑物的防火能力； —有人占用构筑物提供排水设施； —有人占用构筑物新鲜空气入口位置及能否防止有毒气体进入构筑物，从而保护内部人员安全； —有人占用建筑物相对于装置危险场所的位置(在进行设施选址分析时不能仅参考现有设备与设备间距标准)； • 在对设施选址进行分析时，可参考美国化学工程师协会化工过程安全中心(CCPS)出版物《工艺装置建筑物外部火灾和爆炸评估指南》(CCPS，1996)和《火灾和爆炸事故静电火源》(CCPS，1997)
审核准则10-R-13：在进行危害识别和风险分析(HIRA)时，应对人员绩效造成影响的各种人为因素进行研究	加拿大化学品制造商协会(CCPA)发布的加拿大重大工业事故理事会(MIACC)自评估工具《过程安全管理指南/HISAT修订项目》(070820) 美国职业安全与健康管理局(OSHA)《过程安全管理合规性指令》(CPL) 良好行业做法(GIP) 对因违反OSHA过程安全管理标准《高危化学品过程安全管理》而由OSHA发出的违规传票(CIT)	由审核员开展的工作： • 审核员应对危害识别和风险分析(HIRA)报告和/或人为因素检查表进行审查，以核实在进行危害识别和风险分析时是否根据具体情况分析和研究了能够对人员绩效造成影响的人为因素，如： —识别出的能够导致危险情形的人为失误； —对人员造成影响的环境条件； —程序清晰性； —设备设计； —控制系统/设备可用性； —显示仪表可读性； —显示仪表/人机界面清晰性和简明性； —标志/标签清晰性； —人员应急响应行动； —工作时间过长或非常规工作制度； —照明； —仪表自动控制和手动操作程序(如手动操作数量和复杂程度要与完成这些手动操作所需时间相称)； —操作人员按照控制系统及其显示数据进行操作； —管道断开错误； —工艺设备上锁和隔离不当； —知识欠缺(培训水平和培训频率)； —人员工作强度/疲劳； —操作人员紧张、情绪状态； —设备特点(阀门难以转动)； —优先顺序存在冲突； —策略/做法出现不一致。 • 在对人为失误进行分析时，可参考美国化学工程师协会化工过程安全中心(CCPS)出版物《过程安全人为失误预防指南》(CCPS，1994)和《过程行业提高绩效需考虑的人为因素》(CCPS，2007e)
审核准则10-R-14：在进行危害识别和风险分析(HIRAs)时，应考虑其他人为因素，如书面程序中设备标识是否与现场标志/标签中设备标识相符	美国职业安全与健康管理局(OSHA)《炼油行业过程安全管理国家重点计划》(NEP)(OSHA指令CPL 03-00-004)	由审核员开展的工作： • 审核员应对危害识别和风险分析(HIRA)报告进行审查，以核实在进行危害识别和风险分析时是否对书面程序中设备标识是否与现场标志/标签中设备标识相符进行了检查(如果适用的话)

续表

审核准则	审核准则出处	审核员指南
审核准则10-R-15：在进行危害识别和风险分析(HIRAs)时，应考虑其他人为因素，如出现紧急情况时，现场操作人员必须将隔离阀关闭，但此时会使操作人员面临危险，在这种情况下，就需要对危险情形进行识别和评估。例如，为隔离存储设施/设备中大量易燃液体，就需将下游手动隔离阀关闭，而该隔离阀位于火灾危险区域	美国职业安全与健康管理局(OSHA)《炼油行业过程安全管理国家重点计划》(NEP)(OSHA指令CPL 03-00-004)	由审核员开展的工作： • 审核员应对危害识别和风险分析(HIRA)报告进行审查，以核实在进行危害识别和风险分析时是否根据具体情况考虑了现场人员按照操作程序进行操作而会面临的危险
审核准则10-R-16：在进行危害识别和风险分析(HIRAs)时，应考虑其他人为因素，如人员工作强度和操作频率，包括在运行条件下为控制工艺紊乱而需进行的操作及完成这些操作所需的时间	美国职业安全与健康管理局(OSHA)《过程安全管理合规性指令》(CPL) 美国职业安全与健康管理局(OSHA)《炼油行业过程安全管理国家重点计划》(NEP)(OSHA指令CPL 03-00-004)	由审核员开展的工作： • 审核员应对危害识别和风险分析(HIRA)报告进行审查，以核实在进行危害识别和风险分析时是否考虑了人员工作强度和操作频率(如果适用的话)
审核准则10-R-17：在进行危害识别和风险分析(HIRAs)时，应考虑其他人为因素，如当出现工艺紊乱或紧急情况时，控制室操作人员如何及时发现异常条件及如何对异常条件进行判断以采取控制措施	美国职业安全与健康管理局(OSHA)《炼油行业过程安全管理国家重点计划》(NEP)(OSHA指令CPL 03-00-004)	由审核员开展的工作： • 审核员应对危害识别和风险分析(HIRA)报告进行审查，以核实当出现工艺紊乱或紧急情况时，控制室操作人员如何及时发现异常条件及如何对异常条件进行判断并采取控制措施(如果适用的话)
审核准则10-R-18：在进行危害识别和风险分析(HIRAs)时，应考虑其他人为因素，如标志是否清晰，包括应急逃生路线标志	美国职业安全与健康管理局(OSHA)《炼油行业过程安全管理国家重点计划》(NEP)(OSHA指令CPL 03-00-004)	由审核员开展的工作： • 审核员应对危害识别和风险分析(HIRA)报告进行审查，以核实在进行危害识别和风险分析时是否考虑了标志清晰性要求，包括应急逃生路线标志(如果适用的话)
审核准则10-R-19：在进行危害识别和风险分析(HIRAs)时，应考虑与过程、设备和运行有关的一般性事件和问题	良好行业做法(GIP)	由审核员开展的工作： • 设计人员应对危害识别和风险分析(HIRA)报告进行审查，以核实在进行危害识别和风险分析时是否根据具体情况采用了一套全局节点管理系统来对以下一般性或常见事件和问题进行审查： —外部事件(如因天气原因所致事件、与运输有关的事件、因附近设施而导致的连带事件)； —设备老化因素(如因磨损和腐蚀而造成的影响及因设备老化而造成的类似影响)； —常见公用工程系统故障(如供电系统、冷却水系统、空气系统和氮气系统出现故障)； —常见人为因素问题，如控制室人为因素； —常见设施选址问题

续表

审核准则	审核准则出处	审核员指南
审核准则10-R-20：在进行危害识别和风险分析(HIRAs)时，应对因控制系统出现故障而能够对工作场所员工造成的安全和健康影响进行定性评估(即制定风险评级方案或同等方案)	美国职业安全与健康管理局(OSHA)对其过程安全管理标准《高危化学品过程安全管理》(29 CFR §1910.119)做出的正式书面说明(WCLAR)(2/1/05) 良好行业做法(GIP)	为审核员提供的基本信息： • 在进行危害识别和风险分析(HIRA)时，除采用定性风险评级法外，还可以采用保护层分析(LOPA)法来对风险进行半定量分析。公司/工厂通常将LOPA作为SIS/SIL分析的一部分或采用LOPA来确定所需的独立保护层(IPL)数量。 由审核员开展的工作： • 审核员应对危害识别和风险分析(HIRA)报告进行审查，以核实是否按照以下要求采用定性风险评级指标来对风险进行定性评估(在风险严重程度、风险可能性和风险相对等级方面)： —应基于工程控制措施和管理控制措施失效来确定定性风险评级指标，以评估对最严重可信情况造成的影响； —按照一致要求对风险进行评级或为风险明确优先等级
审核准则10-R-21：应在危害识别和风险分析组成员在场情况下对危害识别和风险分析时发现的每一问题(如导致危险的原因及其后果、安全防护措施、风险评级和建议)进行讨论	美国职业安全与健康管理局(OSHA)对其过程安全管理标准《高危化学品过程安全管理》(29 CFR §1910.119)做出的正式书面说明(WCLAR)(10/31/96)	由审核员开展的工作： • 审核员应对危害识别和风险分析组成员进行面谈，以核实是否在危害识别和风险分析组成员在场情况下对危害识别和风险分析时发现的每一问题(如导致危险的原因及其后果、安全防护措施、风险评级和建议)进行了讨论
审核准则10-R-22：应对危害识别和风险分析组人员构成情况进行检查，以确保危害识别和风险分析组每一成员具备必要的技术能力以对工艺危险和风险进行分析	良好行业做法(GIP) 美国职业安全与健康管理局(OSHA)出版物3133：《过程安全管理合规性指南》	由审核员开展的工作： • 审核员应对危害识别和风险分析(HIRA)报告进行审查，以核实危害识别和风险分析报告是否对危害识别和风险分析组人员构成提出要求，并确保危害识别和风险分析组每一成员具备必要的技术能力。除了工程设计人员和运行人员外，危害识别和风险分析组通常还应包括以下人员： —维护人员； —安全人员； —化验室人员； —对专利技术或独立成套设备有深入了解并具备专门知识的的承包商人员或供货商人员； —可以为一般性问题(如消防、应急响应和运输/物流)提供支持的人员
审核准则10-R-23：危害识别和风险分析组领导应为经过挑选且受过专门培训的合格人员	良好行业做法(GIP)	由审核员开展的工作： • 审核员应对危害识别和风险分析(HIRA)报告、组织机构图和培训记录进行审查，以核实： —危害识别和风险分析组领导已接受危害识别和风险分析正式培训(外部培训或内部培训)，并且留有培训记录。 —危害识别和风险分析组领导曾作为危害识别和风险分析组成员参与过危害识别和风险分析工作，以确保其具有一定的能力来带领成员开展危害识别和风险分析工作。 —通过对危害识别和风险分析组成员进行面谈，以核实危害识别和风险分析组领导是否能以公平、公正态度来带领成员开展危害识别和风险分析
审核准则10-R-24：应对危害识别和风险分析(HIRAs)工作进行质量审查	良好行业做法(GIP)	由审核员开展的工作： 审核员应认真审查危害识别和风险分析(HIRA)报告、工作表或其他危害识别和风险分析文件，尤其是记录了危害识别和风险分析组对相关问题进行探讨的工作表，以核实在形成最终HIRA结果前是否已对HIRA进行质量审查

续表

审核准则	审核准则出处	审核员指南
审核准则 10-R-25：应为每一危害识别和风险分析(HIRA)编写报告	良好行业做法(GIP)	由审核员开展的工作： • 审核员应对危害识别和风险分析(HIRA)报告进行审查，以核实在 HIRA 报告中是否对每一危害识别和风险分析进行了详细记录。HIRA 书面报告应满足以下要求： —HIRA 报告应按照标准格式来编写。如果公司/工厂制定了危害识别和风险分析程序，在程序中应包括 HIRA 报告标准格式。 —HIRA 报告应注明日期，同时，在开展危害识别和风险分析前，应对过程安全知识及时进行更新，以确保危害识别和风险分析的准确性。 —在 HIRA 报告中，应对采用的危害识别和风险分析方法进行说明。 —在 HIRA 报告中，应指明危害识别和风险分析组领导。 —在 HIRA 报告中，应指明危害识别和风险分析组成员及其技术专长，同时，还应包括一份人员名单，列出危害识别和风险分析组成员姓名、隶属机构、所代表的团队/部门及其技术专长。 —在 HIRA 报告中，应对危害识别和风险分析结果进行分类，以指明如何对每一领域进行了危害识别和风险分析(或采用某种其他方式来指明如何对这些领域进行了危害识别和风险分析)。 —应对 HIRA 结果进行优先级排序。 —在 HIRA 报告中，应指出或列出在进行危害识别和风险分析时采用了哪些过程安全知识(PSK)。 —危害识别和风险分析(HIRA)文件应包括带标记的仪表流程图(P&ID)或其他图纸，指明在进行危害识别和风险分析时如何对相关过程进行了划分。这些图纸有时量很大，因此，不能附在危害识别和风险分析报告中，而是单独保存
审核准则 10-R-26：员工有权查阅过程危害分析(PHA)文件和资料。如果采用电子数据管理系统来保存、维护和使用过程安全知识，应就计算机使用和数据访问对设施员工和承包商人员进行必要的培训	良好行业做法(GIP)	由审核员开展的工作： • 审核员应对员工进行面谈，以核实员工在需要时是否有权查阅危害识别和风险分析(HIRA)文件和资料。 • 如果采用电子数据管理系统来维护危害识别和风险分析(HIRA)文件，则审核员应核实是否为用户分配了登录计算机系统所需的用户 ID 和密码，以允许这些用户访问保存在电子数据管理系统中的过程安全知识。用户 ID 和/或密码可以为小组用户 ID 和/或密码。 • 审核员应对非管理人员和承包商人员进行面谈，以核实是否对非管理人员和承包商人员就电子数据管理系统使用进行了必要的培训
审核准则 10-R-27：如果对不同产品组或产品族进行危害识别和风险分析(HIRAs)，应对这些产品组/族之间的差异进行全面分析	美国职业安全与健康管理局(OSHA)出版物 3133：《过程安全管理合规性指南》	由审核员开展的工作： • 在对具有相同或类似危险特性的产品组/族进行过程危害识别和风险分析(HIRA)时，审核员应对危害识别和风险分析报告进行审查，以核实基于产品组/族进行的危害识别和风险分析能否代表该组/族内所有产品特性及其工艺设计和运行条件

续表

审核准则	审核准则出处	审核员指南
审核准则 10-R-28：如果采用以往标准或行业协会一般标准作为出发点来开展危害识别和风险分析(HIRAs)，应对工艺和设施具体特点与上述标准的变化进行认真检查	美国职业安全与健康管理局(OSHA)出版物3133：《过程安全管理合规性指南》	由审核员开展的工作： 当采用以往标准或行业协会一般标准作为出发点来开展危害识别和风险分析(HIRAs)时，审核员应对危害识别和风险分析报告、化学品/材料特性及工艺设计和运行条件进行审查，并核实是否根据设施具体特点对这些危害识别和风险分析标准进行了适当修改，以满足使用要求
审核准则 10-R-29：应对HIRA 建议进行有效管理	加拿大化学品制造商协会(CCPA)发布的加拿大重大工业事故理事会(MIACC)自评估工具《过程安全管理指南/HISAT 修订项目》(070820) 良好行业做法(GIP) 美国职业安全与健康管理局(OSHA)《过程安全管理合规性指令》(CPL)	为审核员提供的基本信息： • 如果认为有正当理由，可以拒绝采纳危害识别和风险分析(HIRA)提出的建议。当雇主采纳了危害识别和风险分析组提出的建议或以正当理由拒绝采纳危害识别和风险分析组提出的建议时，美国职业健康与安全管理局(OSHA)均认为雇主已“落实”了危害识别和风险分析组发现的问题及提出的建议。雇主能够以书面形式并基于足够证据来证明确实存在以下其中一种或多种情况，雇主就可以拒绝采纳相关 HIRA 建议：1)危害识别和风险分析提出的建议有实际错误；2)所提出建议不能确保雇主员工或承包商人员的健康与安全；3)采用其他措施足以实现保护目的；或 4)所提出建议不可行。 • 由于危害识别和风险分析时所提出的建议不可行而可拒绝采纳这些建议时，可参照如下指南执行： —落实所提出建议会增大风险； —由于受到实际条件限制而无法落实所提出的建议，如将控制室或设备迁至公司所属场地以外地点； —物理和化学原理/定律不允许实施； —相对于工艺价值而言，除非建议实施费用非常高，否则不应将费用作为决定某一建议是否可行的标准； —可考虑采用其他可行方法来抑制或控制危害识别和风险分析明确的危险和风险； • 当拒绝采纳所提出的建议时，应及时告知危害识别和风险分析组，然后再由危害识别和风险分析组尽快提出其他方案。 由审核员开展的工作： • 审核员应对 HIRA 建议跟踪记录进行审查，以核实是否对 HIRA 问题及其建议进行了管理评审。 • 审核员应对 HIRA 建议跟踪记录进行审查，以核实是否对最终采取的措施进行了记录并指派了负责人。 • 当整改项无法立即实施时，审核员应对临时变更管理(MOC)记录、工单和/或为抑制风险而采用的其他临时保护措施记录进行审查。 • 审核员应检查是否编制了 HIRA 建议状态报告、定期对其进行了更新并由管理层对其进行了审查。 • 审核员应通过检查来核实是否制定了书面程序，程序中指明拒绝采纳 HIRA 建议后需开展的工作。公司/工厂不应采用非正式程序来对拒绝采纳的 HIRA 建议进行管理。 • 审核员应对危害识别和风险分析(HIRA)报告和 HIRA 建议跟踪记录进行审查，以核实是否对 HIRA 建议进行了有效管理

续表

审核准则	审核准则出处	审核员指南
审核准则 10-R-30：应制定并发布危害识别和风险分析(HIRAs)复核计划	良好行业做法(GIP)	为审核员提供的基本信息： • 尽管要求按照上一次危害识别和风险分析(HIRA)完成日期来确定危害识别和风险分析复核日期，但是，采用上一次危害识别和风险分析开始日期来安排下一次危害识别和风险分析也相当普遍。当审核员在对危害识别和风险分析复核周期进行审查时，最重要的一点是确保每隔5年对危害识别和风险分析进行复核。 由审核员开展的工作： • 审核员应通过检查来核实是否为危害识别和风险分析(HIRA)复核制定了书面计划并及时进行了更新，尤其是在必须对开展的多个HIRA研究进行管理时
审核准则 10-R-31：应按照合适的周期对危害识别和风险分析(HIRAs)进行复核，确保能够及时发现潜在危险，从而防止其发展为过程安全事故或未遂事件	良好行业做法(GIP)	由审核员开展的工作： • 审核员应将危害识别和风险分析(HIRA)复核周期与过程安全事故或未遂事件出现的频率进行比较，以核实是否有必要缩短危害识别和风险分析复核周期(低于5年)，以确保不会出现任何风险
审核准则 10-R-32：在进行危害识别和风险分析(HIRAs)时，应进行全面记录	对因违反OSHA过程安全管理标准《高危化学品过程安全管理》而由OSHA发出的违规传票(CIT)	为审核员提供的基本信息： • 术语"特殊信息"是指只有符合某一规定的信息才被记录，而无需对在开展工作期间形成的所有信息进行记录。对于危害识别和风险分析(HIRAs)，出现的最为常见问题是，仅对提出了相关建议的危险情形进行记录，而没有记录全部HIRA研究和分析。 由审核员开展的工作： • 审核员应审查危害识别和风险分析(HIRAs)报告，尤其是危害识别和风险分析工作表，以核实是否对所有HIRA讨论进行了记录，而不单单是提出了相关建议的危险情形。判断标准如下，在工作表中，应包括未提出相关建议的危险情形，或对所有次要偏差、原因和后果进行全面记录
本质安全技术(IST) 审核准则 10-10-R-33：在危害识别和风险分析(HIRA)计划中，应规定对本质安全技术(IST)进行分析并实施合适的IST策略。通常在进行危害识别和风险分析或类似研究时对当前工艺采用的本质安全技术策略进行分析	加拿大化学品制造商协会(CCPA)发布的加拿大重大工业事故理事会(MIACC)自评估工具《过程安全管理指南/HISAT修订项目》(070820) 良好行业做法(GIP)	为审核员提供的基本信息： • 在工程项目初步实施阶段，应认真考虑本质安全技术(IST)四大策略中的"替代策略"和"缓和策略"。在设备生命周期中，初步或概念性设计阶段是研究并确定能否将某一化学品替换为危险程度更低的化学品的最佳时间。如果可能，最好采用可避免风险的更安全技术。由于在对工艺进行基本设计时需要确定工艺运行参数范围，因此，初步设计阶段也是研究并确定工艺能否在更加温和条件运行的最佳时间，也就是说，工艺能否在温度、压力和流量更低的缓和条件下运行。对于这方面的指南和要求，可参考美国化学工程师协会化工过程安全中心(CCPS)发布的更新版《本质安全化工过程：生命周期法》(CCPS 2007f)。 • 在工程项目详细设计阶段，可考虑本质安全技术(IST)四大策略中的"最小化策略"和"简化策略"。"最小化策略"是指在工艺运行中尽量降低危险材料存储量。在工程设计过程中，有时有必要及早考虑"最小化策略"，但危险材料储存量有时受运输或采购因素制约，而不单单是工艺技术。因此，在确定了基本工艺技术后再考虑如何降低危险化学品储存量。"简化策略"

续表

审核准则	审核准则出处	审核员指南
		是指提高工艺对人为失误的容忍度。因此，在对设备进行详细设计时，应对项目人为因素进行认真检查，并实施“简化策略”。 由审核员开展的工作： • 审核员应对项目记录进行审查，以核实在项目设计阶段是否通过开展本质安全技术(IST)研究或类似审查对本质安全技术策略进行了正式评估。本质安全技术研究可以作为过程安全管理标准中其他要素(如“过程安全知识”和“资产完整性”)的一部分来开展，也可单独开展。 • 审核员应通过检查来核实在工程项目设计过程中是否对本质安全技术(IST)进行了认真分析，对本质安全技术四大策略进行了研究并做好了记录

10.2.3 自愿性共识过程安全管理标准

下文对自愿性共识过程安全管理标准中“安全操作规程”的要求进行了说明：

• 由API编写且由美国内政部矿产资源管理局(MMS)批准的《安全和环境管理计划》(SEMP)中关于海上石油平台领域；

• 由美国化学理事会(ACC)发布的《责任关怀管理体系®》(RCMS)；

• 由美国化学理事会(ACC)发布的RC14001《环境、健康、安全与安保管理体系》。

表10.4列出了自愿性共识过程安全管理标准中与“危害识别和风险分析”有关的审核准则和审核员指南。

表10.4 自愿性共识过程安全管理标准中与“危害识别和风险分析”有关的审核准则和审核员指南

审核准则	审核准则出处	审核员指南
美国内政部矿产资源管理局《安全和环境管理计划》(SEMP) 审核准则10-R-34：公司/工厂制定的管理计划对安排和开展危害识别和风险分析(HIRAs)提出了什么要求	美国石油学会(API)推荐做法75：《安全和环境管理计划》(API RP 75)，3.1	由审核员开展的工作： • 审核员应核实公司/工厂是否为安排和开展危害识别和风险分析(HIRAs)制定了书面计划。 • 审核员应核实公司/工厂是否为安排和开展危害识别和风险分析(HIRAs)制定了相关策略或指南
审核准则10-R-35：危害识别和风险分析(HIRAs)是否已完成	美国石油学会(API)推荐做法75：《安全和环境管理计划》(API RP 75)，3.1	由审核员开展的工作： • 审核员应对危害识别和风险分析(HIRA)记录进行检查，以核实公司/工厂是否完成了危害识别和风险分析。 • 审核员应对公司/工厂相关负责人员或运行人员进行面谈，以核实是否完成了危害识别和风险分析。 • 审核员应核实是否对设施危害识别和风险分析(HIRAs)进行了记录
审核准则10-R-36：公司/工厂是否采用了一种或多种危害识别和风险分析方法(如API RP 14J中建议采用的方法)或适合于每一设施潜在风险的其他可接受方法来进行危害识别和风险分析(HIRAs)	美国石油学会(API)推荐做法75：《安全和环境管理计划》(API RP 75)，3.1	由审核员开展的工作： • 审核员应核实公司/工厂是否对所采用的危害识别和风险分析方法及采用这些方法的理由编写了书面文件。 • 审核员应对危害识别和风险分析记录进行检查，以核实是否对采用的方法进行了说明。 • 审核员应核实公司/工厂是否对生产设备进行的危害识别和风险分析(HIRA)进行了记录

续表

审核准则	审核准则出处	审核员指南
审核准则10-R-37：在对现有设施进行危害识别和风险分析(HIRAs)时，公司/工厂是否为其确定了优先顺序	美国石油学会(API)推荐做法75：《安全和环境管理计划》(API RP 75)，3.1	由审核员开展的工作： ● 审核员应核实公司/工厂是否制定了书面计划，在计划中明确了对设施进行危害识别和风险分析(HIRA)的优先顺序及在安排危害识别和风险分析时需考虑的问题。 ● 审核员应核实公司/工厂是否编写了HIRA计划指南，指明在确定危害识别和风险分析(HIRAs)优先顺序时需考虑的因素
审核准则10-R-38：在对新建或改造设施进行危害识别和风险分析(HIRAs)时，公司/工厂是否特别考虑了以下因素： a. 是否对类似设施进行过危害识别和风险分析？ b. 在项目启动后设计环境是否发生了变化，如设计组成员或设计本身是否出现了变化？ c. 是否需要对设施地点、设计或配置、设备布置或应急响应进行特别考虑？ d. 是否有问题需要在设施开车前解决或需要立即解决？ e. 是否制定了操作程序和做法，包括同步操作指南？	美国石油学会(API)推荐做法75：《安全和环境管理计划》(API RP 75)，3.1	由审核员开展的工作： ● 审核员应对新建设施危害识别和风险分析(HIRA)报告进行审查，以核实在进行危害识别和风险分析时是否考虑了所有这些因素。 ● 审核员应核实是否编写了HIRA计划指南，并在指南中考虑了所有这些因素
审核准则10-R-39：公司/工厂是否已制定了相关计划，以确保开展的危害识别和风险分析(HIRAs)能够反映出过程当前状态以及对设施进行的任何变更	美国石油学会(API)推荐做法75：《安全和环境管理计划》(API RP 75)，3.1	由审核员开展的工作： ● 审核员应核实公司/工厂是否为开展危害识别和风险分析(HIRA)编写了书面指南，明确了HIRA周期以及具体时间安排。 ● 审核员应对危害识别和风险分析(HIRA)报告进行审查，以核实是否按照规定的周期对设施进行了危害识别和风险分析
审核准则10-R-40：公司/工厂是否已制定了相关计划，以确保定期对危害识别和风险分析(HIRAs)进行审查并按照规定的周期按时开展下一轮危害识别和风险分析审查	美国石油学会(API)推荐做法75：《安全和环境管理计划》(API RP 75)，3.1	由审核员开展的工作： ● 审核员应核实公司/工厂是否制定了书面程序并对设施危害识别和风险分析(HIRA)周期进行了如下规定：对于高优先级设施，HIRA周期为5年，对于低优先级设施，HIRA周期为10年
审核准则10-R-41：危害识别和风险分析组是否由精通各专业知识的人员组成，如由来自工程、运行、设计、过程、安全与环境专业和其他专业的人员组成	美国石油学会(API)推荐做法75：《安全和环境管理计划》(API RP 75)，3.1	由审核员开展的工作： ● 审核员应对危害识别和风险分析(HIRA)记录进行审查，以核实公司/工厂是否对HIRA组成员资格进行了确认或对选择这些成员的理由进行了说明。 ● 审核员应对负责选择HIRA组成员的人员进行面谈，以对HIRA组成员选择理由进行确认
审核准则10-R-42：危害识别和风险分析组是否至少有一名成员精通HIRA方法	美国石油学会(API)推荐做法75：《安全和环境管理计划》(API RP 75)，3.1	由审核员开展的工作： ● 审核员应对危害识别和风险分析(HIRA)记录进行审查，以核实公司/工厂是否对HIRA组成员资格进行了确认

续表

审核准则	审核准则出处	审核员指南
审核准则10-R-43：如果只有一名人员来进行危害识别和风险分析(HIRA)，为确保HIRA的公平和公正性，该类人员的选择标准是什么	美国石油学会(API)推荐做法75：《安全和环境管理计划》(API RP 75)，3.1	由审核员开展的工作： • 审核员应核实公司/工厂是否就危害识别和风险分析(HIRA)人员的选择标准做出了书面要求
审核准则10-R-44：公司/工厂制定的管理计划是否要求将危害识别和风险分析(HIRAs)时所发现的问题编写成书面报告，以对识别出的危险及其建议进行说明	美国石油学会(API)推荐做法75：《安全和环境管理计划》(API RP 75)，3.1	由审核员开展的工作： • 审核员应核实管理计划是否对危害识别和风险分析(HIRA)报告内容进行了规定。 • 审核员应核实是否在HIRA报告中对识别出的问题及其建议进行了说明
审核准则10-R-45：公司/工厂制定的管理计划是否要求将危害识别和风险分析(HIRAs)时发现的问题及其跟踪行动及时传达给有关人员	美国石油学会(API)推荐做法75：《安全和环境管理计划》(API RP 75)，3.1	由审核员开展的工作： • 审核员应核实公司/工厂是否建立了一套系统，用于将危害识别和风险分析(HIRAs)结果传达给有关人员。 • 审核员应对相关人员进行面谈，以核实公司/工厂是否将危害识别和风险分析(HIRA)结果传达给了有关人员
审核准则10-R-46：在危害识别和风险分析(HIRA)计划中，是否规定了对开车前条件进行检查或对紧急危险条件采取纠正措施	美国石油学会(API)推荐做法75：《安全和环境管理计划》(API RP 75)，3.1	由审核员开展的工作： • 审核员应核实公司/工厂是否编写了书面指南，以对开车前条件进行检查或对紧急危险条件采取纠正措施进行了规定。 • 审核员应对危害识别和风险分析报告和整改项跟踪报告进行审查，以核实公司/工厂是否对开车前条件进行了检查或对紧急危险条件采取了纠正措施。 • 审核员应对操作人员进行面谈，以核实公司/工厂是否对开车前条件进行了检查或对紧急危险条件采取了纠正措施
美国化学理事会(ACC)《责任关怀管理体系®》(RCMS) 审核准则10-R-47：组织机构应制定一套管理体系来识别和评估与健康、安全、安保与环境有关的危险，对与新产品和工艺、现有产品和工艺、现有产品和工艺变更、原料和产品运输和使用及与工艺运行有关的风险进行评估并确定其优先排序	美国化学理事会(ACC)《责任关怀管理体系®》要素2.1	为审核员提供的基本信息： • 本审核准则强调制定计划以对风险进行评估。这要求公司/工厂就产品、生产工艺以及与原料和产品运输有关的问题制定一套风险评估体系。具体来讲，这要求公司/工厂制定管理体系，对与新产品和工艺、现有产品和工艺、现有产品和工艺变更、原料和最终产品运输和使用有关的风险进行评估并确定其优先排序。 由审核员开展的工作： • 审核员应检查并确保公司/工厂制定的管理体系具备以下特点： 该体系能够对与以下内容有关的风险进行识别和评估： —新产品； — 现有产品；以及 — 对现有产品进行的变更。 该体系能够对与以下内容有关的风险进行识别和评估： —新工艺； —现有工艺；以及 —对现有工艺进行的变更。 该体系能够对与以下材料运输和使用有关的风险进行识别和评估： —原料；以及 —最终产品

续表

审核准则	审核准则出处	审核员指南
美国化学理事会《环境、健康、安全与安保管理体系》 审核准则 10-R-48：应建立、实施并保持好产品和过程信息管理程序	美国化学理事会(ACC)《环境、健康、安全与安保管理体系技术规范》RC151.03 4.3.1	• 无其他要求

10.3 审核方案

附录 A 过程安全管理审核方案，就如何按照审核准则对第 10.2 节中的内容进行审查提供了详细指南(有关如何在线获取附录 A 中资料，见第Ⅷ页)。

参 考 文 献

American Chemistry Council, *RCMS® Technical Specification*, RC 101. 02, March 9, 2005.

American Chemistry Council, *RCMS® Technical Specification Implementation Guidance and Interpretations*, RC 101. 02, January 25, 2004.

American Chemistry Council, *RCMS® Technical Specification Implementation Guidance and Interpretations Appendices*, RC 101. 02, January 25, 2004.

California, California Code of Regulations, Title 8, Section 5189, CalOSHA, November 1985.

Center for Chemical Process Safety(CCPS), *Guidelines for Preventing Human Error in Process Safety*, New York, 2004(CCPS, 1994).

Center for Chemical Process Safety(CCPS), *Evaluating Process Plant Building for External Fires and Explosions*, American Institute of Chemical Engineers, New York, 1996(CCPS, 1996).

Center for Chemical Process Safety(CCPS), *Electrostatic Ignition of Fires and Explosions*, American Institute of Chemical Engineers, New York, 1997(CCPS, 1997).

Center for Chemical Process Safety(CCPS), *Guidelines for Chemical Process Quantitative Risk Assessment*, 2nd ed., American Institute of Chemical Engineers, New York, 2000(CCPS, 2000a).

Center for Chemical Process Safety(CCPS), *Guidelines for Hazard Evaluation Procedures*, 3rd Edition, American Institute of Chemical Engineers, New York 2007(CCPS, 2007b).

Center for Chemical Process Safety(CCPS), *Guidelines for Risk Based Process Safety*, American Institute of Chemical Engineers, New York, 2007(CCPS, 2007c).

Center for Chemical Process Safety(CCPS), *Human Factors Methods for Improving Performance in the Process Industries* (CCPS, 2007e).

Center for Chemical Process Safety(CCPS), *Inherently Safer Chemical Processes: A Life Cycle Approach*, 2nd Edition, American Institute of Chemical Engineers, New York, 2007(CCPS, 2007f).

Center for Chemical Process Safety(CCPS), *Revalidating Process Hazard Analyses*, American Institute of Chemical Engineers, New York, 2000(CCPS, 2007h).

Delaware, *Accidental Release Prevention Regulation*, Delaware Department of Natural Resources and Environmental Control/Division of Air and Waste Management, September 1989(rev. January 1999).

Department of the Interior, Minerals Management Service, Safety and Environmental Management Program (SEMP), 1990.

Environmental Protection Agency(USEPA), 40 CFR §68, *Accidental Release Prevention Requirements: Risk Man-*

agement Programs Under Clean Air Act Section 112(r)(7); Final Rule, June 21, 1996.

The International Society for Measurement and Control, *Functional Safety: Safety Instrumented Systems for the Process Industry Sector—Part 1: Framework, Definitions, System, Hardware and Software Requirements*, ANSI/ISA-84. 00. 01-2004 Part 1(IEC 61511-1 Mod), Research Triangle Park, NC, 2004.

New Jersey, *Toxic Catastrophe Prevention Act(N. J. A. C. 7: 31)*, New Jersey Department of Environmental Protection, June 1987(rev. April 16, 2007).

Occupational Safety and Health Administration(OSHA)29 CFR § 1910. 119, *Process Safety Management of Highly Hazardous Chemicals, Explosives and Blasting Agents; Final Rule*, Washington, DC, February 24, 1992.

Occupational Safety and Health Administration(OSHA) Publication 3133, *Process Safety Management Guidelines for Compliance*, Washington, DC, 1993.

Occupational Safety and Health Administration(OSHA) Instruction CPL 02-02-045 CH-1, *PSM Compliance Directive*, Washington, DC, September 13, 1994.

Occupational Safety and Health Administration(OSHA) Instruction CPL 03-00-004, *Petroleum Refinery Process Safety Management National Emphasis Program*, June 7, 2007(OSHA, 2007b).

Occupational Safety and Health Administration(OSHA) Directive 09-06(CPL 02), *PSM Chemical Covered Facilities National Emphasis Program*, July 27, 2009(OSHA, 2009a).

11 操作程序

本要素在 OSHA 过程安全管理标准《高危化学品过程安全管理》和 EPA《风险管理计划》以及许多州立过程安全管理标准和自愿性共识过程安全管理标准中被称之为“操作程序”。在某些情况下，本要素还被称为“标准操作程序”。“操作程序”是化工过程安全中心(CCPS)《基于风险的过程安全》(RBPS)事故预防原则之一“管理风险”中的一个要素。

11.1 概述

操作程序属于书面指南(包括纸质文件和电子版文件)，用于对 OSHA 过程安全管理标准《高危化学品过程安全管理》所涵盖工艺过程的操作方法进行说明。这些操作方法包括操作时必须执行的步骤以及安全操作所需的补充信息。要求编写完善的书面操作程序，对工艺、危险、手段、个体防护装备(PPE)和控制措施进行详细介绍，以确保操作人员知晓有关危险并能够基于该操作程序来核实有关控制措施是否已落实到位及是否按照预期方式对过程做出响应。另外，书面操作程序还应对异常和紊乱情况以及出现异常和紊乱情况时需执行的操作进行说明，包括紧急停车及应何时/如何实施紧急停车。在操作程序中，还应明确其他运行模式和情形，如正常停车、运行模式转换(如催化剂再生)、临时操作(如停运某一设备或临时停止进料)、产品切换、设备定期清理、对设备进行相应操作以便进行维护及由操作人员进行的其他日常操作。在本章中，术语“操作程序”和”标准操作程序(SOP)”具有相同的含义。

“标准操作程序(SOP)”这一要素与过程安全管理标准中其他要素密切相关。主要相关要素包括：

• “员工参与”要素(见第 7 章)——操作人员通常在下发标准操作程序(SOP)前应参与标准操作程序审查工作。

• “过程知识管理”要素(见第 9 章)——标准操作程序(SOP)应包含有关过程安全知识/过程安全信息，尤其是过程安全上限值和下限值。

• “危害识别和风险分析(HIRA)”要素(见第 10 章)——标准操作程序(SOP)应列出为避免危害识别和风险分析识别出的危险而需执行的操作步骤及因出现偏差而造成的后果，尤其要包括“警告”和“小心”文字。在进行危害识别和风险分析期间，通常根据操作程序来了解设施的运行情况。

• “安全操作规程”要素(见第 12 章)——进行动火作业时，应根据将要进行的具体动火作业对设施运行进行必要的调整。因此，进行动火作业前，应按照标准操作程序(SOP)将设施切换至合适的运行模式。

• "资产完整性和可靠性"要素(见第13章)——进行预防性和纠正性维护工作时，应根据将要开展的具体维护工作将设施切换至合适的运行模式或对设备运行进行调整。因此，开展维护工作前，应按照标准操作程序(SOP)将设施切换至合适的运行模式。

• "培训和绩效保证"要素(见第15章)——操作人员应接受标准操作程序(SOP)全面培训。标准操作程序应作为编写培训和资格考核计划的技术依据。

• "变更管理(MOC)"要素(见第16章)——进行变更时，可能需要编写新的标准操作程序(SOP)或对现有标准操作程序进行修改和/或为临时变更编写临时操作程序。

第11.2节和第11.3节中，对合规性审核准则和相关审核准则及审核员在使用这些准则方面的要求进行了介绍。有关对合规性审核准则和相关审核准则的详细介绍，见第1章(第1.7节)。这些章节中介绍的准则和指南并不能完全涵盖过程安全管理标准的范围、设计、实施或解释，而代表的是化工/加工行业过程安全管理审核员的集体经验及基于经验形成的一致性观点。合规性审核准则来自于美国过程安全管理法规，而这些法规全部都是基于绩效的法规。基于绩效的法规以目标为导向，有多种途径来满足法规中的规定。因此，除了本章审查表中列出的问题，尤其是审查表"审核员指南"栏中列出审查方法之外，可能还会有其他审查方法。

本书中介绍的相关审核准则并不代表过程安全管理标准的顺利实施必须遵守这些准则，也不代表如果没有遵守这些准则过程安全管理标准的实施就会出现问题。同合规性审核准则一样，对于某一设施或公司而言，可能会有其他更合适的审核方法。另外，按照相关审核准则对过程安全管理标准实施情况进行审核完全是自愿性的，并非强制性要求。在采用相关审核准则时应谨慎并认真计划，从而防止在不经意间形成不期望的过程安全管理绩效标准。在采用这些相关审核准则之前，应在设施与其母公司之间达成一致意见。最后，所提供的相关审核准则和审核员指南并不意味着是对监管机构发出的书面或口头说明、由监管机构对违反过程安全管理法规发出的违规传票以及由监管机构发布的其他过程安全管理指南的认同，也不是对某一公司在实施过程安全管理标准过程中形成的成功或常用过程安全管理做法的认可。

11.2 审核准则和审核员指南

本节对OSHA过程安全管理标准《高危化学品过程安全管理》、EPA《风险管理计划》、多个州立过程安全管理标准以及其他常用自愿性共识过程安全管理标准中"操作程序"这一要素的详细要求进行了介绍。审核员根据本章所提供的指南并通过开展以下审核工作对下文介绍的审核准则进行审查：

• 与负责设施操作程序编写、审查、批准和维护的管理人员进行面谈。这些人员通常为设施运行部门或生产部门人员。在许多设施中，操作程序由工程设计人员编写，并由操作人员进行审查。而在有些设施中，由具有良好书面表达能力的操作人员来编写操作程序。

• 对OSHA过程安全管理标准《高危化学品过程安全管理》所涵盖单元的操作程序进行审查。操作程序并非适用于某些类型设施的所有运行模式，在这种情况下，不要求为这些运行模式编写标准操作程序(SOP)。例如，对于现有连续运行设施，在完成首次开车后其首次开车程序就不再使用，在以后进行开车时将执行在完成设施大检修后或实施紧急停车后的开车程序。另外，某些设施不适合或不允许执行临时操作。但是，对于生产多种(不同的)产品的间歇运行设施，应为新产品生产编写首次开车程序/配方。

- 在审查操作程序时，与操作人员进行面谈，以核实是否按照操作程序来进行操作及是否为所有日常操作均编写了书面操作程序。
- 对操作程序年度审核记录进行审查，以核实操作程序内容是否完整、正确、准确。
- 按照标准操作程序(SOP)对操作人员的操作行为进行观察和检查。

另外，审核员还应对被审核公司/工厂所制定程序中“标准操作程序(SOP)”要求进行认真审查。如第1.7.1节所述，监管机构会将这些“标准操作程序”要求认定为合规性要求，如果不遵守这些合规性要求，公司或设施就会因违反法规中的规定而收到由OSHA发出的违规传票。审核员应通过对相关人员进行面谈、对有关记录和文件进行审查及实地检查等方式来核实设施或公司标准操作程序中有关要求是否已按照规定付诸实施。如果在审核时发现没有遵守公司/工厂制定的具体规定，则应将发现的问题写入审核报告。

对于下文表中用于指明审核准则出处的缩写词定义，见引言中“第3-24章”指南部分。

11.2.1 合规性要求

审核准则可供以下公司/工厂使用：

- OSHA过程安全管理标准《高危化学品过程安全管理》或EPA《风险管理计划》所涵盖的美国本土公司/工厂；
- 自愿采用OSHA过程安全管理标准《高危化学品过程安全管理》的公司/工厂；
- 采用OSHA过程安全管理标准《高危化学品过程安全管理》中规定要求的美国本土以外公司/工厂。

表11.1列出了OSHA过程安全管理标准《高危化学品过程安全管理》和EPA《风险管理计划》中与“操作程序”有关的审核准则和审核员指南。

表11.1 OSHA过程安全管理标准《高危化学品过程安全管理》和EPA《风险管理计划》中与“操作程序”有关的审核准则和审核员指南

审核准则	审核准则出处	审核员指南
审核准则11-C-1：雇主应制定并实施书面操作程序	美国职业安全与健康管理局(OSHA)《高危化学品过程安全管理》(29 CFR §1910.119)(f)(1) 美国国家环境保护局(EPA)《风险管理计划》中“操作程序”部分(68.69)	为审核员提供的基本信息： • 操作程序为书面文本文件，而不仅仅包括集散控制系统(DCS)显示画面。 • 如果针对某些操作编制了检查表，检查表对标准操作程序(SOP)中重要或相关内容进行了汇总，则这类检查表应视为正式批准的操作程序的一部分，而不能将其视为非正式文件。 • 如果操作人员按照标准操作程序(SOP)编制操作日志，则这类操作日志应视为正式批准的标准操作程序的一部分，而不能将其视为非正式文件。 • 如果在标准操作程序(SOP)中引用了其他操作指南，则这类操作指南应视为正式批准的标准操作程序的一部分，而不能将其视为非正式文件。 由审核员开展的工作： • 审核员应对操作人员进行面谈，以核实是否为所有日常操作均编写了书面操作程序。 • 审核员应对操作程序进行审查，以核实操作程序是否为书面文件，并采用纸质版或电子版形式保存和维护。

续表

审核准则	审核准则出处	审核员指南
		• 审核员应对操作人员进行面谈，以核实标准操作程序(SOP)是否经过了审批，是否不能使用非正式文件(如在进行培训时采用的文件、手册或其他培训辅助材料)来代替标准操作程序。 • 审核员应在现场询问控制室和其他岗位操作人员，以核实并确保没有使用任何未经批准的操作文件或非正式操作文件
审核准则 11-C-2：雇主应编写并实施书面操作程序，为OSHA过程安全管理标准《高危化学品过程安全管理》所涵盖每一过程提供操作指南	美国职业安全与健康管理局(OSHA)《高危化学品过程安全管理》(29 CFR §1910.119)(f)(1) 美国国家环境保护局(EPA)《风险管理计划》中"操作程序"部分(68.69)	为审核员提供的基本信息： • 操作程序应涵盖与设施安全运行有关的所有操作或任务。例如，如果要求进行取样，则操作程序应包括取样操作(应至少包括会对工艺造成影响的取样操作，对于化验室样品分析，可采用其他类型文件对样品分析操作要求进行说明)。 • 如果操作人员过于依赖培训文件而不是已批准操作程序，这在很大程度上说明操作程序中内容不明确，操作人员无法理解操作程序中的内容。 由审核员开展的工作： • 审核员应对操作人员进行面谈，以核实到目前为止是否为所确定的所有常规和非常规操作编写了标准操作程序(SOP)。 • 对于间歇运行设施，如果通过标准操作程序(SOP)来对间歇运行进行记录，则审核员应进行检查以核实记录填写是否完整。 • 审核员应对操作人员进行面谈，以核实操作人员能否理解书面标准操作程序(SOP)
审核准则 11-C-3：雇主应按照过程安全信息编写并实施书面操作程序	美国职业安全与健康管理局(OSHA)《高危化学品过程安全管理》(29 CFR §1910.119)(f)(1) 美国国家环境保护局(EPA)《风险管理计划》中"操作程序"部分(68.69)	由审核员开展的工作： • 审核员应对标准操作程序(SOP)进行审查，以核实标准操作程序是否与相关过程安全信息(PSI)保持一致，尤其是安全上限值、下限值以及安全系统相关信息(如关键控制设备设定值、联锁限定值和跳车设定值)。 • 审核员应对标准操作程序(SOP)内容以及相关过程安全信息进行审查，以核实二者是否一致
审核准则 11-C-4：在操作程序中应包括首次开车操作步骤	美国职业安全与健康管理局(OSHA)《高危化学品过程安全管理》(29 CFR §1910.119)(f)(D)(i)(A) 美国国家环境保护局(EPA)《风险管理计划》中"操作程序"部分(68.69)	为审核员提供的基本信息： • 首次开车程序可能不适合某些类型的设施。例如，连续运行设施在首次开车后将不再使用首次开车程序。但是，对于间歇运行设施，因为可能需要进行产品切换，因此仍会使用首次开车程序。 • 对于某些设施，首次开车程序和正常开车程序涉及相同的操作步骤。在某些情况下，要求在设施试车或在进行开车前安全审查期间对设施是否具备首次开车条件进行检查(见"第13章：资产完整性和可靠性"和"第17章：开车准备")，并且要求为首次开车编写专门操作程序。 • 对于新建或改造设施，首次开车可作为试车计划的一部分。 由审核员开展的工作： • 审核员应对操作程序进行审查，以核实在操作程序中是否包括首次开车指南，如工艺管线、仪表和公用工程系统准备、开车前设备试运、设备干燥、设备或管线氮封/吹扫、阀门定位、预热、首次开车具体操作步骤等

续表

审核准则	审核准则出处	审核员指南
审核准则 11-C-5：在操作程序中应包括正常运行操作指南	美国职业安全与健康管理局（OSHA）《高危化学品过程安全管理》（29 CFR §1910.119）（f）（1）（i）（B） 美国国家环境保护局（EPA）《风险管理计划》中“操作程序”部分（68.69）	由审核员开展的工作： • 审核员应对操作程序进行审查，以核实在操作程序中是否包括正常运行操作指南（如稳态运行条件、需监控的重要参数、异常条件监控手段和步骤以及进行必要调整而需执行的操作步骤）
审核准则 11-C-6：在操作程序中应包括临时操作指南	美国职业安全与健康管理局（OSHA）《高危化学品过程安全管理》（29 CFR §1910.119）（f）（1）（i）（C） 美国国家环境保护局（EPA）《风险管理计划》中“操作程序”部分（68.69）	为审核员提供的基本信息： • 某些设施可能不适合或不允许执行临时操作。 • 对于某些设施，可为其编写单独临时操作程序。 由审核员开展的工作： • 审核员应对操作程序进行审查，以核实在操作程序中是否包括设施运行中必须执行的临时操作（如保温/保压、将安全设备或其他设备设置为走旁路、降低运行负荷/能力、在出现某些紧急情况时［如控制系统/设备出现故障、公用工程系统临时中断（如供电中断）］需执行的临时操作以及取样、吹扫/氮封和临时变更）
审核准则 11-C-7：在操作程序中应包括紧急停车操作指南，内容包括在何种条件下实施紧急停车、指派合格操作人员负责实施紧急停车以确保以安全方式完成紧急停车	美国职业安全与健康管理局（OSHA）《高危化学品过程安全管理》（29 CFR §1910.119）（f）（1）（i）（D） 美国国家环境保护局（EPA）《风险管理计划》中“操作程序”部分（68.69）	为审核员提供的基本信息： • 对于某些设施，可为其编写单独紧急停车操作程序。 • “紧急停车”和“应急处置”之间的区别在于，紧急停车是指当工艺安全裕量已大幅降低，从而会导致出现危险工艺条件，且不执行停车会立即导致灾难性事件时，迅速将工艺置于安全、稳定条件。应急处置是指当工艺出现紊乱时无需实施紧急停车，而是通过执行相关操作继续使工艺保持在安全运行状态。 • 另外，当关键公用工程系统或辅助系统出现故障时，也可能要求实施紧急停车，如氮气、仪表风、蒸汽、冷却水和工艺水供水中断及进料中断或 DCS 系统/DCS 显示出现故障。 由审核员开展的工作： • 审核员应确定当出现哪些条件、工艺紊乱、故障或其他异常条件时要求对设施实施紧急停车，同时核实已为这些情形编写了操作程序。应通过进行过程危害分析（PHA）和其他危险/风险评估来明确需实施紧急停车的条件。 • 审核员应对操作程序进行审查，以核实在操作程序中是否包括为实现快速、安全停车而需执行的操作，如启动紧急停车系统、执行紧急停车操作及为每一紧急停车步骤指定操作人员。 • 审核员应对紧急停车程序或操作程序中紧急停车部分进行审查，以核实在这些程序中是否为每一紧急停车步骤指定了操作人员。 • 审核员应对操作程序进行审查，以核实在操作程序中是否包括紧急停车条件。紧急停车条件通常采用工艺参数和危险情形（如火灾或有毒物质泄漏）来说明

续表

审核准则	审核准则出处	审核员指南
审核准则 11-C-8：在操作程序中应包括应急处置指南	美国职业安全与健康管理局(OSHA)《高危化学品过程安全管理》(29 CFR §1910.119)(f)(1)(i)(E) 美国国家环境保护局(EPA)《风险管理计划》中"操作程序"部分(68.69)	为审核员提供的基本信息： • "紧急停车"和"应急处置"之间的区别在于，紧急停车是指当工艺安全裕量已大幅降低从而导致出现危险工艺条件，且不执行停车会立即导致灾难性事件时，迅速将工艺置于于安全、稳定条件。应急处置是指当工艺出现紊乱时无需实施紧急停车而是通过执行相关操作继续使工艺保持在安全运行状态。 • 对于某些设施，可为其编写单独应急处置程序。 • 另外，紧急条件还包括关键公用工程系统或辅助系统出现故障，如断电、氮气、仪表风、蒸汽、冷却水和工艺水供水中断及进料中断或 DCS 系统/DCS 显示出现故障。 由审核员开展的工作： • 审核员应确定当出现哪些条件、工艺紊乱、故障或其他异常条件时要求执行应急处置，同时核实已为这些情形编写了操作程序。否则，有必要实施紧急停车。应通过进行过程危害分析(PHA)和其他危险/风险评估来明确需实施应急处置的条件。 • 审核员应对操作程序进行审查，以核实在操作程序中是否包括出现工艺紊乱时为确保设施正常运行而需执行的操作(如当超出安全上限值和下限值时需采取控制措施，包括启动反应器急冷系统)。通常，通过控制系统联锁或紧急停车系统(ESD)自动执行应急处置
审核准则 11-C-9：在操作程序中应包括正常停车操作指南	美国职业安全与健康管理局(OSHA)《高危化学品过程安全管理》(29 CFR §1910.119)(f)(1)(i)(F) 美国国家环境保护局(EPA)《风险管理计划》中"操作程序"部分(68.69)	为审核员提供的基本信息： • 对于某些设施，可为其编写单独正常停车操作程序。 • 对于某些设施(通常为较简单设施)，正常停车和紧急停车可能执行相同的操作步骤，因此，可以将二者合并为一个操作程序。 由审核员开展的工作： • 审核员应对操作程序进行审查，以核实在操作程序中是否包括实施正常停车而需执行的相关操作(例如，实施正常停车而需执行的操作步骤包括冷却、清除多余物料以及考虑在交接班期间实施正常停车)
审核准则 11-C-10：在操作程序中应包括在完成大检修或实施紧急停车后的开车程序	美国职业安全与健康管理局(OSHA)《高危化学品过程安全管理》(29 CFR §1910.119)(f)(1)(i)(G) 美国国家环境保护局(EPA)《风险管理计划》中"操作程序"部分(68.69)	为审核员提供的基本信息： • 对于某些设施，可为其在完成大检修或实施紧急停车后的开车编写单独开车程序。 由审核员开展的工作： • 如果在完成大检修(即为设施检修而停车)或实施紧急停车后进行的开车不同于正常开车，审核员应对操作程序进行审查，以核实在操作程序中是否为进行这类开车明确了操作指南
审核准则 11-C-11：在操作程序中应明确运行限定值	美国职业安全与健康管理局(OSHA)《高危化学品过程安全管理》(29 CFR §1910.119)(f)(1)(ii) 美国国家环境保护局(EPA)《风险管理计划》中"操作程序"部分(68.69)	为审核员提供的基本信息： • 运行限定值是指需要保持的工艺参数值或工艺参数范围。这些值通常与保证产品质量有关，但是，还可以包括过程安全上限值和下限值或其他重要限定值。 由审核员开展的工作： • 审核员应对操作程序进行审查，以核实在操作程序中是否明确了有关工艺参数限定值(如压力、温度、流量、时间和组分)。

续表

审核准则	审核准则出处	审核员指南
		• 审核员应进行实地检查，以核实设施是否在标准操作程序(SOP)中规定的运行限定值范围内运行且运行限定值在过程安全信息(PSI)中规定的设备设计限定值范围内(观察DCS系统显示数据或历史趋势图中工艺参数，并核实显示数据在标准操作程序中规定的运行限定值范围内)
审核准则11-C-12：在操作程序中应考虑因出现偏差而造成的后果	《安全管理标准》(f)(1)(ii)(A) 美国国家环境保护局(EPA)《风险管理计划》中“操作程序”部分(68.69)	为审核员提供的基本信息： • 因出现偏差而造成的后果通常包括对安全造成的影响及对产品质量/可操作性造成的影响。对安全造成的影响应与过程危害分析(PHA)时识别出的安全影响保持一致。 由审核员开展的工作： • 审核员应对操作程序进行审查，以核实是否在操作程序自身或采用单独的“警告”或“小心”文字对因偏离运行限定值而造成的影响进行了说明
审核准则11-C-13：在操作程序中应包括为纠正或避免出现偏差而需执行的操作步骤	美国职业安全与健康管理局(OSHA)《高危化学品过程安全管理》(29 CFR §1910.119)(f)(1)(ii)(B) 美国国家环境保护局(EPA)《风险管理计划》中“操作程序”部分(68.69)	由审核员开展的工作： • 审核员应对操作程序进行审查，以核实在操作程序中是否包括为纠正或避免偏离安全运行限定值而需执行的操作步骤
审核准则11-C-14：在操作程序中应考虑与安全和健康有关的问题：在设施中使用的化学品特性及其潜在危险	美国职业安全与健康管理局(OSHA)《高危化学品过程安全管理》(29 CFR §1910.119)(f)(1)(iii)(A) 美国国家环境保护局(EPA)《风险管理计划》中“操作程序”部分(68.69)	为审核员提供的基本信息： • 可在操作程序中详细列出化学品特性及其潜在危险或注明与其有关的参考资料，如化学品安全技术说明书(MSDS)。 由审核员开展的工作： • 审核员应对操作程序进行审查，以核实在操作程序中是否包括在设施中使用的化学品的特性及其潜在危险。 • 审核员应核实操作人员能否获得化学品安全技术说明书(MSDS)或其他参考资料
审核准则11-C-15：在操作程序中应考虑与安全和健康有关的问题：为防止人员接触化学品而必须采取的防范措施，包括工程控制措施、管理控制措施和个体防护装备(PPE)	美国职业安全与健康管理局(OSHA)《高危化学品过程安全管理》(29 CFR §1910.119)(f)(1)(iii)(B) 美国国家环境保护局(EPA)《风险管理计划》中“操作程序”部分(68.69)	为审核员提供的基本信息： • 可在操作程序中详细列出为防止人员接触化学品而必须采取的防范措施或注明与其有关的参考资料，如化学品安全技术说明书(MSDS)。 由审核员开展的工作： • 审核员应对操作程序进行审查，以核实在操作程序中是否包括为防止人员接触化学品而必须采取的防范措施，包括工程控制措施、管理控制措施和个体防护装备(PPE)。 • 审核员应核实以下内容： 操作人员能否按照标准操作程序(SOP)中规定的要求随时使用个体防护装备(PPE)。所需个体防护装备(PPE)保持完好使用状态。固定式安全设备(如洗眼器和安全淋浴器)能够正常使用。但是，对于作为其他安全与健康审核工作一部分而已经完成的任何检查，过程安全管理审核员不应再重复进行这些检查。

续表

审核准则	审核准则出处	审核员指南
		• 如果在标准操作程序(SOP)中注明操作人员应参考化学品安全技术说明书(MSDS)(即不在标准操作程序中重复列出化学品安全技术说明书中信息),则审核员应核实操作人员能否获得化学品安全技术说明书。 • 审核员应对为防止人员接触化学品而采取的工程控制措施(如室内通风、通风罩和有毒气体检测)进行审查,并核实是否将这些工程控制措施纳入操作程序。在化学品安全技术说明书(MSDS)中,列出了建议采用的工程控制手段,但并未指明在实际操作中具体采用何种工程控制手段。 • 审核员应对为防止人员接触化学品而采用的管理控制措施(如门禁程序)进行审查,并核实是否将这些管理控制措施纳入操作程序。在化学品安全技术说明书(MSDS)中,列出了建议采用的管理控制措施,但并未指明在实际操作中具体采用何种管理控制措施
审核准则 11-C-16:在操作程序中应考虑与安全和健康有关的问题:如果身体会接触化学品或人员会吸入漂浮在空气中化学品,应指明需采取的接触控制措施	美国职业安全与健康管理局(OSHA)《高危化学品过程安全管理》(29 CFR §1910.119)(f)(1)(iii)(C) 美国国家环境保护局(EPA)《风险管理计划》中"操作程序"部分(68.69)	为审核员提供的基本信息: • 可在操作程序中详细列出为防止人员接触化学品而需采取的控制措施或注明与其有关的参考资料,如化学品安全技术说明书(MSDS)。 由审核员开展的工作: • 如果身体会接触化学品或人员会吸入漂浮在空气中化学品,审核员应对操作程序进行审查,以核实在操作程序中是否指明了需采取的接触控制措施
审核准则 11-C-17:在操作程序中应考虑与安全和健康有关的问题:原料质量控制和危险化学品储存量控制	美国职业安全与健康管理局(OSHA)《高危化学品过程安全管理》(29 CFR §1910.119)(f)(1)(iii)(D) 美国国家环境保护局(EPA)《风险管理计划》中"操作程序"部分(68.69)	为审核员提供的基本信息: • 对于过程安全管理,质量控制并非指对产品质量进行控制,而是指通常采用产品质量管理体系来确保原料质量,控制对能够导致过程安全事故的原料污染或其他条件。例如,当采用公路槽车来运输原料时,设施可能要求其卸料操作人员对以下项目进行检查:分析证书、装运文件中化学品名称是否相符、装运文件中封条号与槽车顶盖上封条号是否相符等。另外,还可能要求由第二名卸料操作人员对从槽车卸出的反应器原料进行再次确认(在这些情况下,如果原料错误,会导致出现过程安全事故)。 • 在操作程序中,储存量控制是指对化学品储存量进行有效管理,防止引发过程安全事故。在许多情况下,按照操作程序中规定的要求(维持进料流量、温度和液位等)进行操作就可以对危险化学品储存量进行有效控制。在某些情况下,还可采用管理手段来控制危险化学品储存量。例如,对于附录A中列出的化学品,设施可能要求在规定的任何时间内现场只能存放一个化学品钢瓶。 由审核员开展的工作: • 审核员应对操作程序进行审查,以核实在操作程序中是否明确了与原料质量控制和危险化学品储存量控制有关的要求。 • 审核员应核实是否按照过程危害分析(PHA)结果明确了质量控制和储存量控制的相关要求

续表

审核准则	审核准则出处	审核员指南
审核准则 11-C-18：在操作程序中应考虑与安全和健康有关的问题：是否存在特殊危险	美国职业安全与健康管理局(OSHA)《高危化学品过程安全管理》(29 CFR §1910.119)(f)(1)(iii)(E) 美国国家环境保护局(EPA)《风险管理计划》中“操作程序”部分(68.69)	为审核员提供的基本信息： • 举例来说，特殊危险包括反应失控、分解、部分反应或不完全反应、过度进料、未按照顺序进料、材料在环境条件下自燃、低于自燃温度以及其他危险条件，如电离辐射、粉尘、烫伤、噪声过大、窒息等。 • 并非必须在操作程序中采用单独章节来对特殊危险进行说明。可采用“警告”或“小心”文字、在操作步骤中插入单独说明或其他方式对这些特殊危险加以说明。 由审核员开展的工作： • 审核员应对操作程序进行审查，以核实在操作程序中是否明确了设施存在的特殊危险
审核准则 11-C-19：在操作程序中应考虑与安全和健康有关的问题：安全系统及其功能	美国职业安全与健康管理局(OSHA)《高危化学品过程安全管理》(29 CFR §1910.119)(f)(1)(iv) 美国国家环境保护局(EPA)《风险管理计划》中“操作程序”部分(68.69)	为审核员提供的基本信息： • 可采用安全设备/功能表格或清单形式来提供与安全系统有关的信息。视具体情况，安全系统信息应至少包括与以下类型安全设备/系统有关的信息： —跳车设备； —联锁设备； —报警设备； —二次防泄漏设备； —泄压设备； —爆炸下限(LEL)检测器或有毒气体检测器； —消防系统； —防爆板； —爆炸抑制系统； —阻火器； —紧急隔离阀； —通风系统； —不间断供电系统。 • 在操作程序中，应对安全系统/功能的作用及其操作、安全系统设定值以及当安全系统无法正常运行时如何进行操作加以说明。 • 在操作程序中，可注明含有这类信息的参考文件。在这种情况下，操作人员应能够随时查阅参考文件，并能够理解参考文件中内容。 由审核员开展的工作： • 审核员应对操作程序进行审查，以核实在操作程序中是否对安全系统及其保护对象进行了说明。 • 审核员应进行实地检查，以核实在标准操作程序(SOP)中介绍的安全设备是否已安装且能够正常运行
审核准则 11-C-20：操作程序应便于操作人员或维护人员使用	美国职业安全与健康管理局(OSHA)《高危化学品过程安全管理》(29 CFR §1910.119)(f)(2) 美国国家环境保护局(EPA)《风险管理计划》中“操作程序”部分(68.69)	为审核员提供的基本信息： • 如果标准操作程序(SOP)正式版本以电子版文件形式保存和维护，则应在控制室或其他方便地点至少提供一份标准操作程序拷贝件，确保当供电系统或保存操作程序的计算机/网络系统出现故障时可随时使用。 由审核员开展的工作： • 审核员应对关键操作地点(如控制室)进行实地检查，以核实是否提供了最新电子版或纸质标准操作程序(SOP)。

续表

审核准则	审核准则出处	审核员指南
		• 如果标准操作程序(SOP)正式版本以电子版文件形式保存和维护，则审核员应核实是否为操作人员以及其他所需人员提供了用户ID号和密码，以允许其访问保存在计算机中的标准操作程序。 • 审核员应核实操作人员能否随时使用标准操作程序(SOP)
审核准则11-C-21：应根据实际情况定期对操作程序进行审查，确保操作程序能够反映设施当前操作和运行情况，包括根据对化学品、技术、设备和设施进行的变更来对操作程序进行相应的修改和更新	美国职业安全与健康管理局(OSHA)《高危化学品过程安全管理》(29 CFR §1910.119)(f)(3) 美国国家环境保护局(EPA)《风险管理计划》中"操作程序"部分(68.69)	为审核员提供的基本信息： • 应定期对操作程序进行审查，确保操作程序能够反映设施和辅助系统竣工和当前运行状态。对标准操作程序(SOP)进行审查并不要求必须对其内容逐行进行检查。可根据变更管理(MOC)程序来确定对标准操作程序的审查内容。 由审核员开展的工作： • 审核员应对操作程序或有关记录(如变更管理(MOC)记录)进行审查，以核实是否定期对这些程序和记录进行了审查，从而确保这些程序和记录能够反映设施和辅助系统竣工和当前运行状态。 • 审核员应对操作人员进行面谈，以核实是否定期对操作程序进行了审查，并及时对相关内容进行了更新
审核准则11-C-22：雇主应每年对操作程序进行一次审核，确保对操作程序进行及时更新并保证其内容正确	美国职业安全与健康管理局(OSHA)《高危化学品过程安全管理》(29 CFR §1910.119)(f)(3) 美国国家环境保护局(EPA)《风险管理计划》中"操作程序"部分(68.69)	为审核员提供的基本信息： • 在对操作程序进行年度审核时，应由审查人员签字并注明审核日期。审查人员签字并非必须为原始签名，而可以采用姓名全称、姓名首字母缩写或其他代表性符号。 • 可在操作程序文件中或采用单独记录来注明已对操作程序进行了年度审核。 • 应每隔12个月对操作程序进行一次审核，也就是说，在当年1月1日对操作程序进行审核后，不能拖到次年12月31日才进行下一次审核。 • 可对所有标准操作程序(SOP)年度审核记录进行汇总，而无需为每一标准操作程序年度审核提供单独记录。例如，可为所有标准操作程序编制索引或采用类似记录方式，并在索引或记录中注明每一操作程序的年度审核日期。另外，如果没有为所有操作程序编制索引或清单，还可以提供一份总体说明，以证明已对所有操作程序进行了年度审核，但是这种方法无法提供完整详细记录。 • 如果在操作程序中注明了需参考的其他非操作程序类文件(如化学品安全技术说明书(MSDS))，则无需每年对这类非操作程序类文件进行审查，但应定期对其进行正式审查和更新。如果通过了ISO认证，则可按照ISO计划中的规定定期对有关文件进行审查。在操作程序中注明参考文件是一种越来越普遍的做法，因为在电子版操作程序中可以方便地插入文件链接，因此对于电子版操作程序尤为如此。这种方法可以使操作程序更加简约，并允许将有关信息仅保存在一个文件而非多个文件中。 由审核员开展的工作： • 审核员应对操作程序年度审核进行审查，以核实是否由审查人员签字并注明了审核日期。 • 审核员应对操作程序年度审核进行审查，以核实是否每隔12个月对操作程序进行一次审核，也就是说，在当年1月1日对操作程序进行审核后，不能拖到次年12月31日才进行下一次审核。

续表

审核准则	审核准则出处	审核员指南
		• 审核员应对操作程序年度审核员进行面谈，以了解如何对操作程序进行了年度审核及本次年度审核是否与审核记录相符。 • 如果在操作程序中注明了需参考的其他非操作程序类文件，则审核员应核实是否定期对这些非操作程序类文件进行了正式审查和更新。另外，审核员还可以对参考文件进行抽查，以核实参考文件内容是否正确及是否及时对其进行了更新

对于 OSHA 过程安全管理标准《高危化学品过程安全管理》“操作程序”这一要素中的“安全操作规程”，其审核准则见第 12 章。

11.2.1.1　美国州立过程安全管理标准

公司/工厂按照州立过程安全管理标准制定其过程安全管理标准时，应遵守州立过程安全管理标准中规定的具体过程安全知识要求。尽管州立过程安全管理标准中规定的要求与联邦 OSHA 过程安全管理标准《高危化学品过程安全管理》和 EPA《风险管理计划》存在一定程度的重叠，并已获得联邦法规的实施授权(即从 OSHA 获得了《高危化学品过程安全管理》实施资格或从 EPA 获得了《风险管理计划》实施资格)，但仍需满足州立过程安全管理标准的具体要求。在表 11.2 中，对以下三个州的过程安全管理法规适用性要求进行了说明：

- 新泽西州；
- 加利福尼亚州；
- 特拉华州。

表 11.2 列出了美国州立过程安全管理标准中与“操作程序”有关的审核准则和审核员指南。

表 11.2　美国州立过程安全管理标准中与“操作程序”有关的审核准则和审核员指南

审核准则	审核准则出处	审核员指南
新泽西州立法规《毒性物品灾难预防法案》(TCPA) 审核准则 11-C-23：对于涉及极度有害物质(EHS)的设施，其操作程序应采用英语语言来编写，并便于操作人员理解。如果操作人员不懂英语，则应采用操作人员能够理解的语言来编写操作程序。 • 对于涉及极度有害物质(EHS)的设施，其标准操作程序应包括以下内容： 工艺说明(对运行条件以及流量、温度和压力参数进行说明)或注明工艺说明参考文件； 取样程序(指明取样仪器及具体取样步骤)； 运行日志和检查表(如果适用的话)；	新泽西州《毒性物品灾难预防法案》7：31-4.3	审核员指南： • 审核员应核实是否有操作人员不懂英语，以致于无法阅读并理解标准操作程序(SOP)。如果有不懂英语的操作人员，标准操作程序应同时采用英语和这些操作人员的母语来编写。 • 审核员应对标准操作程序(SOP)进行检查，以确认在标准操作程序中包括以下内容：工艺说明、取样程序、运行日志和检查表、为满足安全运行需求而应配备的极度有害物质(EHS)操作人员数量、在极度有害物质搬运、使用、生产、存储或产生过程中要求 EHS 操作人员在现场进行监控(新泽西州《毒性物品灾难预防法案》7：31-4.3 规定的例外情况除外)及采用目录或索引形式列出 OSHA 过程安全管理标准《高危化学品过程安全管理》所涵盖每一过程的标准操作程序

续表

审核准则	审核准则出处	审核员指南
为满足安全运行需求而应配备的极度有害物质(EHS)操作人员数量以及每一班组工作范围; 在极度有害物质(EHS)搬运、使用、生产、存储或产生过程中，要求EHS操作人员在现场进行监控，以便当发出报警后及时采取纠正措施以防止发生事故，但以下情况除外： • 当使用存储在容器中的氯气在线对水进行加氯消毒时，如果新泽西州环境保护局确认为氯气监控设备设置了报警，当发生泄漏时能够向有人值守的监控站发出报警，监控站经过培训的人员能够及时采取措施以防止发生极度有害物质(EHS)泄漏事故，且氯气在线供给容器总容量小于2100磅。 • 当极度有害物质(EHS)存储需要进行冷却、循环、搅拌或氮封时，如果新泽西州环境保护局确认为EHS监控设备设置了报警，当发生泄漏时能够向有人值守监控站发出报警，监控站经过培训的人员能够及时采取措施以防止发生EHS泄漏事故，或者通过进行风险评估证实在开展特定作业时无需EHS操作人员在现场进行监控。 • 当极度有害物质(EHS)存储不要求进行冷却、循环、搅拌或氮封时，如果新泽西州环境保护局确认为EHS监控设备设置了报警，当发生泄漏时能够向有人值守监控站发出报警，或者通过进行风险评估证实在开展特定作业时无需EHS操作人员在现场进行监控。 • 当在密闭回路系统中使用无水氨进行机械制冷时，无论其他州立和/或联邦法规中是否做出了规定，如果新泽西州环境保护局确认无水氨检测系统能够自动隔离、停运和排空EHS设备且为检测系统设置了报警，当发生泄漏时能够向有人值守监控站发出报警，监控站经过培训的人员能够及时采取措施以防止发生EHS泄漏事故; 应采用目录或索引形式列出OSHA过程安全管理标准《高危化学品过程安全管理》所涵盖每一过程的标准操作程序		

续表

审核准则	审核准则出处	审核员指南
特拉华州立法规《意外泄漏预防计划》 审核准则 11-C-24：除OSHA过程安全管理标准《高危化学品过程安全管理》和EPA《风险管理计划》规定的"操作程序"要求外，在特拉华州环境、健康与安全(EHS)管理法规中未新增任何与之有关的其他要求	《特拉华州立法规汇编》第77章第5.69节	• 无其他要求
加利福尼亚州职业安全与健康管理局(CalOSHA)法规《急性危险物料过程安全管理》 审核准则 11-C-25：除在OSHA过程安全管理标准《高危化学品过程安全管理》和EPA《风险管理计划》中规定的"操作程序"要求外，在加利福尼亚州职业安全与健康管理局(CalOSHA)过程安全管理法规中未新增任何与之有关的其他要求	《加利福尼亚州立法规汇编》第8篇第5189部分	• 无其他要求
《加利福尼亚州意外泄漏预防计划》(CalARP) 审核准则 11-C-26：除在OSHA过程安全管理标准《高危化学品过程安全管理》和EPA《风险管理计划》中规定的"操作程序"外，在《加利福尼亚州意外泄漏预防计划》(CalARP)中未新增任何与之有关的其他要求	《加利福尼亚州立法规汇编》第19篇第2760.3部分	• 无其他要求

11.2.2 相关审核准则

在本节中介绍的相关审核准则为审核员在对过程安全管理标准强制性要求以外的问题进行审查时提供了指南，这些相关审核准则在很大程度上代表了在行业采用的过程安全管理良好做法，在某些情况下还代表了过程安全管理普遍做法。由于部分相关审核准则已在相当长时间内被广泛认可并成功实施，因此，这类相关审核准则实际上已经达到可接受做法水准。审核员和过程安全管理专业人员应认真考虑如何采用和实施这些相关审核准则，或者至少采用一种在性质上基本类似的审核方法来对过程安全管理进行审核。有关可接受做法的定义及其实施，见术语表和第1.7.1节。

表11.3列出了在与"操作程序"有关的审核准则和审核员指南。

表 11.3 与"操作程序"有关的审核准则和审核员指南

审核准则	审核准则出处	审核员指南
审核准则 11-R-1：在紧急停车程序(ESP)中，应明确需实施紧急停车的工艺条件	美国职业安全与健康管理局(OSHA)《炼油行业过程安全管理国家重点计划》(NEP)(OSHA 指令 CPL 03-00-004)	由审核员开展的工作： • 审核员应对紧急停车程序(EPS)或操作程序中紧急停车部分进行审查，以核实在这些程序中是否明确了需实施紧急停车的工艺条件(工艺参数值)
审核准则 11-R-2：在紧急停车程序(ESP)中，应明确合格操作人员有权对工艺单元实施停车	美国职业安全与健康管理局(OSHA)《炼油行业过程安全管理国家重点计划》(NEP)(OSHA 指令 CPL 03-00-004)	由审核员开展的工作： • 审核员应对紧急停车程序(EPS)或操作程序中紧急停车部分进行审查，以核实合格操作人员是否有权对工艺单元实施停车。 • 审核员应对工艺操作人员进行面谈，以核实当达到规定条件时合格工艺操作人员是否有权自行决定对工艺单元实施停车
审核准则 11-R-3：在应急操作程序(EOP)中，应指明在何种条件或达到何种运行限定值时可启动应急操作程序，指明当运行偏离应急操作程序规定的限定值时会造成何种后果，以及当超出应急操作程序中规定的运行限定值而出现运行偏差/工艺紊乱时需执行何种应急操作	美国职业安全与健康管理局(OSHA)《炼油行业过程安全管理国家重点计划》(NEP)(OSHA 指令 CPL 03-00-004)	由审核员开展的工作： • 审核员应对应急操作程序(EOP)或操作程序中应急操作部分进行审查，以核实在这些程序中是否指明了在何种条件或当达到何种运行限定值时才能启动应急操作程序，以及当运行偏离应急操作程序规定的限定值时会造成何种后果以及当超出应急操作程序中规定的运行限定值而出现运行偏差/工艺紊乱时需执行何种应急操作。 • 审核员应对操作人员进行面谈，以核实操作人员是否了解在何种条件下才能启动应急操作程序(EOP)
审核准则 11-R-4：在正常运行程序(NOP)中，应列出正常运行限定值或从正常运行到应急操作程序(EOP)的临界运行条件，操作人员为避免出现运行偏差/工艺紊乱而需执行的操作步骤，以及为防止人员接触化学品而必须采取的防范措施[包括工程控制措施、管理控制措施和个体防护装备(PPE)]	美国职业安全与健康管理局(OSHA)《炼油行业过程安全管理国家重点计划》(NEP)(OSHA 指令 CPL 03-00-004)	由审核员开展的工作： • 审核员应对正常运行程序(NOP)进行审查，以核实在正常运行操作中是否列出了正常运行限定值或从正常运行到应急操作的临界运行条件，操作人员为避免出现运行偏差/工艺紊乱而需执行的操作步骤及为防止人员接触化学品而必须采取的防范措施[包括工程控制措施、管理控制措施和个体防护装备(PPE)]。 • 审查人员应对工艺操作人员进行面谈，以核实工艺操作人员是否了解从正常运行到应急操作的临界运行条件
审核准则 11-R-5：公司/工厂应制定管理体系来对操作程序进行管理	良好行业做法(GIP)	由审核员开展的工作： • 审核员应核实公司/工厂是否制定了管理体系来对操作程序进行管理，并核实管理系统是否涵盖操作程序编写和维护方面要求，包括： • 操作程序标准格式和目录，包括标题、程序编号等规定。 • 对操作程序内容及其详细程度方面的要求(例如，哪些操作步骤可以在对操作人员进行培训时再进行介绍，而在操作程序中无需进行详细说明)。 • 操作程序范围，即在操作程序中应包括哪些运行模式和任务/操作。应根据通过危害识别和风险分析(HIRA)、风险评估、保护层分析(LOPA)/安全完整性等级(SIL)分析/独立保护层(IPL)分析或与设备及其运行有关的危险/风险和优先级研究识别出的风险来为设施编写标准操作程序(SOP)。

续表

审核准则	审核准则出处	审核员指南
		• 在操作程序中的法规要求应具体到的程度(如与因出现偏差所造成的后果、安全与健康问题等有关的法规要求)。 • 操作程序编写，包括为操作程序指定实际编写人员。 • 如何对操作程序进行审查，包括为操作程序指定审查人员。 • 操作程序审批。 • 操作程序保存和分发。 • 对操作程序进行修改(包括通过变更管理(MOC)程序对操作程序进行修改)。 • 如何对操作程序进行年度审核并做好记录。 • 操作人员如何参与操作程序编写和/或审查工作
审核准则 11-R-6：为所有已批准操作程序和安全操作规程编制了清单和索引并进行了妥善维护	良好行业做法(GIP)	由审核员开展的工作： • 审核员应核实是否为所有已批准操作程序和安全操作规程编制了电子版或纸质版索引，并作为设施正式发布和批准的文件来妥善维护
审核准则 11-R-7：操作程序内容足够详细，确保满足操作人员使用要求	美国职业安全与健康管理局(OSHA)对其过程安全管理标准《高危化学品过程安全管理》(29 CFR §1910.119)做出的口头说明(VCLAR)	为审核员提供的基本信息： • 可通过进行以下非正式“检查”来核实操作程序内容是否足够详细： —当合格操作人员在休假返回工作岗位后是否依然能够按照操作程序进行安全操作? —在合格操作人员不在场情况下，实习操作人员是否能够理解操作程序中的内容? 由审核员开展的工作： • 审核员应对操作人员进行面谈，以核实操作程序是否足够详细，确保满足操作人员使用要求
审核准则 11-R-8：操作程序采用便于使用人员理解的方式和语言编写	美国职业安全与健康管理局(OSHA)出版物3133：《过程安全管理合规性指南》	为审核员提供的基本信息： • 尽管并非必须对操作人员的阅读理解水平进行正式测试，但是一个重要衡量标准是操作人员能够阅读美国一般性报纸，这相当于六级阅读理解水平。在对操作人员进行面谈时，应检查操作人员对操作程序的理解水平，以确保操作人员能够正确理解操作程序中的内容。 由审核员开展的工作： • 审核员应核实所编写的操作程序能够被使用人员(主要指操作人员)理解。 • 审核员应对操作人员进行面谈，以核实在操作程序中规定的操作要求和指南能否被操作人员理解
审核准则 11-R-9：操作程序编写应便于对操作人员进行培训	美国职业安全与健康管理局(OSHA)出版物3133：《过程安全管理合规性指南》	由审核员开展的工作： • 审核员应对操作人员培训计划进行审查，以核实是否就操作程序进行培训。 • 审核员应对操作人员进行面谈，以核实是否采用已批准的完整操作程序来对操作人员进行培训，而非采用简化的操作程序来进行培训
审核准则 11-R-10：在操作程序中为每一任务或操作明确了责任	对因违反 OSHA 过程安全管理标准《高危化学品过程安全管理》而由 OSHA 发出的违规传票(CIT)	由审核员开展的工作： • 审核员应对操作程序进行审查，以核实在操作程序中是否为每一任务或操作明确了责任

续表

审核准则	审核准则出处	审核员指南
审核准则 11-R-11：如果操作程序要求对数据进行记录，则应明确需记录哪些数据	美国职业安全与健康管理局(OSHA)出版物3133：《过程安全管理合规性指南》	为审核员提供的基本信息： • 对于连续运行工艺操作程序或仅就如何操作设备提供了指南而不要求对生产或质量进行记录的操作程序，通常无需对数据进行记录，但日常运行记录除外。 由审核员开展的工作： • 如果操作程序要求对数据进行记录，则审核员应对操作程序进行审查，以核实是否明确了需记录哪些数据以及在操作程序中是否留出了空白处或采用单独表格来记录这些数据
审核准则 11-R-12：操作程序应便于使用人员快速从中找到所需信息	良好行业做法(GIP)	由审核员开展的工作： • 审核员应对操作程序进行审查，以核实使用人员能否快速从操作程序中找到所需信息，尤其是从应急操作程序(EOP)中快速找到所需信息(如采用颜色标记、电子链接等)
审核准则 11-R-13：由工程设计人员对操作程序进行审查，以确保操作程序的正确性	美国职业安全与健康管理局(OSHA)出版物3133：《过程安全管理合规性指南》	由审核员开展的工作： • 审核员应核实是否由工程设计人员和其他技术人员对操作程序进行了审查，以确保操作程序的正确性。 • 审核员应对操作程序进行审查，以核实在操作程序中所包含的工程设计或技术方面内容，是否存在尽管内容正确，但对于操作人员而言，可能过于复杂而难以被操作人员理解的情况
审核准则 11-R-14：在必要时，采用第二种语言编写操作程序，以供不懂英语的操作人员使用	美国职业安全与健康管理局(OSHA)出版物3133：《过程安全管理合规性指南》	由审核员开展的工作： • 审核员应对操作人员进行面谈，以核实某些操作人员的母语是否不是英语，以及是否还采用这些操作人员的母语编写了操作程序。但这并不意味着当操作人员既懂英语又懂另外一种语言时要求采用两种语言来编写操作程序，而是仅当操作人员不懂英语时才采用另外一种语言来编写操作程序
审核准则 11-R-15：在操作程序中，应明确美国交通运输部(DOT)所颁布法规中未涵盖的储存和输送作业	对因违反 OSHA 过程安全管理标准《高危化学品过程安全管理》而由 OSHA 发出的违规传票(CIT)	由审核员开展的工作： • 审核员应对操作程序进行审查，以核实在操作程序中是否明确了美国交通运输部(DOT)所颁布法规中未涵盖的运输、储存和输送作业(如公路槽车/铁路槽车运输、装载、罐区作业和管道输送)
审核准则 11-R-16：在操作程序中应包含与过程危险有关的信息	对因违反 OSHA 过程安全管理标准《高危化学品过程安全管理》而由 OSHA 发出的违规传票(CIT) 美国职业安全与健康管理局(OSHA)出版物3133：《过程安全管理合规性指南》	由审核员开展的工作： • 审核员应对操作程序进行审查，以核实在操作程序中是否包含以下与过程危险有关的信息： 应根据偏差后果指明相关"警告"或"小心"信息，不能将每一后果作为一项特殊"警告"信息，否则将失去其真正意义。 在操作程序中列出的因偏差而造成的后果应与过程危害分析(PHA)明确的后果保持一致。 在出现工艺紊乱条件下报警系统和仪表读数。 化学品接触以外的其他危险，如物理危险、温度、噪声和压力
审核准则 11-R-17：操作程序应包括封面或签字页，以注明操作程序的编写日期、编写人员以及审批人员	良好行业做法(GIP)	由审核员开展的工作： • 审核员应对操作程序进行审查，以核实操作程序是否包括注明操作程序编写人员、审批人员以及操作程序编写和批准日期的封面或签字页

续表

审核准则	审核准则出处	审核员指南
审核准则11-R-18：如果通过对变更管理(MOC)程序进行审查就能完全核实进行工艺变更后是否对操作程序进行了相应的修改，则可采用对变更管理(MOC)程序进行审查来代替对操作程序进行年度审核	美国职业安全与健康管理局(OSHA)对其过程安全管理标准《高危化学品过程安全管理》(29 CFR §1910.119)做出的正式书面说明(WCLAR)(3/9/94)	为审核员提供的基本信息： • 当采用对变更管理(MOC)程序进行审查来代替对操作程序进行年度审核时，如果发现操作程序内容不正确且没有进行相应更新，则说明变更管理程序和操作程序年度审核均存在一定的问题。 由审核员开展的工作： • 审核员应对操作程序和变更管理(MOC)程序进行审查，以核实在对设备/工艺进行变更后是否对操作程序进行了相应的修改，从而确保对每一硬件进行的变更充分反映在操作程序中

与"安全操作规程"有关的审核准则见第12章。

11.2.3 自愿性共识过程安全管理标准

下文对自愿性共识过程安全管理标准中"操作程序"要求进行了说明：

- 由API编写且由美国内政部矿产资源管理局(MMS)批准的《安全和环境管理计划》(SEMP)中关于海上石油平台领域"安全操作程序"要求；
- 由美国化学理事会(ACC)发布的《责任关怀管理体系®》(RCMS)中"安全操作程序"要求；
- 由美国化学理事会(ACC)发布的RC14001《环境、健康、安全与安保管理体系》中"安全操作程序"要求。

表11.4列出了自愿性共识过程安全管理标准中与"安全操作程序"有关的审核准则和审核员指南。

表11.4 自愿性共识过程安全管理标准中与"操作程序"有关的审核准则和审核员指南

审核准则	审核准则出处	审核员指南
美国内政部矿产资源管理局《安全和环境管理计划》(SEMP) 审核准则11-R-22：按照《安全和环境管理计划》(SEMP)中的规定，应制定一套程序来明确需要编写哪些必要操作程序	美国石油学会(API)推荐做法75：《安全和环境管理计划》(API RP 75)，5.1	由审核员开展的工作： • 审核员应对相关书面计划进行审查。 • 审核员应进行相关检查以证实操作人员知晓书面计划中规定的要求
审核准则11-R-23：按照《安全和环境管理计划》(SEMP)中的规定，应指明书面操作程序的保存地点	美国石油学会(API)推荐做法75：《安全和环境管理计划》(API RP 75)，5.1	由审核员开展的工作： • 审核员应对相关书面计划进行审查。 • 审核员应进行相关检查以证实操作人员知晓书面计划保存地点。 • 审核员应核实员工能否查阅操作程序
审核准则11-R-24：按照《安全和环境管理计划》(SEMP)中的规定，应考虑以下主要操作： a. 开车； b. 停车； c. 正常运行； d. 临时操作； e. 紧急停车和隔离；以及 f. 正常停车和隔离	美国石油学会(API)推荐做法75：《安全和环境管理计划》(API RP 75)，5.2.h	由审核员开展的工作： • 审核员应对相关书面计划进行审查。 • 审核员应对为各种操作编写的操作程序进行审查

续表

审核准则	审核准则出处	审核员指南
审核准则11-R-25：按照《安全和环境管理计划》(SEMP)中的规定，要求在编写操作程序时考虑运行限定值，并列出因出现偏差而造成的后果以及为纠正或避免出现偏差而需执行的操作步骤	美国石油学会(API)推荐做法75：《安全和环境管理计划》(API RP 75)，5.2.c	由审核员开展的工作： • 审核员应对相关书面计划进行审查。 • 审核员应对相关操作程序进行审查
审核准则11-R-26：按照《安全和环境管理计划》(SEMP)中的规定，应为物料排放限定值或物料处置编写书面指南	美国石油学会(API)推荐做法75：《安全和环境管理计划》(API RP 75)，5.2.d.4	由审核员开展的工作： • 审核员应对相关书面计划进行审查。 • 审核员应进行相关检查以证实操作人员知晓书面计划中规定的要求。 • 审核员应对相关操作程序进行审查。 • 审核员应对排放到环境中的物料或副产品正确处置书面指南进行审查。 • 审核员应对物料或副产品正确处置书面指南中列出的三废或物料类型进行审查
审核准则11-R-27：按照《安全和环境管理计划》(SEMP)中的规定，应对设施人员进行操作程序培训	美国石油学会(API)推荐做法75：《安全和环境管理计划》(API RP 75)，5.3	由审核员开展的工作： • 审核员应对相关书面指南进行审查。 • 审核员应进行相关检查以证实操作人员知晓书面指南中规定的要求。 • 审核员应进行相关检查，以证实按照计划对设施人员进行了培训
审核准则11-R-28：按照《安全和环境管理计划》(SEMP)中的规定，应制定一套程序或明确一套方法来定期对操作程序进行审查，以核实当前实际操作是否与操作程序保持一致。采用的审查方法应能够对因操作程序不合理而可能引发的危险进行评估。另外，还要对操作程序审查频率做出规定	美国石油学会(API)推荐做法75：《安全和环境管理计划》(API RP 75)，5.3	由审核员开展的工作： • 审核员应对审查程序或审查方法进行检查。 • 审核员应进行相关检查以证实操作人员知晓按照本审核准则确定的要求。 • 审核员应对相关文件进行审查，以证实满足规定的要求
审核准则11-R-29：按照《安全和环境管理计划》(SEMP)中的规定，应审查操作程序修改情况并做好记录，同时将对操作程序修改情况告知操作人员	美国石油学会(API)推荐做法75：《安全和环境管理计划》(API RP 75)，5.3	由审核员开展的工作： • 审核员应对相关书面指南进行审查。 • 审核员应进行相关检查以证实操作人员知晓书面指南中规定的要求。 • 审核员应对相关文件进行审查，以证实满足规定的要求

审核准则	审核准则出处	审核员指南
美国化学理事会(ACC)《责任关怀管理体系®》(RCMS) 审核准则11-R-30：除OSHA过程安全管理标准《高危化学品过程安全管理》和EPA《风险管理计划》中对"操作程序"的规定要求外，美国化学理事会(ACC)《责任关怀管理体系®》(RCMS)中未新增任何与之有关的其他要求	美国化学理事会(ACC)《责任关怀管理体系®》要素2.2	• 无其他要求

审核准则	审核准则出处	审核员指南
美国化学理事会(ACC)RC14001《环境、健康、安全与安保管理体系》 审核准则 11-R-31：制定并维护好操作和维护程序，以确保设施安全运行并满足有关策略和计划中规定的要求	美国化学理事会(ACC)《环境、健康、安全与安保管理体系技术规范》RC151.03 4.4.6	• 无其他要求

11.3 审核方案

附录A过程安全管理审核方案，就如何按照审核准则对第11.2节中的内容进行审查提供了详细指南(有关如何在线获取附录A中资料，见第Ⅷ页)。

参 考 文 献

American Chemistry Council, *RCMS® Technical Specification*, RC101.02, March 9, 2005.

American Chemistry Council, *RCMS® Technical Specification Implementation Guidance and Interpretations*, RC 101.02, January 25, 2004.

American Chemistry Council, *RCMS® Technical Specification Implementation Guidance and Interpretations Appendices*, RC 101.02, January 25, 2004.

California, California Code of Regulations, Title 8, Section 5189, CalOSHA, November 1985.

Center for Chemical Process Safety (CCPS), *Guidelines for Risk Based Process Safety*, American Institute of Chemical Engineers, New York, 2007(CCPS, 2007c).

Delaware, *Accidental Release Prevention Regulation*, Delaware Department of Natural Resources and Environmental Control/Division of Air and Waste Management, September 1989(rev. January 1999).

Department of the Interior, Minerals Management Service, *Safety and Environmental Management Program (SEMP)*, 1990.

Environmental Protection Agency(USEPA), 40 CFR §68, *Accidental Release Prevention Requirements: Risk Management Programs Under Clean Air Act Section* 112(*r*)(7); Final Rule, June 21, 1996.

New Jersey, *Toxic Catastrophe Prevention Act*(*N. J. A. C.* 7: 31), New Jersey Department of Environmental Protection, June 1987(rev. April 16, 2007).

Occupational Safety and Health Administration(OSHA)29 CFR §1910.119, *Process Safety Management of Highly Hazardous Chemicals, Explosives and Blasting Agents; Final Rule*, Washington, DC, February 24, 1992.

Occupational Safety and Health Administration(OSHA)Publication 3133, *Process Safety Management Guidelines for Compliance*, Washington, DC, 1993.

Occupational Safety and Health Administration(OSHA)Instruction CPL 02-02-045 CH-1, *PSM Compliance Directive*, Washington, DC, September 13, 1994.

Occupational Safety and Health Administration(OSHA)Instruction CPL 03-00-004, *Petroleum Refinery Process Safety Management National Emphasis Program*, June 7, 2007(OSHA, 2007a).

Occupational Safety and Health Administration(OSHA)Directive 09-06(CPL 02), *PSM Chemical Covered Facilities National Emphasis Program*, July 27, 2009(OSHA, 2009a).

12 安全操作规程

“安全操作规程”这一要素在 OSHA 过程安全管理标准《高危化学品过程安全管理》、EPA《风险管理计划》以及许多州立过程安全管理标准中还被称之为“动火作业许可证”。在第 11 章“操作程序”中，仅要求制定上锁/挂牌(LOTO)、进入受限空间及打开工艺设备和管线方面的管理程序，但并未对这些管理程序明确具体的要求。由于这类管理程序实际上属于“安全操作规程”的范畴，而非“操作程序”，因此在本章对与这类管理程序有关的审核准则进行说明。自愿性共识过程安全管理标准未对本要素进行明确说明。“安全操作规程”是化工过程安全中心(CCPS)《基于风险的过程安全》(RBPS)事故预防原则之一“管理风险”中的一个要素。

12.1 概述

“安全操作规程”这一要素用于对涉及非常规工作有关的过程和人员危害进行控制。“资产完整性”要素涉及工艺设备日常维修、检查、测试和预防性维护管理程序，“操作程序”要素涉及日常工艺操作(还应包括安全操作做法)。而“安全操作规程”这一要素适用于通常要求签发安全作业许可证的非常规作业，该要素要求根据不同情况进行危害分析，采取危害预防和控制措施[包括风险抑制措施，如使用个体防护装备(PPE)]并对作业进行审批。

从本质上讲，非常规工作存在着潜在的意外危害，有时会导致灾难性事故。非常规作业是指未涵盖在已批准程序中的任何作业，如操作、维护以及应急响应程序。明确安全操作规程有助于最大程度地减少潜在意外危害，并通过制定相关措施以确保对潜在意外危害进行有效控制。在 OSHA 法规中，提供了许多安全操作规程，但并非所有安全操作规程都与过程安全有关，也并未全部包含在 OSHA 过程安全管理标准《高危化学品过程安全管理》或 EPA《风险管理计划》中。安全操作规程审查范围根据公司的具体情况来决定。由于潜在火灾或爆炸危险与存放的易燃或可燃物质有关，因此，至少应对与动火作业有关的安全操作规程进行认真审查。有关动火作业方面的法规要求，见 OSHA《切割、焊接和钎焊标准》(29 CFR §1910.252 (a))。在 OSHA 过程安全管理标准《高危化学品过程安全管理》“操作程序”要素中，仅要求制定上锁/挂牌(LOTO)、进入受限空间、打开工艺管线和设备及人员进入工艺区域管理程序，但并未对这类管理程序明确任何具体的要求。与上锁/挂牌和进入受限空间有关的安全操作规程(SWP)应单独遵守相应的 OSHA 标准(分别为 29 CFR §1910.147 和 29 CFR §1910.146)，这些 OSHA 标准对上述两项安全操作规程明确了具体的要求。另外，在 29 CFR §1910.147(危险能量控制)中，还对与打开工艺设备和管线有关的安全操作规程进行了介绍，该安全操作规程同时还涵盖在设施上锁/挂牌计划中。

“安全操作规程”这一要素的主要目的是确保建立起一套一体化的管理程序和许可制度，以保护作业人员免遭伤害并防止危险物料的突然泄漏或能量突然释放(CCPS，2007c)。安全操作规程要求按照已制定的程序来开展非常规作业，包括识别与作业有关的危害，并进行正确操作以确保对危害加以控制。书面程序中应为每一步操作明确要求，同时还应使用书面作业许可证。在书面作业许可证中，列出在开展作业前需要检查的内容，并对检查进行记录，确保遵守安全操作规程的主要要求。另外，书面作业许可证通常还作为维护/施工人员和操作人员之间的沟通工具，有时还作为不同班组作业人员之间的沟通工具(当作业跨不同班组时)。另外，书面作业许可证还便于管理层基于风险对需要开展的非常规作业进行审批。通过实施许可证制度，可最大限度地避免某一作业步骤被遗忘，同时保证所有相关人员知晓与作业有关的风险及其控制措施。通常基于法规要求来制定是安全操作规程的最低要求，同时还应包括基于良好行业做法和工厂运营经验所确定的其他管理和控制措施。

尽管在OSHA过程安全管理标准《高危化学品过程安全管理》、EPA《风险管理计划》以及许多州立过程安全管理标准中并未对“安全操作规程”这一要素做出具体规定，但在OSHA过程安全管理标准《高危化学品过程安全管理》/EPA《风险管理计划》各要素中均包含与安全操作规程有关的要求。

“安全操作规程(SWP)”这一要素与过程安全管理标准中其他要素密切相关。主要相关要素包括：

• “过程知识管理”要素(见第9章)——设备标识、上锁/挂牌(LOTO)程序和化学品安全技术说明书(MSDS)中的数据要准确，以便按照安全操作规程来安全、高效开展作业。

• “操作程序”要素(见第11章)——要求制定某些安全操作规程(SWP)，作为对标准操作程序(SOP)的补充。

• “资产完整性和可靠性”要素(见第13章)——如果没有制定与上锁/挂牌(LOTO)、进入受限空间、断开管道有关的安全操作规程和其他安全操作规程，将无法安全地开展绝大部分检查、测试和预防性维护(ITPM)工作及几乎所有维修/维护工作。另外，维护人员还应就安全操作规程接受全面培训。

• “培训和绩效保证”要素(见第15章)——操作人员应就安全操作规程(SWP)接受全面培训。

在第12.2节和第12.3节中，对合规性审核准则和相关审核准则以及审核员在使用这些准则方面的要求进行了介绍。有关对合规性审核准则和相关审核准则的详细介绍，见第1章(第1.7节)。这些章节中介绍的准则和指南并不能完全涵盖过程安全管理标准的范围、设计、实施或解释，仅仅代表的是化工/加工行业过程安全管理审核员的集体经验以及基于经验形成的一致观点。合规性审核准则来自美国过程安全管理法规，而这些法规全部都是基于绩效的法规。基于绩效的法规以目标为导向，可能会有多种途径来满足法规中规定的要求。因此，对于在本章审查表中列出的问题，尤其是审查表“审核员指南”栏中列出审查方法，可能还会有其他方法来进行审查。

在本书中介绍的相关审核准则并不代表过程安全管理标准的顺利实施必须遵守这些准则，也不代表如果没有遵守这些准则过程安全管理标准的实施就会出现问题。同合规性审核准则一样，对某一工厂或公司而言，可能会有其他更合适的审核方法。另外，按照相关审核准则对过程安全管理标准的实施情况进行审核完全是自愿的，而非强制性要求。在采用相关审核准则时应谨慎且认真计划，从而防止在不经意间形成非期望的过程安全管理绩效标准。在采用这些相关审核准则之前，应在工厂与其母公司之间达成一致意见。最后，所提供的相关审核准则和指南并不意味着是对监管机构发出的书面或口头说明，因违反过程安全管理法规而由监管机构发出的违规传票以及由监管机构发布的其他过程安全管理指南的认同，也不是对某一公司在实施过程安全管理计划过程中形成的成功或常用过程安全管理做法的认可。

12.2 审核准则和审核员指南

下文对OSHA过程安全管理标准《高危化学品过程安全管理》、EPA《风险管理计划》、多个州立过程安全管理标准以及其他常用自愿性共识过程安全管理标准中“安全操作规程”这一要素的详细要求进行介绍。

下文介绍的审核准则，是审核员根据本章所提供的指南并开展以下审核工作时采用的准则。

- 对安全作业许可证管理人员进行面谈，这些人员通常为环境、健康与安全(EHS)部门中负责安全和健康管理工作的人员。
- 对安全操作规程书面程序进行审查，以核实其范围和适用性。
- 如果可能，选择一部分具有代表性的已关闭的安全作业许可证进行审查，以核实安全作业许可证是否符合要求，以及是否有必要的审核和签字批准。
- 对培训记录进行审查并对操作和维护人员进行面谈(尤其是焊接和切割、气体检测、上锁/挂牌(LOTO)/隔离人员或监火员)，以核实这些操作和维护人员是否接受了安全操作规程全面培训。
- 在现场对正在执行的安全作业许可证及其相关作业进行检查。

另外，审核员还应对被审核公司/工厂所制定程序中“安全操作规程(SWP)”要求进行认真审查。如第1.7.1节所述，监管机构会将这些“安全操作规程”要求认定为合规性要求，如果不遵守这些合规性要求，公司或工厂就会因违反法规中的规定而收到由OSHA签发的违规传票。审核员应通过与相关人员进行面谈、对有关记录和文件进行审查以及实地检查等方式来核实工厂或公司安全操作规程(SWP)程序中的有关要求是否已按照规定付诸实施。如果在审核时发现没有遵守公司/工厂制定的具体规定，则应将发现的问题写入审核报告。

对于在下文表中用于指明审核准则出处的缩写词定义，见“第3-24章指南”部分。

12.2.1 合规性要求

在OSHA过程安全管理标准《高危化学品过程安全管理》和EPA《风险管理计划》中，均提及需为以下作业制定安全操作规程：

- 动火作业；
- 上锁/挂牌(LOTO)(危险能量控制)；
- 进入受限空间；
- 打开工艺设备或管线；
- 对维护人员、承包商人员、分析化验人员或其他辅助人员进入OSHA过程安全管理标准《高危化学品过程安全管理》所规定的工艺区域进行控制。

但对于上述作业/活动，仅有动火作业制定了详细过程安全要求，并规定应参考OSHA《切割、焊接和钎焊》标准(29 CFR §1910.252(a))中的有关要求。在“操作程序”要素中，仅列出了与上锁/挂牌(LOTO)(危险能量控制)、进入受限空间、打开工艺设备或管线以及对人员进入工艺区域有关的安全操作规程(SWP)，而并未对这些安全操作规程明确任何详细要求。但是，其他一些 OSHA 标准对危险能量控制(29 CFR § 1910.147)、进入受限空间(29 CFR § 1910.146)及打开工艺设备(29 CFR § 1910.14 中危险能量控制部分)做出了详细规定。在 OSHA 过程安全管理标准《高危化学品过程安全管理》和 EPA《风险管理计划》中，上述三项作业活动仅仅是作为举例来说明，需要为其制定安全操作规程以便对与其有关的危害进行有效控制，但这并不意味着无需制定其他安全操作规程。有关对其他安全操作规程方面的要求，见第 12.3 节。对于绝大部分过程安全管理审核，通常应对动火作业许可证要求以及与人员进入设施有关的要求(见“第 11 章：操作程序”)进行详细审查，而对于与上锁/挂牌(LOTO)、进入受限空间及打开管线/设备有关的安全操作规程，则仅需检查是否制定了这些安全操作规程即可。对与上锁/挂牌(LOTO)、进入受限空间及打开工艺管线/设备有关的安全操作规程进行详细的审查通常属于安全和健康(即职业安全)的审核范围。

对于在下文表中用于指明审核准则出处的缩写词定义，见“第 3-24 章指南“部分。审核准则应供以下公司/工厂使用：

- OSHA 过程安全管理标准《高危化学品过程安全管理》或 EPA《风险管理计划》所涵盖的美国本土公司/工厂；
- 自愿采用 OSHA 过程安全管理标准《高危化学品过程安全管理》的公司/工厂；
- 在美国本土以外采用了 OSHA 过程安全管理标准《高危化学品过程安全管理》中规定要求的公司/工厂。

表 12.1 列出了在 OSHA 过程安全管理标准《高危化学品过程安全管理》和 EPA《风险管理计划》中与“动火作业许可证”有关的审核准则和审核员指南。

表 12.1 在 OSHA 过程安全管理标准《高危化学品过程安全管理》和 EPA《风险管理计划》中与“动火作业许可证”有关的审核准则和审核员指南

审核准则	审核准则出处	审核员指南
审核准则 12-C-1：当在 OSHA 过程安全管理标准《高危化学品过程安全管理》所涵盖设施的内部或附近进行动火作业时，需要签发动火作业许可证	美国职业安全与健康管理局(OSHA)《高危化学品过程安全管理》(29 CFR § 1910.119)(k)(1) 美国国家环境保护局(EPA)《风险管理计划》中“动火作业许可证”部分(68.85)	为审核员提供的基本信息： • 动火作业许可证可以是另一作业许可证的一部分，如一般作业许可证。另外，动火作业许可证还被称之为“动火许可证”。 • 作业许可证实际上还是一份检查表，如作业性质、采取的安全措施以及签发人。作业许可证不应由同一名人员填写和签发，作业许可证应该进行独立审查和签发。 • 尽管动火作业通常是指与使用明火有关的作业、在高温表面进行的作业或会产生火花的作业(如切割、焊接和钎焊)，但是，当某一区域存在易燃或可燃材料(包括粉尘)时，如果进行某些作业会在电气火灾爆炸危险区域造成危险，则“动火作业”还应包含这类作业，包括使用非特定防爆设备，如加长电缆、电动工具、内燃机甚至包括手机、传呼机、摄像机或便携式无线电设备，对于上述类型设备，通常单独采用专用许可证。在某些情况下，可能不要求签发许可证，但需为这类设备编写管理程序。然而，即使这些作业风险较低，仍应明确可燃气体监控要求，以确保不会因产生电火花而导致出现危险情况。 由审核员开展的工作： • 审核员应对动火作业许可证管理程序和/或动火作业许可证进行审查，以核实是否为在设施中进行的动火作业明确了具体作业要求

续表

审核准则	审核准则出处	审核员指南
审核准则 12-C-2：在动火作业许可证中，应指明动火作业批准的实施日期以及动火作业对象	OSHA 过程安全管理标准《高危化学品过程安全管理》(29 CFR §1910.119)(k)(2) 美国国家环境保护局(EPA)《风险管理计划》中“动火作业许可证”部分(68.85)	由审核员开展的工作： • 审核员应对已关闭动火作业许可证(HWP)进行审查，以核实在动火作业许可证中是否包括动火作业批准的实施日期、动火作业对象以及动火作业地点
审核准则 12-C-3：在动火作业许可证中，应规定在开始动火作业前需满足在 29 CFR §1910.252(a)中规定的消防要求	OSHA 过程安全管理标准《高危化学品过程安全管理》(29 CFR §1910.119)(k)(2) 美国国家环境保护局(EPA)《风险管理计划》中“动火作业许可证”部分(68.85)	为审核员提供的基本信息： • 除了应遵守动火作业许可证中的要求外，OSHA 过程安全管理标准《高危化学品过程安全管理》和 EPA《风险管理计划》还要求参考 OSHA《切割、焊接和钎焊标准》(29 CFR §1910.252)，该标准详细列出了动火作业安全方面的规定。OSHA《切割、焊接和钎焊标准》(29 CFR §1910.252)的适用范围包括：易燃和可燃材料经营和存储的危险场所、使用或储存可燃材料的地点、以可燃材料建造的建筑物以及其他可能被动火作业引燃的场所。 • 尽管 OSHA 过程安全管理标准《高危化学品过程安全管理》要求在开始动火作业前应满足在 29 CFR §1910.252(a)中规定的消防要求，但在动火作业许可证(HWP)中不可能全部列出这些要求。因此，在动火作业许可证中，应列出绝大部分重要/相关的要求，但在书面动火作业许可证管理程序和/或员工培训文件中，应列出所有相关要求。 • OSHA《切割、焊接和钎焊标准》(29 CFR §1910.252)适用于所有设施，而不仅仅是 OSHA 过程安全管理标准《高危化学品过程安全管理》所涵盖的设施，因此，该标准中某些规定可能并不适用于过程安全管理。 • 当进行切割、焊接、打磨或其他会产生火花的动火作业时，通常要求指派监火员，以确保工作区域安全，同时在发生火灾或出现不安全情况时能够立即联系有关人员采取措施或要求动火人员立即停止作业。 • 在某些情况下，OSHA《切割、焊接和钎焊标准》(29 CFR §1910.252)为“动火作业主管”明确了职责。在不少情况下，对于某些动火作业，动火作业主管这一角色可以由非管理人员(包括操作人员或维护人员)承担。 • 可燃地面还包括脚手架木质踏板。 • 为避免可燃材料被引燃，在安排动火作业时应协调好相关工作，如泄放、吹扫或打开含易燃物料的管线。 • 对含有易燃物料的密闭容器进行动火作业应遵守相关特殊规定，以防止在容器内聚积压力及容器内易燃物料自燃。要求对这些容器进行正确清理、吹扫和泄放。 • 当认为有必要时，应取消动火作业许可证(和其他作业许可证)。

续表

审核准则	审核准则出处	审核员指南
		由审核员开展的工作： ● 审核员应对动火作业许可证（HWP）和相关程序进行审查并对相关人员进行面谈，以核实是否认真考虑了在OSHA《切割、焊接和钎焊标准》（29 CFR § 1910.252）（a）中规定的有关要求（见下文）。 ● 审核员应对动火作业许可证管理程序或其他文件进行审查，以核实工厂是否明确了在何种情况下“有必要”取消动火作业许可证。另外，在动火作业许可证管理程序或动火作业许可证中，还应明确谁有权停止动火作业（如果任何人员发现了问题且认为有必要停止动火作业，均有权停止动火作业）。例如，当发现某一设施出现应急情况并会对动火作业区域造成影响时或当发出应急疏散警报时，就应该停止动火作业。另外，当认为有必要时，可延迟动火作业开始或结束时间
消防和动火作业规定依据OSHA《切割、焊接和钎焊标准》（29 CFR § 1910.252）（a）		
审核准则12-C-4：如果地板上有无法封死的开口或裂缝、墙壁上有裂缝或孔洞、门道敞开或窗户打开或玻璃破碎时，应采取相关防范措施，确保可燃材料不会直接与火花接触	美国职业安全与健康管理局（OSHA）《切割、焊接和钎焊标准》（29 CFR § 1910.252）（a）（2）（i）	由审核员开展的工作： ● 审核员应对动火作业许可证管理程序和/或动火作业许可证进行审查，以核实并确保在动火作业许可证管理程序或动火作业许可证中包含了在OSHA《切割、焊接和钎焊标准》（29 CFR § 1910.252）（a）中规定的以下消防要求：如果地板上有无法封死的开口或裂缝、墙壁上有裂缝或孔洞、门道敞开或窗户打开或玻璃破碎时，应采取相关防范措施，确保可燃材料不会直接与火花接触。 ● 如果地板上有无法封死的开口或裂缝、墙壁上有裂缝或孔洞、门道敞开或窗户打开或玻璃破碎，审核员应进行实地检查，以核实并确保在这种情况下采取了相关防范措施，从而确保可燃材料不会直接与火花接触
审核准则12-C-5：灭火设备随时处于待命状态，当需要时可立即使用	美国职业安全与健康管理局（OSHA）《切割、焊接和钎焊标准》（29 CFR § 1910.252）（a）（2）（ii）	为审核员提供的基本信息： ● 例如，如果提供了消防软管，应将消防软管注满水或监火员能够快速将消防软管注满水。如果消防软管未注满水，则监火员应能够看到阀门位置且阀门应与监火员位于相同标高处。阀门的位置应便于监火员迅速靠近，并且动火作业不应在阀门和监火员之间进行。 由审核员开展的工作： ● 审核员应对动火作业许可证管理程序和/或动火作业许可证进行审查，以核实并确保在动火作业许可证管理程序或动火作业许可证中包含了在OSHA《切割、焊接和钎焊标准》（29 CFR § 1910.252）（a）中规定的以下消防要求：灭火设备随时处于待命状态，当需要时可立即使用。 ● 审核员应进行实地检查，以核实并确保灭火设备随时处于待命状态，当需要时可立即使用。例如，如果提供了消防软

续表

审核准则	审核准则出处	审核员指南
		管，应将消防软管注满水或监火员能够快速将消防软管注满水。如果消防软管未注满水，则监火员应能够看到阀门位置且阀门应与监火员位于相同标高处。阀门的位置应便于监火员迅速靠近，并且动火作业不应在阀门和监火员之间进行(当在审核期间有这类动火作业时，审核员就应对此项要求进行检查)
审核准则 12-C-6：当在某一地点进行切割或焊接作业会引发重大火灾时，应指派监火员	美国职业安全与健康管理局(OSHA)《切割、焊接和钎焊标准》(29 CFR §1910.252)(a)(2)(iii)	为审核员提供的基本信息： • 监火员是指除动火作业人员以外的人员，主要负责扑灭在进行动火作业期间可能发生的小型火灾，并将发生的火灾及时告知其他人员。不应为监火员分配其他管理性职责或任务，否则会分散其在主要职责方面的精力。另外，监火员不应同时负责多个动火作业现场，除非这些地点之间距离较近，监火员能够轻易对这些地点进行监控。应为监火员配备合适的灭火设备和器材，用于应对在多个地点发生的小型火灾。尽管未对“距离较近”这一概念做出具体空间规定，但监火员仅仅能够从一个地点同时看到两个动火作业现场并不能保证监火员就能够对这两个动火作业现场进行有效监控。 • 小型火灾是指在无其他人员协助下仅由一名人员就能够控制(或熄灭)的火灾。应为监火员配备合适的灭火设备和器材，并就灭火设备和器材的使用对监火员进行培训。如果为监火员配备了合适的灭火设备和器材并对其进行了培训，但当发生火灾时监火员仍无法控制，这类火灾不属于小型火灾。 由审核员开展的工作： • 审核员应对动火作业许可证管理程序和/或动火作业许可证进行审查，以核实并确保在动火作业许可证管理程序或动火作业许可证中包含了在 OSHA《切割、焊接和钎焊标准》(29 CFR § 1910.252)(a)中规定的以下消防要求：当在某一地点进行切割或焊接作业会引发重大火灾时，应指派监火员。 • 审核员应进行实地检查，以核实并确保当在某一地点进行切割或焊接作业会引发重大火灾时已指派了监火员(当在审核期间有这类动火作业时，审核员就应对此项要求进行检查)
审核准则 12-C-7：如果在建筑物内存有大量可燃材料或建筑物建造材料属于可燃材料且与动火作业点之间的距离小于 35ft 时，则要求指派监火员	美国职业安全与健康管理局(OSHA)《切割、焊接和钎焊标准》(29 CFR §1910.252)(a)(2)(iii)(A)(1)	由审核员开展的工作： • 审核员应对动火作业许可证管理程序和/或动火作业许可证进行审查，以核实并确保在动火作业许可证管理程序或动火作业许可证中包含了在 OSHA《切割、焊接和钎焊标准》(29 CFR § 1910.252)(a)中规定的以下消防要求：如果在建筑物内存有大量可燃材料或建筑物建造材料属于可燃材料且与动火作业点之间的距离小于 35ft 时，则要求指派监火员。 • 如果在建筑物内存有大量可燃材料或建筑物建造材料属于可燃材料且与动火作业点之间的距离小于 35ft 时，审核员应进行实地检查，以核实在这种情况下是否指派了监火员(当在审核期间有这类动火作业时，审核员就应对此项要求进行检查)
审核准则 12-C-8：如果大量可燃材料与动火作业点之间的距离超过 35ft 但却易被火花引燃，则要求指派监火员	美国职业安全与健康管理局(OSHA)《切割、焊接和钎焊标准》(29 CFR §1910.252)(a)(2)(iii)(A)(2)	由审核员开展的工作： • 审核员应对动火作业许可证管理程序和/或动火作业许可证进行审查，以核实并确保在动火作业许可证管理程序或动火作业许可证中包含了在 OSHA《切割、焊接和钎焊标准》(29 CFR § 1910.252)(a)中规定的以下消防要求：如果大量可燃材

续表

审核准则	审核准则出处	审核员指南
		料与动火作业点之间的距离超过35ft但却易被火花引燃，则要求指派监火员。 • 如果大量可燃材料与动火作业点之间的距离超过35ft但却易被火花引燃，审核员应进行实地检查，以核实并确保在这种情况下指派了监火员（当在审核期间有这类动火作业时，审核员就应对此项要求进行检查）
审核准则12-C-9：如果在35ft半径范围内墙壁或地板上有开口（包括墙壁或地板上已隐蔽开口）且这些开口会暴露邻近区域中的可燃材料，则要求指派监火员	美国职业安全与健康管理局（OSHA）《切割、焊接和钎焊标准》（29 CFR §1910.252）（a）（2）（iii）（A）（3）	由审核员开展的工作： • 审核员应对动火作业许可证管理程序和/或动火作业许可证进行审查，以核实并确保在动火作业许可证管理程序或动火作业许可证中包含了在OSHA《切割、焊接和钎焊标准》（29 CFR §1910.252）（a）中规定的以下消防要求：如果在35ft半径范围内墙壁或地板上有开口（包括墙壁或地板上已隐蔽开口）且这些开口会暴露邻近区域中的可燃材料，则要求指派监火员。 • 如果在35ft半径范围内墙壁或地板上有开口（包括墙壁或地板上已隐蔽开口）且这些开口会暴露邻近区域中的可燃材料，审核员应进行实地检查，以核实并确保在这种情况下指派了监火员（当在审核期间有这类动火作业时，审核员就应对此项要求进行检查）
审核准则12-C-10：如果在金属隔墙、墙壁、天花板或屋顶的对面侧附近有可燃材料且可能会因热传导或热辐射而被引燃，则要求指派监火员	美国职业安全与健康管理局（OSHA）《切割、焊接和钎焊标准》（29 CFR §1910.252）（a）（2）（iii）（A）（4）	由审核员开展的工作： • 审核员应对动火作业许可证管理程序和/或动火作业许可证进行审查，以核实并确保在动火作业许可证管理程序或动火作业许可证中包含了在OSHA《切割、焊接和钎焊标准》（29 CFR §1910.252）（a）中规定的以下消防要求：如果在金属隔墙、墙壁、天花板或屋顶的对面侧附近有可燃材料且可能会因热传导或热辐射而被引燃，则要求指派监火员。 • 如果在金属隔墙、墙壁、天花板或屋顶的对面侧附近有可燃材料且可能会因热传导或热辐射而被引燃，审核员应进行实地检查，以核实并确保在这种情况下指派了监火员（当在审核期间有这类动火作业时，审核员就应对此项要求进行检查）
审核准则12-C-11：为监火员提供灭火设备，并对监火员进行灭火设备使用方面的培训	美国职业安全与健康管理局（OSHA）《切割、焊接和钎焊标准》（29 CFR §1910.252）（a）（2）（iii）（B）	由审核员开展的工作： • 审核员应对动火作业许可证管理程序和/或动火作业许可证进行审查，以核实并确保在动火作业许可证管理程序或动火作业许可证中包含了在OSHA《切割、焊接和钎焊标准》（29 CFR §1910.252）（a）中规定的以下消防要求：为监火员提供灭火设备。 • 审核员应进行实地检查，以核实并确保为监火员提供了灭火设备（当在审核期间有这类动火作业时，审核员就应对此项要求进行检查）。 • 审核员应对培训记录进行审查，以核实是否对监火员进行了灭火设备使用方面的培训。灭火设备不仅仅包括简单的消防器材。 • 审核员应对监火员进行面谈，以核实并确保监火员了解其职责、在发生火灾时需采取的措施以及如何使用所配备的消防器材（当在审核期间有这类动火作业时，审核员就应对此项要求进行检查）

续表

审核准则	审核准则出处	审核员指南
审核准则 12-C-12：监火员应熟悉火灾报警设备的使用	美国职业安全与健康管理局(OSHA)《切割、焊接和钎焊标准》(29 CFR §1910.252)(a)(2)(iii)(B)	由审核员开展的工作： • 审核员应进行实地检查，以核实监火员是否能够立即启动火灾报警设备或是否能够与火灾报警设备操作人员随时保持联络，以便在发生火灾时立即发出警报(当在审核期间有这类动火作业时，审核员就应对此项要求进行检查)。 • 审核员应对监火员进行面谈，以核实监火员熟悉火灾报警设备的使用或与火灾报警设备操作人员随时保持联络以便在发生火灾时立即发出警报(当在审核期间有这类动火作业时，审核员就应该对监火员进行面谈)
审核准则 12-C-13：监火员负责对所有动火作业区域进行监控，只有当使用所提供的灭火设备能够扑灭小型火灾时才设法进行灭火，否则监火员应发出警报	美国职业安全与健康管理局(OSHA)《切割、焊接和钎焊标准》(29 CFR §1910.252)(a)(2)(iii)(B)	由审核员开展的工作： • 审核员应对动火作业许可证管理程序和/或动火作业许可证进行审查，以核实并确保在动火作业许可证管理程序或动火作业许可证中规定：如果火灾严重程度超过了监火员控制能力，监火员应立即发出警报。 • 审核员应对监火员进行面谈，以核实监火员能否区分可应对火灾和无法应对火灾及当监火员无法扑灭火灾时应在第一时间发出警报或将火灾情况告知相关人员
审核准则 12-C-14：在完成焊接或切割作业后，监火员应至少在动火作业现场等待半小时，以检查是否有任何残留火源，如果发现应及时扑灭	美国职业安全与健康管理局(OSHA)《切割、焊接和钎焊标准》(29 CFR §1910.252)(a)(2)(iii)(B)	由审核员开展的工作： • 审核员应对动火作业许可证管理程序和/或动火作业许可证进行审查，以核实并确保在动火作业许可证管理程序或动火作业许可证中包含了在 OSHA《切割、焊接和钎焊标准》(29 CFR §1910.252)(a)中规定的以下消防要求，在完成焊接或切割作业后，监火员应至少在动火作业现场等待半小时，以检查是否有任何残留火源，如果发现应及时扑灭。 • 审核员应进行实地检查，以核实并确保在完成焊接或切割作业后监火员应至少在动火作业现场等待半小时，以检查是否有任何残留火源，如果发现应及时扑灭(当在审核期间有这类动火作业时，审核员就应对此项要求进行检查)。 • 审核员应对监火员进行面谈，以核实监火员是否知晓在完成动火作业后应至少在动火作业现场等待半小时这一要求(当在审核期间有这类动火作业时，审核员就应对此项要求进行检查)
审核准则 12-C-15：动火作业许可证应由负责动火作业的人员签发	美国职业安全与健康管理局(OSHA)《切割、焊接和钎焊标准》(29 CFR §1910.252)(a)(2)(iv)	为审核员提供的基本信息： • 动火作业许可证签发人可以是操作或维护的管理人员，也可以是操作或维护的技术人员。 由审核员开展的工作： • 审核员应对动火作业许可证管理程序或动火作业许可证进行审查，以核实是否已指定了动火作业许可证签发人。 • 审核员应对动火作业许可证管理程序和/或动火作业许可证进行审查，以核实并确保在动火作业许可证管理程序或动火作业许可证中包含了在 OSHA《切割、焊接和钎焊标准》(29 CFR §1910.252)(a)中规定的以下消防要求：动火作业许可证应由负责动火作业的人员签发。 • 审核员应对当前正在执行的动火作业许可证进行实地检查，以核实动火作业许可证是否由负责动火作业的人员签发(当在审核期间有这类动火作业时，审核员就应对此项要求进行检查)

续表

审核准则	审核准则出处	审核员指南
审核准则 12-C-16：在开始切割或焊接作业前，由作业审批人员对作业区域进行检查	美国职业安全与健康管理局（OSHA）《切割、焊接和钎焊标准》（29 CFR §1910.252）（a）（2）（iv）	由审核员开展的工作： ● 审核员应对动火作业许可证管理程序和/或动火作业许可证进行审查，以核实并确保在动火作业许可证管理程序或动火作业许可证中包含了在OSHA《切割、焊接和钎焊标准》（29 CFR §1910.252）（a）中规定的以下消防要求：在开始切割或焊接作业前，由作业审批人员对作业区域进行检查。 ● 审核员应进行实地检查，以核实并确保在开始切割或焊接作业前由切割和焊接作业审批人员对作业区域进行了检查（当在审核期间有这类动火作业时，审核员就应对此项要求进行检查）
审核准则 12-C-17：动火作业主管在开始审批动火作业前，应向动火人员讲明安全注意事项，最好采用书面动火作业许可证形式来明确安全要求	美国职业安全与健康管理局（OSHA）《切割、焊接和钎焊标准》（29 CFR §1910.252）（a）（2）（iv）	由审核员开展的工作： ● 审核员应对动火作业许可证管理程序和/或动火作业许可证进行审查，以核实并确保在动火作业许可证管理程序或动火作业许可证中包含了在OSHA《切割、焊接和钎焊标准》（29 CFR §1910.252）（a）中规定的以下消防要求：动火作业主管在开始审批动火作业前，应向动火人员讲明安全注意事项，最好采用书面动火作业许可证形式来明确安全要求。 ● 审核员应对当前正在执行的动火作业许可证和已关闭动火作业许可证进行检查，以核实并确保动火作业主管向动火人员讲明了安全注意事项，最好采用书面动火作业许可证形式来明确安全要求（当在审核期间有这类动火作业时，审核员就应对此项要求进行检查）
审核准则 12-C-18：当地板上堆积了可燃材料或地板采用可燃材料制成时，应采取相关防范措施	美国职业安全与健康管理局（OSHA）《切割、焊接和钎焊标准》（29 CFR §1910.252）（a）（2）（v）	由审核员开展的工作： ● 审核员应对动火作业许可证管理程序和/或动火作业许可证进行审查，以核实并确保在动火作业许可证管理程序或动火作业许可证中包含了在OSHA《切割、焊接和钎焊标准》（29 CFR §1910.252）（a）中规定的以下消防要求：当地板上堆积了可燃材料或地板采用可燃材料制成时，应采取相关防范措施。 ● 当地板上堆积了可燃材料或地板采用可燃材料制成时，审核员应进行实地检查，以核实并确保在这种情况下采取了相关防范措施（当在审核期间有这类动火作业时，审核员就应对此项要求进行检查）
审核准则 12-C-19：将动火点35ft半径范围内所有可燃材料清理干净	美国职业安全与健康管理局（OSHA）《切割、焊接和钎焊标准》（29 CFR §1910.252）（a）（2）（v）	由审核员开展的工作： ● 审核员应对动火作业许可证管理程序和/或动火作业许可证进行审查，以核实并确保在动火作业许可证管理程序或动火作业许可证中包含了在OSHA《切割、焊接和钎焊标准》（29 CFR §1910.252）（a）中规定的以下消防要求：将动火点35ft半径范围内所有可燃材料清理干净。 ● 审核员应进行实地检查，以核实并确保将动火点35ft半径范围内所有可燃材料清理干净（当在审核期间有这类动火作业时，审核员就应对此项要求进行检查）
审核准则 12-C-20：可燃地板要保持湿润，并铺上一层湿沙或设置耐火隔板进行保护	美国职业安全与健康管理局（OSHA）《切割、焊接和钎焊标准》（29 CFR §1910.252）（a）（2）（v）	由审核员开展的工作： ● 审核员应对动火作业许可证管理程序和/或动火作业许可证进行审查，以核实并确保在动火作业许可证管理程序或动火作业许可证中包含了在OSHA《切割、焊接和钎焊标准》（29 CFR §1910.252）（a）中规定的以下消防要求：可燃地板要保持湿润，并铺上一层湿沙或设置耐火隔板进行保护。

续表

审核准则	审核准则出处	审核员指南
		• 审核员应进行实地检查，以核实并确保可燃地板保持湿润，并铺上一层湿沙或设置耐火隔板进行保护(当在审核期间有这类动火作业时，审核员就应对此项要求进行检查)
审核准则 12-C-21：如果地板已被浸湿，要防止电弧焊接或切割设备操作人员发生触电危险	美国职业安全与健康管理局(OSHA)《切割、焊接和钎焊标准》(29 CFR §1910.252)(a)(2)(v)	由审核员开展的工作： • 审核员应对动火作业许可证管理程序和/或动火作业许可证进行审查，以核实并确保在动火作业许可证管理程序或动火作业许可证中包含了在 OSHA《切割、焊接和钎焊标准》(29 CFR §1910.252)(a)中规定的以下消防要求：如果地板已被浸湿，要防止电弧焊接或切割设备操作人员发生触电危险。 • 审核员应进行实地检查，以核实并确保当地板已被浸湿时防止电弧焊接或切割设备操作人员发生触电危险(当在审核期间有这类动火作业时，审核员就应对此项要求进行检查)
审核准则 12-C-22：不允许在未经批准的区域进行切割和焊接作业	美国职业安全与健康管理局(OSHA)《切割、焊接和钎焊标准》(29 CFR §1910.252)(a)(2)(vi)(A)	由审核员开展的工作： • 审核员应对动火作业许可证管理程序和/或动火作业许可证进行审查，以核实并确保在动火作业许可证管理程序或动火作业许可证中包含了在 OSHA《切割、焊接和钎焊标准》(29 CFR §1910.252)(a)中规定的以下消防要求：不允许在未经批准的区域进行切割和焊接作业。 • 审核员应进行实地检查，以核实并确保没有在未经批准的区域进行切割和焊接作业
审核准则 12-C-23：不允许在设有消防喷淋系统的建筑物内进行切割和焊接作业，以防止对消防喷淋系统的正常运行造成影响	美国职业安全与健康管理局(OSHA)《切割、焊接和钎焊标准》(29 CFR §1910.252)(a)(2)(vi)(B)	由审核员开展的工作： • 审核员应对动火作业许可证管理程序和/或动火作业许可证进行审查，以核实并确保在动火作业许可证管理程序或动火作业许可证中包含了在 OSHA《切割、焊接和钎焊标准》(29 CFR §1910.252)(a)中规定的以下消防要求：不允许在设有消防喷淋系统的建筑物内进行切割和焊接作业，以防止对消防喷淋系统的正常运行造成影响。 • 审核员应进行实地检查，以核实并确保没有在设有消防喷淋系统的建筑物内进行切割和焊接作业，以防止对消防喷淋系统的正常运行造成影响(当在审核期间有这类动火作业时，审核员就应对此项要求进行检查)
审核准则 12-C-24：当存在爆炸性环境(存在易燃气体、蒸气或液体混合物或空气中含有粉尘)、因以前盛装易燃物料的储罐或设备内部未清理干净或未按照规定进行清理而形成爆炸性条件或在可燃粉尘聚集区域形成爆炸性条件时，不允许进行切割和焊接作业	美国职业安全与健康管理局(OSHA)《切割、焊接和钎焊标准》(29 CFR §1910.252)(a)(2)(vi)(C)	由审核员开展的工作： • 审核员应对动火作业许可证管理程序和/或动火作业许可证进行审查，以核实并确保在动火作业许可证管理程序或动火作业许可证中包含了在 OSHA《切割、焊接和钎焊标准》(29 CFR §1910.252)(a)中规定的以下消防要求：当存在爆炸性环境(存在易燃气体、蒸气或液体混合物或空气中含有粉尘)、因以前盛装易燃物料的储罐或设备内部未清理干净或未按照规定进行清理而形成爆炸性条件或在可燃粉尘聚集区域形成爆炸性条件时，不允许进行切割和焊接作业。 • 当存在爆炸性环境(存在易燃气体、蒸气或液体混合物或空气中含有粉尘)、因以前盛装易燃物料的储罐或设备内部未清理干净或未按照规定进行清理而形成爆炸性条件或在可燃粉尘聚集区域形成爆炸性条件时，审核员应进行实地检查，以核实并确保在这些条件下禁止进行切割和焊接作业(当在审核期间有这类动火作业时，审核员就应对此项要求进行检查)

续表

审核准则	审核准则出处	审核员指南
审核准则 12-C-25：不允许在存有大量露天易燃材料(如散装硫黄、成捆纸张或棉花)地点的附近区域进行切割和焊接作业	美国职业安全与健康管理局(OSHA)《切割、焊接和钎焊标准》(29 CFR § 1910.252)(a)(2)(vi)(D)	由审核员开展的工作： ● 审核员应对动火作业许可证管理程序和/或动火作业许可证进行审查，以核实并确保在动火作业许可证管理程序或动火作业许可证中包含了在 OSHA《切割、焊接和钎焊标准》(29 CFR § 1910.252)(a)中规定的以下消防要求：不允许在存有大量露天易燃材料(如散装硫黄、成捆纸张或棉花)地点的附近区域进行切割和焊接作业。 ● 审核员应进行实地检查，以核实并确保没有在存有大量露天易燃材料(如散装硫黄、成捆纸张或棉花)地点的附近区域进行切割和焊接作业(当在审核期间有这类动火作业时，审核员就应对此项要求进行检查)
审核准则 12-C-26：如果可行，应将所有可燃材料转移至距离动火作业设备至少 35ft 以外的地方	美国职业安全与健康管理局(OSHA)《切割、焊接和钎焊标准》(29 CFR § 1910.252)(a)(2)(vii)	由审核员开展的工作： ● 审核员应对动火作业许可证管理程序和/或动火作业许可证进行审查，以核实并确保在动火作业许可证管理程序或动火作业许可证中包含了 OSHA《切割、焊接和钎焊标准》(29 CFR § 1910.252)规定的以下消防要求：如果可行，应将所有可燃材料转移至距离动火作业设备至少 35ft 以外的地方。 ● 审核员应进行实地检查，以核实并确保在可行情况下将所有可燃材料转移至距离动火作业设备至少 35ft 以外的地方(当在审核期间有这类动火作业时，审核员就应对此项要求进行检查)
审核准则 12-C-27：如果无法将可燃材料转移至别处，应采用防火材料覆盖或用由金属或石棉制作的防护隔板将可燃材料遮蔽起来	美国职业安全与健康管理局(OSHA)《切割、焊接和钎焊标准》(29 CFR § 1910.252)(a)(2)(vii)	由审核员开展的工作： ● 审核员应对动火作业许可证管理程序和/或动火作业许可证进行审查，以核实并确保在动火作业许可证管理程序或动火作业许可证中包含了在 OSHA《切割、焊接和钎焊标准》(29 CFR § 1910.252)(a)中规定的以下消防要求：如果无法将可燃材料转移至别处，应采用防火材料覆盖或用由金属或石棉制作的防护隔板将可燃材料遮蔽起来。 ● 如果无法将可燃材料转移至别处，审核员应进行实地检查，以核实并确保在这种情况下采用了防火材料覆盖或用由金属或石棉制作的防护隔板将可燃材料遮蔽起来(当在审核期间有这类动火作业时，审核员就应对此项要求进行检查)
审核准则 12-C-28：如果通风和输送系统可能会将火花携带到远处可燃材料处，应为通风和输送系统采取合适防护措施或将通风系统和输送系统停运	美国职业安全与健康管理局(OSHA)《切割、焊接和钎焊标准》(29 CFR § 1910.252)(a)(2)(vii)	由审核员开展的工作： ● 审核员应对动火作业许可证管理程序和/或动火作业许可证进行审查，以核实并确保在动火作业许可证管理程序或动火作业许可证中包含了在 OSHA《切割、焊接和钎焊标准》(29 CFR § 1910.252)(a)中规定的以下消防要求：如果通风和输送系统可能会将火花携带到远处可燃材料处，应为通风和输送系统采取合适防护措施或将通风系统和输送系统停运。 ● 如果通风和输送系统可能会将火花携带到远处可燃材料处，审核员应进行实地检查，以核实并确保在这种情况下为通风和输送系统采取了合适防护措施或将通风系统和输送系统停运(当在审核期间有这类动火作业时，审核员就应对此项要求进行检查)

续表

审核准则	审核准则出处	审核员指南
审核准则 12-C-29：如果在采用可燃材料制作的墙壁、隔墙、天花板或屋面附近进行切割或焊接作业，应设置耐火遮护板或防护隔板以防止墙壁、隔墙、天花板或屋面被引燃	美国职业安全与健康管理局(OSHA)《切割、焊接和钎焊标准》(29 CFR § 1910.252) (a)(2)(ix)	由审核员开展的工作： • 审核员应对动火作业许可证管理程序和/或动火作业许可证进行审查，以核实并确保在动火作业许可证管理程序或动火作业许可证中包含了在 OSHA《切割、焊接和钎焊标准》(29 CFR § 1910.252)(a)中规定的以下消防要求，如果在采用可燃材料制作的墙壁、隔墙、天花板或屋面附近进行切割或焊接作业，应设置耐火遮护板或防护隔板以防止墙壁、隔墙、天花板或屋面被引燃。 • 如果在采用可燃材料制作的墙壁、隔墙、天花板或屋面附近进行切割或焊接作业，审核员应进行实地检查，以核实并确保在这种情况下设置了耐火遮护板或防护隔板，以防止墙壁、隔墙、天花板或屋面被引燃(当在审核期间有这类动火作业时，审核员就应对此项要求进行检查)
审核准则 12-C-30：如果需在金属墙壁、隔墙、天花板或屋面上进行焊接作业，应采取防护措施以防止因热传导或热辐射而导致金属墙壁、隔墙、天花板或屋面对面侧堆积的可燃材料被引燃，最好将可燃材料转移至别处	美国职业安全与健康管理局(OSHA)《切割、焊接和钎焊标准》(29 CFR § 1910.252) (a)(2)(x)	由审核员开展的工作： • 审核员应对动火作业许可证管理程序和/或动火作业许可证进行审查，以核实并确保在动火作业许可证管理程序或动火作业许可证中包含了在 OSHA《切割、焊接和钎焊标准》(29 CFR § 1910.252)(a)中规定的以下消防要求：如果需在金属墙壁、隔墙、天花板或屋面上进行焊接作业，应采取防护措施以防止因热传导或热辐射而导致金属墙壁、隔墙、天花板或屋面对面侧堆积的可燃材料被引燃，最好将可燃材料转移至别处。 • 如果需在金属墙壁、隔墙、天花板或屋面上进行焊接作业，审核员应进行实地检查，以核实并确保在这种情况下采取了防护措施以防止因热传导或热辐射而导致金属墙壁、隔墙、天花板或屋面对面侧堆积的可燃材料被引燃，最好将可燃材料转移至别处(当在审核期间有这类动火作业时，审核员就应对此项要求进行检查)
审核准则 12-C-31：如果需在金属墙壁、隔墙、天花板或屋面上进行焊接作业且未将可燃材料转移至别处，应在焊接作业对面侧指派一名监火员	美国职业安全与健康管理局(OSHA)《切割、焊接和钎焊标准》(29 CFR § 1910.252) (a)(2)(x)	由审核员开展的工作： • 审核员应对动火作业许可证管理程序和/或动火作业许可证进行审查，以核实并确保在动火作业许可证管理程序或动火作业许可证中包含了在 OSHA《切割、焊接和钎焊标准》(29 CFR § 1910.252)(a)中规定的以下消防要求：如果需在金属墙壁、隔墙、天花板或屋面上进行焊接作业且未将可燃材料转移至别处，应在焊接作业对面侧指派一名监火员。 • 如果需在金属墙壁、隔墙、天花板或屋面上进行焊接作业且未将可燃材料转移至别处，审核员应进行实地检查，以核实并确保在这种情况下在焊接作业对面侧指派了一名监火员(当在审核期间有这类动火作业时，审核员就应对此项要求进行检查)
审核准则 12-C-32：当金属隔墙、墙壁、天花板或屋面上有可燃材料覆层或墙壁/隔墙采用可燃夹芯板制作时，不得试图在其上面进行焊接作业	美国职业安全与健康管理局(OSHA)《切割、焊接和钎焊标准》(29 CFR § 1910.252) (a)(2)(xi)	由审核员开展的工作： • 审核员应对动火作业许可证管理程序和/或动火作业许可证进行审查，以核实并确保在动火作业许可证管理程序或动火作业许可证中包含了在 OSHA《切割、焊接和钎焊标准》(29 CFR § 1910.252)(a)中规定的以下消防要求：当金属隔墙、墙壁、天花板或屋面上有可燃材料覆层或墙壁/隔墙采用可燃夹芯板制作时，不得试图在其上面进行焊接作业。

续表

审核准则	审核准则出处	审核员指南
		• 当金属隔墙、墙壁、天花板或屋面上有可燃材料覆层或墙壁/隔墙采用可燃夹芯板制作时，审核应进行实地检查，以核实并确保不得试图在其上面进行焊接作业（当在审核期间有这类动火作业时，审核员就应对此项要求进行检查）
审核准则 12-C-33：当切割或焊接的管道或其他金属与可燃墙壁、隔墙、天花板或屋顶有接触时，如果作业点靠近可燃墙壁、隔墙、天花板或屋顶，从而会因热传导而导致可燃墙壁、隔墙、天花板或屋顶被引燃，则不允许对这类管道或其他金属进行切割或焊接作业	美国职业安全与健康管理局（OSHA）《切割、焊接和钎焊标准》（29 CFR § 1910.252）（a）（2）（xii）	由审核员开展的工作： • 审核员应对动火作业许可证管理程序和/或动火作业许可证进行审查，以核实并确保在动火作业许可证管理程序或动火作业许可证中包含了在 OSHA《切割、焊接和钎焊标准》（29 CFR § 1910.252）（a）中规定的以下消防要求：当切割或焊接的管道或其他金属与可燃墙壁、隔墙、天花板或屋顶有接触时，如果作业点靠近可燃墙壁、隔墙、天花板或屋顶，从而会因热传导而导致可燃墙壁、隔墙、天花板或屋顶被引燃，则不允许对这类管道或其他金属进行切割或焊接作业。 • 当切割或焊接的管道或其他金属与可燃墙壁、隔墙、天花板或屋顶有接触时，如果作业点靠近可燃墙壁、隔墙、天花板或屋顶，从而会因热传导而导致可燃墙壁、隔墙、天花板或屋顶被引燃，审核员应进行实地检查，以核实并确保在这种情况下不允许对这类管道或其他金属进行切割或焊接作业（当在审核期间有这类动火作业时，审核员就应对此项要求进行检查）
审核准则 12-C-34：管理层已根据生产设施潜在的火灾危险性确定了切割和焊接固定作业区域，并为在其他区域进行切割和焊接作业编写了相应的管理程序	美国职业安全与健康管理局（OSHA）《切割、焊接和钎焊标准》（29 CFR § 1910.252）（a）（2）（xiii）（A）	由审核员开展的工作： • 审核员应对动火作业许可证管理程序和/或动火作业许可证进行审查，以核实并确保在动火作业许可证管理程序或动火作业许可证中包含了在 OSHA《切割、焊接和钎焊标准》（29 CFR § 1910.252）（a）中规定的以下消防要求：管理层已根据生产设施潜在的火灾危险性确定了切割和焊接固定作业区域，并为在其他区域进行切割和焊接作业编写了相应的管理程序。 • 审核员应进行实地检查，以核实管理层是否已根据生产设施的潜在火灾危险性确定了切割和焊接固定作业区域，并为在其他区域进行切割和焊接作业编写了相应的管理程序。 • 审核员应对焊工或焊接主管进行面谈，以核实焊工或焊接主管知晓在设施中需持有动火作业许可证才能进行动火作业的区域以及在设施中无需持有动火作业许可证就可以进行动火作业的区域
审核准则 12-C-35：当在非固定动火区域进行切割和焊接作业时，管理层应为这类动火作业指派审批人员	美国职业安全与健康管理局（OSHA）《切割、焊接和钎焊标准》（29 CFR § 1910.252）（a）（2）（xiii）（B）	由审核员开展的工作： • 审核员应对动火作业许可证管理程序和/或动火作业许可证进行审查，以核实并确保在动火作业许可证管理程序或动火作业许可证中包含了在 OSHA《切割、焊接和钎焊标准》（29 CFR § 1910.252）（a）中规定的以下消防要求：当在非固定动火区域进行切割和焊接作业时，管理层应为这类动火作业指派审批人员。 • 当在非固定动火区域进行切割和焊接作业时，审核员应进行实地检查，以核实并确保管理层已为这类动火作业指派了审批人员

续表

审核准则	审核准则出处	审核员指南
审核准则12-C-36：管理层应确保切割工或焊工及其主管接受了切割或焊接设备以及作业方面的安全培训	美国职业安全与健康管理局(OSHA)《切割、焊接和钎焊标准》(29 CFR §1910.252)(a)(2)(xiii)(C)	由审核员开展的工作： • 审核员应对动火作业许可证管理程序和/或动火作业许可证进行审查，以核实并确保在动火作业许可证管理程序或动火作业许可证中包含了在OSHA《切割、焊接和钎焊标准》(29 CFR §1910.252)(a)中规定的以下消防要求：管理层应确保切割工或焊工及其主管接受了切割或焊接设备以及作业方面的安全培训。 • 审核员应与焊工或焊接主管进行面谈，以核实并确保焊工或焊接主管了解动火作业许可证管理程序中有关规定。另外，审核员还可对培训记录或焊接证书进行审查。
审核准则12-C-37：管理层应将易燃材料或危险条件告知所有承包商	美国职业安全与健康管理局(OSHA)《切割、焊接和钎焊标准》(29 CFR §1910.252)(a)(2)(xiii)(D)	由审核员开展的工作： • 审核员应对动火作业许可证管理程序和/或动火作业许可证进行审查，以核实并确保在动火作业许可证管理程序或动火作业许可证中包含了在OSHA《切割、焊接和钎焊标准》(29 CFR §1910.252)(a)中规定的以下消防要求：管理层应将易燃材料或危险条件告知所有承包商。 • 审核员应对承包商进行面谈，以核实并确保承包商知晓在进行动火作业时会面临的危险以及动火作业许可证管理程序中有关规定(同时见"第14章：承包商管理")
审核准则12-C-38：动火作业主管负责切割或焊接设备安全运转以及相关作业的安全操作	美国职业安全与健康管理局(OSHA)《切割、焊接和钎焊标准》(29 CFR §1910.252)(a)(xiv)(A)	由审核员开展的工作： • 审核员应对动火作业许可证管理程序和/或动火作业许可证进行审查，以核实并确保在动火作业许可证管理程序或动火作业许可证中包含了在OSHA《切割、焊接和钎焊标准》(29 CFR §1910.252)(a)中规定的以下消防要求：动火作业主管负责切割或焊接设备安全运转及相关作业的安全操作
审核准则12-C-39：动火作业主管应对动火作业现场进行检查，以核实在动火作业现场是否存在或可能存在任何可燃材料和危险区域	美国职业安全与健康管理局(OSHA)《切割、焊接和钎焊标准》(29 CFR §1910.252)(a)(xiv)(B)	由审核员开展的工作： • 审核员应对动火作业许可证管理程序和/或动火作业许可证进行审查，以核实并确保在动火作业许可证管理程序或动火作业许可证中包含了在OSHA《切割、焊接和钎焊标准》(29 CFR §1910.252)(a)中规定的以下消防要求，动火作业主管应对动火作业现场进行检查，以核实在动火作业现场是否存在或可能存在任何可燃材料和危险区域。 • 审核员应进行实地检查，以核实动火作业主管是否对动火作业现场进行了检查，确保在动火作业现场不存在任何可燃材料和危险区域(当在审核期间有这类动火作业时，审核员就应对此项要求进行检查)
审核准则12-C-40：动火作业主管已要求动火人员将动火作业地点转移至远离危险可燃材料的地点。如果不能将动火作业地点转移至别处，动火作业主管应要求转移可燃材料，使其远离动火作业地点，或者采用合适的覆盖物将可燃材料遮盖起来，以防止可燃材料被引燃	美国职业安全与健康管理局(OSHA)《切割、焊接和钎焊标准》(29 CFR §1910.252)(a)(2)(xiv)(C)(1)-(2)	由审核员开展的工作： • 审核员应对动火作业许可证管理程序和/或动火作业许可证进行审查，以核实并确保在动火作业许可证管理程序或动火作业许可证中包含了在OSHA《切割、焊接和钎焊标准》(29 CFR §1910.252)(a)中规定的以下消防要求，动火作业主管已要求动火人员将动火作业地点转移至远离危险可燃材料的地点。如果不能将动火作业地点转移至别处，动火作业主管应要求转移可燃材料，使其远离动火作业地点，或者采用合适的覆盖物将可燃材料遮盖起来，以防止可燃材料被引燃。

续表

审核准则	审核准则出处	审核员指南
		• 审核员应进行实地检查，以核实动火作业主管是否要求动火人员将动火作业地点转移至远离危险可燃材料的地点。如果不能将动火作业地点转移至别处，动火作业主管应要求转移可燃材料，使其远离动火作业地点，或者采用合适的覆盖物将可燃材料遮盖起来，以防止可燃材料被引燃（当在审核期间有这类动火作业时，审核员就应对此项要求进行检查）
审核准则 12-C-41：动火作业主管应确保切割和焊接作业的安排，以保证在进行切割或焊接作业期间生产设施操作不会泄放易燃物	美国职业安全与健康管理局（OSHA）《切割、焊接和钎焊标准》（29 CFR §1910.252）（a）（2）（xiv）（C）（3）	由审核员开展的工作： • 审核员应对动火作业许可证管理程序和/或动火作业许可证进行审查，以核实并确保在动火作业许可证管理程序或动火作业许可证中包含了在 OSHA《切割、焊接和钎焊标准》（29 CFR §1910.252）（a）中规定的以下消防要求：动火作业主管应确保切割和焊接作业的安排，以保证在进行切割或焊接作业期间生产设施操作不会泄放易燃物。 • 审核员应进行实地检查，以核实并确保动火作业主管对切割和焊接作业的安排，以保证在进行切割或焊接作业期间生产设施操作不会泄放易燃物。（当在审核期间有这类动火作业时，审核员就应对此项要求进行检查）
审核准则 12-C-42：动火作业主管应确保只有指定的管理人员才有权审批切割或焊接作业	美国职业安全与健康管理局（OSHA）《切割、焊接和钎焊标准》（29 CFR §1910.252）（a）（2）（xiv）（D）	由审核员开展的工作： • 审核员应对动火作业许可证管理程序和/或动火作业许可证进行审查，以核实并确保在动火作业许可证管理程序或动火作业许可证中包含了在 OSHA《切割、焊接和钎焊标准》（29 CFR §1910.252）（a）中规定的以下消防要求：动火作业主管应确保只有指定的管理人员才有权审批切割或焊接作业。 • 审核员应对当前正在执行的动火作业许可证和已关闭动火作业许可证进行检查，以证实只有指定的管理人员才有权审批切割或焊接作业
审核准则 12-C-43：动火作业主管应对动火作业条件进行检查，以确保只有在满足安全作业条件时才允许进行切割或焊接作业	美国职业安全与健康管理局（OSHA）《切割、焊接和钎焊标准》（29 CFR §1910.252）（a）（2）（xiv）（E）	由审核员开展的工作： • 审核员应对动火作业许可证管理程序和/或动火作业许可证进行审查，以核实并确保在动火作业许可证管理程序或动火作业许可证中包含了在 OSHA《切割、焊接和钎焊标准》（29 CFR §1910.252）（a）中规定的以下消防要求，动火作业主管应对动火作业条件进行检查，以确保只有在满足安全作业条件时才允许进行切割或焊接作业。 • 审核员应进行实地检查，以核实并确保动火作业主管已对动火作业条件进行了检查，以确保只有在满足安全作业条件时才允许进行切割或焊接作业（当在审核期间有这类动火作业时，审核员就应对此项要求进行检查）
审核准则 12-C-44：动火作业主管应检查并确保在设施中为动火作业提供了规定的消防设备和灭火设备	美国职业安全与健康管理局（OSHA）《切割、焊接和钎焊标准》（29 CFR §1910.252）（a）（2）（xiv）（F）	由审核员开展的工作： • 审核员应对动火作业许可证管理程序和/或动火作业许可证进行审查，以核实并确保在动火作业许可证管理程序或动火作业许可证中包含了在 OSHA《切割、焊接和钎焊标准》（29 CFR §1910.252）（a）中规定的以下消防要求，动火作业主管应检查并确保在设施中为动火作业提供了规定的消防设备和灭火设备。 • 审核员应进行实地检查，以核实并确保在设施中为动火作业提供了规定的消防设备和灭火设备（当在审核期间有这类动火作业时，审核员就应对此项要求进行检查）

续表

审核准则	审核准则出处	审核员指南
审核准则12-C-45：当要求为动火作业指派监火员时，动火作业主管应对此进行检查，以确保在设施中指派了监火员	美国职业安全与健康管理局(OSHA)《切割、焊接和钎焊标准》(29 CFR §1910.252)(a)(2)(xiv)(G)	由审核员开展的工作： • 审核员应对动火作业许可证管理程序和/或动火作业许可证进行审查，以核实并确保在动火作业许可证管理程序或动火作业许可证中包含了在OSHA《切割、焊接和钎焊标准》(29 CFR §1910.252)(a)中规定的以下消防要求，当要求为动火作业指派监火员时，动火作业主管应对此进行检查，以确保在设施中指派了监火员。 • 当要求为动火作业指派监火员时，审核员应进行实地检查，以核实是否在设施中指派了监火员(当在审核期间有这类动火作业时，审核员就应对此项要求进行检查)
审核准则12-C-46：仅允许在固定动火区域或采取了消防措施的区域进行切割或焊接作业	美国职业安全与健康管理局(OSHA)《切割、焊接和钎焊标准》(29 CFR §1910.252)(a)(2)(xv)	由审核员开展的工作： • 审核员应对动火作业许可证管理程序和/或动火作业许可证进行审查，以核实并确保在动火作业许可证管理程序或动火作业许可证中包含了在OSHA《切割、焊接和钎焊标准》(29 CFR §1910.252)(a)中规定的以下消防要求，仅允许在固定动火区域或采取了消防措施的区域进行切割或焊接作业。 • 审核员应进行实地检查，以核实并确保只能在固定动火区域或采取了消防措施的区域进行切割或焊接作业(当在审核期间有这类动火作业时，审核员就应对此项要求进行检查)
审核准则12-C-47：如果不能将动火作业地点转移至别处(如对于绝大部分施工作业)，应将可燃材料清除或通过采取保护措施以防止可燃材料接触到火源来确保动火作业区域的安全	美国职业安全与健康管理局(OSHA)《切割、焊接和钎焊标准》(29 CFR §1910.252)(a)(2)(xv)	由审核员开展的工作： • 审核员应对动火作业许可证管理程序和/或动火作业许可证进行审查，以核实并确保在动火作业许可证管理程序或动火作业许可证中包含了在OSHA《切割、焊接和钎焊标准》(29 CFR §1910.252)(a)中规定的以下消防要求，如果不能将动火作业地点转移至别处(如对于绝大部分施工作业)，应将可燃材料清除或通过采取保护措施以防止可燃材料接触到火源来确保动火作业区域的安全。 • 如果不能将动火作业地点转移至别处(如对于绝大部分施工作业)，审核员应进行实地检查，以核实并确保在这种情况下将可燃材料清除或通过采取保护措施以防止可燃材料接触到火源来确保动火作业区域的安全(当在审核期间有这类动火作业时，审核员就应对此项要求进行检查)
审核准则12-C-48：不允许在已用过的罐、桶、储罐或其他容器上进行焊接、切割或其他动火作业，除非这些罐、桶、储罐或其他容器已彻底清理干净并确保完全满足以下要求： • 无任何易燃材料、无任何油脂、焦油和酸等物质，在受热时不会产生任何易燃或有毒蒸气； • 与储罐或容器连接的任何管线或接头已断开或设置了盲板； • 在进行预热、切割或焊接前，对所有中空空间、腔体或容器进行通风以使其中的空气或气体排出； • 使用惰性气体对容器进行了吹扫(建议措施)	美国职业安全与健康管理局(OSHA)《切割、焊接和钎焊标准》(29 CFR §1910.252)(a)(3)(i)-(ii)	由审核员开展的工作： • 审核员应对动火作业许可证管理程序和/或动火作业许可证进行审查，以核实并确保在动火作业许可证管理程序或动火作业许可证中包含了在OSHA《切割、焊接和钎焊标准》(29 CFR §1910.252)(a)中规定的以下消防要求，不允许在已用过的罐、桶、储罐或其他容器上进行焊接、切割或其他动火作业，除非这些罐、桶、储罐或其他容器已彻底清理干净并确保完全满足以下要求： —无任何易燃材料，无任何油脂、焦油和酸等物质，在受热时不会产生任何易燃或有毒蒸气； —与储罐或容器连接的任何管线或接头已断开或设置了盲板； —在进行预热、切割或焊接前，对所有中空空间、腔体或容器进行通风以使其中的空气或气体排出； —使用惰性气体对容器进行了吹扫(建议措施)。 • 审核员应进行实地检查，以核实只有在采取了清理、排空和吹扫等防范措施后方可在已用过的罐、桶、储罐或其他容器上进行焊接、切割或其他动火作业(当在审核期间有这类动火作业时，审核员就应对此项要求进行检查)

续表

审核准则	审核准则出处	审核员指南
审核准则 12-C-49：如果需要在较长一段时间内暂停电弧焊作业（如在午休时间或夜间），应将所有焊条从焊钳中取下并将焊钳放置在安全位置，确保人员不会意外接触到焊钳，同时将电弧焊机的电源断开	美国职业安全与健康管理局（OSHA）《切割、焊接和钎焊标准》（29 CFR §1910.252）（a）（4）（i）	由审核员开展的工作： • 审核员应对动火作业许可证管理程序和/或动火作业许可证进行审查，以核实并确保在动火作业许可证管理程序或动火作业许可证中包含了在 OSHA《切割、焊接和钎焊标准》（29 CFR §1910.252）（a）中规定的以下消防要求，如果需要在较长一段时间内暂停电弧焊作业（如在午休时间或夜间），应将所有焊条从焊钳中取下并将焊钳放置在安全位置，确保人员不会意外接触到焊钳，同时将电弧焊机的电源断开。 • 如果需要在较长一段时间内暂停电弧焊作业（如在午休时间或夜间），审核员应进行实地检查，以核实并确保在这种情况下将所有焊条从焊钳中取下并将焊钳放置在安全位置，确保人员不会意外接触到焊钳，同时将电弧焊机的电源断开（当在审核期间有这类动火作业时，审核员就应对此项要求进行检查）
审核准则 12-C-50：当进行气焊/气割作业时，如果在很长一段时间内不使用焊炬/割炬（如在午休时间或夜间），应将焊炬/割炬阀门关闭并在受限区域外部某处将焊炬/割炬的气源彻底切断，以避免因泄漏或阀门未正确关闭而导致气体逸出。 如果可行，应将焊炬/割炬和软管撤出动火作业区域。	美国职业安全与健康管理局（OSHA）《切割、焊接和钎焊标准》（29 CFR §1910.252）（a）（4）（ii）	由审核员开展的工作： • 审核员应对动火作业许可证管理程序和/或动火作业许可证进行审查，以核实并确保在动火作业许可证管理程序或动火作业许可证中包含了在 OSHA《切割、焊接和钎焊标准》（29 CFR §1910.252）（a）中规定的以下消防要求，当进行气焊/气割作业时，如果在很长一段时间内不使用焊炬/割炬（如在午休时间或夜间），应将焊炬/割炬阀门关闭并在受限区域外部某处将焊炬/割炬的气源彻底切断，以避免因泄漏或阀门未正确关闭而导致气体逸出。如果可行，应将焊炬/割炬和软管撤出动火作业区域。 • 当进行气焊/气割作业时，如果在很长一段时间内不使用焊炬/割炬（如在午休时间或夜间），审核员应进行实地检查，以核实并确保将焊炬/割炬阀门关闭并在受限区域外部某处去焊炬/割炬的气源彻底切断，以避免因泄漏或阀门未正确关闭而导致气体逸出。如果可行，应将焊炬/割炬和软管撤出动火作业区域（当在审核期间有这类动火作业时，审核员就应对此项要求进行检查）
审核准则 12-C-51：应保存好动火作业许可证，直到完成动火作业为止	OSHA 过程安全管理标准《高危化学品过程安全管理》（29 CFR §1910.119）（k）（2） 美国国家环境保护局（EPA）《风险管理计划》中"动火作业许可证"部分（68.85）	由审核员开展的工作： • 审核员应对动火作业许可证管理程序和/或已完成动火作业许可证进行审查，以核实在动火作业许可证管理程序或动火作业许可证中包括在 1910.252（a）中规定的以下有关消防规定，应保存好动火作业许可证，直到完成动火作业为止。 • 审核员应进行实地检查，以核实并确保保存好动火作业许可证，直到完成动火作业为止（当在审核期间有这类动火作业时，审核员就应对此项要求进行检查）

与以下作业/活动有关的审核准则虽然涉及 OSHA 过程安全管理标准《高危化学品过程安全管理》"操作程序"这一要素，但由于这些审查准则实际上属于"安全操作规程"范畴而非"操作程序"，因此，在下表中对这些审核准则加以说明。

审核准则	审核准则出处	审核员指南
审核准则 12-C-52：雇主应制定并实施安全操作规程对在开展作业期间（如上锁/挂牌（LOTO）、进入受限空间、打开工艺设备或管线）存在的危险进行控制	美国职业安全与健康管理部（OSHA）《高危化学品过程安全管理》（29 CFR §1910.119）（f）（4） 美国国家环境保护局（EPA）《风险管理计划》中"操作程序"部分（68.69）	为审核员提供的基本信息： • 除非按照过程安全管理审核目的、范围和目标要求对与上锁/挂牌（LOTO）、进入受限空间和打开管线/设备有关的安全操作规程（SWP）内容和实施情况进行详细审查，否则，通常仅检查是否制定了这些安全操作规程即可。对上述安全操作规程进行详细审查通常属于安全和健康审核范围。在某些情况下，上述安全操作规程涵盖在其他安全操作规程中，如与一般作业有关的安全操作规程。

续表

审核准则	审核准则出处	审核员指南
		由审核员开展的工作: • 审核员应对安全操作规程(SWP)进行审查,以核实是否制定了与上锁/挂牌(LOTO)、进入受限空间和打开管线/设备有关的安全操作规程。在安全操作规程中,通常包括作业许可程序。 • 审核员应进行实地检查,以核实是否制定并实施了与上锁/挂牌(LOTO)、进入受限空间和打开管线/设备有关的安全操作规程(SWP)。审核员应进行检查以核实公司是否实施了作业许可证制度
审核准则12-C-53:雇主应制定并实施安全操作规程,对进入设施的维护人员、承包商人员、分析化验人员或其他辅助人员进行管控	美国职业安全与健康管理局(OSHA)《高危化学品过程安全管理》(29 CFR § 1910.119)(f)(4) 美国国家环境保护局(EPA)《风险管理计划》中“操作程序”部分(68.69)	为审核员提供的基本信息: • 应制定安全操作规程(SWP),对生产单元中进出的非直接操作人员进行管控。该安全操作规程有助于在出现应急情况逃生时清点人数,对过程进行有效控制,同时在存在已知安全风险情况下或当生产单元在进行特别危险操作(如开车、危险物料泄放或清理、或大件设备起吊)时确保非操作人员的安全。 • 该安全操作规程(SWP)应适用于生产单元中所有非直接操作人员,包括公司/工厂维护人员、工程设计人员和管理人员。 • 可采用纸质或电子系统登记、进入设施的人员在白板上签字、电子门禁卡或其他方法对进入设施的人员进行控制(可采用不只一种方法)。许多设施将控制室或现场操作人员集中地点作为控制点。但是,控制点也可以为现场中任一方便地点。 由审核员开展的工作: • 审核员应核实公司是否制定安全操作规程(SWP)来对生产单元非直接操作人员进入设施进行控制,并确保该安全操作规程适用于生产单元所有非直接操作人员,包括管理人员、工程设计人员、分析化验人员和其他人员
审核准则12-C-54:安全操作规程应适用于公司员工和承包商人员	美国职业安全与健康管理局(OSHA)《高危化学品过程安全管理》(29 CFR § 1910.119)(f)(4) 美国国家环境保护局(EPA)《风险管理计划》中“操作程序”部分(68.69)	由审核员开展的工作: • 审核员应对安全操作规程(SWP)进行审查,以核实是否将承包商作业纳入安全操作规程管理范围。 • 审核员应对安全操作规程实施文件(即作业许可证)进行审查,以核实是否按照作业许可证制度对承包商现场作业进行了有效管理。

12.2.1.1 美国州立过程安全管理标准

当公司/工厂按照州立过程安全管理标准制定其过程安全管理标准时,则应遵守州立过程安全管理标准中规定的具体过程安全要求。州立过程安全管理标准中规定的要求通常会与联邦OSHA过程安全管理标准《高危化学品过程安全管理》和EPA《风险管理计划》中规定的要求存在一定程度的重叠,即使某一州已获得联邦法规实施授权(即该州从OSHA获得了《高危化学品过程安全管理》实施资格或从EPA获得了《风险管理计划》实施资格),州立过程安全管理标准还有自己的具体要求。在表12.2中,对以下三个州的过程安全管理法规适用性要求进行了说明：

- 新泽西州；
- 加利福尼亚州；
- 特拉华州。

表 12.2 列出了在美国州立过程安全管理标准中与“安全操作规程(SWP)”有关的审核准则和审核员指南。

表 12.2 在美国州立过程安全管理标准中与“安全操作规程(SWP)”有关的审核准则和审核员指南

审核准则	审核准则出处	审核员指南
新泽西州立法规《毒性物品灾难预防法案》(TCPA) 审核准则 12-C-55：除在 OSHA 过程安全管理标准《高危化学品过程安全管理》和 EPA《风险管理计划》中规定的“安全操作规程”要求外，在新泽西州立法规《毒性物品灾难预防法案》(TCPA)中未新增任何与之有关的其他要求	新泽西州《毒性物品灾难预防法案》7：31-4.3	• 无其他要求
特拉华州立法规《意外泄漏预防计划》 审核准则 12-C-56：除在 OSHA 过程安全管理标准《高危化学品过程安全管理》和 EPA《风险管理计划》中规定的“安全操作规程”要求外，在特拉华州 EHS 管理法规中未新增任何与之有关的其他要求	《特拉华州立法规汇编》第 77 章第 5.69 节	• 无其他要求
加利福尼亚州职业安全与健康管理局(CalOSHA)法规《急性危险物料过程安全管理》 审核准则 12-C-57：除在 OSHA 过程安全管理标准《高危化学品过程安全管理》和 EPA《风险管理计划》中规定的“安全操作规程”要求外，在加利福尼亚州职业安全与健康管理局(CalOSHA)法规《急性危险物料过程安全管理》中未新增任何与之有关的其他要求	《加利福尼亚州立法规汇编》第 8 篇第 5189 部分	• 无其他要求
《加利福尼亚州意外泄漏预防计划》(CalARP) 审核准则 12-C-58：除在 OSHA 过程安全管理标准《高危化学品过程安全管理》和 EPA《风险管理计划》中规定的“安全操作规程”要求外，在《加利福尼亚州意外泄漏预防计划》(CalARP)中未新增任何与之有关的其他要求	《加利福尼亚州立法规汇编》第 19 篇第 2760.3 部分	• 无其他要求

12.2.2 相关审核准则

在本节中介绍的相关审核准则为审核员在对过程安全管理标准强制性要求以外的问题进行审查时提供了指南，这些相关审核准则在很大程度上代表了在行业采用的过程安全管理良好做法，在某些情况下还代表了过程安全管理普遍做法。由于部分相关审核准则已在相当长时间内被广泛认可并成功实施，因此，这类相关审核准则实际上已经达到了可接受做法水准。审核员和过程安全管理专业人员应认真考虑如何采用和实施这些相关审核准则，或者至少采用一种在性质上基本类似的审核方法来对过程安全管理进行审核。有关可接受做法的定义及其实施，见术语表和第1.7.1节。

表12.3列出了在行业过程安全管理良好做法中与“动火作业许可证”有关的审核准则和审核员指南。

表12.3 在行业过程安全管理良好做法中与“动火作业许可证”有关的审核准则和审核员指南

审核准则	审核准则出处	审核员指南
审核准则12-R-1：制定动火作业书面管理程序	良好行业做法(GIP) 美国职业安全与健康管理局(OSHA)《过程安全管理合规性指令》(CPL) 化工过程安全中心(CCPS)出版物《基于风险的过程安全》(RBPS)	由审核员开展的工作： 审核员应对动火作业管理程序进行审查，以核实并确保在动火作业管理程序中考虑了以下内容： • 对动火作业进行定义(如会产生火花的任何操作，包括焊接、钎焊、打磨、气割、接触带电导体等)。 • 当在过程安全管理标准所涵盖设施内部或附近进行动火作业时，要求签动火作业许可证。 • 明确例外情况，并举例说明。 • 明确动火作业许可证的有效日期以及如何按照动火作业许可证开展动火作业。 • 明确由谁签发动火作业许可证。 • 在动火作业许可证签发管理程序中，明确动火作业许可证填写人员培训要求。 • 明确监火员培训要求。 • 明确在动火作业前易燃或可燃气体检测要求。 • 明确对易燃或可燃气体检测仪表进行测试和正确校准方面的要求。 • 明确在动火作业前易燃或可燃气体检测人员培训要求。 • 明确在何种情况下可以取消动火作业许可证(如出现应急情况时)。 • 明确动火作业审批要求，包括在出现应急情况而取消动火作业许可证后重新签发动火作业许可证方面的要求。 • 为动火作业许可证确定最长有效时间。 • 明确在进行动火作业期间如何张贴动火作业许可证(如张贴位置)。 • 明确动火作业通知要求，以便设施操作人员知晓会对工艺安全造成影响的动火作业地点。 • 明确在进行动火作业期间定期检查的要求。 • 对在完成动火作业后为关闭动火作业许可证而需执行的工作进行介绍。 • 为满足审核、培训和动火作业许可证管理程序更新要求，明确在完成动火作业后动火作业许可证需保留的时间。 • 提供动火作业许可证样表，并就如何对其中每一项内容进行检查加以说明。

续表

审核准则	审核准则出处	审核员指南
		• 要求视具体情况定期对易燃环境进行检测。 • 指明在完成动火作业后需进行哪些工作，以告知设施操作人员动火作业已经完成，工艺设备可恢复至正常运行状态。另外，如果适用，还应指明例外情况，例如： —当设备完全清理干净后在维护车间进行的动火作业； —在指定焊接区域开展的动火作业； —当不存在易燃或可燃材料时（如在停车期间）。 • 明确在气体检测设备方面的培训要求。应针对所使用的具体设备类型进行培训，包括设备现场测试、校准和正确使用及校准记录。可参考动火作业控制程序来编制动火作业许可证（HWP）。 • 明确定期检查要求，包括对是否存在可燃或易燃气体进行检测。最佳方法是对可燃或易燃气体进行连续检测，以便在检测到可燃或易燃气体时能够及时停止动火作业以防止发生火灾。 • 审核员应对动火作业许可证管理系统书面方针、程序和计划进行审查，以核实并确保在书面策略、程序和计划中包括以下内容： —明确责任； —建立完善的审批体系，以反映任务和作业的关键程度； —在整个组织机构中选派有能力的人员开展与动火作业有关的工作（涉及对人员进行动火作业方面的培训，包括对动火作业区域进行检查和动火作业许可证填写）； —在划分职责时避免公司相关方出现利益冲突，以根据具体情况建立必要的制约与平衡机制； —对作业进行记录； —进行内部检查，确保按照管理程序开展各项工作； —进行管理评审，通过对检查结果进行认真审查以调整管理计划要求，从而建立完善的反馈机制
审核准则 12-R-2：在开始动火作业前，应对动火作业许可证中以下内容进行检查： • 动火作业许可证生效日期以及动火作业开始时间和完成时间； • 在进行动火作业时所需的个体防护装备（PPE）； • 动火作业许可证填写人和签发人签字	良好行业做法（GIP） 美国职业安全与健康管理局（OSHA）《过程安全管理合规性指令》（CPL）	为审核员提供的基本信息： • 动火作业许可证填写人（同时还负责对动火作业相关安全措施进行检查）与动火作业许可证签发人不能是同一名人员。动火作业许可证签发人也应对是否已采取了相关安全措施进行检查，并对安全操作规程例外情况进行审批。 由审核员开展的工作： • 审核员应检查并确保在动火作业许可证（HWP）中是否注明了动火作业许可证生效日期、动火作业开始时间和完成时间及所需的个体防护装备（PPE）。 • 审核员应检查并确保动火作业许可证填写人（同时还负责对动火作业相关安全措施进行检查）与动火作业许可证签发人不能是同一名人员
审核准则 12-R-3：如果动火作业主管认为有必要进行易燃或可燃气体检测，在开始动火作业前应进行检测，并且视具体情况按照动火作业许可证管理程序中规定的要求定期进行检测	良好行业做法（GIP）	由审核员开展的工作： • 审核员应对当前正在执行的动火作业许可证和已关闭动火作业许可证进行检查，以核实并确保当动火作业主管认为有必要进行易燃或可燃气体检测时进行了检测并对检测结果进行了记录

续表

审核准则	审核准则出处	审核员指南
审核准则 12-R-4：对易燃或可燃气体检测仪表进行正确校准	良好行业做法(GIP)	由审核员开展的工作： • 审核员应对易燃或可燃气体检测仪表校准程序以及校准记录(如便携式气体检测器上的校准标签)进行审查，并对仪表校准人员进行面谈，以核实并确保已对易燃或可燃气体检测仪表进行了正确校准
审核准则 12-R-5：在必要时，应取消动火作业许可证	良好行业做法(GIP)	由审核员开展的工作： • 审核员应对当前正在执行的动火作业许可证和已关闭动火作业许可证进行检查，以核实是否按照动火作业许可证管理程序中的有关规定在必要时取消动火作业许可证
审核准则 12-R-6：已关闭动火作业许可证应保留足够长的时间，以为过程安全管理审核提供支持性资料	美国职业安全与健康管理局(OSHA)对其过程安全管理标准《高危化学品过程安全管理》(29 CFR § 1910.119)做出的正式书面说明(WCLAR)(7/12/06)	由审核员开展的工作： • 已关闭动火作业许可证应保留足够长的时间，以便设施人员对其进行内部审查以检查在进行动火作业过程中是否存在任何缺陷或采用何种方式对动火作业进行了有效管理，同时，还为过程安全管理审核提供支持性资料。动火作业许可证通常在完成动火作业后要至少保留1个月，但不超过1年，即动火作业许可证保留时间在1个月和1年之间
审核准则 12-R-7：雇主应对动火作业许可证进行审查，确保符合雇主有关程序/做法	美国职业安全与健康管理局(OSHA)《炼油行业过程安全管理国家重点计划》(NEP)(OSHA指令 CPL 03-00-004)	为审核员提供的基本信息： • 审核员应核实设施是否经常性地对动火作业许可证进行审查以确保符合雇主有关程序和做法

表12.4列出了在行业过程安全管理良好做法中与“其他安全操作规程”有关的审核准则和审核员指南。

表12.4 在行业过程安全管理良好做法中与“其他安全操作规程”有关的审核准则和审核员指南

审核准则	审核准则出处	审核员指南
审核准则 12-R-8：制定一般作业许可证制度	良好行业做法(GIP)	为审核员提供的基本信息： • 一般作业许可证或安全作业许可证可用于对所有非常规工作涉及的危害进行分析，包括维护和施工。另外，一般作业许可证或安全作业许可证还可作为一种手段来协助各部门之间进行沟通，尤其是运行部门与维护/施工部门之间的沟通。 • 一般作业许可证可包括与动火作业、上锁/挂牌(LOTO)、进入受限空间、打开工艺设备有关的安全操作规程要求及其他安全操作规程要求。在其他情况下，还可以通过一般作业许可证管理程序来明确是否需要编制单独的作业许可证，以对涉及的危害进行有效控制。 由审核员开展的工作： • 审核员应核实公司/工厂是否制定了一般作业许可证管理程序或是否将一般作业许可证管理要求包含在了其他安全操作规程中

续表

审核准则	审核准则出处	审核员指南
审核准则 12-R-9：为在OSHA过程安全管理标准《高危化学品过程安全管理》所涵盖设施中使用车辆和其他火源(切割、焊接和钎焊设备除外)制定许可证制度	良好行业做法(GIP)	为审核员提供的基本信息： • 除切割、焊接和钎焊作业以及在防爆区域进行涉及明火或火花的其他作业外，当设备会产生火花或热量时，在使用设备前就需要签发安全作业许可证(可以是动火作业许可证制度的一部分)。 • 作为一项最低要求，应对这些作业进行易燃或可燃气体检测，确保不存在危险气体环境。 • 在《机动工业车辆》(29 CFR § 1910.178)标准中，对在危险区域中使用叉车进行了规定。 由审核员开展的工作： • 审核员应核实公司/工厂是否制定了车辆使用安全操作规程(SWP)或是否将车辆使用安全要求包含在了其他安全操作规程中
审核准则 12-R-10：为在工艺区域及其周围进行开挖作业制定动土作业许可证制度	良好行业做法(GIP)	为审核员提供的基本信息： • 在29 CFR § 1926 第P部分强调了动土作业安全，主要目的是防止因塌方而造成人员伤亡事故。 • 在动土作业安全计划中，应指明采用何种方法来确定地下管道和设备位置，并采取相关措施以防止开挖设备意外碰到地下管道和设备而导致地下管道和设备被损坏并造成物料泄漏。 由审核员开展的工作： • 审核员应核实公司/工厂是否制定了动土作业安全计划或是否将动土作业安全要求包含在了其他安全操作规程中
审核准则 12-R-11：为压缩气体钢瓶存储、搬运和使用制定许可证制度	良好行业做法(GIP)	为审核员提供的基本信息： • 有关OSHA对压缩气体钢瓶搬运方面的要求，见29 CFR § 1910.101。 由审核员开展的工作： • 审核员应核实公司/工厂是否为压缩气体钢瓶存储、搬运和使用制定了许可证制度或是否将压缩气体钢瓶存储、搬运和使用安全要求包含在了其他安全操作规程中
审核准则 12-R-12：为安全设备走旁路或停用制定管理程序或许可证制度	良好行业做法(GIP)	为审核员提供的基本信息： • 应对安全设备停用(通常为临时停用)进行有效管理，确保能够将安全设备及时复位且在安全设备停用期间确保安全。这可以通过变更管理(MOC)程序进行管理。有关要求还可以参考“第13章：资产完整性和可靠性”和“第16章：变更管理(MOC)”。 • 相关安全设备/系统是指报警设备、联锁设备、停车系统、压力释放系统、用于检测、预防或减缓危险情形的设备以及在进行危害识别和风险分析(HIRA)时明确的安全相关设备。 由审核员开展的工作： • 审核员应核实公司/工厂是否为安全设备走旁路或停用制定了管理程序或是否将这类管理要求包含在了其他安全操作规程或管理程序中

续表

审核准则	审核准则出处	审核员指南
审核准则 12-R-13：为电气/高压安全作业制定许可证制度	良好行业做法(GIP)	为审核员提供的基本信息： • 有关 OSHA 对电气安全操作规程方面的要求，见 29 CFR §1910 第 S 部分。 • 在 NFPA 70E 中，还对电气作业规程方面的要求做出了规定。 由审核员开展的工作： • 审核员应核实公司/工厂是否为电气/高压安全作业制定了许可证制度或是否将电气/高压安全作业要求包含在了其他安全操作规程中
审核准则 12-R-14：为消防系统临时停用制定许可证制度	良好行业做法(GIP)	为审核员提供的基本信息： • 如同其他安全设备，应对消防系统临时停用进行有效管理并将消防系统临时停用告知有关人员，确保能够将消防系统及时复位且在消防系统停用期间确保安全。这可以通过变更管理(MOC)程序进行管理 • 本审核准则适用于消防系统任何部分，包括消防水泵、消防水池、消防水主管和固定式灭火系统。 由审核员开展的工作： • 审核员应核实公司/工厂是否为消防系统临时停用制定了许可证制度或是否将消防系统临时停用要求包含在了其他安全操作规程中
审核准则 12-R-15：为高处作业制定许可证制度	良好行业做法(GIP)	为审核员提供的基本信息： • 有关 OSHA 对高处作业坠落防护方面的要求，见 29 CFR §1926 第 M 部分(施工标准)。 由审核员开展的工作： • 审核员应核实公司/工厂是否为高处作业制定了许可证制度或是否将高处作业坠落防护要求包含在了其他安全操作规程中
审核准则 12-R-16：为屋顶作业制定许可证制度	良好行业做法(GIP)	为审核员提供的基本信息： • 有关屋顶作业坠落防护要求，见 29 CFR §1910.26 第 M 部分。 • 当人员进入屋顶进行作业会遭受与排气管道和危险物质泄放(有组织泄放或无组织泄放)有关的危险时，需为屋顶作业制定许可证制度。 由审核员开展的工作:： • 审核员应核实公司/工厂是否制定了屋顶作业制定许可证管理制度或是否将屋顶作业安全要求包含在了其他安全操作规程中
审核准则 12-R-17：为在管线和设备上进行带压开孔作业制定许可证制度	良好行业做法(GIP)	为审核员提供的基本信息： • 在《石油和石化行业安全带压开孔实践》(API RP 2201)中，为带压开孔作业明确了行业推荐做法。 由审核员开展的工作： • 审核员应核实公司/工厂是否为在管线和设备上进行带压开孔作业制定了许可证制度或是否将带压开孔作业要求包含在了其他安全操作规程中

续表

审核准则	审核准则出处	审核员指南
审核准则 12-R-18：为爆炸品/炸药的使用制定许可证制度	良好行业做法(GIP)	为审核员提供的基本信息： • 有关 OSHA 对爆炸品和炸药使用方面的一般行业性要求，见 29 CFR § 1910. 109。 由审核员开展的工作：: • 审核员应核实公司/工厂是否为爆炸品/炸药的使用制定了许可证制度或是否将爆炸品/炸药使用要求包含在了其他安全操作规程中
审核准则 12-R-19：为在工艺设备上方进行吊装作业制定许可证制度	良好行业做法(GIP)	为审核员提供的基本信息： • 有关 OSHA 对起重机和起重葫芦操作和维护方面的要求，见 29 CFR § 1926. 179(施工标准)。 • 尽管起重机安全操作要求用于防止起重机出现故障或无法正常工作，但在制定风险管理程序时还要考虑在工艺设备上方进行重大起重作业时工艺设备停车和人员逃生要求。 由审核员开展的工作： • 审核员应核实公司/工厂是否为在工艺设备上方进行吊装作业制定了许可证制度或是否将这类吊装作业要求包含在了其他安全操作规程中
审核准则 12-R-20：为高压水清洗作业制定许可证制度	良好行业做法(GIP)	为审核员提供的基本信息： • 为采用高压水方式对设备进行清理制定良好行业做法，主要目的是为了保证人员安全。 由审核员开展的工作： • 审核员应核实公司/工厂是否为高压清洗作业制定了许可证制度或是否将高压清洗作业要求包含在了其他安全操作规程中
审核准则 12-R-21：为动力高空作业平台的使用制定许可证制度	良好行业做法(GIP)	为审核员提供的基本信息： • 有关 OSHA 对车载升降工作平台和旋转工作平台使用方面的一般行业性要求，可参考 29 CFR § 1910. 67。 由审核员开展的工作： • 审核员应核实公司/工厂是否为动力高空作业平台的使用制定了许可证制度或是否将这类要求包含在了其他安全操作规程中
审核准则 12-R-22：为脚手架使用制定许可证制度	良好行业做法(GIP)	为审核员提供的基本信息： • 有关 OSHA 对脚手架使用方面的一般行业性要求，见 29 CFR § 1910. 28 以及 29 CFR § 1926 第 L 部分(施工标准)。 由审核员开展的工作： • 审核员应核实公司/工厂是否为脚手架使用制定了许可证制度或是否将脚手架使用要求包含在了其他安全操作规程中
审核准则 12-R-23：当必要时，应为可能造成危害的作业制定安全操作规程(不包括与上锁/挂牌(LOTO)、进入受限空间、动火作业和管道打开/断开有关的安全操作规程)	良好行业做法(GIP)	为审核员提供的基本信息： • 当设施操作以及在设施中进行作业会造成职业危害和过程安全危害时，应为其制定安全操作规程。举例来说，可能包括以下作业或工作： — 一般性作业； —车辆使用； —动土作业； —压缩气体钢瓶存储、搬运和使用； —安全设备走旁路或停用；

续表

审核准则	审核准则出处	审核员指南
		—电气/高压作业。 • 有关适用的其他安全操作规程(SWP)详细指南，见第11章。 由审核员开展的工作： • 审核员应对设施安全手册或其他文件进行审查，以核实需要为哪些作业制定安全操作规程(SWP)以及设施是否为这些作业制定了安全操作规程
审核准则 12-R-24：交接班制度是一套正规管理程序，用于在交班人员和接班人员之间交流装置、单元和设备状况的有关信息	良好行业做法(GIP)	由审核员开展的工作： • 审核员应对交接班制度进行检查，以核实： • 交接班是交班和接班人员在工作现场进行。 • 接班人员对正在进行且由其继续进行或完成的操作或作业以及任何异常状况进行认真检查。 • 在交接班时应提供当前正在进行的或由上一班组完成的作业日志或清单。 • 采用日志或类似记录表(可以为电子版或纸质版)对交接班进行记录
审核准则 12-R-25：在运行日志中，应记录哪些工艺无法正常运行	良好行业做法(GIP)	为审核员提供的基本信息： • 在运行日志中，应列出所记录的每一参数的可接受值范围，而非仅列出实际参数值。 • 可使用手持电子设备来记录运行参数，并通过无线技术将运行参数传输至记录系统。应该注意的是，还可使用这些手持电子设备来记录与维护有关的数据，如运转/不运转振动读数。 由审核员开展的工作： • 审核员应对运行日志进行审查，以核实运行日志是否填写完整并由监督人员进行了检查

12.2.3 自愿性共识过程安全管理标准

在下文对以下自愿性共识过程安全管理标准中“安全操作规程”要求进行了说明：

• 由 API 编写且由美国内政部矿产资源管理局(MMS)批准的《安全和环境管理计划》(SEMP)中关于海上石油平台领域“安全操作规程”要求；

• 由美国化学理事会(ACC)发布的《责任关怀管理体系®》(RCMS)中“安全操作规程”要求；

• 由美国化学理事会(ACC)发布的 RC14001《环境、健康、安全与安保管理系统》中“安全操作规程”要求。

表 12.5 列出了在自愿性共识过程安全管理标准中与“安全操作规程(SWP)”有关的审核准则和审核员指南。

表 12.5　在自愿性共识过程安全管理标准中与“安全操作规程(SWP)”有关的审核准则和审核员指南

审核准则	审核准则出处	审核员指南
美国内政部矿产资源管理局《安全和环境管理计划》(SEMP) 审核准则 12-R-26：制定起重机安全操作规程	美国石油学会(API)推荐做法 75：《安全和环境管理计划》(API RP 75)，6.2	为审核员提供的基本信息： • 有关 OSHA 对起重机和起重葫芦操作和维护方面的要求，见 29 CFR § 1926.179(施工标准)。 由审核员开展的工作： • 审核员应核实公司是否制定了起重机安全操作实践

续表

审核准则	审核准则出处	审核员指南
审核准则12-R-27：为以下任务或作业实施作业审批制度： • 打开设备和管线； • 供电系统和机械系统上锁和挂牌； • 动火作业和涉及火源的其他作业； • 进入受限空间； • 起重机操作	美国石油学会(API)推荐做法75：《安全和环境管理计划》(API RP 75)，6	为审核员提供的基本信息： • 除了联邦OSHA过程安全管理标准《高危化学品过程安全管理》和风险管理计划准则中规定的安全操作规程，《安全和环境管理计划》(SEMP)还明确要求公司/工厂实施作业审批制度(即许可证制度)。 由审核员开展的工作： • 审核员应核实公司/工厂是否实施了许可证制度
审核准则12-R-28：在换班及当班组人员发生变化时，通过作业审批制度将与上述工作(包括未完成工作)有关的信息告知作业人员	美国石油学会(API)推荐做法75：《安全和环境管理计划》(API RP 75)，6	• 无其他要求
审核准则12-R-29：按照《安全和环境管理计划》(SEMP)中的规定，要求对安全操作规程进行更新，以确保安全操作规程满足最新联邦、州或地方法规中规定的要求	美国石油学会(API)推荐做法75：《安全和环境管理计划》(API RP 75)，6.2	• 无其他要求
审核准则12-R-30：按照法规要求制定危险物料告知和管理程序	RP 75，6.3 美国石油学会(API)推荐做法75：《安全和环境管理计划》(API RP 75)，6.3	为审核员提供的基本信息： • 本审核准则与按照OSHA 29 CFR § 1910.1200为设施制定危害告知程序(HCP)有关。 由审核员开展的工作： • 审核员应核实公司/工厂是否制定了危害告知(HAZCOM)程序

审核准则	审核准则出处	审核员指南
美国化学理事会(ACC)《责任关怀管理体系®》(RCMS) 审核准则12-R-31：在《责任关怀管理体系®》(RCMS)中未新增与“安全操作规程”有关的任何其他要求	在美国化学理事会(ACC)《责任关怀管理体系®技术规范》中无对应要素	• 无其他要求
美国化学理事会(ACC)RC14001《环境、健康、安全与安保管理体系》 审核准则12-R-32：在RC14001《环境、健康、安全与安保管理体系》中未新增与“安全操作规程”有关的任何其他要求	Specification 在美国化学理事会(ACC)《环境、健康、安全与安保管理体系技术规范》中无对应要素	• 无其他要求

12.3 审核方案

附录A过程安全管理审核方案，就如何按照审核准则对第12.2节中的内容进行审查提供了详细指南(有关如何在线获取附录A中资料，见第Ⅷ页)。

参 考 文 献

American Chemistry Council, *RCMS® Technical Specification*, RC 101.02, March 9, 2005.

American Chemistry Council, *RCMS® Technical Specification Implementation Guidance and Interpretations*, RC101.02, January 25, 2004.

American Chemistry Council, *RCMS® Technical Specification Implementation Guidance and Interpretations Appendices*, RC 101.02, January 25, 2004.

California, California Code of Regulations, Title 8, Section 5189, CalOSHA, November 1985.

Center for Chemical Process Safety (CCPS), *Guidelines for Safe Storage and Handling of High Toxic Hazard Materials*, American Institute of Chemical Engineers, New York, 1987.

Center for Chemical Process Safety (CCPS), *Guidelines for Risk Based Process Safety*, American Institute of Chemical Engineers, New York, 2007 (CCPS, 2007c).

Delaware, *Accidental Release Prevention Regulation*, Delaware Department of Natural Resources and Environmental Control/Division of Air and Waste Management, September 1989 (rev. January 1999).

Department of the Interior, Minerals Management Service, *Safety and Environmental Management Program (SEMP)*, 1990.

Environmental Protection Agency (USEPA), 40 CFR § 68, *Accidental Release Prevention Requirements: Risk Management Programs Under Clean Air Act Section* 112(*r*)(7); Final Rule, June 21, 1996.

New Jersey, *Toxic Catastrophe Prevention Act (NJ.A.C 7: 31)*, New Jersey Department of Environmental Protection, June 1987 (rev. April 16, 2007).

Occupational Safety and Health Administration (OSHA) 29 CFR § 1910.119, *Process Safety Management of Highly Hazardous Chemicals, Explosives and Blasting Agents; Final Rule*, Washington, DC, February 24, 1992.

Occupational Safety and Health Administration (OSHA) Publication 3133, *Process Safety Management Guidelines for Compliance*, Washington, DC, 1993.

Occupational Safety and Health Administration (OSHA) Instruction CPL 02-02-045 CH-1, *PSM Compliance Directive*, Washington, DC, September 13, 1994.

Occupational Safety and Health Administration (OSHA) Instruction CPL 03-00-004, *Petroleum Refinery Process Safety Management National Emphasis Program*, June 7, 2007 (OSHA, 2007a).

Occupational Safety and Health Administration (OSHA) Instruction CPL 03-00-006, *Combustible Dust National Emphasis Program*, Washington, DC, October 18, 2007 (OSHA, 2007b).

Occupational Safety and Health Administration (OSHA) Directive 09-06 (CPL 02), *PSM Chemical Covered Facilities National Emphasis Program*, July 27, 2009 (OSHA, 2009a)

13 资产完整性和可靠性

本要素在OSHA过程安全管理标准《高危化学品过程安全管理》和EPA《风险管理计划》中被称之为“机械完整性”。尽管在部分过程安全管理标准中本要素被称之为“维护”或采用类似叫法，但在许多州立过程安全管理标准中本要素也被称之为“机械完整性”。在自愿性共识过程安全管理标准中，本要素通常被称之为“维护”或“检查和测试”。“资产完整性和可靠性”是化工过程安全中心(CCPS)《基于风险的过程安全》(RBPS)事故预防原则之一“管理风险”中的一个要素。

13.1 概述

“资产完整性和可靠性”(“资产完整性(AI)”)这一要素是指系统化开展各项必要工作，确保重要设备在其整个生命周期内能够满足目标应用要求。具体说来，与本要素有关的工作主要包括：(1)防止危险物料灾难性泄放或能量突然释放；(2)确保关键安全系统或关键公用工程系统具有高度可靠性(或可依赖性)，以防止出现上述类型事件或减缓因发生上述类型事件而造成的影响(CCPS，2007c)。在过程安全管理标准中，“资产完整性和可靠性”这一要素贯穿设施设备整个生命周期(即从设备初步设计到设备退役)，并且包括在工厂中开展的一系列工作以及需要履行的职责。本要素包括但并不限于检查、测试和预防性维护(ITPM)工作，同时，ITPM工作并不仅仅由维护部门来负责，通常，由工厂各科室、各部门和各专业人员开展资产完整性方面工作。“资产完整性和可靠性”这一要素通常包括但并不限于维护(ITPM、维修以及维护人员培训)、工程设计(项目设计、施工和管理以及编写设备设计、安装和开车标准)、安全(对维护人员进行安全方面的培训)、采购(项目材料和备品备件管理)、运行(实施安全作业许可证制度、为进行维护做好准备工作、安全设备走旁路/停用、上报设备运行问题或故障及在某些设施中开展日常维护工作，如润滑或振动监控)和文件控制(程序下发和保存)。

在过程安全管理标准中，“资产完整性”是其中较难实施的一个要素。所有强制性过程安全管理标准和非强制性过程安全管理标准均以绩效为基础，在这些过程安全管理法规中，通常仅对“资产完整性”提出了笼统性要求。在下文通过两个例子来对该问题加以说明：

示例1#：在OSHA过程安全管理标准《高危化学品过程安全管理》和EPA《风险管理计划》中做出了如下规定：“检查和测试程序应遵守认可和普遍接受的良好工程实践(RAGAGEP)”。对某些工厂而言，根据该笼统要求为资产完整性(AI)管理计划中涵盖的每台设备确定具体检查、测试和预防性维护(ITPM)任务及其频率就变得非常困难。为了满足法规中规定的该项要求，应解决以下问题：

—对于某种类型设备，应采用哪些认可和普遍接受的良好工程实践(RAGAGEP)？

—如果有多个认可和普遍接受的良好工程实践(RAGAGEP)适用于某种类型设备，那么应具体采用哪个RAGAGEP？

—如果有多个认可和普遍接受的良好工程实践(RAGAGEP)适用于某种类型设备，那么这些RAGAGEP之间的层级关系是什么？应优先采用哪个RAGAGEP？

—对于某种类型设备，如果尚未发布任何认可和普遍接受的良好工程实践(RAGAGEP)，那么应采取何种措施？

—是否可将设施中某种类型设备的操作程序视为认可和普遍接受的良好工程实践(RAGAGEP)？如果可以，哪些程序可以用作RAGAGEP？

—如果生产商未就检查、测试和预防性维护(ITPM)或频率提出建议(而在OSHA过程安全管理标准《高危化学品过程安全管理》中，特别规定由生产商提供ITPM频率，同时还规定应根据设备运行情况适当增加ITPM频率)，那么需采取何种措施？

—如果基于设备长期运行情况认为可以延长检查、测试和预防性维护(ITPM)频率，那么与生产商建议频率相比，实际ITPM频率可延迟多少？

—是否必须对检查、测试和预防性维护(ITPM)及其频率确定依据进行记录？

示例2#：在OSHA过程安全管理标准《高危化学品过程安全管理》和EPA《风险管理计划》中做出了以下规定："雇主对涉及维护工艺设备完整性的每一员工进行培训……在与员工维护工作有关的程序中，确保员工能够以安全方式开展维护工作。"审核员应检查工厂是否认真考虑了以下问题：

—哪些员工参与工艺设备维护工作？

— 与员工维护工作有关的程序有哪些？

—是否仅对员工进行了基本维护方面的培训？或者是否需要对员工进行其他培训/专门培训？

—员工理解和正确使用维护程序需要具备哪些技能？

—如何获得这些技能？

—在本章要求的"培训"是否还包括"资格考核"这一项内容？

—对于从事与资产完整性工作有关的人员，是否需要对其进行外部或单独培训认证或资格认证(如果有的话)？

—哪些外部或单独培训认证或资格认证(如果有的话)可以代替在工厂中进行专门培训或资格考核？

在大多数情况下，还应遵守在强制性和自愿性共识过程安全管理标准中规定的与资产完整性有关的其他要求，旨在：(1)为开展与资产完整性有关的工作提供书面指南；(2)为这些工作指派负责人；(3)始终按照相同标准来开展工作。同样，还应遵守过程安全管理标准其他要素中规定的要求，但对于"资产完整性和可靠性"这一要素中规定的要求，必须严格执行。美国化学工程师协会化工过程安全中心(CCPS)出版物《机械完整性体系指南》和《基于风险的过程安全》提供了在确定资产完整性要求方面的详细指南。

应彻底解决的另外一个重要问题是：在资产完整性(AI)管理计划中应包括哪些设备？尽管有关过程安全管理法规提供了必须将哪些基本类型设备纳入资产完整性管理计划方面的

指南(见第13.2.1.5节)，但是还应根据危害识别和风险分析(HIRA)及其他有关分析(如QRA和LOPA)来确定还需将哪些设备纳入资产完整性管理计划，从而确保将所有与过程安全密切相关的设备纳入资产完整性管理计划。应对在进行上述分析和研究时明确的原因和安全防护措施进行检查，以核实并确保将有关法规中未明确列出的其他设备纳入资产完整性管理计划。有关基于设备风险来确定将哪些设备纳入资产完整性管理计划方面的详细指南，见第13.2.1.5节。

“资产完整性和可靠性”这一要素与过程安全管理标准中其他要素密切相关。主要相关要素包括：

- “过程知识管理”要素(见第9章)——过程安全知识/过程安全信息是制定资产完整性(AI)管理计划的主要依据，尤其在确定检查、测试和预防性维护(ITPM)任务及其频率时。
- “危害识别和风险分析”(HIRA)要素(见第10章)——除在有关法规中规定的需纳入资产完整性(AI)管理计划的设备，资产完整性管理计划还应包括在进行危害识别和风险分析(HIRA)时明确的当出现故障时会导致过程安全事故的设备或用于防止(或抑制)过程安全事故的设备。
- “承包商管理”要素(见第14章)——承包商负责从事许多在资产完整性(AI)管理计划中涵盖的工作，包括检查、测试和预防性维护(ITPM)工作、项目工作、安装工作和其他工作。
- “安全操作规程”(SWP)要素(见第12章)——在开展许多资产完整性(AI)管理计划所涵盖工作(包括检查、测试和预防性维护(ITPM)、纠正性维护和项目工作)时，如动火作业，必须遵守安全操作规程。
- “变更管理”(MOC)要素(见第16章)——同在工程项目阶段实施变更管理要求一样，在对“资产完整性(AI)缺陷”进行管理时也要求采用变更管理程序。另外，还应通过变更管理程序来管理对检查、测试和预防性维护频率及其程序进行的变更。
- “开车准备”要素(见第17章)——在开车前，应确认设备安装是否符合有关计划和标准等规定的要求。
- “应急管理”要素(见第19章)——应将应急响应设备纳入资产完整性(AI)管理计划。

在第13.2节和第13.3节中，对合规性审核准则和相关审核准则以及审核员在使用这些用准则方面的要求进行了介绍。有关合规性审核准则和相关审核准则的详细介绍，见第1章(第1.7节)。这些章节中介绍的准则和指南并不能完全涵盖过程安全管理标准的范围、设计、实施或解释，而代表的是化工/加工行业过程安全管理审核员的集体经验以及基于经验形成的一致性观点。合规性审核准则来自于美国过程安全管理法规，而这些法规全部都是基于绩效的法规。基于绩效的法规以目标为导向，可能会有多种途径来满足法规中规定的要求。因此，对于在本章审查表中列出的问题，尤其是审查表“审核员指南”栏中列出审查方法，可能还会有其他方法来进行审查。

在本书中介绍的相关审核准则并不代表过程安全管理标准的顺利实施必须遵守这些准则，也不代表如果没有遵守这些准则过程安全管理标准的实施就会出现问题。同合规性审核准则一样，对某一工厂或公司而言，可能会有其他更合适的审核方法。另外，按照相关审核准则对过程安全管理标准实施情况进行审核完全是自愿性的，并非强制性要求。在采用相关审核准则时应谨慎并认真计划，从而防止在不经意间形成不期望的过程安全管理绩效标准。在采用这些相关审核准则之前，应在设施与其母公司之间达成一致意见。最后，所提供的相关审核准则和审核员指南并不意味着是对监管机构发出的书面或口头说明、因违反过程安全管理法规而由监管机构发出的违规传票以及由监管机构发布的其他过程安全管理指南的认同，也不是对某一公司在实施过程安全管理标准过程中形成的成功或常用过程安全管理做法的认可。

13.2 审核准则和审核员指南

OSHA 过程安全管理标准《高危化学品过程安全管理》和 EPA《风险管理计划》中“资产完整性和可靠性“这一要素还被称之为“机械完整性”，该要素包括多个子要素，将在本章中进行详细讨论。除本章下表所列出要求外，如果公司/工厂制定的资产完整性管理程序还包括其他要求，或者公司/工厂对本书中的相关审核准则提出了更高要求，在进行审核时应将这些要求视为合规性审核准则来对待。如果公司/工厂在其自己制定的程序中做出的规定高于相关法规中的要求，监管机构则将把这些要求作为合规性要求，如果不遵守这些要求，监管机构可向公司/工厂发出违规传票。在美国化学工程师协会化工过程安全中心(CCPS)出版物《机械完整性体系指南》(CCPS，2006)中，对资产完整性(AI)管理计划进行了更为详细的介绍。

另外，审核员还应对被审核公司/工厂所制定程序中“资产完整性(AI)”要求进行认真审查。如第 1.7.1 节所述，监管机构会将这些“资产完整性”要求认定为合规性要求，如果不遵守这些合规性要求，公司或工厂就会因违反法规中的规定而收到由 OSHA 发出的违规传票。审核员应通过与相关人员进行面谈、对有关记录和文件进行审查及实地检查等来核实工厂或公司资产完整性管理程序中有关要求是否已按照规定付诸实施。如果在审核时发现没有遵守公司/工厂制定的具体规定，则应将发现的问题写入审核报告。

对于在下文表中用于指明审核准则出处的缩写词定义，见“第 3-24 章指南”部分。

13.2.1 合规性要求

在资产完整性管理计划中，有些合规性要求与“过程知识管理”要素(还被称之为“过程安全知识(PSK)”)存在重叠。在 OSHA 过程安全管理标准《高危化学品过程安全管理》(29 CFR § 1910.119)中，多个章节对“过程安全知识(PSK)”要素提出了相同的要求。这些章节包括：

- 在《高危化学品过程安全管理》(29 CFR § 1910.119)第(d)(3)(ii)节中规定：“雇主应证明设备符合认可和普遍接受的良好工程实践(RAGAGEP)。”
- 在《高危化学品过程安全管理》(29 CFR § 1910.119)第(d)(3)(iii)节中规定：“对于按照目前已作废规范、标准或做法设计和制造的在役设备，雇主应确保以安全方式对设备进行维护、检查、测试和操作。”

上述两节中规定的要求与 OSHA 过程安全管理标准《高危化学品过程安全管理》(29 CFR § 1910.119)中“机械完整性质量保证(QA)”部分规定的要求非常相似：

- 在《高危化学品过程安全管理》(29 CFR § 1910.119)第(j)(6)节中规定：“对于新建装置和新设备，雇主应确保设备制造符合其应用要求”。

在OSHA过程安全管理标准《高危化学品过程安全管理》中，以下两个要素均要求对OSHA过程安全管理标准《高危化学品过程安全管理》所涵盖设备进行合理设计和制造：在“过程安全知识(PSK)”要素中，要求按照认可和普遍接受的良好工程实践(RAGAGEP)对设备进行设计，在“资产完整性和可靠性”要素中，明确规定在设备开始制造前应完成设备设计。在本书中，“过程安全知识(PSK)”要素对设备设计应采用的RAGAGEP进行了规定，而“资产完整性和可靠性”要素对设备制造应采用的RAGAGEP进行了规定。按照已批准的最终设计开始设备采购作为设备设计和制造之间的分界点。在本章中，“制造”不仅是指一次性单台设备制造(如压力容器制造)，而且还指根据部件号并按照目录来采购设备(如管道、阀门、泄压设备和仪表)。

对于按照已作废或已代替版本的认可和普遍接受的良好工程实践(RAGAGEP)设计和制造的旧设备，应按照新的RAGAGEP进行检查，以确认当时对设备进行的变更是否符合在用RAGAGEP的要求，并确认检查先前版本RAGAGEP的错误，以核实是否会对运行中设备造成影响。当发布了新版RAGAGEP时或当在工程项目中采用利旧设备或拆迁设备时，应对设备进行合于使用评价，包括进行工程设计分析和/或测试，以核实并确保设备能够满足目标应用要求。在本书中，对不再继续使用的RAGAGEP进行管理应作为一项过程安全知识(PSK)管理工作，而合于使用评价则作为一项资产完整性(AI)管理工作。

对于在下文表中用于指明审核准则出处的缩写词定义，见“第3-24章指南”部分。在本章下文表中列出的审核准则应供以下公司/工厂采用：

- OSHA过程安全管理标准《高危化学品过程安全管理》或EPA《风险管理计划》所涵盖的美国本土公司/工厂；
- 自愿采用OSHA过程安全管理标准《高危化学品过程安全管理》的公司/工厂；
- 在美国本土以外采用了OSHA过程安全管理标准《高危化学品过程安全管理》中规定的要求的公司/工厂。

13.2.1.1 适用性

在过程安全管理标准中，只有“资产完整性(AI)”这一要素明确了应将哪些类型设备纳入过程安全管理标准，而其他所有要素则根据过程安全管理标准本身适用范围来确定哪些过程/设备会受到影响。审核员根据本章所提供的指南并通过开展以下审核工作对下文介绍的资产完整性适用范围审核准则进行审查：

- 对在设施中专门负责制定和组织资产完整性(AI)管理计划的人员(如资产完整性协调员、资产完整性经理或同等职务人员)进行面谈。这类人员通常来自维护部门、工程设计部门或技术部门且通常为这些部门经理或资产完整性管理部门经理。
- 对资产完整性(AI)总体方针或程序文件进行审查，以核实在总体策略或程序文件中是否制定了相关审核准则以明确需将哪些设备纳入资产完整性管理计划。
- 核实在资产完整性(AI)管理计划中是否为其所涵盖设备编制了清单。在许多情况下，在资产完整性管理计划中并没有编制设备清单，这是因为在绝大部分化工/加工工厂中将维护部门划分为三个维护组。静设备维护组：负责容器、储罐和管道等静设备维护；动设备维护组：负责动设备维护；仪表/电气(I/E)维护组：负责控制系统和配电设备维护。泄压设备有时由静设备维护组负责，有时由仪表/电气(I/E)维护组负责。在某些工厂中，设立一个单独维护组来负责对泄压设备进行维护。在资产完整性管理计划中，由于这些职责存在交义，因此，通常没有编制设备清单。所以，编制设备清单并不是一项强制性要求。

- 对管道和仪表流程图(P&ID)和其他设计文件进行审查，以核实资产完整性(AI)设备清单是否完整。

要求将某些基本类型设备纳入资产完整性(AI)管理计划。除此之外，还应通过危害识别和风险分析(HIRA)(如过程危害分析(PHA)、保护层分析(LOPA)或其他类似分析研究)来明确是否还有其他设备与过程安全密切相关，并将其纳入过程安全管理标准(见第10章)。如果设备出现故障会造成或诱发灾难性事件(OSHA过程安全管理标准《高危化学品过程安全管理》所涵盖化学品或物料发生灾难性泄漏)或者设备用于防止发生灾难性事件，则认为该类设备与过程安全密切相关。

对于资产完整性(AI)适用性，审核员应牢记一旦决定将某一过程或设备纳入资产完整性管理计划，则应遵守所有资产完整性要求，而并非仅仅是检查、测试和预防性维护(ITPM)要求。因此，书面维护程序中规定的要求、从事ITPM及纠正性维护工作的人员在培训和资格考核方面的要求、资产完整性缺陷管理要求以及资产完整性质量保证要求均适用于资产完整性管理计划所涵盖的设备。

表13.1列出了在OSHA过程安全管理标准《高危化学品过程安全管理》和EPA《风险管理计划》中与"资产完整性适用范围"有关的审核准则和审核员指南。

表13.1 在OSHA过程安全管理标准《高危化学品过程安全管理》和EPA《风险管理计划》中与"资产完整性适用范围"有关的审核准则和审核员指南

审核准则	审核准则出处	审核员指南
审核准则13-C-1：应将压力容器纳入机械完整性(MI)管理计划	美国职业安全与健康管理局(OSHA)《高危化学品过程安全管理》(29 CFR §1910.119)[(j)(1)(i)]	为审核员提供的基本信息： • 压力容器是指含有高危化学品且用于在高压条件下(高于15psig，见ASME规范中对于压力容器的定义)运行的容器 - 尽管这类压力容器可以在低于15psig压力条件下或在环境条件下运行。无论运行压力或在美国机械工程师协会(ASME)/美国锅炉压力容器检验师协会(NB)的注册状况如何，应将所有这类容器纳入机械完整性(MI)管理计划。 • 对于许多换热器而言，换热器壳程侧还被视为压力容器，而换热器管程侧有时被视为管道，有时被视为单独的管道部件。 由审核员开展的工作： • 对机械完整性(MI)管理计划中的设备清单，检查、测试和预防性维护(ITPM)计划中的静设备清单，和/或机械完整性管理计划所涵盖静设备管理文件或其ITPM文件进行审查。在这些文件中，应列出或说明哪些压力容器纳入机械完整性管理计划。 • 对管道和仪表流程图(P&ID)进行审查，以核实是否已将配管和仪表流程图中标出的压力容器纳入机械完整性(MI)管理计划
审核准则13-C-2：应将储罐纳入机械完整性(MI)管理计划	美国职业安全与健康管理局(OSHA)《高危化学品过程安全管理》(29 CFR §1910.119)[(j)(1)(i)]	为审核员提供的基本信息： • 对机械完整性(MI)管理计划中的设备清单，检查、测试和预防性维护(ITPM)计划中的储罐清单，和/或机械完整性管理计划所涵盖储罐管理文件或其ITPM文件进行审查。在这些文件中，应列出或说明哪些储罐纳入机械完整性管理计划。 • 通常，储罐在常压或低压条件下运行。

续表

审核准则	审核准则出处	审核员指南
		由审核员开展的工作： • 审核员应对管道和仪表流程图（P&ID）进行审查，以核实是否已将配管和仪表流程图中标出的储罐纳入机械完整性（MI）管理计划
审核准则 13-C-3：应将管道系统（包括管道系统部件）纳入机械完整性（MI）管理计划	美国职业安全与健康管理局（OSHA）《高危化学品过程安全管理》（29 CFR §1910.119）[（j）（1）（ii）]	为审核员提供的基本信息： • 管道系统及其附件应包括以下类型设备和部件： —管道，包括地上管道和地下管道； —用于连接管段或管道系统部件的法兰； —用于密封管道法兰并成为管道承压边界一部分的密封材料； —用于安装管道法兰并成为管道承压边界一部分的螺栓、双头螺栓和其他机械部件； —用于连接管段或管道系统部件并成为管道承压边界一部分的焊缝； — 管道系统密封件，如膨胀节和其他管接头； —过滤器； — 粗滤器； —管口； —挠性软管； —阀门，包括远程操作阀或手动操作阀、止回阀、过流阀等；玻璃视镜； —换热器 - 不能视为容器的壳程侧和管程侧； —用于加热高危化学品的加热炉和工业炉。 由审核员开展的工作： • 审核员应对机械完整性（MI）管理计划中的设备清单，检查、测试和预防性维护（ITPM）计划中的管道和管道系统部件清单，和/或机械完整性管理计划所涵盖管道和管道系统部件管理文件或其 ITPM 文件进行审查。在这些文件中，应列出或说明哪些管道以及与这些管道相连的设备及其附件纳入资产完整性管理计划。 • 审核员应从过程安全管理所涵盖的管道和仪表流程图（P&ID）中选择部分管段进行检查，以核实是否已将这些管段纳入机械完整性（MI）管理计划
审核准则 13-C-4：应将泄压/泄放系统和设备纳入机械完整性（MI）管理计划	美国职业安全与健康管理局（OSHA）《高危化学品过程安全管理》（29 CFR §1910.119）[（j）（1）（iii）]	为审核员提供的基本信息： • 泄压系统用于对当因设备出现泄漏而造成的过压或欠压进行控制。设备压力是指最大允许工作压力（MAWP）、设计压力或设计真空压力。 由审核员开展的工作： • 审核员应对机械完整性（MI）管理计划中的设备清单，检查、测试和预防性维护（ITPM）计划中的泄压/泄放系统和设备清单，和/或机械完整性管理计划所涵盖泄压系统和泄压设备管理文件或其 ITPM 文件进行审查。在这些文件中，应列出或说明哪些泄压系统和泄压设备纳入机械完整性管理计划。某些设施将泄压系统和泄压设备划分为静设备，而某些设施将泄压系统和泄压设备划分为仪表/控制设备。

续表

审核准则	审核准则出处	审核员指南
		• 审核员应进行检查以确保泄压/泄放系统和设备包括: 泄压阀(弹簧加载式或先导式); 安全阀(弹簧加载式或先导式); 防爆膜或针式安全阀; 呼吸阀/通气口; 泄压总管,用于收集自泄压阀和防爆膜排出的物流并输送进共用管道系统; 降压系统,包括排气阀(用于控制压力)和管道系统(用于收集并泄放自排气阀排出的物流); 火炬系统部件,包括火炬管道阀门、火炬头/燃烧器和分液罐(在机械完整性管理计划中,分液罐有时被视为压力容器); 常压泄放罐和烟囱; 泄放丝堵; 急冷系统(如果急冷系统用于降压); 密闭系统泄放容器(即连接至某一密闭系统的泄放罐)。 • 审核员应对管道和仪表流程图(P&ID)进行审查,以核实是否将管道和仪表流程图中标出的泄压系统纳入了机械完整性(MI)管理计划
审核准则 13-C-5:应将紧急停车系统纳入机械完整性(MI)管理计划	美国职业安全与健康管理局(OSHA)《高危化学品过程安全管理》(29 CFR §1910.119)[(j)(1)(vi)]	为审核员提供的基本信息: • 装置中绝大部分紧急停车系统(ESD)通常还是安全仪表系统(SIS)。但并不总是属于这种情况。有关将哪些控制系统划分为安全仪表系统方面的说明,见 ANSI/ISA S84.01《过程行业安全仪表系统》这一认可和普遍接受的良好工程实践(RAGAGEP)。在美国,采用国际标准 IEC 61508/61511 来对安全仪表系统进行划分。按照这些认可和普遍接受的良好工程实践对控制系统进行分析,以准确划分紧急停车系统和安全仪表系统。另外,美国化学工程师协会化工过程安全中心(CCPS)还出版了《安全和可靠仪表保护系统指南》(CCPS,2007d)。 • 设施或公司应按照在 ANSI/ISA S84.01(1996 版或 2004 版)、同等国际标准(IEC 61508/61511)或同等公司标准中规定的要求来明确、划分、设计、安装和维护紧急停车系统(ESD)和安全仪表系统(SIS)。如果不采用上述认可和普遍接受的良好工程实践(RAGAGEP),则设施或公司应制定同等内部程序来明确、划分、设计、安装和维护紧急停车系统和安全仪表系统。设施或公司制定的同等内部程序应涵盖以下内容: —紧急停车系统(ESD)/安全仪表系统(SIS)包括电子、电气或机械控制系统和设备或这些系统和设备的组合,当控制系统检测到预先设定的异常条件时能够快速将设施置于安全、稳定状态。当其他控制设备和安全设备无法通过自动、快速控制来消除异常条件时,紧急停车系统/安全仪表系统将动作,以对异常条件进行控制。紧急停车系统/安全仪表系统由检测部件(传感器)、逻辑解算器和最终受控部件组成。 —应在对紧急停车系统(ESD)/安全仪表系统(SIS)进行划分和设计时,应按照 ANSI/ISA S84.01(1996 版或 2004 版)为紧急停车系统/安全仪表系统确定安全完整性等级(SIL)。安全完

续表

审核准则	审核准则出处	审核员指南
		整性等级采用数字来代表紧急停车系统/安全仪表系统的功能可靠性。另外，在对紧急停车系统/安全仪表系统进行划分和设计时，还应进行有关计算，以核实紧急停车系统/安全仪表系统能否达到预设的安全完整性等级要求。如果不采用ANSI/ISA S84(1996版或2004版)，在由设施或公司制定的内部程序中，应提供一种同等方法来确定紧急停车系统/安全仪表系统可靠性，并说明如何满足紧急停车系统/安全仪表系统预设的可靠性要求。对SIL计算或采用同等方法来确定SIL等级方面的记录进行审查。 —(1996版或2004版)被划分为安全仪表系统(SIS)的紧急停车系统(ESD)，应独立于任何其他控制系统或设备。对于发挥SIS功能的某些早期紧急停车系统，仍在一定程度上依赖于其他控制系统或设备。但是，在ANSI/ISA S84.01标准2004版中，只要能够准确区分工艺控制程序和ESD控制程序，就允许某些逻辑解算器同时用于SIS和ESD控制目的。在这些情况下，SIS系统独立性要求就变得不再重要了。 由审核员开展的工作： • 审核员应对机械完整性(MI)管理计划中的设备清单，检查、测试和预防性维护(ITPM)计划中的紧急停车系统(ESD)仪表/控制设备清单，和/或机械完整性管理计划所涵盖紧急停车系统仪表/控制设备管理文件或其ITPM文件进行审查。在这些文件中，应列出或说明哪些紧急停车系统仪表/控制设备纳入机械完整性管理计划。 • 对管道和仪表流程图(P&ID)以及在进行过程危害分析(PHA)期间使用/形成的其他文件进行审查，以核实是否将安全仪表系统(SIS)纳入机械完整性(MI)管理计划
审核准则13-C-6：应将控制系统/设备(包括监控设备和传感器、报警设备和联锁设备)纳入机械完整性(MI)管理计划	美国职业安全与健康管理局(OSHA)《高危化学品过程安全管理》(29 CFR §1910.119)[(j)(1)(v)]	为审核员提供的基本信息： • 紧急停车系统(ESD)/安全仪表系统(SIS)以外的控制系统/设备包括电子、电气或机械控制系统和设备或这类系统和设备的组合，用于以下目的： —采用自动或手动方式对工艺进行控制； —只有当出现某些条件时，才对某些设备(设施中部分设备)运行进行控制，如联锁； —采用自动或手动方式将设备停运，如跳车； —为操作人员提供区域或远程(控制室)工艺条件指示和报警； —对危险物料泄漏进行检测(如可燃或有毒物料区域监测)。 由审核员开展的工作： • 对机械完整性(MI)管理计划中的设备清单以及检查、测试和预防性维护(ITPM)计划中紧急停车系统(ESD)/安全仪表系统(SIS)以外的仪表/控制设备清单进行审查。在这些文件中，应列出或说明哪些紧急停车系统(ESD)/安全仪表系统(SIS)以外的仪表/控制设备纳入机械完整性管理计划。 • 审核员应对管道和仪表流程图(P&ID)进行审查，以核实是否将管道和仪表流程图(P&ID)中标出的控制系统/设备纳入了机械完整性(MI)管理计划

续表

审核准则	审核准则出处	审核员指南
审核准则 13-C-7：应将机泵纳入机械完整性(MI)管理计划	美国职业安全与健康管理局(OSHA)《高危化学品过程安全管理》(29 CFR §1910.119)[(j)(1)(vi)]	为审核员提供的基本信息： • 机泵包括用于输送高危化学品或易燃物料或用于为 OSHA 过程安全管理标准《高危化学品过程安全管理》所涵盖操作提供直接支持(如空冷冷凝器风扇或反应器搅拌器)的动设备和其他设备，包括以下类型设备： —泵(用于输送液体)； —压缩机； —风机/风扇； —搅拌器； —泵、压缩机、风机和搅拌器的驱动设备，如电机、透平机、发动机； —非转动输送设备，如喷射器或利用文丘里效应运行的其他设备。 由审核员开展的工作： • 审核员应对机械完整性(MI)管理计划中的设备清单，检查、测试和预防性维护(ITPM)计划中的动设备清单，和/或机械完整性管理计划所涵盖动设备管理文件或其 ITPM 文件进行审查。在这些文件中，应列出或说明哪些动设备纳入机械完整性管理计划。 • 审核员应对管道和仪表流程图(P&ID)进行审查，以核实是否将 P&ID 中标出的机泵纳入了机械完整性(MI)管理计划

13.2.1.2　书面程序

资产完整性(AI)管理计划应包括检查、测试和预防性维护(ITPM)和维修的详细书面程序。这些书面程序属于维护程序，但不要求与标准操作程序(SOP)采用相同格式，在内容或审查/认证方面的要求也不同于标准操作程序。审核员根据本章所提供的指南并通过开展以下审核工作对下文介绍的资产完整性书面程序审核准则进行审查：

• 对在工厂中负责编写和保存维护程序的人员进行面谈。该类人员通常为维护部门、工程设计部门或技术部门人员，可以是维护经理或负责这些维护程序的主管。由于在绝大部分化工/加工工厂中维护部门可能划分成三个不同维护车间或维护组(即静设备维护组、动设备维护组、仪表/电气(I/E)维护组)来负责设备维护工作，因此每一维护车间或维护组负责管理各自的维护程序。有必要对每一维护组成员进行面谈，以核实维护程序的实施情况。

• 如果编制了资产完整性(AI)总体方针或程序文件，应对其进行审查，以检查维护程序在编写、审查、批准、下发和保存方面的要求。

• 对每一维护车间/维护组负责的检查、测试和预防性维护(ITPM)和维修程序进行抽查。

• 对检查人员、动设备技术人员、管工、焊工、仪表/电气(I/E)技术人员进行面谈，以核实他们能否正确理解和使用维护程序。

表 13.2 列出了在 OSHA 过程安全管理标准《高危化学品过程安全管理》和 EPA《风险管理计划》中与“资产完整性(AI)书面程序”有关的审核准则和审核员指南。

表 13.2 在 OSHA 过程安全管理标准《高危化学品过程安全管理》和 EPA《风险管理计划》中与“资产完整性(AI)书面程序”有关的审核准则和审核员指南

审核准则	审核准则出处	审核员指南
审核准则 13-C-8：制定并实施书面维护程序，确保工艺设备的机械完整性	美国职业安全与健康管理局(OSHA)《高危化学品过程安全管理》(29 CFR §1910.119)[(j)(2)]	为审核员提供的基本信息： • 书面维护程序是指为维护人员提供工作指南或如何开展维护工作的书面文件。 • 这些维护程序可以为以下任何一种形式： 由原始设备制造商(OEM)提供的手册； 由公司/工厂编写的程序； 由承包商提供的程序； 通过一般信息源获得的文件； 上述多种文件。 • 在维护程序索引中(如果已编写的话)，应注明工厂是否编制了全套维护程序。 • 还应为检查、测试和预防性维护(ITPM)和维修工作提供支持程序，如焊接工艺规程、无损探伤(NDT)程序和检测设备操作程序(如振动检测设备操作程序)。 • 机械完整性(MI)管理程序应作为受控文件进行管理，同时应确保其内容正确并及时对其进行更新。 由审核员开展的工作： • 审核员应对维护程序索引进行审查，以核实是否为所有检查、测试和预防性维护(ITPM)工作或纠正性维护工作编制了书面工作指南，以供设施维护人员或承包商人员使用。 • 审核员应从过程危害分析(PHA)、审核面谈、管道和仪表流程图(P&ID)或实地检查中选择部分安全相关设备进行审查，以核实是否为其编写了维护程序。 • 审核员应进行检查以核实并确保机械完整性(MI)管理书面程序内容正确并及时进行了更新，包括原始设备制造商(OEM)手册或由外部单位编写的文件。 • 对设施维护人员进行面谈，以核实是否已根据相关资料编制了书面维护程序，以供维护人员开展检查、测试和预防性维护(ITPM)和维修工作时使用

13.2.1.3 培训和资格考核

在资产完整性(AI)管理计划中，应列出对从事本计划所涵盖工作的人员在培训和资格考核方面的要求。审核员根据本章所提供的指南并通过开展以下审核工作对下表介绍的“资产完整性(AI)培训和资格考核”审核准则进行审查：

• 对在工厂中负责维护人员培训工作的人员进行面谈。该类人员通常为维护部门人员。部分工厂会指定一名维护培训师或类似职位人员，其主要职责是确定需进行何种培训，然后对培训工作进行安排。维护培训师或类似职位人员可以是非管理人员，也可以是管理人员，有时与维护程序负责人为同一人。由于在绝大部分化工/加工工厂中维护部门被划分为三个不同维护车间或维护组来负责设备维护，因此由每一维护车间或维护组(即静设备维护组、动设备维护组、仪表/电气(I/E)维护组)负责其内部培训，有必要对每一维护组成员进行面谈，以核实维护人员培训计划的内容和实施情况。

• 如果编制了资产完整性(AI)总体方针或程序文件，应对其进行审查，以检查如何对维护人员进行培训和资格考核。

- 对维护人员培训记录进行审查。这些记录通常保存在两个地点：维护车间/维护组和负责安全操作规程培训的安全部门。有时，培训记录还由人力资源(HR)部门负责保存。
- 对检查人员、动设备技术人员、管工、焊工、仪表/电气(I/E)技术人员等进行面谈，以核实他们能否正确理解和使用维护程序。

表13.3列出了在OSHA过程安全管理标准《高危化学品过程安全管理》和EPA《风险管理计划》中与“资产完整性(AI)培训和资格考核”有关的审核准则和审核员指南。

表13.3 在OSHA过程安全管理标准《高危化学品过程安全管理》和EPA《风险管理计划》中与“资产完整性(AI)培训和资格考核”有关的审核准则和审核员指南

审核准则	审核准则出处	审核员指南
审核准则13-C-9：在对维护人员进行培训时，应对工艺概况及其危害进行说明	美国职业安全与健康管理局(OSHA)《高危化学品过程安全管理》(29 CFR §1910.119)[(j)(3)]	为审核员提供的基本信息： • 工艺概况培训类似于就工艺和设备对工艺操作人员进行的基本培训，但通常采用简明扼要形式进行。工艺概况培训内容包括工艺运行方面的一般信息、在工艺中使用了哪些化学品/物料及其特性和潜在危害以及可能引发危害的温度、压力和其他工艺参数。工艺概况培训不必重复进行，仅需开展一次。工艺概况培训并不是对过程安全管理程序进行总体培训。 由审核员开展的工作： • 审核员应对工艺概况培训时采用的培训材料以及相关信息/培训的更新程序进行审查，以核实并确保按照要求及时对工艺信息/培训材料进行了更新。 • 审核员应对培训记录进行审查，尤其是对借调维护人员或工作岗位发生变化的维护人员培训记录进行检查。 • 审核员应对维护人员培训课程进行审查，以核实在该培训课程中是否包括工艺概况培训
审核准则13-C-10：要求按照维护人员工作岗位对其进行培训，以确保维护人员能够以安全方式开展维护工作	美国职业安全与健康管理局(OSHA)《高危化学品过程安全管理》(29 CFR §1910.119)[(j)(3)]	由审核员开展的工作： • 审核员应对设施维护人员培训记录进行审查，以核实是否针对维护程序中列出的以下主题对维护人员进行了培训并对维护人员应具备的相应资格进行了考核。另外，当操作人员还负责进行相关维护工作时，维护人员还应包括这类操作人员。举例来说，由操作人员负责的检查、测试和预防性维护(ITPM)工作通常包括润滑、过滤介质更换及使用手持设备来收集振动数据。 —设施维护人员在实际开展维护工作时需具备的技能：可通过公司学徒计划(目前已很少采用该方法)、国家-公司合作学徒计划、工会学徒计划、高等专科学校或社区学院技能培训计划以及职业学校培训计划、军事经验、以往行业维护经验或其他技能培训来获得必要的维护技能。 —在维护程序中规定的要求由维护人员从事的管理工作：例如，如果维护程序要求维护人员将维护时间、维护部件、维护结果或其他信息录入计算机维护管理系统(CMMS)，则维护人员应接受计算机硬件和软件方面的培训。 —压力容器焊接(按照ASME锅炉和压力容器规范对焊工资格进行R-stamp认证)：这是一项资格认证要求。 —承压边界焊接，如管道系统承压边界焊接：在ANSI/ASME B31.3《配管规范》中，要求按照ASME锅炉和压力容器规范中有关规定对焊工资格进行认证。这是一项资格认证要求，应包括焊工资格初次认证记录和焊工资格连续性记录。如果采用产品焊缝来确定是否延长焊工资格，则应提供焊工资格连续性记录或类似记录，以证明已根据每一焊工所从事的焊接

续表

审核准则	审核准则出处	审核员指南
		作业(焊接技术、焊接金属等)至少每隔6个月对其焊接资格进行了一次考核。通常由焊接车间负责人或类似职位人员负责维护这些记录。 —按照ASNT认证标准或公司内部/外部III级无损探伤(NDT)技术人员认定的同等标准对I级或II级无损探伤技术人员资格进行认证；这是一项资格认证要求。 —按照API-510标准或其他强制性/自愿性共识过程安全管理标准(如国家锅炉和压力容器检验委员会标准)对压力容器检查人员资格进行认证；这是一项资格认证要求。 —按照API-653标准或其他强制性/自愿性共识过程安全管理标准对储罐检查人员资格进行认证；这是一项资格认证要求。 —按照API-570标准或其他强制性/自愿性共识过程安全管理标准对管道检查人员资格进行认证；这是一项资格认证要求。 —按照美国振动协会标准或其他同等标准对I级或II级振动监控人员资格进行认证；这是一项资格认证要求。 • 审核员应进行检查以确保维护人员已就开展维护工作所必须遵守的安全操作规程接受了培训，例如： —动火作业； —上锁/挂牌； —进入受限空间； —打开管道和容器； —对人员进入设施进行控制。 • 另外，许多设施还制定了一般作业许可证制度，以对这些基本安全操作规程(SWP)加以补充，在某些情况下，一般作业许可证制度还涵盖这类基本安全操作规程。某些设施还可能制定了其他安全操作规程(如坠落防护、动土作业、电气安全、在运行设备或管道上方开展吊装作业、安全设备走旁路/停用)。其中有些安全操作规程要求实施许可证制度，而有些则不要求实施许可证制度。 • 如果由承包商人员从事维护工作，则审核员应对有关记录进行审查，以核实在允许承包商人员开展维护工作前是否已对其资格进行了确认。这些记录包括与运营有关的记录或承包商人员培训记录。当要求由外部机构对维护人员资格进行认认证时(如上文所述)，尤其要对有关记录进行检查并对资格认证进行确认。人员资格确认可以作为承包商安全计划的一部分(见第14章)。为对上述培训和资格考核进行确认，应对以下类型的记录和文件进行审查： —合格维护人员名单； —维护人员培训记录； —员工特殊资格认证文件。 • 审核员应对设施维护人员(三个维护组中或其他部门中的维护人员)进行面谈，以核实是否针对所从事的维护工作对其进行了技能培训、工艺及其危害总体培训以及安全操作规程培训。可在维护车间或现场进行检查/巡查，以观察维护人员如何开展具体工作，并对其培训/资格认证记录进行检查。 • 如果对容器进行了改造，审核员应对实施改造的焊工资格认证文件进行检查

13.2.1.4　检查和测试

检查和测试是指为将资产完整性(AI)管理计划所涵盖设备的完整性保持在可接受状态而重复开展的工作。另外，检查和测试工作还包括预防性维护，即“检查、测试和预防性维护(ITPM)”。审核员根据本章所提供的指南并通过开展以下审核工作对下文介绍的资产完整性检查、测试和预防性维护(AI ITPM)审核准则进行审查：

- 对在工厂中负责ITPM计划、安排、实施、批准和记录的人员进行面谈。该类人员通常为维护经理或其下属人员。部分工厂会指定一名维护计划员来为ITPM计划中相关工作提供协助，并负责下发ITPM工作计划。另外，该维护计划员通常还负责收集ITPM结果。维护计划员可以是非管理人员，也可以是管理人员。由于在绝大部分化工/加工工厂中维护部门被划分成三个不同维护车间或维护组来负责设备维护，因此每一维护车间或维护组(即静设备维护组、动设备维护组、仪表/电气(I/E)维护组)将负责管理其内部检查、测试和预防性维护计划，即使这三个维护组共用一套计算机维护管理系统(CMMS)。有必要对每一维护组负责人或计划员进行面谈，以核实ITPM计划的实施情况。泄压设备和泄压系统有时归入仪表/电气(I/E)维护组，有时归入静设备维护组。
- 对资产完整性(AI)方针、计划或程序进行审查，以核实是否对检查、测试和预防性维护(ITPM)任务、频率及其理由进行了详细规定。有时，这些文件还对ITPM记录以及人员培训/资格考核要求进行了规定。这些文件应与认可和普遍接受的良好工程实践(RAGAGEP)保持一致。
- 对检查、测试和预防性维护(ITPM)计划所涵盖设备ITPM记录进行审查。这些记录将保存在用于对ITPM进行计划、安排和记录的计算机维护管理系统(CMMS)中或采用硬拷贝件形式保存在维护车间或维护部门，也可以同时采用上述两种形式来保存这些记录。
- 对检查人员、动设备技术人员、管工、焊工、仪表/电气(I/E)技术人员等进行面谈，以核实他们能否对检查、测试和预防性维护(ITPM)计划所涵盖设备进行检查和测试。

表13.4列出了在OSHA过程安全管理标准《高危化学品过程安全管理》和EPA《风险管理计划》中与“资产完整性(AI)检查和测试”有关的审核准则和审核员指南。

表13.4　在OSHA过程安全管理标准《高危化学品过程安全管理》和EPA《风险管理计划》中与“资产完整性(AI)检查和测试”有关的审核准则和审核员指南

审核准则	审核准则出处	审核员指南
审核准则13-C-11：应对工艺设备进行检查和测试	美国职业安全与健康管理局(OSHA)《高危化学品过程安全管理》(29 CFR §1910.119)[(j)(4)(i)]	为审核员提供的基本信息： • 对于机械完整性(MI)管理计划中几乎所有设备，均应定期进行检查、测试和预防性维护(ITPM)，但是对于某些设备，相关认可和普遍接受的良好工程实践(RAGAGEP)或基于风险的检验(RBI)计划却并未要求对其进行ITPM工作。然而，当法律或法规、RAGAGEP或生产商建议要求对设备进行ITPM、或根据设备运行情况认为有必要进行ITPM以确保设备机械完整性时，则应按照计划执行。 由审核员开展的工作： • 审核员应对检查、测试和预防性维护(ITPM)记录/报告进行审查，以核实是否对资产完整性(MI)计划所涵盖设备进行了有关ITPM。通常而言，对于无需进行ITPM的设备，审查工作比较容易。

续表

审核准则	审核准则出处	审核员指南
		• 审核员应对过程危害分析(PHA)报告进行审查，并从中选择可能会导致出现危险情形的部分重要设备或部分防护设备进行检查，以核实是否已按照计划对这些设备进行了检查、测试和预防性维护(ITPM)。 • 审核员应通过检查来核实是否按照下发的工作计划来开展检查、测试和预防性维护(ITPM)工作，并确保按照规定时间及时对设备进行 ITPM 工作
审核准则 13-C-12：应按照认可和普遍接受的良好工程实践(RAGAGEP)来编写检查和测试程序	美国职业安全与健康管理局(OSHA)《高危化学品过程安全管理》(29 CFR §1910.119)[(j)(4)(ii)]	为审核员提供的基本信息： • 要求按照以下认可和普遍接受的良好工程实践(RAGAGEP)对工艺设备进行检查、测试和预防性维护(ITPM)的： 法律或法规，如州立压力容器法规； 认可和普遍接受的良好工程实践，如由 ASME、ANSI、API、NFPA 和 IIAR 等发布的认可和普遍接受的良好工程实践； 生产商的建议。 • 如果没有任何相关认可和普遍接受的良好工程实践(RAGAGEP)可供使用，则应根据其他数据和信息来确定需对设备进行哪些检查、测试和预防性维护(ITPM)工作。这些数据和信息包括： 工厂中设备运行记录； 化工/加工行业其他设施中设备运行记录； 其他行业设备运行记录； 保险公司的建议，仅限于与过程安全问题或过程安全事故有关的建议。 • 为常见类型设备明确具体检查、测试和预防性维护要求： —压力容器：按照当地压力容器法律或法规、API-510、NB-23 以及与压力容器有关的其他认可和普遍接受的良好工程实践(RAGAGEP)对压力容器进行外部和内部外观检查并对其壁厚进行测量。在 API-510 中，要求对压力容器失效厚度和剩余使用寿命进行计算。 —储罐：按照当地储罐法律或法规、API-653 以及与储罐有关的其他认可和普遍接受的良好工程实践(RAGAGEP)对储罐进行外部和内部外观检查并对其壁厚进行测量(包括底板检查)。在 API-653 中，要求对储罐失效厚度和剩余使用寿命进行计算。 —管道：按照当地管道法律或法规、API-570 及与管道有关的其他认可和普遍接受的良好工程实践(RAGAGEP)对管道进行外部外观检查并对其壁厚进行测量。在 API-570 中，要求对管道失效厚度和剩余使用寿命进行计算。 —阀门(即与过程安全密切相关且作为安全仪表系统(SIS)最终受控部件的远程操作阀)：按照 ANSI/ISA S84.01 或同等标准对作为安全仪表系统最终受控部件的阀门进行功能试验。 —换热器：如果换热器壳程或管程还被视为压力容器，则应遵守与压力容器有关的认可和普遍接受的良好工程实践(RAGAGEP)。另外，如果管程不视为压力容器，则应采用合适方法(如无损探伤(NDT)、涡流探伤)对换热管与管板之间的完整性进行评估，同时，还需进行 API RP 572、管式换热器制造商协会(TEMA)或生产商建议开展的其他工作。

续表

审核准则	审核准则出处	审核员指南
		—要求分别按照API-510和API-570对压力容器和管道进行保温层下腐蚀(CUI)检查，包括保温层下氯化物应力腐蚀开裂。 —按照API RP 573、生产商建议以及与加热炉有关的其他认可和普遍接受的良好工程实践(RAGAGEP)对加热炉进行外部和内部外观检查、管壁厚度测量、耐火层检查及烟囱/烟道检查。 —泄压设备和用于将容器或系统内液体或气体排出或释放掉以防止容器或系统出现超压的任何其他系统或设备： • 按照API RP 576、API-510、生产商建议或其他有关认可和普遍接受的良好工程实践(RAGAGEP)，对泄压阀进行检查、测试和预防性维护(ITPM)，包括拆卸前试验、内件拆卸和维修以及在重新组装后对设定值和运行参数进行测试。 • 主要泄压部件为防爆膜，应按照生产商建议或根据其运行情况定期进行检查和/或更换。另外，防爆膜还用于将泄压阀隔离，使其不与工艺物料接触。 • 低压泄压设备(如呼吸阀、通气口、应急排气阀和破真空器)应按照生产商建议或根据其运行情况定期进行检查、试验、调校/调整和/或清理。 • 泄放系统阻火器应按照生产商建议或根据其运行情况定期进行检查/清理。 • 泄放总管和其他易燃气体收集系统(包括火炬系统)应定期进行测试或检查，如采用无损探伤(NDE)对火炬塔架厚度进行测量，尤其是对可能会有水聚集的火炬塔架底部。在运行期间采用热红外成像技术对火炬塔架进行检查，并且定期对火炬头进行检查。 紧急停车系统/安全仪表系统/设备：在ANSI/ISA S84.01(2004版)中，要求对紧急停车/安全仪表系统设备进行检查、测试和预防性维护(ITPM)，以确保达到要求的安全完整性等级(SIL)。应对紧急停车系统/安全仪表系统设备进行测试，以核实最终受控部件(如控制阀或泵)能否正常启动。启动某些最终受控部件会导致装置或单元停车，在这种情况下，应在装置或单元计划停车期间对上述设备进行测试或采用其他合适方法进行测试，以检查最终受控部件能否根据控制信号正常启动。 与过程安全密切相关的其他控制系统和设备，即不仅仅是用于对产品质量、设施运行效率或其他非工艺安全方面进行控制的系统和设备：这些控制系统和设备包括跳车设备、联锁设备、报警设备、指示器和其他控制设备，应按照生产商建议或采用合适方法定期进行测试，以确保当需要时系统或设备能够正常运行。 泵/动设备：泵/动设备应按照生产商建议定期进行检查、测试和维护。如果生产商未提供任何建议，则应采用合适的方法对泵/动设备进行检查、测试和维护，以确保其正常运行。上述工作可包括外观检查、振动监控、润滑油取样、超速跳车试验或生产商建议开展的其他工作。 设施或公司可按照认可和普遍接受的良好工程实践(RAGAGEP)制定内部管理程序或计划，明确上述和其他检查、测试和预防性维护工作(ITPM)，并对采用的记录方法加以说明。

续表

审核准则	审核准则出处	审核员指南
		由审核员开展的工作： • 当为设备编制了检查、测试和预防性维护（ITPM）计划时，审核员应对ITPM计划、用于对ITPM进行计划和安排的计算机维护管理系统（CMMS）以及ITPM记录进行审查，以核实设施在开展ITPM工作时是否遵守了有关认可和普遍接受的良好工程实践（RAGAGEP）
审核准则13-C-13：检查、测试和预防性维护（ITPM）频率应与生产商建议和良好工程实践相符，如果基于设备运行认为有必要增加检查、测试和预防性维护频率，则应增加ITPM频率	美国职业安全与健康管理局（OSHA）《高危化学品过程安全管理》（29 CFR §1910.119）[（j）（4）（iii）]	为审核员提供的基本信息： • 如果工厂采用了安全仪表系统（SIS）标准（ANSI/ISA S84.01（1996版或2004版），则必须按照公司/工厂规定的预设安全完整性等级（SIL）为安全仪表系统（SIS）确定检查、测试和预防性维护（ITPM）频率。因此，如果没有按照规定时间及时进行基于SIL确定的ITPM工作或基于非过程安全考虑（如延迟对设施进行大检修）来延长ITPM频率，则设施可能会面临无法忍受的风险。对于安全仪表系统（SIS）ITPM工作的频率，许多ITPM工作必须等到在大检修期间或其他停车阶段才能开展。如果没有进行相关检查来核实SIL，就不能延长ITPM频率，否则会导致出现不能接受的风险/安全仪表系统故障率。 • 如果在设施中实施了基于风险的检验（RBI）计划，则审核员和设施必须明白，与基于有关规定确定的检查、测试和预防性维护（ITPM）频率相比，按照RBI计划确定的ITPM频率可以解决掉绝大部分（尽管不是全部）遗留风险。基于有关规定确定的ITPM频率是指直接根据认可和普遍接受的良好工程实践（RAGAGEP）确定的ITPM频率，并且通常按照日程表而非根据风险或设备运行情况来开展检查、测试和预防性维护工作。而在RBI计划中，是根据风险可接受水平来确定ITPM频率。因此，如果没有按照规定时间及时进行基于RBI确定的检查、测试和预防性维护（ITPM）工作或基于非过程安全考虑（如延迟对设施进行大检修）来延长ITPM频率，则设施可能会面临无法忍受的风险。 由审核员开展的工作： • 审核员应对检查、测试和预防性维护（ITPM）程序、用于对ITPM进行计划和安排的计算机维护管理系统（CMMS）或ITPM记录进行审查，以核实以下问题： —采用同一认可和普遍接受的良好工程实践（RAGAGEP）来确定检查、测试和预防性维护（ITPM）工作及其频率。在某些情况下，可能并没有任何认可和普遍接受的良好工程实践作为依据来确定ITPM频率。在这种情况下，应根据设备运行情况、在出现故障时所导致风险和其他内部标准来为检查、测试和预防性维护工作确定合适的频率。 —当基于设备运行情况认为有必要时，应适当增加ITPM频率。实际上，在许多设施中，当设备运行情况允许适当加大ITPM频率时，部分ITPM频率可大于由生产商建议的ITPM频率。在某些情况下，由生产商建议的检查、测试和预防性维护频率并不保守。例如，对于泄压设备和仪表，是基于清洁应用条件来为其确定ITPM频率。审核员应对检查、测试和预防性维护频率确定依据进行认真审查，以核实其是否合理。 —如果按照RBI计划来为容器和管道确定检查、测试和预防性（ITPM）频率，RBI计划则应遵守API 580（API-2000b）和API RP 581（API-2000C）中规定的要求

续表

审核准则	审核准则出处	审核员指南
审核准则 13-C-14：应对每项检查和测试结果进行记录，至少包括以下 5 类信息： • 检查和测试日期； • 检查和测试人员姓名； • 设备系列号或其他识别号； • 检查和测试说明； • 检查和测试结果	美国职业安全与健康管理局(OSHA)《高危化学品过程安全管理》(29 CFR §1910.119)[(j)(4)(iv)]	由审核员开展的工作： • 审核员应对检查、测试和预防性维护(ITPM)记录进行审查，以核实在这些记录中是否至少包括所列出的 5 类信息。对于简单运行状态检查或其他类似任务(如设备润滑)，可仅采用检查标记来注明或采用其他标注方式来证明已完成了相关检查工作或任务。对于某些工作，要求提供相关数据或其他补充信息来证明已完成 ITPM 工作，如容器或管道壁厚测量值。 • 可采用电子版文件、纸质版文件或二者对检查、测试和预防性维护(ITPM)进行记录

13.2.1.5　设备缺陷

设备缺陷是指不能满足已批准设备设计限定值或已批准设备操作程序要求的设备条件。举例来说，设备缺陷包括：

• 检查、测试和预防性维护(ITPM)结果不合格，如容器、储罐或管道壁厚测量值等于或低于失效厚度、动设备振动读数达到报警值、仪表无法正确校准等。

• 未通过临时变更管理(MOC)程序、未按照走旁路管理程序/许可证或未经正式批准就将安全设备(机械、电气或控制设备)设置为走旁路或停用。另外，即使按照管理程序或临时变更管理程序将安全设备设置为走旁路或停用，但如果超出了允许的停用时间，也应视为缺陷。

• 设备在其批准的限定值范围以外运行，如运行能力高于设计值、温度和压力高于或低于批准的限定值。

• 设备在存在缺陷或故障状态下运行，如工艺或公用工程流体泄漏率超过预先规定的泄漏率。

审核员根据本章所提供的指南并通过开展以下审核工作对下文介绍的“资产完整性(AI)设备缺陷”审核准则进行审查：

• 对在设施中负责监控并解决资产完整性(AI)设备缺陷的人员进行面谈。该类人员通常为维护经理、工程设计经理或技术经理。但是，审核员在进行审核时经常会发现未指派设备缺陷负责人，无法及时处理设备缺陷，而是由相关维护车间或维护组按照常规方式(即没有高度重视设备缺陷并将其放在优先位置)来对设备缺陷进行处理。

• 如果编制了资产完整性(AI)总体方针或程序文件，应对其进行审查，以核实是否对设备缺陷进行了有效管理。

• 对检查、测试和预防性维护(ITPM)记录进行审查，以核实是否及时对设备缺陷进行了正确处理。

• 对安全设备走旁路记录或许可证进行审查，以核实是否及时对设备缺陷进行了正确处理。

• 对操作人员、检查人员、动设备技术人员、管工、焊工、仪表/电气(I/E)技术人员等进行面谈，以核实他们能否对设备缺陷进行正确处理。

• 进行实地检查，以观察设备总体情况(如泄压设备出口是否有鸟窝或其他障碍物、安全系统是否已锁定为走旁路、开关是否已锁定等)。

表 13.5 列出了在 OSHA 过程安全管理标准《高危化学品过程安全管理》和 EPA《风险管理计划》中与“资产完整性(AI)设备缺陷”有关的审核准则和审核员指南。

表 13.5 在 OSHA 过程安全管理标准《高危化学品过程安全管理》和 EPA《风险管理计划》中与“资产完整性(AI)设备缺陷”有关的审核准则和审核员指南

审核准则	审核准则出处	审核员指南
审核准则 13-C-15：当发现设备在可接受限定值(基于过程安全信息来确定)范围以外运行时，在继续使用前应消除设备缺陷或及时采用安全方式对设备缺陷进行纠正，同时采取必要措施以确保设备安全运行	美国职业安全与健康管理局(OSHA)《高危化学品过程安全管理》(29 CFR §1910.119)[(j)(5)]	为审核员提供的基本信息： • 设备缺陷是指设备运行超出了在过程安全信息(PSI)中规定的限定值或任何其他不合格条件。举例来说，设备缺陷包括： • 对于用作安全避难场所的构筑物，当其增压系统已停止运行但仍然继续使用时； 通过检查、测试和预防性维护(ITPM)发现设备在可接受限定值范围以外运行，但按照程序对设备进行调整以及检查人员按照检查或测试计划对设备进行调整除外； 工艺或公用工程流体泄漏率达到某种条件； 设备运行超出了设计限定值或运行限定值； 控制设备或其他安全设备被设置为走旁路或处于停用状态； 使用管箍或类似部件来临时阻止工艺流体泄漏。 由审核员开展的工作： • 审核员应进行实地检查，以核实机械完整性(MI)管理计划所涵盖设备是否存在缺陷。举例来说，实地检查工作包括： 裸露金属表面腐蚀程度：这不能视为一种明显缺陷，因为金属所形成的腐蚀层会起到保护母材的作用。但是，过度腐蚀会大大降低金属厚度，此种情况应被视为设备存在缺陷。 —保温材料状况：保温材料本身状况不能视为一种缺陷，但是，当因保温材料出现损坏或脱落而对运行造成影响时，应被视为保温材料存在缺陷。 —当机械完整性(MI)管理计划包含结构性设施时，如基础、构筑物及储罐、容器、管道和动设备支架，应对其状况进行检查。 —在现场观察管道和管道支架是否有明显振动(应该注意的是，无法凭“感觉”来精确确定振动程度，应根据振动监控记录来确定。但是，如果通过观察就能发现振动，通常说明存在问题)。 —当机械完整性(MI)管理计划包含二次防泄漏设施时，应对其状况进行检查。 —蒸汽、水、油品和化学品泄漏量和严重程度：对于过程安全管理标准中未包含的物料，如水，当出现泄漏时，可能无法直接说明水系统是否存在问题，但可能预示着 OSHA 过程安全管理标准《高危化学品过程安全管理》所涵盖的其他设备存在更加严重问题。而当 OSHA 过程安全管理标准《高危化学品过程安全管理》所涵盖的化学品出现泄漏时，应将其视为缺陷。 • 当无法永久消除设备缺陷且需要设备在存在缺陷情况下仍继续运行时，审核员应通过检查来核实是否根据具体情况对设备缺陷采取了临时安全措施。举例来说，尽管对某一管线回路进行壁厚测量时发现管道壁厚已接近其失效厚度，但只能在检修维护期间才能更换管道。此时，应进行正式评估，以确定是否需要采取临时安全措施，并对评估情况进行记录。如果不采取临时安全措施，也应做好记录，证明已进行了评估但无需立即采取临时安全措施。举例来说，临时安全措施包括但并不限于：

续表

审核准则	审核准则出处	审核员指南
		—提供更多仪表对工艺进行监控； —提供更多人员参与工艺操作和监控； —降低关键工艺参数，如流量、温度或压力； —增大检查、测试和预防性维护(ITPM)频率； —对跳车、联锁和/或报警设定值进行适当调整，以加强保护； —降低超压保护设备(如泄压阀、自动排气阀等)的设定值； —对工艺区域实施隔离，以控制车辆和/或人员进入； —降低管道内流体流速，以减少管道振动(如降低穿过车辆桥梁的管道内流体流度)。 • 审核员应对变更管理(MOC)记录、工单和其他文件进行审查，以核实是否按照规定上报设备缺陷、对设备缺陷进行评估、在必要时采取临时安全措施并且对设备缺陷进行了正确处理。 • 审核员应对尚未处理的设备缺陷进行检查，以证实在需要时是否严格按照要求采取了临时安全措施
审核准则 13-C-16：当发现设备在可接受限定值范围以外运行时，应及时采取纠正措施	美国职业安全与健康管理局(OSHA)《高危化学品过程安全管理》(29 CFR § 1910.119)[(j)(5)]	为审核员提供的基本信息： • 审核员需了解“及时性”一词的含义：在本审核准则中，“及时性”一词是指立即为机械完整性(MI)缺陷制定解决方案或立即制定纠正行动计划，快速落实所提出建议，并根据行动措施的复杂性和实施难度在合理时间内完成最终措施的实施。应根据具体情况对行动计划的制定及每一建议的完成时间进行评估。审核员应核实每一设施如何对“及时性”一词进行定义，如何使用这一定义及该定义及其使用是否合理可行。 由审核员开展的工作： • 审核员应对变更管理(MOC)记录、工单和其他文件进行审查，以核实是否在合理时间内对设备缺陷进行了处理。 • 审核员在进行检查时应核实是否有任何未被发现或被忽视的缺陷或者已发现了设备缺陷但因单元/工艺/设备仍处于运行状态而长时间未采取纠正措施。这类情况属于没有“及时”对缺陷进行处理

13.2.1.6 质量保证

对于机械完整性(MI)而言，质量保证(QA)不是指产品质量或 ISO 质量管理体系。在本质上，“机械完整性质量保证”要求为以下工作建立一套制度化书面程序：

• 资产完整性(AI)管理计划所涵盖设备的制造、接收、安装和试车：这些工作基本上在项目设计阶段开展，但是也可能在其他时间开展，如在设备维修期间。

• 设备使用的备品备件和材料：主要是指按照设备运行条件选择正确部件或材料，而与部件/材料或仓库管理成本无关。

• 对于“机械完整性质量保证(MI QA)”而言，目前正广泛采用材料可靠性鉴别(PMI)来对安装前合金材料组成进行检查。API 已就材料可靠性鉴别(PMI)发布了最新认可和普遍接受的良好工程实践(RAGAGEP)(API RP 578 (API 1999))，该 RAGAGEP 规定应将材料可靠性鉴别作为识别合金材料的主要方法(以取代工厂试验报告或其他书面文件)，并且要求采用 PMI 对在设施中已安装的合金材料进行检查。

• 在 OSHA 过程安全管理标准《高危化学品过程安全管理》所涵盖工艺中采用的利旧设备：如果没有为利旧设备提供完整的设计基础文件，则应进行相关工程设计分析和测试，以为设备新运行条件确定设计基础。该项工作通常被称之为“合于使用评价”。开展上述一系列工作的主要目的是在使用利旧设备前重新确定其设计基础或对其原设计基础进行重新确认。对于压力容器，合于使用评价相关要求见 API RP 579。通常按照非受火压力容器州立法律或法规中的相关规定来实施 API RP 579。

• 压力容器及其泄压阀维修、改造或重新鉴定。

审核员根据本章所提供的指南并通过开展以下审核工作对下文介绍的“资产完整性质量保证(AI QA)”审核准则进行审查：

• 对在设施中负责组织和实施工程项目的人员进行面谈。该类项目负责人通常为工程设计经理或技术经理。有时，仅指派一名人员来负责项目管理工作或承担类似职责。不同于上文介绍的检查、测试和预防性维护(ITPM)问题和其他机械完整性(MI)问题，审核员可能会发现在绝大部分化工/加工设施中仅指定一名人员或一个部门来负责项目工程设计和管理工作。除非设施或母公司规模很大或被审查项目规模很大，否则通常仅指派一名人员负责项目实施和项目文件方面的程序性和技术性管理工作。

• 对从事设计和/或监督项目施工的项目工程师/工艺工程师或负责监督/监控承包商工作的项目工程师/工艺工程师进行面谈。

• 对备品备件仓库负责人进行面谈。该类人员通常为维护部门或采购部门人员。

• 对负责材料可靠性鉴别(PMI)的人员进行面谈。对于仓库材料管理，可以将该类人员分配到静设备维护组，但是也可分配到仓库。可由负责管理项目材料的工程设计人员/承包商人员或仓库人员对项目材料进行材料可靠性鉴别。

• 对机械技术人员进行面谈，以检查质量保证计划的实施情况、采用何种程序来确定需对哪些备件进行维修及当无备件时应采取何种措施。

• 对总体设施或公司方针或工程项目的管理程序进行审查。由于需要经过阶段性审批来为投资项目进行融资，因此，许多公司为投资项目制定了相应的管理策略或程序。对于设施经理具有审批权限的小型投资项目(无论是建设投资还是支出资金)，通常按照设施程序进行管理。这些程序通常注重工程项目管理方面要求而非技术方面要求。

• 对设施或公司采用的工程设计和施工技术规范及指南进行审查。这些技术规范可以是由原设计和施工承包商移交的规范，也可以是公司内部规范。某些公司采用了经过适当修改的一般行业工程设计和施工规范，而某些公司则自行编写工程设计和施工规范。

• 对工程项目文件进行审查。

• 在维护车间或仓库对备品备件进行实地检查。

在资产完整性(AI)管理计划中，质量保证要求见下文。应该注意的是，在本书中，只有当已批准的最终设计结果(即最终形成的采购技术规范)可以为设备采购提供技术支持时，方可开始设备制造。设备制造不包括在设备采购期间开展的商务、财务或其他非过程安全管理工作。有关适用于项目设计阶段的合规性要求，见“第 9 章：过程知识管理”。

表 13.6 列出了在 OSHA 过程安全管理标准《高危化学品过程安全管理》和 EPA《风险管理计划》中与“资产完整性(AI)质量保证”有关的审核准则和审核员指南。

表 13.6　在 OSHA 过程安全管理标准《高危化学品过程安全管理》和 EPA《风险管理计划》中与“资产完整性(AI)质量保证”有关的审核准则和审核员指南

审核准则	审核准则出处	审核员指南
审核准则 13-C-17：对于新建装置和新设备，应确保设备制造符合工艺应用要求	美国职业安全与健康管理局(OSHA)《高危化学品过程安全管理》(29 CFR § 1910.119)[(j)(6)(i)]	为审核员提供的基本信息： • 由公司或承包商提供的设备制造规范是指行业采用的认可和普遍接受的良好工程实践(RAGAGEP)、按照 RAGAGEP 编写的规范或在技术内容上等同于 RAGAGEP 的规范。如果由原所有者移交的规范仍然适用且内容正确，制造规范应包括这类规范。另外，制造规范还包括由工程设计或施工承包商提供的规范或经过修改以供公司或某一特定设施使用的一般行业规范。如果公司或设施无任何设备制造规范，则可以根据具体项目来编写设备制造规范。同设计规范一样，在许多情况下设备制造要求包含在同一 RAGAGEP 中，但有时需要单独编写设备制造规范。例如，压力容器和管道焊接要求涵盖在同一 RAGAGEP 中(分别是 ASME 锅炉和压力容器规范第 VIII 篇和 ANSI/ASME B313.3)。 • 公司/工厂制造要求通常包含在工程设计程序/手册和/或投资项目手册中。 • 认可和普遍接受的良好工程实践(RAGAGEP)包括规范、标准、推荐做法和由行业和专业组织发布的其他指南。有时，在内部编制的程序中也规定了相同的要求。 由审核员开展的工作： • 审查人员应对以下类型记录和文件进行审查，以核实是否采用了正确的制造规范(另外，按照“过程安全知识”这一要素中规定的要求，还需要对部分记录和文件进行审查，见第 9 章)： —项目设备采购订单； —工程设计工单； —制造规范和质量保证(QA)记录(如制造图纸、液压/气动试验报告、工厂试验报告、焊接设备检查报告、待检点和见证点试验和检查记录、焊缝射线检查报告、材料可靠性鉴别(PMI)报告、无损探伤(NDT)报告和应力释放报告)； —压力容器 U-1A 表； —泄压设备和泄压系统计算书或数据表； —项目工程设计文件，包括计算书、设计报告、设计图纸和/或项目其他设备数据表； —各种类型设备工程/设计标准。 • 审核员应检查以下内容： —按照 ARI RP 578 中规定的要求，在项目设备接收、制造或安装阶段对合金材料(即非碳钢)进行材料可靠性鉴别(PMI)。这些合金材料用于以下设备和部件：管道、管道部件(如法兰、管件、管口等)、阀门以及过滤器、粗滤器和换热器等设备。 —对项目工程设计、制造或安装记录进行检查，以证实已进行了材料可靠性鉴别(PMI)。 —应按照生产商要求对 PMI 设备进行校准或调整。对于绝大部分 PMI 设备，均随 PMI 设备提供了合金材料样本，以对照提供的合金材料样本来进行材料可靠性鉴别

续表

审核准则	审核准则出处	审核员指南
审核准则 13-C-18：应对设备进行检查，确保设备安装正确且符合设计规范和生产商要求	美国职业安全与健康管理局(OSHA)《高危化学品过程安全管理》(29 CFR §1910.119)[(j)(6)(ii)]	为审核员提供的基本信息： ● 按照已批准设计规范和相关施工规范来安装设备。应为设施设备安装提供内部施工规范。如果由原所有者移交的规范仍然适用且内容正确，安装规范还应包括这类规范。另外，这些施工规范还可是由工程设计承包商和/或施工承包商提供的规范。如果公司或设施无任何施工规范，则可以根据具体项目来编写施工规范。 ● 应对新建装置或改造装置进行试车。可能要求开展以下部分或全部工作：无损探伤、液压试验或其他压力试验、核实泄压设备安装正确且支撑牢固、泄压设定值正确且泄压阀出口位于安全地点、水冲洗/分批水冲洗、供电连续性/接地试验、软件检查、仪表/电气(I/E)设备初步调校、跳车设备/联锁设备试验、动设备初步找正、转动方向检查、首次润滑、为保护人员安全的固定式安全设备已安装就位及在首次投用新设备时而需开展的其他工作。另外，应对所有这些工作做好记录。还应为每一项目编写安装程序和首次开车程序。 ● 对设备进行维修和维护应遵守原始设计和安装规范中规定的要求。 ● 按照相关认可和普遍接受的良好工程实践(RAGAGEP)(如ASME锅炉和压力容器规范、API-510、美国锅炉压力容器检验师协会(NB)要求或监管机构要求)对认证设备(如压力容器)进行维修、改造和重新鉴定。 ● 由合格人员对认证设备进行维修、改造和重新鉴定并进行有关检查，尤其是对于焊缝。 ● 按照相关认可和普遍接受的良好工程实践(RAGAGEP)(如ASME锅炉和压力容器规范、API RP 576、美国锅炉压力容器检验师协会(NB)要求或监管机构要求)对压力容器泄压阀进行维修、维护和改造。 ● 按照相关认可和普遍接受的良好工程实践(RAGAGEP)对非认证设备进行维修和维护。 由审核员开展的工作： ● 审核员应通过对以下类型文件和记录进行审查来核实在设施中是否采用了相关施工规范： —维护工单(小型项目可利用工单来记录设计要求)； —项目工程设计文件； —各类设备施工标准； —能够证明设备安装符合设计标准的安装记录(如施工尾项清单、开车前安全审查记录、焊缝检查记录、射线探伤记录和其他无损探伤(NDT)记录)； —项目试车记录(如系统水冲洗和分批水冲洗记录、液压试验和其他压力试验记录、接头泄漏试验记录、泄压设备试验记录、仪表和控制系统、火灾和气体检测系统及紧急停车系统功能试验记录、转动方向检查记录、动设备功能试验记录、防腐层、衬里和耐火层完整性检查记录)； ● 如果在开展审核工作时项目正在进行安装工作，则审核员应尽可能进行全面检查，以核实是否按照指定标准和程序来开展安装工作。 ● 如果在开展审核工作时项目正在进行试车工作，则审核员应尽可能进行全面检查，以核实是否按照指定标准和程序中来开展工艺/设备试车工作。 ● 审核员应对设施程序进行审查，以核实是否制定了相关程序来对资产完整性(MI)计划所涵盖设备的维修和更换进行管理。通常采用工单制度来对设备维修和更换进行管理，工单制度是计算机维护管理系统(CMMS)的一部分

续表

审核准则	审核准则出处	审核员指南
审核准则 13-C-19：维护材料、备品备件和设备应符合工艺应用要求	美国职业安全与健康管理局(OSHA)《高危化学品过程安全管理》(29 CFR §1910.119)[(j)(6)(iii)]	为审核员提供的基本信息： • 在对机械完整性(MI)管理计划所涵盖备品备件进行审查时，主要是对备品备件管理程序和做法进行审查，以确保“正确部件用于正确应用”，而并不考虑仓库管理成本和备品备件库存成本。 由审核员开展的工作： • 审核员应核实公司/工厂是否制定了相关程序来对备品备件和维护材料的订购、接收、检查、识别、存储和分发进行管理，从而确保正确使用备品备件和维护材料。在对过程安全管理进行审核时，不考虑仓库管理成本和备品备件库存成本。 • 审核员应核实是否为备品备件分配了部件号且将部件号设置在备品备件上或设置在备品备件存放位置，同时核实在工单中是否注明了备品备件号，以便按照备品备件号出库。 • 审查人员应检查并核实是否有任何多余、二手或翻新备品备件和维护材料未设置标签，如果有的话，同新备品备件采用的方法一样，应对这类备品备件和维护材料进行评估，然后为其设置标签并正确分类存放。 • 审核员应检查并核实是否及时对备品备件和维护材料的到期日期进行了检查，并将过期备品备件和维护材料撤出仓库以防止被误用。 • 审核员应检查并核实是否按照基于相关技术规范和/认可和普遍接受的良好工程实践(RAGAGEP)编制的采购订单或合同来采购设备、材料和部件。 • 审核员应对由承包商采购的设备、材料和部件进行检查，以核实并确保承包商按照公司/工厂材料采购规范来开展采购工作。 • 审核员应对委托给第三方采购的材料进行检查，以核实并确保第三方按照公司/工厂材料采购规范对材料进行有效管理。 • 审核员应对备品备件库存系统和备品备件记录进行审查，并对仓库和维护车间进行检查，以核实并确保采用合理方式对备品备件和材料进行有效管理和控制(如对全部库存备品备件设置标签)。 • 审核员应抽取部分备品备件和材料进行检查，以核实并确保对从备品备件和材料接收、开箱检查、入库、出库直到退回(如果适用的话)的整个过程进行了有效管理。 • 审核员应对更新备品备件库存信息需遵守的程序/方针进行审查(如因投资项目、变更管理(MOC)而造成备品备件库存发生变化)。 • 审核员应对当某一备品备件无法供应时获取相应替代备品备件而需遵守的程序/方针进行审查(按照何种程序来确定同等替代备品备件、该程序是否包含工程设计审查/批准、变更管理(MOC)等要求)。 • 审核员应对仓库人员和采购人员进行面谈，以了解备品备件采购和入库方面的做法。 • 审核员应对维护人员进行面谈，以了解维护期间如何对备品备件(垫片、防爆膜等)的规格进行管理

13.2.1.7 美国州立过程安全管理标准

当公司/工厂按照州立过程安全管理标准制定其过程安全管理标准时，则应遵守州立过程安全管理标准中规定的具体资产完整性要求。州立过程安全管理标准中规定的要求通常会与联邦 OSHA 过程安全管理标准《高危化学品过程安全管理》和 EPA《风险管理计划》中规定的要求存在一定程度的重叠，即使某一州已获得联邦法规实施授权(即该州从 OSHA 获得了《高危化学品过程安全管理》实施资格或从 EPA 获得了《风险管理计划》实施资格)，州立过程安全管理标准还有自己的具体要求。在表 13.7 中，对以下三个州的过程安全管理法规适用性要求进行了说明：

- 新泽西州；
- 加利福尼亚州；
- 特拉华州。

表 13.7 列出了在美国州立过程安全管理标准中与“资产完整性”有关的审核准则和审核员指南。

表 13.7 在美国州立过程安全管理标准中与“资产完整性”有关的审核准则和审核员指南

审核准则	审核准则出处	审核员指南
新泽西州立法规《毒性物品灾难预防法案》(TCPA) 审核准则 13-C-20：设施所有者或运营方应实施一套系统来记录对涉及极度有害物质(EHS)设备的所有检查、拆卸、维修和更换工作进行准确记录，同时通过数据检索和分析的方法来确定检查和测试频率并对设备可靠性进行评估	新泽西州《毒性物品灾难预防法案》7：31-4.5	由审核员开展的工作： • 审核员应对用于对机械完整性工作进行计划和安排的计算机维护管理系统(CMMS)或其他系统进行审查，以核实系统能否提供准确数据用于确定检查和试验频率并对设备可靠性进行评估。这些数据包括平均故障时间间隔(MTBF)或平均维修时间间隔(MTTR)或类似设备故障率数据，并利用这些数据来确定检查和试验频率
特拉华州立法规《意外泄漏预防计划》 审核准则 13-C-21：除在 OSHA 过程安全管理标准《高危化学品过程安全管理》和 EPA《风险管理计划》中规定的“机械完整性(MI)计划”要求外，在特拉华州环境、健康与安全(EHS)管理法规中未新增任何与之有关的其他要求	《特拉华州立法规汇编》第 77 章第 5.73 节	• 无其他要求
加利福尼亚州职业安全与健康管理局(CalOSHA)法规《急性危险物料过程安全管理》 审核准则 13-C-22：雇主应制定并实施书面程序来确保工艺设备及其附件的机械完整性。在这些书面程序中应明确一套方法，以： 允许员工及时发现并上报潜在故障或不安全设备； 将员工所发现问题和有关建议做好书面记录； 雇主应及时就报告中员工所关心的问题做出响应	《加利福尼亚州立法规汇编》，第 8 篇第 5189(j)部分	由审核员开展的工作： • 审核员应对机械完整性管理程序进行审查，以核实在机械完整性管理程序中是否对员工上报设备故障和提出建议进行了规定。 • 审核员应对有关记录进行检查，以核实设施能否及时对员工所关心的问题做出响应。在本审核准则中，“及时”一词的含义与在其他过程安全管理工作中的定义相同。根据员工所关心问题的复杂性和范围来确定解决员工所关心问题所需时间

续表

审核准则	审核准则出处	审核员指南
《加利福尼亚州意外泄漏预防计划》(CalARP) 审核准则 13－C－23：除在 OSHA 过程安全管理标准《高危化学品过程安全管理》和 EPA《风险管理计划》中规定的“开车准备”要求外，在《加利福尼亚州意外泄漏预防计划》(CalARP)中未新增任何与之有关的其他要求	《加利福尼亚州立法规汇编》，第 19 篇第 2760.5 部分	• 无其他要求

13.2.2 相关审核准则

本节中介绍的相关审核准则，为审核员对过程安全管理程序强制性要求以外的问题进行审查时提供了指南，这些相关审核准则很大程度上代表了行业采用的过程安全管理良好做法，某些情况下还代表了过程安全管理普遍做法。由于部分相关审核准则在相当长时间内被广泛认可并成功实施，因此，这类相关审核准则实际上已经达到可接受水准。审核员和过程安全管理专业人员应认真考虑如何采用和实施这些审核准则，或者至少采用一种性质上基本类似的审核方法审核。有关可接受做法的定义及其实施，见术语表和第 1.7.1 节。

除上文介绍的与资产完整性有关的要求外，OSHA 还根据在 2005 年 3 月德克萨斯州 BP 炼油厂发生的事故中发现的一系列问题提出了具体审核准则。为探究和解决这些问题而制定的计划被称之为《国家重点计划》(NEP)。国家重点计划中，与资产完整性有关的内容如下：

- *泄压系统设计*——泄压设备设计及设计基础文件、变更时需对泄压设备进行评估、泄压设备在安全地点直接排入大气环境、进行危害识别和风险分析(HIRA)期间对泄压设备进行评估、对泄压设备设计时采用正确的许可和普遍接受的良好工程实践(RAGAGEP)、正确设置泄压阀上游和下游隔离阀、对泄压设备进行检查、测试和预防性维护(ITPM)以及火炬系统设计。
- *排污罐和排气管道*——排污罐和排气管道设计及设计基础文件、根据当前条件对排污罐和排气管道原始设计进行评估、进行危害识别和风险分析(HIRA)期间对自排污罐和排气管道排出的物料进行评估、排污罐和排气管道安全排放、对排污罐和排气管道仪表进行检查、测试和预防性维护(ITPM)、排污罐和排气管道急冷系统设计、排污罐和排气管道操作程序和培训。
- *压力容器*——压力容器设计及设计基础文件、压力容器安全系统、对带衬里和不带衬里压力容器进行检查、测试和预防性维护(ITPM)、压力容器工况测量位置/定点测厚位置的(CML/TML)选择、对保温压力容器保温层下腐蚀进行评估和检测、压力容器维修、在变更时需对压力容器进行评估。
- *管道*——管道设计及设计基础文件、对管道进行设计时，采用正确的许可和普遍接受的良好工程实践(RAGAGEP)、对管道检查、测试和预防性维护(ITPM)(包括对管道 ITPM 异常数据进行检查)、对保温管道保温层下腐蚀评估和检测(如果适用的话)、管道工况测量位置/定点测厚位置的(CML/TML)选择、对管道安装评估、对更换管道材料进行材料可靠性鉴别(PMI)、对管道检查人员和焊工进行资格认证。

- *缺陷管理*——对泄压设备、压力容器和管道进行评估，核实是否存在缺陷。
- *员工参与*——雇主在编写“资产完整性”要求时应向员工征询意见和建议。

13.2.2.1 一般性问题

表13.8列出了行业过程安全管理良好做法中与“资产完整性(AI)一般性问题”有关的建议采用的审核准则。

表13.8 在行业过程安全管理良好做法中与“资产完整性(AI)一般性问题”有关的审核准则和审核员指南

审核准则	审核准则出处	审核员指南
审核准则13-R-1：维护计划本质上属于预防性或预测性维护计划，而不仅是纠正性维护计划	美国职业安全与健康管理局(OSHA)《过程安全管理合规性指令》(CPL)	为审核员提供的基本信息： • 化工/工艺装置维护计划不仅是资产完整性(AI)管理计划的一部分，而且是资产完整性管理计划的核心内容。制定维护原则时应确保主要设备始终保持机械完整性，而不是当设备出现故障后才进行维护，同时维护计划确保能够发现并消除将要出现的故障，从而使设备按照设计要求保持连续运行。维修和纠正性维护也属于资产完整性管理程序的一部分，但是，主要维护原则仍应侧重于预防性或预测性维护。 由审核员开展的工作： • 审核员应核实工厂是否编制并实施了检查、测试和预防性维护(ITPM)计划，同时核实资产完整性(AI)管理计划涵盖的设备包含在了ITPM计划中
审核准则13-R-2：应制定并实施资产完整性(AI)管理计划总体策略或程序，对如何编写、组织、实施、修改和记录资产完整性管理计划进行说明	加拿大化学品制造商协会(CCPA)发布的加拿大重大工业事故理事会(MIACC)自评估工具《过程安全管理指南/HISAT修订项目》(070820) 良好行业做法(GIP)	由审核员开展的工作： • 审核员应通过检查核实是否制定了资产完整性(AI)管理计划总体策略或程序，包括以下内容： —明确资产完整性管理计划所涵盖的做法和工作； —如何解释并澄清工厂中与资产完整性有关的法规要求； —指明将哪些设备纳入资产完整性管理计划，或排除在资产完整性管理计划之外，以及相应的理由；应根据危害识别和风险分析(HIRA)、风险评估、保护层分析(LOPA)/安全完整性等级(SIL)分析，或其他旨在识别设备及其运行有关的危害/风险分析活动所确定需纳入资产完整性管理计划的设备； —明确为设备分配唯一ID号或对区分设备采用的其他方法进行说明(如在设备上设置合适标记或标签)； —如何向资产完整性管理计划中增加/删除设备； —明确由谁负责资产完整性管理计划中规定的做法和工作； —明确维护人员培训和资格要求； —明确可以为资产完整性管理计划提供支持的其他程序； —明确记录保存要求； —制定检查、测试和预防性维护(ITPM)记录保存策略； —如何对新版认可和普遍接受的良好工程实践(RAGAGEP)进行评估并将其纳入资产完整性管理计划； —如何对资产完整性管理程序及时更新； —指明如何按照正式变更管理程序(如装置变更管理(MOC)计划)对检查、测试和预防性维护(ITPM)频率进行控制和管理； —明确信息化维护管理系统(CMMS)的功能，以便更好地对检查、测试和预防性维护(ITPM)进行计划和安排，并收集相关数据； —明确如何衡量和检查资产完整性做法和工作、如何上报检查结果和检查频次

13.2.2.2 适用性

表13.9列出了在行业过程安全管理良好做法中与“资产完整性(AI)适用性”有关的建议采用的审核准则和审核员指南。

表13.9 在行业过程安全管理良好做法中与“资产完整性(AI)适用性”有关的审核准则和审核员指南

审核准则	审核准则出处	审核员指南
审核准则13-R-3：在资产完整性(AI)管理计划中应包括与过程安全密切相关的其他设备。对于与过程安全密切相关，但并未在强制性/自愿性共识标准中明确列出的设备，也应纳入资产完整性管理计划	美国职业安全与健康管理局(OSHA)对其过程安全管理标准《高危化学品过程安全管理》(29 CFR § 1910.119)做出的正式书面说明(WCLAR)(5/25/94)(11/30/94)(12/7/95) 对因违反OSHA过程安全管理标准《高危化学品过程安全管理》而由OSHA发出的违规传票(CIT) 良好行业做法(GIP) OSHA过程安全管理标准《高危化学品过程安全管理》“前言”部分(PRE) OSHA过程安全管理标准《高危化学品过程安全管理》附录C：过程安全管理合规性指南和建议(非强制性要求)(APPC) 加拿大化学品制造商协会(CCPA)发布的加拿大重大工业事故理事会(MIACC)自评估工具《过程安全管理指南/HI-SAT修订项目》(070820)	为审核员提供的基本信息： 应通过危害识别和风险分析(HIRA)、定量风险分析(QRA)、保护层分析(LOPA)、安全完整性等级(SIL)分析和其他危害/风险评估确定设备对于过程安全的重要性。如果设备出现故障会造成或诱发OSHA过程安全管理标准——《高危化学品过程安全管理》所涵盖的物料——出现灾难性泄漏，或设备用于检测、防止或减缓上述物料泄漏，则认为这类设备与过程安全密切相关，需将其纳入资产完整性(AI)管理计划。举例来说，常见设备如下： • 直接连接至OSHA过程安全管理标准——《高危化学品过程安全管理》所涵盖的某一工艺，且作为储罐或容器使用的公路槽车、铁路槽车、长管拖车或其他运输容器。 用于对资产完整性管理计划所涵盖为设备本体、设备运行或转动提供支撑的结构性设施/部件(如基础、锚固件、螺栓、牵索和管道支架)：应分别按照AIP-510、API-653和API-570对为储罐、容器和管道本体或运行提供支撑的结构性设施/部件进行外部检查，这是一项合规性要求。有关详细要求，见审核准则13-C-22。 • 出现故障时会导致灾难性泄漏事故的配电设备(如断路器、开关柜、电压、电流和频率控制器、不间断供电系统、紧急发电和配电设备)。 • 与OSHA过程安全管理标准——《高危化学品过程安全管理》所涵盖过程连接，出现故障时会导致灾难性泄漏事故的其他关键公用工程系统(例如，工艺冷却水系统容易受失控/放热反应影响)。 • 固定式和移动式消防设备。 • 二次防泄漏系统、围堰以及能够控制泄漏液体扩散或减缓液体泄漏的其他设备。 • 出现紧急情况时，被用作安全避难场所或集合点的构筑物，或在紧急撤离后仍需保留人员对设施进行操作的关键通风系统。 • 员工警报系统(还可以参考“第19章：应急管理”)。 • 用于对机械完整性(MI)管理计划中涵盖的其他紧急停车系统(ESD)、安全仪表系统(SIS)和控制设备进行检查、测试和预防性维护(ITPM)而采用的测试、测量和评估(TM&E)设备，如当要求对某一参数进行测量时而需校准、调整以及其他工作所需的设备。过程仪表校准或调整精度取决于TM&E设备精度。TM&E设备通常为电压计或类似电气/电子设备、校准设备等。 • 应急响应预案(ERP)所涵盖设备或为执行应急响应预案中有关规定而必需使用的设备。 • 过程安全关键设备的阴极保护系统。 • 出现故障时会导致危险化学品灾难性泄漏的移动式/固定式起重设备(起重机、起重葫芦等)(如工艺区而非维护车间设置的起重设备)。

续表

审核准则	审核准则出处	审核员指南
		• 与过程安全关键设备有关的烟囱、烟道和火炬塔。 • 涉及OSHA过程安全管理标准——《高危化学品过程安全管理》所涵盖物料的海上装载臂和软管，或与过程安全密切相关的海上装载臂和软管。 • 与过程安全密切相关的任何其他系统或设备，如急冷系统、化学品中和系统、快速卸放系统、蒸气云冲散系统/喷淋系统等。 由审核员开展的工作： • 审核员应通过检查核实资产完整性(AI)管理计划中包括法规中未明确列出但却与过程安全密切相关的设备。工厂或公司应根据危害识别和风险分析(HIRA)结果确定哪些设备和系统与过程安全密切相关。对于明确的与危险情形有关的设备，无论会导致危险情形的设备(当出现故障时)还是起到安全保护作用的设备，均应考虑将其纳入机械完整性(MI)管理计划，包括关键公用工程系统
审核准则13-R-4：资产完整性(AI)管理计划所包含的设备应优先级进行排序	OSHA过程安全管理标准《高危化学品过程安全管理》附录C：过程安全管理合规性指南和建议(非强制性要求)(APPC) 良好行业做法(GIP)	由审核员开展的工作： • 审核员应审查资产完整性(AI)管理计划记录，以核实计划中是否编制了设备清单。为主要设备类型分别编写清单，即静设备、动设备和仪表/电气(I/E)设备清单。尽管建议工厂保存电子版设备清单以便于维护，但不作为一项强制性要求。 • 审核审核员应通过检查核实是否按照风险、故障率或与过程安全有关的其他指标对设备进行排序。可采用其他指标，如设备可靠性或工艺效率，对资产完整性管理计划所涵盖设备优先级进行排序，但不能忽视与过程安全有关的因素

13.2.2.3　书面程序

表13.10列出了行业过程安全管理良好做法中与“资产完整性(AI)书面程序”有关的审核准则。

表13.10　行业过程安全管理良好做法中与“资产完整性(AI)书面程序”有关的审核准则和审核员指南

审核准则	审核准则出处	审核员指南
审核准则13-R-5：应按照统一格式和结构来编写维护程序	良好行业做法(GIP)	由审核员开展的工作： • 审核员应审查检查、测试和预防性维护(ITPM)程序和纠正性维护程序，核实这些维护程序的格式和内容是否包括以下各项内容： • 需记录的数据； • 需采取的健康与安全防范措施、需遵守的安全操作规程(SWP)及需使用的个体防护装备(PPE)； • 装置或设备及为开展工作需办理的许可证； • 开展工作时需遵守的做法、规范和标准； • 为确保设备安全开车，在完成作业后需进行哪些检查

13.2.2.4　培训和资格考核

表13.11列出了行业过程安全管理良好做法中与“资产完整性(AI)培训和资格考核”有关的建议采用的审核准则。

表 13.11　行业过程安全管理良好做法中与“资产完整性(AI)培训和资格考核”有关的审核准则和审核员指南

审核准则	审核准则出处	审核员指南
审核准则 13-R-6：工厂资产完整性(AI)程序中，应指明雇主授权哪些人员或哪个维护组对泄压阀检查、测试和维修，包括检查、测试和维修人员需具备的资格和证书	美国职业安全与健康管理局(OSHA)《炼油行业过程安全管理国家重点计划》(NEP)(OSHA指令 CPL 03-00-004)	由审核员开展的工作： • 审核员应检查与泄压设备/系统有关的检查、测试和预防性维护(ITPM)计划、承包商管理程序、采购程序、其他维护程序和合格承包商名单，核实授权哪些人员对泄压阀检查、测试和维修，包括检查、测试和维修人员需具备的资格和证书
审核准则 13-R-7：在工厂资产完整性(AI)程序中，应列出管道检查人员、工艺管道焊工需具备的资格以及何时对焊工资格考核	美国职业安全与健康管理局(OSHA)《炼油行业过程安全管理国家重点计划》(NEP)(OSHA指令 CPL 03-00-004)	由审核员开展的工作： • 审核员应检查焊接工艺规程、焊工和管道检查人员培训程序，核实程序中是否明确了管道检查人员资格、工艺管道焊工资格及何时对焊工资格考核，还包括按照有关认可和普遍接受的良好工程实践(RAGAGEP)确定的要求检查(例如，对于焊接要求，见 ASME 基于 ANSI/ASME B31.3 编制的锅炉和压力容器规范，对于管道检查要求，见 API-570)
审核准则 13-R-8：工厂应为维护人员培训计划制定管理程序	加拿大化学品制造商协会(CCPA)发布的加拿大重大工业事故理事会(MIACC)自评估工具《过程安全管理指南/HI-SAT 修订项目》(070820) 良好行业做法(GIP)	由审核员开展的工作： • 审核员应核实是否为维护人员培训和资格考核制定并实施了书面管理程序，该程序包括以下内容： —维护岗位入职要求，如教育水平、先前接受的培训、资格或职位、需拥有的证照、身体素质及与岗位相称的阅读理解水平(需要与维护人员签订劳动合同，而上述内容又未在劳动合同中加以明确时)； —培训适用范围(需对哪些维护人员进行培训)； —需对维护人员进行哪些课堂/理论培训； —需对维护人员进行哪些实际操作培训/岗位培训(OTJ)，包括采用何种方法对员工能力或知识、技能进行考核； —明确考核要求； —为维护人员颁发最终资格证书； —明确维护人员再培训要求； —如何确定再培训频次； —明确培训/资格考核记录要求； —明确培训/资格考核持续时间； —明确培训师需具备的资格； —培训及最终资格考核管理人员的姓名和职位； —如何检查核实人员资格或证照有效期(如果适用的话)
审核准则 13-R-9：维护人员培训计划中应强调正确使用个体防护装备(PPE)	加拿大化学品制造商协会(CCPA)发布的加拿大重大工业事故理事会(MIACC)自评估工具《过程安全管理指南/HI-SAT 修订项目》(070820) 良好行业做法(GIP)	由审核员开展的工作： • 审核员应审查维护人员培训记录，核实维护人员是否接受了个体防护装备(PPE)使用方面的培训
审核准则 13-R-10：如果维护人员还负责设备操作以便维护，维护人员培训计划中应强调如何安全使用工程控制措施(即安全防护措施)操作设备	加拿大化学品制造商协会(CCPA)发布的加拿大重大工业事故理事会(MIACC)自评估工具《过程安全管理指南/HI-SAT 修订项目》(070820) 良好行业做法(GIP)	由审核员开展的工作： • 审核员应审查维护人员培训记录，核实维护人员是否就安全使用工程控制措施(即安全防护措施)接受了培训，维护人员是否能够对设备安全操作。在通常情况下，上述工作由操作人员完成

续表

审核准则	审核准则出处	审核员指南
审核准则 13-R-11：在维护人员培训计划中应强调紧急撤离和应急响应要求	加拿大化学品制造商协会（CCPA）发布的加拿大重大工业事故理事会（MIACC）自评估工具《过程安全管理指南/HISAT 修订项目》（070820） 良好行业做法（GIP）	由审核员开展的工作： • 审核员应审查维护人员培训记录，核实维护人员是否就紧急撤离和应急响应接受了培训
审核准则 13-R-12：维护人员培训计划中应涵盖/包括常规和非常规作业授权要求	加拿大化学品制造商协会（CCPA）发布的加拿大重大工业事故理事会（MIACC）自评估工具《过程安全管理指南/HISAT 修订项目》（070820） 良好行业做法（GIP）	由审核员开展的工作： • 审核员应审查维护培训记录，核实维护人员是否就常规和非常规作业审批要求接受了培训
审核准则 13-R-13：维护人员培训计划中应规定对操作人员使用相关硬件和软件进行培训（当操作人员需要使用保存在信息化管理系统中的程序和其他重要资料时）	加拿大化学品制造商协会（CCPA）发布的加拿大重大工业事故理事会（MIACC）自评估工具《过程安全管理指南/HISAT 修订项目》（070820） 良好行业做法（GIP）	由审核员开展的工作： • 审核员应审查维护培训记录，核实维护人员是否就相关硬件和软件的使用接受了培训（当操作人员需要使用保存在信息化管理系统中的程序和其他重要资料时）
审核准则 13-R-14：工厂应就与维护工作有关的其他内容对维护人员进行培训	加拿大化学品制造商协会（CCPA）发布的加拿大重大工业事故理事会（MIACC）自评估工具《过程安全管理指南/HISAT 修订项目》（070820） 良好行业做法（GIP） OSHA 过程安全管理标准《高危化学品过程安全管理》附录 C：过程安全管理合规性指南和建议（非强制性要求）（APPC）	由审核员开展的工作： • 审核员应核实维护人员培训计划是否包括以下内容： —要求维护人员负责的管理工作（如信息化维护管理系统（CMMS）使用管理）； —变更管理（MOC）； —应急响应； —专用设备或特殊工具的使用。 • 审核员应对装置维护人员进行面谈，核实维护人员是否已就与其工作有关的其他内容接受了培训
审核准则 13-R-15：工厂应定期为维护人员提供再培训	加拿大化学品制造商协会（CCPA）发布的加拿大重大工业事故理事会（MIACC）自评估工具《过程安全管理指南/HISAT 修订项目》（070820） 良好行业做法（GIP） OSHA 过程安全管理标准《高危化学品过程安全管理》“前言”部分（PRE） OSHA 过程安全管理标准《高危化学品过程安全管理》附录 C：过程安全管理合规性指南和建议（非强制性要求）（APPC）	由审核员开展的工作： • 审核员应审查维护人员培训内容清单和培训记录，核实维护人员是否已就设施总体工艺、安全操作规程（SWP）和技能提高（如果适用的话）接受了定期培训。 • 如果工艺变更涉及维护人员，应针对具体变更管理（MOC）对维护人员进行培训来代替重复的工艺概况培训，尽管按照规定频次重复进行工艺概况培训仍然是较好做法

13.2.2.5 检查、测试和预防性维护(ITPM)

表13.12列出了在行业过程安全管理良好做法中与“资产完整性检查、测试和预防性维护(AI ITPM)”有关的建议采用的审核准则。

表13.12 在行业过程安全管理良好做法中与“资产完整性检查、测试和预防性维护(AI ITPM)”有关的审核准则和审查员指南

审核准则	审核准则出处	审核员指南
审核准则13-R-16：设备检查、测试和预防性维护(ITPM)管理程序、做法或计划应遵守认可和普遍接受的良好工程实践(RAGAGEP)，并且这些文件中应明确ITPM任务。另外，这些程序、做法或计划还应包括如何对ITPM进行计划、安排和控制，以及收集、记录和分析ITPM结果方面的规定	对因违反OSHA过程安全管理标准《高危化学品过程安全管理》而由OSHA发出的违规传票(CIT) 良好行业做法(GIP) 化工过程安全中心(CCPS)出版物《基于风险的过程安全》(RBPS)	由审核员开展的工作： • 审核员应审查检查、测试和预防性维护(ITPM)程序索引(如果已编写的话)审查，核实装置是否编写了全套检查、测试和预防性维护程序。 • 审核员应审查检查、测试和预防性维护(ITPM)计划/程序，核实这些计划/程序中是否包括以下内容： —需对每一设备检查、测试和预防性(ITPM)工作及其频率，以及ITPM工作及其频率确定理由或依据。 —在检查、测试和预防性维护(ITPM)程序、计划或记录表中，应列出ITPM合格标准。 —如果需要的话，检查、测试和预防性维护(ITPM)计划或程序中，应明确如何确定设备剩余使用寿命，尤其是承压设备壁厚。 —检查、测试和预防性维护(ITPM)计划或程序中，应指明在每项检查、测试和预防性维护工作需遵守的工作指南。 —如果由承包商来开展检查、测试和预防性维护(ITPM)工作，这些承包商应获得正式批准(见“第14章：承包商管理”)。 —如果检查、测试和预防性维护(ITPM)计划或程序为检查、测试和预防性维护工作规定了宽限期，则这些宽限期应合理。宽限期不应超过基本ITPM时间间隔的10%，且最多为年度基本ITPM时间间隔的10%，并且应低于较长IPMT时间间隔的10%。 —检查、测试和预防性维护(ITPM)计划或程序应包括一套系统用于收集设备运行数据，并对数据进行分析以确定设备运行趋势。 —应在装置生命周期内为长周期检查工作保存好试验和检查记录，如容器和管道壁厚测量(通常每隔5年一次检查)以及容器内部检查(通常每隔10年一次检查)。对于短周期检查工作(如每周润滑油检查)，试验和检查记录保存时间可短一些。应在总体计划指南中明确记录保留策略。 —现场应采用维护管理系统(最好为电子管理系统或信息化管理系统)对检查、测试和预防性维护(ITPM)计划中的各项工作进行管理。 —用于对检查、测试和预防性维护(ITPM)进行计划和安排的维护管理系统应能够提供逾期ITPM报告。 —所有维护工作应在同一维护管理系统中管理。维护管理系统应能够接收设备问题上报申请、生成工单以审批后开展维修工作，同时还能够对维护和维修工作记录。 —如果制定了以可靠性为核心的维护(RCM)计划，按照RCM计划确定的检查、测试和预防性维护(ITPM)频率，应与根据基于风险的检验(RBI)计划或基于有关规定确定的检查、测试和预防性维护频率相符

续表

审核准则	审核准则出处	审核员指南
审核准则 13-R-17：设备检查、测试和预防性维护(ITPM)管理程序、做法或计划应遵守认可和普遍接受的良好工程实践(RAGAGEP)，并且在这些文件中应明确 ITPM 任务	加拿大化学品制造商协会(CCPA)发布的加拿大重大工业事故理事会(MIACC)自评估工具《过程安全管理指南/HISAT 修订项目》(070820) 美国职业安全与健康管理局(OSHA)对其过程安全管理标准《高危化学品过程安全管理》(29 CFR §1910.119)做出的正式书面说明(WCLAR)(5/25/94)(11/30/94)(12/7/95) 良好行业做法(GIP) OSHA 过程安全管理标准《高危化学品过程安全管理》"前言"部分(PRE)	为审核员提供的基本信息： • 应按照相关认可和普遍接受的良好工程实践(RAGAGEP)或提供的其他技术指南对专用或特殊设备开展检查、测试和预防性维护(ITPM)工作。 • 如果生产商未对动设备外观检查、振动监控、润滑油取样、超速跳车试验或功能试验做出任何规定，为确保动设备正常运行，应合理计划、安排这些工作并做好记录(此项要求属于合规性要求)。振动监控已成为普遍采用的行业做法。 • 如果蒸汽系统与过程安全密切相关，则应按照监管机构制定的锅炉管理法律或法规、ASME 锅炉和压力容器规范以及与锅炉有关的其他认可和普遍接受的良好工程实践(RAGAGEP)对锅炉进行外部和内部外观检查，对管壁厚度进行测量。应该注意，美国所有 50 个州中，锅炉设计、施工、运行和维护均应遵守有关法规要求。 • 对于直接连接至 OSHA《高危化学品过程安全管理》所涵盖工艺作为储罐或容器使用的公路槽车、铁路槽车、长管拖车或其他运输容器，按照美国交通运输部(DOT)规定，定期进行检查和压力试验。公司/工厂并非必须自己开展检查、测试和预防性维护(ITPM)工作，但应核实运输容器所属公司是否已对其容器进行检查、测试和预防性维护，且在容器上注明了最新 ITPM 结果或提供了最新 ITPM 记录。如果容器缺少 ITPM 记录，则不得将该容器连接至装置。为核实是否符合上述规定，有必要对操作或装卸程序审查。 • 用于为资产完整性管理计划所涵盖设备的本体及其运行或运转提供支撑的结构性装置/部件(如基础、锚固件、螺栓、牵索和管道支架)：对被支撑设备进行外观/外部检查的同时，也应对结构性设施/部件进行外观检查。资产完整性管理计划中，并非必须将结构性装置/部件规定为单独设施/部件，但在特殊情况下，可将结构性设施/部件规定为单独装置/部件。为确保结构完整性，可以开展其他检查、测试和预防性维护(ITPM)工作，如厚度测量或其他试验。 • 出现故障时导致灾难性泄漏事故的配电设备(如断路器、开关柜、电压、电流和频率控制器、不间断供电系统、紧急发电和配电设备)，应按照 NFPA-70B(国家电气规范维护补充说明)或国际电气测试协会(NETA)指导文件中的规定计划、安排检查、测试和预防性维护工作，并做好记录，如定期对接地/等电位连接系统电阻测量。 • 与 OSHA 过程安全管理标准《高危化学品过程安全管理》涵盖过程连接，在出现故障时导致灾难性泄漏事故的其他关键公用工程系统：应按照生产商规定、有关认可和普遍接受的良好工程实践(RAGAGEP)或基于出现故障时可能造成的风险计划、安排检查、测试和预防性维护工作，并做好记录。例如，如果冷却水系统为工艺中关键公用工程，则冷却水系统中动设备的维护方式，应与涉及高危化学品动设备维护方式相同，应按照 NFPA-70B(国家电气规范维护补充说明)或国际电气测试协会(NETA)指导文件中的规定，对冷却水系统中电气设备维护，冷却水系统中仪表和控制设备的维护方式应与其他工艺仪表和控制设备的维护方式相同。

续表

审核准则	审核准则出处	审核员指南
		• 固定式和移动式消防设备，应按照NFPA-25(水性消防设备)、NFPA-72(火灾报警)、NFPA-10(灭火器)和适用于工厂中消防设备类型的其他NFPA标准计划、安排检查、测试和预防性维护工作，并做好记录。这些NFPA标准往往涵盖监管机构制定的法律或法规，通常属于州立或市立法律法规。但是，如果监管机构法律法规中提出了不同要求，则应按照这些要求进行检查、测试和预防性维护工作，并做好记录。 • 对与过程安全有关的其他备用/待用设备进行检查、测试和预防性维护(ITPM)，如应急发电机(按照标准NFPA-110开展ITPM)。 • 二次防泄漏系统、围堰、控制泄漏液体扩散或抑制液体泄漏的其他设备：应合理计划、安排外观检查，以对防泄漏系统渗透情况、围堰壁侵蚀情况(针对土质围堰)和围堰裂缝等评估，并做好记录。有时，这类检查还属于环境管理工作的一部分。 • 用于对OSHA过程安全管理标准《高危化学品过程安全管理》所涵盖物料泄漏检测的区域监测仪(如可燃气体分析仪/爆炸下限(LEL)检测器)，应按照生产商建议定期对就地监测仪检查/维护。 • 举例来说，关键通风系统包括： —在出现紧急情况时被用作安全避难场所或集合点的构筑物，或在紧急撤离后仍需保留人员对装置进行操作的构筑物的关键通风系统：应合理计划测试关键通风系统的停车/隔离，并做记录。 —用于对热敏物料(如过氧化物)温度进行控制的关键通风系统； —当在某一封闭区域出现物料泄漏时，用于降低易燃性和/或毒性危险的关键通风系统； • 员工警报系统：应合理计划并定期测试，做好记录。由安全部门、安保部门或应急响应预案管理部门对员工警报系统定期测试。另外，还可以按照生产商建议或根据员工警报系统运行情况定期开展其他维护工作。有关具体要求，还可以参考“第19章：应急管理。”作为一项合规性要求，要求测试员工警报系统。但是，无需将员工警报系统ITPM工作正式纳入资产完整性(AI)管理计划。 • 过程安全关键设备的阴极保护系统：应按照生产商建议或NFPA-70B中的规定，定期对阴极保护系统校准。 • 出现故障时会导致OSHA过程安全管理标准《高危化学品过程安全管理》所涵盖物料出现灾难性泄漏的移动式/固定式起重设备(起重机、起重葫芦等)(如设置在工艺区而非维护车间的起重设备)，应按照监管机构制定的法律法规或生产商建议，定期对起重设备校准。 • 与过程安全关键设备有关的烟囱、烟道和火炬塔架，应按照相关规定合理计划、安排开展外观和热红外成像检查，核实是否存在泄漏，并做好记录。如果对产生热量的机械设备(如加热炉和火炬)进行热红外成像检查，通常由负责关键电气设备热红外成像检查的人员进行。

续表

审核准则	审核准则出处	审核员指南
		• 涉及危险化学品的海上装载臂、软管或与过程安全密切相关的海上装载臂和软管：应按照美国海岸警卫队(USCG)和其他监管机构相关规定，或生产商合理建议计划、安排开展外观和其他检查、测试和预防性维护工作，并做记录。 • 被认为与过程安全密切相关的任何其他系统或设备(如急冷系统、化学品中和系统、快速卸放系统、蒸气云冲散系统/喷淋系统等)：应按照监管机构或生产商规定合理计划开展外观检查和功能试验，并做记录。 • 认可和普遍接受的良好工程实践(RAGAGEP)包括由行业和专业机构发布的规范、标准、其他指导文件和同等内部标准和程序。 由审核员开展的工作： • 对于涵盖资产完整性(AI)管理计划中的设备，审核员应审查检查、测试和预防性维护(ITPM)程序和记录，核实按照相关认可和普遍接受的良好工程实践(RAGAGEP)进行检查、测试和预防性维护
审核准则 13-R-18：检查、测试和预防性维护(ITPM)管理程序或计划，应按照生产商建议和良好工程实践为以下类型设备明确检查、测试和预防性维护频率	加拿大化学品制造商协会(CCPA)发布的加拿大重大工业事故理事会(MIACC)自评估工具《过程安全管理指南/HI-SAT 修订项目》(070820) 良好行业做法(GIP)	由审核员开展的工作： • 审核员应审查对检查、测试和预防性维护(ITPM)程序、用于对 ITPM 进行计划和安排的信息化维护管理系统(CMMS)或检查、测试和预防性维护记录，核实以下问题： —采用普遍接受的良好工程实践(RAGAGEP)为资产完整性(AI)管理计划涵盖和未涵盖的设备确定检查、测试和预防性维护(ITPM)及其频率。某些情况下，可能没有任何普遍接受的良好工程实践作为依据确定 ITPM 频率。这些情况下，应根据设备以往运行情况、出现故障时导致风险和其他内部标准为检查、测试和预防性维护工作确定合适的频率。 —当认为基于设备运行情况必要时，应适当增加检查、测试和预防性维护(ITPM)频率。在许多工厂中，设备运行情况允许适当增大 ITPM 频率时，部分 ITPM 频率可大于由生产商建议的 ITPM 频率
审核准则 13-R-19：特殊损坏机理 - 如果设备易因特殊腐蚀机理而受到破坏，则应对检查、测试和预防性维护(ITPM)工作合理计划和安排，检查设备是否会因特殊腐蚀机理而出现腐蚀	良好行业做法(GIP) OSHA 过程安全管理标准《高危化学品过程安全管理》附录 C：过程安全管理合规性指南和建议(非强制性要求)(APPC)	由审核员开展的工作： • 审核员应对静设备检查、测试和预防性维护(ITPM)计划人员(如检查主管或维护经理)面谈，并审查 ITPM 计划、记录或程序，核实在确定检查、测试和预防性维护任务时是否考虑了特殊腐蚀机理。需考虑的常见"特殊损坏机理"包括： —氯化物应力腐蚀开裂(由于 API-510 和 API-570 规定需检查保温层下氯化物应力腐蚀开裂，因此这是一项合规性要求)； —氢脆/氢蚀； —湿硫化氢致开裂； —管道支座或其他硬性接触点处腐蚀； —管道和阀门中流速较高和/或固体物质含量较高部位可能出现的侵蚀； —设备(如卧式储罐)支撑鞍座下部出现的腐蚀。 • 审核员应检查静设备检查、测试和预防性维护(ITPM)记录，核实是否检查上述损坏机理

续表

审核准则	审核准则出处	审核员指南
审核准则 13-R-20：应记录每项检查和测试结果，至少包括以下 5 类信息： • 检查和测试日期； • 检查和测试人员姓名； • 设备系列号或其他识别号； • 检查和测试工作说明； • 检查和测试结果	良好行业做法(GIP)	由审核员开展的工作： • 审核员应审查检查、测试和预防性维护(ITPM)记录，核实这些记录中是否至少包括所列出的 5 类信息。对于简单运行状态检查或其他类似任务(如设备润滑)，可采用检查标记注明或采用其他标注方式证明已完成了相关检查工作。对于某些工作，要求提供相关数据或其他补充信息证明已完成 ITPM 工作，如容器或管道壁厚测量值
审核准则 13-R-21：如果按照 RBI 计划为工厂中的设备确定检查、测试和预防性维护(ITPM)工作和频率，应对 ITPM 工作和频率合理规划，并形成书面文件。 采用 RBI 计划开展 ITPM 工作是自愿性的	良好行业做法(GIP)	由审核员开展的工作： • 如果按照 RBI 计划为容器和管道确定了检查、测试和预防性维护(ITPM)工作和频率，审核员应审查容器和管道 RBI 程序、RBI 研究以及 ITPM 记录。审查应包括以下内容： —RBI 研究应包括与设备有关的所有损坏和故障机理(如腐蚀机理)。应将 RBI 研究结果与事故调查结果和 ITPM 结果比较，对损坏和故障机理确认。 —制定 RBI 计划依据的认可和普遍接受的良好工程实践(RAGAGEP)包括 AIP RP 580 (API 2000b)和 API RP 581(API-2000c)，并且按照认可和普遍接受的良好工程实践实施 RBI 计划，并记录。 —应定期对 RBI 研究结果复核(约每隔 5 年)。 —RBI 研究结果应与危害识别和风险分析(HIRA)结果相符。 —按照 RBI 计划为资产完整性管理计划未涵盖的其他设备确定的检查、测试和预防性维护(ITPM)频率，应与为资产完整性管理计划所涵盖设备确定的 ITPM 频率相同

13.2.2.6　资产完整性(AI)缺陷

表 13.13 列出了行业过程安全管理良好做法中与“资产完整性(AI)缺陷”有关的建议采用的审核准则。

表 13.13　行业过程安全管理良好做法中与“资产完整性(AI)缺陷”有关的审核准则和审核员指南

审核准则	审核准则出处	审核员指南
审核准则 13-R-22：应在进行管道检查、测试和预防性维护(ITPM)时发现的异常数据及时核实和处理(例如，某一测厚点(TML)进行测量时，发现管道壁厚突然大于/小于上一次测量值，又未对原因进行说明)	美国职业安全与健康管理局(OSHA)《炼油行业过程安全管理国家重点计划》(NEP)(OSHA 指令 03-00-004)	由审核员开展的工作： • 审核员应对管道检查、测试和预防性维护(ITPM)记录审查，核实是否及时对发现的异常情况进行了处理。例如，对管道厚度进行测量时，发现管道厚道已达到其失效厚度，或者上一次对管道厚度进行测量时，发现管道厚度已基本达到其失效厚度，而下一次测量时却发现管道厚度远远达不到失效厚度，出现这些情况时，应对测量数据审查，核实是否确实存在问题或因数据输入错误而导致不正确结果。不允许管道、储罐或容器检查记录中存在这些异常数据，应对其核实并解决存在的问题
审核准则 13-R-23：应认真考虑会造成资产完整性(AI)缺陷的其他因素	良好行业做法(GIP)	为审核员提供的基本信息： • 考虑到会造成资产完整性(AI)缺陷的重要程度，应认真考虑以下因素： —未及时开展检查、测试和预防性维护(ITPM)工作； —消防设备不能按照其设计能力运行或其正常运行受到影响。 由审核员开展的工作： • 审核员应审查这类因素的定义及其处置要求

续表

审核准则	审核准则出处	审核员指南
审核准则13-R-24：应制定管理程序上报、评估、控制和关闭资产完整性(AI)缺陷	加拿大化学品制造商协会(CCPA)发布的加拿大重大工业事故理事会(MIACC)自评估工具《过程安全管理指南/HISAT修订项目》(070820) 良好行业做法(GIP)	由审核员开展的工作： • 审核员应审查公司/工厂程序，核实公司/工厂是否制定并实施了资产完整性(AI)缺陷书面管理程序。该程序应强调以下内容： 资产完整性缺陷进行定义； —及时发现并上报资产完整性缺陷； —评估资产完整性缺陷，包括制定程序来提供临时安全措施； —资产完整性缺陷进行永久性纠正； —记录整个资产完整性缺陷处理过程； —建立并维护资产完整性缺陷日志。 • 资产完整性(AI)缺陷书面管理程序可以应借助现有管理程序，如工单系统(用于永久性缺陷上报和记录)、临时变更管理(MOC)程序(用于安装和拆除临时安全设备)以及维修和维护程序(用于报批和实施设备维修、改造和更换)

13.2.2.7　质量保证

表13.14列出了在行业过程安全管理良好做法中与“资产完整性(AI)质量保证”有关的建议采用的审核准则。

表13.14　在行业过程安全管理良好做法中与“资产完整性(AI)质量保证”有关的审核准则和审核员指南

审核准则	审核准则出处	审核员指南
审核准则13-R-25：应按照程序组织和实施工程项目，并开展各项工作，对与项目有关的风险分析并对项目设计审批	加拿大化学品制造商协会(CCPA)发布的加拿大重大工业事故理事会(MIACC)自评估工具《过程安全管理指南/HISAT修订项目》(070820) 良好行业做法(GIP)	由审核员开展的工作： • 审核员应审查公司/工厂工程项目程序，核实在这些程序中是否包括以下内容： — 工程设计程序、项目手册或与项目审批、组织、实施、管理和文件编制有关的总体要求和策略； —项目设计审查正式书面要求； —项目危害识别和风险分析(HIRA)，包括对场内和场外风险分析； —对场内和场外风险分析应遵守的具体要求； —资产完整性(AI)管理计划所涵盖的设备采购技术要求； —设备安装前接收、存放和检查要求； —项目设备安装和试车记录要求，包括中交检查和试车记录要求
审核准则13-R-26：应保存好项目/设备文件	加拿大化学品制造商协会(CCPA)发布的加拿大重大工业事故理事会(MIACC)自评估工具《过程安全管理指南/HISAT修订项目》(070820) 良好行业做法(GIP)	为审核员提供的基本信息： • 项目竣工时通常将项目记录移交给工程设计部门、维护部门或其他相关部门，供将来使用。 由审核员开展的工作： • 审核员应审查项目记录，核实是否保存好项目工程设计和安装记录，尤其是“竣工”图纸、容器认证文件(如U-1A表)和施工资料

续表

审核准则	审核准则出处	审核员指南
审核准则13-R-27：应为待安装设备设置清晰标签，在现场检查设备安装，确保采用正确安装材料和程序	加拿大化学品制造商协会(CCPA)发布的加拿大重大工业事故理事会(MIACC)自评估工具《过程安全管理指南/HISAT修订项目》(070820) OSHA过程安全管理标准《高危化学品过程安全管理》附录C：过程安全管理合规性指南和建议(非强制性要求)(APPC) 良好行业做法(GIP)	由审核员开展的工作： • 审核员应检查项目记录，核实是否由合格人员施工。 • 审核员应检查项目记录，核实在施工期间是否使用了合适垫片、填料、螺栓、阀门、润滑剂和焊条。 • 审核员应检查项目记录，核实安全设备安装程序是否正确(如安装防爆膜时螺栓拧紧力矩是否合适、法兰螺栓拧紧力矩是否一致、泵密封安装是否正确等)。 • 审核员应检查项目安装工作，核实是否对材料标记
审核准则13-R-28：施工人员应具备相应资格，管理人员应对其工作监督	良好行业做法(GIP)	审核员工作： • 审核员应对承包商施工人员(尤其是负责人和工程师)进行面谈，核实他们是否了解与工作有关的规范和标准。 • 审核员应审查承包商施工人员资格，核实他们是否具备相应技能，尤其需要对人员技能进行认证时(如焊接作业)
审核准则13-R-29：当资产完整性(AI)管理计划所涵盖设备设施退役时，尤其当设备设施全部或部分保留在现场时，应作为工程项目对待	加拿大化学品制造商协会(CCPA)发布的加拿大重大工业事故理事会(MIACC)自评估工具《过程安全管理指南/HISAT修订项目》(070820) 良好行业做法(GIP)	为审核员提供的基本信息： • 本审核准则中，退役设备是指停用后仍保留在现场，在一定时间后再复役或拆除的设备。对于不再使用和复役的设备，应尽快拆除(见第4章)。 • 为将退役设备安全停用/拆除，过程安全管理标准中应至少明确以下措施： —使用盲板、短管或为管道设置管帽(而非关闭阀门)实现机械隔离； —通过上锁/挂牌将电气设备与供电系统和控制系统隔离； —对设备退役状态进行危害识别和风险分析(HIRA)； —对设备退役状态进行全面记录。 • 应编写设备退役管理程序，明确将OSHA过程安全管理标准——《高危化学品过程安全管理》所涵盖关键设备在安全停用/拆除时至少需开展哪些工作。如果已编写了设备退役管理程序，应对其审查。 由审核员开展的工作： • 审核员应对退役设备实地检查，核实是否至少安装了盲板或其他有效机械隔离部件
审核准则13-R-30：应编写并实施备品备件仓库管理书面程序/手册	良好行业做法(GIP)	为审核员提供的基本信息： • 仓库管理程序应强调以下问题： —材料接收和检查； —备品备件存放； —备品备件和存放位置标签设置； —备品备件出库，包括非工作时间备品备件出库； —备品备件有效期管理： —如果备品备件超过了其有效期，应将其列入多余材料清单(如果允许的话)； —对散装/免费提供的材料管理，确保正确使用； —对委托给第三方采购的材料管理，确保对该类材料有效控制。 • 如果备品备件质量存在问题，可审查设备供应商加工设施，确保采购设备满足其应用要求。 由审核员开展的工作： • 审核员应核实是否编写了备品备件仓库管理书面程序/手册

续表

审核准则	审核准则出处	审核员指南
审核准则13-R-31：对于从事资产完整性(AI)管理计划所涵盖工作的承包商，应经过公司/工厂审批	良好行业做法(GIP) OSHA过程安全管理标准《高危化学品过程安全管理》附录C：过程安全管理合规性指南和建议(非强制性要求)(APPC)	为审核员提供的基本信息： • 对于为资产完整性(AI)管理计划所涵盖工作提供支持或从事资产完整性管理计划所涵盖工作的承包商，公司/工厂应制定正式审批程序，包括以下内容(还可以参考"第14章：承包商管理)： 已批准承包商名单，列出为工厂提供材料和服务的承包商名称和授权开展的工作，包括工程设计、施工、检查、测试和预防性维护(ITPM)、提供项目服务(如材料可靠性鉴别(PMI)、检查、质量保证(QA)、项目管理和材料管理)为项目提供材料和备品备件/备用材料； 对于提供重要服务的承包商，大部分为驻场承包商，这些承包商每天从事与工厂员工相同的工作，但却属于另外公司。 由审核员开展的工作： • 审核员应核实只有经过公司/工厂批准的承包商才可以开展资产完整性(AI)质量保证计划涵盖工作，如工程设计、施工、项目管理、测试/检查、材料可靠性鉴别(PMI)等

由于"资产完整性(AI)"相关审核准则对与过程安全有关的关键设备、策略、做法、程序以及设施运营其他方面造成影响，应考虑将其纳入由各州或其他监管机构负责管理的过程安全管理程序中。

13.2.3 自愿性共识过程安全管理标准

在下文对以下自愿性共识过程安全管理标准中"资产完整性"要求进行了说明：

• 由API编写且由美国内政部矿产资源管理局(MMS)批准的《安全和环境管理计划》(SEMP)中关于海上石油平台领域"资产完整性"要求；

• 美国化学理事会(ACC)发布的《责任关怀管理体系®》(RCMS)中"资产完整性"要求；

• 美国化学理事会(ACC)发布的RC14001《环境、健康、安全与安保管理体系》中"资产完整性"要求。

表13.15列出了在自愿性共识过程安全管理标准中与"资产完整性"有关的审核准则和审核员指南。

表13.15 在自愿性共识过程安全管理标准中与"资产完整性"有关的审核准则和审核员指南

审核准则	审核准则出处	审核员指南
SEMP美国内政部矿产资源管理局《安全和环境管理计划》(SEMP) 审核准则13-R-32：按照《安全和环境管理计划》(SEMP)中的规定，要求编写并实施有关程序，确保按照工厂中关键设备的应用要求、生产商建议或行业标准对关键设备设计、制造、安装、测试、检查、监控和维护	美国石油学会(API)推荐做法75：《安全和环境管理计划》(API RP 75)，8.1	由审核员开展的工作： • 审核员应核实公司/工厂是否按照行业标准或做法为关键设备编写了设计、制造和安装规范。 • 审核员应核实公司/工厂是否为关键设备测试、检查和维护编写了书面程序和计划

续表

审核准则	审核准则出处	审核员指南
审核准则 13-R-33：作为总体质量和资产完整性保证计划的一部分，应为关键设备采购编写书面程序，检查设备是否符合相关设计规范和材料规范。例如，编写书面程序，检查所采购关键设备是否符合其设计规范和材料规范	美国石油学会(API)推荐做法 75：《安全和环境管理计划》(API RP 75)，8.2	由审核员开展的工作： • 审核员应核实公司/工厂是否编写了书面程序，检查所采购关键设备符合其设计规范和材料规范
审核准则 13-R-34：应为关键设备编写并实施书面质量控制程序和规范，用于制造阶段检查并确保设备材料和制造符合设计规范。例如，编写书面程序，检查所制造关键设备是否符合其设计规范和材料规范	美国石油学会(API)推荐做法 75：《安全和环境管理计划》(API RP 75)，8.3	由审核员开展的工作： • 审核员应核实公司/工厂是否编写了书面程序，检查所制造关键设备是否符合其设计规范和材料规范
审核准则 13-R-35：应制定并实施维护计划，检查和测试关键设备以确保其完整性。例如，编写维护计划指南，对检查频率、可接受检查结果和如何对检查时发现问题进行处理作出规定，从而对资产完整性有关的风险有效管理	美国石油学会(API)推荐做法 75：《安全和环境管理计划》(API RP 75)，8.5	审核员工作： • 审核员应核实公司/工厂是否编写了维护计划指南，对检查频率、可接受检查结果和如何对在检查时所发现问题处理作出规定，从而对与资产完整性有关的风险有效管理
审核准则 13-R-36：应合理组织维护工作，加强安全并保护环境。例如，编写维护程序，明确潜在安全和环境危害，并对其有效管理	美国石油学会(API)推荐做法 75：《安全和环境管理计划》(API RP 75)，8.5	由审核员开展的工作： • 审核员应核实公司/工厂是否编写了维护程序，明确潜在安全和环境危害，并对其有效管理
审核准则 13-R-37：维护计划适用于从事维护工作的操作人员和/或承包商。例如，编写资产完整性维护程序，明确从事维护工人(包括操作人员和承包商)的任务和职责	美国石油学会(API)推荐做法 75：《安全和环境管理计划》(API RP 75)，8.5	由审核员开展的工作： • 审核员应核实公司/工厂是否编写了资产完整性维护程序，明确从事维护工人(包括操作人员和承包商)的任务和职责。
审核准则 13-R-38：维护计划应包括以下内容： • 确保设备完整性而需遵守的有关程序和工作做法； • 就维护程序实施、相关风险和安全操作规程对维护人员进行培训； • 制定质量保证和控制程序，核实维护材料、备用设备和备品备件是否满足设计规范中的要求； • 制定维护人员资格确认程序； • 制定审查程序，检查和核实按照变更管理(MOC)程序对维护计划变更	美国石油学会(API)推荐做法 75：《安全和环境管理计划》(API RP 75)，8.5	由审核员开展的工作： • 审核员应审查维护及检查、测试和预防性维护(ITPM)程序，核实公司/工厂按照 ITPM 程序和工作做法检查、测试和预防性维护。 • 审核员应对维护人员进行面谈，核实维护人员是否接受了与其维护工作有关的必要培训。 • 审核员应审查变更管理(MOC)程序和记录，核实是否按照变更管理程序控制和管理对资产完整性(AI)管理计划进行的变更，如检测、测试和预防性维护(ITPM)任务和频率(尤其是延长 ITPM 频率)变更和对维护程序的变更。 • 审核员应检查仓库管理，核实是否制定了有关程序确保“正确部件，正确应用”，包括核实部件号是否与工单中符合、部件保存期限(如果规定了有效期的话)进行控制

续表

审核准则	审核准则出处	审核员指南
审核准则 13-R-39：测试、检查和监控计划应包括以下内容： • 需检查和测试的关键设备和系统清单，清单中应指明测试和检查方法及其频率、可接受限定值和测试或检查合格标准； • 测试和检查程序应遵守普遍接受的标准和规范； • 测试和检查记录应遵守以下要求： 应在压力容器生命周期内保存压力容器测试和检查记录。 所有其他文件至少保存 2 年或基于以下要求保存 —测试、检查和预防性维护频率； —监管机构要求； —风险分析报告编写或修订要求； • 编制相关程序记录和纠正关键设备缺陷或异常运行条件。 • 编制相关程序审批在测试和检查过程中的变更	RP 75，8.6 美国石油学会(API)推荐做法 75：《安全和环境管理计划》(API RP 75)，8.6	由审核员开展的工作： • 审核员应审查维护及检查、测试和预防性维护(ITPM)程序或记录，核实资产完整性(AI)管理计划中是否编制了设备清单。 • 审核员应审查维护及检查、测试和预防性维护(ITPM)程序或记录，核实测试和检查程序是否符合普遍接受的标准和规范。 • 审核员应审查维护及检查、测试和预防性维护(ITPM)程序或记录，核实检查、测试和预防性维护记录保存时间是否至少为 2 年，是否在压力容器生命周期内保存测试和检查记录。 • 审核员应审查维护及检查、测试和预防性维护(ITPM)程序或记录，核实是否编制了相关程序记录和纠正关键设备缺陷。 • 审核员应审查维护程序和变更管理(MOC)程序或记录，核实是否对测试和检查过程中的变更实施了有效控制

审核准则	审核准则出处	审核员指南
美国化学理事会(ACC)《责任关怀管理体系®》(RCMS) 审核准则 13-R-40：在《责任关怀管理体系®》(RCMS)中未新增与“资产完整性(AI)管理计划”有关的任何其他要求	美国化学理事会(ACC)《责任关怀管理体系® 技术规范》要素 2.2	• 无其他要求

审核准则	审核准则出处	审核员指南
美国化学理事会(ACC) RC14001《环境、健康、安全与安保管理体系》 审核准则 13-R-41：在 RC14001《环境、健康、安全与安保管理体系》中未新增与“资产完整性(AI)管理计划”有关的任何其他要求	美国化学理事会(ACC)《环境、健康、安全与安保管理体系技术规范》RC151.03 4.3.1	• 无其他要求

13.3 审核方案

附录A过程安全管理审核方案，就如何按照审核准则对第13.2节中的内容进行审查提供了详细指南(有关如何在线获取附录A中资料，见第Ⅷ页)。

参 考 文 献

American Chemistry Council, *RCMS® Technical Specification*, RC 101.02, March 9, 2005.

American Chemistry Council, *RCMS® Technical Specification Implementation Guidance and Interpretations*, RC101.02, January 25, 2004.

American Chemistry Council, *RCMS® Technical Specification Implementation Guidance and Interpretations Appendices*, RC 101.02, January 25, 2004.

American Petroleum Institute, *Fitness For Service*, API RP-579. American Petroleum Institute, Washington, DC, 2000 (API, 2000a).

American Petroleum Institute (API), *Material Verification Program for New and Existing Alloy Piping Systems*, Recommended Practice 578, 1999.

American Petroleum Institute (API) *Pressure Vessel Inspection Code: In-Service Inspection, Rating, Repair, and Alteration*, API 510, 9th ed., Washington, DC, June 2006.

American Petroleum Institute, *Piping Inspection Code: Inspection, Repair, Alteration, and Rerating of Inservice Piping Systems*, API 570, 2nd ed., Washington, DC, October 1998.

American Petroleum Institute, *Risk-Based Inspection*, API RP 580, Washington, DC, 2000 (API, 2000b).

American Petroleum Institute *Base Resource Document—Risk-based Inspection*, API RP 581, Washington, DC, 2000 (API, 2000c).

American Petroleum Institute (API), *Recommended Rules for the Design and Construction of Large, Welded, Low-Pressure Storage Tanks*, API RP 650, Washington, DC, 2009.

American Society of Mechanical Engineers (ASME), *Rules for Construction of Pressure Vessels*, Section VIII, Divisions 1 and 2, Boiler & Pressure Vessel Code.

American Society of Mechanical Engineers (ASME/ANSI), *Chemical Plant and Petroleum Refinery Piping*, ANSII-ASME B31.3.

California, California Code of Regulations, Title 8, Section 5189, CalOSHA, November 1985.

Center for Chemical Process Safety (CCPS), *Guidelines for Safe Storage and Handling of High Toxic Hazard Materials*, American Institute of Chemical Engineers, New York, 1987.

Center for Chemical Process Safety (CCPS), *Guidelines for Mechanical Integrity Systems*, American Institute of Chemical Engineers, New York, 2006.

Center for Chemical Process Safety (CCPS), *Guidelines for Risk Based Process Safety*, American Institute of Chemical Engineers, New York, 2007 (CCPS, 2007c).

Center for Chemical Process Safety (CCPS), *Guidelines for Safe and Reliable Instrumented Protective Systems*, American Institute of Chemical Engineers, New York, 2007 (CCPS, 2007d).

Chemical Safety and Hazard Investigation Board, Investigation Report—Refinery Explosion and Fire, BP Texas City, Texas, March 23, 2005, March 20, 2007.

Delaware, *Accidental Release Prevention Regulation*, Delaware Department of Natural Resources and Environmental Control/Division of Air and Waste Management, September 1989 (rev. January 1999).

Department of the Interior, Minerals Management Service, *Safety and Environmental Management Program*

(SEMP), 1990.

Environmental Protection Agency (USEPA), 40 CFR § 68, *Accidental Release Prevention Requirements: Risk Management Programs Under Clean Air Act Section* 112(*r*)(7); Final Rule, June 21, 1996.

The International Society for Measurement and Control, *Functional Safety: Safety Instrumented Systems for the Process Industry Sector—Part* 1: *Framework*, *Definitions*, *System*, *Hardware and Software Requirements*, ANSI/ISA-84.00.01-2004 Part 1 (IEC 61511-1 Mod), Research Triangle Park, NC, 2004.

The National Board of Boiler and Pressure Vessel Inspectors, *National Board Inspection Code*, *7th Ed*, NB-23, Columbus, OH, 2007.

New Jersey, *Toxic Catastrophe Prevention Act* (*N. J. A. C.* 7: 31), New Jersey Department of Environmental Protection, June 1987 (rev. April 16, 2007).

Occupational Safety and Health Administration (OSHA) 29 CFR § 1910.119, *Process Safety Management of Highly Hazardous Chemicals*, *Explosives and Blasting Agents*; *Final Rule*, Washington, DC, February 24, 1992.

Occupational Safety and Health Administration (OSHA) Publication 3133, *Process Safety Management Guidelines for Compliance*, Washington, DC, 1993.

Occupational Safety and Health Administration (OSHA) Instruction CPL 02-02-045 CH-1, *PSM Compliance Directive*, Washington, DC, September 13, 1994.

Occupational Safety and Health Administration (OSHA) Instruction CPL 03-00-004, *Petroleum Refinery Process Safety Management National Emphasis Program*, June 7, 2007 (OSHA, 2007a).

Occupational Safety and Health Administration (OSHA) Directive 09-06 (CPL 02), *PSM Chemical Covered Facilities National Emphasis Program*, July 27, 2009 (OSHA, 2009a).

14 承包商管理

“承包商管理”要素在 OSHA 过程安全管理标准《高危化学品过程安全管理》、EPA《风险管理计划》以及许多美国州立过程安全管理标准和自愿性共识过程安全管理标准中还被称为“承包商安全”。“承包商管理”是化工过程安全中心(CCPS)《基于风险的过程安全》(RBPS)事故预防原则之一“管理风险”中的一个要素。

14.1 概述

如果对承包商管理不当，会极大增加设施维护和运行的相关风险，由于承包商通常参与较危险工作，如施工或专业维修，因此应格外重视工厂中的承包商管理。约翰·格雷(John Gray)研究所对 1989 年 10 月位于得克萨斯州帕萨迪纳市雪佛龙菲利普斯化工有限公司发生的事故调查后，建议 OSHA 将“承包商安全”这一要素纳入 OSHA 过程安全管理标准《高危化学品过程安全管理》(JGI，1991)草案。“承包商管理”要素中，通常涵盖施工、维护、改造、大检修或专业作业(如清理储罐)的承包商。但在本章中，承包商管理理念适用于在过程安全管理标准涵盖工艺设施内部或附近开展工作的任何承包商。实施承包商管理程序时，应首先对工作时可能会对过程安全造成影响的承包商进行筛选。公司应从安全角度制定相关标准选择合格承包商，以确保只有高度重视安全工作、具有自身安全与健康体系和安全业绩良好的承包商才能在工厂中工作。

从过程安全角度对承包商进行有效管理，应做好以下工作：

- 明确雇主公司工作/职责；
- 明确承包商工作/职责。

管理运行良好的承包商安全程序能确保雇主公司和承包商明确并有效地进行各自的工作与履行职责。按照 OSHA 过程安全管理标准《高危化学品过程安全管理》和 EPA《风险管理计划》中的规定，公司应定期对承包商自身安全和过程安全职责的履行情况进行评估。尽管雇用承包商前通常要求承包商满足较高的安全标准，但按照这些标准检查承包商工作绩效同样重要，这样才能确保承包商真正做到履行其安全职责(如安全培训)，而非仅遵守雇主提出的要求。可由雇主或第三方机构进行承包商受雇前和受雇期间的安全绩效评估。

许多情况下，公司应自己承担某些职责(如根据工厂具体情况，就工厂总体危险情况、安全规定、应急响应措施等开展培训工作)，而非仅仅依赖于承包商。某些情况下，还应指定第三方机构提供这类服务，如培训对承包商安全体系进行评估以及提供安全绩效报告等。当通过第三方机构代表公司开展上述工作时，可以大大提高公司的效率。第三方机构通常通过互联网将有关信息提供给成员公司。通过第三方机构提供上述评估和/或培训服务并不是强制性要求。

“承包商管理”要素与过程安全管理标准中其他要素密切相关。主要相关要素包括：

- “操作程序”(见第11章)——如果承包商人员承担操作任务，则要求承包商人员按照操作程序进行工艺操作。
- “安全操作规范”(见第12章)——对于OSHA过程安全管理标准《高危化学品过程安全管理》涵盖的承包商，在工厂中开展所有工作时均应遵守安全作业许可证制度。有时这些承包商还参与安全作业许可证的编制和审批工作。
- “资产完整性和可靠性”(见第13章)——许多工厂中，承包商负责大部分预防性和纠正性维护工作。另外，承包商还在工程项目设计和安装阶段发挥重要作用。
- “培训和绩效保证”(见第15章)——承包商应接受与其工作有关的培训。某些培训由承包商负责开展，某些培训由雇主公司负责开展。
- “变更管理”(MOC)(见第16章)——如果承包商的工作受到变更的影响，应将变更告知承包商，并就这些变更程序对承包商进行培训。
- “开车准备”(见第17章)——承包商通常参与项目开车前安全审查或设备/设施变更工作。
- “应急管理”(见第19章)——承包商有时承担应急响应任务，因此，他们应按照应急响应预案中有关规定接受培训。
- “事件调查”(见第20章)——如果承包商与事件有关，还应参与事件调查。

在第14.2节和第14.3节中，对合规性审核准则、相关审核准则和审核员使用这些准则的要求进行了介绍。对合规性审核准则和相关审核标准的详细介绍，见第1章(第1.7节)。这些章节中介绍的准则和指南不能完全涵盖过程安全管理体系的所有内容，它们仅代表的是化工/加工行业过程安全管理审核员的集体经验和基于经验形成的一致性观点。合规性审核准则来自于美国过程安全管理法规，而这些法规全部是基于绩效的法规。基于绩效的法规以目标为导向，可能会有多种途径满足法规中的要求。因此，对于本章审查表中列出的问题，尤其是审查表“审核员指南”栏中列出的检查方法，可能有其他方法进行检查。

本书中介绍的相关审核准则，并不意味实施过程安全管理计划时必须遵守这些准则，也不意味如果没有遵守这些准则，体系的实施就会出现问题。同合规性审核准则一样，对工厂或公司而言，可能有更合适的审核方法。另外，按照相关审核准则对体系实施情况审核完全是自愿性的。采用相关审核准则时，应谨慎计划，防止形成不期望的过程安全管理绩效标准。采用相关审核准则之前，工厂与其母公司之间应达成一致意见。最后，相关审核准则和审核员指南不是对监管机构发出的书面或口头澄清、因违反过程安全管理法规由监管机构发出的违规传票、监管机构发布的其他对过程安全管理指南的认同，也不是对某一公司实施过程安全管理体系过程中形成的成功经验或常用过程安全管理做法的认可。

14.2 审核准则和审核员指南

下文对OSHA过程安全管理标准《高危化学品过程安全管理》、EPA《风险管理计划》、多个美国州立过程安全管理标准和其他自愿性共识过程安全管理标准中“承包商管理”要素的详细要求进行了介绍。

审核员根据本章提供的指南，通过开展以下工作对下文介绍的审核准则进行审查：

• 与工厂中负责管理承包商评估、安排、培训和审核工作的人员进行面谈。这取决于被审核公司或工厂的组织结构，这些人员可以是维护部门、环境、健康与安全(EHS)部门、采购部门或其他部门人员。如果工厂委托第三方机构完成上述工作，则应与第三方机构代表进行面谈。

• 审查与承包商培训及伤害和疾病相关的文件，通常由安全经理负责记录和维护。

• 审查潜在承包商安全业绩评估结果和采购程序。

• 与承包商面谈，核实承包商是否接受了关于在工厂中可能面临的危险、应急响应计划以及承担的应急响应工作、工厂安全制度和工作制度，包括安全作业许可制度等相关培训。在工厂中，通常涉及两类承包商：从事与工厂人员相同的工作，与工厂人员保持密切工作关系的驻场承包商、偶尔在工厂中工作的非驻场承包商(如装置停车或一次性工作)。过程安全管理审核时，应按照相同要求审查驻场承包商和非驻场承包商。

• 观察承包商培训(现场培训或由第三方机构组织的培训)。

• 实地检查现场工作的承包商，核实承包商是否遵守工厂安全规定(如正确使用个体防护装备(PPE)、人员进入工厂控制和其他安全操作规范)。

另外，审核员还应审核公司/工厂程序中的“承包商管理”要求。如第1.7.1节所述，监管机构将这些要求认定为合规性要求，如果不遵守，公司或工厂会因违反法规收到OSHA发出的违规传票。审核员通过与相关人员面谈、审查有关记录和文件和现场检查等方式，核实承包商管理程序中有关要求是否实施。如果审核时发现没有遵守具体规定，应将发现的问题写入审核报告。

对于下文表中用于指明审核准则出处的缩写词定义，见“第3-24章指南”部分。

14.2.1 合规性要求

审核准则应供以下公司/工厂使用：

• OSHA过程安全管理标准《高危化学品过程安全管理》或EPA《风险管理计划》所涵盖的美国本土公司/工厂；

• 自愿采用OSHA过程安全管理标准《高危化学品过程安全管理》的公司/工厂；

• 在美国本土以外采用了OSHA过程安全管理标准《高危化学品过程安全管理》中规定的要求的公司/工厂。

表14.1列出了在OSHA过程安全管理标准《高危化学品过程安全管理》和EPA《风险管理计划》中与“承包商安全职责”有关的审核准则和审核员指南。

表14.1 在OSHA过程安全管理标准《高危化学品过程安全管理》和EPA《风险管理计划》中与“承包商安全职责”有关的审核准则和审核员指南

审核准则	审核准则出处	审核员指南
审核准则14-C-1：按照过程安全管理标准编制的承包商管理程序适用于工艺设施内部或附近开展以下工作的承包商： • 维护或维修； • 大检修； • 重大改造； • 专业作业	美国职业安全与健康管理局(OSHA)《高危化学品过程安全管理》(29 CFR §1910.119)(h)(1) 美国国家环境保护局(EPA)《风险管理计划》中“承包商”部分(68.87)	为审核员提供的基本信息： • 尽管各类承包商在多处承担不同工作，但是一般将在标准涵盖工艺设施内部或附近开展工作的承包商纳入承包商管理程序。也就是说，这些承包商作业的工艺单元或设备非常靠近含有高危化学品的工艺设施，以至于他们的工作会对工艺过程产生影响。因此，可将施工、拆除和设备安装工作的承包商纳入承包商管理程序，即使其工作没有直接涉及过程安全管理标准中涵盖的工艺过程。由工厂不同部门(如工程设计部门、项目管理部门、采购部门、维护部门)雇佣的承包商，均应遵守相同的要求。

续表

审核准则	审核准则出处	审核员指南
		• 如果承包商的工作与过程安全有关，但并不与设备或设施有关，可不将此类承包商纳入承包商管理程序。此类承包商包括工程设计和过程安全顾问等，即使他们被授权在无人陪同的情况下进入工厂。 • 如果承包商负责提供零散物资或服务，如警卫、绿化、办公用品、食品和饮料、洗衣、送货或其他供应服务，无需将此类承包商纳入承包商管理程序。 由审核员开展的工作： • 审核员应检查核实承包商安全程序中，至少包括在 OSHA《高危化学品过程安全管理》中覆盖的工艺设施内部或附近开展工作的承包商或分包商。 • 审核员应与过程安全管理经理/协调员和承包商监管人员(如采购、维护和工程设计)面谈，审查有关记录，核实是否按照要求明确需将哪些承包商纳入管理程序
审核准则 14-C-2：选择承包商时，雇主应获取与承包商安全业绩和体系有关的信息并对其进行评估	美国职业安全与健康管理局(OSHA)《高危化学品过程安全管理》(29 CFR §1910.119)[(h)(2)(i)] 美国国家环境保护局(EPA)《风险管理计划》中“承包商”部分(68.87)	为审核员提供的基本信息： • 审核员可能发现，在美国化工/加工非常密集的某些地区，通常由第三方评估机构(如由行业倡议成立的承包商联合体或承包商评估机构)定期获取与承包商安全业绩和安全体系有关的信息，并对其进行评估，然后，由第三方评估机构提供评估报告。因此其成员公司无需开展上述工作，也无需保存和维护有关记录。当某地区有第三方评估机构时，通过第三方机构开展上述工作并不是强制性要求。 • 作为最低要求，收集的信息应确保工厂能够评估潜在承包商的安全业绩和安全体系。最常用的两个安全绩效测量指标是：OSHA 总事故率(TIR)和经验修正率(EMR)，由承包商投保的保险公司计算，用于确定承包商赔偿保险费率。可以将绩效指标与基于工作性质确定的平均安全绩效指标进行比较，根据同等衡量标准和/或由雇主公司制定的标准确定相对安全绩效。 由审核员开展的工作： • 审核员应要求公司/工厂提交一份过程安全管理体系涵盖的承包商名单，核实是否已将其纳入承包商管理体系。 • 审核员应审查公司制定的程序和策略，以确定谁负责对承包商安全绩效和安全体系评估，如何进行评估(采用何种验收标准等)。如果由第三方评估机构代表被审核工厂对承包商安全绩效和安全体系评估，审核员应去第三方评估机构办公室，与相关人员面谈，核实评估机构是否按照工厂要求对承包商评估，是否存在影响第三方评估机构做出公正评估的利益冲突。 • 审核员应审查承包商记录，核实工厂在雇用承包商前已获取了承包商有关信息，并进行了评估。如果由第三方评估机构代表公司评估承包商安全绩效和安全体系，应审查第三方评估机构记录。 • 审核员应审查各类承包商的评估结果，包括偶尔在工厂中工作的承包商(如专业作业承包商或大检修承包商)，核实这些承包商是否满足要求

续表

审核准则	审核准则出处	审核员指南
审核准则 14-C-3：雇主应告知与承包商工作与工艺过程有关的潜在火灾、爆炸或有毒物料泄漏危险	美国职业安全与健康管理局(OSHA)《高危化学品过程安全管理》(29 CFR §1910.119)[(h)(2)(ii)] RMP 68.87 美国国家环境保护局(EPA)《风险管理计划》中"承包商"部分(68.87)	为审核员提供的基本信息： • 可以通过面对面通报会、视频会议、计算机辅助培训(CBT)或其他方法就工厂存在的危险对承包商培训。 • 审核员可能会发现，美国化工/加工厂非常密集的某些地区，通常由第三方培训机构负责按照由工厂提供的材料，就常见危险和工厂具体危险对承包商进行培训。第三方培训机构完成培训后对承包商颁发证书，证明他们已顺利通过培训。因此，其成员公司无需开展上述工作，也无需保存和维护记录。当某一地区有第三方培训机构时，通过培训机构对承包商进行培训不是强制性要求。 • 有些公司通过安全管理程序(如人员进入工厂控制程序、作业许可证等)提供与承包商工作有关的潜在危险方面的详细信息。 由审核员开展的工作： • 审核员应审查工厂和工艺培训材料，核实培训材料内容是否全面清晰，并及时更新。如果由第三方培训机构代表公司开展培训工作，还应审查第三方培训机构提供的培训材料。 • 审核员应审查人员培训记录(OSHA 过程安全管理标准《高危化学品过程安全管理》所覆盖的承包商)，并选择部分承包商面谈，核实已按照要求对承包商进行培训。 • 审核员应与承包商进行面谈，核实他们在工作前已收到与工厂潜在危险有关的信息和资料。 • 如果可能，审核员应与现场工作的承包商面谈，核实他们是否熟悉工艺潜在危险
审核准则 14-C-4：雇主应向承包商介绍应急响应计划中的有关规定	美国职业安全与健康管理局(OSHA)《高危化学品过程安全管理》(29 CFR §1910.119)[(h)(2)(iii)] 美国国家环境保护局(EPA)《风险管理计划》中"承包商"部分(68.87)	为审核员提供的基本信息： • 可通过面对面通报会、视频会议、计算机辅助培训(CBT)或其他方法就应急响应计划对承包商进行培训。 • 审核员可能会发现，在美国化工/加工厂非常密集的某些地区，通常由第三方培训机构负责按照工厂提供的材料，就具体应急响计划对承包商进行培训。 由审核员开展的工作： • 审核员应与承包商面谈，核实他们开始工作前收到了与应急响应计划有关的文件。 • 如果可能，审核员应与现场的承包商面谈，核实他们是否了解所在工作区域的应急响应计划中规定的要求(需要撤离时如何发出疏散通知、应撤离到哪个地点、撤离路线等)
审核准则 14-C-5：雇主应编写并实施安全操作规范，对承包商人员进出工艺单元或在工艺单元中停留进行控制	美国职业安全与健康管理局(OSHA)《高危化学品过程安全管理》(29 CFR §1910.119)[(h)(2)(iv)] 美国国家环境保护局(EPA)《风险管理计划》中"承包商"部分(68.87)	为审核员提供的基本信息： • 应采用登记、电子门禁卡或其他方法对承包商进出工艺单元进行控制。 由审核员开展的工作： • 审核员应实地检查，核实公司是否按照书面安全操作规范对承包商进出工艺区域进行控制。 • 审核员应核实在工艺区域工作的承包商进出工艺区域时是否按照要求签字

续表

审核准则	审核准则出处	审核员指南
审核准则 14-C-6：雇主应按照 OSHA 过程安全管理标准《高危化学品过程安全管理》“承包商管理”要素中规定的要求定期对承包商职责履行情况进行评估(见表 14.2)	美国职业安全与健康管理局(OSHA)《高危化学品过程安全管理》(29 CFR §1910.119)[(h)(2)(v)] 美国国家环境保护局(EPA)《风险管理计划》中“承包商”部分(68.87)	为审核员提供的基本信息： • 雇主应定期对承包商进行评估，核实承包商是否履行了 OSHA 过程安全管理标准《高危化学品过程安全管理》和 EPA《风险管理计划》中规定的职责，包括技能培训、安全操作规范、工厂中面临的危险、应急响应、培训记录和遵守所有安全规定等，同时，应核实承包商是否将其在工作时，会导致或面临的危险告知了雇主。 由审核员开展的工作： • 审核员应对公司制定的程序和策略进行审查，核实由谁、多长时间以及如何对承包商职责履行情况进行评估(审查哪些内容以及如何审查)。审核员应核实雇主是否认真考虑了 OSHA 过程安全管理标准《高危化学品过程安全管理》第(h)(3)节中规定的承包商所有职责要求。 • 审核员应审查评估报告，核实已按照要求对承包商进行了评估
审核准则 14-C-7：雇主应保存工艺区域工作的承包商人员伤害和疾病记录	美国职业安全与健康管理局(OSHA)《高危化学品过程安全管理》(29 CFR §1910.119)[(h)(2)(vi)] 美国国家环境保护局(EPA)《风险管理计划》中“承包商”部分(68.87)	为审核员提供的基本信息： • 雇主应保存工艺区域工作的承包商人员伤害和疾病记录，或从承包商处获取该类记录。 • 承包商人员伤害和疾病记录表格格式可以采用 OSHA 300 记录表格或使用由公司提供的记录表格。 由审核员开展的工作： • 审核员应审查承包商人员伤害和疾病记录，核实已按照要求填写并维护记录

表 14.2 列出了在 OSHA 过程安全管理标准《高危化学品过程安全管理》和 EPA《风险管理计划》中与“承包商职责”有关的审核准则和审核员指南。应该注意的是，除非承包商在现场设置了办公室，或者承包商办公室距离公司较近，可以方便地对承包商办公室进行审查，否则，不采用这些准则对承包商进行审查。

表 14.2 在 OSHA 过程安全管理标准《高危化学品过程安全管理》和 EPA《风险管理计划》中与“承包商职责”有关的审核准则和审核员指南

审核准则	审核准则出处	审核员指南
审核准则 14-C-8：承包商应确保已就安全开展工作所必须遵守的工作要求对其员工进行培训	美国职业安全与健康管理局(OSHA)《高危化学品过程安全管理》(29 CFR §1910.119)[(h)(3)(i)] 美国国家环境保护局(EPA)《风险管理计划》中“承包商”部分(68.87)	为审核员提供的基本信息： • 承包商应就其员工在工作时需具备的工作技能对其进行培训。 由审核员开展的工作： • 审核员应审查承包商培训计划，核实承包商已按照工厂要求对其员工进行了培训，使员工获得了必要的技能。 • 审核员应审查承包商培训计划中规定的人员技能，核实已按照要求，对现场开展工作的承包商进行了培训。 • 审核员应与承包商进行面谈，核实对承包商进行了技能培训，确保承包商以安全方式开展工作

续表

审核准则	审核准则出处	审核员指南
审核准则 14-C-9：承包商应确保已就与员工工作及涉及工艺过程相关的已知潜在火灾、爆炸或有毒物料泄漏危险及应急响应计划中的有关规定对员工进行了培训	美国职业安全与健康管理局（OSHA）《高危化学品过程安全管理》（29 CFR §1910.119）[（h）（3）（ii）] RMP 68.87 美国国家环境保护局（EPA）《风险管理计划》中“承包商”部分（68.87）	由审核员开展的工作： • 审核员应与承包商进行面谈，核实承包商已制定了培训计划，就与员工工作和涉及工艺相关的已知潜在火灾、爆炸或有毒物料泄漏危险及应急响应计划中的有关规定对员工进行了培训。 • 审核员应审查承包商或第三方承包商管理机构文件，核实已对承包商人员进行了有关培训。 • 审核员应与承包商面谈，核实已就与承包商工作和工艺有关的已知潜在火灾、爆炸或有毒物料泄漏危险及作业场所应急响应计划中的有关规定对承包商进行了培训。 • 如果可能，审核员应与在现场工作的承包商面谈，核实他们是否熟悉工艺潜在危险及作业场所应急响应计划
审核准则 14-C-10：承包商应证明其员工均接受并通过了在 OSHA 过程安全管理标准《高危化学品过程安全管理》“承包商管理”要素中规定的培训。承包商应做好培训记录，包括员工姓名、培训日期及检查员工是否完全掌握了培训内容所采用的方法	美国职业安全与健康管理局（OSHA）《高危化学品过程安全管理》（29 CFR §1910.119）[（h）（3）（iii）] 美国国家环境保护局（EPA）《风险管理计划》中“承包商”部分（68.87）	由审核员开展的工作： • 审核员应审查承包商或第三方承包商管理机构文件，核实已对承包商进行了培训并做记录，同时确保已采用合适方法检查承包商是否完全掌握了培训内容（如通过书面考核、能力展示等方法）
审核准则 14-C-11：承包商应确保员工遵守工厂安全规定，包括在 OSHA 过程安全管理标准《高危化学品过程安全管理》中规定的安全操作规范（如与上锁/挂牌、进入受限空间、打开工艺设备或管线以及控制人员进入设施的有关安全操作规范）	美国职业安全与健康管理局（OSHA）《高危化学品过程安全管理》（29 CFR §1910.119）[（h）（3）（iv）] 美国国家环境保护局（EPA）《风险管理计划》中“承包商”部分（68.87）	审核员工作： • 审核员应审查承包商检查记录/检查表，核实承包商定期评估员工现场安全绩效，同时确保采用合适标准/检查方法进行评估
审核准则 14-C-12：承包商应将其员工工作时遇到的任何特殊风险或工作时发现的任何风险告知雇主	美国职业安全与健康管理局（OSHA）《高危化学品过程安全管理》（29 CFR §1910.119）[（h）（3）（v）] 美国国家环境保护局（EPA）《风险管理计划》中“承包商”部分（68.87）	为审核员提供的基本信息： • 在许多情况下，通过一般安全作业许可证识别与所有非常规工作有关的风险，包括由承包商开展的非常规工作。这为公司和承包商提供了一种风险分析机制，包括分析减缓风险而需采取的措施。有关安全操作规范详细说明，详见第 12 章。 由审核员开展的工作： • 审核员应与相关人员面谈，核实是否已建立了一种机制，以便承包商上报工作时发现的风险。 • 审核员应审查承包商安全手册，核实已对承包商遇到的事故和未遂事件进行了正式调查，同时确保向工厂提供了事故调查报告。 • 审核员应与承包商进行面谈，核实承包商如何上报风险及风险上报机制是否有效

14.2.1.1 美国州立过程安全管理计划

当公司/工厂按照州立过程安全管理标准制定其过程安全管理体系时，应遵守州立过程安全管理标准中规定的承包商管理要求。标准中规定的要求通常会与联邦OSHA过程安全管理标准《高危化学品过程安全管理》和EPA《风险管理计划》中规定的要求存在一定程度的重叠，即使某州已获得了联邦法规授权(即该州从OSHA获得了《高危化学品过程安全管理》实施资格或从EPA获得了《风险管理计划》实施资格)，州立过程安全管理标准还有自己的具体要求。表14.3中，对以下三个州的过程安全管理法规适用性要求进行了说明：

- 新泽西州；
- 加利福尼亚州；
- 特拉华州。

表14.3列出了在美国州立过程安全管理标准中与“承包商管理”有关的审核准则和审核员指南。

表14.3 在美国州立过程安全管理标准中与“承包商管理”有关的审核准则和审核员指南

审核准则	审核准则出处	审核员指南
新泽西州立法规《毒性物品灾难预防法案》(TCPA) 审核准则14-C-13：除在OSHA过程安全管理标准《高危化学品过程安全管理》和EPA《风险管理计划》中规定的“承包商管理”要求外，新泽西州立法规《毒性物品灾难预防法案》(TCPA)未新增任何其他要求	新泽西州《毒性物品灾难预防法案》7：31-4.8	• 无其他要求
特拉华州立法规《意外泄漏预防计划》 审核准则14-C-14：除OSHA过程安全管理标准《高危化学品过程安全管理》和EPA《风险管理计划》中规定的“承包商管理”要求外，特拉华州环境、健康与安全(EHS)管理法规中未新增任何其他要求	《特拉华州立法规汇编》第77章第5.87节	• 无其他要求
加州职业安全与健康管理局(CalOSHA)法规《急性危险物料过程安全管理》 审核准则14-C-15：除在OSHA过程安全管理标准《高危化学品过程安全管理》和EPA《风险管理计划》中规定的“承包商管理”要求外，加州职业安全与健康管理局(CalOSHA)过程安全管理法规中未新增任何其他要求	《加利福尼亚州立法规汇编》第8篇第5189部分	• 无其他要求

续表

审核准则	审核准则出处	审核员指南
《加州意外泄漏预防计划》(CalARP) 审核准则 14-C-16：除在 OSHA 过程安全管理标准《高危化学品过程安全管理》和 EPA《风险管理计划》中规定的“承包商管理”要求外，《加州意外排放预防计划》(CalARP)中未新增任何其他要求	《加利福尼亚州立法规汇编》第 19 篇第 2760.12 部分	• 无其他要求

14.2.2 相关审核准则

本节中介绍的相关审核准则，为审核员对过程安全管理体系强制性要求以外的问题审查时提供了指南，这些审核准则代表了行业采用的过程安全管理的良好做法，某些情况下还代表了过程安全管理的普遍做法。由于部分审核准则已相当长时间内被广泛认可并实施，因此，这类审核准则已经达到可接受水准。审核员和过程安全管理专业人员应认真考虑如何采用和实施这些审核准则，或者至少采用一种基本类似的审核方法对过程安全管理审核。有关可接受做法的定义及其实施，见术语表和第 1.7.1 节。

表 14.4 列出了在行业过程安全管理良好做法中与“公司管理和承包商管理”有关的审核准则和审核员指南。

表 14.4 在行业过程安全管理良好做法中与“公司管理和承包商管理”有关的审核准则和审核员指南

审核准则	审核准则出处	审核员指南
审核准则 14-R-1：公司制定的承包商管理程序应适用于分包商	CPL02-02-45：美国职业安全与健康管理局(OSHA)《过程安全管理合规性指令》(CPL)	由审核员开展的工作： • 审核员应审查公司制定的承包商管理程序，核实承包商管理程序不仅适用于承包商，还要适用于分包商。如果公司要求总承包商对分包商安全业绩进行评估，并对分包商进行培训，则审核员应审查总承包商编写的管理程序和文件，核实管理程序和文件是否符合公司规定要求
审核准则 14-R-2：公司应制定书面管理程序对承包商选择以及现场作业进行管理	良好行业做法(GIP)3133 美国职业安全与健康管理局(OSHA)出版物 3133：《过程安全管理合规性指南》 美国职业安全与健康管理局(OSHA)《炼油行业过程安全管理国家重点计划》(NEP)(OSHA 指令 CPL 03-00-004)	由审核员开展的工作： • 审核员应检查确保公司已制定了承包商安全管理程序，包括以下内容： —对于过程安全管理，明确哪些物资或服务供应商作为承包商进行管理，并举例加以说明； —对承包商进行预筛选时，明确采用何种方法获取与潜在承包商人员伤害和疾病率有关的信息； —明确采用何种方法对承包商过程安全管理指标进行评估(如果有的话)； —对承包商进行预筛选时，明确采用何种方法获取潜在承包商相关资料； —对承包商进行预筛选时，确保潜在承包商应具备必要的能力、知识，并拥有必要的资格证书(如压力容器焊接)； —对承包商进行预筛选时，明确采用何种方法评估潜在承包商的工作方法和经验；

续表

审核准则	审核准则出处	审核员指南
		—对承包商进行预筛选时，明确采用何种方法评估潜在承包商的财务状况； —提供合格承包商名单； —明确承包商安全体系管理人员； —制定相关标准评估潜在承包商安全体系和安全绩效； —制定相关程序定期复核现有承包商安全绩效； —将装置/单元信息提供给承包商； —如何评估承包商现场安全绩效； —采用何种方法评估承包商是否履行了OSHA过程安全管理标准《高危化学品过程安全管理》中规定的职责； —如何对承担某些工作(如工艺操作、日常预防性维护、安全作业许可证(SWP)审批、变更管理(MOC)审批等)的承包商进行培训及如何记录培训； —对潜在承包商预筛选评估和记录潜在承包商安全业绩和安全体系复核； —当公司自行对承包商人员进行药物滥用测试，或要求对承包商人员进行药物滥用测试时，公司应明确这方面的要求
审核准则14-R-3：在承包商开始工作前，应将以下内容告知承包商： • 工厂安全操作规范； • 与承包商工作有关的其他管理规定； • 承包商向雇主有关部门上报发现危险的方法； • 记录提供给承包商的信息	良好行业做法(GIP) 美国职业安全与健康管理局(OSHA)《炼油行业过程安全管理国家重点计划》(NEP)(OSHA指令CPL 03-00-004)	为审核员提供的基本信息： • 公司或第三方承包商管理机构应提供给承包商与安全操作规范(SWP)有关的策略。还应提供与承包商在工厂中开展工作有关的重要信息。 • 承包商应确认并同意遵守公司的现场安全要求。 • 应定期(如每年)对所有承包商人员进行安全培训。为承包商提供入场电子胸牌，如果承包商没有定期接受培训，入场电子胸牌将失效，使承包商无法进入工厂，直到重新对承包商进行了培训。 由审核员开展的工作： • 审核员应与承包商人员面谈，核实已将本审核准则中列出的信息告知了承包商
审核准则14-R-4：控制承包商人员进出工艺单元(或其他装置)采用的安全操作规范(安全作业许可证)应包括以下规定： • 为承包商人员提供入场胸牌、不同工作服或不同个体防护装备(PPE)，确保工厂人员可以轻易辨认出承包商并对其监督。 • 确保承包商监管人员、操作人员、监督人员和管理人员了解承包商的非常规工作。 • 提供有关记录，指明在规定时间内哪些承包商人员曾经在或正在过程安全管理标准所涵盖的装置中工作	良好行业做法(GIP) 美国职业安全与健康管理局(OSHA)《炼油行业过程安全管理国家重点计划》(NEP)(OSHA指令CPL 03-00-004)	为审核员提供的基本信息： 工厂人员(尤其是操作人员)应准确了解其职责范围内承包商正在开展的工作。因此，通常要求有关人员(特别是操作人员)在其单元内工作的承包商的安全作业许可证上签字。 • 除采用安全作业许可证外，许多工厂还定期召开(如每天、每周或每月)由工程设计、项目管理、维护和运行监督人员参加承包商工作通报会/会议，以确保这些人员及时了解工厂的最新状况。 • 公司应将关闭的安全作业许可证保存足够时间，以便审核员依此核实操作人员能否通过安全作业许可证了解承包商开展的工作。 由审核员开展的工作： • 审核员应审查有关记录，核实这些记录中是否包括承包商工作通报会会议纪要。 • 审核员应按照合格承包商名单对承包商进出工厂记录进行审查，核实所有承包商均遵守进出工厂管理程序中规定的要求

续表

审核准则	审核准则出处	审核员指南
审核准则 14-R-5：应制定一套标准以定期检查和评估承包商能否履行规定的职责和雇主公司提出的任何要求	良好行业做法(GIP) 美国职业安全与健康管理局(OSHA)《炼油行业过程安全管理国家重点计划》(NEP)(OSHA 指令 CPL 03-00-004)	由审核员开展的工作： • 审核员应审查承包商管理程序，核实公司始终按照相同准则(评估周期、评估内容等)对承包商过程安全管理绩效进行评估，并做好记录。 • 审核员应审查有关文件并面谈相关人员，核实是否对承包商现场安全绩效进行了评估。 • 审核员应审查承包商管理程序记录，以核实并确认已将对承包商现场安全绩效的评估进行了记录。 • 审核员应审查有关文件并面谈相关人员进行面谈，已将承包商遵守雇主提出其他要求的情况纳入承包商现场安全绩效评估
审核准则 14-R-6：承包商人员从事与雇主公司人员相同/类似工作时，公司应通过定期评估，以确保承包商对其人员提供了与公司人员接受的相等同的培训： • 工艺操作； • 日常预防性维护工作； • 与变更管理(MOC)程序有关的工作； • 与安全作业许可程序有关的工作； • 利用工艺知识开展的专项工作	OSHA 指令 CPL02-02-45：美国职业安全与健康管理局(OSHA)《过程安全管理合规性指令》	为审核员提供的基本信息： • 对于本审核准则，变更管理(MOC)程序和安全作业许可程序中"从事某项工作"是指承包商有权指定其人员从事某项工作，而非仅要求承包商遵守程序中规定的要求。 • 由于承包商与雇主存在雇用关系，许多工厂可能没有规定承包商应接受同等培训、参加安全会议和参与过程安全管理标准涵盖的其他工作。 由审核员开展的工作： • 审核员应审查承包商管理程序/策略，核实公司如何评估培训等效性。 • 审核员应审查承包商管理程序记录，核实已采用某种方式评估培训等效性，并做记录
审核准则 14-R-7：如果公司发现承包商安全绩效方面存在不足，应采取措施纠正不足	良好行业做法(GIP)	为审核员提供的基本信息： • 可以通过公司管理人员和承包商管理人员之间定期召开日常会议，审查承包商安全绩效(包括承包商是否遵守公司的安全要求、是否发生了安全事故和不安全行为)，并采取必要纠正/预防措施。另外，通过定期召开此类会议还可以检查公司安全体系是否存在不足。 • 另外，还可以制定承包商奖惩制度，奖励实现安全绩效目标和提高了安全绩效的人员。 由审核员开展的工作： • 审核员应与工厂中承包商监管人员(如采购、维护和工程设计)面谈，核实承包商安全绩效存在不足时，已向承包商提出合理建议。当发现同一承包商再次出现相同问题时，应将该承包商从工厂解聘并禁止其从事任何工作。 • 审核员应审查承包商管理程序记录，尤其是合格承包商名单(如果已提供的话)，核实何时将该承包商和/或承包商人员从工厂中解聘

表 14.5 列出了在行业过程安全管理良好做法中与"承包商管理"有关的建议中采用的审核准则和审核员指南。应该注意的是，除非承包商在现场设置了办公室，或者办公室距离公司较近，可以方便地对承包商办公室进行考察，否则，不采用这些准则对承包商审查。

表 14.5 在行业过程安全管理良好做法中与“承包商管理”有关的审核准则和审核员指南

审核准则	审核准则出处	审核员指南
审核准则 14-R-8：承包商应制定书面安全体系	良好行业做法(GIP)	为审核员提供的基本信息： • 公司/工厂应收集与承包商安全体系有关的资料，筛选承包商(或用于定期评估承包商安全绩效)时，承包商应将其安全手册提交给公司/工厂。 由审核员开展的工作： • 审核员应检查并核实承包商是否将安全手册或同等文件提交给了公司/工厂
审核准则 14-R-9：除在OSHA过程安全管理标准《高危化学品过程安全管理》第(h)(3)节中规定的培训外，必要时承包商应对其员工开展其他培训，确保员工能够在化工/加工行业工厂中安全工作	良好行业做法(GIP)	审核员需了解的基本信息： • 这类培训应涵盖与承包商提供服务有关的变更管理(MOC)、安全操作规范和与过程安全管理有关的程序。 由审核员开展的工作： • 审核员应检查核实承包商就与过程安全管理有关的内容(如变更管理(MOC)程序和安全作业许可(SWP)程序)对其员工进行了培训
审核准则 14-R-10：承包商应确保员工遵守雇主制定的安全规定，包括安全操作规范	良好行业做法(GIP)	为审核员提供的基本信息： • 承包商监督或检查人员应定期检查员工，确保承包商遵守雇主制定的安全规定。 由审核员开展的工作： • 审核员应检查承包商记录，核实是否对检查进行记录

14.2.3 自愿性共识过程安全管理标准

下文对以下自愿性共识过程安全管理标准中“承包商管理”要求进行了介绍：

• 由 API 编写且由美国内政部矿产资源管理局(MMS)批准的《安全和环境管理计划》(SEMP)中关于海上石油平台领域“承包商管理”要求；

• 国化学理事会(ACC)发布的《责任关怀管理体系®》(RCMS)中“承包商管理”要求；

• 美国化学理事会(ACC)发布的 RC14001《环境、健康、安全与安保管理体系》中“承包商管理”要求。

表 14.6 列出了自愿性共识过程安全管理标准中与“承包商管理”有关的审核准则和审核员指南。

表 14.6 自愿性共识过程安全管理标准中与“承包商管理”有关的审核准则和审核员指南

审核准则	审核准则出处	审核员指南
SEMP 美国内政部矿产资源管理局《安全和环境管理计划》(SEMP) 审核准则 14-R-11：公司/工厂制定的管理计划中，应明确对承包商进行筛选、安全业绩评估方面的要求	美国石油学会(API)推荐做法 75：《安全和环境管理计划》(API RP 75)，6.1，6.4	由审核员开展的工作： • 审核员应检查确保公司/工厂编写了书面程序对承包商进行筛选和安全业绩进行评估。 • 审核员应检查确保公司/工厂编写了书面指南，明确需收集的与承包商策略、做法和安全绩效有关的信息
审核准则 14-R-12：按照《安全和环境管理计划》，公司和承包商应就在工厂中实施何种安全和环境管理策略达成一致	美国石油学会(API)推荐做法 75：《安全和环境管理计划》(API RP 75)，6.1	由审核员开展的工作： • 审核员应检查并确保公司/工厂编写了书面指南，要求公司和承包商就实施何种安全和环境管理策略达成一致。 • 审核员应检查核实公司和承包商是否就工厂中实施何种安全和环境管理策略(书面文件、采购订单/合同、承包商声明等)达成了一致意见

续表

审核准则	审核准则出处	审核员指南
审核准则 14-R-13：应要求承包商提交其分包计划，并对分包计划进行评估	美国石油学会(API)推荐做法 75：《安全和环境管理计划》(API RP 75)，6.4	由审核员开展的工作： • 审核员应检查确保公司/工厂编写了有关书面指南，用于审查承包商的分包计划。 • 审核员应确保承包商相关文件(如采购订单/合同)中规定了如何审查分包商
审核准则 14-R-14：公司管理层应设立一套系统确保承包商采用的策略和做法与组织管理体系保持一致	美国石油学会(API)推荐做法 75：《安全和环境管理计划》(API RP 75)，1.1，1.2.2.b，1.1，1.2.2.b	由审核员开展的工作： • 审核员应审查公司程序，核实在其承包商管理系统中是否对承包商筛选、是否对承包商环境绩效审查提出了要求。 • 审核员应审查公司程序，核实公司是否设立了评估系统审查承包商安全和环境管理策略和做法。 • 审核员应与承包商人员面谈，核实他们是否了解安全和环境管理策略

审核准则	审核准则出处	审核员指南
美国化学理事会(ACC)《责任关怀管理体系®》(RCMS) 审核准则 14-R-15：公司应基于潜在风险对承运商、供货商、分销商、客户、承包商和第三方的责任关怀®绩效计划审查，并依据审查结果对其进行资格认定	美国化学理事会(ACC)《责任关怀管理体系®技术规范》要素 4.5	由审核员开展的工作： • 应通过调查和跟踪系统来开展绩效和资格审查。 • 应设立系统，用于：(1)商业合作伙伴资格审查并进行筛选；(2)与商业合作伙伴分享风险信息；(3)对商业合作伙伴工作绩效跟踪提供反馈信息，以提高绩效。 • 公司可加入行业联合体，由行业联合体代表公司对潜在商业合作伙伴资格预审。进行资格预审时，应重点考虑环境、健康与安全(EH&S)方面的要求。只要有助于实现责任关怀管理体系®(RCMS)中规定的目的和目标，鼓励开展这些工作。 • 核实公司为每类商业合作伙伴制定了资格审查制度，并规定将责任关怀®绩效列为商业合作伙伴资格审查和选择程序的主要要求。 • 核实公司定期审查商业合作伙伴绩效，并与商业合作伙伴共享审查结果。 • 如果可能，与商业合作伙伴人员面谈，核实他们是否了解公司的资格审查和绩效跟踪系统

审核准则	审核准则出处	审核员指南
RC14001 美国化学理事会(ACC) RC14001《环境、健康、安全与安保管理体系》 审核准则 14-R-16：公司应设立并维护好系统，用于： • 与公司产品和工艺有关的潜在风险和危险向承运商、分销商、客户、承包商和第三方提供商提供有关指南、信息和培训，并接收由供货商提供的与其所提供产品和服务有关的潜在风险和信息。 • 应基于潜在风险，明确环境、健康、安全与安保管理绩效要求，对供货商、承运商、分销商、承包商和第三方提供商进行资格审查	美国化学理事会(ACC)《环境、健康、安全与安保管理体系技术规范》RC151.03 4.4.6	• 无其他要求

续表

审核准则	审核准则出处	审核员指南
审核准则 14-R-17：应审查承运商、供货商、分销商、客户、承包商和第三方提供商的环境、健康、安全与安保管理绩效	美国化学理事会(ACC)《环境、健康、安全与安保管理体系技术规范》RC151.03 4.5.2	• 无其他要求

14.3 审核方案

附录 A 过程安全管理审核方案，就如何按照审核准则对第 14.2 节中的内容进行审查提供了详细指南(有关如何在线获取附录 A 中资料，见第Ⅷ页)。

参 考 文 献

American Chemistry Council, *RCMS® Technical Specification*, RC101.02, March 9, 2005.

American Chemistry Council, *RCMS® Technical Specification Implementation Guidance and Interpretations*, RC 101.02, January 25, 2004.

American Chemistry Council, *RCMS® Technical Specification Implementation Guidance and Interpretations Appendices*, RC 101.02, January 25, 2004.

California, California Code of Regulations, Title 8, Section 5189, CalOSHA, November 1985.

Center for Chemical Process Safety (CCPS), *Guidelines for Risk Based Process Safety*, American Institute of Chemical Engineers, New York, 2007 (CCPS, 2007c).

Delaware, *Accidental Release Prevention Regulation*, Delaware Department of Natural Resources and Environmental Control/Division of Air and Waste Management, September 1989 (rev. January 1999).

Department of the Interior, Minerals Management Service, *Safety and Environmental Management Program (SEMP)*, 1990.

Environmental Protection Agency (USEPA), 40 CFR § 68, *Accidental Release Prevention Requirements: Risk Management Programs Under Clean Air Act Section* 112(*r*)(7); Final Rule, June 21, 1996.

John Gray Institute (JGI), *Managing Workplace Safety and Health: The Case of Contract Labor in the U.S. Petrochemical Industry*, July 1991.

New Jersey, *Toxic Catastrophe Prevention Act* (*N.J.A.C.* 7: 31), New Jersey Department of Environmental Protection, June 1987 (rev. April 16, 2007).

Occupational Safety and Health Administration (OSHA) 29 CFR § 1910.119, *Process Safety Management of Highly Hazardous Chemicals, Explosives and Blasting Agents; Final Rule*, Washington, DC, February 24, 1992.

Occupational Safety and Health Administration (OSHA) Publication 3133, *Process Safety Management Guidelines for Compliance*, Washington, DC, 1993.

Occupational Safety and Health Administration (OSHA) Instruction CPL 02-02-045 CH-1, *PSM Compliance Directive*, Washington, DC, September 13, 1994.

Occupational Safety and Health Administration (OSHA) Instruction CPL 03-00-004, *Petroleum Refinery Process Safety Management National Emphasis Program*, June 7, 2007 (OSHA, 2007a).

Occupational Safety and Health Administration (OSHA) Directive 09-06 (CPL 02), *PSM Chemical Covered Facilities National Emphasis Program*, July 27, 2009 (OSHA, 2009a).

15 培训和绩效保证

"培训和绩效保证"要素在OSHA过程安全管理标准《高危化学品过程安全管理》和EPA《风险管理计划》中被称为"培训"。许多美国州立过程安全管理标准中，本要素也被称为"培训"。在自愿性共识过程安全管理标准中，本要素通常被称为"培训"。"培训和绩效保证"是化工过程安全中心(CCPS)《基于风险的过程安全》(RBPS)事故预防原则之一"管理风险"中的一个要素。

15.1 概述

始终保持较高的人员绩效水平是过程安全管理标准的关键因素。如果工厂没有制定合理的培训和绩效保证计划，就无法保证按照已批准的程序和做法完成各项工作。培训是指如何开展工作、遵守何种工作要求及采用何种方法对人员训练。可以采用课堂培训、计算机辅助培训(CBT)和/或现场实际动手操作等方式对人员培训。培训的目的是使人员满足最低绩效标准要求并确保其工作能力。绩效保证是指经过培训的人员完全掌握培训内容，能够在实际工作中按照培训要求开展工作的手段。绩效保证是一个持续过程，以确保人员始终满足绩效标准要求，同时还明确需要在哪些方面进行进一步培训。

在本章中列出的合规性审核准则和相关审核准则，培训计划不仅提出了培训要求并按照要求完成各项培训，而且还包括本要素中与"绩效保证"有关的要求，即操作人员经培训后能够胜任其工作岗位并通过资格考核。

"培训和绩效保证"要素与过程安全管理标准中其他要素密切相关。过程安全管理标准所有要素中，均包括培训要求或需求。主要相关要素包括：

- "危害识别和风险分析(HIRA)"(见第10章)——应将危害识别和风险分析结果传达给工作时会受到影响的人员。
- "操作程序"(见第11章)——操作人员应就标准操作程序(SOP)接受全面培训。
- "资产完整性和可靠性"(见第13章)——维护人员应就纠正性和预防性维护程序接受全面培训。另外，还需要提供多种专门培训以使相关人员具备专业技能，如焊接、压力容器、储罐和管道检查、无损探伤和振动监控等，为资产完整性(AI)提供支持。
- "变更管理(MOC)"(见第16章)——当某些工作受到变更影响时，应在开车前对相关人员进行培训。
- "开车准备"(见第17章)——开车准备审查要求在开车前就完成人员培训。
- "应急管理"(见第19章)——就应急行动方案和《危险废物经营和应急响应标准》(HAZWOPER)中规定的各项要求对人员进行培训，为实施应急响应计划提供支持。

• “事件调查”(第20章)——应就如何汲取事件经验教训对人员进行培训。

在第15.2节和第15.3节中，对合规性审核准则、相关审核准则和审核员使用这些准则的要求进行了介绍。对合规性审核准则和相关审核标准的详细介绍，见第1章(第1.7节)。这些章节中介绍的准则和指南不能完全涵盖过程安全管理标准的范围、设计、实施或解释，而是化工/加工行业过程安全管理审核员的集体经验和基于经验形成的一致性观点。合规性审核准则来自美国过程安全管理法规，这些法规全部是基于绩效的法规。基于绩效的法规以目标为导向，可能会有多种途径满足法规中规定的要求。因此，对于本章检查表中列出的问题，尤其是“审核员指南”中列出的检查方法，可能会有其他替代方法。

本书中介绍的相关审核准则不代表实施过程安全管理标准时必须遵守，也不代表如果没有遵守这些准则，标准的实施就会出现问题。同合规性审核准则一样，对工厂或公司而言，可能有其他更合适的审核方法。另外，按照相关审核准则对过程安全管理标准实施情况进行审核完全是自愿性的，并非强制性要求。采用相关审核准则时，应谨慎计划，从而防止形成不期望的过程安全管理绩效标准。采用这些审核准则之前，应在工厂与其母公司之间达成一致意见。最后，所提供的相关审核准则和审核员指南并不是对监管机构发出书面或口头澄清、因违反过程安全管理法规而由监管机构发出的违规传票和监管机构发布的其他过程安全管理指南的要求，也不是对某一公司在实施过程安全管理标准过程中形成的成功或常用做法的认可。

15.2 审核准则和审核员指南

下文对OSHA过程安全管理标准《高危化学品过程安全管理》、EPA《风险管理计划》、美国州立过程安全管理标准和其他常用自愿性共识过程安全管理标准中，工艺操作人员“培训和绩效保证”这一要素的详细要求进行了介绍。本章中介绍的“培训和绩效保证”要求仅适用于操作人员。有关过程安全管理能力要求，见第6章。有关维护人员和应急响应人员的合规性和非强制性培训要求，分别见第13章和第19章。如第15.1节所述，这些章节和其他章节中对工厂其他人员提出了培训要求。

审核员根据本章提供的指南通过开展以下审核工作对下文介绍的审核准则进行审查：

• 与负责编写和实施操作人员培训计划的人员面谈。尽管有时由人力资源部门提供培训报告，但这类管理人员通常是在运行或生产部门。

• 对操作人员培训记录审查。

• 根据操作人员培训计划对OSHA过程安全管理标准《高危化学品过程安全管理》所涵盖单元的操作程序进行审查，核实是否基于操作程序编写培训计划。

• 对操作人员进行面谈并对操作人员工作情况进行实地检查，核实他们是否掌握培训内容并在培训后能否胜任岗位。

审核员应对被审核公司/工厂制定程序中的培训要求进行审查。如第1.7.1节所述，监管机构将这些培训要求认定为合规性要求，如果不遵守这些要求，公司或工厂会因违反法规规定而收到由OSHA发出的违规传票。审核员应通过与相关人员面谈、有关记录和文件审查和实地检查等方式核实培训程序中的有关要求是否付诸实施。如果在审核时发现没有遵守公司/工厂的规定，应将发现的问题写入审核报告。

在下文表中用于指明审核准则出处的缩写词定义，见第“3-24章指南”部分。

15.2.1 合规性要求

审核准则应供以下公司/工厂使用：

- OSHA过程安全管理标准《高危化学品过程安全管理》或EPA《风险管理计划》所涵盖的美国本土公司/工厂；
- 自愿采用OSHA过程安全管理标准《高危化学品过程安全管理》的公司/工厂；
- 在美国本土以外采用了OSHA过程安全管理标准《高危化学品过程安全管理》中规定要求的公司/工厂。

表15.1列出了在OSHA过程安全管理标准《高危化学品过程安全管理》和EPA《风险管理计划》中与“操作人员培训”有关的审核准则和审核员指南。

表15.1 在OSHA过程安全管理标准《高危化学品过程安全管理》和EPA《风险管理计划》中与“操作人员培训”有关的审核准则和审核员指南

审核准则	审核准则出处	审核员指南
审核准则15-C-1：入职培训，对目前参与工艺操作和即将参与工艺操作的员工进行培训	美国职业安全与健康管理局(OSHA)《高危化学品过程安全管理》(29 CFR § 1910.119)(g)(1)(i) 美国国家环境保护局(EPA)《风险管理计划》中“培训”部分(68.71)	为审核员提供的基本信息： • 入职培训是指对岗位操作人员进行培训，使其具备相关操作能力。 • “参与工艺操作”的员工是指实际操作工艺设备的任何人员，不仅包括操作人员，还可能包括维护人员、监督人员、工程设计人员、承包商或实际操作设备的任何其他人员。绝大多数情况下，应与相关人员面谈，以核实由谁、在何种条件下实际操作设备。如果操作人员加入了工会，通常应对管理人员和未加入工会的人员进行培训使其具备操作能力，确保出现罢工时由这些人员承担操作人员角色。这就要求未加入工会的人员应接受同正常操作人员同样的培训。 • 如果要求维护人员对设备操作以便进行维护，如设备停运或将设备置于某种运行模式时开展维护工作，则维护人员必须接受同操作人员同样的培训。但是，如果由操作人员完成准备工作，则维护人员无需接受同操作人员同样的培训。 • 对于负责装置和运行条件检查或监控的人员，无需接受同操作人员同样的培训。 • 负责向工艺操作人员发出指令的人员(即运行主管)，应根据其在运行中承担的具体职责接受培训，但这类人员无需接受同操作人员同样的培训。然而在大多数情况下，审核员会发现，许多工厂通常由操作人员晋升为运行主管，职务晋升过程中，操作主管已经在其操作岗位接受了培训并具备操作能力。无任何运行经验的工程设计人员、工程设计主管或工程设计经理不属于这种情况。 • 有关维护人员培训要求，见“第13章：资产完整性和可靠性”。 由审核员开展的工作： • 审核员应与相关人员(包括运行经理/生产经理和运行主管)面谈，核实是否对操作人员进行了界定。尤其重要的是，审核员应通过与相关人员面谈来核实主管、管理人员、工程设计人员或操作人员以外的其他人员是否有权对装置运行发出指令。如果非管理人员加入了工会，应考虑出现罢工时的人员安排。有时，花名册、加班审批表或其他记录中会列出操作人员

续表

审核准则	审核准则出处	审核员指南
审核准则 15-C-2：对于1992年5月26日之前已参与工艺操作的员工，可以不进行入职培训，但雇主应以书面形式证明这些员工应具备必要的知识、技能和能力，能够以安全方式完成操作程序中规定的任务或职责	美国职业安全与健康管理局(OSHA)《高度危险化学品过程安全管理》(29 CFR § 1910.119)(g)(1)(ii) 美国国家环境保护局(EPA)《风险管理计划》中“培训”部分(68.71)	为审核员提供的基本信息： • 1992年5月26日之前已参与工艺操作的操作人员，由于其具备必要的知识、技能和能力，能够以安全方式完成操作程序中规定的任务或职责，因此，通过一定的程序证明无需对其进行入职培训，通常称之为“入职培训豁免”程序。 • 同OSHA过程安全管理标准《高危化学品过程安全管理》中规定的其他文件一样，对于入职培训豁免，应采用书面证明。证明文件中应包括豁免批准人签字和日期。应对操作人员培训记录审查，核实是否为入职培训被豁免的操作人员提供了书面证明。 • 如果工厂决定通过进修(见审核准则 15-C-8)对操作人员资格进行重新认证或考核，则入职培训豁免也就无意义。 由审核员开展的工作： • 审核员应对操作人员入职培训和进修记录进行审查，核实工厂或公司对进修提出了何种要求、操作人员入职培训是否被豁免。如果操作人员入职培训被豁免，应做好记录，并对培训豁免理由进行说明
审核准则 15-C-3：进行培训时应对工艺概况进行介绍	美国职业安全与健康管理局(OSHA)《高危化学品过程安全管理》(29 CFR § 1910.119)(g)(1)(i) 美国国家环境保护局(EPA)《风险管理计划》中“培训”部分(68.71)	为审核员提供的基本信息： • 进行工艺概况培训时，应对工艺运行原理进行介绍，包括安全系统。 由审核员开展的工作： • 审核员应对操作人员培训记录进行审查，核实是否对未进行入职培训的操作人员进行了工艺概况培训

审核准则	审核准则出处	审核员指南
审核准则 15-C-4：应按照“操作程序“要素中规定的要求对员工进行培训	美国职业安全与健康管理局(OSHA)《高危化学品过程安全管理》(29 CFR § 1910.119)(g)(1)(ii) 美国国家环境保护局(EPA)《风险管理计划》中“培训”部分(68.71)	为审核员提供的基本信息： • 与标准操作程序(SOP)有关的入职培训包括以下内容： —运行阶段操作步骤； —首次开车； —正常运行； —临时操作(如果适用的话)； —紧急停车； —应急处置； —正常停车； —完成大检修或实施紧急停车后的开车程序； —运行限定值； —因出现偏差而造成的后果； —为纠正或避免出现偏差而需执行的操作步骤； —工厂中使用的化学品特性及其潜在危险； —为防止人员接触化学品而采取的必要防范措施，包括工程控制措施、管理控制措施和个体防护装备(PPE)； —身体会接触化学品或会吸入漂浮在空气中化学品时采取的接触控制措施； —原料质量控制和危险化学品储量控制； —是否存在任何特殊危险；

续表

审核准则	审核准则出处	审核员指南
		—安全系统及其设备。 • 可采用课堂培训、计算机辅助培训(CBT)、实际动手操作(即岗位实际操作培训)或其他方式(如模拟培训)对员工进行标准操作程序(SOP)入职培训。 由审核员开展的工作: • 审核员应对操作人员培训记录进行审查,核实是否对入职培训未被豁免的操作人员进行了标准操作程序(SOP)入职培训。 • 审核员应对培训内容进行审查,以核实培训内容与当前操作程序相符
审核准则 15-C-5:培训时应强调与员工工作任务有关的安全和健康风险	美国职业安全与健康管理局(OSHA)《高危化学品过程安全管理》(29 CFR § 1910.119)(g)(1)(i) 美国国家环境保护局(EPA)《风险管理计划》中“培训”部分(68.71)	为审核员提供的基本信息: • 入职培训时,应对在工厂中使用的化学品特性、潜在风险及为防止人员接触化学品而采取的防范措施进行介绍。 由审核员开展的工作: • 审核员应对操作人员培训记录进行审查,核实是否就工艺潜在安全和健康危险对入职培训未被豁免的操作人员进行了培训
审核准则 15-C-6:培训时应强调与员工工作任务有关的应急处置程序,包括停车程序	美国职业安全与健康管理局(OSHA)《高危化学品过程安全管理》(29 CFR § 1910.119)(g)(1)(i) 美国国家环境保护局(EPA)《风险管理计划》中“培训”部分(68.71)	由审核员开展的工作: • 审核员应对操作人员培训记录进行审查,核实是否就应急处置程序(包括停车程序)对未进行入职培训的操作人员进行了培训
审核准则 15-C-7:培训时应强调与员工工作任务有关的安全操作规程	美国职业安全与健康管理局(OSHA)《高危化学品过程安全管理》(29 CFR § 1910.119)(g)(1)(i) 美国国家环境保护局(EPA)《风险管理计划》中“培训”部分(68.71)	为审核员提供的基本信息: • 公司/工厂安全操作规程(SWP)包括与上锁/挂牌、进入受限空间、动火作业、打开管线/设备有关的安全操作规程以及工厂制定的其他安全操作规程。 由审核员开展的工作: • 审核员应对操作人员培训记录进行审查,核实是否就安全操作规程(SWP)对未进行入职培训的操作人员进行了培训
审核准则 15-C-8:对于参与工艺操作的员工,应至少每隔 3 年进行一次进修培训,必要时,还应提高培训频率,确保每名员工知晓并遵守当前工艺操作程序	美国职业安全与健康管理局(OSHA)《高危化学品过程安全管理》(29 CFR § 1910.119)(g)(2) 美国国家环境保护局(EPA)《风险管理计划》中“培训”部分(68.71)	为审核员提供的基本信息: • 虽然未对进修培训内容和范围进行规定,但每一装置可根据具体需要确定进修培训的内容和范围。本审核准则中要求操作人员了解并遵守操作程序,这意味着进行进修培训前应编写好操作程序。 • 有些公司和工厂通过每隔 3 年进行一次进修培训,重新对操作人员进行资格考核,并确定了进修培训内容和范围,包括课堂培训/计算机辅助培训(CBT))、实际动手操作/实际工作岗位培训(OTJ))和考核。部分工厂将此类进修培训称为对操作人员资格进行“重新认证”。如果某些工厂通过对操作人员进修培训对资格进行重新认证,则工厂应基于其自身需求而非 OSHA 标准或行业自愿性共识过程安全管理标准确定进修培训的内容和范围。应按照审核准则 15-C-10 中规定的要求对进修培训做好记录。

续表

审核准则	审核准则出处	审核员指南
		• 可采用多种方法确定进修培训周期。有关法规中，没有明确指出需采用何种方法确定进修培训周期。进修培训周期确定方法介绍如下： —上一次进修培训开始日期。这是一种最常用且最易于理解的进修培训周期确定方法，尽管并非必须采用该方法。 —上一次进修培训结束日期。 —重新资格考核日期(如果通过进修培训对操作人员资格进行重新考核)。 由审核员开展的工作： • 审核员应对操作人员培训记录进行审查，核实操作人员是否至少每三年接受了一次进修培训
审核准则 15-C-9：雇主应通过向工艺操作人员征询意见和建议确定合适的进修培训频率	美国职业安全与健康管理局(OSHA)《高危化学品过程安全管理》(29 CFR § 1910.119)(g)(2) 美国国家环境保护局(EPA)《风险管理计划》中“培训”部分(68.71)	为审核员提供的基本信息： • 向操作人员征询意见和建议的记录有多种形式，包括安全会议或其他会议纪要，这些会议上形成的书面调查报告、以电子邮件形式对操作人员调查并形成的书面报告、培训考核结束时提出的其他问题或要求等。进行每轮进修培训时，应提供这些文件。 由审核员开展的工作： • 审核员应与操作人员面谈并对有关记录进行审查，以核实是否就进修培训频率向操作人员征询了意见和建议
审核准则 15-C-10：雇主应确保参与工艺操作的员工接受了本节中规定的培训并完全掌握了培训内容	美国职业安全与健康管理局(OSHA)《高危化学品过程安全管理》(29 CFR § 1910.119)(g)(3) 美国国家环境保护局(EPA)《风险管理计划》中“培训”部分(68.71)	为审核员提供的基本信息： • 对所有员工明确统一的进修培训要求。 • 对于员工进行进修培训时遗漏的内容，应向公司/工厂询问如何对员工再次培训以确保员工掌握遗漏内容。 由审核员开展的工作： • 审核员应对操作人员培训记录进行审查，核实是否采用某种方式对未进行入职培训的操作人员和接受了进修培训的操作人员进行考核。考核方式可以是书面考核、口头考核、实际操作示范、模拟示范或综合采用考核方法和其他方法
审核准则 15-C-11：雇主应做好培训记录，包括员工姓名、培训日期以及为核实员工是否完全掌握了培训内容	美国职业安全与健康管理局(OSHA)《高危化学品过程安全管理》(29 CFR § 1910.119)(g)(3) 美国国家环境保护局(EPA)《风险管理计划》中“培训”部分(68.71)	由审核员开展的工作： • 审核员应对操作人员培训记录进行审查，核实是否为未进行入职培训的操作人员提供了培训记录(无论是单独培训记录还是总培训记录)，至少包括以下信息： —接受培训的人员姓名； —每项培训工作开展日期； —为核实操作人员是否完全掌握了培训内容而采用的方法； —对进修培训做好记录

15.2.1.1 美国州立过程安全管理标准

公司/工厂按照州立过程安全管理标准制定过程安全管理标准时，应遵守标准中规定的具体培训和绩效保证要求。标准中规定的要求通常会与联邦 OSHA 过程安全管理标准《高危化学品过程安全管理》和 EPA《风险管理计划》中规定的要求存在一定的重叠，即使某一州已获得联邦法规实施授权(即该州从 OSHA 获得了《高危化学品过程安全管理》实施资格或从 EPA 获得了《风险管理计划》实施资格)，州立过程安全管理标准还有自己的具体要求。下表中，对以下三个州的过程安全管理法规适用性要求进行了说明：

- 新泽西州；
- 加利福尼亚州；
- 特拉华州。

表15.2列出了在美国州立过程安全管理标准中与“培训和绩效保证”有关的审核准则和审核员指南。

表15.2 在美国州立过程安全管理标准中与“培训和绩效保证”有关的审核准则和审核员指南

审核准则	审核准则出处	审核员指南
新泽西州立法规《毒性物品灾难预防法案》(TCPA) 审核准则15-C-12：OSHA过程安全管理标准《高危化学品过程安全管理》中工厂所有者或运营方应制定书面岗位职责，明确EHS操作人员的职责要求。在培训计划中，应明确EHS操作人员培训师需具备的资格	新泽西州《毒性物品灾难预防法案》第7：31-4.4部分	由审核员开展的工作： • 审核员应对培训记录、运行记录或人力资源记录进行审查，核实公司/工厂是否制定了书面岗位职责以明确EHS操作人员岗位的职责要求。 • 审核员应对培训计划或人员岗位职责进行审查，核实这些文件中是否明确了极度有害物质(EHS)操作人员培训师需具备的资格
特拉华州立法规《意外泄漏预防计划》 审核准则15-C-13：除在OSHA过程安全管理标准《高危化学品过程安全管理》和EPA《风险管理计划》中规定的“培训和绩效保证”要求外，在特拉华州环境、健康与安全(EHS)管理法规中未新增任何有关的其他要求	《特拉华州立法规汇编》第77章第571节	• 无其他要求
加利福尼亚州职业安全与健康管理局(CalOSHA)法规《急性危险材料过程安全管理》 审核准则15-C-14：除在OSHA过程安全管理标准《高危化学品过程安全管理》和EPA《风险管理计划》中规定的“培训和绩效保证”要求外，加利福尼亚州职业安全与健康管理局(CalOSHA)过程安全管理法规中未新增任何有关的其他要求。 • 在加利福尼亚州职业安全与健康管理局(CalOSHA)过程安全管理法规中，没有规定操作人员入职培训豁免要求。 • 对员工完成入职培训和进修培训后，雇主应做好培训记录，包括员工姓名、培训日期和培训管理人员签字	《加利福尼亚州立法规汇编》第8篇第5189部分	为审核员提供的基本信息： 有关维护人员培训和资格方面的要求，见第13章。 由审核员开展的工作： • 审核员应对操作人员培训记录进行审查，核实管理人员是否在培训记录中签字

续表

审核准则	审核准则出处	审核员指南
《加利福尼亚州意外泄漏预防计划》(CalARP) 审核准则 15-C-15. 除在 OSHA 过程安全管理标准《高危化学品过程安全管理》和 EPA《风险管理计划》中规定的“培训和绩效保证”要求外，在《加利福尼亚州意外泄漏预防计划》(CalARP)中未新增任何有关的其他要求	《加利福尼亚州立法规汇编》第 19 篇第 2760.3 部分	• 无其他要求

15.2.2 相关审核准则

本节中介绍的相关审核准则为审核员对过程安全管理标准强制性要求以外的问题进行审查时提供了指南，这些审核准则很大程度上代表了行业采用的过程安全管理良好做法，某些情况下还代表了过程安全管理普遍做法。由于部分相关审核准则在相当长时间内被广泛认可并实施，因此，这类审核准则实际上已经达到可接受做法的水准。审核员和过程安全管理专业人员应认真思考如何采用和实施这些审核准则，或者至少采用一种性质上基本类似的审核方法对过程安全管理进行审核。有关可接受惯例含义及其实施方法，见术语表和第 1.7.1 节。

表 15.3 列出了在行业过程安全管理良好做法中与“培训和绩效保证”有关的建议采用的审核标准和审核员指南。

表 15.3 在行业过程安全管理良好做法中与“培训和绩效保证”有关的审核准则和审核员指南

审核准则	审核准则出处	审核员指南
审核准则 15-R-1：应对操作人员进行定义，并明确其任务和职责及其在指挥链中的角色	良好行业做法(GIP)	<u>由审核员开展的工作：</u> • 审核员应对培训计划程序或其他文件进行审查，核实是否以书面形式明确了操作人员的任务、职责和在指挥链中的角色。操作人员从谁接收工艺操作指令、对发出操作指令的人员提出了哪些培训和资格要求。 • 审核员应与操作人员面谈，核实操作人员是否完全了解由谁指导其工艺操作(即由谁向操作人员发出强制性指令)
审核准则 15-R-2：在入职培训豁免证明文件(如果采用的话)中，应对豁免理由加以说明	美国职业安全与健康管理局(OSHA)《过程安全管理合规性指令》(CPL)	<u>由审核员开展的工作：</u> • 审核员应对入职培训豁免证明文件进行审查，核实是否对豁免理由进行了说明
审核准则 15-R-3：应保证入职培训被豁免的操作人员的培训资格仍然有效(是指 1992 年 5 月 26 日之前通过了资格考核且入职培训被豁免的富有经验的操作人员)	美国职业安全与健康管理局(OSHA)《过程安全管理合规性指令》(CPL)	<u>由审核员开展的工作：</u> • 审核员应对当前培训和资格要求或操作人员培训记录进行审查，核实操作人员入职培训被豁免以来提出的技能和知识要求未出现重大变化，或在进行进修培训时已就出现的重大变化对操作人员进行了培训

续表

审核准则	审核准则出处	审核员指南
审核准则15-R-4：操作人员进修培训应单独开展，不能作为变更管理(MOC)程序和开车前安全审查程序(PSSR)培训的一部分	美国职业安全与健康管理局(OSHA)《过程安全合规性指令》(CPL)	由审核员开展的工作： • 审核员应对操作人员培训记录进行审查，核实是否对操作人员单独进行了进修培训，而不是作为变更管理(MOC)程序和开车前安全审查程序(PSSR)培训工作的一部分
审核准则15-R-5：应制定管理程序对操作人员培训和资格考核管理	加拿大化学品制造商协会(CCPA)发布的加拿大重大工业事故理事会(MIACC)自评估工具《过程安全管理指南/HISAT修订项目》(070820) 良好行业做法(GIP) 美国职业安全与健康管理局(OSHA)出版物3133：《过程安全管理合规性指南》	由审核员开展的工作： • 审核员应对有关程序和管理系统进行审查，核实公司/工厂是否制定并实施了管理程序对操作人员培训和资格考核进行管理。该管理程序应包括以下内容： —培训计划适用范围，即操作人员培训计划中应包括哪些岗位和操作。应根据危害识别和风险分析(HIRA)、风险评估、保护层分析(LOPA)/安全完整性等级(SIL)分析或与设备及其运行有关的危险/风险和优先级识别出的风险确定需纳入操作人员培训计划的操作。 —需接受培训的操作岗位。 —操作岗位入职要求(如教育水平、先前接受的培训、以前的资格或职位、拥有的证照、身体素质以及与岗位相称的阅读理解水平)。 —对操作人员开展哪些课堂培训。 —对操作人员进行哪些实际操作培训/岗位培训(OJT)。 —明确培训/资质考核持续时间。 —明确培训师具备的资格。 —每一培训模块应实现的目标(采用合适的手段检查)。 —采用何种方法对员工能力或知识、技能考核。 —如何计划并开展进修培训； —如何确定进修培训频率； —培训以及最终资格考核审定人员的姓名和职位。 —操作人员培训记录的格式及管理
审核准则15-R-6：在操作人员培训计划中应强调正确使用个体防护装备(PPE)	加拿大化学品制造商协会(CCPA)发布的加拿大重大工业事故理事会(MIACC)自评估工具《过程安全管理指南/HISAT修订项目》(070820) 对因违反OSHA过程安全管理标准《高危化学品过程安全管理》而由OSHA发出的违规传票(CIT)	由审核员开展的工作： • 审核员应对操作人员培训记录进行审查，核实操作人员是否接受了个体防护装备(PPE)使用方面的培训
审核准则15-R-7：操作人员培训计划中应强调如何安全使用工程控制措施(即安全防护措施)	加拿大化学品制造商协会(CCPA)发布的加拿大重大工业事故理事会(MIACC)自评估工具《过程安全管理指南/HISAT修订项目》(070820) 对因违反OSHA过程安全管理标准《高危化学品过程安全管理》而由OSHA发出的违规传票(CIT)	由审核员开展的工作： • 审核员应对操作人员培训记录进行审查，核实操作人员是否就安全使用工程控制措施(即安全防护措施)接受培训

续表

审核准则	审核准则出处	审核员指南
审核准则 15-R-8：操作人员培训计划中应强调紧急撤离和应急响应要求	加拿大化学品制造商协会(CCPA)发布的加拿大重大工业事故理事会(MIACC)自评估工具《过程安全管理指南/HISAT 修订项目》(070820) 对因违反 OSHA 过程安全管理标准《高危化学品过程安全管理》而由 OSHA 发出的违规传票(CIT)	由审核员开展的工作： • 审核员应对操作人员培训记录进行审查，核实操作人员是否就紧急撤离和应急响应接受了培训
审核准则 15-R-9：操作人员培训计划中应涵盖/包括常规和非常规作业许可活动	加拿大化学品制造商协会(CCPA)发布的加拿大重大工业事故理事会(MIACC)自评估工具《过程安全管理指南/HISAT 修订项目》(070820) 良好行业做法(GIP)	由审核员开展的工作： • 审核员应对操作人员培训记录进行审查，核实操作人员是否就常规和非常规作业许可活动接受了培训
审核准则 15-R-10：操作人员培训计划中应规定对操作人员使用相关硬件和软件进行培训(当操作人员需要使用电子版程序和其他重要资料时)	加拿大化学品制造商协会(CCPA)发布的加拿大重大工业事故理事会(MIACC)自评估工具《过程安全管理指南/HISAT 修订项目》(070820) 良好行业做法(GIP)	由审核员开展的工作： • 审核员应对操作人员培训记录进行审查，核实操作人员是否就相关硬件和软件的使用接受了培训(当操作人员需要使用电子版程序和其他重要资料时)
审核准则 15-R-11：如果基于潜在风险或已发生事故和未遂事件，认为有必要提高进修培训频率时，应适当增大进修培训频率，而非每隔 3 年进行一次进修培训	加拿大化学品制造商协会(CCPA)发布的加拿大重大工业事故理事会(MIACC)自评估工具《过程安全管理指南/HISAT 修订项目》(070820) 良好行业做法(GIP)	由审核员开展的工作： • 审核员应与操作人员面谈，核实是否根据具体需求、工艺危险可能导致的风险或已发生事故和未遂事件对进修培训频率进行了适当调整
审核准则 15-R-12：应就进修培训内容向操作人员征询意见和建议	良好行业做法(GIP)	由审核员开展的工作： • 审核员应与操作人员面谈，核实是否已就进修培训内容向操作人员征询了意见和建议(就进修培训频率向操作人员征询意见和建议是一项合规性要求)
审核准则 15-R-13：如果操作人员不懂英语，则应使用操作人员的母语来开展培训	美国职业安全与健康管理局(OSHA)出版物 3133：《过程安全管理合规性指南》	由审核员开展的工作： • 审核员应与操作人员面谈，核实在操作人员不懂英语情况下是否使用这些操作人员的母语来开展了培训
审核准则 15-R-14：应为核实操作人员是否完全掌握了培训内容而采用的"方法"确定可接受标准	美国职业安全与健康管理局(OSHA)出版物 3133：《过程安全管理合规性指南》	为审核员提供的基本信息： • 应为核实操作人员是否完全掌握了培训内容而采用的"方法"确定可接受标准，可采用的方法包括：采用数字等级进行评判，指明操作人员是否通过了考核或采用其他方法。 由审核员开展的工作： • 审核员应对培训程序或培训记录进行审查，核实操作人员是否完全掌握了通过培训内容而采用的"方法"确定了可接受标准

续表

审核准则	审核准则出处	审核员指南
审核准则 15-R-15：应为未通过资格考核的操作人员制定改进计划	良好行业做法(GIP)	由审核员开展的工作： • 审核员应对培训程序和操作人员培训记录进行审查，核实是否为未通过资格考核的操作人员制定了改进计划。 • 如果操作人员未通过资格考核，审核员应与这些操作人员面谈，核实是否针对这些操作人员存在的不足制定了改进计划
审核准则 15-R-16：培训记录中，应对每次培训工作进行记录	加拿大化学品制造商协会(CCPA)发布的加拿大重大工业事故理事会(MIACC)自评估工具《过程安全管理指南/HI-SAT 修订项目》(070820) 良好行业做法(GIP)	由审核员开展的工作： • 审核员应对操作人员培训记录进行审查，核实是否对每次培训工作进行了记录
审核准则 15-R-17：在培训记录中，应列出操作人员资格考核结果	加拿大化学品制造商协会(CCPA)发布的加拿大重大工业事故理事会(MIACC)自评估工具《过程安全管理指南/HI-SAT 修订项目》(070820) 良好行业做法(GIP)	由审核员开展的工作： • 审核员应对操作人员培训记录进行审查，核实该记录中是否列出了操作人员资格考核结果
审核准则 15-R-18：在培训记录中，应列出培训师姓名	良好行业做法(GIP)	由审核员开展的工作： • 审核员应对操作人员培训记录进行审查，核实该记录中是否列出了培训师姓名
审核准则 15-R-19：在培训记录中，应包括最终资格审定人员的签字和审定日期	良好行业做法(GIP)	由审核员开展的工作： • 审核员应对操作人员培训记录进行审查，核实该记录中是否包括最终资格审定人员的签字和审定日期
审核准则 15-R-20：应定期对操作人员培训计划进行评估，核实经过培训的员工是否完全掌握了必要技能、知识和操作程序且能够按照要求进行操作	加拿大化学品制造商协会(CCPA)发布的加拿大重大工业事故理事会(MIACC)自评估工具《过程安全管理指南/HI-SAT 修订项目》(070820) 美国职业安全与健康管理局(OSHA)出版物 3133：《过程安全管理合规性指南》	由审核员开展的工作： • 审核员应与培训计划管理人员面谈，核实是否定期对培训计划进行了评估并记录评估结果
审核准则 15-R-21：对操作人员培训计划进行评估后，如果发现经过培训的员工掌握的知识和技能未达到预期水平，应对培训计划适当修改、重新对员工培训或提高进修培训频率，直到将存在的不足消除为止	美国职业安全与健康管理局(OSHA)出版物 3133：《过程安全管理合规性指南》	由审核员开展的工作： • 如果对操作人员培训计划评估时发现培训存在不足之处，审核员应与培训计划管理人员面谈，核实是否对培训计划适当修改、重新对员工培训或提高进修培训频率，核实是否记录评估结果

续表

审核准则	审核准则出处	审核员指南
审核准则 15-R-22：应就如何最大程度地提高培训效果向操作人员征询意见和建议	美国职业安全与健康管理局(OSHA)出版物 3133：《过程安全管理合规性指南》	由审核员开展的工作： • 审核员应与培训计划管理人员面谈，核实对操作人员培训计划评估时是否考虑了操作人员的意见和建议。 • 审核员应与操作人员面谈，核实是否就如何最大程度地提高培训效果向操作人员征询了意见和建议
审核准则 15-R-23：培训师应具备要求的培训资格	加拿大化学品制造商协会(CCPA)发布的加拿大重大工业事故理事会(MIACC)自评估工具《过程安全管理指南/HISAT 修订项目》(070820)	由审核员开展的工作： • 审核员应对培训记录进行检查，核实培训师是否具备相应的资格。可以通过培训师个人简历/履历、培训管理系统程序或其他能够证明培训师资格的文件审查培训师资格

15.2.3 自愿性共识过程安全管理标准

在下文对以下自愿性共识过程安全管理标准中“培训和绩效保证”要求进行了介绍：

• 由 API 编写且由美国内政部矿产资源管理局(MMS)批准的《安全和环境管理计划》(SEMP)中关于海上石油平台领域“培训和绩效保证”要求；

• 美国化学理事会(ACC)发布的《责任关怀管理体系®》(RCMS)中“培训和绩效保证”要求；

• 美国化学理事会(ACC)发布的 RC14001《环境、健康、安全与安保管理体系》中“培训和绩效保证”要求。

表 15.4 列出了在自愿性共识过程安全管理标准中与“培训和绩效保证”有关的审核准则和审核员指南。

表 15.4 在自愿性共识过程安全管理标准中与“培训和绩效保证”有关的审核准则和审核员指南

审核准则	审核准则出处	审核员指南
SEMP 美国内政部矿产资源管理局《安全和环境管理计划》(SEMP) 审核准则 15-R-24：按照《安全和环境管理计划》(SEMP)中的规定，应编制书面培训计划，确保按照具体工作职责对所有受影响人员进行培训，使其能够安全开展工作并知晓环境保护要求	美国石油学会(API)推荐做法 75：《安全和环境管理计划》(API RP 75)，7.1	由审核员开展的工作： • 审核员应核实公司/工厂是否编制了书面培训计划。 • 审核员应核实公司/工厂是否就对受影响人员培训制定了书面组织策略。 • 如果因装置或程序变更，必须对受影响人员重新培训，审核员应核实书面培训计划中是否包括这方面的规定
审核准则 15-R-25：受影响员工应就与其工作有关的操作程序、安全操作规程和应急响应和控制措施接受培训	美国石油学会(API)推荐做法 75：《安全和环境管理计划》(API RP 75)，7.1，7.2.1，7.22，7.3	由审核员开展的工作： • 审核员应检查核实书面培训计划中是否明确了相关区域中受影响员工至少要接受何种程度的培训。 • 审核员应审查按照 API RP 75，7.2.1 中所列出培训类型制定的书面要求。 • 审核员应审查上述类型培训记录。 • 审核员应通过与员工面谈核实培训工作实施情况
审核准则 15-R-26：受影响员工应按照监管机构要求接受系统化培训	美国石油学会(API)推荐做法 75：《安全和环境管理计划》(API RP 75)，7.2.2，7.3	由审核员开展的工作： • 审核员应检查以核实公司/工厂是否制定了管理程序，以确保按照监管机构要求开展培训工作。 • 审核员应审查按照 API RP 75，7.2.1 中所列出培训类型制定的书面要求。 • 审核员应审查上述类型培训记录。 • 审核员应通过与员工面谈核实培训工作实施情况

续表

审核准则	审核准则出处	审核员指南
审核准则 15-R-27：应制定一套程序确保由合格培训师对人员全面、有效培训	美国石油学会(API)推荐做法 75：《安全和环境管理计划》(API RP 75)，7.1	由审核员开展的工作： • 审核员应审查培训师资格审查书面程序。 • 审核员应审查书面程序(即考核程序)，核实员工是否完全掌握了培训内容
审核准则 15-R-28：公司应为每项工作及其培训计划制定考核标准	美国石油学会(API)推荐做法 75：《安全和环境管理计划》(API RP 75)，7.2.2	由审核员开展的工作： • 审核员应对为每项工作及其培训计划制定的考核标准进行审查。 • 审核员应审查有关记录，证实对受影响的工作岗位进行的培训满足公司规定的要求
审核准则 15-R-29：应设立一套系统记录已完成的培训及培训结果	美国石油学会(API)推荐做法 75：《安全和环境管理计划》(API RP 75)，7.1	由审核员开展的工作： • 审核员应检查确保公司/工厂设立了一套记录系统跟踪培训记录
审核准则 15-R-30：当需要审查培训记录时，公司应能够随时提供	美国石油学会(API)推荐做法 75：《安全和环境管理计划》(API RP 75)，7.1	由审核员开展的工作： • 公司应随时提供培训记录并由审核员审查
审核准则 15-R-31：培训计划中，应制定管理程序确定受影响人员进修培训需求并定期开展进修培训	美国石油学会(API)推荐做法 75：《安全和环境管理计划》(API RP 75)，7.3	由审核员开展的工作： • 审核员应审查培训计划，核实是否对操作人员定期评估(采用考试或工作岗位测评方式)，确保操作人员完全理解培训内容并严格遵守当前操作程序。 • 审核员应检查公司是否制定了管理程序确保受影响人员获得必要的知识和技能

审核准则	审核准则出处	审核员指南
美国化学理事会(ACC)《责任关怀管理体系》(RCMS) 审核准则 15-R-32：公司应制定管理程序明确培训需求并开展培训工作，确保满足与责任关怀有关的要求	美国化学理事会(ACC)《责任关怀管理体系技术规范》要素 3.4	由审核员开展的工作： • 由于审核准则中强调工作、运行和职责方面的培训要求，审核员应核实培训计划能否实现预期目标和目的，是否符合法律要求和与责任关怀有关的其他要求。 • 审核员应审查培训需求和培训计划。根据与责任关怀有关要求制定培训计划，在培训计划中应指明正常运行和维护培训要求，以提供安全的工作场所。 • 审核员应检查确保良好的管理体系具有以下特点： —能够为员工明确培训需求并将培训需求传达给员工； —能够根据培训需求制定培训计划，包括对已接受培训的人员能力考核(视具体情况)； —制定管理程序对已完成培训跟踪，确保满足培训要求。 • 审核员应检查确保培训系统包括以下内容，培训需求、培训工作、已接受培训的人员能力考核及培训效果评估。

续表

审核准则	审核准则出处	审核员指南
		• 审核员应检查确保公司/工厂为新员工制定了培训计划，同时为所有员工制定了持续的培训方案。 审核员应对员工入职培训计划进行审查，确保该计划中考虑了与责任关怀有关的要求。 • 审核员应对书面培训需求进行审查，确保该文件中明确了在公司范围内岗位的培训需求。通常按照工作类别、职责，采用培训矩阵或数据库来明确培训需求。 • 审核员应检查确保公司保存并维护培训记录。另外，还可以通过纸质文件跟踪系统或数据库维护培训记录。 • 审核员应核实公司是否采用计算机辅助培训(CBT)对员工培训，尤其是与责任关怀有关的要求。由于许多系统内建了跟踪和能力考核功能，采用CBT方式能有效达到培训目的。 • 审核员应检查以确保培训计划中明确了潜在危险和风险、工作职责、因不遵守可接受做法造成的后果和人员在管理体系中发挥的作用

审核准则	审核准则出处	审核员指南
美国化学理事会(ACC)RC14001《环境、健康、安全与安保管理体系》 审核准则15-R-33：如果公司内或代表公司开展工作的任何人员可能导致重大环境影响事件，公司应确保这类人员具备相应教育水平、接受过培训或拥有必要经验，并保存好记录	美国化学理事会(ACC)《环境、健康、安全与安保管理体系技术规范》RC151.03，4.4.2	• 无其他要求
审核准则15-R-34：公司应明确与其环境保护要求和环境管理体系有关的培训需求。另外，公司应通过开展培训或采取其他措施满足上述需求，并保存记录	美国化学理事会(ACC)《环境、健康、安全与安保管理体系技术规范》RC151.03，4.4.2	• 无其他要求

15.3 审核方案

附录A过程安全管理审核方案，就如何按照审核准则对第15.2节中的内容进行审查提供了详细指南(有关如何在线获取附录A中资料，见第Ⅷ页)。

参考文献

American Chemistry Council, *RCMS® Technical Specification*, RC 101.02, March 9, 2005.

American Chemistry Council, *RCMS® Technical Specification Implementation Guidance and Interpretations*, RC 101.02, January 25, 2004.

American Chemistry Council, *RCMS® Technical Specification Implementation Guidance and Interpretations Appendices*, RC 101.02, January 25, 2004.

California, California Code of Regulations, Title 8, Section 5189, CalOSHA, November 1985.

Center for Chemical Process Safety (CCPS), *Guidelines for Risk Based Process Safety*, American Institute of Chemical Engineers, New York, 2007 (CCPS, 2007c).

Delaware, *Accidental Release Prevention Regulation*, Delaware Department of Natural Resources and Environmental Control/Division of Air and Waste Management, September 1989 (rev. January 1999).

Department of the Interior, Minerals Management Service, *Safety and Environmental Management Program (SEMP)*, 1990.

Environmental Protection Agency (USEPA), 40 CFR § 68, *Accidental Release Prevention Requirements: Risk Management Programs Under Clean Air Act Section* 112(*r*)(7); Final Rule, June 21, 1996.

New Jersey, *Toxic Catastrophe Prevention Act (N.J.A.C 7: 31)*, New Jersey Department of Environmental Protection, June 1987 (rev. April 16, 2007).

Occupational Safety and Health Administration (OSHA) 29 CFR § 1910.119, *Process Safety Management of Highly Hazardous Chemicals, Explosives and Blasting Agents; Final Rule*, Washington, DC, February 24, 1992.

Occupational Safety and Health Administration (OSHA) Publication 3133, *Process Safety Management Guidelines for Compliance*, Washington, DC, 1993.

Occupational Safety and Health Administration (OSHA) Instruction CPL 02-02-045 CH-1, *PSM Compliance Directive*, Washington, DC, September 13, 1994.

Occupational Safety and Health Administration (OSHA) Instruction CPL 03-00-004, *Petroleum Refinery Process Safety Management National Emphasis Program*, June 7, 2007 (OSHA, 2007a).

Occupational Safety and Health Administration (OSHA) Directive 09-06 (CPL 02), *PSM Chemical Covered Facilities National Emphasis Program*, July 27, 2009 (OSHA, 2009a).

16 变更管理

本要素在OSHA过程安全管理标准《高危化学品过程安全管理》、EPA《风险管理计划》及许多美国州立过程安全管理标准和自愿性共识过程安全管理标准中被称之为“变更管理”。“变更管理”是化工过程安全中心(CCPS)《基于风险的过程安全》(RBPS)事故预防原则之一“管理风险”中的一个要素。

16.1 概述

发生工艺变更的原因有很多种，包括为了生产新产品、增加生产效率、提高产能、提升可操作性和安全性等。变更的范围涵盖了从设施重大扩建或新建设施一直到对化学用品、技术手段、设备或程序进行微小调整。只要变更会导致与原始设计、制造和安装或与工艺运行条件出现偏差，就应该按照变更管理程序进行管理。即使是微小变更，如果缺乏有效管理，也有可能造成灾难性后果。因此我们需要对变更进行管控，以确保变更过程中不会出现意外的安全或健康风险，同时保证过程安全管理体系中其他要素所涉及的相关文件和系统能够依据变更进行及时更新。

任何情况下，至少以下5项变更(无论是临时变更还是永久变更)应执行变更管理，包括工艺化学品变更、工艺技术变更、工艺设备变更、程序和设施变更(例如依据设施选址角度确定的建筑物、构筑物、公用工程系统或其他支持工艺设备或与过程安全密切相关的内容)。

另外，组织结构变更(包括人员更替、取消或增设某些岗位以及机构重组)也应纳入变更管理范畴。组织机构变更可能造成人员配备不足、人员培训或技能不足等问题，导致人员阻碍过程安全管理实施或无法及时准确地应对工艺过程或过程安全管理的其他要求。组织机构变更会对过程安全文化和过程安全能力造成影响，因此分别在第4章和第6章对该内容进行了阐述。

变更管理面临的最大挑战是如何确定提出的更改是否属于变更。如果提出的更改属于“同质同类替换”(RIK)(不属于变更)，则需要对“同质同类替换”的情况进行认真的思考、定义并开展培训，统一执行。而一旦提出的更改确定属于变更，那么就应按照工厂变更管理程序规定的控制要求或其他程序中等同的变更控制要求对变更进行管理。编制的变更管理程序不需要对所有情况都通用。另外，由于“变更管理”要素和“开车准备”要素所涵盖工作及所涉及的法规、标准密切相关，因此许多公司/工厂将这两个要素合并为一个要素。

“变更管理”要素与过程安全管理体系中其他要素密切相关。主要相关要素包括：

- “过程知识管理”要素(见第9章)——在进行变更后，应及时对过程安全知识/过程安全信息进行更新。

• “危害识别和风险分析(HIRA)”要素(见第 10 章)——尽管对变更管理进行危害识别和风险分析(HIRA)并不是一项强制性要求，但有时需要根据 HIRA 结果来评估某一变更可能会对过程安全产生的影响。另外，当落实通过 HIRA 得出的控制措施时，可能需要通过变更管理程序对控制措施进行管理。在对 HIRA 结果进行复核时，通常需要对变更管理文件进行审查，以确定在此期间应对哪些变更进行危害识别和风险分析。

• “操作程序”要素(见第 11 章)——要求按照变更管理程序对操作程序进行修改。通常，在对设备、化学品或设施进行变更后，应对操作程序进行更新。

• “安全操作规范(SWP)”要素(见第 12 章)——通常需根据安全操作规范来实施变更，有时在对设备进行变更后需要对安全操作规范进行更新。

• “资产完整性和可靠性”要素(见第 13 章)——与工程项目实施阶段变更管理的要求一样，在对“资产完整性(AI)缺陷”进行管理时也要求采用变更管理程序。另外，在进行某些变更时(如对设备进行变更)也要求必须对资产完整性(AI)管理规程、程序或检查、测试和预防性维护(ITPM)时间表进行修改。此外，还应通过变更管理程序来管理对检查、测试和预防性维护(ITPM)频率及程序所进行的修改。

• “培训和绩效保证”要素(见第 15 章)——开车前，应将所进行的变更告知操作人员、维护人员和其他相关人员，并就这些变更对上述人员进行培训。

• “开车准备”要素(见第 17 章)——开车准备审查通常与“变更管理”程序相结合。

在第 16.2 节中，对合规性审核准则及其使用要求进行了介绍。有关对合规性审核准则和相关审核标准的详细介绍，见第 1 章 1.7 节。这些章节中介绍的准则和指南并不能完全涵盖过程安全管理体系的所有内容，它们仅代表化工/加工行业过程安全管理审核员的经验及基于经验形成的一致性观点。合规性审核准则来自于美国过程安全管理法规，而这些法规全部都是基于绩效的法规。基于绩效的法规一般以目标为导向，并且存在其他许多方式来实现法规中的要求。因此，对于在本章审查表中列出的问题，尤其是审查表“审核计人员指南”栏中列出问题，可能还会有其他方法来进行审查。

在本书中介绍的审核准则并非过程安全管理体系顺利实施所必须遵守的唯一准则。与合规性审核准则一样，对某一工厂或公司而言，可能会有其他更合适的审核方法。同时，按照相关准则对过程安全管理体系实施情况进行审核完全是自愿性的，并非强制性要求。在采用相关审核准则应时应谨慎准备、认真计划，以防无法达到预期的过程安全绩效标准。在采用这些相关审核准则之前，应当在工厂与其母公司之间达成一致意见。此外，本书所提供的相关审核准则和审核员指南并不意味着是对监管机构发出的书面或口头澄清、因违反过程安全管理法规而由监管机构发出的违规传票以及由监管机构发布的其他过程安全管理指南的认同，也不是对某一公司在实施过程安全管理体系过程中形成的成功或常用过程安全管理做法的认可。

16.2 审核准则和审核员指南

本节对 OSHA 过程安全管理标准《高危化学品过程安全管理》、EPA《风险管理计划》和多个美国州立过程安全管理标准及其他常用过程安全管理体系中“变更管理”这一要素的详细要求进行了介绍。

审核员可根据本章所提供的指南及通过开展以下审核工作对下文介绍的审核准则进行审查：

• 对在工厂中负责变更管理程序的人员进行面谈。上述人员通常为工厂中安全环保(EHS)部门、技术部门或工程设计部门人员，这取决于变更管理程序编制方法以及主要由哪个部门或专业负责编制变更管理程序。有时，过程安全管理经理/安全员负责管理变更管理程序。在某些工厂中，会专门指定某一人员来负责对变更管理程序进行管理。

• 对负责以下工作的人员进行面谈：

—编制变更管理程序；

—对拟进行的变更可能造成的安全影响进行评估；

—对变更进行审查和批准；

—根据所进行的变更对安全信息进行更新；

—根据所进行的变更对操作程序及其他程序和文件进行更新；

—根据所进行的变更对操作人员和其他人员进行培训。

• 对书面变更管理程序进行审查。

• 对与被审核单元和工艺有关的变更管理记录文件进行审查。

• 将变更管理记录文件中对设备改造实地检查时所做的记录与已完成的工单中相关内容进行比较，核实是否已将临时变更恢复至原正常状态，核实是否按照变更管理程序中有关要求完成了变更。

• 检查并确保已根据所进行的变更对过程安全信息(PSI)、操作程序和其他文件进行了相应修改。

• 如果工厂按照已批准的变更管理程序来实施变更，则应对可能会受变更影响的人员进行面谈，以核实企业是否将所进行的变更告知了这些人员或就变更对这些人员进行了培训。

另外，审核员还应对被审核公司/工厂所制定程序中“变更管理”要求进行认真审查。如第1.7.1节所述，监管机构会将这些“变更管理”要求认定为合规性要求，如果不遵守这些合规性要求，公司或工厂就会因违反法规中的规定而收到由OSHA发出的违规传票。审核员应通过对相关人员进行面谈、对有关记录和文件进行审查及实地检查等方式来核实工厂或公司变更管理程序中有关要求是否已按照规定付诸实施。如果在审核时发现没有遵守公司/工厂制定的具体规定，则应将发现的问题写入审核报告。

对于在下文、表中用于指明审核准则出处的缩写词定义，见“第3-24章指南”部分。

16.2.1 合规性要求

审核准则可应供以下公司/工厂使用：

• 过程安全管理标准《高危化学品过程安全管理》或EPA《风险管理计划》中所涵盖的美国本土公司/工厂；

• 自愿采用OSHA过程安全管理标准《高危化学品过程安全管理》的公司/工厂；

• 在美国本土以外采用了OSHA过程安全管理标准《高危化学品过程安全管理》中规定的要求的公司/工厂。

表16.1列出了在OSHA过程安全管理标准《高危化学品过程安全管理》和EPA《风险管理计划》中与“变更管理”有关的审核准则和审核员指南。

表 16.1 在 OSHA 过程安全管理标准《高危化学品过程安全管理》和 EPA《风险管理计划》中与“变更管理”有关的审核准则和审核员指南

审核准则	审核准则出处	审核员指南
审核准则 16-C-1：雇主应制定并实施书面管理程序对可能影响本标准所涵盖过程的工艺化学品、工艺技术、工艺设备、程序和设施变更(“同质同类替换(RIK)”除外)进行管理	美国职业安全与健康管理局(OSHA)《高危化学品过程安全管理》(29 CFR § 1910.119)(1)(1) 美国国家环境保护局(EPA)《风险管理计划》中“变更管理”部分(68.75)	为审核员提供的基本信息： • 应编制一套或多套书面管理程序对不同类型变更进行管理，如临时变更(包括安全设备走旁路(绕过安全设施)等)、文件修改(对操作程序、维护程序、安全程序和其他程序进行修改)、工艺技术/工艺设备变更(如对静设备、动设备、仪表和控制系统进行变更)及新化学品的使用。 • 并不是所有变更都必须使用同一变更管理程序(即工厂主要变更管理程序)来进行管理。某些变更控制程序可以是机械完整性计划的一部分，如故障安全设备进行临时维修或使故障安全设备走旁路。还有一些变更控制程序可以是操作程序的一部分，如对标准操作程序(SOP)进行修改，或为了临时生产某产品、或进行某项实验测试而对设备进行变更。有时，还可按照《危险通识计划》中的程序对引入新化学品进行管理。如果采用其他变更控制程序，则在这些程序中应当包括变更管理的所有基本要求，例如审查因变更导致的安全和健康方面的影响以及批准变更等。 • 为减少或防止挥发性材料泄漏而对阀帽或填料压盖进行的临时性或永久变更可以作为泄漏检测和维修(LDAR)计划中环境管理程序的一部分。 • 应当按照“正式格式”来编制变更管理程序(即包含正式标题/文件号并注明日期/版次，以提供给所有相关人员使用)。 • 如果属于“同质同类替换(RIK)”，则所更换系统或设备应满足原系统或设备技术规范中的要求。另外，当按照标准操作程序或过程安全信息(PSI)中规定的要求进行更换时，则应将其视为“同质同类替换(RIK)”。如果不属于标准操作程序(SOP)或 PSI 资料中规定的更换，则应将其纳入变更管理。不符合“同质同类替换(RIK)”情形举例如下： —工艺控制软件变更； —生产能力变更； —原材料变更； —设备停用，例如将某一安全设备设置为走旁路或终止其运行； —生产和开发新产品； —催化剂变更； —改进运行条件以提高产率或质量； —结构材质变更； —使用试验性设备和程序； —报警和联锁的设定值或功能更改； —对 OSHA 过程安全管理标准《高危化学品过程安全管理》所涵盖过程中的消耗材料(如垫片和密封材料)进行变更； • 化学品变更，不仅包括工艺化学品/材料，而且包括标准所涵盖的过程中使用的其他材料，如用于工艺设备清理的化学品及仅在设施开车期间使用的催化剂和化学品等。 • 无论采用何种方式使系统液压条件发生了实质性变化，都应将其视为变更。例如，将球阀更换为闸阀时，应当按照变更管理程序中有关要求来进行更换，除非在规定程序或规范中指明这两种类型阀门可以互换使用。

续表

审核准则	审核准则出处	审核员指南
		• 应当按照变更管理程序或其他等同的变更控制程序中有关要求对操作程序修改进行管理。在变更控制程序中，应规定对标准操作程序(SOP)修改需进行审批，并指明因对操作程序的修改而会对安全和健康造成的影响。此外，对印刷错误进行纠正以及对版面格式进行轻微修改等通常不属于变更，因此不要求按照操作程序变更管理要求对其进行控制。 • 由于公用工程系统或辅助系统与OSHA过程安全管理标准所涵盖过程密切相关，且当公用工程系统中某一变更部件出现故障时会导致灾难性泄漏事故，因此应当按照变更管理程序或其他等同的变更控制程序对公用工程或辅助系统进行变更管理。 由审核员开展的工作： • 审核员应对维护工单和工程设计工单、已批准资金支出申请/资金支出申请批复、项目其他预算和维护预算记录以及操作日志进行审查，以核实是否编制了变更管理程序，并核实是否始终执行“同质同类替换(RIK)”要求。审核员还需对在进行事故调查、审核分析和过程危害分析(PHA)时确定的整改项进行审查。 审核员应对按照变更管理程序进行的变更清单进行审查，以核实变更范围是否包括增设阀门、更改控制系统或压力安全阀(PSV)设定值、使用新化学品等。 • 审核员应对操作人员、维护人员和工程设计人员进行面谈，以核实并确保变更管理程序应用于所有变更。对上述人员进行面谈有助于核实负责实施变更的人员是否完全理解变更定义及变更管理要求。明确理解变更要求是确保先审批后变更的关键。
审核准则16-C-2：在书面变更管理程序中，应规定在进行任何变更前必须明确相关技术依据	美国职业安全与健康管理局(OSHA)《高危化学品过程安全管理》(29 CFR § 1910.119)(l)(2)(i) RMP 68.75 美国国家环境保护局(EPA)《风险管理计划》中“变更管理”部分(68.75)	为审核员提供的基本信息： • 技术依据是对准备进行的变更、变更理由和目的进行说明(即进行何种变更、为什么要进行变更)，包括变更所依据的有关工程设计数据、研究结果或其他技术信息。通常，可以在变更管理表中输入上述信息。在变更管理程序中，应规定需对变更所遵循的技术依据进行详细说明。 由审核员开展的工作： • 审核员应对有关记录进行审查，以核实并确认在所有检查的变更管理中均包括了变更所需遵循的技术依据
审核准则16-C-3：在书面变更管理程序中，应规定在进行任何变更前必须明确变更会对安全和健康造成的影响	美国职业安全与健康管理局(OSHA)《高危化学品过程安全管理》(29 CFR § 1910.119)(l)(2)(ii) 美国国家环境保护局(EPA)《风险管理计划》中“变更管理”部分(68.75)	为审核员提供的基本信息： • 在变更管理程序中，应规定对变更给安全和健康造成的影响进行评估，并且要求在进行变更前解决已明确的问题。应对拟进行的变更进行审批，以确保在开车前认真考虑了变更会对安全和健康造成的影响。 • 不要求必须采用过程危害分析方法(PHA)来评估变更对安全和健康的影响。 • 核实并确保在所有变更管理中均考虑了变更对安全和健康的影响。 由审核员开展的工作： • 审核员应对有关记录进行审查，以核实并确认在所有变更管理中均对变更对安全和健康的影响进行分析

续表

审核准则	审核准则出处	审核员指南
审核准则 16-C-4：在变更管理程序文件中，应规定变更前必须先修改操作程序	美国职业安全与健康管理局(OSHA)《高危化学品过程安全管理》(29 CFR § 1910.119)(l)(2)(iii) 美国国家环境保护局(EPA)《风险管理计划》中“变更管理”部分(68.75)	为审核员提供的基本信息： • 在变更管理程序中，应规定变更前应更新操作程序。 • 上述规定并非要求必须立即下发更新的最终版标准操作程序，而是要求将经过修改和审批的操作指南(即使这些操作指南并非为最终版或带有修订标记)及时提供给操作人员，以便在实施变更后，操作人员能够对工艺进行安全操作。 • 在变更管理程序中可引用其他能够表明变更管理程序进行过修改、审查和批准的程序文件。 • 在变更管理文件中，应列出(或指明)需对哪些程序进行更新。 由审核员开展的工作： • 审核员应对需更新操作规程的变更管理文件包进行审查，以核实并确认操作人员使用的程序包含了更新的信息
审核准则 16-C-5：在书面变更管理程序中，应规定变更前，必须明确变更时限	美国职业安全与健康管理局(OSHA)《高危化学品过程安全管理》(29 CFR § 1910.119)(I)(2)(iv) 美国国家环境保护局(EPA)《风险管理计划》中“变更管理”部分(68.75)	为审核员提供的基本信息： • 本审核准则用于明确变更时限，换句话说，就是确定变更是属于临时变更还是永久变更。在变更管理程序中，应在变更管理表中以书面形式明确临时变更时限。变更管理常用来记录变更情况。在变更管理程序中还应明确临时变更最长允许时限，超过该时限后则需对以下两种情况进行附加审批：继续以临时变更状态来进行工艺操作；或将临时变更转变为永久变更。另外，还应设定一套机制来对临时变更状态进行跟踪，以确保在变更时限到期前将临时变更恢复至正常状态，或将临时变更转变为永久变更，或延长临时变更时限(需按有关要求进行审批)。 由审核员开展的工作： • 审核员应对所有变更管理文件或变更管理表格进行审查，以核实是否存在某些临时变更超过了允许时限或已延长时限。 • 审核员应对有关记录进行审查，以核实并确认公司/工厂为变更规定了时限(即属于永久变更还是临时变更，如果属于临时变更，则应规定变更时限)
审核准则 16-C-6：在书面变更管理程序中，应规定在进行任何变更前必须对拟进行的变更进行审批	美国职业安全与健康管理局(OSHA)《高危化学品过程安全管理》(29 CFR § 1910.119)(l)(2)(v) 美国国家环境保护局(EPA)《风险管理计划》中“变更管理”部分(68.75)	为审核员提供的基本信息： • 在变更管理程序和表格中，应对变更审批做出规定。可设定多个审批步骤，如首先对变更进行初步批准，其次审批变更要求，最后正式批准实施变更。应对批准权限做出规定，例如按照职务来确定不同阶段变更批准人员。 • 出于运行、安全等原因，某些变更需立即进行审批。例如上述变更情形在非正常工作时间发生，此时如果按照正常程序对变更进行审批，则相关人员可能均不在现场，因此有些公司在其变更管理程序中还规定了根据实际可选择的审批要求。这些程序被称为“紧急变更管理程序”。尽管使用情况并不都是紧急情况。通常，该程序会允许由变更批准组甚至仅由某一人员对变更进行口头审批。口头审批可通过电话进行。在相关过程安全管理标准中，并没有对变更口头审批做出任何规定。但是，如果在有关规定中允许以口头方式对变更进行审批，则要求在进行口头审批时必须持以谨慎态度，并且当变更管理程序中规定的批准人员在场或能够及时到达现场情况下一律不得采用口头审批。如果允许口头审批，则在变更管理程序中应明确指出可进行紧急批准的情形及至少需要做好哪些记录，同时还

续表

审核准则	审核准则出处	审核员指南
		应指明必须由哪些人员采用口头方式对变更进行审批，以及在日后需采用何种方法/在何时填写相关的正式文件。 由审核员开展的工作： • 审核员应对变更管理表进行审查，以核实并确认公司/工厂在进行变更前已按照变更管理程序中有关要求对变更进行了审批。 • 如果在变更管理程序中允许对紧急变更进行口头审批，则审核员应从这些变更类型中选择几个具有代表性的变更进行审查，以核实并确认这些变更符合变更管理程序要求
审核准则 16-C-7：在实施开车前，应将进行的变更告知参与工艺操作的人员以及受其影响的维护人员和承包商人员，并对这些人员进行培训	美国职业安全与健康管理局(OSHA)《高危化学品过程安全管理》(29 CFR § 1910.119)(1)(3) 美国国家环境保护局(EPA)《风险管理计划》中"变更管理"部分(68.75)	为审核员提供的基本信息： • 需将变更告知部分相关人员和承包商人员，以便他们在开展工作时兼顾该变更，从而确保安全、高效的完成作业。另外，部分变更实施时，涉及的较为复杂的新操作规范，因此，其他工厂人员和承包商还应接受关于这些变更的正式培训。应对每一项变更进行仔细检查，确保将变更情况准确传达给相关人员或对相关人员进行培训。无论是传达变更情况还是对相关人员进行培训，均应做好记录。 • 对于会受到变更影响的相关人员员工，可采用多种方法传达变更情况和进行培训，包括当面通报、课堂培训或实操培训、电子邮件或内联网员工发送信息、张贴通知、发送材料或在召开安全会议期间进行说明等。应对与每一项变更有关的变更管理文件进行审查，以核实并确认已在开车前将所进行的变更告知了相关人员，或对相关人员进行了培训。 • 如果对某台设备进行了变更，则应在开车前，就所进行的变更对操作人员进行培训或告知。 由审核员开展的工作： • 审核员应对相关人员进行面谈，以核实并确认公司/工厂不仅将变更进行了告知，或进行了培训，且员工相关人员已经完全了解进行的变更。尤其应注意核实公司/工厂是否通过电子邮件/内联网发送信息、张贴通知或分发印刷资料等方法来向相关员工人员进行了变更情况传达或培训。 • 如果对某台设备进行了变更，则审核员应对受变更影响的员工人员进行面谈，以核实并确认在设备操作前，已对所进行的变更员工员工进行了告知或培训。对于由于休假、生病或其他原因缺勤的员工，公司/工厂应在这些员工工返岗后对其进行变更告知或培训
审核准则 16-C-8：当按照变更管理程序进行某项变更时，如果需要修改相关过程安全资料，则应对这类文件进行相应更新	美国职业安全与健康管理局(OSHA)《高危化学品过程安全管理》(29 CFR § 1910.119)(1)(4) 美国国家环境保护局(EPA)《风险管理计划》中"变更管理"部分(68.75)	为审核员提供的基本信息： • 在与变更有关的变更管理文件中，应列出或指明需对哪些过程安全信息进行更新。另外，还应对与变更管理程序修改、审查和批准及 PSI 维护系统相关的文件进行更新。 • 不要求必须在开车前下发经过审批的最终版过程安全信息，可临时采用带标记的过程安全信息，但应确保这些资料内容正确且清晰易读。公司/工厂应设立一套管理系统来确保过程安全资料能够按照正式程序更新。

续表

审核准则	审核准则出处	审核员指南
		由审核员开展的工作: • 审核员应选择一部分具有代表性的不同类型变更管理文件包进行审查，以核实公司/工厂是否根据变更情况对相关过程安全信息进行了更新。 • 审核员应对过程安全信息(如图纸、泄压阀设计文件、化学品安全技术说明书(MSDS))进行审查，以核实并确认公司/工厂已根据变更对过程安全资料进行了相应更新，同时核实并确保公司/工厂已将最新过程安全资料提供给了操作人员、维护人员和工程设计人员
审核准则 16-C-9：在按照变更管理程序进行变更时，如果要求对相关操作程序或规范进行修改，则应进行相应更新	美国职业安全与健康管理局(OSHA)《高危化学品过程安全管理》(29 CFR § 1910.119)(l)(5) 美国国家环境保护局(EPA)《风险管理计划》中“变更管理”部分(68.75)	为审核员提供的基本信息: • 在与变更有关的变更管理文件中，应规定需对相关程序和安全操作规范进行更新，包括与上锁/挂牌、进入受限空间、打开工艺设备和动火作业有关的安全操作规范、个体防护装备(PPE)使用要求及应急响应计划。在某些情况下，应制定新的安全操作规范。例如，如果因变更而可能导致出现新的危险，如放射源，则需要制定相关安全操作规范。 • 不要求必须在开车前下发经过审批的最终版操作程序。可临时采用带修订标记的操作程序，但需确保这些操作程序内容正确且清晰易读。同时，公司/工厂应确保在设施开车后合理时间内尽快完成最终操作程序的更新。 • 应该特别注意的是，可按照 29 CFR § 1910.147《危险能量控制》中有关规定来编制设备能量隔离程序。如果公司/工厂采购了新设备或对现有设备进行了变更，则要求编制新的能量隔离程序或对现行能量隔离程序进行修改，例如确定新隔离点、动设备能量隔离措施等。 • 在使用新化学品或在新工艺单元使用现有化学品时，要求按照 29 CFR § 1910.132《个体防护装备一般行业标准》中有关规定进行个体防护装备危险评估。 由审核员开展的工作: • 审核员应选择一部分具有代表性的变更管理文件包进行审查，以核实这些变更是否会对动火作业、能量控制(上锁/挂牌)、管道断开、进入受限空间及控制人员进入设施有关的安全操作规范(SWP)造成影响。审核员应进行核实以确认公司/工厂已按照所进行的变更对相关安全操作规范和操作程序进行了更新，同时核实并确保最新的操作程序已提供给操作人员和维护人员。 • 如果公司/工厂采购了新设备或对现有设备进行了变更，则审核员应检查并核实公司/工厂是否编制了新的能量隔离程序或按照变更对现有能量隔离程序进行了更新。 • 审核员应对有关记录进行审查，以核实并确保公司/工厂已对更换化学品所需的个体防护装备进行了危险评估

16.2.1.1 美国州立过程安全管理标准

当工厂/公司按照州立过程安全管理标准制定其过程安全管理体系时，则应遵守州立过程安全管理标准中规定的具体要求。州立过程安全管理标准中规定的要求通常会与联邦 OSHA 过程安全管理标准《高危化学品过程安全管理》和 EPA《风险管理计划》中规定的要求存在一定程度的重叠，即使某一州已获得联邦法规实施授权（即该州从OSHA获得了《高危化学品过程安全管理》实施资格或从EPA获得了《风险管理计划》实施资格），州立过程安全管理标准还应设置自己的具体要求。在下表中，对以下三个州的过程安全管理法规适用性要求进行了说明：

- 新泽西州；
- 加利福尼亚州；
- 特拉华州。

表16.2列出了在美国州立过程安全管理标准中与“变更管理”有关的审核准则和审核员指南。

表16.2 在美国州立过程安全管理标准中与“变更管理”有关的审核准则和审核员指南

审核准则	审核准则出处	审核员指南
新泽西州立法规《毒性物品灾难预防法案》（TCPA） 审核准则16-C-10：如果对《毒性物品灾难预防法案》所涵盖过程或程序进行任何变更会导致化学品泄漏速度、泄漏持续时间、泄漏量或泄漏频次增大，则应指明化学品泄漏情形及泄漏速度、泄漏持续时间和泄漏量的变化	新泽西州《毒性物品灾难预防法案》第7：31-4.6部分	为审核员提供的基本信息： • 按照新泽西州《毒性物品灾难预防法案》中有关规定，公司/工厂应对过程危害分析中确定的泄漏情形进行扩散分析和后果分析，并对《毒性物品灾难预防法案》中所涵盖过程进行危险评估。如果过程变更会导致极度有害物质潜在泄漏速度、泄漏持续时间或泄漏量增大，则公司/工厂应基于变更重新进行扩散分析和后果分析。应在变更管理文件或毒性物品灾难预防法案中所涵盖过程的过程危害分析（PHA）报告（含风险评估文件）中列出上述要求，这些文件或报告应每5年进行一次复核和更新。 由审核员开展的工作： • 审核员应进行核实以确认公司/工厂已按照新泽西州《毒性物品灾难预防法案》第7：31-4.6部分有关规定对变更进行了定性和定量分析
审核准则16-C-11：如果对《毒性物品灾难预防法案》所涵盖过程或程序进行任何变更会导致化学品泄漏速度、泄漏持续时间、泄漏量或泄漏频次增大，则应按照在法案第7：31-4.2部分规定的参数和方法对有关泄漏情形进行分析，以核实在法案第7：31-4.2部分第（b）3iv节中规定的受影响终点是否延伸至设施边界以外	新泽西州《毒性物品灾难预防法案》第7：31-4.6部分	为审核员提供的基本信息： • 按照新泽西州《毒性物品灾难预防法案》中有关规定，公司/工厂应对过程危害分析中确定的泄漏情形进行扩散分析和后果分析，并对TCPA法规所涵盖过程进行危险评估。如果过程变更会导致极度有害物质潜在泄漏速度、泄漏持续时间或泄漏量增大，则公司/工厂应基于变更重新进行扩散分析和后果分析。应在变更管理文件或法规所涵盖过程的过程危害分析（PHA）报告（含风险评估文件）中列出上述要求，这些文件或报告应每5年进行一次复核和更新。 由审核员开展的工作： • 审核员应进行核实以确认公司/工厂已按照新泽西州《毒性物品灾难预防法案》第7：31-4.6部分有关规定对变更进行了定性和定量分析
审核准则16-C-12：如果因进行变更而造成泄漏，导致受影响终点延伸至设施边界以外，则在实施变更前应按照《毒性物品灾难预防法案》第7：31-4.2部分第（d）和（e）节中有关规定编写相关文件和报告，或对现有相关文件和报告进行更新	新泽西州《毒性物品灾难预防法案》第7：31-4.6部分	为审核员提供的基本信息： • 按照《毒性物品灾难预防法案》中有关规定，公司/工厂应对过程危害分析中确定的泄漏情形进行扩散分析和后果分析，并对法案所涵盖过程进行危险评估。如果过程变更会导致极度有害物质（EHS）潜在泄漏速度、泄漏持续时间或泄漏量增大，则公司/工厂应基于变更重新进行扩散分析和后果分析。应在变更管理文件或法案所涵盖过程的过程危害分析（PHA）报告（含风险评估文件）中列出上述要求，这些文件或报告应每5年进行一次复核和更新。

续表

审核准则	审核准则出处	审核员指南
		由审核员开展的工作: • 审核员应进行核实以确保公司/工厂已按照新泽西州《毒性物品灾难预防法案》第7:31-4.6部分有关规定对变更进行了定性和定量分析
审核准则16-C-13:在书面变更管理程序中,应规定在进行临时变更后需采取相关安全防范措施	新泽西州《毒性物品灾难预防法案》第7:31-4.6部分	为审核员提供的基本信息: • 在书面变更管理程序中,应规定进行临时变更后需采取相关安全防范措施,以将因变更而带来的风险降至最低。 由审核员开展的工作: • 审核员应进行核实以确认在进行了临时变更后采取了有关安全防范措施且对这些安全防范措施进行了记录
特拉华州立法规《意外泄漏预防计划》 审核准则16-C-14:除在OSHA过程安全管理标准《高危化学品过程安全管理》和EPA《风险管理计划》中规定的变更管理要求外,在特拉华州环境、健康与安全(EHS)法规中未新增任何与之有关的其他要求	《特拉华州立法规汇编》第77章第5.75节	• 无其他要求
加利福尼亚州职业安全与健康管理局(CalOSHA)法规《急性危险材料过程安全管理》 审核准则16-C-15:除在OSHA过程安全管理标准《高危化学品过程安全管理》和EPA《风险管理计划》中规定的变更管理要求外,在加利福尼亚州过程安全管理标准中未新增任何与之有关的其他要求	《加利福尼亚州立法规汇编》第8篇第5189部分	• 无其他要求
《加利福尼亚州意外泄漏预防计划》(CalARP) 审核准则16-C-16:除在OSHA过程安全管理标准《高危化学品过程安全管理》和EPA《风险管理计划》中规定的变更管理要求外,在《加利福尼亚州意外泄漏预防计划》(CalARP)中未新增任何与之有关的其他要求	《加利福尼亚州立法规汇编》第19篇第2760.6部分	• 无其他要求

16.2.2 相关审核准则

在本节中介绍的相关审核准则为审核员在对过程安全管理体系强制性要求以外的问题进行审查时提供了指南,这些相关审核准则在很大程度上代表了行业采纳的关于过程安全管理的良好做法,在某些情况下还代表了过程安全管理的普遍做法。由于部分相关审核准则已被广泛认可并成功实施,因此,这类审核准则实际上已经达到可接受做法的水准。审核员和过程安全管理人员应认真考虑如何采用和实施这些准则,或者至少采用一种相似的审核方法来对过程安全管理进行审核。有关可接受做法含义及其实施，见术语表和第 1.7.1 节。

表 16.3 列出了在行业过程安全管理优秀经验中与“变更管理”有关的建议采用的审核准则和审核员指南。

表 16.3 在行业过程安全管理优秀经验中与“变更管理”有关的审核准则和审核员指南

审核准则	审核准则出处	审核员指南
审核准则 16-R-1：在书面变更管理程序中，应包括实施策略和计划，以形成一套全面完整的变更管理系统	加拿大化学品制造商协会(CCPA)发布的加拿大重大工业事故理事会(MIACC)自评估工具《过程安全管理指南/HISAT 修订项目》(070820) 良好行业做法(GIP)	为审核员提供的基本信息： • 在变更管理系统的实施策略、程序和计划中，应包括以下内容： 明确哪些类型变更必须执行变更管理程序；应根据通过危害识别和风险分析(HIRA)、风险评估、保护层分析(LOPA)/安全完整性等级(SIL)分析等方法识别出的风险，确定需将哪些设备、过程、操作、程序和信息变更及工厂其他方面的变更纳入变更管理程序。许多公司和工厂主动将对设施进行的所有变更(包括人员变更)纳入变更管理程序，目的是便于人员理解变更管理程序和变更管理的重要性。 明确人员职责； 建立完善的审批体系，以反映任务和作业危险程度； 对作业进行记录； 进行内部审查，确保按照程序要求开展各项工作； 进行管理评审工作，通过对检查结果进行审查以调整管理计划要求，从而建立完善的反馈机制。 由审核员开展的工作： • 审核员应对变更管理程序进行审查，以核实并确认在变更管理程序中包含了相关规定
审核准则 16-R-2：在书面变更管理程序中，应对变更进行详细定义	加拿大化学品制造商协会(CCPA)发布的加拿大重大工业事故理事会(MIACC)自评估工具《过程安全管理指南/HISAT 修订项目》(070820) 良好行业做法(GIP)	由审核员开展的工作： • 审核员应对书面变更管理程序(或等同的变更控制程序)进行审查，以核实并确认在变更管理程序(或同等变更控制程序)中包括以下内容： 对在工厂中进行的“变更”和“同质同类替换(RIK)”进行定义。在进行定义时，应举例加以说明。 对临时变更和永久变更进行定义时，应举例加以说明
审核准则 16-R-3：应按照书面变更管理程序(或等同的变更管理程序)对在法规中未做出明确规定且不属于“同质同类替换(RIK)”，但与过程安全密切相关的变更进行管理	加拿大化学品制造商协会(CCPA)发布的加拿大重大工业事故理事会(MIACC)自评估工具《过程安全管理指南/HISAT 修订项目》(070820) 美国职业安全与健康管理局(OSHA)对其过程安全管理标准《高危化学品过程安全管理》(29 CFR §1910.119)做出的正式书面说明(WCLAR)(10/31/96) 良好行业做法(GIP) 美国职业安全与健康管理局(OSHA)指令 CPL02-02-45：《过程安全管理合规性指令》(CPL) OSHA 过程安全管理标准《高危化学品过程安全管理》“前言”部分(PRE)	由审核员开展的工作： • 审核员应对书面变更管理程序(或等同的变更控制程序)和变更管理表进行审查，以核实并确认公司/工厂对以下类型变更实施了有效管理： —对维护程序进行修改； —对检查、测试和预防性维护频率进行变更； —对工程设计或设备规范进行修改(尽管已对修改工程设计或设备规范而造成的影响进行了审查，但仍要求按照变更管理程序对设备变更进行管理)； —对与工艺运行没有关系的商用或其他用途计算机系统程序进行变更； —对《高危化学品过程安全管理》中未明确列出的过程、设备或工作现场进行变更也需要按照变更管理程序进行管理

续表

审核准则	审核准则出处	审核员指南
审核准则16-R-4：在书面变更管理程序中，应明确与变更性质和设施有关的环境、健康与安全(EHS)、过程安全和风险管理问题。	美国职业安全与健康管理局(OSHA)对其过程安全管理标准《高危化学品过程安全管理》(29 CFR § 1910.119)做出的正式书面说明(WCLAR) (2/28/97) 良好行业做法(GIP)	由审核员开展的工作： • 使用本审核准则的目的并非是对变更管理或变更进行评估，而是对变更管理程序、变更管理表及变更管理手段进行有效控制。对某一具体变更而言，在本审核准则中列出的某些内容可能属于合规性要求，但是对所有变更而言，在变更管理程序或其他文件中列出这些项目并不要求作为标准审查项目。 • 审核员应对变更管理程序和变更管理表进行审查，以核实并确认在变更管理程序和变更管理表中明确或涵盖了以下内容： —如果临时变更超过了规定的时限，应对变更进行重新分析和审批； —临时变更次数需要重新审批； —在某些情况下允许对变更进行口头审批，并且应指明如何记录； —在进行变更前，如何评估变更对当前排放、泄压和火炬能力造成的影响； —在进行变更前，如何评估变更对工业卫生要求造成的影响； —在进行变更前，如何评估变更对现有环境许可情况和环境保护要求造成的影响； —审查变更对维护工作造成的影响并修改备品备件清单； —审查变更对紧急整改计划和/或应急响应计划造成的影响并对计划进行相应修改； —应根据所进行的变更对《风险管理计划》中事故预防计划等级进行修改或对已提交的风险管理计划进行修改； —如果变更管理审核建议会对相关的设计或安装工作造成影响，那么在实施变更前应如何落实这些建议(即“因变更而产生的变更”)； —采用何种方法来记录与“因变更而产生的变更”有关的解决方案； —采用何种方法记录变更管理培训
审核准则16-R-5：如果变更对安全和健康造成影响或在进行变更时引入了新的工艺流程，则在变更管理程序中应规定需对这些情形进行危害识别和风险分析(HIRA)	良好行业做法(GIP)	为审核员提供的基本信息： • 在变更管理程序中，应规定需进行危害识别和风险分析的情形，并要求指定一名责任人来决定是否需对某一具体变更进行危害识别和风险分析。需进行危害识别和风险分析的部分情况包括，在现场引入未曾使用过的有毒、反应性或易燃的化学品、预计风险会大大增加(如以前不存在的潜在场外风险)、采用新工艺或特殊工艺、工艺条件大幅提高(如压力、温度、流量和pH值等)及化学品特性出现重大变化(如使用高挥发性物料)等。变更提出时，工厂应确定风险预测中哪些潜在变更必须进行危害识别和风险分析。 由审核员开展的工作： • 审核员应对变更管理程序和变更管理表进行审查，以核实并确认在变更管理程序和变更管理表中明确了与进行危害识别和风险分析有关的要求。

续表

审核准则	审核准则出处	审核员指南
		• 审核员应对正在执行的变更管理和已关闭变更管理进行审查，以核实并确认公司/工厂在开车前完成了危害识别和风险分析(如要求的话)并落实了相关建议。 • 审核员应对相关人员进行面谈，以核实在审核期间公司/工厂是否新建了与过程安全管理体系有关的工艺单元。作为一项最低要求，应在设计阶段开展危害识别和风险分析，并在设施开车前落实 HIRA 建议
审核准则 16-R-6：在变更管理程序中，应规定只有在获得批准后方可实施变更	加拿大化学品制造商协会(CCPA)发布的加拿大重大工业事故理事会(MIACC)自评估工具《过程安全管理指南/HISAT 修订项目》(070820) 良好行业做法(GIP)	由审核员开展的工作： • 审核员应对变更管理表或开车前安全审查(PSSR)表进行检查，以核实并确认在上述表单中规定了只有在获得批准后方可实施变更。可明确规定变更审批人，或将审批变更作为其他工作的一部分。在变更管理程序中，应明确规定只有变更获得批准后方可实施。 • 审核员应对变更管理程序进行检查，以核实并确认变更由多人进行审查/批准(从运行、工程设计和安全角度出发，变更提出人员不得参与变更批准)。 • 审核员应对变更管理表或开车前安全审查表进行检查，以核实并确认上述表单中明确了审批权限。尽管审批权限因变更范围和工厂规模而异，但通常应由一线主管以上人员来负责对变更进行审批。作为“开车准备”要素的一部分(见第 17 章)，还可以通过开车前安全审查来对变更进行审批
审核准则 16-R-7：应采用变更管理表或等同的记录形式来对变更审批进行管理	良好行业做法(GIP)	为审核员提供的基本信息： • 通常采用变更管理表来进行变更管理，以确保在进行变更前执行了审批程序。变更管理表可以为纸质版或电子版(包括采用在线方式进行电子审批)。不同类型变更可采用不同格式变更管理表，如对操作程序进行修改、将临时安全设备设置为走旁路或对电气系统或仪表系统进行变更等。 由审核员开展的工作： • 审核员应对变更管理程序进行检查，以核实公司/工厂如何使用不同格式(或相同格式)变更管理表对不同类型变更进行管理
审核准则 16-R-8：在变更管理程序中，应指明如何将变更告知公司/工厂经理、主管、技术人员、操作人员和维护人员、承包商人员和其他相关人员及如何就变更管理程序对这些人员进行告知和培训	良好行业做法(GIP)	为审核员提供的基本信息： • 尽管变更管理程序没有规定具体培训要求，但是，为确保正确执行变更管理程序需对所有相关人员进行培训。 由审核员开展的工作： • 审核员应进行核实以确认公司/工厂已将变更管理程序中的相关定义和有关的要求传达给了公相关操作人员和维护人员及承包商人员，以确保变更顺利开展。审核员应对培训记录进行检查，以核实公司/工厂是否就变更管理程序对相关人员进行了培训。 • 审核员应进行核实以确认公司/工厂已就变更管理程序对经理、主管和技术人员进行了全面培训，以保证这些人员明白如何按照变更管理程序来开展工作，包括对变更管理程序进行审批、如何通过系统(包括有关记录)对变更进行跟踪等。审核员应对培训记录进行检查，以核实公司/工厂是否就变更管理程序对相关人员进行了培训

续表

审核准则	审核准则出处	审核员指南
审核准则 16-R-9：在变更管理程序中，应规定如何使MOC程序与维护工单或项目工单相融合	良好行业做法(GIP)	为审核员提供的基本信息： • 在变更管理程序中，应规定如何识别在维护工单或项目工单中的变更部分通常应由提交工单的人员来明确是否存在变更，但需由其他人员对工单中的变更进行审批，以确保能够通过变更管理程序对涉及的变更进行有效管理。另外，在书面工单管理程序(如果已制定的话)中，应规定在工作开始前检查涉及潜在变更的工单，从而保证在开展工作前对变更进行有效管理。 由审核员开展的工作： • 审核员应对变更管理程序或有关文件进行审查，以核实在变更管理程序或有关文件中是否规定了如何识别在维护工单或项目工单系统中可能涉及的变更部分
审核准则 16-R-10：在变更管理程序中，应规定采用变更管理日志或等同的记录形式来记录每项变更的状态	良好行业做法(GIP)	为审核员提供的基本信息： • 值得注意的是，如果需进行大量变更，则应按照在变更管理程序中规定的方法，通过变更管理日志、数据库或其他系统对这些变更进行管理。 • 应通过变更管理系统对重要日期进行跟踪，以确保临时变更不超过其批准时限，同时确保在正式关闭变更管理文件前完成了所有开车后工作(如对过程安全知识(PK)文件和其他文件进行了更新、完成了与开车前安全审查(PSSR)有关项目等)。 • 在变更管理程序中，应指明由谁负责维护变更管理日志并定期对变更管理日志进行审查，以确保按照变更管理程序来实施并及时关闭变更。对于任何已开始的变更，如果经过很长一段时间(大约6个月或更长时间)后仍未关闭，则应引起高度重视，并且加快完成所有需关闭项。 • 在本审核准则中，"及时"一词是指根据整改项的复杂性和实施难度在合理时间内按照变更管理程序来实施变更。应根据具体情况对每一变更解决方案的开发和完成时间进行评估。 由审核员开展的工作： • 审核员应对相关人员进行面谈并对有关程序进行审查，以核实每个工厂如何对"及时"一词进行定义、如何使用这一定义及该定义及其使用是否合理可行
审核准则 16-R-11：在变更管理程序中，应规定妥善保存好变更管理文件包及其支持性文件	良好行业做法(GIP) 美国职业安全与健康管理局(OSHA)对其过程安全管理标准《高危化学品过程安全管理》(29 CFR § 1910.119)做出的正式书面说明(WCLAR)(7/12/06)	为审核员提供的基本信息： • 对于已完成变更管理文件包，应至少保存到进行下一次危害识别和风险分析(HIRA)(每隔5年)。HIRA复核应涵盖自完成上一次危害识别和风险分析以来已实施的所有变更。 • 可在工艺生命周期内保存好变更管理文件包/记录，并用作为化学品和设备进行变更的过程安全信息。 • 与程序修改有关的变更管理文件包/记录应至少保存到进行下一次危害识别和风险分析(HIRA)。 由审核员开展的工作： • 审核员应对变更管理程序进行审查，以核实并确认在变更管理程序中详细介绍了与记录保存有关的策略

续表

审核准则	审核准则出处	审核员指南
审核准则 16-R-12：在变更管理程序中，应规定在进行任何临时变更前必须对其实施时限进行审批	加拿大化学品制造商协会(CCPA)发布的加拿大重大工业事故理事会(MIACC)自评估工具《过程安全管理指南/HISAT修订项目》(070820) 美国职业安全与健康管理局(OSHA)《过程安全管理合规性指令》(CPL)	由审核员开展的工作： • 审核员不应按照本审核准则来核实变更是否已经超过变更管理程序中规定时限。这是一项合规性要求，故应按照审核准则 16-C-5 来进行评估。另外，区分永久变更和临时变更以及明确临时变更时限也属于一项合规性要求，应按照审核准则 16-C-5 来进行评估。本审核准则对临时变更最长允许时限及临时变更重新审批次数进行了规定。 • 审核员应对变更管理程序进行审查，以核实在变更管理程序中是否规定了由管理人员对临时变更实施时限或最长允许时限进行审批
审核准则 16-R-13：在变更管理程序中，应列出相关检查步骤或规定，用于核实变更是否按照要求顺利实施	美国职业安全与健康管理局(OSHA)指令 CPL02-02-45：《过程安全管理合规性指令》(CPL)	为审核员提供的基本信息： • 通常在进行"开车准备(OR)"审查时来核实变更是否按照要求顺利实施，但有些工厂将变更管理和开车准备(OR)合二为一来进行审查。 由审核员开展的工作： • 审核员应进行核实以确认在变更管理表或开车准备表中列出了在本审核准则中规定的检查工作，同时核实并确认始终按照统一规定来执行

审核准则	审核准则出处	审核员指南
审核准则 16-R-14：当与过程安全有关的主要人员发生变化或对人员配置/运行人员进行调整会对过程安全造成影响时，应按照变更管理程序对人员变化进行管理[即组织机构变更管理(MOOC)]	加拿大化学品制造商协会(CCPA)发布的加拿大重大工业事故理事会(MIACC)自评估工具《过程安全管理指南/HISAT修订项目》(070820) 良好行业做法(GIP)	为审核员提供的基本信息： • 组织机构变更管理(MOOC)是将变更管理程序所涉及内容延伸至设备和程序变更管理范围以外。MOOC 程序有助于确保对组织机构人员变更进行有效管理，其主要涉及人员培训和资格考核。 • 本审核准则可用于管理人员、操作人员、维护人员、工程设计人员、技术人员和过程安全管理人员的变更管理。通常，公司可在其所有领域按照本审核准则来对人员变化进行管理(包括质量控制/管理、环境管理和其他领域)，如重要人员可能出现的流失、人员配置变化或可能会导致事故风险增加或人员不服从的责任变化。 • 组织机构变更管理(MOOC)范围包括公司人员职能发生变化、公司化验室分析人员发生变化、休假安排出现变化、班组定员发生变化、操作人员职责发生变化及变更管理范围以外的生产计划发生变化(如设施运行时间由每天 24h、每周 7 天改为仅在白天运行)等。 由审核员开展的工作： • 审核员应进行审查以核实在变更管理程序中是否包含了组织机构变更管理(MOOC)，或公司/工厂是否制定了单独程序来对组织机构变更进行管理。 • 如果公司/工厂制定了 MOOC 程序，则审核员应进行核实以确认公司/工厂按照 MOOC 程序中有关要求对组织机构变更进行有效管理

续表

审核准则	审核准则出处	审核员指南
• 审核准则16-R-15：公司/工厂编制的变更管理程序应简洁明了，确保所有相关人员均能够理解该程序内容且能够按照该程序来开展变更工作。在变更管理文件中，应记录每一变更的提出、审查、批准和实施情况，以便进行审核	良好行业做法(GIP)	由审核员开展的工作： 审核员应随机选择一部分具有代表性的变更管理文件包进行检查，以核实并确认： • 员工可随时查阅变更管理文件包和支持性资料。 • 书面变更管理程序和变更管理表中的内容不会对人员产生误导，且便于普通人员在提出变更时使用。 • 不同人员均可以提出变更，并非仅能指派同一名人员提出变更。 • 在确定变更审查和批准权限时应避免存在利益冲突。例如，变更提出人员不得参与变更技术依据或安全评估审批工作。 • 从提出变更、实施变更一直到更新相关信息(如过程安全信息、策略、和已关闭变更管理文件包中有关程序)的整个过程应便于跟踪。 • 已完成变更管理文件包/表应填写完整，即变更管理文件包/表中无任何空白项(如果有空白项，则应注明“不适用”字样)。 • 为已批准变更明确了实施时限，超过该时限后将不得再实施变更或需对变更重新进行审批。 • 指派了具体人员来负责变更申请存档、员工变更培训、过程安全信息(PSI)和操作程序更新及确保在必要时进行安全审查。 • 明确了在临时变更超过规定时限后将工艺恢复至其允许状态时需采取的步骤
审核准则16-R-16：应按照已批准变更管理程序中有关要求来实施所有变更	美国职业安全与健康管理局(OSHA)指令CPL02-02-45：《过程安全管理合规性指令》(CPL)	由审核员开展的工作： • 审核员应选择一部分与“开车准备”要素有关的具有代表性的变更管理程序进行审查，以核实并确认公司/工厂按照已批准设计进行了变更
审核准则16-R-17：在增大设施生产能力后，危害识别和风险分析(HIRA)组在进行下一轮危害识别和风险分析时应考虑现有泄压系统设计能否满足生产能力变化需求	《炼油行业过程安全管理国家重点计划》(NEP)(OSHA指令CPL 03-00-004)	由审核员开展的工作： • 如果自1992年5月26日以来标准所涵盖过程中的生产能力发生了变化，则审核员应对变更管理文件包进行审查，以核实在变更管理文件包中是否指出公司/工厂有必要对现有泄压系统(包括火炬、洗涤塔或其他减缓设备)进行评估，如果指出，则核实公司/工厂是否对现有泄压系统进行了评估

16.2.3 自愿性共识过程安全管理标准

在下文对以下自愿性共识过程安全管理标准中“变更管理”要求进行了介绍：

• 由API编写且由美国内政部矿产资源管理局(MMS)批准的《安全和环境管理计划》(SEMP)中关于海上石油平台领域“变更管理”要求；

• 由美国化学理事会(ACC)发布的《责任关怀管理体系®》(RCMS)中“变更管理”要求；

• 由美国化学理事会(ACC)发布的RC14001《环境、健康、安全与安保管理体系》中“变更管理”要求。

表16.4列出了在自愿性共识过程安全管理标准中与“变更管理”有关的审核准则和审核员指南。

表 16.4 在自愿性共识过程安全管理标准中与“变更管理”有关的审核准则和审核员指南

审核准则	审核准则出处	审核员指南
美国内政部矿产资源管理局《安全和环境管理计划》(SEMP)		
审核准则 16-R-18：应编制书面程序来识别和控制与变更相关的危险，并确保安全信息的正确性	美国石油学会(API)推荐做法 75：《全和环境管理计划》(API RP 75)，4.1	由审核员开展的工作： • 审核员应对书面变更管理程序进行审查，以核实并确认在变更管理程序中提供了有关程序来识别和控制与变更相关的危险，并对相关安全信息进行更新
审核准则 16-R-19：应按照变更管理程序对工艺流体、工艺添加剂、产品、副产品或三废规格变化、设计藏量更改、仪表和控制系统变更或结构材质更换进行管理	美国石油学会(API)推荐做法 75：《安全和环境管理计划》(API RP 75)，4.2	由审核员开展的工作： • 审核员应对书面变更管理程序进行审查，以核实并确认变更管理程序适用于在本审核准则中规定的物料规格变化、设计藏量更改、仪表和控制系统变更或结构材质更换
审核准则 16-R-20：在公司/工厂制定的管理计划中，应明确哪些人员有权提出变更	美国石油学会(API)推荐做法 75：《安全和环境管理计划》(API RP 75)，4.2	• 无其他要求
审核准则 16-R-21：在变更管理程序中，应包括以下内容： • 永久变更； • 临时变更，包括变更时限； • 紧急变更； • 人员变更	美国石油学会(API)推荐做法 75：《安全和环境管理计划》(API RP 75)，4.2，4.2.1，4.3，4.4f	由审核员开展的工作： • 审核员应对书面变更管理程序进行审查，以核实并确保在变更管理程序中涵盖了在本审核准则中列出的所有变更。 • 对于永久变更，审核员应基于其性质(设备、技术和工艺)进行检查以确认其符合变更管理程序中规定的全部要求。 • 由于临时变更属于短时间变更，因此通常不要求对过程安全知识(PK)文件进行更新。但是，对于某些过程安全知识，必须根据变更性质(如临时更改设施生产能力)进行临时修改。审核员应进行核实以确认在变更管理程序中规定应对临时变更时限做出规定。 • 紧急变更通常是指需立即实施而没有时间按照正常程序进行审批的变更。但是，审核员应进行检查以确认由审批人员按照某些基本要求对紧急变更进行了审查和批准。 • 人员变更包括人员配置出现变化、对人员进行替换、或重新分配人员职责以确保合理分配过程安全管理职责，同时保证负责人员具备必要的资格和知识，能够以行之有效的方式来履行其职责。审核员应进行核实以确认相关人员完全了解其需承担的职责(如采用签字方式来确认其职责)，并将这些职责纳入了过程安全管理体系
审核准则 16-R-22：应对新并购或出售设施可能会对公司或设施造成的影响进行审查	美国石油学会(API)推荐做法 75：《安全和环境管理计划》(API RP 75)，4.3	由审核员开展的工作： • 审核员应对变更管理程序进行审查，以核实并确认在变更管理程序中规定了对新并购或出售设施可能会对公司或工厂造成的影响进行审查。但也可以在其他文件中明确该项要求。 • 该项审查要求的主要目的是明确相关负责人，以确保顺利实施和维护好过程安全管理体系。审核员应进行检查以确认公司为每一工厂设立了过程安全管理部门

续表

审核准则	审核准则出处	审核员指南
审核准则16-R-23：按照《安全和环境管理计划》(SEMP)中的规定，应编制书面管理程序以确保对变更管理程序中规定的所有步骤进行管理	美国石油学会(API)推荐做法75：《安全和环境管理计划》(API RP 75)，4.4	由审核员开展的工作： • 审核员应对变更管理程序进行检查，以核实并确认在变更管理程序中提供了证明公司/工厂已按照变更管理程序中的规定完成了变更的方法(如采用变更管理表、跟踪日志)。在完成变更后，应具备确认机制，以告知变更执行证明。这样，就能够确保完成的变更满足变更管理程序中规定的要求
审核准则16-R-24：在公司/工厂制定的管理计划中，要求在书面变更管理程序中规定应就变更向有关人员征询意见和建议	美国石油学会(API)推荐做法75：《安全和环境管理计划》(API RP 75)，4.4.a，4.4.b	由审核员开展的工作： • 审核员应对变更管理程序进行审查，以核实并确认由具备相关知识的人员对变更进行审查，包括操作人员、维护人员、工程设计人员和安全人员(视具体情况)等。通过组建变更审查组来对变更进行审查，这有助于识别出所有潜在安全危险并对其进行评估，同时还有助于明确风险控制手段，及时跟踪并消除危险
审核准则16-R-25：应制定一套程序以确保及时完成所有跟踪项(如对图纸进行更新、对程序进行修改、对应急响应计划进行更新等)	美国石油学会(API)推荐做法75：《安全和环境管理计划》(API RP 75)，4.4.c，4.4.e	由审核员开展的工作： • 审核员应对变更管理程序进行审查，以核实并确认在变更管理程序中提供了有关方法，以对与变更有关的所有过程安全知识(PK)文件进行更新，包括安全与操作程序、图纸和设计资料
审核准则16-R-26：应制定一套程序来确保在实施变更前将变更告知所有相关人员，并就该变更进行人员培训	美国石油学会(API)推荐做法75：《安全和环境管理计划》(API RP 75)，4.4.d	由审核员开展的工作： • 审核员应对变更管理程序进行审查，以核实并确认在变更管理程序中提供了将变更告知相关人员或就变更及有关安全、操作和维护程序对相关人员进行培训的方法。应对培训内容做好记录并对培训进行跟踪，以确保将变更告知了所有相关人员，或对所有相关人员进行了培训。 • 对于简单变更，审核员应检查并确认公司/工厂通过电子邮件或下发变更日志等方式来告知相关人员。对于比较复杂的变更，审核员应检查并确保公司/工厂对相关人员进行了正式培训(包括课堂培训、计算机辅助培训(CBT)或实际动手操作培训)，并核实这些人员是否完全掌握了培训内容(如通过考试或观察)
审核准则16-R-27：在公司/工厂制定的管理计划中，应规定由谁负责对在进行变更时需遵守的变更管理程序进行审批	美国石油学会(API)推荐做法75：《安全和环境管理计划》(API RP 75)，4.4.g	由审核员开展的工作： • 审核员应对变更管理程序进行审查，以核实并确认在变更管理程序中明确了变更审查和批准人员。变更批准人员因变更性质而异(例如，对于微小变更，可由一线主管审批；对于重大变更，则应由管理人员/技术人员审批)

审核准则	审核准则出处	审核员指南
美国化学理事会(ACC)《责任关怀管理体系®》(RCMS) 审核准则16-R-28：公司应制定一套管理系统来识别和评估与健康、安全、安保与环境有关的危险，对与新产品和工艺、现有产品和工艺、现有产品和工艺变更、原料和产品运输和使用以及与工艺运行有关的风险进行评估并确定其优先顺序	美国化学理事会(ACC)《责任关怀管理体系®技术规范》要素2.1	由审核员开展的工作： • 审核员应对变更管理程序进行审查，以核实并确认在变更管理程序中除涵盖与工艺有关的变更要求外，还明确了与产品、原料和产品运输使用及其他工作(如收费加工)有关的变更要求。按照《责任关怀管理体系®》(RCMS)，要求对上述作业及变更进行初步危害识别和风险分析(HIRA)。另外，应对与运输和产品有关的信息进行相应更新。 • 审核员应对变更管理程序进行审查，以核实并确认在变更管理程序中不仅涵盖与健康、安全有关的危害和风险，还包括与安保和环境有关的危害和风险。例如，如果在对工艺进行变更时新增了某一特殊化学品，这会增大安保风险(因蓄意破坏行为而造成的后果)。同样，如果在对工艺进行变更时取消了某一化学品，这会降低与工艺有关的安保风险

审核准则	审核准则出处	审核员指南
美国化学理事会（ACC）RC14001《环境、健康、安全与安保管理体系》 审核准则 16-R-29：应制定、识别并维护好有关程序，以对与新产品和工艺、现有产品和工艺及现有产品和工艺变更有关的风险进行评估	美国化学理事会（ACC）《环境、健康、安全与安保管理体系技术规范》RC151.03，4.3.1	由审核员开展的工作： • 审核员应对变更管理程序进行审查，以核实并确认在变更管理程序中不仅强调了与健康、安全和安保有关的危害和风险，还强调了与作业、产品和服务有关的环境危害和风险

16.3 审核方案

附录 A 过程安全管理审核方案，就如何按照审核准则对第 16.2 节中的内容进行审查提供了详细指南（有关如何在线获取附录 A 中资料，见第Ⅷ页）。

参 考 文 献

American Chemistry Council, *RCMS® Technical Specification*, RC 101.02, March 9, 2005.

American Chemistry Council, *RCMS® Technical Specification Implementation Guidance and Interpretations*, RC101.02, January 25, 2004.

American Chemistry Council, *RCMS® Technical Specification Implementation Guidance and Interpretations Appendices*, RC 101.02, January 25, 2004.

California, California Code of Regulations, Title 8, Section 5189, CalOSHA, November 1985.

Center for Chemical Process Safety (CCPS), *Guidelines for Risk Based Process Safety*, American Institute of Chemical Engineers, New York, 2007 (CCPS, 2007c).

Delaware, *Accidental Release Prevention Regulation*, Delaware Department of Natural Resources and Environmental Control/Division of Air and Waste Management, September 1989 (rev. January 1999).

Department of the Interior, Minerals Management Service, *Safety and Environmental Management Program (SEMP)*, 1990.

Environmental Protection Agency (USEPA), 40 CFR § 68, *Accidental Release Prevention Requirements: Risk Management Programs Under Clean Air Act Section* 112(*r*)(7); Final Rule, June 21, 1996.

New Jersey, *Toxic Catastrophe Prevention Act* (*N. J. A. C.* 7: 31), New Jersey Department of Environmental Protection, June 1987 (rev. April 16, 2007).

Occupational Safety and Health Administration (OSHA) 29 CFR § 1910.119, *Process Safety Management of Highly Hazardous Chemicals, Explosives and Blasting Agents; Final Rule*, Washington, DC, February 24, 1992.

Occupational Safety and Health Administration (OSHA) Publication 3133, *Process Safety Management Guidelines for Compliance*, Washington, DC, 1993.

Occupational Safety and Health Administration (OSHA) Instruction CPL 02-02-045 CH-1, *PSM Compliance Directive*, Washington, DC, September 13, 1994.

Occupational Safety and Health Administration (OSHA) Instruction CPL 03-00-004, *Petroleum Refinery Process Safety Management National Emphasis Program*, June 7, 2007 (OSHA, 2007a).

Occupational Safety and Health Administration (OSHA) Directive 09-06 (CPL 02), *PSM Chemical Covered Facilities National Emphasis Program*, July 27, 2009 (OSHA, 2009a).

17 开车准备

"开车准备"这一要素在 OSHA 过程安全管理标准《高危化学品过程安全管理》和 EPA《风险管理计划》以及在许多美国州立过程安全管理标准和自愿性共识过程安全管理标准中被称之为"开车前安全审查"。"开车准备"是化工过程安全中心(CCPS)《基于风险的过程安全》(RBPS)事故预防原则之一"管理风险"中的一个要素。

17.1 概述

"开车准备"这一要素主要是确保在工厂生命周期内对各工艺单元实施安全开车。在对以下工艺单元开车前，要进行开车前准备审查：

- 新建工艺单元；
- 为进行改造而停车的现有工艺单元；
- 出于其他原因而停车的现有工艺单元，包括为进行日常维护而短期停车以及为进行大检修或因产品供过于求或原料紧缺而长期停车。

"开车准备"这一要素涉及许多相关工作，包括进行开车前准备审查、基于审查结果决定是否开车及对有关决策、整改项和审查结果进行跟踪。按照有关法规中的规定，在对新建工艺单元或改造后工艺单元开车前，应进行开车前安全审查(PSSR)。故"开车准备"这一要素是对"变更管理"要素的必要补充，在进行审核时通常对这两个要素一起进行审查。作为一种良好做法或经验，在停车工艺单元重新开车前，均要求进行一定程度的开车前安全审查。另外，在进行开车前审查时还应对工艺设备完整性进行检查，尤其是经过改造或维修的工艺设备。因此，"开车准备"这一要素还与"资产完整性"要素相关。

开车准备审查旨在核实工艺单元是否具备安全开车条件。只有当工艺单元确实具备了安全开车条件时，才允许对工艺单元实施开车。如果开车准备审查结果表明需采取其他改进措施来确保工艺单元安全开车，则应建立措施跟踪系统，确保完成这些改进措施，同时还应确保及时完成开车前不要求但与过程安全管理密切相关的措施(如对过程安全知识进行更新)。对于大型项目，通常在计划开车前数月就开始进行开车准备审查，而对于小型项目，可能仅需数小时就能完成开车准备审查。

"开车准备"这一要素与过程安全管理体系中其他要素密切相关。主要相关要素包括：

- "过程知识管理"要素(见第 9 章)——在进行了变更或新建工艺单元后，应及时对过程安全知识/过程安全信息进行更新。
- "危害识别和风险分析"(HIRA)要素(见第 10 章)——必须对新建工艺单元进行危害识别和风险分析。

• “操作程序”要素(见第 11 章)——通常，在对设备进行了变更后应对相关操作程序进行更新，并且应为新建工艺单元编写并提供新操作程序。

• “培训和绩效保证”要素(第 15 章)——在重新启动设备前或在新建工艺单元开车前，应将进行的变更告知操作人员、维护人员和其他受影响人员，或就这些变更对进行人员培训。

• “变更管理”要素(见第 16 章)——开车准备审查通常与“变更管理”要素相结合，并作为变更管理过程的一个步骤来开展。

在第 17.2 节中，对合规性审核准则、相关审核准则及审核员的使用要求进行了介绍。有关对合规性审核准则和相关审核准则的详细介绍，见第 1 章 1.7 节。这些章节中介绍的准则和指南并不能完全涵盖过程安全管理体系的所有内容，而代表的是化工/加工行业过程安全管理审核员的集体经验及基于经验形成的一致性观点。合规性审核准则来自于美国过程安全管理法规，而这些法规全部都是基于绩效的法规。基于绩效的法规以目标为导向，可能会有多种途径来满足法规中规定的要求。因此，对于在本章审查表中列出的问题，尤其是审查表“审核员指南”栏中列出审查方法，可能还会有其他方法来进行审查。

在本书中介绍的相关审核准则并不代表实施过程安全管理体系必须遵守这些准则，也不代表如果没有遵守这些准则，过程安全管理体系的实施就会出现问题。与合规性审核准则一样，对某一工厂或公司而言，按照相关准则对过程安全管理体系实施情况进行审核完全是自愿性的，并非强制性要求。在采用相关审核准则时应认真计划，从而防止无法达到预期的过程安全绩效标准。在采用这些相关审核准则之前，应在工厂与其母公司之间达成一致意见。此外，本书所提供的相关审核准则和审核员指南并不意味着是对监管机构发出的书面或口头澄清、或因违反过程安全管理法规而由监管机构发出的违规传票，以及由监管机构发布的其他过程安全管理指南的认同，也不是对某一公司在实施过程安全管理体系过程中形成的成功或常用过程安全管理做法的认可。

17.2 审核准则和审核员指南

本节对 OSHA 过程安全管理标准《高危化学品过程安全管理》、EPA《风险管理计划》中“开车准备”[在这些标准中，开车准备还被称之为“开车前安全审查(PSSR)”]以及多个美国州立过程安全管理标准和其他常用自愿性共识过程安全管理标准中“开车准备"这一要素的详细要求进行了介绍。

审核员根据所提供的指南，通过开展以下审核工作对下文介绍的审核准则进行审查：

• 与在工厂中全面负责开车准备计划的人员进行面谈。该类人员通常为过程安全经理/协调员，但工程设计/技术部门和运行部门人员也常常对开车准备审查进行协调并提供支持。

• 由于变更管理与开车准备密切相关，因此，应对变更管理和开车准备书面程序进行审查，确定其范围和适用性。有时，开车准备审查包含在变更管理程序中。

• 选择一部分具有代表性的开车准备审查报告进行检查，包括对新建工艺单元或改造、大检修或长期停车后的现有工艺单元进行开车准备审查。对有关记录进行审查，以核实并确认已根据优先顺序完成了开车准备审查中确定的整改项，并且在开车前完成了所有准备工作。

• 对培训文件进行审查并对操作人员和维护人员进行面谈，以核实并确认在开车前已就相关变更对这些人员进行了培训。

• 对与变更有关的安全、操作、维护和应急响应程序进行审查，以核实并确认在开车前编写或更新了这类程序。

另外，审核员还应对被审核公司/工厂所制定程序中“开车准备”要求进行认真审查。如第1.7.1节所述，监管机构会将这些“开车准备”要求认定为合规性要求，如果不遵守这些合规性要求，公司或工厂就会因违反法规中的规定而收到由OSHA发出的违规传票。审核员应通过对相关人员进行面谈、对有关记录和文件进行审查及实地检查等方式来核实工厂或公司开车准备审查程序中有关要求是否已按照规定付诸实施。如果在审核时发现没有遵守公司/工厂制定的具体规定，则应将发现的问题写入审核报告。

对于在下文表中用于指明审核准则出处的缩写词定义，见“第3-24章指南”部分。

17.2.1 合规性要求

审核准则应供以下公司/工厂使用：

• OSHA过程安全管理标准《高危化学品过程安全管理》或EPA《风险管理计划》所涵盖的美国本土公司/工厂；

• 自愿采用OSHA过程安全管理标准《高危化学品过程安全管理》的公司/工厂；

• 在美国本土以外采用了OSHA过程安全管理标准《高危化学品过程安全管理》中规定的要求的公司/工厂。

表17.1列出了在OSHA过程安全管理标准《高危化学品过程安全管理》和EPA《风险管理计划》中与“开车准备”有关的审核准则和审核员指南。

表17.1 在OSHA过程安全管理标准《高危化学品过程安全管理》和EPA《风险管理计划》中与“开车准备”有关的审核准则和审核员指南

审核准则	审核准则出处	审核员指南
审核准则17-C-1：应对新建设施进行开车前安全审查(PSSR)	美国职业安全与健康管理局(OSHA)《高危化学品过程安全管理》(29 CFR § 1910.119)(i)(1) 美国国家环境保护局(EPA)《风险管理计划》中“开车前审查”部分(68.77)	为审核员提供的基本信息： • 对于新工艺单元，开车前安全审查(PSSR)可能会很复杂，需编制多个检查表对新工艺各个方面，如电气设备、仪表、动设备、静设备和消防设备等进行检查。 由审核员开展的工作： • 对于涵盖在过程安全管理体系中且在审核期间实施开车的任何新建工艺单元，审核员应对相关人员进行面谈并对有关记录进行审查，以核实并确认有关人员已完成了设施开车前安全审查(PSSR)并进行了记录，同时核实并确认对所要求的其他要素进行了审查
审核准则17-C-2：当设施的重大改造会引起过程安全信息变化时，则应对改造设施进行开车前安全审查(PSSR)	美国职业安全与健康管理局(OSHA)《高危化学品过程安全管理》(29 CFR § 1910.119)(i)(1) 美国国家环境保护局(EPA)《风险管理计划》中“开车前审查”部分(68.77)	为审核员提供的基本信息： • 通过变更管理程序实施变更管理与进行开车前安全审查(PSSR)的理由稍有不同，但几乎是大同小异。如果对设备进行的变更不属于设备同质同类替换，则需采用变更管理程序对其进行管理；如果在进行变更时会引起过程安全信息变化，则需进行开车前安全审查。通常很难确定哪些变更仅需通过变更管理而无需进行开车前安全审查，反之亦然。但在某些情况下，可能确实存在上述情形。这就是为什么许多公司/工厂将变更管理程序和PSSR程序合并为一套程序，并将开车前安全审查作为变更管理程序的一部分。

续表

审核准则	审核准则出处	审核员指南
		• 对于非重大变更，如在变更时不涉及对程序进行修改或不要求对人员进行培训，则无需进行大量核实和确认工作。 由审核员开展的工作： • 审核员应对变更管理日志或其他变更管理记录（见第16章）进行审查，以核实并确认已选择一部分具有代表性的变更来对其进行了开车前安全审查
审核准则17-C-3：在向工艺单元引入高度危险化学品前，应对工艺单元进行开车前安全审查（PSSR）	美国职业安全与健康管理局（OSHA）《高危化学品过程安全管理》（29 CFR § 1910.119）（i）（2） 美国国家环境保护局（EPA）《风险管理计划》中“开车前审查”部分（68.77）	由审核员开展的工作： • 审核员应对开车前安全审查（PSSR）报告进行检查，以核实在工艺单元开车前或在向工艺单元引入高度危险化学品前（以先到时间为准）已经进行了开车前安全审查，同时确认在工艺单元跟踪整改项已在开车前完成
审核准则17-C-4：应通过开车前安全审查（PSSR）来确认施工和设备符合有关设计规范	美国职业安全与健康管理局（OSHA）《高危化学品过程安全管理》（29 CFR § 1910.119）（i）（2）（i） 美国国家环境保护局（EPA）《风险管理计划》中“开车前审查”部分（68.77）	为审核员提供的基本信息： • 在设备制造期间，项目人员可能已在供货商生产车间对设备（如压力容器）制造进行了检查，并对设备制造是否符合要求进行了确认。如果属于这种情况，则需要提供单独检查报告或记录，以证明在供货商生产车间已经对设备制造进行了检查。 • 可能需要由多个专业来检查现场设备的安装情况，如电气设备、仪表、动设备、静设备和消防设备等。 • 对于在进行开车前安全审查时发现的任何缺陷，应做好记录，并且应在开车前完成对这些缺陷的纠正（如这些缺陷不会对安全开车造成影响，则不要求必须在开车前完成缺陷纠正）。 由审核员开展的工作： • 审核员应对已安装的设备进行实地检查，以确认设备制造和安装符合设计图纸和规范。应将实地检查结果记录在开车前安全审查（PSSR）报告或等同的记录文件中
审核准则17-C-5：应通过开车前安全审查（PSSR）来确认现有安全、操作、维护和应急响应程序满足要求	美国职业安全与健康管理局（OSHA）《高危化学品过程安全管理》（29 CFR § 1910.119）（i）（2）（ii） 美国国家环境保护局（EPA）《风险管理计划》中“开车前审查”部分（68.77）	为审核员提供的基本信息： • 当变更会对安全、操作、维护和应急响应程序造成影响时，在开车前应根据变更情况，对现有程序进行补充或修改。可以采用临时性程序或带修改标记的程序对变更进行检查。但是，在开车后，关闭变更前，应及时将临时性程序或带修改标记的程序转化为永久性程序。在这里，“及时”一词是指根据行动的复杂性和改造难度在合理时间内完成对现有程序的永久性修改。应根据具体情况对每一情形进行评估。审核员应核实每个工厂如何对“及时”这一术语进行定义、如何使用定义及定义使用是否合理。 • 并不一定是在进行变更尤其是非重大变更后才需要对程序进行修改。但是，对于所有变更，均要求在进行这些变更前评估其对现有程序的影响。

续表

审核准则	审核准则出处	审核员指南
		• 对应急响应程序的修改应包括对标准操作程序(SOP)及工厂应急响应计划中应急处置步骤的修改,例如,当向工厂引入高危化学品时,则需要对应急响应程序进行修改。 • 在开车前,可能不要求按照某些程序进行检查,例如与资产完整性定期检查有关的程序。但是,公司/工厂应建立一套机制来确保在关闭变更前及时完成这些程序中规定的检查工作。 • 应将检查结果记录到开车前安全审查(PSSR)报告中。 由审核员开展的工作: • 审核员应对有关文件进行审查,以核实并确认在开车前已进行了必要的检查程序。在开始进行审核工作前,可将临时性程序或带红线/带修改标记的程序转化为永久性程序。另外,审核员应进行检查以核实是否在开车后合理时间内对永久性程序进行了修改
审核准则 17-C-6:对于新建设施,应通过开车前安全审查(PSSR)来核实并确认已开展了过程危害分析(PHA)且在开车前已落实了在过程危害分析中所提出的建议	美国职业安全与健康管理局(OSHA)《高危化学品过程安全管理》(29 CFR § 1910. 119)(i)(2)(iii) 美国国家环境保护局(EPA)《风险管理计划》中"开车前审查"部分(68. 77)	由审核员开展的工作: • 审核员应对操作人员进行面谈,以核实在审核期间是否有新建设施(工艺单元)开车。如果有的话,则应对新建设施的过程危害分析(PHA)报告以及 PHA 建议跟踪系统进行审查(见第 10 章)。 • 审核员应对有关文件进行审查,以核实并确认在设施开车前已落实了所有 PHA 建议。在落实建议时,应明确哪些建议需在开车前落实,哪些建议可以在开车后落实。 • 审核员应对有关文件进行审查,以核实并确认需要在设施开车前落实的建议已经完成,其他建议在开车后且在项目关闭前及时得到了落实
审核准则 17-C-7:应通过开车前安全审查(PSSR)来核实改造设施满足变更管理程序中规定的要求	美国职业安全与健康管理局(OSHA)《高危化学品过程安全管理》(29 CFR § 1910. 119)(i)(2)(iii) 美国国家环境保护局(EPA)《风险管理计划》中"开车前审查"部分(68. 77)	为审核员提供的基本信息: • 通常,最好结合变更管理程序(见第 16 章)对开车前安全审查(PSSR)程序进行审查,以便同时检查变更管理和开车前安全审查是否满足要求。 • 尽管"开车前安全审查(PSSR)"要素和"变更管理"要素是过程安全管理体系中两个独立要素,但许多公司和工厂将这两个要素合并在一套管理程序中。如果属于这种情况,则应同时对开车前安全审查程序和变更管理程序进行审核。 由审核员开展的工作: • 审核员应对有关文件进行审查,以核实并确认在对改造设施实施开车前已按照变更管理程序对变更进行了审查和评估
审核准则 17-C-8:对于改造设施,应通过开车前安全审查(PSSR)来核实并确保对参与设施运行的每名员工进行培训	美国职业安全与健康管理局(OSHA)《高危化学品过程安全管理》(29 CFR § 1910. 119)(i)(2)(iv) 美国国家环境保护局(EPA)《风险管理计划》中"开车前审查"部分(68. 77)	为审核员提供的基本信息: • 某些变更可能不需要对操作人员进行正式培训。但是,作为一项最低要求,应采用某种方式将变更告知操作人员。如果对设备进行了变更,则应在操作人员开始操作设备前就变更对操作人员进行培训或将变更告知操作人员,这些工作可在开车前进行。 • 培训方式可以为正式课堂培训、计算机辅助培训(CBT)或实际动手操作培训,或安排操作人员阅读有关变更管理资料并签字。在进行培训时,应将因变更而对标准操作程序(SOP)进行的任何修改告知操作人员。

续表

审核准则	审核准则出处	审核员指南
		由审核员开展的工作： • 审核员应对与变更管理有关的培训文件进行审查并对操作人员进行面谈，以核实并确认在设施开车前已就变更对操作人员进行了培训。 • 对于在进行培训时正在休假、因病缺勤或出于其他原因而缺勤的人员，审核员还应对有关记录进行审查，以确认在设施开车前对这些人员进行了培训

17.2.1.1 美国州立过程安全管理标准

当公司/工厂按照州立过程安全管理标准制定其过程安全管理体系时，则应遵守州立过程安全管理标准中规定的具体过程安全知识要求。州立过程安全管理标准中规定的要求通常会与联邦 OSHA 过程安全管理标准《高危化学品过程安全管理》和 EPA《风险管理计划》中规定的要求存在一定程度的重叠，即使某一州已获得联邦法规实施授权(即该州从 OSHA 获得了《高危化学品过程安全管理》实施资格或从 EPA 获得了《风险管理计划》实施资格)，州立过程安全管理标准还有自己的具体要求。在表 17.2 中，对以下三个州的过程安全管理法规适用性要求进行了说明：

- 新泽西州；
- 加利福尼亚州；
- 特拉华州。

表 17.2 列出了在美国州立过程安全管理标准中与“开车准备”有关的审核准则和审核员指南。

表 17.2 在美国州立过程安全管理标准中与“开车准备”有关的审核准则和审核员指南

审核准则	审核准则出处	审核员指南
新泽西州立法规《毒性物品灾难预防法案》(TCPA) 审核准则 17-C-9：对于所涵盖的每一新建工艺单元，设施应在施工前对涉及极度有害物质(EHS)的新设备设计进行安全审查，且证明工艺设计符合过程安全信息中反映的设计标准和操作要求	新泽西州《毒性物品灾难预防法案》第 7：31-4.7 部分	由审核员开展的工作： • 审核员应对项目文件或其他相关文件进行审查，以核实并确认已对新建工艺单元设计进行了安全审查。 • 审核员应对安全审查报告进行检查，以核实并确认在这些报告中包含了所要求的信息
审核准则 17-C-10：应对所涵盖的新建工艺单元进行安全审查并编写书面报告	新泽西州《毒性物品灾难预防法案》第 7：31-4.7 部分	由审核员开展的工作： • 审核员应对项目文件或其他相关文件进行审查，以核实并确认已对新建工艺单元设计进行了安全审查并编写了书面审查报告
审核准则 17-C-11：安全审查报告应包括以下内容： • 报告编写日期、工艺单元信息、过程安全信息和进行了审查的标准操作程序； • 工艺设计和工艺操作所依据的规范和标准名称； • 安全审查人员姓名； • 与设计和操作规范/标准存在的偏差，并详细说明对每一偏差所采取的解决措施	新泽西州《毒性物品灾难预防法案》第 7：31-4.7 部分	由审核员开展的工作： • 审核员应对安全审查报告进行检查，以核实并确认在这些报告中包含了所要求的信息

续表

审核准则	审核准则出处	审核员指南
审核准则 17-C-12：对于所涵盖的涉及极度危险物质(EHS)的每一新建或改造工艺单元，设施所有者或运营方应进行开车前安全审查(PSSR)并做好记录	新泽西州《毒性物品灾难预防法案》第 7：31-4.7 部分	审核员工作： • 审核员应对项目文件或其他相关文件进行审查，以核实并确认已对新建工艺单元进行了开车前安全审查(PSSR)
审核准则 17-C-13：应对 OSHA 过程安全管理标准《高危化学品过程安全管理》所涵盖每一新建或改造工艺单元编写开车前安全审查(PSSR)书面报告	新泽西州《毒性物品灾难预防法案》第 7：31-4.7 部分	由审核员开展的工作： • 审核员应对项目文件或其他相关文件进行审查，以核实并确认已对新建工艺单元进行了开车前安全审查(PSSR)并编写了书面报告
审核准则 17-C-14：开车前安全审查(PSSR)报告应包括以下内容： • 报告编写日期和工艺单元信息； • 与以下各项工作有关的文件：(1)按照批准设计已完成的安装工作；(2)安全、操作、维护和应急响应程序；(3)对新建工艺单元进行的过程危害分析(PHA)且在设施开车前已落实了在进行过程危害分析时所提出的建议，同时均满足变更管理程序中有关规定；(4)以及对于新建或改造工艺单元，在开车前对操作人员进行培训	新泽西州《毒性物品灾难预防法案》第 7：31-4.7 部分	由审核员开展的工作： • 审核员应对开车前安全审查(PSSR)报告进行检查，以核实并确认在这些报告中包含了所要求的信息
特拉华州立法规《意外泄漏预防计划》 审核准则 17-C-15：除在 OSHA 过程安全管理标准《高危化学品过程安全管理》和 EPA《风险管理计划》中规定的“开车前安全审查”要求外，在特拉华州环境、健康与安全(EHS)法规中未新增任何与之有关的其他要求	《特拉华州立法规汇编》第 77 章第 5.77 节	• 无其他要求
加利福尼亚州职业安全与健康管理局(CalOSHA)法规《急性危险材料过程安全管理》 审核准则 17-C-16：除在 OSHA 过程安全管理标准《高危化学品过程安全管理》和 EPA《风险管理计划》中规定的要求外，“开车前安全审查”这一要素还要求具有丰富工艺运行和工程设计经验的人员参与开车前安全审查。在选择开车前安全审查(PSSR)人员时，应充分考虑其工艺运行经验和知识	《加利福尼亚州立法规汇编》第 8 篇第 5189 部分	由审核员开展的工作： • 审核员应对开车前安全审查(PSSR)报告进行检查，以核实并确认由具有工艺运行和工程设计经验的人员参与了开车前安全审查

续表

审核准则	审核准则出处	审核员指南
《加利福尼亚州意外泄漏预防计划》(CalARP) 审核准则 17-C-17：除在OSHA过程安全管理标准《高危化学品过程安全管理》和EPA《风险管理计划》中规定的“开车前安全审查”要求外，在《加利福尼亚州意外泄漏预防计划》(CalARP)中未新增任何与之有关的其他要求	《加利福尼亚州立法规汇编》第19篇第2760.7部分	• 无其他要求

17.2.2 相关审核准则

在本节中介绍的相关审核准则为审核员在对过程安全管理体系强制性要求以外的问题进行审查时提供了指南，这些相关审核准则在很大程度上代表了在行业采用的过程安全管理良好做法，在某些情况下还代表了过程安全管理普遍做法。由于部分相关审核准则已在相当长时间内被广泛认可并成功实施，因此，这类相关审核准则实际上已经达到可接受做法水准。审核员和过程安全管理专业人员应认真考虑如何采用和实施这些相关审核准则，或者至少采用一种在性质上基本类似的审核方法来对过程安全管理进行审核。有关可接受惯例含义及其实施，见术语表和第1.7.1节。

表17.3列出了在行业过程安全管理良好做法中与“开车准备”有关的建议采用的审核准则和审核员指南。

表17.3 在行业过程安全管理良好做法中与“开车准备”有关的审核准则和审核员指南

审核准则	审核准则出处	审核员指南
审核准则 17-R-1：应为以下情况制定开车准备(OR)审查管理程序： • 临时停车(如在台风来临前为防范风险而对设施实施停车)； • 大检修(涉及或不涉及改造)； • 因运营原因而长期停车(涉及或不涉及改造)	加拿大化学品制造商协会(CCPA)发布的加拿大重大工业事故理事会(MIACC)自评估工具《过程安全管理指南/HISAT修订项目》(070820) 3133 美国职业安全与健康管理局(OSHA)出版物3133：《过程安全管理合规性指南》 化工过程安全中心(CCPS)出版物《基于风险的过程安全》(RBPS) 良好行业做法(GIP)	为审核员提供的基本信息： • 在开车准备(OR)审查管理系统书面策略、程序和计划中，应： • 明确职责； • 建立完善的审批体系，以反映任务和作业的关键程度； • 在整个公司中选派有能力人员开展与开车准备有关工作(如对人员进行培训)； • 在划分职责时避免公司相关方出现利益冲突，根据具体情况建立必要的制约与平衡机制； • 对作业进行记录； • 进行内部检查，确保按照管理程序开展各项工作； • 进行管理评审，通过对检查结果进行认真审查以调整管理计划要求，从而建立完善的反馈机制。 由审核员开展的工作： 审核员应对开车准备管理程序进行检查，以核实是否包括以下内容： • 开车准备程序的范围：应根据通过风险分析方法(包括危害识别和风险分析(HIRA)、风险评估、保护层分析(LOPA)/安全完整性等级(SIL)分析或与设备及其运行有关的危险/风险和优先级分析等)识别出的风险来确定需纳入开车准备计划的设备、工艺和操作。在开车准备计划中，应包括设备更换以及现场停用设备的复役。

续表

审核准则	审核准则出处	审核员指南
		• 明确需何时进行开车准备。 • 提供明确需要对何种改造进行开车准备的方法。 • 明确在进行开车准备时应对哪些内容进行检查。作为一项最低要求，应包括以下内容： —对工艺控制、紧急停车和安全系统进行测试； —将设备与尚未做好开车准备的其他系统隔离。 —对设备进行清理或冲洗(视具体情况)，并将设备内清理/冲洗材料彻底清理干净； —对设备连接情况进行检查，检查合格后移交给运行部门，以便开车； —进行气密/泄漏试验； —应急响应设备准备就绪，并就正确使用应急响应设备对人员进行培训； —将新设备或改造设备纳入了资产完整性(AI)计划； —根据具体情况对设备进行氧气置换(在进行气密性试验前)； —要求不相关人员从工艺区域撤离； —对人员配备情况进行检查(如果需要当前班组人员加班，还应考虑后续接班人员配备情况)。 • 规定采用开车准备审查表、检查表还是其他文件来对审查进行记录。 • 要求进行实地检查并对在开车前完成的开车准备工作做好记录。 • 要求在施工阶段定期进行现场检查，以核实并确保设备安装符合设计标准。 • 要求编写并及时更新尾项清单，并在开车前完成尾项清单中的工作。 • 要求对在安全审查期间发现的缺陷做好记录、将这些缺陷告知有关人员并消除缺陷。 • 当有关人员确认已完成了所有开车前准备工作后，要求进行书面批准，然后才能实施开车。 • 按照规定时间保存好开车准备记录。 • 如果通过技术审查认为某些 OR 整改项与安全开车无关，则应指明需采用何种方式来延迟关闭这些整改项。另外，在开车准备程序中，还应对在开车后如何关闭这些整改项做出规定，包括在多长时间内或在何种运行条件下来关闭这些整改项。审核员应对 OR 整改项进行检查，以核实并确认在合理时间内关闭了这些整改项。 • 对未落实的建议进行审查，如果可能，应在开车前落实这些建议，包括： —事故调查所提出建议； —在进行合规性审核时所提出的建议； —在上一次进行过程危害分析(PHA)时提出的、不涉及安全开车的建议(不适用于新建设施)； • 对在进行开车准备时确定的、可在开车后完成的整改项进行跟踪

续表

审核准则	审核准则出处	审核员指南
审核准则 17-R-2：应对开车准备做好记录	良好行业做法(GIP)	由审核员开展的工作： • 审核员应对开车准备记录进行检查，以核实是否包括以下文件： • 单独开车准备报告　对于大型项目，由于在进行开车前安全审查(PSSR)时开展的设备试车工作可能需要数月时间才能完成，并且在此过程中可能需要解决各种各样的问题，因此，单独开车准备报告尤其适用于大型项目。 • 检查表或其他记录　属于开车准备程序的一部分。 • 检查表或工作步骤手册　属于变更管理表的一部分。 • 等同记录形式　对在进行开车准备期间开展的工作进行记录
审核准则 17-R-3：应就开车准备程序对相关人员进行初步培训/定期进修培训	良好行业做法(GIP) 化工过程安全中心(CCPS)出版物《基于风险的过程安全》(RBPS)	为审核员提供的基本信息： • 对于开展或参与开车准备工作的人员(主要包括操作人员、工程设计人员和维护人员)，应就如何进行开车准备接受深入培训。通常在就变更管理程序进行深入培训时来开展上述培训工作。 • 应定期对相关人员进行进修培训，培训周期通常不应超过三年。 由审核员开展的工作： • 审核员应进行检查以确保将开车准备培训纳入安全与健康/过程安全总体培训计划中。在对所有员工进行变更管理培训时，通常包括开车准备培训
审核准则 17-R-4：应将在进行开车准备时做出的决定和确定的整改项告知有关人员	良好行业做法(GIP) 化工过程安全中心(CCPS)出版物《基于风险的过程安全》(RBPS)	为审核员提供的基本信息： • 对于会受到变更影响的人员，包括操作人员、维护人员和工程设计人员(包括承包商人员)，应将变更(包括在进行开车准备时的变更状况)告知这些人员。还应将无法开车的原因及拟采取的纠正措施告知有关人员。另外，尽管经核实所有开车前准备工作已完成，但未经有关管理人员批准，也不能实施开车。 由审核员开展的工作： • 审核员应对相关人员进行面谈，以核实并确认已将开车前安全审查(PSSR)结果告知了有关人员且对 PSSR 结果进行了记录
审核准则 17-R-5：应对在进行开车准备时确定的整改项进行跟踪直至整改项完成为止，包括不要求在开车前完成的整改项	良好行业做法(GIP) 化工过程安全中心(CCPS)出版物《基于风险的过程安全》(RBPS)	由审核员开展的工作： • 审核员应进行检查并确认公司/工厂建立了一套机制(如数据库、电子数据表或其他程序)来记录在进行开车准备时确定的整改项，并确保按时完成这些整改项。审核员应针对部分变更并对在进行开车准备时确定的整改项进行检查，以核实并确认已按照计划完成了这些整改项

17.2.3　自愿性共识过程安全管理标准

在下文对以下自愿性共识过程安全管理标准中“过程知识管理”要求进行了说明：

• 由 API 编写且由美国内政部矿产资源管理局(MMS)批准的《安全和环境管理计划》(SEMP)中关于海上石油平台领域“过程知识管理”要求；

• 由美国化学理事会(ACC)发布的《责任关怀管理体系®》(RCMS)中“过程知识管理”要求；

• 由美国化学理事会(ACC)发布的 RC14001《环境、健康、安全与安保管理体系》中“过程知识管理”要求。

表 17.4 列出了在自愿性共识过程安全管理标准中与“开车准备”有关的审核准则和审核员指南。

表 17.4　在自愿性共识过程安全管理标准中与“开车准备”有关的审核准则和审核员指南

审核准则	审核准则出处	审核员指南
美国内政部矿产资源管理局《安全和环境管理计划》(SEMP) 审核准则 17-R-6：应通过开车前安全审查来核实并确保满足以下要求： • 已对生产商建议和指南进行了审查。 • 已提供安全、操作、维护和应急响应程序。 • 已对安全与环境资料进行了更新。 • 已对安全操作规范进行了审查，且在必要时对安全操作规范进行了更新	美国石油学会(API)推荐做法 75：《安全和环境管理计划》(API RP 75)，91	由审核员开展的工作： • 审核员应对有关开车前安全审查记录进行检查，以核实并确认： 已编写了书面计划，并充分考虑了在本审核准则中列出的要求； 在进行开车前安全审查时，对在本审核准则中列出的要求进行认真检查

审核准则	审核准则出处	审核员指南
美国化学理事会(ACC)《责任关怀管理体系®》(RCMS) 审核准则 17-R-7：在美国化学理事会(ACC)《责任关怀管理体系®》(RCMS)中未新增与“开车准备(OR)”有关的任何其他要求	美国化学理事会(ACC)《责任关怀管理体系® 技术规范》要素 2.1	• 无其他要求

审核准则	审核准则出处	审核员指南
美国化学理事会(ACC) RC14001《环境、健康、安全与安保管理体系》 审核准则 17-R-8：在美国化学理事会(ACC) RC14001《环境、健康、安全与安保管理体系》中未新增与“开车准备(OR)”有关的任何其他要求	美国化学理事会(ACC)《环境、健康、安全与安保管理体系技术规范》RC151.03，4.3.1	• 无其他要求

17.3　审核方案

附录 A 过程安全管理审核方案，就如何按照审核准则对第 17.2 节中的内容进行审查提供了详细指南(有关如何在线获取附录 A 中资料，见第Ⅷ页)。

参 考 文 献

American Chemistry Council, *RCMS® Technical Specification*, RC 101.02, March 9, 2005.

American Chemistry Council, *RCMS® Technical Specification Implementation Guidance and Interpretations*, RC 101.02, January 25, 2004.

American Chemistry Council, *RCMS® Technical Specification Implementation Guidance and Interpretations Appendices*, RC 101.02, January 25, 2004.

California, California Code of Regulations, Title 8, Section 5189, CalOSHA, November 1985.

Center for Chemical Process Safety (CCPS), *Guidelines for Risk Based Process Safety*, American Institute of Chemical Engineers, New York, 2007 (CCPS, 2007c).

Delaware, *Accidental Release Prevention Regulation*, Delaware Department of Natural Resources and Environmental Control/Division of Air and Waste Management, September 1989 (rev. January 1999).

Department of the Interior, Minerals Management Service, *Safety and Environmental Management Program (SEMP)*, 1990.

Environmental Protection Agency (USEPA), 40 CFR § 68, *Accidental Release Prevention Requirements: Risk Management Programs Under Clean Air Act Section* 112(*r*)(7); Final Rule, June 21, 1996.

New Jersey, *Toxic Catastrophe Prevention Act (N. J. A. C. 7: 31)*, New Jersey Department of Environmental Protection, June 1987 (rev. April 16, 2007).

Occupational Safety and Health Administration (OSHA) 29 CFR § 1910.119, *Process Safety Management of Highly Hazardous Chemicals, Explosives and Blasting Agents; Final Rule*, Washington, DC, February 24, 1992.

Occupational Safety and Health Administration (OSHA) Publication 3133, *Process Safety Management Guidelines for Compliance*, Washington, DC, 1993.

Occupational Safety and Health Administration (OSHA) Instruction CPL 02-02-045 CH-1, *PSM Compliance Directive*, Washington, DC, September 13, 1994.

Occupational Safety and Health Administration (OSHA) Instruction CPL 03-00-004, *Petroleum Refinery Process Safety Management National Emphasis Program*, June 7, 2007 (OSHA, 2007a).

Occupational Safety and Health Administration (OSHA) Directive 09-06 (CPL 02), *PSM Chemical Covered Facilities National Emphasis Program*, July 27, 2009 (OSHA, 2009a).

18 操作行为

本要素在OSHA过程安全管理标准《高危化学品过程安全管理》和EPA《风险管理计划》或美国州立过程安全管理标准中没有直接对应的要素。虽然在这些法规和标准中没有对操作行为提出正式要求，但是，以严格、有序方式进行操作是所有过程安全管理标准的一个根本理念，同时也是多个自愿性共识过程安全管理标准的一个组成部分。本要素将被称之为“操作行为”。“操作行为”是化工过程安全中心(CCPS)《基于风险的过程安全》(RBPS)事故预防原则之一“管理风险”中的一个要素。

18.1 概述

“操作行为”这一要素旨在保证组织机构内所有部门及各级人员严格遵守操作纪律，以确保安全、可靠运行(即“卓越运行”)。本要素与“过程安全文化”要素(见第4章)以及RBPS事故预防原则中其他要素(包括“操作程序”要素、“安全操作规范”要素、“资产完整性和可靠性”要素及“培训和绩效保证”要素)密切相关。“操作行为”这一要素通过建立并实施运行管理体系来确保组织始终按照要求执行关键任务，这需要组织机构始终致力于卓越运行，并通过良好的过程安全文化来为实现上述目标提供强有力支持。“操作行为”这一要素适用于所有工作，而非仅仅与运行部门有关的工作(CCPS，2007c)。

“操作行为”这一要素的主要目的是建立一套控制体系来实施深层次管理策略，确保工艺过程始终在安全运行限定值范围内且在安全运行条件下运行。“操作行为”这一要素包括以下基本要求(CCPS，2007c)：

- 对各项操作行为进行控制；
- 对系统和设备状况进行控制；
- 培养所需操作技能或养成良好的操作行为；
- 对组织机构绩效进行监控。

尽管可以就某些问题(如交接班、对人员进入设施及在设施中逗留进行控制，标准化行为等)制定书面策略或程序，但是绝大部分问题在本质上属于行为性问题。对于这些问题，最好通过对操作人员、维护人员、工程设计人员、安全人员、人力资源人员和管理人员进行面谈来检查。在某些情况下，还可以提供有关记录以供审查。另外，还可以对某些问题进行审核或检查，如对文明作业或安全操作规范进行审核或检查。

“操作行为”这一要素与过程安全管理体系中其他要素密切相关。主要相关要素包括：

- “过程知识管理”要素(见第9章)——为正确进行工艺操作，应收集并提供准确的过程安全知识/过程安全信息。

- “操作程序”要素(见第 11 章)——为正确进行工艺操作，应编写并提供准确的操作程序。另外，工艺操作还必须遵守在标准操作程序(SOP)中规定的要求。
- “安全操作规范(SWP)”要素(见第 12 章)——为正确、安全进行工艺操作并维持正常工艺运行条件，应制定并提供准确的安全操作规范。同时，还必须按照安全操作规范(SWP)来进行工艺操作。
- “资产完整性和可靠性”要素(见第 13 章)——在开展与资产完整性(AI)有关的工作时，要求建立有关管理体系来确保按照一致、正确方式来开展这些工作，对这些工作进行记录，并将这些工作记录提交给有关人员审查和批准。
- “培训和绩效保证”要素(见第 15 章)——为正确进行工艺操作，应按照要求对操作人员、维护人员和其他相关人员进行培训，包括进修培训。

在第 18.2 节中，对相关审核准则以及其使用要求进行了介绍。有关对合规性审核准则和相关审核准则的详细介绍，见第 1 章 1.7 节。这些章节中介绍的准则和指南并不能完全涵盖过程安全管理体系的所有内容，而代表的是化工/加工行业过程安全管理审核员的集体经验以及基于经验形成的一致性观点。

在本书中介绍的相关审核准则并非过程安全管理体系顺利实施所必须遵守的唯一准则。对于某一工厂或公司，可能还有其他更加合适的方法来进行审查。同时，按照相关审核准则对过程安全管理体系实施情况进行审核完全是自愿性的，并非强制性要求。在采用相关审核准则时应谨慎并认真计划，从而防止在不经意间形成不期望的过程安全管理绩效标准。在采用这些相关审核准则之前，应在工厂与其母公司之间达成一致意见。另外，所提供的相关审核准则和审核员指南，并不意味着是对监管机构发出的书面或口头说明，或因违反过程安全管理法规而由监管机构发出的违规传票，以及由监管机构发布的其他过程安全管理指南的认同，也不是对某一公司在实施过程安全管理体系过程中形成的成功或常用过程安全管理做法的认可。

18.2 审核准则和审核员指南

在 OSHA 过程安全管理标准《高危化学品过程安全管理》、EPA《风险管理计划》或美国州立过程安全管理标准中没有对操作行为做出详细或正式规定，但是，在这些过程安全管理标准中却提出了需培养良好的操作行为这一理念。

审核员根据所提供的指南，通过开展以下审核工作对下文介绍的审核准则进行审查：

- 对在工厂中负责操作行为计划各方面工作的人员进行面谈。这类人员包括操作人员、维护人员、安全人员、工程设计人员、人力资源人员和管理人员。
- 对一线人员(包括操作人员和维护人员)进行面谈，以对这些操作行为方面问题进行检查。由于许多操作行为方面的问题在本质上主要与过程安全文化/行为有关，即与实际日常工作开展密切相关，因此，只能采用保密方式对相关人员进行面谈以核实这些问题。尽管某些操作行为已被视为可接受做法，即“惯用工作方式”，但还应对人员进行与操作行为有关的正式培训。

• 对与操作行为方面每一问题相关的任何书面策略或程序进行审查。有时，操作行为方面的要求可能包含在过程安全管理标准其他要素中。

• 对与操作行为方面每一问题相关的记录进行审查。应根据具体情况对操作行为问题进行记录，但有许多问题可能无需记录。

• 对以下内容进行实地检查：

—操作人员巡检；

—通过作业许可证来控制的操作或维保工作(如动火作业、按照安全操作规范(SWP)进行的其他作业、安全设备走旁路)；

—交接班；

—无线电设备使用要求；

—操作部门和维保部门之间召开的每日和每周协调会；

—装置经理会议；

—班组长与其下属之间的交流；

—文明作业；

—个体防护装备(PPE)的使用(尤其当现场标示牌要求使用个体防护装备时)；

—现场标识牌情况(标示牌中内容过于繁琐或人员是否经常忽视标示牌中的要求)；

—布告板和张贴专栏信息及时更新；

—在工作场所(如控制室和安保中心)员工/同事之间交谈性质(只能交谈与工作有关的问题)；

—与工作无关的手机和掌上电脑(PDA)的使用情况。

在本节中介绍的相关审核准则为审核员在对过程安全管理体系强制性要求以外的问题进行审查时提供了指南，这些相关审核准则在很大程度上代表了在行业采用的过程安全管理良好做法，在某些情况下还代表了过程安全管理普遍做法。由于部分相关审核准则已在相当长时间内被广泛认可并成功实施，因此，这类相关审核准则实际上已经达到可接受做法水准。审核员和过程安全管理专业人员应认真考虑如何采用和实施这些相关审核准则，或者至少采用一种在性质上基本类似的审核方法来对过程安全管理进行审核。有关可接受惯例含义及其实施，见术语表和第1.7.1节。

另外，审核员还应对被审核公司/工厂所制定程序中“操作行为”要求进行认真审查。如第1.7.1节所述，监管机构会将这些“操作行为”要求认定为合规性要求，如果不遵守这些合规性要求，公司或工厂就会因违反法规中的规定而收到由OSHA发出的违规传票。审核员应通过对相关人员进行面谈、对有关记录和文件进行审查及实地检查等方式来核实工厂或公司操作行为程序中有关要求是否已按照规定付诸实施。如果在审核时发现没有遵守公司/工厂制定的具体规定，则应将发现的问题写入审核报告。

对于在下文表中用于指明审核准则出处的缩写词定义，见“第3-24章指南”部分。

18.2.1 相关审核准则

表18.1列出了在相关标准与“操作行为”有关的建议采用的审核准则和审核员指南。

表 18.1 在行业过程安全管理良好做法中与“操作行为”有关的审核准则和审核员指南

审核准则	审核准则出处	审核员指南
审核准则 18-R-1：建立系统化要求来对操作进行管理和控制： • 应按照当前实际操作惯例来编写书面标准操作程序(SOP)(见第 11 章)。 • 应确保在安全运行限定值范围内和安全运行条件下进行操作。 • 应遵守安全操作规范。 • 应任用合格操作人员(见第 15 章)。 • 应指派足够人员来开展已批准作业。 • 应明确操作人员之间沟通要求。 • 应明确工艺单元之间沟通要求(尤其对于联合装置和相互关联的工艺单元)。 • 应明确班组之间沟通要求。 • 应明确作业组之间沟通要求。 • 应对人员进入设施以及在设施中的逗留进行控制	化工过程安全中心(CCPS)出版物《基于风险的过程安全》(RBPS)良好行业做法(GIP)	为审核员提供的基本信息： • 应根据通过风险分析方法(包括危害识别和风险分析(HIRA)、风险评估、保护层分析(LOPA)/安全完整性等级(SIL)分析或与设备及其运行有关的危险/风险和优先级研究)识别出的风险来确定哪些设备和工艺过程对操作具有密切影响。 • 编写内容清晰的书面标准操作程序(SOP)，并按照标准操作程序进行操作。 • 沟通方式包括通过召开正式会议来对操作、维护和特殊作业或问题进行探讨，并且以书面形式将探讨结果告知所有相关人员(如通过电子邮件或记录表)。 • 班组之间要保持良好沟通，确保接班人员(尤其是操作人员)做好充分准备，并安全、高效地开展或继续开展操作。 由审核员开展的工作： • 审核员应对操作人员进行面谈并进行实地检查，以核实并确认操作人员按照已批准书面操作程序而不是非标准程序来进行工艺操作，同时，如果未对工艺进行变更，则应确保工艺运行条件不能超过安全上限值和下限值。 • 对于非常规操作，如开车、停车和其他瞬时操作模式，尤其是对于连续运行工艺，审核员应进行实地检查，以核实并确认操作人员按照已批准操作程序认真操作，并对这类非常规操作进行全面监督。审核员不应仅仅为了进行审核而要求公司/工厂来安排现场开展这类非常规操作。 • 审核员应进行实地检查，以核实并确保操作人员遵守安全操作规范以及安全作业许可证制度。 • 审核员应对操作人员进行面谈，以确认操作人员已接受关于批准操作程序的培训和资格考核。 • 审核员应对操作人员和其他人员进行面谈，以核实并确认公司已分配了足够资源来对设施运行、维护、工程设计和环境、健康与安全(EHS)管理工作提供支持。这类资源不仅包括人员，而且包括材料和设备(如计算机/软件、工具、通信设备、测试和检查设备)。 • 审核员应进行实地检查，以核实并确认在工厂中制定并实施了正式沟通程序，包括确保人员能够收到并理解口头信息，通常通过向信息发送人重述信息来加以核实。另外，还可以通过提供反馈信息来核实某一行动是否已经完成或是否已对某一情形进行了确认。 • 审核员应参加装置经理会议以及运行部门和维护部门之间召开的每日沟通会，同时应对无线电通信设备的正确使用进行监控，以核实在工厂中是否实施了正式沟通程序。 • 审核员应进行实地检查，以核实并确认按照正式程序进行交接班，即交班人员和接班人员(尤其是操作人员)之间就设施、单元和设备状况进行交流。应建立日志，将每一班次开展的重要工作及出现的重要问题做好记录。 • 审核员应进行实地检查，以核实并确认不同作业组之间通常采用书面维护工单、作业许可证、间歇运行模式数据表和采购订单等形式进行信息沟通。对于关键作业(如大检修和施工等非常规作业)，应尽可能避免采用口头指令。 • 审核员应进行实地检查，以核实并确认对人员进入设施及在设施中停留进行控制，这并不仅仅意味着在人员进出时需要签字，而且还要求人员在进入工艺区域前需与操作人员进行联系、通知操作人员并经过操作人员同意，同时进入工艺区域的人员还要采取安全防范措施

续表

审核准则	审核准则出处	审核员指南
审核准则18-R-2：建立系统化要求来对系统和设备状况进行管理和控制，包括： • 应为设备/设施责任转移制定正式管理计划和方案。 • 应对设备状况进行监控。 • 应保持文明作业。 • 应维护好标签。 • 应维护好照明系统。 • 应维护好仪表和工具	化工过程安全中心(CCPS)出版物《基于风险的过程安全》(RBPS)良好行业做法(GIP)	为审核员提供的基本信息： • 应明确当出现哪些事件、里程碑标志或其他条件时会使责任从某一作业组临时移交到另外一个作业组，同时确保为责任临时转移制定了管理程序。审核员应重点检查难以明确所有者/负责方的设备，如管线、共用排放总管或洗涤塔和火炬等紧急设施。 • 在安全和文明作业检查计划中，应制定相关制度以确保能够通过采取纠正和预防措施，消除缺陷。另外，还可以在不事先发出通知情况下，对安全和文明作业随时进行检查。 • 应定期进行检查，以核实是否维护好标签。另外，在安全和文明作业检查计划中，应制定相关制度来确保及时纠正标签存在的问题。 由审核员开展的工作： • 审核员应对操作人员、维护人员和其他人员进行面谈，以核实并确认在进行维修工作前后已采用正式方式在运行部门和维护部门之间为每一阶段(如施工、运行、维护、退役)所有工艺设备和有关设施(如公用工程系统、消防系统)明确了所有者/责任方，包括确认设备按照要求做好维护和复役准备。 • 审核员应对员工进行面谈并进行实地检查，以核实并确认操作人员定期进行巡检，对设备进行监控，并获取关键读数来对远程仪表精度进行确认。 • 审核员应对员工进行面谈并进行实地检查，以核实并确认公司/工厂已制定了正式安全和文明作业检查计划，以供公司/工厂管理层或第三方机构检查公司/工厂是否采用清洁、有序方式来使工作区域和设备处于良好环境。 • 审核员应进行实地检查，以核实并确认公司按照OSHA 1910.1200设施危险通识计划(HCP)为管线和设备制定了标签设置和/或颜色代码管理程序。 • 审核员应对员工进行面谈并进行实地检查，以核实并确认对工艺区域照明系统进行了常规检查，并对不能正常工作的照明系统立即进行了维修。 • 审核员应对员工进行面谈并进行实地检查，以核实并确认工艺仪表保持良好工作状态，定期对工艺仪表进行了调校和预防性维护，同时及时上报了故障仪表并进行了维修。操作人员必须通过于仪表来确保设施安全运行
审核准则18-R-3：通过系统化要求来培养必要的技能/形成良好的工作习惯，包括： • 应注重观察细节。 • 应提倡勤学好问态度。 • 应就如何识别危险对人员进行培训。 • 应就如何进行自我检查以及同级互查对人员进行培训。 • 应制定行为标准	化工过程安全中心(CCPS)出版物《基于风险的过程安全》(RBPS)良好行业做法(GIP)	由审核员开展的工作： • 审核员应对操作人员和维护人员培训计划进行审查，以对以下内容进行检查： —在培训计划中是否强调了充分利用人员基本感知能力来对工艺和设备运行条件进行观察。 —是否就如何及时发现异常条件对人员进行了培训，以确保人员做到正确判别或纠正发现的异常。 —是否就如何识别危险对人员进行了培训，包括如何识别与工艺有关的危险。 —已完成的任务是否达到预期目标(包括对关键操作进行同级互查)及是否就所从事的工作对人员进行了培训。 • 审核员应对员工进行面谈并对有关策略进行审查，以核实并确认已为所有人员制定了操作行为标准，包括以下内容：

续表

审核准则	审核准则出处	审核员指南
		—按时到达工作岗位； —与同事和其他作业组紧密配合； —以诚实态度做好数据记录/以诚信态度与他人共事。 • 审核员应进行实地检查，以核实并确认在工厂现场不进行与工作无关的活动(如看电视、浏览互联网、使用手机或掌上电脑(PDA)发信息/打电话)。在对员工进行培训以及对承包商人员/访客入场要求进行说明时，应强调这些禁止事项。 • 审核员应进行实地检查，以核实并确认在工厂现场不存在任何破坏性行为(如打架斗殴、打闹喧哗、歧视和骚扰)。在对员工进行培训以及对承包商人员/访客入场要求进行说明时，应强调上述禁止事项
审核准则 18-R-4：通过建立系统化要求来对公司绩效进行监控，包括： • 应始终履行职责。 • 应强调持续改进。 • 应确保人员身体情况满足工作要求。 • 应进行实地检查。 • 应立即对偏差进行纠正	加拿大化学品制造商协会(CCPA)发布的加拿大重大工业事故理事会(MIACC)自评估工具《过程安全管理指南/HISAT修订项目》(070820) 化工过程安全中心(CCPS)出版物《基于风险的过程安全》(RBPS) 良好行业做法(GIP)	为审核员提供的基本信息： • 应为各级人员制定正式绩效管理制度，包括明确期望值、目标和目的，定期对人员操作行为进行检查、认可/奖励良好操作行为以及对不良操作行为采取纠正措施(如培训、指导、惩罚)。正式绩效管理制度应独立于过程安全管理审核计划。 • 应致力于持续改进以实现卓越运行，同时认可/奖励良好操作行为，共享最佳做法和经验教训，并采用先进技术。 • 应制定正式药物和酒精检测策略，包括对药物和酒精滥用进行随机检测和有目的性检测。应制定员工协助计划(EAP)，以对滥用药物、饮酒及会对员工安全作业能力造成影响的其他个人问题进行有效管理。 • 应制定计划来防止因疲劳而导致人员受到伤害，包括对人员在某一规定时间内加班进行限制。 • 应制定计划来确保人员身体素质满足工作要求(如起重作业、攀爬梯子、在狭小空间内作业)。 • 同事、主管或管理人员应在不事先发出通知情况下经常进行检查，以核实是否按照要求做好工作准备、是否遵守安全操作规范以及是否及时完成了分配的任务。 • 如果发现操作人员未按照现有安全操作规范和工厂其他标准开展工作，应做好记录并立即进行纠正，否则，就无法引起其他人员的高度重视，导致出现“偏差常态化”现象。 由审核员开展的工作： • 审核员应对员工进行面谈并对有关策略进行审查，以核实并确认公司/工厂已制定了全面的书面绩效管理制度

18.2.2 自愿性共识过程安全管理标准

在下文对以下自愿性共识过程安全管理标准中“操作行为”要求进行了说明：

• 由 API 编写且由美国内政部矿产资源管理局(MMS)批准的《安全和环境管理计划》(SEMP)中关于海上石油平台领域“操作行为”要求；

• 由美国化学理事会(ACC)发布的《责任关怀管理体系®》(RCMS)中“操作行为”要求；

• 由美国化学理事会(ACC)发布的 RC14001《环境、健康、安全与安保管理体系》中“操作行为”要求。

表18.2列出了在自愿性共识过程安全管理标准中与“操作行为”有关的审核准则和审核员指南。

表18.2 在自愿性共识过程安全管理标准中与“操作行为”有关的审核准则和审核员指南

审核准则	审核准则出处	审核员指南
美国内政部矿产资源管理局《安全和环境管理计划》(SEMP) 审核准则18-R-5：在公司按照《安全和环境管理计划》(SEMP)编制的管理体系中，应包括以下高标准要求： • 管理层应采取有效措施来证明其能够为公司管理体系提供支持。 • 应为公司运营制定书面管理体系，至少包括API RP 75中规定的所有要求。 • 管理层应发出指令，要求所有相关人员按照公司管理体系中有关要求来开展工作。 • 管理层应在公司范围内为管理体系指派审批人、负责人和责任人。 • 在为责任经理、主管和其他人员制定的绩效标准中，应包括采用何种手段和措施来衡量公司管理体系的实施效果。 • 在编制管理体系时，公司应向员工征询意见和建议并合理采纳这些意见和建议。 • 管理层应建立一套系统来定期进行审核，确保及时对公司管理体系进行更新并做到有效实施。 • 管理层应建立一套系统来确保承包商采用的策略和做法与公司管理体系保持一致	美国石油学会(API)推荐做法75：《安全和环境管理计划》(API RP 75)1.1，1.2.2	为审核员提供的基本信息： • 还可以参考“第4章：过程安全文化”。 • 应将在本审核准则中介绍的这些标准要求纳入公司按照《安全和环境管理计划》(SEMP)编制的总体过程安全管理体系中。 由审核员开展的工作： • 审核员应进行检查以确认将《安全和环境管理计划》(SEMP)中规定的要求纳入了设施/海上石油平台环境、健康与安全(EHS)计划中
美国化学理事会(ACC)《责任关怀管理体系®》(RCMS) 审核准则18-R-6：在《责任关怀管理体系®》(RCMS)中，未新增与“操作行为”有关的任何其他要求	美国化学理事会(ACC)《责任关怀管理体系®技术规范》	• 无其他要求

审核准则	审核准则出处	审核员指南
美国化学理事会(ACC)RC14001《环境、健康、安全与安保管理体系》 审核准则 18-R-7：在《环境、健康、安全与安保管理系统》"第 4.4.6 节：运行控制"部分，相关要求如下： • 公司应按照其环境管理策略、目的和目标来明确与其重要环境管理问题有关的作业，并为这些作业制定工作计划，以确保作业在规定条件下开展，具体措施如下： —制定和实施书面程序对会导致与环境管理策略、目的和目标相背离的情形进行控制，并维护好这些书面程序。 —在程序中明确操作标准。 —当供货商向公司提供物资和服务时，公司应制定和实施供货商管理程序，对已明确的重要环境问题实施有效管理，并将有关程序和要求告知供货商(包括承包商)，同时维护好这些程序。 —制定操作和维护程序以确保安全操作，并实现有关策略和计划中规定的目标和目的	美国化学理事会(ACC)《环境、健康、安全与安保管理体系技术规范》RC151.03，4.4.6	为审核员提供的基本信息： • 本审核准则中列出的这些问题与环境管理有关，但是，这些问题也适用于过程安全管理。 • 这些要求的主要目的是对与环境管理策略、目的和目标相背离的情形编写书面管理程序，如变更管理程序(包括临时变更管理程序)，并由指定的管理层进行书面审批。 由审核员开展的工作： • 审核员应核实并确认按照 RC14001《环境、健康、安全与安保管理体系》中的规定明确了哪些作业会对环境造成高风险，并为这些作业制定了管理计划

18.3 审核方案

附录 A 过程安全管理审核方案，就如何按照审核准则对第 18.2 节中的内容进行审查提供了详细指南(有关如何在线获取附录 A 中资料，见第Ⅷ页)。

参 考 文 献

American Chemistry Council, *RCMS® Technical Specification*, RC101.02, March 9, 2005.

American Chemistry Council, *RCMS® Technical Specification Implementation Guidance and Interpretations*, RC101.02, January 25, 2004.

American Chemistry Council, *RCMS® Technical Specification Implementation Guidance and Interpretations Appendices*, RC101.02, January 25, 2004.

California, California Code of Regulations, Title 8, Section 5189, CalOSHA, November 1985.

Center for Chemical Process Safety (CCPS), *Guidelines for Risk Based Process Safety*, American Institute of Chemical Engineers, New York, 2007 (CCPS, 2007c).

Department of the Interior, Minerals Management Service, *Safety and Environmental Management Program (SEMP)*, 1990.

19 应急管理

“应急管理”这一要素在OSHA过程安全管理标准《高危化学品过程安全管理》和EPA《风险管理计划》中还被称之为“应急预案和响应”。在许多美国州立过程安全管理标准和自愿性共识过程安全管理标准中，“应急管理”这一要素也被称之为“应急预案和响应”或采用类似叫法，如“应急响应”“应急响应预案”等。“应急管理”是化工过程安全中心(CCPS)《基于风险的过程安全》(RBPS)事故预防原则之一“管理风险”中的一个要素。

19.1 概述

“应急管理”这一要素涉及一系列应急预案和响应工作，旨在对工艺紊乱、火灾、爆炸、化学品溢出和泄漏以及会导致设备/设施损坏或损失的其他突发意外事件采取减缓或控制措施。每个工厂应基于在装置过程知识资料(PK)中提供的危险信息、在进行危害识别和风险分析(HIRA)时识别出的危险以及通过其他方式获得的危险信息来为可预见突发事件制定应对预案。

根据工厂的规模和性质，应急管理工作可以由外部应急响应机构来实施应急响应，此时工厂人员是最小的应急响应单元(除为确保自身安全和装置安全以外的其他应急响应工作)，也可以完全由工厂来开展应急响应工作，包括消防、医疗救治、救援、危险物质应急处理和事故管理等各个方面。对于任何突发事件，每个工厂制定书面应急行动方案和/或应急响应预案，详细规定在出现紧急情况时应开展的工作。在应急行动方案和/或应急响应预案中，应列出用于识别和上报紧急情况并将紧急情况告知所有相关人员的方法，以使这些相关人员能够及时从危险区域撤离、就地避险或采取其他合适措施来确保其自身安全。另外，在应急行动方案和/或应急响应预案中，还应就资源调用做出规定，无论是调用内部资源、公共资源、互助单位还是外部应急响应力量。必须制定整体应急行动方案，确保兼顾到所有人员的安全，并提供相关设备用于搜救失联人员。将工厂能够提供的应急响应资源来确定应急响应程序范围。合格外部应急响应机构应自行制定应急响应程序、对应急响应人员进行全面培训并配备完好无损的应急设备。如果工厂主要依靠外部应急响应机构来应对突发事件，则这些外部应急响应机构应知晓工厂具体情况和潜在风险、对应急响应人员进行全面培训并配备足够应急响应资源(例如，为应对在石化装置中发生的火灾，可能需使用专门灭火泡沫，而这又需要使用专门灭火设备，从而需要就如何使用这些专门灭火设备对应急响应人员进行培训)。

“应急管理”这一要素，培训是一项重要内容，目的是确保所有人员了解其工作任务且知晓在出现紧急情况时该采取何种切实可行的措施。对于实际参与事故应急响应的人员，要求进行更专业培训，包括就消防、危险物质应急处理、人员搜救、急救和应急医疗服务以及事故指挥进行培训。通常，有必要每年进行一次培训和应急响应演练，巩固每名人员在应急响应方面的能力，以确保有效开展应急响应工作。在进行应急响应演练和训练期间，尤其在应急响应期间，对应急响应工作进行自评有助于发现改进机会，并且还能够对装置是否做好了应急响应准备工作进行评估。应急响应预案应及时进行更新，并且在完成应急响应演练后、在发生了事故后以及在装置中进行了有关变更后(包括会对应急响应预案造成影响的人员变更和装置潜在危险变化)应根据需要对预案进行修改。

审核员应核实在应急响应预案中是否包括以下基本要求：

- 明确在装置中可能出现的危险和突发事件(如火灾、爆炸、危险物料泄漏和公用工程设施故障)，并详细指明需提供的应急响应资源(如水、泡沫)；
- 进行人员教育和培训；
- 编制应急行动方案/应急响应预案；
- 对应急设备进行检查、测试和预防性维护；
- 开展应急响应演练/训练；
- 在进行应急响应演练/训练期间和在应急响应期间对应急响应工作进行自评。

在对应急响应预案进行审查时，审核员应核实工厂是否建立了一套管理体系对重大突发事件做出响应，同时核实在应急响应预案中是否对有关策略、程序、物资供应、资源和组织机构等进行了详细规定，以为培训提供支持并满足预案维护要求。

“应急管理”这一要素与过程安全管理标准中其他要素密切相关。主要相关要素包括：

- “过程知识管理”要素(见第9章)-需根据工艺安全知识/过程安全信息来编制应急响应预案。
- “危害识别和风险分析(HIRA)”要素(见第10章)-通过进行危害识别和风险分析(HIRA)来明确潜在危险情形。
- “资产完整性和可靠性”要素(见第13章)-应对应急设备进行检查、测试和预防性维护，因此应将应急设备纳入资产完整性(AI)计划中。
- “培训和绩效保证”要素(见第15章)-如果在应急响应预案中规定由装置人员来应对事故，则应就如何开展应急响应工作对装置人员进行培训。要求就应急响应预案列出的基本要求对所有人员(包括承包商人员)进行培训。
- “事件调查”要素(见第20章)-当发生事件时，要及时启动应急行动方案/应急响应预案。

在第19.2节和第19.3节中，对合规性审核准则和相关审核准则以及审核员在使用这些准则方面的要求进行了介绍。有关对合规性审核准则和相关审核标准的详细介绍，见第1章(第1.7节)。这些章节中介绍的准则和指南并不能完全涵盖过程安全管理标准的范围、设计、实施或解释，而代表的是化工/加工行业过程安全管理审核员的集体经验以及基于经验形成的一致性观点。合规性审核准则来自于美国过程安全管理法规，而这些法规全部都是基于绩效的法规。基于绩效的法规以目标为导向，可能会有多种途径来满足法规中规定的有关要求。因此，对于在本章审查表中列出的问题，尤其是审查表“审核员指南”栏中列出审查方法，可能还会有其他方法来进行审查。

在本书中介绍的相关审核准则并不代表过程安全管理标准的顺利实施必须遵守这些准则，也不代表如果没有遵守这些准则过程安全管理标准的实施就会出现问题。对于某一工厂或公司，可能还有其他更加合适的方法来对过程安全管理审核表“相关审核准则”栏及其“审核员指南”栏对应的要求或问题进行审查。另外，按照相关审核准则对过程安全管理标准实施情况进行审核完全是自愿性的，并非强制性要求。在采用相关审核准则时应谨慎并认真计划，从而防止在不经意间形成不期望的过程安全管理绩效标准。在采用这些相关审核准则之前，应在工厂与其母公司之间达成一致意见。最后，所提供的相关审核准则和审核员指南并不意味着是对监管机构发出的书面或口头说明、因违反过程安全管理法规而由监管机构发出的违规传票以及由监管机构发布的其他过程安全管理指南的认同，也不是对某一公司在实施过程安全管理标准过程中形成的成功或常用过程安全管理做法的认可。

19.2 审核准则和审核员指南

下文对 OSHA 过程安全管理标准《高危化学品过程安全管理》、EPA《风险管理计划》和多个美国州立过程安全管理标准以及其他常用自愿性共识过程安全管理标准中“应急预案和响应”这一要素的详细要求进行了介绍。

“应急预案和响应”这一要素受现行联邦法规许多强制性要求制约。在 OSHA 过程安全管理标准《高危化学品过程安全管理》中几乎没有对“应急预案和响应”这一要素新增特殊要求，但却直接或间接引用了以下三个现行法规中的相关规定：29 CFR § 1910. 38(a)-《应急预案和响应》；29 CFR § 1910. 165-《员工警报系统》；29 CFR § 1910. 120-《危险废弃物经营和应急响应标准》(HAZWOPER)。在本章中列出的合规性审核准则以及在 EPA《风险管理计划》中列出的合规性审核准则(见第 24 章)绝大部分摘自上述三个法规。有关对“应急预案和响应”这一要素的其他要求，可以参考相关州和地方法规。当要求工厂按照《危险废弃物经营和应急响应标准》(HAZWOPER)来编制应急响应预案(ERP)时，如果工厂并没有采用上述法规具体要求来编制其应急响应预案，则可以按照国家应急响应小组编制的《一体化应急预案(ICP)指南》(由 OSHA 签署)中有关规定来编制应急响应预案。

于 1999 年 7 月在联邦公报中发布了《一体化应急预案(ICP)指南》，允许受多个联邦应急响应预案法规制约的工厂按照该指南来编制并实施一套总体应急响应预案，以满足以下法规对应急响应预案的要求：

- 美国国家环境保护局(EPA)《防止油污染法规》(泄漏预防、对策和控制(SPCC)和装置应急响应预案要求)-40CFR § 112. 7(d)和 § 112. 20-. 21；
- 美国内政部矿产资源管理局(MMS)《装置应急响应预案法规》-30CFR § 254；
- 美国研究和特殊项目管理局(RSPA)《管线应急响应预案法规》-49CFR § 194；
- 美国海岸警卫队(USCG)《装置应急响应预案法规》-33CFR § 154 第 F 部分；
- 美国国家环境保护局(EPA)《化学品事故预防条例》-40CFR § 68；
- 美国职业安全与健康管理局(OSHA)《应急行动方案》-29 CFR § 1910. 38(a)；
- 美国职业安全与健康管理局(OSHA)过程安全管理标准《高危化学品过程安全管理》-29 CFR § 1910. 119；
- 美国职业安全与健康管理局(OSHA)《危险废弃物经营和应急响应标准》-29

CFR § 1910. 120；

• 美国国家环境保护局(EPA)《资源保护和恢复法案-应急预案要求》-40CFR § 264 第 D 部分、40CFR § 265 第 D 部分和 40CFR § 279. 52。

是否采用《一体化应急预案(ICP)指南》完全出于自愿，并且不能解除工厂遵守上述各法规的责任。但是，确实可以按照《一体化应急预案(ICP)指南》来编制应急响应预案(ERP)，以满足上述联邦机构法规要求。另外，《一体化应急预案(ICP)指南》中有关要求不能代替州或地方法律或法规中对应急响应预案的要求。附录 G 详细介绍了在对《一体化应急预案(ICP)指南》进行审核时所采用的方案。由于在联邦公报(EPA，1996 年)中发布的《一体化应急预案(ICP)指南》不具有法规效力，因此，《一体化应急预案(ICP)指南》方案中规定的要求均属于非合规性要求。为了核实《一体化应急预案(ICP)指南》是否包含合规性要求，应根据相关法规对《一体化应急预案(ICP)指南》进行审查。

尽管《危险废弃物经营和应急响应标准》(HAZWOPER)(29 CFR § 1910. 120)所涵盖工厂必须遵守 HAZWOPER 标准中有关规定，但在 HAZWOPER 标准中并没有强制规定必须基于按照 HAZWOPER 标准制定的计划定期对工厂进行审核。在 OSHA 过程安全管理标准《高危化学品过程安全管理》中，未直接引用 HAZWOPER 标准(29 CFR § 1910. 120)中有关规定，而仅指出该标准所涵盖的员工还应遵守在 HAZWOPER 标准中规定的危险废弃物处理和应急响应规定。因此，在 OSHA 过程安全管理标准《高危化学品过程安全管理》审核部分不要求按照 HAZWOPER 标准对工厂进行审核。但是，如果 HAZWOPER 标准适用于某一特定工厂，则该工厂必须遵守 HAZWOPER 标准中有关规定。因此，在本章中列出了 HAZWOPER 标准中应急响应规定，并将其视为合规性要求。

对于 OSHA 过程安全管理标准《高危化学品过程安全管理》和 EPA《风险管理计划》所涵盖的装置，对《危险废弃物经营和应急响应标准》(HAZWOPER)的适用性通常会造成混淆。可通过以下问题来明确 HAZWOPER 标准的适用性：当工厂出现非小型/非初期突发事件时，工厂希望其应急响应人员何时按照 HAZWOPER 标准来开展应急响应工作？某些工厂允许操作人员在所在单元开展全面应急响应工作。在 HAZWOPER 标准适用性章节中，提出通过对危险化学品接触量进行检测来确定需何时按照该法规来开展应急响应工作。因此，在确定 HAZWOPER 标准适用性时应考虑当单元出现突发事件时需采取的应急响应措施、在开展应急响应工作时必须使用的个体防护装备(PPE)以及应急响应人员可能接触到的危险化学品。有关该问题介绍，见表 19. 1。

审核员根据本章所提供指南并通过开展以下审核工作对下文介绍的审核准则进行审查：

• 对在工厂中全面负责应急管理工作的人员进行面谈。该人员通常为环境、健康与安全(EHS)经理，但也可以是专门负责应急管理工作的人员。

• 对工厂应急响应小组(ERT)成员进行面谈。取决于应急响应小组人员组成情况，ERT 成员包括操作人员、维护人员、安全人员、工程设计人员、人力资源人员和管理人员。

• 对工厂应急响应预案和实施程序进行审查。

• 对与开展应急管理工作有关的所有记录进行审查，如应急响应演练/训练自评记录、应急设备检查、测试和预防性维护(ITPM)记录、应急响应小组(ERT)培训记录等。

• 对以下应急管理工作进行实地检查：

—应急演练/训练；

—应急响应小组(ERT)培训;

—工厂范围内应急警报系统的声强度。

另外，审核员还应对被审核公司/工厂所制定程序中“应急管理”要求进行认真审查。如第1.7.1节所述，监管机构会将这些“应急管理”要求认定为合规性要求，如果不遵守这些合规性要求，公司或工厂就会因违反法规中的规定而收到由OSHA发出的违规传票。审核员应通过对相关人员进行面谈、对记录和文件进行审查以及实地检查等方式来核实工厂或公司应急管理程序中有关规定是否已按照规定付诸实施。如果在审核时发现没有遵守公司/工厂制定的具体规定，则应将发现的问题写入审核报告。

对于在下文表中用于指明审核准则出处的缩写词定义，见“第3-24章指南”部分。在下文表中列出的参考文件29 CFR § 1910.120和29 CFR § 1910.1200分别指OSHA《危险废弃物经营和应急响应标准》(HAZWOPER)和《危害告知标准》(HAZCOM)。

19.2.1 合规性要求

在本章下文表中列出的审核准则应供以下人员使用:

- OSHA过程安全管理标准《高危化学品过程安全管理》或EPA《风险管理计划》所涵盖的美国本土公司/工厂;
- 自愿采用OSHA过程安全管理标准《高危化学品过程安全管理》的公司/工厂;
- 在美国本土以外采用了OSHA过程安全管理标准《高危化学品过程安全管理》中规定要求的公司/工厂。

19.2.1.1 应急行动和应急响应预案

表19.1列出了在OSHA过程安全管理标准《高危化学品过程安全管理》中与“应急行动和应急响应预案”有关的审核准则和审核员指南。

表19.1 在OSHA过程安全管理标准《高危化学品过程安全管理》中与“应急行动方案和应急响应预案”有关的审核准则和审核员指南

审核准则	审核准则出处	审核员指南
审核准则19-C-1：雇主应为整个工厂制定并实施应急行动方案(EAP)，包括以下内容: • 当员工数量超过10人时，雇主应将制定的书面应急行动方案保存在工作场所，以供员工查阅; • 火灾或其他突发事件上报程序; • 紧急撤离程序，包括撤离类型以及撤离路线分配; • 留在装置现场完成关键操作后再撤离的员工需遵守的程序; • 在完成紧急撤离后所有员工需遵守的程序; • 负责救援或医疗救治的员工需遵守的程序; • 负责为其他员工提供详细信息或向其他员工解释其在应急行动方案中需承担职责的人员姓名或职务	美国职业安全与健康管理局(OSHA)《高危化学品过程安全管理》(29 CFR § 1910.119)第(n)节 美国职业安全与健康管理局(OSHA)《应急响应计划》(29 CFR § 1910.120)(29 CFR § 1910.38)第(a)、(b)和(c)节	为审核员提供的基本信息: • 当员工数量等于或少于10人时，雇主可以口头方式向员工传达应急行动方案，而无需编制书面应急行动方案。 • 装置通常采用纸质人员名册或其他非“实时”人员点名系统来进行人员清点。电子通行卡/磁卡系统属于员工实时清点系统，如果还为进入现场的承包商人员和访客发了通行卡/磁卡，则也应通过该电子通行卡/磁卡系统对承包商人员和访客进行实时清点。 由审核员开展的工作: • 审核员应对应急行动方案(EAP)进行审查，以核实在该方案中是否包括在本审核准则中规定的每项内容。 • 审核员应对应急行动方案(EAP)进行审查，以核实在该方案中是否包括火灾和其他突发事件上报程序或注明需执行的程序文件。 • 审核员应对应急行动方案(EAP)进行审查，以核实在该方案中是否包括应急疏散程序或注明需执行的程序文件，包括对在出现紧急情况时所采用的疏散方式进行说明。 • 审核员应对应急行动方案(EAP)进行审查，以核实在该方案中是否包括留在装置现场完成关键操作后再撤离的员工需遵守的程序或注明需执行的程序文件。

续表

审核准则	审核准则出处	审核员指南
		• 审核员应对应急行动方案(EAP)进行审查，以核实在该方案中是否包括在完成紧急撤离后所有员工需遵守的程序或注明需执行的程序文件。 • 审核员应对应急行动方案(EAP)进行审查，以核实在该方案中是否包括负责救援或医疗救治的员工需遵守的程序或注明需执行的程序文件。 • 审核员应对应急行动方案(EAP)进行审查，以核实在该方案中是否列出了负责为其他员工提供详细信息或向其他员工解释其在应急行动方案中需承担职责的人员姓名或职称或注明需执行的程序文件。 • 审核员应对应急行动方案(EAP)进行审查，以核实在该方案中是否列出了在发生火灾和其他应急事件时雇主及其人员为确保安全而需采取的措施或注明需执行的程序文件。 • 如果工厂采用纸质人员名册或其他非"实时"人员点名系统来进行人员清点，则审核员应进行检查以确保这些人员清点系统中的人员信息为最新信息，反映了在对工厂进行审核时在装置中工作的人员
审核准则 19-C-2：在应急行动方案中，应包括轻微泄漏应对程序	美国职业安全与健康管理局(OSHA)《高危化学品过程安全管理》(29 CFR §1910.119)第(n)节	为审核员提供的基本信息： • 尽管轻微泄漏通常不会造成灾难性后果，但在应急行动方案(EAP)中应包括泄漏应对程序或注明需执行的程序文件，至少涵盖与高度危险化学品或易燃材料轻微泄漏有关的应急响应程序。由于很难确定高度危险化学品或易燃材料轻微泄漏是否属于紧急情形，因此，应将高度危险化学品或易燃材料轻微泄漏事故视为初期火灾来对待。另外，在发生高度危险化学品或易燃材料轻微泄漏事故后，还必须对事故进行调查。 由审核员开展的工作： • 审核员应对应急行动方案(EAP)进行审查，以核实在该方案中是否包括泄漏应对程序或注明需执行的程序文件，至少涵盖与高度危险化学品或易燃材料少量泄漏有关的应急响应程序
审核准则 19-C-3：雇主应为工作场所制定紧急报警程序	美国职业安全与健康管理局(OSHA)《员工警报系统》(29 CFR §1910.165)第(b)(5)节	为审核员提供的基本信息： • 除设置全厂报警系统外，还可为某一工艺区域或不同类型突发事件设置报警系统。例如，当发生火灾时，可发出短促嘟嘟报警声音；而当发生有毒化学品泄漏事故时，可发出长鸣喇叭报警。 • 如果在某一特定工作场所中员工数量等于或少于 10 人，可直接采用口头方式进行报警，前提是确保所有员工能够听到。在这类工作场所，无需提供后备报警系统。 由审核员开展的工作： • 审核员应进行检查以核实工厂是否已为工作场所制定了应急报警程序。除设置全厂报警系统外，还可为某一工艺区域或不同类型突发事件设置报警系统。例如，当发生火灾时，可发出短促嘟嘟报警声音；而当发生有毒化学品泄漏事故时，可发出长鸣喇叭报警声音。 • 如果在某一特定工作场所中员工数量等于或少于 10 人，可直接采用口头方式进行报警，前提是确保所有员工能够听到。在这类工作场所，无需提供后备报警系统

续表

审核准则	审核准则出处	审核员指南
审核准则 19-C-4：应制定并实施应急响应预案(ERP)，用于在开始进行应急响应前应对可能出现的紧急情况，但以下情形除外： • 当发生突发事件时，由雇主要求员工从危险区域撤离； • 雇主不允许任何员工参与应急响应；以及 • 雇主已按照 OSHA《应急响应预案》(29 CFR § 1910. 38)中有关规定编制并提供了应急行动方案	美国职业安全与健康管理局(OSHA)《危险废弃物经营和应急响应标准》(29 CFR §1910.120)第(q)(1)节	为审核员提供的基本信息： • 工厂应决定是由员工对突发事件做出响应还是将员工从危险区域撤离并通知外部力量进行援助。如果最佳方案是将员工从危险区域撤离，则要求按照 OSHA《应急响应预案》(29 CFR § 1910. 38)中有关规定编制应急行动方案(EAP)。如果工厂允许员工对突发事件做出响应，则应按照 OSHA《危险废弃物经营和应急响应标准》(29 CFR § 1910. 120)第(q)节中有关规定编制应急响应预案(ERP)。如果装置属于《资源保护和恢复法案》(RCRA)所涵盖的处理、存储或处置(TSD)装置，则在编制应急响应预案时还应包括在 OSHA《危险废弃物经营和应急响应标准》(29 CFR § 1910. 120)第(p)节中规定的其他要求。 由审核员开展的工作： • 审核员应对工厂人员进行面谈，以核实工厂是决定由员工对突发事件做出响应还是将员工从危险区域撤离并通知外部力量进行援助。 • 审核员应对工厂人员进行面谈，以核实工厂是否属于《资源保护和恢复法案》(RCRA)所涵盖的处理、存储或处置(TSD)装置
审核准则 19-C-5：应编制书面应急响应预案(ERP)，并可供员工及其代表和 OSHA 人员查阅和拷贝	美国职业安全与健康管理局(OSHA)《危险废弃物经营和应急响应标准》(29 CFR §1910.120)第(q)(1)节	由审核员开展的工作： • 审核员应对员工进行面谈，以核实员工能否查阅和拷贝书面应急响应预案(ERP)
作为一项最低要求，应急响应预案(ERP)应包括以下在其他文件中没有涵盖的内容：		
审核准则 19-C-6：事先就应急预案与外部单位进行协调	美国职业安全与健康管理局(OSHA)《危险废弃物经营和应急响应标准》(29 CFR §1910.120)第(q)(2)节 美国职业安全与健康管理局(OSHA)《危险废弃物经营和应急响应标准》(29 CFR § 1910. 120)第(p)(8)(ii)节	为审核员提供的基本信息： • 事先就应急响应工作与外部单位进行协调包括与地方政府机构或其他企业进行协调，确保当在工厂中出现的紧急情况超出雇主应急响应小组能力所及范围时能够为雇主应急响应小组提供协助。上述协调工作具体内容包括与地方政府机构或其他企业签署互助协议，要求地方公安、消防、救援、应急医疗机构提供协助和/或与地方医院预定住院床位。 由审核员开展的工作： • 审核员应对工厂应急响应预案(ERP)进行审查，以核实工厂是否已事先就应急预案与外部单位进行了协调
审核准则 19-C-7：人员职责、权限、培训和沟通	美国职业安全与健康管理局(OSHA)《危险废弃物经营和应急响应标准》(29 CFR §1910.120)第(q)(2)节 美国职业安全与健康管理局(OSHA)《危险废弃物经营和应急响应标准》(29 CFR § 1910. 120)第(p)(8)(ii)节	为审核员提供的基本信息： • 在确定人员职责时应明确这些人员在应急响应工作中的角色，包括紧急情况第一发现人员、紧急情况第一响应人员、危险物料技术人员、危险物料专家和事故现场指挥。另外，还应明确在事故指挥系统(ICS)中的其他负责人员(如安全人员、应急医疗人员、后勤人员和公共关系人员)。 由审核员开展的工作： • 审核员应对工厂应急响应预案(ERP)进行审查，以核实在应急响应程序中是否包括事故指挥系统(ICS)组织机构图，明确人员的权限，并明确对每一负责人员的培训要求

续表

审核准则	审核准则出处	审核员指南
审核准则 19-C-8：紧急情况识别和防范	美国职业安全与健康管理局(OSHA)《危险废弃物经营和应急响应标准》(29 CFR §1910.120)第(q)(2)节 美国职业安全与健康管理局(OSHA)《危险废弃物经营和应急响应标准》(29 CFR §1910.120)第(p)(8)(ii)节	为审核员提供的基本信息： • 在应急响应预案中，应对突发事件进行定义，并明确如何判断某一事件是否属于突发事件。突发事件判断方法在本质上属于定性判断方法。 由审核员开展的工作： • 审核员应对工厂应急响应预案(ERP)进行审查，以核实在应急响应程序中是否对突发事件进行了定义，并明确了如何判断某一事件是否属于突发事件
审核准则 19-C-9：安全区域和避险场所	美国职业安全与健康管理局(OSHA)《危险废弃物经营和应急响应标准》(29 CFR §1910.120)第(q)(2)节 美国职业安全与健康管理局(OSHA)《危险废弃物经营和应急响应标准》(29 CFR §1910.120)第(p)(8)(ii)节	为审核员提供的基本信息： • "安全区域"是指在工厂中位于危险物料事故区以外的"冷区"或"洁净区"。应根据材料性质和材料泄漏范围来确定"安全区域"。在应急响应预案(ERP)或相关参考文件中应列出安全距离/区域确定依据。例如，可根据美国交通运输部(DOT)《应急响应指导手册》来确定安全距离/区域。当发生突发事件时，还可以采用实时扩散建模软件对"安全"区域进行评估。 • "避险场所"(或"安全避难场所"、"就地避险地点"或采用其他类似称谓命名的区域)是指在发生危险物料泄漏事故时用作就地紧急避险场所的建筑物。这些避险场所应与事故现场保持足够的安全距离或在设计上确保在发生事故(如果涉及易燃液体或气体，还包括火灾或爆炸事故)时能够保护内部人员免遭伤害。在发出撤离或避险指令后为人员提供避险的建筑物属于有效避险场所，尽管这些建筑物可能不属于一般集合地点。控制室或其他操作地点可用作避险场所。对于用作避险场所的任何构筑物，在设计上应能够快速将室内外空气完全隔离，从而确保在出现紧急情况时能够保护内部人员免遭伤害。审核员应核实并确保在编制应急响应预案(ERP)认真考虑了上述要求。在将构筑物用作避险场所时所考虑的一个关键因素是，该构筑物设置了便于操作的通风控制器且为该通风控制器设置了清晰标签，确保在出现紧急情况时能够快速关闭通风系统。 由审核员开展的工作： • 审核员应对工厂应急响应预案(ERP)进行审查，以核实在应急响应程序中是否列出了安全距离/区域确定依据。 • 审核员应对工厂应急响应预案(ERP)进行审查，以核实工厂是否已明确了"避险场所"并进行了评估，确保用作避险场所的构筑物与事故现场保持足够的安全距离或在设计上确保在出现紧急情况时能够保护内部人员免遭伤害。 • 审核员应对在用作避险场所的构筑物内工作的人员或在出现紧急情况时要求撤离进避险场所的工厂人员进行面谈，以核实这些人员是否了解在出现紧急情况时从何处以及如何快速关闭通风系统。 • 审核员应进入用作避险场所的构筑物内部进行实地检查，以核实能否快速实现构筑物室内外空气完全隔离。审核员应对通风控制器是否方便操作、是否设置了标签及其关闭指南进行检查

续表

审核准则	审核准则出处	审核员指南
审核准则 19-C-10：现场安保和控制计划以及撤离路线和程序	美国职业安全与健康管理局(OSHA)《危险废弃物经营和应急响应标准》(29 CFR §1910.120)第(q)(2)节 美国职业安全与健康管理局(OSHA)《危险废弃物经营和应急响应标准》(29 CFR §1910.120)第(p)(8)(ii)节	为审核员提供的基本信息： • “现场安保和控制计划”是指针对危险物料泄漏事故划定的“热区”(污染区)、“温区”(污染消除区)和“冷区”(洁净区)，并且在现场安保和控制计划中还明确了在划定每一区域以及对人员进出不同区域进行控制所采用的方法。只有得到批准的响应人员方可进入“热区”，通常在“温区”进行污染消除。“冷区”被视为无污染区域。另外，在现场安保和控制计划中，还明确了在出现紧急情况时需采取的一般现场安保措施以及如何对人员进入装置进行控制。 由审核员开展的工作： • 审核员应对工厂应急响应预案(ERP)进行审查，以核实在该预案中是否明确了现场安保和控制要求。 • 审核员应对工厂应急响应预案(ERP)进行审查，以核实在该预案中是否明确了撤离路线和程序
审核准则 19-C-11：消除污染	美国职业安全与健康管理局(OSHA)《危险废弃物经营和应急响应标准》(29 CFR §1910.120)第(q)(2)节 美国职业安全与健康管理局(OSHA)《危险废弃物经营和应急响应标准》(29 CFR §1910.120)第(p)(8)(ii)节	由审核员开展的工作： • 审核员应对工厂应急响应预案(ERP)进行审查，以核实在该预案中是否提供了污染消除程序来确保能够以安全方式来消除污染且在消除污染时不会使“洁净”区域、设备或人员受到污染
审核准则 19-C-12：应急医疗服务和急救	美国职业安全与健康管理局(OSHA)《危险废弃物经营和应急响应标准》(29 CFR §1910.120)第(q)(2)节 美国职业安全与健康管理局(OSHA)《危险废弃物经营和应急响应标准》(29 CFR §1910.120)第(p)(8)(ii)节	由审核员开展的工作： • 审核员应对工厂应急响应预案(ERP)进行审查，以核实在应急响应程序中是否包括与提供应急医疗服务和急救有关的要求
审核准则 19-C-13：应急警告和响应程序	美国职业安全与健康管理局(OSHA)《危险废弃物经营和应急响应标准》(29 CFR §1910.120)第(q)(2)节 美国职业安全与健康管理局(OSHA)《危险废弃物经营和应急响应标准》(29 CFR §1910.120)第(p)(8)(ii)节	由审核员开展的工作： • 审核员应对工厂应急响应预案(ERP)进行审查，以核实在该计划中是否提供了应急警告程序来警告员工在出现紧急情况时需采取哪些应急响应措施，包括指定采取的响应措施

续表

审核准则	审核准则出处	审核员指南
审核准则 19-C-14：对应急响应工作进行自评和跟踪	美国职业安全与健康管理局(OSHA)《危险废弃物经营和应急响应标准》(29 CFR §1910.120)第(q)(2)节 美国职业安全与健康管理局(OSHA)《危险废弃物经营和应急响应标准》(29 CFR §1910.120)第(p)(8)(ii)节	由审核员开展的工作： • 审核员应对工厂应急响应预案(ERP)进行审查，以核实在该预案中是否已详细规定了在对应急响应工作进行自评时需采用的方法或程序
审核准则 19-C-15：个体防护装备(PPE)和应急设备	美国职业安全与健康管理局(OSHA)《危险废弃物经营和应急响应标准》(29 CFR §1910.120)第(q)(2)节 美国职业安全与健康管理局(OSHA)《危险废弃物经营和应急响应标准》(29 CFR §1910.120)第(p)(8)(ii)节	由审核员开展的工作： • 审核员应对工厂应急响应预案(ERP)进行审查，以核实在应急响应程序中是否规定了应急响应人员需使用的个体防护装备(PPE)和应急设备。 • 审核员应进行实地检查，将在应急响应预案(ERP)中列出的个体防护装备(PPE)和应急设备与在现场提供的个体防护装备和应急设备进行比较，以核实并确保为应对突发事件提供了足够设备。 • 审核员应对负责维护个体防护装备(PPE)和应急设备的人员进行面谈，以核实是否定期对非一次性个体防护装备(PPE)和应急设备进行检查、测试和维护
审核准则 19-C-16：当出现突发事件时，首先到达事故现场的高层管理人员应承担事故指挥系统(ICS)指挥角色。应由ICS对所有应急响应人员及其沟通进行协调和控制，并且由高层管理人员提供协助	美国职业安全与健康管理局(OSHA)《危险废弃物经营和应急响应标准》(29 CFR §1910.120)第(q)(3)(i)节	为审核员提供的基本信息： • 在应急响应程序中，应强调由首先到达现场的高层管理人员负责对现场应急响应工作进行控制。通常由首先到达事故现场的高层管理人员承担ICS指挥角色。随着更多高层管理人员(如应急响应指挥组组长、消防队长、州法律执行官、现场协调员等)陆续到达现场，应将应急响应指挥任务移交给ICS指挥。 由审核员开展的工作： • 审核员应对工厂应急响应预案(ERP)进行审查，以核实在该预案中是否明确了应急响应高层管理人员并通过事故指挥系统(ICS)对应急响应人员之间的沟通进行协调
审核准则 19-C-17：事故指挥系统(ICS)负责人应尽可能明确在现场所存在的所有危险物质或条件，并且应视具体情况对现场分析、工程控制措施的使用、危险物质最大接触限定值、危险物质处理程序以及新技术的采用提出明确要求	美国职业安全与健康管理局(OSHA)《危险废弃物经营和应急响应标准》(29 CFR §1910.120)第(q)(3)(ii)节	由审核员开展的工作： • 审核员应对工厂应急响应预案(ERP)进行审查，以核实在该计划中是否规定由事故指挥系统(ICS)负责人来明确在出现紧急情况时在现场所存在的危险物质或条件。 • 审核员应对工厂应急响应预案(ERP)进行审查，以核实在该预案中是否明确了在出现紧急情况时通常所需各种工具和信息。这些工具和信息包括扩散建模软件、化学品安全技术说明书(MSDS)或其他危险物质接触限定值汇总表、具体化学品处理和污染消除程序以及有关技术(如方法、设备、工艺等)

续表

审核准则	审核准则出处	审核员指南
审核准则 19-C-18：根据在现场所存在的危险物质和/或条件，事故指挥系统(ICS)负责人应指挥开展应急响应工作，并确保应急响应人员所佩戴的个体防护装备能够应对所面临的具体危险。但是，当应急响应人员处置非初期火灾时，所佩戴的个体防护装备应至少满足在OSHA《员工警报系统》(29 CFR § 1910.165)第(e)节中规定的标准	美国职业安全与健康管理局(OSHA)《危险废弃物经营和应急响应标准》(29 CFR § 1910.120)第(q)(3)(iii)节	由审核员开展的工作： • 审核员应对工厂应急响应预案(ERP)进行审查，以核实在应急响应程序中是否强调使用的个体防护装备(PPE)应能够应对所面临的具体危险。 • 如果装置对非初期火灾进行处置，则审核员应对装置应急响应预案(ERP)进行审查，以核实在该预案中是否强调在处置与火灾有关的突发事件时使用的个体防护装备(PPE)需满足在OSHA《员工警报系统》(29 CFR § 1910.165)第(e)节中规定的标准
审核准则 19-C-19：当空气监控设备显示降低呼吸保护等级不会导致员工接触到危险浓度化学品时，高层管理人员才有权下令停止使用自给式正压空气呼吸器	美国职业安全与健康管理局(OSHA)《危险废弃物经营和应急响应标准》(29 CFR § 1910.120)第(q)(3)(iv)节	由审核员开展的工作： • 审核员应对装置应急响应预案(ERP)进行审查，以核实在应急响应程序中是否规定在开展应急响应工作期间只有当空气监控设备显示降低呼吸保护等级不会导致员工接触到危险浓度化学品时，高层管理人员才有权下令停止使用自给式正压空气呼吸器。 • 审核员应进行实地检查，以核实在工厂中是否提供了足够空气监控设备来对危险浓度化学品进行检测，从而决定是否可以降低呼吸保护等级，同时核实并确保及时对空气监控设备进行了调校并保存好调校数据
审核准则 19-C-20：事故指挥系统(ICS)负责人应对事故现场应急响应人员数量进行控制，在潜在或实际事故现场或事故危险区域只允许应急响应人员进入	美国职业安全与健康管理局(OSHA)《危险废弃物经营和应急响应标准》(29 CFR § 1910.120)第(q)(3)(v)节	由审核员开展的工作： • 审核员应对工厂应急响应预案(ERP)进行审查，以核实在现场安保和控制程序中是否规定只有授权人员方可进入污染区域(即“热区”)。 • 审核员应对工厂应急响应预案(ERP)进行审查，以核实在应急响应程序中是否规定高层管理人员有权对事故现场应急响应人员数量进行控制
审核准则 19-C-21：在危险区域开展应急响应工作时，应两人一组或多人一组配合进行	美国职业安全与健康管理局(OSHA)《危险废弃物经营和应急响应标准》(29 CFR § 1910.120)第(q)(3)(v)节	由审核员开展的工作： • 审核员应对工厂应急响应预案(ERP)进行审查，以核实在应急响应程序中是否规定在开展应急响应工作时应至少两人一组配合进行
审核准则 19-C-22：应为后援人员配备个体防护装备(PPE)，以便随时提供协助或进行救援	美国职业安全与健康管理局(OSHA)《危险废弃物经营和应急响应标准》(29 CFR § 1910.120)第(q)(3)(vi)节	由审核员开展的工作： • 审核员应对工厂应急响应预案(ERP)进行审查，以核实在应急响应程序中是否规定为后援人员配备的个体防护装备(PPE)应与为进入“热区”开展应急响应工作的人员配备的个体防护装备相同
审核准则 19-C-23：作为一项最低要求，还应配备合格的基础生命支持人员，并为这些人员提供医疗设备和交通工具	美国职业安全与健康管理局(OSHA)《危险废弃物经营和应急响应标准》(29 CFR § 1910.120)第(q)(3)(vi)节	由审核员开展的工作： • 如果在发生事故时应急响应人员进入”热区”，则审核员应对工厂应急响应预案(ERP)进行审查，以核实在应急响应程序中是否规定在这种情况下要求配备基础生命支持人员，以对应急响应人员生命体征进行监控，同时根据应急响应人员出现的症状来判断是否接触了危险物质并立即进行治疗

续表

审核准则	审核准则出处	审核员指南
审核准则 19-C-24：事故指挥系统（ICS）负责人应指派一名安全员，该安全员应了解在应急响应现场开展的各项应急响应工作，专门负责进行危险识别和评估，并为在现场安全开展应急响应工作提供指导	美国职业安全与健康管理局（OSHA）《危险废弃物经营和应急响应标准》（29 CFR § 1910.120）第（q）（3）（vii）节	为审核员提供的基本信息： • 对于小型突发事件，事故指挥可担任安全员。但是对于大型突发事件，通常指派一名单独人员来担任安全员。 由审核员开展的工作： • 审核员应对工厂应急响应预案（ERP）进行审查，以核实在应急响应程序中是否规定应指派一名安全员
审核准则 19-C-25：当安全员断定在开展应急响应工作时在应急响应现场危险物质浓度达到立即危及生命和健康（IDLH）浓度和/或会立即出现危险条件时，安全员有权更改应急响应措施或暂停或终止应急响应工作	美国职业安全与健康管理局（OSHA）《危险废弃物经营和应急响应标准》（29 CFR § 1910.120）第（q）（3）（viii）节	为审核员提供的基本信息： • 实际上，安全员充当事故现场指挥的顾问，通常由事故现场指挥来指派安全员。通常，根据大气污染物检测值对应急响应人员可能接触的污染物浓度进行评估。 由审核员开展的工作： • 审核员应对工厂应急响应预案（ERP）进行审查，以核实在该计划中“权限”部分是否明确当安全员断定在应急响应现场危险物质浓度达到立即危及生命和健康（IDLH）浓度或会立即出现危险条件时安全员有权更改应急响应措施或暂停或终止应急响应工作
审核准则 19-C-26：安全员应立即将为应对在应急响应现场所存在危险而需采取的任何行动告知事故指挥系统（ICS）负责人	美国职业安全与健康管理局（OSHA）《危险废弃物经营和应急响应标准》（29 CFR § 1910.120）第（q）（3）（viii）节	由审核员开展的工作： • 审核员应对工厂应急响应预案（ERP）进行审查，以核实在应急响应程序中是否对安全员职责（充当事故现场指挥顾问角色）进行了介绍
审核准则 19-C-27：在终止应急响应工作后，由高层管理人员指挥开展污染消除工作	美国职业安全与健康管理局（OSHA）《危险废弃物经营和应急响应标准》（29 CFR § 1910.120）第（q）（3）（ix）节	由审核员开展的工作： • 审核员应对工厂应急响应预案（ERP）进行审查，以核实在应急响应程序中是否强调将对应急响应人员、个体防护装备（PPE）、工具和设备进行污染消除作为应急响应工作的一部分
审核准则 19-C-28：在完成应急响应工作后，如果需要在事故现场清理危险物质、消除健康危险源以及清理被危险物质污染的材料（如自然环境中被污染的土壤或受到污染的其他成分），雇主在开展清理工作时应确保制定以下其中一套计划： • 按照 OSHA《危险废弃物经营和应急响应标准》（29 CFR § 1910.120）第（b）至（o）节中有关规定制定一套应急响应后续工作计划；或 • 按照 OSHA《危险废弃物经营和应急响应标准》（29 CFR § 1910.120）第（q）（11）（ii）节中有关规定制定一套应急响应后续工作预案，由工厂或工作场所员工在工厂现场开展清理工作	美国职业安全与健康管理局（OSHA）《危险废弃物经营和应急响应标准》（29 CFR § 1910.120）第（q）（11）节	为审核员提供的基本信息： • 工厂制定了一套应急响应后续工作预案，包括在《危险废弃物经营和应急响应标准》（HAZWOPER）中规定的危险废弃物处理要求。如果由工厂或工作场所员工在工厂现场开展清理工作，则这些员工应就以下标准和计划接受培训：29 CFR § 1910.38《应急行动方案》、§ 1910.134《呼吸保护标准》、§ 1910.1200《危害告知标准》以及其他相关安全与健康培训计划（如个体防护装备和污染消除程序）。 由审核员开展的工作： • 审核员应对在开展清理工作时使用的设备进行实地检查，以核实并确保这些设备能够正常工作且已按照规定完成了所有检查。 • 审核员应对工厂应急响应预案（ERP）或其他环境管理预案（如泄漏预防、对策和控制（SPCC）计划）进行审查，以核实在这类计划中是否强调在完成应急响应工作后需开展现场清理工作

续表

审核准则	审核准则出处	审核员指南
审核准则19-C-29：在应急响应预案(ERP)中，应包括在将化学品意外泄漏告知公众和地方应急响应机构时需遵守的程序	美国国家环境保护局(EPA)《风险管理计划》中"应急响应预案"(68.95)部分第(A)节(a)	由审核员开展的工作： • 审核员应对工厂应急响应预案(ERP)进行审查，以核实在应急响应程序中是否包括与公众和地方应急响应机构有关的联系信息或注明与其有关的参考资料
审核准则19-C-30：在应急响应预案(ERP)中，应对人员意外接触危险化学品后而必须采取的正确急救和应急医疗措施进行说明	美国国家环境保护局(EPA)《风险管理计划》中"应急响应预案"(68.95)部分第(A)节(a)	由审核员开展的工作： • 审核员应对工厂应急响应预案(ERP)进行审查，以核实在应急响应程序中是否包括对人员意外接触危险化学品进行急救和应急医疗而必须遵守的程序或注明与其有关的参考资料。 如果现场化学品安全技术说明书(MSDS)中包括上述急救和应急医疗程序，则可以参考化学品安全技术说明书
以下要求仅针对《资源保护和恢复法案》(RCRA)所涵盖的处理、存储和处置(TSD)装置：		
审核准则19-C-31：在应急响应预案中，应包括以下必要信息和程序： • 与现场地形、布置和主要天气条件有关的信息； • 向地方、州和联邦政府机构上报事故需遵守的程序	美国职业安全与健康管理局(OSHA)《危险废弃物经营和应急响应标准》(29 CFR § 1910.120)第(p)(8)(i)，(p)(8)(iv)(A)节	为审核员提供的基本信息： • 如果按照各监管机构(如美国国家环境保护局(EPA))要求编制的应急预案为应急响应预案的一部分，在为《资源保护和恢复法案》(RCRA)所涵盖的处理、存储和处置(TSD)装置编制的应急响应预案(ERP)中就无需重复已在应急预案中列出的内容。 • 在出现紧急情况时，如果雇主要求其员工从工作现场撤离且不允许其员工为应急响应提供协助，则不要求为《资源保护和恢复法案》(RCRA)所涵盖的处理、存储和处置(TSD)装置编制应急响应预案，而仅要求编制并维护好应急行动方案。 由审核员开展的工作： • 审核员应对工厂应急响应预案(ERP)进行审查，以核实并确保ERP预案为雇主按照OSHA《危险废弃物经营和应急响应标准》(29 CFR § 1910.120)第(p)(1)节中有关规定编制的书面安全与健康计划的一部分。 • 审核员应对工厂应急响应预案(ERP)进行审查，以核实在应急响应程序中是否包括与现场地形、布置和主要天气条件有关的信息或注明包含了该类信息的参考资料。通常在现场平面图中标出这些信息，也可能涵盖在其他文件中(如泄漏预防、对策和控制(SPCC)计划或《资源保护和恢复法案》(RCRA))
审核准则19-C-32：应急响应预案(ERP)应与地方、州和联邦机构制定的灾难、火灾和/或突发事件应对计划保持一致并有机结合	美国职业安全与健康管理局(OSHA)《危险废弃物经营和应急响应标准》(29 CFR § 1910.120)第(p)(8)(iv)(B)节	为审核员提供的基本信息： • 在制定应急响应预案时应视具体情况吸纳地方、州或联邦应急响应预案人员的意见和建议(在制定应急响应预案时很少向州和联邦应急响应预案人员征询意见和建议)。 由审核员开展的工作： • 如果装置属于《资源保护和恢复法案》(RCRA)所涵盖的处理、存储和处置(TSD)装置，则审核员应对装置应急响应预案进行审查，以核实并确保政府应急响应预案人员参与了工厂应急响应预案(ERP)编制工作，并且将工厂应急响应预案纳入地方应急响应预案中

续表

审核准则	审核准则出处	审核员指南
审核准则 19-C-33：应定期对应急响应预案进行审查且在必要时进行修改，以确保应急响应预案始终为最新版	美国职业安全与健康管理局(OSHA)《危险废弃物经营和应急响应标准》(29 CFR § 1910.120)第(p)(8)(iv)(D)	为审核员提供的基本信息： • 应急响应预案(ERP)应为在工厂中正式发布和批准的文件，并且应定期(如每年)尤其当工厂或组织机构发生变化时对应急响应预案进行审查并根据审查结果对其进行更新。 由审核员开展的工作： • 审核员应对工厂应急响应预案(ERP)进行审查，以核实并确保应急响应预案为在工厂中正式发布和批准的文件，并且定期进行了更新。 • 审核员应对工厂应急响应预案(ERP)进行审查，以核实并确保已定期尤其当工厂或组织机构发生变化时对应急响应预案进行了更新。可以从人力资源部门获取员工名单，将当前员工姓名和电话号码与在应急响应预案中列出的员工姓名和电话号码进行对照检查
作为应急响应预案(ERP)的一部分，应制定并实施以下计划：		
审核准则 19-C-34：应制定并实施安全与健康程序	美国职业安全与健康管理局(OSHA)《危险废弃物经营和应急响应标准》(29 CFR § 1910.120)第(p)(1)节	为审核员提供的基本信息： • 安全与健康程序用于识别、评估和控制在工厂中存在的安全和健康危险以保护员工免遭伤害，以按照在应急响应预案(ERP)中规定的有关要求开展应急响应工作，同时在安全与健康程序中还应视具体情况对现场分析、工程控制措施、危险物质最大接触限定值、危险废弃物处理程序和新技术的采用做出规定。 • 应向员工及其代表和 OSHA 人员提供安全与健康程序。 由审核员开展的工作： • 审核员应对工厂安全与健康程序进行审查，以核实并确保工厂已为参与危险废弃物处理工作的员工编制了书面安全与健康程序并付诸实施。 • 审核员应对工厂人员进行面谈，以核实并确保向员工及其代表和 OSHA 人员提供了书面安全与健康程序
审核准则 19-C-35：应制定并实施危害告知程序	美国职业安全与健康管理局(OSHA)《危险废弃物经营和应急响应标准》(29 CFR § 1910.120)第(p)(2)节	为审核员提供的基本信息： • 可按照在 29 CFR § 1910.1200 沟通《危害告知标准》中规定的危险废弃物清除要求来编制危害告知程序。 由审核员开展的工作： • 审核员应对负责危害告知的工厂人员进行面谈，以核实工厂是否按照 29 CFR § 1910.1200 沟通《危害告知标准》中有关规定制定了危害告知程序(以作为安全与健康程序的一部分)并付诸实施
审核准则 19-C-36：应制定并实施医疗监督计划	美国职业安全与健康管理局(OSHA)《危险废弃物经营和应急响应标准》(29 CFR § 1910.120)第(p)(3)节	为审核员提供的基本信息： • 应按照 OSHA《危险废弃物经营和应急响应标准》(29 CFR § 1910.120)第(f)节中有关规定来制定并实施医疗监督计划。另外，有关医疗监督计划还可以参考审核准则 19-C-69 至 19-C-72。 由审核员开展的工作： • 审核员应对装置文件进行审查，以核实工厂是否已制定了医疗监督计划并付诸实施

续表

审核准则	审核准则出处	审核员指南
审核准则 19-C-37：应制定并实施污染消除计划	美国职业安全与健康管理局(OSHA)《危险废弃物经营和应急响应标准》(29 CFR §1910.120)第(p)(4)节	为审核员提供的基本信息： • 应按照 OSHA《危险废弃物经营和应急响应标准》(29 CFR §1910.120)第(k)节中有关规定来制定并实施污染消除计划。 由审核员开展的工作： • 审核员应对装置文件进行审查，以核实工厂是否已制定了污染消除计划并付诸实施
审核准则 19-C-38：应制定并实施污染消除程序，同时还应将污染消除程序告知员工。在污染消除程序中，应特别强调以下问题： • 应最大程度地避免员工接触危险物质或被危险物质污染了的设备。 • 来自污染区的员工应将被污染的衣服脱去，并且所有被污染的衣服和设备均应采取合适措施进行处置或污染消除处理。 • 在消除污染时采用的所有设备和溶剂应进行污染消除处理或处置。 • 应由现场安全和健康负责人对污染消除程序进行监督，以确保污染消除程序能够发挥效力。如果发现污染消除程序不能发挥效力，则应纠正任何不足之处	美国职业安全与健康管理局(OSHA)《危险废弃物经营和应急响应标准》(29 CFR §1910.120)第(k)(2)节和第(k)(4-8)节	为审核员提供的基本信息： • 如果员工或设备在现场可能会接触到危险物质，则在员工进入现场或将设备运入现场前应编制并实施污染消除程序。 • 防护服和个体防护装备应进行污染消除处理、清理、清洗和维护，或在需要进行更换以确保满足使用要求。 • 为了最大程度地避免员工接触危险物质，当员工防护服不具备防渗功能且被危险物质浸透时，应立即脱去这些防护服并用淋浴器冲洗全身。在将被污染防护服撤出工作区域前，应进行处置或污染消除处理。 • 员工在未经许可情况下不得从更衣室中取出防护服或个体防护装备。 • 如果由外部洗衣店或清洗服务部门对防护服或个体防护装备进行污染消除处理，应将这些被危险物质污染了的防护服或个体防护装备可能造成的危害告知外部洗衣店或清洗服务部门。 • 如果在污染消除程序中规定员工需经常进行淋浴且更衣室需位于污染区外部，则应按照上述要求设置淋浴器和更衣室且应满足在 29 CFR §1910.141 中规定的有关要求。如果受温度条件所限无法用水进行清理，则应采用其他有效清洁方法。 由审核员开展的工作： • 审核员应对装置污染消除程序进行审查，以核实并确保在编制污染消除程序时考虑了有关要求并付诸实施
审核准则 19-C-39：在选择污染消除区域时应确保最大程度地避免未受到污染的员工或设备接触到已受到污染的员工或设备	美国职业安全与健康管理局(OSHA)《危险废弃物经营和应急响应标准》(29 CFR §1910.120)第(k)(3)节	由审核员开展的工作： • 审核员应对装置污染消除程序进行审查，以核实并确保在编制污染消除程序时认真考虑了相关要求
审核准则 19-C-40：应编制并实施新技术引入计划	美国职业安全与健康管理局(OSHA)《危险废弃物经营和应急响应标准》(29 CFR §1910.120)第(p)(5)节	为审核员提供的基本信息： • 应按照 OSHA《危险废弃物经营和应急响应标准》(29 CFR §1910.120)第(o)节有关规定制定并实施新型和创新型设备引入计划。 由审核员开展的工作： • 审核员应对装置文件进行审查，以核实工厂是否已制定了新技术引入计划并付诸实施

续表

审核准则	审核准则出处	审核员指南
审核准则 19-C-41：应制定并实施有关程序来引入新技术和设备，用于提高对危险废弃物清理人员的保护水平。在大规模采用新方法、材料或设备前，应对这些新方法、材料或设备进行评估，以核实这些新方法、材料或设备能否提高对员工的保护水平	美国职业安全与健康管理局(OSHA)《危险废弃物经营和应急响应标准》(29 CFR § 1910.120)第(o)节	为审核员提供的基本信息： • 作为现场安全与健康计划的一部分，还应制定并实施有关程序来引入新技术和设备，确保满足员工保护要求。 • 在工业领域可以采用的新技术、设备或控制措施包括使用泡沫、吸收剂和中和剂或采用其他方法来控制大气污染物浓度，同时在现场进行开挖以掩埋某些污染物或采取泄漏控制措施。 • 雇主在对新方法、材料或设备进行评估时可采用由生产商或供货商提供的信息和数据。 • 当 OSHA 要求时，在对新方法、材料或设备完成评估后，雇主应将评估结果提供给 OSHA。 由审核员开展的工作： • 审核员应对装置新技术引入程序进行审查，以核实新技术引入程序是否已付诸实施且对新方法、材料或设备进行的评估做好记录
审核准则 19-C-42：应制定并实施材料运输计划	美国职业安全与健康管理局(OSHA)《危险废弃物经营和应急响应标准》(29 CFR § 1910.120)第(p)(6)节	由审核员开展的工作： • 审核员应核实是否要求事先按照 OSHA《危险废弃物经营和应急响应标准》(29 CFR § 1910.120)第(j)(1)(ii)至(viii)节、第(xi)节以及第(j)(3)节和第(j)(8)节有关规定制定并实施储罐或容器运输计划
审核准则 19-C-43：在开展清理工作期间使用的储罐和容器应满足美国交通运输部(DOT)、美国职业健康与安全管理局(OSHA)和美国国家环境保护局(EPA)有关法规中的要求。按照美国交通运输部(DOT)规定，应在可能发生溢出、泄漏或破裂事故的区域提供抢险用储罐或容器以及一定数量的吸收剂	美国职业安全与健康管理局(OSHA)《危险废弃物经营和应急响应标准》(29 CFR § 1910.120)第(j)(1)(ii、vii)节	由审核员开展的工作： • 审核员应对装置材料运输计划进行审查，以核实在该计划中是否规定应使用经过批准的容器。 • 审核员应进行实地检查，以核实是否按照美国交通运输部(DOT)规定在可能发生溢出、泄漏或破裂事故的区域提供了抢险用储罐或容器以及一定数量的吸收剂
审核准则 19-C-44：在选择、布置和操作用于运输储罐和容器的运输设备时，应最大程度地避免储罐或容器破裂，从而防止因从破裂储罐或容器内泄漏出气体而形成火源	美国职业安全与健康管理局(OSHA)《危险废弃物经营和应急响应标准》(29 CFR § 1910.120)第(j)(3)节	由审核员开展的工作： • 审核员应对装置材料运输计划进行审查，以核实在该计划中是否规定在选择、布置和操作材料运输设备时应最大程度地避免形成火源
审核准则 19-C-45：在移动储罐和容器前，应对储罐和容器进行检查以确保完整性。另外，应将储罐或容器内物料可能造成的危险告知与储罐和容器移动有关的员工。应尽可能避免移动储罐或容器	美国职业安全与健康管理局(OSHA)《危险废弃物经营和应急响应标准》(29 CFR § 1910.120)第(j)(1)(iii、v、vi)节	为审核员提供的基本信息： • 对于出于设置条件原因(如埋在地下、设置在其他罐后面、多层设置等)在移动前无法进行检查的储罐或容器，应先移动至可接近位置，然后在进一步移动前进行检查。 • 应合理安排现场作业，以最大程度地避免移动储罐或容器。 由审核员开展的工作： • 审核员应对装置材料运输计划进行审查，以核实在该计划中是否规定应在移动前对储罐和容器进行检查

续表

审核准则	审核准则出处	审核员指南
审核准则 19-C-46：对于未设置标签的储罐和容器，在尚未明确这些储罐和容器内究竟含有何种物料且为这些储罐和容器设置标签之前，应将其视为含有危险物质，在搬运这些储罐和容器时应遵守相关规定	美国职业安全与健康管理局(OSHA)《危险废弃物经营和应急响应标准》(29 CFR § 1910.120)第(j)(1)(iv)节	由审核员开展的工作： • 审核员应对装置材料运输计划进行审查，并对未设置标签的储罐和容器进行检查，在尚未明确这些储罐和容器内究竟含有何种物料且为这些储罐和容器设置标签之前，应将其视为含有危险物质进行管理
审核准则 19-C-47：在清除土壤或覆盖材料时应特别小心，以防止储罐或容器破裂	美国职业安全与健康管理局(OSHA)《危险废弃物经营和应急响应标准》(29 CFR § 1910.120)第(j)(1)(xi)节	由审核员开展的工作： • 审核员应对装置材料运输计划进行审查，以核实在该计划中是否规定在清除土壤或覆盖材料应特别小心，以防止储罐或容器破裂

19.2.1.2　培训

应急响应培训应作为总体安全与健康培训计划的一部分。在对人员进行培训时，应急强调在应急响应预案中每名员工的责任。应急响应培训计划应与美国消防协会(NFPA)、国家事件管理系统(NIMS)和国际消防训练协会(IFSTA)规定的推荐做法保持一致。

表 19.2 列出了在 OSHA 过程安全管理标准《高危化学品过程安全管理》中与“应急响应培训”有关的审核准则和审核员指南。

表 19.2　在 OSHA 过程安全管理标准《高危化学品过程安全管理》中与“应急响应培训”有关的审核准则和审核员指南

审核准则	审核准则出处	审核员指南
审核准则 19-C-48：雇主应指派相关员工并对其进行培训，以协助其他员工安全、有序撤离	美国职业安全与健康管理局(OSHA)《应急行动方案》(29 CFR § 1910.38)第(e)节	为审核员提供的基本信息： • 在许多装置中，所有人员应接受撤离和/或就地避险方面的培训，并在撤离或避险过程中做到相互帮助。 由审核员开展的工作： • 审核员应对应急行动方案(EAP)进行审查，以核实在该预案中是否指定了“撤离协调员”、“楼层指挥人员”或同等人员，以为紧急撤离提供协助。在办公大楼内，通常有必要指派“撤离协调员”、“楼层指挥人员”或同等人员，有助于确保所有人员(包括某些残疾人员)能够安全、有序撤离，同时为紧急撤离提供协助
审核准则 19-C-49：对于以下三种情况，应与应急行动方案所涉及的每名员工一起对应急行动方案进行审查： 当编制完应急行动方案或为新入职员工分配工作岗位时； 当应急行动方案中员工职责或指定任务发生变化时；以及 当应急行动方案本身发生变化时	美国职业安全与健康管理局(OSHA)《应急行动方案》(29 CFR § 1910.38)第(f)节	为审核员提供的基本信息： • 在新入职员工安全培训计划中，应包括与应急行动方案和应急响应程序有关的培训。应为新入职员工安全培训主题编写培训大纲或清单。 由审核员开展的工作： • 审核员应对员工培训记录进行审查，以核实新入职员工是否已就应急行动方案接受了入职培训。 • 审核员应对员工培训记录进行审查，以核实是否针对以下三种情况就应急行动方案和应急响应程序对员工进行了培训：1)当编制完应急行动方案或为新入职员工分配工作岗位时，2)当应急行动方案中员工职责或指定任务发生变化时，3)当应急行动方案本身发生变化时

续表

审核准则	审核准则出处	审核员指南
审核准则 19-C-50：员工应向每名员工讲明突发事件首选报警方法，如通过手动警报器、公共广播系统、无线电设备或电话	美国职业安全与健康管理局(OSHA)《员工警报系统》(29 CFR § 1910.165)第(b)(4)节	由审核员开展的工作： • 审核员应对新入职员工安全培训计划进行审查，以核实在该安全培训计划中是否对突发事件报警方法进行了特别说明
审核准则 19-C-51：应就以下 5 个层面应急响应人员在应急响应工作中应承担的职责进行培训，包括再培训： • 紧急情况第一发现人员； • 紧急情况第一响应人员； • 危险物料技术人员； • 危险物料专家； • 事故现场指挥	美国职业安全与健康管理局(OSHA)《危险废弃物经营和应急响应标准》(29 CFR § 1910.120) 第(q)(6)节	为审核员提供的基本信息： • 根据在出现紧急情况时希望人员能够对非小型/非初期事件做出的响应，工厂应要求事件响应人员遵守《危险废弃物经营和应急响应标准》(HAZWOPER)中有关规定。应按照以下标准来确定 HAZWOPER 法规的适用性： • 如果员工仅为操作人员，则不允许该类员工在所在单元参与过多应急响应工作。 • 审核员应对在相关应急响应程序中规定的单元应急响应措施进行审查。如果在采取这些应急响应措施时会导致危险物料接触量超过在发生小型泄漏事故、初期火灾或类似事件时预计危险物料接触量，可执行 HAZWOPER 法规中有关规定。 • 审核员应对在采取应急响应行动时必须佩戴的个体防护装备(PPE)进行检查，如果要求应急响应人员使用的个体防护装备多于在正常条件下操作人员或其他指定人员使用的个体防护装备，可执行 HAZWOPER 法规中有关规定。 • 对于应急响应机构中每名成员，应根据其职责和职能进行培训。 由审核员开展的工作： • 审核员应对工厂员工和承包商人员培训记录进行审查，以核实并确保在现场开展工作且能够及时发现危险物料泄漏事故或能够对危险物料泄漏事故做出响应的每名人员(包括承包商人员)至少接受了"紧急情况第一发现人员"级培训。唯一例外情况是不包括进入装置运行区域的办公室人员。 • 审核员应对员工培训记录进行审查，以核实并确保实际参与应急响应的每名人员已根据《危险废弃物经营和应急响应标准》(HAZWOPER)中有关规定以及其在应急响应期间所承担的职责接受了培训。应按照在 OSHA《危险废弃物经营和应急响应标准》(29 CFR § 1910.120)第(q)节中的具体规定对每一层面应急响应人员进行培训，包括入职培训时数和通过培训需达到的能力。 • 审核员应对员工培训记录进行审查，以核实并确保在为这 5 个层面应急响应人员编写的培训课程大纲和/或能力展示文件中特别列出了在《危险废弃物经营和应急响应标准》(HAZWOPER)中规定的培训目标
审核准则 19-C-52：应向以下每一层面应急响应人员讲明培训要求以及需达到的能力： • 紧急情况第一响应人员； • 危险物料技术人员； • 危险物料专家； • 事故现场指挥	美国职业安全与健康管理局(OSHA)《危险废弃物经营和应急响应标准》(29 CFR § 1910.120)第(q)(8)(ii)节	为审核员提供的基本信息： • 应对能力展示所采用的方法做好记录。可通过书面考核、实地应急响应演示或口头测试等方式来证明人员通过培训所达到的能力。 • 在员工完成培训后，应为承担指定任务的每名员工颁发相应培训证书(由雇主或其代表(如外部培训机构)来颁发)。颁发培训证书是为了证明员工通过培训达到了要求的能力，而并非仅仅完成了培训。 由审核员开展的工作： 审核员应对员工培训记录进行审查，以核实并确保做好了培训记录存档工作

续表

审核准则	审核准则出处	审核员指南
审核准则 19-C-53：应对每年再培训或能力展示做好记录	美国职业安全与健康管理局(OSHA)《危险废弃物经营和应急响应标准》(29 CFR § 1910.120)第(q)(8)(ii)节	由审核员开展的工作： • 审核员应对员工培训记录进行审查，以核实在员工培训记录中是否对通过培训需达到的能力进行了特别说明，如果是，则雇主应对在进行能力展示时所采用的方法做好记录
审核准则 19-C-54：对于负责对在 OSHA《危险废弃物经营和应急响应标准》(29 CFR § 1910.120)第(q)(6)节中规定的主题进行培训的培训师，应顺利完成相应的培训课程(如由美国消防协会提供的培训课程)或拥有相应的学术证书和培训经验，以证明其具备相应知识和培训能力	美国职业安全与健康管理局(OSHA)《危险废弃物经营和应急响应标准》(29 CFR § 1910.120) 第 (q)(7)节	为审核员提供的基本信息： • 培训师可以是公司聘用的培训师或来自外部培训机构的培训师。对培训师的学术/培训证书、经验或背景并没有强制性要求。对于根据《危险废弃物经营和应急响应标准》(HAZWOPER)对工厂人员进行培训的培训师，应根据具体情况对这些培训师的资格进行评估。培训师通常需拥有以下经验和背景：拥有现场消防经验或现场危险物料(HAZMAT)应急处理经验，完成了消防和/或危险物料应急处理专题学术课程或接受了消防和/或危险物料应急处理专题培训。工厂或公司应向审核员提供培训师资格证书。 由审核员开展的工作： • 审核员应对员工培训记录进行审查，以核实根据《危险废弃物经营和应急响应标准》(HAZWOPER)对工厂人员进行培训的培训师是否拥有相关资格证书
审核准则 19-C-55：紧急情况第一发现人员：是指可能会目击或及时发现危险物质泄漏的员工，应对紧急情况第一发现人员进行培训，并使其具备相应的能力	美国职业安全与健康管理局(OSHA)《危险废弃物经营和应急响应标准》(29 CFR § 1910.120)第(q)(6)(i)节	由审核员开展的工作： • 审核员应对紧急情况第一发现人员(指可能会目击或及时发现危险物质泄漏的员工)进行面谈，以核实并确保已对紧急情况第一发现人员进行了培训，并使其具备了相应的能力，包括： —知晓应将危险物质泄漏告知哪些相关机构； —知晓除了将危险物质泄漏告知相关机构外不得采取其他任何行动； —了解所涉及的危险物质以及当发生事故时与危险物质有关的风险； —了解在发生突发事件时因存在危险物质而可能造成的后果； —能够判别在出现紧急情况时是否存在危险物质； —能够识别危险物质，如果可能的话； —了解紧急情况第一发现人员在雇主应急响应预案(包括现场保安和控制计划)和美国运输部应急响应指导手册中规定的职责； —能够判断所需其他资源，并及时通知通讯中心
审核准则 19-C-56：紧急情况第一响应人员：是指作为应急响应工作的一部分通过采取防御行动来控制危险物质泄漏而不是试图完全阻止危险物质泄漏的员工，应对紧急情况第一响应人员进行培训，使其具备相应的能力	美国职业安全与健康管理局(OSHA)《危险废弃物经营和应急响应标准》(29 CFR § 1910.120)第(q)(6)(ii)节	由审核员开展的工作： • 审核员应对紧急情况第一响应人员(指作为应急响应工作的一部分通过采取防御行动来控制危险物质泄漏而不是试图完全阻止危险物质泄漏的员工)进行面谈，以核实并确保已对紧急情况第一响应人员进行了培训，使其具备了相应的能力，包括： —了解其职责是在安全距离处控制泄漏出的危险物质，防止危险物质扩散并避免人员接触到危险物质，以保护周围人员、财产或环境免遭因危险物质泄漏而带来的影响； —知晓基本危害和风险评估方法； —知晓如何正确选择和使用为紧急情况第一响应人员提供的个体防护装备(PPE)； —了解危险物料基本术语； —知晓如何利用本单位内部可用资源和个体防护装备来开展基本的封堵和/或控制工作；

续表

审核准则	审核准则出处	审核员指南
		—知晓如何实施污染消除基本程序； —了解与应急响应有关的标准操作程序和终止程序。 • 另外，审核还应对培训记录进行审查，以核实并确保紧急情况第一响应人员已接受了至少8小时培训，或已具备足够的应急响应能力
审核准则19-C-57：危险物料技术人员：是指作为应急响应工作的一部分通过采取积极行动来控制危险物质泄漏以修复和封堵危险物质泄漏点或最终完全阻止危险物质泄漏的员工，应对危险物料（HAZMAT）技术人员进行培训，使其具备相应的能力	美国职业安全与健康管理局（OSHA）《危险废弃物经营和应急响应标准》（29 CFR § 1910.120）第（q）（6）（iii）节	由审核员开展的工作： • 审核员应对危险物料技术人员（指作为应急响应工作的一部分通过采取积极行动来控制危险物质泄漏以修复和封堵危险物质泄漏点或最终完全阻止危险物质泄漏的员工）进行面谈，以核实并确保已对危险物料（HAZMAT）技术人员进行了培训，使其具备了相应的能力，包括： —了解其职责是到达危险物质泄漏点对泄漏点进行封堵和修复，直至完全阻止危险物质泄漏； —知晓如何实施雇主应急响应预案； —知晓如何使用现场测量仪表和设备来对已知和未知物质进行分类、识别和核实； —在事故指挥系统中能够按照其职责开展工作； —知晓如何正确选择和使用为危险物料技术人员提供的化学品专用个体防护装备（PPE）； —了解危害和风险评估方法； —能够利用本单位可用资源和个体防护装备来开展基本的控制和/或封堵工作； —知晓如何实施污染消除基本程序； —了解应急响应终止程序； —了解化学和毒理学基本术语和特性。 • 另外，审核还应对培训记录进行审查，以核实并确保作为危险物料（HAZMAT）技术人员的员工已接受了至少24小时培训且具备了上述能力
审核准则19-C-58：危险物料专家：是指参与应急响应、作为应急响应工作一部分为其他危险物质泄漏控制人员提供支持以及就现场应急响应工作与联邦、州和地方机构以及其他政府机构进行联络的员工，应对危险物料（HAZMAT）专家进行培训，使其具备相应的能力	美国职业安全与健康管理局（OSHA）《危险废弃物经营和应急响应标准》（29 CFR § 1910.120）第（q）（6）（iv）节	由审核员开展的工作： • 审核员应对危险物料专家（指参与应急响应、作为应急响应工作一部分为其他危险物质泄漏控制人员提供支持以及就现场应急响应工作与联邦、州和地方机构以及其他政府机构进行联络的员工）进行面谈，以核实并确保已对危险物料（HAZMAT）专家进行了培训，使其具备了相应的能力，包括： —知晓如何实施当地应急响应预案； —知晓如何使用先进测量仪表和设备来对已知和未知物质进行分类、识别和核实； —了解州应急响应预案； —知晓如何正确选择和使用为危险物料专家提供的化学品专用个体防护装备； —了解先进危害和风险评估方法； —能够利用本单位可用资源和个体防护装备来开展专业化控制和/或封堵工作； —能够确定和实施污染消除程序； —能够编制现场安全和控制计划； —了解化学、辐射和毒理学术语和特性。 • 另外，审核还应对培训记录进行审查，以核实并确保危险物料（HAZMAT）专家已接受了至少24小时培训且具备了上述能力

续表

审核准则	审核准则出处	审核员指南
审核准则 19-C-59：事故现场指挥：是指负责对现场事故进行控制的员工(非紧急情况第一发现人员)，应对事故现场指挥进行培训，使其具备相应的能力	美国职业安全与健康管理局(OSHA)《危险废弃物经营和应急响应标准》(29 CFR § 1910.120)第(q)(6)(v)节	由审核员开展的工作： 审核员应对事故现场指挥(指负责对现场事故进行控制的员工)进行面谈，以核实并确保已对事故现场指挥进行了培训，并使其具备了相应的能力，包括： • 了解并能够实施雇主事故指挥系统； • 知晓如何实施雇主应急响应预案； • 熟悉并了解与身穿化学品防护服员工有关的危害和风险； • 知晓如何实施地方应急响应预案； • 了解州应急响应预案和联邦区域应急响应团队； • 熟悉并了解污染消除程序的重要性。 • 另外，审核员还应对培训记录进行审查，以核实并确保事故现场指挥已接受了至少 24 小时培训且具备了上述能力
审核准则 19-C-60：对于紧急情况第一发现人员、紧急情况第一响应人员、危险物料技术人员、危险物料专家或事故现场指挥，应按照规定的培训内容和时间接受再培训以巩固其相应能力，或应证明其具备相应的能力	美国职业安全与健康管理局(OSHA)《危险废弃物经营和应急响应标准》(29 CFR § 1910.120)第(q)(8)(i)节	为审核员提供的基本信息： • 对于参与危险物料泄漏事故应急响应的所有人员，要求每年进行再培训或应证明其具备相应的能力。可通过课堂培训、计算机辅助培训(CBT)或实际岗位培训方式来进行再培训。对于应急响应再培训，即没有对最低培训时数做出规定，也没有规定需由雇主对员工资格进行重新认证。再培训时间有时为 1 天(8 小时)，但这并不是一项强制性要求。 由审核员开展的工作： • 审核员应对培训记录进行审查，以核实并确保已按照工厂应急响应预案(ERP)中规定的要求对 HAZWOPER 相关人员进行了再培训。 • 审核员应对培训记录进行审查，以核实并确保至少每年根据《危险废弃物经营和应急响应标准》(HAZWOPER)对员工进行了再培训。 • 审核员应对每一层面应急响应人员再培训记录进行审查，以核实并确保在这些培训记录中包括在《危险废弃物经营和应急响应标准》(HAZWOPER)中规定的主要应急响应能力
审核准则 19-C-61：应就正确使用个体防护装备(PPE)、所涉及的化学品危险以及需开展的应急响应工作向参与应急响应工作的技术支持人员进行简要介绍	美国职业安全与健康管理局(OSHA)《危险废弃物经营和应急响应标准》(29 CFR § 1910.120)第(q)(4)节	为审核员提供的基本信息： • 技术支持人员并非必须为雇主自己员工。当雇主人员无法及时开展应急响应工作时，由这些技术支持人员提供临时支持。尽管这些技术支持人员在应急响应现场可能会遭遇危险，但不要求和雇主正式员工接受相同培训。 • 在技术支持人员参与应急响应工作前，应在现场就有关安全事项向技术支持人员进行简要介绍。 • 简要介绍内容包括个体防护装备的正确使用、所涉及的化学品危险以及需开展的应急响应工作。 • 由事故指挥(IC)负责在应急响应现场就有关安全事项对调用的技术支持人员进行简要介绍或培训，以确保这些技术支持人员的人身安全，同时确保这些技术支持人员了解在开展工作期间可能遇到的限制条件。应对事故指挥进行面谈，以核实他们如何完成上述现场培训。 • 为雇主自己员工提供的所有其他安全与健康措施同样可供技术支持人员使用，以确保这些技术支持人员的安全和健康。 由审核员开展的工作： • 审核员应对事故指挥(IC)进行面谈，以核实他们如何对技术支持人员进行了现场培训

续表

审核准则	审核准则出处	审核员指南
审核准则 19-C-62：雇主专业人员在日常工作中会涉及到危险物质且就与具体危险物质有关的危险接受了培训，当一旦发生危险物质事故事故后，将由其为应急响应人员提供技术建议或协助。对于雇主专业人员，应就其专业领域每年接受培训或证明其具备相应的专业能力	1910.120(q)(5) 美国职业安全与健康管理局(OSHA)《危险废弃物经营和应急响应标准》(29 CFR §1910.120)第(q)(5)节	为审核员提供的基本信息： • 本审核准则规定了仅充当技术顾问且负责提供与所涉及化学品有关的信息的人员需履行的职责和需遵守的工作程序。这些人员包括为在场外运输事故现场提出建议的公司专家。 由审核员开展的工作： • 审核员应对培训记录或其他文件进行审查，以核实公司专业人员是否就其专业领域每年接受培训或证明其具备相应的专业能力。如果由现场人员履行上述职责，可对这些人员进行面谈，以核实是否满足该项要求
以下审核准则仅针对《资源保护和恢复法案》(RCRA)所涵盖的处理、存储和处置(TSD)装置：		
审核准则 19-C-63：对于在处理、存储和处置(TSD)装置中开展工作的员工，由于会遭遇健康危险或接触危险物质，作为雇主安全与健康计划的一部分，雇主应编制并实施培训计划，确保每名员工能够以安全和健康方式进行作业，从而防止对自身或其他员工造成危险	美国职业安全与健康管理局(OSHA)《危险废弃物经营和应急响应标准》(29 CFR §1910.120)第(p)(7)(i)和(ii)节	为审核员提供的基本信息： • 入职培训时间应为 24 小时，而每年再培训时间应为 8 小时。 • 应为完成入职培训的员工颁发书面培训证书，证明这些员工已顺利完成了培训。 • 对于不参加入职培训的员工，雇主应能够证实这些员工拥有相关工作经验和/或他们先前接受的培训等同于所要求的入职培训。等效培训包括当前员工在实际工作现场已接受了的培训。 由审核员开展的工作： • 审核员应对培训记录进行审查，以核实每年再培训时间是否符合要求
审核准则 19-C-64：对于负责进行入职培训的培训师，应顺利完成相应的培训课程或拥有相应的学术证书和培训经验，以证明其具备相应知识和培训能力	美国职业安全与健康管理局(OSHA)《危险废弃物经营和应急响应标准》(29 CFR §1910.120)第(p)(7)(iii)节	由审核员开展的工作： • 审核员应对根据《危险废弃物经营和应急响应标准》(HAZWOPER)进行培训的培训师学术证书进行审查。培训师可以是公司聘用的培训师或来自外部培训机构的培训师。对培训师的学术/培训证书、经验或背景并没有强制性要求。对于根据《危险废弃物经营和应急响应标准》(HAZWOPER)对装置人员进行培训的培训师，应根据具体情况对这些培训师的资格进行评估。培训师通常需拥有以下经验和背景：拥有现场灭火经验消防经验或现场危险物料(HAZMAT)应急处理经验，完成了消防和/或危险物料应急处理专题学术课程或接受了消防和/或危险物料应急处理专题培训。工厂或公司应向审核员提供培训师资格证书
审核准则 19-C-65：对于按照 OSHA《危险废弃物经营和应急响应标准》(29 CFR §1910.120)第(p)节中有关规定为应急响应人员编制的应急响应培训计划，应涵盖以下内容： • 事先就应急响应工作与外部单位进行协调；	美国职业安全与健康管理局(OSHA)《危险废弃物经营和应急响应标准》(29 CFR §1910.120)第(p)(7)节和第(8)(iii)(A)节	为审核员提供的基本信息： • 对于《资源保护和恢复法案》(RCRA)所涵盖的危险废弃物处理、存储或处置(TSD)装置，应急响应培训计划应包括在应急响应预案(ERP)中列出的要求以及在本审核准则中列出的培训主题。 • 如果雇主对其员工进行了划分，有足够的员工经过了指定的培训且能对紧急情况进行控制，而其他首先可能会对紧急情况作出响应的员工具有高度安全意识，能够及时发现出现的突发事件，并按照规定及时通知经过全面培训的员工，但由于

续表

审核准则	审核准则出处	审核员指南
• 人员职责、权限和沟通; • 紧急情况识别和防范; • 安全距离和避险场所; • 现场安保; • 撤离路线和程序; • 污染消除程序; • 应急医疗服务和急救; • 应急警告和响应程序; • 对应急响应工作进行自评和跟踪; • 需佩戴的个体防护装备(PPE)和突发事件应对程序; • 应急设备; • 标准操作程序		其未经过培训而无需参与应急响应工作。在此种情况下，雇主不必对其所有员工进行全方位培训。 • 如果雇主已与外部专业应急响应团队签署了协议并在合理的时间开展应急响应工作，同时，所有员工具有高度安全意识，能够及时发现出现的紧急情况，并按照规定及时通知外部专业应急响应团队来应对紧急事故。在此种情况下，雇主无需对其所有员工进行全方位培训。 由审核员开展的工作： • 审核员应对现场应急响应人员培训大纲及其培训记录进行审查，以核实是否已对现场应急响应人员进行了培训且培训内容是否包括在应急响应预案(ERP)中列出的要求以及在本审核准则中列出的培训主题
审核准则 19-C-66：对于处理、存储和处置(TSD)装置，其应急响应机构成员还应接受以下方面的培训： • 为最大程度地降低安全和健康危险而需采用的控制方法； • 安全使用控制设备； • 正确选择和使用个体防护装备(PPE)； • 在事故现场采用的安全操作程序； • 为尽可能避免出现风险而与其他员工进行协调时需采用的方法； • 为保护自身和其他员工不会因过度接触危险化学品而受到伤害需采取的应对措施； • 判别因过度接触危险化学品而可能出现的症状	美国职业安全与健康管理局(OSHA)《危险废弃物经营和应急响应标准》(29 CFR § 1910.120)第(p)(8)(iii)(B)节	为审核员提供的基本信息： • 对于《资源保护和恢复法案》(RCRA)所涵盖的危险废弃物处理、存储或处置(TSD)装置，应急响应培训计划应包括在应急响应预案(ERP)中列出的要求以及在本审核准则中列出的培训主题。 由审核员开展的工作： • 审核员应对现场应急响应人员培训大纲及其培训记录进行审查，以核实是否已对现场应急响应人员进行了培训且培训内容是否包括在应急响应预案(ERP)中列出的要求以及在本审核准则中列出的培训主题
审核准则 19-C-67：雇主应证明每名员工已按照要求顺利完成了培训或具备相应能力	美国职业安全与健康管理局(OSHA)《危险废弃物经营和应急响应标准》(29 CFR § 1910.120)第(p)(8)(iii)(C)节	为审核员提供的基本信息： • 可采用书面考核、实地应急响应演示或口头测试等方式来证明通过培训所达到的能力。 由审核员开展的工作： • 审核员应对培训记录进行审查，以核实在培训记录中是否涵盖了在进行能力展示时所采用的方法。审核员应对培训记录进行审查，以核实是否为完成培训的每名员工颁发了培训证书(由雇主或雇主代表(如外部培训机构)来颁发培训证书)

19.2.1.3 实施

实施是指制定应急行动方案和/或应急响应预案并实施计划中的所有规定，包括相关培训。另外，应急设备已部署到位，以确保工厂能够完全应对突发事件。

表19.3列出了在OSHA过程安全管理标准《高危化学品过程安全管理》中与“实施应急行动方案和应急响应预案”有关的审核准则和审核指南。

表19.3 在OSHA过程安全管理标准《高危化学品过程安全管理》中与“实施应急行动方案和应急响应预案”有关的审核准则和审核员指南

审核准则	审核准则出处	审核员指南
审核准则19-C-68：雇主必须设立并维护员工警报系统。员工警报系统必须针对不同警报目的而采用不同警报信号，并且应符合在29 CFR §1910.65《员工警报系统》中规定的有关要求	美国职业安全与健康管理局(OSHA)《应急行动方案》(29 CFR §1910.38)第(d)节	由审核员开展的工作： ● 审核员应对工厂员工和承包商人员(尤其是审核员在现场遇到的工厂员工和承包商人员)进行面谈，以核实这些人员是否了解各种不同警报信号
审核准则19-C-69：员工警报系统应警告员工按照在应急行动方案中规定的有关要求采取必要紧急行动和/或在合理时间内从工作场所或当前工作区域安全撤离	美国职业安全与健康管理局(OSHA)《员工警报系统》(29 CFR §1910.165)第(b)(1)节	由审核员开展的工作： ● 审核员应对员工进行面谈，以核实员工警报系统能否准确发出警报，要求员工采取必要紧急行动或从工作场所或当前工作区域安全撤离
审核准则19-C-70：当通过电话来上报突发事件时，雇主应将紧急联系人电话号码张贴在电话机附近、工厂布告板上或其他显眼位置	美国职业安全与健康管理局(OSHA)《员工警报系统》(29 CFR §1910.165)第(b)(4)节	由审核员开展的工作： ● 审核员应进行实地检查，以核实是否将紧急联系人电话号码张贴在电话机附近显眼位置和工厂布告板上
审核准则19-C-71：如果通信系统还用作员工警报系统，则通信系统应首先用于传达紧急信息而不是日常信息	美国职业安全与健康管理局(OSHA)《员工警报系统》(29 CFR §1910.165)第(b)(4)节	由审核员开展的工作： ● 如果公共广播(PA)或无线电系统同时用作通信和员工警报目的，则审核员应进行实地检查，以核实该公共广播或无线电系统是否首先用于传达紧急信息而不是日常广播和信息通报。如果无法对此进行验证，则可采用其他方法来进行检查，如对员工进行面谈
审核准则19-C-72：当某一特定工作场所中员工数量等于或少于10人时，如果雇主直接采用口头方式进行警报，则应确保所有员工能够听到口头警报声音。在这类工作场所中，无需提供备用警报系统	美国职业安全与健康管理局(OSHA)《员工警报系统》(29 CFR §1910.165)第(b)(5)节	为审核员提供的基本信息： ● 只有在确保所有员工能够听到口头警报声音情况下，方可直接采用口头方式进行警报。如果员工听不见口头警报声音(例如，员工工作场所被隔离，无法进行沟通)，则要求采用其他警报方式。 由审核员开展的工作： ● 审核员应进行实地检查，以核实在出现紧急情况时所有员工是否都能听到紧急警报。如果无法对此进行验证，则可采用其他方法来进行检查，如对员工进行面谈
审核准则19-C-73：当员工警报系统出现故障时，应采用其他方法进行警报，如安排信息传递人员警报或通过电话进行警报	美国职业安全与健康管理局(OSHA)《员工警报系统》(29 CFR §1910.165)第(d)(3)节	由审核员开展的工作： ● 审核员应对工厂员工警报系统维护记录进行审查，以核实主要员工警报系统是否会出现故障，如果出现故障，则通过对有关记录进行审查或对相关人员进行面谈以核实当主要员工警报系统出现故障时采用了何种临时警报方式

续表

审核准则	审核准则出处	审核员指南
审核准则 19-C-74：应按照OSHA《危险废弃物经营和应急响应标准》(29 CFR § 1910.120)第(f)节中有关规定对危险物料(HAZMAT)组成员和危险物料专家进行基本体检和医疗监护	美国职业安全与健康管理局(OSHA)《危险废弃物经营和应急响应标准》(29 CFR § 1910.120)第(q)(9)(i)节 美国职业安全与健康管理局(OSHA)《危险废弃物经营和应急响应标准》(29 CFR § 1910.120)第(f)(3)和第(f)(5)节	为审核员提供的基本信息： • 对于参与危险物料泄漏事故应急响应的人员，应接受医疗检查，以检查是否存在任何健康问题，同时核实从医学角度来看是否允许这些人员佩戴呼吸器并开展与危险物料有关的应急响应工作。上述医疗检查通常涉及体检以及对生命指征进行检查，如血液污染浓度。尽管人员医疗记录属于秘密资料，但审核员应要求工厂提供一份按照《危险废弃物处理和应急响应》(HAZWOPER)有关要求编制的危险物料技术人员名单，并提供这些人员的体检表(注明体检日期)。 • 将在以下时间对员工进行医疗检查和就诊： —在分配工作任务前； —当到定期医疗检查日期时(至少每隔 12 个月进行一次医疗检查，除非主治医师认为医疗检查时间间隔可以更长些，但最长时间间隔不得超过 24 个月)； —如果该员工在最近 6 个月内未进行过任何体检，在终止劳动合同或当员工被重新指派到一个新工作区域时； —当员工称其可能因过度接触危险物质或遭遇健康危害而导致身体出现某些症状时，或当员工身体受伤或在紧急情况下接触到的危险物质浓度超过允许接触限值(PEL)时； —在其他时间内，如果诊断医师认为有必要对员工进行后续的医疗检查和就诊时。 • 应由执业医师或在执业医师的监督下对员工进行医疗检查，最好由精通职业病学的医师对员工进行医疗检查。另外，应在合理时间和合适地点免费对员工进行医疗检查，且在医疗检查期间工资应照付。 由审核员开展的工作： • 审核员应对负责体检和医疗监护的人员进行面谈，以核实工厂是否制定并实施了相关管理程序来对医疗检查安排进行管理
审核准则 19-C-75：对于在发生突发事件时参与应急响应工作的任何员工，如果因接触危险物质而导致身体出现某些症状(无论是急性症状还是慢性症状)，则应按照 29 CFR § 1910.120《危险废弃物处理和应急响应》第(f)(3)(ii)节中有关规定接受医疗就诊	美国职业安全与健康管理局(OSHA)《危险废弃物经营和应急响应标准》(29 CFR § 1910.120)第(q)(9)(ii)节	为审核员提供的基本信息： • 对于所有进行应急响应或对危险废弃物进行处理时，可能因过度接触危险物质或遭遇健康危害而导致身体受伤、生病或出现某些症状的员工，应提供医疗就诊。 • 如果员工因在发生突发事件时接触到危险物质而导致身体受伤、健康水平下降或出现某些症状，或因在发生紧急事故时没有使用必要的个体防护装备而导致接触到的危险物质浓度超过允许接触限值或已发布接触限值，则雇主安排这些员工接受医疗检查和就诊。 • 在发生突发事件后、当员工身体出现某些症状后以及在其他时间内如果诊断医师认为有必要对员工进行后续的医疗检查和就诊，雇主应尽快/及时安排员工接受医疗就诊。 由审核员开展的工作： • 如果在发生紧急事故时参与应急响应工作的员工因接触危险物质而导致身体出现某些症状，审核员应对负责体检和医疗监护的人员进行面谈，以核实将对这些员工进行何种医疗程序

续表

审核准则	审核准则出处	审核员指南
审核准则 19-C-76：在进行医疗检查时，应包括对员工病史和工作履历进行检查（如果在员工档案中包括员工病史和工作履历，则应及时更新员工病史和工作履行），并特别重视因接触危险物质或遭遇健康危害而导致身体出现的某些症状，同时判断员工体质是否适合于所开展的工作，包括在工作现场可能出现的条件（如极端温度）下可以穿戴任何个体防护装备（PPE）	美国职业安全与健康管理局（OSHA）《危险废弃物经营和应急响应标准》（29 CFR § 1910.120）第（q）（9）（i）节 美国职业安全与健康管理局（OSHA）《危险废弃物经营和应急响应标准》（29 CFR § 1910.120）第（f）（4）（i）节和第（f）（6）节	为审核员提供的基本信息： • 应由主治医师来确定医疗检查项目。 • 雇主应为主治医师提供 29 CFR § 1910.134《呼吸保护标准》及其附录以及以下与每名员工有关的信息： —因员工在本岗位工作时会接触到危险物质，提供员工岗位介绍； —危险物质接触量或预计接触量； —已用过或需使用的个体防护装备（PPE）介绍； —员工以往的医疗检查信息； —在 29 CFR § 1910.134《呼吸保护标准》中规定的其他要求。 由审核员开展的工作： • 审核员应对负责体检和医疗监护的人员进行面谈，以核实工厂是否制定并实施了一套管理程序以将与每名员工有关的信息告知诊断医师
审核准则 19-C-77：应将医疗检查结果提供给员工	美国职业安全与健康管理局（OSHA）《危险废弃物经营和应急响应标准》（29 CFR § 1910.120）第（q）（9）（i）节 美国职业安全与健康管理局（OSHA）《危险废弃物经营和应急响应标准》（29 CFR § 1910.120）第（f）（7）节	为审核员提供的基本信息： • 雇主应将由诊断医师开具的诊断意见复印件提供给员工，包括以下信息： —在诊断意见中应指明员工在参与危险废弃物处理工作或应急响应工作时接触到危险物质或使用呼吸设备是否会对员工健康造成影响； —就与员工工作任务有关的限制条件提出建议； —如果员工要求的话，提供医疗检查结果； —声明已将医疗检查结果以及需进行进一步检查或治疗告知了员工； —雇主从诊断医师处获得的诊断意见不得披露与职业接触无关的病情或诊断结果。 由审核员开展的工作： • 审核员应对负责体检和医疗监护的人员进行面谈，以核实工厂是否制定并实施了一套管理程序以将由诊断医师开具的诊断意见告知员工
审核准则 19-C-78：应保存好医疗监护记录	美国职业安全与健康管理局（OSHA）《危险废弃物经营和应急响应标准》（29 CFR § 1910.120）第（q）（9）（i）节 美国职业安全与健康管理局（OSHA）《危险废弃物经营和应急响应标准》（29 CFR § 1910.120）第（f）（9）节	为审核员提供的基本信息： • 应保存并维员工医疗记录。按照 29 CFR § 1910.1020 中有关规定，应在员工任职期间保存员工医疗检录，并且在与员工终止劳动合同后继续保存 30 年，但劳动保险资料、急救记录和工作时间不到 1 年的员工医疗记录可在终止劳动合同时提供给员工。 • 员工医疗记录应包括以下内容： 员工姓名和社会保障号码、医师诊断意见、建议工作限制条件和医疗检查结果、员工关于接触危险物质有关的医疗投诉以及由雇主提供给诊断医师的信息（不包括 29 CFR § 1910 134《呼吸保护标准》及其附录）。 由审核员开展的工作： • 审核员应对员工医疗记录进行审查，以核实并确保在这些医疗记录中包含了必要信息。 • 审核员应对负责保存医疗记录的人员进行面谈，以核实工厂是否已按照有关要求设立了医疗记录保存管理系统

续表

审核准则	审核准则出处	审核员指南
以下审核准则仅针对《资源保护和恢复法案》(RCRA)所涵盖的处理、存储和处置(TSD)装置:		
审核准则 19-C-79:雇主应根据在发生突发事件时所获得的信息对事故和现场应急响应能力进行评估,并按照规定的步骤来实施现场应急响应预案	美国职业安全与健康管理局(OSHA)《危险废弃物经营和应急响应标准》(29 CFR § 1910.120)第(p)(8)(iv)(F)	• 无其他要求

19.2.1.4 设备

应在应急响应预案中列出或注明应急设备,包括警报和通信系统以及应急设备,如灭火设备或危险物料(HAZMAT)控制设备。在"应急响应"这一要素中,应急设备包括永久性应急设备(如固定式或移动式灭火设备)和消耗性物品(如泄漏物料吸收材料、化学品防护服和消防战斗服)。上述应急设备和消耗性物品应定期进行检查、测试和预防性维护(ITPM),确保在出现紧急情况时能够立即使用且满足使用要求。应急设备应纳入资产完整性(AI)计划(见第 13 章)或同等计划中进行管理。另外,还应设立一套系统来确保能够尽快将故障应急设备修复以供继续使用或在必要时对故障应急设备进行更换。

表 19.4 列出了在 OSHA 过程安全管理标准《高危化学品过程安全管理》中与"应急设备"有关的审核准则和审核员指南。

表 19.4 在 OSHA 过程安全管理标准《高危化学品过程安全管理》中与"应急设备"有关的审核准则和审核员指南

审核准则	审核准则出处	审核员指南
审核准则 19-C-80:雇主必须设立和维护好员工警报系统。员工警报系统必须针对不同警报目的而采用不同警报信号,并且符合在 OSHA《员工警报系统》(29 CFR § 1910.165)中规定的有关要求	美国职业安全与健康管理局(OSHA)《应急行动方案》(29 CFR § 1910.38)第(d)节	<u>由审核员开展的工作:</u> • 审核员应进行检查并确保已实施了员工警报系统
审核准则 19-C-81:员工警报系统应警告员工按照在应急行动方案中规定的有关要求采取必要紧急行动和/或在合理时间内从工作场所或当前工作区域安全撤离	美国职业安全与健康管理局(OSHA)《员工警报系统》(29 CFR § 1910.165)第(b)(1)节	<u>为审核员提供的基本信息:</u> • 所有工作场所均应按照 OSHA《员工警报系统》(29 CFR § 1910.165)中有关规定设立员工警报系统,包括办公大楼、控制室和通常有人员在内部开展工作的其他建筑物。除了设置全厂警报外,还可在工艺区域设置警报(尤其对于大型工厂,如炼油厂)。员工警报系统应能够以电气或电子方式发出声音警报或其他声音警报(如由汽笛或气笛、气喇叭、电气警报器和蜂鸣器发出的声音警报或其他同等声音警报信号)。 <u>由审核员开展的工作:</u> • 审核员应进行实地检查,以核实并确保工厂已设立了员工警报系统

续表

审核准则	审核准则出处	审核员指南
审核准则 19-C-82：声光警报应高于环境噪声和光线水平，确保在工作场所中所有员工都能察觉到警报。对于不能察觉到声音或灯光警报的员工，可采用触觉设备来进行警报	美国职业安全与健康管理局(OSHA)《员工警报系统》(29 CFR § 1910.165)第(b)(2)节	由审核员开展的工作： • 审核员应对布置图和平面图等进行审查，以核实扬声器、喇叭和指示灯等设置位置，同时核实并确保警报系统进行定期功能测试时对每一设备能否按照预期要求发出警报进行验证(如果提供了警报系统功能试验记录，也应进行审查)。 • 如果在进行审核期间安排对警报系统进行测试，则审核员应进行实地检查，以核实并确保在工厂内所有区域均能听到警报，包括在高噪音区域。审核员不得仅为满足审核目的而要求对警报系统进行测试。在某些情况下，如果采用声音警报器不可行时(例如，人员在工作时需佩戴听力保护设备)，有必要采用其他警报方法(如灯光警报、触觉警报)。灯光警报或触觉警报还适用于听力或视力存在障碍的人员(采用其他方法也可以确保这些人员安全，如配备全职监护人员)。审核组成员应单独进入装置中噪声最大或最偏僻区域，包括装置中室内区域(如电气室)，以核实是否能够清晰听到警报声音。如果可能，审核员应至少选择一处要求佩戴听力保护设备的区域，并进入该区域来核实是否能够清晰听到警报声音。如果不能对警报系统进行测试或检查，则可采用其他方法来进行核实，如对员工进行面谈
审核准则 19-C-83：员工警报系统应针对不同警报目的来进行设置。员工警报系统所发出的信号应确保员工知晓是从工作区域撤离还是按照应急行动方案(EAP)中有关规定采取应急行动	美国职业安全与健康管理局(OSHA)《员工警报系统》(29 CFR § 1910.165)第(b)(3)节	为审核员提供的基本信息： • 在某些装置中，设置了多种警报，如撤离警报、火灾警报、有毒化学品泄漏警报、解除警报或用于警告装置人员某一区域正出现了紧急情况。这些警报应针对不同目的而采用不同类型警报信号，并且应通过书面文件对每一警报的目的以及需采取的应急响应措施进行说明。另外，可使用公共广播(PA)系统来发出警报，以通告突发事件性质的进一步信息。在这种情况下，公共广播系统被视为警报系统的一部分，同样应遵守警报系统的有关要求。在某些情况下，公共广播系统本身还用作员工警报系统，应能够发出清晰声音以通告在装置中出现的紧急情况。公共广播系统应优先用于传达应急信息而不是非应急信息。 由审核员开展的工作： • 审核员应对访客/承包商人员安全培训材料进行审查，以核实在这些安全培训材料中是否对警报系统进行了详细介绍，尤其在使用多种警报音调或声音的情况下
审核准则 19-C-84：雇主应确保所有警报系统、设备以及设备或系统组合的审批和安装满足 OSHA《员工警报系统》(29 CFR § 1910.165)中规定的要求	美国职业安全与健康管理局(OSHA)《员工警报系统》(29 CFR § 1910.165)第(c)(1)节	为审核员提供的基本信息： • 如果汽笛、气喇叭、闪光灯或类似灯光设备或触觉设备符合在 OSHA《员工警报系统》(29 CFR § 1910.165)中规定的有关要求，则认为满足审批要求。 • 警报系统及其部件应由有关机构进行审批，如美国保险商实验室(UL)、美国工厂互保研究中心(FM)等。对于从警报设备专业生产厂家采购的用于工程目的的警报系统，通常无需由上述机构进行审批；但对于在某些旧装置中使用的用于非工程目的的警报系统，则需由上述机构进行审批。 由审核员开展的工作： • 审核员应对与警报系统有关的文件进行审查，以核实警报系统设计是否合理且是否对设计做好了记录。如果不能为警报系统采购到备品备件或警报系统可靠性出现严重问题，这表明警报系统设计可能不合理

续表

审核准则	审核准则出处	审核员指南
审核准则 19-C-85：对于所有员工警报系统，雇主应确保在每次测试或发出警报后尽快将系统恢复正常运行状态	美国职业安全与健康管理局(OSHA)《员工警报系统》(29 CFR § 1910.165)第(c)节	由审核员开展的工作： • 审核员应对警报系统负责人员进行面谈，以核实是否在警报后尽快将员工警报系统复位或恢复正常运行状态(如果适用的话)
审核准则 19-C-86：对于会出现磨损或损坏的警报设备和部件，应提供足够数量的备用警报设备和部件，且这些备用警报设备和部件应存放在方便地点，确保警报系统能够立即恢复正常运行	美国职业安全与健康管理局(OSHA)《员工警报系统》(29 CFR § 1910.165)第(c)节	由审核员开展的工作： • 审核员应对负责警报系统检查工作的员工进行面谈，以核实在激活警报期间警报系统中某些部件是否会出现磨损、损坏或损耗。 • 审核员应进行实地检查，以核实在激活警报期间装置警报系统中某些部件是否会出现磨损、损坏或损耗，是否为这些部件提供了足够备用部件以确保在发出警报后能够尽快更换有关部件，从而使警报系统恢复正常运行状态。会出现磨损、损坏或损耗的部件包括汽笛警报爆破盘
审核准则 19-C-87：雇主应确保除了进行维修或维护时员工警报系统应始终处于正常运行状态	美国职业安全与健康管理局(OSHA)《员工警报系统》(29 CFR § 1910.165)第(d)(1)节	为审核员提供的基本信息： • 应对警报系统进行常规测试，除了进行维修或维护时警报系统应始终处于正常运行状态。当警报系统出现故障时，应采用其他方法来进行警报，如通过电话进行警报或安排信息传递人员警报(即直接采用口头方式进行警报)。采用这些方法可能会导致警报不及时或不可靠，通常仅应在警报系统出现故障后短时间内采用这类方法。 由审核员开展的工作： • 审核员应对警报系统测试记录(如果提供的话)以及相关程序(介绍如何对警报系统进行测试、由谁负责对警报系统进行测试等)进行审查，以核实并确保已按照有关程序在规定时间对警报系统进行了测试。 • 审核员应对警报系统测试记录进行审查，以核实在对警报系统进行测试时发现的缺陷是否及时进行了纠正
审核准则 19-C-88：对于在《员工警报系统》发布日期前(1981 年 1 月 1 日之前)安装的员工警报系统，雇主应确保每隔 2 个月对警报系统的可靠性和充分性进行一次测试	美国职业安全与健康管理局(OSHA)《员工警报系统》(29 CFR § 1910.165)第(d)(2)节	为审核员提供的基本信息： • 对于多启动装置员工警报系统，在进行每次测试时，应采用不同的启动装置进行测试，从而确保连续两次测试不使用同一启动装置。 由审核员开展的工作： • 审核员应对警报系统测试记录进行审查，以核实是否至少每隔 2 个月对自动警报系统进行了一次测试
审核准则 19-C-89：对于在《员工警报系统》发布日期后(1981 年 1 月 1 日之后)安装的员工警报系统，雇主应按照《员工警报系统》中规定确保警报系统处于受控状态且无论何时当系统出现故障时均能够及时通知相关负责人员	美国职业安全与健康管理局(OSHA)《员工警报系统》(29 CFR § 1910.165)第(d)(4)节 29 CFR § 1910 第 L 部分附录 A：第 L 部分非强制性指南 1910.165 美国职业安全与健康管理局(OSHA)《员工警报系统》(29 CFR § 1910.165)	为审核员提供的基本信息： • 警报系统应具有自我检查(诊断)功能和自动发出故障报告功能，通常向有人值守地点发出故障报告。 • 可通过多种方式对员工警报系统和供电系统进行监控。通常，可采用电气传感器对空气压力、流体压力、蒸汽压力或电路通断性进行连续监控，以确保员工警报系统能够正常运行，同时能够及时检测系统故障并发出警报信号。 由审核员开展的工作： • 审核员应对警报系统测试记录进行审查，以核实是否至少每年对所有员工警报系统的可靠性和充分性进行一次测试。 • 审核员应对警报系统负责人员进行面谈，以核实在 1981 年 1 月 1 日之后安装的员工警报系统是否满足《员工警报系统》中有关规定。如果不是，应明确相关原因

续表

审核准则	审核准则出处	审核员指南
审核准则 19-C-90：雇主应负责维护好供电系统或根据需要经常更换供电系统，以确保员工警报系统始终处于正常运行状态。当警报系统出现故障时，应采用其他警报方法，如安排信息传递人员警报或通过电话进行警报	美国职业安全与健康管理局(OSHA)《员工警报系统》(29 CFR § 1910.165)第(d)(3)节	由审核员开展的工作： ● 审核员应对警报系统负责人员进行面谈，以核实在员工警报系统出现故障情况下采用了哪些其他方法。 ● 审核员应对工厂员工和承包商人员进行面谈，以核实在警报系统出现故障情况下如何将在工厂中出现的紧急情况告知这些人员
审核准则 19-C-91：雇主应确保由就员工警报系统操作和功能接受了培训的人员来对员工警报系统进行维修、维护和测试，以确保员工警报系统能够安全和可靠运行	美国职业安全与健康管理局(OSHA)《员工警报系统》(29 CFR § 1910.165)第(d)(5)节	为审核员提供的基本信息： ● 只能有合格人员(可以为装置维护人员或承包商维护人员)对员工警报系统进行维修、维护和测试。在许多情况下，由于在出现紧急情况时通常由安保人员或操作人员来启动警报系统，因此由安保人员或操作人员对警报系统进行测试。 由审核员开展的工作： ● 审核员应对员工警报系统记录进行审查，以核实是否由合格人员对员工警报系统进行了维修、维护和测试
审核准则 19-C-92：雇主应确保与员工警报系统配合使用的手动启动装置在使用时畅通无阻、显眼且易于接近	美国职业安全与健康管理局(OSHA)《员工警报系统》(29 CFR § 1910.165)第(e)节	由审核员开展的工作： ● 审核员应进行实地检查，以核实手动启动装置(如手动火灾报警按钮和就地避险用通风系统关闭按钮)在使用时畅通无阻、显眼且易于接近。另外，还应对这些按钮的设置位置进行检查。例如，如果就地避险用通风系统关闭按钮设置在控制室外部，那么在出现紧急情况时员工是否能够安全接近该按钮而不会接触到泄漏出的危险化学品
审核准则 19-C-93：由危险物料(HAZMAT)组成员或危险物料专家使用的化学品防护服和化学品防护设备应满足在OSHA《危险废弃物经营和应急响应标准》(29 CFR § 1910.120)第(g)(3)~(5)节中规定的有关要求	美国职业安全与健康管理局(OSHA)《危险废弃物经营和应急响应标准》(29 CFR § 1910.120)第(q)(10)节 美国职业安全与健康管理局(OSHA)《危险废弃物经营和应急响应标准》(29 CFR § 1910.120)第(g)(3)~(5)节	为审核员提供的基本信息： ● 在OSHA《危险废弃物经营和应急响应标准》(29 CFR § 1910.120)第(g)(3)~(5)节中列出了以下要求： 应正确选择和使用个体防护装备(PPE)，确保员工不会受到已明确和潜在危险伤害。 上述个体防护装备(PPE)包括自给式正压空气呼吸器和化学品防护服。 全隔离化学品防护服应完好无损，确保始终将空气压力保持为正压。 审核员应进行检查以确保工厂制定了个体防护装备(PPE)书面计划，规定在开展应急响应工作期间应使用个体防护装备，并列出了以下要求： —个体防护装备(PPE)的使用和局限性； —个体防护装备(PPE)最长使用时间要求； —个体防护装备(PPE)的维护和存放； —个体防护装备(PPE)污染消除和处置； —个体防护装备(PPE)使用培训和正确佩戴； —个体防护装备(PPE)佩戴和卸下程序，可由生产商提供； —个体防护装备使用前、使用中和使用后检查程序； —对个体防护装备(PPE)书面计划的有效性进行评估； —在极端温度条件、热应力以及其他医学考虑下个体防护装备(PPE)使用限性。

续表

审核准则	审核准则出处	审核员指南
		由审核员开展的工作: • 审核员应进行实地检查,以核实消防战斗服、化学品防护服、自给式呼吸器(SCBA)等是否完好无损,包括对其存放条件进行检查。 • 审核员应对化学品防护服完好性检查程序和检查记录(如果提供的话)进行审查,以核实并确保已按照要求对化学品防护服进行了检查且确保化学品防护服完好无损
审核准则 19-C-94:在执行应急响应任务时,如果认为有必要,可以将当前在用自给式压缩空气呼吸器连接至其他自给式压缩空气呼吸器的气瓶,但是这些气瓶的容量和压力等级应相同。为自给式呼吸器配备的所有压缩气瓶均应满足美国交通运输部(DOT)和美国职业安全与健康研究所(NIOSH)制定的有关标准	美国职业安全与健康管理局(OSHA)《危险废弃物经营和应急响应标准》(29 CFR § 1910.120)第(q)(3)(x)节	由审核员开展的工作: • 审核员应进行实地检查,以核实自给式呼吸器的压缩气瓶是否设置了合适标签,表明这些钢瓶满足相关标准

19.2.1.5 应急响应演练和训练

为确保应急预案(包括应急行动方案和应急响应预案)顺利、有效实施,应定期进行训练和演练并进行考核。否则,工厂人员会在不知不觉中丧失事故应对能力。在完成应急响应演练/训练后,工厂应召集所有相关方参与应急响应演练/训练自评工作,以汲取经验教训并明确需改进的方面。审核员应注意,对于《资源保护和恢复法案》(RCRA)以及 OSHA《危险废弃物经营和应急响应标准》(29 CFR § 1910.120)第(p)节所涵盖的处理、存储和处置(TSD)装置,必须对应急响应预案进行演练/训练,而对于 OSHA《危险废弃物经营和应急响应标准》(29 CFR § 1910.120)第(q)节所涵盖的非 TSD 装置,并非必须对应急响应预案进行演练/训练,除非在州、地方法规或在公司/工厂程序中做出规定。在 29 CFR § 1910.120(p)和 § 1910.120(q)中,要求对实际应急响应能力进行自评。

表 19.5 列出了在 OSHA 过程安全管理标准《高危化学品过程安全管理》中与"应急响应应急响应演练和训练"有关的审核准则和审核员指南。

表 19.5 在 OSHA 过程安全管理标准《高危化学品过程安全管理》中与"应急响应演练和训练"有关的审核准则和审核员指南

审核准则	审核准则出处	审核员指南
审核准则 19-C-95:作为总体培训计划的一部分,应定期对应急响应预案进行演练/训练	美国职业安全与健康管理局(OSHA)《危险废弃物经营和应急响应标准》(29 CFR § 1910.120)第(p)(8)(iv)(C)节	为审核员提供的基本信息: • 应急响应演练是指对工厂应急响应预案中其中一项内容进行"演练"(如撤离)。应急响应演练是指对工厂应急响应预案中其中一项或多项内容进行"演练"(如会导致 1 人或多人受伤的危险物料(HAZMAT)泄漏)。在进行应急响应演练和训练时所模拟的条件应尽可能接近实际紧急情况,但不得使人员遭遇不必要的风险或对装置正常运行造成影响。应对应急响应演练或训练做好记录。另外,在完成应急响应演练或训练后,应进行自评,并记录汲取的教训和明确的改进方向。

续表

审核准则	审核准则出处	审核员指南
		• 当工厂完全或部分依靠外部机构/互助单位来开展应急响应工作时，如果这些机构同意参与应急响应演练和训练，则这些机构应定期积极参与由工厂组织的应急响应演练和训练。 • 另外，还可通过"桌面演练"方式来进行应急响应演练，这可作为一项单独工作来开展或在开展全方位演练前进行该项演练。通过"桌面演练"方式来进行应急响应演练能够使工厂人员有机会体验应急响应程序、锻炼评估能力和尝试做出有关决定，同时还提供了难以应对或会对装置运行造成重大影响的应急响应情景。 • 对于《资源保护和恢复法案》(RCRA)所涵盖的处理、存储和处置(TSD)装置，要求对其应急响应预案(ERP)进行演练和训练。但是，对于非TSD装置，不要求必须对其应急响应预案进行演练/训练，除非工厂或公司做出了规定或在州或地方法规中有明确规定。 • 在《危险废弃物经营和应急响应标准》(HAZWOPER)中，仅规定应"定期"对应急响应预案进行演练，而未对演练/训练频次做出具体规定。但是，许多公司至少每年对应急响应预案进行一次演练/训练。审核员应根据工厂规模、工厂对场内和场外人员造成的风险以及应急响应预案(ERP)复杂程度来评判工厂所确定的应急响应演练/训练频率是否完全满足在《危险废弃物经营和应急响应标准》(HAZWOPER)中规定的有关要求。如果工厂应急响应演练/训练频次超过一年，则必须对降低应急响应演练/训练频次的原因加以说明。 • 应急响应演练/训练可与其他类型演练/训练结合进行，如为检查工厂安保计划是否合理而进行的演练/训练。 由审核员开展的工作： • 审核员应对应急响应文件进行审查，以核实并确保工厂已定期进行了应急响应演练或训练，并且在完成应急响应演练或训练后进行了自评并做好了记录，包括所汲取的教训和所明确的需改进方面
审核准则19-C-96：如果在发生事故时启动了应急响应预案(ERP)，则应进行自评(另外，对应急响应工作进行自评属于事故调查工作的一部分)	美国职业安全与健康管理局(OSHA)《危险废弃物经营和应急响应标准》(29 CFR § 1910.120)第(p)(8)(ii)(J)节和第(p)(2)(x)节	为审核员提供的基本信息： • 应对应急响应工作进行自评并形成书面文件，列出通过开展实际应急响应工作汲取的教训和明确的需改进方向，包括对应急响应预案(ERP)或应急响应程序的修订、对培训计划的修改或对应急设备或物资的变更。 • 对于在对应急响应工作进行自评时提出的建议或确定的整改项，不要求必须采用正式的系统予以跟踪验证，而对于在进行过程危害分析(PHA)或事故调查时所提出的建议，则必须采用正式的系统予以跟踪验证。但如果在对应急响应预案(ERP)进行自评时提出了建议或确定了整改项，对该类建议或整改项的重视程度应等同于PHA建议或整改项。 由审核员开展的工作： • 审核员应对应急响应文件进行审查，以核实并确保工厂已对应急响应预案(ERP)完成了自评并做好了记录。 • 审核员应对应急响应文件进行审查，以核实并确保在对应急响应工作进行自评时所提出建议或整改项如同其他PSM的建议或整改项一样进行落实或实施

续表

审核准则	审核准则出处	审核员指南
审核准则 19-C-97：应对被审核公司/工厂所制定程序中明确的与应急响应演练/训练有关的其他要求进行审查	具体程序	由审核员开展的工作： • 审核员应对工厂应急响应预案(ERP)进行审查，以核实应对公司/工厂所制定程序中规定的与应急设备有关的哪些要求进行审核。 • 审核员应对工厂人员进行面谈，以核实在工厂应急响应预案中规定的与应急设备有关的要求是否已按照规定付诸实施。 • 审核员应进行实地检查，以核实在工厂应急响应预案中规定的与应急设备有关的要求是否已按照规定付诸实施

19.2.1.6　美国州立过程安全管理标准

当公司/工厂按照州立过程安全管理标准制定其过程安全管理计划时，则应遵守州立过程安全管理标准中规定的具体应急管理要求。州立过程安全管理标准中规定的有关要求通常会与联邦 OSHA 过程安全管理标准《高危化学品过程安全管理》和 EPA《风险管理计划》中的有关要求存在一定程度的重叠，即使某一州已获得了联邦法规实施授权(即该州从 OSHA 获得了《高危化学品过程安全管理》实施资格或从 EPA 获得了《风险管理计划》实施资格)，但州立过程安全管理标准还有自己具体的要求。在表 19.6 中，对以下三个州的过程安全管理法规适用性要求进行了说明：

- 新泽西州；
- 加利福尼亚州；
- 特拉华州；

表 19.6 列出了在美国州立过程安全管理标准中与“应急行动方案和应急响应预案”有关的审核准则和审核员指南。

表 19.6　在美国州立过程安全管理标准中与“应急行动方案和应急响应预案”有关的审核准则和审核员指南

审核准则	审核准则出处	审核员指南
新泽西州法规《毒性物品灾难预防法案》(TCPA) 审核准则 19-C-98：书面应急响应预案(ERP)应包括以下内容： • 应对所有员工就相关应急响应程序进行初步培训，并每年进行再培训，以确保顺利实施应急响应预案。 • 应按照以下要求每年至少对极度有害物质(EHS)泄漏事故进行一次应急响应演练： 对于 EPA《风险管理计划》中事故预防计划 2 所涵盖的工厂，其员工将不会对极度有害物质	新泽西州《毒性物品灾难预防法案》第 7：31-5.2 部分	为审核员提供的基本信息： • 只要按照极度有害物质(EHS)意外泄漏事故调查程序对 EHS 泄漏事故进行了记录，则可以不要求将以下 EHS 意外泄漏事故通知新泽西州环境保护局突发事件联络中心： —极度有害物质(EHS)泄漏未对场外造成影响或未对联合工厂(即由多家公司联合建设的工厂)边界以外的区域造成影响； —极度有害物质(EHS)泄漏未导致工厂人员伤害或死亡； —极度有害物质(EHS)泄漏未引起应急响应预案的启动。 • 尽管不要求将上述极度有害物质(EHS)意外泄漏事故通知新泽西州环境保护局突发事件联络中心，但仍要求遵守由州或联邦政府规定的其他任何上报要求。 由审核员开展的工作： • 审核员应核实并确保新泽西州《毒性物品灾难预防法案》(TCPA)所涉及的工厂开展了以下工作： —对应急响应小组成员进行初步培训以及每年进行再培训；

续表

审核准则	审核准则出处	审核员指南
(EHS)泄漏事故做出响应，这些工厂应从在应急响应预案中列出的外部应急响应机构中邀请至少一家机构来参加应急响应演练。在进行所有应急响应演练时，工厂员工应履行其指定职责。 对于所有其他工厂，应每年至少开展一次整体的应急响应演练，并且在进行应急响应演练时应根据具体情况来部署应急响应小组成员，协调有关封堵、减缓和监控的应急设备，以确保能够顺利实施应急响应预案。 • 在每次实施完应急响应预案或在每次完成应急响应演练后，应对应急响应预案以及应急设备的充足性和必要性进行书面评估。 • 对工厂突发事件上报系统进行说明，包括极度有害物质(EHS)泄漏事故上报要求： 突发事件协调员或指定人员拨打1-877接警部门的免费热线电话1-877-927-6337，立即将在工厂中发生的或即将发生的极度有害物质(EHS)泄漏事故报告新泽西州环境保护部突发事件联络中心，包括以下信息： • 发生极度有害物质(EHS)泄漏事故的公司名称和地址； • 上报人姓名、职位和电话号码； • 极度有害物质(EHS)泄漏事故发生时间或预计发生时间以及预计持续时间； • 泄漏出的极度有害物质(EHS)化学名称； • 极度有害物质(EHS)实际泄漏量或估计泄漏量(如果未知的话)以及是否会对场外造成影响；		—每年至少进行一次整体的应急响应演练； —对每次应急响应演练进行自评； —对突发事件上报系统进行说明

续表

审核准则	审核准则出处	审核员指南
• 天气情况，包括风向、风速，以及预计会对场外造成何种影响(如果有的话)； 工厂突发事件协调员或指定人员要随时向新泽西州环境保护部突发事件联络中心提供极度有害物质(EHS)泄漏事故的最新情况报告。如果有要求，该报告应包括以下信息： • 发生极度有害物质(EHS)泄漏事故的工厂名称和地址； • 上报人姓名、职位和电话号码； • 极度有害物质(EHS)泄漏点位置，对泄漏源、泄漏原因和事故类型进行说明，EHS 泄漏量和浓度以及 EHS 泄漏是否会持续很长时间； • 为极度有害物质(EHS)泄漏所采取的控制或减缓措施，以及这些措施的效果； • 最新天气情况		
特拉华州法规《意外泄漏预防计划》 审核准则 19-C-99：如果工厂中受控有毒物质数量超过临界量，则应将该工厂纳入到按照 42 U. S. C. 11003 中有关规定编制的社区应急响应预案中	《特拉华州法规汇编》第 77 章第 5. 90 节	<u>由审核员开展的工作：</u> • 审核员应通过获取社区应急响应预案并对其进行审查或联系并要求地方应急预案委员会(LEPC)协调员进行相关确认，以核实该工厂是否涵盖在社区应急响应预案中
审核准则 19-C-100：如果工厂中只有受控易燃物质数量超过临界量，则该工厂应就应急响应行动向当地消防部门征询意见和建议	《特拉华州法规汇编》第 77 章第 5. 90 节	<u>由审核员开展的工作：</u> • 审核员应对工厂文件进行审查，以核实工厂是否就应急响应预案向当地消防部门征询了意见和建议(例如，如何做好会议纪要、如何进行演练和巡检)
加利福尼亚州职业安全与健康管理局(CalOSHA)法规《急性危险物料过程安全管理》 审核准则 19-C-101：除在 OSHA 过程安全管理标准《高危化学品过程安全管理》和 EPA《风险管理计划》中规定的“应急管理”要求外，在加利福尼亚州职业安全与健康管理局(CalOSHA)过程安全管理法规中未新增任何与之有关的其他要求	《加利福尼亚州法规汇编》第 8 篇第 5189(n)部分	<u>为审核员提供的基本信息：</u> • 雇主按照应急响应预案(根据《健康与安全法规》第 25503. 5 部分第(a)节和第 25505 部分第(b)节中有关规定编制)来开展应急响应工作，并且该应急响应预案满足在《健康与安全法规》第(n)节中规定的有关要求。 <u>由审核员开展的工作：</u> • 审核员应对工厂的文件进行审查，以判定工厂的应急响应预案是否按照《健康与安全法规》第 25503. 5 部分第(a)节和第 25505 部分第(b)节中的有关规定编制，并且该应急响应预案还满足在《健康与安全法规》第(n)节中有关规定的要求

续表

审核准则	审核准则出处	审核员指南
《加利福尼亚州意外泄漏预防计划》(CalARP) 审核准则 19-C-102：如果工厂中受控有毒物质数量超过临界量，则应将该工厂纳入到按照 42 U.S.C. 11003 中有关规定编制的社区应急响应预案中	《加利福尼亚州法规汇编》第 19 篇第 2765.1 部分	由审核员开展的工作： • 审核员应通过获取社区应急响应预案并对其进行审查或联系并要求地方应急预案委员会(LEPC)协调员进行相关确认，以核实该工厂是否涵盖在社区应急响应预案中
审核准则 19-C-103：如果工厂中只有受控易燃物质储存量超过临界量，则该工厂应就应急响应行动向当地消防部门征询意见和建议	《加利福尼亚州法规汇编》第 19 篇第 2765.1 部分	由审核员开展的工作： • 审核员应对工厂的文件进行审查，以核实工厂是否就应急响应预案向当地消防部门征询了意见和建议(例如，如何做好会议纪要、如何进行演练和巡检)

19.2.2 相关审核准则

在本节中介绍的相关审核准则为审核员在对过程安全管理计划强制性要求以外的问题进行审查时提供了指南，这些相关审核准则在很大程度上代表了在行业采用的过程安全管理良好做法，在某些情况下还代表了过程安全管理普遍做法。由于部分相关审核准则已在相当长时间内被广泛认可并成功实施，因此，这类相关审核准则实际上已经达到了可接受做法的水准。审核员和过程安全管理专业人员应认真考虑如何采用和实施这些相关审核准则，或者至少采用一种在性质上基本类似的审核方法来对过程安全管理进行审核。有关可接受做法的定义及其实施，见术语表和第 1.7.1 节。

19.2.2.1　*应急行动方案和应急响应预案*

表 19.7 列出了在行业过程安全管理良好实践中与“应急行动方案和应急响应预案”有关的建议采用的审核准则和审核员指南。

表 19.7　在行业过程安全管理良好实践中与“应急行动方案和应急响应预案”有关的审核准则和审核员指南

审核准则	审核准则出处	审核员指南
审核准则 19-R-1：雇主应决定是由工厂员工对突发事件做出响应，还是将工厂员工从工作场所撤离并依靠场外应急响应机构来开展应急响应工作	美国职业安全与健康管理局(OSHA)对其过程安全管理标准《高危化学品过程安全管理》(29 CFR § 1910.119)做出的正式书面说明(WCLAR)(7/28/89)	为审核员提供的基本信息： • 应由工厂来做出该项重要决策。如果工厂决定不由其员工对突发事件做出响应，那么需要按照 29 CFR § 1910.38《应急行动方案》中有关规定制定应急行动方案并对其员工进行有关培训。 由审核员开展的工作： • 审核员应对工厂应急行动方案(EAP)进行审查，以核实在该方案中是否明确说明了应由工厂员工对突发事件做出响应还是将工厂员工从工作场所撤离并由其他应急响应机构来开展应急响应工作。 • 如果工厂完全或部分依靠外部机构/互助单位来开展应急响应工作，则审核员应要求工厂提供相关证据以证实其就应急响应预案向这些机构征询了意见和建议(例如，如何做好会议纪要、如何进行演练和巡检)

续表

审核准则	审核准则出处	审核员指南
审核准则 19-R-2：在应急行动方案中，应将偶发(轻微)泄漏情形与必须采取应急响应行动的泄漏情形区别开来	美国职业安全与健康管理局(OSHA)《过程安全管理合规指令》(CPL)02-02-073 美国职业安全与健康管理局(OSHA)《炼油行业过程安全管理国家重点计划》(NEP)(OSHA 指令 CPL 03-00-004)	为审核员提供的基本信息： • 危害识别和风险分析(HIRA)、风险评估、保护层分析(LOPA)/安全完整性等级(SIL)分析或与设备及其运行有关的危害/风险和优先级分析研究以及所需应急响应资源的规模(如消防水量、泡沫储存量)分析研究等方式所明确的危险情形应与应急响应预案确定的危险情形一致。 • 可通过采取其他措施来减缓因危害物质泄漏以及在对泄漏点进行修复时所带来的危害，如对邻近作业区域的员工进行相关培训或招募有经验员工、配备应急设备和个体防护装备(PPE)、以及预先为危害物质泄漏制定标准化的操作规程。例如，对于甲苯生产工厂，当出现甲苯泄漏时，由于邻近的人员具备先进的知识，且配备了有关设备对泄漏出的甲苯进行吸收和清理，因此无需采取应急响应行动。但是，如果在使用甲苯的小型设施中出现同等程度的甲苯泄漏，且设施人员仅接受了与甲苯有关的基本的危险沟通培训，这时就需要由受过更高级培训的人员来采取应急响应行动。小型设施的应急行动方案(EAP)中规定，即使出现最轻微的甲苯泄漏时，设施人员也应全部从现场撤离。而对于化学品生产工厂，仅当出现严重的化学品泄漏时才要求工厂人员从现场撤离并采取应急响应行动。 • 对于飞机倾翻事故的应急响应人员，由于飞机倾翻和泄漏出的喷气燃料会造成无法控制的重大危险，因此这些人员需开展应急响应工作，如进行灭火、营救乘客以及设法阻止喷气燃料泄漏。但是，如果从公路槽车中泄漏出的燃料，可由在邻近作业区域的工人通过放置吸收垫来吸收泄漏出的燃料、对泄漏出的燃料进行中和处理或采取其他方法来控制燃料泄漏，则可以认为属于偶发泄漏，但前提是不会造成重大健康或安全危险。(如果在 40 CFR § 300《国家石油和危险物质污染应急计划》(NCP)中包括喷气燃料泄漏事故，则 EPA 可要求雇主遵守在《危险废弃物经营和应急响应标准》(HAZWOPER)中规定的有关要求。) 由审核员开展的工作： • 审核员应对应急行动方案(EAP)或应急响应预案(ERP)进行审查，以核实在该类方案/预案中是否说明了如何确定不同情形的溢出/泄漏，规定哪些溢出/泄漏(非突发事件)可由作业区域内的员工进行处理、哪些溢出/泄漏需由作业区域以外的人员(工厂应急响应部门或外部应急响应机构)。后者通常需采取应急响应行动。 • 审核员应根据标准操作程序(SOP)中的内容对应急行动方案(EAP)进行审查，以核实在出现紧急情况、危险物质泄漏或工艺紊乱时需采取的行动是否一致
审核准则 19-R-3：应急行动方案(EAP)中，应列出在出现任意一种泄漏情形(轻微泄漏或严重泄漏)时雇主希望员工采取的行动	美国职业安全与健康管理局(OSHA)《炼油行业过程安全管理国家重点计划》(NEP)(OSHA 指令 CPL 03-00-004)	为审核员提供的基本信息： • 操作或维护人员(包括接受了有关培训的承包商人员)可对轻微泄漏/溢出采取处理措施，前提是这些操作或维护人员接受了适当的培训、配备了合适的个体防护装备(PPE)，并且有合适的处理材料/工具。 • 对于严重泄漏/溢出，要求外部应急响应机构提供协助或工厂启动应急响应预案，并由经过相关培训的指定人员按照《危险废弃物经营和应急响应标准》(HAZWOPER)中的有关规定来采取处理措施。

续表

审核准则	审核准则出处	审核员指南
		由审核员开展的工作： • 审核员应对工厂应急行动方案（EAP）进行审查，以核实在该方案中是否列出了在出现任何泄漏情形（轻微泄漏或严重泄漏）时雇主希望员工采取的行动
审核准则 19-R-4：应急行动方案中，应包括清晰标识出紧急撤离路线的楼层平面图或工作场所布局图	29 CFR § 1910 第 E 部分附录 - 撤离路线、应急行动方案和消防预案	为审核员提供的基本信息： • 不同色标有助于员工选择撤离路线。 由审核员开展的工作： • 审核员应对工厂应急行动方案（EAP）进行审查，以核实在该方案中是否有清晰标识出紧急撤离路线的楼层平面图或工作场所布局图
审核准则 19-R-5：应为残疾员工提供必要的支持和协助，以确保在出现紧急情况时能够使残疾员工撤离到安全区域	美国职业安全与健康管理局（OSHA）出版物 3133：《过程安全管理合规性指南》	由审核员开展的工作： • 审核员应对负责工厂应急行动方案（EAP）的人员进行面谈，以核实工厂是否雇用了残疾人员，或在访客或承包商人员中是否有残疾人员。如果工厂雇用了残疾人员或在访客或承包商人员中有残疾人员，则审核员应对工厂应急行动方案（EAP）或应急响应预案（ERP）进行审查，以核实在方案/预案中是否说明了需为这些人员提供必要支持和协助
审核准则 19-R-6：在出现紧急情况时，员工应知晓必须采取何种撤离方式，及其在实施应急响应预案期间需承担的任务	29 CFR § 1910 第 E 部分附录 - 撤离路线、应急行动方案和消防预案	为审核员提供的基本信息： • 在某些情况下，如果发生了重大突发事件，所有员工必须立即从现场撤离。 • 对于不甚严重的突发事件，可以先将部分非必要的员工撤离，延迟撤离其他一些需要对装置进行后续操作的必要员工。 • 在某些情况下，仅需将在火灾或其他可能发生紧急事故现场周围的员工撤离或转移至安全区域，如当火灾抑制系统排放气体发出报警时。 由审核员开展的工作： • 审核员应对员工进行面谈，以核实员工是否知晓在上述所有潜在火灾或其他紧急情况下均需采取何种措施以确保人身安全
审核准则 19-R-7：应急响应预案中，应明确员工用于撤离的避险或安全区域	29 CFR § 1910 第 E 部分附录 - 撤离路线、应急行动方案和消防预案	为审核员提供的基本信息： • 如果通过防火墙将建筑物划分为不同防火区域，则避险区域可仍位于该建筑物内，但不应与紧急情况地点处于同一区域。 • 室外避险或安全区域包括远离紧急事故现场且空旷的停车场、露天野外或街道。 由审核员开展的工作： • 审核员应对员工进行面谈，以核实员工是否被告知应远离建筑物出口，并且不要聚集在建筑物周围以免妨碍应急响应工作
审核准则 19-R-8：应明确救援和医疗急救人员及其职责	29 CFR § 1910 第 E 部分附录 - 撤离路线、应急行动方案和消防预案	由审核员开展的工作： • 审核员应对员工进行面谈，以核实员工是否被告知在工作场所可能出现的紧急情况下需采取何种行动

续表

审核准则	审核准则出处	审核员指南
审核准则 19-R-9：如果在发生突发事件时由雇员采取处理措施，且设施服从于 OSHA《危险废弃物经营和应急响应标准》(HAZWOPER)的要求，则在应急响应预案中应包括以下内容： • 与现场地形、布置和主导天气条件有关的信息； • 向地方、州和联邦政府机构上报事故的程序	良好行业做法(GIP)	为审核员提供的基本信息： • 对于《资源保护和恢复法案》(RCRA)所涵盖的处理、存储和处置(TSD)装置应急响应预案(ERP)，本审核准则属于一项合规性要求，而对于其他装置，本审核准则属于良好行业做法(GIP)。 由审核员开展的工作： • 如果装置属于《资源保护和恢复法案》(RCRA)所涉及的处理、存储和处置(TSD)装置，则审核员应对应急响应预案(ERP)进行审查，以核实在该预案中是否列出了与现场地形、布置和主导天气条件有关的信息
审核准则 19-R-10：应急行动方案中，应列出雇主认为可能会在工作场所出现的紧急情况，如火灾、有毒化学品泄漏、暴风雨、龙卷风、暴风雪、洪水和其他紧急情况	29 CFR § 1910 第 E 部分附录-撤离路线、应急行动方案和消防预案	为审核员提供的基本信息： • 工厂必要的作业包括对紧急报警情况下不能停运的供电系统、供水系统和其他重要公用工程系统进行监控。 • 工厂中开展的必要作业还包括分阶段或分步骤停运化工或加工装置，此时某些指定的员工必须在场，以确保将装置安全停运。 由审核员开展的工作： • 如果在出现紧急情况时将选择部分员工留在装置中继续进行重要操作，直到万不得已时才从装置撤离，则审核员应对工厂应急行动方案(EAP)进行审查，以核实是否为这些员工制定了有关应急响应程序
审核准则 19-R-11：应急行动方案中，应指明在设备和设施的设计和运行时，需识别并考虑到可能的异常天气状况和地震因素(如极端低温、大风、骤发洪水和地震)。另外，在应急行动方案中还应规定装置建设应符合地方建筑规范和危险区域划分法规中规定的要求	化工过程安全中心(CCPS)出版物《基于风险的过程安全》(RBPS)	由审核员开展的工作： • 审核员应对工厂应急行动方案(EAP)进行审查，以核实在该方案中是否针对工厂地理位置提供了如何应对自然灾害(如地震、暴风雨、暴风雪和洪水)方面的指南。 • 审核员应进行实地检查，以核实并确保为用作安全避难场所的房间或建筑物设置了明显标志。 • 审核员应对员工进行面谈，以核实员工是否知晓该到何处避险
审核准则 19-R-12：适当时，应将地方社区应急响应预案人员和应急响应机构纳入工厂应急响应预案	加拿大化学品制造商协会(CCPA)发布的加拿大重大工业事故理事会(MIACC)自评估工具《过程安全管理指南/HISAT 修订项目》(070820) 美国职业安全与健康管理局(OSHA)出版物 3133：《过程安全管理合规性指南》	为审核员提供的基本信息： • 地方应急响应机构包括联邦、州或地方(县、市等)公安部门、消防部门和应急医疗服务机构(EMS)以及其他经过培训的应急响应组织。另外，如果毗邻企业拥有经过培训的应急响应人员和应急设备且能够按照互助协议来开展应急响应工作，也可以作为地方应急相应机构开展工作。 由审核员开展的工作： • 审核员应对负责工厂应急响应预案的人员进行面谈，以核实在该预案中是否包括场外应急响应组织

续表

审核准则	审核准则出处	审核员指南
审核准则 19-R-13：工厂应急响应预案(ERP)应与由场外应急响应机构(如地方应急预案委员会(LEPC)、场外应急响应组织和州应急响应中心(SERC))编制的应急响应预案保持一致并对其内容进行补充和扩展	加拿大化学品制造商协会(CCPA)发布的加拿大重大工业事故理事会(MIACC)自评估工具《过程安全管理指南/HISAT 修订项目》(070820) 3133 美国职业安全与健康管理局(OSHA)出版物3133：《过程安全管理合规性指南》	为审核员提供的基本信息： • 对于《资源保护和恢复法案》以及 OSHA《危险废弃物经营和应急响应标准》(29 CFR § 1910. 120)第(p)节所涉及的处理、存储和处置(TSD)装置，本审核准则属于一项合规性要求；但对于其他装置，本审核准则属于良好行业做法(GIP)。 由审核员开展的工作： • 如果装置属于《资源保护和恢复法案》(RCRA)所涉及的处理、存储和处置(TSD)装置，则审核员应对装置应急响应预案(ERP)进行审查，以核实该预案是否与场外应急响应机构(如地方应急预案委员会(LEPC)、场外应急响应组织和州应急响应中心(SERC))编制的应急响应预案保持一致并对其内容进行了补充和扩展。审核员可通过获取由场外应急响应机构编制的应急响应预案并对其进行审查或联系并要求场外应急响应机构协调员进行相关核实来完成上述审核工作
审核准则 19-R-14：如果适用，应急响应预案(ERP)还应规定如何将与作业现场有关的危害告知相关社区，并告知其紧急情况下应采取的措施	加拿大化学品制造商协会(CCPA)发布的加拿大重大工业事故理事会(MIACC)自评估工具《过程安全管理指南/HISAT 修订项目》(070820)	为审核员提供的基本信息： • 如果工厂应急预案策划过程中涉及的紧急情况可能会对场外造成影响，那么应急响应预案(ERP)中应规定如何将与作业现场有关的危害告知相关社区，并告知其紧急情况下应采取的措施。 由审核员开展的工作： • 如果在出现紧急情况时会对场外造成影响，则审核员应根据 EPA《风险管理计划》或其他类似分析文件对应急响应预案(ERP)进行审查，以核实在这种情况下在执行应急响应预案时是否将当地社区纳入了保护范围
审核准则 19-R-15：应急行动方案(EAP)中(按照在 29 CFR § 1910. 38《员工行动计划》第(a)节中规定的有关要求)或应急响应预案(ERP)(按照在 OSHA《危险废弃物经营和应急响应标准》(29 CFR § 1910. 120)第(q)(1)&(2)节中规定的有关要求)，应包括员工警报系统中各种信号的目的/含义	美国职业安全与健康管理局(OSHA)《炼油行业过程安全管理国家重点计划》(NEP)(OSHA 指令 CPL03-00-004)	由审核员开展的工作： • 审核员应对装置应急行动方案(EAP)或应急响应预案(ERP)进行审查，以核实在这类方案/预案中是否包括与员工警报系统中各种信号的目的/含义有关的信息(如火灾警报、疏散警报、就地避险警报、具体区域警报、解除警报)
审核准则 19-R-16：如果在同一建筑物内有多家雇主，则鼓励这些雇主就各自的应急响应预案相互征询意见和建议。 可为整栋建筑物编制总体或标准应急响应预案，但是每一雇主必须负责将员工在应急响应预案中需承担的任务和职责告知其员工	29 CFR § 1910 第 E 部分附录－撤离路线、应急行动方案和消防预案	为审核员提供的基本信息： • 如果在同一建筑物内有多家雇主，则不要求每一雇主都持有一份标准应急响应预案，但是标准应急响应预案的保存地点应设置在该建筑物中，并便于所有员工进行查阅。当为整栋建筑物编制总体应急响应预案不可行时，雇主之间应就各自的应急响应预案相互征询意见和建议，确保在出现紧急情况时不会出现任何冲突和混乱。对于多层建筑物，如果多家雇主在同一楼层开展工作，则这些雇主必须就各自应急响应预案相互征询意见和建议，以避免产生任何冲突和混乱。 由审核员开展的工作： • 审核员应对负责工厂应急行动方案(EAP)的人员进行面谈，以核实是为整栋建筑物编制了标准应急响应预案，还是每一雇主均编制了自己的应急响应预案且在编制应急响应预案时相互征询了意见和建议

表 19.8 列出了在行业过程安全管理良好实践中与“应急响应培训”有关的建议采用的审核准则和审核员指南。

表 19.8 在行业过程安全管理良好实践中与“应急响应培训”有关的审核准则和审核员指南

审核准则	审核准则出处	审核员指南
审核准则 19-R-17：雇主应确保有足够数量的员工接受了与应急响应工作相关的培训，并在工作时间内均可随时调遣	29 CFR § 1910 第 E 部分附录-撤离路线、应急行动方案和消防预案	为审核员提供的基本信息： • 在出现紧急情况时，这些员工将担任撤离协调员，确保能够引导其他员工迅速从危险地点转移到安全区域。 • 在工作场所中，通常应为每 20 名员工指派一名撤离协调员，以确保在发生火灾时能够引导其他员工迅速从危险区域撤离。 • 对于被选为撤离协调员的员工或自愿担任撤离协调员的员工及其同事，应了解需为残疾员工提供额外帮助(如安排陪同人员)以及在出现紧急情况时需避开哪些危险区域。 • 撤离协调员在从工作场所撤离前应对所有房间和其他用于人员作业的封闭空间进行检查，以核实是否有任何员工被困住或无法撤离。 在按照要求完成撤离后，撤离协调员应对员工进行清点或采用其他方法来核实是否所有员工都进入安全区域。 由审核员开展的工作： • 审核员应对负责工厂应急行动方案(EAP)的人员进行面谈，以核实在工作场所中撤离协调员数量与所有员工数量之比是否符合要求，同时核实并确保配备了备用撤离协调员以保证当主要撤离协调员缺勤时能够为其他员工撤离提供协助。 • . 审核员应对工厂撤离协调员进行面谈，以核实这些人员是否接受了有关培训且了解其职责
审核准则 19-R-18：装置人员应知道当其发现火灾、泄漏或其他危险事件时需采取何种行动	良好行业做法(GIP)	由审核员开展的工作： • 审核员应对可能会及时发现火灾、危险物料泄漏、医疗急救突发事件或其他事件的装置人员(包括承包商人员)进行面谈，以核实这些人员是否知道如何将所发现事件上报给工厂有关人员。另外，还将根据上述人员在应急响应组织中所承担的任务(如工艺操作、消防、危险物料应急处理、急救/应急医疗救治)来确定需由其开展哪些工作，包括培训(如便携式灭火器和个体防护装备(PPE)的使用)
审核准则 19-R-19：在出现紧急情况时，现场应指定一名代表担任媒体发言人。该名人员应就在出现紧急情况时如何发布紧急情况方面的策略和过程接受全面培训	加拿大化学品制造商协会(CCPA)发布的加拿大重大工业事故理事会(MIACC)自评估工具《过程安全管理指南/HISAT 修订项目》(070820)	由审核员开展的工作： • 审核员应对工厂应急响应程序进行审查，以核实是否对紧急情况时相关信息的发布进行了规定，同时核实是否已指定了一名专门人员来担任媒体发言人。该名人员应就如何向媒体发布信息接受全面培训，尤其当出现紧急情况时如何向媒体发布相关信息。 • 审核员应对工厂培训记录进行审查，以核实媒体发言人是否已接受了相关培训

续表

审核准则	审核准则出处	审核员指南
审核准则 19-R-20：装置人员应知道当装置中响起警报声时需采取何种行动	良好行业做法(GIP)	由审核员开展的工作： • 审核员应对装置人员(包括承包商人员)进行面谈，以核实这些人员是否知道紧急警报响起时需采取哪些行动，包括撤离、就地避险和人员清点
审核准则 19-R-21：应急响应人员(如危险物料(HAZMAT)应急处理人员，消防队员、现场指挥等)应知道当装置中响起警报声时需采取何种行动	良好行业做法(GIP)	由审核员开展的工作： • 审核员应对现场应急响应人员进行面谈，以核实这些人员是否知道在出现紧急情况时需承担的任务，以及紧急警报响起时需采取哪些行动，包括向事故指挥部或消防站上报当前事故状况、穿戴好个体防护装备(PPE)、等待指令等

表 19.9 列出了在行业过程安全管理良好实践中与“实施应急行动方案和应急响应预案”有关的建议采用的审核准则和审核员指南。

表 19.9　在行业过程安全管理良好实践中与“实施应急行动方案和应急响应预案”有关的审核准则和审核员指南

审核准则	审核准则出处	审核员指南
审核准则 19-R-22：应针对雇主制定的每项应急行动方案(EAP)或应急响应预案(ERP)对承包商人员进行培训。尤其重要的是，承包商人员应了解各种不同警报信号和撤离路线标志的含义	美国职业安全与健康管理局(OSHA)《炼油行业过程安全管理国家重点计划》(NEP)(OSHA 指令 CPL03-00-004)	由审核员开展的工作： 审核员应对承包商人员进行面谈，以核实他们是否了解各种紧急警报信号的含义且知道针对不同警报信号需采取哪些行动，包括撤离、就地避险或人员清点
审核准则 19-R-23：如果员工所具备的资格仅允许其作为紧急情况第一发现人员来采取相应的应急措施，则这些员工只能在其所具备资格/所接受培训范围内开展应急工作	美国职业安全与健康管理局(OSHA)《炼油行业过程安全管理国家重点计划》(NEP)(OSHA 指令 CPL03-00-004)	由审核员开展的工作： • 审核员应对接受了仅作为紧急情况第一发现人员培训的员工进行面谈，以核实他们是否明白不允许其对涉及危险物料的事故采取应急措施，而只能向有关人员上报事故情况。 • 审核员应对操作人员进行面谈，以核实这些人员是否知道作为其正常工作的一部分，可根据标准操作程序(SOP)、所接受培训和所配备个体防护装备(PPE)来采取相应的应急措施。通常，操作人员应至少作为应急响应人员进行培训，除非规定操作人员只能对初期火灾和轻微泄漏进行响应
审核准则 19-R-24：如果仅允许员工作为紧急情况第一响应人员来采取相应的应急措施，则这些员工只能在其所具备资格/所接受培训范围内开展应急响应工作，并且应为这些员工提供所有必要的个体防护装备(PPE)，包括阻燃防护服(如果适用的话)	美国职业安全与健康管理局(OSHA)《炼油行业过程安全管理国家重点计划》(NEP)(OSHA 指令 CPL03-00-004)	为审核员提供的基本信息： • 美国职业安全与健康管理局(OSHA)仅对紧急情况第一响应人员进行了定义，这既不意味着已对紧急情况第一响应人员进行了培训，也不意味着即使对紧急情况第一响应人员进行了培训就自动获得了第一响应人员的资格。 由审核员开展的工作： • 审核员应对接受了仅作为紧急情况第一响应人员培训的员工进行面谈，以核实他们是否知道仅允许其采用防御性方式从”热区”外部安全位置来阻止危险物料的泄漏。操作人员作为其正常工作的一部分，可根据标准操作程序(SOP)、所接受培训和所配备个体防护装备(PPE)来采取相应的应急措施

续表

审核准则	审核准则出处	审核员指南
审核准则 19-R-25：出现紧急情况时，如果要求指定操作人员从现场撤离前对不在危险区域内的工艺系统停车，关闭紧急阀门并做好其他安全措施，则应按照有关要求对这些操作人员进行培训，以确保能够完成指定的操作	美国职业安全与健康管理局(OSHA)《过程安全管理合规性指令》(CPL)02-02-073	由审核员开展的工作： • 审核员应对工厂应急行动方案(EAP)、应急响应预案(ERP)及其支持程序进行审查，以核实在这些文件中是否列出了在出现紧急情况时指定操作人员从现场撤离前需采取的行动，如将不在危险区域内的工艺系统停车、将紧急阀门关闭以及采取其他安全措施。 • 如果在出现紧急情况时要求由工厂指定操作人员从现场撤离前将不在危险区域内的工艺系统停车、将紧急阀门关闭以及采取其他安全措施，则审核员应对这些操作人员进行面谈，以核实： —是否已将紧急事故指挥系统结构(见工厂应急响应程序)告知了这些操作人员； —是否要求这些操作人员使用合适个体防护装备(PPE)(审核员可对专用个体防护装备进行检查，确保足够且保持完好使用条件)； —是否就需要执行的应急响应程序接受了全面培训。执行上述操作的员工不属于"应急响应人员"。 • 如果工厂员工仅作为紧急情况第一响应人员接受了相应培训，则审核员应对工厂应急响应预案(ERP)和/或应急响应预案支持程序进行审查，以核实在这些文件中是否明确了在应急响应小组到达现场前，尚在危险区域中的员工可以采取的有限应急行动(如操作阀门)。这些有限应急行动包括： 在应急响应程序中明确的有限应急行动或在紧急情况第一响应人员职责范围内的应急行动； 要求使用足够的个体防护装备(PPE)；在对相关员工进行培训时所规定的应急行动；以两人一组的形式进行应急响应
审核准则 19-R-26：为确保现场顺利执行撤离计划，应指明撤离路线，为撤离路线设置标志和照明灯，并在显著位置设置风向标	美国职业安全与健康管理局(OSHA)《过程安全管理合规性指令》(CPL) 美国职业安全与健康管理局(OSHA)《应急行动方案》(29 CFR §1910.38)第(b)(4)节	由审核员开展的工作： • 审核员应对撤离路线进行实地检查，以核实并确保撤离路线畅通无阻。 • 审核员应对撤离路线进行实地检查，以核实并确保为通向安全地点的撤离路线设置了明显标志。 • 审核员应在黑暗条件下选择一部分具有代表性的撤离路线标志进行实地检查，以核实是否为这些标志设置了符合要求的照明灯。 • 审核员应进行实地检查，以核实并确保风向标完好无损且在夜晚或恶劣天气条件下清晰可见

表 19.10 列出了在行业过程安全管理良好实践中与"应急设备"有关的建议采用的审核准则和审核员指南。

表 19.10　在行业过程安全管理良好实践中与"应急设备"有关的审核准则和审核员指南

审核准则	审核准则出处	审核员指南
审核准则 19-R-27：应提供合适的应急设备，用于控制轻微泄漏并对泄漏出的危险物料进行清理	良好行业做法(GIP)	由审核员开展的工作： • 审核员应进行实地检查，以核实并确保装置已提供了泄漏控制物料(如吸收剂和中和剂)以及处理工具和收集容器

续表

审核准则	审核准则出处	审核员指南
审核准则 19-R-28：应急设备应按照要求进行检查、测试和预防性维护	良好行业做法(GIP)	为审核员提供的基本信息： • 工厂的检查、测试和预防性维护(ITPM)计划(属于资产完整性(AI)计划的一部分)中应包含适当的应急设备。 • 应急设备包括固定式消防系统、云梯车、软管、火灾抑制系统高密度泡沫和化学品防护服等。 由审核员开展的工作： • 审核员应对检查、测试和预防性维护(ITPM)计划进行审查，以核实 ITPM 计划中是否包含了在应急响应预案(ERP)及其支持程序中规定的应急设备。 • 审核员应对资产完整性(AI)计划中的设备清单进行审查，以核实是否已将应急设备纳入了资产完整性计划或同等计划中
审核准则 19-R-29：报警系统应便于从有人值守的中心位置快速启动	良好行业做法(GIP)	由审核员开展的工作： • 审核员应进行实地检查，以核实并确保在出现紧急情况时能够不受任何阻碍地、从易于接触的位置快速启动报警
审核准则 19-R-30：应提供有关文件，以核实是否对紧急报警系统进行了维修、维护和测试	良好行业做法(GIP)	由审核员开展的工作： • 审核员应对工厂检查、测试和预防性维护(ITPM)记录进行审查，以核实报警系统能否正常运行，且是否按照要求进行了测试、维修和维护
审核准则 19-R-31：不鼓励将工艺控制中心或控制室作为安全区域	美国职业安全与健康管理局(OSHA)出版物3133：《过程安全管理合规性指南》	为审核员提供的基本信息： • 不应将控制室用于就地避险目的，除非控制室在设计上符合安全避难场所要求(如采取有关措施以应对蒸气云爆炸而形成的超压、使控制室内部处于正压状态、采取完善的密封措施、设置通风系统关闭设备)。 由审核员开展的工作： • 审核员应对工厂应急响应预案(ERP)进行审查，以核实控制室是否符合设计为安全避险场所(如采取有关措施以应对蒸气云爆炸而形成的超压、使控制室内部处于正压状态、采取完善密封措施、设置通风系统关闭设备)
审核准则 19-R-32：如果必须根据风向来选择通向避险区域的安全撤离路线，应设置风向标	美国职业安全与健康管理局(OSHA)出版物3133：《过程安全管理合规性指南》 良好行业做法(GIP)	为审核员提供的基本信息： • 风向标应满足以下要求： —在工艺区域任何位置均能看见风向标。 —在夜晚能够清晰看见风向标。 —可将细长三角旗、风向袋和连续蒸汽柱作为风向标。如果设置与工艺有关的风向标，则应提供备用风向标，以供在工艺单元停车时使用。 由审核员开展的工作： • 审核员应对风向标进行实地检查，以核实并确保风向标完好无损且在夜晚或恶劣天气条件下清晰可见
审核准则 19-R-33：应设立应急指挥中心(EOC)，用于在出现紧急情况时对应急响应工作进行管理	加拿大化学品制造商协会(CCPA)发布的加拿大重大工业事故理事会(MIACC)自评估工具《过程安全管理指南/HISAT 修订项目》(070820)	为审核员提供的基本信息： • 每一个工厂应设立一个应急指挥中心(EOC)，并指派管理人员对重大事件应急工作进行管理，包括与外部机构、新闻媒体和其他公司进行联络。 • 虽然可以将控制大楼内某一独立房间作为应急指挥中心(EOC)，但不应将应急指挥中心设置在控制室内。不得因在应

续表

审核准则	审核准则出处	审核员指南
	美国职业安全与健康管理局(OSHA)出版物3133:《过程安全管理合规性指南》	急指挥中心开展工作而分散工艺操作人员的注意力。应急指挥中心应与控制室保持沟通，但在出现紧急情况时应严格管理这些沟通。 • 不得将应急指挥中心(EOC)与事故指挥所设置在同一地点，事故指挥所通常设置在作业现场靠近事故现场的位置，且通常使用车辆来进行事故指挥。通常，事故指挥车辆无法容纳下为应急响应中心配备的人员，同时还可能会使这些人员遭遇不必要的危险。 • 应急指挥中心(EOC)应设置在安全区域(即能够防止有毒气体侵入或不会受到火灾或爆炸影响的区域)。 由审核员开展的工作: • 审核员应进行实地检查，以核实应急指挥中心(EOC)设计是否合理以用作避险场所，即确保能够快速将室内外空气完全隔离，并且在出现紧急情况时能够满足人员避险要求。在将构筑物用作避险场所时所考虑的一个关键因素是，该构筑物设置了便于操作的通风控制器且为该通风控制器设置了清晰的标签，确保在出现紧急情况时能够快速关闭通风系统。 • 审核员应进行实地检查，以核实并确保为应急指挥中心(EOC)提供了以下所需设备和资料: —通信设备; —备用通信设备; —装置图纸(平面布局图、公用工程流程图); —社区地图; —有关参考资料，包括化学品安全技术说明书(MSDS); —电话号码本(公司、应急响应机构、社区和监管机构联系电话); —应急行动方案、应急响应预案以及相关程序/手册; —应急设备布置位置清单，包括由互助单位提供的应急设备; —气象数据和所有扩散建模数据
审核准则 19-R-34:应提供备用通信设备，以供在出现紧急情况时使用	良好行业做法(GIP)	由审核员开展的工作: • 审核员应在应急指挥中心(EOC)、观测站、通信站或在出现紧急情况时有人值守的其他地点进行实地检查，以核实是否提供了备用通信设备，包括无线电设备、手机和额外的固定电话等
审核准则 19-R-35:在对应急设施进行设计时，应配备足够的备用应急设备	良好行业做法(GIP)	由审核员开展的工作: • 审核员应根据应急响应预案(ERP)及其支持程序对现有的应急设备数量进行实地检查，以核实是否配备了足够的应急设备和物资。 • 审核员应在现场对应急设备和物资进行抽查，确保其满足使用条件要求

表 19.11 列出了在行业过程安全管理良好实践中与“应急响应演练和训练”有关的建议采用的审核准则和审核员指南。

表 19.11 在行业过程安全管理良好实践中与“应急响应演练和训练”有关的审核准则和审核员指南

审核准则	审核准则出处	审核员指南
审核准则 19-R-36：对于非处理、存储和处置(TSD)装置，应定期对应急响应预案(ERP)进行演练/训练	良好行业做法(GIP)	为审核员提供的基本信息： • 应急响应演练是指对设施应急响应预案中其中一项内容进行“演习”(如撤离)。应急响应训练是指对设施应急响应预案中其中一项或多项内容进行“演习”(如会导致1人或多人受伤的危险物料(HAZMAT)泄漏)。在进行应急响应演练和训练时所模拟的条件应尽可能接近实际紧急情况，但不得使人员遭遇不必要的风险或对装置正常运行造成不当的破坏。应对应急响应演练或训练做好记录。另外，在完成应急响应演练或训练后，应进行自评，并记录好所汲取的教训和所明确的需改进方面。 • 如果完全或部分依靠外部机构/互助单位来开展应急响应工作时，那么这些机构应定期积极参与由工厂组织的应急响应演练和训练。 • 按照行业做法，至少每年进行一次应急响应演练/训练，以巩固装置人员(包括应急响应人员)在应急响应方面的能力。但是，该频次并不是一项强制性要求，同时，也没有对应急响应演练或训练类型做出强制性规定。 • 另外，还可通过“桌面演练”的方式来进行应急响应演练，这可作为一项单独的工作来开展或在开展整体演练前进行该项演练。通过“桌面演练”方式来进行应急响应演练能够使应急响应人员有机会熟悉应急响应程序、锻炼评估能力和尝试做出有关决策，同时还提供了难以呈现或会对装置运行造成过度破坏的应急响应情景。 • 应急响应演练/训练可与其他种类的演练/训练结合进行，如为检查装置安保计划是否合理而进行的演练/训练。 由审核员开展的工作： • 如果在进行审核期间工厂计划开展应急响应演练/训练，则审核员应对这些演练/训练进行实地检查，以核实通过进行应急响应演练/训练能否验证应急响应预案(ERP)是否切实有效以及应急响应人员是否能够切实发挥作用。审核员不得仅为满足审核目的而要求装置开展应急响应演练/训练
审核准则 19-R-37：应事先对应急响应演练或训练做好计划	美国职业安全与健康管理局(OSHA)出版物3133：《过程安全管理合规性指南》	为审核员提供的基本信息： • 尽管事先对应急响应演练和训练做好计划有助于顺利开展应急响应演练和训练(尤其对于比较复杂且要求事先进行详细策划的应急响应训练)，但在进行应急响应演练和训练前不应过多透露具体演练和训练细节，可在不预先发出通知的情况下开展应急响应演练和训练。对于有效的应急响应预案而言，采用“突然袭击”方式进行应急响应演练所营造出的紧急情形更加接近于真实紧急事故情况。但重要的是，所有相关人员必须认识到所开展的应急响应演练仅是模拟紧急情形，虽然应执行正常应急响应程序，但某些特殊的紧急程序(如对工艺单元实施停车或向外部管理部门发出通知)应采用模拟方式，以避免对装置运行造成不必要的影响。 • 如果通过进行应急响应演练来对应急响应预案多个方面是否合理进行验证，则通常应由多个应急响应机构以及装置人员参与应急响应演练。对于上述应急响应演练，必须事先做好

续表

审核准则	审核准则出处	审核员指南
		计划，确保所有相关方了解在进行应急响应演练时所模拟的紧急情形及其在应急响应工作中所承担的任务。同实际应急响应演练一样，对应急响应演练做好计划同样可以确保应急响应工作的顺利开展。尤其对于外部应急响应机构，必须确保所有相关方了解并知晓如何履行其应急响应职责。 由审核员开展的工作： • 审核员应对负责制定应急响应演练/训练计划并参加应急响应演练/训练的人员进行面谈，以核实提前制定应急响应演练/训练计划在实际演练中是否仅仅对应急响应预案(ERP)起到了预期的训练效果，而没有对参与人员所具备的应急响应知识和能力起到训练作用
审核准则 19-R-38：在完成应急响应演练或训练后，应对应急响应演练或训练进行自评	良好行业做法(GIP)	为审核员提供的基本信息： • 应对应急响应工作进行自评并形成书面文件，列出通过开展实际应急响应工作所汲取的教训和所明确的需改进方面，包括对应急响应预案(ERP)或应急响应程序进行修改、对培训计划进行修改或对应急设备或物资进行变更。 • 对于在对应急响应工作进行自评时所提出的建议或确定的整改项，不要求必须采用正式的系统予以跟踪验证，而对于在进行过程危害分析(PHA)或事故调查时所提出的建议，则必须采用正式的系统予以跟踪验证。但如果在对应急响应预案(ERP)进行自评时提出了建议或确定了整改项，对该类建议或整改项的重视程度应等同于 PHA 建议或整改项。 由审核员开展的工作： • 审核员应对工厂应急响应预案(ERP)演练/训练的自评情况进行审查，以核实是否对这些自评做好了记录。 • 审核员应对应急响应文件进行审查，以核实并确保应急响应工作进行自评时所提出建议或整改项已落实，或其实施方式类似于在进行其他过程安全分析时所提出建议或整改项
审核准则 19-R-39：应急响应演练应尽可能逼真	加拿大化学品制造商协会(CCPA)发布的加拿大重大工业事故理事会(MIACC)自评估工具《过程安全管理指南/HISAT 修订项目》(070820) 良好行业做法(GIP)	由审核员开展的工作： • 审核员应对负责应急响应演练和训练的工厂人员进行面谈，以核实应急响应演练和训练是否与紧急停车演练同时进行，以演习如何应对外部紧急情况和工艺紊乱(如果能够以安全、受控方式进行的话)。 • 如果在应急响应预案(ERP)中包括外部应急响应机构，则审核员应对负责应急响应演练和训练的工厂人员进行面谈，以核实当外部应急响应机构同意参与应急响应演练和训练时其是否参与了应急响应演练和训练。外部应急响应机构包括如美国海岸警卫队、当地消防部门、毗邻企业或签署了互助协议的其他组织机构。 • 审核员应对负责应急响应演练和训练的工厂人员进行面谈，以核实是否视具体情况按照《社区知情权与应急响应准则》(CAER)并通过社区咨询委员会(CAP)、地方应急预案委员会(LEPC)、地方报纸、无线电台或其他合适手段将应急响应演练和训练告知了公众。通过将应急响应演练和训练告知公众，可缓解公众听到警报和看到应急设备时的过度紧张情绪，否则会导致公众误以为确实发生了事故

19.2.3 自愿性共识过程安全管理标准

在下文对以下自愿性共识过程安全管理标准中“安全操作规程”要求进行了说明：

• 由API编写且由美国内政部矿产资源管理局(MMS)批准的《安全和环境管理计划》(SEMP)中关于海上石油平台领域“安全操作规程”要求；

• 由美国化学理事会(ACC)发布的《责任关怀管理体系®》(RCMS)中“安全操作规程”要求；

• 由美国化学理事会(ACC)发布的RC 14001《环境、健康、安全与安保管理体系》中“安全操作规程”要求。

表19.12列出了在自愿性共识过程安全管理标准中与“应急管理”有关的建议采用的审核准则和审核员指南。

表19.12 在自愿性共识过程安全管理标准中与“应急管理”有关的建议采用的审核准则和审核员指南

审核准则	审核准则出处	审核员指南
美国内政部矿产资源管理局《安全和环境管理计划》(SEMP)	美国石油学会(API)推荐做法75:《安全和环境管理计划》(API RP 75)	
审核准则19-R-40:在应急行动方案中,应明确以下内容: • 撤离程序和路线; • 撤离后员工清点程序; • 突发事件上报程序; • 留在现场负责继续操作关键设备或进行救援和医疗救治的员工的职责和需遵守的程序; • 明确为应急行动方案提供详细信息的人员或部门; • 员工警报系统; • 火灾和/或井喷事故; • 碰撞事故;以及 • 危险物料泄漏事故	美国石油学会(API)推荐做法75:《安全和环境管理计划》(API RP 75), 10.2, 10.3	<u>为审核员提供的基本信息:</u> • 应制定言简意赅的书面应急行动方案,包括所要求的内容并概要列出有关人员任务和职责,以及为有效应对潜在突发事件所必需的资源。 <u>由审核员开展的工作:</u> • 审核员应对工厂应急行动方案(EAP)进行审查,以核实该计划是否言简意赅,是否对有关人员任务和职责以及为有效应对潜在突发事件所必需的资源进行了概要介绍
审核准则19-R-41:应急行动方案中,应指定一名合格人员来启动应急响应和控制程序	美国石油学会(API)推荐做法75:《安全和环境管理计划》(API RP 75), 10.2	<u>由审核员开展的工作:</u> • 审核员应对书面应急行动方案(EAP)进行审查,以核实在计划中是否指定一名合格人员负责所有装置和运行区域的应急响应和控制工作
审核准则19-R-42:应根据实际紧急情形来安排并开展应急响应演练,并且所有相关人员均应参加应急响应演练	美国石油学会(API)推荐做法75:《安全和环境管理计划》(API RP 75), 10.2.a.,	<u>由审核员开展的工作:</u> • 审核员应对公司/工厂制定的管理计划进行审查,以核实在该计划中是否包括以下内容: 书面应急响应演练时间表; 证明装置已按照书面应急响应演练时间表完成了应急响应演练的证明文件;

续表

审核准则	审核准则出处	审核员指南
	10.2.b., 10.2.c., 10.2.d., 10.4	用于指导不同类型应急响应演练的指南; 证明应急响应演练频率和类型符合法规要求的记录(见参考文献)。 • 审核员应对应急响应演练记录进行审查,以证实所有装置人员(包括所有承包商人员或访客)均参加了应急响应演练
审核准则19-R-43:应视具体情况对每次应急响应演练进行自评和分析,以明确在应急行动方案中存在的薄弱环节并予以纠正	美国石油学会(API)推荐做法75:《安全和环境管理计划》(API RP 75), 10.4	由审核员开展的工作: • 审核员应对公司/工厂制定的管理计划进行审查,以核实在该计划中是否包括以下内容: 能够证明在完成应急响应演练后应对应急响应演练进行自评; 能够体现出工厂视具体情况根据在对应急响应演练进行自评时提出的有关建议对应急行动方案进行了修改
审核准则19-R-44:在应急行动方案中,规定应为每个工厂设立一个应急控制中心(ECC),并确保在该中心能够查阅以下计划和信息: • 溢油应急预案; • 安全与环境信息; • 应急行动方案	美国石油学会(API)推荐做法75:《安全和环境管理计划》(API RP 75), 10.3	由审核员开展的工作: • 审核员应对应急行动方案进行审查,以核实在该预案中是否包括以下内容: 以书面形式规定为工厂设立应急控制中心(ECC); 编制书面标准操作程序(SOP),为公司内应急响应人员授权
审核准则19-R-45:应在装置中设立并实施警报系统来对突发事件发出报警。警报系统应满足以下要求: • 应针对不同报警目的而采用不同警报信号; • 声光报警应高于环境噪音和光线水平,确保所有员工都能察觉到报警; • 警报系统所发出的信号应确保员工明白是需要从工作区域撤离还是需要按照应急行动方案中有关要求采取应急行动; • 警报系统应始终保持运行状态; • 应按照有关要求对警报系统进行测试,并在完成测试后尽快将警报系统恢复至正常运行状态; • 应由经过培训的人员对警报系统进行维修、维护和测试; • 如果采用手动警报系统,确保这些警报系统设置在显著位置且不会受到任何阻碍	美国石油学会(API)推荐做法75:《安全和环境管理计划》(API RP 75), 10.2	由审核员开展的工作: • 审核员应对应急行动方案进行审查,以核实在该方案中是否包括以下内容: 能够证明对警报系统进行检查,包括警报效果测试; 警报系统书面介绍,包括警报系统示意图

续表

审核准则	审核准则出处	审核员指南
审核准则 19-R-46：按照公司/工厂制定的管理计划，应确保撤离路线畅通无阻	美国石油学会(API)推荐做法 75：《安全和环境管理计划》(API RP 75)，10.2	由审核员开展的工作： • 审核员应进行实地检查，以核实并确保撤离路线不存在任何障碍物且功能正常，满足撤离要求
审核准则 19-R-47：按照公司/工厂制定的管理计划，应为通往安全地点的撤离路线设置明显标志	美国石油学会(API)推荐做法 75：《安全和环境管理计划》(API RP 75)，10.2	由审核员开展的工作： • 审核员应进行实地检查，以核实并确保为装置中撤离路线设置清晰标志
审核准则 19-R-48：按照公司/工厂制定的管理计划，应确保可能会发现危险物料泄漏或被指派负责其他应急响应工作的操作和维护人员了解其在出现紧急情况时需履行的职责且能够证明其有能力履行这些职责，如： • 管线破裂和/或危险物质泄漏； • 人员落水； • 火灾/爆炸；以及 • 放弃平台	美国石油学会(API)推荐做法 75：《安全和环境管理计划》(API RP 75)，10.2	由审核员开展的工作： • 审核员应对工厂和管理人员进行面谈，以核实是否制定并实施了一套方法来对人员应急响应行动的表现进行评估

审核准则	审核准则出处	审核员指南
美国化学理事会(ACC)《责任关怀管理体系®》(RCMS) 审核准则 19-R-49：公司应制定整体应急响应预案，将以下内容纳入考虑范畴： • 通知程序； • 作用和职责； • 事件情形； • 报警程序； • 应急响应演练要求/频次； • 社区恢复需求	美国化学理事会(ACC)《责任关怀管理体系® 技术规范》要素 3.2	为审核员提供的基本信息： • 如果在发生危险物质灾难性泄漏或灾难性事故时导致社区人员撤离、财产损坏或人身伤害，为满足"社区恢复需求"，应制定书面计划和策略，确保事后为社区人员妥善解决诸如安置、医疗费用等事应。 由审核员开展的工作： • 审核员应核实并确保工厂已制定并实施了应急响应预案(ERP)，以核实并确保在该预案中至少包括以下内容： —通知程序； —作用和职责； —事故情形； —报警程序； —应急响应演练要求/频次； —社区恢复需求

续表

审核准则	审核准则出处	审核员指南
审核准则 19-R-50：在公司应急响应程序中，应包括以下要求： • 应全面考虑沟通需求和社区恢复需求； • 有关人员应视具体情况参与社区应急准备计划的编制、实施和维护	美国化学理事会(ACC)《责任关怀管理体系®技术规范》要素3.2	• 无其他要求
审核准则 19-R-51：对于运输事故，公司应制定一套应急响应程序来满足以下要求： • 为现场应急响应人员提供技术协助，并通过内部通知系统来传达在场外发生的事件，通常由化学品运输应急响应中心(CHEMTREC)来开展现场应急响应工作； —或 • 利用外部应急响应机构人员来应对在场外发生的与公司产品有关的突发事件； —或 • 利用公司现有应急响应人员和应急设备来应对在场外发生的突发事件； —或 • 同时采用上述三种方法来应对在场外发生的突发事件	美国化学理事会(ACC)《责任关怀管理体系®技术规范》要素3.2	由审核员开展的工作： • 审核员应对应急响应程序或其他有关文件进行审查，以核实工厂是否制定了一套书面应急响应程序，通过采用在本审核准则中列出的四种方法中其中一种或多种方法来应对化学品运输事故

审核准则	审核准则出处	审核员指南
美国化学理事会(ACC)RC14001《环境、健康、安全与安保管理体系》 审核准则 19-R-52：公司应制定并实施有关程序，以明确会对环境造成影响的潜在紧急情况和潜在事故，并指导如何采取应对措施	美国化学理事会(ACC)《环境、健康、安全与安保管理体系技术规范》RC151.03 4.4.7	• 无其他要求
审核准则 19-R-53：公司应定期对其应急响应程序进行审查且在必要时应对其应急准备程序和响应程序进行修订，尤其在发生了事故或出现了紧急情况后	美国化学理事会(ACC)《环境、健康、安全与安保管理体系技术规范》RC151.03 4.4.7	• 无其他要求

续表

审核准则	审核准则出处	审核员指南
审核准则 19-R-54：如果可行，公司还应定期对这些应急响应程序进行演练/训练	美国化学理事会（ACC）《环境、健康、安全与安保管理体系技术规范》RC151.03 4.47	• 无其他要求

19.3 审核方案

附录 A 过程安全管理审核方案，就如何按照审核准则对第 19.2 节中的内容进行审查提供了详细指南（有关如何在线获取附录 A 中资料，见第Ⅷ页）。

参 考 文 献

American Chemistry Council, *RCMS® Technical Specification*, RC101.02, March 9, 2005.

American Chemistry Council, *RCMS® Technical Specification Implementation Guidance and Interpretations*, RC 101.02, January 25, 2004.

American Chemistry Council, *RCMS® Technical Specification Implementation Guidance and Interpretations Appendices*, RC 101.02, January 25, 2004.

California, California Code of Regulations, Title 8, Section 5189, CalOSHA, November 1985.

Center for Chemical Process Safety (CCPS), *Guidelines for Risk Based Process Safety*, American Institute of Chemical Engineers, New York, 2007 (CCPS, 2007c).

Delaware, *Accidental Release Prevention Regulation*, Delaware Department of Natural Resources and Environmental Control/Division of Air and Waste Management, September 1989 (rev. January 1999).

Department of the Interior, Minerals Management Service, *Safety and Environmental Management Program (SEMP)*, 1990.

Environmental Protection Agency (USEPA), 40 CFR § 68, *Accidental Release Prevention Requirements: Risk Management Programs Under Clean Air Act Section* 112(*r*)(7); Final Rule, June 21, 1996.

Environmental Protection Agency (USEPA), *Federal Register* (FR 28642), Integrated Contingency Plan (ICP) Guidance, June 5, 1996.

New Jersey, *Toxic Catastrophe Prevention Act* (*NJ. A. C.* 7: 31), New Jersey Department of Environmental Protection, June 1987 (rev. April 16, 2007).

Occupational Safety and Health Administration (OSHA) 29 CFR § 1910.119, *Process Safety Management of Highly Hazardous Chemicals*, *Explosives and Blasting Agents*; *Final Rule*, Washington, DC, February 24, 1992.

Occupational Safety and Health Administration (OSHA) Publication 3133, *Process Safety Management Guidelines for Compliance*, Washington, DC, 1993.

Occupational Safety and Health Administration (OSHA) Instruction CPL 02-02-045 CH-1, *PSM Compliance Directive*, Washington, DC, September 13, 1994.

Occupational Safety and Health Administration (OSHA) Instruction CPL 03-00-004, *Petroleum Refinery Process Safety Management National Emphasis Program*, June 7, 2007 (OSHA, 2007a).

Occupational Safety and Health Administration (OSHA) Directive 09-06 (CPL 02), *PSM Chemical Covered Facilities National Emphasis Program*, July 27, 2009 (OSHA, 2009a).

20 事件调查

本要素在 OSHA 过程安全管理标准《高危化学品过程安全管理》和 EPA《风险管理计划》以及许多州立过程安全管理标准和自愿性共识过程安全管理标准中也被称之为“事件调查”。“事件调查”是化工过程安全中心(CCPS)《基于风险的过程安全》(RBPS)事故预防原则之一“吸取经验教训”中的一个要素。

20.1 概述

20 世纪 60 年代开始，针对化工行业发生的许多灾难性事故形成并确定了过程安全管理理念/规则。英国傅立克斯镇 Nypro 公司发生的严重爆炸事故、印度博帕尔市联合碳化物(印度)有限公司所属农药厂发生的氰化物严重泄漏事故及美国得克萨斯州 BP 公司所属炼油厂发生的重大火灾爆炸事故，都引起了化工行业的高度重视，并将这三起重大事故视为过程安全事故。基于对这些事故调查发现的主要过程安全问题确立了过程安全管理原则，从而极大地提高了过程安全绩效。

在美国化学工程师协会化工过程安全中心(CCPS)的出版物《化工工艺事故调查指南》(CCPS，2003)(第 2 版)中，指出通过有效的事故调查系统能够达到以下四个目的：

- 鼓励员工积极上报所有事故，包括未遂事件；
- 确保通过事故调查明确导致事故的根原因；
- 确保通过事故调查明确建议采取的防范措施，降低再次发生事故的可能性或减轻可能造成的影响；
- 确保采取有效的跟踪措施落实事故调查提出的建议。

建立事故调查系统的另外一个目的是，确保将已发生事故和未遂事件全面反馈给员工，以便对员工进行培训，同时确保与相关方共享事故教训。

OSHA 过程安全管理标准《高危化学品过程安全管理》中，为“事件调查”要素明确了合规性要求，旨在确保对过程安全事故进行全面调查，同时采取跟踪措施及时落实事故调查提出的建议。对“事件调查”要素进行审核的目的是确保满足上述要求。本章中列出的相关审核准则旨在提高事故调查的工作质量。

“事件调查”要素与过程安全管理计划中其他要素密切相关。主要相关要素包括：

- “员工参与”(见第 7 章)——事故调查是培养和提高员工过程安全管理意识的主要手段之一。
- “危害识别和风险分析(HIRA)”(见第 10 章)——当发生过程安全事故时，作为事故调查工作的一部分，有时要求进行危害识别和风险分析。如果未根据事故调查结果对危害识别和风险分析进行更新/复核，则进行下一轮危害识别和风险分析时，应对危害识别和风险分析报告进行审查。

• “操作程序”(见第11章)——如果事故调查时发现了问题，通常会对操作程序进行修改。

• “培训和绩效保证”(见第15章)——如果事故调查时发现了问题，通常会对操作人员培训计划进行修改。

• “资产完整性和可靠性”(见第13章)——如果事故调查时发现了问题，通常会对资产完整性(AI)计划进行修改，尤其是检查、测试和预防性维护计划。

• “应急管理”(见第19章)——如果事故调查时发现了问题，通常会对应急响应计划或程序进行修改。

在第20.2节中，对合规性审核准则、相关审核准则和审核员使用准则方面的要求进行介绍。有关对合规性审核准则和相关审核标准的详细介绍，见第1章(第1.7节)。这些章节中介绍的准则和指南不能完全涵盖过程安全管理计划的范围、设计、实施或解释，代表的是化工/加工行业审核员的集体经验和基于经验形成的一致性观点。合规性审核准则来自于美国过程安全管理法规，这些法规全都是基于绩效的法规。基于绩效的法规以目标为导向，可能有多种途径满足法规中的要求。因此，对于本章审查表中列出的问题，尤其是“审核员指南”栏中列出审查方法，可能会有其他方法进行审查。

本书中审核不代表实施过程安全管理计划时必须遵守这些准则，也不代表如果没有遵守准则，计划的实施就会出现问题。同合规性审核准则一样，对工厂或公司而言，可能有其他更合适的审核方法。另外，按照相关审核准则对计划实施情况进行审核完全是自愿性的。采用相关审核准则时，应谨慎计划，防止不经意间形成不期望的过程安全管理绩效标准。采用相关审核准则之前，应在工厂与其母公司之间达成一致意见。最后，所提供的相关审核准则和审核员指南不是对监管机构发出的书面或口头说明、因违反理法规由监管机构发出的违规传票和由监管机构发布的其他过程安全管理指南的认同，也不是对某一公司实施计划过程中形成的成功经验或常用做法的认可。

20.2 审核准则和审核员指南

下文对OSHA过程安全管理标准《高危化学品过程安全管理》、EPA《风险管理计划》、多个州立过程安全管理标准和其他自愿性共识过程安全管理标准中“事件调查”这一要素的详细要求进行了介绍。

审核员根据本章提供的指南并通过开展以下审核工作对下文介绍的审核准则进行审查：

• 与负责工厂事故调查程序编写、审查、批准和维护的管理人员面谈。该类管理人员通常为环境、健康与安全(EHS)经理或安全与健康经理。

• 对工厂事故调查程序(通常为在整个工厂中采用的事故调查程序)进行审查。

• 对过程安全事故调查报告进行审查。

• 与操作人员和其他人员面谈，核实是否及时发现了所有事故和未遂事件并对其进行了调查。

- 与操作人员面谈，核实是否已将事故教训告知了操作人员。
- 对事故调查报告中所提出建议和整改项的跟踪记录进行审查。
- 进行实地检查，核实纠正措施是否付诸实施。

另外，审核员还应对被审核公司/工厂制定程序中“事故调查”要求进行认真审查。如第1.7.1节所述，监管机构会将“事故调查”要求认定为合规性要求，如果不遵守这些要求，公司或工厂就会因违反法规中的规定而收到由OSHA发出的传票。审核员应通过与相关人员面谈、有关记录审查以及事故调查等方式核实工厂或公司程序中有关的要求是否按照规定实施。如果审核时发现没有遵守公司/工厂制定的具体规定，应将发现的问题写入审核报告。

对于在下文表中用于指明审核准则出处的缩写词定义，见“第3-24章指南”部分。

20.2.1 合规性要求

审核准则应供以下公司/工厂使用：

- OSHA过程安全管理标准《高危化学品过程安全管理》或EPA《风险管理计划》所涵盖的美国本土公司/工厂；
- 自愿采用OSHA过程安全管理标准《高危化学品过程安全管理》的公司/工厂；
- 在美国本土以外采用了OSHA过程安全管理标准《高危化学品过程安全管理》中规定的要求的公司/工厂。

表20.1列出了在OSHA过程安全管理标准《高危化学品过程安全管理》和EPA《风险管理计划》中与“事件调查“有关的审核准则和审核员指南。

表20.1 在OSHA过程安全管理标准《高危化学品过程安全管理》和EPA《风险管理计划》中与“事件调查”有关的审核准则和审核员指南

审核准则	审核准则出处	审核员指南
审核准则20-C-1：雇主应对工作场所发生的导致或可能导致高危化学品灾难性泄漏的事故进行调查	美国职业安全与健康管理局(OSHA)《高危化学品过程安全管理》(29 CFR §1910.119)(m)(1) EPA《风险管理计划》中“事件调查”部分(68.60)	为审核员提供的基本信息： • 能否对过程安全事故和未遂事件上报和调查取决于是否建立了有效的事故上报和调查系统。过程安全事故和未遂事件是指与OSHA《高危化学品过程安全管理》涵盖的工艺、设备或高危化学品有关的事故和未遂事件。 • 通常，过程安全事故调查程序/系统还用于调查非过程安全事故，并提出建议。 由审核员开展的工作： • 审核员应与公司/工厂员工面谈，核实是否对过程安全事故和未遂事件进行了调查，当发生过程安全事故时，应及时上报并开展调查工作
审核准则20-C-2：发生事故后，应尽快启动事故调查，不得迟于事故发生后48h	美国职业安全与健康管理局(OSHA)《高危化学品过程安全管理》(29 CFR §1910.119)(m)(2) EPA《风险管理计划》中“事故调查”部分(68.60)	为审核员提供的基本信息： • 启动事故调查并非意味着开始收集与事故有关的证据、与相关人员面谈或其他调查工作(尽管建议尽快开展这些工作，防止与事故有关的证据被毁坏或随着时间的推移，相关人员无法清晰回忆起当时的情形)。事故调查可以从正式成立事故调查组、启动收集与事故有关的证据或正式上报事故开始。当前采用的许多事故上报和调查系统(采用信息化数据库系统)中，上报事故指将与事故有关的初步信息输入事故上报和调查系统。初步事故调查报告的日期和时间有时采用手动方式输入，有时由系统内部计算机时钟自动记录。

续表

审核准则	审核准则出处	审核员指南
		• 要求在事故调查报告中注明事故发生时间和调查开始时间，但要求事故发生后48h内启动事故调查。因此，除非对事故发生和事故调查和时间进行了记录，否则工厂无法核实是否在发生事故后48h内启动了调查工作。但是，这并不意味着必须在调查报告中注明上述时间。可以在其他系统和文件中记录事故发生事故调查开始时间，如电子事故上报系统、事故调查数据库、操作人员或管理人员日志、事故调查工作启动授权文件(如授权书、授权备忘录或电子邮件)或类似文件。 由审核员开展的工作： • 审核员应检查核实是否记录了事故发生和启动事故调查的具体时间。 • 审核员应对过程安全事故调查报告进行审查，核实是否事故发生后48h内启动了事故调查工作
审核准则20-C-3：应成立事故调查组，至少包括一名了解事故涉及工艺的人员(如果发生事故还涉及承包商，应包括一名承包商人员)及拥有相关知识和经验且能够对事故进行全面调查和分析的其他人员	美国职业安全与健康管理局(OSHA)《高危化学品过程安全管理》(29 CFR §1910.119)(m)(3) EPA《风险管理计划》中“事故调查”部分(68.60)	为审核员提供的基本信息： • 过程安全事故调查报告中，应列出事故调查组成员承担的调查任务。 • 要求事故调查组中应至少包括一名了解事故涉及工艺的人员，这并不意味着该名人员必须为非管理类员工，如操作人员。例如，指派运行主管参与事故调查足以满足该项要求。 • 如果事故涉及承包商，则要求事故调查组中包括一名承包商人员。这并不意味着该名承包商人员必须是与事故有关的人员(通常也不应是与事故其他有关的承包商人员)，可以是承包商的管理人员或承包商人员。如果事故涉及一名或多名承包商人员，而承包商拒绝参与事故调查，应在事故调查报告中记录。 • 过程安全事故调查组成员不应是被面谈的人员和提供事故证据的人员。 由审核员开展的工作： • 审核员应对过程安全事故调查报告进行审查，核实并确保事故调查组成员拥有多项必要技能，能够根据事故性质进行全面调查，同时核实并确保事故调查组中包括操作人员，必要时还应包括承包商人员。 • 审核员应对事件调查培训课程的培训进行审查。鉴于事件的性质以及收集和评估相关证据，面试人员和准备事件调查报告所需的调查技巧，调查工作应由具有合适能力的人员领导调查组开展事故调查工作。不要求对事故调查组组长资格进行认证。审核员应对事故具体情况进行审查，并据此对事故调查组组长是否具备相应能力进行审核。 • 审核员应与过程安全事故调查组成员面谈，以核实他们拥有哪些事故调查经验/接受了哪些事故调查培训
审核准则20-C-4：事故调查报告中，应注明事故发生日期	美国职业安全与健康管理局(OSHA)《高危化学品过程安全管理》(29 CFR §1910.119)(m)(4)(i) EPA《风险管理计划》中“事故调查”部分(68.60)	由审核员开展的工作： • 审核员应对过程安全事故调查报告进行审查，核实事故调查报告中是否注明了事故发生日期

续表

审核准则	审核准则出处	审核员指南
审核准则 20-C-5：在事故调查报告中，应注明事故调查开始时间	美国职业安全与健康管理局(OSHA)《高危化学品过程安全管理》(29 CFR §1910.119)(m)(4)(ii) EPA《风险管理计划》中"事故调查"部分(68.60)	由审核员开展的工作： • 审核员应对过程安全事故调查报告进行审查，核实事故调查报告中是否注明了事故调查开始时间
审核准则 20-C-6：在事故调查报告中，应指明事故后果	美国职业安全与健康管理局(OSHA)《高危化学品过程安全管理》(29 CFR §1910.119)(m)(4)(iii) EPA《风险管理计划》中"事故调查"部分(68.60)	为审核员提供的基本信息： • 过程安全事故调查报告中，应指明事故后果。对事故后果进行详细说明，并且提供有关表格、时间表或其他支持数据/信息对事故后果进行补充说明。 由审核员开展的工作： • 审核员应对过程安全事故调查报告进行审查，核实是否对事故发生原因、时间和地点进行了说明，包括哪些人员与事故有关
审核准则 20-C-7：在事故调查报告中，应列出导致发生事故的原因	美国职业安全与健康管理局(OSHA)《高危化学品过程安全管理》(29 CFR §1910.119)(m)(4)(iv) EPA《风险管理计划》中"事故调查"部分(68.60)	为审核员提供的基本信息： • 通常采用根原因分析法(有时称为明显原因分析法)以确定导致过程安全事故的原因。可以采用多种根原因分析法，包括简单的根原因分析法(如鱼骨图法)和较为复杂的根本因分析法(采用专门方法，如 TapRoot®法)。应在事故调查报告或其他调查文件中指明所采用的根原因分析法。 由审核员开展的工作： • 审核员应对过程安全事故调查报告进行审查，核实事故调查时发现的问题和采用的根原因分析法。应对事故进行深入分析，确保能够找出导致事故的真实根源，而不是仅找出最终/直接原因
审核准则 20-C-8：过程安全事故调查报告中，应列出事故调查提出的任何建议	美国职业安全与健康管理局(OSHA)《高危化学品过程安全管理》(29 CFR §1910.119)(m)(4)(v) EPA《风险管理计划》中"事故调查"部分(68.60)	为审核员提供的基本信息： 应对过程安全事故调查提出的建议予以详细说明，确保审核员对事故调查报告审查时能够理解采取的具体行动和措施。这些建议中，应指明过程安全事故根原因。对于提出的每条建议，应指定一名负责人，并明确该建议的落实日期。应落实事故调查提出的建议，防止类似事故再次发生。 由审核员开展的工作： • 审核员应对过程安全事故调查报告进行审查，核实事故调查报告中是否提出了合理建议。对于绝大部分事故，为吸取教训，应提出并落实建议，以消除事故的根原因或降低事故发生频率
审核准则 20-C-9：雇主应建立一套系统及时处理和落实事故调查报告中的问题和建议	美国职业安全与健康管理局(OSHA)《高危化学品过程安全管理》(29 CFR §1910.119)(m)(5) EPA《风险管理计划》中"事故调查"部分(68.60)	为审核员提供的基本信息： • 过程安全事故调查提出的建议管理系统通常还用于管理非过程安全事故调查提出的建议。 • 公司/工厂与建立了一套管理系统落实在过程安全事故调查报告中提出的建议。"落实"一词是指指定纠正措施负责人，明确目标完成日期，通过定期向管理层提交方案和报告对建议状态进行跟踪、对已落实的建议记录。尽管通常采用电子数据表、数据库或其他方式管理事故调查报告中提出的建议，但采用信息化管理系统管理这些建议并不是一项强制性要求。

续表

审核准则	审核准则出处	审核员指南
		• 尽管未对“立即”一词做出明确定义，但应在合理时间内落实建议。应在最终事故调查报告获得批准后尽快解决事故调查发现的问题。核实问题是否立即得以落实时，审核员应考虑建议的具体情况。 • 对于针对高风险情况提出的建议，事故调查结束且对事故调查报告完整性进行审查后，甚至是在此之前(如果基于潜在风险要求必须尽快落实这些建议的话)，就应该及早落实这些建议。 • 在某些情况下，纠正措施时可能仅涉及对程序简单修改或少量维修工作。但是，某些建议落实时可能要求对现行程序和做法进行研究或深入审查，因此这些建议需较长时间才能落实。 由审核员开展的工作： • 审核员应与公司/工厂员工面谈，核实过程安全事故调查提出的建议是否立即得到了足够重视。 • 审核员应实地检查，核实过程安全事故调查报告中列出的建议是否得以落实
审核准则 20-C-10：应确认过程安全事故调查提出建议的落实情况和记录采取的纠正措施	美国职业安全与健康管理局(OSHA)《高危化学品过程安全管理》(29 CFR §1910.119)(m)(5) EPA《风险管理计划》中“事故调查”部分(68.60)	为审核员提供的基本信息： • 过程安全事故调查提出的建议在管理系统中，应在管理系统中记录过程安全事故调查提出建议的最终纠正措施。 由审核员开展的工作： • 审核员应在管理系统中对过程安全事故调查提出的建议进行审查，核实是否对事故调查记录提出建议的落实情况和采取的纠正措施
审核准则 20-C-11：当员工(必要时还包括承包商)工作与事故调查发现问题有关时，应将事故调查报告提供给所有相关人员，供其查阅	美国职业安全与健康管理局(OSHA)《高危化学品过程安全管理》(29 CFR §1910.119)(m)(6) EPA《风险管理计划》中“事故调查”部分(68.60)	为审核员提供的基本信息： • 可采用多种方式传达过程安全事故调查结果，包括面对面通报会、电子邮件、通过内联网向员工发送信息、张贴纸质资料、分发印刷材料或在召开安全会议期间进行说明。如果采用面对面通报会形式(单独会议或安全会议)，应做好记录，证明已将事故调查结果全部传达给了相关人员。 由审核员开展的工作： • 审核员应对有关文件进行审查，核实公司/工厂采用何种方法将事故调查结果传达给员工。 • 审核员应对与公司/工厂员工面谈，核实他们是否不仅被告知了事故调查结果，而且完全理解了事故调查报告中的内容，尤其要核实是否通过电子邮件或内联网、张贴纸质报告、分发印刷材料或采用其他方法(不包括面对面通报会)将事故调查结果传达给了公司/工厂员工
审核准则 20-C-12：事故调查报告应保存 5 年	OSHA 过程安全管理标准《高危化学品过程安全管理》[(m)(7)] RMP 68.60 EPA《风险管理计划》中“事故调查”部分(68.60)	由审核员开展的工作： • 审核员应对过程安全事故调查报告进行审查，核实事故调查报告是否至少保存了 5 年

20.2.1.1 美国州立过程安全管理标准

当公司/工厂按照州立过程安全管理标准制定其过程安全管理计划时，应遵守州立过程安全管理标准中规定的具体过程安全要求。州立过程安全管理标准中规定的要求通常会与联邦OSHA过程安全管理标准《高危化学品过程安全管理》和EPA《风险管理计划》中规定的要求存在一定的重叠，即使某一州已获得联邦法规授权(即该州从OSHA获得了《高危化学品过程安全管理》资格或从EPA获得了《风险管理计划》资格)，州立过程安全管理标准还有自己的具体要求。在下表中，对以下三个州的过程安全管理法规适用性要求进行了说明：

- 新泽西州；
- 加利福尼亚州；
- 特拉华州。

表20.2列出了在美国州立过程安全管理标准中与“事件调查”有关的审核准则和审核员指南。

表20.2 在美国州立过程安全管理标准中与“事件调查”有关的审核准则和审核员指南

审核准则	审核准则出处	审核员指南
新泽西州立法规《毒性物品灾难预防法案》(TCPA) 审核准则20-C-13：应按时间先后顺序对极度有害物质(EHS)泄漏事故或潜在灾难性事件进行说明，并列出所有相关信息。如果能够基于事故调查时获得的信息，确定发生泄漏的极度有害物质的名称、泄漏量和持续泄漏时间，则要列出该极度有害物质的名称、泄漏量和持续泄漏时间。另外，还应指明EHS泄漏事故或潜在灾难性事件所造成的后果(如果有)，包括撤离人员、受伤人员死亡人员数量及对社区造成的影响	新泽西州《毒性物品灾难预防法案》第7：31-4.7部分	• 无其他要求
特拉华州立法规《意外泄漏预防计划》 审核准则20-C-14：除在OSHA过程安全管理标准《高危化学品过程安全管理》和EPA《风险管理计划》中规定的“事故调查”要求外，在特拉华州环境、健康与安全(EHS)管理法规中未新增与之有关的其他要求	《特拉华州立法规汇编》第77章第5.81节	• 无其他要求

续表

审核准则	审核准则出处	审核员指南
加利福尼亚州职业安全与健康管理局(CalOSHA)法规《急性危险物料过程安全管理》 审核准则 20-C-15：除在 OSHA 过程安全管理标准《高危化学品过程安全管理》和 EPA《风险管理计划》中规定的要求外，还对事故调查报告做出以下规定："应将事故调查报告提供给所有操作人员、维护人员和在发生事故的工厂中工作的其他人员，以供其查阅"	《加利福尼亚州立法规汇编》第 8 篇第 5189 部分	为审核员提供的基本信息： • 加利福尼亚州职业安全与健康管理局(CalOSHA)规定的事故调查报告范围比美国职业安全与健康管理局(OSHA)规定的事故调查报告范围广一些。OSHA 仅要求将事故调查报告提供给"其工作与事故调查所发现问题有关的人员"，而 CalOSHA 未将事故调查报告限定在该范围内
《加利福尼亚州意外泄漏预防计划》(CalARP) 20-C-16. The CalARP regulations do not 审核准则 20-C-16：除在 OSHA 过程安全管理标准《高危化学品过程安全管理》和 EPA《风险管理计划》中规定的"事故调查"要求外，在《加利福尼亚州意外泄漏预防计划》(CalARP)中未新增任何与之有关的其他要求	《加利福尼亚州立法规汇编》第 19 篇第 2760.9 部分	• 无其他要求

20.2.2 相关审核准则

在本节中介绍的相关审核准则，为审核员对过程安全管理体系强制性要求以外的问题进行审查时提供了指南，这些审核准在很大程度上代表了行业采用的过程安全管理的良好做法，在某些情况下还代表了过程安全管理的普遍做法。由于部分相关审核准则已在相当长时间内被广泛认可并成功实施，因此，相关审核准则实际上已经达到可接受做法的水准。审核员和过程安全管理专业人员应认真考虑如何采用和实施相关审核准则，或者至少采用一种性质上基本类似的审核方法对过程安全管理进行审核。有关可接受惯例含义及其实施，见术语表和第 1.7.1 节。

表 20.3 列出了在行业过程安全管理良好做法中与"事件调查"有关的建议采用的审核准则和审核员指南。

表 20.3　在行业过程安全管理良好做法中与"事件调查"有关的审核准则和审核员指南

审核准则	审核准则出处	审核员指南
审核准则 20-R-1：应制定事故调查书面管理程序，以明确如何组织、管理和跟踪事故调查工作，如何配备事故调查人员，如何上报事故调查结果及如何对整改项进行跟踪	加拿大化学品制造商协会(CCPA)发布的加拿大重大工业事故理事会(MIACC)自评估工具《过程安全管理指南/HISAT 修订项目》(070820) 良好行业做法(GIP)	由审核员开展的工作： • 审核员应对工厂过程安全事故调查书面管理程序进行审查，以核实管理程序中是否考虑了以下方面： —在过程安全事故调查程序中，通常涵盖职业安全事故和过程安全事故。但是，应清晰指明哪些事故属于过程安全事故和未遂事件，并举例说明。 —如何上报过程安全事故和未遂事件。

续表

审核准则	审核准则出处	审核员指南
		—在过程安全事故调查程序中，应规定事故发生后48h内启动事故调查工作。 —正确选择过程安全事故调查组成员：如果涉及法医工作而需配备学科专家(SME)时，则应配备法医。 —指明过程安全事故调查组汇报对象。 —明确过程安全事故调查过程中的人员责任。 —任命过程安全事故调查组组长(至少包括一名接受过专门培训且拥有专门经验的人来领导事故调查工作、收集与事故有关的证据、与相关人员面谈等)，并对事故调查组组长进行必要培训和资格考核。 —指派过程安全事故调查组其他成员(至少包括一名了解事故所涉及工艺的人员，如果发生事故还涉及承包商，应包括一名承包商人员，以及拥有相关知识和经验且能够对事故进行全面调查和分析的的其他人员)，并对事故调查组其他成员进行必要的培训和资格考核。 —在职责划分时，避免事故调查时组织机构内相关方出现冲突；制定内部检查程序，确保按照程序开展过程安全事故调查工作。 —对过程安全事故调查工作进行管理评审，通过对程序要求的调整以及对调查工作结果落实的审查，从而建议完善的反馈机制。 —就如何收集与过程安全事故有关的证据和其他信息提供指南，如摄像技术、测评方法和面谈指导。 —对过程安全事故进行根原因分析。 —过程安全事故调查时，如何及时落实发现的问题及提出的建议(应建立相关程序或系统对所提出建议进行管理)。 —如何将过程安全事故调查结果传达给负责人和员工。 —要求发生过程安全事故后尽快启动事故调查工作，不得迟于发生事故后48h，同时指出在启动事故调查前开展哪些工作。 —过程安全事故调查报告的格式、内容、审查和批准方面的要求。过程安全事故调查报告内容应足够完整，确保能够为过程安全管理计划中其他要素提供支持(如作为过程危害分析(PHA)复核工作的一部分而进行的审查)。在编写过程安全事故调查报告时，应确保与事故无关的人员或未参与事故调查的人员也能完全理解报告内容。审核员在对过程安全事故调查报告进行审查时应核实报告内容是否完整。 —提供过程安全事故日志或清单。 —保存好过程安全事故调查报告，以便对事故调查提出建议的落实情况进行跟踪和审查
审核准则20-R-2：应制定一套内部管理程序上报所有事故(包括未遂事件)，以确保必要时能够立即启动事故调查工作	加拿大化学品制造商协会(CCPA)发布的加拿大重大工业事故理事会(MIACC)自评估工具《过程安全管理指南/HISAT修订项目》(070820) GIP	为审核员提供的基本信息： • 由于未遂事件发生几率通常比事故高，如果未遂事件调查数量少于事故调查数量，则表明可能没有对全部未遂事件进行调查。 由审核员开展的工作： • 审核员应与公司/工厂员工面谈，以核实是否对所有过程安全事故和未遂事件进行了调查，或者当发生了过程安全

续表

审核准则	审核准则出处	审核员指南
	良好行业做法(GIP) 美国职业安全与健康管理局(OSHA)《炼油行业过程安全管理国家重点计划》(NEP)(OSHA指令CPL 03-00-004)	事故和未遂事件后，是否存在没有上报事故或没有对事故进行调查。 • 审核员应根据面谈结果对过程安全未遂事件调查报告、紧急工单进行审查、与相关人员面谈及实地检查，以核实是否已将需调查的过程安全事故和未遂事件上报给有关部门并进行了调查。 • 为确保对所有过程安全未遂事件进行调查，审核员应将未遂事件调查数量与实际发生事故调查数量进行比较并加以核实
审核准则20-R-3：主要事故调查人员应就事故调查方法接受培训并拥有事故调查经验	良好行业做法(GIP)	为审核员提供的基本信息： • 参与过程安全事故调查的人员应了解如何收集与事故有关的证据并了解在发生事故后如何与相关人员面谈。 • 培训记录应证明过程安全事故调查组组长已就如何带领事故调查组成员开展事故调查工作接受了正式培训。 • 过程安全事故调查组组长应始终参与事故调查并发挥带头作用。审核员应检查并核实过程安全事故调查组组长能否带领事故调查组成员开展事故调查(在一年中可能需要对多起事故进行调查)。 由审核员开展的工作： 审核员应根据事故性质对过程安全事故调查报告和事故调查组组长资格进行审查，以核实是否指派了合格领导带领事故调查组成员开展事故调查
审核准则20-R-4：事故调查组组长应以公平、公正态度领导事故调查	良好行业做法(GIP)	为审核员提供的基本信息： • 过程安全事故调查组成员(尤其是调查组组长)应以公平、公正的态度开展事故调查工作。例如，负责对某一重大事故调查的领导应尽可能不要将事故调查结果直接上报给工厂经理。 由审核员开展的工作： • 审核员应对工厂组织机构图进行审查，以核实并确保过程安全事故调查组组长与事故调查无任何利害关系，并做到以公平、公正态度领导事故调查工作并上报事故调查结果。 • 如果不能通过组织机构图或岗位职责核实过程安全事故调查组组长是否能以公平、公正态度组长事故调查并上报事故调查结果，则审核员应与过程安全事故调查组组长和成员面谈对此进行检查。
审核准则20-R-5：如果排污罐的排气筒(管)发生了液态烃或气态烃排放事故，应对事故进行调查	美国职业安全与健康管理局(OSHA)《炼油行业过程安全管理国家重点计划》(NEP)(OSHA指令CPL 03-00-004)	由审核员开展的工作： • 如果工厂设置了常压排污罐收集由超压保护泄放设备排出的气态烃，审核员应对气态烃排放事故调查报告进行审查，以核实并确保对常压排放罐发生的气态烃排放事故原因进行调查。 • 审核员应与操作人员和其他人员面谈，以核实是否对常压排污罐发生的气态烃排放事故进行调查。 • 审核员应对环境管理日志进行审查，以核实是否已将意外排放事故上报给有关部门，同时核实是否根据具体情况对意外排放事故进行调查

续表

审核准则	审核准则出处	审核员指南
审核准则 20-R-6：当压力容器出现异常运行时，应对异常运行原因进行调查	美国职业安全与健康管理局(OSHA)《炼油行业过程安全管理国家重点计划》(NEP)(OSHA 指令 CPL 03-00-004)	为审核员提供的基本信息： • 美国职业安全与健康管理局(OSHA)对压力容器异常运行做出如下定义：“因压力或温度超出运行限定值而导致工艺/系统出现紊乱，从而对压力容器机械完整性造成影响的条件”。当压力容器出现异常运行时，一定或可能会导致高危化学品灾难性泄漏事故。例如，当压力容器压力过高或过低时，压力容器安全阀会打开保护设备，如果安全阀启动，说明压力容器出现异常运行条件。 由审核员开展的工作： • 审核员应与操作人员和其他人员面谈，核实工厂压力容器是否出现过任何瞬时超压或超温，如果是，应核实并确保是否已对导致出现临界条件的原因进行调查
审核准则 20-R-7：应对事故调查报告中提的建议进行有效管理	良好行业做法(GIP) 美国职业安全与健康管理局(OSHA)《过程安全管理合规性指令》(CPL)	由审核员开展的工作： • 审核员应对过程安全事故调查报告以及事故调查提出的建议管理系统记录进行审查，核实是否对过程安全事故调查提出的建议进行有效管理。应按照以下要求对事故调查提出建议： —管理层应对过程安全事故调查发现的问题以及提出的建议进行评审。 —对于过程安全事故调查提出的建议，应指派专人或专门团队负责落实。 —为落实过程安全事故调查提出的建议制定时间表。 —如果有正当理由，可以拒绝采纳过程安全事故调查提出的建议。当雇主以正当理由拒绝采纳建议时，美国职业健康与安全管理局(OSHA)认为雇主已“落实”了事故调查组发现的问题以及提出的建议。 —只要雇主能以书面形式并有足够证据证明确实存在以下一种或多种情况，雇主就可以拒绝采纳事故调查组提出的某一建议：(1)事故调查时提出的建议包含错误；(2)提出建议不能够确保员工或承包商人员的健康和安全；(3)采用其他措施足以实现保护目的；或(4)提出的建议不可行。 —对于以下情况，由于过程安全事故调查组提出的建议不可行，可拒绝采纳这些建议： • 如果因落实建议会增大风险，应将该建议视为不可行。 • 如果因受到实际条件限制无法落实建议，如将控制室或设备迁至公司所属场地以外地点，应将该建议视为不可行。 • 如果实施建议违背物理和化学原理/定律，应将该建议视为不可行。 • 相对于工艺价值而言，除非建议实施费用非常高，否则不应将费用作为决定建议是否可行的标准。 —当拒绝采纳过程安全事故调查提出的建议时，应及时告知事故调查组，然后由事故调查组尽快提出其他方案。 —应制定书面程序，指明拒绝采纳事故调查组提出建议后需开展何种工作。公司/工厂不应采用非正式程序拒绝采纳建议。 —当需要在很长时间才能落实事故调查组提出的建议时，可采取临时措施来控制风险。 —应定期编写建议落实情况报告，并提交给管理层进行审查

续表

审核准则	审核准则出处	审核员指南
审核准则 20-R-8：完成事故调查后应立即提供事故调查报告	良好行业做法(GIP)	为审核员提供的基本信息： • 有时可能需要很长时间才能完成过程安全事故调查工作，例如，事故调查和分析工作非常复杂或要求对某些取样或组分进行检测，因现场设施结构问题或含有石棉而无法进入现场。在过程安全事故调查过程中，有时会提供中期报告。 由审核员开展的工作： • 审核员应对过程安全事故调查报告完成日期、事故发生日期和事故调查开始日期进行检查，根据具体情况核实是否按照规定要求，发生事故后及时启动了事故调查工作并完成了调查报告
审核准则 20-R-9：应对事故调查结果进行分析、审查和确认，然后正式发布调查报告	良好行业做法(GIP)	由审核员开展的工作： • 审核员应对过程安全事故调查报告、工作表或其他事故调查文件进行审查，核实是否对事故调查结果进行了分析、审查和确认，然后正式发布调查报告
审核准则 20-R-10：员工有权查阅事故调查报告	美国职业安全与健康管理局(OSHA)出版物 3133：《过程安全管理合规性指南》	为审核员提供的基本信息： • 除了将事故调查发现的问题提供给相关员工外，所有员工有权查阅已存档纸质版或电子版事故调查报告。 由审核员开展的工作： • 审核员应与公司/工厂员工面谈，核实他们是否有权查阅事故调查报告。 • 审核员通过对电子邮件或纸质记录进行检查核实是否将事故调查结果告知了员工
审核准则 20-R-11：事故调查反馈机制中，应重视从公司内部和其他公司汲取事故教训	加拿大化学品制造商协会(CCPA)发布的加拿大重大工业事故理事会(MIACC)自评估工具《过程安全管理指南/HISAT 修订项目》(070820)	由审核员开展的工作： • 审核员应对安全会议纪要或与过程安全事故教训有关的其他材料进行审查，以核实已对公司内部其他装置和公司(如果有的话)汲取的教训进行讨论
审核准则 20-R-12：应与业内同行或其他公司共享事故调查中汲取的教训	加拿大化学品制造商协会(CCPA)发布的加拿大重大工业事故理事会(MIACC)自评估工具《过程安全管理指南/HISAT 修订项目》(070820)	由审核员开展的工作： • 审核员应与安全经理或负责上报过程安全事故调查结果的其他人员面谈，以核实工厂或公司是否通过美国化学工程师协会化工过程安全中心(CCPS)论坛或其他论坛与同行共享了事故调查结果
审核准则 20-R-13：应对事故调查报告中的数据进行分析，以核实事故是否会形成发展趋势。如果会形成趋势，应采取预防措施防止再次发生事故	加拿大化学品制造商协会(CCPA)发布的加拿大重大工业事故理事会(MIACC)自评估工具《过程安全管理指南/HISAT 修订项目》(070820)	由审核员开展的工作： • 审核员应检查是否对过程安全事故调查报告中数据进行了分析，核实事故是否会形成发展趋势。如果会形成发展趋势，应采取预防措施防止再次发生事故。可通过对事故调查数据库、其他用于报告和调查事故的管理系统、现场文件或公司人员负责维护的文件进行检查，以核实是否对过程安全事故调查报告中的数据进行了分析

20.2.3 自愿性共识过程安全管理标准

下文对以下自愿性共识过程安全管理标准中“事件调查”要求进行了介绍：

• 由 API 编写且由美国内政部矿产资源管理局(MMS)批准的《安全和环境管理计划》(SEMP)中关于海上石油平台领域“事件调查”要求；

- 由美国化学理事会(ACC)发布的《责任关怀管理体系®》(RCMS)中“事件调查”要求；
- 由美国化学理事会(ACC)发布的 RC14001《环境、健康、安全与安保管理体系》中“事件调查”要求。

表 20.4 列出了自愿性共识过程安全管理标准中与“事件调查”有关的建议采用的审核准则和审核员指南。

表 20.4 自愿性共识过程安全管理标准中与“事件调查“有关的审核准则和审核员指南

审核准则	审核准则出处	审核员指南
美国内政部矿产资源管理局《安全和环境管理计划》(SEMP) 审核准则 20-R-14：应按照《安全和环境管理计划》(SEMP)管理计划为会对安全或健康造成严重影响的所有事件制定调查程序	美国石油学会(API)推荐做法 75：《安全和环境管理计划》(API RP 75)，11.1	由审核员开展的工作： • 审核员应对事故调查书面计划进行审查，核实计划中是否制定了事故调查程序，包括需要对哪些类型事件进行调查
审核准则 20-R-15：按照《安全和环境管理计划》(SEMP)中的规定，应对由工厂管理层明确的、对安全或健康造成严重影响的所有事件进行调查	美国石油学会(API)推荐做法 75：《安全和环境管理计划》(API RP 75)，11.1	由审核员开展的工作： • 审核员应对未遂事件上报和调查书面计划进行审查
审核准则 20-R-16：应建立一套管理系统明确并及时解决和落实事故调查发现的问题及建议	美国石油学会(API)推荐做法 75：《安全和环境管理计划》(API RP 75)，11.1	由审核员开展的工作： • 审核员应对以下内容进行审查： —书面行动计划和整改项落实计划； —事故调查报告，报告中应明确建议落实方案； —信息化行动计划跟踪系统
审核准则 20-R-17：应对多起事故进行分析，核实导致这些事故的根原因是否具有共性	美国石油学会(API)推荐做法 75：《安全和环境管理计划》(API RP 75)，11.1	由审核员开展的工作： • 审核员应对以下内容进行审查： —对多起事故进行分析并形成书面报告； —是否基于事故分析建立了安全预警系统或其他安全提醒系统； —审核员应与参与事故调查的人员面谈，证实已对多起事故进行了分析，核实导致事故的根原因是否具有共性
审核准则 20-R-18：应由了解事故涉及工艺、事故调查方法的人员和其他相关专家对事故进行调查	美国石油学会(API)推荐做法 75：《安全和环境管理计划》(API RP 75)，11.1	由审核员开展的工作： • 审核员应对事故调查书面计划进行审查，核实计划中是否对事故调查组成员所必需的知识、技能和能力进行了规定
审核准则 20-R-19：制定事故调查程序时应考虑以下内容： a. 事故性质； b. 导致事故及事故升级的因素(人为因素或其他因素)； c. 事故调查提出的建议	美国石油学会(API)推荐做法 75：《安全和环境管理计划》(API RP 75)，11.2	由审核员开展的工作： • 审核员应对以下内容进行审查： —与事故调查范围和内容有关的书面程序； —包含本审核准则 a-c 项的事故调查报告

续表

审核准则	审核准则出处	审核员指南
审核准则 20-R-20：应保存事故调查结果供在下一次风险分析时使用，至少保存 2 年	美国石油学会（API）推荐做法 75：《安全和环境管理计划》（API RP 750），11.3.1	由审核员开展的工作： • 审核员应对以下内容进行审查： —对事故调查书面计划进行检查，核实书面计划中是否明确了事故调查报告保存要求； —对事故调查报告进行检查，核实是否明确了事故调查报告保存或处置要求
审核准则 20-R-21：应建立一套系统，用于将事故调查结果分发给工厂和/或公司中的相关人员	美国石油学会（API）推荐做法 75：《安全和环境管理计划》（API RP 75），2.2.2 美国石油学会（API）推荐做法 14J《海洋石油生产设施设计和安全分析的推荐做法》（API RP 14J），6.2.2	由审核员开展的工作： • 审核员应对事故调查书面计划进行检查，核实是否采用了系统化方法将事故调查结果分发给工厂/人员。 • 审核员应与有关人员面谈，核实他们是否了解与调查结果发布系统有关的要求及是否接收到事故调查结果

审核准则	审核准则出处	审核员指南
美国化学理事会（ACC）《责任关怀管理系统®》（RCMS） 审核准则 20-R-22：公司应及时发现事故并进行调查，采取措施减缓可能由事故造成的任何不利影响，明确导致事故的根原因，采取纠正和预防措施，将发现的主要问题告知利益相关方	美国化学理事会（ACC）《责任关怀管理系统® 技术规范》要素 4.8	为审核员提供的基本信息： • 本审核准则强调“绩效测评、纠正和预防措施”要素中与“纠正措施”的相关要求。本审核准则中，要求公司建立事故调查系统明确根原因，采取纠正和预防措施，将事故调查发现的主要问题告知利益相关方。 • 一套良好的事故调查管理系统应具备以下特点： —应按照管理程序和职责要求，对与责任关怀®有关的事故进行调查，并且作为事故调查管理系统的一项重要要求，尤其注意应找到导致事故的根原因。 —应基于事故调查结果采取纠正和预防措施，并对措施完成情况进行跟踪。 由审核员开展的工作： • 审核员应对事故调查管理系统进行审查，作为一项最低要求，应通过该系统明确导致事故的根原因，采取纠正和预防措施，并将事故调查发现的主要问题告知利益相关方

审核准则	审核准则出处	审核员指南
美国化学理事会（ACC）RC14001《环境、健康、安全与安保管理体系》 审核准则 20-R-23：公司应建立、实施和保持有关程序处理实际和潜在不符合项，采取纠正和预防措施。在这些程序中，应明确以下规定： a）明确任何不符合项，并采取纠正措施以减缓对环境造成的影响； b）对所有不符合项进行调查，明确导致出现不符合项的	美国化学理事会（ACC）《环境、健康、安全与安保管理体系技术规范》RC151.03 4.5.3	• 无其他要求

续表

审核准则	审核准则出处	审核员指南
原因并采取措施，避免再次出现不符合项； c）按照美国化学理事会(ACC)《环境、健康、安全与安保管理系统技术规范》(发布日期：2005年3月15日)中规定的要求：是否对采取措施防止出现不符合项进行评估，在必要时采取控制措施； d）通过采取纠正措施和预防措施对达到的效果进行记录； e）通过采取纠正措施和预防措施对达到的效果进行审查。 应根据问题和环境影响严重程度采取合适的纠正和预防措施。 公司应确保对环境管理体系文件进行任何必要修改		

20.3 审核方案

附录A过程安全管理审核方案，就如何按照审核准则对第20.2节中的内容进行审查提供了详细指南(有关如何在线获取附录A中资料，见第Ⅷ页)。

参考文献

American Chemistry Council, *RCMS® Technical Specification*, RC101. 02, March 9, 2005.

American Chemistry Council, *RCMS® Technical Specification Implementation Guidance and Interpretations*, RC 101. 02, January 25, 2004.

American Chemistry Council, *RCMS® Technical Specification Implementation Guidance and Interpretations Appendices*, RC 101. 02, January 25, 2004.

California, California Code of Regulations, Title 8, Section 5189, CalOSHA, November 1985.

Center for Chemical Process Safety (CCPS), *Guidelines for Investigating Chemical Process Incidents*, *2nd Edition*, American Institute of Chemical Engineers, New York, 2003.

Center for Chemical Process Safety (CCPS), *Guidelines for Risk Based Process Safety*, American Institute of Chemical Engineers, New York, 2007 (CCPS, 2007c).

Center for Chemical Process Safety (CCPS), *Incidents that Define Process Safety*, American Institute of Chemical Engineers, New York, 2008.

Chemical Safety and Hazard Investigation Board, Investigation Report—Refinery Explosion and Fire, BP Texas City, Texas March 23, 2005, March 20, 2007.

Delaware, *Accidental Release Prevention Regulation*, Delaware Department of Natural Resources and Environmental Control/Division of Air and Waste Management, September 1989 (rev. January 1999).

Department of the Interior, Minerals Management Service, *Safety and Environmental Management Program (SEMP)*, 1990.

Environmental Protection Agency (USEPA), 40 CFR § 68, *Accidental Release Prevention Requirements*: *Risk Man-*

agement Programs Under Clean Air Act Section 112(*r*)(7); Final Rule, June 21, 1996.

New Jersey, *Toxic Catastrophe Prevention Act* (*N. J. A. C* 7: 31), New Jersey Department of Environmental Protection, June 1987 (rev. April 16, 2007).

Occupational Safety and Health Administration (OSHA) 29 CFR § 1910. 119, *Process Safety Management of Highly Hazardous Chemicals*, *Explosives and Blasting Agents*; *Final Rule*, Washington, DC, February 24, 1992.

Occupational Safety and Health Administration (OSHA) Publication 3133, *Process Safety Management Guidelines for Compliance*, Washington, DC, 1993.

Occupational Safety and Health Administration (OSHA) Instruction CPL02-02-045 CH-1, *PSM Compliance Directive*, Washington, DC, September 13, 1994.

Occupational Safety and Health Administration (OSHA) Instruction CPL 03-00-004, *Petroleum Refinery Process Safety Management National Emphasis Program*, June 7, 2007 (OSHA, 2007a).

Occupational Safety and Health Administration (OSHA) Directive 09-06 (CPL 02), *PSM Chemical Covered Facilities National Emphasis Program*, July 27, 2009 (OSHA, 2009a).

21 测量和指标

本要素在 OSHA 过程安全管理标准《高危化学品过程安全管理》和 EPA《风险管理计划》或美国州立过程安全管理标准中没有直接对应的要素。但是，对过程安全管理程序实施效果进行测量这一理念已得到普遍认可，并且在多个自愿性共识过程安全管理标准中均包含了这一理念。本要素还被称之为“衡量和指标”，“衡量和指标”是化工过程安全中心(CCPS)《基于风险的过程安全》(RBPS)事故预防原则之一“吸取经验教训”中的一个要素。

21.1 概述

“测量和指标”要素中明确了绩效和效率指标，用于对过程安全管理体系及其各要素的实施效果进行近实时监控。本要素包括应予以考虑的指标、指标数据收集频率、如何进行信息处理等内容，以确保 RBPS 管理体系能够高效运行。

过程安全指标是评估过程安全管理体系实施效果而采用的一个重要的管理工具。跟踪过程安全事件的数量是一种绩效测量方法，但是仅通过对事件进行跟踪，不足以理解如何提高过程安全绩效。因此，应跟踪过程安全管理体系及其子体系的滞后性和前瞻性绩效指标(即滞后指标和领先指标)，这对我们掌握过程安全管理体系的实施质量至关重要。举例来说，这类指标可能包括：工作过程未按预期要求完成的次数、在工艺运行期间出现的工艺波动情况和其他意外事件的次数、未按照计划完成的检查和校准的次数、以及任何其他对于评估整个过程安全管理体系绩效至关重要的数据。

美国化学工程师协会化工过程安全中心(CCPS)在《过程安全领先指标和滞后指标》(CCPS，2007g)中明确了以下三种类型过程安全管理指标：

- *滞后指标*——基于已达到严重性阈值的事件而确定的一系列可追溯的测量指标，应作为行业范围内通用的过程安全指标进行上报。
- *领先指标*——一系列前瞻性的测量指标，能表明关键作业过程、操作纪律、预防事件发生的保护层的绩效。
- 未遂事件(内部滞后指标)——指不严重的事件(即低于行业滞后指标阈值的事件)，或激活一个或多个保护层的不安全状况。尽管这些事件为已发生事件(即“滞后”指标)，但通常被视为可能最终会导致严重事件的条件指标。

有关编制和实施 PSM 指标管理程序方面的其他内容，见美国化学工程师协会化工过程安全中心(CCPS)出版物《过程安全指标指南》(CCPS，2009)。

由于对过程安全管理体系所有其他要素的实施效果进行测量是 PSM 指标管理程序的一

部分，因此“测量和指标”要素与过程安全管理体系所有其他要素都密切相关。另外，对过程安全管理指标进行审核与对“过程安全文化”要素和“管理评审和持续改进”要素(分别见第4章和第23章)开展的审核工作密切相关。

在第21.2节中，介绍了相关审核准则以及审核员使用这些准则方面的要求。对合规性审核准则和相关审核准则的详细介绍，见第1章(第1.7节)。这些章节中介绍的准则和指南并不能完全涵盖过程安全管理标准的范围、设计、实施或解释，而代表的是化工/加工行业过程安全管理审核员的集体经验及基于经验形成的一致性观点。

在本书中介绍的相关审核准则并不代表过程安全管理体系的顺利实施必须遵守这些准则，也不代表如果没有遵守这些准则过程安全管理体系的实施就会出现问题。对于某一工厂或公司，可能还有其他更加合适的解决方法。另外，按照相关审核准则对过程安全管理体系实施情况进行审核完全是自愿性的，并非强制性要求。在采用相关审核准则时，应谨慎并认真策划，从而防止在不经意间形成不期望的过程安全管理绩效标准。在采用相关审核准则之前，应在工厂与其母公司之间达成一致意见。最后，所提供的相关审核准则和审核员指南并不意味着是对监管机构发出的书面或口头说明、因违反过程安全管理法规而由监管机构发出的违规传票以及由监管机构发布的其他过程安全管理指南的认同，也不是对某公司在实施过程安全管理体系过程中形成的成功或常用过程安全管理做法的认可。

21.2 审核准则和审核员指南

在OSHA过程安全管理标准《高危化学品过程安全管理》、EPA《风险管理计划》或美国州立过程安全管理标准中没有对“测量和指标”这一要素做出详细规定。因此，在下文表中列出的所有过程安全管理指标均代表良好行业做法(GIP)，以便利益相关方来核实公司/工厂是否制定了合适的过程安全和指标管理体系。

审核员根据本章所提供的指南，通过开展以下审核工作对下文介绍的审核准则进行审核：

- 对工厂过程安全管理政策/程序、责任关怀®及环境、健康与安全(EHS)政策或同等政策进行审核，以核实并确保公司/工厂已制定了程序，并且在程序中规定了需定期测量过程安全管理体系的实施效果，将测量结果提交给上级人员进行正式的审查，并对测量结果进行评估以确定跟踪措施。
- 核实公司/工厂是否制定了书面程序或计划来收集、上报和审查过程安全管理绩效的测量结果。
- 与参与收集、上报和审查过程安全管理绩效指标的人员进行面谈。作为最低要求，参与人员应至少包括过程安全管理协调员/经理以及环境、健康与安全(EHS)经理和装置经理等人员。
- 审查与过程安全管理指标有关的记录。这些相关记录可能是定期收集的过程安全管理指标记录(如以数据库、电子表格、备忘录或演示文稿形式呈现的“过程安全管理记分卡”，其中列出了过程安全管理指标，并由负责收集相关数据的人员定期进行更新)、过程安全管理指标审查和讨论会会议纪要、建议/整改项跟踪数据库，或其他基于指标审查结果转化而成的建议、行动项及其落实情况的相关记录。

• 进行现场观察，以核实是否展示了过程安全绩效指标。

本节中介绍的相关审核准则，为审核员审核过程安全管理体系提供了指南，这些相关审核准则在很大程度上代表了行业采用的过程安全管理良好做法，在某些情况下还代表了过程安全管理普遍做法。由于部分相关审核准则已在相当长时间内被广泛认可并成功实施，因此，这类相关审核准则实际上已经达到了可接受做法的水准。审核员和过程安全管理专业人员应认真考虑如何采用和实施这些相关审核准则，或者至少采用一种本质上基本类似的审核方法，来对过程安全管理实施情况进行审核。有关可接受做法的定义及其实施，见术语表和第 1.7.1 节。

另外，审核员还应仔细检查对被审核公司/工厂所制定程序中的“过程安全指标”要求。如第 1.7.1 节所述，监管机构会将这些“过程安全指标”要求认定为合规性要求，如果不遵守这些合规性要求，公司或工厂就会因违反法规中的规定而收到由 OSHA 发出的违规传票。审核员应通过与相关人员进行面谈、对有关记录和文件进行审核以及实地检查等方式，来核实工厂或公司过程安全指标程序中有关要求是否已按照规定付诸实施。如果在审核时发现没有遵守公司/工厂制定的具体规定，则应将发现的问题写入审核报告。

对于在下文表中用于指明审核准则出处的缩写词定义，见“第 3-24 章指南”部分。

表 21.1 列出了在过程安全管理良好做法中与“测量和指标”有关的审核准则和审核员指南。

表 21.1　在过程安全管理良好做法中与“测量和指标”有关的审核准则和审核员指南

审核准则	审核准则出处	审核员指南
审核准则 21-R-1：应制定管理程序明确如何收集和审查过程安全管理指标	良好行业做法(GIP)	由审核员开展的工作： • 审核员应核实以确保在过程安全管理指标程序中包括以下内容： —过程安全管理指标定义和范围； —明确过程安全管理指标收集频率，并指明在收集过程安全管理指标时采用的方法； —如何收集过程安全管理指标； —由谁负责收集过程安全管理指标； —如何验证过程安全管理指标数据，以确保上报的数据准确、可靠； —如何将过程安全管理指标提供给相关人员； —公司和工厂中层和高层管理人员如何审查过程安全管理指标； —如何评估和使用过程安全管理指标； —如何通过审查过程安全管理指标提出建议/整改项，以及如何对这些建议/整改项进行跟踪和管理； —如何定期评估过程安全管理指标管理程序，以确保收集到正确的过程安全管理指标
审核准则 21-R-2：职业安全、环境计划、产品质量和可靠性指标不能用于测量过程安全管理体系实施质量或实施效果	良好行业做法(GIP)	由审核员开展的工作： • 审核员应审核过程安全管理指标，以核实并确保过程安全管理指标中不包括职业安全绩效指标(如经验修正率(EMR)、OSHA 可记录事故率等)。 • 审核员应审核过程安全管理指标，以核实并确保过程安全管理指标中不包括环境绩效指标(如环境许可证过期次数、仅会造成慢性健康影响的事故率等)。但是，当环境绩效测量结果表明工艺出现了泄漏或失控时，也可以反映过程安全管理绩效。在这种情况下，可采用其他方法并利用环境绩效测量结果来测量过程安全管理相关绩效。

续表

审核准则	审核准则出处	审核员指南
		• 审核员应审核过程安全管理指标，以核实并确保过程安全管理指标中不包括产品质量指标或工艺效率指标。 • 审核员应审核过程安全管理指标，以核实并确保过程安全管理指标中不包括设备可靠性指标(如设备非计划停车次数、设备停车小时数、设备停车经济损失等)。尽管设备可靠性指标与工艺安全指标存在一定程度的重叠(例如，通常通过采取有关措施来避免设备非计划停车，也能防止出现泄漏事件)，但这两个指标的作用不同
审核准则 21-R-3：过程安全管理指标用于对 OSHA 过程安全管理标准《高危化学品过程安全管理》、EPA《风险管理计划》、与过程安全管理有关的其他法规或公司/工厂自己制定的过程安全管理政策和程序中规定的要求和作业活动的实施状况和实施质量进行测量	良好行业做法(GIP)	由审核员开展的工作： • 审核员应审核过程安全管理指标，以核实并确保过程安全管理指标用于测量与过程安全管理有关的作业活动和要求，即测量过程安全管理体系各要素的实施质量和实施效果
审核准则 21-R-4：在 PSM 指标体系中，应包括过程安全文化指标	良好行业做法(GIP)	由审核员开展的工作： • 审核员应审核过程安全管理指标，以核实并确保在过程安全管理指标中包括过程安全文化指标
审核准则 21-R-5：应收集和分析过程安全管理领先指标	加拿大化学品制造商协会(CCPA)发布的加拿大重大工业事故理事会(MIACC)自评估工具《过程安全管理指南/HISAT 修订项目》(070820) 良好行业做法(GIP)	为审核员提供的基本信息： • 领先指标是指为达到某一目的或绩效水平，而提前开展有关工作或采取有关措施，以确保提供足够的时间和信息来对过程安全管理进行调整，从而避免造成不良后果，例如，进行必要修改或变更，以对工艺进行控制。领先指标在本质上属于前瞻性指标。举例来说，领先指标包括：未按时解决过程安全管理审核时所发现的问题、未按时开展检查、测试和预防性维护(ITPM)工作、未按时落实过程危害分析(PHA)时所提出的建议、未按时落实事故调查时所提出的建议以及未按时进行培训。 由审核员开展的工作： • 审核员应审核过程安全管理领先指标支持性文件/源文件(如会议纪要、过程安全管理指标审查会报告、标明参与者的带注释的过程安全管理指标展示文稿)，以核实是否对绩效测量结果进行了评估，并在必要时根据测量结果对过程安全管理体系进行调整(不仅仅是收集和上报过程安全管理领先指标，还应据此对过程安全管理体系进行适当调整)，以提高过程安全管理绩效水平。 • 审核员应与操作人员/负责收集过程安全管理指标输入信息的人员进行面谈。同时，审核员还应将过程安全管理指标的输出结果与面谈结果进行比较
审核准则 21-R-6：应收集和分析过程安全管理滞后指标	加拿大化学品制造商协会(CCPA)发布的加拿大重大工业事故理事会(MIACC)自评估工具《过程安全管理指南/HISAT 修订项目》(070820) 良好行业做法(GIP)	为审核员提供的基本信息： • 滞后指标是指基于已发生事件确定的过程安全管理指标，旨在按照这些指标来仿效良好的过程安全管理做法或提高过程安全管理水平。滞后指标属于回顾性过程安全管理指标，基于已达到严重性阈值且需按照过程安全指标管理程序要求上报的事件。举例来说，滞后指标包括：过程安全事件(如火灾、泄漏和爆炸)数量及严重程度、过程安全未遂事件数量、是否激

续表

审核准则	审核准则出处	审核员指南
		活安全仪表系统(SIS)或其他过程安全控制设备。 ● 滞后指标应包括过程安全未遂事件。 由审核员开展的工作: ● 审核员应审核过程安全管理滞后指标支持性文件/源文件(如会议纪要、过程安全管理指标审核会报告、标明参与者的带注释的过程安全管理指标展示文稿),以核实是否对绩效测量结果进行了评估,并在必要时根据测量结果对过程安全管理体系进行调整(不仅仅是收集和上报过程安全管理滞后指标,还应据此对过程安全管理体系进行适当调整)
审核准则 21-R-7:应选择有价值的领先指标和滞后指标来测量过程安全管理体系实施状况	加拿大化学品制造商协会(CCPA)发布的加拿大重大工业事故理事会(MIACC)自评估工具《过程安全管理指南/HISAT 修订项目》(070820) 良好行业做法(GIP)	为审核员提供的基本信息: ● 过程安全管理指标应满足以下要求: —采用客观或公正尺度来测量过程安全管理体系的质量和效果。 —与被测量的行为或工艺相关。 —通过对过程安全管理指标进行标准化处理,能够使其与其他类似指标具有可比性。可比性是指在不同时期、在公司范围内或在全球行业范围内具有可比性。 —能够改进过程安全管理体系。如果仅仅收集过程安全管理绩效测量数据,而没有基于过程安全管理指标测量结果提出改进建议,则过程安全管理指标就失去了意义。 —过程安全管理指标应符合公司或法律要求。某些政府法规中明确规定了应跟踪和上报的具体的测量指标和参数。 —应包括足够的数据以实现统计意义(例如,尽管不要求对过程安全管理指标的不确定性进行统计计算,但应能够基于过程安全管理指标来对某一变化所产生的正面或负面影响进行测量)。通常极少发生重大灾难性过程安全事故。虽然重大灾难性过程安全事故值得进行跟踪和讨论,以避免再次发生类似事故,但可更高频率产生数据的指标,更有利于改进各种过程安全失误,还可能会提升公司的安全文化。 ● 所选择的过程安全管理指标应能全方位测量过程安全管理体系的"健康"状况。仅仅选用单一的过程安全管理指标无法满足上述要求,但是,也不应选择太多的过程安全管理指标,因为这会给过程安全管理指标程序实施人员造成负担。 ● 所选用的过程安全管理指标应能够真实反映出过程安全管理体系实施情况。如果选用的过程安全管理指标不合理,会产生不利影响,会使人们产生毫无根据的或虚假的信心,以为过程安全管理体系的绩效比实际情况更好。审核和检查的结果、过程安全事故发生率、未遂事件发生率、导致过程安全事故和未遂事件的根本原因以及设备性能,应与所收集和上报的过程安全管理指标测量结果相符。审核员应将上报的过程安全管理指标数据与其他相关数据进行比较,以核实所选用的过程安全管理指标是否合理,同时核实并确保没有出现有意的或无意的修改过程安全管理指标测量结果以使数据看起来似乎不错的情况。 ● 选用的指标应适合于对其进行审查的人员层级。公司层面审查的过程安全管理指标,不同于装置管理人员审查的过程安全管理指标。审核员应对装置高层管理人员和过程安全管理指标接收人员进行面谈,以核实所选用的过程安全管理指标是否满足这些审查人员的预期目标和需求。如果由装置中层及以下管理人员来审查和使用过程安全管理指标,则审核员应与这些人员进行面谈,以核实并确保所选用的过程安全管理指标满足这些人员的预期目标和需求。

续表

审核准则	审核准则出处	审核员指南
		• 过程安全管理指标的收集、上报和分析不应该成为不必要的工作负担。如果为过程安全管理指标收集、上报和分析所提供的必要的资源超过了过程安全管理体系管理和改进所需的资源，这表明工作重点发生了错误的转移。 由审核员开展的工作： • 审核员应与实际收集和上报过程安全管理指标数据的人员以及参与过程安全管理指标数据分析的中层管理人员进行面谈，以核实并确保没有将收集和上报过程安全管理指标视为过程安全管理指标程序的最终目标，而是应该通过分析指标测量结果来改进和提高过程安全管理绩效。否则，过程安全管理指标程序就失去了其作用和意义。应通过过程安全管理指标程序来提供有用的信息，为提高过程安全管理体系的质量和实施效果提供直接支持
审核准则 21-R-8：所收集和上报的过程安全管理指标测量结果应准确反映过程安全管理体系的质量状况和实施效果	加拿大化学品制造商协会(CCPA)发布的加拿大重大工业事故理事会(MIACC)自评估工具《过程安全管理指南/HISAT 修订项目》(070820) 良好行业做法(GIP)	由审核员开展的工作： • 审核员应进行检查以核实所上报的过程安全管理指标测量结果是否准确。审核员应选择多个过程安全管理指标并独立收集这些指标的数据，以检查所上报的过程安全管理指标测量结果是否准确。 • 应采用书面形式对过程安全管理指标范围进行定义。审核员应对所收集的过程安全管理指标进行审核，以确保按照定义的过程安全管理指标范围完成了过程安全管理指标测量。 • 审核员应对过程安全管理指标记录进行审核，以核实是否按照规定频率来收集过程安全管理指标
审核准则 21-R-9：工厂或公司应制定过程安全管理绩效目标，并将其与过程安全管理指标进行比较，从而确定过程安全管理绩效	加拿大化学品制造商协会(CCPA)发布的加拿大重大工业事故理事会(MIACC)自评估工具《过程安全管理指南/HISAT 修订项目》(070820) 良好行业做法(GIP)	由审核员开展的工作： • 审核员应对工厂或公司制定的过程安全管理指标政策/程序及其实施情况进行审核，以核实是否按照工厂或公司制定的过程安全管理绩效目标对所上报的过程安全管理指标测量结果进行了评估
审核准则 21-R-10：装置中层管理人员应定期对过程安全管理指标进行审查	良好行业做法(GIP)	由审核员开展的工作： • 审核员应审核与过程安全管理指标审查工作有关的文件(如会议纪要、过程安全管理指标审查会报告、标明参与者的带注释的指标展示文稿)，以核实装置中层管理人员是否参与了过程安全管理指标审查工作。另外，指标审查工作还是“过程安全文化”要素和“管理评审和持续改进”要素(分别见第 4 章和第 23 章)中相关工作的一部分
审核准则 21-R-11：装置高层管理人员应定期对过程安全管理指标进行审查	良好行业做法(GIP)	由审核员开展的工作： • 审核员应审核与过程安全管理指标审查工作有关的文件(如会议纪要、过程安全管理指标审查会报告、标明参与者的带注释的指标展示文稿)，以核实装置和/或公司高层管理人员是否参与了过程安全管理指标审查工作。另外，指标审查工作还是“过程安全文化”要素和“管理评审和持续改进”要素(分别见第 4 章和第 23 章)中相关工作的一部分

续表

审核准则	审核准则出处	审核员指南
审核准则 21-R-12：过程安全管理指标应用于在公司或行业内进行对标	良好行业做法(GIP)	为审核员提供的基本信息： • 对过程安全管理体系的质量和实施效果进行测量的一个好处是，这些测量指标可以用来与具有类似管理体系的公司进行对标。其他环境、健康与安全(EHS)领域的对标已经大大提高了这些领域的管理绩效，如职业安全领域。 由审核员开展的工作： • 审核员应核实装置是否将自身的过程安全管理指标与公司内其他装置或行业内其他公司的装置进行了对标
审核准则 21-R-13：应建立管理制度来立即解决在审查过程安全管理指标时所发现的问题以及所提出的建议	良好行业做法(GIP)	为审核员提供的基本信息： • 可采用同一管理制度来对过程安全管理指标审核所提出的建议以及与其他过程安全管理相关的建议进行跟踪和管理。 由审核员开展的工作： • 审核员应核实并确保公司/工厂建立了管理制度来对过程安全管理指标审核所提出建议和整改项的状态、解决方案和实施情况进行跟踪。尽管通常采用电子数据表、数据库或其他电子方式对这些建议进行管理，但采用计算机系统对这些建议进行管理并不是一项强制性要求
审核准则 21-R-14：应及时解决对过程安全管理指标进行审查时所提出的建议	良好行业做法(GIP)	由审核员开展的工作： • 审核员应对过程安全管理指标审查所提出建议的管理系统进行审核，以核实是否根据建议的复杂程度及其落实的难度，在合理时间内解决了审查所提出的建议
审核准则 21-R-15：应将对过程安全管理指标进行审查时所提出建议的落实情况做好记录	良好行业做法(GIP)	由审核员开展的工作： • 审核员应对过程安全管理指标审查建议管理系统进行审核，以核实在系统中是否提供了足够的信息，以便审核员能够验证建议的当前状态
审核准则 21-R-16：应编写书面进度，明确为落实在过程安全管理指标审查时所提出的建议而采取的整改项的完成时间	良好行业做法(GIP)	由审核员开展的工作： • 审核员应对过程安全管理指标审查建议管理系统进行审核，以核实是否明确了过程安全管理指标审查所提出建议的落实和/或关闭日期以及落实/关闭负责人
审核准则 21-R-17：应将过程安全管理指标审查所提出建议的解决方案(即需采取的整改项)传达给参与建议落实的员工以及会因这些建议或整改项而受到影响的员工	良好行业做法(GIP)	为审核员提供的基本信息： • 充分的沟通传达可能包括多种方法：面对面通报会、通过电子邮件向员工发送信息、张贴纸质资料、分发印刷材料或在召开安全会议期间进行说明。 由审核员开展的工作： • 审核员应与员工进行面谈，以核实是否将过程安全管理指标审查结果传达给了相关人员
审核准则 21-R-18：工厂或公司应定期对所收集的过程安全管理指标进行评估，以核实这些过程安全管理指标是否正确	良好行业做法(GIP)	由审核员开展的工作： • 审核员应对有关记录进行审核，以核实是否定期对过程安全管理指标进行评估，且必要时根据评估结果对过程安全管理指标进行调整

21.3 自愿性共识过程安全管理标准

在下文对以下自愿性共识过程安全管理标准中“测量和指标”要求进行了说明：

• 由 API 编写且由美国内政部矿产资源管理局(MMS)批准的《安全和环境管理计划》

(SEMP)中关于海上石油平台领域“测量和指标”要求；

- 由美国化学理事会(ACC)发布的《责任关怀管理体系®》(RCMS)中“测量和指标”要求；
- 由美国化学理事会(ACC)发布的RC14001《环境、健康、安全与安保管理体系》中“测量和指标”要求。

表21.2列出了在自愿性共识过程安全管理标准中与“测量和指标”有关的审核准则和审核员指南。

表21.2 在自愿性共识过程安全管理标准中与“测量和指标”有关的审核准则和审核员指南

审核准则	审核准则出处	审核员指南
美国内政部矿产资源管理局《安全和环境管理计划》(SEMP) 审核准则21-R-19：在《安全和环境管理计划》(SEMP)中，没有对过程安全管理指标进行规定	美国石油学会(API)推荐做法75：《安全和环境管理计划》(API RP 75)	• 无其他要求
美国化学理事会(ACC)《责任关怀管理体系®》(RCMS) 审核准则21-R-20：公司应定期对会对健康、安全、安保和环境造成重大影响的操作、生产和作业活动的关键特性进行监控和测量，包括对跟踪绩效的相关信息的记录，相关运行控制措施，以及与公司责任关怀管理体系的目标、目的和指标的符合性	美国化学理事会(ACC)《责任关怀管理体系®技术规范》 102.01，4.1	为审核员提供的基本信息： • 一套良好的绩效指标测量和跟踪程序应具备以下特点： —能够对与公司责任关怀体系有关的所有方面进行跟踪，包括但不限于： —健康事故； —暴露单位数据； —安全事故； —过程安全事故； —是否符合有关法律要求或美国化学理事会(ACC)《责任关怀管理体系®技术规范》要素2.3中明确的其他责任关怀要求； —许可证滥用； —三废排放； —未遂事件； —作业安全观察次数； —商业合作伙伴发生的事故/责任关怀绩效； —运输事故； —能源使用； —自然资源使用； —产品使用/误用数据； —运行控制措施； —产量； —其他有关信息，包括按照美国化学理事会(ACC)《责任关怀管理体系®技术规范》要素2.5中有关要求确定的目标和目的； —对美国化学理事会(ACC)规定的强制性绩效指标进行跟踪并上报。 —能够基于以下工作和系统来选用、实施和跟踪适时的和适当的纠正和预防措施： —事故调查； —审核； —检查； —其他相关跟踪系统

续表

审核准则	审核准则出处	审核员指南
审核准则 21-R-21：公司应根据有关测量指标和记录来对责任关怀管理绩效趋势进行分析	美国化学理事会(ACC)《责任关怀管理体系®技术规范》 102.01，4.2	为审核人员提供的基本信息： • 本审核准则在美国化学理事会(ACC)《责任关怀管理体系®技术规范》要素4.1基础上，增加了责任关怀管理绩效趋势审查。一套良好的绩效指标测量和跟踪程序应具备以下特点： —始终跟踪环境、健康与安全(EHS)及责任关怀绩效数据； —定期识别环境、健康与安全(EHS)及责任关怀绩效趋势并传达给相关人员； —核实能否及时跟踪和上报美国化学理事会(ACC)规定的强制性绩效指标

审核准则	审核准则出处	审核员指南
美国化学理事会(ACC)RC14001《环境、健康、安全与安保管理体系》 审核准则 21-R-22：公司应建立、实施并保持相关程序，对环境造成重大影响的运营操作的主要特性进行定期监控和测量 公司应对环境、健康、安全与安保以及其他责任关怀绩效趋势进行分析	美国化学理事会(ACC)《环境、健康、安全与安保管理体系技术规范》RC151.03，4.5.1	• 无其他要求

21.4 审核方案

附录A过程安全管理审核方案，就如何按照审核准则对第21.2节和第21.3节中的内容进行审核提供了详细指南(有关如何在线获取附录A资料，见目录第Ⅷ页)。

参 考 文 献

American Chemistry Council, *RCMS® Technical Specification*, RC101. 02, March 9, 2005.

American Chemistry Council, *RCM® Technical Specification Implementation Guidance and Interpretations*, RC 101. 02, January 25, 2004.

American Chemistry Council, *RCMS® Technical Specification Implementation Guidance and Interpretations Appendices*, RC 101. 02, January 25, 2004.

California, California Code of Regulations, Title 8, Section 5189, CalOSHA, November 1985.

Center for Chemical Process Safety (CCPS), *Guidelines for Risk Based Process Safety*, American Institute of Chemical Engineers, New York, 2007 (CCPS, 2007c).

Center for Chemical Process Safety (CCPS), *Process Safety Leading and Lagging Metrics*, American Institute of Chemical Engineers, New York, 2008 (CCPS, 2007g).

Center for Chemical Process Safety (CCPS), *Guidelines for Process Safety Metrics*, American Institute of Chemical Engineers, New York, 2009 (CCPS, 2009).

Delaware, *Accidental Release Prevention Regulation*, Delaware Department of Natural Resources and Environmental Control/Division of Air and Waste Management, September 1989 (rev. January 1999).

22 审核

本要素在OSHA过程安全管理标准《高危化学品过程安全管理》、EPA《风险管理计划》和许多美国州立过程安全管理标准中被称为“合规性审核”。绝大部分自愿性共识过程安全管理标准中，本要素被称为“绩效测量”。“审核”要素是化工过程安全中心(CCPS)《基于风险的过程安全》(RBPS)事故预防原则之一“吸取经验教训”中的一个要素。

22.1 概述

在过程安全管理标准中，“审核”要素是质量控制活动的重要组成部分之一，同时(与在第20章中介绍的事件调查工作一道)也为汲取经验和教训提供了重要的机会。在管理体系的“策划-运行-检查-改进”模式中，审核还构成了“检查”活动的重要基础工作。由于过程安全管理标准集众管理体系为一体，因此该要素旨在确定过程安全管理标准中每个要素的子管理体系能否按预期要求正常运行。“审核”要素也为过程安全管理标准的所有要素提供了计划、人员配备、有效实施、做好定期评估记录等工作的方法，同时对审核过程中形成的审核发现的决议以及纠正措施进行管理。

审核是指系统性独立检查，通过完善的检查程序核实并确保各项过程安全管理工作符合预期要求，同时确保审核员能够通过审核得出可靠的结论。因此，“对审核工作进行审核”可以对以往审核工作的组织、开展、记录及审核建议跟踪程序认真检查。

由于要求对过程安全管理标准中所有要素定期审核，因此“审核”与过程安全管理标准中所有其他要素都密切相关。主要相关要素包括：

• “测量和指标”(见第21章)——尽管制定过程安全管理指标并不是一项强制性要求，但是，同审核一样，可以基于过程安全管理指标对过程安全管理体系实施效果测量。

• “管理评审和持续改进”(见第23章)——该要素的目的同样是为了实现过程安全管理体系的总体目标，即对过程安全管理体系的实施效果进行测量。

在第22.2节中，对与“审核”要素有关的合规性审核准则和相关审核准则进行了介绍。有关对合规性审核准则和相关审核准则的详细介绍，见第1章(第1.7节)。

这些章节中介绍的准则和指南不能完全涵盖过程安全管理标准的范围、设计、实施或解释，代表的是化工/加工行业过程安全管理审核员的集体经验和基于经验形成的一致性观点。合规性审核准则来自美国过程安全管理法规，这些法规全部是基于绩效的法规。基于绩效的法规以目标为导向，可能会有多种途径满足法规中的要求。因此，对于本章检查表中列出的问题，尤其是审核检查表“审核员指南”栏中列出审核方法，可能还会有其他方法进行审核。

本书中介绍的相关审核准则并不代表实施过程安全管理体系时必须遵守，也不代表如果没有遵守这些准则，过程安全管理体系的实施会出现问题。同合规性审核准则一样，对于某一工厂或公司而言，可能会有其他更合适的审核方法。另外，按照相关审核准则对过程安全管理标准进行审核完全是自愿性的，并非强制性要求。采用相关审核准则时应谨慎并认真策划，防止不经意间形成不期望的过程安全管理绩效标准。采用这些相关审核准则之前，应在工厂与其母公司之间达成一致意见。最后，所提供的相关审核准则和审核员指南并不意味着对监管机构发出书面或口头说明、因违反过程安全管理法规由监管机构发出的违规传票，由监管机构发布的其他过程安全管理指南的认同，也不是对实施过程安全管理标准过程中形成的成功经验或常用过程安全管理做法的认可。

22.2 审核准则和审核员指南

下文对 OSHA 过程安全管理标准《高危化学品过程安全管理》、EPA《风险管理计划》、多个美国州立过程安全管理标准和其他自愿性共识过程安全管理标准中“审核”要素的详细要求进行了介绍。

审核员根据本章提供的指南，通过开展以下工作对下文介绍的审核准则进行审核：

- 与在工厂中负责编写和管理过程安全管理审核程序的人员面谈。该类人员通常为过程安全管理协调员/经理或公司审核员/审核经理。另外，有必要对参与过程安全管理审核的其他人员面谈。
- 对过程安全管理审核程序进行审查。
- 对以往过程安全管理审核报告(至少最近两次按照 OSHA 过程安全管理标准《高危化学品过程安全管理》和 EPA《风险管理计划》完成的审核报告)进行审查。
- 对在上一次过程安全管理审核报告中所明确问题的落实和关闭记录进行检查。

另外，审核员还应对被审核公司/工厂程序中“过程安全管理审核”要求进行认真检查。如第 1.7.1 节所述，监管机构会将“过程安全管理审核”要求认定为合规性要求，如果不遵守这些要求，公司或工厂就会因违反法规的规定而收到由 OSHA 发出的违规传票。审核员应通过与相关人员面谈、对有关记录和文件检查及实地检查等方式，核实工厂或公司过程安全管理审核程序中有关要求是否已按照规定付诸实施。如果审核时发现没有遵守公司/工厂制定的具体规定，则应将发现的问题写入审核报告。

对于下文表中用于指明审核准则出处的缩写词定义，见“第 3-24 章指南”部分。

22.2.1 合规性要求

审核准则应供以下公司/工厂使用：

- OSHA 过程安全管理标准《高危化学品过程安全管理》或 EPA《风险管理计划》所涵盖的美国本土公司/工厂；
- 自愿采用 OSHA 过程安全管理标准《高危化学品过程安全管理》的公司/工厂；
- 美国本土以外采用了 OSHA 过程安全管理标准《高危化学品过程安全管理》中规定的要求的公司/工厂。

表 22.1 列出了 OSHA 过程安全管理标准《高危化学品过程安全管理》和 EPA《风险管理计划》中与“审核”有关的审核准则和审核员指南。

表 22.1 OSHA 过程安全管理标准《高危化学品过程安全管理》和EPA《风险管理计划》中与“审核”有关的审核准则和审核员指南

审核准则	审核准则出处	审核员指南
审核准则 22-C-1：应至少每 3 年按照 OSHA 过程安全管理标准《高危化学品过程安全管理》中有关规定对过程安全管理审核进行复核，以验证按照 OSHA 过程安全管理标准《高危化学品过程安全管理》中有关规定制定的程序和做法完全符合要求且得以遵照执行	美国职业安全与健康管理局(OSHA)《高危化学品过程安全管理》(29 CFR §1910.119)[(o)(1)] EPA《风险管理计划》“合规性审核”(68.79)	为审核员提供的基本信息： • 本审核准则中，要求审核员在纸质版或电子版审核证明书中签字并注明日期，以证明审核已经完成。可能还有其他的表现形式、其他人名、其他日期或者其他信息能够满足签名并注明日期这一要求，但是对于审核证明记录而言，一般就是指签名并注明日期。OSHA 或 EPA 也没有对审核证明书的表现形式作出具体规定。 • 可以编制比较详细的审核证明书，对审核的基本情况、组织过程和实施过程进行详细说明，但是相关标准并未对这种详细的证明书做出任何要求。 • 有关如何按照 OSHA 过程安全管理标准《高危化学品过程安全管理》中有关规定编写审核证明书，见附录 C 中的示例。 • 可以将审核证明书纳入过程安全管理审核报告中，但是，也可以将其纳入其他文件中。*应该注意的是，应对审核进行认证并颁发审核证明书，而不是对审核报告进行认证。* • 由于未对如何确定三年一次的审核周期做出明确规定，因此可采用多种方法确定审核周期。可按照现场审核开始日期、现场审核结束日期和证明书签字日期确定审核周期。自 1995 年以来由于要求按照 OSHA 过程安全管理标准《高危化学品过程安全管理》对过程安全管理进行审核，因此，无论工厂采用上述哪种方法计算审核周期，审核员均需要检查公司/工厂是否采用了统一的周期计算方法对过程安全管理进行审核。 • 按照 EPA《风险管理计划》中规定的要求，必须由工厂/公司开展的审核仅限于对风险预防计划审核。是否需要按照 EPA《风险管理计划》中规定的要求对风险评估和其他部分进行审核，取决于 EPA《风险管理计划》实施机构(联邦 EPA 或从 EPA 获得了实施资格的州机构)(见第 24 章)，而非取决于工厂/公司。 由审核员开展的工作： • 审核员应对工厂确定审核周期时所采用的方法审核，以确保审核周期不能超过 3 年(按日计算)。不得仅按照日历年确定审核周期。例如，如果上一次审核在 2006 年 1 月 24 日开始，则下一轮审核应在 2009 年 1 月 24 日之前开始，而不是 2009 年 12 月 31 日之前。 • 审核员应对过程安全管理审核证明书进行审核，以核实审核员是否在审核证明书中签字并注明日期
审核准则 22-C-2：审核组应至少包括一名熟悉工艺的人员	美国职业安全与健康管理局(OSHA)《高危化学品过程安全管理》(29 CFR §1910.119)[(o)(2)] EPA《风险管理计划》“合规性审核”(68.79)	为审核员提供的基本信息： • 过程安全管理审核报告或其他文件中，应指出审核组是否至少包括了一名熟悉工艺的人员。 • 该名人员通常充当审核组顾问角色(特派员或后勤支持人员)，具备与被审核工艺有关的知识或与工厂有关的一般工艺知识，指导审核员需与哪些人员面谈，告知审核员有关文件的保存地点等。

续表

审核准则	审核准则出处	审核员指南
		• 该名顾问可以为管理人员，也可以为非管理人员。 • 如果该名顾问实际参与对人员面谈、对有关记录检查以及负责拟定审核结论并形成审核发现，则无论该名人员是非管理人员还是管理人员，均不得再为其分配与工厂 PSM 程序的设计和实施有关的工作。 由审核员开展的工作： • 审核员应对过程安全管理审核报告或其他记录进行审查，以核实每一审核组中是否至少包括了一名熟悉工艺的人员
审核准则 22-C-3：应编写过程安全管理审核报告，列出进行过程安全管理审核时发现的问题	美国职业安全与健康管理局(OSHA)《高危化学品过程安全管理》(29 CFR §1910.119)[(o)(3)] EPA《风险管理计划》"合规性审核"(68.79)	为审核员提供的基本信息： • 应为过程安全管理审核编写书面报告，可采用纸质版报告或电子版报告。 • 对于按照 OSHA 过程安全管理标准《高危化学品过程安全管理》/EPA《风险管理计划》进行的过程安全管理审核，审核报告格式或内容方面没有具体要求。但是，作为一项最低要求，过程安全管理审核报告中应列出在过程安全管理审核时发现的问题。 审核员工作： • 审核员应对过程安全管理审核报告进行审核，以确认公司/工厂已编写了过程安全管理审核报告，并且作为一项最低要求，过程安全管理审核报告中列出了审核时发现的问题
审核准则 22-C-4：应立即对过程安全管理审核时发现的每一问题确定改进建议并做好记录	美国职业安全与健康管理局(OSHA)《高危化学品过程安全管理》(29 CFR §1910.119)[(o)(4)] EPA《风险管理计划》"合规性审核"(68.79)	为审核员提供的基本信息： • 应针对过程安全管理审核时发现的每一问题提出建议，但无需将这些建议列入过程安全管理审核报告中。可以采用单独报告、数据库或其他媒介对这些建议进行记录。 • 应立即对过程安全管理审核时发现问题提出建议并落实建议。这意味着应及时落实提出的建议的。"及时性"一词的含义与"危害识别和风险分析(HIRA)"要素(见第 10 章)和"事件调查"要素(见第 20 章)中的定义相同。对于较简单问题(如程序修改或管理变更)，"及时性"一词通常指数月内落实这些问题，而对于较复杂问题(如工程研究或对现行程序和做法进行深入审查)，则可能需更长时间。进行过程安全管理审核时发现的问题通常属于管理性问题。 • 工厂不得在开始下一轮过程安全管理审核时，才着手落实上一次审核时提出的建议。 由审核员开展的工作： • 审核员应对过程安全管理审核提出的建议落实/关闭记录情况，或对过程安全管理审核建议跟踪系统进行检查，核实每一设施如何对"及时性"一词进行定义，如何使用这一定义及该定义及其使用是否合理可行。 • 对于落实过程安全管理审核发现而采取的措施，审核员应对其完成日期(如果提供了的话)进行检查，核实是否及时落实了这些问题
审核准则 22-C-5：应将问题解决情况做好记录	美国职业安全与健康管理局(OSHA)《高危化学品过程安全管理》(29 CFR §1910.119)[(o)(4)] 美国国家环境保护局(EPA)《风险管理计划》中"合规性审核"部分(68.79)	由审核员开展的工作： • 审核员应通过检查有关记录、实地检查和/或对相关人员进行面谈等方式核实并确保工厂公司已按照方案妥善解决了过程安全管理审核时发现的问题

续表

审核准则	审核准则出处	审核员指南
审核准则 22-C-6： 应至少保存好最近两次过程安全管理合规性审核报告和相关文件	美国职业安全与健康管理局(OSHA)《高危化学品过程安全管理》(29 CFR §1910.119)[(o)(5)] 美国国家环境保护局(EPA)《风险管理计划》中"合规性审核"部分(68.79)	由审核员开展的工作： • 对于为满足 OSHA 过程安全管理标准《高危化学品过程安全管理》/EPA《风险管理计划》中有关要求对过程安全管理进行的合规性审核，审核员应进行核实，确保公司/工厂已至少保存好最近两次过程安全管理合规性审核报告及相关决议文件

22.2.1.1 美国州立过程安全管理标准

如果被评估过程安全管理标准根据某一州立过程安全管理标准制定，则应遵守该州立过程安全管理标准中规定的具体审核要求。州立过程安全管理标准中规定的要求通常会与联邦 OSHA 过程安全管理标准《高危化学品过程安全管理》和 EPA《风险管理计划》中规定的要求存在一定程度的重叠，即使某一州已获得联邦法规实施授权(即该州从 OSHA 获得了《高危化学品过程安全管理》实施资格或从 EPA 获得了《风险管理计划》实施资格)，州立过程安全管理标准还有自己的具体要求。表 22.2 中，对以下三个州的具体审核要求进行了说明：

- 新泽西州；
- 加利福尼亚州；
- 特拉华州。

表 22.2 列出了在美国州立过程安全管理标准中与"审核"有关的审核准则和审核员指南。

表 22.2 美国州立过程安全管理标准中与"审核"有关的审核准则和审核员指南

审核准则	审核准则出处	审核员指南
新泽西州立法规《毒性物品灾难预防法案》(TCPA) 审核准则 22-C-7：工厂所有者或运营方应确保在建和已投运的工艺技术和设备与按照 EPA《风险管理计划》中"安全信息"(68.48)第(a)和(b)节中有关规定编写的过程安全信息保持一致： • 过程安全管理合规性审核报告中，应指明审核范围、审核技术、审核方法及审核员姓名 • 工厂所有者或运营方应编写书面纠正措施实施计划并将该计划纳入过程安全管理合规性审核报告中，或指明纠正措施已付诸实施并完成	新泽西州《毒性物品灾难预防法案》第 7：31-3.1 部分	由审核员开展的工作： • 审核员应对标准操作程序(SOP)或其他程序，以及包含运行限定值和其他工艺参数的 DCS 系统进行检查，以确保与过程安全资料保持一致。 • 审核员应对过程安全管理审核报告进行审查，以核实审核报告中是否指明了审核范围、审核技术、审核方法及审核员姓名。 • 审核员应对过程安全管理审核报告进行审查，以核实审核报告中是否包括了审核结论、书面纠正措施实施计划或注明了与其有关的参考文件

续表

审核准则	审核准则出处	审核员指南
特拉华州立法规《意外泄漏预防计划》 审核准则22-C-8：除在OSHA过程安全管理标准《高危化学品过程安全管理》和EPA《风险管理计划》中规定的“审核”要求外，在特拉华州环境、健康与安全(EHS)管理法规中未新增任何与之有关的其他要求	《特拉华州立法规汇编》第77章第5.79节	• 无其他要求
加利福尼亚州职业安全与健康管理局(CalOSHA)法规《急性危险物料过程安全管理》 审核准则22-C-9：加利福尼亚州过程安全管理法规中，未包括“审核”要素	《加利福尼亚州立法规汇编》第8篇第5189部分	• 无其他要求
《加利福尼亚州意外泄漏预防计划》(CalARP) • 审核准则22-C-10：除在OSHA过程安全管理标准《高危化学品过程安全管理》和EPA《风险管理计划》中规定的“审核”要求外，在《加利福尼亚州意外泄漏预防计划》(CalARP)中未新增任何与之有关的其他要求	《加利福尼亚州立法规汇编》第19篇第2760.8部分	• 无其他要求

22.2.2 相关审核准则

本节中介绍的相关审核准则为审核员对过程安全管理标准强制性要求以外的问题进行审核时提供了指南，这些相关审核准则很大程度上代表了行业采用的过程安全管理优秀做法，某些情况下还代表了过程安全管理普遍的做法。由于部分审核准则已在相当长时间内被广泛认可并成功实施，因此，这类审核准则实际上已经达到可接受做法的水准。审核员和过程安全管理专业人员应认真考虑如何采用和实施这些审核准则，或者至少采用一种性质上基本类似的审核方法对过程安全管理标准审核。有关可接受做法的定义及其实施，见术语表和第1.7.1节。

表22.3列出了在行业过程安全管理优秀做法中与“审核”有关的建议采用的审核准则和审核员指南。

表22.3 行业过程安全管理优秀做法中与“审核”有关的审核准则和审核员指南

审核准则	审核准则出处	审核员指南
审核准则22-R-1：按照OSHA过程安全管理标准《高危化学品过程安全管理》中有关规定，应自上一次审核证明书签字日期起，每3年进行一次过程安全管理审核	美国职业安全与健康管理局(OSHA)《过程安全管理合规性指令》(CPL)	<u>为审核员提供的基本信息：</u> • 按照OSHA过程安全管理标准《高危化学品过程安全管理》/EPA《风险管理计划》中有关规定，开展下一轮过程安全管理审核的时间应自上一次审核证明书签字日期算起。 • 由于某些公司/工厂会要求对过程安全管理审核结果进行详细审查、管理层逐级检查或法律检查，因此，审核证明书签字日期会变得复杂。过程安全管理审核或审核实际

续表

审核准则	审核准则出处	审核员指南
		完成日期与审核证明书签字日期之间的间隔时间可能会很长。这种情况下，最好根据另外某一日期确定每三个一次的审核周期，如审核开始日期或结束日期。有关如何确定审核周期方面的详细要求，见第 1.5.2 节。 由审核员开展的工作： • 审核员应对过程安全管理审核周期进行检查，核实并确保审核周期不超过 3 年。如果工厂按周年日期，而非审核证明书签字日期计算审核周期，只要周年日期满足每三年一次的审核周期要求，也可以按周年日期计算审核周期。 • 审核员应将审核频率与过程安全事故或未遂事件发生频率进行比较，核实是否需要以更高频率(低于 3 年)对某些区域的风险或过程安全绩效问题进行审核
审核准则 22-R-2：应对 OSHA 过程安全管理标准《高危化学品过程安全管理》中所有要素进行审核	美国职业安全与健康管理局(OSHA)《过程安全管理合规性指令》(CPL) 美国职业安全与健康管理局(OSHA)《炼油行业过程安全管理国家重点计划》(NEP)(OSHA 指令 CPL 03-00-004)	由审核员开展的工作： • 审核员应对过程安全管理审核报告进行审查，以核实"OSHA 过程安全管理标准《高危化学品过程安全管理》第(a)节：标准适用性"是否在过程安全管理审核范围内
审核准则 22-R-3：过程安全管理审核期间，应实地检查	美国职业安全与健康管理局(OSHA)《过程安全管理合规性指令》(CPL)	由审核员开展的工作： • 审核期间，审核员应尽可能对重要过程安全管理事件、工作和设备检查(见第 2 章)。 • 审核员应对审核报告检查，以核实并确保审核组应基于现场的审核工作编写审核报告
审核准则 22-R-4：过程安全管理审核期间，应检查有关记录	美国职业安全与健康管理局(OSHA)《过程安全管理合规性指令》(CPL)	由审核员开展的工作： • 审核员应检查审核报告，或检查审核报告中注明的参考文件，以核实审核报告或参考文件中是否列出了由审核组检查过的文件和记录，或说明了审核组检查过的文件和记录。这些记录应与得出审核结论所依据的文件或记录相符
审核准则 22-R-5：过程安全管理审核期间，应面谈管理人员和非管理人员。	美国职业安全与健康管理局(OSHA)《过程安全管理合规性指令》(CPL)	由审核员开展的工作： • 审核员应检查审核报告或审核报告中注明的参考文件，以核实是否与管理人员和非管理人员面谈。除了上述文件中注明已与管理人员和非管理人员进行面谈外，可采用的另一种方法是上述文件中列出接受面谈的每类员工(即管理人员和非管理人员)数量。但是，如果上述文件中列出面谈对象的姓名甚至职务，会暴露面谈对象隐私。通常，保护非管理人员隐私要比保护管理人员隐私重要的多
审核准则 22-R-6：员工应有权查阅合规性审核资料	美国职业安全与健康管理局(OSHA)《过程安全管理合规性指令》(CPL)	由审核员开展的工作： • 审核员应与工厂过程安全管理协调员/经理面谈，以核实如何对过程安全管理审核资料维护和分发，尤其当员工要求查阅这些资料时(还可以参考"第 9 章：过程知识管理")。 • 审核员应与非管理人员面谈，以核实是否为他们提供了过程安全管理审核报告、跟踪信息或至少没有限制他们查阅审核报告和跟踪信息

续表

审核准则	审核准则出处	审核员指南
审核准则 22-R-7：应制定书面管理程序组织、开展和记录过程安全管理审核工作	加拿大化学品制造商协会(CCPA)发布的加拿大重大工业事故理事会(MIACC)自评估工具《过程安全管理指南/HISAT 修订项目》(070820) 良好行业做法(GIP) 美国职业安全与健康管理局(OSHA)出版物 3133：《过程安全管理合规性指南》	由审核员开展的工作： • 审核员应检查以确保公司/工厂制定了过程安全管理审核书面程序。该书面程序通常作为过程安全管理手册的一部分或单独编写。审核书面程序中，应包括以下内容： —为审核制定计划并开展审核； —对审核员进行培训和资格考核； —为审核组选择和配备成员； —对审核记录； —对审核所发现问题跟踪； —对审核报告妥善保存； —将审核结果告知员工，并允许员工查阅审核结果； —对审核工作确认(指由审核员签字并注明日期)； —要求定期进行内部自我评估； —在第 1 章中列出的其他要求。 • 审核程序应为工厂或公司正式发布和批准的受控文件
审核准则 22-R-8：进行过程安全管理审核时，应选择足够数量的工艺单元，并且应对选择这些工艺单元的理由说明	加拿大化学品制造商协会(CCPA)发布的加拿大重大工业事故理事会(MIACC)自评估工具《过程安全管理指南/HISAT 修订项目》(070820) 良好行业做法(GIP) 美国职业安全与健康管理局(OSHA)出版物 3133：《过程安全管理合规性指南》	由审核员开展的工作： • 审核员应检查审核报告，以核实选择策略和审核范围(即对哪些单元或工艺审核及可能采用代表性工艺单元审核)是否合理。选择策略和审核范围应符合在第 2 章中规定的要求。
审核准则 22-R-9：审核员应具备一定的过程安全管理审核能力	加拿大化学品制造商协会(CCPA)发布的加拿大重大工业事故理事会(MIACC)自评估工具《过程安全管理指南/HISAT 修订项目》(070820) 良好行业做法(GIP) 美国职业安全与健康管理局(OSHA)出版物 3133：《过程安全管理合规性指南》 OSHA 过程安全管理标准《高危化学品过程安全管理》附录 C：过程安全管理合规性指南和建议(非强制性要求)(APPC)	为审核员提供的基本信息： • 审核员应满足以下要求： —拥有过程安全管理审核经验或接受过过程安全管理审核培训； —拥有工艺和过程安全管理方面的相关知识； —审核组组长应熟悉审核方法； —审核组组长和审核组成员应以公平、公正的态度开展工作(例如，如果可能，这些人员不应负责被审核工厂的日常工作，并且不应将审核结果直接上报给被审核工厂负责人或环境、健康与安全(EHS)经理或装置经理)； —应根据被审核工厂的具体情况(如工厂规模和复杂性、需进行审核的工艺单元数量)确定审核员数量。 • 审核组组长和审核组成员资格要求，见第 1 章。 由审核员开展的工作： • 审核员应检查过程安全管理审核报告，以核实审核报告中是否对审核员背景和资格要求进行了说明。可以在审核报告中对审核员资格简要介绍，也可以在审核报告中以附录形式对审核员履历进行简要介绍

续表

审核准则	审核准则出处	审核员指南
审核准则 22-R-10：应对工厂过程安全管理实施策略和程序进行评估	加拿大化学品制造商协会(CCPA)发布的加拿大重大工业事故理事会(MIACC)自评估工具《过程安全管理指南/HISAT 修订项目》(070820) 良好行业做法(GIP)	由审核员开展的工作： • 审核员应检查过程安全管理审核报告，以核实报告中是否对审核期间检查的所有过程安全管理实施策略和程序进行了说明。 • 审核员应检查以核实工厂过程安全管理实施策略和程序是否已按照要求实施。 • 审核员应检查以核实是否存在与过程安全管理标准有关的长期未落实问题或再次出现的问题
审核准则 22-R-11：应根据具体情况检查过程安全管理工作和事件	良好行业做法(GIP)	由审核员开展的工作： • 审核报告中，应列出审核期间完成的所有检查。 • 有关审核期间通常检查类型，见第 2 章中示例
审核准则 22-R-12：过程安全管理审核报告中，应对开展的每项审核工作进行客观、全面的说明	良好行业做法(GIP)	为审核员提供的基本信息： • 对现场部分完成审核后立即发布审核报告。 • 审核报告中，应按照标准格式概要说明完成的审核工作。 • 审核报告中，应对所采用的审核方案说明。 • 审核报告中，应列出审核组成员及审核组技术专长。 • 审核报告中，应对审核时发现的问题进行分类并按照优先等级排序。 • 审核报告中，应列出为纠正审核发现问题而提出的建议或注明与其有关的参考文件。不要求必须在过程安全管理审核报告中列出建议，可编写单独文件对审核时提出的建议进行汇总和说明。 由审核员开展的工作： • 审核员应检查过程安全管理审核程序，以核实该程序中是否对审核报告格式和内容做出了规定，同时核实并确保审核报告的格式符合规定的要求。 • 如果审核报告中未列出审核提出的建议，则审核员应核实以确保采用单独文件列出了这些建议，同时保证按照这些建议解决发现的问题。 • 审核员应检查上一次现场审核完成时间与审核报告发布时间之间的日期间隔，以核实是否满足规定的时间要求。审核报告发布日期通常被视为现场审核最终完成时间，此时着手落实审核发现问题/所提出建议。但是，对审核周期进行计算时，并非必须按照审核报告中注明的日期计算，也可以按照审核开始时间或审核报告初稿编制时间计算。如果工厂或公司的审查程序比较繁琐，需在结束审核工作后 1 个多月才能发布审核报告，则认为这种情况不合理，除非因令人信服的非管理方面原因而导致延迟发出审核报告。 • 审核时，发现的问题及提出的建议可能会很紧迫，要求迅速落实，不应等到发布了审核报告后才落实这些问题和建议。如果审核报告或其他文件中指出需要尽快解决/落实审核时发现的问题/提出的建议，则审核员应检查以核实公司/工厂如何对这些问题/建议进行了有效管理

续表

审核准则	审核准则出处	审核员指南
审核准则 22-R-13：应建立一套管理体系及时落实审核组审核时发现的问题及提出的建议	加拿大化学品制造商协会(CCPA)发布的加拿大重大工业事故理事会(MIACC)自评估工具《过程安全管理指南/HISAT 修订项目》(070820) 美国职业安全与健康管理局(OSHA)出版物3133:《过程安全管理合规性指南》	为审核员提供的基本信息: • 通常采用数据库、电子数据表或其他电子方式对审核时发现问题/所提出建议的优先级进行排序、跟踪，并上报这些问题/建议的状态。但是，如果基于纸质文件的管理系统能够有效落实审核时发现的问题/所提出的建议，也可以采用纸质文件管理系统。 由审核员开展的工作: • 审核员应检查由公司/工厂建立的审核发现问题/提出建议管理系统，以核实该系统能否有效运作。审核所发现问题/提出建议管理系统，在设计和功能上应类似于与过程安全管理有关的其他问题/建议管理系统(假定系统能够按照预期要求有效运作)，但是不要求为与过程安全管理有关的所有建议和整改项建立一套集中管理系统。 • 审核员应检查以确保审核发现问题/所提出建议管理系统中包括发现的问题/提出的建议及其计划完成日期、责任方、最终解决方案(对发现问题采取的措施)及纠正措施实施日期
审核准则 22-R-14：对于基于审核发现问题/提出建议而确定的整改项，应定期为整改项实施状态编写报告	良好行业做法(GIP)	由审核员开展的工作: • 审核员应检查审核发现问题/所提出建议管理系统，以核实是否定期为整改项实施状态编写了报告。如果编写了整改项实施状态报告，应在即将开始下一轮过程安全管理审核前提供该整改项状态报告，以供审核员检查
审核准则 22-R-15：当认为有正当理由时，可以拒绝采纳审核得出的结论/提出的建议	良好行业做法(GIP)	为审核员提供的基本信息: • 当拒绝采纳审核得出的结论/提出的建议时，所遵循的标准应同拒绝采纳危害识别和风险分析(HIRA)、事故调查时得出的结论/提出的建议所遵循的标准。只要雇主能够以书面形式并基于足够证据来证明确实存在以下一种或多种情况，雇主就可以拒绝采纳相关结论/建议，审核得出的结论/提出的建议包含实际错误；得出结论/提出建议不能够确保雇主员工或承包商人员的健康与安全；采用其他措施足以实现保护目的；或得出结论/提出建议不可行。当拒绝采纳审核得出结论/提出建议时，应及时告知审核组，然后再由审核组尽快提出其他方案。 由审核员开展的工作: • 审核员应检查审核程序，以核实拒绝采纳审核建议时所遵循的标准是否同在拒绝采纳过程危害分析(PHA)及事故调查所提出的建议时所遵循的标准一致
审核准则 22-R-16：应将审核结果传达给相关员工	加拿大化学品制造商协会(CCPA)发布的加拿大重大工业事故理事会(MIACC)自评估工具《过程安全管理指南/HISAT 修订项目》(070820) 良好行业做法(GIP)	由审核员开展的工作: • 审核员应检查确保已将审核结果传达给了 OSHA 过程安全管理标准《高危化学品过程安全管理》所涵盖工厂中的相关员工。可通过面对面通报会(要求形成会议纪要或类似文件)传达审核结果、通过电子邮件将审核结果告知更多相关人员，或采用其他手段传达审核结果

22.2.3 自愿性共识过程安全管理标准

下文对以下自愿性共识过程安全管理标准中“审核”要求进行了介绍：

- 由 API 编写且由美国内政部矿产资源管理局（MMS）批准的《安全和环境管理计划》（SEMP）中关于海上石油平台领域“审核”要求；
- 由美国化学理事会（ACC）发布的《责任关怀管理体系®》（RCMS）中“审核”要求；
- 由美国化学理事会（ACC）发布的 RC14001《环境、健康、安全与安保管理体系》中“审核”要求。

表 22.4 列出了自愿性共识过程安全管理标准中与“审核”有关的审核准则和审核员指南。

表 22.4 自愿性共识过程安全管理标准中与“审核”有关的审核准则和审核员指南

审核准则	审核准则出处	审核员指南
美国内政部矿产资源管理局《安全和环境管理计划》（SEMP） 审核准则 22-R-17：按照《安全和环境管理计划》（SEMP）中的规定，应定期对程序进行审核	美国石油学会（API）推荐做法 75：《安全和环境管理计划》（API）	由审核员开展的工作： • 审核员应确保公司/工厂编写了书面指南，规定定期审核安全与环境管理程序。 • 审核员应确保公司/工厂为已完成审核工作并编写了报告。 • 审核员应确保公司/工厂明确了审核日程
审核准则 22-R-18：确定审核范围时，应考虑美国石油学会（API）推荐做法 75：《安全和环境管理计划》（API RP 75）中的所有要素，并将这些要素纳入审核中，同时明确采用何种方法评估安全与环境管理程序实施效果	美国石油学会（API）推荐做法 75：《安全和环境管理计划》（API RP 75）， 12.1.a.，12.1.b.，12.1.c.	由审核员开展的工作： • 审核员应检查以确保公司/工厂编写了书面文件，明确审核内容和范围。 • 审核员应检查以确保公司/工厂编写了审核计划，并在该计划中明确了审核范围。 • 审核员应检查以确保公司/工厂为已完成审核工作并编写了报告
审核准则 22-R-19：应制定一套书面管理程序，确保对足够数量的多种类型设施进行审核，以检查公司/工厂制定的安全与环境管理程序的实施效果	美国石油学会（API）推荐做法 75：《安全和环境管理计划》（API RP 75），12.1	由审核员开展的工作： • 审核员应检查以确保公司/工厂制定了书面管理程序，明确在确定需进行审核的工厂数量和类型时采用的方法。 • 审核员应检查以确保公司/工厂已对采用上述方法的理由进行了说明
审核准则 22-R-20：公司/工厂制定的安全与环境管理程序的审核周期不得超过 4 年	美国石油学会（API）推荐做法 75：《安全和环境管理计划》（API RP 75），12.1	由审核员开展的工作： • 审核员应检查以确保公司/工厂编写了与安全与环境管理程序审核周期有关的书面指南。 • 审核员应检查以确保公司/工厂已以书面形式明确了审核日程。 • 审核员应检查审核报告编写时间，以确保审核周期不超过 4 年
审核准则 22-R-21：应在公司/工厂制定的安全与环境管理程序付诸实施后 2 年内进行首次审核	美国石油学会（API）推荐做法 75：《安全和环境管理计划》（API RP 75），12.1	由审核员开展的工作： • 对于公司/工厂制定的安全与环境管理程序，审核员应检查并确保公司/工厂已为对该程序进行了首次审核，编写了书面审核报告，同时确保该程序实施后 2 年内进行了首次审核

续表

审核准则	审核准则出处	审核员指南
审核准则22-R-22：按照《安全和环境管理计划》(SEMP)中的规定，参与审核的人员需具备一定的资格，确保其充分了解审核程序。	美国石油学会(API)推荐做法75：《安全和环境管理计划》(API RP 75)，12.1	由审核员开展的工作： • 审核员应检查以确保公司/工厂对审核组成员的资格进行记录
审核准则22-R-23：应将审核时发现的问题提交给负责公司/工厂安全与环境管理程序策划和实施的管理人员	美国石油学会(API)推荐做法75：《安全和环境管理计划》(API RP 75)，12.1	由审核员开展的工作： • 审核员应检查以确保公司/工厂编写了书面计划，对如何分发审核报告进行了规定。 • 审核员应与管理人员面谈，以核实并确保这些人员是否接收到了审核报告
审核准则22-R-24：审核程序中，应设立一套管理体系为审核时发现的问题确定合适解决方案并进行记录，同时确保妥善落实这些方案	美国石油学会(API)推荐做法75：《安全和环境管理计划》(API RP 75)，12.1	由审核员开展的工作： • 审核员应检查以确保公司/工厂已就如何解决审核时发现问题制定了书面方案。 • 审核员应检查以确保公司/工厂为上一次审核确定的整改项制定了书面行动计划
审核准则22-R-25：按照《安全和环境管理计划》(SEMP)中的规定，审核报告应至少保存到完成下一轮审核为止	美国石油学会(API)推荐做法75：《安全和环境管理计划》(API RP 75)，12.1	由审核员开展的工作： • 审核员应检查以确保公司/工厂已就如何保存审核报告编写了书面指南。 • 审核员应检查以确保公司/工厂至少提供了最后一次审核报告

审核准则	审核准则出处	审核员指南
美国化学理事会(ACC)《责任关怀管理体系®》(RCMS) 审核准则22-R-26：公司应定期对会对健康、安全、安保和环境造成重大影响的主要操作、生产和作业进行监视和测量，包括记录用于跟踪过程安全管理绩效、相关操作控制以及符合公司责任关怀®目标、目的和指标的信息	美国化学理事会(ACC)《责任关怀管理体系®技术规范》要素4.1	由审核员开展的工作： • 审核员应检查以确保公司/工厂设立了一套体系，通过开展过程安全管理审核确定和实施有关纠正和预防措施，并及时跟踪这些措施的实施情况。 • 审核员应检查以确保公司/工厂设立了跟踪系统，跟踪内容包括事故信息、环境绩效数据、健康与安全统计数据及其他相关数据。 • 审核员应确保公司/工厂定期检查责任关怀®目标和目的，同时检查并确保公司/工厂设立了跟踪机制及时跟踪责任关怀®目标和目的的状态。 • 审核员应检查以确保公司/工厂为责任关怀®计划所涵盖所有领域均设立了跟踪系统，包括由美国化学理事会(ACC)制定的其他绩效指标(如与销售和产品管理有关的事故)，而并非仅仅对环境、健康与安全(EHS)指标进行跟踪
审核准则22-R-27：公司应定期对其运营是否符合有关健康、安全、安保和环境立法和法规要求进行评估	美国化学理事会(ACC)《责任关怀管理体系®技术规范》要素4.3	由审核员开展的工作： • 审核员应检查以确保公司/工厂制定了一套程序(即审核程序)定期对其运营是否符合责任关怀®预期目标和有关法律要求进行检查和评估。 • 审核员应检查以确保公司制定了一套程序对公司及其各工厂是否符合有关法律要求进行评估，通常通过内部或外部合规性审核进行评估。 • 公司应定期评估其运营是否符合有关健康、安全、安保和环境立法和法规要求。对公司或现场进行全面合规性检查的最佳方法是开展审核工作。

续表

审核准则	审核准则出处	审核员指南
		• 审核员应检查以确保公司/工厂已按照规定周期进行审核。可根据上一次审核时间、上一次审核时发现的问题、工厂运营存在的风险等确定审核周期。对于一套良好的审核程序，关键是设立行之有效的纠正措施跟踪系统，并将跟踪结果上报给高层管理人员。 • 有些公司采用集中管理机构或聘请外部专家进行合规性审核。另外，也可以单独对各工厂审核，但应按照已确定的标准开展全面合规性审核，而非仅限于对安全和环境检查。此外，可将内部评估作为总体审核程序的一部分，通常包括由外部单位或由公司内部部门审核。 • 有些公司采用了创新型合规性审核程序，即邀请来自其他工厂或部门的“外部审核员”审核，以加强公司管理人员与其他人员之间的相互交流，从而致力于持续改进并确保公司运营符合有关健康、安全、安保和环境的法规要求。 • 尽管按照 OSHA 过程安全管理标准《高危化学品过程安全管理》或 EPA《风险管理计划》中有关规定，进行计划性或非计划性审核(或开展类似工作)至关重要，但并不能完全保证审核程序的顺利实施
审核准则 22-R-28：公司应定期评估责任关怀管理体系®(RCMS)实施效果，以核实该系统是否已得以顺利实施。应将 RCMS 系统实施效果评估结果提交给管理层	美国化学理事会(ACC)《责任关怀管理体系® 技术规范》要素 4.3	由审核员开展的工作： • 在本审核准则中，要求对责任关怀管理体系®(RCMS)全面审核，而非仅仅检查 RCMS 是否符合法规要求。对于 RCMS，除了外部审核外，还要求定期内部审核。对 RCMS 进行审核的目的是使高层管理人员确信该体系得以顺利实施。 • 高层管理人员应根据对责任关怀管理体系®(RCMS)获得的结果对美国化学理事会(ACC)《责任关怀管理体系®技术规范》要素 5.1 中内容进行评审。一套良好的管理体系应具备以下特点： . 能够基于有关资源并按照规定周期对责任关怀管理体系®(RCMS)内部审核。 —. 应制定纠正措施实施程序落实审核时发现的问题。 —公司应定期对其 RCMS 内部审核。通常，应每隔 3~5 年对 RCMS 进行一次内部审核，但审核频次因多个因素而异，包括工厂运营存在的风险、工厂规模、上一次审核发现的问题等。审核员应按照预先确定的周期在整个公司范围内对 RCMS 进行审核。 • 应将责任关怀管理体系®(RCMS)审核结果输入公司纠正措施跟踪系统，并且上报给管理层。 • 有些公司采用多层综合性方法审核，包括审核管理体系各要素及其是否符合有关法规要求
审核准则 22-R-29：公司应基于潜在风险对承运商、供货商、分销商、客户、承包商和第三方责任关怀®绩效计划审核，并依据审核结果评估其资格	美国化学理事会(ACC)《责任关怀管理体系® 技术规范》要素 4.5	由审核员开展的工作： • 本审核准则主要涉及公司产品管理、销售、过程安全及与商业合作伙伴的协调，要求对所有商业合作伙伴的绩效和资格审核。这些商业合作伙伴包括： —承运商； —供货商； —分销商；

续表

审核准则	审核准则出处	审核员指南
		—客户； —承包商； —由公司确定的其他第三方(如废弃物处置承包商、联营方、合约生产商、仓库、码头等)
审核准则 22-R-30：公司应指明哪些情形不符合责任关怀管理体系®(RCMS)要求，对这些不符合项调查，确定并实施纠正和预防措施，以降低可能造成的任何不利影响	美国化学理事会(ACC)《责任关怀管理体系® 技术规范》要素 4.7	由审核员开展的工作： • 审核员应检查以核实公司/工厂建立了一套体系识别并整改不符合项。该体系中，要求公司明确对不符合项进行整改的责任方，确定并实施有关纠正和预防措施。 • 一套良好的管理体系应具备以下特点： —明确对不符合项识别、调查、减轻和纠正的责任方。 —能够对不符合项有效跟踪。 —能够在公司范围内确定纠正和预防措施，并对这些纠正和预防措施有效跟踪。 • 公司应指派有关人员对每一不符合项进行监督，包括以下内容： —识别不符合项； —对不符合项调查和整改； —降低可能会造成的任何不利影响； —确定并实施纠正或预防措施； —对纠正或预防措施进行跟踪，直至纠正或预防措施完成； —将事故信息告知利益相关方(如商业合作伙伴、社区、员工、其他行业相关方等)。 • 为了确保不符合项整改，审核员应检查以确保公司/工厂制定并实施了一套程序定期对体系审核，以及评估纠正和预防措施的实施效果。通常，公司通过绩效跟踪系统确定纠正措施并对其进行有效管理

审核准则	审核准则出处	审核员指南
美国化学理事会(ACC)RC14001《环境、健康、安全与安保管理体系》 审核准则 22-R-31：公司应确保按照预先确定的周期对环境管理体系内部审核，以核实： • 环境管理体系是否符合环境管理要求，包括在 RC14001《环境、健康、安全与安保管理体系》中规定的要求； • 环境管理体系是否已得以顺利实施和妥善维护； • 是否将审核结果提供给了管理层	美国化学理事会(ACC)《环境、健康、安全与安保管理体系技术规范》RC151.03 4.5.5	由审核员开展的工作： • 公司在制定、实施并维护审核计划时，要考虑运营环境的重要性及以往审核结果。 • 公司应制定、实施和维护审核程序，以明确计划和开展审核工作、上报审核结果和保存相关记录方面的要求，并确定审核标准、范围、频次和方法。 • 应确保本着客观、公平和公正的原则选择审核员及开展审核工作

22.3 审核方案

附录A过程安全管理审核方案，就如何按照审核准则对第22.2节中的内容进行审核提供了详细指南（有关如何在线获取附录A中资料，见第Ⅷ页）。

（有关如何在线获取附录A中资料，见第Ⅷ页）

参 考 文 献

American Chemistry Council, *RCMS® Technical Specification*, RC101. 02, March 9, 2005.

American Chemistry Council, *RCMS® Technical Specification Implementation Guidance and Interpretations*, RC 101. 02, January 25, 2004.

American Chemistry Council, *RCMS® Technical Specification Implementation Guidance and Interpretations Appendices*, RC 101. 02, January 25, 2004.

California, California Code of Regulations, Title 8, Section 5189, CalOSHA, November 1985.

Center for Chemical Process Safety (CCPS), *Guidelines for Risk Based Process Safety*, American Institute of Chemical Engineers, New York, 2007 (CCPS, 2007c).

Delaware, *Accidental Release Prevention Regulation*, Delaware Department of Natural Resources and Environmental Control/Division of Air and Waste Management, September 1989 (rev. January 1999).

Department of the Interior, Minerals Management Service, *Safety and Environmental Management Program (SEMP)*, 1990.

Environmental Protection Agency (USEPA), 40 CFR § 68, *Accidental Release Prevention Requirements: Risk Management Programs Under Clean Air Act Section* 112(*r*)(7); Final Rule, June 21, 1996.

New Jersey, *Toxic Catastrophe Prevention Act (N. J. A. C. 7: 31)*, New Jersey Department of Environmental Protection, June 1987 (rev. April 16, 2007).

Occupational Safety and Health Administration (OSHA) 29 CFR § 1910. 119, *Process Safety Management of Highly Hazardous Chemicals, Explosives and Blasting Agents; Final Rule*, Washington, DC, February 24, 1992.

Occupational Safety and Health Administration (OSHA) Publication 3133, *Process Safety Management Guidelines for Compliance*, Washington, DC, 1993.

Occupational Safety and Health Administration (OSHA) Instruction CPL02-02-045 CH-1, *PSM Compliance Directive*, Washington, DC, September 13, 1994.

Occupational Safety and Health Administration (OSHA) Instruction CPL 03-00-004, *Petroleum Refinery Process Safety Management National Emphasis Program*, June 7, 2007 (OSHA, 2007a).

Occupational Safety and Health Administration (OSHA) Directive 09-06 (CPL 02), *PSM Chemical Covered Facilities National Emphasis Program*, July 27, 2009 (OSHA, 2009a).

Occupational Safety and Health Administration (OSHA) Instruction CPL 02-00-148, *Field Operations Manual*, Washington, DC, March 26, 2009 (OSHA, 2009b).

23 管理评审和持续改进

本要素在OSHA过程安全管理标准《高危化学品过程安全管理》、EPA《风险管理计划》或美国州立过程安全管理标准中没有直接对应的要素。虽然这些法规和标准没有对“管理评审和持续改进”提出正式要求，但是，管理评审和持续改进是所有过程安全管理法规的一个基本理念，同时也是多个自愿性共识过程安全管理标准的组成部分。另外，“管理评审和持续改进”还是“策划-实施-检查-改进”管理系统中一个主要组成部分。本要素还被称之为“管理评审”，是化工过程安全中心(CCPS)《基于风险的过程安全》(RBPS)事故预防原则之一“吸取经验教训”中的一个要素。

23.1 概述

管理评审指定期对过程安全管理体系能否按照预定目标顺利实施，能否达到预期效果进行评估。通常，对过程安全管理体系的正式的审核频率较低(如每隔3年按照OSHA过程安全管理标准《高危化学品过程安全管理》中有关规定对过程安全管理体系审核)，仅凭审核无法对过程安全管理体系进行全面、有效的评估。因此，通过管理评审对过程安全管理进行“尽职审查”，从而确保能够在定期审核前及时解决发现的日常作业活动中存在的过程安全管理问题。此外，管理评审属于“策划-实施-检查-改进”管理系统中“检查”部分和“改进”部分的一项工作。

管理评审在许多方面与第1章和第22章中介绍的第一方审核相同。有关管理评审和审核之间的相似之处，概要介绍如下：

- 管理评审和审核均要求建立一套管理体系，为过程安全管理标准的所有要素制定审核方案、配备审核员、实施有效评估并上报评估结果。
- 管理评审和审核均要求建立一套管理体系，用于实施改进或纠正行动计划，并对计划的实施效果进行验证。
- 管理评审和审核均试图发现根源性或细微的系统性问题。由于管理评审更加侧重于各个要素且通常一次只对过程安全管理体系其中一个要素进行审查，因此更有利于找出根源性或细微系统性问题。审核和管理评审均力图发现重复出现的问题。
- 如果对过程安全管理体系进行审核时，审核准则包含绩效指标、过程安全文化等相关审核准则，那么，审核和管理评审都能为过程安全管理体系的持续改进提供相关信息。

有关管理评审和审核之间的不同之处，概要介绍如下：

- 管理评审侧重于对过程安全管理体系具体要素的实施效果进行测量，而审核则侧重于对整个过程安全管理体系的合规性进行审查。但是，过程安全管理体系审核采用相关审核准则时，如行业最佳/常用过程安全管理做法(见本书其余章节)，审核也能够对过程安全管理体系的实施效果进行测量。

- 审核属于一项正式的照本宣科的工作，相比之下，管理评审则没有审核正式。评审人员通常可以更加自由地诠释所使用的评审方案，且可以对审核时没有审核到的(至少审核不彻底的)过程安全管理体系要素内容进行审查。然而，对于管理评审时发现的问题和提出的建议，其重要性并不低于审核时发现问题和提出建议的重要性，因此其优先级并不低于审核时发现问题及提出建议的优先级。

- 管理评审时，可以根据已确定的指标，尤其是领先指标(即针对过程安全管理体系中不会立即出现的问题确定的前瞻性指标)，来对过程安全管理体系进行测量。

- 审核通常每隔 2 年或 3 年开展一次(见第 1 章)，而管理评审则更加频繁，通常每年开展一次或多次。

- 由于过程安全文化会对过程安全管理体系中所有其他要素的实施产生影响，因此，管理评审时需审查的一个主要要素就是过程安全文化。而过程安全文化并不是过程安全管理体系审核中的常见要素。

- 与审核相比，管理评审更加关注过程安全管理体系的实施活动。

- 管理评审可以由团队或个人实施，而审核则通常通过审核组实施(见第 22 章)。

尽管需要定期对过程安全管理体系所有要素进行管理评审以便持续改进和提高，但是“管理评审”这一要素主要与过程安全管理体系中以下几个要素密切相关：

- “审核”(见第 22 章)—通过对过程安全管理体系进行审核，根据审核结果分析提出行动措施，以持续改进过程安全管理绩效。

- “测量和指标”(见第 21 章)—通过定期对过程安全管理指标进行审查，对审查结果进行分析并提出行动措施，以持续改进过程安全管理绩效。

在第 23.2 节中，对相关审核准则及审核员使用准则方面的要求进行了介绍。对合规性审核准则和相关审核准则的详细介绍，见第 1 章(第 1.7 节)。这些章节中介绍的准则和指南并不能完全涵盖过程安全管理标准的范围、设计、实施或解释，代表的是化工/加工行业过程安全管理审核员的集体经验和基于经验形成的一致性观点。

本书中介绍的相关审核准则并不代表过程安全管理体系的顺利实施必须遵守这些准则，也不代表如果没有遵守这些准则，体系的实施就会出现问题。对于某一工厂或公司，可能还有其他更加合适的方法对过程安全管理审核表“相关审核准则”栏及其“审核员指南”栏对应的要求或问题进行审核。另外，按照相关审核准则对过程安全管理体系实施情况进行审核完全是自愿性的，并非强制性要求。采用相关审核准则时应谨慎并认真计划，防止不经意间形成不期望的过程安全管理绩效标准。采用这些相关审核准则之前，应在工厂与其母公司之间达成一致意见。最后，所提供的相关审核准则和审核员指南并不是意味着对监管机构发出的书面或口头说明、因违反过程安全管理法规而由监管机构发出的违规传票、由监管机构发布的其他过程安全管理指南的认同，也不是对某一公司在实施过程安全管理体系过程中形成的成功或常用过程安全管理做法的认可。

23.2 审核准则和审核员指南

下文对“管理评审”要素的详细要求进行介绍。由于所有过程安全管理法规中，均未对是否需进行管理评审或是否需根据管理评审结果制定并实施持续改进计划作出规定，因此本章中列出的所有要求均属于相关审核准则。

审核员根据本章提供的指南，通过开展以下工作对下文介绍的审核准则进行审核：

• 与工厂中负责监控过程安全管理体系实施情况的人员面谈。该类人员通常为过程安全管理协调员/经理。

• 审核管理评审程序。

• 审核以往的管理评审报告或记录。

• 审核与管理评审所提出建议落实情况有关的记录。

• 审核管理评审结果趋势记录。

本节中介绍的相关审核准则，为审核员审核过程安全管理体系提供了指南，这些相关审核准则很大程度上代表了行业采用的过程安全管理优秀做法，某些情况下还代表了过程安全管理普遍做法。由于部分相关审核准则相当长时间内已被广泛认可并成功实施，因此，这类审核准则实际上已经达到可接受做法的水准。审核员和过程安全管理专业人员应认真考虑如何采用和实施这些相关审核准则，或者至少采用一种性质上基本类似的审核方法，对过程安全管理实施情况进行审核。有关可接受做法的定义及其实施，见术语表和第1.7.1节。

另外，审核员还应仔细检查被审核公司/工厂所制定程序中的“管理评审和持续改进”要求。如第1.7.1节所述，监管机构会将这些“管理评审和持续改进”要求认定为合规性要求，如果不遵守这些要求，公司或工厂就会因违反法规中的规定而收到由OSHA发出的违规传票。审核员应通过与相关人员面谈、对有关记录和文件进行审核及实地检查等方式，核实工厂或公司管理评审和持续改进程序中有关要求是否已按照规定付诸实施。如果审核时发现没有遵守公司/工厂制定的具体规定，则应将发现的问题写入审核报告。

对于下文表中用于指明审核准则出处的缩写词定义，见“第3-24章指南”部分。

表23.1列出了行业过程安全管理良好做法中与“管理评审”有关的审核准则和审核员指南。

表23.1 行业过程安全管理良好做法中与“管理评审”有关的审核准则和审核员指南

审核准则	审核准则出处	审核员指南
审核准则23-R-1：工厂或公司应制定书面管理程序，对过程安全管理体系的管理评审的开展和跟踪进行管控	加拿大化学品制造商协会(CCPA)发布的加拿大重大工业事故理事会(MIACC)自评估工具《过程安全管理指南/HISAT修订项目》(070820) 化工过程安全中心(CCPS)出版物《基于风险的过程安全》(RBPS)	由审核员开展的工作： 审核员应对过程安全管理体系的管理评审和持续改进程序进行审核，以核实程序中是否包括以下内容： • 对管理评审会议进行策划，并为过程安全管理各要素制定评审计划； • 对管理评审会议内容做好记录，并对在管理评审会议上做出的决策和提出的整改项做好记录； • 跟踪所有整改项； • 将所汲取的经验教训告知相关人员

续表

审核准则	审核准则出处	审核员指南
审核准则23-R-2：应至少每年组织一次管理评审，确保对过程安全管理体系中每一要素进行评审	化工过程安全中心(CCPS)出版物《基于风险的过程安全》(RBPS)	由审核员开展的工作： • 审核员应对管理评审报告/记录审核，以核实公司/工厂是否至少每年组织实施了一次管理评审
审核准则23-R-3：应制定管理评审计划	化工过程安全中心(CCPS)出版物《基于风险的过程安全》(RBPS)	由审核员开展的工作： • 审核员应对管理评审程序进行审核，以核实程序中是否包括与管理评审内容及如何开展管理评审有关的计划
审核准则23-R-4：应对过程安全管理体系的实施效果进行评估	化工过程安全中心(CCPS)出版物《基于风险的过程安全》(RBPS)	由审核员开展的工作： • 审核员应对管理评审报告/记录进行审查，以核实管理评审时是否对过程安全文化进行了评审。 • 审核员应根据已确定的过程安全管理领先指标对过程安全管理体系的实施效果进行对比评估。 • 审核员应通过检查核实并确保过程安全管理做法已经制度化和程序化，而不是依靠人员尽职尽责并在特定人员的督促和要求下才认真遵守
审核准则23-R-5：应通过管理评审检查工厂或公司中不同类型的变更对过程安全管理体系造成何种影响，也就是说，过程安全管理体系是否能够完全适应这些变更，而不会因变更对其顺利实施造成任何影响	化工过程安全中心(CCPS)出版物《基于风险的过程安全》(RBPS)	由审核员开展的工作： • 审核员应审核管理评审报告/记录，以核实管理评审时是否对过程安全管理体系中以下方面进行了审查： 工厂和公司中已批准的过程安全管理程序和政策中的内容和要求。 . 因公司/工厂主要人员发生变化或出现人员流失而对过程安全管理体系当前和未来的实施效果造成的影响。 . 因工厂或公司重组，而需对有关人员的任务和职责进行调整，以及由此对过程安全管理体系实施效果造成的影响。 因公司/工厂预算或资源出现重大变更而对过程安全管理体系实施效果造成的影响。 对工厂状况进行了重大变更后，例如，如果建设了新工艺单元或大大提高了工厂生产能力，会对过程安全管理体系的实施效果造成何种影响。相反，如果缩小工厂规模、减少产品类型或减小工厂生产能力，会对过程安全管理体系的实施效果造成何种影响
审核准则23-R-6：应及时上报和分析管理评审时发现的问题	化工过程安全中心(CCPS)出版物《基于风险的过程安全》(RBPS)	由审核员开展的工作： • 审核员应对管理评审会议纪要和其他类似记录进行检查，以核实公司/工厂是否及时上报了管理评审结果并对结果进行了分析/讨论。 • 审核员应与公司/工厂管理人员和非管理人员面谈，以核实是否在工厂内广泛通报了过程安全管理评审结果
审核准则23-R-7：应及时落实针对管理评审所发现问题而提出的建议	化工过程安全中心(CCPS)出版物《基于风险的过程安全》(RBPS)	由审核员开展的工作： • 审核员应对过程安全管理评审或评审建议管理系统进行审核，以核实是否根据建议复杂程度及实施难度，在合理时间内落实了审核或评审建议(见第10章)。对于管理评审时提出的建议，其落实优先级等同于与过程安全管理有关的任何其他建议。 • 过程安全管理审核员应核实每一工厂如何对“及时”一词进行定义、如何使用这一定义及其使用是否合理可行

续表

审核准则	审核准则出处	审核员指南
审核准则 23-R-8：对于针对管理评审发现问题而提出的建议，其落实情况的跟踪和管理方式应等同于审核、危害识别和风险分析(HIRA)和事故调查时提出的建议	化工过程安全中心(CCPS)出版物《基于风险的过程安全》(RBPS)	由审核员开展的工作： • 审核员应核实以确保公司/工厂建立了一套管理系统，对管理评审建议状态、解决方案、实施情况和针对建议所采取的整改项进行跟踪。与过程安全管理有关的其他建议的管理方式相同，通常采用电子数据表、数据库或其他电子方式来管理管理评审建议
审核准则 23-R-9：应对管理评审(以及正式审核)时发现的问题长期跟踪，以核实过程安全管理体系是否持续改进	化工过程安全中心(CCPS)出版物《基于风险的过程安全》(RBPS)	由审核员开展的工作： • 审核员应对与过程安全管理有关的记录进行审核，核实已对管理评审结果进行了长期跟踪，从而保证过程安全管理体系持续改进

23.3 自愿性共识过程安全管理标准

下文对自愿性共识过程安全管理标准中“管理评审”要求进行了介绍：

• 由 API 编写且由美国内政部矿产资源管理局(MMS)批准的《安全和环境管理计划》(SEMP)中关于海上石油平台领域“管理评审”要求；

• 由美国化学理事会(ACC)发布的《责任关怀管理体系®》(RCMS)中“管理评审”要求；

• 由美国化学理事会(ACC)发布的 RC14001《环境、健康、安全与安保管理体系》中“管理评审”要求。

表 23.2 列出了自愿性共识过程安全管理标准中与“管理评审”有关的审核准则和审核员指南。

表 23.2 自愿性共识过程安全管理标准中与“管理评审”有关的审核准则和审核员指南

审核准则	审核准则出处	审核员指南
美国内政部矿产资源管理局《安全和环境管理计划》(SEMP) 审核准则 23-R-10：在《安全和环境管理计划》(SEMP)中未新增与“管理评审和持续改进“有关的任何其他要求		• 无其他要求
美国化学理事会(ACC)《责任关怀管理体系®》(RCMS) 审核准则 23-R-11：高层管理人员应定期对公司/工厂责任关怀管理体系®评审，并采取相关行动和措施确保该体系的适宜性、充分性和有效性。对公司/工厂责任关怀管理体系®评审时，应考虑可能需要根据	美国化学理事会(ACC)《责任关怀管理体系® 技术规范》要素 5.1	由审核员开展的工作： • 审核员应核实以确保公司/工厂建立了相关的制度，根据所确定的绩效目标和目的、审核结果、不符合项、事故调查结果、政策探讨结果、相关方意见以及实施审核责任关怀管理体系®(RCMS)时发现的其他问题，定期对 RCMS 系统进行管理评审。 • 审核员应核实以确保高层管理人员直接参与了责任关怀管理体系®管理评审。

续表

审核准则	审核准则出处	审核员指南
评审结果对责任关怀管理体系®政策、目标、目的和其他要素进行必要修改，同时应考虑不断发生变化的实际情况，另外，还要承诺持续改进责任关怀管理体系®		• 审核员应对会议纪要、责任关怀®策略和目标最新文件，或其他证明文件进行审查，以确认高层管理人员已经获知责任关怀管理体系®的实施现状
美国化学理事会（ACC）RC14001《环境、健康、安全与安保管理体系》 审核准则23-R-12：公司最高管理层应定期对公司环境管理体系评审，以确保环境管理体系的适宜性、充分性和有效性	美国化学理事会（ACC）《环境、健康、安全与安保管理体系技术规范》RC151.03 4.6	为审核员提供的基本信息： • 管理评审输入应包括以下内容： —内部审核结果和法律要求、公司规定的其他要求的合规性评价结果； —来自外部相关方的信息，包括抱怨； —公司环境管理绩效； —环境管理目标和目的的实现程度； —纠正和预防措施状态； —以往开展的管理评审的后续整改活动，不断变化的环境，包括与环境管理有关的法律法规要求和其他要求的变化； —就改进环境管理体系而提出的建议。 • 管理评审输出应包括，与持续改进承诺保持一致的环境政策、目标和环境管理体系其他要素可能发生的变化相关的任何决策和行动 由审核员开展的工作： • 审核员应核实以确认在对环境管理体系评审时，对环境管理体系改进机会和修改需求进行了评估，包括对环境管理策略、目标和目的进行必要修改。 • 审核员应进行核实以确保公司已妥善保存好管理评审记录

23.4 审核方案

附录A过程安全管理审核方案，就如何按照审核准则对第23.2节和第23.3节中的内容进行审核提供了详细指南(有关如何在线获取附录A中资料，见第Ⅷ页)。

参 考 文 献

American Chemistry Council, *RCMS® Technical Specification*, RC101.02, March 9, 2005.

American Chemistry Council, *RCMS® Technical Specification Implementation Guidance and Interpretations*, RC101.02, January 25, 2004.

American Chemistry Council, *RCMS® Technical Specification Implementation Guidance and Interpretations Appendices*, RC 101.02, January 25, 2004.

California, California Code of Regulations, Title 8, Section 5189, CalOSHA, November 1985.

Center for Chemical Process Safety (CCPS), *Guidelines for Risk Based Process Safety*, American Institute of Chemical Engineers, New York, 2007 (CCPS, 2007c).

Department of the Interior, Minerals Management Service, *Safety and Environmental Management Program (SEMP)*, 1990.

24 风险管理计划

本要素在化工过程安全中心(CCPS)出版物《基于风险的过程安全》(RBPS)一书中没有直接对应的要素。但是，在《基于风险的过程安全》(RBPS)中有多个要素与EPA《风险管理计划》中某些要素有关，如“危害识别和风险分析”要素、“应急管理”要素和“利益相关方沟通”要素。另外，EPA《风险管理计划》事故预防部分所有要素在OSHA过程安全管理标准《高危化学品过程安全管理》中均有直接对应的部分。作为从EPA获得《风险管理计划》实施资格的一部分，多个美国州立风险管理标准采纳了EPA《风险管理计划》中规定的要求。为了与EPA《风险管理计划》中术语保持一致，在本章中，术语“设施”和“工厂”的含义相同。另外，在本章中“RMP”是指风险管理计划或风险管理法规(即EPA《风险管理计划》(40 CFR §68))。术语“RMPlan”是指提交给EPA或相关州立风险管理标准实施机构的风险管理计划。

24.1 概述

在本章中，将介绍如何对EPA《风险管理计划》事故预防部分以外的内容进行审核。由于风险管理计划对事故预防部分的要求与OSHA过程安全管理的要求相同，因此风险管理计划3所涉及的过程可以使用本书中其他章节的方法来进行审核。对于EPA《风险管理计划》中事故预防计划2所涵盖过程，其事故预防部分的要求也与OSHA过程安全管理标准《高危化学品过程安全管理》中规定的要求类似。尽管EPA《风险管理计划》(40 CFR §68)对所涵盖过程的要求是强制性的，但对该类过程进行EPA《风险管理计划》事故预防部分以外内容的周期性审核却非强制执行。EPA《风险管理计划》包含了风险管理审核的总体要求，这些风险管理审核工作由EPA授权机构，而非EPA《风险管理计划》所涵盖工厂来开展。不管怎样，都应对按照《1990年清洁空气法修正案》(CAAA)签发的大气许可证进行年度复核，以证明工厂已制定并实施了风险管理计划(见CAAA第112(R)部分)。这并不是一项审核要求，而是用于证明工厂风险管理计划满足EPA《风险管理计划》中规定的所有要求。

在本章中，EPA《风险管理计划》事故预防部分以外的内容包括：

- 总体要求；
- 适用范围；
- 管理；
- 风险管理计划的提交；
- 危险评估；
- 应急响应。

尽管过程安全管理体系也包括应急管理要求(见第19章)，但风险管理计划侧重于明确工厂应急响应计划与社区应急响应计划之间的关系，以确保工厂与当地应急响应机构之间共享信息并保持良好沟通。

在第24.2节中，对相关审核准则及审核员使用这些准则方面的要求进行了介绍。有关对合规性审核准则和相关审核准则的详细介绍，见第1章(第1.7节)。这些章节中介绍的准则和指南并不能完全涵盖过程安全管理计划的范围、设计、实施或解释，而代表的是化工/加工行业过程安全管理审核员的集体经验以及基于经验形成的一致性观点。合规性审核准则来自于美国过程安全管理法规，而这些法规全部都是基于绩效的法规。基于绩效的法规以目标为导向，有多种途径来满足法规中规定的要求。因此，对于除本章审查表中列出的问题，尤其是审查表“审核员指南”栏中列出的审查方法之外，可能还会有其他审查方法。

24.2 审核准则和审核员指南

对于下文表中列出的与风险管理计划有关的所有审核准则，并不要求进行强制性审核，因此被视为相关审核准则。但是，这些审核准则对于EPA《风险管理计划》所涵盖工厂或工艺流程而言，则属于强制性要求，因此被视为合规性审核准则。另外，EPA在其网站上还发布了“常见问题”(FAQ)，对风险管理计划准则内容及其适用范围以及如何制定和实施风险管理计划进行澄清和说明(网址：http://www.epa.gov/emergencies/content/rmp/caa_faqs.htm)。

审核员根据本章所提供的指南并通过开展以下审核工作对下文介绍的审核准则进行审查：

- 对提交给EPA或相关州立风险管理标准实施机构的风险管理计划进行审查，以确保其内容完整。
- 对编写风险管理计划所使用的支持性输入文件进行审查，尤其在进行危险评估时所使用的支持性输入数据。
- 与全面负责风险管理计划的人员进行面谈，以确定风险管理计划范围、采用的沟通机制及需开展的主要工作。该名人员通常为过程安全管理经理/协调员。另外，由于风险管理计划准则由EPA负责管理，因此该名人员也可以为环境管理部门人员。有时，也会指派工程设计部门或技术部门的人员来全面负责风险管理计划。
- 与负责社区参与工作的管理人员[包括环境、健康与安全(EHS)经理和运行经理]进行面谈。通常，这些人员为工厂或公司指派到地方应急预案委员会或社区咨询委员会(CAP)的代表。
- 审查与社区参与工作有关的任何记录。这些记录可以是会议纪要、简讯等。

另外，审核员还应对被审核公司/工厂所制定程序中的“风险管理计划”要求进行认真审查。如第1.7.1节所述，监管机构会将这些“风险管理计划”要求认定为合规性要求，如果不遵守这些合规性要求，公司或工厂就会因违反法规中的规定而收到由OSHA发出的违规传票。审核员应通过与相关人员进行面谈、对有关记录和文件进行审查及实地检查等方式来核实风险管理计划(RMP)程序中有关要求是否已按照规定付诸实施。如果在审核时发现没有遵守公司/工厂制定的具体规定，则应将发现的问题写入审核报告。

对于下文表中用于指明审核准则出处的缩写词定义，见“第3-24章指南”部分。

24.2.1 合规性要求

审核准则应供以下公司/工厂使用：

- EPA《风险管理计划》所涵盖的美国本土公司/工厂；
- 自愿采用EPA《风险管理计划》的公司/工厂；
- 美国本土以外采用了EPA《风险管理计划》的公司/工厂。

表24.1列出了EPA《风险管理计划》中与“风险管理计划”有关的审核准则和审核员指南。

表24.1 EPA《风险管理计划》中与“风险管理计划”有关的审核准则和审核员指南

审核准则	审核准则出处	审核员指南
审核准则24-C-1：如果EPA《风险管理计划》所涉及工艺过程中受控物质储存量超过临界量，则工厂所有者或运营方应遵守EPA《风险管理计划》中规定的有关要求。有关受控物质及其临界量，见EPA《风险管理计划》中“物质清单”(68.130)	美国国家环境保护局(EPA)《风险管理计划》中“风险管理计划适用标准”(68.10)部分第(a)节	由审核员开展的工作： • 审核员应对化学品储存量文件，如SARA第Ⅲ篇第Ⅱ级报告、物料平衡表、工艺说明和其他资料如物流/运输记录和工厂运输容器(如铁路槽车)检查报告进行审查，并将这些文件中列出的受控物质及其临界量与EPA《风险管理计划》中“物质清单”(68.130)列出的受控物质及其临界量进行比较
审核准则24-C-2：如果工艺过程满足以下规定，则认为该设施属于EPA《风险管理计划》中事故预防计划1所涵盖范围： • 该工艺过程在提交风险管理计划前5年内未发生过受控物质意外泄漏事故，从而未因接触到受控物质及其反应产物、未因泄漏出受控物质发生爆炸形成的超压或未因泄漏出的受控物质引发火灾而产生的辐射热对场外造成以下任何后果：人员死亡；人员受伤；使环境受体受到影响或开展事故后恢复工作。 • 最严重泄漏事故评估结果表明，事故地点到有毒或易燃位置的距离小于或等于到公共受体的距离。 • 工厂所有者或运营方开展的应急响应行动能够与当地应急响应机构及应急响应计划保持协调一致	美国国家环境保护局(EPA)《风险管理计划》中“风险管理计划适用标准”(68.10)部分第(b)(1)~(b)(3)节	由审核员开展的工作： • 审核员应对事故调查报告进行审查。 • 审核员应对场外后果分析(OCA)报告进行审查。为了确定EPA《风险管理计划》的适用范围，有必要对最严重泄漏情形进行场外后果分析，以核实对场外造成何种影响。 • 审核员应对工厂与地方应急预案委员会及其他场外应急响应机构之间往来的文件资料进行审查。 • 审核员应检查并核实工厂是否参加了由地方应急预案委员会、社区咨询委员会(CAP)和其他机构组织的应急响应人员研讨会。 • 审核员应检查并核实当地应急响应机构人员是否参加了工厂培训

续表

审核准则	审核准则出处	审核员指南
审核准则24-C-3：如果工艺过程不属于EPA《风险管理计划》中事故预防计划1所涵盖范围，但只要符合以下其中一条规定，则属于EPA《风险管理计划》中事故预防计划3所涵盖范围： • 涉及工艺流程属于OSHA过程安全管理标准《高危化学品过程安全管理》(29 CFR §1910.119)所涵盖范围。 • 工艺过程属于以下其中任何一个北美产业分类体系(NAICS)代码，32211、32411、32511、325181、325188、325192、325199、325211、325311或32532	美国国家环境保护局(EPA)《风险管理计划》中“风险管理计划适用标准”(68.10)部分第(d)(1)~(d)(2)节	由审核员开展的工作： • 审核员应对与过程安全管理标准适用范围有关的文件进行审查(见第3章)。 • 审核员应对商业、经营或其他文件进行审查，以核实北美产业分类体系(NAICS)代码是否适用于工厂及其工艺流程
审核准则24-C-4：如果工艺流程不属于EPA《风险管理计划》中事故预防计划1或事故预防计划3所涵盖范围，则该工艺流程属于EPA《风险管理计划》中事故预防计划2所涵盖范围	美国国家环境保护局(EPA)《风险管理计划》中“风险管理计划适用标准”(68.10)部分第(c)节	为审核员提供的基本信息： • 对于EPA《风险管理计划》中事故预防计划2所涵盖工艺过程，最常见类型包括农用化肥零售企业、不受OSHA法规控制的州立公共供水和废水处理设施、所使用物质受EAP风险管理计划准则控制但不受OSHA过程安全管理标准《高危化学品过程安全管理》控制的设施(如受控酸水溶液)，以及所使用物质受OSHA过程安全管理标准《高危化学品过程安全管理》控制但不受EPA《风险管理计划》控制的工艺过程(如采用常压储罐存储受控液体易燃物质)
总体要求		
审核准则24-C-5：工厂所有者或运营方应提交一份风险管理计划，在该计划中应包括一份记录表，列出EPA《风险管理计划》(40 CFR §68)第150-185部分涉及所有工艺过程	美国国家环境保护局(EPA)《风险管理计划》中“一般要求”(68.12)部分第(a)节	由审核员开展的工作： • 审核员应对工艺过程风险管理计划提交记录进行检查，以核实并确保已提交风险管理计划
审核准则24-C-6：对于EPA《风险管理计划》中事故预防计划1所涵盖工艺过程，其所有者或运营方应开展以下工作： • 应按照EPA《风险管理计划》(40 CFR §68)第25部分有关规定对工艺过程最严重泄漏情形进行分析。 • 应证明与最近公共受体的距离大于EPA《风险管理计划》(40 CFR §68)第22部分第(a)节所定义的距离。 • 应按照EPA《风险管理计划》(40 CFR §68)第165部分有关规定在风险管理计划中列出所有泄漏情形。	美国国家环境保护局(EPA)《风险管理计划》中“一般要求”(68.12)部分第(b)节	由审核员开展的工作： • 审核员应对有关分析文件进行审查，以核实并确保工厂工艺过程属于EPA《风险管理计划》中事故预防计划1所涵盖范围。这些文件包括危险评估报告[含场外后果分析(OCA)]、事故调查报告和应急响应计划。 • 工厂可采用EPA《风险管理计划》中事故预防计划1、事故预防计划2和事故预防计划3对不同工艺过程涉及的风险进行综合管理

续表

审核准则	审核准则出处	审核员指南
• 应按照EPA《风险管理计划》(40 CFR §68)第42部分有关规定形成工艺过程过去5年内的事故记录。 • 应按照EPA《风险管理计划》(40 CFR §68)第168部分有关规定在风险管理计划中列出所有化学品泄漏事故。 • 应确保应急响应行动与当地应急响应机构和应急响应计划协调一致; • 应为EPA《风险管理计划》中事故预防计划1所涵盖设施提供年度复核报告		
审核准则24-C-7:对于EPA《风险管理计划》中事故预防计划2所涵盖工艺过程,其所有者或运营方应开展以下工作: • 应按照EPA《风险管理计划》(40 CFR §68)第15部分有关规定建立一套管理系统并付诸实施。 • 应按照EPA《风险管理计划》(40 CFR §68)第20~42部分有关规定进行危险评估。 • 应按照EPA《风险管理计划》(40 CFR §68)第48~60部分有关规定实施EPA《风险管理计划》中事故预防计划2规定的风险预防措施或按照EPA《风险管理计划》(40 CFR §68)第65~87部分有关规定实施EPA《风险管理计划》中事故预防计划3规定的风险预防措施。 • 应按照EPA《风险管理计划》(40 CFR §68)第90~95部分有关规定编制并实施应急响应计划。 • 作为风险管理计划的一部分,应按照EPA《风险管理计划》(40 CFR §68)第170部分有关规定提交与事故预防计划有关的资料	美国国家环境保护局(EPA)《风险管理计划》中"一般要求"(68.12)部分第(c)节	由审核员开展的工作: • 审核员应对有关文件进行审查,以核实并确保工厂工艺过程属于EPA《风险管理计划》中事故预防计划2所涵盖范围,包括工厂采用的北美产业分类体系(NAICS)代码。 • 审核员应对与EPA《风险管理计划》中事故预防计划2有关的文件进行审查,包括管理系统文件、危险评估报告、按照EPA《风险管理计划》事故预防计划2中有关规定编制的事故预防计划及应急响应计划

续表

审核准则	审核准则出处	审核员指南
审核准则 24-C-8：对于 EPA《风险管理计划》中事故预防计划 3 所涵盖设施，其所有者或运营方应开展以下工作： • 应按照 EPA《风险管理计划》(40 CFR § 68)第 15 部分有关规定建立一套管理系统并付诸实施。 • 应按照 EPA《风险管理计划》(40 CFR § 68)第 20～42 部分有关规定进行危险评估。 • 应按照 EPA《风险管理计划》(40 CFR § 68)第 65～87 部分有关规定实施风险预防措施。 • 应按照 EPA《风险管理计划》(40 CFR § 68)第 90～95 部分有关规定编制并实施应急响应计划。 • 作为风险管理计划的一部分，应按照 EPA《风险管理计划》(40 CFR § 68)第 175 部分有关规定提交与事故预防计划有关的资料	美国国家环境保护局(EPA)《风险管理计划》中"一般要求"(68.12)部分第(d)节	由审核员开展的工作： • 审核员应对有关文件进行审查，以核实并确保设施属于 EPA《风险管理计划》中事故预防计划 3 所涵盖设施，包括工厂采用的北美产业分类体系(NAICS)代码。 • 审核员应对与 EPA《风险管理计划》中事故预防计划 3 有关的文件进行审查，包括管理系统文件、危险评估报告、按照 EPA《风险管理计划》中事故预防计划 3 中有关规定编制的事故预防计划以及应急响应计划
管理		
审核准则 24-C-9：工厂所有者或运营方应建立一套管理系统来对风险管理计划各要素实施情况进行监督	美国国家环境保护局(EPA)《风险管理计划》中"危险评估"(68.15)部分第(a)节	由审核员开展的工作： • 审核员应对组织机构图、岗位职责、有关程序或与风险管理计划管理系统有关的其他文件进行审查
审核准则 24-C-10：工厂所有者或运营方应指定一名合格人员来全面负责风险管理计划各要素的编制、实施和整合工作	美国国家环境保护局(EPA)《风险管理计划》中"危险评估"(68.15)部分第(b)节	由审核员开展的工作： • 审核员应对组织机构图、岗位职责、有关程序及与设施风险管理计划负责人有关的其他文件进行审查
审核准则 24-C-11：工厂所有者或运营方应指定其他人员来负责实施风险管理计划具体要求，并通过组织机构图或类似文件来明确人员权限	美国国家环境保护局(EPA)《风险管理计划》中"危险评估"(68.15)部分第(c)节	由审核员开展的工作： • 审核员应对组织机构图、岗位职责、有关程序及与设施风险管理计划其他管理人员有关的其他文件进行审查
风险管理计划的提交		
审核准则 24-C-12：工厂所有者或运营方应于 1999 年 6 月 21 日或之前提交风险管理计划	美国国家环境保护局(EPA)《风险管理计划》"风险管理计划适用标准"(68.10) 美国国家环境保护局(EPA)《风险管理计划》	由审核员开展的工作： • 审核员应对提交的风险管理计划进行审查，以核实提交日期

续表

审核准则	审核准则出处	审核员指南
	“风险管理计划适用标准”(68.10)部分第(a)(1)节 美国国家环境保护局(EPA)《风险管理计划》“风险管理计划提交标准”(68.150)部分第(a)和(b)节	
审核准则 24-C-13：如果出于以下原因，可在 1999 年 6 月 21 日之后提交风险管理计划： 1999 年 6 月 21 日后才获得 EPA《风险管理计划》(40 CFR §68)第 130 部分列出的受控物质初步清单； 工艺过程中首次采用的某种受控物质储存量超过了规定的临界量	美国国家环境保护局(EPA)《风险管理计划》“风险管理计划适用标准”(68.10)和美国国家环境保护局(EPA)《风险管理计划》“风险管理计划提交标准”(68.150)部分第(b)(2)节	由审核员开展的工作： • 审核员应对提交的风险管理计划进行审查，以核实提交日期
审核准则 24-C-14：工厂所有者或运营方应在初次提交风险管理计划后 5 年内对该计划进行相应修订和更新	美国国家环境保护局(EPA)《风险管理计划》中“风险管理计划复核”(68.190)部分第(a)节	由审核员开展的工作： • 审核员应核实工厂最后一次对风险管理计划进行修订和更新的日期，该日期应为 2004 年 6 月 21 日或之前。对于绝大部分工厂，此后应每隔 5 年对风险管理计划进行相应修订和更新
审核准则 24-C-15：特殊要求时，工厂所有者或运营方应针对以下任何一种情况修订并提交风险管理计划： • 当 EPA 在其风险管理计划准则中首次列出某一新受控物质时，工厂应在 3 年内对其风险管理计划进行相应修订并提交经过修订的风险管理计划。 • 当 EPA《风险管理计划》所涵盖现有工艺过程中首次采用的某一新受控物质储存量超过临界量时，应于当日对风险管理计划进行相应修订并提交经过修订的风险管理计划。 • 当 EPA《风险管理计划》所涵盖新建工艺过程首次采用某一新受控物质储存量超过临界量时，应于当日对风险管理计划进行相应修订并提交经过修订的风险管理计划。 • 当因进行了变更而需对过程危害分析(PHA)或危险审查报告进行修改时，设施应在 6 个	美国国家环境保护局(EPA)《风险管理计划》中“风险管理计划复核”(68.190)部分第(b)(1)~(7)节	由审核员开展的工作： • 审核员应对由工厂最近提交的风险管理计划以及过程危害分析(PHA)报告和变更管理(MOC)程序进行审查，以核实是否根据变更对 PHA 报告和场外后果分析(OCA)报告进行了修改。审核员应进行检查以核实工厂是否需更新并重新提交其风险管理计划或对风险管理计划中某些要素进行更新，如 PHA/危险审查或 OCA。例如，如果在提交了最新风险管理计划后发生了需上报事故，则审核员应进行检查以核实工厂是否在 6 个月内就有关事故信息对最新风险管理计划进行了相应修订。 • 审核员应核实工厂是否进行了某些变更，导致最近进行的过程危害分析(PHA)失效、在工艺过程中采用的新化学品储存量超过临界量等。 • 审核员应对场外后果分析(OCA)假设条件和支持性资料进行审查，以核实是否因对工艺、化学品储存量/处理量或设施其他方面进行了变更而可能需适当将风险管理计划所定义的距离系数增大或减小 2 倍或以上，或核实是否在工厂附近新建了公共受体

续表

审核准则	审核准则出处	审核员指南
月内对其风险管理计划进行相应修订并提交经过修订的风险管理计划。 • 当因进行了变更而需对场外后果分析(OCA)报告进行修改时，设施应在6个月内对其风险管理计划进行相应修订并提交经过修订的风险管理计划。如果对工艺、化学品储存量/处理量或固定污染源其他方面进行了变更，则可能需适当将风险管理计划所定义的距离系数增大或减小2倍或以上。 • 当因进行了变更而需更改应遵守的EAP风险管理计划等级时，涉及工艺工程应在6个月内对其风险管理计划进行相应修订并提交经过修订的风险管理计划。 应该注意的是，在对风险管理计划进行修订时不需考虑对管理性信息进行修改。对于管理性信息，可随时修改，随时提交		
审核准则24-C-16：如果工厂所有者或运营方在所提交的风险管理计划中包含商业保密信息(CBI)，则应遵守EPA《风险管理计划》(40 CFR §68)第151部分和第152部分规定的有关要求	美国国家环境保护局(EPA)《风险管理计划》中"风险管理计划提交"(68.150)部分第(d)节	由审核员开展的工作： • 审核员应对工厂最近提交的风险管理计划进行审查，以核实在该计划中是否包含商业保密信息(CBI)，如果包含，则核实设施是否遵守了EPA《风险管理计划》(40 CFR §68)第151部分和第152部分规定的有关要求
风险管理计划：实施综述		
审核准则24-C-17：工厂所有者或运营方应在风险管理计划实施综述部分对以下方面进行简要说明： • 设施中化学品意外泄漏预防和应急响应策略； • 设施及所处理的受控物质； • 化学品意外泄漏总体预防计划和化学品意外泄漏具体预防措施； • 过去5年内所发生的事故； • 应急响应计划； • 为提高安全绩效而拟进行的变更	美国国家环境保护局(EPA)《风险管理计划》中"风险管理计划实施综述"(68.155)部分第(a)~(g)节	由审核员开展的工作： • 审核员应对由工厂最近提交的风险管理计划及与风险管理计划有关的文件进行审查，以核实并确保设施按照风险管理计划实施综述部分列出的内容来开展工作

续表

审核准则	审核准则出处	审核员指南
风险管理计划：记录		
审核准则 24-C-18：工厂所有者或运营方应在风险管理计划中提供一份记录表，列出在 EPA《风险管理计划》所涵盖设施中进行处理的所有受控物质。在记录表中，应包括以下信息： • 设施名称、完整地址、邓白氏(Dun & Bradstreet)编号、所处经纬度及其确定方法和说明； • 母公司名称和邓白氏(Dun & Bradstreet)编号； • 工厂所有者或运营方名称、电话号码和通讯地址； • 全面负责风险管理计划各要素编制和实施工作的人员姓名和职称； • 应急联系人姓名、职称、电话号码以及 24h 值班电话； • EPA《风险管理计划》所涵盖每一项工艺流程中，储存量超过临界量的受控物质名称及其 CAS 号、受控物质或受控物质混合物最大储存量、北美产业分类体系(NAICS)代码及设施需遵守的 EAP 风险管理计划等级； • 设施 EPA 识别号； • 固定源中全职人员数量； • 固定污染源是否需要遵守 OSHA 过程安全管理标准《高危化学品过程安全管理》(29 CFR §1910.119)； • 固定污染源是否需要遵守 40 CFR §355《应急计划与社区知情权法案》； • 固定污染源是否需要获得《清洁空气法案》(CAA)第Ⅴ篇中所要求的运行许可证，如果需要的话，则提供该许可证号码； • 联邦、州或地方政府机构对固定污染源最近一次安全检查的日期，并列出检查机构名称	美国国家环境保护局(EPA)《风险管理计划》中“风险管理计划记录”(68.160)部分第(a)(b)(1)~(13)节	由审核员开展的工作： • 审核员应对工厂最近提交的风险管理计划记录表进行审查，以核实并确保该记录表列出了所有必要信息，且确保这些信息的准确性

续表

审核准则	审核准则出处	审核员指南
风险管理计划：场外后果分析(OCA)		
审核准则 24-C-19：在风险管理计划中，应包括以下内容： • 对于EPA《风险管理计划》中事故预防计划 1 所涵盖每一项工艺过程，应列出一种最严重泄漏情形； • 对于EPA《风险管理计划》中事故预防计划 2 和事故预防计划 3 所涵盖过程，应列出一种能够代表其储存量超过临界量的所有受控有毒物质的最严重泄漏情形和一种能够代表其储存量超过临界量的所有受控易燃物质的最严重泄漏情形； • 对于EPA《风险管理计划》中事故预防计划 2 和事故预防计划 3 所涵盖设施，如果 EPA《风险管理计划》(40 CFR § 68)第 25 部分第(a)(2)(iii)节中有规定，是否提供了其他最严重泄漏情形？ • 对于EPA《风险管理计划》中事故预防计划 2 和事故预防计划 3 所涵盖工艺过程，是否提供了一种能够代表其储存量超过临界量的所有受控有毒物质的其他危险情形和一种能够代表其储存量超过临界量的所有受控易燃物质的其他危险情形？	美国国家环境保护局(EPA)《风险管理计划》中"场外后果分析"(68.165)部分第(a)节	由审核员开展的工作： • 审核员应对工厂最近提交的风险管理计划危险评估部分进行审查，以核实并确保在该部分列出了与最严重泄漏情形有关的所有必要信息，且确保这些信息的准确性
审核准则 24-C-20：在风险管理计划中，应包括以下与每一泄漏情形有关的信息 • 危险情形类型(爆炸、火灾、有毒气体泄漏或液体溢出和汽化)； • 泄漏物质的化学名称； • 液体混合物中化学品质量百分数(仅针对有毒物质)； • 物质物理状态(仅针对有毒物质)； • 结果确定依据(模型名称，如果采用的话)； • 物质泄漏量(单位：磅)； • 物质泄漏速度；	美国国家环境保护局(EPA)《风险管理计划》中"场外后果分析"(68.165)部分第(b)(1)~(14)节	由审核员开展的工作： • 审核员应对工厂最近提交的风险管理计划危险评估部分进行审查，以核实并确保在该部分列出了与最严重泄漏情形有关的所有必要信息，且确保这些信息的准确性

续表

审核准则	审核准则出处	审核员指南
• 物质泄漏持续时间； • 风速和大气稳定性等级(仅针对有毒物质)； • 地形(仅针对有毒物质)； • 风险管理计划所定义的距离； • 在规定距离范围内所存在的公共受体和环境受体； • 考虑采取被动减缓措施； • 考虑采取主动减缓措施[仅针对其他泄漏情形(ARS)]		
风险管理计划：过去5年内事故记录		
审核准则 24-C-21：工厂所有者或运营方应按照 EPA《风险管理计划》(40 CFR §68)第42部分有关规定提供过去5年内事故记录。在风险管理计划中，已上报化学品意外泄漏事故应包括以下信息 • 化学品泄漏日期、时间和大致持续时间； • 泄漏出的化学品名称； • 化学品泄漏估计量(单位：磅)； • 泄漏事故类型及其泄漏源； • 天气条件(如果已知的话)； • 场内影响； • 已知场外影响； • 引发化学品泄漏的事件和因素(如果已知的话)； • 是否将化学品泄漏通知了场外应急响应机构(如果已知的话)； • 基于化学品泄漏调查结果而对运行和工艺进行的变更	美国国家环境保护局(EPA)《风险管理计划》中"风险管理计划过去5年内事故记录"部分(68.168) 美国国家环境保护局(EPA)《风险管理计划》"过去5年事故记录"(68.42)部分第(b)(1)~(10)节	由审核员开展的工作： • 审核员应对工厂最近提交的风险管理计划中过去5年内事故记录进行审查，以核实在该记录中是否列出了在过去5年内发生的所有事故
风险管理计划：事故预防计划/事故预防计划2		
审核准则 24-C-22：设施所有者和运营方应为 EPA《风险管理计划》中事故预防计划2所涵盖每一设施提供以下信息： • 设施采用的北美产业分类体系(NAICS)代码； • 所涉及的化学品名称； • 最近一次对安全资料进行审查或修改的日期及在验证是	美国国家环境保护局(EPA)《风险管理计划》中"事故预防计划/事故预防计划2"(68.170)第(a)~(d)节 美国国家环境保护局(EPA)《风险管理计划》中"事故预防计划/事故预防计划2"(68.170)部分第(a)~(k)节	由审核员开展的工作： • 审核员应对工厂最近提交的 EPA《风险管理计划》事故预防部分进行审查，以核实并确保在该部分列出了与 EPA《风险管理计划》中事故预防计划2所涵盖工艺过程有关的所有必要信息，且确保这些信息的准确性

续表

审核准则	审核准则出处	审核员指南
否与安全资料要求相符时所采用的联邦或州立法规或行业具体设计规范和标准； • 最近一次危险审查或复核的完成日期 • 在进行危险审查或复核时所确定变更的预计完成日期； • 识别出的重大危险； • 采用的工艺控制系统； • 采用的减缓系统； • 采用的监控和检测系统； • 自上一次危险审查以来所进行的变更； • 最近一次对操作程序进行审查或修改的日期； • 最近一次对培训计划进行审查或修改的日期，包括 —提供的培训类型——课堂培训/计算机辅助培训(CBT)、课堂培训和岗位实际操作培训相结合以及岗位实际操作培训； —采用的能力考核方法； —最近一次对维护程序进行审查或修改的日期、最近一次对设备进行检查或测试的日期以及完成检查或测试的设备名称； —最近一次合规性审核日期以及在进行合规性审核时所确定变更的预计完成日期； —最近一次事故调查日期以及在进行事故调查时所确定变更的预计完成日期； —需对安全资料、危险审查报告、操作或维护程序或培训计划进行审查或修改的最近一次变更日期		
风险管理计划：事故预防计划/事故预防计划 3		
审核准则 24-C-23：工厂所有者或运营方应按照 EPA《风险管理计划》(40 CFR §68)第 175 部分第(b)～(p)节中有关规定将以下信息纳入风险管理计划 • 设施采用的北美产业分类体系(NAICS)代码；	美国国家环境保护局(EPA)《风险管理计划》中“事故预防计划/事故预防计划 3”(68.175)部分第(a)～(p)节	由审核员开展的工作： • 审核员应对工厂最近提交的 EPA《风险管理计划》事故预防部分进行审查，以核实并确保在该部分列出了与 EPA《风险管理计划》中事故预防计划 3 所涵盖设施有关的所有必要信息，且确保这些信息的准确性

续表

审核准则	审核准则出处	审核员指南
• 所涉及的化学品名称; • 最近一次对安全资料进行审查或修改的日期; • 最近一次过程危害分析(PHA)或PHA复核的完成日期以及在进行过程危害分析或对过程危害分析进行复核时所采用的方法,包括 —在进行过程危害分析(PHA)时所确定变更的预计完成日期; —识别出的重大危险; —采用的工艺控制系统; —采用的减缓系统; —采用的监控和检测系统; —自上一次过程危害分析(PHA)以来所进行的变更; —最近一次对操作程序进行审查或修改的日期; —最近一次对培训计划进行审查或修改的日期,包括 —提供的培训类型—课堂培训/计算机辅助培训(CBT)、课堂培训和岗位实际操作培训相结合以及岗位实际操作培训; —采用的能力考核方法; —最近一次对维护程序进行审查或修改的日期、最近一次对设备进行检查或测试的日期及完成检查或测试的设备名称; —按照变更管理(MOC)程序进行的最近一次变更日期及最近一次对MOC程序进行审查或修改的日期; —最近一次开车前安全审查日期; —最近一次合规性审核日期及在进行合规性审核时所确定变更的预计完成日期; —最近一次事故调查日期及在进行事故调查时所确定变更的预计完成日期; —最近一次对员工参与计划进行审查或修改的日期; —最近一次对动火作业许可程序进行审查或修改的日期; —最近一次对承包商安全程序进行审查或修改的日期; —最近一次对承包商安全绩效进行评估的日期		

续表

审核准则	审核准则出处	审核员指南
风险管理计划：应急响应计划		
审核准则 24-C-24：工厂所有者或运营方应在风险管理计划中包含以下与应急响应计划有关的信息： • 是否制定了书面应急响应计划？ • 是否在应急响应计划中列出了应对受控物质意外泄漏所需采取的具体措施？ • 是否在应急响应计划中列出了将受控物质意外泄漏告知公众及地方应急响应机构所需遵守的程序？ • 是否在应急响应计划中列出了与应急健康保护有关的信息？ • 最近一次对应急响应计划进行审查或更新的日期； • 最近一次对人员进行应急响应培训的日期	美国国家环境保护局(EPA)《风险管理计划》中“应急响应计划”(68.180)部分第(a)(1)~(6)节	由审核员开展的工作： • 审核员应对工厂最近提交的风险管理计划应急响应部分进行审查，以核实并确保在该部分列出了与应急响应计划有关的所有必要信息，且确保这些信息的准确性
审核准则 24-C-25：工厂所有者或运营方应提供与应急响应工作和应急响应计划有关的地方机构的名称和电话号码	美国国家环境保护局(EPA)《风险管理计划》中“应急响应计划”(68.180)部分第(b)节	由审核员开展的工作： • 审核员应对工厂最近提交的风险管理计划应急响应部分进行审查，以核实并确保该部分列出了与应急响应工作和应急响应计划有关的地方机构的名称和电话号码，且确保这些信息的准确性
审核准则 24-C-26：工厂所有者或运营方应列出工厂需遵守的联邦或州应急响应计划中规定的其他要求	美国国家环境保护局(EPA)《风险管理计划》中“应急响应计划”(68.180)部分第(c)节	由审核员开展的工作： • 审核员应对工厂最近提交的风险管理计划应急响应部分进行审查，以核实并确保该部分列出了工厂需遵守的联邦或州应急响应计划中规定的其他要求，且确保这些信息的准确性
风险管理计划：设施年度复核		
审核准则 24-C-27：工厂所有者或运营方应按照 EPA《风险管理计划》(40 CFR §68)第12部分第(b)(4)节有关规定提交 EPA《风险管理计划》事故预防计划1所涵盖设施的年度复核报告	美国国家环境保护局(EPA)《风险管理计划》中“设施年度复核”(68.185)部分第(a)节	由审核员开展的工作： • 审核员应对工厂最近提交的风险管理计划设施年度复核部分进行审查，以核实并确保提交了 EPA《风险管理计划》中事故预防计划1所涵盖设施的年度复核报告
审核准则 24-C-28：工厂所有者或运营方应为 EPA《风险管理计划》中事故预防计划2或事故预防计划3所涵盖设施提交年度复核报告，并且应基于其所掌握知识和信息及进行的有关调查保证复核报告中所提供的信息真实、正确且完整	美国国家环境保护局(EPA)《风险管理计划》中“设施年度复核”(68.185)部分第(b)节	由审核员开展的工作： • 审核员应对工厂最近提交的风险管理计划设施年度复核部分进行审查，以核实并确保为 EPA《风险管理计划》中事故预防计划2或事故预防计划3所涵盖设施提交了年度复核报告

续表

审核准则	审核准则出处	审核员指南
危险评估		
危险评估：适用范围		
审核准则 24-C-29：工厂所有者或运营方应按照 EPA《风险管理计划》(40 CFR §68)第 25 部分有关规定进行最严重泄漏情形分析，并按照 EPA《风险管理计划》(40 CFR §68)第 42 部分有关规定做好过去 5 年内事故记录	美国国家环境保护局(EPA)《风险管理计划》中“适用范围”(68.2)	由审核员开展的工作： • 审核员应对工厂最近提交的风险管理计划危险评估部分进行审查，以核实并确保该部分包括了最严重泄漏情形分析和过去 5 年内事故记录
危险评估：场外后果分析(OCA)参数		
审核准则 24-C-30：工厂所有者或运营方应基于以下要求对最严重泄漏情形进行场外后果分析： • 对于有毒物质，按照在 EPA《风险管理计划》(40 CFR §68)附录 A 中定义的终点进行场外后果分析。 • 对于易燃物质，在发生爆炸时，如果导致的超压达到 1psi，应进行场外后果分析	美国国家环境保护局(EPA)《风险管理计划》中“场外后果分析(OCA)参数”(68.22)部分第(a)(1)节	由审核员开展的工作： • 审核员应对工厂最近提交的风险管理计划危险评估部分进行审查，以核实并确保已按照有关要求进行了场外后果分析(OCA)
审核准则 24-C-31：工厂所有者或运营方应按照以下要求对其他泄漏情形(ARS)进行场外后果分析： • 对于有毒物质：按照在 EPA《风险管理计划》(40 CFR §68)附录 A 中定义的终点进行场外后果分析。 • 对于易燃物质：在发生爆炸时，如果导致的超压达到 1psi，应进行场外后果分析。 • 对于易燃物质：在发生火灾时，如果在 40s 内热辐射量达到 $5kW/m^2$，应进行场外后果分析。 • 对于易燃物质：按照易燃物质浓度对应的燃烧下限值(见 NFPA 标准或其他普遍认可的标准)进行场外后果分析	美国国家环境保护局(EPA)《风险管理计划》中“场外后果分析(OCA)参数”(68.22)部分第(a)(2)节	由审核员开展的工作： • 审核员应对工厂最近提交的风险管理计划危险评估部分进行审查，以核实并确保已按照有关要求进行了场外后果分析(OCA)
审核准则 24-C-32：工厂所有者或运营方应基于合适的风速和大气稳定性等级进行化学品泄漏分析	美国国家环境保护局(EPA)《风险管理计划》中“场外后果分析(OCA)参数”(68.22)部分第(b)节	由审核员开展的工作： • 审核员应对工厂最近提交的风险管理计划危险评估部分进行审查，以核实并确保基于合适的风速和大气稳定性等级进行了场外后果分析(OCA)。 • 审核员应对当地气象资料进行检查，以核实工厂在进行场外后果分析(OCA)时是否选用了合适的风速和大气稳定性等级

续表

审核准则	审核准则出处	审核员指南
审核准则24-C-33：工厂所有者或运营方应基于合适的环境温度和湿度进行化学品泄漏分析	美国国家环境保护局(EPA)《风险管理计划》中“场外后果分析(OCA)参数”(68.22)部分第(c)节	由审核员开展的工作： • 审核员应对工厂最近提交的风险管理计划危险评估部分进行审查，以核实并确保工厂已基于合适的环境温度和湿度进行了场外后果分析(OCA)
审核准则24-C-34：工厂所有者或运营方应基于合适的化学品泄漏点高程进行泄漏分析	美国国家环境保护局(EPA)《风险管理计划》中“场外后果分析(OCA)参数”(68.22)部分第(d)节	由审核员开展的工作： • 审核员应对工厂最近提交的风险管理计划危险评估部分进行审查，以核实并确保设施已基于合适的化学品泄漏点高程进行了场外后果分析(OCA)
审核准则24-C-35：工厂所有者或运营方应基于合适的表面粗糙度进行化学品泄漏分析	美国国家环境保护局(EPA)《风险管理计划》中“场外后果分析(OCA)参数”(68.22)部分第(e)节	由审核员开展的工作： • 审核员应对工厂最近提交的风险管理计划危险评估部分进行审查，以核实并确保设施已基于合适的粗糙度进行了场外后果分析(OCA)
审核准则24-C-36：在对有毒物质进行扩散分析时，应基于稠密气体或中性气体来选择扩散分析模型	美国国家环境保护局(EPA)《风险管理计划》中“场外后果分析(OCA)参数”(68.22)部分第(f)节	由审核员开展的工作： • 审核员应对工厂最近提交的风险管理计划危险评估部分进行审查，以核实并确保在对有毒物质进行扩散分析时基于稠密气体或中性气体来选择扩散分析模型
审核准则24-C-37：基于对固定污染源在过去3年中所收集的数据，认为只有液态化学品(通过制冷技术进行液化的气态化学品除外)才会在日最高温度或工艺温度(以较大值为准)下出现泄漏	美国国家环境保护局(EPA)《风险管理计划》中“场外后果分析(OCA)参数”(68.22)部分第(g)节	由审核员开展的工作： • 如果基于对固定污染源过去3年中所收集的数据，认为只有液态化学品(通过制冷技术进行液化的气态化学品除外)才会在日最高温度或工艺温度(以较大值为准)下出现泄漏，则审核员应对工厂最近提交的风险管理计划危险评估部分进行审查，以对上述情况加以核实。 • 审核员应对当地气象资料进行审查，以核实在进行场外后果分析(OCA)时是否选用了合适的温度条件
危险评估：最严重泄漏情形分析		
审核准则24-C-38：对于EPA《风险管理计划》事故预防计划1所涵盖每一项工艺过程，其所有者或运营方应对最严重泄漏情形进行分析，并将该最严重泄漏情形纳入风险管理计划中	美国国家环境保护局(EPA)《风险管理计划》中“最严重泄漏情形分析”(68.25)部分第(a)(1)节	由审核员开展的工作： • 审核员应对有关分析文件进行审查，以核实并确保工厂设施属于EPA《风险管理计划》事故预防计划1所涵盖范围。这些文件包括危险评估报告[含场外后果分析(OCA)]、事故调查报告和应急响应计划
审核准则24-C-39：对于EPA《风险管理计划》事故预防计划2或事故预防计划3所涵盖工艺过程，其所有者或运营方应开展以下工作： • 对预计的最严重泄漏情形进行分析，根据受控有毒物质最严重意外泄漏来确定风险管理计划所定义的最大距离，并将该最严重泄漏情形纳入风险管理计划。	美国国家环境保护局(EPA)《风险管理计划》中“最严重泄漏情形分析”(68.25)部分第(a)(2)(i)~(iii)节	由审核员开展的工作： • 审核员应对工厂最近提交的风险管理计划危险评估部分进行审查，以核实并确保工厂已选择一部分有代表性的最严重泄漏情形(WCS)进行了分析，并提交了分析结果

续表

审核准则	审核准则出处	审核员指南
• 对预计的最严重泄漏情形进行分析，以根据受控易燃物质最严重意外泄漏来确定风险管理计划所定义的最大距离，并将该最严重泄漏情形纳入风险管理计划。 • 如果工厂另外某一设施出现的最严重泄漏所涉及的潜在受影响公共受体不同于 EPA《风险管理计划》(40 CFR § 68)第 25 部分第(a)(2)(i)节或第(a)(2)(ii)节列出的最严重泄漏情形所涉及的潜在受影响公共受体，则工厂所有者或运营方应对这些最严重泄漏情形进行分析以确定危险等级，并将这些最严重泄漏情形纳入风险管理计划		
审核准则 24-C-40：工厂所有者或运营方应确定在最严重泄漏情形下的泄漏量，以较大值为准： • 如果某一容器出现泄漏，泄漏量为容器内最大藏量，同时考虑为控制容器泄漏而采取的管理控制措施； • 如果某一管道出现泄漏，泄漏量为管道内最大藏量，同时考虑为控制管道泄漏而采取的管理控制措施	美国国家环境保护局(EPA)《风险管理计划》中“最严重泄漏情形分析”(68.25)部分第(b)(1)~(2)节	由审核员开展的工作： • 审核员应对由工厂最近提交的风险管理计划危险评估部分进行审查，以核实并确保已基于合适的泄漏量对最严重泄漏情形(WCS)进行了分析
审核准则 24-C-41：对于在环境温度下通常呈气相状态的有毒物质以及在压力条件下以气相或液相状态进行处理的有毒物质，工厂所有者或运营方应做出以下假定： • 假定容器或管道内有毒物质将在 10min 内以气相状态全部泄漏出来。 • 如果未设置被动减缓系统，则假定有毒物质泄漏速度为有毒物质总量除以 10	美国国家环境保护局(EPA)《风险管理计划》中“最严重泄漏情形分析”(68.25)部分第(c)(1)节	由审核员开展的工作： • 审核员应对工厂最近提交的风险管理计划危险评估部分进行审查，以核实并确保已基于合适的泄漏速度对以气相状态泄漏的有毒物质最严重泄漏情形(WCS)进行了分析
审核准则 24-C-42：对于在环境压力下以低温液相状态进行处理的有毒气体，工厂所有者或运营方应开展以下工作： • 如果未设置被动减缓系统	美国国家环境保护局(EPA)《风险管理计划》中“最严重泄漏情形分析”(68.25)部分第(c)(2)(i)~(ii)节	由审核员开展的工作： • 审核员应对工厂最近提交的风险管理计划危险评估部分进行审查，以核实并确保已基于合适的泄漏速度对环境压力下以低温液相状态泄漏出的有毒物质最严重泄漏情形(WCS)进行了分析

续表

审核准则	审核准则出处	审核员指南
来收集泄漏物质或收集池深度小于或等于 1cm，则假定容器或管道内有毒物质将在 10min 内以气相状态全部泄漏出来 • [所有者或运营方可选方案]如果通过被动减缓系统将泄漏物质收集至深度超过 1cm 的收集池，则假定容器或管道内有毒物质出现泄漏后会立即形成液池 • 应根据有毒物质沸点及 EPA《风险管理计划》(40 CFR §68)第 25 部分第(d)节规定的条件来计算有毒物质挥发速度		
审核准则 24-C-43：对于在环境温度下通常呈液相状态的有毒物质，工厂所有者或运营方应开展以下工作： • 应假定容器或管道内有毒物质出现泄漏后会立即形成液池。 • 如果未设置被动减缓系统来收集泄漏出的有毒物质并控制液池表面积，则在确定液池表面积时应假定液体扩散深度为 1cm；如果设置了被动减缓系统，则应根据所收集液体的表面积来计算有毒物质挥发速度。 • 如果有毒物质将泄漏到未铺砌或不平整表面上，则在计算有毒物质挥发速度时应考虑实际表面条件。 • 如果泄漏出的液态有毒物质为混合物或溶液，则在确定有毒物质挥发速度时应考虑过去 3 年内日最高温度、容器内物质温度和物质浓度。 • 应根据液池中有毒危险物质挥发速度确定有毒物质向大气的泄漏速度。 • 应采用《风险管理计划场外后果分析指南》提供的满足建模要求且被行业认可的公开建模技术或满足建模要求的专利模型来确定有毒物质向大气的泄漏速度。对于专利模型，工厂所有者或运营方应允许实施机构使用这类专利模型，并且应就这类专利模型的特点及其与公开建模技术的不同之处向地方应急响应计划人员进行详细说明	美国国家环境保护局(EPA)《风险管理计划》中“最严重泄漏情形分析”(68.25)部分第(d)(1)~(3)节	◦ 由审核员开展的工作： • 审核员应对工厂最近提交的风险管理计划危险评估部分进行审查，以核实并确保已基于合适的泄漏速度对环境温度下以液相状态泄漏出的有毒物质最严重泄漏情形(WCS)进行了分析

续表

审核准则	审核准则出处	审核员指南
审核准则 24-C-44：如果容器内盛装易燃物质，则工厂所有者或运营方应假定当容器内这些易燃物质出现汽化时会导致蒸气云爆炸	美国国家环境保护局(EPA)《风险管理计划》中“最严重泄漏情形分析”(68.25)部分第(e)节	由审核员开展的工作： • 审核员应对工厂最近提交的风险管理计划危险评估部分进行审查，以核实并确保已基于合适的泄漏量对易燃物质最严重泄漏情形(WCS)进行了分析
审核准则 24-C-45：对于易燃材料，工厂所有者或运营方应采用发生爆炸时所释放能量的 10%作为因子来确定到爆炸终点的距离(当采用 TNT 当量法时)	美国国家环境保护局(EPA)《风险管理计划》中“最严重泄漏情形分析”(68.25)部分第(e)节	由审核员开展的工作： • 审核员应对工厂最近提交的风险管理计划危险评估部分进行审查，以核实并确保已采用合适的因子(10%)对易燃材料最严重泄漏情形(WCS)进行了分析
审核准则 24-C-46：工厂所有者或运营方应采用 EPA《风险管理计划》(40 CFR § 68)第 22 部分规定的泄漏参数确定到风险管理计划所定义的距离	美国国家环境保护局(EPA)《风险管理计划》中“最严重泄漏情形分析”(68.25)部分第(f)节	由审核员开展的工作： • 审核员应对工厂最近提交的风险管理计划危险评估部分进行审查，以核实并确保已采用合适的距离对最严重泄漏情形(WCS)进行了分析
审核准则 24-C-47：工厂所有者或运营方应采用《风险管理计划场外后果分析指南》中提供的满足建模要求且被行业认可的公开建模技术或满足建模要求的专利模型来确定有毒物质向大气的泄漏速度。对于专利模型，工厂所有者或运营方应允许实施机构使用这类专利模型，并且应就这类专利模型的特点及其与公开建模技术的不同之处向地方应急响应计划人员进行详细说明	美国国家环境保护局(EPA)《风险管理计划》中“最严重泄漏情形分析”(68.25)部分第(f)节	由审核员开展的工作： • 审核员应对工厂最近提交的风险管理计划危险评估部分进行审查，以核实并确保已采用合适的建模方法对最严重泄漏情形(WCS)进行了分析
审核准则 24-C-48：工厂所有者或运营方应确保被动减缓系统(如果设置的话)能够应对导致危险情形的泄漏事故，并且在发生泄漏事故后仍能够按照设计要求正常运行	美国国家环境保护局(EPA)《风险管理计划》中“最严重泄漏情形分析”(68.25)部分第(g)节	由审核员开展的工作： • 审核员应对工厂最近提交的风险管理计划危险评估部分进行审查，以核实并确保已按照要求对被动减缓系统(如果设置的话)进行了分析，且分析结果表明该系统能够应对最严重泄漏情形(WCS)
审核准则 24-C-49：工厂所有者或运营方在确定最严重泄漏情形时还应考虑以下因素： • 在较高工艺温度或工艺压力条件下处理较少量化学品； • 与固定污染源边界的临近性	美国国家环境保护局(EPA)《风险管理计划》中“最严重泄漏情形分析”(68.25)部分第(h)(1)~(2)节	由审核员开展的工作： • 审核员应对工厂最近提交的风险管理计划危险评估部分进行审查，以核实并确保在确定最严重泄漏情形(WCS)时考虑了其他必要因素

续表

审核准则	审核准则出处	审核员指南
危险评估：其他泄漏情形(ARS)分析		
审核准则 24-C-50：对于 EPA《风险管理计划》所涵盖设施，工厂所有者或运营方应明确至少一种能够代表所有受控有毒物质的其他泄漏情形和至少一种能够代表所有受控易燃物质的其他泄漏情形，并对确定的这些其他泄漏情形进行分析	美国国家环境保护局(EPA)《风险管理计划》中“其他泄漏情形分析”(68.28)部分第(a)节	由审核员开展的工作： • 审核员应对工厂最近提交的风险管理计划危险评估部分进行审查，以核实并确保工厂已选择一部分具有代表性的其他泄漏情形(ARS)进行了分析，并提交了分析结果
审核准则 24-C-51：工厂所有者或运营方应选择以下一种泄漏情形进行分析： • 相比 EPA《风险管理计划》(40 CFR §68)第 25 部分中列出的最严重泄漏情形更有可能出现的泄漏情形； • 一旦出现就会对场外造成影响的泄漏情形	美国国家环境保护局(EPA)《风险管理计划》中“其他泄漏情形分析”(68.28)部分第(b)(i)~(ii)节	由审核员开展的工作： • 审核员应对工厂最近提交的风险管理计划危险评估部分进行审查，以核实并确保工厂已选择比最严重泄漏情形(WCS)更有可能出现的其他泄漏情形(ARS)进行了分析
审核准则 24-C-52：工厂所有者或运营方应考虑的泄漏情形包括但不限于： • 输送软管因开裂或因其接头突然断开而导致的泄漏； • 工艺管线因其法兰、接头、焊缝、泄压阀及其密封以及排液阀或泄放阀出现问题而导致的泄漏； • 工艺容器或泵因出现破裂或其密封、排液阀、泄放阀或丝堵出现故障而导致的泄漏； • 容器过度进料和溢出或因超压导致内部物料自泄压阀或防爆膜泄漏出来； • 运输容器因搬运不当、出现破裂或被刺穿而导致的泄漏	美国国家环境保护局(EPA)《风险管理计划》中“其他泄漏情形分析”(68.28)部分第(b)(2)(i)~(v)节	由审核员开展的工作： • 审核员应对工厂最近提交的风险管理计划危险评估部分进行审查，以核实并确保工厂已选择一部分具有代表性的其他泄漏情形(ARS)进行了分析，并提交了分析结果
审核准则 24-C-53：工厂所有者或运营方应采用 EPA《风险管理计划》(40 CFR §68)第 22 部分规定的泄漏参数来确定风险管理计划所定义的距离	美国国家环境保护局(EPA)《风险管理计划》中“其他泄漏情形分析”(68.28)部分第(c)节	由审核员开展的工作： • 审核员应对工厂最近提交的风险管理计划危险评估部分进行审查，以核实并确保已采用 EPA《风险管理计划》(40 CFR §68)第 22 部分规定的合适泄漏参数对其他泄漏情形(ARS)进行了分析

续表

审核准则	审核准则出处	审核员指南
审核准则 24-C-54：工厂所有者或运营方应采用《风险管理计划场外后果分析指南》中提供满足建模要求且被行业认可的公开建模技术或满足建模要求的专利模型确定有毒物质向大气的泄漏速度。对于专利模型，工厂所有者或运营方应允许实施机构使用这类专利模型，并且应就这类专利模型的特点及其与公开建模技术的不同之处向地方应急响应计划人员进行详细说明	美国国家环境保护局(EPA)《风险管理计划》中“其他泄漏情形分析”(68.28)部分第(c)节	由审核员开展的工作： • 审核员应对工厂最近提交的风险管理计划危险评估部分进行审查，以核实并确保已采用合适的建模方法对其他泄漏情形(ARS)进行了分析
审核准则 24-C-55：工厂所有者或运营方应确保被动和主动减缓系统(如果设置的话)均能够应对导致危险情形的泄漏事故，并且在发生泄漏事故后仍能够按照设计要求正常运行	美国国家环境保护局(EPA)《风险管理计划》中“其他泄漏情形分析”(68.28)部分第(d)节	由审核员开展的工作： • 审核员应对工厂最近提交的风险管理计划危险评估部分进行审查，以核实并确保已按照要求对主动和被动减缓系统(如果设置的话)进行了分析，且分析结果表明这些系统能够应对其他泄漏情形(ARS)
审核准则 24-C-56：工厂所有者或运营方在确定其他泄漏情形(ARS)时应考虑以下因素： • EPA《风险管理计划》(40 CFR § 68)第 22 部分中规定的过去 5 年内事故记录； • 在 40 CFR § 38.50 或 EPA《风险管理计划》(40 CFR § 68)第 67 部分中明确的故障情形	美国国家环境保护局(EPA)《风险管理计划》中“其他泄漏情形分析”(68.28)部分第(e)(1)~(2)节	由审核员开展的工作： • 审核员应对工厂最近提交的风险管理计划危险评估部分进行审查，以核实并确保工厂已选择合适的其他泄漏情形(ARS)进行了分析
危险评估：确定场外影响-人员数量		
审核准则 24-C-57：工厂所有者或运营方应基于以泄漏点为中心来预测到风险管理计划所定义的距离内受到最严重泄漏情形(WCS)和其他泄漏情形(ARS)影响的人员数量	美国国家环境保护局(EPA)《风险管理计划》中“确定场外影响-人员数量”(68.30)部分第(a)节	由审核员开展的工作： • 审核员应对工厂最近提交的风险管理计划危险评估部分进行审查，以核实并确保工厂已基于以泄漏点为中心对风险管理计划所定义的距离内受到严重泄漏情形(WCS)和其他泄漏情形(ARS)影响的人员数量进行了预测
审核准则 24-C-58：工厂所有者或运营方应在风险管理计划中指明受到最严重泄漏情形(WCS)和其他泄漏情形(ARS)影响的机构、公园和娱乐场所及主要商业、办公和工业建筑物	美国国家环境保护局(EPA)《风险管理计划》中“确定场外影响 - 人员数量”(68.30)部分第(b)节	由审核员开展的工作： • 审核员应对工厂最近提交的风险管理计划危险评估部分进行审查，以核实并确保在进行场外后果分析(OCA)时明确了受到最严重泄漏情形(WCS)和其他泄漏情形(ARS)影响的机构、公园和娱乐场所及主要商业、办公和工业建筑物

续表

审核准则	审核准则出处	审核员指南
审核准则 24-C-59：工厂所有者或运营方应根据最新人口普查数据或其他最新人口信息来预测受到最严重泄漏情形（WCS）和其他泄漏情形（ARS）影响的人员数量	美国国家环境保护局（EPA）《风险管理计划》中“确定场外影响－人员数量”（68.30）部分第（c）节	由审核员开展的工作： ● 审核员应对工厂最近提交的风险管理计划危险评估部分进行审查，以核实并确保在进行场外后果分析（OCA）时已根据最新人口普查数据或其他最新人口信息对受到最严重泄漏情形（WCS）和其他泄漏情形（ARS）影响的人员数量进行了预测
审核准则 24-C-60：工厂所有者或运营方应将预测人员数量精确到两位有效数字	美国国家环境保护局（EPA）《风险管理计划》中“确定场外影响－人员数量”（68.30）部分第（d）节	由审核员开展的工作： ● 审核员应对工厂最近提交的风险管理计划危险评估部分进行审查，以核实并确保在进行场外后果分析（OCA）时已将受到最严重泄漏情形（WCS）和其他泄漏情形（ARS）影响的预测人员数量精确到两位有效数字
危险评估：确定场外影响-环境		
审核准则 24-C-61：工厂所有者或运营方应基于以泄漏点为中心的圆形范围明确风险管理计划所定义的距离内受到最严重泄漏情形（WCS）和其他泄漏情形（ARS）影响的环境受体	美国国家环境保护局（EPA）《风险管理计划》中“确定场外影响－环境”（68.33）部分第（a）节	由审核员开展的工作： ● 审核员应对工厂最近提交的风险管理计划危险评估部分进行审查，以核实并确保在进行场外后果分析（OCA）时已基于以泄漏点为中心的圆形范围明确了风险管理计划所定义的距离内受到严重泄漏情形（WCS）和其他泄漏情形（ARS）影响的环境受体
审核准则 24-C-62：工厂所有者或运营方应根据美国地质勘探局（USGS）所提供的当地地图或包含 USGS 地质数据的其他资料来明确环境受体（设施可采用 LandView 软件来获取有关信息）	美国国家环境保护局（EPA）《风险管理计划》中“确定场外影响－环境”（68.33）部分第（b）节	由审核员开展的工作： ● 审核员应对工厂最近提交的风险管理计划危险评估部分进行审查，以核实并确保在进行场外后果分析（OCA）时已根据美国地质勘探局（USGS）所提供的当地地图或包含 USGS 地质数据的其他资料明确了受到最严重泄漏情形（WCS）和其他泄漏情形影响的环境受体
危险评估：审查和复核		
审核准则 24-C-63：工厂所有者或运营方应至少每隔 5 年对场外后果分析（OCA）进行一次审查和复核	美国国家环境保护局（EPA）《风险管理计划》中“审查和复核”（68.36）部分第（a）节	由审核员开展的工作： ● 审核员应对工厂最近提交的风险管理计划危险评估部分进行审查，以核实并确保已至少每隔 5 年对场外后果分析（OCA）进行了一次复核
审核准则 24-C-64：如果因对工艺、化学品储存量或处理量或其他方面进行了变更而可能需适当将风险管理计划所定义的距离系数增大或减小 2 倍或以上，则工厂所有者或运营方应在 6 个月内重新进行场外后果分析（OCA）并提交经过修订的风险管理计划	美国国家环境保护局（EPA）《风险管理计划》中“审查和复核”（68.36）部分第（b）节	由审核员开展的工作： ● 如果因对工艺、化学品储存量或处理量或其他可以预期的方面进行了变更而可能需适当将风险管理计划所定义的距离系数增大或减小 2 倍或以上，则审核员应对由工厂最近提交的风险管理计划危险评估部分进行审查，以核实并确保已在 6 个月内重新进行了场外后果分析（OCA）并提交了经过修订的风险管理计划

续表

审核准则	审核准则出处	审核员指南
危险评估：文件/记录		
审核准则 24-C-65：工厂所有者或运营方应保存好以下文件或记录： ● 最严重泄漏情形(WCS)容器或管道及所涉及化学品的说明、采用的假定条件和参数、采用这些假定条件和参数的原因及通过采取管理控制措施和被动减缓措施预计对化学品泄漏量和泄漏速度起到何种控制效果。 ● 其他泄漏情形(ARS)所明确的其他泄漏情形的说明、采用的假定条件和参数、选择这些其他泄漏情形的理由及通过采取管理控制措施和减缓措施预计对化学品泄漏量和泄漏速度起到何种控制效果。 ● 与化学品泄漏估计量、泄漏速度和泄漏持续时间有关的记录； ● 确定风险管理计划定义距离所采用的方法； ● 对潜在受影响群体和环境受体进行预计时所采用的数据	美国国家环境保护局(EPA)《风险管理计划》中“文件/记录”(68.39)部分第(a)~(e)节	由审核员开展的工作： ● 审核员应对有关文件/记录进行审查，以核实如何为场外后果分析(OCA)提供所需资料及如何对 OCA 结果进行建模
危险评估：过去 5 年内事故记录		
审核准则 24-C-66：对于 EPA《风险管理计划》所涵盖工艺过程，其所有者或运营方应在过去 5 年内的事故记录中列出导致场内人员伤亡和重大财产损坏、场外人员伤亡、实施了人员撤离、采取了就地避险措施、造成了财产损坏或环境破坏的所有化学品意外泄漏事故	美国国家环境保护局(EPA)《风险管理计划》中“过去 5 年内事故记录”(68.42)部分第(a)节	由审核员开展的工作： ● 对于 EPA《风险管理计划》所涵盖设施，审核员应对由工厂最近提交的风险管理计划危险评估部分及过去 5 年内事故调查报告进行审查，以核实并确保过去 5 年内的事故记录列出了导致场内人员伤亡和重大财产损坏、场外人员伤亡、实施了人员撤离、采取了就地避险措施、造成了财产损坏或环境破坏的所有化学品意外泄漏事故
审核准则 24-C-67：工厂所有者或运营方应上报以下与化学品意外泄漏事故有关的信息： ● 化学品泄漏日期、时间和大致持续时间； ● 泄漏出的化学品名称； ● 化学品泄漏估计量(单位：磅)；	美国国家环境保护局(EPA)《风险管理计划》中“过去 5 年内事故记录”(68.42)部分第(b)(1)~(10)节	由审核员开展的工作： ● 审核员应对工厂最近提交的风险管理计划危险评估部分进行审查，以核实并确保过去 5 年内的事故记录中涵盖了本审核准则列出的所有信息

续表

审核准则	审核准则出处	审核员指南
• 泄漏事故类型及其泄漏源; • 天气条件(如果已知的话); • 场内影响; • 已知场外影响; • 引发化学品泄漏的事件和因素(如果已知的话); • 是否将化学品泄漏通知了场外应急响应机构(如果已知的话); • 基于化学品泄漏调查结果而对运行和工艺进行的变更		
应急响应		
应急响应:适用范围		
审核准则 24-C-68:除非不要求编制应急响应预案,否则工厂所有者或运营方应按照相关规定编制应急响应预案	加拿大化学品制造商协会(CCPA)发布的加拿大重大工业事故理事会(MIACC)自评估工具《过程安全管理指南/HISAT 修订项目》(070820) 美国国家环境保护局(EPA)《风险管理计划》(40 CFR §68)中"应急响应适用范围"部分(68.90)部分第(a)节	由审核员开展的工作: • 审核员应对应急响应预案(ERP)进行审查
审核准则 24-C-69:如果未要求固定污染源内的工作人员对受控物质意外泄漏采取应急响应措施,则应要求遵守以下规定: • 如果工厂某一设施中任一受控有毒物质储存量超过临界量,则按照 40 CFR §355《应急预案与社区知情权法案》(EPCRA)的有关规定编制的社区应急响应预案应涵盖该固定危险源。 • 如果设施中只有受控易燃物质储存量超过临界量,则该工厂所有者或运营方应就应急响应行动向当地消防部门征询意见和建议。 • 应设立有关机制来通知应急响应机构何时对受控物质意外泄漏采取应急措施	加拿大化学品制造商协会(CCPA)发布的加拿大重大工业事故理事会(MIACC)自评估工具《过程安全管理指南/HISAT 修订项目》(070820) 美国国家环境保护局(EPA)《风险管理计划》(40 CFR §68)中"应急响应预案"部分(68.95)部分第(b)(1)~(3)节	由审核员开展的工作: • 审核员应对应急响应预案进行审查。 • 审核员应对其他文件(如简讯、会议纪要等)进行审查,以核实并确保工厂应急响应预案(ERP)与地方消防部门编制的应急响应预案保持一致。 • 审核员应对工作人员报警系统测试记录进行审查

续表

审核准则	审核准则出处	审核员指南
审核准则 24-C-70：为保护公众健康和环境，工厂所有者或运营方应编制并实施应急响应预案。应急响应预案要求如下： • 工厂应提供应急响应预案； • 在应急响应预案中，应包括使用应急响应设备时需遵守的程序及应急响应设备检查、测试和维护程序； • 须就有关程序对所有人员进行培训； • 应按照固定危险源进行的变更来对应急响应预案进行审查和更新，并确保将所进行的变更告知所有工作人员	美国国家环境保护局(EPA)《风险管理预案》(40 CFR §68)中“应急响应预案”部分(68.95)第(a)(1)~(4)节	由审核员开展的工作： • 审核员应对应急响应预案(ERP)中应急响应部分进行审查，以核实并确保该计划已按照EPA《风险管理计划》(40 CFR §68)第95部分有关规定付诸实施
审核准则 24-C-71：应急响应预案应包括以下内容： • 将化学品意外泄漏告知公众和地方应急响应机构时需遵守的程序； • 对人员意外接触危险化学品后须采取的正确急救和应急医疗措施进行说明； • 受控物质出现意外泄漏后需执行的应急响应程序及需采取的应急响应措施	美国国家环境保护局(EPA)《风险管理计划》(40 CFR §68)中“应急响应预案”部分(68.95)第(a)(1)(i)~(iii)节	由审核员开展的工作： • 审核员应对应急响应预案(ERP)中应急响应部分进行审查，以核实并确保该计划包括本审核准则中列出的内容
审核准则 24-C-72：工厂所有者或运营方编制的书面应急响应预案应与联邦应急预案法规或国家应急响应组编制的《一体化应急预案指南》(《总体应急预案》)保持一致。在此种情况下，该书面应急响应预案是否包括EPA《风险管理计划》(40 CFR §68)中的“应急响应预案”部分(68.95)第(a)节中规定的内容，且是否符合EPA《风险管理计划》(40 CFR §68)中“应急响应预案”部分(68.95)第(c)节中规定的要求?	美国国家环境保护局(EPA)《风险管理计划》(40 CFR §68)中“应急响应预案”部分(68.95)第(b)节	由审核员开展的工作： • 如果工厂按照国家应急响应组编制的《一体化应急预案指南》而非其他法规要求来编制其应急响应预案(ERP)，则审核员应对ERP中应急响应部分进行审查，以核实并确保该计划涵盖了《一体化应急预案指南》规定的内容

续表

审核准则	审核准则出处	审核员指南
审核准则 24-C-73：设施应急响应预案应与按照 40 CFR §355《应急预案与社区知情权法案》（EPCRA）中的有关规定编制的社区应急响应预案保持一致。	加拿大化学品制造商协会（CCPA）发布的加拿大重大工业事故理事会（MIACC）自我评估工具《过程安全管理指南/HISAT 修订项目》（070820） 美国国家环境保护局（EPA）《风险管理计划》（40 CFR §68）中"应急响应预案"部分（68.95）部分第（c）节	由审核员开展的工作： • 审核员应对其他文件（如简讯、会议纪要等）进行审查，以核实并确保工厂应急响应预案（ERP）与地方应急预案委员会或其他地方应急响应机构编制的应急响应预案保持一致
审核准则 24-C-74：工厂所有者或运营方应将与社区应急响应预案编制和实施有关的必要信息提供给地方应急预案委员会或其他地方应急响应机构	美国国家环境保护局（EPA）《风险管理计划》（40 CFR §68）中"应急响应预案"部分（68.95）部分第（d）节	由审核员开展的工作： • 审核员应对其他文件（如简讯、会议纪要等）进行审查，以核实并确保应急响应预案（ERP）与地方应急预案委员会或其他地方应急响应机构编制的应急响应预案保持一致

24.2.1.1 美国州立过程安全管理标准

评估按照州立风险管理标准制定的风险管理计划时，应遵守该州立风险管理标准中规定的风险管理计划具体要求。在表 24.2 中，对以下三个州的风险管理法规适用性进行了说明：

- 新泽西州；
- 加利福尼亚州；
- 特拉华州。

表 24.2 列出了美国州立风险管理标准中与"风险管理计划"有关的审核准则和审核员指南。

表 24.2 美国州立风险管理标准中与"风险管理计划"有关的审核准则和审核员指南

审核准则	审核准则出处	审核员指南
新泽西州立法规《毒性物品灾难预防法案》（TCPA） 审核准则 24-C-75：除 EPA《风险管理计划》规定的"风险管理计划"要求外，新泽西州《毒性物品灾难预防法案》（TCPA）中未新增任何与之有关的其他要求，但对于 TCPA 法规中规定的部分具体化学品（包括反应性材料），则应遵守 TCPA 中的相关规定	新泽西州《毒性物品灾难预防法案》第 7∶31 部分	由审核员开展的工作： • 审核员应进行检查以确保工厂已将其风险管理计划提交给了新泽西州环境保护部（NJ DEP）

续表

审核准则	审核准则出处	审核员指南
特拉华州立法规《意外泄漏预防计划》 审核准则 24-C-76：除联邦《风险管理计划》规定的"风险管理计划"要求外，特拉华州环境、安全与健康(EHS)管理法规未新增任何与之有关的其他要求	《特拉华州立法规汇编》第 77 篇	由审核员开展的工作： • 审核员应进行检查以确保工厂已将其风险管理计划提交给了特拉华州自然资源环保厅(DE NREC)
《加利福尼亚州意外泄漏预防计划》(CalARP) 审核准则 24-C-77：除 EPA《风险管理计划》规定的"风险管理计划"要求外，《加利福尼亚州意外泄漏预防计划》(CalARP)中未新增任何与之有关的其他要求，但对于 CalARP 法规中规定的部分具体化学品(包括反应性材料)，则应遵守 CalARP 中的相关规定	《加利福尼亚州立法规汇编》第 19 篇第 4.5 章第 2775.5 节	由审核员开展的工作： • 审核员应进行检查以确保工厂除将其风险管理计划提交给美国国家环境保护局(EPA)外，还提交给了风险管理计划主管机构[即负责实施《加利福尼亚州意外泄漏预防计划》(CalARP)的地方机构]

24.3 审核方案

附录 A 过程安全管理审核方案，就如何按照审核准则对第 24.2 节中的内容进行审查提供了详细指南(有关如何在线获取附录 A 中资料，见第Ⅷ页)。

参 考 文 献

American Chemistry Council, RCMS® Technical Specification, RC101. 02, March 9, 2005.

American Chemistry Council, RCMS® Technical Specification Implementation Guidance and Interpretations, RC101. 02, January 25, 2004.

American Chemistry Council, RCMS® Technical Specification Implementation Guidance and Interpretations Appendices, RC 101. 02, January 25, 2004.

California, California Code of Regulations, Title 8, Section 5189, CalOSHA, November 1985.

Center for Chemical Process Safety (CCPS), Guidelines for Risk Based Process Safety, American Institute of Chemical Engineers, New York, 2007 (CCPS, 2007c).

Delaware, Accidental Release Prevention Regulation, Delaware Department of Natural Resources and Environmental Control/Division of Air and Waste Management, September 1989 (rev. January 1999).

Department of the Interior, Minerals Management Service, Safety and Environmental Management Program (SEMP), 1990.

Environmental Protection Agency (USEPA), 40 CFR §68, Accidental Release Prevention Requirements: Risk Management Programs Under Clean Air Act Section 112(r)(7); Final Rule, June 21, 1996.

附　　录

附录 A　过程安全管理审核方案

随书附带的在线资料包含电子版过程安全管理审核方案，根据本书第 3-24 章中描述的审核准则编制而成。获取上述在线资料的方式详见目录页。所有文件采用微软 Excel™格式，以便于使用或转换成其他文件格式。在 Excel 表中为过程安全管理计划每一要素的审核方案提供了单独的展示表格。在线资料中提供的审核方案采用以下两种形式呈现在两份不同的电子表格中：

- *以审核准则的形式：*将第 3-24 章列出的要求（合规性要求）或指南（相关性要求）确定为审核准则。
- *以审核问询的形式：*将第 3-24 章列出的每一条审核准则转换为审核问题，从而形成基于问题的审核方案。

在过程安全管理审核方案中提供了以下各专栏用于记录与审核有关的信息和审核结果。

- *参考文献：*是指审核问询或审核准则所依据的管理方面的引证或参比来源。有关用于指明审核准则出处的缩写词定义，见“第 3-24 章指南”部分。
- *类型：*是指审核准则或审核问询是属于合规性（C）还是相关性（R）。
- *审核员指南：*是指在本书第 3-24 章中列出的关于审核问询或审核准则的指南。
- *回答：*是对审核问询做出的经认可的问答（见第 2.3.2 节）（仅限于当采用审核问询形式时）。
- *审核意见/审核发现：*是指审核员回应审核问询或审核准则而提出的意见或做出的解释，或审核中发现的问题。
- *证据：*是指通过访谈、审查有关记录或进行现场观察获得事实性信息来证实在“审核意见/审核发现”栏中的结论（见第 2.3.1 节）。
- *证据来源：*包括访谈、审查有关记录及进行现场观察。
- *建议：*是指针对审核发现而提出的纠正措施。如果这些纠正措施为最终整改项，则应对“建议”栏标题进行修改。

Excel 表启用了自动筛选功能，以更加方便地对审核准则类型、参考资料或其他栏目进行分类。

审核方案中介绍的合规性、相关性审核准则或审核问询及审核员指南，并不能完全代表过程安全管理计划在范围、设计、实施或解释等方面的唯一决议，而代表的是化工/加工行业过程安全管理审核员的集体经验及基于经验形成的一致性观点。合规性审核准则或审核问询来自于美国过程安全管理法规，而这些法规全部都是基于绩效的法规。基于绩效的法规以目标为导向，可能会有多种途径来满足法规中规定的要求。因此，对于等同于包含在本章审核方案中的合规性审核准则或审核问询，尤其是审查表“审核员指南”栏中列出的内容，可能还会有其他的替代解释或方法来进行审查。

在本书中介绍的相关审核准则或审核问询并不代表过程安全管理计划的顺利实施必须遵守这些准则，也不代表如果没有遵守这些准则过程安全管理计划的实施就会出现问题。同合规性审核准则或审核问询一样，对某一工厂或企业而言，可能会有其他更合适的审核方法。另外，在过程安全管理审核中使用相关审核准则或审核问询是完全自愿性的行为，而并非强制性要求。使用过程中应谨慎并认真策划，从而防止在不经意间形成不期望的绩效标准。在采用这些准则或问询之前，应在工厂与其母公司之间达成一致意见。最后，所提供的相关审核准则或问询和审核员指南并不意味着是对监管机构发出的书面或口头说明、因违反过程安全管理法规而由监管机构发出的传票及由监管机构发布的其他过程安全管理指南的认同，也不是对某一公司在实施过程安全管理计划过程中形成的成功或常用过程安全管理做法的认可。

附录 B　过程安全管理审核报告模板

随书附带的在线资料包含多份电子版过程安全管理审核报告示例模板。有关如何获取上述在线资料，见目录页。文件采用微软 Word™ 格式，以便于使用或转换成其他文件格式。提供的电子过程安全管理审核报告模板选自本书编写参与人员所使用的报告模板。与过程安全管理审核报告的格式和内容有关的详细说明，见第 1.8 节。

附录 C　过程安全管理审核复核证明书模板

随书附带的在线资料包含多份电子版过程安全管理审核复核证明书模板。有关如何获取上述在线资料，见目录页。文件采用微软 Word™ 格式，以便于使用或转换成其他文件格式。在线提供的过程安全管理审核复核证明书模板选自本书编写参与人员所使用的审核复核证明书模板。与过程安全管理审核复核证明书有关的详细说明，见第 1.8.6 节。

附录 D　过程安全管理审核计划模板

随书附带的在线资料包含多份电子版过程安全管理审核计划模板。有关如何获取上述在线资料，见目录页。文件采用微软 Word™ 格式，以便于使用或转换成其他文件格式。在线提供的过程安全管理审核计划模板选自本书编写参与人员所使用的计划模板。与过程安全管理审核计划的格式和内容有关的详细说明，见第 2.1.9 节。

附录 E　对非管理人员进行面谈时使用的审核问询清单模板

随书附带的在线资料包含对非管理人员进行面谈时可能使用的典型审核问询清单模板。有关如何获取上述在线资料，见目录页。通过几个过程安全管理要素来形成综合性审核问询，有助于避免对同一人员进行重复面谈，从而覆盖能够引起非管理人员兴趣的不同要素。

文件采用微软 Word™格式，以便于使用或转换成其他文件格式。在线提供的审核问询清单模板选自本书编写人员所使用的典型审核问询清单模板。与过程安全管理审核面谈有关的详细说明，见第 2.3.2 节。

附录 F 过程安全管理审核计划问卷模板

随书附带的在线资料包含过程安全管理审核计划问卷模板。有关如何获取上述在线资料，见目录页。文件采用微软 Word™格式，以便于使用或转换成其他文件格式。提供过程安全管理审核计划问卷模板有助于从被审核的工厂获取所需信息。在线提供的过程安全管理审核计划问卷模板选自本书编写人员所使用的问卷模板。与过程安全管理审核计划有关的详细说明，见第 2.1 节。

附录 G 《一体化应急预案(ICP)》审核方案

随书附带的在线资料包含一份电子版审核方案，用于对根据 EPA《一体化应急预案(ICP)指南》(《总体应急预案》)编制的应急响应预案进行审核。有关如何获取上述在线资料，见目录页。文件采用微软 Excel™格式，以便于使用或转换成其他文件格式。在本审核方案中，将《一体化应急预案指南》(联邦公报第 61 卷第 28641 号，发布时间：1996 年 6 月 5 日；修订时间：1996 年 6 月 19 日，见联邦公报第 61 卷第 31103 号)中每一要求转换成一个审核问询，并在 Excel 审核方案中插入“回答”栏、“审核发现”栏和“建议”栏。另外，还就每一审核问询提供了“来源”栏、“类型”栏和“审核员指南”栏。是否采用 ICP 格式并不是一项强制性要求，且由一体化应急预案(ICP)审核方案得出的审核发现均应被视为相关审核发现。如果按照 ICP 格式和内容编写了应急响应预案，则仍应按照有关法规对应急响应预案进行审核，以判定应急响应预案是否存任何合规性问题。因此，这些审核问询被标识为“合规性”审核问询(即在“类型”栏中标识为“C”)。在“来源“栏中代码用于指明所有审核问询均来自于在联邦公报中发布的 EPA《一体化应急预案指南》。Excel 表启用了自动筛选功能，以更加方便地对每一审核问询的类型、来源或其他栏目进行分类。

附录 H 全球性过程安全管理审核

鉴于本书的编写目的，对全球性过程安全管理审核进行了如下定义：

- 是指由实施了过程安全管理计划的非美国本土公司开展的过程安全管理审核：工厂所在国制定了相关法规要求进行过程安全管理审核或者工厂母公司自愿采用了过程安全管理计划。
- 是指由美国本土公司对其非美国本土工厂开展的过程安全管理审核：这些工厂全部隶属于美国母公司或由美国母公司负责运营(或部分隶属于美国母公司或由美国母公司负责部分运营，如合资企业)，且其过程安全管理计划受母公司方针与程序的控制和管理。通常，由美国本土人员组成或领导的审核组对这些工厂进行过程安全管理审核。

在全球范围内开展过程安全管理审核应遵守在本书中提供的基本指南。在本书第 1 章和第

2 章中介绍的过程安全管理基本理念属于普遍适用的内容，而在第 3-24 章各要素章节中提供的指南则与 OSHA 过程安全管理标准《高危化学品过程安全管理》或基于风险的过程安全管理要素问题的关联性更强。即使在第 3-24 章审核指南中的某几个要素适用于非美国本土公司实施的过程安全管理计划，但在非美国本土可能不会将这些审核指南作为合规性要求。

1. 由非美国本土人员组成的审核组开展过程安全管理审核

为使本书第 3-24 章中提供的指南适用于非美国本土公司及其工厂实施的过程安全管理计划，过程安全管理审核计划人员应认真考虑以下问题：

- 非美国本土过程安全管理审核员应认真审查第 1 章和第 2 章中与制定过程安全管理计划及策划、实施过程安全管理审核的有关内容，以明确该指南与现有审核计划指南(如果已编写的话)有哪些不同之处。如果公司或工厂尚未编制过程安全管理审核计划指南，则可以按照本书第 1 章和第 2 章中有关内容来编制。例如，公司或工厂可按照第 1.6 节中有关内容来指导过程安全管理审核员的选拔和培训工作。
- 在本书第 3-24 章中列出的审核准则以及由此而形成的附录 A 审核方案对于美国本土过程安全管理审核而言更加清晰明确，尤其是合规性审核准则/审核问询。当本书由非美国本土公司/工厂使用时，应将附录 A 中的合规性审核问询替换为其所在国或当地应遵守的过程安全管理法规要求，同时审核问询也应该符合其自己公司的过程安全管理方针、做法或程序。然后，非美国本土公司/工厂可以选择在进行审核时希望采用的相关审核准则(如果有的话)，同时，当认为有需要时，还可以自行添加相关审核准则。
- 由于在附录 A 合规性审核准则表和相关审核准则表中提供的“审核员指南”在很大程度上基于美国本土过程安全管理做法，因此，非美国本土公司应对这些指南进行认真审查，并将这些美国本土过程安全管理做法替换为其所在国家/当地地方过程安全管理法规及公司/工厂所制定过程安全管理计划中规定的要求和做法。

2. 由美国本土人员组成或领导的审核组开展过程安全管理审核

当通过全部或部分由美国本土审核员组成的审核组按照美国本土公司为其非本土工厂制定的过程安全管理方针和程序来为非本土工厂策划和开展过程安全管理审核时，应重点考虑以下问题。

- *对审核方案进行适当修改：*应对附录 A 审核方案中的审核准则进行认真审查，以明确需将哪些审核准则替换为工厂所在国或当地过程安全管理法规中规定的要求，同时需明确将母公司或工厂自己制定的哪些过程安全管理方针、做法或程序增加到审核方案中。
- *对审核员指南进行适当修改：*在必要时，应对附录 A 合规性审核准则表和相关审核准则表中的“审核员指南”进行必要修改，以反映出工厂所在国或当地过程安全管理法规、以及母公司或工厂制定的过程安全管理计划中的要求和做法。审核员必须事先确定如何采用由母公司制定的过程安全管理方针和程序(这些方针和程序可能基于美国法规来制定)，并且必须确保使其与工厂所在国或当地过程安全管理法规中规定的要求相吻合。
- *语言问题：*如果在不以英语作为母语的国家开展过程安全管理审核，则在制定过程安全管理审核计划时应考虑配备翻译人员。应提前对工厂人员的英语能力进行了解和评估。对于全球性工厂，尽管其中的许多管理人员和专业人员会说英语，但这些人员可能并不精通技术或法规英语，并且通常不熟悉非正式英语语言或俚语，除非他们在以英语作为母语的国家工作了相当长时间。工厂的操作人员、维护人员及管理层以下人员可能具备一定的英语能力，也可能没有任何英语基础。来自美国或以英语作为母语的国家的审核组成员必须了解被面谈人员的英语能力，同时，即使工厂工人会说英语或懂英语，也应尽量避免使用工厂人员可能不理解的方言或口语化的过程安全管理术语和短语，尽管面谈人员和被面谈人员均懂一门通用外语，但当他们各自母语不同时，产生误解的概率也会很高。另外，通常表示“理解”含义的非语言性暗示(如点头)可能并不完全代表相同的意思。

- *当地技术知识：*对于由美国本土人员组成的过程安全管理审核组，则会要求组内人员完全了解与过程安全管理有关的国家和地方法规(如果有)及在被审核工厂中采用的认可和普遍接受的良好工程实践(RAGAGEP)。这包括如何就有关过程安全管理法规和RAGAGEP向工厂进行解释和说明，以及如何在当地政治和监管氛围下实施有关过程安全管理法规和RAGAGEP。例如，除非要求遵守美国法规中规定的要求，负责“资产完整性”要素的审核员还应了解压力容器设计和检验/测试方面的要求。
- *文化问题：*在全球范围内开展过程安全管理审核可能会受到多种文化问题的影响。由美国本土人员组成的过程安全管理审核组应知晓可能会对计划和/或开展海外过程安全管理审核造成影响的潜在文化问题，如下：

—在制定过程安全管理审核计划或安排日常过程安全管理审核工作时，审核计划人员需知晓有关宗教或文化节日。即使在同一国家，部分宗教或文化节日也会不同。

—在开展过程安全管理审核时使用何种语言是文化问题，也是沟通问题(如上文所述)。另外，审核员还应清楚的一点是，尽管部分工厂人员会说英语，但他们可能会抵触主要使用英语来开展过程安全管理审核。

—在某些文化背景下，可能会对工时和调度会进行严格控制，而在另外一些文化背景下，尽管事先已承诺严格执行工作进度，但未必就能严格执行。

—在某些文化背景下，如果没有得到高层人员同意，审核员不得对其下属人员进行面谈，且由这些下属人员陈述的所有信息可能不被公司认可，除非其上级人员也提供了相同信息。在某些文化背景下，为顺利开展过程安全管理审核，将采用非常正式的方式对相关人员进行面谈，而不像在美国及许多西方国家那样，即使被面谈人员加入了工会组织，也可能采用非正式方式对其进行面谈。

—许多国家成立了工会，但是，工会运作方式、工会与其成员及与管理层之间的关系可能会因不同国家而存在重大差别。审核员应事先了解这些因素对在过程安全管理审核期间收集信息所产生的影响。

—在某些亚洲国家，在交换名片时要毕恭毕敬，应特别注意这一点。

—在某些国家，还必须特别注意面谈人员与被面谈人员之间保持适当的距离及姿势。例如，在中东国家，如果在交叉双腿时露出了鞋底，这被视为一种无礼行为。

—尽管在许多文化背景下握手被视为一种常见礼节，但在某些其他文化背景下可能会以其他不同的方式呈现。

—审核员和工厂人员的性别、宗教或种族及他们之间的互动方式可能属于敏感性问题。

—审核组在进入现场前需了解当地特殊礼节、风俗习惯、宗教仪式(如在工作日安排的祈祷次数)和其他文化风俗，以避免因意外冒犯当地风俗而导致审核组与工厂人员之间出现摩擦。在某些国家，这些风俗习惯在生活中占有重要地位，而且有可能比与企业运营有关的问题或活动(如过程安全管理审核)更加重要。

• *法律或外交问题：*当母公司在其本土以外国家开展审核工作时，可能有法律或外交方面的禁令或限制条件。跨国公司在很大程度上受到这些限制条件的制约，应根据具体情况来制定过程安全管理审核计划。另外，在某些国家，即使过程安全管理审核仅开展较短时间且被认定为与工厂间不存在雇佣关系，但审核员也必须办理签证。在某些国家办理签证很容易(在抵达目的国后可在机场办理签证)，而在其他一些国家办理签证则比较困难(签证申请人必须亲自到相关国家大使馆或领事馆办理签证)。每个国家对“工作”或“雇用”都有自己的法律定义，包括在没有永久居留权情况下可以在异国工作多长时间、外国人在没有获得某种外交许可情况下是否可从事某种工作。另外，海关规定因不同国家而存在重大差异，在向某些国家进口与“工作”有关的设备(即使是笔记本电脑)时可能也会遇到问题。如果美国本土公司拥有海外工厂，则公司员工应全面了解入境和海关相关规定。在制定过程安全管理审核计划时应确保留出足够的时间来办理入境手续。

• *所需时间：*在不以英语作为母语的国家开展全球性过程安全管理审核，由于存在语言障碍且需将相关文件和记录翻译成英语，因此，对相关人员进行面谈并对有关记录进行审查所需的时间会较长。也可能无法像在英语母语环境中对尽可能多的人员进行面谈。在制定过程安全管理计划时应考虑为此留出足够的时间。另外，还需要为准备工作提供更多时间，以便提前收集信息并在必要时将所收集信息翻译成英语。在必要时，还要求提供更多时间来对过程安全管理审核方案进行修改。

• *后勤问题：*在制定过程安全管理审核计划时应考虑以下差旅和后勤问题，这些问题可能会比在国内开展过程安全管理审核更加复杂：

—取决于不同国家，可能需使用所在国货币和信用卡。在制定过程安全管理审核计划时应核实在相关国家如何支付货物和服务款项，并且对于商务差旅，应核实可使用哪种美国信用卡或西方国家信用卡。

—应提前制定住宿和膳食计划，即确定是在当地旅馆和餐馆为审核组提供寓所和膳食，还是必须为审核组单独提供住处和膳食。如果被审核工厂距离审核组住处较远，则应提供交通工具。如果被审核工厂位于偏远地区，则必须提前为审核组安排好住所。这不仅有助于节省时间和资源，而且还能够确保审核组安全。

—应向美国国务院咨询工厂所在国旅行方面限制要求或相关问题。

—应向美国疾病控制预防中心(CDC)或国务院咨询工厂所在国免疫要求和免疫疫苗接种时间方面规定。

—最后，由于在当今环境下绝大部分商务活动借助于电子邮件和网站来开展，因此，应事先为审核组提供内联网/互联网访问权限。这不仅便于审核员发送和接收电子邮件，而且在许多情况下，审核员需要通过内联网/互联网来传递与审核有关的文件或查阅公司或设施程序或记录。

• *审核报告：*尽管全球性过程安全管理审核报告的格式和内容要求可能与国内过程安全管理管理审核报告相同，但某些公司会在其过程安全管理审核报告中注明过程安全管理审核受律师-委托人特权保护，以防止报告内容被披露。在美国以外国家，可能未制定这种法律要求，或采用其他方法和规则来明确保密要求。另外，美国的“律师—委托人特权保护”司法体系并不适用于美国以外的国家。因此，在制定过程安全管理审核计划时应强调在必要时采用何种方式对过程安全管理审核报告中的内容加以保护。

• *视角与背景：*尽管通过进行过程安全管理审核能够发现实际问题且过程安全管理审核不得受到与设计或实施过程安全管理计划没有直接关系的外部因素的影响，但审核员应该认识到，无论是对于审核组还是被审核工厂而言，在世界上受宗派或政治冲突影响的地区或普遍存在温饱问题的地区开展过程安全管理审核会是一项艰巨的工作。对于发展中国家，社会-经济方面问题通常被放在首要位置，而非环境、健康与安全方面问题。在发展中国家按照美国或欧洲标准来实施过程安全管理计划可能比在北美或西欧国家更加困难。

附录 I　过程安全管理审核遇到的难题

对于任何过程安全管理审核，审核员通常会遇到先前未曾出现或没有给出解决方案的一种或多种难题。通常，要求个别审核员和/或审核组组长在现场应对和处理这些难题。在“匆忙”应对和处理这些难题时要求审核员做出敏锐判断并给出实用方案，确保这些解决方案不仅与有关管理法规或设施/公司过程安全管理标准保持一致，而且还应对那些强制性要求做出合理解释来解决被审核工厂存在的具体设计、运行和过程安全管理问题。在本附录中，列出了经验丰富的审核员在以往开展过程安全管理审核期间所遇到的难题，其中部分难题摘自《环境、健康与安全审核》(Cahill，2001 年)。

如本书第 3-24 章所述，所谓“合规性问题”(C)是指与过程安全法规、工厂或其母公司自己所制定程序中某项要求存在的偏差。有关工厂/公司程序及其影响方面的详细说明，见第 1.7.1 节。所谓“相关性问题”(R)是指非强制性要求的问题，并且对这些问题进行纠正能够改进过程安全管理计划，使过程安全管理计划中的要求超过过程安全管理法规中规定的最低要求。有关这些术语的详细定义，见第 1 章和“术语表”部分。

对于过程安全管理审核难题，尽管在某些情况下似乎有明确的决议，但通常无法对这些问题给出绝对正确或错误的答案。通常，即使给出合理的决议，但在采纳该决议时往往要求遵守某些非强制性方针或惯例。在做出最终决定前，应认真考虑上述因素。应将与这些过程安全管理审核难题有关的、可能的解决方法或结论提供给读者以供其考虑。另外，本书第 3-24 章中的合规性审核准则和相关性审核准则还提供了其他指南。即使过程安全管理审核难题看起来属于合规性问题且其决议非常明确，但工厂/公司也应根据自己具体情况来灵活采纳，并纠正所发现的问题。如果在对某一工厂或公司进行过程安全管理审核时遇到下面介绍的难题，本书的每一名使用者/读者及其所代表的工厂或公司应根据具体情况认真研究决定。因此，对于过程安全管理审核难题的单一、通用的解决方案或结论，并不适用于所有使用者。在采用下文介绍的解决方案/结论前，应对其认真考虑和研究。

1. 与管理体系有关的审核难题

难题

当对某一大型石油化工企业过程安全管理体系中“资产完整性”部分进行审核时，通过对备品备件仓库管理工作进行审查，审核员发现虽明确了部分备品备件的有效期限，但既没有在存储地点设置标签来提醒有关人员备品备件的有效期限，也没有在库存管理软件中提供与备品备件有效期限有关的任何信息。在对仓库主管进行面谈时，仓库主管声称，备品备件总是在其有效期前使用，因此无需对备品备件/材料的有效期进行跟踪或管理。但是，在对备品备件仓库进行走访时，审核员发现某一化工软管的有效期限已到期。作为一名审核员，在进行上述过程安全管理审核时所发现问题属于何种性质且应提出何种建议?

可能的解决方案或结论

在进行过程安全管理审核时,如果发现仓库内备品备品已超过其保存期,应将其视为“合规性问题”。很显然,这种情形意味着备品备件不符合与工艺有关的要求。但是,根据对仓库主管的面谈,审核员发现上述情形不单纯是在对化工软管进行管理时存在问题,而是缺乏备品备件过期管理系统和内部控制措施的一种表现。随着工厂生产能力或经营不断发生变化,备品备件使用率也会随之发生变化,因此依靠使用率来确定备品备件库存量通常不能保证备品备件在其有效期前使用。由于有关管理法规(如 OSHA 过程安全管理标准《高危化学品过程安全管理》)中未明确规定需实施备品备件管理系统,因此,在进行过程安全管理审核时,“合规性问题”仅包括仓库中备品备件过期这一问题。对于工厂/公司缺乏用于处理过期备品备件的备品备件管理系统和内部控制措施,这应将其视为“相关性问题”。有关该项内容方面的详细指南,见第 13 章。

2. 最低限度抽样问题

难题

当过程安全管理审核组成员负责对使用或生产大量化学品(包括十多种有毒/反应性物料和几十种易燃物料或混合物)的专用化学品序批生产装置“过程知识管理”要素进行审核时,审核员刚刚完成了对化学品安全技术说明书(MSDS)的审查,且过程安全管理协调员声称已满足与化学品有关的过程安全知识的需要。为装置中所有化学品提供了 MSDS,且 MSDS 中数据也为最新数据。但是,存在下面一种例外情况:发现没有为装置中某一特定产品生产工艺而制备的中间品易燃混合物提供 MSDS。只有当在装置中生产某特定产品时才在现场制备该易燃混合物。在审核报告中应如何记录该问题的性质?过程安全管理协调员认为,如果在数十份要求的化学品 MSDS 中缺少一份 MSDS,这不应将其视为存在“合规性问题”。至少有多少抽样记录缺失或不完整才被视为存在“合规性问题”?

可能的解决方案或结论

尽管即使发现一份记录缺失、不完整或填写不正确也可以构成审核发现,但当抽样记录数量可能很大时,许多审核员会视具体情况酌情决定是否确实存在“合规性问题”。在这些情况下,审核员首选会对记录缺失、不完整或填写不正确总体趋势进行分析,然后才得出结论。但是,必须根据问题的重要性来调整这种酌情权的使用度。在这个具体案例中,即使缺失一份与现场临时物料有关的化学品安全技术说明书(MSDS),也会被视为遗漏了重要记录,这是因为该物料 MSDS 除用于沟通危害外,还与许多其他重要的过程安全管理工作以及职业安全与健康工作有关,并为上述工作提供支持。因此,如果缺失了上述 MSDS,这可能被视为存在“合规性问题”。但是,如果审核员基于其抽样和检查结果坚持认为缺失某一 MSDS 属于一种单独的情况,那么该审核发现可以被描述为一种罕见情况,且在提出建议时就可以不要求对所有其他 MSDS 进行检查。有关该项内容方面的详细指南,见第 9 章。

3. 与自愿性保护计划(VPP)有关的难题

难题

当对某一化学品生产工厂进行过程安全管理审核时,审核员发现在工厂中涉及多个过程安全管理标准所涵盖的工艺过程。在对“资产完整性”要素进行审核时,审核员发现,过程安全管理标准所涵盖总共 24 台压力容器中,有 5 台压力容器的内部检查和壁厚测量超期,其中某几个检查超期达几年。另外还发现，相同的周期性维护超期问题也出现在过程安全管理标准所涵盖12台低压储罐其中的3台储罐，审核发现在规定维护日期数年后才对其进行了维护。维护经理声称，该工厂在本地区安全管理方面是一个“榜样”，从来没有因逾期对压力容器和储罐进行预防性维护而收到任何违规传票或受到违规传票威胁。维护经理还称，在几乎10年内工厂一直被评为自愿性保护计划(VPP)“明星现场”，并且与OSHA当地机构保持着良好关系。另外，工厂所在州不受非受火压力容器法规制约。但是，即使是以最快速度来对逾期压力容器和储罐进行检查，也将会花费相当大的时间和精力，并造成非计划停车，同时，因对产品生产和存储设备进行检查还会导致产品无法及时发货。毫无疑问，维护经理和装置经理认为装置目前在最佳状态下运行，明确反对中止装置生产。审核员所发现的这类问题属于何种性质?

可能的解决方案或结论

在进行过程安全管理审核时，如果发现工厂/公司未按时对重要设备(如压力容器和储罐)进行检查、测试和预防性维护(ITPM)，这显然存在“合规性问题”，并且审核员一定要记录并上报这些问题。取决于不同州，在州法律或法规中可能对与压力容器有关的检查、测试和预防性维护(ITPM)工作及其频率做出了具体规定，并且在这些州法律或法规中还可能规定除遵守API-510标准外还应遵守其他认可和普遍接受的良好工程实践(RAGAGEP)，如由美国国家锅炉压力容器检验师协会发布的良好做法(例如NB-23)。工厂是否是VPP“明星现场”及其与OSHA当地机构的关系与所发现的ITPM问题或任何其他问题无关。当与VPP计划有关时，审核员必须按照过程安全管理计划中的要求谨慎仔细进行检查。对于获得了VPP“明星现场”称号的工厂，它们通常会引以为荣，但是，这不应“无视”在进行过程安全管理审核时所发现的任何实际问题。有关该项内容方面的详细指南，见第2章(第2.3.5.7节)和第13章。

4. 良好做法未得到有效实施

难题4a

当对某一化工工厂过程安全管理体系中“承包商管理”部分进行审核时，过程安全管理协调员告诉审核员，由采购主管负责对潜在承包商的安全绩效进行筛选和审批，并且采购主管已编写并实施了承包商资格预审问卷，其中包括与承包商安全计划和安全绩效有关的详细内容。过程安全管理协调员会向审核员提供一份已完成的检测作业承包商资格预审问卷。当审核员要求对采购主管进行面谈以了解更多与承包商资格预审程序有关的信息并希望对更多记录进行抽查时，却被告知采购主管于2个月前中了州大乐透彩票，目前正在休长假。为了核实工厂/公司是否按照有关要求对承包商进行预选，审核员要求对保存在计算机中的记录进行审查，同时要求对承包商管理程序进行审查。遗憾的是，工厂人员因没有检查人员密码而无法查看承包商预选记录，同时发现工厂尚未制定承包商管理程序来要求采购部门对承包商实施有效管理。采购主管手机已关机，无法与采购主管取得联系。审核员该如何处理这种情况?

可能的解决方案或结论4a

由于无法完成承包商管理程序中规定的记录抽样和检查，因此针对没有提供承包商资格预审记录且无法对记录进行审查，这种情况应被视为存在问题。由于在有关管理法规中未明确规定需为过程安全管理计划中“承包商管理”要素制定管理程序，所以如果发现工厂/公司未制定承包商管理程序且采购主管所提出的良好做法未被制度化，应将其视为存在“相关性问题”，而非存在“合规性问题”。或者，审核员可向工厂提出建议(当按照审核范围和目的要求提出建议时)，要求工厂制定承包商管理计划以帮助纠正系统性问题。有关该项内容方面的详细指南，见第2章和第14章。

难题4b

当对为不同行业生产各种产品的专用化学品序批生产装置过程安全管理体系中“过程知识管理”部分进行审核时，审核员发现工厂在生产新产品时通常会涉及之前未涉及过的新化学品和新运行条件。工厂以能够快速对其工艺进行调整并生产出高质量新化学品而闻名。在对与泄压设备设计及设计基础有关的记录进行审查时，审核员发现许多记录不完整且未能反映出目前产品会对反应器泄压设备(防爆膜)造成影响的特性和条件。工程设计经理指出，由于客户急需产品，生产任务的周转时间短，因此无法对泄压设备设计及设计基础进行全面定量分析。压力容器、管道和泄压设备均采用超负荷设计，能够应对在相关工艺系统中会出现的各种压力和温度，并且从未因出现瞬时超压或超温而导致工艺系统出现任何泄漏。通过对工程设计经理及参与引进新产品生产线的多名工程设计人员和操作人员就技术问题进行面谈，发现在变更管理(MOC)安全审查及危害识别和风险分析(HIRA)期间已对泄压设备进行了定性研究，包括对材料特性及在现场实验室进行的部分简单试验结果进行审查。通过对工厂相关工程人员和操作人员进行面谈，审核员发现这些人员似乎知晓在生产新产品时反应器压力变化情况。通过对运行记录进行审查，审核员确认在工艺系统中从未因出现瞬时超压而导致系统出现任何化学品泄漏或意外释放。审核员该如何应对和处理这种情况?

可能的解决方案或结论4b

在进行过程安全管理审核时，如果发现工厂/公司没有为反应器泄压设备(防爆膜)提供设计及设计基础方面的过程安全知识，应将其视为存在“合规性问题”。很显然，通过对相关人员进行面谈并对有关记录进行审查，发现按照反应器泄压设备设计条件对新产品和改良产品进行评估的过程存在缺陷。但是，有关管理法规中没有明确规定需为此而制定一套管理系统并采取内部控制措施，而仅要求进行有效管理和控制。因此，审核员可向工厂提出建议(当按照审核范围和目的要求提出建议时)，要求工厂制定管理体系以帮助纠正系统性问题，或者将其记为“相关性问题”，用于处理工厂/公司在切换产品时未制定用于反应器泄压设备能力评估的管理系统。有关该项内容方面的详细指南，见第9章。

难题4c

在对某一化工厂过程安全管理体系中“资产完整性”要素进行审核时，维护经理声称原始设备制造商(OEM)手册中的规定可满足书面维护程序的要求。审核员发现维护主管办公室和工程师办公室的书架中均摆放了部分OEM手册。另外，在各个维护车间多个地点也提供了OEM手册。通过对多本OEM手册进行简单审查，发现某些OEM手册是几十年前发布的，尽管工厂通过了ISO 9001认证，但是这些OEM手册不属于正式发布和批准的文件。这是否说明存在问题?为什么?

可能的解决方案或结论4c

在进行过程安全管理审核时，如果发现OEM手册相对于设备及其维护而言实际上已过期，则应将没有对维护程序及时更新视为存在“合规性问题”。审核员应与维护人员进行面谈，以核实上述情况是否属实。除非ISO文件控制程序规定ISO文件控制系统应包含与过程安全管理有关的资产完整性(AI)程序，否则，如果ISO 9001文件控制系统没有包括这些AI程序，不应将其纳入审核发现。ISO 9001是一个自愿性文件管理系统，毫无疑问，经ISO 9001认证的工厂会选择采用该文件控制系统来对文件进行管理，但即使在ISO认证仍然有效的情况下，这也不是一项强制性的过程安全管理要求，除非工厂或公司要求采用ISO 9001来管理与过程安全管理有关的文件。因此，假设文件控制系统已经涵盖了AI程序（无论AI程序是否属于ISO程序），那么这种情况下如果设施未制定AI程序或AI程序没有涵盖与过程安全管理有关的文件，就需将其视为存在“合规性问题”。有关该项内容方面的详细指南，见第13章。

5. 公司未制定自己的标准

难题

当对涉及有毒和易燃物料的大型石油化工工厂过程安全管理体系“过程知识管理”要素进行审核时，审核员要求过程安全管理协调员提供与通风系统设计基础有关的信息，此时，过程安全管理协调员提供给审核员的文件中仅包括两份图纸，一份为行政办公楼通风管道系统的敷设，另一份为控制室通风管道系统的敷设，但是，这两份图纸由HVAC系统安装公司绘制（工厂设置了中控室）。当对过程安全管理手册进行审查时，审核员发现在“过程安全知识（PSK）”部分仅仅重述了过程安全管理标准中列出的要求，而没有对工厂过程安全信息要求做出任何详细规定或解释。此外，也未制定与“过程知识管理”有关的公司程序。过程安全管理协调员声称上述两份图纸所提供的过程安全信息已足够。这是否认为存在问题？

可能的解决方案或结论

在进行过程安全管理审核时，如果发现工厂/公司未提供与通风系统设计有关的过程安全信息（PSI），应将其视为存在“合规性问题”。上述“合规性问题”是指工厂所提供信息与有关管理法规（如OSHA过程安全管理标准《高危化学品过程安全管理》）的宗旨不符，管理法规的宗旨是防止某些有毒或易燃物料出现灾难性泄漏并避免对工厂人员造成影响。在与中控室和行政办公楼及现场任何其他有人占用构筑物通风系统有关的过程安全知识（PSK）中，应指明通风系统如何保护室内工作人员免遭有毒和/或易燃气体伤害及在出现有毒和/或易燃气体泄漏时通风系统如何将室内外空气隔离。在进行过程安全管理时，不考虑与“创造舒适工作环境”有关的通风系统设计。有关该项内容方面的详细指南，见第9章。

6. 过程安全管理计划范围以及工厂/公司要求不满足有关法规中的规定

难题6a

当对涉及大量易燃物料存货的石油化工装置进行过程安全管理审核时，审核员发现，按照工厂过程安全管理手册中有关规定，使用、存储或生产易燃物料的所有工艺均涵盖在过程安全管理计划中。另外，过程安全管理手册还规定，固定式和移动式消防系统涵盖在过程安全管理计划中。当对危害识别和风险分析（HIRA）报告进行审查时，审核员发现工厂/公司尚未对消防系统进行危害识别和风险分析，并且在任何工艺HIRA报告中均未对消防系统进行分析，而仅仅是将消防系统列为一项安全防护措施。另外，在资产完整性（AI）计划程序中未列出与消防系统有关的检查、测试和预防性维护（ITPM）要求。在对安全经理进行面谈时，安全经理声称工厂/公司已对消防系统进行了测试，但通过对测试记录进行审查，审核员发现已超过两年未对消防泵进行测试，同时还发现尽管对消防水炮进行了润滑但未进行流量测试。审核员能够发现的记录仅包括喷淋灭火系统每月外部检查记录、承包商提供的部分火灾报警系统测试记录及消防器材检查清单（注明检查日期和检查人员）。对此，审核员认为存在以下两个问题：在HIRA报告中未对消防系统故障进行分析；在AI计划中未列出NFPA 25规定的与水基消防设备有关的所有检查、测试和预防性维护（ITPM）任务。这确实属于“合规性问题”吗?如果是,那么应提出哪些合理建议?如果不是,为什么?有关该项内容方面的详细指南,见第10章和第13章。

可能的解决方案或结论6a

对于上述发现的两个问题:即在HIRA报告中未对消防系统故障进行分析及未按照有关认可和普遍接受的良好工程实践(RAGAGEP)列出与水基消防系统有关的所有检查、测试和预防性维护(ITPM)任务,确实属于“合规性问题”。有关管理法规中未明确规定需将消防系统纳入过程安全管理计划,并且水并不是一种高度危险化学品。因此,是否将水基消防系统和设备纳入工厂过程安全管理计划完全出于自愿。但是,由于工厂规定在其过程安全管理计划需包括这些系统和设备,因此,与消防系统和设备有关的其他管理要素就成为合规性要求。另外,在进行危害识别和风险分析时将消防系统纳入考虑范畴意味着必需确保消防系统能够正常运行,否则,如果在进行危害识别和风险分析时发现所采取的安全防护措施错误,这也应被视为“合规性问题”。有关该项内容方面的详细指南,见第1章、第10章和第13章。

难题6b

对于OSHA过程安全管理标准《高危化学品过程安全管理》所涵盖的生产有毒物料的化工装置,在对其资产完整性(AI)计划进行审核时,通过对有关文件进行审查并对相关人员进行面谈,审核员发现区域有毒气体检测器未涵盖在AI计划中。固定式有毒气体检测器用于对OSHA过程安全管理标准《高危化学品过程安全管理》所涵盖高度危险化学品(在这种情况下,是指氯气)进行检测,其设置在OSHA过程安全管理标准《高危化学品过程安全管理》所涵盖工艺单元界区内,用于显示氯气浓度并当氯气浓度达到预设限定值时发出报警。因此,固定式有毒气体检测器应符合在OSHA过程安全管理标准《高危化学品过程安全管理》第(j)(1)(v)节中对控制、显示和报警进行的定义。你是否认为存在问题?为什么?

可能的解决方案或结论6b

由于固定式氯气检测器设置在OSHA过程安全管理标准《高危化学品过程安全管理》所涵盖工艺区域内且专门用于显示氯气浓度并当氯气泄漏浓度达到预设限定值时发出报警,因此,在进行过程安全管理审核时,如果发现固定式氯气检测器未涵盖在资产完整性(AI)计划中,应将其视为存在“合规性问题”并记录下来。

难题6c

在产生难题6b的相同审核中,在对资产完整性(AI)计划进行审核时,通过对有关文件进行审查并对相关人员进行面谈,审核员发现工厂人员、承包商人员和访客所携带的便携式氯气检测器未涵盖在资产完整性(AI)计划中。这是否认为存在问题?为什么?

可能的解决方案或结论6c

尽管便携式有毒气体检测器可以像固定式有毒气体检测器一样发出报警,但这些设备不属于工艺设备,而是属于个体防护装备(PPE)且用于工业卫生或应急行动目的。因此,如果便携式有毒气体检测器生产商规定需对其生产的检测器进行检查、测试和预防性维护(IT-PM),此时,应将审核发现记为“相关性问题”。但是,在这种情况下,还需遵守其他OSHA标准中规定的要求。

7. 重复出现的问题

难题

当对过程安全管理计划中“危害识别和风险分析(HIRA)”要素进行审核时,审核员发现在当前过程安全管理审核前两年对1#反应器工艺进行过程危害分析（PHA）时所提出的10条建议仍尚未得到落实。于三年前提交的过程安全管理审核报告还提出了以下问题："在最近一次对3#反应器工艺进行危害识别和风险分析时所提出的15条建议没有按时落实"。审核员通过检查对这些建议进行了核实，在于三年前所提交审核报告中列出的10条尚未落实的建议均未超过为其规定的应完成日期，并且在进行上一次过程安全管理审核时所提出的15条未按时落实建议在这三年期间均得以落实。这是否属于重复出现的问题？为什么？

可能的解决方案或结论

在这种情形下，需要核实的是，在连续的过程安全管理审核周期中所提出的且未按时落实的一般HIRA建议（而不仅仅是某一具体HIRA建议）是否属于重复出现的问题。在OSHA《现场操作手册》（OSHA，2009b）中指出，如果雇主先前因出现某种条件或危险而收到违规传票，当再次出现相同或基本相似条件或危险时可向雇主再次发出违规传票。另外，如果某一违规行为在收到传票后曾一度被纠正但在以后再次出现，则仍会再次向工厂发出违规传票（应该注意的是，不能根据州计划对发现的重复违规发出传票）。因此，在进行过程安全管理审核时，如果发现未按时落实HIRA建议，即使不是在连续进行过程安全管理审核时发现的问题或者没有为这些未按时落实的HIRA建议做好记录，也应视为重复出现的问题。当然，在确定是否未按时落实某一建议时，还应考虑"及时性"一词的定义。另外，还应对HIRA建议管理系统进行审查，以核实在HIRA建议管理系统中是否包含了所有HIRA建议。有关该项内容方面的详细指南，见第2章。

8. 即时（JIT）合规性

难题8a

当对过程安全管理体系中"安全操作规程"要素所涵盖动火作业许可证（HWP）进行审核时，审核员首先要求设施提供一份现场动火作业程序复印件。审查发现，动火作业程序严格按照过程安全管理法规和有关法规制定，但是，动火作业程序有效日期截至到审核员开展过程安全管理审核前3天。设施安全经理承认，动火作业程序为最新版本，并取代了原相对简单的非正式动火作业许可程序，同时工厂尽最大努力认真对动火作业程序进行了修订，但预计在过程安全管理审核时才能获得批准。

当审核员询问作为最新版动火作业程序中的一项要求是否就该版动火作业程序对操作人员和维护人员进行了必要培训时，安全经理声称工厂/公司安排在下周进行培训。工厂/公司必须等到最终动火作业程序得到批准并签发后才能对操作人员和维护人员进行上述培训，而不能先于过程安全管理审核之前开展培训。另外，当审核员询问是否可以对任何已关闭动火作业许可证进行审查时，安全经理却称由于动火作业程序为最新版程序，目前尚无任何已关闭动火作业许可证。接下来，审核员询问当在现场进行过程安全管理审核时是否可对部分动火作业进行观察，安全经理又声称在进行过程安全管理审核期间工厂/公司未安排任何动火作业。

总之，通过进行上述检查，工厂/公司似乎了解过程安全管理要求并制定了有效的动火作业程序，只是尚未全面实施。这是否认为存在问题？为什么？如果认为存在问题，那么该问题属于何种性质？除在进行下一轮过程安全管理审核（审核周期：3年）时对动火作业程序进行审查外，是否还可采用其他方法来核实动火作业程序的有效实施，而非仅仅"一纸空谈"？

可能的解决方案或结论8a

在有关管理法规中未明确规定需制定动火作业程序，而仅要求签发动火作业许可证，同时能够满足在 OSHA《切割焊接和钎焊防火标准》(29 CFR § 1910.252(a))中规定的要求。因此，严格说来，具备动火作业程序并不属于一项合规性要求。但是，由于工厂已制定并下发了动火作业程序，因此其内容就属于合规性要求。在这种情况下，如果未将已批准动火作业程序的所有规定内容已付诸实施，应将其视为存在“合规性问题”。这与在进行过程安全管理审核期间未开展动火作业无关。有关该项内容方面的详细指南，见第 1 章和第 12 章。

难题 8b

在开展同一过程安全管理审核期间，另外一名审核员在对变更管理(MOC)程序进行审查时发现有 12 份 MOC 表(包括正在执行的 MOC 表和最近已关闭的 MOC 表)内容不完整，在 MOC 表中没有相关人员签字，有些数据和信息栏还留有空白。审核员初步认定设施没有遵守工厂 MOC 程序要求，其理由是 MOC 表格具体内容的缺失。过程安全管理协调员对 MOC 表所存在的问题进行了确认，并将这些 MOC 表返回给相关人员以补充上遗漏信息并要求相关人员签字。在审核末次会召开前，过程安全管理协调员将已纠正的 12 份 MOC 表返回给 MOC 审核员，并要求 MOC 审核员删除发现的问题。即使 MOC 表已补充并完善，这是否仍认为变更管理存在问题？如果认为仍存在问题，为什么？如果认为不存在问题，为什么认为无问题？

可能的解决方案或结论 8b

在现场进行过程安全管理审核时，普遍存在的一种情况是，工厂设法纠正在进行过程安全管理审核时所发现的问题。对于上述情况，通常有两种观点：

- 第一种观点：对于在进行过程安全管理审核时所发现的简单问题，即仅仅是某一过程安全管理要素记录不完整，这仅要求在相关记录中补充上所有遗漏数据以满足合规性要求。这些问题在被发现后，可以在任何时间进行纠正。那么如果在审核末次会或下发最终审核报告前对这些问题进行了纠正，由于这些问题属于次要问题，因此不应在相关讨论会上提及。

- 第二种观点：审核发现是对审核员过程安全管理审核中具体情况的呈现，那么由于其代表当前过程安全管理计划某一方面的实施状态，因此审核员在发现这些情况后应描述并公布相关审核发现。在这种情形下，审核员所面临的难题是，工厂设法纠正所发现的问题是出于可能更加关心究竟存在多少问题(或在进行专项审核时所发现问题的数量)，而不是基于所发现问题来审视其过程安全管理程序和做法究竟存在哪些不足之处。与上述难题相关的另外一个问题是，如果审核组建议采纳第二种观点，那么工厂会认为其已尽力关闭了在过程安全管理审核期间所发现问题，但却受到不公平“惩罚”。如果记录不完整，这可能说明工作存在小疏忽，但也可能说明过程安全管理程序或做法存在系统性问题。严格说来，如果没有详细的过程安全管理书面程序，并且管理法规(如果有)也未要求编写过程安全管理程序或未指定记录方法，则可将记录不完整视为存在“相关性问题”而非存在“合规性问题”。因此，审核员应尽可能设法来判定过程安全管理程序或做法是否存在系统性问题，确保基于相关过程安全管理程序或在进行相关过程安全管理工作时所采用的方法来记录所发现的问题，不仅对所发现问题进行全面说明，而且还应对任何潜在问题加以全面说明。在进行现场过程安全管理审核期间，设施可能无法立即纠正所发现的系统性问题，因为在永久性纠正这些系统性问题前通常要求对过程安全管理程序进行修改、额外的培训、对记录保存程序进行修订、采取其他管理措施或开展其他相关工作。通过确保所有相关方全面理解审核基本准则并事先就是否要求在开展过程安全管理审核期间对所发现问题进行纠正达成一致意见，就可以应对在进行过程安全管理审核时所面临的难题。有关该项内容方面的详细指南，见第 2 章和第 16 章。

9. 监管目的

难题

对于OSHA过程安全管理标准《高危化学品过程安全管理》所涵盖多个要素，如“危害识别和风险分析（HIRA）”要素、“变更管理（MOC）”要素和“事件调查”要素，要求雇主将HIRA、变更和事件调查结果对相关岗位员工进行告知或培训。在进行过程安全管理审核期间，当审核员在对非管理员工进行面谈时应涉及这些问题，即工厂如何将HIRA建议落实情况、已批准变更及通过事件调查所汲取的教训告知非管理人员。上述每一要素编制的过程安全管理程序中，均规定了将HIRA报告、事件调查报告和MOC表复印件提供给控制室操作人员，并要求他们在文件中签字以证明他们已对这些文件进行了审查并理解文件内容。但是，有4名操作人员称，尽管最近在设施中进行了危害识别和风险分析、变更和事件调查工作，他们也在有关文件中签了字，但设施并未将结果告知他们。审核员是否认为在这些方面存在问题？为什么？

可能的解决方案或结论

对于OSHA过程安全管理标准《高危化学品过程安全管理》中术语“沟通”（针对HIRA建议）、“告知和培训”（针对变更）及“审查”（针对通过事件调查所汲取的教训）的含义，多年来在过程安全管理专业人员中一直存在争议。有些过程安全管理专业人员将这些术语解释为需采用面对面的培训或情况通报会，而有些过程安全管理专业人员则认为提供各种有关的书面资料就足够了。有关管理法规和书面文件并没有对该问题做出明确规定，而在实践中，过程安全管理专业人员采用的告知方法则远远超过了其理解范围。对于上述要求，没有统一的规定，可采用结合面对面和书面的方式向相关人员传达信息或进行培训。另外，有关管理法规也并未规定是否需要核实工厂员工理解所提供的信息，这与OSHA过程安全管理标准《高危化学品过程安全管理》中“培训”这一要素的规定有所不同，在培训要素中则要求员工证明自己确实理解了培训内容和要求。因此，除非工厂或公司程序中要求采用面对面方式向员工传达信息，否则，如果工厂或公司未采用面对面方式向员工传达信息，审核员不应将其视为存在“合规性问题”。审核员应对向员工提供书面信息所采用的方法进行审查，以明确这些方法是否切实有效且是否能够确保每名员工均接收到所需信息。有关该项内容方面的详细指南，见第10章、第13章和第20章。

10. 对“每年一次”定义的理解

难题

2008年11月，审核员对某一炼油厂（包括350名操作人员和50名维护人员）过程安全管理体系中“资产完整性”要素进行了审核。在对维护部门安全操作规程（SWP）培训情况进行评估时，审核员发现工厂/公司已为所有有关培训模块和各级维护人员均编制了完善的需求评估矩阵，并通过计算机系统对培训计划进行管理，且乍一看非常令人满意。当对10名员工培训记录进行检查时，审核员发现在2008年有3名员工没有按照要求接受与动火作业许可证或管线/工艺设备打开有关的年度培训。通过对相关记录进行检查发现，这10名员工进行最后一次培训的时间为2007年1~2月。而环境、健康与安全（EHS）培训协调员似乎并不重视这类问题，却说没关系，这可能是因员工夏季休假及在2008年初开展短期检修没能对其进行培训。工厂/公司将于2008年12月为上述员工补上培训，然而，这意味着这些员工的培训间隔时间几乎达到2年。但EHS培训协调员辩解这仍然满足每年对员工进行一次培训的要求。这是否说明存在问题？为什么？

可能的解决方案或结论

在这里，“每年一次”是指在滚动365天周期内开展一次工作，而非在连续2个自然年内开展一次工作。因此，在2007年任何时间和2008年任何时间对指定人员进行安全操作规程(SWP)培训就不符合上述定义。但是，部分设施过程安全管理人员声称“每年一次”意味着在自然年任何时间内开展一次所规定工作即可。对“每年一次”进行定义采用的最常见做法是遵循滚动365天周期内某一规定日期开展一次所规定工作的定义。因此，由于绝大部分人员普遍认识错误，所以屡屡存在超过上述时限的“合规性问题”。另外，该定义还适用于OSHA过程安全管理标准《高危化学品过程安全管理》中规定的任何时间限制要求，如危害识别和风险分析(HIRA)复核、合规性审核、标准操作程序(SOP)复核等。有关该项内容方面的详细指南，见第11章和第13章。

11. 合规性审核未完成

难题

在计划对某一炼油厂进行过程安全管理审核时，最初指定了6名审核员。但是，在开始进行过程安全管理审核前的周末，其中一名审核员因家中有急事而向审核组组长打电话告知其无法按时参加审核工作。由于事情太突然，无法找到合适人员来代替该名审核员，导致审核组缺少1名成员。为此，审核组组长将该名缺席审核员的工作任务分配给审核组其他成员。在进行过程安全管理审核期间，其中一名审核员被其领导调去参加两个电话会议，以解决与该过程安全管理审核无关的“紧急”问题。另外，由于供电中断(幸亏没有导致任何危险物料泄漏)，工厂要求审核组暂停过程安全管理审核并离开炼油厂长达一下午的时间。由于出现了上述意外情况，导致审核员无法全面开展合规性审核工作。本次过程安全管理审核可以算作合格吗？

可能的解决方案或结论

在有关管理法规中，规定应开展过程安全管理审核认证，但未说明应按照何种方法来对审核实施的完整性进行评估。如果在工厂或公司过程安全管理审核程序中采用了指定的某一审核方案，那么应根据该审核方案来判断过程安全管理审核实施的完整性。在OSHA过程安全管理标准《高危化学品过程安全管理》中规定，应通过进行过程安全管理审核来核实工厂/公司是否遵守基于该标准制定的程序和做法。这意味着应对与过程安全管理有关的所有程序和做法进行审查。如果在规定时间内(以及因出现了不可预见和情有可原的困难)未能按照基于某一审核方案确定的合规性审核问询/审核准则来全面完成过程安全管理审核工作，则应设法尽快对遗漏部分进行审核。如果无法全面完成过程安全管理审核，则应对过程安全管理审核认证证书进行修改，指出已完成和/或未完成哪些过程安全管理审核工作。如果不这样做，当审核员在对上一次合规性审核进行审查时发现存在这种情况，就应将其视为存在“合规性问题”。有关该项内容方面的详细指南，见第2章和第22章。

12. 过程安全管理体系范围

难题12a

当对某一炼油厂进行过程安全管理审核前收集有关信息时，审核组组长要求工厂提供与设施过程安全管理范围有关的程序或文件，即哪些工艺和设备涵盖在过程安全管理体系中，哪些工艺和设备不属于过程安全管理体系范畴。但过程安全管理协调员声明工厂未编写这类文件。当审核组达到现场后，该问题得到了证实。在对多名设施经理和负责过程安全管理体系各要素的其他人员(包括过程安全管理协调员)进行初步面谈时，发现他们对过程安全管理体系应涵盖哪些工艺/设备/区域持不同观点。这是否说明存在问题？为什么？

可能的解决方案或结论 12a

在进行过程安全管理审核时，如果发现工厂/公司未编写如何确定过程安全管理体系范围方面的文件且设施人员对过程安全管理体系范围持不同观点，这本身并不是问题。必须按照有关管理法规所涵盖的有毒、活性和/或易燃物料及其相应临界值，以及其对工艺的限定、混合规则和在管理法规中规定的适用性规定，来判断工厂是否合理确定了过程安全管理体系范围。另外，按照在事故案件上诉时做出的最终判决(如 Meer 和 Motiva 案件中与 OSHA 过程安全管理标准《高危化学品过程安全管理》有关的判决)而形成的指南或要求已得到认可，因此，应将其视为非强制性要求。有关该项内容方面的详细指南，见第 3 章。

难题 12b

在同一过程安全管理审核中，过程安全管理协调员指出，因为氢氟酸(HF)烷基化装置手动启动蒸汽灭火系统仅涉及水且与烷基化工艺其他任何设备无关联，所以不考虑将该蒸汽灭火系统纳入过程安全管理体系。这种观点是否正确？术语“与过程安全密切相关”(或类似用语)代表何种含义？

可能的解决方案或结论 12b

“与过程安全密切相关”是指一类工艺过程、设备或功能，可为容纳有关管理法规中涉及的化学品或物料的工艺设备提供支持，当这些支持系统、设备或功能出现故障时会导致化学品或物料出现灾难性泄漏，或者这些支持系统或设备可辅助安全控制措施防止出现灾难性泄漏。上述定义的产生，是由于在“危害识别和风险分析(HIRA)”要素中设备被视为会诱发危险场景的原因或安全防护装置，而在“标准操作程序(SOP)”要素或“过程安全知识(PSK)”要素中被视为安全系统。但是，在有关管理法规或任何有关正式翻译文件中没有采用该术语。因此，尽管强烈建议将与过程安全密切相关的辅助系统和设备正式纳入过程安全管理体系，但这不是一项强制性或合规性要求。当没有将这些辅助系统或设备纳入过程安全管理体系时，应将其视为存在“相关性问题”而非存在“合规性问题”。有关该项内容方面的详细指南，见第 3 章。

难题 12c

在对某一化工装置过程安全管理体系中“资产完整性“要素进行审核时，审核员发现设施冷却水系统对序批式反应器运行非常重要，如果冷却水或供电中断，会立即导致出现放热反应。设施设置了安全仪表系统(SIS)，用于对温度和压力进行测量，并且当出现高温和高压时立即启动紧急停车系统。设施定期对这些设备进行了测试，并做好了完整的测试记录。但设施未对冷却水系统或其供电系统进行检查、测试和预防性维护(ITPM)。而维护经理声称，因为设施安装了 SIS 系统且对 SIS 系统进行了测试，所以无需对冷却水系统或其供电系统进行检查、测试和预防性维护。这是否说明存在问题？为什么？有关该项内容方面的详细指南，见第 13 章。

可能的解决方案或结论 12c

部分公用工程系统对于过程安全至关重要，因为如果这些公用工程系统出现故障，这可能会直接导致化学品或物料出现灾难性泄漏。在这种情况下，通常采用多个保护层来对此类危险场景进行控制。但是，公用工程系统属于这些保护层中第一道防线，在确定过程安全管理体系范围时不应因设计了其他保护层而忽视公用工程系统。因为公用工程系统本身不涉及管理法规中所涵盖的化学品或物料，所以可有意将公用工程系统作为保护层第一道防线。上述难题12b中对“与过程安全密切相关”的定义适用于这些重要公用工程系统，并且在“危害识别和风险分析(HIRA)”要素中可能被作为安全防护装置、在“标准操作程序(SOP)”要素和“过程安全知识(PSK)”要素中可能被作为安全系统。尽管要求遵守上述适用性原则，但这不属于一项强制性要求，当没有将这些关键公用工程系统纳入过程安全管理体系时，应将其视为存在“相关性问题”而非存在“合规性问题”。有关该项内容方面的详细指南，见第3章和第13章。

13. 专业资质

难题13a

当对某一化工厂过程安全管理体系中“资产完整性”要素进行审核时，审核员发现工厂安排设施人员对压力容器、储罐和管道进行检验、记录和判读设备厚度测量读数，对动设备振动进行监控，并对各种电气和机械设备进行热红外成像检查。维护经理向审核员出示执行了压力容器、储罐和管道超声波检查和测厚工作人员的NDT 1级和2级证书，并声称这些资格证书足以满足所有工作要求。这种观点是否正确？为什么？

可能的解决方案或结论13a

对于压力容器、储罐和管道外部和内部检查人员及厚度测量计划管理人员的资质，应按照API-510、API-653和API-570及美国国家锅炉压力容器检验师协会标准对其资格进行认证。对于某种NDT技术(如超声波探伤)，拥有NDT 1级和2级证书并不代表具备API规范和标准中所要求的技能和资格。另外，经API规范和标准认证的人员可胜任定点测厚位置(TML)或工况测量位置(CML)的选取工作，按照相关规范/标准进行计算，以预测设备剩余寿命。对于获得NDT证书的人员，仅允许按照其证书等级来开展无损探伤工作(针对NDT 1级和2级证书)及对无损探伤结果进行判读(针对NDT 2级证书)。因此，在进行过程安全管理审核时，如果发现压力容器、储罐和管道检验人员不具备上述认证资格，这应视为合规性问题。有关该项内容方面的详细指南，见第13章。

难题13b

维护经理还称，热红外成像检查人员已从事该项工作长达15年，拥有丰富的经验，其能力相当于接受过红外线成像检查及相关设备使用培训的人员。这是否认为存在问题？为什么？

可能的解决方案或结论13b

由公认机构(美国石油学会(API)和美国振动协会)对压力容器、储罐和管道检验人员及动设备振动数据判读人员进行资格认证。而红外线成像检查资格通常应由生产红外线设备的公司进行资格认证。因此，在进行过程安全管理审核时，如果发现由未经过资格认证的人员来记录热红外成像读数，这不应视为存在“合规性问题”，而应视为存在“相关性问题”。有关该项内容方面的详细指南，见第13章。

14. 物料意外混合

难题

当对某一专用化学品工厂过程安全管理体系中的“过程知识管理”要素进行审核时，审核员发现工厂没有编制物料矩阵或表格，用于指出在现场使用、存储或生产的各种化学品的不相容性。这是否说明存在问题？为什么？

可能的解决方案或结论

尽管使用物料矩阵或表格来指出现场物料不相容性是一种简明方法且在“过程安全管理”要素中被普遍成功采用，但这不属于一项强制性要求。可采用其他方法来满足上述要求，包括化学品安全技术说明书（MSDS）（如果 MSDS 中包括与物料意外混合有关的信息）。有关该项内容方面的详细指南，见第 9 章。

15. “及时性”一词代表何种含义？

难题

当对某一炼油厂进行过程安全管理审核时，负责“危害识别和风险分析（HIRA）”要素、“审核”要素和“事件调查”要素的审核员注意到与这些要素有关的建议均能按照规定时间完成。但审核员发现，许多建议确定的完成日期时间很长，即使是简单建议（如对某一程序进行修改）。另外，似乎工厂/公司还多次延长了许多建议的完成日期，并且在审核员即将开展过程安全管理审核前还更改了许多完成日期。这是否认为存在问题？为什么？对于过程安全管理建议的落实和实施，“及时性”一词代表何种含义？

可能的解决方案或结论

如果为某些管理性变更（如对某一程序的措辞进行修改）规定的完成时间很长，这不符合在第 1 章、第 2 章和“术语”部分对“及时性”一词进行的定义。如果为变更规定的完成日期很长，就会导致无法按照工厂计划来开展工作，所以应将其视为存在“合规性问题”。但是，审核员必须有针对性地对每一情形进行认真审查，然后才能判断是否确实存在“合规性问题”。例如，如果在对某一程序进行全面修改时因涉及采用新记录方法或已改进记录方法而要求使用新软件、对有关人员进行全面培训等，这可能需要数月时间才能完成该项变更，而如果对某一标准操作程序（SOP）中某一警告描述的措辞进行修改，这应在更短时间完成。另外，如果在工厂中多次延长某些建议的完成日期，这表明破坏了“及时性”一词的定义。由于没有对术语“及时性”在各种情境下进行统一定义，因此审核员应视具体情况对“及时性”一词采用合理定义，确保在审核组内部就每一情形达成一致意见。如果在即将开始过程安全管理审核前来延长某些建议的完成日期，这可能说明在试图避免产生审核发现，而不是解决根本问题。有关该项内容方面的详细指南，见第 1、2、10、16、17、20 和 22 章以及“术语”部分。

16. 标准操作程序（SOP）年度复核

难题 16a

当对某一化工厂过程安全管理体系中的“标准操作程序（SOP）”要素进行审核时，审核员发现工厂已编制了标准操作程序，并确保标准操作程序尽可能做到重点突出、简明扼要。所以，在工厂中会有大量已批准的标准操作程序。另外，审核员还发现标准操作程序年度复核证书仅包括一页纸，在上面简单陈述了已完成标准操作程序年度审查和更新。这是否满足要求？

可能的解决方案或结论 16a

除非在工厂程序中对年度复核方法做出规定，否则可以仅使用一页纸来简单说明标准操作程序已完成了年度复核而且无需列出经过年度复核的所有标准操作程序，这完全满足有关管理法规中规定的合规性要求。成功且常用的做法是为标准操作程序编制电子版索引文件，并在索引文件中注明年度复核日期。在抽样和检查计划中，应明确在进行过程安全管理审核时需对哪些标准操作程序进行审查。但是，在进行过程安全管理审核时，如果发现工厂/公司未提供标准操作程序年度复核记录，这应视为不符合相关性要求而非合规性要求。有关该项内容方面的详细指南，见第 11 章。

难题 16b

同一次审核中，对标准操作程序年度复核进行检查时，审核员被告知标准操作程序(SOP)采用电子版而非纸质版。在将纸质版标准操作程序转换成电子版标准操作程序时，工厂为满足法规要求而在电子版标准操作程序中纳入了许多链接或其他参考文件，如与安全/健康和化学品接触限值有关的化学品安全技术说明书(MSDS)、与安全系统有关的工程设计文件。这些与标准操作程序有关的参考文件或链接文件是否需要进行年度复核?

可能的解决方案或结论 16b

严格说来，与标准操作程序有关的任何参考文件或链接文件可能均应像主要标准操作程序一样进行年度复核。但是，有关监管机构未就上述问题做出规定，并且也没有形成任何可参考的做法。有些过程安全管理专业人员单独对待这些参考文件和链接文件，并对其采用不同的审查和验证程序。目前，这种做法似乎足以满足要求。在有关管理法规(尤其是 OSHA 过程安全管理标准《高危化学品过程安全管理》)发布时，文件的编辑能力和技术(尤其是文件超级链接)还处于初期阶段，并未广泛应用。在制定管理法规时，已假定标准操作程序为单独文件且包含了所有必要信息。目前的文件管理做法已经远远超出上述假定条件。因此，在有关管理法规或行业惯例尚未明确更为统一的方法之前，审核员应采用一种常规方法来应对该复杂问题。如果对标准操作程序中的参考文件或链接文件制定了定期审查和记录程序、审查周期合理且工厂能够对该审查程序实施有效管理，就不应将其视为存在问题。有关该项内容方面的详细指南，见第 11 章。

17. 认可和普遍接受的良好工程实践(RAGAGEP)——安全仪表系统(SIS)

难题

当对某一化工厂过程安全管理体系中的“资产完整性”要素进行审核时，审核员发现工厂没有按照 ANSI/ISA S84.01 标准设计和使用安全仪表系统(SIS)。尽管在管道和仪表流程图(P&ID)和其他过程安全知识(PSK)中清晰地标出了联锁设备、切断装置和其他自动控制系统，但工厂控制系统主任工程师声称工厂并没有设置 SIS 系统或紧急停车(ESD)系统。这是否说明存在问题?为什么?另外，负责“过程知识管理”要素的审核员也会遇到该问题。有关该项内容方面的详细指南，见第 9 章和第 13 章。

可能的解决方案或结论

ANSI/ISA S84.01 是安全仪表系统需遵循的一项认可和普遍接受的良好工程实践(RAGAGEP)。但是，如同任何 RAGAGEP 一样，当同等书面标准甚至是公司标准便可以实现 ANSI/ISA S84.01 中规定的目标和目的时，往往采用同等书面标准甚至是公司标准来代替 ANSI/ISA S84.01。在化工/加工行业，许多大型公司长期以来已经采用了自己的工程设计标准，用于明确如何对控制系统进行定义、设计、安装和测试。这些本土化程序同样可以满足在 ANSI/ISA S84.01 中规定的要求，并被企业所接受。这种接纳虽然没有以书面形式正式认可，但是，通过其长期成功实施已被认为是可接受做法。因此，如果工厂/公司采用了某一同等可接受做法，不采用 ANSI/ISA S84.01 标准也不会被视为合规性问题。但是，如果仅仅声明在工厂中未设置 SIS/ESD 系统而没有制定基于风险的书面分析程序来对工厂存在风险进行确认，就应视为合规性问题。

18. 认可和普遍接受的良好工程实践(RAGAGEP)——振动监控

难题

当对某一炼油厂过程安全管理体系中“资产完整性”要素进行审核时，审核员发现工厂未对动设备进行振动监控。但是，维护经理声称，进行振动监控不能提供与动设备有关的有用数据，而炼油厂通过良好的工程设计和维护(例如，使用激光找正仪对所有动设备进行找正、经常更换润滑油并进行分析、经常将润滑油系统内水排出等)就能够切实避免密封和轴承出现问题。这是否说明存在问题？为什么？在进行该过程安全管理审核期间，审核员后来注意到在部分(而非全部)动设备 OEM 手册中建议对动设备振动进行监控。这是否改变对振动监控问题的定性？为什么？另外，如果在化工/加工行业绝大多数工厂对动设备振动进行监控，这是否会使振动监控实际上成为一项强制性要求？

可能的解决方案或结论

对于资产完整性管理，对动设备振动进行监控已被证实为一项成功做法，并且已成为一个普遍采用且经得起时间考验的行业惯例。因此，在检查、测试和预防性维护(ITPM)计划中，振动监控已成为一种可接受做法。但是，这并不意味着在业界将振动监控视为一项强制性或合规性要求，其仍属于一种自愿做法。有关该项内容方面的详细指南，见第 13 章。

19. 认可和普遍接受的良好工程实践(RAGAGEP)——材料可靠性鉴别(PMI)

难题

当对某一炼油厂过程安全管理体系中“资产完整性”要素进行审核时，审核员发现炼油厂没有制定和实施材料可靠性鉴别(PMI)计划来对现有/已安装合金材料进行管理。但炼油厂确实对新建合金管道系统的合金材料和在库合金材料实施了 PMI 管理。工程设计经理声称，因为工厂中现有合金材料是旧材料，不受新规定约束，且现有合金材料从未因出现腐蚀而导致任何故障，所以对现有合金材料进行材料可靠性鉴别不适用于其工厂。这是否说明存在问题？为什么？

可能的解决方案或结论

按照 API RP 578 中的规定，应对新建及已安装合金管道材料进行 PMI 管理。这是因为过去 5~10 年内在 PMI 成为一个行业惯例前，工厂在对已安装材料进行检查时发现了许多问题。但是，在 API RP 578 中并不要求也没有建议采用 X 射线荧光分析法(即核物探法)对材料进行检查。另外，可以采用化学分析方法来进行 PMI。对于制定了 PMI 计划的工厂和公司，主要选用 X 射线荧光分析法来进行 PMI，因为该方法易于操作、能够立即获得鉴别结果且因核源不大而无需办理由核管理委员会(NRC)签发的许可证。因此，在进行过程安全管理审核时，“合规性问题”的存在与否应着眼于发现工厂/公司是否为现有已安装合金材料制定 PMI 计划，而非工厂/公司使用了哪种具体的 PMI 方法。有关该项内容方面的详细指南，见第 13 章。

20. 认可和普遍接受的良好工程实践(RAGAGEP)——火焰加热炉

难题

当对某一炼油厂过程安全管理体系中“资产完整性”要素进行审核时，审核员发现炼油厂定期对其火焰加热炉进行了外部检查，但未开展其他检查、测试和预防性维护(ITPM)工作。维修经理声称，因为其火焰加热炉设置了最先进冗余式燃烧器管理控制系统且从未出现过泄漏，所以仅定期对火焰加热炉进行外部检查就足够了。这是否说明存在问题？为什么？

可能的解决方案或结论

API RP 573 中与火焰加热炉有关的认可和普遍接受的良好工程实践(RAGAGEP)规定了需对加热炉壳体、加热管、烟道和风机等进行各种检查、测试和预防性维护(ITPM)工作。另外，NFPA 54、NFPA 85 和其他 NFPA 标准中规定的要求也适用于该情况。因此，在进行过程安全管理审核时，如果发现工厂/公司未开展在 API RP 573 中规定的各项检查、测试和预防性维护工作，应将其视为不满足合规性要求。有关该项内容方面的详细指南，见第 13 章。

21. 认可和普遍接受的良好工程实践(RAGAGEP)——厚度测量

难题

当对某一专用化学品工厂过程安全管理体系中的“资产完整性”要素进行审核时，审核员发现设施中绝大部分工艺设备采用耐腐蚀合金材料制造，如不锈钢、哈氏合金等。工厂每隔 5 年对压力容器、储罐和管道进行一次厚度测量，并且从未出现过不按时检查的情况。设备文档中包含厚度测量 ITPM 报告及管道轴测图或压力容器和储罐示意图的副本，这些副本上标出了定点测厚位置(TML)/工况测量位置(CML)，并手动填写了厚度读数。另外，还在管道轴测图中注明“符合标准”或“无明显腐蚀”。这是否说明存在问题？为什么？

可能的解决方案或结论

API-510、API-653 和 API-570 分别规定了与压力容器、储罐和管道检验有关的认可和普遍接受的良好工程实践(RAGAGEP)。在每一条 RAGAGEP 中，均提供了长期和短期腐蚀速率计算方法以及如何对测量厚度和失效厚度加以比较。腐蚀速率可用于计算部件剩余使用寿命并确定下一次检验日期。如果工厂/公司按照这些规范/标准对腐蚀速率进行了计算、对计算出的腐蚀速率进行了记录、在管道轴测图中注明了“符合标准”或“无明显腐蚀”且对计算结果进行了简要说明，则认为压力容器、储罐和管道厚度测量不存在问题。但是，如果仅有检查、测试和预防性维护(ITPM)记录，换句话说，如果仅对厚度测量数据进行了记录而没有按照有关 RAGAGEP 对测量结果进行分析，则认为压力容器、储罐和管道厚度测量结果分析不足，应记录为审核发现。有关该项内容方面的详细指南，见第 13 章。

22. 利旧设备

难题

当对某一炼油厂过程安全管理体系中“资产完整性”要素进行审核时，审核员发现炼油厂在工程项目中使用了部分旧设备。工厂和母公司的项目程序或工程设计规范中均未规定与利旧设备有关的任何内容。这是否说明存在问题？为什么？

可能的解决方案或结论

如果在项目程序中未对利旧设备的使用做出任何规定，在这种情况下，不能将其视为过程安全管理存在问题。如果旧设备未附带与其设计基础及设计压力、设计温度、设计流量和与任何其他工艺参数有关且清晰充分的详细记录，则工厂或公司应对旧设备进行合于使用(FFS)评价。FFS 包括工程设计分析和测试，为缺失了原始设计信息的旧设备重新确定设计基础。API RP 579 是进行 FFS 需遵循的认可和普遍接受的良好工程实践(RAGAGEP)，尤其适用于压力容器。因此，在进行过程安全管理审核时，如果发现工厂/公司没有为旧设备提供供货商文件或 FFS 文件，应将其视为存在“合规性问题”。有关该项内容方面的详细指南，见第 9 章。

23. 缺失 U-1A 表

难题

当对某一炼油厂过程安全管理体系中“资产完整性”要素进行审核时，通过对设备文档进行审查，审核员发现 10 台压力容器缺失 U-1A 表。这是否说明存在问题？为什么？

可能的解决方案或结论

如果压力容器铭牌仍然完好无损且可以识别出上面的内容，或通过擦拭压力容器铭牌可以获得美国国家锅炉压力容器检验师协会注册号，则可以通过网站来获取缺失的 U-1A 表。如果无法获得美国国家锅炉压力容器检验师协会注册号，则应对压力容器进行合于使用（FFS）评价以确定其设计基础，此时就应视为存在“合规性问题”。有关该项内容方面的详细指南，见第 9 章。

24. “同质同类替换（RIK）”代表何种含义？

难题 24a

当对某一炼油厂过程安全管理体系中“变更管理（MOC）”要素进行审核时，审核员发现炼油厂未按照其 MOC 程序对过程安全管理工作中不属于“同质同类替换（RIK）”的变更进行有效控制和管理。例如，审核员发现工厂采用其他单独程序而非 MOC 程序对安全设备停用/旁通进行控制。通过对设备旁通控制程序进行审查发现，安全设备旁通控制程序要求填写一份许可证，其中包括对安全设备走旁路或停用进行的技术论证、安全设备走旁路或停用时限以及批准意见（由维护经理进行批准）。这是否说明存在问题？为什么？有关该项内容方面的详细指南，见第 16 章。

可能解决方案或结论 24a

只要其他替代控制程序满足变更管理（MOC）程序基本要求，就可以采用其他变更控制程序对不同类型变更进行有效管理。在这种情况下，安全设备旁通控制程序并没有指明需对安全设备旁通可能会对安全和健康造成的影响进行分析，而在 MOC 程序中这恰恰是一项重要要求。在审核结论中应注明需对安全设备旁通控制程序进行修改，以对安全设备旁通可能会对安全和健康造成的影响进行分析，并在安全设备旁通许可证中对分析结果进行记录。有关该项内容方面的详细指南，见第 16 章。

难题 24b

在进行上述过程安全管理审核期间，审核员发现工厂对“同质同类替换（RIK）”进行的定义没有涵盖将隔离阀由球阀更换为闸阀，同时也不要求按照 MOC 程序对此进行管理。工程设计经理声称，上述变更仅仅是对图纸符号进行修改，应按照与工程设计图纸有关的文件控制程序进行管理。这是否说明存在问题？为什么？

可能的解决方案或结论 24b

如果对工艺进行的任何物理变更会导致水力特性发生变化，在本情况中，会导致不同类型阀门之间出现不同压降，这就要求按照 MOC 程序对此进行管理。但是，如果在工程设计规范中允许将球阀替换为闸阀，则由于该类型变更属于事先批准变更，因此无需按照 MOC 程序对此进行管理。阀门更换属于相对较小的变更，但却不属于“同质同类替换（RIK）”，也不是对 P&ID 图/图纸内容进行简单修改。因此，除非在工程设计规范中允许将球阀更换为闸阀，否则，如果在将球阀更换为闸阀时没有执行 MOC 程序，则应将其视为存在“合规性问题”。有关该项内容方面的详细指南，见第 16 章。

25. 变更对安全造成的影响

难题

当对某一化工装置过程安全管理体系中“变更管理(MOC)”要素进行审核时，通过对正在执行的MOC文件包和最近已关闭的MOC文件包进行审查，审核人员发现许多MOC文件中几乎没有迹象表明是否审查了变更会造成的安全影响。在绝大部分MOC文件中，这项审查工作开展与否的唯一体现仅仅是安全经理在MOC表上的签名。这个签名处淹没在MOC审查小组众多签名栏之中，仅由MOC表中注明“安全经理”的签名栏和日期栏组成。这是否满足要求？为什么？

可能的解决方案或结论

按照有关管理法规的规定，在变更管理(MOC)程序中应规定对拟进行的变更所造成的安全与健康影响进行分析。从上述MOC表中无法判断将安全经理作为其中一名批准人员是否代表了安全经理对拟进行的变更所造成的安全影响进行了评估，因为变更审批是MOC程序的另一个方面。因此，在进行过程安全管理审核时，如果发现工厂/公司未对拟进行的变更所造成的安全影响进行书面分析，应将其视为存在“合规性问题”。有关该项内容方面的详细指南，见第16章。

26. 利益冲突

难题

当对某一化工装置过程安全管理体系中“变更管理(MOC)”要素进行审核时，通过对正在执行的MOC文件包和最近已关闭MOC文件包进行审查，审核员发现绝大部分MOC由同一人发起，并由同一人在MOC表中签字证明安全审查已完成，同时，安全审查结果的记录看起来为同一人的笔迹。另外，该名人员还是MOC批准人之一，而在某些情况下还是唯一批准人。这是否说明存在问题？为什么？

可能的解决方案或结论

在有关管理法规“变更管理(MOC)”要素中，并未对在实施变更时是否应避免出现利益冲突做出规定。尽管不应出现利益冲突，但有时在人员配备中会不可避免地出现利益冲突，尤其对于中小型工厂。在MOC程序中应规定，如果可能，MOC发起人不应是变更批准人员或至少不应是唯一批准人，同时，MOC发起人不应是对拟进行的变更所造成的安全影响进行评估的人员。但是，这属于相关性要求而非合规性要求。有关该项内容方面的详细指南，见第16章。

27. 观点分歧

难题

当就部分过程安全管理要素与工厂非管理人员进行面谈时，审核员发现不同面谈对象对于同一问题有截然不同的观点。因此，审核员就应该决定与更多人员进行面谈，以对问题进行深入探究。然而，在对更多人员(如总共15名人员)完成额外的面谈后，审核员发现意见分歧依然存在。此时，审核员需采取何种措施？又将得出何种结论？

可能的解决方案或结论

如在上文提及的难题，对于通过任何面谈或多方面谈所获得的口头信息，应尽可能通过对有关记录进行审查和/或实地观察来予以核实。当对某一问题的观点大相径庭时，尤其应遵守上述要求。在这种情况下，只有通过对其他人员进行面谈和/或基于其他类型证据解决了分歧时，才应判定是否形成审核发现。有关该项内容方面的详细指南，见第2章。

28. 不同的分析活动

难题

当对某一大型石油化工厂过程安全管理体系中“资产完整性”要素进行审核时，通过对检查主管进行面谈，审核员发现压力容器、储罐和管道检验频率是根据按照 API RP 580/581 中有关要求制定的基于风险的检验(RBI)计划来确定的。通过对维护经理进行面谈，审核员发现动设备检查、测试和预防性维护(ITPM)频率是根据以可靠性为中心的维修(RCM)计划来确定的。在 RCM 计划中，通过进行定性分析来确定 ITPM 频率，但该项分析并没有包括过程安全危害或过程安全危害场景。另外，仪表/电气(I/E)主任工程师告诉审核员，仪表/电气设备 ITPM 频率是多年前由众多资深 I/E 负责人和工程师组成的委员会共同确定的，但并未对这些 ITPM 频率进行详细记录。当审核员询问这些检查、测试和预防性维护(ITPM)频率是否与危害识别和风险分析(HIRA)结果保持协调一致时，所有被面谈人员均声称他们不知道是否曾开展了这些工作。过程安全管理协调员也这样说。这是否意味着存在问题？为什么？应基于哪些风险/危险分析工作来开展在过程安全管理其他要素中规定的各项工作？

可能的解决方案或结论

尽管并没有明确要求按照危害识别和风险分析(HIRA)结果来合理安排其他过程安全管理要素涉及的管理工作，但在 OSHA 过程安全管理标准《高危化学品过程安全管理》前言部分却隐含着上述要求。因此，建议对其他过程安全管理要素进行管理时应体现危害识别和风险分析过程时辨识出的风险，尤其是“资产完整性”要素、“应急管理”要素和“标准操作程序(SOP)”要素。例如，在资产完整性(AI)计划中，应包括会导致出现危险场景的任何设备以及在进行危害识别和风险分析时明确的安全防护措施。但是，使各过程安全管理要素管理范围与 HIRA 结果保持协调一致并不是一项合规性要求，而是一项非强制性要求。然而，对于上文所提及的难题，如果根据以可靠性为中心的维护(RCM)计划来确定动设备检查、测试和预防性维护(ITPM)频率，这不符合应按照有关认可和普遍接受的良好工程实践(RAGAGEP)来制定 ITPM 计划这一要求，因此，应将上述情况视为存在“合规性问题”，除非基于 RCM 计划确定的 ITPM 频率与有关基于 RAGAGEP 确定的 ITPM 频率保持一致，并且将 HIRA 结果与 RCM 分析结果进行了比较。另外，为提高设备可靠性而开展的工作通常还能够提高过程安全绩效。有关该项内容方面的详细指南，见第 10 章和第 13 章。

29. 集散控制系统

难题

当对某一大型炼油厂过程安全管理体系中“标准操作程序(SOP)”要素进行审核时，审核员通过与操作人员进行初步面谈得知，在进行过程安全管理审核前一年炼油厂已将其原控制系统替换为集中式的、先进的集散控制系统(DCS)。由于从新的 DCS 系统可以获得大量信息且 DCS 系统显示采用了用户友好设计，对于部分操作，炼油厂逐渐淘汰使用一部分书面标准操作程序，取而代之的是采用 DCS 系统控制屏上模拟显示工艺过程及其他一些图形信息。这是否说明存在问题？为什么？

可能的解决方案或结论

尽管控制室操作人员始终愿意依赖和使用 DCS 系统显示来进行工艺控制，但在有关管理法规中仍要求使用书面标准操作程序(SOP)。书面标准操作程序可以为电子版文件，可以通过链接或其他软件程序从 DCS 系统来进行访问或者嵌入到 DCS 系统中，但是，书面标准操作程序与嵌入控制系统中的显示画面和用户画面截然不同，属于独立文件。因此，如果在进行过程安全管理审核时发现没有为所有规定的工艺过程编制书面的标准操作程序，应将其视为存在“合规性问题”。有关该项内容方面的详细指南，见第11章。

30. 应急响应原则

难题

当对某一中小型专用化学品工厂过程安全管理体系中的“标准操作程序(SOP)”要素进行审核时，审核员发现在工厂应急响应预案中明确规定：按照工厂应急响应策略，考虑到在应对初期危险物料火灾或溢出时有可能导致危险物料接触量超过允许接触量，工厂将不对危险物料溢出、泄漏和火灾等采取响应措施。但是，在为OSHA《高危化学品过程安全管理》所涵盖工艺编制的应急操作程序(EOP)“应急响应”部分却这样规定：如果发生工艺过程泄漏，操作人员应立即上报泄漏事故，然后佩戴好自给式空气呼吸器(SCBA)和其他个体防护装备，并在配备了后援人员情况下两人一组来采取应急措施(如关闭阀门)以设法阻止危险物料泄漏。在操作区域，配备了个体防护装备(PPE)，以供在可能出现上述紧急情况时使用。工厂认为在执行应急操作程序中规定的应急响应行动时不要求遵守在《危险废弃物经营和应急响应法规》(HAZWOPER)中列出的应急响应规定。这是否说明存在问题？为什么？

可能的解决方案或结论

在进行正常操作时危险材料接触量与在执行《危险废弃物经营和应急响应法规》(HAZWOPER)(29 CFR § 1910. 120)所规定的应急响应行动时危险物料接触量之间有微妙的差别。必须针对具体情况认真考虑需执行哪套应急响应行动。如果操作人员需执行的应急响应行动符合HAZWOPER法规中“适用性”定义，则工厂应遵守HAZWOPER法规中有关要求。在工艺出现危险物料泄漏情况下，操作人员需执行的应急响应行动应符合HAZWOPER法规中“适用性”定义，但是，如果在应急响应计划中不要求工厂对危险物料溢出、泄漏和火灾等采取应急措施，这显然是不正确的。另外，如果根据上述应急响应原则来编写应急响应计划，则应急响应计划中应涵盖HAZWOPER法规中要求工厂遵守的有关规定，包括对危险物料泄漏进行应急响应的工厂某些人员(在这种情况下，还包括操作人员)实施培训和资格考核的要求。因此，在进行过程安全管理审核时，如果发现工厂/公司未根据自己的具体情况按照OSHA《危险废弃物经营和应急响应法规》(29 CFR § 1910. 120)(HAZWOPER)第(p)节(针对《资源保护和恢复法案》(RCRA)所涵盖的处理、存储和处置(TSD)设施)或第(q)节(针对《资源保护和恢复法案》(RCRA)所涵盖的非处理、存储和处置(TSD)设施)制定相应的应急响应计划，应将其视为存在“合规性问题”。有关该项内容方面的详细指南，见第19章。

31. 事故和未遂事件

难题

当对操作程序和内操人员日志进行审核时，审核员发现有一条记录表明安全仪表系统(SIS)曾被激活过。该控制回路能够按照设计要求正常运行且工艺单元安全停车。通过对事件调查文件进行审查，审核员发现工厂/公司未针对这一事件编制任何事故报告。这是否说明存在问题？

可能的解决方案或结论

在有关管理法规中对“未遂事件”进行的定义比较笼统，即将其定义为会导致危险物料出现灾难性泄漏的事件。因为安全仪表系统(SIS)通常作为自动防止危险物料出现灾难性泄漏的最后一道防线，如果某事件的任何一个环节会导致SIS系统被激活，则应将该事件划为未遂事件，并按照要求进行事件调查。由于部分人员认为如果SIS系统能够按照设计要求正常运行，那么就可以预料会出现何种工况，从而可以防止出现灾难性泄漏，因此通常对上述规定持犹豫不决的态度。但是，却忽略了这样一个事实：当在工艺单元出现危险情境时的确出现了某一故障，这要求通过SIS系统来使工艺单元“化险为夷”。这符合对“未遂事件”进行的定义。因此，在进行过程安全管理审核时，如果发现工厂/公司未对所出现的未遂事件进行事件调查，应将其视为存在“合规性问题”。有关该项内容方面的详细指南，见第20章。

32. 面对来自工厂的阻力

难题

对于几乎所有过程安全管理审核，审核员和审核组会遇到工厂人员对所发现问题和所提出建议持某些相左意见。通常，可以现场解决上述争议，并在工厂与审核组之间达成一致意见。但是，在某些情况下，如果工厂与审核组之间存在相左意见，这会对过程安全管理审核的开展和完成带来重大困难，当这种情况发生时，意味着审核组(尤其是审核组组长)在进行过程安全管理审核时所面临的严重难题。

可能的解决方案或结论

有关来自工厂的阻力方面的详细建议和指南，见第2.3.5.7节。

附录J 并购期间过程安全管理审核

近年来，在化工/加工行业并购(M&A)及资产剥离步伐显著加快。在对并购进行尽职检查时通常关注财务收益、市场份额以及其他与经营有关的标准。自20世纪80年代开始，在并购前开展调查工作时还考虑了潜在环保责任，但是，在并购期间进行尽职检查时，除对各种职业安全统计数据进行审查外，很少关注安全问题，并且几乎未对过程安全给予任何关注。当因出现过程安全事故而导致需大量直接投资、丧失商业机会和招致媒体负面关注时，公司/工厂才会惊讶发现这是因未对过程安全给予高度重视所致。因此，在工厂所有权发生转移时，建议重点对过程安全管理计划实施情况进行审查。尽管最近由卖方开展的过程安全管理审核看起来能够满足有关要求，但买方仍应自行开展相关评估工作。

尽管过程安全管理所有要素都很重要并且预期的买方应了解所有这些要素的当前状况，但对于并购(M&A)而言，有几个要素尤其重要，因为工厂并购方可能需投入大量资金对在这些要素中存在的问题进行纠正，同时，工厂并购方可能面临危险化学品接触危险。这些要素包括：

- “危害识别和风险分析”要素；
- “操作程序”要素；
- “资产完整性”要素；
- “变更管理(MOC)”要素；
- “合规性审核”要素。

另外，过程安全管理计划的其他几个方面是过程安全管理计划实施情况的关键指标，应在对财产所有权转移进行尽职检查期间对其进行认真审查，包括：

- 与过程安全管理计划有关的整改项和建议落实情况；
- 内部控制措施；
- 过程安全文化。

1. 危害识别和风险分析

在对并购(M&A)进行尽职检查期间开展过程安全管理审核时，应对危害识别和风险分析(HIRA)的状况和质量进行检查。尤其需要检查的是，是否有任何危害识别和风险分析未按时复核？所有危害识别和风险分析是否符合了在有关管理法规或工厂/公司要求中规定的内容？危害识别和风险分析还应反映出当前的设计和操作惯例。应对危害识别和风险分析复核进行审查，以核实这些复核是否仅为"打勾"式检查，而没有完全识别出确实存在的危险场景。另外，还应对 HIRA 建议落实情况进行彻底检查，以确定卖方是否存在未按时落实 HIRA 建议的情况。买方应知晓需进一步开展哪些工作来降低风险(如果有的话)。有关如何对危害识别和风险分析进行审查方面的详细指南，见第 10 章。

2. 操作程序

在对并购(M&A)进行尽职检查期间开展过程安全管理审核时，应对标准操作程序(SOP)的当前状况和实施质量进行检查。买方应核实标准操作程序是否为最新文件且代表工厂当前运行状态。对过期标准操作程序进行更新会是一项艰巨的工作任务，尤其当工厂编制了大量标准操作程序时。有关如何对标准操作程序进行审查方面的详细指南，见第 11 章。

3. 资产完整性

"资产完整性"要素属于过程安全管理计划的一个重要要素，在并购(M&A)期间进行尽职检查时，应对其进行详细评估，以确定该要素的状态。尤其应该注意的是，应对资产完整性(AI)计划中以下方面进行认真审查：

- 检查、测试和预防性维护(ITPM)计划实施情况。买方应完全了解哪些与过程安全管理有关的 ITPM 工作未按时开展以及这些工作已经拖延了多长时间。
- 设备检查、测试和预防性维护(ITPM)实际识别出的及完成的工作情况也很重要。举例来说，如果被收购工厂没有识别出(开展)压力容器厚度测量工作，则无法知晓这些压力容器的基本机械完整性/安全状况。一旦设备需要大修，这会导致投入大量资金。
- 未关闭资产完整性(AI)缺陷状况。买方应完全了解哪些 AI 缺陷尚未关闭且这些 AI 缺陷已存在了多长时间。
- 过程安全管理计划所涵盖设备检查、测试和预防性维护(ITPM)记录情况。

有关如何对 AI 计划进行审查方面的详细指南，见第 13 章。

4. 变更管理(MOC)

在对并购(M&A)进行尽职检查期间开展过程安全管理审核时，应对变更管理(MOC)计划的状态和功能性进行检查。买方应核实是否未按照 MOC 程序对设备或标准操作程序(SOP)进行了变更。另外，审核员应核实公司/工厂是否按照书面 MOC 程序来进行变更(例如，临时变更是否超出了其有效期限)、是否对拟进行的变更会对安全与健康造成的影响进行了全面审查及是否对与 MOC 程序有关的所有工作进行了记录(例如，需对变更管理进行批准的所有人员是否均在 MOC 表中签了字？MOC 程序是否为最新版？MOC 程序是否代表工厂当前运行条件)。如果 MOC 计划不合理，这可能表明过程安全管理计划较差，另外还表明过程安全文化欠佳。有关如何对 MOC 计划进行审查方面的详细指南，见第 16 章。

5. 合规性审核

买方应了解在以往进行过程安全管理审核时所提出建议的落实情况，以核实是否有些决议未按时落实。买方应知晓需进一步开展哪些工作来降低风险(如果有的话)。有关如何对过程安全管理审核计划进行审查方面的详细指南，见第22章。

6. 与过程安全管理体系有关的整改项和建议落实情况

除上述在进行危害识别和风险分析(HIRA)及合规性审核时所提出建议的落实情况外，买方还应彻底了解与过程安全管理体系有关的所有其他建议的落实情况。这些建议主要是在进行事件调查和对应急响应演练进行自评时提出的建议，但是也可以是在开展其他过程安全管理工作时所提出的建议。由于所提出建议属于事先明确的、极其重要的风险降低措施，如果不按时落实，一旦出现过程安全事故，这可能会导致工厂承担重大责任。

7. 内部控制措施

尽管不属于一项合规性要求，但买方应了解与过程安全管理有关的内部控制措施的质量，因为这些内部控制措施属于过程安全管理计划的一个重要方面。尤其需要了解的是，过程安全管理系统功能是否正常有效及能否确实防止和减弱出现过程安全事件？有关如何对与过程安全管理计划有关的内部控制措施进行审核方面的详细指南，见第2.3.5节和第3-24章中的相关内容。

8. 过程安全文化

如同内部控制措施一样，过程安全文化也不涉及合规性问题。但是，如果工厂安全文化根基欠佳，则无论管理体系在设计上多么完善，过程安全管理计划均不可能发挥正常作用。在对并购(M&A)进行尽职检查期间开展过程安全管理审核时，应对过程安全管理文化进行审查。在上述其他过程安全管理要素进行审核时主要通过对有关文件和记录进行审查来得出富有说服力的结论，而对过程安全文化进行审核时则不相同，要求对工厂所有岗位人员的关键装置人员进行深入面谈，从设施经理到非管理性操作人员和维护人员。由于绝大部分设施人员将转入买方公司，他们也将自身的过程安全文化带入了买方公司。有关如何对过程安全文化进行审查方面的详细指南，见第4章。

尽管可依据本书第3-24章中介绍的过程安全管理审核基本理念和指南在并购期间开展过程安全管理审核，但定期开展的常规性过程安全管理审核工作与在并购(M&A)期间开展的过程安全管理审核工作有以下几点不同之处：

- 开展常规性过程安全管理审核的目的是明确公司/工厂过程安全管理计划中有关要求与自愿性过程安全管理标准和过程安全管理法规中有关要求存在哪些差距。在并购(M&A)期间开展过程安全管理审核的目的是找出工厂过程安全管理计划在设计或实施方面可能存在的缺陷，否则买方需投入大量资金来对这些缺陷进行纠正或这些缺陷会导致买方承担重大的管理或法律责任。常规性过程安全管理审核与在并购期间进行过程安全管理审核之间在目的上的根本区别在于，常规性审核是为了促进过程安全管理计划更加完善，而并购期间的审核则有助于保护买方在经济上免遭因过程安全管理计划不合理而造成的影响。

- 在开始进行过程安全管理审核前，应认真确定工作范围。对于在开展常规性过程安全管理审核时所发现的且认为比较重要的问题，在并购(M&A)期间开展过程安全管理审核时这一问题可能不被视为重要问题。例如，对于“标准操作程序(SOP)”要素，如果在开展常规性过程安全管理审核时发现在上一年标准操作程序的准确性未被复核且未更新，这就会被视为一个重要问题。但是，在并购(M&A)期间开展过程安全管理审核时，如果发现上述问题则仅需做好记录，该问题还没有比找出部分操作未提供书面标准操作程序这一问题来得重要。当标准操作程序缺失时，编写并实施新标准操作程序所花费的时间和精力要比对个别未进行年度复核的标准操作程序重新进行复核所花费的时间和精力多得多。因此，审核员会更加关注于找出可能需投入大量资金的问题或可能需花费很长时间才能解决的问题，因为对于财产所有权转移而言，这些问题远比仅仅了解是否存在不合规问题重要得多。需要再次说明的是，上述内容是常规性过程安全管理审核目的与并购(M&A)过程安全管理审核目的之间的根本区别。

- 常规性过程安全管理审核按照审核周期开展，参与过程安全管理审核的所有相关方(包括审核组和被审核工厂)应事先知晓如何开展过程安全管理审核、需询问哪些内容以及将涉及哪些工厂人员和工厂文件。而并购(M&A)过程安全管理审核是在即将出售的工厂/母公司或工厂中部分设施内开展审核工作。这种情形可能会使被并购工厂人员感到惊愕。另外，在并购期间开展过程安全管理审核时，可能还会使被并购工厂人员感到吃惊，但如果被并购工厂事先做好计划，就会大大减轻这种情况。对并购工厂进行审核会导致被并购工厂人员对审核组抱有某种敌对态度，或至少表现出高度关注。
- 尽管公司法律事务人员经常参与过程安全管理审核，但他们通常并不直接作为审核组成员。公司法律事务人员通常退居幕后，为过程安全管理审核提供全面指导或对在进行过程安全管理审核时所发现的问题和所提出的建议进行审查。对于并购(M&A)过程安全管理审核，审核组很可能在律师的直接监督下开展过程安全管理审核，并且可能由外部法律顾问来对审核及工厂或母公司法律事务人员工作进行监督。对于部分常规性过程安全管理审核，为了防止审核结果在将来被披露，审核工作在“律师-委托人特权”保护下进行，对于并购过程安全管理审核，也极有可能采用这种方法，以加大法律事务人员对并购的监管力度。另外，尽管对过程安全管理审核组的人员组成提出相关要求和指南十分可取，但对于并购过程安全管理审核而言，这些要求和指南并不是一项强制性要求。因此，审核员需获取客观性证据来为工厂人员(即很快被转入买方公司的人员)面谈结果和意见提供强有力支撑。
- 如果识别出紧迫危险的情形，应立即告知工厂所有者。但是，对于并购(M&A)过程安全管理审核，不会将详细危险情况和过程安全管理计划实施情况告知外部机构，而是仅仅公司及其代表会知晓审核结果，这是与常规性过程安全管理审核不同之处。
- 通过并购(M&A)过程安全管理审核所发现的问题可能会影响工厂出售。尽管几乎所发现的任何问题均可通过协商来解决，但是，如果所发现问题会造成重大风险或给监管造成重大影响，有可能会使并购失败。
- 为并购(M&A)过程安全管理审核所编写的审核报告应类似于为任何其他过程安全管理审核所编写的审核报告。但是，由于开展并购过程安全管理审核的目的是为了核实是否存在任何潜在商业风险，因此其审核目的、范围和需遵循的指南可能有所不同，并且将基于法律和商业关注点而非环境、健康与安全(EHS)关注点来确定并购过程安全管理审核的目的、范围和需遵循的指南。在并购审核报告中应反映出上述要求。另外，不要求对并购过程安全管理审核进行认证。
- 对于常规性过程安全管理审核，所提出的建议将基于其技术优势来落实；而对于并购过程安全管理审核，所提出的建议将通过在买方和卖方之间进行协调来落实。这是上述两种类型过程安全管理审核的根本区别。

索　引

F

G

K

L

M

N

O

T

Y

Z

注:标☼的表明有在线资料。